# Die Kolbendampfmaschinen

Ein Lehr- und Handbuch
für Studierende, Techniker und Ingenieure

Bearbeitet

von

## A. Pohlhausen

Dipl.-Ingenieur

Fünfte, vermehrte und verbesserte Auflage

Mit 23 Tafeln und 440 Textfiguren

Springer-Verlag Berlin Heidelberg GmbH
1925

ISBN 978-3-662-27499-6          ISBN 978-3-662-28986-0 (eBook)
DOI 10.1007/978-3-662-28986-0

# Vorwort.

Das vorliegende Buch ist die 5. Auflage vom I. Bande des bisher unter dem Titel „Die Dampfmaschinen" herausgegebenen Werkes des Verfassers. Es behandelt die ortsfesten Transmissions-Dampfmaschinen und soll vornehmlich den Studierenden des Maschinenbaues und jüngeren Ingenieuren als Lehr- und Handbuch dienen.

Die Entwicklung, die der Kolbendampfmaschinenbau seit dem Erscheinen der letzten Auflage genommen hat, kennzeichnet sich durch gesteigerte Verwendung überhitzten Dampfes bei fortwährend zunehmender Spannung und Kolbengeschwindigkeit, sowie durch Bevorzugung der liegenden Bauart mit vom Flachregler beeinflußter Kolbenschiebersteuerung an kleinen und Ventilsteuerung an mittleren und großen Maschinen. Ferner dadurch, daß neben der Wechselstrommaschine auch die Gleichstrommaschine mit ihren äußerst beschränkten schädlichen Räumen und Oberflächen, dem Deckeleinbau der Ventile und der Steuerung des Auslasses durch den Dampfkolben zur Verwendung kam, und schließlich in der Verwertung des Ab- und Zwischendampfes zu Heiz- und ähnlichen Zwecken behufs besserer Wärmeausnützung des Dampfes.

Der Verfasser war bemüht, diese Entwickelung in der neuen Auflage möglichst zu berücksichtigen. Die teilweise Neubearbeitung, die das Buch dabei neben der vollständigen Durchsicht erfuhr, erstreckte sich namentlich auf die folgenden Stellen.

Bei der Berechnung der Einzylindermaschinen wurden die jetzt gebräuchlichen Verhältnisse dieser Maschinen sowie die polytropische Zustandsänderung des Dampfes während der Expansion und Kompression mehr berücksichtigt, bei der Gleichstrommaschine auch der Einfluß, den ihre besonderen Konstruktionsverhältnisse auf den Wärmeverbrauch haben, dargelegt. Zur Bestimmung des voraussichtlichen Dampfverbrauches neuer Maschinen fanden ferner neben den älteren Werten von *Hrabák* die neueren Angaben von Prof. *Doerfel* auszugsweise Aufnahme.

Im Abschnitt über die Untersuchung der Kolbendampfmaschinen sind die Vergleichsprozesse eingehender behandelt und ist auf die jetzt allgemein gebräuchliche Bestimmung ihres Wirkungsgrades mit Hilfe des *Mollier* schen *JS*-Diagrammes hingewiesen worden.

Von den Steuerungen und Geschwindigkeitsreglern erhielten, ihrer Wichtigkeit entsprechend, die Ventilsteuerungen mit Schubkurven- und vom Flachregler beeinflußten Exzenterantrieb in ihren bekanntesten Ausführungen nach *Lentz, Paul H. Müller* und *Proell* eine erweiterte Behandlung.

Bei der Kondensation ist vorwiegend auf die bei Kolbendampfmaschinen in den weitaus meisten Fällen zur Anwendung kommende Mischkondensation, weniger auf die Oberflächenkondensation eingegangen.

Der neu aufgenommene Abschnitt über Kolbendampfmaschinen mit Ab- und Zwischendampfverwertung enthält neben allgemeinen Angaben die mit einer solchen Verwertung verbundene Ersparnis im Wärme- und Dampfverbrauch, behandelt die gebräuchliche Ausführung der Gegendruck- und Verbundmaschinen mit Zwischendampfentnahme und gibt verschiedene Konstruktionen von Druckreglern.

Die in den bisherigen Auflagen kurz behandelte Wärmemechanik ist, um das Buch bei dem vorerwähnten neuen Abschnitt nicht stärker werden zu lassen, in der neuen Auflage nicht mehr enthalten; der Verfasser hielt sie mit Rücksicht darauf, daß die Wärmemechanik jetzt zum allgemeinen Wissen des Ingenieurs gehört und sich in allen Taschenbüchern in genügender Ausführlichkeit befindet, für entbehrlich. An den erforderlichen Stellen ist aber auf sie in geeigneter Weise hingewiesen.

Die Zahl der Tafeln wurde in der vorliegenden Auflage um zwei vermehrt; elf Tafeln sind neu gezeichnet worden. Die Tafeln bringen neben Dampfzylindern und nassen Luftpumpen hauptsächlich Ausführungen von Kolbenschieber- und Ventilsteuerungen. Die wenigen Tafeln, die ältere einfache und kennzeichnende Ausführungen von Flach-, Drehschieber- und Ventilsteuerungen zeigen, glaubte der Verfasser in einem Lehrbuche des Kolbendampfmaschinenbaues beibehalten zu müssen. Im Text finden sich viele neue Figuren.

Eine angenehme Pflicht ist es für den Verfasser, den vielen Fabriken und Ingenieuren, die ihn bei der Neubearbeitung durch Überlassung von Zeichnungen, Tabellen und sonstigen Angaben unterstützten, hier seinen verbindlichsten Dank auszusprechen. Dem Verlag schuldet er Dank für das seinen Wünschen erwiesene Entgegenkommen und die sorgfältige Ausstattung des Buches.

Biestow bei Rostock/Mcklbg., im Juni 1925.

A. Pohlhausen,
Dipl.-Ingenieur.

# Inhaltsverzeichnis.

### Einleitung.

### I. Die Einzylindermaschinen.

## IV. Die Bewegungsverhältnisse, Kräfteverteilung und Massenwirkungen der Kolbendampfmaschinen.



## V. Die Steuerungen.



### A. Flach- und Kolbenschiebersteuerungen mit fester Füllung.



### B. Flach- und Kolbenschiebersteuerungen für veränderliche Füllung.

### Anhang.

1. Tabelle des gesättigten Wasserdampfes von *0,01* bis *20 at abs.*
2. Desgleichen von 0 bis 75° C.
3. Tabelle des überhitzten Wasserdampfes von *6* bis *25 at abs.*
4. Tabelle der mittleren spezifischen Wärme des überhitzten Wasserdampfes bei konstantem Druck.

# Abkürzungen.

$cbm/kg$ = Gewicht von 1 Kubikmeter in Kilogrammen,
$kg/cbm$ = Volumen von 1 Kilogramm in Kubikmetern,
$m/sk$ = Weg während 1 Sekunde in Metern,
$kg/st$, $kg/min$, $kg/sk$ = Dampf- oder Wassermenge für 1 Stunde, Minute bzw. Sekunde in Kilogrammen,
$at$ $(kg/qcm)$ = Atmosphäre (Druck auf 1 Quadratzentimeter in Kilogrammen),
abs. = absolut,
°C = Grad Celsius,
vH = vom Hundert (Prozent),
$PS$ = Pferdestärke,
$PS_{i-st}$ = indizierte Pferdestärke in der Stunde,
$PS_{e-st}$ = effektive (Nutz)Pferdestärke in der Stunde,
$WE$ = Wärmeeinheit (Kalorie),
Z. d. V. d. I. = Zeitschrift des Vereines deutscher Ingenieure, Berlin,
Z. d. B .R. = Zeitschrift des Bayrischen Revisionsvereines, München,
Hütte = Des Ingenieurs Taschenbuch, Die Hütte, Wilh. Ernst & Sohn, Berlin,
Bach = *C. Bach*, Die Maschinenelemente, Arnold Bergsträßer, Stuttgart.

# Hauptbezeichnungen.

Es bezeichnet, wenn nicht ausdrücklich anders angegeben,

$N_e$ die effektive oder Nutzleistung in $PS$ (an der Welle),
$N_i$ die indizierte Leistung in $PS$ (am Kolben),
$\eta_m = N_e/N_i$ den mechanischen Wirkungsgrad,
$p_0$ die abs. Spannung des Dampfes vor der Maschine
$p_1$ die abs. Eintrittsspannung
$p_2$ die abs. Austrittsspannung (den Gegendruck) $\Big\}$ in $at(kg/qcm)$,
$p_i$ die mittlere indizierte Spannung

$O$ die nutzbare Kolbenfläche[1]) in $qcm$
$D$ die Zylinderbohrung in $m$ $\Big\}$ bei den Einzylindermaschinen,
$S$ den Kolbenhub in $m$

$O$ die nutzbare Kolbenfläche[1]) des Nie-
    derdruckzylinders in $qcm$
$d$, $(d)$, $D$ die Bohrung des Hoch-, Mittel- $\Big\}$ bei den Mehrzylindermaschinen,
    bzw. Niederdruckzylinders in $m$
$S$ den Kolbenhub in $m$

$R = 0{,}5\,S$ den Kurbelradius,
$L$ die Schubstangenlänge von Mitte bis Mitte Auge,
$n$ die Umdrehungszahl,
$c$ die Kolbengeschwindigkeit
$c_m$ die mittlere Kolbengeschwindigkeit $\Big\}$ in $m/sk$.
$v$ die mittlere Umfangsgeschwindigkeit
    im Kurbelkreise

---

[1]) Unter Berücksichtigung des Kolbenstangenquerschnittes.

# Einleitung.

In den Kolbendampfmaschinen wird der statische Druck des Dampfes zur Leistung mechanischer Arbeit benützt. Der Dampf drückt zu diesem Zwecke in dem Dampfzylinder der Maschine abwechselnd auf die beiden Seiten eines Kolbens und verschiebt ihn in gerader Richtung zwischen seinen Hubgrenzen. Die hin- und hergehende Bewegung des Kolbens wird dann vermittels eines Kurbelgetriebes in die drehende Bewegung der Kurbelwelle umgesetzt und dadurch zum Antrieb einer Transmissions- oder Arbeitsmaschinenwelle verwendbar gemacht. Von dem Kurbelgetriebe ist die Kurbel auf der Kurbelwelle befestigt oder mit ihr aus einem Stück geschmiedet. Der Kreuzkopf, der mit dem Kolben durch die Kolbenstange verbunden ist, besitzt eine Geradführung, damit er nicht bei schräger Stellung der schwingenden Schubstange aus seiner geraden Bewegungsrichtung gedrückt wird. Die Geradführung ist mit dem Zylinder und den Kurbelwellenlagern teils unmittelbar, teils vermittels eines Rahmens, der alle inneren Kräfte ohne merkliche Erschütterungen und Deformationen aufzunehmen hat, auf dem Maschinenfundamente befestigt.

Von den beiden Seiten des Kolbens heißt diejenige, die nach der Kurbelwelle hin liegt, die Kurbelseite, diejenige, die von der Welle ab liegt, die Deckelseite[1]). Die Dampfverteilung auf beiden Kolbenseiten wird durch die Steuerung der Maschine bewirkt. Sie sorgt dafür, daß jede Kolbenseite abwechselnd und zur richtigen Zeit in Verbindung tritt mit einem Kanal, durch den der frische Dampf in den Zylinder, und mit einem solchen, durch den der benützte Dampf wieder aus dem Zylinder gelangen kann. Man unterscheidet die innere und die äußere Steuerung. Jene umfaßt die Abschlußorgane, also die Schieber oder Ventile, welche die erwähnten Dampfkanäle öffnen und schließen, diese den Mechanismus, durch den die Abschlußorgane von der Kurbelwelle aus bewegt werden.

Während einer Umdrehung der Maschine werden zwei einfache Hübe vom Kolben durchlaufen. Der eine ist ein Hin-, der andere ein Rücklauf. Beim Hinlauf bewegt sich der Kolben nach der Kurbelwelle hin, beim Rücklauf von dieser fort. Während einer Umdrehung kommen ferner die Mittellinien der Kolbenstange und Kurbeltriebteile zweimal in dieselbe gerade Linie zu liegen. Der Kolben befindet sich dann in den Endlagen seines Hubes, und der Dampfdruck, der ebenfalls in der Richtung jener Geraden wirkt, ist allein nicht imstande, das Kurbelgetriebe aus diesen Lagen zu bringen. Man nennt

---

[1]) In der Praxis ist es üblich, die Deckelseite bei liegenden Maschinen mit hinten, bei stehenden mit oben und die Kurbelseite entsprechend mit vorn bzw. unten zu bezeichnen.

sie deshalb die Totlagen der Maschine und unterscheidet wiederum, je nachdem der Kolben die der Kurbelwelle nähere oder entferntere Totlage einnimmt, eine Kurbel- und Deckeltotlage. In beiden Totlagen muß zwischen dem Kolben und dem zugehörigen Zylinderdeckel, wenn beide nicht zusammenstoßen sollen, ein gewisser Spielraum verbleiben. Er heißt der schädliche Raum der betreffenden Kolbenseite und reicht bis zu den Abschlußorganen derselben. Schädlich ist der Raum, weil der zu seiner Füllung nötige frische Dampf nicht dieselbe Arbeit wie der übrige Frischdampf in der Maschine verrichtet und weil seine Oberfläche noch anderen nachteiligen Einfluß auf die Nutzwirkung der Maschine hat.

Um die Kolbendampfmaschine über die Totlagen hinwegzubringen, bedarf es bei allen Einzylinder- und bei solchen Mehrzylindermaschinen, deren Kolben gleichzeitig diese Lagen erreichen, einer weiteren treibenden Kraft. Sie wird durch die Trägheit einer rotierenden Masse ausgeübt, die dem auf der Kurbelwelle sitzenden Schwungrade angehört. Nur bei Mehrzylindermaschinen, deren Kolben nicht gleichzeitig in die Totlagen gelangen, hilft der Dampfdruck der einzelnen Kurbelgetriebe diese gegenseitig über die fraglichen Lagen hinweg.

Das Schwungrad dient aber auch noch einem anderen Zwecke, dem es bei allen Kolbendampfmaschinen zu genügen hat; es regelt die Geschwindigkeit der Kurbelwelle während der einzelnen Umdrehungen. Der Druck des Dampfes auf den Kolben bleibt nämlich während eines Hubes nicht konstant, und auch das Verhältnis zwischen Kolben- und gleichzeitig zurückgelegtem Kurbelweg hat während dieser Zeit nicht immer dieselbe Größe. Beide Umstände rufen, selbst wenn sich der von der Maschine zu überwindende Widerstand nicht ändert, periodisch wiederkehrende Schwankungen in der Geschwindigkeit der Kurbelwelle hervor, die durch die Masse des Schwungrades in die zulässigen Grenzen eingeschränkt werden. Ganz zu beseitigen vermag das Schwungrad diese Schwankungen nicht; denn dazu müßte seine Masse unendlich groß sein.

Neben dem Schwungrade muß jede Kolbendampfmaschine noch eine Vorrichtung besitzen, welche die Geschwindigkeit der Kurbelwelle während mehrerer Umdrehungen, oder was dasselbe ist, die Zahl der Umdrehungen in der Minute regelt. Diese Umdrehungszahl ändert sich, sobald bei gleichbleibender Arbeitsleistung des Dampfes der Widerstand an der Maschine zu- oder abnimmt. Der Widerstand aber bleibt in der Regel nicht konstant, da in den meisten Betrieben die Zahl und Belastung der anzutreibenden Arbeitsmaschinen wechselt. Um die so entstehenden Schwankungen in der minutlichen Umdrehungszahl auf das zulässige Maß zu beschränken, muß die Arbeit des Dampfes dem jeweiligen Belastungszustande der Dampfmaschine angepaßt werden. Es kann dies durch Regelung der Spannung oder der Füllung geschehen. Bei der Spannungsregelung wird der frische Dampf vor seinem Eintritt in die Maschine erforderlichenfalls so stark gedrosselt, also durch entsprechende Querschnittsverengung der Dampfzuleitung so weit in der Spannung heruntergebracht, wie es die Belastung verlangt. Bei der Füllungsregelung wird die Menge des frischen Dampfes, die bei jedem einfachen Hube hinter den

Kolben tritt, nach dem zu überwindenden Widerstande bemessen. Von beiden Regelungsarten ist die Spannungsregelung, solange sie nicht in ganz mäßigen Grenzen erfolgt, die weniger vorteilhafte, weil bei ihr der Dampf, wenn zeitweise größere Widerstände zu überwinden sind, auch bei dem am häufigsten auftretenden mittleren Widerstande gedrosselt werden muß, also fast stets einen Spannungsabfall erleidet.

Das Einstellen der Drosselvorrichtung, dem jeweiligen Belastungszustande entsprechend, geschieht bei der Spannungsregelung selbsttätig vermittels eines Geschwindigkeitsreglers, das Einstellen der Füllung bei der Füllungsregelung meistens in derselben Weise, selten von Hand. Die Schwungkörper eines solchen Reglers, die bei normaler Geschwindigkeit der Maschine eine bestimmte Gleichgewichtslage einnehmen, entfernen sich mit zunehmender Geschwindigkeit von ihrer Drehachse und nähern sich derselben mit abnehmender. In dem einen Falle bewegen sie das mit der Drosselvorrichtung oder der äußeren Steuerung verbundene Stellzeug des Reglers nach der einen Richtung, im anderen Falle nach der entgegengesetzten. Ebenso wie das Schwungrad kann aber auch der Geschwindigkeitsregler keine vollkommene Regelung bewirken; denn seine Einwirkung auf die Spannung oder Füllung beginnt erst, wenn schon eine Änderung in der Geschwindigkeit der Maschine eingetreten ist. Bei allen besseren Geschwindigkeitsreglern sind die verbleibenden Abweichungen von der normalen Geschwindigkeit indessen äußerst gering.

Außer dem Geschwindigkeitsregler erhalten Kolbendampfmaschinen, deren Ab- oder Zwischendampf zu Heiz- oder sonstigen Zwecken verwendet wird, vielfach noch einen oder zwei Druckregler. Sie treten in Tätigkeit, wenn bei einer Änderung in der Belastung der Maschine oder im Heizdampfverbrauch der Heizdruck sinkt oder steigt, und wirken dann solange vermittels eines Servomotors auf die Steuerung der Maschine oder ein Zusatzventil in der Frischdampfleitung ein, bis dieser Druck wieder seine normale Höhe erreicht hat.

Die Kolbendampfmaschinen trennt man zunächst in Auspuff- und Kondensationsmaschinen. Bei Auspuff tritt der im Zylinder benützte Dampf ins Freie, herrscht vor dem Kolben also die Spannung der äußeren Atmosphäre, vermehrt um die Widerstände der Leitung. Bei Kondensation strömt der Dampf in einen besonderen Raum, den Kondensator, in dem er durch Abkühlung zu Wasser verdichtet wird. Die damit verbundene Luftverdünnung schafft vor dem Kolben eine Pressung, die kleiner als die der äußeren Atmosphäre ist. Da die Pressung vor dem Kolben aber als hindernder Gegendruck von dem treibenden Dampfdruck hinter dem Kolben überwunden werden muß, so besitzen Kondensationsmaschinen unter sonst gleichen Verhältnissen einen größeren treibenden Überdruck als Auspuffmaschinen, entwickeln also auch eine größere Leistung als diese. Ein Teil der Mehrleistung wird allerdings durch den Betrieb der Kondensationspumpen wieder aufgezehrt.

Die Kolbendampfmaschinen werden ferner als Ein- und Mehrzylindermaschinen ausgeführt, je nachdem ein oder mehrere Zylinder an derselben Kurbelwelle hängen. Haben bei den Mehrzylindermaschinen alle Zylinder die gleichen Abmessungen und tritt bei ihnen der frische Dampf in alle Zylinder ein, wirkt auch in allen in derselben Weise, so bezeichnet man sie als Zwillings-, Drillingsmaschinen usw. Ihre Kurbeln sind stets so gegeneinander versetzt, daß die Kolben niemals gleichzeitig die Totlagen erreichen. Verbindet man hingegen zwei, drei oder mehr Zylinder von verschiedenen Abmessungen mit derselben Kurbelwelle, läßt dabei den frischen Dampf nur in den ersten (kleinsten) Zylinder treten und, nachdem er hier expandiert hat, nacheinander im zweiten, dritten Zylinder usw. weiter expandieren, aus dem letzten (größten) Zylinder also erst ins Freie oder in den Kondensator strömen, so nennt man die Maschine eine mehrfache, besser mehrstufige Expansionsmaschine.

Bei den hier zu betrachtenden Maschinen dieser Art kommt nur zwei- oder dreistufige Expansion in Frage, und die einzelnen Zylinder derselben sind als Hoch-, Mittel- und Niederdruckzylinder unterschieden. In den heutigen mehrstufigen Expansionsmaschinen tritt ferner der aus einem Zylinder kommende Dampf nicht wie bei den alten Woolfschen Maschinen unmittelbar in den nachfolgenden Zylinder über, sondern er durchströmt zuvor einen Behälter, den sog. Aufnehmer. Bei den zweistufigen Expansionsmaschinen, die jetzt meist als Verbundmaschinen bezeichnet werden, können die Kurbeln schließlich unter 0 oder 90° gegeneinander versetzt sein. Bei 0° Versetzung haben die Maschinen gewöhnlich hintereinander liegende Zylinder mit einer gemeinsamen Kurbel, bei 90° Versetzung nebeneinander liegende mit zwei verschiedenen Kurbeln; jene heißen Tandem- oder Einkurbel-, diese Zwillings- oder Zweikurbel-Verbundmaschinen. Dreistufige Expansionsmaschinen, die jetzt nur noch wenig oder gar nicht für Transmissions-Dampfmaschinen in Frage kommen, besitzen entweder drei unter 120° oder zwei unter 90° gegeneinander verstellte Kurbeln. Drei Kurbeln kommen gewöhnlich an stehenden Maschinen vor, bei denen die drei Zylinder dann nebeneinander angeordnet sind. Zwei Kurbeln sind an liegenden Maschinen gebräuchlich, wobei der Hoch- und Mitteldruckzylinder sich hintereinander befinden und auf die eine Kurbel wirken, der Niederdruckzylinder aber an der anderen Kurbel hängt. Nur an sehr großen Maschinen mit dreistufiger Expansion findet sich eine Teilung des Niederdruckzylinders, dessen Hälften dann bei liegender Anordnung auf beide Seiten verteilt werden.

Endlich sind noch zu unterscheiden Kolbendampfmaschinen ohne und mit Ab- oder Zwischendampfverwertung. Bei den letzteren wird der besseren Wärmeausnutzung wegen der Abdampf einer Einzylindermaschine, die dann vielfach als Gegendruckmaschine bezeichnet wird, oder der Aufnehmerdampf einer Tandem-Verbundmaschine zu Heiz-, Koch- und anderen Zwecken verwendet.

# I. Die Einzylindermaschinen.

**§ 1. Die Dampfverteilung und das Indikatordiagramm.** In der Einzylindermaschine wird die Dampfverteilung während einer Umdrehung der Kurbelwelle in der folgenden Weise geregelt.

Auf der Deckelseite öffnet sich der Einlaßkanal für den frischen Dampf, wenn der Kolben kurz vor der Deckeltotlage steht (Kurbellage $O\,I$ in Fig. 1), und er schließt sich, wenn der Kolben den Füllungsweg des neuen Hubes aus dieser Totlage zurückgelegt hat (Kurbellage $O\,II$). Der Auslaßkanal dieser

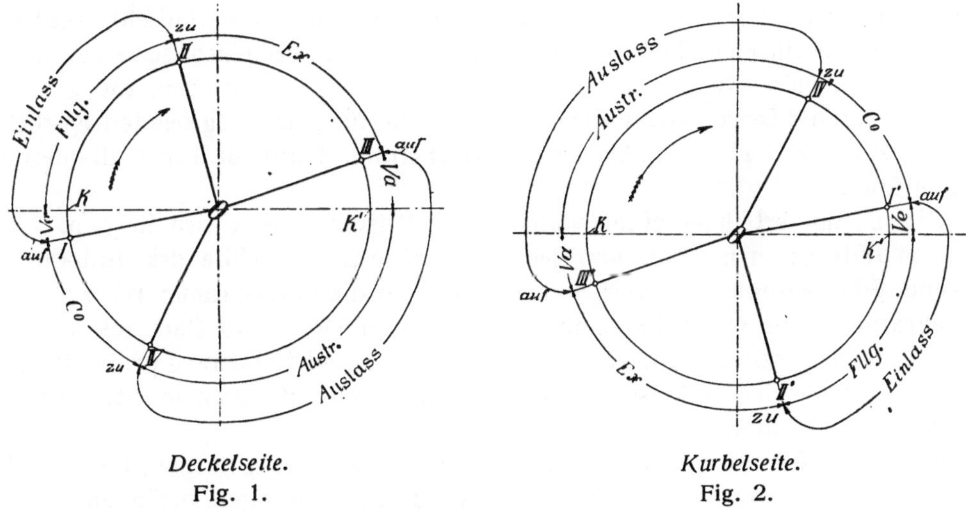



Deckelseite.<br>Fig. 1.

Kurbelseite.<br>Fig. 2.

Seite dagegen wird geöffnet, ehe der Kolben in die Kurbeltotlage tritt (Kurbellage $O\,III$), und er wird geschlossen, bevor sich auf dem Rückwege des Kolbens der Einlaßkanal wieder öffnet (Kurbellage $O\,IV$). Während des Weges, den der Kolben einerseits vom Schluß des Einlaßkanales bis zur Eröffnung des Auslaßkanales (Kurbellage $O\,II$ bis $O\,III$) und andrerseits vom Schluß des Auslaßkanales bis zur Eröffnung des Einlaßkanales (Kurbellage $O\,IV$ bis $O\,I$) durchläuft, ist der Dampf auf der Deckelseite im Zylinder eingeschlossen. In dem einen Falle nimmt der Raum hinter dem Kolben zu, expandiert also der Dampf, in dem anderen Falle nimmt der Raum ab, wird also der nach Schluß des Auslaßkanales noch im Zylinder befindliche Dampf, der sogenannte Restdampf, komprimiert.

Hiernach ergeben sich für die Deckelseite die folgenden Dampfverteilungs-perioden. Geht der Kolben aus der Deckel- in die Kurbeltotlage, so findet statt:

1. der Dampfeintritt oder die Füllung (Fllg.) während des Kurbel-weges $K\,II$,
2. die Expansion ($Ex$) während des Kurbelweges $II\,III$,
3. der Dampfvoraustritt ($Va$), das ist der vor der zugehörigen Totlage liegende Teil des Auslasses, während des Kurbelweges $III\,K'$.

Geht der Kolben dagegen aus der Kurbel- in die Deckeltotlage zurück, so folgt:

4. der Dampfaustritt (Austr.) während des Kurbelweges $K'\,IV$,
5. die Kompression ($Co$) während des Kurbelweges $IV\,I$,
6. der Dampfvoreintritt ($Ve$), das ist der vor der zugehörigen Totlage stattfindende Teil des Einlasses, während des Kurbelweges $I\,K$.

$O\,I$ bis $O\,IV$ sind die Kurbellagen, die für die Dampfverteilung auf der Deckelseite maßgebend sind; sie heißen auch die charakteristischen Kurbel-lagen.

Für die Kurbelseite gilt die angegebene Dampfverteilung, sobald im vor-stehenden immer Deckel- und Kurbeltotlage miteinander vertauscht werden. Beginnen die einzelnen Dampfverteilungsperioden auf der Kurbelseite bei dem-selben Kurbeldrehwinkel (aus der zugehörigen Totlage), bei dem die gleiche Periode auf der Deckelseite anfängt, so liegen die für jene maßgebenden Kurbel-lagen $O\,I'$ bis $O\,IV'$ (Fig. 2) den entsprechenden Lagen in Fig. 1 diametral gegenüber.

Die Dampfverteilung einer vorhandenen Maschine zeigt sich in dem In-dikatordiagramm, das von jeder Kolbenseite mit Hilfe des Indikators (siehe § 31) entnommen werden kann. Das Indikatordiagramm ist ein $p\,v$-Diagramm; seine Ordinaten sind dem jeweiligen Druck des Dampfes im Zy-linder, seine Abszissen dem zugehörigen Volumen und Kolbenweg proportional. Fig. 3 zeigt das der Deckelseite einer Einzylinder-Auspuffmaschine entnommene Diagramm. In ihm entspricht

$a\,b\,c$ dem Dampfeintritt, bei dem die Eintrittsspannung $p_1$ soweit sinkt, als es die später behandelten Widerstände und Umstände bedingen;

$c\,d$ der Expansion, während welcher die Spannung des frischen Dampfes mit zunehmendem Volumen und Kolbenweg fällt;

$d\,e$ dem Dampfvoraustritt, durch den der Dampfdruck auf den Gegen-druck $p_2$ gebracht wird;

$e\,f$ dem Dampfaustritt bei konstantem Gegendruck $p_2$;

$f\,g$ der Kompression, bei der die Spannung des Restdampfes mit ab-nehmendem Volumen steigt;

$g\,a$ dem Dampfvoreintritt, durch den der Restdampf auf die Eintritts-spannung $p_1$ gebracht wird.

Die Linie $I$—$I$ entspricht dem äußeren Atmosphärendrucke, diejenige $o$—$o$ der Nullpressung. Jene heißt die atmosphärische, diese die Null-linie. Bei Kondensationsmaschinen liegt die Austrittslinie $e\,f$ (Fig. 4), dem geringeren Gegendruck $p_2$ entsprechend, tiefer als bei Auspuffmaschinen und unterhalb der atmosphärischen Linie.

Das Indikatordiagramm ist wie jedes $p\,v$-Diagramm ein Arbeitsdiagramm. Seine im Arbeitsmaßstab gemessene Fläche ist also, wenn die Ordinaten die Dampfspannungen in *at* darstellen, gleich der Arbeit, die der Dampf auf der betreffenden Kolbenseite pro Quadratzentimeter der nutzbaren Kolbenfläche während einer Umdrehung der Maschine leistet. Diese Arbeit heißt die indizierte Arbeit von *1 qcm* der Kolbenseite während eines Doppelhubes.

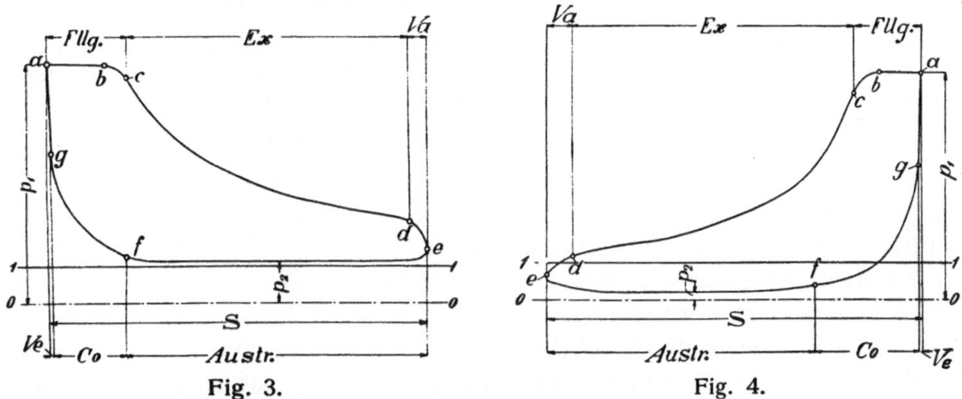

Fig. 3.        Fig. 4.

§ 2. **Der Dampfeintritt und die Füllung.** Während des Dampfeintrittes soll der frische Dampf möglichst ungedrosselt hinter den Kolben treten; denn der mit jeder Drosselung verbundene Spannungsabfall bewirkt einen Arbeitsverlust, der nur zum geringen Teil durch Trocknung des Dampfes wiedergewonnen wird. Eine Drosselung des Eintrittsdampfes findet statt, wenn er infolge zu kleinen Querschnittes des Einlaßkanales oder zu geringer Eröffnung des Abschlußorganes eine sehr große Geschwindigkeit annehmen muß, um dem vorwärts eilenden Kolben folgen zu können. Der Dampf findet dann auf seinem Wege zum Zylinder beträchtliche Widerstände durch Reibung, Wirbelung usw. Der Querschnitt der Einlaßkanäle läßt sich nun fast stets hinreichend bemessen (siehe § 54); auch ist eine genügende Eröffnung der Abschlußorgane während des größten Teiles des Dampfeintrittes zu ermöglichen. Gegen Ende des letzteren dagegen, wo sich das Steuerungsorgan schließen muß, ist eine Drosselung nicht zu vermeiden. Sie fällt um so größer aus, je langsamer sich der Einlaßkanal schließt, je schleichender, wie man sagt, der Kanalschluß vor sich geht. Bei weniger als 50 vH Füllung findet zudem der Schluß des Einlaßkanales bei der größten Geschwindigkeit statt, die der Kolben während des Dampfeintrittes hat. Im Indikatordiagramm zeigt sich die Drosselung beim Kanalschluß durch stärkeres Sinken der Eintrittslinie *a b c* (Fig. 3) gegen Ende des Dampfeintrittes an. Dieses Sinken macht sich aber, da bei beginnender Drosselung und Spannungsabnahme sofort auch eine Expansion des schon im Zylinder befindlichen Dampfes eintritt, nicht in gerader, schräger

Linie, sondern in einem Bogen $bc$ bemerkbar, der nach dem Vorstehenden um so größer ausfällt, je schleichender die Steuerung den Einlaßkanal schließt. Die einzelnen Steuerungen zeigen in dieser Beziehung ein verschiedenes Verhalten. Um die Drosselung des eintretenden Dampfes möglichst zu beschränken, ist allgemein für genügende Weite der Einlaßkanäle, für hinreichende Eröffnung der Abschlußorgane und möglichst schnellen Schluß derselben zu sorgen.

Nach der „Hütte" ist der Druckverlust, den der Dampf in den Steuerungsorganen findet nur 1 bis 2 vH des absoluten Druckes, also belanglos, und macht sich nur bei schleichender Absperrung oder kleinen Füllungen mit unzureichender, verspätet beginnender Eröffnung geltend. Die Durchsenkung der Eintrittslinie im Diagramm soll vielmehr zum größten Teil von der ungleichförmigen Dampfentnahme gegenüber der gleichmäßigen Dampfströmung in der Leitung herrühren. Dampfsammler (zugleich Wasserabscheider) vor der Maschine wirken hiergegen bessernd.

An schnellaufenden Maschinen mit sehr hoher Kompression entsteht ein schräger Abfall der Eintrittslinie im Indikatordiagramm häufig dadurch, daß infolge der hohen Kompressionsendspannung während des Voreintrittes kein Dampf in den Zylinder treten kann. Bei Beginn der Füllung, also wenn der Kolben die Totlage verläßt, befindet sich der Dampf dann noch in Ruhe, und er bedarf, um dem voraneilenden Kolben folgen zu können, einer gewissen Beschleunigung. Sie äußert sich in einer Expansion des Dampfes und einem allmählichen Abfall der Eintrittslinie. Der schräge Verlauf dieser Linie rührt also hier nicht von der Drosselung des Dampfes her.

Die Größe des Dampfeintrittes oder der Füllung wird durch das Verhältnis $S_1/S$ des Füllungsweges $S_1$ zum Kolbenhube $S$ ausgedrückt. Es wird als Füllungsgrad oder kurz auch als Füllung bezeichnet. Bei Maschinen mit Füllungsregelung heißt ferner der meist gebrauchte Füllungsgrad die normale Füllung. Sie wird zur besten normalen oder wirtschaftlich günstigsten, wenn die Ausgaben für Brennstoff, Wartung, Schmierung und Unterhaltung, einschließlich derjenigen für Verzinsung und Abschreibung der Anlage, wozu auch die Rohrleitungen, das Maschinenhaus, unter Umständen auch noch andere Zubehörteile zu rechnen sind, bezogen auf die Nutzpferdestärke, ein Minimum werden. Die beste normale Füllung fällt nicht mit derjenigen des kleinsten Dampfverbrauches zusammen; sie ist größer als diese. Bei einer verlustlosen Maschine würde die Füllung des kleinsten Dampfverbrauches diejenige sein, bei der das Indikatordiagramm am Ende der Expansion in eine Spitze ausläuft, weil dann die Diagrammfläche und also auch die indizierte Arbeit am größten wird. Das lange spitze Ende des Diagrammes bietet indes verhältnismäßig wenig Arbeit, vergrößert aber den Hub, die Verluste und Anlagekosten der Maschine bedeutend. Bei Berücksichtigung der Verluste ergibt sich deshalb als Füllung des kleinsten Dampfverbrauches für Einzylindermaschinen eine Expansionsendpsannung $p_e$, die um $0,3$ bis $0,5$ $at$ größer als die Austrittsspannung $p_2$ ist. Bei der wirtschaftlich günstigsten Spannung liegt $p_e$ noch höher.

An neuen Maschinen bemißt man die zur normalen Belastung gehörige Füllung gewöhnlich so, daß sie zwischen der wirtschaftlich günstigsten und derjenigen des kleinsten Dampfverbrauches liegt. Dabei ist zu beachten, daß bei derselben Leistung mit wachsender Füllung die Anlage-, Verzinsungs- und Abschreibungskosten wegen der kleineren Abmessungen der Maschine sinken, die Brennstoffkosten dagegen steigen, weil mit der größeren Füllung auch die Expansionsendspannung steigt, die Dampfausnützung schlechter wird. Mit abnehmender Füllung findet bis zu einer gewissen Grenze das Umgekehrte statt. Bei hohen Brennstoffpreisen und ununterbrochenem Betriebe, wo die Anlage-, Verzinsungs- und Abschreibekosten weniger ins Gewicht fallen, wird man daher die normale Füllung kleiner als bei niedrigen Brennstoffpreisen bzw. mehr unterbrochenem Betriebe wählen.

Die größte Füllung ist durch die größte Leistung bedingt, welche die Maschine geben soll. Mit Rücksicht auf die vorerwähnte schlechtere Dampfausnützung bei größeren Füllungen und mit Rücksicht auf die Verhältnisse mancher Steuerungen, die bei zu weiten Grenzen ungünstig werden, nimmt man aber zweckmäßig die obere Füllungsgrenze nicht zu hoch, zumal die mit einer Vergrößerung der Füllung verbundene Zunahme in der Leistung der Maschine verhältnismäßig um so geringer wird, je größer die Füllung schon war. Bei Einzylindermaschinen genügen in der Regel 50 bis 60 vH für Auspuff und 40 bis 50 vH für Kondensation als größte Füllung.

Die kleinste Füllung einer Maschine wird man nur dann nach der aufzubringenden kleinsten Leistung bemessen, wenn ein vollständiges Aufhören des Arbeitswiderstandes ausgeschlossen ist. In allen anderen Fällen, also z. B. auch dann, wenn das Abfallen des Antriebriemens, der Bruch eines Maschinenteiles oder der Kurzschluß der angeschlossenen Dynamomaschine eine völlige Entlastung bewirken kann, ist die unterste Füllungsgrenze mit Rücksicht darauf zu bestimmen, daß ein Durchgehen der Maschine im Leerlauf durch die Steuerung verhindert wird. In solchen Fällen ist die kleinste Füllung um so geringer zu wählen, je größer die Dampfeintrittsspannung und der schädliche Raum sind. Bei Kondensationsmaschinen mit hoher Eintrittsspannung und bei allen Maschinen mit großem schädlichen Raum vermag aber bei vollständigem Aufhören des Arbeitswiderstandes oft nicht einmal die Nullfüllung, bei welcher der Einlaß schon in der Totlage des Kolbens geschlossen wird, das Durchgehen zu verhüten. Der frische Dampf, der bei Nullfüllung noch während des Voreintrittes hinter den Kolben tritt und den schädlichen Raum anfüllt, leistet in solchen Maschinen häufig mehr Arbeit, als zur Überwindung der eigenen Bewegungswiderstände nötig ist. Der Geschwindigkeitsregler muß dann die Steuerung auf absolute Null- oder 00-Füllung einstellen können, also auch während des Voreintrittes keinen Dampf in den Zylinder lassen.

Die Gleichheit der Füllung auf beiden Kolbenseiten ist für möglichst viele, mindestens aber für die normale Füllung zu bewirken; denn die mit gleicher Füllung verbundene gleiche Arbeitsleistung[1]) auf beiden Kolbenseiten begünstigt die Gleichförmigkeit des Ganges bei den Kolbendampfmaschinen (siehe § 50). An stehenden Maschinen verlangt das nach unten wirkende Gewicht

---

[1]) Soweit nicht die Kompression hierauf von Einfluß ist.

des Gestänges für die untere Kolbenseite allerdings eine größere Füllung, wenn beide Kolbenseiten die gleiche Leistung liefern sollen. In der Praxis wird diesem Umstande aber nur selten Rechnung getragen.

§ 3. **Die Expansion.** Das Verhalten des Dampfes während der Expansion im Zylinder ist in hohem Maße von dem Wärmeaustausch abhängig, der in den Kolbendampfmaschinen zwischen Dampf- und Zylinderwand während eines jeden Hubes vor sich geht.

Gesättigter Dampf ergibt in Maschinen mit Dampfmantel eine Expansionslinie, die entweder annähernd mit der dem Gesetz $p \cdot v =$ konst. entsprechenden gleichseitigen Hyperbel zusammenfällt oder diese übersteigt. Das letztere, meist ein Zeichen von starkem Nachdampfen oder Undichtheit des Einlaßorganes, ist z. B. bei dem Diagramm in Fig. 5 der Fall. Dort ist $c\,d$ die wirkliche Expansionslinie, $c\,d_1$ die gleichseitige Hyperbel und $c\,d_2$ die für einen Feuchtigkeitsgehalt von 10 vH des Dampfes mit $n = 1{,}125$ konstruierte Adiabate (siehe § 12).

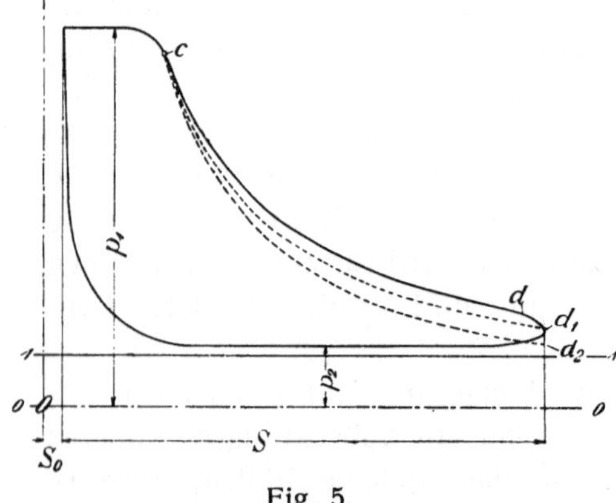

Fig. 5.

Das Verhalten des überhitzten Dampfes während der Expansion ist weniger einfach. Bei schwacher Überhitzung hat die Expansionslinie in der Regel denselben Verlauf wie bei gesättigtem Dampf. Bei starker Überhitzung aber fällt sie, wenigstens bis zu einer gewissen Temperatur, stärker ab und zeigt in bezug auf die Polytrope $p \cdot v^n = konst.$ nicht das gleiche Verhalten während der ganzen Expansion. Im ersten Teil derselben, also von Anfang bis Mitte Expansion, ist vielmehr der Exponent $n$ größer als im zweiten Teil, und dementsprechend fällt die Expansionslinie während des letzteren langsamer ab als während des ersteren. Man rechnet deshalb meist mit einem mittleren Exponenten, dessen Wert hauptsächlich von der Überhitzung und Füllung abhängt und der, mit beiden steigend, $n = 1{,}05$ bis $1{,}25$ für die gebräuchlichen Dampftemperaturen von 250 bis 350° C beträgt.

Ferner kann der Verlauf der Expansionslinie durch Undichtheiten des Kolbens und der Abschlußorgane beeinflußt werden. Bei undichtem Kolben und Auslaßorgan fällt die Expansionslinie stark zu Beginn der Expansion, bei undichtem Einlaßorgan wird sie gegen das Ende flacher.

§ 4. **Der Dampfvoraustritt und der Dampfaustritt.** Der Voraustritt soll den eigentlichen Austritt des Dampfes vorbereiten, d. h., er soll dafür sorgen, daß die Austrittsspannung $p_2$ schon in der Totlage vor dem Kolben herrscht. Um das zu erreichen, muß der Voraustritt zunächst von genügender Dauer sein. Er muß also um so früher beginnen, je schneller die Maschine läuft, je größer der zu bewirkende Spannungsabfall und die mit ihm verbundene Volumvergrößerung des Dampfes ist. Kondensationsmaschinen erfordern deshalb im allgemeinen einen größeren Voraustritt als Auspuffmaschinen. Ferner müssen die Auslaßorgane während der vorliegenden Periode und namentlich am Ende derselben die genügende Eröffnung haben. Bei getrennten Ein- und Auslaßorganen läßt sich die erforderliche Dauer des Voraustrittes und die hinreichende Eröffnung der Auslaßorgane wohl erzielen, bei einem gemeinschaftlichen Steuerungsorgane für Ein- und Auslaß dagegen ist Rücksicht auf die anderen Dampfverteilungsperioden zu nehmen. Über die gebräuchliche Größe des Voraustrittes siehe § 11.

Der Austritt des Dampfes soll möglichst unbehindert erfolgen, da jede unnötige Steigerung der als vorteilhaft erkannten Austrittsspannung vor dem Kolben die Fläche des Indikatordiagrammes und die Leistung der Maschine verkleinert. Eine Drosselung des ausströmenden Dampfes wird vermieden, wenn schon zu Beginn der Ausströmung die Austrittsspannung vor dem Kolben herrscht, wenn der Dampf während der Ausströmung keine zu große Geschwindigkeit anzunehmen braucht, also Auslaßorgane und Auslaßleitung die genügende Eröffnung und Weite haben, und wenn schließlich dem ausströmenden Dampfe keine sonstigen nennenswerten Hindernisse in der Leitung und im Kondensator entgegentreten. Das letztere gilt namentlich für Kondensationsmaschinen, bei denen auf eine möglichst kurze Verbindung zwischen Kondensator und Zylinder, auf tunlichste Vermeidung aller Krümmer und Formstücke in dieser Verbindung, auf Verwendung von Schiebern für die Absperr- und Umschaltorgane usw. zu achten ist.

Bei ungehindertem Austritt verläuft die Austrittslinie vollständig horizontal im Diagramm und steigt erst gegen Schluß der Periode etwas an, und zwar wieder um so mehr, je schleichender der Schluß des Auslaßkanales ist. Nur in den Diagrammen der mit erhöhtem Gegendruck arbeitenden Maschinen mit Abdampfverwertung zeigt die Austrittslinie ein geringes Anschwellen in der Hubmitte.

§ 5. **Die Kompression.** Eine richtig bemessene Kompression macht den Gang der Kolbendampfmaschine ruhig und stoßfrei. Außerdem leitet sie den Voreintritt ein, sorgt also wie dieser dafür, daß zu Beginn des neuen Hubes der volle Druck des frischen Dampfes hinter dem Kolben herrscht. Den stoßfreien Gang schafft die Kompression, wie in § 48 näher erklärt ist, indem sie die ausschwingenden Gestängemassen am Ende des Hubes wie ein elastisches Polster auffängt und dadurch den bei jedem Hubwechsel auftretenden Druckwechsel in diesen Massen nicht plötzlich und heftig, sondern allmählich und sanft vor sich gehen läßt.

Die wirtschaftlichen Vorteile der Kompression sind nach den beiden folgenden Punkten zu beurteilen:

1. Infolge der Kompression brauchen die schädlichen Räume der Maschine nur teilweise bzw. gar nicht mit frischem Dampf gefüllt zu werden. Dadurch kommt der Nachteil dieser Räume, daß der in sie bei jedem Hube zu führende frische Dampf nur Expansions- und keine Volldruckarbeit leistet, je nach der

Höhe der Kompression mehr oder weniger in Fortfall. Andrerseits erfordert jedoch die Kompression eine gewisse Arbeit, die von der Maschine geleistet werden muß. Nur dann, wenn die Expansion des Dampfes bis auf die Austrittsspannung $p_2$ und die Kompression bis auf die Eintrittsspannung $p_1$ getrieben wird, bleibt die indizierte Leistung der Maschine theoretisch unverändert. Ist nämlich für diesen Fall $a\,b\,c_1\,d_1\,a$ (Fig. 6) das Indikatordiagramm einer Maschine ohne und $a\,b\,c\,d\,a$ dasjenige einer solchen mit beliebig großem schädlichen Raum, so ist unter der Voraussetzung, daß Expansion und Kompression nach demselben Gesetz vor sich gehen, Fläche $a\,d\,d_1\,a$ gleich Fläche $b\,c\,c_1\,b$ und deshalb auch der Inhalt der beiden Diagramme gleich groß. Also nur in diesem Falle wird, abgesehen von der erforderlichen Hubvergrößerung der Maschine mit schädlichen Räumen im Verhältnis von $S : [S]$ in Fig. 6, der vorerwähnte Nachteil dieser Räume durch die Kompression vollständig behoben. In allen anderen Fällen, also namentlich auch dann, wenn wie in Wirklichkeit die Expansionsendspannung größer als der Gegendruck $p_2$ ist und Expansions- und Kompressionsgesetz nicht völlig übereinstimmen, wird der nachteilige Einfluß der schädlichen Räume niemals vollständig durch die Kompression beseitigt. Dazu kommt noch, daß die erforderliche Kompressionsarbeit durch eine größere Füllung ersetzt werden muß, die eine weitere Erhöhung der Expansionsendspannung und des Verlustes durch unvollkommene Expansion nach sich zieht. Schließlich ist zu beachten, daß bei hoher Kompression ein Teil der für sie aufzuwendenden Arbeit nicht unmittelbar vom Dampfdruck der anderen Kolbenseite geleistet werden kann, sondern vom Schwungrade zurück nach dem Kolben geleitet werden muß, also durch doppelte Reibung zur Verschlechterung des mechanischen Wirkungsgrades der Maschine beiträgt.

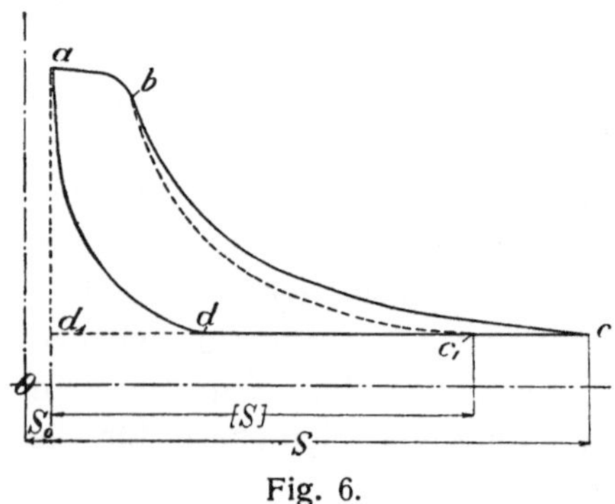

Fig. 6.

2. Die Oberfläche der schädlichen Räume soll durch die Kompression erwärmt und dadurch der Wärmeaustausch zwischen Zylinderwand und frischem Dampf während dessen Eintritt (siehe § 7) im günstigen Sinne beeinflußt werden. Dem widersprechen aber, obwohl Prof. *Doerfel*[1]) diese Ansicht bestätigt fand, die Ergebnisse der neueren Versuche, die trotz der später angeführten Abhängigkeit des günstigsten Kompressionsgrades von der Wandtemperatur eine fast vollständige Unabhängigkeit der Eintrittskondensation von dem Wärmeaustausch während der Kompression feststellten, so daß ein wesentlicher Unterschied zwischen dem letzteren und dem während des Dampfeintrittes nicht zu bestehen scheint.

Wirtschaftliche Vorteile bietet nach diesen Versuchen die Kompression im allgemeinen nur solange, als sie von mäßiger Größe ist. So fand Prof.

---

[1]) Z. d. V. d. I. 1889, S. 1065.

*Doerfel* bei der Untersuchung einer Einzylindermaschine, daß bei hoher Kompression der Gesamtdampfverbrauch infolge der Kompressionsarbeit noch etwas über den bei niedriger gesteigert wurde. *Dwelshauvers-Dery* und andere[1]) kamen zu dem gleichen Ergebnis. *Klemperer*[2]) stellte auf Grund seiner Versuche fest, daß die Kompression nur so lange dampfsparend wirkt, als die Temperatur am Ende der Kompression die Wandtemperatur nicht übersteigt, die Kompressionsendspannung also nicht über den der Wandtemperatur entsprechenden Dampfdruck hinausgeht. Zu demselben Resultat gelangte *Heinrich*[3]), der zudem auf rechnerischem Wege aus seinen Versuchen ermittelte, daß der günstigste Kompressionsgrad mit dem Gütegrad der Maschine (siehe § 40) abnimmt, hohe Kompression also nur bei großem Gütegrad günstig ist und umgekehrt.

Auspuffmaschinen arbeiten vielfach mit hoher Kompression; die Endspannung muß aber stets unter der kleinsten Eintrittsspannung bleiben, weil eine Kompression über diese hinaus Schleifenbildung im Diagramm und bedeutende Gestängekräfte, an Maschinen mit Flach- oder Korlißschiebern auch ein Abheben der letzteren von ihrem Spiegel zur Folge haben würde. An Maschinen mit nur einem Schieber für Ein- und Auslaß ist ferner die Größe der Kompression von dem Voreilwinkel und der Exzentrizität des steuernden Exzenters abhängig. Wird endlich bei nur einem Schieber die Füllung durch einen Flachregler beeinflußt (siehe § 74), so wächst die Kompressionsendspannung mit abnehmender Füllung. Die Sicherheit gegen das Durchgehen der Maschine wird dadurch gesteigert, indem bei kleiner werdender Füllung die Diagrammfläche nun auch von unten her durch die Kompression verringert wird.

An Kondensationsmaschinen ist die Kompressionsendspannung selten mehr als *1 at*, damit eine Umschaltung des Betriebes auf Auspuff ohne Verstellung der Steuerung vorgenommen werden kann. Nur bei Steuerung des Auslasses durch den Dampfkolben (siehe § 68) steigt die Kompressionsendspannung bedeutend höher an.

Über den Verlauf der Kompression ist zu bemerken, daß die Kompressionskurve der gleichseitigen Hyperbel nur bei mäßiger Verdichtung annähernd folgt. Bei hoher Kompression und namentlich bei starkem Wärmeaustausch zwischen Zylinder und feuchtem Dampf treten beträchtliche Abweichungen auf, so daß sich der Arbeitsaufwand, wie dies die Versuche von Prof. *Doerfel* bei hoher Kompression ergaben, meist größer als nach dem Gesetz $p \cdot v = konst.$ berechnet. In modern gebauten Maschinen mit sehr beschränktem Wärmeaustausch und trockenem Kompressionsdampf nähert sich die Kompressionskurve mehr der Polytrope bzw. dem Gesetz $p \cdot v^n = konst.$, wobei der Exponent *n*, steigend mit der Überhitzung bzw. Temperatur des Austrittsdampfes und der Dauer der Kompression, *1,1* bis *1,3* beträgt.

---


[1]) Siehe *H. Dubbel*, Z. d. V. d. I. 1901, S. 189.
[2]) Z. d. V. d. I. 1905, S. 797.
[3]) Desgl. 1914, S. 15.

Zu Beginn der Kompression und auch schon während des Austrittes ist der Auspuffdampf der Heißdampfmaschinen je nach der schwächeren oder stärkeren Überhitzung des Eintrittsdampfes trocken gesättigt oder überhitzt. Das erste auch für Sattdampfmaschinen anzunehmen, widerspricht den Ergebnissen mancher Versuche. Zu Ende der Kompression übersteigt bei Auspuff die Dampftemperatur fast stets die entsprechenden Sattdampftemperaturen und die Temperatur der Zylinderwand.

**§ 6. Der Dampfvoreintritt.** Durch den Voreintritt soll der Druck vor dem Kolben so weit gesteigert werden, daß der schädliche Raum in der Totlage mit Dampf von der Eintrittsspannung $p_1$ gefüllt und schon zu Beginn des Hubes der volle Eintrittsdruck im Zylinder vorhanden ist. Der Voreintritt genügt dieser Bedingung, wenn seine Dauer und die Eröffnung des Einlaßorganes in der Totlage genügend groß sind. Der Voreintritt muß also im allgemeinen um so eher beginnen, je schneller die Maschine läuft, je weniger der Dampf komprimiert wird, und je größer der schädliche Raum ist. Ein übermäßig großer Voreintritt und eine entsprechende Eröffnung des Einlaßorganes in der Totlage muß natürlich vermieden werden; denn beide führen zu Stößen in dem Gestänge und in den Kurbelwellenlagern. Andrerseits ist zu beachten, daß ein großer Voreintritt unter Umständen bei hoher Kompression ein allzu starkes Anwachsen der Kompressionsendspannung (über die Eintrittsspannung hinaus) verhüten kann.

Angaben über die zulässige Größe des Voreintrittes befinden sich in § 11. Bei nur einem Schieber für den Ein- und Auslaß ist die Größe des Voreintritts mit Rücksicht auf die anderen Dampfverteilungsperioden zu wählen. Über die erforderliche Eröffnung der Einlaßorgane bei der Totlage des Kolbens siehe unter „Steuerungen". Eine langsame Eröffnung des Einlasses ist durch frühen Beginn des Voreintrittes auszugleichen.

**§ 7. Der Wärmeaustausch zwischen Dampf und Zylinderwand.** In der Einzylindermaschine kommt die innere Seite der Zylinderwand (einschließlich des Deckels, des Kolbens und der Dampfkanäle) während einer Kurbelumdrehung mit Dampf von sehr verschiedener Temperatur in Berührung. Während des Dampfeintrittes ist diese Temperatur am höchsten, während des Dampfaustrittes am niedrigsten. Die fragliche Wand kann dem fortwährenden Temperaturwechsel nicht so schnell folgen wie der jeweilig mit ihr in Berührung stehende Dampf. Namentlich die inneren Schichten der Wand werden wesentliche Temperaturunterschiede gegenüber dem Dampf zeigen. Die Folge hiervon ist, daß während einer jeden Umdrehung der Maschine ein lebhafter Wärmeaustausch zwischen Dampf und Zylinderwand stattfindet. Ist die Temperatur des Dampfes höher als die der Wand, so gibt jener Wärme an diese ab, tritt also Kondensation des gesättigten Dampfes ein, während umgekehrt, wenn die Temperatur der Wand diejenige des Dampfes übersteigt, Wärme von jener an diesen übergeht und das vorher kondensierte Wasser wieder zu verdampfen sucht. In einer Maschine, die mit gesättigtem Dampf betrieben wird, spielen sich diese Vorgänge in der folgenden Weise ab.

Der in den Zylinder strömende frische Dampf trifft auf Flächen, die während des vorhergegangenen Austrittes mit Dampf von bedeutend niedrigerer Spannung und Temperatur in Berührung standen. Ein Teil des frischen Dampfes schlägt sich deshalb sofort nieder, ein anderer dann, wenn durch den vorwärtseilenden Kolben neue Zylinderflächen freigelegt werden. Die niedergeschlagene Dampfmenge muß natürlich durch neuen Dampf ersetzt werden und führt, da der Kessel nun eine größere Dampfmenge zu liefern hat, als dem Füllungsgrad entspricht, zu Dampf- bzw. Wärmeverlusten. Das Niederschlagen des frischen Dampfes im Zylinder bezeichnet man als Eintrittskondensation. Es dauert auch noch während des größten Teiles der Expansion an, bei der sich der gesättigte Dampf sowieso schon infolge der verrichteten Arbeit teilweise niederschlägt. Erst wenn die Temperatur des expandierenden Dampfes unter diejenige der Zylinderwand gesunken ist, gibt diese Wärme an den auf ihr haftenden Niederschlag zurück. Dadurch kommt es zu einem teilweisen Wiederverdampfen des letzteren, dem sogenannten Nachdampfen. Es wird um so später beginnen, je stärker die Zylinderwand während des Dampfaustrittes abgekühlt worden war. Soweit es auf die Expansionsperiode entfällt, macht es sich ferner im Indikatordiagramm bemerkbar, wie z. B. in Fig. 7, wo die Expansionslinie $c\,d$ zuletzt die Adiabate $c\,d_1$ über-

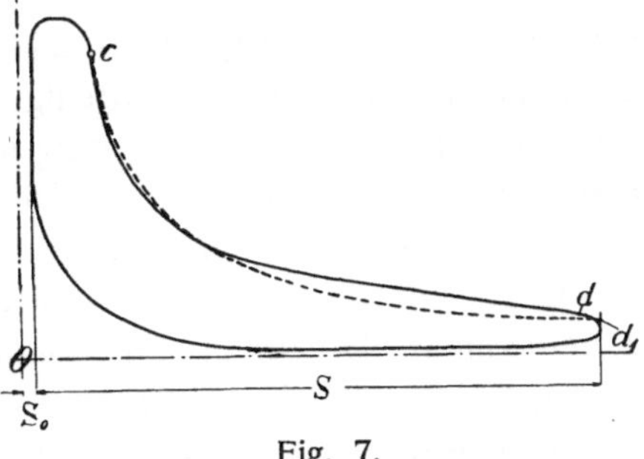

Fig. 7.

steigt. Während des Nachdampfens findet somit, da die Diagrammfläche größer geworden ist, ein teilweiser Wiederbeginn der Arbeit bzw. Wärme statt, die während des Dampfeintrittes an die Zylinderwand überging. Vollständig kann dieser Wiedergewinn aber in wärmetechnischer Beziehung selbst dann nicht sein, wenn alles Niederschlagwasser während der Expansion wieder in Dampf übergeführt wird; denn die mit dem Nachdampfen verbundene Wärmezufuhr an den Zylinderinhalt geht nicht wie beim Eintrittsdampf bei der höchsten, sondern bei einer viel niedrigeren Temperatur des Arbeitsprozesses vor sich.

Das Nachdampfen findet während des Dampfaustrittes seine Fortsetzung, bei manchen Maschinen, wie z. B. Kondensationsmaschinen ohne Dampfmantel, beginnt es sogar erst mit dem Austritt. Die während desselben der Zylinderwand entzogene Wärme geht aber für die Nutzleistung der Maschine vollständig verloren, da das durch diese Wärme wieder verdampfte Niederschlagwasser ja ins Freie oder in den Kondensator gelangt. Außerdem erhöht das Nachdampfen während des Dampfaustrittes in geringem Maße den Gegendruck der Maschine.

Der vorgeschriebene Wärmeaustausch zwischen Dampf und Zylinderwand und die mit ihm verbundenen Dampf- und Wärmeverluste hängen hauptsächlich ab:

1. Von der Größe der Abkühlflächen. Von diesen Flächen sind namentlich diejenigen des schädlichen Raumes von nachteiligem Einfluß, weil der

frische Dampf mit ihnen zuerst, also am stärksten und längsten in Berührung kommt. Es ist deshalb darauf zu achten, daß diese sogenannten schädlichen Oberflächen nicht nur durch kurze Dampfkanäle, geringes Spiel zwischen Deckel und Kolben in der Totlage, sondern auch an den Steuerungsorganen (Ventilen, Ventilkörben usw.) möglichst beschränkt werden. Der Einfluß dieser Abkühlflächen erklärt es auch, weshalb die Verluste durch Eintrittskondensation mit der Größe und Leistung der Maschine im allgemeinen abnehmen; die Oberflächen einer Maschine wachsen nämlich nur mit dem Quadrate, die Leistung aber mit der 3. Potenz der linearen Abmessungen.

2. Von der Beschaffenheit des Dampfes, und zwar von dem Feuchtigkeitsgehalt und der Dichte desselben. Der Wassergehalt des Dampfes befördert nämlich die Eintrittskondensation insofern, als dieses Wasser sich ebenfalls an der Zylinderwand niederschlägt und deren Kondensationsfähigkeit erhöht. Das bei Beginn des Dampfeintrittes schon im Zylinder befindliche Kondenswasser wirkt in demselben Sinne nachteilig. Durch die Verwendung trockenen Dampfes und durch die schnelle Abführung oder verhütete Bildung von Kondenswasser (Isolierung des Zylinders nach außen) werden demnach die Verluste infolge des Wärmeaustausches verringert.

Von besonders großem Einfluß auf den letzteren ist ferner nach den Versuchen von Prof. *Doerfel, Dwelshauvers-Dery* und anderen[1]) die Dampfdichte. Je geringer diese ist, desto kleiner wird das Wärmeleitungsvermögen des Dampfes und also unter sonst gleichen Verhältnissen auch der Wärmeaustausch und umgekehrt. Bei gesättigtem Dampf, wo die Dichte mit der Spannung zunimmt, ist deshalb durch Steigerung des Druckes über die jetzt gebräuchlichen Werte von *12* bis *15 at* hinaus kaum noch eine bessere Wärmeausnützung des Dampfes in der Kolbendampfmaschine zu erwarten; der Vorteil der höheren Spannung (siehe § 39) wird hier durch die verstärkte Eintrittskondensation aufgehoben. Wohl aber bietet die Überhitzung des Dampfes, bei der mit steigender Temperatur für gleichen Druck die Dichte kleiner wird, ein wirksames Mittel, den Wärmeaustausch und die mit ihm verbundenen Verluste zu beschränken bzw. die Wärmeausnutzung in der Kolbendampfmaschine zu steigern.

Von geringerem Einfluß, als man früher annahm, scheint dagegen auf den Wärmeaustausch zu sein:

3. Das Temperaturgefälle. Je größer die Temperaturdifferenz des ein- und austretenden Dampfes ist, desto höher wird auch der Temperaturüberschuß des Dampfes über die mittlere Temperatur der Zylinderwand. Der Wärmeaustausch müßte also mit der Höhe des Eintrittsdruckes wachsen und mit der des Austrittsdruckes abnehmen, er müßte bei einer Kondensationsmaschine größer als bei der entsprechenden Auspuffmaschine sein. Das letztere haben die Versuche von Prof. *Doerfel*[2]) nicht bestätigt, nach denen überhaupt die

---

[1]) Siehe die Anmerkungen auf S. 13.
[2]) Z. d. V. d. I. 1905, S. 1237.

Zunahme des Temperaturgefälles nach unten hin wenig Einwirkung auf den Wärmeaustausch hatte.

4. **Die Umdrehungszahl und Kolbengeschwindigkeit.** Da mit dem Wachsen beider die Zeit, während welcher der Dampf mit der Zylinderwand in Berührung steht, abnimmt, so müßten hohe Umdrehungszahlen und Kolbengeschwindigkeiten den Wärmeaustausch vermindern. Das hat sich aber nach den Versuchen von Willans nur an Schnelläufern mit hoher Umdrehungszahl und kurzem Hub bestätigt, während nach anderen Versuchen an normalhubigen Maschinen bei hoher Umdrehungszahl das Gegenteil eintrat.

5. **Die Füllung,** mit deren Zunahme sich der Wärmeaustausch nach früheren Annahmen verringern sollte. Nach neueren Angaben ändert sich aber der durch Abkühlung des Eintrittsdampfes entstehende Verlust innerhalb der gebräuchlichen Füllungen wenig oder gar nicht.

§ 8. **Der Dampfmantel und die Dampfüberhitzung.** Zur Verminderung des Wärmeaustausches zwischen Dampf und Zylinderwand werden hauptsächlich drei Mittel angewandt, nämlich

1. **Die Teilung des Temperaturgefälles** durch mehrstufige Expansion des Dampfes in zwei oder drei Zylindern. Hierüber siehe unter „Mehrzylindermaschinen" im nächsten Abschnitt.

2. **Der Dampfmantel,** der früher namentlich bei Sattdampfmaschinen viel zur Anwendung kam. Bei einem Zylinder, der von außen mit frischem Dampf geheizt wird, fallen die Temperaturunterschiede zwischen den inneren Schichten der Zylinderwand und dem die Wand berührenden Dampf geringer als bei fehlender Heizung aus. Infolgedessen wird bei vorhandenem Dampfmantel nicht nur das Nachdampfen früher beendet sein und mehr auf die Expansions- als auf die Austrittsperiode entfallen, sondern auch die Eintrittskondensation geringer werden. Andrerseits sind bei einem geheizten Zylinder die Strahlungsverluste nach außen größer, und es tritt Wärme von der geheizten Wand an den Austrittsdampf über. Die mit dem letzteren Umstande verbundenen Wärmeverluste sind aber nicht bedeutend, denn die Wärmeübertragung erfolgt bei einem Zylinder mit Dampfmantel wegen des geringeren Wasserniederschlages mehr durch Strahlung und weniger durch Leitung. Das Kondenswasser, das durch Nachdampfen (im Zylinder) und Wärmeabgabe an den austretenden Dampf im Heizmantel entsteht und das möglichst bald und sorgfältig abzuführen ist[1]), muß natürlich bei der Bestimmung der Nutzwirkung des Mantels berücksichtigt und von der durch die geringere Eintrittskondensation ersparten Dampfmenge in Abzug gebracht werden. Bei wirksamen Dampfmänteln wird der gesamte Dampfverbrauch um ca. 10 bis 20 vH vermindert und die Menge des Kondenswassers beträgt 7 bis 12 vH des ganzen Dampfverbrauches.

Der Nutzen des Dampfmantels ist bei Sattdampfmaschinen mit starker Eintrittskondensation größer als bei solchen mit schwacher. Der Dampfmantel

---

[1]) Das Mantelkondensat wird, nachdem es gereinigt ist, am besten unmittelbar in den Kessel zurückgeführt.

wirkt deshalb nach S. 15 und 16 bei ihnen um so günstiger auf den Dampfverbrauch ein, je größer unter sonst gleichen Verhältnissen die Abkühlflächen sind und je nasser der Dampf ist; auch fällt sein Nutzen im allgemeinen bei Kondensation größer als bei Auspuff aus. An schnellaufenden Maschinen ist der Vorteil des Mantels geringer als an langsam laufenden, weshalb Schnelläufer mit hoher Umdrehungszahl und kurzem Hub bei Sattdampf meist ohne Dampfmantel ausgeführt werden. An Sattdampfmaschinen mit hoher Kolbengeschwindigkeit, soweit solche noch zur Ausführung kommen, verschwindet der Dampfmantel mehr und mehr. Bezüglich seiner Verwendung an Heißdampfmaschinen siehe nachstehend.

Hinsichtlich der Anordnung und Ausführung des Dampfmantels unterscheidet man Mäntel mit ruhendem und mit strömendem Heizdampf. Bei ruhendem Dampf wird von der Frischdampfleitung der Maschine ein besonderer Zweig nach dem Mantel geführt, bei strömendem geht der frische Dampf, bevor er in den Zylinder tritt, durch den Mantel. Die Ansichten über den Wert beider Heizungsarten sind geteilt; manche halten die Heizung mit strömendem Dampf für wirksamer, weil bei ihr der Heizdampf fortwährend wechselt. Dafür erleidet dieser aber beim Durchströmen des Mantels einen geringen Spannungsabfall, und es ist die Möglichkeit nicht ausgeschlossen, daß ein Teil des Mantelkondensats in den Zylinder übergerissen wird.

Zu einer wirksamen Mantelheizung gehört auch die Heizung der Zylinderdeckel; denn diese nehmen wegen ihrer großen Oberfläche besonders stark am Wärmeaustausch teil und werden auch von dem einströmenden frischen Dampf am stärksten und längsten getroffen.

3. Die Dampfüberhitzung. Ihre Vorteile sind theoretischer und praktischer Art. Der theoretische Vorteil, den der überhitzte Dampf infolge seines größeren Temperaturgefälles und spezifischen Volumens bei gleichem Druck bietet, ist nach § 39 für Auspuffmaschinen etwas größer als für Kondensationsmaschinen, bei beiden aber nur einige vH, zumal Heißdampfmaschinen wegen der stärker abfallenden Expansionslinie im Indikatordiagramm zur Erzielung derselben Leistung eine um 5 bis 15 vH größere Füllung als die entsprechenden Sattdampfmaschinen erhalten müssen.

Weit größer ist der Vorteil, der sich aus der geringeren Dichte des überhitzten Dampfes und der damit verbundenen Verschlechterung seines Wärmeleitungsvermögens ergibt und der zu einer beträchtlichen Verminderung des Wärmeaustausches zwischen Dampf und Zylinderwand führt. So sank nach den auf S. 16 angeführten Versuchen von Prof. *Doerfel* bei einer Steigerung der Überhitzungstemperatur von 25,5 auf 142,5° C die während der Füllung an die Zylinderwand abgegebene Wärmemenge von 2106,5 auf 480,6 *WE*, nach den Versuchen von *Seemann*[1]) bei einer Erhöhung von 0 auf 170° C von 36,2 auf 9,3 vH der ganzen zugeführten Wärmemenge.

Solange nämlich der Dampf im Zylinder überhitzt ist, findet keine Eintrittskondensation statt; diese beginnt erst, wenn er den Sättigungszustand erreicht.

---

[1]) Siehe *Dubbel*, Die Kolbendampfmaschinen und Dampfturbinen. Julius Springer, Berlin.

Bei genügender Überhitzung wird also der den Wärmeaustausch fördernde Wasserniederschlag nicht nur während des Eintrittes, sondern auch mehr oder weniger während der Expansion vermieden. Das Fehlen bzw. die Verminderung dieses Niederschlages beschränkt ferner die Wärmeabgabe der Zylinderwand an den austretenden Dampf; denn obwohl dieser in Auspuffmaschinen bei mäßiger Überhitzung den Zylinder in trocken gesättigtem, bei hoher in überhitztem Zustande verläßt, ergaben die in dieser Hinsicht angestellten Versuche keine Steigerung des Austrittsverlustes gegenüber der Sattdampfmaschine.

Nach *Berner*[1]) ist der Wärmeverbrauch der Einzylindermaschinen unter der Annahme der Proportionalität zwischen Temperatur und Wärmeverbrauch für je 50° Überhitzung

bei Auspuff um mindestens 8 vH,
bei Kondensation um mindestens 7 vH

geringer als beim Betrieb mit gesättigtem Dampf. Für unökonomisch arbeitende Sattdampfmaschinen mit hohem Wärmeverbrauch fällt die Ersparnis, die in den einzelnen Fällen sehr verschieden ist, natürlich bedeutend größer aus.

Die Verminderung des Wärmeaustausches durch die Dampfüberhitzung hat bewirkt, daß Heißdampf-Einzylindermaschinen bei hoher Überhitzung denselben Dampfverbrauch wie Sattdampf-Verbundmaschinen zeigen. Die Folge hiervon ist eine vermehrte Anwendung der Einzylindermaschinen seit der Einführung der Dampfüberhitzung gewesen, und zwar besonders dann, wenn die Ersparnisse, die sich aus der Verzinsung und Abschreibung der billigeren und einfacheren Einzylinder-Heißdampfmaschine gegenüber der teuereren und komplizierteren Sattdampf-Verbundmaschine ergeben, ins Gewicht fallen.

Der Dampfmantel wird für Heißdampfmaschinen von um so geringerem Nutzen sein, je höher der Dampf überhitzt ist. Bei der jetzt gebräuchlichen Überhitzung erhalten deshalb Heißdampfmaschinen meist keinen Dampfmantel mehr, zumal die hohen Temperaturen hier auf eine möglichst einfache Gestaltung des Zylindergußstückes drängen. Nur an Heißdampfmaschinen mit in die Deckel eingebauten Ventilen ist Deckelheizung[2]), die sich dabei aus dem Ventileinbau von selbst ergibt, durch strömenden Dampf üblich, um die von dem einströmenden Dampf am stärksten getroffenen schädlichen Oberflächen (siehe S. 18) auf eine möglichst hohe Temperatur zu bringen und den Eintrittsdampf möglichst vor Abkühlung zu schützen. Bei den Gleichstrommaschinen (siehe § 9) kommt außerdem aus den später angegebenen Gründen noch eine Heizung des Zylinderlaufes an den Enden (Stufenheizung) zur Anwendung.

**§ 9. Die Gleischstrommaschine.** Bei der bisher vorausgesetzten Zylinderausführung tritt der Dampf am Deckel einer jeden Zylinderseite ein und aus, bei Flach- und Kolbenschiebern sogar durch denselben Kanal; der Dampf

---

[1]) Z. d. V. d. I. 1905, S. 1114.
[2]) Durch den Einbau solcher Stromdeckel wurde bei den Versuchen von Prof. *Graßmann* ein Gewinn von 3 vH im Wärmeverbrauch erzielt.

muß also nach beendigtem Kolbenhub seine Richtung wechseln, um in den Austritt zu gelangen. Maschinen mit solchen Zylindern bezeichnet man als Wechselstrommaschinen im Gegensatz zu den Gleichstrommaschinen, bei denen der Dampf wie in der Dampfturbine den Zylinder zum größten Teil immer in derselben Richtung durchströmt und nur die zur Kompression abgesperrte Dampfmenge der Rückbewegung unterworfen ist. Erreicht wird dies nach Fig. 8, die einer Ausführung von Prof. *Stumpf*, Berlin, entspricht, durch

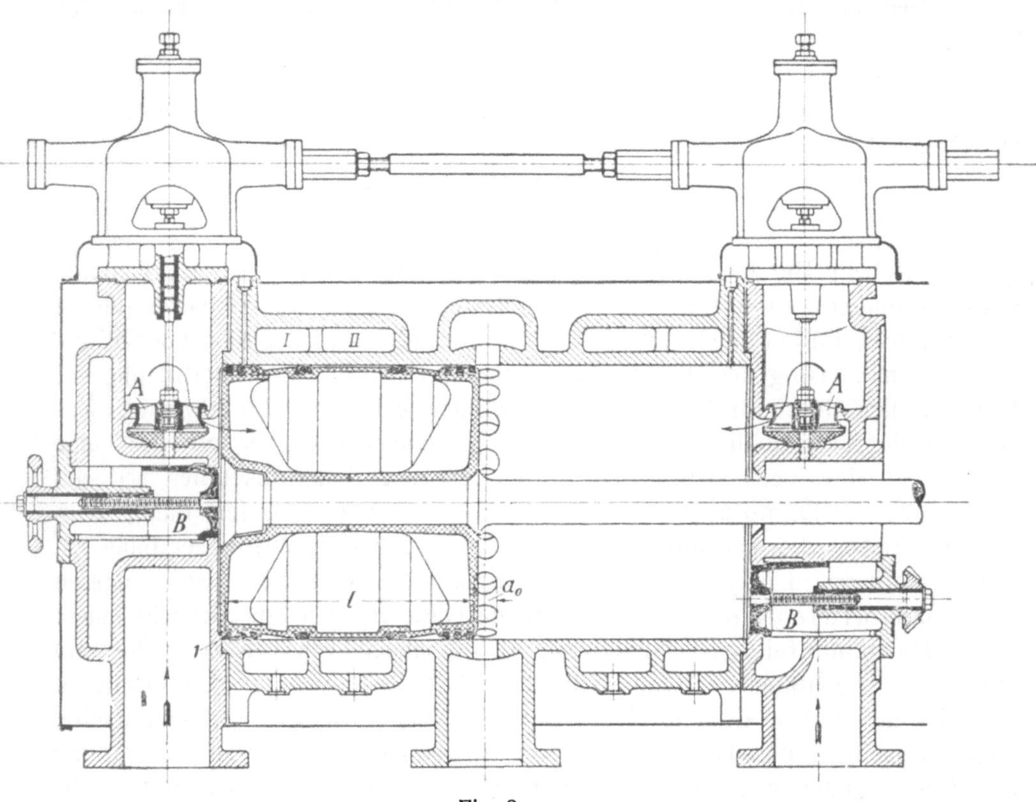

Fig. 8.

Anordnung des Auslasses in der Zylindermitte und Steuerung desselben durch den Dampfkolben. Ist dann die Weite des Auslasses wie gewöhnlich $a_0 = \frac{1}{10}$ des Kolbenhubes, so betragen für unendlich lange Schubstange

Füllung $+$ Expansion 90 vH,
Dampfvoraustritt und Dampfaustritt je 10 vH,
Kompression $+$ Voreintritt wieder 90 vH

des Hubes. Dabei muß der Kolben eine Länge von $\sim \frac{9}{10}$ des letzteren erhalten.

Die Auslaßschlitze münden in einen dem Zylinder angegossenen wulstartigen Kanal, an den der Kondensator möglichst unmittelbar anzuschließen ist. Der frische Dampf durchströmt zuerst die Zylinderdeckel, wodurch diese geheizt werden, und gelangt dann durch die Einlaßventile $A$ in den Zylinder. Für gewöhnlich wird mit Kondensation gearbeitet, und nur für vorübergehenden Auspuffbetrieb sind Zuschaltventile *B* angeordnet, durch welche die schädlichen Räume, die bei Kondensation 1,5 vH betragen, vergrößert werden können, da sonst die Kompressionsendspannung zu hoch ausfallen würde.

Fig. 9 gibt das Indikatordiagramm einer Gleichstrommaschine bei Kondensation.

Gleichstrommaschinen haben einen Dampfverbrauch ergeben, der den der besten Verbundmaschinen erreicht. Man hat diese gute Wirkungsweise dem Gleichstrom des Dampfes im Zylinder zugeschrieben und in ihm eine thermische Verbesserung gegenüber dem Wechselstrom zu sehen geglaubt. Entsprechend der oben angeführten Heizung des Gleichstromzylinders, nach der die Heiztemperatur der Deckelflächen am höchsten, die der äußersten Zylinderenden (*I* in Fig. 8) etwas niedriger und die der inneren (*II*) am niedrigsten (Stufenheizung) ist, während der mittlere Zylinderteil gar nicht geheizt wird, soll sich bei Gleichstrom eine günstigere Temperaturschichtung des Dampfes im Zylinder als bei Wechselstrom einstellen, und man hat angenommen, daß die in den schädlichen Räumen und an den Deckeln befindlichen Dampfschichten gar nicht bis an die Austrittsschlitze

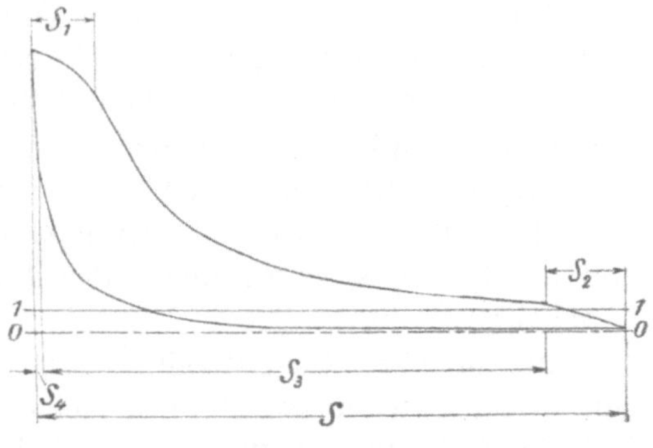

Fig. 9.

gelangen, die in ihnen befindlichen Wärmemengen also nicht durch den Austritt verloren gehen können. Dem widerspricht aber die Überlegung, daß der Dampfaustritt, zumal wenn er wie bei der Gleichstrommaschine auf die sehr kurze Zeit von nur $\sim \frac{1}{10}$ des Hubes beschränkt ist, äußerst lebhaft vor sich geht. Es dürfte deshalb wahrscheinlicher sein, daß sich der Dampf am Ende der Expansion wie bei allen anderen Kondensationsmaschinen auch im Gleichstromzylinder überall in annähernd gleichem, nassen Zustande befindet und höchstens an den Deckeln getrocknet ist. Dann aber spielt bei Gleichstrom die Kolbenfläche dieselbe Rolle wie der Zylinderdeckel bei Wechselstrom, und es wird an beiden der gleiche Wärmeaustausch zwischen Dampf und Wand vor sich gehen.

Der geringe Dampfverbrauch der Gleichstrommaschinen beruht vielmehr auf den Konstruktionsvorteilen ihrer Zylinder. Dazu gehören: die geringen schädlichen Räume und Abkühlflächen, wie sie durch den Einbau der Einlaßventile in die Zylinderdeckel und die fehlenden Auslaßkanäle und -ventile erzielt werden, im Verein mit der starken Deckelheizung durch den strömenden Eintrittsdampf, ferner der Umstand, daß der Auslaß nur während eines kleinen Hubteiles mit dem Arbeitsdampf in Berührung steht und deshalb zum größten Teil vom Wärmeaustausch mit diesem ausgeschlossen ist, sowie endlich die großen Auslaßquerschnitte, die in Verbindung mit dem unmittelbaren Anschluß des Kondensators an den Zylinder äußerst geringe Widerstände für den austretenden Dampf ergeben und das bei Gleichstrommaschinen übliche hohe Vakuum der Kondensation auch im Dampfzylinder voll zur Wirkung kommen lassen. Diese Vorteile, auf die Wechselstrommaschine übertragen, dürften auch bei dieser zu dem gleichen Dampfverbrauch wie bei der Gleichstrommaschine führen. Den Beweis hierfür haben die Versuche erbracht, die Prof. *Graßmann* in Karlsruhe an zwei Maschinen vorgenommen hat, welche die gleichen Abmessungen und die gleichen schädlichen Räume und Oberflächen der Größe und Form nach besaßen, auch mit derselben Kompression und Austrittsspannung arbeiteten, bei denen aber die Strömungsrichtung des Dampfes im Zylinder, ganz unabhängig von den anderen Verhältnissen, einmal im Wechselstrom wie bei normal gebauten Maschinen, das andere Mal im Gleichstrom wie bei der Gleichstrommaschine verlief. Das Ergebnis dieser Versuche war völlige Gleichheit im Dampf- und Wärmeverbrauch beider Maschinen.

§ 10. **Die Berechnung der Einzylindermaschinen.** Die Fläche des Indikatordiagrammes, gemessen im Arbeitsmaßstabe, ist nach S. 7 gleich der Arbeit, die vom Dampf auf *1 qcm* der nutzbaren Kolbenfläche während einer Umdrehung verrichtet wird. Ist für die Deckelseite:

$p_i$ der mittlere indizierte Druck in *at*, das ist die im Druckmaßstab gemessene mittlere Höhe des Diagrammes (Höhe des Rechteckes, das mit letzterem gleichen Flächeninhalt hat),

$O$ die nutzbare Kolbenfläche in *qcm*, also die Kolbenfläche unter Abzug des auf dieser Seite durchtretenden Kolbenstangenquerschnittes, und

$S$ der Kolbenhub in *m*, zugleich die im Längenmaßstab gemessene Basis des Diagrammes,

$n$ die minutliche Umdrehungszahl,

so beträgt der Flächeninhalt des Indikatordiagrammes $p_i \cdot S$, die indizierte Arbeit des Dampfes auf der Deckelseite während einer Umdrehung also $p_i \cdot O \cdot S$. Da während *1 sk* $n/60$ Umdrehungen gemacht werden, so folgt weiter als indizierte Leistung dieser Seite in *mkg*

$$p_i \cdot O \cdot S \frac{n}{60},$$

oder mit der mittleren Kolbengeschwindigkeit $c_m = \dfrac{S \cdot n}{30}$,

$$\frac{1}{2} p_i \cdot O \cdot c_m.$$

Für die Kurbelseite ist entsprechend mit $p_i'$ und $O'$

$$\frac{1}{2} p_i' \cdot O' \cdot c_m$$

zu setzen, so daß sich für die indizierte Leistung der Maschine in *PS*

$$N_i = \frac{1}{2 \cdot 75} (p_i \cdot O + p_i' \cdot O') c_m \quad \dotfill \quad 1$$

ergibt. Für $O' = O$ und $p_i' = p_i$ wird

$$N_i = \frac{p_i \cdot O \cdot c_m}{75} \quad \ldots \ldots \ldots \ldots \ldots \text{1a}$$

Die Nutz- oder effektive Leistung in $PS$ (gemessen an der Kurbelwelle) ist bei einem mechanischen Wirkungsgrade

$$\eta_m = \frac{N_e}{N_i} \qquad N_e = \eta_m \cdot N_i \quad \ldots \ldots \ldots \ldots \text{2}$$

Gl. 1 und 2 können ohne weiteres zur Berechnung der Leistung einer vorhandenen oder vorhanden gedachten Maschine von gegebenen Abmessungen benützt werden; im ersten Falle sind $p_i$ und $p_i'$ aus den entnommenen Indikatordiagrammen zu bestimmen (siehe § 36), im zweiten in der später angegebenen Weise zu ermitteln.

Für eine zu entwerfende, neue Maschine von gegebener Nutzleistung dagegen können Gl. 1 und 2 in der Form

$$O = \frac{75 \cdot N_i}{p_i \cdot c_m} = \frac{75}{p_i \cdot c_m} \frac{N_e}{\eta_m} \quad \ldots \ldots \ldots \ldots \text{3}$$

zur Berechnung der erforderlichen nutzbaren Kolbenfläche dienen.

Die mittlere indizierte Spannung $p_i$ muß dann entweder aus einem zu entwerfenden Indikatordiagramm (siehe § 11) bestimmt oder nach den Angaben in § 13 berechnet werden.

Die zu wählende mittlere Kolbengeschwindigkeit $c_m$ ist im fortwährenden Steigen begriffen und beträgt jetzt

$$c_m = 3 \text{ bis } 5 \ m/sk \text{ bei Ventil-,}$$
$$c_m = 2,5 \text{ bis } 3,5 \ m/sk \text{ bei Schiebermaschinen.}$$

Der zu schätzende mechanische Wirkungsgrad $\eta_m$ hängt von der Größe, Ausführung und Wartung der Maschine ab und kann

$$\eta_m = 0,85 \text{ bis } 0,95 \text{ für Auspuff-,}$$
$$\eta_m = 0,83 \text{ bis } 0,93 \text{ für Kondensationsmaschinen}$$

gesetzt werden, wobei die höheren Werte nur für größere, modern gebaute und gut eingelaufene Maschinen bester Ausführung und bei guter Wartung gelten.

Die *Maschinenbau-Anstalt Humboldt* in Kalk bei Köln gibt für ihre liegenden Ventilmaschinen die folgenden Wirkungsgrade an:

| Zylinderbohrung | 300 | 325 | 325 | 375 | 375 | 425 | 500 | 550 | 600 | 650 |
|---|---|---|---|---|---|---|---|---|---|---|
| Hub | 450 | 500 | 600 | 600 | 700 | 700 | 800 | 900 | 1000 | 1100 |
| Auspuff $\eta_m =$ | 0,87 | 0,89 | 0,89 | 0,895 | 0,895 | 0,90 | 0,90 | 0,905 | 0,905 | 0,91 |
| Kondensation $\eta_m =$ | 0,85 | 0,86 | 0,86 | 0,865 | 0,87 | 0,87 | 0,875 | 0,88 | 0,88 | 0,885 |

Aus der berechneten nutzbaren Kolbenfläche $O$ folgt weiter bei einem Zuschlage von 1,5 bis 3 vH für den Kolbenstangenquerschnitt die Zylinderbohrung $D$ in $m$ aus

$$D^2 \frac{\pi}{4} = \frac{1,015\,O}{10000} \text{ bis } \frac{1,03\,O}{10000} \quad \ldots \ldots \ldots \text{4}$$

Der Hub $S$ und die minutliche Umdrehungszahl $n$ endlich müssen der Bedingung

$$c_m = \frac{S \cdot n}{30}$$

genügen. Hiernach ist $S$ bei gewähltem $n$ zu berechnen, wobei die nachstehenden Angaben zu berücksichtigen sind. Die Umdrehungszahl beträgt

$n = 105$ bis $180$ für Ventilmaschinen mit Schubkurven-,

$n = 90$ bis $130$ $(140)$ für solche mit Ausklinksteuerung,

$n = 90$ bis $120$ für Maschinen mit älterer Schiebersteuerung,

$n = 150$ bis $300$ für solche mit neuerer Kolbenschiebersteuerung.

Das Hubverhältnis ist gewöhnlich

$S/D = 1,3$ bis $1,8$ für liegende normale Betriebsmaschinen,

$S/D = 0,9$ bis $1,3$ für stehende normale Maschinen und liegende oder stehende Schnelläufer.

Großer Hub verringert die schädlichen Räume und Oberflächen sowie die Undichtigkeitsverluste des Kolbens. Die nachteilige Wirkung der schädlichen Räume fällt aber bei Heißdampf weniger ins Gewicht. Kurzer Hub vermindert die Herstellungskosten und Längenausdehnungen der Maschine durch Erwärmung, gestattet auch eine bessere Unterstützung des Kolbens durch die Kolbenstange. Die Fabriken wählen, um nicht zu viel verschiedene Triebwerke für ihre Maschinen zu erhalten, den Hub für kleinere Maschinen (mit $S$ unter $0,5\ m$) in Stufen von $50$, für größere in Stufen von $100\ mm$.

1. Liegende Schiebermaschinen der Dinglerschen Maschinenfabrik, Zweibrücken.

| Zylinder-Durchmesser | Hub | Umdrehungszahl | Mittl. Kolbengeschwindigkeit | Effektive Leistung in PS — Eintrittsspannung in *at abs.* | | | | | | | | | | | | | |
| --- | --- | --- | --- | --- | --- | --- | --- | --- | --- | --- | --- | --- | --- | --- | --- | --- | --- |
| | | | | 6 | | 7 | | 8 | | 9 | | 10 | | 11 | | 12 | |
| Auspuff | | | | Füllung | | | | | | | | | | | | | |
| mm | mm | max. | m/sk | 0,25 norm. | 0,40 max. | 0,23 norm. | 0,38 max. | 0,20 norm. | 0,35 max. | 0,18 norm. | 0,32 max. | 0,16 norm. | 0,27 max. | 0,14 norm. | 0,24 max. | 0,12 norm. | 0,22 max. |
| 225 | 350 | 225 | 2,63 | 28 | 37 | 34 | 45 | 38 | 50 | 42 | 56 | 45 | 60 | — | — | — | — |
| 250 | 400 | 200 | 2,67 | 35 | 46 | 43 | 58 | 48 | 64 | 52 | 70 | 55 | 75 | — | — | — | — |
| 275 | 450 | 190 | 2,85 | 45 | 60 | 56 | 75 | 62 | 84 | 68 | 90 | 72 | 96 | — | — | — | — |
| 300 | 500 | 180 | 3,00 | 58 | 78 | 70 | 95 | 78 | 105 | 85 | 115 | 90 | 120 | — | — | — | — |
| 325 | 550 | 170 | 3,12 | 72 | 96 | 85 | 115 | 95 | 130 | 105 | 140 | 110 | 150 | 115 | 155 | 120 | 160 |
| 350 | 600 | 160 | 3,20 | 85 | 115 | 100 | 140 | 115 | 155 | 125 | 170 | 135 | 180 | 140 | 185 | 145 | 190 |

| Kondensation | | | | Füllung | | | | | | | | | |
| --- | --- | --- | --- | --- | --- | --- | --- | --- | --- | --- | --- | --- | --- |
| mm | mm | max. | m/sk | 0,14 norm. | 0,30 max. | 0,13 norm. | 0,26 max. | 0,12 norm. | 0,22 max. | 0,11 norm. | 0,20 max. | 0,09 norm. | 0,18 max. |
| 275 | 450 | 190 | 2,85 | 45 | 70 | 56 | 78 | 62 | 84 | 68 | 90 | 72 | 96 |
| 300 | 500 | 180 | 3,00 | 58 | 90 | 70 | 100 | 78 | 105 | 85 | 115 | 90 | 120 |
| 325 | 550 | 170 | 3,12 | 72 | 110 | 85 | 120 | 95 | 130 | 105 | 140 | 110 | 150 |
| 350 | 600 | 160 | 3,20 | 85 | 130 | 100 | 145 | 115 | 155 | 125 | 170 | 135 | 180 |

2. Liegende Ventilmaschinen von *A. Borsig*, Berlin-Tegel.

| Zylinder-Hub | Durchmesser | Umdrehungszahl | Mittl. Kolbengeschwindigkeit | Auspuff 8,5 | | Auspuff 10,5 | | Auspuff 12,5 | | Kondensation 8,5 | | Kondensation 10,5 | | Kondensation 12,5 | |
|---|---|---|---|---|---|---|---|---|---|---|---|---|---|---|---|
| *mm* | *mm* | | *m/sk* | norm. | max. | norm. | max. | norm. | max. | norm. | max. | norm. | max. | norm. | max. |
| 500 | 280 | 170 | 2,83 | 44 | 57 | 60 | 78 | 76 | 98 | 42 | 55 | 53 | 69 | 64 | 83 |
| | 305 | 170 | 2,83 | 52 | 68 | 69 | 90 | 96 | 125 | 49 | 64 | 63 | 82 | 77 | 100 |
| | 360 | 170 | 2,83 | 73 | 95 | 100 | 130 | 125 | 162 | 70 | 91 | 88 | 114 | 106 | 138 |
| 600 | 325 | 155 | 3,10 | 65 | 85 | 88 | 114 | 110 | 143 | 62 | 80 | 79 | 103 | 96 | 125 |
| | 350 | 155 | 3,10 | 75 | 97 | 100 | 130 | 125 | 162 | 72 | 94 | 92 | 120 | 112 | 155 |
| | 400 | 160 | 3,20 | 99 | 130 | 139 | 180 | 178 | 232 | 100 | 130 | 124 | 160 | 148 | 192 |
| 700 | 360 | 135 | 3,15 | 81 | 105 | 110 | 143 | 138 | 180 | 78 | 101 | 100 | 130 | 122 | 158 |
| | 390 | 135 | 3,15 | 96 | 125 | 130 | 169 | 162 | 210 | 92 | 115 | 115 | 150 | 138 | 180 |
| | 430 | 150 | 3,50 | 137 | 178 | 185 | 240 | 232 | 302 | 130 | 163 | 166 | 216 | 200 | 260 |
| 800 | 400 | 125 | 3,33 | 104 | 135 | 142 | 184 | 180 | 234 | 103 | 134 | 129 | 168 | 145 | 188 |
| | 430 | 125 | 3,33 | 124 | 161 | 168 | 218 | 212 | 276 | 119 | 155 | 150 | 195 | 180 | 234 |
| | 500 | 135 | 3,60 | 180 | 234 | 244 | 317 | 308 | 400 | 175 | 228 | 218 | 284 | 260 | 338 |
| 900 | 450 | 125 | 3,75 | 152 | 198 | 206 | 268 | 250 | 325 | 145 | 188 | 185 | 240 | 225 | 292 |
| | 480 | 125 | 3,75 | 173 | 225 | 235 | 305 | 290 | 380 | 167 | 217 | 210 | 273 | 253 | 329 |
| | 550 | 125 | 3,75 | 230 | 299 | 310 | 405 | 390 | 507 | 220 | 286 | 276 | 359 | 330 | 430 |
| 1000 | 500 | 107 | 3,57 | 181 | 236 | 246 | 320 | 310 | 403 | 172 | 224 | 216 | 281 | 260 | 338 |
| | 535 | 107 | 3,57 | 207 | 269 | 282 | 366 | 356 | 463 | 198 | 258 | 250 | 325 | 300 | 390 |
| | 610 | 125 | 4,17 | 312 | 406 | 425 | 550 | 535 | 695 | 300 | 390 | 380 | 495 | 460 | 600 |

Die vorstehende Tabelle enthält die Leistungen normaler Einzylindermaschinen. Sie entsprechen ungefähr dem auf S. 35 in Gl. 9 angegebenen Schätzungswert von $p_i$. Die Spannungen sind die Eintrittsspannungen an der Maschine (Schieber-, Ventilkasten), die Füllungen gelten für Sattdampf; bei überhitztem Dampf sind sie je nach der Überhitzung um 2 bis 3 vH. größer.

**§ 11. Die Konstruktion des Indikatordiagrammes für eine zu entwerfende Einzylindermaschine.** Die mittlere indizierte Spannung $p_i$ einer zu berechnenden neuen Maschine von gegebener Leistung bestimmt sich am einfachsten aus einem Indikatordiagramm, das mit Hilfe der nachstehenden Angaben konstruiert wird und auch für den Entwurf der Steuerung benutzt werden kann.

Die Basis des Diagrammes wird zweckmäßig gleich *100 mm* genommen, der Kräftemaßstab so gewählt, daß die Diagrammhöhe *60* bis *70 mm* nicht übersteigt[1]).

Die Länge des schädlichen Raumes $S_0 = m \cdot S$, bezogen auf die nutzbare Kolbenfläche $O$, kann je nach dem Verhältnis $S/D$ von Kolbenhub und Zylinderbohrung für die folgenden Werte des Koeffizienten $m = S_0/S$ aufgetragen werden.

$m = 5$ bis 10 vH für Flachschieber,

$m = 7$ bis 16 vH für Kolbenschieber,

$m = 3$ bis 6 vH für Drehschieber,

$m = 6$ bis 12 vH für Ventile über und unter dem Kolbenlauf,

$m = 4$ bis 6 vH für solche im Deckel bis herab auf

$m = 1,5$ bis 3,5 vH für Gleichstrommaschinen und solche mit äußerst knapp bemessenen schädlichen Räumen.

[1]) In den Diagrammen des Buches sind diese Verhältnisse anderer Umstände wegen nicht innegehalten.

Die Eintrittsspannung $p_1$ legt den Punkt $a$ (Fig. 10) fest. Da der Dampf in der Leitung, den inneren Steuerungsorganen und den Zylinderkanälen einen Spannungsabfall infolge von Reibung, Drosselung usw. erleidet, so ist $p_1$ stets kleiner, und zwar im Mittel um *0,5 at*, als die Kesselspannung, oder um *0,1* bis *0,2 at* kleiner als die Spannung $p_0$ vor der Maschine zu nehmen. Bei kurzen und genügend weiten Leitungen sowie reichlich bemessenen Durchgangsquerschnitten der Abschlußorgane und Kanäle kann dieser Wert bis auf die Hälfte sinken, im entgegengesetzten Falle aber bis auf das Doppelte steigen.

Nach Prof. *Gutermuth* bestimmt sich der Spannungsabfall in der Leitung zu

$$z = \frac{15}{10^6} \gamma \frac{l}{d} v^2,$$

wenn

$\gamma$ die Dichte des Dampfes (siehe die Tabellen im „Anhang" des Buches) von
  der mittleren Spannung der Leitung,

$l$ die Länge der letzteren in *m*,

$d$ deren lichten Durchmesser in *cm*,

$v$ die mittlere Geschwindigkeit des Dampfes in derselben in *m/sk*

bezeichnet.

Die Größe des Füllungsweges $S_1$ ergibt sich durch Rückwärtskonstruktion der Expansionslinie von einer gewählten Expansionsendspannung $p_e$ (Punkt $e$ in Fig. 10) aus. Man wählt

$$p_e = \textit{1,6} \text{ bis } \textit{2 at abs.}$$
für Auspuff,
$$p_e = \textit{0,6} \text{ bis } \textit{1 at abs.}$$
für Kondensation,

und zwar nach S. 9 im allgemeinen um so kleiner, je höher die Brennstoffpreise sind; auch niedriger bei ununterbrochenem Betriebe als bei solchem mit häufiger Unterbrechung.

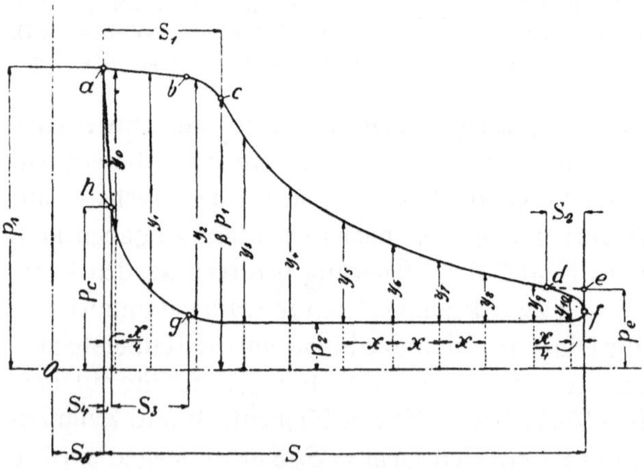

Die Eintrittslinie $a\,b\,c$ wird meist schräg abfallend und mit einem Bogen in die Expansionslinie übergehend in das Diagramm gezeichnet. Der Abfall ist um so stärker zu nehmen, mit je höherer Geschwindigkeit der Dampf voraussichtlich durch die Steuerungskanäle strömen muß, der Bogen um so größer, je schleichender die Steuerung die Kanäle schließen wird. Die Endspannung $p_a = \beta p_1$ des Dampfeintrittes, die zugleich die Anfangsspannung der Expansion bildet, kann dementsprechend um *1* bis *2,5 at* kleiner als $p_1$ angenommen werden.



Fig. 10.

Die Expansionslinie $cd$ wird nach S. 10 bei gesättigtem Dampf als gleichseitige Hyperbel ($p \cdot v = $ konst.), bei überhitztem als Polytrope ($p \cdot v^n = $ konst.) mit einem Exponenten $n = 1{,}05$ bis $1{,}25$ für die jetzt gebräuchlichen Dampftemperaturen von 250 bis 350° C im Anschluß an die nachstehende Tabelle von *A. Hinz*[1]), und zwar fallend mit zunehmender Anfangsspannung, steigend mit zunehmender Anfangsüberhitzung und Füllung, von $e$ aus rückwärts eingetragen. Konstruktion der gleichseitigen Hyperbel und Polytrope siehe § 12.

Werte des Exponenten n der Expansionslinie.

| | | $p_1 = 8$ | 10 | 12 | 14 | 16 *at abs.* |
|---|---|---|---|---|---|---|
| Dampfanfangs- | 250° C | 1,12 | 1,11 | 1,10 | 1,09 | 1,08 |
| temperatur | 300° C | 1,18 | 1,17 | 1,16 | 1,15 | 1,14 |
| | 350° C | 1,24 | 1,23 | 1,22 | 1,21 | 1,20 |

Der Voraustritt muß um so größer gemacht werden, je größer die Umdrehungszahl oder Kolbengeschwindigkeit der Maschine ist, und beträgt meist

für Auspuff 8 bis 15 vH ($S_2 = 0{,}08\,S$ bis $0{,}15\,S$ in Fig. 10),<br>für Kondensation 10 bis 20 vH ($S_2 = 0{,}1\,S$ bis $0{,}2\,S$).

Die Voraustrittslinie ist nach Gefühl einzuzeichnen.

Die Austrittslinie $fg$ verläuft im Anschluß an die Voraustrittskurve zur Hauptsache horizontal und steigt nur gegen Ende, entsprechend dem langsameren oder schnelleren Schluß des Auslaßkanales, mehr oder weniger an. Die Austrittsspannung ist gewöhnlich

für Auspuff $p_2 = 1{,}1$ bis $1{,}2$ *at abs.*,<br>für Kondensation $p_2 = 0{,}1$ bis $0{,}2$ *at abs.*

je nach der Länge der Auslaßleitung und der Widerstände in ihr. Für Schlitzauslaß und dicht anschließenden Kondensator (Gleichstrommaschinen) kann $p_2$ sogar noch unter $0{,}1$ *at* sinken, während bei Temperaturen des Ausgußwassers von über 45° C entsprechend höhere Werte als $0{,}2$ *at* vorkommen. Das letztere gilt auch für Auspuff bei Verwertung des Abdampfes zu Heiz- oder anderen Zwecken, wo Gegendrucke bis zu 5 oder 6 *at* auftreten.

Die Kompressionskurve $gh$ wird vom Punkte $h$ in Fig. 10 aus rückwärts als Polytrope (siehe § 12) konstruiert, wobei der Exponent $n$ nach der „Hütte" gleich $1{,}1$ bis $1{,}3$, und zwar der untere Wert für Kondensation, die oberen für Auspuff je nach der Stärke der Kompression zu nehmen sind. In Kondensationsmaschinen (ausgenommen Gleichstrommaschinen) steigt die Kompressionsendspannung $p_c$ selten über $1$ *at abs.*, bei Auspuff muß sie mindestens um ca. $p_1/3$ unter der niedrigsten Eintrittsspannung $p_1$ bleiben. An Schiebersteuerungen ist auch Rücksicht auf die übrigen Steuerungsverhältnisse zu nehmen. Meist wird man deshalb $p_c$ probeweise einführen.

Der Voreintritt hat im Durchschnitt eine Größe von 0,8 bis 2 vH ($S_4 = 0{,}992\,S$ bis $0{,}98\,S$ in Fig. 10). In das Diagramm wird er als gerade Linie eingetragen.

---

[1]) Siehe die Anmerkung auf S. 41.

Die Angaben über die Dauer des Vorein- und Voraustrittes gelten nicht für Maschinen mit nur einem Steuerungsorgan für Ein- und Auslaß; hier lassen sich bezüglich dieser Perioden keine allgemeinen Angaben machen, da sie wieder andere Perioden bestimmen und also auch von diesen abgängig sind.

Um aus dem entworfenen Indikatordiagramm die mittlere indizierte Spannung $p_i$ zu erhalten, bedient man sich entweder des Planimeters oder der nachstehenden Regel. Durch Umfahren mit dem Planimeter bekommt man den Flächeninhalt und durch Division dieses Inhaltes durch die Diagrammlänge die mittlere Höhe bzw. $p_i$. Planimeter, die zur Berechnung von Diagrammen eingerichtet sind, ergeben die mittlere Diagrammhöhe unmittelbar, wenn man die zu diesem Zwecke angebrachten Spitzen um die Diagrammlänge auseinanderstellt. Bei der Bestimmung von $p_i$ ohne Hilfe des Planimeters wird die Länge des Diagrammes nach Fig. 10 in zehn gleiche Teile zerlegt. Mit den Ordinaten $y_0$, $y_1$ ... $y_{10}$, von denen $y_0$ im ersten Viertel des ersten, $y_{10}$ im letzten Viertel des letzten Teiles steht, ergibt sich dann im Kräftemaßstab

$$p_i = \frac{1}{10} \left( \frac{y_0}{2} + y_1 + y_2 + y_3 + y_4 + y_5 + y_6 + y_7 + y_8 + y_9 + \frac{y_{10}}{2} \right)$$

**§ 12. Die Konstruktion der Expansions- und Kompressionslinien.** Die bei gesättigtem Eintrittsdampf, entsprechend dem Gesetz $p \cdot v = \text{konst.}$, in das zu entwerfende Indikatordiagramm als gleichseitige Hyperbel einzutragende Expansionskurve kann nach den beiden folgenden Verfahren gezeichnet werden:

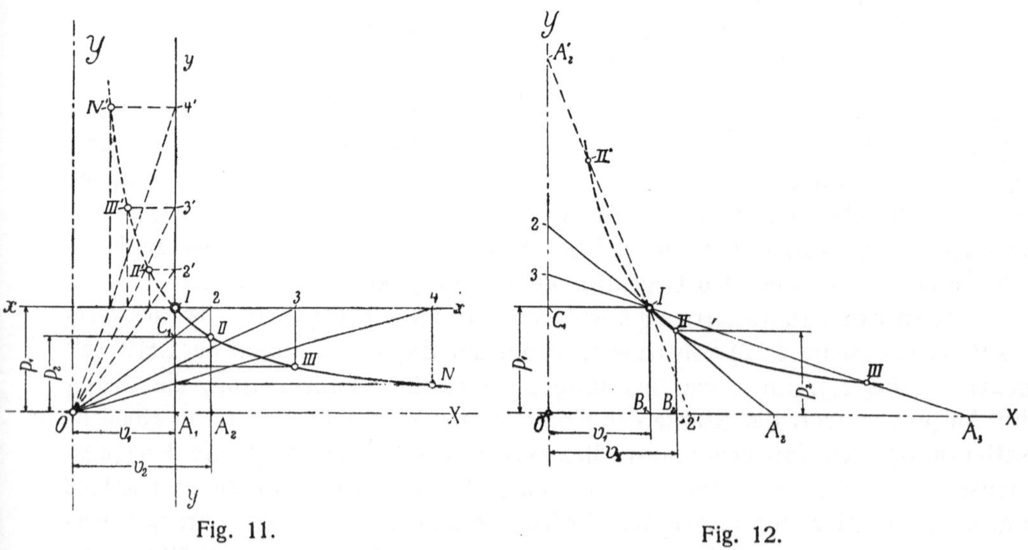

Fig. 11.      Fig. 12.

1. Ist in Fig. 11 $I\,(p_1, v_1)$ der Punkt, durch den die Kurve gehen soll, so sucht man die Schnittpunkte der beliebigen Strahlen $O\,2, O\,3, O\,4 \ldots$ mit der Horizontalen $x - x$ und der Vertikalen $y - y$ durch $I$ auf und legt durch je zwei zusammengehörige Schnittpunkte wieder eine Vertikale bzw. Horizontale. Diese schneiden sich dann in den Punkten $II, III, IV \ldots$ der Kurve. Die

rechts und unterhalb von *I* gehenden Strahlen *O 2*, *O 3*, *O 4* ... liefern die Expansionskurve *I II III IV* ... die links und oberhalb von *I* laufenden Strahlen *O 2'*, *O 3'*, *O 4'* ... dagegen die Kompressionskurve *I II' III' IV'* ...

Die Richtigkeit des Verfahrens folgt aus

$$\frac{O\,A_1}{O\,A_2} = \frac{A_1 C_1}{A_2\,2} \quad \text{oder} \quad \frac{v_1}{v_2} = \frac{p_2}{p_1}$$

oder
$$v_1 \cdot p_1 = v_2 \cdot p_2 = \text{konst.}$$

2. Legt man nach Dr. *R. Proell* (Fig. 12) durch den Punkt *I* eine Anzahl beliebiger Geraden *2 $A_2$*, *3 $A_3$* ... und macht $A_2\,II = I\,2$, $A_3\,III = I\,3$..., so sind *II, III* Punkte der Expansionskurve. Für die Kompressionskurve hat man entsprechend $A_2'\,II' = I\,2'$ zu machen, um z. B. den Punkt *II'* zu bekommen.

Die Linien durch *I* brauchen nicht gezogen zu werden; es genügt, die Kante eines Dreiecks durch *I* zu legen und die betreffenden Strecken durch den Zirkel abzustechen. Die gleichseitige Hyperbel entsteht dann durch Markierung von Zirkelstichen allein, und jede Hilfslinie kommt in Wegfall.

Die Richtigkeit des Verfahrens ergibt sich aus

$$\frac{A_2 B_2}{A_2 B_1} = \frac{II\,B_2}{I\,B_1},$$

oder da

$$A_2 B_2 = I\,C_1 = v_1,$$
$$A_2 B_1 = O\,B_2 = v_2$$

ist,

$$\frac{v_1}{v_2} = \frac{p_2}{p_1}$$

oder

$$v_1 \cdot p_1 = v_2 \cdot p_2 = \text{konst.}$$

Bei überhitztem Eintrittsdampf wird für die Expansionslinie, ebenso wie für die Kompressionslinie bei gesättigtem oder überhitztem Eintrittsdampf, eine Polytrope nach dem Gesetz $p \cdot v^n = \text{konst.}$ gewählt. Angaben über den Exponenten *n* siehe § 11. Die Polytrope kann mit genügender Annäherung als Adiabate (Expansion oder Kompression ohne Wärmezu- und -abfuhr) des Wasserdampfes gelten für

$n = 1{,}135$ bei anfänglich trocken gesättigtem Dampf,

$n = 1{,}035 + 0{,}1\,x$ bei anfänglich nassem Dampf (spezifische Dampfmenge $\quad x > 0{,}7$),

$n = 1{,}3$ bei anfänglich überhitztem Dampf.

Zur Konstruktion der Polytrope können die beiden folgenden Verfahren dienen:

Das erste (Fig. 13) rührt von *Brauer*[1]) her. Ist $I\,(p_1, v_1)$ wieder der Anfangspunkt, so legt man von *O* aus unter dem Winkel $\alpha$ zur *X*-Achse die Gerade *ON* und unter dem Winkel $\beta$ zur *Y*-Achse die Gerade *OM*. $\alpha$ ist beliebig, $\beta$ durch die Gleichung

$$1 + \operatorname{tg}\beta = (1 + \operatorname{tg}\alpha)^n$$

---

[1]) Z. d. V. d. I. 1885, S. 433.

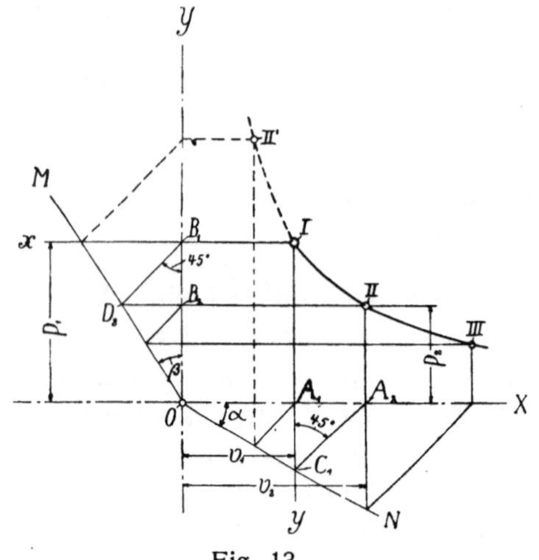

Fig. 13.

bestimmt. Zieht man dann durch $I$ die Horizontale $Ix$ und Vertikale $Iy$, sowie durch die hiermit erhaltenen Punkte $B_1$ und $C_1$ 45°-Linien, so bestimmt die durch $D_2$ und $A_2$ gezogene weitere Horizontale bzw. Vertikale den Punkt $II$ der Expansionskurve. Von $II$ aus kann das Verfahren in derselben Weise fortgesetzt werden. In umgekehrter Reihenfolge ergibt es den Punkt $II'$ der Kompressionskurve. $\alpha$ darf nicht zu groß gewählt werden, wenn möglichst viele Punkte der Kurve erhalten werden sollen.

Für häufige Werte von $n$ gibt die folgende Tabelle den Winlel $\beta$, wenn $\alpha = 30°$ gewählt wird:

| $n =$ | 1,00 | 1,05 | 1,10 | 1,15 | 1,20 | 1,25 | 1,30 |
|---|---|---|---|---|---|---|---|
| $\beta =$ | 30° | $31\frac{1}{2}°$ | 33° | $34\frac{1}{2}°$ | 36° | $37\frac{1}{2}°$ | 39° |

Die Richtigkeit des Verfahrens zeigen die folgenden Gleichungen. Es ist

$$\operatorname{tg}\alpha = \frac{A_1 C_1}{O A_1} = \frac{A_1 A_2}{O A_1} = \frac{v_2 - v_1}{v_1}$$

oder

$$v_2 = v_1\,(1 + \operatorname{tg}\alpha) \quad \text{und} \quad v_2^n = v_1^n\,(1 + \operatorname{tg}\alpha)^n;$$

$$\operatorname{tg}\beta = \frac{D_2 B_2}{O B_2} = \frac{B_1 B_2}{O B_2} = \frac{p_1 - p_2}{p_2}$$

oder

$$p_1 = p_2\,(1 + \operatorname{tg}\beta);$$

$$\frac{v_2^n}{p_1} = \frac{v_1^n(1 + \operatorname{tg}\alpha)^n}{p_2(1 + \operatorname{tg}\beta)}$$

oder gemäß der gewählten Beziehung zwischen $\alpha$ und $\beta$

$$p_2 \cdot v^n = p_1 \cdot v_1^n = \text{konst.}$$

Einfacher gestaltet sich die Konstruktion der Polytrope mit Hilfe einer anderen Tabelle, wie sie nachstehend für verschiedene Werte von $v_2/v_1$ und $n$ berechnet ist. Sie enthält die zugehörigen Werte von $p_2/p_1$. Fig. 14 zeigt die Anwendung für $n = 1{,}15$. Sind wieder $p_1$, $v_1$ die Anfangskoordinaten des Punktes $I$, so sind diejenigen des Punktes

$II$ für $v_2 = 2\,v_1 \ldots p_2 = 0{,}451\,p_1$,
$III$ für $v_2 = 4\,v_1 \ldots p_2 = 0{,}203\,p_1$,
$IV$ für $v_2 = 0{,}5\,v_1 \ldots p_2 = 2{,}219\,p_1$
usw.

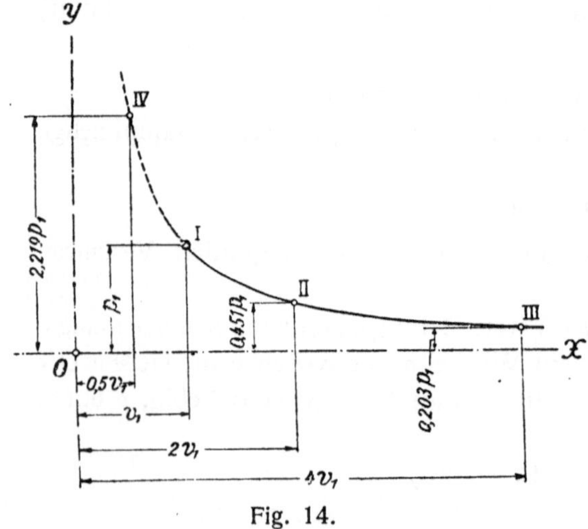

Fig. 14.

Expansion.

| $\frac{v_2}{v_1} =$ | 2 | 2,5 | 3 | 4 | 5 | 6 | 7 | 8 | 9 | 10 |
|---|---|---|---|---|---|---|---|---|---|---|
| $n = 1{,}05,\ \frac{p_2}{p_1} =$ | 0,483 | 0,382 | 0,316 | 0,233 | 0,185 | 0,152 | 0,130 | 0,113 | 0,100 | 0,089 |
| $= 1{,}10,\ =$ | 0,467 | 0,365 | 0,299 | 0,218 | 0,170 | 0,139 | 0,118 | 0,102 | 0,089 | 0,079 |
| $= 1{,}15,\ =$ | 0,451 | 0,349 | 0,283 | 0,203 | 0,157 | 0,127 | 0,107 | 0,092 | 0,080 | 0,071 |
| $= 1{,}20,\ =$ | 0,435 | 0,333 | 0,268 | 0,190 | 0,145 | 0,116 | 0,097 | 0,083 | 0,072 | 0,063 |
| $= 1{,}25,\ =$ | 0,420 | 0,318 | 0,253 | 0,177 | 0,134 | 0,106 | 0,088 | 0,074 | 0,064 | 0,056 |
| $= 1{,}30,\ =$ | 0,406 | 0,304 | 0,240 | 0,165 | 0,123 | 0,097 | 0,080 | 0,067 | 0,058 | 0,05 |

Kompression.

| $\frac{v_2}{v_1} =$ | 0,9 | 0,8 | 0,7 | 0,6 | 0.5 | 0,4 | 0,3 | 0,25 | 0,2 | 0,1 |
|---|---|---|---|---|---|---|---|---|---|---|
| $n = 1{,}05,\ \frac{p_2}{p_1} =$ | 1,117 | 1,264 | 1,454 | 1,710 | 2,071 | 2,617 | 3,540 | 4,287 | 5,419 | 11,22 |
| $= 1{,}10,\ =$ | 1,123 | 1,278 | 1,480 | 1,754 | 2,144 | 2,740 | 3,760 | 4,595 | 5,873 | 12,59 |
| $= 1{,}15,\ =$ | 1,129 | 1,293 | 1,507 | 1,799 | 2,219 | 2,868 | 3,993 | 4,925 | 6,365 | 14,12 |
| $= 1{,}20,\ =$ | 1,135 | 1,307 | 1,534 | 1,846 | 2,298 | 3,003 | 4,241 | 5,278 | 6,899 | 15,85 |
| $= 1{,}25,\ =$ | 1,141 | 1,322 | 1,562 | 1,894 | 2,378 | 3,144 | 4,504 | 5,657 | 7,477 | 17,78 |
| $= 1{,}30,\ =$ | 1,147 | 1,337 | 1,590 | 1,943 | 2,462 | 3,291 | 4,783 | 6,063 | 8,103 | 19,95 |

**§ 13. Die Berechnung und Schätzung der mittleren indizierten Spannung einer Einzylindermaschine ohne Diagramm.** Die Arbeit, die der Dampf während eines Doppelhubes auf einer Kolbenseite verrichtet, läßt sich nur dann durch genügend einfache Gleichungen ausdrücken, wenn das Indikatordiagramm die in Fig. 15 angegebene einfache Form hat, also vor allem der Vorein- und Voraustritt vernachlässigt werden. Man setzt dann

$$p_i = f_1 \cdot p_1 - f_2 \cdot p_2 \quad . \quad . \quad 5$$

mit $f_1$ als Koeffizient der mittleren Hinterdampfspannung $f_1 \cdot p_1$ und

$f_2$ als Koeffizient der entsprechenden Vorderdampfspannung $f_2 \cdot p_2$.

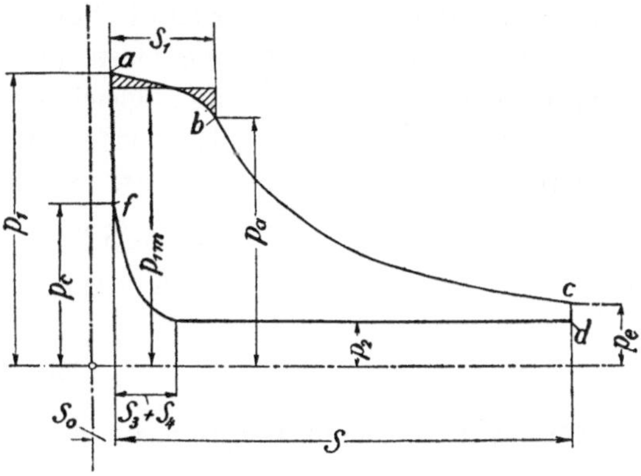

Fig. 15.

Der Koeffizient $f_1$ ermittelt sich für gesättigten Eintrittsdampf mit $p \cdot v = $ konst. als Expansionsgesetz in der folgenden Weise:

Die auf *1 qcm* nutzbarer Kolbenfläche verrichtete Arbeit des Dampfes während des Eintrittes ist mit $p_{1m} = \alpha \cdot p_1$ als mittlerer Eintrittsdruck

$$L' = p_{1m} \cdot S_1 .$$

Während der Expansion beträgt sie, da sich die äußere Arbeit einer vom Anfangszustand $p_1$, $v_1$ bis auf den Endzustand $p_2$, $v_2$ gehenden Zustandsänderung zu

$$L'' = \int_{v_1}^{v_2} p \cdot dv ,$$

oder mit

$$p = \frac{\text{konst.}}{v} = \frac{p_1 \cdot v_1}{v}$$

zu

$$L'' = p_1 \cdot v_1 \int_{v_1}^{v_2} \frac{dv}{v} = p_1 \cdot v_1 \cdot \ln \frac{v_2}{v_1}$$

berechnet und im vorliegenden Falle das Volumen des Dampfes (bezogen auf $1$ qcm Kolbenfläche) nach den Bezeichnungen in Fig. 15 von $v_1 = S_0 + S_1$ auf $v_2 = S_0 + S$ zu-, sein Druck von $p_a = \beta \cdot p_1$ auf $p_e$ abnimmt,

$$L'' = p_a (S_0 + S_1) \ln \frac{S_0 + S}{S_0 + S_1}.$$

Die konstant gedachte Spannung $f_1 \cdot p_1$ würde während beider Perioden die Arbeit $f_1 \cdot p_1 \cdot S$ leisten. Es ist also

$$f_1 \cdot p_1 \cdot S = p_{1m} \cdot S_1 + p_a (S_0 + S_1) \ln \frac{S_0 + S}{S_0 + S_1}$$

oder mit

$$m = S_0/S \text{ als Koeffizient des schädlichen Raumes,}$$
$$e = S_1/S \text{ als Füllungsgrad,}$$
$$\alpha = p_{1m}/p_1 \text{ und } \beta = p_a/p_1,$$

$$\boldsymbol{f_1 = \alpha \cdot e + \beta \, (e + m) \ln \frac{1 + m}{e + m}} \quad \ldots \ldots \ldots \quad 6$$

Hiernach kann $f_1$ bei gegebenem Füllungsgrade $e$ berechnet werden. $\beta$ bestimmt sich für eine zu entwerfende Maschine aus der nach S. 26 zu schätzenden Expansionsspannung $p_a$; $\alpha$ kann gleich $0,6 + 0,4\,\beta$ bis $0,5\,(1 + \beta)$ gesetzt werden.

Geht man bei einer zu entwerfenden Maschine von der gewählten Expansionsendspannung $p_e$ (siehe S. 26) aus, so folgt aus

$$(S_0 + S_1)\, p_a = (S_0 + S)\, p_e,$$
$$(m + e)\, p_a = (m + 1)\, p_e,$$
$$\frac{1 + m}{e + m} = \frac{p_a}{p_e} \quad \ldots \ldots \ldots \ldots \ldots \ldots \quad 6a$$

Dieser Wert und die aus ihm sich ergebenden Werte für $e$ und $e + m$ sind dann in Gl. 6 einzuführen.

Für überhitzten Dampf berechnet sich die Expansionsarbeit nach dem Gesetz $p \cdot v^n = $ konst. mit

$$p = \frac{\text{konst.}}{v^n} = \frac{p_1 \cdot v_1^n}{v^n}$$

aus

$$L'' = \int_{v_1}^{v_2} p \cdot dv = p_1 \cdot v_1^n \int_{v_1}^{v_2} \frac{dv}{v^n} = \frac{p_1 \cdot v_1}{n - 1} \left[ 1 - \left( \frac{v_1}{v_2} \right)^{n-1} \right]$$

mit den oben angegebenen Volumina und Drucken zu

$$L'' = p_a \frac{S_0 + S_1}{n - 1} \left[ 1 - \left( \frac{S_0 + S_1}{S_0 + S} \right)^{n-1} \right].$$

Die Arbeit $L'$ bleibt wie vorhin. Es ist also hier

$$f_1 \cdot p_1 \cdot S = p_{1\,m} \cdot S_1 + p_a \frac{S_0 + S_1}{n - 1}\left[1 - \left(\frac{S_0 + S_1}{S_0 + S}\right)^{n-1}\right]$$

oder mit den obigen Werten für $m$, $e$, $\beta$ und $\alpha$

$$f_1 = \alpha \cdot e + \beta \frac{e + m}{n - 1}\left[1 - \left(\frac{e + m}{1 + m}\right)^{n-1}\right] \quad \dots \dots \dots \ 7$$

Geht man von einem gewählten $p_e$ aus, so sind nun, entsprechend

$$p_a (S_0 + S_1)^n = p_e (S_0 + S)^n$$

die Werte

$$\frac{e + m}{1 + m} = \left(\frac{p_e}{p_a}\right)^{\frac{1}{n}} \quad \dots \dots \dots \dots \dots \dots \ 7a$$

und die hieraus folgenden für $e$ und $e + m$ in Gl. 7 einzuführen. Werte von $n$ siehe S. 27, $\beta$ und $\alpha$ wie oben.

Zur Erleichterung der Rechnung dient die 1. Tabelle auf S. 34, welche die zusammengehörigen Werte von

$$\varepsilon = \frac{e + m}{1 + m} \quad \text{und} \quad \frac{p_a}{p_e}.$$

sowie diejenigen

$$\varepsilon^{n-1} = \left(\frac{e + m}{1 + m}\right)^{n-1}$$

ausgerechnet enthält. Für Zwischenwerte genügt lineare Interpolation. Bezüglich der Anwendung der Tabelle siehe die Beispiele in § 14.

Die Arbeit, die zur Überwindung des Gegendruckes während des Dampfaustrittes nötig ist, hat für $1\ qcm$ nutzbarer Kolbenfläche die Größe

$$L''' = p_2 (S - S_3 - S_4).$$

Für die Kompression berechnet sich diese Arbeit (absolut genommen) nach dem Gesetz $p \cdot v^n = konst.$ entsprechend wie die Expansionsarbeit zu

$$L'''' = - p_2 \frac{S_0 + S_3 + S_4}{n - 1}\left[1 - \left(\frac{S_0 + S_3 + S_4}{S_0}\right)^{n-1}\right]$$

$$= p_2 \frac{S_0 + S_3 + S_4}{n - 1}\left[\left(\frac{S_0 + S_3 + S_4}{S_0}\right)^{n-1} - 1\right],$$

da das Anfangsvolumen des Dampfes für $1\ qcm$ der Strecke $S_0 + S_3 + S_4$, das Endvolumen, die Kompression bis zum Hubende gehend gedacht, derjenigen $S_0$ (Fig. 15) entspricht und die zugehörigen Spannungen $p_2$ bzw. $p_c$ sind. Die Überwindung der konstant gedachten Spannung $f_2 \cdot p_2$ würde während beider Perioden die Arbeit $f_2 \cdot p_2 \cdot S$ erfordern. Es ist also

$$f_2 \cdot p_2 \cdot S = p_2 (S - S_3 - S_4) + p_2 \frac{S_0 + S_3 + S_4}{n - 1}\left[\left(\frac{S_0 + S_3 + S_4}{S_0}\right)^{n-1} - 1\right]$$

oder mit

$$e_c = \frac{S_3 + S_4}{S},$$

$$f_2 = 1 - e_c + \frac{e_c + m}{n - 1}\left[\left(\frac{e_c + m}{m}\right)^{n-1} - 1\right] \quad \dots \dots \dots \ 8$$

Hierin sind bei gewählter Kompressionsendspannung $p_c$ und einem gegebenen Verhältnis $p_c/p_2$ für eine zu entwerfende Maschine gemäß

$$p_2(S_0 + S_3 + S_4)^n = p_c \cdot S_0^n$$

$$\frac{e_c + m}{m} = \left(\frac{p_c}{p_2}\right)^{\frac{1}{n}} \quad \ldots \ldots \ldots \ldots \ldots \text{8a}$$

sowie die hieraus folgenden Werte für $e_c$ und $e_c + m$ in Gl. 8 einzuführen. Bezüglich des Exponenten $n$ siehe S. 27.

Tabelle 1

der Werte

$$\varepsilon = \frac{e + m}{I + m} \quad \text{und} \quad \frac{p_a}{p_e}$$

nach Gl. 7a, sowie derjenigen

$$\varepsilon^{n-1} = \left(\frac{e + m}{I + m}\right)^{n-1}$$

| $\frac{p_a}{p_e} =$ | | 2 | 3 | 4 | 5 | 6 | 7 | 8 | 9 | 10 | 11 | 12 | 13 | 14 | 15 |
|---|---|---|---|---|---|---|---|---|---|---|---|---|---|---|---|
| $n = 1{,}05$ | $\varepsilon =$ | 0,517 | 0,351 | 0,267 | 0,216 | 0,182 | 0,157 | 0,138 | 0,123 | 0,112 | 0,102 | 0,094 | 0,087 | 0,081 | 0,076 |
| | $\varepsilon^{n-1} =$ | 0,968 | 0,949 | 0,936 | 0,926 | 0,918 | 0,911 | 0,906 | 0,901 | 0,896 | 0,892 | 0,888 | 0,885 | 0,890 | 0,879 |
| $n = 1{,}10$ | $\varepsilon =$ | 0,533 | 0,368 | 0,284 | 0,232 | 0,196 | 0,171 | 0,151 | 0,136 | 0,128 | 0,113 | 0,104 | 0,097 | 0,091 | 0,085 |
| | $\varepsilon^{n-1} =$ | 0,939 | 0,905 | 0,882 | 0,864 | 0,850 | 0,838 | 0,828 | 0,819 | 0,811 | 0,804 | 0,798 | 0,792 | 0,787 | 0,782 |
| $n = 1{,}15$ | $\varepsilon =$ | 0,547 | 0,385 | 0,300 | 0,247 | 0,211 | 0,184 | 0,164 | 0,148 | 0,135 | 0,124 | 0,115 | 0,108 | 0,101 | 0,095 |
| | $\varepsilon^{n-1} =$ | 0,914 | 0,867 | 0,835 | 0,811 | 0,792 | 0,776 | 0,762 | 0,751 | 0,741 | 0,731 | 0,723 | 0,716 | 0,709 | 0,702 |
| $n = 1{,}20$ | $\varepsilon =$ | 0,561 | 0,400 | 0,315 | 0,262 | 0,225 | 0,198 | 0,177 | 0,160 | 0,147 | 0,136 | 0,126 | 0,118 | 0,111 | 0,105 |
| | $\varepsilon^{n-1} =$ | 0,891 | 0,832 | 0,794 | 0,765 | 0,742 | 0,723 | 0,707 | 0,693 | 0,681 | 0,671 | 0,661 | 0,652 | 0,644 | 0,637 |
| $n = 1{,}25$ | $\varepsilon =$ | 0,574 | 0,415 | 0,330 | 0,276 | 0,239 | 0,211 | 0,189 | 0,172 | 0,159 | 0,147 | 0,137 | 0,128 | 0,121 | 0,115 |
| | $\varepsilon^{n-1} =$ | 0,871 | 0,803 | 0,758 | 0,725 | 0,699 | 0,678 | 0,660 | 0,644 | 0,631 | 0,619 | 0,609 | 0,599 | 0,590 | 0,582 |
| $n = 1{,}30$ | $\varepsilon =$ | 0,587 | 0,430 | 0,344 | 0,290 | 0,252 | 0,224 | 0,202 | 0,184 | 0,170 | 0,158 | 0,148 | 0,139 | 0,131 | 0,125 |
| | $\varepsilon^{n-1} =$ | 0,852 | 0,776 | 0,726 | 0,690 | 0,661 | 0,638 | 0,168 | 0,602 | 0,588 | 0,575 | 0,563 | 0,553 | 0,544 | 0,535 |

Tabelle 2

der Werte

$$\varepsilon_c = \frac{e_c + m}{m} \quad \text{und} \quad \frac{p_c}{p_2}$$

nach Gl. 8a, sowie derjenigen

$$\varepsilon_c^{n-1} = \left(\frac{e_c + m}{m}\right)^{n-1}.$$

| $\frac{p_c}{p_2} =$ | | 2 | 3 | 4 | 5 | 6 | 7 | 8 | 9 | 10 | 12 | 14 | 16 | 18 | 20 | 25 |
|---|---|---|---|---|---|---|---|---|---|---|---|---|---|---|---|---|
| $n = 1{,}10$ | $\varepsilon_c =$ | 1,878 | 2,715 | 3,526 | 4,320 | 5,098 | 5,865 | 6,622 | 7,370 | 8,111 | 9,574 | 11,01 | 12,43 | 13,84 | 14,92 | 18,66 |
| | $\varepsilon_c^{n-1} =$ | 1,065 | 1,105 | 1,134 | 1,157 | 1,177 | 1,194 | 1,208 | 1,221 | 1,233 | 1,253 | 1,271 | 1,287 | 1,300 | 1,310 | 1,340 |
| $n = 1{,}20$ | $\varepsilon_c =$ | 1,782 | 2,498 | 3,175 | 3,824 | 4,451 | 5,061 | 5,657 | 6,240 | 6,813 | 7,931 | 9,018 | 10,08 | 11,12 | 12,14 | 14,62 |
| | $\varepsilon_c^{n-1} =$ | 1,122 | 1,201 | 1,260 | 1,307 | 1,348 | 1,383 | 1,414 | 1,442 | 1,468 | 1,513 | 1,553 | 1,587 | 1,619 | 1,648 | 1,710 |
| $n = 1{,}30$ | $\varepsilon_c =$ | 1,704 | 2,328 | 2,906 | 3,449 | 3,968 | 4,468 | 4,951 | 5,420 | 5,878 | 6,763 | 7,615 | 8,438 | 9,238 | 10,02 | 11,90 |
| | $\varepsilon_c^{n-1} =$ | 1,173 | 1,289 | 1,377 | 1,450 | 1,512 | 1,567 | 1,616 | 1,660 | 1,701 | 1,774 | 1,839 | 1,896 | 1,948 | 1,996 | 2,102 |

Die 2. Tabelle auf S. 34 enthält zur Erleichterung der Rechnung die zusammengehörigen Werte von

$$\varepsilon_c = \frac{e_c + m}{m} \quad \text{und} \quad \frac{p_c}{p_2}$$

sowie diejenigen

$$\varepsilon_c^{n-1} = \left(\frac{e_c + m}{m}\right)^{n-1}$$

ausgerechnet. Bezüglich ihrer Anwendung siehe die Beispiele in § 14. Für Zwischenwerte genügt lineare Interpolation.

Der Vereinfachung und Vernachlässigungen wegen, die bei der vorstehenden Berechnung gemacht sind, wird man den aus Gl. 5 sich ergebenden Wert von $p_i$ noch mit einem Faktor von 0,97 bis 0,99 multiplizieren müssen.

Die verschiedenen Annahmen, die bei der Berechnung der mittleren indizierten Spannung bezüglich der Ein- und Austrittsspannung, des Exponenten $n$ für die Expansion und Kompression usw. gemacht werden müssen, lassen diese Rechnung unsicher erscheinen. Viele Fabriken sehen deshalb bei der Bestimmung der Leistung einer vorhandenen oder der Hauptabmessungen einer neuen Maschine für eine verlangte Leistung von einer eingehenden Berechnung der Spannung $p_i$ ab und wählen diese Spannung schätzungsweise. Dies ist um so mehr berechtigt, als einerseits der voraussichtliche Kraftbedarf einer Neuanlage schwer zu schätzen ist und oft unterschätzt wird, andererseits in den meisten Fällen mit einer späteren Steigerung des Kraftbedarfs zu rechnen ist.

Zur Schätzung des mittleren indizierten Druckes bei der normalen Leistung macht Prof. *Graßmann*[1]) in Abhängigkeit von dem mittleren absoluten Einströmdruck $p_{1m}$ die folgenden Angaben:

$$\left.\begin{array}{l}\text{Einzylindermaschinen mit Auspuff } p_i = 1,2 + 0,25\, p_{1m} \\ \text{desgleichen mit Kondensation } p_i = 1,2 + 0,2\, p_{1m}\end{array}\right\} \quad \ldots \quad 9$$

wobei bei reichlicher Bemessung mit $p_i$ um $0,1$ bis $0,2$ *at* herab, bei knapper um ebenso viel höher gegangen werden kann.

**§ 14. Beispiele zur Berechnung der Einzylindermaschinen.** 1. Welche Hauptabmessungen muß eine liegende Einzylinder-Auspuffmaschine mit Kolbenschiebersteuerung erhalten, die bei $p_0 = 9,5$ *at abs.* Spannung und ca. 270° C Temperatur des Dampfes vor der Maschine normal *80 PS_e* leisten soll?

Zur Bestimmung der mittleren indizierten Spannung ist nach den Angaben in § 11 ein Indikatordiagramm (Fig. 1, Taf. 1) für

eine Basis $S = 60\,mm$,
einen Kräftemaßstab $1\,at = 6,5\,mm$ und
eine Länge des schädlichen Raumes $S_0 = 0,12 \cdot 60 = 7,2\,mm$,

entsprechend einem Koeffizienten $m = S_0/S = 0,12$, gezeichnet worden. Die Eintrittsspannung zu Beginn des Hubes wurde zu $p_1 = 9,5 - 0,2 = 9,3$ *at* angenommen und die Expansionslinie als Polytrope in bezug auf den Punkt $O$ mit $n = 1,15$ von einer Expansionsendspannung $p_e = 1,8$ *at abs.* aus rückwärts

---

[1]) *Graßmann*, Anleitung zur Berechnung einer Dampfmaschine. Julius Springer, Berlin.

konstruiert. Es ergibt sich bei einer Expansionsanfangsspannung $p_a = 9,5 - 2 = 7,5$ *at abs.* ein Füllungsweg $S_1 = 16$ *mm*, also ein Füllungsgrad

$$e = \frac{S_1}{S} = \frac{16}{80} = 0,2 \ (20 \text{ vH}).$$

Ferner wurde gewählt:

ein Voraustritt von 8,5 vH ($S_2 = 0,085 \cdot 60 = 5,1$ *mm*),
ein Voreintritt von 1 vH ($S_4 = 0,01 \cdot 60 = 0,6$ *mm*),
eine Kompression von 19 vH ($S_3 = 0,19 \cdot 60 = 11,4$ *mm*),
eine Austrittsspannung von $p_2 = 1,15$ *at abs.*

Die Kompressionslinie ist ebenfalls als Polytrope mit $n = 1,2$ und einer Anfangsspannung von *1,25 at abs.* eingetragen worden und liefert eine Kompressionsendspannung $p_c = 3,65$ *at abs.*

Die Teilung der Basis nach Fig. 10, S. 26, ergibt die in Fig. 1, Taf. 1, eingetragenen Ordinaten und als mittlere derselben nach der Regel auf S. 28

$$y_m = \frac{1}{10}\left(\frac{38}{2} + 43 + 40 + 29 + 21 + 15,5 + 12 + 9 + 7 + 5 + \frac{3}{2}\right) = 20,2 \ mm \,.$$

Sie entspricht einer mittleren indizierten Spannung

$$p_i = \frac{20,2}{6,5} = \sim 3,1 \ at \,.$$

Soll $p_i$ ohne Diagramm nach den Angaben in § 13 berechnet werden, so sind die zu

$$\frac{p_a}{p_e} = \frac{7,5}{1,8} = 4,17$$

gehörigen Werte von $\varepsilon$ und $\varepsilon^{n-1}$ der 1. Tabelle auf S. 34 zu entnehmen. Durch Interpolation findet sich für $n = 1,15$

$$\varepsilon = \frac{e + m}{1 + m} = 0,29, \qquad \varepsilon^{n-1} = \left(\frac{e + m}{1 + m}\right)^{n-1} = 0,83$$

und aus dem ersten

$$e + m = 0,29 \cdot 1,12 = 0,325, \ e = 0,325 - 0,12 = \sim 0,2 \ (\text{wie oben}).$$

Führt man diese Werte, sowie

$$\beta = \frac{p_a}{p_1} = \frac{7,5}{9,3} = 0,8$$

und

$$\alpha = 0,6 + 0,4\beta = 0,6 + 0,4 \cdot 0,8 = 0,92$$

in Gl. 7, S. 33, ein, so folgt der Koeffizient

$$f_1 = 0,92 \cdot 0,2 + 0,8 \frac{0,325}{0,15} (1 - 0,83) = 0,48 \,.$$

Weiter ist nach obigem

$$e_c = \frac{S_3 + S_4}{S} = 0,2 \,, \qquad e_c + m = 0,2 + 0,12 = 0,32 \,, \qquad \varepsilon_c = \frac{0,32}{0,12} = 2,67 \,.$$

Zu dem letzteren Wert gehört nach der 2. Tabelle auf S. 34 für $n = 1{,}2$ derjenige

$$\varepsilon_c^{n-1} = \left(\frac{e_c + m}{m}\right)^{n-1} = \sim 1{,}22\,,$$

so daß nach Gl. 8 der Koeffizient

$$f_2 = 1 - 0{,}2 + \frac{0{,}32}{0{,}2}\,(1{,}22 - 1) = 1{,}15$$

wird. Aus Gl. 5, S. 31, folgt schließlich mit einem Berichtigungsfaktor $0{,}99$ der aus dem entworfenen Diagramm ermittelte Wert

$$p_i = 0{,}99\,(0{,}48 \cdot 9{,}3 - 1{,}15 \cdot 1{,}15) = 3{,}1\ at.$$

Gl. 9, S. 35, würde als Schätzungswert mit

$$p_{1m} = \alpha \cdot p_1 = 0{,}92 \cdot 9{,}3 = 8{,}55\ at,$$

$$p_i = 1{,}2 + 0{,}25 \cdot 8{,}55 = 3{,}34\ at$$

ergeben.

Mit $p_i = 3{,}1\ at$ folgt aus Gl. 3, S. 23, für einen mechanischen Wirkungsgrad $\eta_m = 0{,}9$

$$O \cdot c_m = \frac{75 \cdot 80}{3{,}1 \cdot 0{,}9} = 2150\,.$$

Setzt man dann weiter der Reihe nach von den für die vorliegende Maschine nach den Angaben auf S. 23 in Betracht kommenden Werten der mittleren Kolbengeschwindigkeit $c_m = 2{,}75$, $3$ und $3{,}25$, so erhält man aus der vorstehenden Beziehung unter Benützung von Gl. 4, S. 23, die folgenden Zylinderbohrungen

$$c_m = 2{,}75\,, \qquad O = \frac{2150}{2{,}75} = 782\ qcm$$

$$D^2\,\frac{\pi}{4} = \frac{1{,}02 \cdot 782}{10\,000} = 0{,}08\ qm\,, \qquad D = 0{,}32\ m\,;$$

$$c_m = 3\,, \qquad O = \frac{2150}{3} = 717\ qcm\,,$$

$$D^2\,\frac{\pi}{4} = \frac{1{,}02 \cdot 717}{10\,000} = 0{,}073\ qm\,, \qquad D = 0{,}305\ m\,;$$

$$c = 3{,}25\,, \qquad O = \frac{2150}{3{,}25} = 662\ qcm\,,$$

$$D^2\,\frac{\pi}{4} = \frac{1{,}02 \cdot 662}{10\,000} = 0{,}0675\ qm\,, \qquad D = 0{,}293\ m\,.$$

Hiernach dürfte es sich empfehlen, der Maschine bei $c_m = 3\ m/sk$ mittlerer Kolbengeschwindigkeit eine Zylinderbohrung

$$D = \boldsymbol{0{,}3}\ m$$

zu geben. Für $n = 180$ Umdrehungen in der Minute wird dann, einem Modell der *Dinglerschen Maschinenfabrik* in Zweibrücken entsprechend, der Kolbenhub

$$S = \frac{30\,c_m}{n} = \frac{30 \cdot 3}{180} = \mathbf{0{,}5}\ m$$

und das Hubverhältnis

$$\frac{S}{D} = \frac{0{,}5}{0{,}3} = 1{,}67\ .$$

2. Eine von der *Maschinenfabrik Grevenbroich* gebaute Gleichstrommaschine mit Kondensation hat *500 mm* Zylinderbohrung und *650 mm* Hub. Welches ist die normale Leistung der Maschine bei $n = 180$ Umdrehungen in der Minute, wenn der frische Dampf mit $p_0 = 12{,}5$ *at abs.* und 300° C in die Deckel tritt? Der Koeffizient des schädlichen Raumes beträgt nach den Angaben der Firma $m = 0{,}036$ (3,6 vH), für die Kompression ist

$$e_c = \frac{S_3 + S_4}{S} = 0{,}78\ (78\ \text{vH})\ .$$

Expandiert der Dampf bei der normalen Leistung bis auf $p_e = 0{,}9$ *at abs.* und wird die Spannung bei Beginn des Eintrittes im Zylinder zu $p_1 = 12{,}3$ *at*, bei Beginn der Expansion zu $p_a = 10{,}5$ *at* angenommen, so ist

$$\frac{p_a}{p_e} = \frac{10{,}5}{0{,}9} = 11{,}67\ .$$

Hierzu gehören nach der 1. Tabelle auf S. 34 für $n = 1{,}15$ die Werte

$$\varepsilon = \frac{e+m}{1+m} = 0{,}119 \qquad \text{und} \qquad \varepsilon^{n-1} = \left(\frac{e+m}{1+m}\right)^{n-1} = 0{,}726\ .$$

Aus dem ersten derselben ergibt sich

$$e + m = 0{,}119 \cdot 1{,}036 = 0{,}123 \qquad \text{und} \qquad e = 0{,}123 - 0{,}036 = 0{,}087$$
$$(8{,}7\ \text{vH Füllung})$$

und mit

$$\beta = \frac{p_a}{p_1} = \frac{10{,}5}{12{,}3} = 0{,}855, \qquad \alpha = 0{,}6 + 0{,}4 \cdot 0{,}855 = 0{,}942$$

aus Gl. 7, S. 33, der Koeffizient

$$f_1 = 0{,}942 \cdot 0{,}087 + 0{,}855\,\frac{0{,}123}{0{,}15}\,(1 - 0{,}726) = 0{,}273\ .$$

Der Koeffizient $f_2$ berechnet sich aus Gl. 8a, S. 34, für $n = 1{,}1$ zu

$$f_2 = 1 - 0{,}78 + \frac{0{,}036 + 0{,}78}{0{,}1}\left[\left(\frac{0{,}036 + 0{,}78}{0{,}036}\right)^{0{,}1} - 1\right] = \sim 3{,}2\ .$$

Aus Gl. 5, S. 31, folgt dann für $p_2 = 0{,}125$ *at abs.* als Austrittsspannung mit einem Berichtigungsfaktor von $0{,}98$

$$p_i = 0{,}98\,(0{,}273 \cdot 12{,}3 - 3{,}2 \cdot 0{,}125) = 2{,}9\ at\ .$$

Die mittlere nutzbare Kolbenfläche der Maschine beträgt bei 110 *mm* Durchmesser der einseitigen (nur durch den vorderen Deckel gehenden) Kolbenstange

$$O = 50^2 \frac{\pi}{4} - \frac{1}{2} 11^2 \frac{\pi}{4} = 1917 \; qcm \, .$$

Die mittlere Kolbengeschwindigkeit ist

$$c_m = \frac{0{,}65 \cdot 180}{30} = 3{,}9 \; m/sk \, .$$

Die Maschine leistet also nach Gl. 1a, S. 23, unter den gegebenen Verhältnissen

$$N_i = \frac{2{,}9 \cdot 1917 \cdot 3{,}9}{75} = \sim\!290 \, PS_i \, ,$$

oder bei einem mechanischen Wirkungsgrad $\eta_m = 0{,}88$,

$$N_e = 0{,}88 \cdot 290 = \sim\!255 \, PS_e \, .$$

Der in Gl. 9, S. 35, angegebene Schätzungswert der mittleren indizierten Spannung ergibt für $p_{1m} = \alpha \cdot p_1 = 0{,}942 \cdot 12{,}3 = \sim\!11{,}5 \; at \; abs.$

$$p_i = 2 + 0{,}11 \cdot 11{,}5 = 3{,}265 \; at \, ,$$

das sind $\sim\!0{,}36 \; at$ mehr, als oben berechnet. Die Maschine würde also für die ermittelte Leistung reichlich bemessen sein.

§ 15. **Der Dampf-, Wärme- und Kohlenverbrauch der Einzylindermaschinen.** Der Dampfverbrauch einer Kolbendampfmaschine setzt sich aus zwei Teilen zusammen:

1. Aus dem nutzbaren Dampfverbrauch, der durch die Größe des Füllungs- und schädlichen Raumes, soweit der letztere nicht schon durch die Kompression mit Dampf angefüllt wird, gegeben ist. Er wird auch als sichtbarer oder indizierter Dampfverbrauch bezeichnet, da er aus dem Indikatordiagramm berechnet werden kann. Ohne Berücksichtigung der Kompression würde die während eines einfachen Hubes hinter den Kolben tretende Dampfmenge von dem spezifischen Gewicht $\gamma_1$ mit Bezug auf Fig. 15, S. 31,

$$(S_0 + S_1) \frac{O}{10\,000} \gamma_1 \; {}^{kg}$$

sein. Da aber bei Beginn der Kompression noch eine Dampfmenge

$$(S_0 + S_3 + S_4) \frac{O}{10\,000} \gamma_2 \; {}^{kg}$$

von dem spezifischen Gewicht $\gamma_2$ im Zylinder ist, so beträgt die wirklich eintretende Menge frischen Dampfes pro Hub mit

$$e = \frac{S_1}{S} \, , \qquad e_c = \frac{S_3 + S_4}{S} \qquad \text{und} \qquad m = \frac{S_0}{S} \, ,$$

$$(m + e) \frac{O \cdot S}{10\,000} \gamma_1 - (m + e_c) \frac{O \cdot S}{10\,000} \gamma_2 \; {}^{kg}$$

oder für die Stunde mit $2\,n \cdot 60$ einfachen Hüben und dem aus der mittleren Kolbengeschwindigkeit $c_m = S \cdot n/30$ sich ergebenden Wert für $S$

$$0{,}36\,O \cdot c_m\,[(m + e)\,\gamma_1 - (m + e_c)\,\gamma_2]\;kg\,.$$

Auf die indizierte Leistung (Gl. 1a, S. 23) bezogen, ist also der nutzbare Dampfverbrauch

$$D_i' = \frac{27}{p_i}\,[(m + e)\,\gamma_1 - (m + e_c)\,\gamma_2]\;kg \text{ für } 1\,PS_{i-st} \quad \dots \dots \dots \quad 10$$

Die Zuverlässigkeit des hiernach berechneten $D_i'$ hängt wesentlich von der richtigen Schätzung der spezifischen Gewichte $\gamma_1$ und $\gamma_2$ ab. Soll der nutzbare Dampfverbrauch einer vorhandenen Maschine nach dem Indikatordiagramm bestimmt werden, so rechnet man gewöhnlich mit einem $\gamma_1$, das dem Druck des Dampfes bei Beginn der Expansion entspricht, wobei aber zu beachten ist, daß der Dampf dann schon infolge des Spannungsabfalles während des Eintrittes expandiert hat. Richtiger ist es deshalb und bei der Bestimmung des voraussichtlichen Dampfverbrauches einer neuen Maschine üblich, $\gamma_1$ auf den mittleren Einströmdruck $p_{1m}$ und den zugehörigen Füllungsgrad $e$ zu beziehen. Bei überhitztem Dampf ist dann die bis dahin eintretende Abkühlung des Dampfes bei der Berechnung von $\gamma_1$ zu berücksichtigen.

Noch schwieriger ist die richtige Schätzung von $\gamma_2$, bezüglich deren man gewöhnlich die namentlich bei Sattdampf- und Kondensationsmaschinen nicht zutreffende Annahme macht, daß der Dampf zu Beginn der Kompression trocken gesättigt sei.

2. Aus den Dampfverlusten. Der weitaus größte Teil derselben wird durch den Wärmeaustausch zwischen Dampf und Zylinderwand (siehe § 7) hervorgerufen. *Hrabák*[1]) bezeichnet ihn als Abkühlungsverlust und gibt zu seiner annähernden Bestimmung (einschließlich des Bedarfs der Mantelheizung) für Einzylindermaschinen an:

$$D_i'' = \alpha\,\frac{A}{\sqrt{c_m}}\;kg \text{ für } 1\,PS_{i-st} \quad \dots \dots \dots \dots \quad 11$$

mit $A = 6{,}0$ bis $5{,}0$ für Sattdampfmaschinen mit Auspuff,

$\quad A = 4{,}5$ bis $4{,}2$ desgl. mit Kondensation und Dampfmantel,

$\quad A$ gleich dem $0{,}1$fachen der vorstehenden Werte für Heißdampfmaschinen bei mittelhoher Überhitzung (80 bis 120° C),

$\quad A$ gleich dem $0{,}05$fachen bei hoher Überhitzung (120 bis 160° C),

| $\alpha = 0{,}82$ | $0{,}87$ | $0{,}91$ | $1$ | $1{,}08$ | $1{,}15$ | $1{,}29$ | $1{,}41$ |
|---|---|---|---|---|---|---|---|
| für $\dfrac{S}{D} = 1$ | $1{,}25$ | $1{,}5$ | $2$ | $2{,}5$ | $3$ | $4$ | $5$ |

Die kleineren Werte von $A$ gelten für vollkommene, die größeren für wenig vollkommene Maschinen.

Der kleinere Teil der Dampfverluste, der bei in gutem Zustande befindlichen modernen Maschinen verschwindend gering ist, rührt bei den Kolbendampfmaschinen von Undichtheiten des Kolbens, der Stopfbuchsen und der Abschlußorgane der Steuerung her. Dieser sogenannte Lässigkeitsverlust soll nach *Hrabák*[1]) für Naßdampfmaschinen, die noch in leidlich befriedigendem Zustande sind, annähernd

$$D_i''' = \frac{8{,}8}{\sqrt{N_i \cdot c_m}} + \frac{1}{2\,c_m}\;kg \text{ für } 1\,PS_{i-st} \quad \dots \dots \dots \quad 12$$

[1]) *J. Hrabák* und *A. Kas*, Hilfsbuch für Dampfmaschinentechniker. Jul. Springer, Berlin.

betragen, bei vorzüglichen Maschinen aber bis auf die Hälfte sinken. Für Heißdampfmaschinen vorzüglicher Bauart ist $D_i'''$ gleich dem $0{,}75$fachen wie bei
vorzüglichen Naßdampfmaschinen.

Der gesamte Dampfverbrauch der Maschine ist

$$D_i = D_i' + D_i'' + D_i''' \text{ kg für } \mathit{1}\, PS_{i-st}$$

oder

$$D_e = \frac{D_i}{\eta_m} \text{ kg für } \mathit{1}\, PS_{e-st}.$$

Prof. *Doerfel* gibt in der „Hütte" den stündlichen Abkühlungsverlust von
Naßdampfmaschinen, bezogen auf $\mathit{1}\,qcm$ Kolbenfläche und etwa $p_{1\,m} = 9\ at\ abs.$
mittleren Einströmdruck, gleichgiltig ob mit Auspuff oder Kondensation gearbeitet wird, zu

$0{,}16$ bis $0{,}22\ kg$ für ältere Maschinen mit Mantelheizung (schädliche Oberflächen gleich $\frac{1}{4}$ der Kolbenfläche),

$0{,}25$ bis $0{,}4$ oder selbst $0{,}5\ kg$ für schnellaufende Maschinen ohne Mantelheizung (schädliche Oberflächen gleich $\frac{1}{5}$ bis $\frac{1}{8}$ der Kolbenfläche)

an. Für andere Werte von $p_{1\,m}$ ist eine Umrechnung im Verhältnis $\sqrt{\dfrac{p_{1\,m}}{9}}$
erforderlich.

Bei Heißdampfmaschinen, wo sich die Abkühlungsverluste als Temperatur-
abnahme des einströmenden Dampfes darstellen, können die Abkühlungsverluste nach Prof. *Doerfel* für die größeren Füllungen (20 bis 30 vH) der
Auspuffmaschinen dadurch berücksichtigt werden, daß $\gamma_1$ in Gl. 10 entsprechend
einer um 60 bis 80° C niedrigeren Temperatur zu Ende der Einströmung bei
der mittleren Spannung $p_{1\,m}$ eingeführt wird. Für die kleineren Füllungen
(8 bis 10 vH) der Kondensationsmaschinen ist selbst bei überhitztem Dampf
von 300° C kaum noch mit trockenem Dampf zu Beginn der Expansion zu
rechnen. Gleichstrommaschinen mit vom frischen Dampf durchströmten
Deckeln sollen in dieser Hinsicht etwas günstiger dastehen, obwohl die Deckelheizung allein die Eintrittstemperatur, gemessen am Einlaßventil, um 25 bis
30° C bei normaler, bis über 40° C bei kleiner Belastung senkt.

Der **Wärmeverbrauch** einer Einzylindermaschine für $\mathit{1}\,PS_{i-st}$ berechnet
sich nach Gl. 19 in § 38.

Der **Kohlenverbrauch** ist gleich dem Wärmeverbrauch, dividiert durch
das Produkt aus dem Heizwert des Brennstoffes und dem Wirkungsgrad der
Kessel- und Leitungsanlage.

Von den beiden nachstehenden Tabellen enthält die erste Dampfverbrauchs-
werte, die von *A. Hinz*[1] aus einer großen Anzahl von Versuchen ermittelt
wurden an guten Ventilmaschinen von normaler Bemessung und Bauart.
Sie können in Ausnahmefällen um einige vH unterschritten werden, während
andrerseits an Maschinen mit weniger genau arbeitenden Schiebersteuerungen
Zuschläge von 5 bis 15 vH zu machen sind. Die zweite Tabelle gibt den Dampfverbrauch von Gleichstrommaschinen der *Maschinenfabrik Augsburg-Nürnberg.*

---

[1] Siehe Glückauf, Berg- und Hüttenmännische Zeitschrift, 1922, S. 705.

## 42

Indizierter Dampfverbrauch $D_i$ in $kg$ für $I\,PS_{i-st}$.

1. Tabelle.

| Leistung $PS_i =$ | | Auspuff | | | | | | Kondensation | | | | | |
|---|---|---|---|---|---|---|---|---|---|---|---|---|---|
| | | 50 | | 250 | | 1000 | | 50 | | 250 | | 1000 | |
| Dampf $t\,°C =$ | | 250 | 300 | 250 | 300 | 250 | 300 | 250 | 300 | 250 | 300 | 250 | 300 |
| $p_1 =$ 8 at abs. | $c_m = 2,5$ | 9,0 | 8,3 | 8,75 | 8,0 | — | — | 6,6 | 6,1 | 6,35 | 5,8 | — | — |
| | $c_m = 3,0$ | — | — | 8,5 | 7,8 | 8,35 | 7,65 | — | — | 6,2 | 5,65 | 6,0 | 5,5 |
| | $c_m = 3,5$ | — | — | — | — | 8,2 | 7,5 | — | — | — | — | 5,8 | 5,53 |
| $p_1 =$ 10 at abs. | $c_m = 2,5$ | 8,35 | 7,7 | 8,1 | 7,4 | — | — | 6,45 | 5,85 | 6,2 | 5,7 | — | — |
| | $c_m = 3,0$ | — | — | 7,9 | 7,25 | 7,75 | 7,1 | — | — | 6,0 | 5,5 | 5,85 | 5,35 |
| | $c_m = 3,5$ | — | — | — | — | 7,1 | 6,9 | — | — | — | — | 5,65 | 5,2 |
| $p_1 =$ 12 at abs. | $c_m = 2,5$ | 8,05 | 7,3 | 7,85 | 7,15 | — | — | 6,3 | 5,75 | 6,15 | 5,55 | — | — |
| | $c_m = 3,0$ | — | — | 7,60 | 6,9 | 7,45 | 6,75 | — | — | 5,9 | 5,4 | 5,75 | 5,25 |
| | $c_m = 3,5$ | — | — | — | — | 7,35 | 6,65 | — | — | — | — | 5,6 | 5,15 |
| $p_1 =$ 14 at abs. | $c_m = 2,5$ | 7,8 | 7,05 | 7,55 | 6,85 | — | — | — | — | — | — | — | — |
| | $c_m = 3,0$ | — | — | 7,35 | 6,65 | 7,25 | 6,55 | — | — | — | — | — | — |
| | $c_m = 3,5$ | — | — | — | — | 7,1 | 6,45 | — | — | — | — | — | — |

2. Tabelle.

| $p_1$ at abs. $=$ | | 8 | 9 | 10 | 11 | 12 | 13 | 14 | 15 | 16 |
|---|---|---|---|---|---|---|---|---|---|---|
| Belastung | $^1/_1$ | 5,17 | 5,10 | 5,03 | 4,95 | 4,86 | 4,77 | 4,68 | 4,59 | 4,50 |
| | $^3/_4$ | 5,00 | 4,93 | 4,86 | 4,79 | 4,71 | 4,63 | 4,54 | 4,45 | 4,41 |
| | $^1/_2$ | 4,88 | 4,86 | 4,76 | 4,70 | 4,63 | 4,56 | 4,49 | 4,35 | 4,33 |

Dampfeintrittstemperatur $t = 300°$ C, 90 vH Vakuum im Zylinder.

**§ 16. Beispiele zur Berechnung des Dampf- und Wärmeverbrauches der Einzylindermaschinen.** Welches wird der voraussichtliche Dampfverbrauch der in § 14 berechneten beiden Maschinen sein?

1. Bei der Auspuffmaschine betrug die Temperatur des Dampfes vor der Maschine 270° C. Wird sie bei dem mittleren Einströmdruck $p_{1m} = 8,55\,at\,abs.$ um 40° C niedriger, also zu $T = 273 + 230 = 503°$ angenommen, so berechnet sich das spezifische Volumen $v_1$ bzw. Gewicht $\gamma_1$ des einströmenden Dampfes bei diesem Druck nach *Tumlirz-Linde* zu

$$v_1 = \frac{0,00471\,T}{p_{1m}} - 0,016 = \frac{0,00471 \cdot 503}{8,55} - 0,016 = \infty\,0,26\ cbm/kg\,,$$

$$\gamma_1 = \frac{I}{v_1} = \frac{I}{0,26} = 3,85\ kg/cbm\,.$$

Für den als trocken gesättigt angenommenen Dampf bei Beginn der Kompression ist nach der 1. Tabelle im „Anhang" bei $p_2 = I,I5\,at\,abs.$

$$\gamma_2 = 0,66\ kg/cbm\,.$$

Der auf den mittleren Einströmdruck bezogene Füllungsgrad der Maschine beträgt, da für

$$\frac{p_{1m}}{p_e} = \frac{8,55}{I,8} = 4,75\,.$$

und $n = 1,15$ nach der 1. Tabelle auf S. 34

$$\varepsilon = \frac{e + m}{1 + m} = \infty 0,26$$

ist,

$$e = 0,26 \, (1 + 0,12) - 0,12 = 0,17 \, .$$

Aus Gl. 10, S. 40, folgt dann mit $p_i = 3,1$ *at* und $e_c = 0,2$ nach S. 36 als nutzbarer Dampfverbrauch

$$D_i' = \frac{27}{3,1} \, [(0,12 + 0,17) \, 3,85 - (0,2 + 0,12) \, 0,66] = 7,85 \, kg \, .$$

Von den Dampfverlusten kann der Abkühlungsverlust nach Gl. 11, S. 40, für $\alpha = 0,94$ (entsprechend $S/D = 1,67$), $A = 0,1 \cdot 6 = 0,6$ und $c_m = 3 \, m/sk$ zu

$$D_i'' = 0,94 \frac{0,6}{\sqrt{3}} = 0,326 \, kg \, ,$$

der Lässigkeitsverlust für die entsprechende Naßdampfmaschine bei vorzüglicher Ausführung nach Gl. 12, S. 40, zu

$$D_i''' = 0,5 \left( \frac{8,8}{\sqrt{\frac{80}{0,9} \, 3}} + \frac{1}{2 \cdot 3} \right) = 0,35 \, kg \, ,$$

bei der Heißdampfmaschine zu

$$D_i''' = 0,75 \cdot 0,35 = \infty 0,263 \, kg$$

geschätzt werden.

Der gesamte Dampfverbrauch der Maschine wird also annähernd

$$D_i = 7,85 + 0,326 + 0,263 = \infty \mathbf{8,5} \, kg \text{ für } 1 \, PS_{i-st}$$

sein. Ihm entspricht, da der Wärmeinhalt des Dampfes von $p_0 = 9,5$ *at abs.* und $270_0$ C nach dem *Mollier*schen *JS*-Diagramm (siehe § 39) $i_0 = \infty 716 \, WE$ ist, ein Wärmeverbrauch

$$W_i = 8,5 \cdot 716 = 6086 \, WE \text{ für } 1 \, PS_{i-st} \, ,$$

bezogen auf Speisewasser von 0°.

2. Bei der Gleichstrommaschine war die Temperatur des Dampfes beim Eintritt in die Deckel 300° C. Berücksichtigt man hier nach dem Vorschlage von Prof. *Doerfel* (S. 41) die Abkühlungsverluste dadurch, daß man die Temperatur des Dampfes bei dem mittleren Einströmdruck $p_{1m} = 11,5$ *at* um 80° niedriger, also zu $T = 273 + 220 = 493°$ annimmt, so ist für das spezifische Volumen bzw. Gewicht desselben nach der *Tumlirz-Linde*schen Gleichung

$$v_1 = \frac{0,00471 \, T}{p_{1m}} - 0,016 = \frac{0,00471 \cdot 493}{11,5} - 0,016 = 0,186 \, cbm/kg \, ,$$

$$\gamma_1 = \frac{1}{v_1} = \frac{1}{0,186} = \infty 5,38 \, kg/cbm$$

in Gl. 10, S. 40, einzuführen. Das spezifische Gewicht des trocken gesättigt angenommenen Austrittsdampfes von $p_2 = 0{,}125$ *at abs.* ist nach der 2. Tabelle im „Anhang"

$$\gamma_2 = 0{,}083 \ kg/cbm$$

Aus der 1. Tabelle auf S. 34 folgt weiter für das Verhältnis

$$\frac{p_{1m}}{p_e} = \frac{11{,}5}{0{,}9} = 12{,}8$$

und $n = 1{,}15$ der Wert

$$\varepsilon = \frac{e + m}{1 + m} = \infty\, 0{,}018 \, ,$$

also mit $m = 0{,}036$

$$e + m = 0{,}108 \cdot 1{,}036 = \infty\, 0{,}11 .$$

Für die Kompression war nach S. 38 $e_c = 0{,}78$. Mit diesen Werten und $p_i = 2{,}9$ *at* berechnet sich schließlich aus Gl. 10, S. 40, unter Vernachlässigung des sehr geringen Lässigkeitsverlustes ein Gesamtdampfverbrauch

$$D_i = \frac{27}{2{,}9}\, [0{,}11 \cdot 5{,}38 - (0{,}78 + 0{,}036)\, 0{,}083] = \infty\, \mathbf{4{,}88}\ kg \ \text{für} \ 1\, PS_{i-st} ,$$

während die *Maschinenfabrik Grevenbroich* einen solchen von *4,6 kg* garantierte.

Mit $i_0 = 730$ *WE* als Wärmeinhalt des Dampfes vor der Maschine ($p_0 = 12{,}5$ *at abs.*, 300° C) entspricht dem letzteren Werte von $D_i$ ein Wärmeverbrauch

$$W_i = 4{,}6 \cdot 730 = 3358\ WE \ \text{für} \ 1\, PS_{i-st} ,$$

bezogen auf Speisewasser von 0°.

# II. Die Mehrzylindermaschinen.

§ 17. **Die Zwillingsmaschinen.** Die Kupplung zweier Einzylindermaschinen von denselben Abmessungen und derselben Dampfverteilung an eine gemeinschaftliche Kurbelwelle bietet gegenüber der Einzylindermaschine den Vorteil, daß die Zwillingsmaschine mit gegeneinander versetzten Kurbeln in jeder Lage angelassen werden kann und bei demselben Schwungradgewicht wie die gleich starke Einzylindermaschine nach den Angaben in § 50 eine größere Gleichförmigkeit des Ganges als diese zeigt. Diese Vorteile fallen aber bei den hier zu betrachtenden Transmissions-Dampfmaschinen weniger ins Gewicht als bei den Lokomotiven, Fördermaschinen usw., und es finden deshalb Zwillingsmaschinen zum Antriebe einer Transmissions- oder Arbeitsmaschinenwelle nur selten Verwendung.

Die Berechnung der Zwillingsmaschinen erfolgt wie die einer Einzylindermaschine von der halben Nutzleistung. Der mechanische Wirkungsgrad $\eta_m$ der Zwillingsmaschine kann dabei etwas größer (2 bis 3 vH) als für die halb so starke Einzylindermaschine genommen werden. Sonst gelten alle im vorigen Abschnitt gemachten Angaben auch für die Zwillingsmaschinen.

§ 18. **Vergleich einer ein- und mehrstufigen Expansionsmaschine.** In Fig. 16 stellt $a\,b\,c\,d\,e\,a$ das theoretische Indikatordiagramm einer Einzylindermaschine dar, die keine schädlichen Räume besitzt und ohne Vorein-, Voraustritt und Kompression arbeitet. Der während des Weges $s_1$ einströmende Dampf expandiert in ihr von der Spannung $p_1$ bis auf diejenige $p_e$, und die während eines Doppelhubes von ihm auf der betreffenden Kolbenseite verrichtete Arbeit ist gleich dem Inhalt des Diagrammes, gemessen im Arbeitsmaßstabe. Teilt man die Fläche $a\,b\,c\,d\,e\,a$ durch eine Horizontale $g\,f$ in zwei Teile,

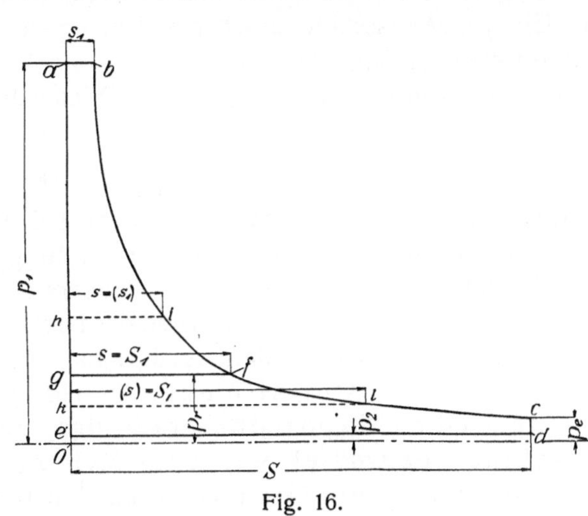


Fig. 16.

so kann die Figur auch als ideelles Diagramm einer zweistufigen Expansionsmaschine gelten. Der während des Weges $s_1$ in den Hochdruckzylinder tretende

Dampf expandiert nun in diesem nur bis auf die Spannung $p_r$ und verrichtet hier die der Fläche $a\,b\,f\,g\,a$ entsprechende Arbeit. Darauf strömt er ohne Spannungsabfall während des Weges $s = S_1$ in den Niederdruckzylinder, um in ihm bis auf die Endspannung $p_e$ weiter zu expandieren und die Arbeit $g\,f\,c\,d\,e\,g$ zu verrichten. Theoretisch ist also unter den gegebenen Verhältnissen die Leistung der Einzylindermaschine ebenso groß wie die der Zweizylindermaschine[1]), wenn die Zylinder der letzteren die gleiche nutzbare Kolbenfläche wie die erstere besitzen. Der Hochdruckzylinder muß ferner den Hub $s$, der Niederdruckzylinder denjenigen $S$ der Einzylindermaschine erhalten, und das Verhältnis der Hubvolumina beider Zylinder oder kurz das Zylinderverhältnis ist bei der zweistufigen Expansionsmaschine

$$\frac{V}{v} = \frac{S \cdot O}{s \cdot O} = \frac{S}{s}.$$

Die Leistung der beiden Maschinen bleibt unter den angeführten Umständen theoretisch aber auch dann noch gleich, wenn man wie in Wirklichkeit dem Hochdruckzylinder ebenfalls den Hub $S$ gibt, dafür aber seine nutzbare Kolbenfläche im Zylinderverhältnis verkleinert und seinen Füllungsweg in demselben Verhältnis vergrößert, also jene $O \cdot v/V$ und diesen $s_1 \cdot V/v$ macht; denn dadurch wird das Expansionsverhältnis des Dampfes, das bei den Mehrzylindermaschinen, wo die Expansion in mehreren Zylindern vor sich geht, auch Gesamtexpansionsgrad heißt, nicht verändert, sondern bleibt für beide Maschinen gleich $s_1/S$.

Entsprechendes ergibt sich, wenn man das theoretische Diagramm der Einzylindermaschine in Fig. 16 durch zwei horizontale (punktiert eingetragene) Linien $h\,i$ und $k\,l$ in drei Teilflächen zerlegt und diese als ideelle Diagramme einer Maschine mit dreistufiger Expansion ansieht. Bei derselben Kolbenfläche $O$ müssen die Zylinder der letzteren, wenn sie die gleiche Leistung wie die Einzylindermaschine ergeben sollen, einen Hub $s$, $(s)$ bzw. $S$ und einen Füllungsweg $s_1$, $(s_1)$ bzw. $S_1$ erhalten. Das Volumverhältnis des Hoch- und Mitteldruckzylinders in bezug auf den Niederdruckzylinder beträgt dann

$$\frac{V}{v} = \frac{S \cdot O}{s \cdot O} = \frac{S}{s} \qquad \text{bzw.} \qquad \frac{V}{(v)} = \frac{S \cdot O}{(s) \cdot O} = \frac{S}{(s)}.$$

Daran wird sich auch nichts ändern, wenn bei demselben Hub $S$ aller Zylinder die nutzbare Kolbenfläche bzw. der Füllungsweg des Hochdruckzylinders $O \cdot v/V$ und $s_1 \cdot V/v$, des Mitteldruckzylinders $O \cdot (v)/V$ und $(s_1) \cdot V/(v)$ gemacht wird; denn der Gesamtexpansionsgrad der Dreizylindermaschine ist dann ebenso groß wie der der Einzylindermaschine, nämlich $s_1/S$.

Theoretisch leistet also unter den gegebenen Einschränkungen bei demselben Expansionsgrade des Dampfes eine Einzylindermaschine ebensoviel wie eine Mehrzylindermaschine, die den Zylinder jener zum Niederdruckzylinder hat und deren Zylinderverhältnisse so bemessen sind, daß der Dampf ohne Spannungs-

---

[1]) Unter Zwei-, Drei- und Mehrzylindermaschinen sind im folgenden stets solche mit zwei-, drei- bzw. mehrstufiger Expansion verstanden.

abfall ununterbrochen in den einzelnen Zylindern weiter expandieren kann.

Bei Berücksichtigung der schädlichen Räume und der Kompression gilt dieser Satz nur dann, wenn der schädliche Raum des Hochdruckzylinders bei der mehrstufigen Expansionsmaschine ebenso groß wie bei der Einzylindermaschine ist und die Kompression sich bei jener durch alle Zylinder ununterbrochen fortsetzt. In einem solchen Falle gelten nämlich, wie Fig. 17 zeigt, sowohl die Expansions- als auch die Kompressionslinien für beide Maschinen, da sie alle vom Punkte $O$ aus zu konstruieren sind. In Fig. 17 ist die Länge $s_0 = OA$ des schädlichen Raumes beim Hochdruckzylinder ebenso groß wie bei der Einzylindermaschine. Beim Niederdruckzylinder ist $S_0$ diese Länge und $S$ der Hub, der allerdings hier etwas verschieden von demjenigen $AA'$ der Einzylindermaschine ausfällt.

Die wirkliche Leistung einer Mehrzylindermaschine weicht natürlich von derjenigen, die der Dampf theoretisch in der entsprechenden Einzylindermaschine verrichten würde, ebenso wie die wirkliche Leistung dieser letzteren selbst, beträchtlich ab, und die wirklichen Diagrammflächen jener besitzen einen kleineren Flächeninhalt als das theoretische Diagramm dieser.

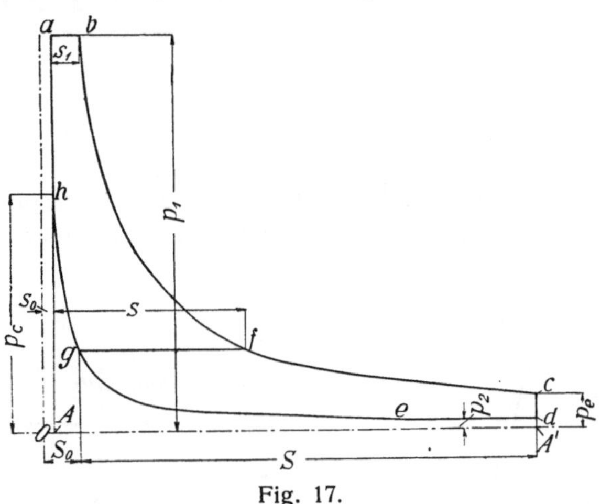

Fig. 17.

Um die Größe und Art der Abweichungen beurteilen zu können, muß man die den einzelnen Zylindern einer mehrstufigen Expansionsmaschine entnommenen Indikatordiagramme, die wegen des gleichen Hubes alle dieselbe Basis zeigen, so umzeichnen, daß ihre Längen bei gleichem Maßstab für die Spannungen den Zylinderinhalten proportional sind, und dann unter entsprechender Berücksichtigung der schädlichen Räume zu einem Gesamt- oder rankinisierten Diagramm zusammenschieben. Wie dies zu geschehen hat, ist in § 35 näher erläutert. Fig 18 und 19 zeigen z. B. die wirklichen, Fig. 20 das rankinisierte Diagramm einer Tandemmachine der *Sächsischen Maschinenfabrik, vorm. Richard Hartmann,* in Chemnitz.

Das Verhältnis des Flächeninhaltes der rankinisierten Diagramme zu dem des theoretischen Einzylinderdiagrammes, bei dem die Expansionslinie für gesättigten Eintrittsdampf durch den Endpunkt, für überhitzten durch den Anfangspunkt der Expansion im Hochdruckzylinder gelegt wird, heißt der Völligkeitsgrad der Mehrzylindermaschine. Er schwankt meist zwischen 0,65 bis 0,75 bei Zweizylinder- und zwischen 0,55 bis 0,65 bei Dreizylindermaschinen. Die Flächenverluste zwischen dem theoretischen und wirklichen Diagramm werden teils durch die schädlichen Räume, den Gegendruck im

Niederdruckzylinder, die Vorein-, Voraustritts- und Kompressionsperiode, teils durch den Spannungsverlust beim Übertritt aus dem einen in den anderen Zylinder und den Abfall der wirklichen gegen die theoretische Expansionskurve verursacht.

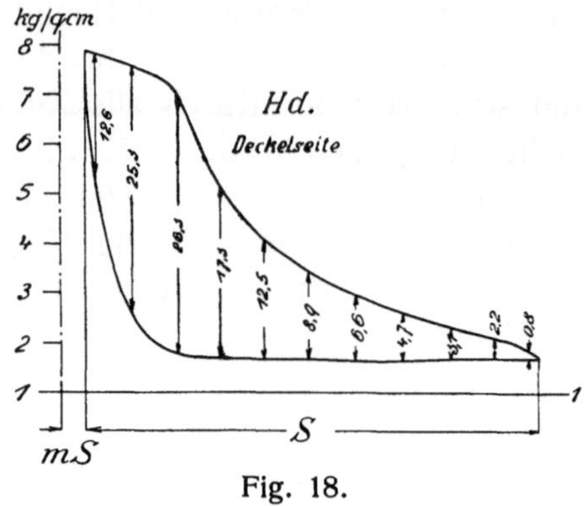


Fig. 18.

Für das wirkliche Diagramm einer Einzylindermaschine läßt sich ebenfalls der Völligkeitsgrad feststellen; er wird aber hier selten angegeben.

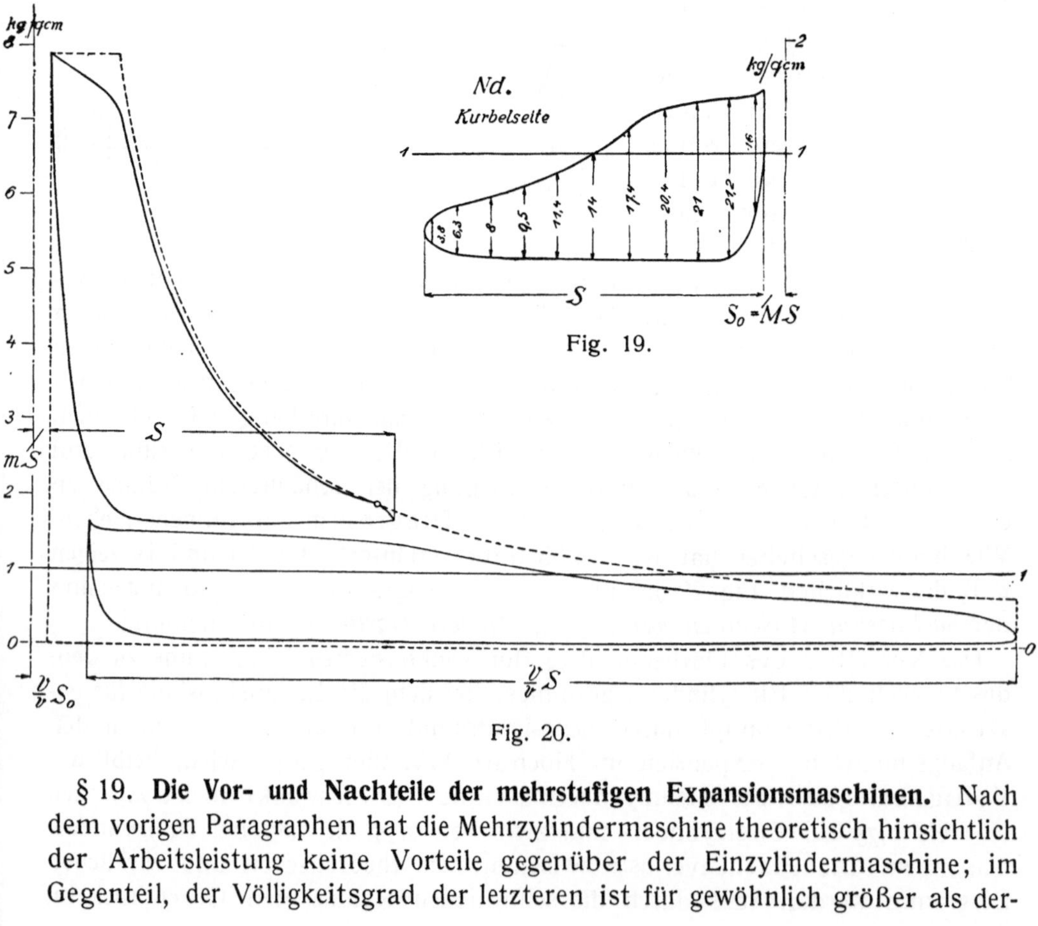

Fig. 19.



Fig. 20.

## § 19. Die Vor- und Nachteile der mehrstufigen Expansionsmaschinen.

Nach dem vorigen Paragraphen hat die Mehrzylindermaschine theoretisch hinsichtlich der Arbeitsleistung keine Vorteile gegenüber der Einzylindermaschine; im Gegenteil, der Völligkeitsgrad der letzteren ist für gewöhnlich größer als derjenige der entsprechenden mehrstufigen Expansionsmaschine. Wohl aber erweist sich diese in ökonomischer Hinsicht der Einzylindermaschine überlegen.

Zunächst werden die durch den Wärmeaustausch zwischen Dampf und Zylinderwand entstehenden Verluste in der Mehrzylindermaschine dadurch verringert, daß der frische Dampf nur in den Hochdruckzylinder tritt, dessen schädliche Räume und Oberflächen im Zylinderverhältnis kleiner als bei der Einzylindermaschine sind, während die Füllung in demselben Verhältnis größer ist. Ferner kommen die im Hochdruckzylinder sich bildenden Niederschläge beim Austritt zum Teil wieder zur Verdampfung und können in den folgenden Zylindern noch Arbeit leisten. Und endlich verringern die Niederschläge im Mittel- und Niederdruckzylinder nur deren Leistung, nicht die Gesamtleistung der Maschine, da sie im Hochdruck- bzw. Mitteldruckzylinder schon Arbeit geleistet haben.

Die Verteilung des Temperaturgefälles auf die einzelnen Zylinder der mehrstufigen Expansionsmaschine scheint den Wärmeaustausch nur in geringem Maße zu beeinflussen; wenigstens ergaben Versuche in dieser Hinsicht nur eine sehr kleine Abnahme im Dampfverbrauch der Mehr- gegenüber der Einzylindermaschine. Das Gleiche gilt von der Teilung des Druckgefälles, der man früher eine Verringerung der Undichtheitsverluste in den Abschlußorganen und am Kolben zuschrieb. Für diese Verluste ist aber bei den jetzt meist gebräuchlichen Ventilen als Steuerungsorgan die sogenannte kritische Geschwindigkeit des Dampfes maßgebend, und diese wird auch bei den Druckunterschieden in der Mehrzylindermaschine erreicht. Dagegen führt die Teilung des Druckgefälles bei zweikurbeligen Verbundmaschinen zu zwei leichteren Gestängen an Stelle eines schweren bei der Einzylindermaschine, und die Versetzung der Kurbeln ergibt eine größere Gleichförmigkeit des Ganges bei demselben Schwungradgewicht für jene.

Zu den Nachteilen der Mehrzylindermaschinen gehört, daß durch die Anordnung von zwei und mehr Zylindern gegenüber einem die Anlagekosten, der Ölverbrauch und die Anforderungen an die Wartung erhöht, der mechanische Wirkungsgrad, wenn auch in manchen Fällen wenig oder gar nicht, verringert wird. Ferner zeigen Mehrzylindermaschinen eine weniger gute Regelung (siehe § 22) als Einzylindermaschinen, deren Leistung sich nicht nur bei den für sie in Betracht kommenden Spannungen in weiteren Grenzen, sondern auch schneller regeln läßt.

Die Anwendung der Mehrzylindermaschinen ist in den letzten Jahren zurückgegangen. Durch die auf S. 21 angeführten und zuerst von Prof. *Stumpf* benutzten Mittel, wie äußerste Beschränkung der schädlichen Räume und Oberflächen, intensive Deckelheizung, Steuerung des Auslasses durch den Dampfkolben in Verbindung mit großen Auslaßquerschnitten, hat die mit hoch überhitztem Dampf betriebene Einzylindermaschine den Dampfverbrauch der besten Verbundmaschinen erreicht und bei ihrer besseren Regelung, ihrem geringeren Platz- und Wartebedürfnis diese auf das Gebiet sehr hoher Dampfspannungen und sehr großer Leistungen beschränkt[1].

Bezüglich der Dreizylindermaschine siehe in dieser Hinsicht S. 51.

---

[1] Ausgenommen hiervon sind Verbundmaschinen mit Zwischendampfentnahme (siehe IX. Abschnitt).

**§ 20. Die Mantelheizung und die Dampfüberhitzung bei den mehrstufigen Expansionsmaschinen.** Bei gesättigtem Dampf wird nur die Heizung des Hochdruckzylinders (einschließlich der Deckel) allgemein als vorteilhaft anerkannt, diejenige des Niederdruckzylinders aber von den meisten als unnötig bezeichnet, weil die Niederschlagverluste im Niederdruckmantel erheblich ausfallen und in keinem Verhältnis zu dem Nutzen desselben stehen. Viele Fabriken geben deshalb dem Niederdruckzylinder keinen Heizmantel oder lassen nur den aus dem Aufnehmer kommenden Dampf, bevor er in den Zylinder tritt, durch diesen Mantel strömen. Entsprechendes gilt bei dreistufiger Expansion für den Mitteldruckzylinder.

Bei überhitztem Dampf erhält der Hochdruckzylinder nur bei mäßiger Überhitzung Mantelheizung durch den strömenden Dampf; für hoch überhitzten Dampf ist nur Deckelheizung gebräuchlich, wenn die Ventile in die Deckel eingebaut sind.

Eine Heizung der Aufnehmer wird von den meisten Fabriken nicht mehr ausgeführt. Die Ansichten über ihren Wert sind sehr geteilt, und Versuche in dieser Hinsicht haben keine oder nur eine geringe Abnahme im Dampfverbrauch ergeben; Temperatur und Spannung des Aufnehmerdampfes sind nur geringen Schwankungen unterworfen, und ein Verdampfen des in ihm enthaltenen Wassers durch die Heizung hat stets eine entsprechende Kondensation im Mantel zur Folge. Dagegen empfiehlt es sich, den Aufnehmer durch eine gute Umkleidung sorgfältig gegen Abkühlungsverluste nach außen zu schützen und vor allem bei ihm für eine schnelle und gründliche Abführung des Kondenswassers zu sorgen.

Der Einfluß der Dampfüberhitzung auf den Wärmeverbrauch hat sich bei mehrstufigen Expansionsmaschinen etwas geringer als bei Einzylindermaschinen ergeben. *Berner*[1]) stellt unter der Annahme von Proportionalität zwischen Temperatur und Wärmeverbrauch für einen Temperaturunterschied von je 50° C

bei Verbund-Kondensationsmaschinen 6,5 vH.,
bei Dreizylinder-Kondensationsmaschinen 6,0 vH.

als sicher erreichbare Wärmeersparnis fest, die natürlich in manchen Fällen noch überschritten wird. Nach den Versuchen von *Kammerer*[2]) sank der Dampfverbrauch bei Dampftemperaturen bis 300° C (oder sogar 350° C) und geheiztem Hochdruckzylinder für 1° Überhitzung

an guten Verbund- und Dreizylinder-Kondensationsmaschinen um 10 bis 11 Gramm,

an sehr guten Maschinen dieser Art mit geringem Dampfverbrauch und schwacher Belastung um 7 bis 8 Gramm,

an weniger guten Maschinen mit starker Belastung um 13 bis 16 Gramm.

Bei ungeheiztem Hochdruckzylinder ergaben sich für schwache Überhitzung und geringe Füllung höhere, für Temperaturen über 300° C niedrigere Werte.

---

[1]) Z. d. V. d. I. 1905, S. 1114 und 1387.
[2]) Zeitschrift für Dampfkessel- und Maschinenbetrieb 1914, S. 500.

An Verbund-Auspuffmaschinen betrug die Ersparnis bei niedrigen Temperaturen 20 Gramm und mehr.

Die relative Wärmeersparnis durch die Überhitzung nimmt mit der Zahl der Zylinder, wie andere Versuche ergeben haben, ab; außerdem haben Heißdampf-Verbundmaschinen schon bei mäßiger Überhitzung den Dampfverbrauch der Sattdampf-Dreizylindermaschinen erreicht. Beim Betriebe mit überhitztem Dampf schätzt man deshalb den Nutzen des dritten Zylinders so gering ein, daß an Stelle einer Maschine mit dreistufiger Expansion jetzt meist eine solche mit zweistufiger gewählt wird, ebenso wie diese bei nicht zu großen Leistungen nach S. 49 jetzt gewöhnlich durch eine Einzylindermaschine ersetzt wird. Für das erste spricht auch noch der Umstand, daß bei der mit verhältnismäßig großer Füllung im Hochdruckzylinder arbeitenden Dreizylindermaschine der Dampf noch mit hoher Temperatur in den Mitteldruckzylinder tritt und daß es deshalb bei höheren Überhitzungsgraden schwierig wird, die Wandtemperatur dieser beiden Zylinder unter der betriebssicheren Grenztemperatur zu halten.

In den Niederdruckzylinder der Zwei- und Dreizylindermaschinen tritt der Dampf selbst bei hoher Anfangsüberhitzung nur wenig überhitzt oder trocken gesättigt ein. Um die dadurch bedingte Eintrittskondensation in diesem Zylinder zu vermeiden, hat man den Dampf im Aufnehmer nochmals durch frischen Dampf überhitzt. Diese sogenannte Zwischenüberhitzung hat sich aber sowohl theoretisch als auch praktisch als nicht lohnenswert erwiesen. Theoretisch ist sie gegenüber der Überhitzung des Frischdampfes im Nachteil, weil diese bei weit höherer Temperatur vor sich geht, die Wärme aber dem Dampf bei möglichst hoher Temperatur zugeführt werden soll. Praktisch hat die Zwischenüberhitzung bei Maschinen, die mit hoch überhitztem Dampf arbeiten, gar keine oder nur eine äußerst geringe Wärmeersparnis ergeben; bei geringer Überhitzung des Dampfes im Hochdruckzylinder ist die Ersparnis zwar größer, aber auch nicht bedeutend. Zwischenüberhitzung scheint deshalb höchstens dann berechtigt und empfehlenswert, wenn hoch überhitzter Dampf mit Rücksicht auf die Betriebssicherheit nicht unmittelbar in den Zylinder gelassen, sondern zuvor zur Überhitzung des Aufnehmerdampfes benutzt werden kann. Dagegen ist die bei den Wolfschen Lokomobilen verwendete Zwischenüberhitzung des Aufnehmerinhaltes durch die abziehenden Heizgase des Kessels, deren Wärme sonst verloren geht, naturgemäß stets mit nennenswertem Vorteil verbunden.

§ 21. **Der Spannungssprung bei den mehrstufigen Expansionsmaschinen.** Beim Übertritt des Dampfes aus dem Hoch- oder Mitteldruckzylinder in den Aufnehmer und aus diesem in den nächsten Zylinder entsteht ein Spannungsabfall, wenn in den miteinander zu verbindenden Räumen in dem Augenblicke, wo die Verbindung erfolgt (Punkt $c$, Fig. 21), nicht die gleiche Spannung herrscht. Ein solcher Spannungssprung $c\,d$ ist aber nicht immer, wie früher angenommen wurde, mit Nachteil verbunden, sondern bietet innerhalb gewisser Grenzen sogar Vorteile[1]). Zunächst wird durch ihn das Überströmen des Dampfes nach

---

[1]) Z. d. V. d. I. 1899, S. 489.

und aus dem Aufnehmer erleichtert, die dabei stattfindende Drosselung also verringert. Dann kann das Volumen des Hochdruckzylinders im Verhältnis $[s] : s$ (Fig. 21) verkleinert werden, wodurch die Maschine billiger, sowie eine auf die Eintrittskondensation beschränkend wirkende größere Füllung in diesem Zylinder nötig wird. Endlich bewirkt der Spannungsabfall ein entsprechendes Nachverdampfen von Wasser beim Austritt des Dampfes aus dem Hoch- oder Mitteldruckzylinder. Alle diese Vorteile führen dazu, daß bis zu einer gewissen Grenze des Spannungssprunges, selbst wenn die Diagrammfläche kleiner wird, der Dampfverbrauch für $1\ PS_i$ abnimmt.

In welchen Grenzen sich der fragliche Spannungsabfall zu bewegen hat, um vorteilhaft zu wirken, bzw. welches sein günstigster Wert für eine zu entwerfende Maschine ist, läßt sich natürlich von vornherein nicht bestimmen. Bei einer vorhandenen Maschine mit gleichbleibender Leistung dagegen kann der günstigste Spannungssprung leicht ermittelt werden. Man stellt dazu z. B. bei einer Zweizylindermaschine die Steuerung des Niederdruckzylinders so ein, daß das Diagramm des Hochdruckzylinders am Ende der Expansion in eine Spitze endigt, und vergrößert nun die Füllung des Niederdruckzylinders allmählich. Der Geschwindigkeitsregler zeigt dann bis zu einem gewissen Punkte durch seine stetigen

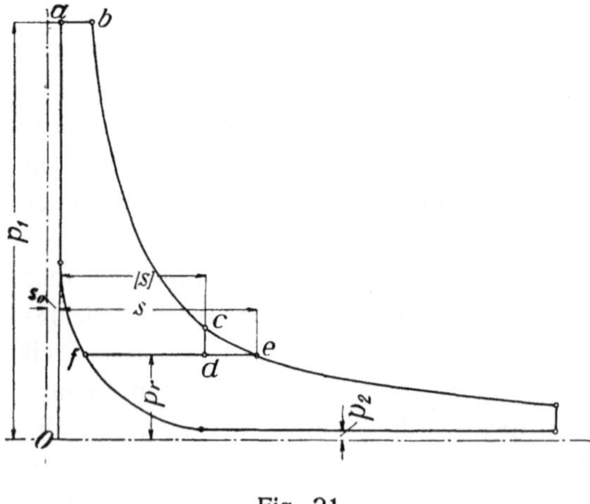

Fig. 21.

höheren Stellungen eine Abnahme der Füllung im Hochdruckzylinder, d. h. eine Verringerung des Dampfverbrauches an.

Da mit einem Spannungssprung nicht nur der Anteil, den die einzelnen Zylinder an der Gesamtarbeit der Maschine haben, sondern auch die größten Kolbendrücke verändert werden, so bietet der Sprung zugleich ein bequemes Mittel, unzweckmäßige Verhältnisse in dieser Richtung zu verbessern.

Durch die Änderung der Kompression kann ebenfalls ein Spannungssprung erzielt bzw. dessen Größe verändert werden. Vergrößert man z. B. die Kompression im Hochdruckzylinder, so muß bei gleichbleibender Nutzleistung der Maschine die mehr erforderliche Kompressionsarbeit durch eine größere Füllung in diesem Zylinder aufgebracht werden. Mit der größeren Füllung tritt aber ein Spannungssprung am Ende der Expansion ein. Läuft das Hochdruckdiagramm bei der letzteren in eine Schleife aus, so kann diese also durch die angegebene Kompressionsänderung beseitigt werden.

**§ 22. Die Regelung und die Füllungsgrenzen bei den mehrstufigen Expansionsmaschinen.** Auf S. 49 wurde schon darauf hingewiesen, daß Mehrzylindermaschinen, wenn bei ihnen wie gewöhnlich nur die Füllung des Hochdruckzylinders durch den Geschwindigkeitsregler verändert wird, eine weniger gute Regelung als Einzylindermaschinen besitzen. Abgesehen davon, daß sich die Leistung der letzteren in weiteren Grenzen regeln läßt, haben Mehrzylindermaschinen zunächst den Nachteil, daß eine Zu- oder Abnahme in der Füllung des Hochdruckzylinders nur wenig Einfluß auf dessen Leistung[1]) hat, sondern in der Hauptsache nur die Arbeit der übrigen Zylinder vergrößert oder verkleinert. Dies zeigt Fig. 22. Steigt in dem Diagramm die Füllung von $s_1$ auf $[s_1]$, so geht die Arbeitsfläche des Hochdruckzylinders von $a\,b\,c\,f\,a$ in $a\,b_1\,c_1\,f_1\,a$ über und wird, da beide Flächen nahezu gleich sind, nur wenig verändert. Die Arbeitsfläche des Niederdruckzylinders dagegen nimmt von $f\,c\,d\,e\,f$ auf $f_1\,c_1\,d\,e\,f_1$ zu. Entsprechendes findet bei einer Abnahme der Hochdruckfüllung statt. Mit jeder Änderung der letzteren ist also bei einer Mehrzylindermaschine eine Verschiebung in der Verteilung der Gesamtarbeit auf die einzelnen Zylinder verbunden, und diese ist für den ruhigen Gang der Maschine keineswegs günstig.

Außerdem kommt die Zu- oder Abnahme der Leistung, welche die veränderte Hochdruckfüllung bewirkt, meistens erst nach einer Zahl von Umdrehungen zur Geltung. Bei einer Vergrößerung dieser Füllung wird nämlich der mehr eingelassene Dampf zunächst im Aufnehmer zurückbehalten und bleibt solange ohne Einfluß auf die Leistung des nächsten Zylinders, bis sich der zur Erhaltung des Beharrungszustandes erforderliche höhere Druck in dem Behälter eingestellt hat. Bei einer Verkleinerung der Füllung strömt der Aufnehmerdampf bis zur Einstellung des neuen, niedrigeren Druckes in der früheren Weise in den nächsten Zylinder und leistet dort während dieser Zeit dieselbe Arbeit wie vorher. Der hiermit verbundene Übelstand einer langsamen Regelung fällt um so stärker aus, je größer der Aufnehmerinhalt ist[2]); auch macht er sich bei dreistufigen Expansionsmaschinen mehr bemerkbar als bei zweistufigen. Man nimmt deshalb in Fällen, wo es auf schnelle Regelung ankommt, den Aufnehmerinhalt verhältnismäßig klein und verwendet Dreizylindermaschinen möglichst nur bei wenig schwankender Leistung.

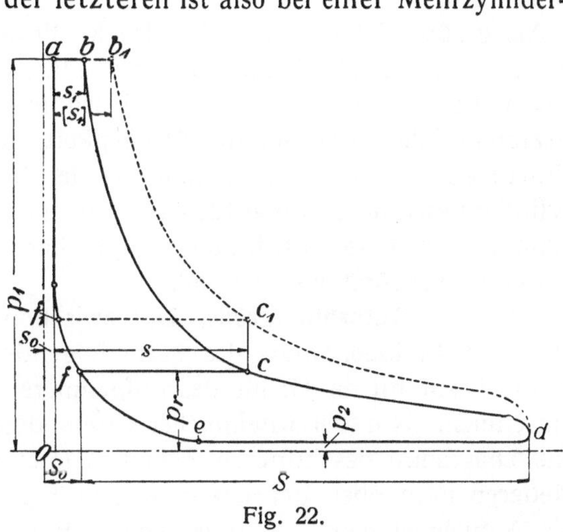

Fig. 22.

---

[1]) Die verhältnismäßig geringe Zunahme in der Leistung des Hochdruckzylinders bei größer werdender Füllung findet wegen des gleichzeitig steigenden Aufnehmerdruckes auch nur bis zu einem gewissen Füllungsgrade statt; dann nimmt die Leistung wieder ab.

[2]) Nach den Versuchen von Prof. *Gutermuth* (Forschungsarbeiten, Heft 160, Jul. Springer, Berlin) soll aber der Einfluß des Aufnehmerinhaltes auf die Regelung nicht so bedeutend sein, als bisher angenommen wurde.

Eine der Einzylindermaschine gleichwertige Regelung läßt sich bei den mehrstufigen Expansionsmaschinen nur dadurch erreichen, daß man den Regler auch auf die Füllung des Niederdruckzylinders wirken läßt. Wird diese Füllung nämlich ebenso wie die Hochdruckfüllung dem Widerstande an der Maschine entsprechend verändert, so bleibt die Aufnehmerspannung bei größer oder kleiner werdender Füllung des Hochdruckzylinders unverändert, und es wird stets der ganze Dampf, der in den letzteren tritt, nach Durchströmen des Aufnehmers auch unmittelbar in den Niederdruckzylinder gelangen. Allerdings sind die Einrichtungen, welche die Einwirkung des Reglers auf die Steuerungen zweier oder sogar dreier Zylinder ermöglichen, konstruktiv nicht einfach; man begnügt sich deshalb in der Regel mit einer Einstellung der Niederdruckfüllung von Hand.

Als größte Füllung des Hochdruckzylinders wählt man gewöhnlich 50 bis 60 vH. Die kleinste Füllung hängt wieder davon ab, ob ein vollständiges Aufhören des Widerstandes bei der Maschine ausgeschlossen ist oder nicht. Im letzteren Falle, also bei der Möglichkeit, daß eine völlige Entlastung unter Umständen eintreten kann, muß bei der hohen Eintrittsspannung der Mehrzylindermaschinen, namentlich bei großem schädlichen Raum im Hochdruckzylinder, absolute Nullfüllung vorgesehen sein, wenn ein Durchgehen der Maschine verhütet werden soll.

§ 23. **Die Aufnehmergröße.** Der zwischen den Auslaßorganen des höheren und den Einlaßorganen des nächstfolgenden niederen Zylinders befindliche Raum bestimmt die Größe des Aufnehmers bei den mehrstufigen Expansionsmaschinen. Nur bei unendlicher Größe desselben verlaufen die Kurven, die das Diagramm des höheren Zylinders nach unten und des darauf folgenden niederen nach oben begrenzen, wie in Fig. 17, S. 47, horizontal, bleibt also die Aufnehmerspannung unverändert. Bei endlicher Größe dagegen wirkt die Expansion und Kompression in den Zylindern, soweit der Aufnehmerdampf daran teilnimmt, auf dessen Spannung ein; sie bleibt dann nicht mehr konstant, und die erwähnten Kurven weichen von der Horizontalen ab. Diese Abweichungen fallen natürlich um so bedeutender aus, je kleiner der Aufnehmer ist, und beeinflussen die Verteilung der Gesamtarbeit auf die verschiedenen Zylinder, die Größe der Kolbendrucke in denselben und die Höhe des Spannungssprunges. Bei einer zweistufigen Expansionsmaschine wachsen z. B. bei abnehmender Aufnehmergröße die Arbeit und der größte Kolbendruck im Niederdruckzylinder gegenüber dem Hochdruckzylinder, während der Spannungssprung kleiner wird und umgekehrt. Auch ist die Größe des Aufnehmers, wie schon im vorigen Paragraphen bemerkt, von Einfluß auf die Regelungsfähigkeit der Maschine; schnelle Regelung wird durch einen kleinen Aufnehmer gefördert.

Angaben über die gebräuchliche Größe des Aufnehmers siehe § 28.

§ 24. **Das Zylinderverhältnis.** Bei den mehrstufigen Expansionsmaschinen wählt man das Verhältnis, in dem die Hubvolumina der einzelnen Zylinder zueinander stehen, meist so, daß den nachstehenden Bedingungen genügt wird:

1. Bei zwei- und mehrkurbeligen Maschinen möglichst gleichmäßige Verteilung der Gesamtarbeit auf die einzelnen Kurbeln, damit die Gleichförmigkeit des Ganges möglichst groß wird.

2. Bei einkurbeligen Verbundmaschinen tunlichste Beschränkung des gesamten Gestängedruckes, bei zwei- und mehrkurbeligen Maschinen tunlichste Gleichheit in den größten Gestängedrucken der einzelnen Kurbeln, damit deren Triebwerke gleich gut ausgenützt werden. Die Gestängedrucke der einzelnen Kurbeln ändern sich allerdings mit wechselnder Belastung und werden ungleich, wenn sie bei normaler Belastung gleich waren. So nimmt bei zweikurbeligen Verbundmaschinen mit wachsender Belastung der Gestängedruck der Hochdruckseite ab, der der Niederdruckseite zu, so daß bei kleinster Füllung der erste, bei größter der letzte seinen Höchstwert erreicht. Es ist anzustreben, daß die Änderungen für die Grenzbelastungen nicht zu groß werden.

3. Möglichst gleich großes Temperaturgefälle in den einzelnen Zylindern.

Jede von diesen Bedingungen erfordert in der Regel, wenn sie vollständig erfüllt werden soll, ein anderes Zylinderverhältnis; man wird deshalb alle Bedingungen nur mehr oder weniger angenähert erfüllen können.

Angaben über die gebräuchlichen Zylinderverhältnisse siehe § 28.

**§ 25. Die Dampfverteilung, der Entwurf der Diagramme und die Bestimmung der mittleren indizierten Spannung der Tandem- (Einkurbel-) Verbundmaschinen. Beispiel.** Der hinter den Kolben des Hochdruckzylinders tretende frische Dampf bleibt während dreier einfachen Hübe in der Maschine. Die verschiedenen Zustandsänderungen, denen er dabei unterzogen wird, lassen sich aus dem rankinisierten Diagramm einer solchen Maschine erkennen, dessen Entwurf im folgenden an einem Beispiel gezeigt ist. Das hierzu benützte Verfahren rührt in der Grundidee von *Zeuner* her und wurde von Prof. *Schröter*[1]), sowie *E. Mönch* weiter ausgebildet.

Für eine Kondensations-Tandemmaschine[2]) betrage:

die Spannung und Temperatur des Dampfes vor der Maschine *12,5 at abs.* bzw. 325° C,

die Eintrittsspannung $p_1 = $ *12,4 at abs.*,

die Austrittsspannung $p_2 = $ *0,15 at abs.*,

der Füllungsgrad des Hochdruckzylinders $s_1/s = $ *0,19*,

der Koeffizient der schädlichen Räume, bezogen auf das Hubvolumen, $m = $ *0,075* und $M = $ *0,09*,

das Zylinderverhältnis $V/v = $ *3*,

der Aufnehmerinhalt das Hubvolumen des Hochdruckkolbens.

Der Kräftemaßstab werde *1 at = 5 mm*, die Basis des Niederdruckdiagrammes $S = $ *70 mm* gewählt.

---

[1]) Z. d. V. d. I. 1884, S. 191, und 1890, S. 553.
[2]) Die Berechnung der Maschine befindet sich in § 29.

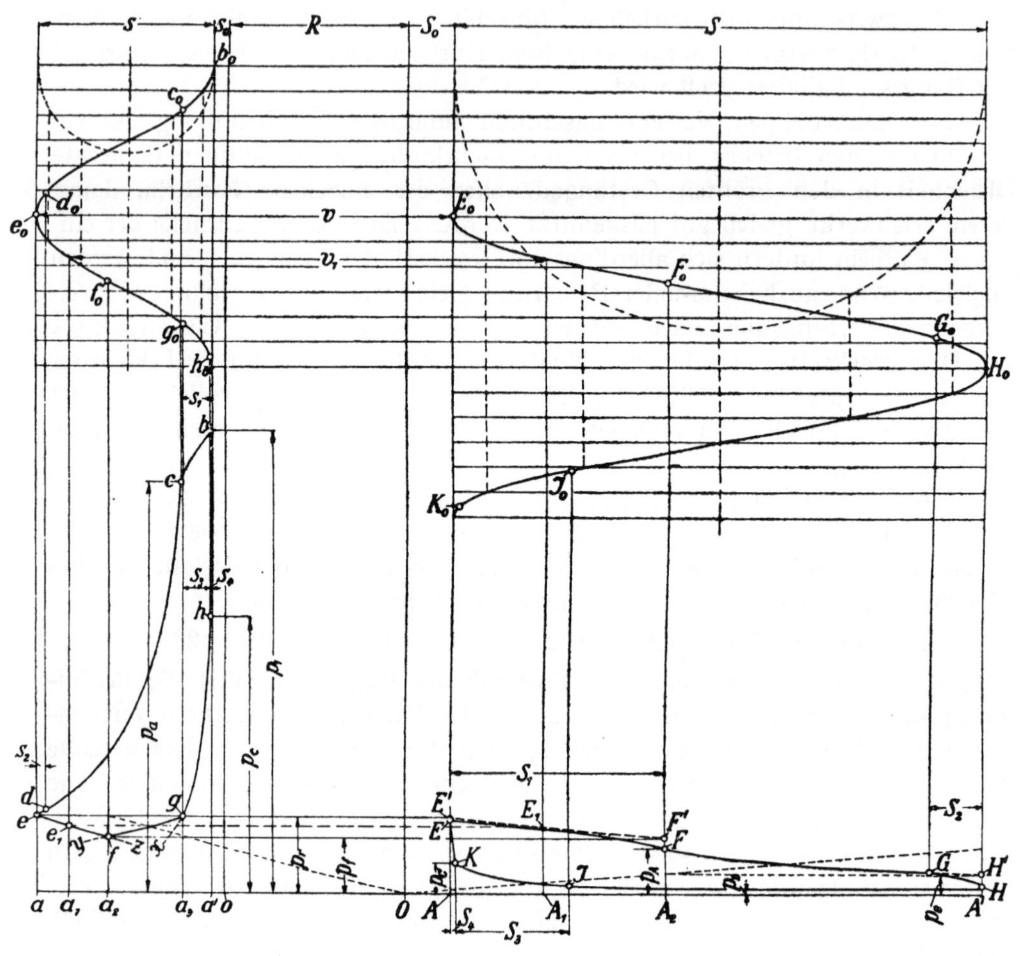

Fig. 23.

Man trägt, wie in Fig. 23 angegeben, nacheinander die folgenden Strecken auf, wobei die durch diese dargestellten Räume alle auf die Kolbenfläche $O$ des Niederdruckzylinders bezogen sind:

den Hub des Hochdruckzylinders $s = 70/3 = 23{,}3\ mm$,

die Länge des schädlichen Raumes für diesen Zylinder $s_0 = 0{,}075\, s = 1{,}75\ mm$,

die Aufnehmerlänge $R = s = 23{,}3\ mm$,

die Länge des schädlichen Raumes beim Niederdruckzylinder $S_0 = 0{,}09 \cdot 70$
    $= 6{,}3\ mm$,

den Hub dieses Zylinders $S = 70\ mm$.

Über den beiden Kolbenhüben $s$ und $S$ sind ferner nach den Angaben in § 43 die Kolbenweglinien $b_0\, e_0\, h_0$ und $E_0\, H_0\, K_0$ konstruiert worden. Die zwischen diesen Linien liegenden Strecken entsprechen dem Raum, der sich jeweilig auf der rechten Seite des Hochdruck- und der linken Seite des Niederdruckkolbens befindet, einschließlich des Aufnehmerinhaltes und der schädlichen Räume[1]).

Die aufeinanderfolgenden Dampfverteilungsperioden sind alsdann:

1. **Der Dampfeintritt** $b\,c$ **hinter dem Hochdruckkolben.** Der Füllungsweg ist $s_1 = 0,19 \cdot 23,3 = 4,4\,mm$. Die Linie $b\,c$ fällt wegen der Drosselung des Dampfes schräg ab und geht mit einem Bogen in die Expansionslinie über.

2. **Die Expansion** $c\,d$ **hinter dem Hochdruckkolben.** Die Linie $c\,d$ ist in bezug auf den Punkt $o$ zu konstruieren, und zwar als gleichseitige Hyperbel bei gesättigtem, als Polytrope bei überhitztem Dampf; der Exponent der letzteren kann nach den Angaben in § 11 gewählt werden. Im vorliegenden Falle ist die Polytrope für $n = 1,2$ von $p_a = 11\,at\,abs.$ Anfangsspannung aus eingezeichnet.

3. **Der Dampfvoraustritt** $d\,e$ **hinter dem Hochdruckkolben.** Im Punkte $d$ tritt der Hochdruckzylinder mit dem Aufnehmer in Verbindung. Soll dabei kein Spannungsabfall stattfinden, so muß in dem Aufnehmer die dem Punkte $d$ entsprechende Spannung herrschen. In Fig. 23 ist angenommen, daß bei Beginn des Voraustrittes der Aufnehmerdampf nur die eingetragene Spannung $p_r$ besitzt. Die Dauer des Voraustrittes ist $s_2 = 0,05\,s$ oder 5 vH.

4. **Die gemeinschaftliche Expansion** $e\,f$ **und** $E\,F$ **vor dem Hoch- und hinter dem Niederdruckkolben, sowie im Aufnehmer.** Der Dampf ändert dabei sein Volumen wie die Horizontalen zwischen den Kolbenweglinien $e_0\,f_0$ und $E_0\,F_0$. Die Ordinaten der Expansionskurven können durch Rechnung aus $p \cdot v = $ konst. ermittelt werden, wobei $p$ der Ordinate $a\,e$, $v$ der Horizontalen $e_0\,E_0$ entspricht. Mit $a\,e = 10,25$ und $e_0\,E_0 = 54,7\,mm$ ergibt sich z. B. als Ordinate

für $v_1 = 63\,mm$

$$a_1\,e_1 = A_1\,E_1 = \frac{10,25 \cdot 54,7}{63} = 8,9\,mm\,.$$

Beim Überströmen des Dampfes aus dem Hoch- in den Niederdruckzylinder tritt, namentlich am Schluß der vorliegenden Periode, ein geringer Spannungsabfall ein. Im Niederdruckdiagramm ist deshalb die Linie $E\,F$ etwas unter und am Ende abfallend gegen $E'\,F'$ eingetragen.

Die Punkte $f$ und $F$ (also auch der Füllungsweg $S_1$), wo der Niederdruckzylinder vom Aufnehmer abgeschlossen wird, sind so zu wählen, daß am Ende der folgenden Periode, das ist

die **Kompression** $f\,g$ **vor dem Hochdruckkolben und im Aufnehmer**, wieder die Spannung $p_r$ herrscht; denn im Punkte $g$ wird auch der Hochdruckzylinder vom Aufnehmer abgesperrt, und der beim nächsten Hubwechsel aus diesem Zylinder tretende Dampf muß die Spannung $p_r$ wieder im Aufnehmer vorfinden. Da nun auf $f\,g$

die **Kompression** $g\,h$ **und der Voreintritt** $h\,b$ **vor dem Hochdruckkolben allein** folgen, so muß man unter Annahme einer Kompressions-

---

[1] In Wirklichkeit arbeitet bei einer Tandemmaschine immer die Deckelseite des einen Zylinders mit der Kurbelseite des anderen zusammen.

endspannung die Kurve $hx$ von $h$ aus als Polytrope in bezug auf den Punkt $o$ konstruieren und den Schnittpunkt $g$ dieser Kurve mit der $p_r$ entsprechenden Horizontalen aufsuchen. Die von $g$ aus in bezug auf den Punkt $O$ konstruierte gleichseitige Hyperbel $gy$ schneidet dann die Kurve $ez$ in dem Punkte $f$. Im vorliegenden Falle ist $p_c = \sim 7{,}6$ $at$, $s_4 = 0{,}01$ $s$ angenommen, und es ergibt sich mit $n = 1{,}2$ als Exponent der Polytrope eine Kompression $s_3 = 0{,}165$ oder $16{,}5$ vH.

Das in den Niederdruckzylinder während des Füllungsweges $S_1 = 0{,}4\,S$ gelangende Dampfgewicht erfährt noch die folgenden Zustandsänderungen:

5. Die Expansion $FG$ hinter dem Niederdruckkolben. $FG$ kann als gleichseitige Hyperbel in bezug auf $O$ gezeichnet werden.

6. Den Voraustritt $GH$ hinter diesem Kolben (10 vH),

7. den Austritt $HJ$
8. die Kompression $JK$ $\big\}$ vor dem Niederdruckkolben.
9. den Voreintritt $DE$

Die Kompressionskurve ist von $K$ aus als Polytrope in bezug auf $O$ für $n = 1{,}1$ in Fig. 23 eingetragen, wobei eine Kompressionsendspannung $p_C = 0{,}8$ $at$ $abs.$ und ein Voreintritt von 1 vH ($S_4 = 0{,}01\,S$) angenommen wurde. Die Kompression beträgt dann $\sim 22$ vH ($S_3 + S_4 = 0{,}23\,S$).

Im Vorstehenden ist beim Entwurf der Diagramme von dem Füllungsgrad $s_1/s$ des Hochdruckzylinders ausgegangen. Fällt für ihn die sich ergebende Expansionsendpsannung $p_e$ im Niederdruckzylinder nicht so aus, wie es die wirtschaftlichen Rücksichten verlangen, so sind die Diagramme nochmals für einen in dieser Hinsicht passenderen Füllungsgrad $s_1/s$ zu entwerfen, wobei, wie schon beim ersten Entwurf, zu empfehlen ist, alle Zwischenkurven fortfallen können und nur die Hauptpunkte $d, e, f, g$ bzw. $E, F, F', H'$ bestimmt zu werden brauchen.

Man kann aber auch von einer nach § 28 zu wählenden Expansionsendspannung $p_e$ ausgehen und die Diagramme rückwärts für einen gewählten Füllungsgrad $S_1/S$ des Niederdruckzylinders aufzeichnen, und zwar zunächst wiedei unter Beschränkung auf die Hauptpunkte. Die von $H'$ in Fig. 23 rückwärts konstruierte gleichseitige Hyperbel in bezug auf $O$ bestimmt dann den Punkt $F$ und den um den Spannungsabfall höher angenommenen Punkt $F'$, sowie mit Hilfe der Volumkurven den in gleicher Höhe liegenden Punkt $f$. Die von diesem aus in der früher angegebenen Weise gezeichneten Kurven $fe$ und $fg$ ergeben weiter die Punkte $e$ und $g$, und schließlich liefern die von $d$ bzw. $g$ aus konstruierten Polytropen $dc$ und $gh$ den Füllungsgrad $s_1/s$ bzw. die Kompressionsendspannung $p_c$ des Hochdruckzylinders. Falls diese Werte nicht passend erscheinen, ist der Füllungsgrad $S_1/S$ des Niederdruckzylinders anders zu wählen.

Zur schnellen Bestimmung der Hauptpunkte in den Diagrammen bedarf es der Volumkurven nicht unbedingt. Der vom großen Kolben zurückgelegte Weg aus der Totlage ist nämlich $V/v$ mal so groß als der entsprechende Weg des kleinen Kolbens für denselben Kurbeldrehwinkel. Es ist also z. B. in Fig. 23

$$a\,a_2 = \frac{v}{V}\,A\,A_2,$$

womit sich die Lage von $f$ aus derjenigen von $F$ oder umgekehrt ergibt. Entsprechend lassen sich die Zwischenstrecken $v_1$ und die Punkte der Kurven $ef$, $E'F'$ bestimmen.

Der Flächeninhalt der beiden Diagramme in Fig. 23 ist der vom Dampf in der Maschine geleisteten Arbeit, bezogen auf $1$ qcm der großen Kolbenfläche, proportional, und die aus ihm durch Division mit der Basis $S$ sich ergebende Höhe entspricht, im Kräftemaßstab gemessen, dem mittleren indizierten Druck $p_i$. In Fig. 23 hat das Hochdruckdiagramm 445, das Niederdruckdiagramm 335 qcm Flächeninhalt. Die Höhe des der Summe flächengleichen Rechteckes ist $780 : 70 = 11,1$ mm, die mittlere indizierte Spannung nach dem gewählten Kräftemaßstab also

$$p_i = \frac{11,1}{5} = 2,22 \; at \, .$$

Zur unmittelbaren Schätzung der mittleren indizierten Spannung bei der normalen Füllung kann nach Prof. *Graßmann*[1]) für Verbundmaschinen mit Kondensation der Wert

$$p_i = 1,2 + 0,09 \, p_{1m} \quad \dots \dots \dots \dots \dots \quad 13$$

mit $p_{1m} = \alpha \cdot p_1$ als mittlere Eintrittsspannung dienen, der bei reichlicher Bemessung um $0,1$ bis $0,2$ at kleiner, bei knapper um ebensoviel größer zu nehmen ist. Für die vorliegende Maschine würde sich hiernach mit $\alpha = 0,95$ und $p_{1m} = 0,95 \cdot 12,4 = 11,8$ at

$$p_i = 1,2 + 0,09 \cdot 11,8 = \sim 2,26 \; at$$

ergeben.

Der größte Dampfüberdruck im Hochdruckzylinder ist $p_1 - p_r$, im Niederdruckzylinder $p_r - p_2$. Beide ergeben, auf die nutzbare Kolbenfläche $O$ des letzteren bezogen, einen für die Berechnung des Gestänges maßgebenden Gesamtdruck

$$P = \left[ \frac{v}{V} \, (p_1 - p_2) + p_r - p_2 \right] O \, ,$$

der für die betrachtete Maschine bei der normalen Füllung und $p_r = 2$ at Aufnehmerspannung

$$P = \left[ \frac{1}{3} \, (12,4 - 2) + 2 - 0,15 \right] O = \sim 5,32 \, O \, kg$$

sein würde. Läßt man einen größten Aufnehmerdruck von $3$ at zu, so würde der Gesamtdruck auf

$$P_{\max} = \left[ \frac{1}{3} \, (12,4 - 3) + 3 - 0,15 \right] O = \sim 6 \, O \, kg$$

steigen, bei einem kleinsten Aufnehmerdruck von $1$ at dagegen auf

$$P_{\min} = \left[ \frac{1}{3} \, (12,4 - 1) + 1 - 0,15 \right] O = 4,65 \, O \, kg$$

sinken, also gegenüber der normalen Belastung um $\sim 12,5$ vH zu- bzw. abnehmen.

---

[1]) Siehe die Anmerkung auf S. 35.

Für die Wahl des Zylinderverhältnisses ist bei Tandem-Verbundmaschinen nach S. 54 die möglichste Beschränkung des Gestängedruckes erwünscht. Prüft man die Verhältnisse der vorliegenden Maschine in dieser Hinsicht, so würde sich z. B. für $V/v = 2{,}7$ bei derselben Expansionsendspannung $p_e = 0{,}55\,at$ und derselben Füllung $E = 0{,}4$ des großen Zylinders sowohl die mittlere indizierte Spannung $p_i$ als auch der gesamte Gestängedruck $P$ nur wenig ändern.

**§ 26. Die Dampfverteilung, der Entwurf der Diagramme und die Bestimmung der mittleren indizierten Spannung der Zwillings- (Zweikurbel-) Verbundmaschinen. Beispiel.** Der hinter den Hochdruckkolben tretende frische Dampf bleibt hier dreiundeinhalb einfache Hübe in der Maschine. Die Zustandsänderungen, die er dabei vollführt, sind aus dem Diagramm in Fig. 1, Taf. 2, zu ersehen, das für die folgenden Verhältnisse entworfen ist.

Zustand des Dampfes vor der Maschine $12{,}5\,at\ abs.$ und $275°$ C,

Eintrittsspannung $p_1 = 12{,}4\,at\ abs.$,

Austrittsspannung $p_2 = 0{,}15\,at\ abs.$,

Füllungsgrad des Hochdruckzylinders $s_1/s = 0{,}13$,

Koeffizient der schädlichen Räume $m = 0{,}075$, $M = 0{,}09$,

Zylinderverhältnis $V/v = 2{,}6$,

Aufnehmerinhalt gleich dem Hubvolumen des Hochdruckkolbens.

Der Kräftemaßstab ist $1\,at = 6\,mm$, die Basis des Niederdruckzylinders $S = 90\,mm$. In der Figur sind wieder die Strecken

$$s = 90/2{,}6 = 34{,}6\,mm, \qquad s_0 = 0{,}075 \cdot 34{,}6 = 2{,}6\,mm, \qquad R = 34{,}6\,mm,$$
$$M = 0{,}09 \cdot 90 = 8{,}1\,mm, \qquad S = 90\,mm$$

aneinandergereiht, die Kolbenweglinien aber, der Kurbelversetzung um $90°$ entsprechend, gegeneinander verschoben worden. Die Niederdruckkurbel eilt der Hochdruckkurbel gewöhnlich voraus, so daß die Kurbel- und Deckelseiten beider Zylinder zusammenarbeiten.

Hinter dem Hochdruckkolben findet wie bei der Tandem-Verbundmaschine (§ 25) statt:

1. Der Dampfeintritt $b\,c$ mit dem Füllungswege $s_1 = 0{,}13 \cdot 34{,}6 = 4{,}5\,mm$.

2. Die Expansion $c\,d$, deren Zustandskurve von einer Anfangsspannung $p_a = 11\,at\ abs.$ aus als Polytrope mit einem Exponenten $n = 1{,}1$ in bezug auf den Punkt $o$ konstruiert ist.

3. Der Voraustritt $d\,e$, für den hier ein etwas größerer Spannungssprung angenommen ist. Bei Beginn dieser Periode tritt der Dampf hinter dem Hochdruckkolben von der Spannung des Punktes $d$ mit dem Aufnehmerdampf von der Spannung $p_r$ in Verbindung.

Verläßt der Hochdruckkolben die neue Totlage, so folgt nun, abweichend von der Dampfverteilung bei der Tandem-Verbundmaschine,

4. eine Kompression $e\,f$ vor dem Hochdruckkolben und im Aufnehmer. Die Kurve $e\,f$ und deren Fortsetzung kann als gleichseitige Hyperbel in bezug auf den Punkt $O$ gezeichnet werden. Im Punkte $f$ bzw. $F$ beginnt vor dem Niederdruckkolben, der dann kurz vor seiner Totlage steht, der Voreintritt

$FG$ aus dem Aufnehmer, so daß von nun an alle drei Räume miteinander in Verbindung treten und die Kompression $fg$ sich auf diese erstreckt. Ist wie im vorliegenden Falle die Kompressionsendspannung in $F$ (vor dem Niederdruckkolben) nicht gleich der Spannung in $f$ (vor dem Hochdruckkolben und im Aufnehmer), so findet ein kleiner Spannungsabfall statt, wie er in der Figur im Hochdruckdiagramm angedeutet ist. Bei $G$ erreicht der Niederdruckkolben die Totlage.

5. eine anfängliche Kompression und spätere Expansion $gh$ und $G'H'$[1]) vor dem Hoch-, hinter dem Niederdruckkolben und im Aufnehmer. Die Ordinaten der beiden Kurven sind aus der Gleichung $p \cdot v$ = konst. zu berechnen, wobei die zu den einzelnen Kolbenstellungen gehörigen Dampfvolumina den Horizontalen zwischen den Kolbenweglinien $g_0 h_0$ und $G_0 H_0$ entsprechen. Ist, wie in der Figur, $v = g_0 G_0 = 62{,}6$ und $p$ gleich der Ordinate in $g$, gleich $14\ mm$, so folgt für die Kolbenstellungen in $a_1$ und $A_1$ mit $v_1 = 61\ mm$ als Ordinate z. B.

$$a_1 g_1 = A_1 G_1' = \frac{14 \cdot 62{,}6}{61} = 14{,}4\ mm\,.$$

Der Punkt $h$ (und $H'$) muß durch Rückwärtskonstruktion der Kurve $ly$, die der Kompression des Dampfes vor dem Hochdruckkolben allein entspricht und als Polytrope mit $n = 1{,}2$ in bezug auf $o$ eingetragen ist, bestimmt werden. Der Schnittpunkt von $ly$ und $gx$ liefert $h$ bzw. $H'$. Die Kompressionsendspannung $p_c$ ist in der Figur zu $5{,}6\ at$, der Voreintritt $s_4$ zu 1 vH oder $0{,}01\ s$ angenommen. Es folgt eine Kompression $s_3 = \sim 0{,}11\ s$ oder 11 vH.

Im Niederdruckzylinder erfährt das arbeitende Dampfgewicht noch die folgenden Zustandsänderungen:

6. Die Expansion $H'J'$ hinter dem Niederdruckkolben und im Aufnehmer. Die Kurve $H'J'$ kann als gleichseitige Hyperbel in bezug auf den Punkt $o$ konstruiert werden. Der Punkt $J'$, wo auch der Niederdruckzylinder vom Aufnehmer abgesperrt wird, ist so zu wählen, daß in ihm die Spannung $p_r$ herrscht; denn der Dampf von der anderen Hochdruckkolbenseite, deren Diagramm nicht eingetragen ist, muß diese Spannung bei Beginn des Voraustrittes wieder vorfinden. Im vorliegenden Falle ergibt sich eine Füllung des Niederdruckzylinders $S_1/S = 0{,}4$ oder 40 vH. Zu beachten ist auch, daß der Voraustritt auf der Hochdruckkolbenseite in der Figur schon beginnt, ehe die Füllung des Niederdruckzylinders beendet ist. Es findet also eine zweite Einströmung in den letzteren statt. Nachteile sind mit einer solchen für gewöhnlich nicht verbunden. Die Kolbenstellung $A_2$, bei der diese zweite Einströmung beginnt, ist durch den Schnittpunkt $D_0'$ der Horizontalen durch $d_0'$ mit der Niederdruck-Kolbenweglinie bestimmt.

7. Die Expansion $JK$ hinter dem Niederdruckkolben allein. $JK$ ist eine gleichseitige Hyperbel in bezug auf den Punkt $O$.

---

[1]) Die Kurven $GH$ und $HJ$ sind um den Spannungsabfall des Dampfes beim Übertritt aus dem Aufnehmer in den großen Zylinder niedriger gewählt.

8. Der Voraustritt *KL* hinter diesem Kolben.

9. Der Austritt *LM*

10. Die Kompression *MF* } vor dem Niederdruckkolben.

11. Der Voreintritt *FG*

In der Figur ist $S_2 = 0{,}1\,S$, $S_3 = 0{,}2\,S$ und $S_4 = 0{,}01\,S$.

Im Vorstehenden ist beim Entwurf der Diagramme von der Füllung $s_1/s$ des Hochdruckzylinders ausgegangen. Zu prüfen ist dann, ob die Expansionsendspannung $p_e$ des Dampfes im Niederdruckzylinder die aus wirtschaftlichen Rücksichten gewünschte Größe hat. Im vorliegenden Falle ergibt sich $p_e$ zu $0{,}55\,at$.

Geht man von der nach § 28 gewählten Spannung $p_e$ selbst aus, so hat man die Expansionslinie $JL'$ in Fig. 1, Taf. 2, von $L'$ aus rückwärts zu konstruieren. Dadurch erhält man für eine gewählte Füllung $S_1/S$ des Niederdruckzylinders die Spannung im Punkte $J$, sowie die um den Spannungsabfall beim Kanalschluß größere Aufnehmerspannung $p_r$ im Punkte $J'$. Die Spannung im Punkte $d$ liegt um den zwischen Aufnehmer und Hochdruckzylinder gestatteten Spannungssprung höher, und die von $d$ aus rückwärts konstruierte Polytrope $d\,c$ liefert die Füllung $s_1/s$. Von dem Zwischenpunkte $e$ aus können weiter in der früher angegebenen Weise die Linien $e\,g$ und $g\,x$ bzw. $G'\,H'$ gezeichnet werden, von denen die letztere im Schnitt mit der von $J'$ aus in bezug auf $o$ eingetragenen gleichseitigen Hyperbel $J'\,H'$ den Punkt $H'$ bestimmt. Von dem in gleicher Höhe liegenden Punkt $h$ aus ist schließlich die Kompressionslinie $h\,l$ zu ziehen. Zu prüfen ist hier, ob die Kompressionsendspannung $p_e$ und die Dauer $s_3 + s_4$ der Kompression im Hochdruckzylinder von passender Größe sind. Widrigenfalls ist die Füllung des Niederdruckzylinders anders zu wählen.

Die beiden Diagrammflächen in Fig. 1, Taf. 2, haben zusammen einen Flächeninhalt von 1135 *qmm*. Die Höhe des flächengleichen Rechteckes ist

$$\frac{1135}{90} = 12{,}6\,mm\,,$$

die mittlere indizierte Spannung also bei dem gewählten Kräftemaßstab

$$p_i = \frac{12{,}6}{6} = 2{,}1\,at\,.$$

Zur Schätzung der mittleren indizierten Spannung kann auch hier der Wert der Gl. 13, S. 59, dienen.

Für die Wahl des Zylinderverhältnisses ist bei den Zwillings-Verbundmaschinen nach S. 54 die möglichst gleichmäßige Arbeits- und Druckverteilung auf beide Kurbelseiten bestimmend. Der gleichen Arbeitsverteilung wird im vorliegenden Falle durch das gewählte Verhältnis $V/v = 2{,}6$ genügt, da der Flächeninhalt des Hoch- und Niederdruckdiagrammes in Fig. 1, Taf. 2, annähernd gleich sind. Die Gestängedrucke dagegen fallen bei der normalen Belastung verschieden für beide Kurbelseiten aus.

Der größte Dampfüberdruck im Hochdruckzylinder ist $p_1 - p_z$, der im Niederdruckzylinder $p_g - p_2$, wenn $p_z$ und $p_g$ die Spannungen in den Punkten $e$ bzw. $G$ der Figur sind. Der für die Berechnung des Gestänges in Betracht kommende Druck der Hochdruckseite, bezogen auf die nutzbare Kolbenfläche $O$ des großen Zylinders, beträgt somit

$$P_1 = \frac{v}{V}\,(p_1 - p_z)\,O\ kg,$$

derjenige der Niederdruckseite

$$P_2 = (p_g - p_2)\,O\ kg.$$

Aus den Diagrammen folgt mit $p_z = 1{,}78$ und $p_g = 2{,}2$ $at$ für die betrachtete Maschine

$$P_1 = \frac{1}{2{,}6}\,(12{,}4 - 1{,}78)\,O = \sim 4{,}1\,O\ kg,$$

$$P_2 = (2{,}2 - 0{,}15)\,O = 2{,}05\,O\ kg.$$

Bei der normalen Belastung erhält also die Hochdruckseite den doppelten Gestängedruck der Niederdruckseite. Mit steigender Belastung der Maschine nimmt diese Ungleichheit ab, mit sinkender zu. Der größte Gestängedruck tritt auf der Hochdruckseite bei der kleinsten Füllung ein und würde, wenn $p_2$ dann auf $1$ $at$ sinkt,

$$P_{1\,max} = \frac{1}{2{,}6}\,(12{,}4 - 1)\,O = \sim 4{,}4\,O\ kg$$

betragen. Auf der Niederdruckseite erreicht der Gestängedruck, wenn kein größerer Spannungssprung zwischen Hochdruckzylinder und Aufnehmer stattfindet, bei der größten Füllung seinen Höchstwert, nämlich für $p_y = 3{,}4$ $at$

$$P_{2\,max} = (3{,}4 - 0{,}15)\,O = 3{,}25\,O\ kg.$$

Die Wahl eines anderen Zylinderverhältnisses innerhalb der bei Transmissionsdampfmaschinen gebräuchlichen Grenzen (siehe § 28) würde in den Druckverhältnissen der Maschine nur wenig ändern.

### § 27. Die Dampfverteilung der Dreizylindermaschinen.

#### 1. Drei Kurbeln unter $120°$.

Die Kurbeln folgen bei dieser Anordnung gewöhnlich in der Reihenfolge: Nieder-, Mittel-, Hochdruckzylinder. Die entgegengesetzte Reihenfolge wird selten verwendet und führt leicht zu hohen Spannungen im 1. Aufnehmer und Schleifenbildung im Diagramm des Hochdruckzylinders. Die Dampfverteilung geht nach Fig. 24 in der folgenden Weise vor sich:

Dampfeintritt $b\,c$  ⎫<br>
Expansion $c\,d$    ⎬ hinter dem Hochdruckkolben.<br>
Voraustritt $d\,e$   ⎭

Ein Spannungssprung bei Beginn des Voraustrittes ist in der Figur nicht vorgesehen.

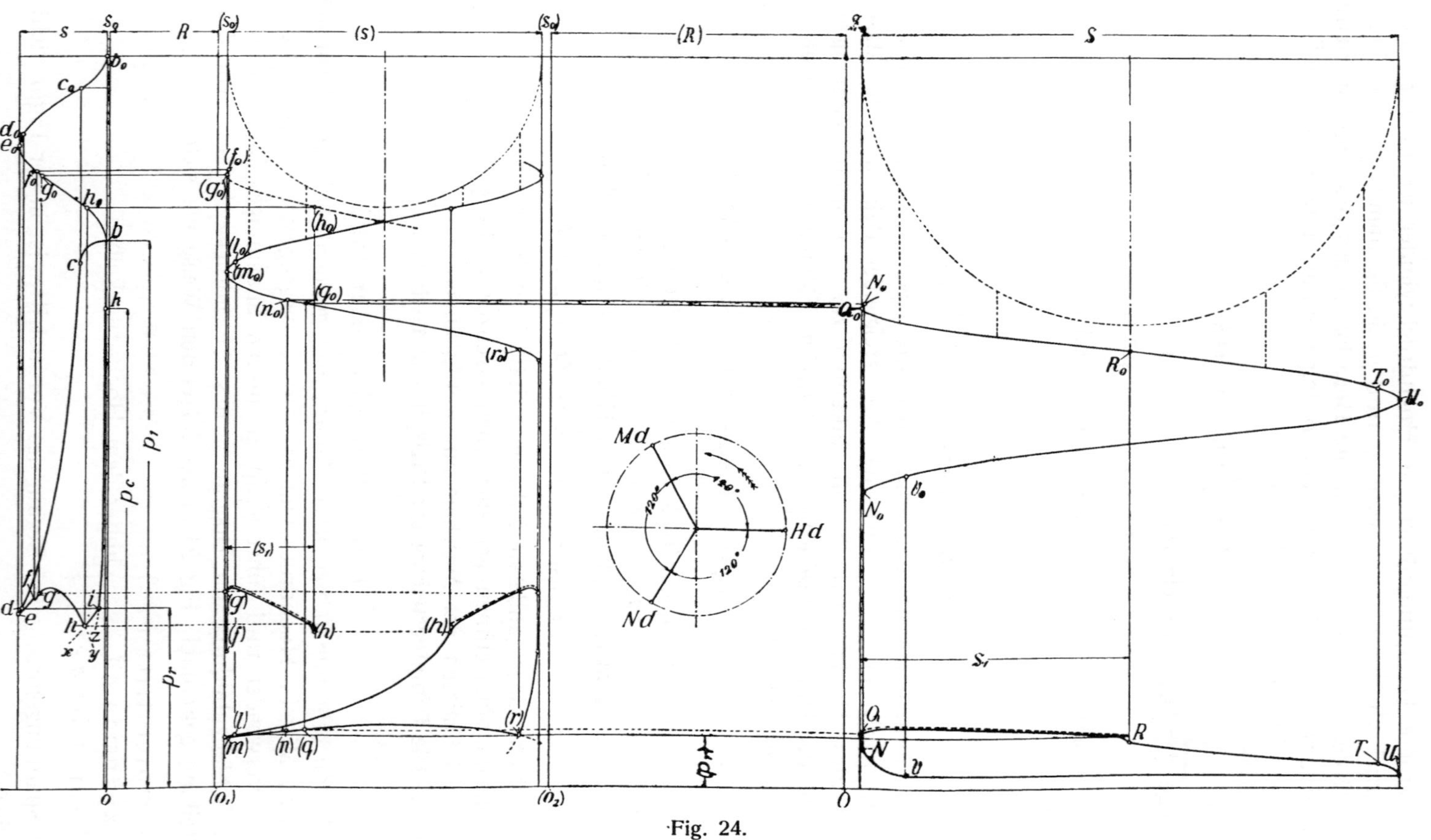

·Fig. 24.

**Kompression** *e f* vor dem Hochdruckkolben und im 1. Aufnehmer. *e f* ist eine gleichseitige Hyperbel in bezug auf den Punkt $(o_1)$. Im Punkte *f* hat sich die Hochdruckkurbel nicht ganz um *30°* aus ihrer linken Totlage gedreht; die um *120°* voraneilende Mitteldruckkurbel steht kurz vor der rechten Totlage.

**Kompression** *f g* bzw. *(f) (g)* vor dem Hoch- und Mitteldruckkolben, sowie im 1. Aufnehmer, zugleich Dampfvoreintritt vor dem Mitteldruckkolben.

**Anfängliche Kompression, spätere Expansion** *g h* bzw. *(g) (h)* in diesen drei Räumen. Änderung des Dampfvolumens wie die Horizontalen zwischen den Teilen $g_0 h_0$ und $(g_0) (h_0)$ der zugehörigen Kolbenweglinien. Die Ordinaten der Kurven *g h* und *(g) (h)* sind, wie in den beiden vorigen Paragraphen angegeben, aus der Gl. $p \cdot v = konst.$ zu berechnen. Die Kurve *(g) (h)* ist der leichteren Konstruktion wegen zunächst für die dem Hochdruckdiagramm näher liegende Kolbenseite gezeichnet und dann nach der anderen Seite übertragen worden.

**Kompression** *h i* vor dem Hochdruckkolben und im 1. Aufnehmer.

**Kompression** *i k*<br>
**Voreintritt** *k b*  } vor dem Hochdruckkolben allein.

*h i* ist eine gleichseitige Hyperbel in bezug auf den Punkt $(o_1)$, *i k* eine Polytrope in bezug auf denjenigen *o*. Damit der Dampf des 1. Aufnehmers beim Abschluß vom Hochdruckzylinder wieder die Spannung $p_r$ in *d* hat, ist die Kurve *k z* von dem gewählten Punkte *k* aus rückwärts bis zum Schnittpunkte *i* mit der Horizontalen durch *d* zu konstruieren und von diesem aus ebenfalls rückwärts *i x* zu zeichnen. *i x* schneidet dann *g y* in *h*, welcher Punkt zugleich denjenigen *(h)* und den Füllungsweg $(s_1)$ des Mitteldruckdiagrammes festlegt.

**Expansion** *(h) (l)*<br>
**Voraustritt** *(l) (m)*  } hinter dem Mitteldruckkolben.

*(h) (l)* ist eine gleichseitige Hyperbel in bezug auf den Punkt $(o_2)$.

**Kompression** *(m) (n)* vor dem Mitteldruckkolben und im 2. Aufnehmer. *(m) (n)* ist eine gleichseitige Hyperbel in bezug auf *O*. Von nun an finden zwischen Mittel- und Niederdruckkolben dieselben Vorgänge statt, die oben für Hoch- und Mitteldruckkolben angegeben sind. Den Schluß der Dampfverteilung bilden die bekannten Dampfverteilungsperioden vor und hinter dem Niederdruckkolben allein.

## 2. Zwei Kurbeln unter *90°*.

Hoch- und Mitteldruckzylinder sind hier tandemartig an die eine Kurbel gehangen, der Niederdruckzylinder treibt die andere Kurbel. Die Dampfverteilung zwischen Hoch- und Mitteldruckzylinder geht ebenso wie bei der Tandem-Verbundmaschine, diejenige zwischen Mittel- und Niederdruckzylinder ebenso wie bei der Zwillings-Verbundmaschine vor sich. Bezüglich des Entwurfes der Diagramme kann deshalb auf die beiden vorigen Paragraphen verwiesen werden.

Bei geteiltem Niederdruckzylinder, wo der Hochdruckzylinder und die eine Niederdruckhälfte an der einen, der Mitteldruckzylinder und die andere Niederdruckhälfte an der anderen Kurbel hängen, läßt sich die Konstruktion ebenfalls auf die in § 25 und 26 gezeigte Dampfverteilung zurückführen. Hoch- und Mitteldruckzylinder arbeiten hier wie bei einer Zwillings-Verbundmaschine, desgleichen der Mitteldruckzylinder und die Niederdruckhälfte auf der anderen Kurbelseite, während diejenige derselben Kurbelseite mit dem Mitteldruckzylinder die Dampfverteilung der Tandem-Verbundmaschine besitzt.

Der mittlere indizierte Druck $p_i$ einer Dreizylindermaschine kann entweder aus den Diagrammflächen ermittelt oder nach dem von Prof. *Graßmann*[1]) angegebenen Werte

$$p_i = 1{,}2 + 0{,}05\, p_{1m} \quad\ldots\ldots\ldots\ldots\quad 14$$

für die normale Belastung geschätzt werden; $p_{1m}$ ist der mittlere absolute Einströmdruck des Hochdruckzylinders. Bei reichlicher Bemessung ist $p_i$ um $0{,}1$ bis $0{,}2$ *at* kleiner, bei knapper um ebensoviel größer zu nehmen.

**§ 28. Die Berechnung der Mehrzylindermaschinen.** Um die Verhältnisse einer zu entwerfenden Mehrzylindermaschine[2]) von gegebener Leistung $N_e$ zu ermitteln, berechnet man zunächst die nutzbare Kolbenfläche $O$ des Niederdruckzylinders wie bei einer Einzylindermaschine von derselben Leistung. Nach Gl. 3, S. 23, ist also

$$O = \frac{75}{p_i \cdot c_m}\frac{N_e}{\eta_m} \quad\ldots\ldots\ldots\ldots\quad 15$$

mit den folgenden Werten zu nehmen:

1. **Die mittlere indizierte Spannung** $p_i$ kann entweder nach § 25 bis 27 aus den entworfenen Diagrammen bestimmt oder nach Gl. 13, S. 59, bzw. Gl. 14 geschätzt werden. Beim Entwurf der Diagramme ist folgendes zu beachten:

Für die Wahl des Zylinderverhältnisses sind die in § 24 angegebenen Bedingungen maßgebend. Gewöhnlich ist bei

Verbundmaschinen mit Eintrittsdrucken

$$p_1 < 9 \; at \; abs. \; \frac{V}{v} = 2{,}2 \text{ bis } 2{,}5,$$

$$p_1 > 9 \; at \; abs. \; \frac{V}{v} = 2{,}5 \text{ bis } 3{,}0,$$

Dreizylindermaschinen

$$\frac{V}{(v)} = \frac{(v)}{V} = 2{,}2 \text{ bis } 2{,}8.$$

*A. Hinz*[3]) macht die folgenden Angaben:

---

[1]) Siehe die Anmerkung auf S. 35.
[2]) Über die Berechnung der Leistung einer vorhandenen Maschine aus deren Indikatordiagrammen siehe § 36 und 37.
[3]) Siehe die Anmerkung auf S. 41.

Zylinderverhältnis.

Verbundmaschinen.

| Dampfanfangsdruck $p_1$ | 8 | 10 | 12 | 14 | 16 *at abs.* |
|---|---|---|---|---|---|
| Dampf trocken gesättigt . | 2,2 | 2,4 | 2,6 | 2,8 | 3,0 |
| Dampf überhitzt { 250° C | 2,3 | 2,5 | 2,7 | 2,9 | 3,1 |
| 300° C | 2,4 | 2,6 | 2,8 | 3,0 | 3,2 |
| 350° C | 2,5 | 2,7 | 2,9 | 3,1 | 3,3 |

Dreizylindermaschinen.

| Dampfanfangsdruck $p_1$ | 9 | 12 | 15 | 18 *at abs.* |
|---|---|---|---|---|
| Dampf trocken gesättigt . | 1 : 2,2 : 5,0 | 1 : 2,4 : 6,0 | 1 : 2,6 : 7,0 | 1 : 2,8 : 8,0 |
| Dampf überhitzt { 250° C | 1 : 2,3 : 5,5 | 1 : 2,5 : 6,5 | 1 : 2,7 : 7,5 | 1 : 2,9 : 8,5 |
| 300° C | 1 : 2,4 : 6,0 | 1 : 2,6 : 7,0 | 1 : 2,8 : 8,0 | 1 : 3,0 : 9,0 |
| 350° C | 1 : 2,5 : 6,5 | 1 : 2,7 : 7,5 | 1 : 2,9 : 8,5 | 1 : 3,1 : 9,5 |

Selten geht man, wie im Lokomobilbau, bei Verbundmaschinen über ein Zylinderverhältnis $V/v = 3$ hinaus, wenn auch bei kleinem Hochdruckzylinder die Maschine und Kolbendrucke kleiner ausfallen, die Maschine also billiger wird. Die Maschinenfabriken suchen in der Regel unter Anpassung an die gebräuchlichen Dampfspannungen durch eine möglichst beschränkte Zahl abgestufter Modelle die verschiedenen Leistungen zu ermöglichen, wobei den Bedingungen in § 24 mehr oder weniger genügt wird.

Der Inhalt des Aufnehmers schwankt je nach den Anforderungen, die an die Regelung der Maschine gestellt werden, zwischen den Hubvolumina der angrenzenden Zylinder. Für möglichst schnelle Regelung findet man ihn gleich dem Hubvolumen des vorangehenden, sonst gleich $^1/_2$ bis $^2/_3$ vom Hubvolumen des nachfolgenden Zylinders gemacht.

Die Expansionsendspannung $p_e$ der gesamten Expansion beträgt je nach den Brennstoffkosten bei

Verbundmaschinen mit

$$\text{Auspuff } p_e = 1{,}2 \text{ bis } 1{,}8 \text{ at abs.,}$$
$$\text{Kondensation } p_e = 0{,}5 \text{ bis } 0{,}8 \text{ at abs.}$$

Dreizylindermaschinen mit

$$\text{Kondensation } p_e = 0{,}4 \text{ bis } 0{,}7 \text{ at abs.}$$

Als Anhalt für die Füllung des Hochdruckzylinders kann für gesättigten Eintrittsdampf der Wert

$$\frac{s_1}{s} = \frac{p_e}{p_1} \frac{V}{v}$$

dienen, der für überhitzten Dampf wegen des stärkeren Abfalles der Expansionslinie je nach der Überhitzung um einige vH. größer zu nehmen ist.

Von den anderen Dampfverteilungsperioden nimmt man
den Voreintritt bei allen Zylindern 0,8 bis 2 vH.,

den Voraustritt beim Hoch- und Mitteldruckzylinder 2 bis 6 vH., beim Niederdruckzylinder für Auspuff 8 bis 15 vH., für Kondensation 10 bis 20 vH.

Für die Größe des schädlichen Raumes gelten die Angaben auf S. 25, wenn dieser Raum stets auf das Volumen des zugehörigen Zylinders bezogen wird.

2. Der mechanische Wirkungsgrad $\eta_m$ der Mehrzylindermaschinen kann für gut eingelaufene Maschinen von bester Ausführung und Wartung ebenso groß, sonst um 1 bis 2 vH. kleiner als bei den entsprechenden Einzylindermaschinen (siehe S. 23) angenommen werden.

Die *Maschinenbauanstalt Humboldt* in Kalk bei Köln gibt für ihre liegenden Kondensations-Ventilmaschinen die folgenden Wirkungsgrade an:

| Zylinder- { Hochdruck . | 325 | 375 | 425 | 500 | 550 | 600 | 650 |
| bohrung { Niederdruck . | 525 | 625 | 700 | 800 | 900 | 1000 | 1100 |
| Kolbenhub . . . . . . | 500 | 600 | 700 | 800 | 900 | 1000 | 1100 |
| $\eta_m =$ | 0,86 | 0,865 | 0,87 | 0,875 | 0,88 | 0,885 | 0,89 |

3. Die mittlere Kolbengeschwindigkeit $c_m$ hat ebenfalls die bei den Einzylindermaschinen (S. 23) angegebenen Werte und ist wie bei diesen in fortwährendem Steigen.

Liegende Ventil-Verbundmaschinen von *A. Borsig*, Berlin-Tegel.

| Kolbenhub | Zylinder-Durchmesser | | Umdrehungen pro Minute | Mittl. Kolbengeschw. | Effektive Leistung in PS | | | | | | | | | | | |
| | | | | | Kondensation | | | | | | Auspuff | | | | | |
| | Hoch-druck | Nied.-druck | | | 8,5 *at abs.* | | 10,5 *at abs.* | | 12,5 *at abs.* | | 8,5 *at abs.* | | 10,5 *at abs.* | | 12,5 *at abs.* | |
| *mm* | *mm* | *mm* | | *m/sek.* | norm. | max. | norm. | max. | norm. | max. | norm. | max. | norm. | max. | norm. | max. |
| 500 | 275 | 430 | 170 | 2,83 | 79 | 103 | 108 | 140 | 112 | 146 | 73 | 95 | 83 | 108 | 90 | 117 |
| | 280 | 470 | 170 | 2,83 | 93 | 121 | 128 | 166 | 134 | 174 | 87 | 113 | 98 | 137 | 110 | 143 |
| | 350 | 560 | 170 | 2,83 | 133 | 173 | 182 | 237 | 191 | 248 | 124 | 161 | 141 | 183 | 151 | 196 |
| 600 | 305 | 500 | 155 | 3,10 | 116 | 150 | 159 | 206 | 166 | 216 | 109 | 141 | 124 | 161 | 133 | 173 |
| | 325 | 540 | 155 | 3,10 | 136 | 176 | 188 | 244 | 195 | 254 | 117 | 152 | 146 | 189 | 154 | 200 |
| | 390 | 640 | 160 | 3,20 | 190 | 247 | 262 | 340 | 274 | 356 | 117 | 230 | 203 | 264 | 219 | 285 |
| 700 | 350 | 560 | 135 | 3,15 | 150 | 195 | 206 | 267 | 215 | 280 | 138 | 179 | 159 | 206 | 169 | 219 |
| | 360 | 605 | 135 | 3,15 | 174 | 226 | 240 | 312 | 251 | 327 | 162 | 210 | 185 | 240 | 200 | 260 |
| | 430 | 720 | 150 | 3,50 | 274 | 356 | 379 | 493 | 393 | 511 | 256 | 333 | 291 | 378 | 314 | 408 |
| 800 | 390 | 640 | 125 | 3,33 | 207 | 269 | 284 | 370 | 297 | 386 | 189 | 246 | 216 | 280 | 233 | 303 |
| | 400 | 670 | 125 | 3,33 | 227 | 295 | 312 | 406 | 325 | 423 | 208 | 270 | 237 | 308 | 255 | 331 |
| | 480 | 800 | 135 | 3,60 | 350 | 455 | 483 | 668 | 503 | 654 | 320 | 416 | 365 | 475 | 393 | 510 |
| 900 | 430 | 720 | 125 | 3,75 | 296 | 385 | 407 | 529 | 424 | 551 | 272 | 353 | 310 | 403 | 333 | 433 |
| | 450 | 770 | 125 | 3,75 | 339 | 441 | 465 | 605 | 486 | 632 | 311 | 404 | 355 | 461 | 382 | 496 |
| | 535 | 880 | 125 | 3,75 | 443 | 576 | 609 | 792 | 636 | 827 | 407 | 529 | 465 | 605 | 498 | 647 |
| 1000 | 480 | 800 | 107 | 3,57 | 352 | 458 | 479 | 623 | 501 | 651 | 319 | 415 | 365 | 475 | 399 | 530 |
| | 500 | 855 | 107 | 3,57 | 500 | 520 | 547 | 711 | 572 | 744 | 365 | 475 | 412 | 545 | 448 | 582 |
| | 590 | 960 | 125 | 4,17 | 590 | 767 | 810 | 1054 | 845 | 1099 | 538 | 700 | 615 | 800 | 662 | 860 |
| 1100 | 535 | 880 | 107 | 3,92 | 469 | 610 | 640 | 832 | 668 | 868 | 427 | 555 | 488 | 634 | 526 | 684 |
| | 550 | 945 | 107 | 3,92 | 540 | 702 | 739 | 961 | 768 | 999 | 495 | 643 | 563 | 732 | 606 | 788 |
| | 640 | 1040 | 107 | 3,92 | 657 | 854 | 900 | 1170 | 930 | 1210 | 598 | 777 | 682 | 886 | 737 | 918 |
| 1200 | 590 | 960 | 107 | 4,28 | 562 | 730 | 832 | 1082 | 873 | 1135 | 555 | 722 | 628 | 816 | 685 | 890 |
| | 600 | 1020 | 107 | 4,28 | 685 | 890 | 940 | 1222 | 985 | 1281 | 628 | 816 | 712 | 925 | 770 | 1000 |
| | 700 | 1140 | 107 | 4,28 | 853 | 1109 | 1170 | 1491 | 1220 | 1586 | 780 | 1014 | 885 | 1150 | 960 | 1248 |

Die vorstehende Tabelle enthält die Leistungen normaler Verbundmaschinen. Sie entsprechen ungefähr dem auf S. 59 in Gl. 13 angegebenen Schätzungswerte. Die angegebene Dampfspannung ist die Eintrittsspannung an der Maschine.

Aus der berechneten nutzbaren Kolbenfläche $O$ des Niederdruckzylinders folgt mit den Zylinderverhältnissen weiter die entsprechende Fläche des Hoch- und Mitteldruckzylinders

$$o = O\,\frac{v}{V} \text{ bzw. } (o) = O\,\frac{(v)}{V}\,,$$

sowie bei einem Zuschlag von 1,5 bis 3 vH. die Bohrung $d$, $(d)$, $D$ der einzelnen Zylinder, für die natürlich runde Maße zu nehmen sind.

Der Hub $S$ und die Umdrehungszahl der Mehrzylindermaschinen müssen wieder der Beziehung

$$S \cdot n = 30\, c_m$$

genügen. Die Umdrehungszahl hat die bei den Einzylindermaschinen auf S. 24 angeführten Werte, das Hubverhältnis ist hier

$$\frac{S}{D} = 0{,}8 \text{ bis } 1{,}2 \text{ für normale liegende Betriebsmaschinen,}$$

$$\frac{S}{D} = 0{,}5 \text{ bis } 0{,}9 \text{ für normale stehende Betriebsmaschinen und Schnelläufer.}$$

**§ 29. Beispiel zur Berechnung der Mehrzylindermaschinen.** Welche Abmessungen muß eine liegende Tandem-Verbundmaschine mit Kondensation erhalten, die bei $12{,}5\ at\ abs.$ Spannung und $325°$ C Temperatur des Dampfes vor der Maschine normal $375\ PS_e$ leisten soll?

Um das zur Bestimmung der mittleren indizierten Spannung nötige Gesamtdiagramm entwerfen zu können, sind die auf S. 55 angegebenen Annahmen bezüglich des Zylinderverhältnisses, des Aufnehmerinhaltes, der schädlichen Räume und der Füllung des Hochdruckzylinders gemacht worden. Nach Fig. 23, S. 56, ergibt sich bei dem dort gewählten Spannungsabfall in den einzelnen Räumen und bei einer Füllung des Niederdruckzylinders von 0,4 eine Endspannung der gesamten Expansion $p_e = 0{,}55\ at\ abs.$ und eine mittlere indizierte Spannung $p_i = 2{,}22\ at.$ Wählt man dann im Anschluß an eine Ausführung der *Linke-Hofmann-Werke* in Breslau die mittlere Kolbengeschwindigkeit $c_m = 3{,}75\ m/sk$, sowie den mechanischen Wirkungsgrad $\eta_m = 0{,}865$, so folgt als erforderliche nutzbare Kolbenfläche des Niederdruckzylinders aus Gl. 15, S. 66,

$$O = \frac{75}{2{,}22 \cdot 3{,}75}\,\frac{375}{0{,}865} = 3910\ qcm$$

und bei einem Zuschlag von 2,5 vH. gemäß

$$D^2\,\frac{\pi}{4} = \frac{1{,}025 \cdot 3910}{10\,000} = 4010\ qcm$$

eine Zylinderbohrung von $0{,}715$ oder besser

$$D = \mathbf{0{,}72}\, m\,.$$

Die nutzbare Kolbenfläche des Niederdruckzylinders steigt dadurch, wenn der Durchmesser der durchgehenden Kolbenstange zu *110 mm* angenommen wird, auf

$$O = (72^2 - 11^2)\frac{\pi}{4} = 3976{,}5 \ qcm\,.$$

Der Hochdruckzylinder muß bei dem gewählten Zylinderverhältnis von *1 : 3* eine nutzbare Kolbenfläche

$$O = \frac{3976{,}5}{3} = 1325{,}5 \ qcm\,,$$

also unter Berücksichtigung des Kolbenstangenquerschnittes von $11^2\,\pi/4$ = *95 qcm* eine Bohrung von rund

$$d = \mathbf{0{,}425 \ m}$$

erhalten.

Die Umdrehungszahl der Maschine müßte bei einem Hube $S = 0{,}7\ m$, der einem Hubverhältnis $S/D = 0{,}975$ entspricht,

$$n = \frac{30\,c_m}{S} = \frac{30 \cdot 3{,}75}{0{,}7} = \sim 160$$

betragen.

§ 30. **Der Dampf-, Wärme- und Kohlenverbrauch der Mehrzylindermaschinen.** Zur annähernden Berechnung des Dampfverbrauches einer Mehrzylindermaschine können die bei den Einzylindermaschinen gegebenen Gleichungen mit den folgenden Abänderungen dienen:

Bei dem nutzbaren Dampfverbrauch $D_i'$ ist zu beachten, daß der mittlere indizierte Druck $p_i$ der Mehrzylindermaschinen auf die nutzbare Kolbenfläche des großen Zylinders bezogen wird. Der Wert der Gl. 10, S. 40, ist demnach hier noch mit dem umgekehrten Zylinderverhältnis zu multiplizieren, lautet also

$$D_i' = \frac{27}{p_i}\frac{v}{V}\,[(m + e)\,\gamma_1 - (m + e_c)\,\gamma_2]\ kg \ \text{für}\ 1\,PS_{i-st}, \quad \ldots \ldots \quad 16$$

wenn

$$\begin{aligned}
e\ &= s_1/s \ \text{den Füllungsgrad} \\
e_c &= (s_3 + s_4)/s \ \text{den Kompressionsgrad} \\
m\ &= s_0/s \ \text{den Koeffizienten für den schädlichen Raum}
\end{aligned}\ \left.\vphantom{\begin{aligned}&\\&\\&\end{aligned}}\right\}\ \begin{aligned}&\text{des Hochdruck-}\\&\text{zylinders,}\end{aligned}$$

$\gamma_2$ das spezifische Gewicht des Dampfes in diesem bei Beginn der Kompression bezeichnet.

Zur Berechnung des Abkühlungsverlustes $D_i''$ ist hier nach *Hrabák* in Gl. 11, S. 40, bei Sattdampf

für Verbundmaschinen mit Auspuff $A = 4{,}2$ bis $4{,}0$,
für desgleichen mit Kondensation $A = 4{,}0$ bis $3{,}5$,
für Dreizylindermaschinen mit Kondensation $A = 3{,}2$ bis $3{,}0$

zu setzen, wobei die kleineren Werte für vollkommene Maschinen gelten. Bei Heißdampf kann $A$ gleich dem *0,1*- bzw. *0,05*fachen der vorstehenden Werte genommen werden, je nachdem die Überhitzung mittelhoch oder hoch ist.

Der Lässigkeitsverlust $D_i'''$ beträgt annähernd bei Verbundmaschinen das $0,8$-, bei Dreizylindermaschinen das $0,64$fache des für Einzylindermaschinen auf S. 40 angegebenen Wertes.

Für die Bestimmung des Abkühlungsverlustes nach Prof. *Doerfel* gelten die auf S. 41 gemachten Angaben, bezogen auf den Hochdruckzylinder, auch hier.

Der Gesamtdampfverbrauch ist wieder

$$D_i = D_i' + D_i'' + D_i''' \text{ in } kg \text{ für } 1 \, PS_{i-st}$$

oder

$$D_e = \frac{D_i}{\eta_m} \text{ in } kg \text{ für } 1 \, PS_{e-st}.$$

Der **Wärme- und Kohlenverbrauch** einer Mehrzylindermaschine bestimmt sich aus dem Dampfverbrauch in der auf S. 94 angeführten Weise.

Von den beiden nachstehenden Tabellen gibt die erste den Dampfverbrauch guter Ventil-Verbundmaschinen nach *A. Hinz*, die zweite denselben nach der *Maschinenfabrik Ausgburg-Nürnberg*. Für die beiden Tabellen gelten die auf S. 41 bei den Einzylindermaschinen gemachten Bemerkungen.

**Indizierter Dampfverbrauch $D_i$ in $kg$ für $1 \, PS_{i-st}$.**

**1. Tabelle.**

| Leistung $PS_i =$ | | Kondensation | | | |
|---|---|---|---|---|---|
| | | 250 | | 1000 | |
| Dampf $t\,°C =$ | | 250 | 300 | 250 | 300 |
| $p_1 = 8$ at abs. | $c_m = 2,5$ | 6,00 | 5,55 | — | — |
| | $c_m = 3,0$ | 5,85 | 5,40 | 5,65 | 5,20 |
| | $c_m = 3,5$ | — | — | 5,50 | 5,00 |
| $p_1 = 10$ at abs. | $c_m = 2,5$ | 5,70 | 5,25 | — | — |
| | $c_m = 3,0$ | 5,50 | 5,10 | 5,35 | 4,95 |
| | $c_m = 3,5$ | — | — | 5,20 | 4,80 |
| $p_1 = 12$ at abs. | $c_m = 2,5$ | 5,40 | 5,00 | — | — |
| | $c_m = 3,0$ | 5,25 | 4,85 | 5,15 | 4,75 |
| | $c_m = 3,5$ | — | — | 4,95 | 4,60 |
| $p_1 = 14$ at abs. | $c_m = 2,5$ | 5,30 | 4,90 | — | — |
| | $c_m = 3,0$ | 5,10 | 4,70 | 5,00 | 4,60 |
| | $c_m = 3,5$ | — | — | 4,85 | 4,45 |

**2. Tabelle.**

| $p_1$ at abs. | Belastung | | | | |
|---|---|---|---|---|---|
| | $5/4$ | $1/1$ | $3/4$ | $1/2$ | $1/4$ |
| 8 | 5,70 | 5,35 | 5,50 | 5,80 | 6,50 |
| 9 | 5,50 | 5,20 | 5,30 | 5,60 | 6,30 |
| 10 | 5,30 | 5,05 | 5,10 | 5,45 | 6,10 |
| 11 | 5,18 | 4,90 | 4,97 | 5,30 | 5,95 |
| 12 | 5,05 | 4,75 | 4,85 | 5,18 | 5,80 |
| 13 | 4,92 | 4,65 | 4,75 | 5,05 | 5,68 |
| 14 | 4,80 | 4,55 | 4,65 | 4,92 | 5,55 |
| 15 | 4,70 | 4,45 | 4,55 | 4,80 | 5,43 |
| 16 | 4,60 | 4,35 | 4,45 | 4,70 | 5,30 |

Dampfeintrittstemperatur $t = 300°$ C, 85 vH. Vakuum im Zylinder.

# III. Die Untersuchung der Kolbendampfmaschinen.

**§ 31. Der Indikator.** Das wichtigste Hilfsmittel für die Untersuchung der Kolbendampfmaschinen ist der Indikator. Er liefert in dem Indikatordiagramm ein Bild von den Vorgängen im Zylinder, das nicht nur zur Berechnung der Maschinenleistung benutzt werden kann, sondern auch Fehler in der Dampfverteilung, Undichtheiten der Steuerungsorgane, des Kolbens und andere Dinge erkennen läßt. Die wichtigsten Teile der gewöhnlichen Indikatoren sind:

1. Der Zylinder von *10* bis *20 mm* Durchmesser, in dem der Dampf des Arbeitszylinders, seiner jeweiligen Spannung entsprechend, einen federbelasteten Kolben mehr oder weniger verstellt.

2. Das Schreibzeug, das die Bewegung des Indikatorkolbens durch eine Geradführung auf einen Schreibstift überträgt.

3. Die Papiertrommel, die von der Maschine bzw. einer Feder vor- und rückwärts gedreht wird und zur Aufnahme des Papiers dient, auf dem der Schreibstift das Diagramm zeichnet.

4. Der Mitnehmer und der Hubverminderer, welche die hin und hergehende Bewegung des Dampfkolbens oder Kreuzkopfes der Maschine auf die Papiertrommel übertragen bzw. den Hub jener Teile auf den Hauptteil des Trommelumfanges (die Basis des Diagrammes) verkleinern.

Hinsichtlich der Bauart der gewöhnlichen Indikatoren ist allgemein zu bemerken:

Die Indikatoren werden mit innen oder außen liegender Feder gebaut. Die letztere Anordnung, bei der die Feder außerhalb des Indikatorzylinders liegt und nicht mit dem Dampf in Berührung kommt, bietet den Vorteil, daß die Feder kühl und die Temperatur des Dampfes ohne Einfluß auf die Genauigkeit des Federmaßstabes (Stärke der Zusammendrückung oder Ausdehnung für *1 at* Belastung) bleibt. Außen liegende Federn, die besonders zur Untersuchung von Heißdampfmaschinen verwendet werden, müssen natürlich auch gegen jede andere Wärmestrahlung, namentlich gegen den ausblasenden Dampf, möglichst geschützt sein.

Die Indikatorfedern sind Druck- oder Zugfedern. Die auf Druck beanspruchten neigen infolge der Zerknickungsbeanspruchung beim Zusammendrücken zu einer Krümmung der Federachse und rufen dadurch einen seitlichen Druck auf die Kolbenstange und Reibung in deren Führung hervor. Bei Zugfedern tritt dieser Übelstand nicht auf. Sie dürfen aber nicht steil gewunden sein, da sich sonst ihr Maßstab bei steigender Belastung leicht ändert. Sind Druckfedern nicht zu vermeiden, so sollten sie, um den Seitendruck möglichst zu beseitigen, aus zwei ineinander gesteckten Schraubenfedern mit entgegengesetzter Gangrichtung hergestellt sein.

Der Indikatorzylinder ist einfach oder mit Einsatz (Dampfmantel) versehen. Der letztere schützt den Arbeitsdampf gegen Wärmestrahlungen nach außen und verhütet, wenn richtig angeordnet, ein Hängenbleiben des Kolbens, wie es sonst infolge der verschiedenen Ausdehnung von Kolben und Zylinder leicht bei hohen Dampfspannungen eintreten kann.

Auf bestes Material und möglichst leichte Ausführung aller beweglichen Teile wird von den Firmen, die den Bau der Indikatoren als Spezialität betreiben, besonders geachtet; denn die schwingenden Massen beeinflussen die genaue Wiedergabe der Vorgänge im Dampfzylinder durch ihr Trägheitsvermögen um so ungünstiger, je größer sie sind.

Im einzelnen soll hier hinsichtlich der Ausführung der gewöhnlichen Indikatoren nur auf die beiden gebräuchlichsten Konstruktionen Bezug genommen werden, und das sind:

a) Der Richardsche Indikator von *Dreyer, Rosenkranz & Droop*, Aktiengesellschaft in Hannover. Er wird mit außen oder innen liegender Zug- oder Druckfeder ausgeführt. Fig. 25 zeigt ihn mit innerer Druckfeder. Sie ist doppelt gewunden und in eine Mutter der Kolbenstange eingestemmt, nicht eingelötet. Der Zylinder $c$ hat einen Einsatz $e$, der mit dem durch einen Momentverschluß befestigten Zylinderdeckel schnell und leicht herausgenommen, nachgesehen oder ausgewechselt werden kann. Der Einsatz bildet unten einen Dampfmantel und liegt oben der freien Ausdehnung wegen nicht unmittelbar am Zylinder an. Der Kolben $k$, den die Firma jetzt als Lamellenkolben mit oberer und unterer Führung

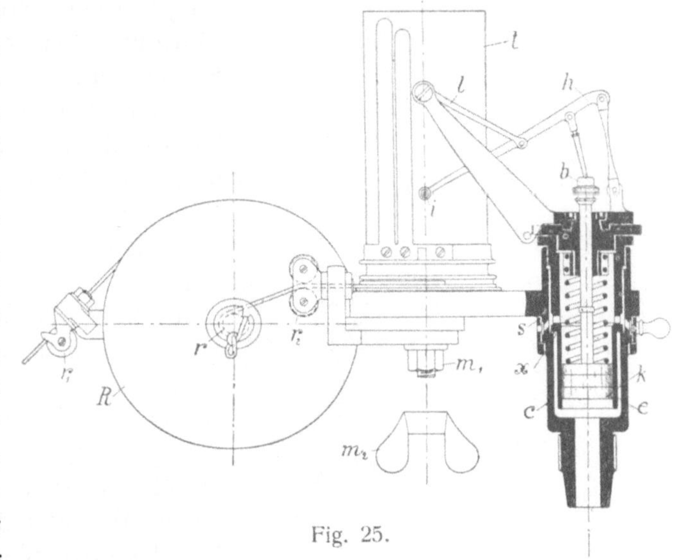

Fig. 25.

seiner Stange ausbildet, bewegt sich ferner nur in dem unteren, dünnwandigen Teile des Einsatzes. $x$ ist dessen Dichtungsfläche, $s$ ein Drehschieber für den Dampf- und Wasserabfluß.

Das Schreibzeug des Indikators, das durch ein nachstellbares Kugelgelenk $b$ mit der Kolbenstange verbunden ist, besteht aus einem *Evans*schen Ellipsenlenker. Der Gegenlenker $l$ desselben hat die halbe Länge des Schreibstifthebels $h$. Die Führung des Schreibstiftes erfolgt unter Berücksichtigung einer 5 punktigen Geraden und gibt genau proportionale Bewegung zwischen Kolben und Stift.

Die stählerne Papiertrommel $t$ wird ohne und mit Sperranhaltvorrichtung geliefert. Zur Rückdrehung der Trommel dient eine Schraubenfeder.

Der Hubverminderer trägt auf seiner Welle die große Hubrolle $R$ und die kleine Verminderungsrolle $r$. Jene wird durch eine über $r_1$ geführte Schnur von dem am Kreuzkopf oder auf der Kolbenstange der Maschine befestigten Mitnehmer angetrieben und durch eine starke Rollfeder zurückgedreht. Die Rolle $r$ nimmt die von der Papiertrommel kommende Schnur auf. Um die Hubrolle für alle Maschinenhübe benutzen zu können, sind stets mehrere Rollen $r$ vorhanden, die mit der Maßziffer des für jede Rolle zulässigen größten Maschinenhubes versehen sind. Nach Entfernung der Flügelmutter $m_2$ wird der Hubverminderer vermittels der Mutter $m_1$ unter der Papiertrommel so befestigt, daß die Leitrollen $r_2$ des Indikators mit der Rolle $r$ des Verminderers in einer Ebene liegen.

b) **Der Crosby-Maihak-Indikator** von *H. Maihak*, Aktiengesellschaft in Hamburg. Er ist in Fig. 26 mit außen liegender Feder dargestellt. Der Federträger $t$ ist zentrisch zur Kolbenstange angeordnet und besteht mit dem Zylinderdeckel aus einem Stück. Die Kürze des Trägers verhütet Verziehungen in der Wärme und sichert deshalb dauernd eine genaue Geradführung. Die Feder ist eine doppelt gewundene Zugfeder mit engen Wickelungen. Das Schreibzeug hat einen Storchschnabel als Geradführung mit einer Übersetzung $1 : 6$. Der Schreibhebel $h$ ist unter Verdoppelung der Lenker gegabelt und aus einem Stück hergestellt. Der Zylinder ist freihängend und mit Dampfmantel versehen. Die Papiertrommel hat eine Schrauben-Rückdrehfeder und Friktions-Anhaltvorrichtung.

An Stelle der Rollen-Hubverminderer verwendet man bei schnellaufenden und langhubigen Maschinen, wo durch die Anhaltvorrichtung des Indikators die Schnur leicht in Unordnung gerät und der Mechanismus infolge seines teilweisen steten Mitlaufes sich stark abnutzt, oft Hebel-Hubverminderer. Fig. 27 zeigt eine

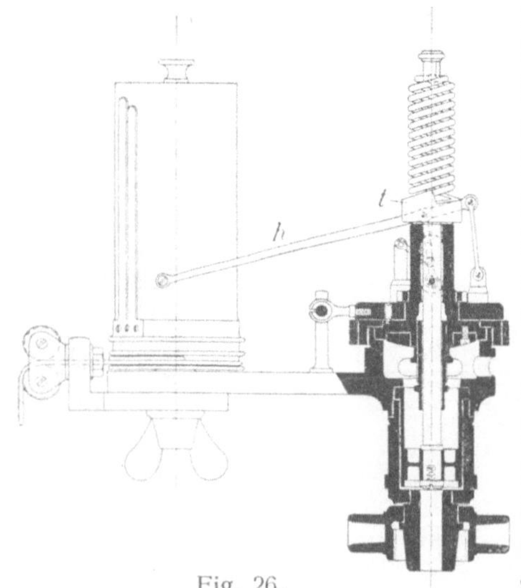

Fig. 26.

solche Vorrichtung nach *Crosby*. Die Schnur geht von der Papiertrommel zuerst durch ein Loch des Bolzens $m$ und dann durch ein solches $i$ im hölzernen Schwingungshebel. Dieser dreht sich um $m$ und ist durch ein Zwischenstück $K$ mit dem Kreuzkopfzapfen verbunden. Bei der Abnahme eines Diagrammes zieht man bei $H$ die Schnur so lange an, bis die Papiertrommel die Hebelbewegung mitmacht, und hält sie durch Stützen der Hand in dieser Lage fest. Beim Loslassen kommen dann Schnur und Trommel wieder vollständig zur Ruhe. Eine besser und genauer ausgebildete Konstruktion ist in der Zeitschrift des Bayerischen Revisionsvereins (München) 1902, S. 150, dargestellt.

Elektrische Ausrückvorrichtungen der Papiertrommel, durch die ein gleichzeitiges Andrücken der Schreibstifte bei mehreren Indikatoren von

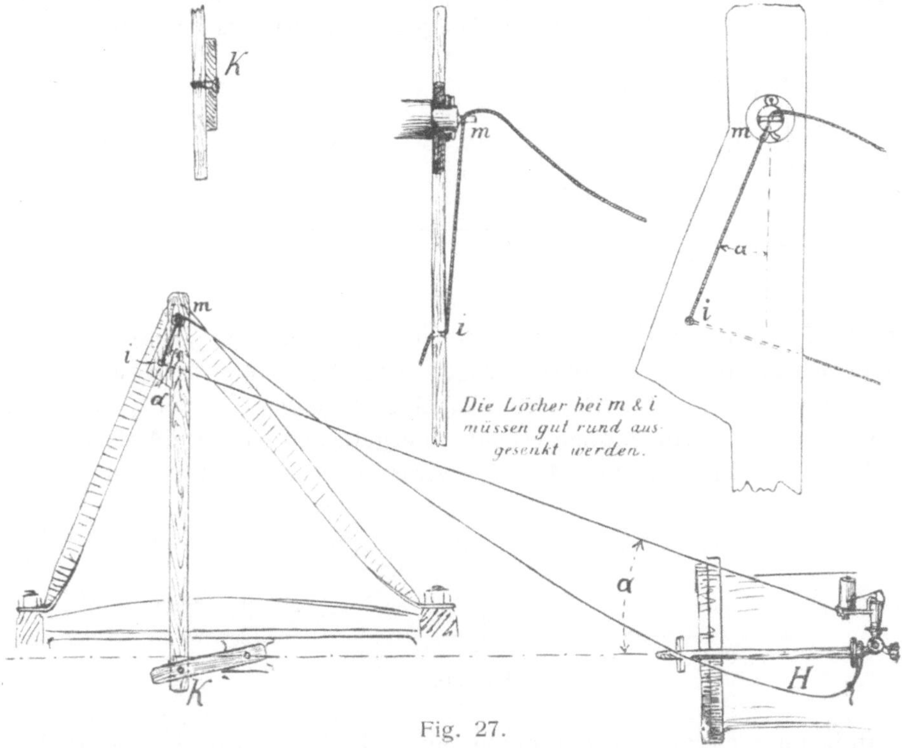

Fig. 27.

einer Person bewirkt werden kann, finden bei genauen Untersuchungen von Mehrzylindermaschinen Verwendung.

Für fortlaufende (Wander-) Diagramme (Fig. 28) werden von den Spezialfabriken Indikatoren mit besonderer Trommelvorrichtung gebaut, bei denen

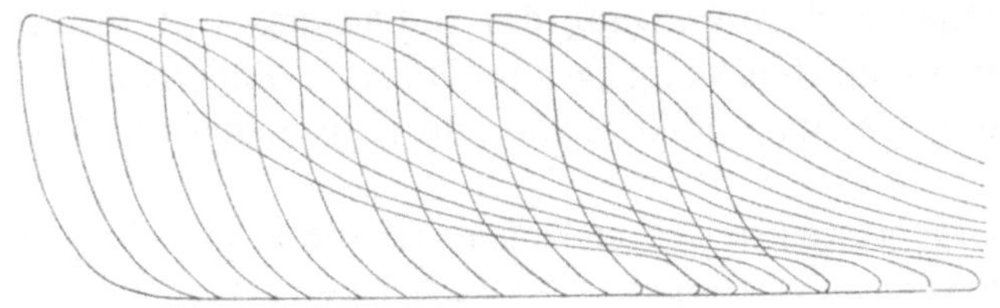

Fig. 28.

der Schreibstift mehrere Diagramme in kleinen Abständen hintereinander auf einen langen Papierstreifen schreibt. Dieser wickelt sich dabei von einer im Trommelinnern befindlichen Spule ab, tritt dann durch einen Schlitz nach außen und wickelt sich schließlich innen wieder auf. Seine Verschiebung geht aber nur während des Rücklaufes der Trommel vor sich, damit die wichtige Expansionslinie richtig zur Darstellung kommt.

*Dreyer, Rosenkranz & Droop* in Hannover bauen ferner Indikatoren für fortlaufende offene Kolbenwegdiagramme (Fig. 29), bei denen der Linienzug nicht geschlossen, sondern offen, d. h. Expansions- und Kompressionslinie auseinandergezogen sind. Werden solche Diagramme, wie dies bei einer anderen

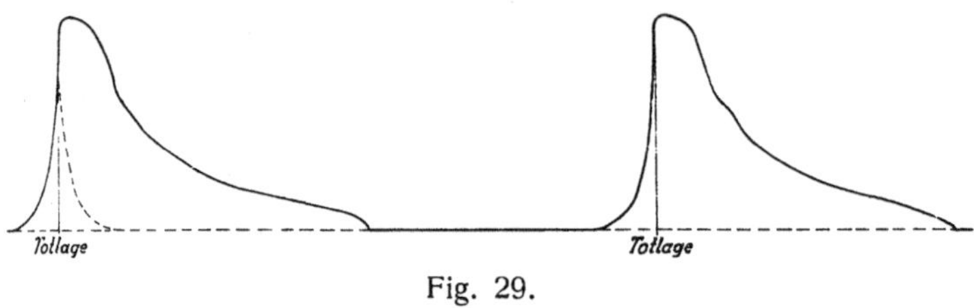


Fig. 29.

Bauart der Firma der Fall ist, nicht mehr auf den Kolbenweg, sondern auf die Zeit oder den Kurbelweg als Basis bezogen (Fig. 30), indem die Bewegung der Papiertrommel mit gleichbleibender Winkelgeschwindigkeit oder proportional der Bewegung des Kurbelzapfens erfolgt, so ergeben sie wichtige Aufschlüsse in der Nähe der Totlagen (siehe § 48). Der Antrieb der Papiertrommel geschieht

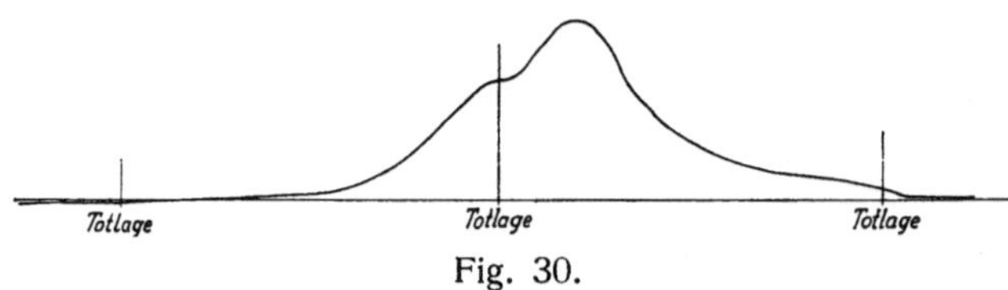


Fig. 30.

bei Zeitdiagrammen am besten durch einen Elektromotor, bei Kurbelwegdiagrammen von der Kurbelwelle. Kurbelwegdiagramme sind ohne weiteres auch Zeitdiagramme, wenn man, was meist zulässig, von dem Ungleichförmigkeitsgrad der Kurbelwelle absieht.

Über optische Indikatoren siehe Z. d. V. d. I., 1904, S. 1314, und 1907, S. 2041.

§ 32. **Die Prüfung und Anbringung des Indikators.** Soll das vom Indikator beschriebene Diagramm den Vorgängen im Dampfzylinder wirklich entsprechen, so ist eine Prüfung des Instrumentes vor dem jedesmaligen Gebrauch unbedingt erforderlich.

Diese Prüfung erstreckt sich zunächst auf die Ermittelung des Federmaßstabes. Die Indikatorfedern ergeben selbst bei sorgfältigster Herstellung nicht nur im kalten und warmen Zustande, sondern auch bei hohem und niedrigem Druck sowie bei zu- und abnehmender Belastung einen verschiedenen Maßstab. Die Unterschiede sollen bis zu 3 vH. betragen. Zur Herbeiführung von Einheitlichkeit in der Feststellung dieses Maßstabes hat deshalb der Verein deutscher Ingenieure besondere Bestimmungen aufgestellt, die auch eine Übersicht über die verschiedenen Prüfungsverfahren nebst deren Vor- und Nachteilen geben.

Die Prüfung der Indikatorfeder ist mit einer Untersuchung des Instrumentes auf seinen sonstigen Zustand zu verbinden. Vollständige Reinheit des Indikators ist unbedingt nötig. Die Eigenreibung eines sorgfältig ausgeführten und in gutem Zustande befindlichen Indikators darf ferner nur äußerst gering und ohne nachteiligen Einfluß auf die Genauigkeit der Diagramme sein. Kolben, Schreibtrommel usw. müssen sich also leicht bewegen, die Gelenke des Schreibzeuges, die ebenso wie die Schreibtrommel und der Kolben mit feinem Öl zu schmieren sind, sollen genügend schlaff sein, und die scharfe Spitze des Schreibstiftes darf nur leicht auf dem Papier gehen. Schließlich ist darauf zu achten, daß nirgends toter Gang auftritt und der Kolben die hinreichende Dichtheit besitzt.

Die gebräuchliche Anbringung des Indikators an der Maschine zeigen Fig. 31 und 32. Bei der Anbringung sind die folgenden Punkte zu beachten.

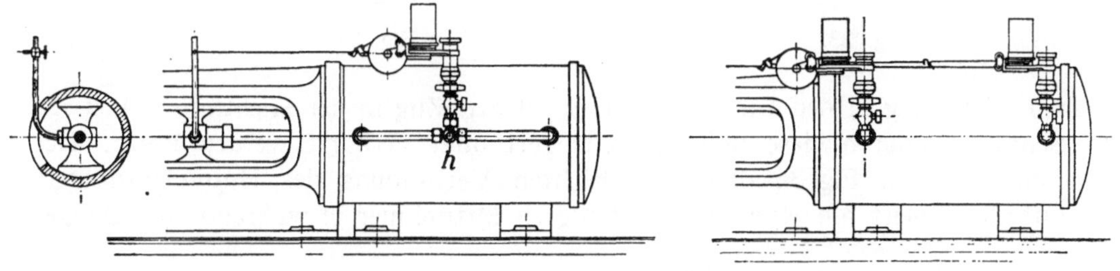

Fig. 31.         Fig. 32.

Der Indikator ist möglichst nahe am Zylinder, also nur durch Einschrauben des Indikatorhahnes in die Zylinderputzen und eines einfachen Krümmers[1]) bei vertikaler Stellung des Instrumentes (Fig. 32), anzubringen. Alle anderen Zwischenstücke, die zur Kondensation und unter Umständen auch durch scharfe Krümmungen oder Verengungen zur Drosselung des Dampfes beitragen, sind tunlichst zu vermeiden. Mit Rücksicht hierauf ist die Anbringung nach Fig. 31 mit dem Dreiwegehahn $h$ in der Mitte, die zwar eine bequeme Indizierung beider Kolbenseiten mit einem Indikator ermöglicht, nur für kleine Maschinen zulässig; für mittlere und große Maschinen geben die langen Verbindungsrohre zu Fehlern in den Diagrammen Veranlassung. Für solche Maschinen ist die Anordnung nach Fig. 32 mit zwei Indikatoren besser, durch die gleichzeitig Diagramme von beiden Kolbenseiten aufgenommen werden können. Steht nur ein Indikator zur Verfügung, so wird dieser vorteilhaft nacheinander an beiden Zylinderenden angebracht.

Die Verbindungswege zwischen Indikator- und Dampfzylinder müssen vollständig rein sein und sind zu diesem Zwecke vor der Anbringung des Instrumentes bei offenem Hahn durch den Dampf der Maschine auszublasen.

Die Indikatorschnur muß geflochten, gewachst und durch längere Zeit angehängte Gewichte gehörig gestreckt sein. Die Länge der Schnur ist so zu be-

---

[1]) Der Krümmer wird oft mit dem Hahn aus einem Stück geliefert (Winkelhahn).

messen, daß die Papiertrommel bei ihrer Drehung weder vor- noch rückwärts anschlägt, sondern vollkommen frei geht. Die Schnur soll endlich, auch wenn das dem Maschinenhube entsprechende Ende abgezogen ist, von der Rille der Schreibtrommel tangential ablaufen.

Dienen Hebel zur Hubverminderung, so darf in den Gelenkpunkten derselben kein toter Gang vorhanden sein.

Fig. 33 bis 35[1]) geben Bedienungsteile der Indikatoren, die namentlich an schnellaufenden Maschinen Verwendung finden. Der Schnur-Spannhaken nach Fig. 33 wird durch Zug in der Richtung $1$ festgeklemmt und das freie Ende $x$

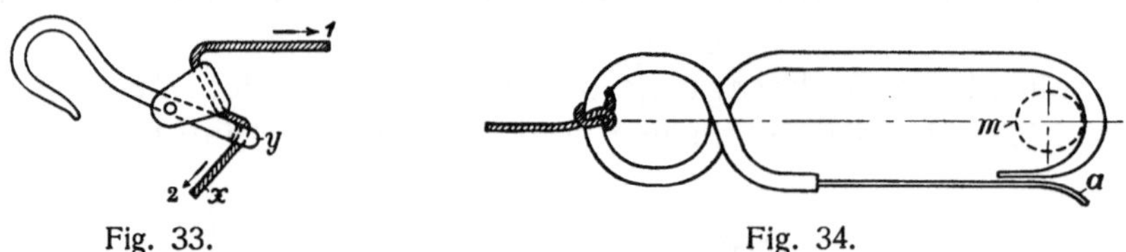

Fig. 33.          Fig. 34.

zur Sicherung in den Einschnitt bei $y$ gelegt. Zug in der Richtung $2$ löst die Schnur, wodurch diese beliebig verlängert oder verkürzt werden kann. Der Fanghaken in Fig. 34 dient zur leichten Verbindung des Hubverminderers mit dem meist am Kreuzkopf befestigten Mitnehmer $m$ während des Ganges

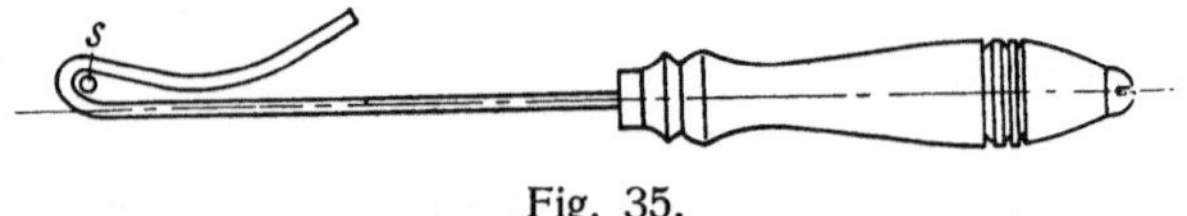

Fig. 35.

der Maschine, der Aushängehaken in Fig. 35 zur leichten Lösung dieser Verbindung. Die federnde Öffnung $a$ des Fanghakens bringt man in die Nähe der inneren Totlage des Mitnehmers und läßt ihn dort einschnappen, mit dem Aushängehaken umfaßt man die Schnur $s$ in der Nähe des Fanghakens und zieht diesen in der inneren Totlage vom Mitnehmer ab, wobei der Fanghaken am Aushängehaken hängenbleibt und am Zurückschnellen verhindert wird.

§ 33. **Die Abnahme und Ungenauigkeit der Indikatordiagramme.** Vor der Abnahme eines Diagrammes ist der Indikatorhahn langsam zu öffnen, der Indikatorzylinder durch den Dampf vorzuwärmen und etwaiges Kondenswasser zu entfernen. Dann läßt man das Schreibzeug erst einige Male spielen und drückt nun den Schreibstift solange sanft gegen die Trommel, bis ein vollständiges Diagramm beschrieben ist. Zuletzt schließt man den Indikatorhahn und beschreibt die atmosphärische Linie; eine kleine Bohrung des geschlossenen Hahnkegels läßt zu diesem Zwecke die äußere Luft unter den Indikatorkolben treten. Die Papiertrommel darf beim Indizieren nicht unnütz spielen; sie ist also nach der Entnahme eines Diagrammes stets auszurücken und erst nach

---

[1]) Nach *H. Maihak*, Aktienges. in Hamburg.

Aufstecken eines neuen Papiers, das glatt und ohne Falten auf der Trommel sitzen muß, wieder in Gang zu setzen.

Abgesehen von den Fehlerquellen, die auf mangelnde Sorgfalt in der Anbringung und Handhabung des Indikators zurückzuführen sind, können Ungenauigkeiten im Diagramm durch Unvollkommenheiten des Instrumentes selbst entstehen. So rufen namentlich die Dehnung der Schnur, die Federung des Mitnehmers und die Trägheit der bewegten Massen Verzerrungen in der Längs- und Querrichtung des Diagrammes hervor. Die Federung des Mitnehmers und die Dehnung der Schnur, deren Größe von dem Feuchtigkeitsgehalt der Luft, der Temperatur der Umgebung, der Veränderlichkeit der Schnurspannung, der Arbeitsweise der Maschine usw. abhängt, beeinflussen namentlich die Länge der Diagramme, die dann nicht mehr bei allen Diagrammen gleich groß ausfällt. In ähnlichem Sinne äußert sich die Massenwirkung der Trommel, während die des Indikatorkolbens mit seiner Feder und die des Schreibzeuges wellenförmige Linien verursachen; denn diese Teile können den wechselnden Kräften nur langsam folgen und erzeugen um so stärkere Eigenschwingungen (namentlich bei reibungsfreien Indikatoren), je schneller sich die Kräfte ändern, je größer also die Umdrehungszahl der Maschine ist. Bei hohen Umdrehungszahlen sind deshalb stets kräftige Federn und Indikatoren mit möglichst kleinen bewegten Massen zu verwenden.

§ 34. **Die Untersuchung der Indikatordiagramme.** Jedes Diagramm einer Maschine ist unmittelbar nach seiner Aufnahme mit der Nummer der Indikatorfeder, der Umdrehungszahl der Maschine, der Kesselspannung, dem Vakuum des Kondensators sowie mit der Angabe: Deckel- oder Kurbelseite und des betreffenden Zylinders bei Mehrzylindermaschinen zu versehen. Die Prüfung der Diagramme erstreckt sich auf die Hauptvorgänge im Zylinder. Ohne weiteres ergibt sich zunächst aus der Höhe der Dampfeintrittslinie, wie groß der Spannungsabfall zwischen Kessel und Zylinder ist, dann aus der Form der Diagramme, ob Fehler in der Anbringung und Arbeitsweise des Indikators oder Unregelmäßigkeiten in der Dampfverteilung vorliegen. Die nachstehende Zusammenstellung einiger typischer Diagrammfehler kann dabei als Anhalt dienen.

1. Die Indikatortrommel stößt auf der einen Seite infolge zu langer Schnur an.

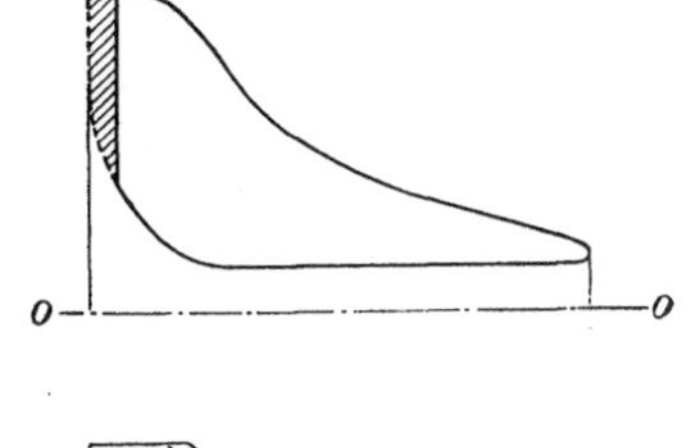

2. Der Indikatorkolben hat zu große Reibung, oder es befindet sich Wasser in dessen Leitung. Der Indikator arbeitet sprungweise, und die Expansionslinien zeigen treppenförmige Absätze.

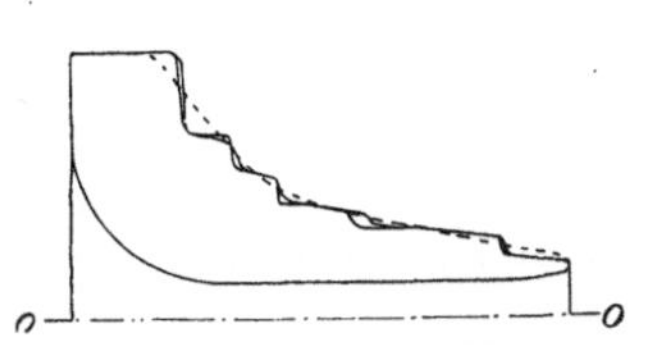

Fig. 36 u. 37.

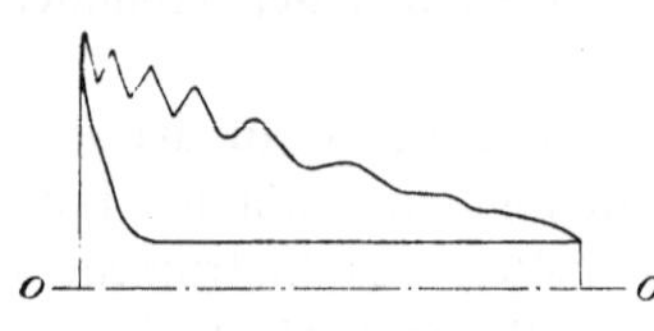

3. Die Wellen in der Dampfeintritts- und Expansionslinie rühren von den Massenschwingungen der auf und ab gehenden Indikatorteile her und zeigen sich namentlich bei schnellaufenden Maschinen und reibungsfreiem Indikator. Um sie zu beseitigen, ist eine stärkere Feder einzusetzen.

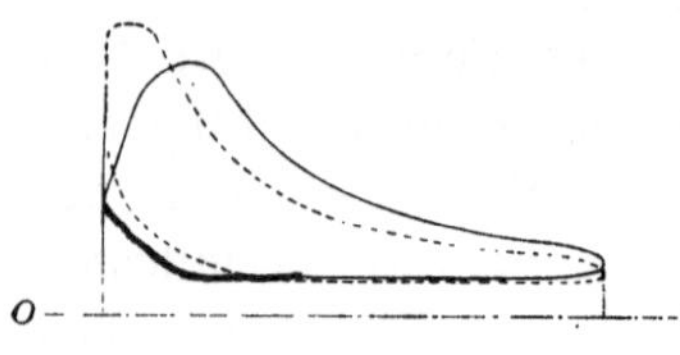

4. Das Einlaßorgan wird zu spät geöffnet, der Dampfvoreintritt fehlt oder ist zu gering[1]).

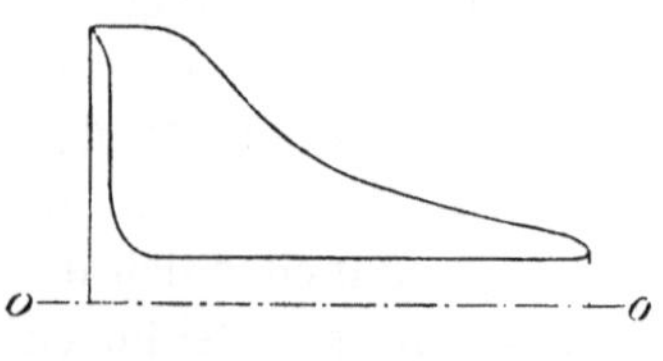

5. Das Einlaßorgan wird zu früh geöffnet, der Dampfvoreintritt ist zu groß.

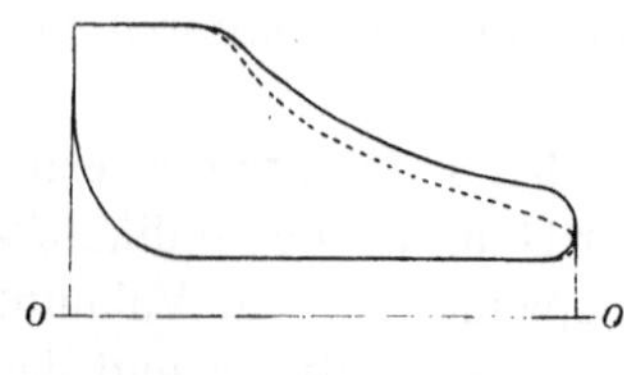

6. Das Einlaßorgan ist undicht; nach beendigter Füllung strömt frischer Dampf in den Zylinder nach.

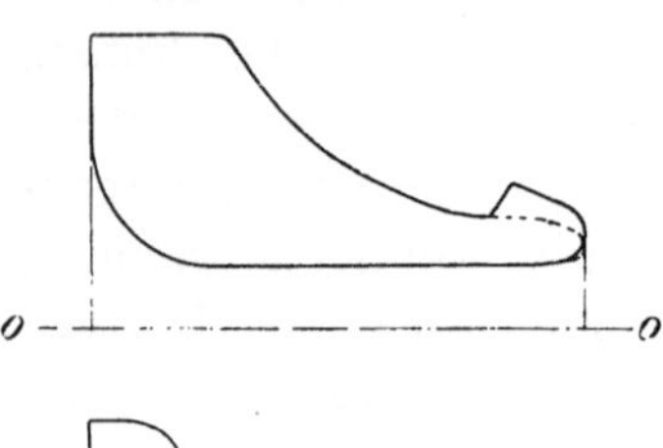

7. Es findet eine Nachfüllung nach beendigtem Dampfeintritt statt (siehe bei den Doppelschiebersteuerungen in § 77).

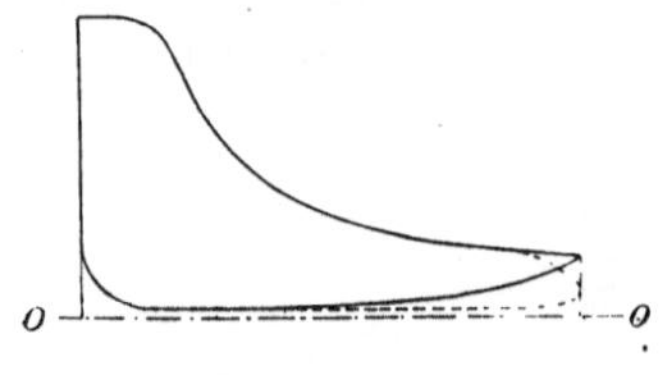

8. Das Auslaßorgan wird zu spät geöffnet, der Dampfvoraustritt fehlt oder ist zu gering[1]).

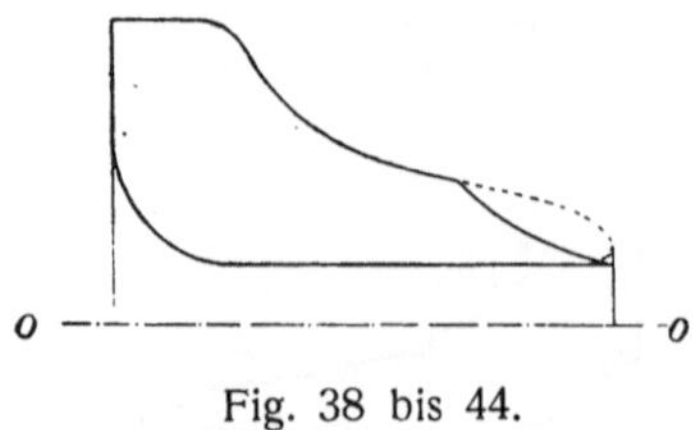

9. Das Auslaßorgan wird zu früh geöffnet, der Dampfvoraustritt ist zu groß.

Fig. 38 bis 44.

---

[1]) Nach der Z. d. B. R. 1903, S. 80 und 85.

10. Das Auslaßorgan oder der Kolben ist undicht, die Expansionslinie liegt zu tief.

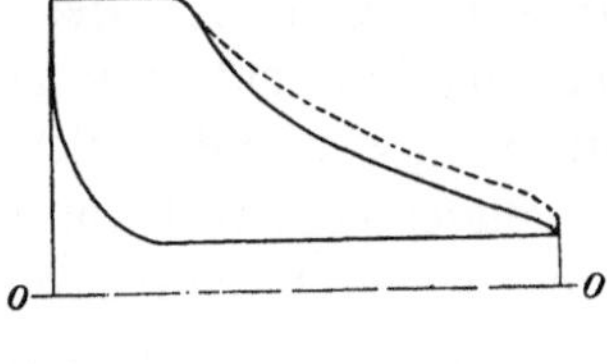

11. Der ein- und austretende Dampf wird infolge zu geringen Querschnittes der Steuerkanäle
gedrosselt[1]).

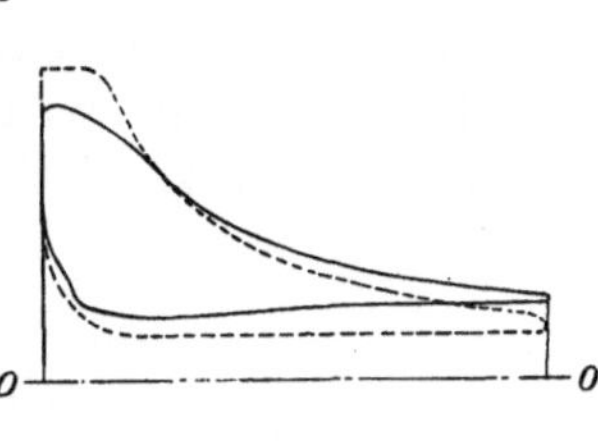

12. Die Kompression ist zu hoch, das Auslaßorgan schließt sich zu früh.

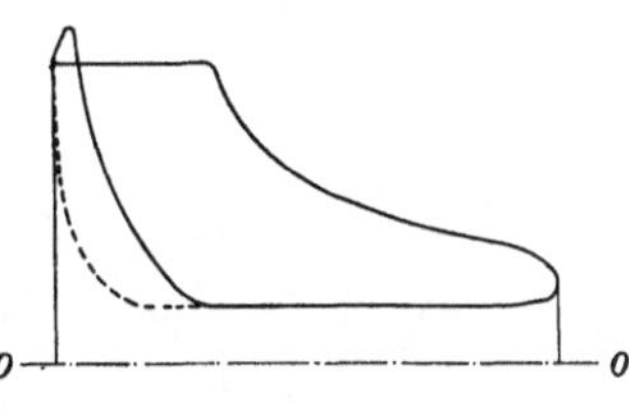

13. Die Füllung der Maschine ist zu klein, die
Maschine selbst also zu groß für die vorhandene
Belastung.

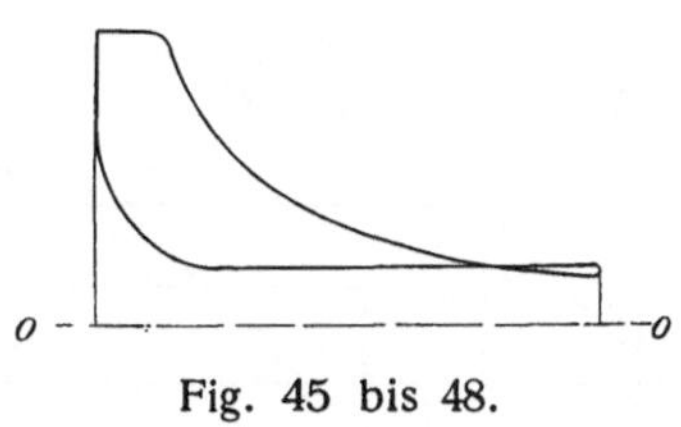

Fig. 45 bis 48.

Zur Feststellung der Füllung in Diagrammen bei schleichendem Kanalschluß und starker Drosselung des Eintrittsdampfes zieht man in den Punkten
$b$ und $c$ (Fig. 49), von denen jener sicher noch der Eintritts-, dieser der Expansionslinie angehört, Tangenten an diese letzteren. Der Schnittpunkt $t$ ist
dann sowohl für den Füllungsweg $S_1$ als auch für den Anfangsdruck $p_a$ der Expansion maßgebend.

Das Verhalten des Dampfes während der Expansion und Kompression wird bei Sattdampfmaschinen
nach dem Verlauf und der Lage der zugehörigen Diagramm-
linien in bezug auf die gleichseitige Hyperbel beurteilt. Durch
das Einzeichnen dieser Hyperbel in das Diagramm werden aber

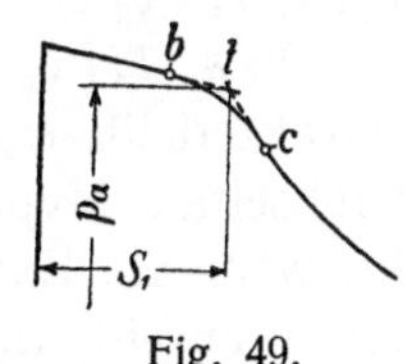

Fig. 49.

leicht die Expansions- und Kompressionslinien selbst undeutlich gemacht. Besser
ist es daher, die von Prof. *Doerfel* angegebene Charakteristik einzutragen.
Ihre Konstruktion bildet die Umkehrung des auf S. 28 angegebenen ersten
Konstruktionsverfahrens. Man zieht nach Fig. 50 durch die Punkte $I$, $II$,
$III$ ... der Expansionslinie $c\,d$ horizontale Linien, welche die Vertikale durch
den Anfangspunkt $c$ in $c_1$, $c_2$, $c_3$ ... schneiden. Die Strahlen $O\,c_1$, $O\,c_2$, $O\,c_3$ ...
bestimmen dann auf den zugehörigen Vertikalen durch $I$, $II$, $III$ ... die

---

1) Nach der Z. d. B. R. 1903, S. 80 und 85.

Pohlhausen, Kolbendampfmaschinen. 5. Aufl.

Punkte $w_1$, $w_2$, $w_3$ ... der Charakteristik. Sie ist eine gerade Linie, wenn die Expansionslinie mit der gleichseitigen Hyperbel zusammenfällt ($n = 1$), sie steigt für $n < 1$ und sinkt für $n > 1$.

Bei dieser Konstruktion der Charakteristik muß die Größe des schädlichen Raumes genau bekannt sein. Es ist aber meist recht umständlich, oft sogar unmöglich, diese Größe bei einer vorhandenen Maschine zahlenmäßig genau festzustellen. Deshalb wird das hiervon unabhängige Verfahren[1]) zur Konstruktion der Charakteristik nach Fig. 51 empfohlen. Es ist eine Umkehrung

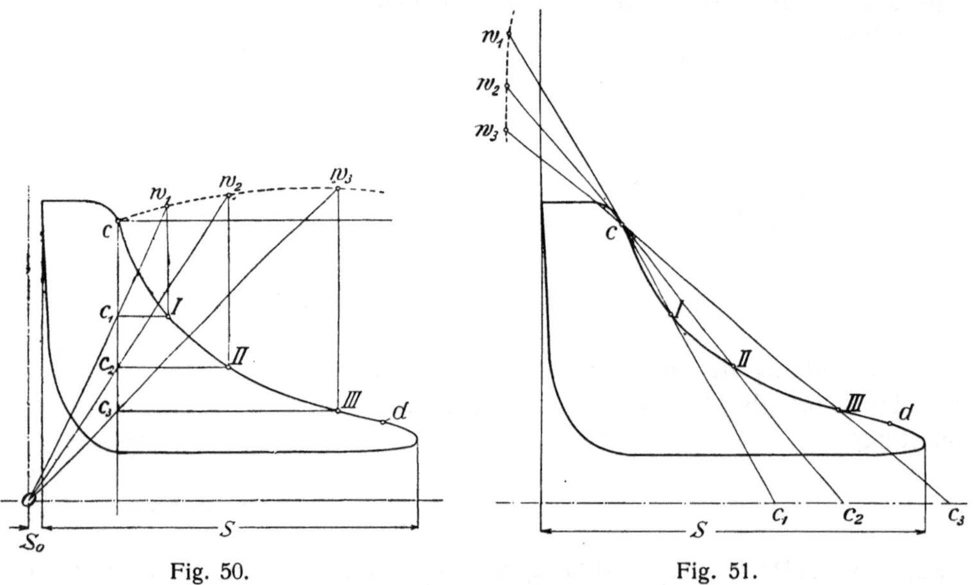

Fig. 50.  Fig. 51.

der auf S. 29 gegebenen zweiten Konstruktion der gleichseitigen Hyperbel. Man zieht vom Anfangspunkt $c$ der Expansionslinie verschiedene Strahlen $c\,c_1$, $c\,c_2$, $c\,c_3$ ... und trägt auf ihnen von $c$ aus nach oben die Strecken $I\,c_1$, $II\,c_2$ bzw. $III\,c_3$ ... ab. Die dadurch erhaltenen Punkte $w_1$, $w_2$, $w_3$ ... der Charakteristik ergeben eine krumme Kurve, wenn die Expansionslinie keine gleichseitige Hyperbel ist, und zwar neigt die Kurve nach dem Diagramm hin, wenn die Expansionslinie stärker als die Hyperbel sinkt, während sie von diesem abgeht, wenn die Expansionslinie stärker als die Hyperbel steigt.

Zum Vergleich der Expansionslinien (von Heißdampfmaschinen) und Kompressionslinien mit den polytropischen Kurven hat ferner *Leinweber*[2]) eine Charakteristik entwickelt, die sich aus einer Umkehr der auf S. 29 angeführten Konstruktion von *Brauer* ergibt. Für die Expansionslinie $a\,I\,II\,III$ ... in Fig. 52 z. B. hat man danach durch den Anfangspunkt $a$ dieser Linie eine Vertikale und Horizontale zu legen und deren Schnittpunkte $a_1$, $a_2$ mit der unter $\wedge$ ($= \sim 15°$) an die Abszissenachse gelegten Geraden und der Ordinatenachse

[1]) Z. d. V. d. I. 1897, S. 25.

[2]) Z. d. V. d. I. 1913, S. 534 und 1988.

aufzusuchen. Die durch $a_1$ gezogene $45°$-Linie und die daran schließende Vertikale liefert dann auf der Expansionslinie den Punkt $I$ und die durch ihn gehende Horizontale mit der $45°$-Linie durch $a_2$ den Punkt $w_1$ der Charakteristik. Von $I$ ausgehend, können weiter in derselben Weise die Punkte $II$ und $w_2$, $III$ und $w_3$ usw. bestimmt werden.

Die Charakteristik ist eine gekrümmte Linie, wenn der Exponent der Gleichung

$$1 + \operatorname{tg}\beta = (1 + \operatorname{tg}\alpha)^n,$$

wie dies bei den Expansionslinien der Dampfmaschinendiagramme in der Regel der Fall ist, nicht konstant bleibt. Bei konstantem $n$ bildet sie eine gerade Linie, und zwar ergibt sich gemäß der vorstehenden Gleichung für jedes $n$ eine andere Gerade. So folgt nach Fig. 52 für die gleichseitige Hyperbel ($n = 1$

$O\,b$, für die Adiabate des überhitzten Dampfes ($n = 1{,}3$) $O\,c$ als Charakteristik, und zwischen diesen beiden wird die Charakteristik der wirklichen Expansions- oder Kompressionslinie verlaufen.

Die Konstruktion leidet an dem Übelstande, daß die Charakteristik gegen den äußeren Totpunkt stark verkürzt und gegen den inneren gedehnt ist, wodurch das Bild der Wärmeübergänge im Zylinder undeutlich und wenig

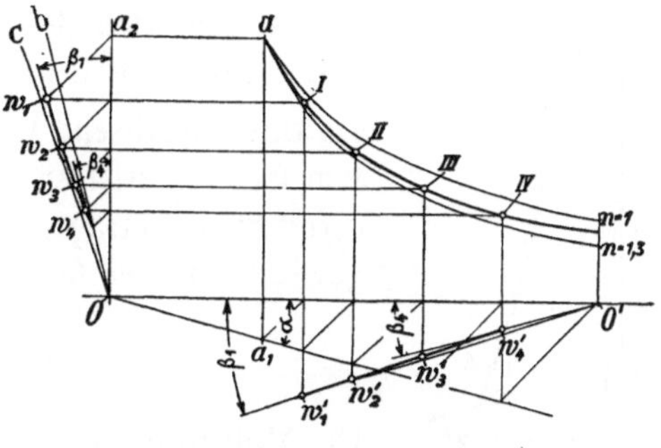

Fig. 52.

übersichtlich wird. Deutlicher fällt die Konstruktion aus, wenn man als Richtlinie für die Charakteristik nicht die Druck-, sondern die Volumachse wählt. Man trägt nun $OO' = $ Hublänge $S + $ schädlicher Raum $S_0 = m \cdot S$ auf der Abszissenachse ab und legt durch den Punkt $O'$ eine Gerade, die unter dem zum Punkt $w_1$ gehörigen Winkel $\beta_1$ gegen diese Achse geneigt ist. Die Vertikale durch $I$ liefert dann den Punkt $w_1'$ der neuen Charakteristik, und durch weiteres Antragen von $\beta_2$ folgt entsprechend $w_2'$ usw.

Bei überhitztem Dampf trägt man zur Beurteilung des Expansionsverlaufes die Sättigungs- oder Grenzkurve ($p\,v$-Kurve des trocken gesättigten Dampfes) ein. Die einzelnen Punkte dieser Kurve haben als Ordinaten die Spannung, als Abszissen das zugehörige spezifische Volumen des trocken gesättigten Dampfes (siehe die Tabelle im „Anhang"), multipliziert mit dem pro einfachen Hub in der Maschine arbeitenden Dampfgewicht und dem Volummaßstab des Diagrammes, d. h. der Strecke, der $1\ cbm$ in diesem entspricht. Das arbeitende Dampfgewicht setzt sich aus der durch den Versuch zu bestimmenden Speisewassermenge (siehe § 38) pro einfachen Hub und dem im schädlichen Raume zurückgebliebenen Restdampfgewicht zusammen, wobei bezüglich des letzteren gewöhnlich die Annahme gemacht wird, daß der schädliche Raum bei Eröffnung des Einlasses mit trocken gesättigtem Dampf von der Eintrittsspannung gefüllt sei.

Nach Prof. *Schröter*[1]) war z. B. bei einer untersuchten Heißdampf-Verbund-maschine, deren rankinisiertes Hochdruckdiagramm in Fig. 53 dargestellt ist, die pro einfachen Kolbenhub dem Kessel zugeführte Speisewassermenge *0,0505 kg*. Diese Menge kann aber nicht ohne weiteres für die Sättigungskurve benutzt werden, da alle Diagramme nicht den gleichen Füllungsgrad besitzen. Das arithmetische Mittel der Füllungsgrade aus den sämtlichen Diagrammen ist *0,327*, während bei demjenigen in Fig. 53 die Füllung nur *0,316* beträgt. Die pro einfachen Kolbenhub zugeführte Speisewassermenge kann deshalb annähernd

$$0,0505 \, \frac{0,316}{0,327} = 0,0488 \; kg$$

gesetzt werden. Weiter war

das Hubvolumen des Hochdruckzylinders *0,038 cbm*,
das Volumen des schädlichen Raumes *0,07 · 0,038 cbm*,
die absolute Eintrittsspannung *12,2 at*.

Da das spezifische Volumen des trocken gesättigten Dampfes von der Eintrittsspannung nach der Tabelle im „Anhang" *0,167 cbm* beträgt, so ergeben sich als arbeitendes Dampf-gewicht pro einfachen Kolbenhub

$$0,0488 + \frac{0,07 \cdot 0,038}{0,167} \; kg \, .$$

Der Volummaßstab der Fig. 53 ist ferner, weil die Diagramm-basis von *s = 20 mm* einem Hubvolumen von *0,038 cbm* ent-spricht, *20 : 0,038*. Die spezifischen Volumina des trocken gesättigten Dampfes sind also, um die Abszissen der Grenz-kurve in Fig. 53 zu erhalten, mit

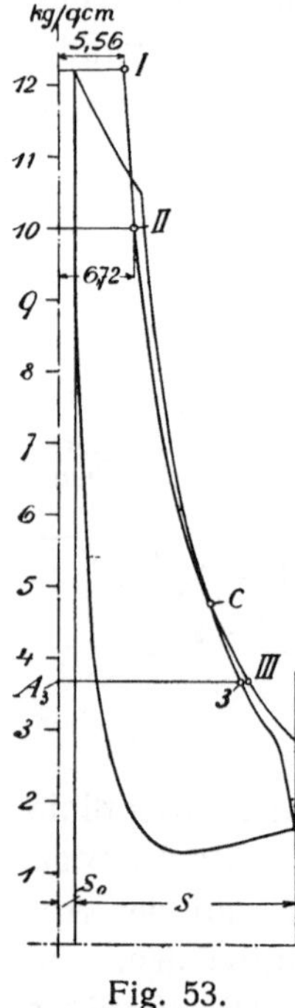

Fig. 53.

$$\left(0,0488 + \frac{0,07 \cdot 0,038}{0,167}\right) \frac{20}{0,038} = 34$$

zu multiplizieren. Es folgt z. B. für die Abszisse des Punktes

*I*, entsprechend *12,2 at*,

$$0,167 \cdot 34 = 5,68 \; mm,$$

*II*, entsprechend 10 *at*,

$$0,199 \cdot 34 = 6,77 \; mm^2)$$

usw.

Wo die Grenzkurve die Expansionslinie schneidet (Punkt *c* in Fig. 53), tritt der überhitzte Dampf in den Sättigungszustand über. Liegt die Expansions-linie unter der Grenzkurve, so ist der Dampf naß. Das Verhältnis

$$\frac{A_3 \, 3}{A_3 \, III} = \frac{v}{v_s} = x$$

gibt die spezifische Dampfmenge.

1) Z. d. V. d. I. 1895, S. 14.
2) In Fig. 53 sind die aus älteren Werten des spezifischen Volumens sich ergebenden Ab-szissen von *5,56* bzw. *6,72 mm* eingetragen.

**§ 35. Das Rankinisieren der Indikatordiagramme von Mehrzylindermaschinen.**
Um die Indikatordiagramme einer mehrstufigen Expansionsmaschine mit dem
ideellen Diagramm der entsprechenden Einzylindermaschine vergleichen zu
können, muß man nach § 18 jene so umzeichnen, daß ihre Längen bei gleichem
Maßstab für die Spannungen den Zylinderinhalten proportional werden, und
dann zu einem Gesamtdiagramm zusammenschieben. Bei diesem Rankinisieren,
wie das Umzeichnen genannt wird, läßt man gewöhnlich das Hochdruckdiagramm
in der Länge unverändert und streckt das Nieder- und Mitteldruckdiagramm
in dem betreffenden Zylinderverhältnis. Das zum Vergleich dienende Ein-
zylinderdiagramm begrenzt man oben durch die größte Eintrittsspannung $p_1$,
bei Berücksichtigung der Leitungsverluste auch wohl durch die Kesselspannung,
und unten durch die Nullinie bei Kondensation, durch die atmosphärische
Linie bei Auspuff. Als Expansionskurve nimmt man die gleichseitige Hyperbel,
die bei gesättigtem Dampf durch den Endpunkt der Expansion im Hochdruckzylinder, wo bei Maschinen mit zweistufiger Expansion das größte Dampfgewicht im Diagramm zum Ausdruck kommt, bei überhitztem Dampf durch
den Anfangspunkt dieser Expansion gelegt wird.

Fig. 18 bis 20, S. 48, lassen das Verfahren an den zusammengehörigen
Diagrammen[1]) einer mit Sattdampf betriebenen Tandemmaschine der *Sächsi-
schen Maschinenfabrik, vorm. Richard Hartmann*, in Chemnitz erkennen. Die
Maschine hat die folgenden Abmessungen und Verhältnisse:

Bohrung des Hochdruckzylinders *310 mm,*
Bohrung des Niederdruckzylinders *500 mm,*

$$\text{Zylinderverhältnis } \frac{V}{v} = \frac{(50^2 - 8^2)\dfrac{\pi}{4}}{(31^2 - 8^2)\dfrac{\pi}{4}} = 2{,}72\,^2),$$

Kolbenhub *620 mm*, Umdrehungszahl *125* in der Minute,
Koeffizient der schädlichen Räume des Hochdruckzylinders 5, des Niederdruckzylinders 6 vH.

Die Basis $S$ des Hochdruckdiagrammes und die Länge $m\,S$ seines schädlichen
Raumes sind im Gesamtdiagramm beibehalten, die entsprechenden Größen
des Niederdruckdiagrammes dagegen im Zylinderverhältnis gestreckt worden.
Der Kräftemaßstab des Gesamtdiagrammes ist ferner *10 mm* = *1 at;* es wurden
deshalb die Ordinaten des Hochdruckdiagrammes in Fig. 18, wo *5 mm* = *1 at*
sind, in doppelter Größe, diejenigen des Niederdruckdiagrammes in Fig. 19,
wo *15 mm* = *1 at* sind, in zwei Drittel ihrer Größe nach dem Gesamtdiagramm
in Fig. 20 übertragen.

Das Verhältnis der Flächen des rankinisierten Diagrammes, von denen diejenige des Hochdruckdiagrammes ca. *1020 qmm*, diejenige des Niederdruck-

---

[1]) Bei einer Tandem-Verbundmaschine arbeitet immer die Deckelseite des einen Zylinders mit der Kurbelseite des anderen zusammen.
[2]) Unter Annahme einer durch beide Zylinder gehenden Kolbenstange von *8 cm* Durchmesser.

diagrammes ca. *1130 qmm* mißt, zu der Fläche des ideellen, punktiert eingetragenen Diagrammes von ca. *2840 qmm*, der sogenannte Völligkeitsgrad, ergibt sich nach Fig. 20 zu

$$\frac{1020 + 1130}{2840} = \infty\, 0{,}757\,.$$

**§ 36. Die Bestimmung der indizierten Leistung. Beispiel.** Aus den Indikatordiagrammen einer Einzylindermaschine läßt sich deren indizierte Leistung in *PS* nach Gl. 1, S. 22, berechnen. Sie ist

$$N_i = \frac{1}{2 \cdot 75}\,(p_i \cdot O + p_i' \cdot O')\,c_m\,,$$

wenn

$O$, $p_i$ die nutzbare Kolbenfläche in *qcm* bzw. die mittlere indizierte Spannung der Deckelseite in *at*,

$O'$, $p_i'$ die entsprechenden Größen der Kurbelseite,

$c_m = \dfrac{S \cdot n}{30}$ die mittlere Kolbengeschwindigkeit in *m/sk* bezeichnet.

$p_i$ und $p_i'$ sind die im Kräftemaßstab gemessenen mittleren Ordinaten der Diagramme. Man berechnet sie entweder nach der auf S. 28 angegebenen Regel oder dividiert den mit Hilfe des Planimeters gemessenen Inhalt der Diagramme durch deren Basis.

Bei Mehrzylindermaschinen hat man, um $N_i$ zu erhalten, die obige Gleichung für die beiden Kolbenseiten der einzelnen Zylinder (unter Berücksichtigung der betreffenden nutzbaren Kolbenfläche) anzusetzen und die einzelnen Leistungen zu summieren.

Für die im vorigen Paragraphen angeführte Tandemmaschine der *Sächsischen Maschinenfabrik, vorm. Rich. Hartmann*, in Chemnitz beträgt z. B. bei *8 cm* Durchmesser der durchgehenden Kolbenstange

die nutzbare Kolbenfläche des Hochdruckzylinders

$$(\overline{31}^2 - 8^2)\,\frac{\pi}{4} = 704{,}5\ qcm\,,$$

die des Niederdruckzylinders

$$(\overline{50}^2 - 8^2)\,\frac{\pi}{4} = 1913{,}24\ qcm\,,$$

die mittlere Kolbengeschwindigkeit

$$c_m = \frac{0{,}62 \cdot 125}{30} = 2{,}583\ m/sk\,.$$

Fig. 18 und 19, S. 48, geben das Hochdruckdiagramm der Deckel- und Niederdruckdiagramm der Kurbelseite der Maschine. Mit den in Fig. 18 eingeschriebenen Ordinaten berechnet sich die mittlere Ordinate nach der Regel auf S. 28 zu

$$\frac{1}{10}(6,3 + 25,3 + 26,3 + 17,3 \times 12,5 + 8,9 + 6,6 + 4,7 + 3,1 + 2,2 + 0,4)$$

$$= 11,36 \; mm$$

oder bei einem Kräftemaßstab von $5 \; mm = 1 \; at$ die mittlere indizierte Spannung der Hochdruck-Deckelseite

$$p_i = \frac{11,36}{5} = 2,27 \; at.$$

Aus Fig. 19 folgt entsprechend die mittlere Ordinate zu

$$\frac{1}{10}(8 + 21,2 + 21 + 20,4 + 17,4 + 14 + 11,4 + 9,5 + 8 + 6,3 + 1,9) = 13,9 \; mm$$

und die mittlere indizierte Spannung der Niederdruck-Kurbelseite ($15 \; mm = 1 \; at$)

$$p_i' = \frac{13,9}{15} = \sim 0,93 \; at.$$

Der Dampf leistet somit auf den genannten Seiten der Maschine

$$\frac{1}{2 \cdot 75}(2,27 \cdot 704,5 + 0,93 \cdot 1913,24) \, 2,583 = \sim 58,2 \; PS_i.$$

Würden die Diagramme der beiden anderen Kolbenseiten dieselbe mittlere indizierte Spannung ergeben, so wäre die gesamte Leistung der Maschine

$$N_i = 2 \cdot 58,2 = \mathbf{116{,}4 \; PS_i}.$$

§ 37. **Die Bestimmung der effektiven Leistung und des mechanischen Wirkungsgrades.** Die effektive oder Nutzleistung $N_e$ einer Maschine ist kleiner als die indizierte Leistung $N_i$ derselben, und zwar

1. um die Arbeit $N_l$ in $PS$, die beim Leerlauf der Maschine zur Überwindung der eigenen Bewegungswiderstände aufzuwenden ist, und

2. um die zusätzliche Reibungsarbeit, um die $N_l$ bei der Belastung der Maschine infolge der wachsenden Drucke zunimmt. Da das Vorhandensein einer solchen zusätzlichen Reibungsarbeit aber neuerdings in Zweifel gezogen wird, so setzt man in der Regel die effektive oder Nutzleistung

$$N_e = N_i - N_l$$

und den mechanischen Wirkungsgrad

$$\eta_m = \frac{N_e}{N_i} = \frac{N_i - N_l}{N_i} = 1 - \frac{N_l}{N_i}.$$

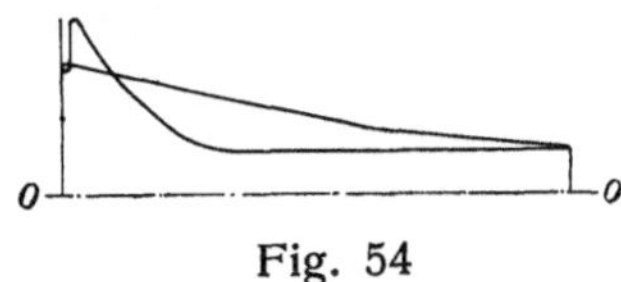

Fig. 54

$N_l$ und $\eta_m$ können auf doppelte Weise bestimmt werden. Liegt ein Leerlaufdiagramm (Fig. 54) der Maschine vor, so ermittelt man aus ihm die mittlere Leerlaufspannung $p_l$ und die Leerlaufarbeit

$$N_l = \frac{1}{2 \cdot 75}(O + O') \, p_l \cdot c_m,$$

mit der dann aus den obigen Gleichungen für die gleichzeitig berechnete indizierte Leistung auch $N_e$ und $\eta_m$ folgen.

## 88

Genauer ist die unmittelbare Bestimmung der effektiven Leistung durch Bremsen der Maschine. Von den hierzu dienenden Bremsdynamometern ist das älteste der *Prony*sche Zaum. Fig. 55 zeigt ihn in einer Ausführung, wie er auf der Düsseldorfer Ausstellung im Jahre 1880[1]) zur Verwendung kam.

Auf der Kurbelwelle der Dampfmaschine sitzt fest die zweiteilige Bremsscheibe *B*. Gegen sie legen sich ein oberer und mehrere untere Bremsklötze *K*, von denen die letzteren an einem biegsamen Bremsbande sitzen. Die Enden des Bandes sind in dem hölzernen Bremshebel *H* befestigt; das eine unter Zuhilfenahme elastischer Gummischeiben *f*, das andere durch Mutter allein und stellbar vermittels eines kleinen Schneckenrades *s*, der Mikrometerschraube *p* und des Handrades *h*. Durch Drehen dieses Rades kann ein stärkeres oder geringeres Anpressen der Bremsklötze und somit eine Regelung des Reibungswiderstandes bewirkt werden. Eine solche Regelung wird nötig, sobald bei einer Geschwindigkeitsänderung der Welle oder aus anderen Gründen der Bremshebel bzw. die Zunge der Wage *M* zu weit aus ihrer Mittellage geht. Auf die Wage drückt das rechte Ende des Bremshebels mit einem Stifte, dessen unteres Ende mit dem Wellenmittel in einer Horizontalen liegen muß. Zur Schmierung und Kühlung der Bremsklötze kann durch das Gefäß über der Welle Wasser zufließen. Breite und tief eingearbeitete schlangenlinige Nuten in den Bremsklötzen führen es am Umfange der Scheibe weiter. Eine andere Konstruktion des *Prony*schen Zaumes ist in der Zeitschrift des Bayerischen Revisionsvereines, Jahrgang 1907, S. 86, dargestellt.

Sind bei der Bremse (Fig. 55) die Backen für irgend einen Belastungszustand der Maschine so stark angezogen, daß ein Gewicht $G_1$ auf der Wage *M* den

---

[1]) Siehe: Die Untersuchungen an Dampfmaschinen und Dampfkesseln auf der Düsseldorfer Gewerbeausstellung 1880. Verlag von J. A. Meyer, Aachen.

Zaum innerhalb der zulässigen kleinen Schwankungen des Hebels in Ruhe hält, und ist $G_2$ der vom Eigengewicht des letzteren auf die Wage ausgeübte Druck, so muß das Moment des am Scheibenumfange erzeugten Reibungswiderstandes $W$ gleich dem Moment der Differenz $G_1 - G_2$ in bezug auf das Wellenmittel, also

$$(G_1 - G_2)\, l = W \cdot r$$

sein. $W$ ist in dem erwähnten Zustande ebenso groß wie die ihm entgegen wirkende treibende Umfangskraft $P$, die bei $n$ minutlichen Umdrehungen am Radius $r$

$$N_e = \frac{P \cdot 2 r \pi \cdot n}{60 \cdot 75}\, PS$$

leistet. Führt man hierin den aus der vorigen Gleichung sich ergebenden Wert für $W = P$ ein, so folgt

$$N_e = \frac{(G_1 - G_2)\, l \pi \cdot n}{30 \cdot 75} \quad \ldots \ldots \ldots \ldots \quad 17$$

Die Wärme, in welche die Arbeit der Maschine bei dem *Prony*schen Zaum umgesetzt wird, muß abgeleitet werden, wenn die Temperatur des Rades und der Klötze nicht zu hoch steigen soll. Es ist deshalb der Bremsscheibe eine genügend große Umfangsfläche zu geben oder wie in vielen Fällen besondere Wasserkühlung vorzusehen. Auch das meist zur Schmierung zwischen die Bremsflächen gebrachte Wasser (oft mit unnötigem Seifenzusatz), Öl oder Fett, das die Abnützung der Bremsklötze vermindert und die Abnützungsprodukte auswäscht, erleichtert nach Prof. *Brauer* die Wärmeableitung. Flüssige Öle sind dem Wasser bei stark angestrengten Reibflächen vorzuziehen, weil sie eine höhere Flächentemperatur vertragen und nicht bei $100\,^\circ$ C verdampfen. Wasserkühlung und Wasserschmierung lassen sich auch, wie oben angegeben, durch Schmiernuten in den Bremsbacken vereinigen; dabei muß aber für den Abfluß des Wassers, das in der Drehrichtung der Scheibe durchfließen soll, gesorgt werden.

Für die Breite $b$ und den Radius $r$ in $m$ der Bremsscheibe ist nach *Radinger* bei Wasserkühlung

$$r \cdot b = \frac{N_e}{150}$$

zu nehmen. *Brauer* hat aus Bremsversuchen mit von innen gekühlten Scheiben

$$r \cdot b = \frac{N_e}{270} \quad \text{und} \quad \frac{N_e}{238}$$

ermittelt und empfiehlt bei fehlender Wasserkühlung

$$r \cdot b = \frac{N_e}{35}.$$

Der *Prony*sche Zaum wird meist nur zur Bremsung kleiner Maschinen benutzt. Er verlangt eine ziemliche Geschicklichkeit in der Handhabung, wenn der Bremshebel nicht fortwährend an seine Arretierungen, die man der Sicherheit wegen stets anbringt und die in Fig. 55 durch diejenigen der Dezimalwage ersetzt sind, schlagen soll.

Wesentlich leichter in der Anbringung und Handhabung ist das von *Brauer*[1]) konstruierte Bremsdynamometer (Fig. 56), das für gewöhnlich keiner Wasserkühlung bedarf. Als Bremsscheibe dient eine schmiedeeiserne Scheibe, die durch 6 Schrauben und Klammern an der Seite des Schwungrades befestigt wird.

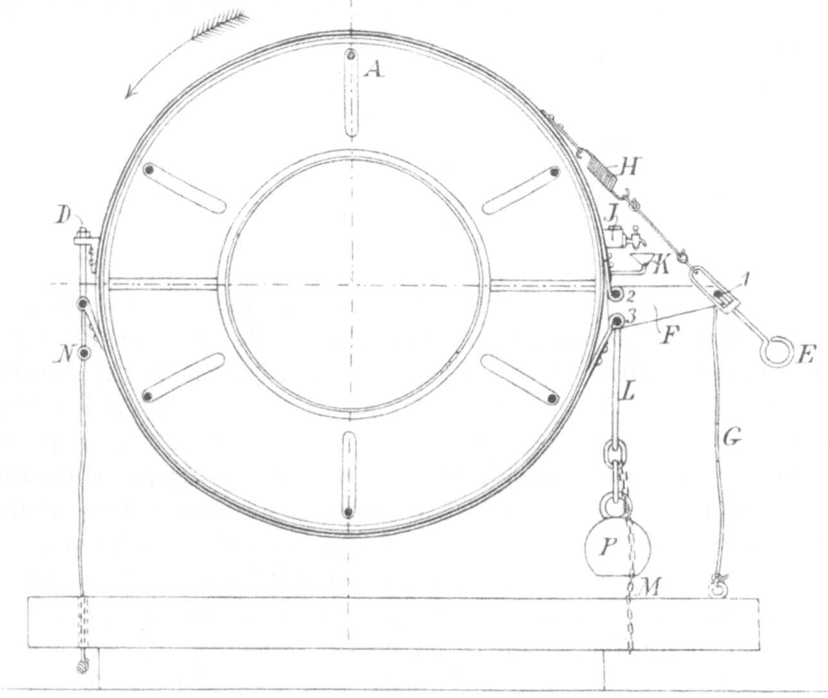


Fig. 56.

Die richtige Lage der Klammern kann durch schwache Schrauben an dem ungleich starken Schwungringe eingestellt werden. Das schmiedeeiserne Bremsband liegt in einer eingedrehten Nut. Es besitzt eine Schraube $D$ zum anfänglichen Anziehen und schließt in den Punkten *2* und *3* an einen dreieckigen Hebel $F$ an, dessen dritter Punkt *1* durch die Schraube $E$ zur Einstellung und Regelung des Reibungswiderstandes während des normalen Betriebes gedreht werden kann. $P$ ist das eigentliche Belastungsgewicht der Bremse, $M$ dient als Sicherheitskette, $J$ ist ein Schmierbehälter.

Die Bremse bietet den Vorteil, daß sie bei kleineren Schwankungen im Belastungszustande der Maschine oder im Reibungskoeffizienten den Reibungswiderstand selbsttätig regelt. Dies geschieht in der folgenden Weise. Der Punkt *1* des Hebels $F$ ist an einer Schnur $G$ befestigt, die diesen Punkt nicht

---

[1]) Siehe hierüber auch Z. d. V. d. I. 1905, S. 1991.

höher läßt, als bis sie selbst straff ist. Wird nun infolge irgendeines Umstandes der Reibungswiderstand am Bremsbande zu groß, so sucht die Bremsscheibe das Band mitzunehmen und das Belastungsgewicht $P$ zu heben. Das geht solange, bis die Schnur $G$ straff ist; dann tritt eine kleine Drehung des Hebels $F$ im Sinne der Zeigerbewegung einer Uhr ein. Diese Drehung aber hat eine Verminderung der Bremsspannung zur Folge. Um die Drehung des Hebels $F$ zu ermöglichen, ist in die Verbindung des Hebelendes $I$ mit dem Bremsbande die Feder $H$ eingeschaltet, die sich etwas mehr ausdehnt, sobald die Schnur $G$ straff wird.

Trotz dieser Vorteile bleibt aber auch die Brauersche Bremse nur in engen Grenzen verwendbar, was zum größten Teil von allen übrigen Konstruktionen gilt. Für größere Leistungen findet deshalb häufig das elektrische Bremsverfahren Verwendung. Ist nämlich die Dampfmaschine unmittelbar mit einer Dynamomaschine gekuppelt, so läßt sich die effektive Leistung jener leicht aus der Leistung und dem Wirkungsgrade dieser bestimmen. Bezeichnet bei der Gleichstrom-Dynamomaschine

$V$ die durch das Voltmeter gemessene Spannung in Volt,

$J$ die durch das Amperemeter gemessene Stromstärke in Ampere, so beträgt die von der Dampfmaschine abgegebene Leistung

$$\frac{V \cdot J}{\eta}\ Watt,$$

oder da $736$ Watt $= I$ PS sind,

$$N_e = \frac{V \cdot J}{736\,\eta}\ PS_e. \ \ldots \ldots \ldots \ldots \ 18$$

Voraussetzung für die richtige Bestimmung von $N_e$ ist hierbei nur, daß der Wirkungsgrad $\eta$ der Dynamomaschine, der bei den verschiedenen Leistungen recht verschieden sein kann, vorher genau ermittelt wurde. Erfolgt der Antrieb der Dynamomaschine durch einen Riemen- oder Seiltrieb, so pflegt man den Verlust durch die Übertragung mit 2 vH in Rechnung zu stellen, setzt also

$$N_e = I{,}o2\ \frac{V \cdot J}{736\,\eta}\ PS_e. \ \ldots \ldots \ldots \ldots \ 18\,a$$

Neuerdings benutzt man endlich zur unmittelbaren Messung sehr großer Leistungen, wie namentlich von Schiffs-, Förder-, Walzenzugmaschinen, Torsionsdynamometer. Sie bestimmen den Winkel, um den sich zwei Querschnitte der Kurbelwelle bei belasteter Maschine gegeneinander verdrehen. Dieser Winkel ist ein Maß für das von der Welle übertragene Drehmoment, also bei gegebener Umdrehungszahl und genauer Kenntnis der Festigkeit des Materiales auch ein Maß für die übertragene Effektivleistung.

Aus der gebremsten Leistung $N_e$ und der indizierten $N_i$ folgt als Quotient der mechanische Wirkungsgrad $\eta_m$ der Maschine. Bei dieser Ermittelung von $\eta_m$ ist aber zu beachten, daß die Arbeit der von der Dampfmaschine unmittelbar angetriebenen Pumpen, wie z. B. der Luftpumpe bei Kondensationsmaschinen, für gewöhnlich wegen ihres kleinen Betrages zu den Widerständen der Maschine gerechnet wird, während sie streng genommen von der indizierten Leistung $N_i$ abzuziehen ist. Geschieht das letztere nicht, so ergibt eine Kondensationsmaschine, die ihre Luftpumpe unmittelbar antreibt, eine kleinere Bremsleistung $N_e$ und einen kleineren Wirkungsgrad $\eta_m$ als dieselbe Maschine, wenn die Luftpumpe von einer an die Maschine gehängten Transmission bewegt wird, während doch tatsächlich die nutzbar gemachte Arbeit und also auch $\eta_m$ in beiden Fällen gleich ist. Die Arbeit der Luftpumpe kann durch Indizieren dieser Pumpe bestimmt werden. Fig. 57 zeigt das Indikatordiagramm einer solchen Pumpe.

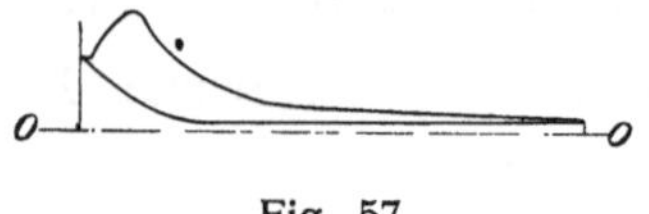

Fig. 57.

§ 38. **Die Bestimmung des Dampf- und Wärmeverbrauches.** Der Dampfverbrauch $D_i$ in *kg* für $1\,PS_{i-st}$, wie er gewöhnlich in Lieferungsverträgen gewährleistet wird, kann bei einer Dampfmaschine entweder durch Messung des dem Kessel zugeführten Speisewassers oder bei Oberflächenkondensation durch Messung des im Kondensator niedergeschlagenen Dampfwassers bestimmt werden. Die Leistung der Maschine wird dabei durch gleichzeitig vorgenommene Indikatorversuche ermittelt. Damit die Versuche einheitlich durchgeführt werden, sind vom Verein deutscher Ingenieure und anderen als Anhalt die „Normen für Leistungsversuche von Dampfkesseln und Dampfmaschinen" aufgestellt worden.

Die Bestimmung des Dampfverbrauches durch Speisewassermessung ist die gebräuchlichere. Die Dauer des hierzu dienenden Versuches soll nicht zu kurz, gewöhnlich nicht unter 8 und nur bei durchaus gleichmäßig beanspruchten Anlagen nicht unter 6 Stunden sein. Der Versuch fängt an, wenn der Wasserstand im Kessel, der mindestens 10 Minuten vorher nicht gespeist werden darf, mit einer am Wasserstandsglase angebrachten Markierung zusammenfällt. Als solche dient meist ein um das Glas gebundener Faden, dessen Abstand von einem Festpunkte genau festgelegt ist. Dann beginnt die Speisung des Kessels mit dem vorher abgewogenen Wasser und die regelmäßige Abnahme der Diagramme und der übrigen Messungen (siehe nachstehend). Mindestens 10 Minuten vor Schluß des Versuches ist mit der Speisung des Kessels wieder aufzuhören, und am Schlusse muß der Wasserstand des letzteren wieder die markierte Lage haben.

Das dem Kessel zugeführte Wasser wird gewöhnlich in der Weise gemessen, daß zunächst immer ein kleineres Gefäß von bestimmtem Inhalt mit Wasser gefüllt und diese Füllung dann jedesmal vollständig in einen größeren Behälter gelassen wird. Aus dem letzteren saugt die Speiseleitung. Die Anzahl der Füllungen und diejenige Wassermenge, die nötig ist, um am Ende des Versuches den Wasserspiegel des größeren Behälters auf den vorher markierten Stand desselben zu Beginn des Versuches zu bringen, gibt den gesamten Speisewasserverbrauch. Von diesem sind die Rohrleitungsverluste in Abzug zu bringen, zu welchem Zwecke das in der Leitung niedergeschlagene Dampfwasser in Wasserabscheidern aufgefangen, Kondensationstöpfen zugeleitet und später gewogen wird. Dient eine Dampfpumpe, die vom Versuchskessel ihren Dampf erhält, als Speisevorrichtung, so ist ihr Dampfverbrauch ebenfalls durch Niederschlagen des Auspuffdampfes in einer gekühlten Rohrschlange festzustellen und von dem gesamten Speisewasserverbrauch abzuziehen. Besser aber ist es, die Dampfpumpe durch einen anderen Dampfkessel zu betreiben oder eine Transmissionspumpe zur Speisung des Versuchskessels zu benützen. Die Verwendung eines Injektors ist, obgleich er die Wärme des ihm zugeführten Dampfes dem kalten Speisewasser wieder mitteilt, bei den Versuchen möglichst zu vermeiden, da das Schlabberwasser, das in den Speisebehälter zurückgeleitet werden muß, oft dessen Inhalt bis zum Versagen des Injektors erwärmt. Der gesamte Speisewasserverbrauch, vermindert um die erwähnten Abzüge und dividiert durch das Produkt aus der Dauer des Versuches in Stunden und der nach den Diagrammen ermittelten mittleren Leistung in $PS_{i-st}$, gibt schließlich den gesuchten Dampfverbrauch $D_i$. Das in den Dampfmänteln durch Kondensation des Heizdampfes gebildete Wasser wird ebenfalls bei genauen Versuchen bestimmt, darf aber, als zur Maschine gehörig, von dem Speisewasserverbrauch nicht abgezogen werden.

Bei der Durchführung des Versuches ist besonders darauf zu achten, daß sich bei Beginn desselben die Maschine schon im Beharrungszustande befindet, also schon einige Zeit unter den beim Versuch innezuhaltenden Verhältnissen hinsichtlich Kesseldruck, Umdrehungszahl, Belastung usw. gelaufen ist. Die Rohrleitung, von der natürlich alle nicht der Versuchsmaschine dienenden Zweigleitungen, sowie die Ablaßleitung abzuflanschen sind, muß vollständig dicht sein, Sicherheitsventile dürfen während der Versuchszeit nicht abblasen, und jede andere Entziehung von Dampf aus dem Kessel muß ausgeschlossen sein. Der Wasserstand ist im Kessel in möglichst gleicher Höhe, und zwar immer etwas über der angebrachten Markierung, zu erhalten. Diagramme sind alle 10 bis 15 Minuten zu entnehmen. Auch sind in regelmäßigen Zwischenräumen die Spannung und Temperatur des Dampfes unmittelbar vor der Maschine, die Umdrehungszahl und das Vakuum im Kondensator festzustellen. Am Ende des Versuches soll sich die Anlage in den gleichen Verhältnissen wie zu Beginn desselben befinden.

Die Bestimmung des Dampfverbrauches durch Kondensatmessung geschieht durch unmittelbare Wägung der Kondensationswassermenge, welche die Kondensatpumpe der Oberflächenkondensation fördert. Dieser Wassermenge ist das Niederschlagwasser aus den Dampfmänteln zuzuzählen. Obgleich diese Art der Messung nur kurze Zeit, etwa 10 bis 15 Minuten, in Anspruch nimmt, wird sie doch wenig benutzt, da sie wegen der teilweisen Verdunstung des zu kondensierenden Dampfes und aus anderen Gründen nicht so zuverlässig als die Speisewassermessung ist. Immerhin bildet sie aber eine wertvolle Kontrolle für die letztere. Die Speisewassermessung ergibt in der Regel einen etwas (um durchschnittlich 5 vH) größeren Dampfverbrauch als die Kondensatmessung. Dies rührt zum größeren Teile von der angeführten Ungenauigkeit der Kondensatmessung, zum kleineren Teile aber auch von den nicht erkennbaren Undichtheiten an den Flanschverbindungen und am Kessel bei der Speisewassermessung her.

Der Wärmeverbrauch für $1\ PS_{i-st}$ ergibt sich mit dem ermittelten Dampfverbrauch $D_i$, wenn

$\lambda_0$ die Gesamtwärme,
$i_0$ der annähernd ebenso große Wärmeinhalt des Dampfes vor der Maschine,
$t_w$ die Speisewassertemperatur ist, zu

$$W_i = D_i\,(\lambda_0 - t_w) = \sim D_i\,(i_0 - t_w)\ldots\ldots\ldots\ldots\ 19$$

$i_0$ läßt sich für trockenen Sattdampf der Tabelle im „Anhang" entnehmen; für überhitzten Dampf ist

$$\lambda_0 = \lambda_s + c_p\,(t - t_s)\quad\text{und}\quad i_0 = i_s + c_p\,(t - t_s)$$

mit $\lambda_s$, $i_s$ als Gesamtwärme bzw. Wärmeinhalt,
$\quad t_s$ als Sättigungstemperatur des trocken gesättigten Dampfes von dem gleichen Druck,
$\quad t$ als Temperatur des überhitzten Dampfes,
$\quad c_p$ als dessen mittlere spezifische Wärme (siehe die Tabelle im „Anhang").

$i_0$ kann für Satt- und Heißdampf aus dem *Mollier*schen *JS*-Diagramm (S. 97) abgelesen werden. Die Speisewassertemperatur $t_w$ wird vielfach gleich $0°$ angenommen.

§ 39. **Die Vergleichsprozesse der Kolbendampfmaschinen.** Um die Wärmeausnützung, die der Dampf in den verschiedenen Kolbendampfmaschinen erfährt, miteinander vergleichen zu können, bedarf es eines Idealprozesses, der die obere Grenze für die Arbeitsleistung des Dampfes in diesen Maschinen darstellt und das, wenn auch unerreichbare, Ziel aller Verbesserungen des wirklichen Prozesses bildet.

Der *Carnot*sche Prozeß, der die größtmöglichste Wärmeausnützung unter den gegebenen Verhältnissen liefern würde, ist hierfür nicht geeignet. Zur Ermöglichung dieses Prozesses müßte nämlich die Dampfmaschine bei gesättigtem Dampf mit einem thermodynamischen Speiseüberhitzer arbeiten, der das aus dem Kondensator kommende Gemisch in Wasser von dem Druck und der Temperatur des frischen Dampfes zu komprimieren hätte, damit die Wärmezufuhr bei der höchsten Temperatur stattfände. Die Anordnung eines solchen Speiseüberhitzers bringt aber derartige Nachteile mit sich, daß seine Anwendung wohl für immer ausgeschlossen bleibt. Bei überhitztem Dampf ist der Prozeß nach *Carnot* selbst mit einem thermodynamischen Speiseüberhitzer theoretisch unmöglich, da durch ihn eine Überhitzung des Wassers bei konstantem Druck nicht zu erreichen ist.

Als Vergleichsprozesse kommen deshalb nur die beiden folgenden in Betracht.

### 1. Der Prozeß nach *Clausius-Rankine*.

Nach ihm ist der Dampf in einer vollkommenen Maschine so arbeitend gedacht, daß er alle nicht umkehrbaren Zustandsänderungen der wirklichen

Maschine vermeidet. Der Dampf erleidet also in der vollkommenen Maschine keinen Spannungsabfall zu Beginn des Dampfaustrittes oder infolge zu enger Dampfwege, ein Wärmeaustausch zwischen Dampf und Zylinderwand findet nicht statt, und Wärmeverluste durch Strahlung oder Leitung nach außen kommen nicht vor. Auch besitzt die vollkommene Maschine keine schädlichen Räume. Das Speisewasser gelangt ferner mit der Temperatur des ausströmenden Dampfes in den Kessel und wird dort zunächst auf die Temperatur des gesättigten Dampfes von der Spannung $p_0$ erwärmt und dann erst bei gleichbleibender Spannung in Dampf übergeführt. Dieser strömt bei ebenfalls gleichbleibender Spannung hinter den Kolben der Maschine, expandiert darauf adiabatisch, von der Spannung $p_0$ bis auf diejenige $p_2$ und entweicht schließlich bei der letzteren Spannung vollständig aus der Maschine. $p_0$ ist bei dem strengen Prozeß nach *Clausius-Rankine* gleich der Kesselspannung, $p_2$ gleich der Spannung der äußeren Atmosphäre oder des Kondensators zu nehmen; vielfach wird aber für $p_0$ die Spannung des Dampfes unmittelbar vor und für $p_2$ diejenige unmittelbar hinter der Maschine (im Ein- und Ausströmungsrohr) genommen.

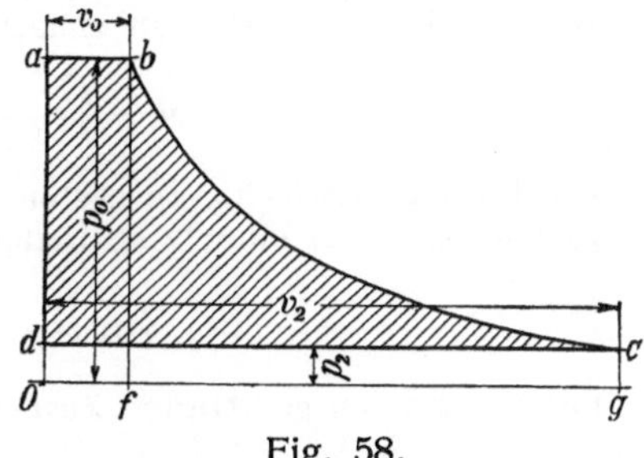

Fig. 58.

Das $p\,v$-Diagramm einer nach diesem Prozeß arbeitenden Maschine würde die in Fig. 58 dargestellte Form haben und wegen der vollständigen Expansion des Dampfes bis auf den Gegendruck $p_2$ in eine Spitze auslaufen. Ist dann

$L_0$ der Arbeitswert der Fläche $a\,b\,c\,d$ für $1\,kg$ Dampf,

$\lambda_0 - t_w = \infty\, i_0 - t_w{}^1)$ (siehe S. 94) die von letzterem bei der Verdampfung aufgenommene, also die zur Dampfbildung von $1\,kg$ aufgewandte Wärmemenge,

$A = {}^1/_{427}$ der Wärmewert der Arbeitseinheit,

so nennt man das Verhältnis

$$\eta_0 = \frac{A \cdot L_0}{\lambda_0 - t_w} = \infty \frac{A \cdot L_0}{i_0 - t_w} \quad \ldots \ldots \ldots \ldots \quad 20$$

den **thermischen Wirkungsgrad** der vollkommenen Maschine. $A \cdot L_0$ und $i_0$ bestimmen sich am einfachsten mit Hilfe des *Mollier*schen $JS$-Diagrammes (siehe S. 97).

Aus dem $p\,v$-Diagramm berechnet sich $L_0$ folgendermaßen:
Nach Fig. 58 ist für $a\,b = v_0$ und $d\,c = v_2$ als spezifisches Volumen des Dampfes bei den Drucken $p_0$ bzw. $p_2$ die Fläche

$$a\,b\,c\,d = O\,a\,b\,f + f\,b\,c\,g - O\,d\,c\,g,$$

$$L_0 = p_0 \cdot v_0 + \frac{p_0 \cdot v_0}{n-1}\left[1 - \left(\frac{p_2}{p_0}\right)^{\frac{n-1}{n}}\right]^{2)} - p_2 \cdot v_2,$$

---

[1] Wenn anstatt der Temperatur des ausströmenden Dampfes, wie meist üblich, die Speisewassertemperatur eingesetzt wird.
[2] Siehe S. 32.

oder wenn gemäß

$$p_0 \cdot v_0^n = p_2 \cdot v_2^n$$

$$v_2 = \left(\frac{p_0}{p_2}\right)^{\frac{1}{n}} \cdot v_0$$

und $p_0$, $p_2$ in *at*, $v_0$ in *cbm/kg* eingeführt wird,

$$L_0 = 10\,000\,\frac{n}{n-1}\,p_0 \cdot v_0 \left[1 - \left(\frac{p_2}{p_0}\right)^{\frac{n-1}{n}}\right] \quad \ldots \ldots \ldots \ldots 21$$

mit $n = 1{,}035 + 0{,}1\,x$ für anfangs nassen Dampf von der spezifischen Dampfmenge $x$,
$\quad n = 1{,}135$ für anfangs trockenen Sattdampf,
$\quad n = 1{,}3$ für anfangs überhitzten Dampf.

Die Gleichung gilt aber nur, wenn der Zustand des Dampfes während der Expansion gesättigt oder überhitzt bleibt.

Für überhitzten Dampf, der während der adiabatischen Expansion in den Sättigungszustand übertritt, hat man zunächst das spezifische Volumen[1]) und den Druck

$$v_s = \frac{p_0^{3,72} \cdot v_0^{4,97}}{8{,}23}, \qquad p_s = p_0 \left(\frac{v_0}{v_s}\right)^n,$$

bei dem dies geschieht, zu bestimmen. Im überhitzten Zustand (zwischen den Grenzen $p_0$ und $p_s$) leistet dann $1$ $kg$ Dampf

$$L_{01} = 10\,000\,\frac{n}{n-1}\,p_0 \cdot v_0 \left[1 - \left(\frac{p_s}{p_0}\right)^{\frac{n-1}{n}}\right] \quad \ldots \ldots \ldots \ldots 22a$$

mit $n = 1{,}3$, im gesättigten Zustande (zwischen den Grenzen $p_s$ und $p_2$)

$$L_{02} = 10\,000\,\frac{n}{n-1}\,p_s \cdot v_s \left[1 - \left(\frac{p_2}{p_s}\right)^{\frac{n-1}{n}}\right] \quad \ldots \ldots \ldots \ldots 22b$$

mit $n = 1{,}135$.

$$L_0 = L_{01} + L_{02}.$$

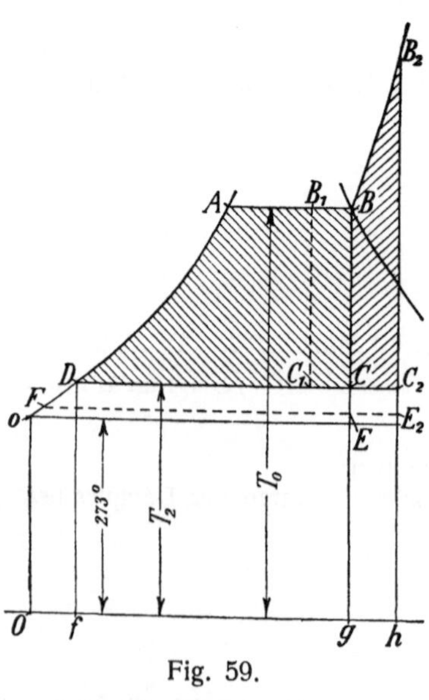


Fig. 59.

Das *TS*-Diagramm (Fig. 59), das die Entropie des Wassers bzw. Dampfes zu Abszissen, die Temperatur zu Ordinaten hat, stellt sich für den vorliegenden Prozeß bei trockenem Sattdampf und Auspuff durch den Linienzug $ABCD$ dar. $oA$ ist die untere Grenzkurve, auf der dem Wasser im Kessel bis zu der dem Anfangsdruck $p_0$ entsprechenden Sättigungstemperatur $T_0$ Wärme zugeführt wird, $AB$ gilt als Überführung des erwärmten Wassers in trockenen gesättigten Dampf, wobei $B$ auf der oberen Grenzkurve liegt. $BC$ entspricht der adiabatischen Expansion des Dampfes vom Anfangsdruck $p_0$ bis auf den Gegendruck und die Temperatur $p_2$, $T_2$. Für nassen Dampf tritt $B_1C_1$ an die Stelle von $BC$.

Der Inhalt der Fläche $ABCD$ ist weiter, im Wärmemaßstab gemessen, gleich dem Wärme-

---

[1]) Siehe „Normen für Leistungsversuche an Dampfkesseln und Dampfmaschinen", sowie Z. d. V. d. I. 1900, S. 597.

wert $A \cdot L_0$ der von $1\ kg$ Dampf in der vollkommenen Maschine geleisteten Arbeit, während die Fläche $O\,o\,A\,B\,g$, bezogen auf Speisewasser von 0°, die bei der Verdampfung aufgewandte Wärmemenge, das Verhältnis beider Flächen also den thermischen Wirkungsgrad des Prozesses darstellt.

Bei Kondensation würde die Austrittslinie von $C\,D$ nach $E\,F$ sinken, der Wärmewert der Fläche $DC\,E\,F$ also dem theoretischen Nutzen der Kondensation entsprechen.

Bei überhitztem Dampf wächst die Diagrammfläche für Auspuff auf $A\,B\,B_2\,C_2\,D$, für Kondensation auf $A\,B\,B_2\,E_2\,F$; zugleich ist aber auch die Fläche der auf-

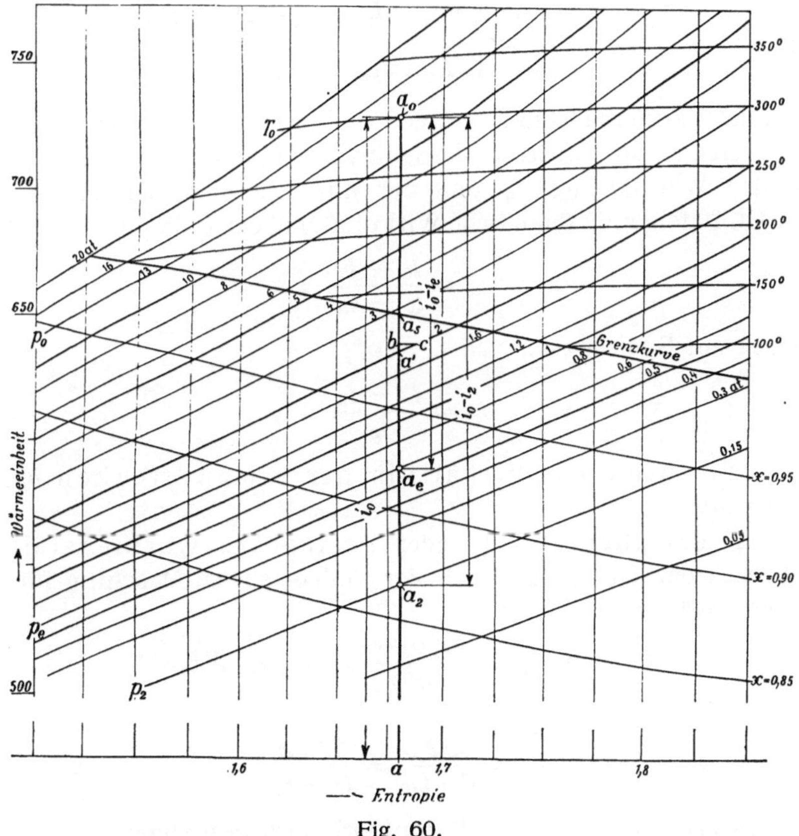


Fig. 60.

gewandten Wärmemenge auf $O\,o\,A\,B\,B_2\,h$ gestiegen. Der thermische Wirkungsgrad hat also durch die Überhitzung, wie sich wieder aus dem Verhältnis der beiden ersten Flächen zur dritten ergibt, ebenfalls, wenn auch wenig, zugenommen, und zwar für Auspuff etwas mehr als für Kondensation.

In dem *Mollier*schen *JS*-Diagramm[1]), das zu Abszissen die Entropie, zu Ordinaten den Wärmeinhalt des Dampfes hat, stellt sich der Wärmewert $A \cdot L_0$ der von $1\ kg$ Dampf in der vollkommenen Maschine geleisteten Arbeit durch eine Senkrechte $a_0\,a_2$ (Fig. 60) dar, die vom Punkte $a_0$ auf der Linie

---

[1]) Siehe Dr. *R. Mollier*, Neue Tabellen u. Diagramme für Wasserdampf. Julius Springer, Berlin.

$p_0 = $ konst. bis zum Schnittpunkte $a_2$ mit der Linie $p_2 = $ konst. geht, wobei der Punkt $a_0$ für anfangs überhitzten Dampf durch dessen Temperatur $T_0$, für gesättigten Dampf durch dessen spezifische Dampfmenge $x$ auf der ersten Linie bestimmt ist. Allgemein gilt nämlich für diese Arbeit, wenn

$u_0$, $u_2$ die innere Energie,

$i_0$, $i_2$ den Wärmeinhalt für den Anfangs- bzw. Endzustand des Dampfes
bezeichnet,

$$A \cdot L_0 = u_0 - u_2 + A \cdot p_0 \cdot v_0 - A \cdot p_2 \cdot v_2$$

oder, da

$$i_0 = u_0 + A \cdot p_0 \cdot v_0, \quad i_2 = u_2 + A \cdot p_2 \cdot v_2$$

ist, auch

$$A \cdot L_0 = i_0 - i_2,$$

das ist die im Wärmemaßstab gemessene Senkrechte $a_0 a_2$ des *JS*-Diagrammes. In dem letzteren entspricht ferner die Senkrechte $a_0 a$ der für die Dampfbildung aufgewandten Wärmemenge $i_0$, und der mit dem vorstehenden Werte von $A \cdot L_0$ aus Gl. 20 folgende thermische Wirkungsgrad der vollkommenen Maschine

$$\eta_0 = \frac{i_0 - i_2}{i_0 - t_w} \quad \ldots \ldots \ldots \ldots \quad 23$$

der, bezogen auf Speisewasser von $t_w = 0°$,

$$\eta_0 = \frac{i_0 - i_2}{i_0} \quad \ldots \ldots \ldots \ldots \quad 24$$

wird, ist somit durch das Verhältnis der beiden Strecken $a_0 a_2$ und $a_0 a$ bestimmt.

$i_0 - i_2$ heißt das theoretische oder verfügbare Wärmegefälle. Mit ihm ergibt sich der Dampfverbrauch der vollkommenen Maschine für $1\,PS_{st}$, da diese eine Wärmemenge von

$$60 \cdot 60 \cdot 75\,A = \frac{270\,000}{427} = \sim 632{,}3\,WE$$

erfordert, zu

$$D_0 = \frac{632{,}3}{A \cdot L_0} = \frac{632{,}3}{i_0 - i_2} \quad \ldots \ldots \ldots \ldots \quad 25$$

Er wird auch als theoretischer Dampfverbrauch bezeichnet.

Für trockenen gesättigten Dampf, wo $i_0$ zwischen *653* und *668* bei den gebräuchlichen Spannungen, dem Mittel gegenüber also nur um 1 vH. schwankt, kann nach *Mollier* mit $i_0 = 657$ und $t_w = 25°$ C auch

$$\eta_0 = \frac{1}{D_0},$$

für überhitzten Dampf, wenn

$$D_{0r} = [1 + 0{,}00079\,(t_0 - t_s)]\,D_0$$

der auf trockenen gesättigten Dampf von der Temperatur $t_s$ reduzierte Dampfverbrauch an überhitztem ist, auch

$$\eta_0 = \frac{1}{D_{0r}}$$

gesetzt werden.

Die nachstehenden Tabellen enthalten für den Vergleich einige Werte des thermischen Wirkungsgrades $\eta_0$ und des theoretischen Dampfverbrauches $D_0$, wie sie sich aus dem *Mollier*schen *JS*-Diagramm ergeben. Man erkennt zunächst aus der 1. Tabelle den Vorteil der hohen Dampfspannungen. $\eta_0$ steigt, $D_0$ sinkt mit wachsender Spannung, die Zu- bzw. Abnahme wird aber um so geringer, je höher die Spannung war. Ferner zeigt die Tabelle die stärkere Ausnützung des Abdampfes bei Kondensation; so ist z. B. für Heißdampf von $p_0 = 13\,at\,abs.$ und 300° C bei Kondensation $\eta_0$ um 0,097 größer, $D_0$ um $2{,}08\,kg$ kleiner als bei Auspuff. Und schließlich ersieht man aus der 2. Tabelle, daß mit zunehmender Trockenheit und Überhitzung $\eta_0$ zu-, $D_0$ abnimmt. Der theoretische Vorteil der Überhitzung ist aber nur gering, und zwar bei Auspuff etwas größer als bei Kondensation. Es sinkt z. B. für $p_0 = 13\,at\,abs.$ und 300° C

bei Auspuff $D_0$ um $6{,}35 - 5{,}48 = 0{,}87\,kg$ oder um $\dfrac{0{,}87}{6{,}35}\,100 = 13{,}7\,\mathrm{vH}$,

bei Kondensation $D_0$ um $3{,}86 - 3{,}4 = 0{,}46\,kg$ oder um $\dfrac{0{,}46}{3{,}86}\,100 = 11{,}9\,\mathrm{vH}$

gegenüber trockenem Sattdampf $(x = 1)$ von der gleichen Spannung.

1. Tabelle.

| | | | $p_0 =$ | 7 | 10 | 13 | 16 | 20 *at abs.* |
|---|---|---|---|---|---|---|---|---|
| Trockener Sattdampf | Auspuff $p_2 = 1{,}15\,at\,abs.$ | | $i_0 =$ | 662,0 | 666,1 | 668,9 | 671,2 | 673,4 *WE* |
| | | | $i_0 - i_2 =$ | 77 | 89 | 99,5 | 108 | 117 *WE* |
| | | | $\eta_0 =$ | 0,116 | 0,134 | 0,148 | 0,161 | 0,174 |
| | | | $D_0 =$ | 8,22 | 7,11 | 6,35 | 5,86 | 5,41 *kg* |
| | Kondensation $p_2 = 0{,}15\,at\,abs.$ | | $i_0 - i_2 =$ | 143,5 | 155 | 164 | 171,5 | 179 *WE* |
| | | | $\eta_0 =$ | 0,217 | 0,233 | 0,245 | 0,256 | 0,266 |
| | | | $D_0 =$ | 4,41 | 4,08 | 3,86 | 3,69 | 3,53 *kg* |
| Heißdampf von 300° C | Auspuff $p_2 = 1{,}15\,at\,abs.$ | | $i_0 =$ | 733,5 | 731,5 | 729,5 | 727,5 | 725 *WE* |
| | | | $i_0 - i_2 =$ | 92 | 106 | 115,5 | 123,5 | 132 *WE* |
| | | | $\eta_0 =$ | 0,126 | 0,145 | 0,159 | 0,170 | 0,182 |
| | | | $D_0 =$ | 6,88 | 5,96 | 5,48 | 5,12 | 4,80 *kg* |
| | Kondensation $p_2 = 0{,}15\,at\,abs.$ | | $i_0 - i_2 =$ | 166 | 178 | 186 | 193 | 200 *WE* |
| | | | $\eta_0 =$ | 0,226 | 0,244 | 0,255 | 0,266 | 0,276 |
| | | | $D_0 =$ | 3,81 | 3,56 | 3,4 | 3,28 | 3,16 *kg* |

2. Tabelle.

| $p_0 = 13\,at\,abs.$ | | | Sattdampf $x =$ | | Heißdampf $t =$ | | |
|---|---|---|---|---|---|---|---|
| | | | 0,9 | 1,0 | 250° C | 300° C | 350° C |
| Auspuff $p_2 = 1{,}15\,at\,abs.$ | | $i_0 =$ | 621 | 668,9 | 702,5 | 729,5 | 755,5 *WE* |
| | | $i_0 - i_2 =$ | 90 | 99,5 | 107,5 | 115,5 | 125 *WE* |
| | | $\eta_0 =$ | 0,145 | 0,148 | 0,153 | 0,158 | 0,166 |
| | | $D_0 =$ | 7,03 | 6,35 | 5,88 | 5,48 | 5,05 *kg* |
| Kondensation $p_2 = 0{,}15\,at\,abs.$ | | $i_0 - i_2 =$ | 149,5 | 164 | 175,5 | 186 | 197,5 *WE* |
| | | $\eta_0 =$ | 0,241 | 0,245 | 0,25 | 0,255 | 0,262 |
| | | $D_0 =$ | 4,23 | 3,86 | 3,6 | 3,4 | 3,2 *kg* |

## 2. Der Prozeß des Vereines deutscher Ingenieure.[1]

Er unterscheidet sich von dem vorigen Prozeß nur dadurch, daß die adiabatische Expansion des Dampfes nicht bis auf den Druck $p_2$, sondern nur bis auf eine vom Expansionsgrad $\varepsilon$ des Dampfes in der wirklichen Maschine abhängige Spannung $p_e$ getrieben ist. Das $p\,v$-Diagramm läuft deshalb hier nicht in

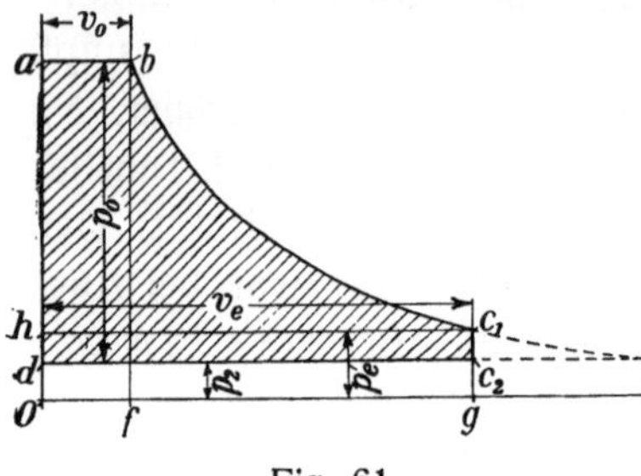

Fig. 61.

eine Spitze aus, sondern hat die in Fig. 61 angegebene Form $a\,b\,c_1\,c_2\,d$, und im $TS$-Diagramm der Fig. 62 bildet nun $CC'$ eine Linie des konstanten Volumens $v_e = \varepsilon \cdot v_0$, wenn $v_0$ wieder das spezifische Volumen des Dampfes beim Anfangsdruck $p_0$ vor der Maschine ist.

Man bezeichnet den vorliegenden Vergleichsprozeß zum Unterschiede von dem der vollkommenen Maschine nach *Clausius-Rankine* auch als den Prozeß der verlustlosen Maschine. Der Verein deutscher Ingenieure hat ihn hauptsächlich deshalb als Vergleichsprozeß gewählt, weil die vollständige Expansion des Dampfes bis auf den Gegendruck $p_2$ nach *Clausius-Rankine* ein Zylindervolumen erfordern würde, das namentlich bei Kondensation unausführbar ist. Die größere oder geringere Unvollständigkeit in der Expansion des Dampfes und der damit verbundene Arbeitsverlust, wie er sich in Fig. 61 durch die punktiert angegebene Spitzenfläche $c_1\,c\,c_2$ darstellt, gehören vielmehr nicht zu den Unvollkommenheiten, die ein besserer Konstrukteur verringern kann, sondern zu denjenigen, die ihm aus wirtschaftlichen Rücksichten für die bestimmten Verhältnisse, unter denen die Maschine arbeiten muß, vorgeschrieben sind. Außerdem ergibt eine Ein- und Mehrzylindermaschine, die beide zwischen den gleichen Druck- und Temperaturgrenzen arbeiten, nach dem Prozeß von *Clausius-Rankine* denselben theoretischen Dampfverbrauch, wenn auch die Arbeitsweise des Dampfes in beiden eine verschiedene ist.

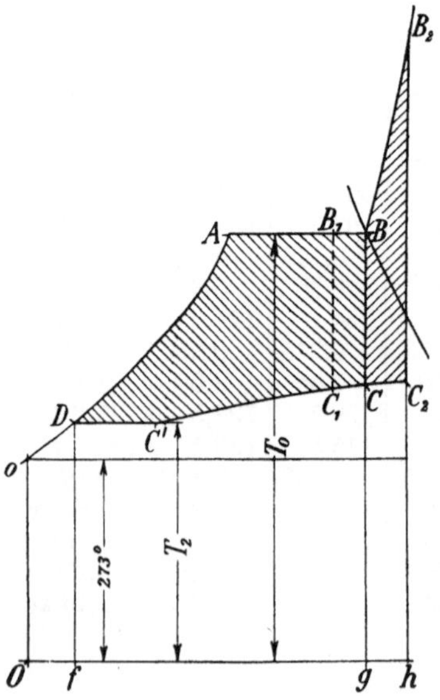

Der Wärmewert $A \cdot L_0'$ der Areit, die $1\,kg$ Dampf in der verlustlosen Maschine leistet, bestimmt sich am einfachsten aus dem $JS$-Diagramm. Von den beiden Teilflächen $a\,b\,c_1\,h$ und $h\,c_1\,c_2\,d$, aus denen sich die Diagrammfläche $a\,b\,c_1\,c_2\,d$ in Fig. 61 zusammensetzt, hat nämlich die erste den Wärmewert $i_0 - i_e$ der Senkrechten $a_0a_e$ in Fig. 60, S. 97, wenn $a_e$, deren Schnittpunkt mit der Linie $p_e = $ konst. ist. Der Wärmewert der zweiten Teilfläche beträgt

$$10\,000\,A\,(p_e - p_2)\,v_e$$

Fig. 62.

___
[1] Siehe die Anmerkung auf S. 96.

mit $p_e$ und $p_2$ in *at* und $v_e = \varepsilon \cdot v_0$ in *cbm/kg*. $p_e$ ist in der nachstehend angegebenen Weise zu bestimmen, $p_2$ der Druck unmittelbar hinter der Maschine. Mit

$$A \cdot L_0' = i_0 - i_e + \text{10 000 } A(p_e - p_2)v_e \quad \ldots \ldots \ldots 26$$

berechnet sich dann der thermische Wirkungsgrad des vorliegenden Prozesses zu

$$\eta_0' = \frac{A \cdot L_0'}{\lambda_0 - t_w} = \sim \frac{A \cdot L_0'}{i_0 - t_w} \quad \ldots \ldots \ldots \ldots 27$$

Der Dampfverbrauch der verlustlosen Maschine für $1\,PS_{st}$ ist, entsprechend Gl. 25, S. 98,

$$D_0' = \frac{632,3}{A \cdot L_0'} \quad \ldots \ldots \ldots \ldots \ldots 28$$

Der Druck $p_e$ wird bei dem vorliegenden Prozeß, wie schon bemerkt, von dem Expansionsgrade $\varepsilon$ des Dampfes in der wirklichen Maschine abhängig gemacht. $\varepsilon$ bildet das Verhältnis der Volumina, die der Dampf zu Ende des Kolbenhubes und der Füllung einnimmt, ist also z. B. bei einer Verbundmaschine

$$\varepsilon = \frac{\text{schädlicher Raum + Hubvolumen des Niederdruckzylinders[1])}}{\text{schädlicher Raum + Füllungsvolumen des Hochdruckzylinders.}} \cdot$$

Das Füllungsvolumen wird dabei mit Hilfe des Gesetzes $p \cdot v = $ konst. der gleichseitigen Hyperbel auf den Druck $p_0$ bezogen. Für ein gegebenes $\varepsilon$ folgt die Spannung $p_e$ aus

$$p_0 \cdot v_0^n = p_e \cdot v_e^n \text{ zu } p_e = \frac{p_0}{\varepsilon^n}$$

mit den auf S. 96 angegebenen Werten von $n$. Fällt aber bei anfangs überhitztem Dampf für das hiernach berechnete $p_e$ der Punkt $a_e$ in Fig. 60, S. 97, in das Sättigungsgebiet, also unter die obere Grenzkurve, so sind $p_e$ und $a_e$ neu zu bestimmen. Man entnimmt dann dem *JS*-Diagramm für den auf der oberen Grenzkurve liegenden Punkt $a_s$ der Senkrechten durch $a_0$ in Fig. 60 den Druck $p_s$ und für diesen das zugehörige Sättigungsvolumen der Tabelle im „Anhang" und berechnet $p_e$ aus

$$p_e = \frac{p_s}{\varepsilon_2^n} \text{ mit } \varepsilon_2 = \frac{v_e}{v_s} = \varepsilon \frac{v_0}{v_s} \text{ und } n = 1{,}135\,.$$

Ohne *JS*-Diagramm berechnet sich die Arbeit $L_0'$, entsprechend wie auf S. 32, aus dem $p\,v$-Diagramm in Fig. 61 folgendermaßen: Fläche

$$a\,b\,c_1\,c_2\,d = O\,a\,b\,f + f\,b\,c_1\,g - O\,d\,c_2\,g$$

$$L_0' = p_0 \cdot v_0 + \frac{p_0 \cdot v_0}{n-1}\left[1 - \left(\frac{v_0}{v_e}\right)^{n-1}\right] - p_2 \cdot v_e$$

oder für $p_0$, $p_2$ in *at*, $v_0$ in *cbm/kg* und $\varepsilon = \dfrac{v_e}{v_0}$

$$L_0' = \text{10 000 } \frac{p_0 \cdot v_0}{n-1}\left(n - \frac{1}{\varepsilon^{n-1}} - \varepsilon(n-1)\frac{p_2}{p_0}\right). \quad \ldots \ldots \ldots 29$$

Werte von $n$ siehe S. 96.

---

[1]) In § 13 ist der reziproke Wert mit $\varepsilon$ bezeichnet.

Bei anfangs überhitztem Dampf, der während der adiabatischen Expansion gesättigt wird, sind zunächst der Druck $p_s$ und das Volumen $v_s$, bei denen dies geschieht, nach den Gleichungen auf S. 96 zu bestimmen. Die vorstehende Gleichung geht dann für den im Überhitzungsgebiet liegenden Teil (zwischen den Grenzen $p_0$ und $p_s$) mit $p_s$ anstatt $p_2$ und $\varepsilon_1 = \dfrac{v_s}{v_0}$ anstatt $\varepsilon$ sowie $n = 1{,}3$ in

$$L'_{01} = 10\,000\, \frac{n}{n-1}\, p_0 \cdot v_0 \left( 1 - \frac{1}{\varepsilon_1^{n-1}} \right) \quad\ldots\ldots\ldots\ldots 30\,\text{a}$$

für den im Sättigungsgebiet liegenden Teil (zwischen den Grenzen $p_s$ und $p_2$) mit $p_s$, $v_s$ anstatt $p_0$, $v_0$ und $\varepsilon_2 = \dfrac{v_e}{v_s} = \varepsilon\, \dfrac{v_0}{v_s} = \dfrac{\varepsilon}{\varepsilon_1}$ sowie $n = 1{,}135$ in

$$L'_{02} = 10\,000\, \frac{p_s \cdot v_s}{n-1} \left[ n - \frac{1}{\varepsilon_2^{n-1}} - \varepsilon_2 (n-1) \frac{p_2}{p_s} \right] \quad\ldots\ldots\ldots 30\,\text{b}$$

Der Vorschlag des Vereins deutscher Ingenieure, den Dampf in der verlustlosen Maschine mit demselben Expansionsgrad $\varepsilon$ wie in der wirklichen expandieren zu lassen, führt nach *Heilmann*[1]) dazu, daß die Endspannung $p_e$ wegen des stärkeren Abfalles der Adiabate gegenüber der wirklichen Expansionslinie in jener stets kleiner als in dieser wird. Bei Auspuff tritt sogar vielfach schon Schleifenbildung mit negativem Arbeitsinhalt ein, wenn dies in der wirklichen Maschine noch nicht der Fall ist. Infolgedessen ergibt sich von einem gewissen $\varepsilon$ an eine zu kleine Arbeit $L'_0$ und ein zu hoher Dampfverbrauch $D'_0$ für die verlustlose Maschine; der Vergleich mit der wirklichen Maschine fällt zu günstig, der Gütegrad (siehe S. 103) zu hoch aus.

Das gleiche tritt ein, wenn nach dem Vorschlage von *Deinlein*[2]) die schädlichen Räume bei der Bestimmung des Expansionsgrades für die verlustlose Maschine unberücksichtigt bleiben, dieser also gleich dem Hubvolumen des Zylinders (bei Verbundmaschinen des Niederdruckzylinders), dividiert durch das Füllungsvolumen der wirklichen Maschine, gesetzt wird.

*Heilmann* schlägt deshalb vor, die Expansionsendspannung $p_e$ der verlustlosen und wirklichen Maschine gleich anzunehmen. Aber auch hiergegen macht Prof. *Doerfel*[3]) den Einwand, daß das Endvolumen des Dampfes, das bei der wirklichen Maschine mit der Belastung und Steuerungseinstellung wechselt, in der verlustlosen Maschine wesentlich anders ausfallen kann, so daß der Begriff der gegebenen Maschine und ihrer Belastung verloren geht.

Zur Vermeidung der vorgenannten Mängel empfiehlt deshalb *Doerfel*, den Dampfzylinder mit seinem schädlichen Raum als gegeben festzuhalten und darin den gesamten Dampfinhalt (Frischdampf + Kompressionsdampf) adiabatisch, d. h. ohne Austausch-, Undichtheits- und Drosselungsverluste, expandierend anzunehmen.

Eine Einigung über die verschiedenen Vorschläge ist bis jetzt noch nicht erzielt worden.

[1]) Z. d. V. d. I. 1906, S. 309.
[2]) Zeitschrift für Dampfkessel- und Dampfmaschinenbetrieb 1903, S. 306.
[3]) Siehe *Doerfel*, Über die Berechnung des Gütegrades der Dampfmaschinen. Technische Blätter 1916 (Calvesche Buchhandlung).

**§ 40. Die Wirkungsgrade der Kolbendampfmaschinen.** Die indizierte Arbeit $L_i$, die $1\,kg$ Dampf in der wirklichen Maschine leistet, ist stets kleiner als diejenige $L_0$ der vollkommenen Maschine. Das Umgekehrte gilt von dem Dampfverbrauch beider Maschinen. Das Verhältnis

$$\eta_{th} = \frac{L_i}{L_0} = \frac{D_0}{D_i} \quad \cdots\cdots\cdots\cdots\cdots \quad 31$$

des theoretischen Dampfverbrauches $D_0$ zum wirklichen für $1\,PS_{i-st}$ heißt der **thermodynamische** Wirkungsgrad der wirklichen Maschine. Zum Vergleich der letzteren mit der **verlustfreien** Maschine dient der entsprechende Wert

$$\eta_g = \frac{L_i}{L_0'} = \frac{D_0'}{D_i} \quad \cdots\cdots\cdots\cdots\cdots \quad 32$$

der in den „Normen für Leistungsversuche an Dampfkesseln und Dampfmaschinen" als **Gütegrad** bezeichnet ist, für den sich aber, je nachdem der Expansionsgrad $\varepsilon$, die Endspannung $p_e$ oder eine andere Annahme der adiabatischen Expansion in der verlustfreien Maschine zugrunde gelegt wird, verschiedene Werte ergeben.

Das Produkt aus $\eta_0$ und $\eta_{th}$ bzw. $\eta_0'$ und $\eta_g$, das sich mit Gl. 20 und 27 auch zu

$$\eta_i = \eta_0 \cdot \eta_{th} = \eta_0' \cdot \eta_g = \frac{A \cdot L_i}{i_0 - t_w} \quad \cdots\cdots\cdots \quad 33$$

bestimmt und das Verhältnis der in indizierte Arbeit umgesetzten und der zur Dampfbildung aufgewandten Wärme bildet, ist der **thermische** Wirkungsgrad der wirklichen Maschine.

Für einen gegebenen thermodynamischen Wirkungsgrad $\eta_{th}$ berechnet sich der Dampfverbrauch $D_i$ für $1\,PS_{i-st}$ auch aus

$$D_i = \frac{632,3}{\eta_{th}\,(i_0 - i_2)} \quad \cdots\cdots\cdots\cdots \quad 34$$

welche Beziehung aus der Verbindung von Gl. 25 und 31 folgt.

Der Wert $1 - \eta_{th}$[1]) bildet ein Maß für die inneren Verluste des Dampfes in der Maschine durch Drosselung, Strahlung, Leitung, Undichtheit, Wärmeaustausch und unvollständige Expansion, der Wert $1 - \eta_g$ ein Maß für diese Verluste ohne den durch unvollständige Expansion. Zeichnet man über das Indikatordiagramm der wirklichen Maschine das Idealgramm der vollkommenen oder verlustfreien Maschine, bezogen auf das arbeitende Dampfgewicht, so erhält man einen guten Einblick in die einzelnen Verlustquellen. Das Verhältnis der Diagrammflächen bildet dann den thermodynamischen Wirkungsgrad $\eta_{th}$ bzw. Gütegrad $\eta_g$. Das gleiche gilt für ein Verfahren von *Boulvin*[2]), nach dem sich das $TS$-Diagramm der wirklichen Maschine aus dem Indikatordiagramm derselben entwickeln und der thermische Wirkungsgrad $\eta_i$ bestimmen läßt. Das Verfahren ist aber sehr umständlich und zeitraubend und nur bei genauen wissenschaftlichen Untersuchungen angebracht.

Mit dem auf S. 23 erklärten **mechanischen** Wirkungsgrad $\eta_m$ folgt als **gesamter** oder **effektiver thermischer** Wirkungsgrad der Kolbendampfmaschine

$$\eta_e = \eta_m \cdot \eta_i \quad \cdots\cdots\cdots\cdots\cdots \quad 35$$

[1]) Siehe hierzu *Heilmann*, Die Wärmeausnützung der heutigen Kolbendampfmaschinen, Z. d. V. d. I. 1911, S. 921.

[2]) Siehe Z. d. V. d. I. 1903, S. 1409.

und schließlich ergibt sich, wenn $\eta_k$ den Wirkungsgrad der Kessel- und Leitungsanlage bezeichnet, als wirtschaftlicher Wirkungsgrad

$$\eta_w = \eta_k \cdot \eta_e = \eta_k \cdot \eta_m \cdot \eta_i \quad \ldots \ldots \ldots \ldots \quad 36$$

das ist derjenige Teil von der im Brennstoff enthaltenen Wärme, der in Nutzarbeit, gemessen an der Kurbelwelle, in der Anlage umgesetzt wird.

Mit zu den besten Werten von $\eta_w$ gehört der von *Josse* an einer *Wolf*schen Heißdampflokomobile ermittelte Wert $\eta_w = 0{,}174$.

Bei der im 2. Beispiel auf S. 38 berechneten Gleichstrommaschine der *Grevenbroicher Maschinenfabrik* hatte der Dampf vor der Maschine *12,5 at abs.* und 300° C. Die Austrittsspannung betrug *0,125 at abs.*, der Dampfverbrauch für $1\,PS_{i-st}$ nach S. 44 $D_i = 4{,}6\,kg$. Nach dem *Mollier*schen *JS*-Diagramm ist der Wärmeinhalt des Eintrittsdampfes $i_0 = 730\,WE$ und das verfügbare Wärmegefälle $i_0 - i_2 = 190{,}5\,WE$. Mit diesen Werten ergibt sich für die vollkommene Maschine nach Gl. 24, S. 98, ein thermischer Wirkungsgrad

$$\eta_0 = \frac{190{,}5}{730} = 0{,}261$$

und nach Gl. 25, S. 98, ein theoretischer Dampfverbrauch

$$D_0 = \frac{632{,}3}{190{,}5} = 3{,}32\,kg\,.$$

Der thermodynamische Wirkungsgrad der wirklichen Maschine würde also nach Gl. 31

$$\eta_{th} = \frac{3{,}32}{4{,}6} = 0{,}722\,,$$

der thermische Wirkungsgrad derselben nach Gl. 33

$$\eta_i = 0{,}261 \cdot 0{,}722 = \infty\, 0{,}188,$$

der gesamte Wirkungsgrad nach Gl. 35 bei einem mechanischen Wirkungsgrad $\eta_m = 0{,}88$

$$\eta_e = 0{,}188 \cdot 0{,}88 = 0{,}165,$$

sowie bei einem Wirkungsgrad $\eta_k = 0{,}75$ der Kessel- und ·Leitungsanlage der wirtschaftliche Wirkungsgrad der ganzen Anlage nach Gl. 36

$$\eta_w = 0{,}75 \cdot 0{,}165 = \infty\, 0{,}124$$

sein.

# IV. Die Bewegungsverhältnisse, Kräfteverteilung und Massenwirkungen der Kolbendampfmaschinen.

**§ 41. Die Berechnung des Kolbenweges.** Bei unendlich langer Schubstange (Schubkurbel) erhält man für die um den Winkel $\omega$ aus der zugehörigen Totlage gedrehte Kurbellage $O\,K_1$ bzw. $O\,K_1'$ (Fig. 63) den Weg $x = A\,A_1 = K\,C_1$ bzw. $= A'A_1' = K'\,C_1'$ des Kolbens, indem man von der Kurbelzapfenmitte $K_1$ bzw. $K_1'$ eine Senkrechte auf die Hubrichtung $X$—$X$ fällt.

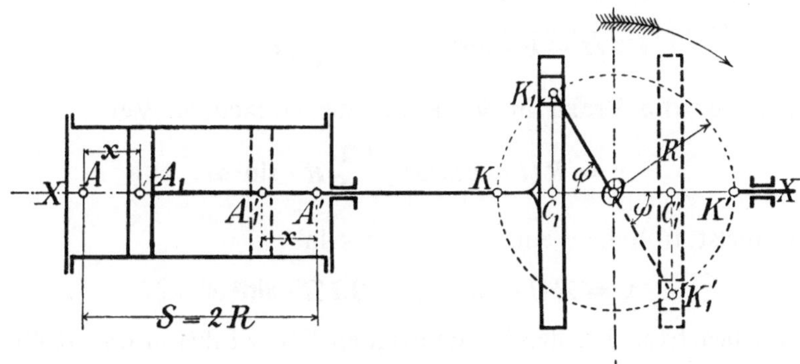

Fig. 63.

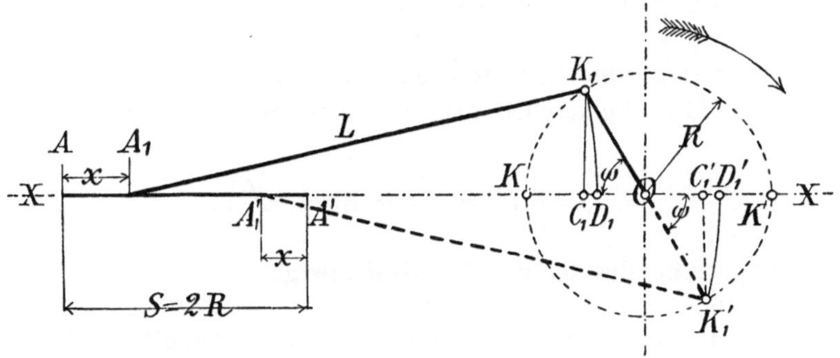

Fig. 64.

Da $K C_1 = O K - O C_1 = K' C_1' = O K' - O C_1' = R - R \cdot \cos\omega$ ist, so ergibt sich der Kolbenweg für Hin- und Rücklauf allgemein zu

$$x = R\,(1 - \cos\omega) \quad\ldots\ldots\ldots\ldots\quad 37$$

Bei endlicher Schubstangenlänge (Fig. 64) fallen die Kolbenwege $x = A\,A_1$ für den Hinlauf und $x = A'A_1'$ für den Rücklauf verschieden aus.

Man erhält hier die Punkte $A_1$ bzw. $A_1'$, wenn man mit der Schubstangenlänge $L$ als Radius in $K_1$ bzw. $K_1'$ einsetzt und auf der Hubrichtung $X - X$ einschneidet.

Setzt man andrerseits in $A_1$ bzw. $A_1'$ ein und schlägt mit der Länge $L$ als Radius die Kreise $K_1 D_1$ bzw. $K_1' D_1'$, so ist

$$x = K D_1 = K C_1 + C_1 D_1 \quad \text{für den Hin- und}$$
$$x = K' D_1' = K' C_1' - C_1' D_1' \quad \text{für den Rücklauf,}$$

oder mit

$$K C_1 = K' C_1' = R\,(\mathit{1} - \cos \omega)$$

nach Gl. 37,

$$C_1 D_1 = C_1' D_1' = A_1 D_1 - A_1 C_1 = L - \sqrt{L^2 - R^2 \cdot \sin^2 \omega} = L\left(\mathit{1} - \sqrt{\mathit{1} - \frac{R^2}{L^2}\sin^2 \omega}\right)$$

und $R/L = \lambda$ auch

$$x = R\,(\mathit{1} - \cos \omega) \pm L\left(\mathit{1} - \sqrt{\mathit{1} - \lambda^2 \cdot \sin^2 \omega}\right) \quad \ldots \ldots \quad 38$$

Da angenähert

$$\sqrt{\mathit{1} - \lambda^2 \cdot \sin^2 \omega} = \mathit{1} - \frac{\lambda^2}{2}\sin^2 \omega$$

ist, so genügt für die Praxis in der Regel der einfachere Wert

$$\boldsymbol{x = R\,(1 - \cos \omega) \pm \frac{\lambda}{2}\,R \cdot \sin^2 \omega} \quad \ldots \ldots \ldots \quad 39$$

der für das meist übliche Verhältnis $\lambda = \mathit{1}/5$ in

$$\boldsymbol{x = R\,(1 - \cos \omega) \pm 0{,}1\,R \cdot \sin^2 \omega} \quad \ldots \ldots \ldots \quad 39\,\text{a}$$

übergeht. Zu beachten ist, daß bei demselben Drehwinkel $\omega$ der Kolbenweg $x$ für endliche Schubstangenlänge um dasselbe Stück, das sogenannte Fehlerglied

$$f = C_1 D_1 = C_1' D_1' = \frac{\lambda}{2}\,R \cdot \sin^2 \omega \left(= o{,}\mathit{1}\,R \cdot \sin^2 \omega \text{ für } \lambda = \frac{\mathit{1}}{5}\right) \quad \ldots \quad 39\,\text{b}$$

beim **Hinlauf größer** und beim **Rücklauf kleiner** als für unendlich lange Schubstange ist. Das Fehlerglied erhält seinen größten Wert für $\omega = 90°$, nämlich

$$f_{\max} = \frac{\lambda}{2}\,R \left(= o{,}\mathit{1}\,R \text{ für } \lambda = \frac{\mathit{1}}{5}\right).$$

## § 42. Die graphische Bestimmung des Kolbenweges.

### 1. Das Bogenverfahren von Schorch.

Schlägt man mit der Schubstangenlänge $L$ als Radius zwei Kreise $\alpha\,\alpha$ und $\beta\,\beta$ (Fig. 65), deren Mittelpunkte auf der Hubrichtung $X - X$ liegen, so erhält man für irgendeine Kurbellage $O K_1$ bzw. $O K_1'$ den zugehörigen Kolbenweg $x$ in der durch $K_1$ bzw. $K_1'$ zu $X - X$ gezogenen Parallelen $E_1 K_1$ bzw. $E_1' K_1'$; denn es ist

$$x = K D_1 = E_1 K_1 \quad \text{für den Hin- und}$$
$$x = K' D_1' = E_1' K_1' \quad \text{für den Rücklauf.}$$

Gewöhnlich kommt es darauf an, für einen im Verhältnis zum ganzen Hube ausgedrückten Kolbenweg die zugehörige Kurbellage oder umgekehrt zu einer Kurbellage den so ausgedrückten Kolbenweg zu finden. Man trägt dazu nach Fig. 66 den Kurbelkreis nicht in wirklicher, sondern in beliebig verkleinerter

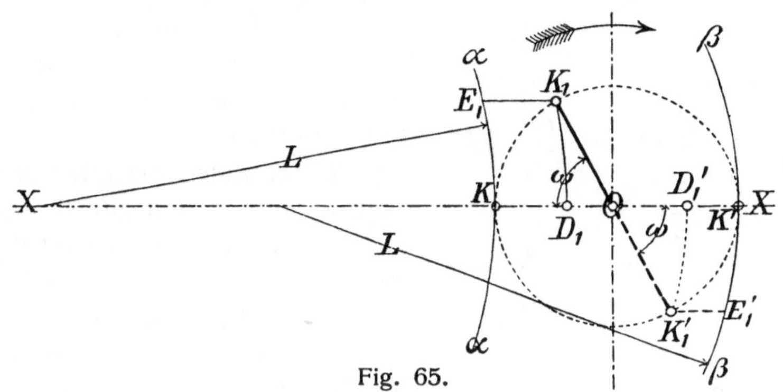

Fig. 65.

Größe auf, schlägt ihn also mit einem beliebigen Radius $OK$, am besten mit *50 mm* ($KK' = 100\ mm$). Schneidet man dann eine Figur $A\,D_1\,M$ in Pappe oder Holz aus, bei welcher der Bogen $D_1\,M$ einen Radius $A\,D_1$ gleich der Schubstangenlänge $L$ hat, und berücksichtigt, daß $L$ gewöhnlich $5\,R$ beträgt, also für

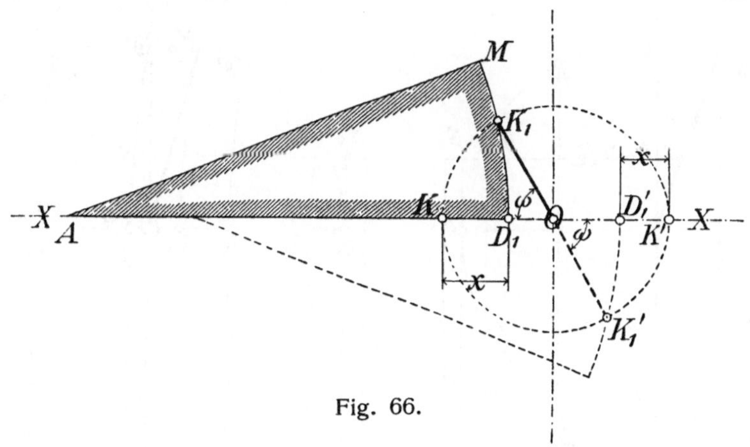

Fig. 66.

$OK = 50\ mm\ \ L = 250\ mm$ genommen werden kann, so ergibt sich durch einfaches Anlegen dieser Figur in der aus Fig. 66 ersichtlichen Weise zu jedem Kolbenweg $x$ die zugehörige Kolbenlage und umgekehrt zu jeder Kurbellage der Weg $x$.

### 2. Das Verfahren von Brix[1]).

Trägt man nach Fig. 67 den Drehwinkel $\omega$ der Kurbel nicht vom Mittelpunkte $O$ des Kurbelkreises, sondern von einem um die Strecke $OO' = R^2/2\,L = \dfrac{\lambda}{2}R$

---

[1]) Z. d. V. d. I. 1897, S. 431.

(bei $\lambda = 1/5$ also um $O\,O' = 0{,}1\,R$) im Sinne des Hinlaufes verschobenen Pol $O'$ auf, so erhält man mit großer Annäherung die Kolbenwege $x = K\,D_1$ bzw.

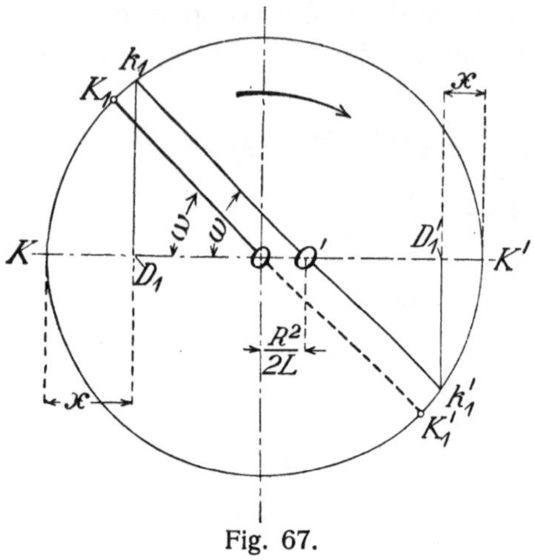

Fig. 67.

$K'\,D_1'$ einfach durch Projektion von $k_1$ bzw. $k_1'$ auf die Hubrichtung. Die Abweichungen gegenüber dem genauen Wert des Kolbenweges verschwinden für $\omega = 0,\ 90,\ 180,\ 270°$ und nehmen für $\lambda = 1/5$ den Höchstbetrag von $\pm\,0{,}0019\,R$ an.

§ 43. **Die Kolbenweglinien und Raumdiagramme.** Sie sind zur Konstruktion der Diagramme von mehrstufigen Expansionsmaschinen (siehe § 25 bis 27) erforderlich. Die Kolbenweglinien, *ADH* in Fig. 68 und 69, haben als Abszissen die Kolbenwege und als Ordinaten die Zeit, in der diese Wege durchlaufen werden. Zu ihrer Konstruktion teilt man in Fig. 68 den Kurbelkreis in eine Anzahl gleicher Teile $\overline{0\,1'},\ \overline{1'\,2'}\ \ldots$ und trägt unterhalb des Kreises in vertikaler Richtung ebenso viele gleiche, beliebig große Strecken $A\,1,\ 1\,2\ \ldots$ auf. Diese

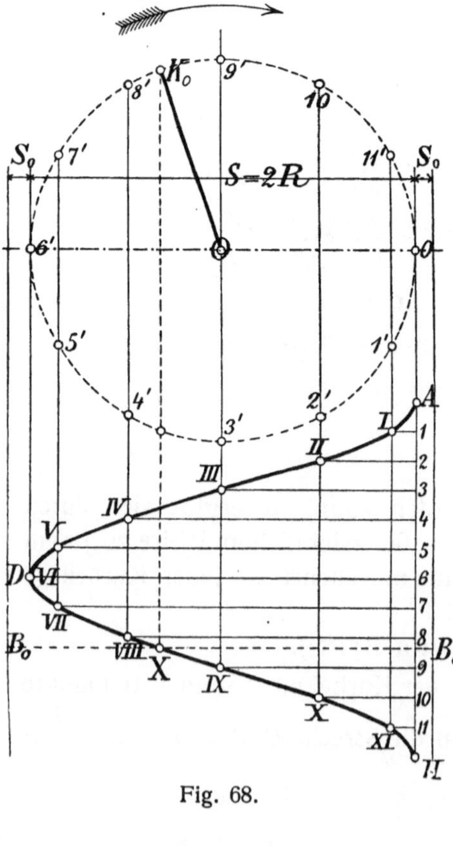

Fig. 68.

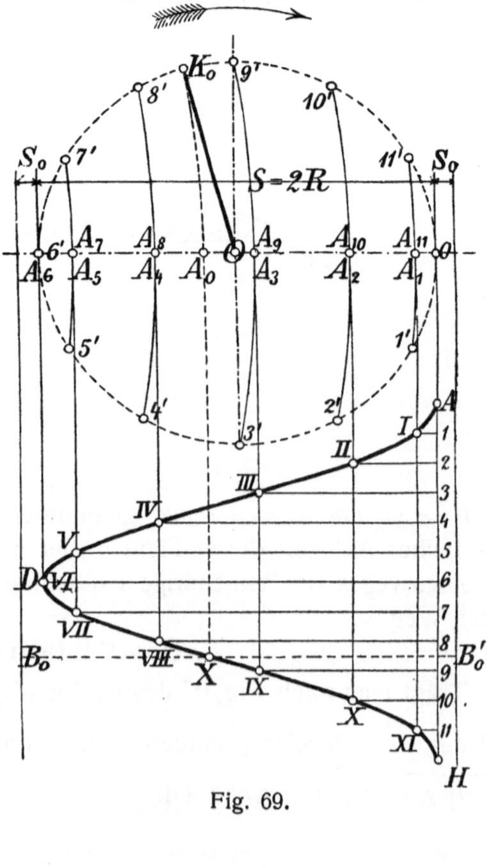

Fig. 69.

Strecken sind dann offenbar der Zeit proportional, in der die Teile $\overline{o\,\mathit{1}'}$, $\overline{\mathit{1}'\,\mathit{2}'}$ ... des Kurbelkreises von dem mit gleichförmiger Geschwindigkeit sich drehenden Kurbelzapfenmittel durchlaufen werden. Zieht man nun durch $o'$, $\mathit{1}'$, $\mathit{2}'$ ... Vertikalen und durch $A$, $\mathit{1}$, $\mathit{2}$ ... Horizontalen, so liefern die Schnittpunkte $I$, $II$ ... der zusammengehörigen Vertikalen und Horizontalen Punkte der Kolbenweglinie $A\,D\,H$ für eine unendlich lange Schubstange.

In Fig. 69 ist die Kolbenweglinie unter Berücksichtigung der endlichen Schubstangenlänge gezeichnet. Es werden hier nicht durch die Kurbelkreispunkte $\mathit{1}'$, $\mathit{2}'$ ..., sondern durch die ihnen entsprechenden Kolbenstellungen $A_1$, $A_2$ ... Vertikalen gezogen.

Die Kolbenweglinie wird zu einem Raumdiagramm, sobald man zu beiden Seiten des Kolbenhubes $S$ noch die Länge $S_0$ anträgt. Für die Kolbenlage $OK_0$ stellen dann z. B. die Strecken $XB_0$ und $XB'_0$ zu beiden Seiten der Kolbenweglinie in dem gewählten Maßstab die Räume dar, die, bezogen auf die Einheit der Kolbenfläche, links und rechts vom Kolben bei der erwähnten Kolbenlage vorhanden sind.

**§ 44. Die Kolbengeschwindigkeit.** Ist

$v = 2\,R\,\pi \cdot n/6o$ die gleichbleibend angenommene Umfangs-,

$v/R$ die entsprechende Winkelgeschwindigkeit des Kurbelzapfens in $m/sk$,

so ergibt sich die beim Kolbenweg $x$ und Kurbeldrehwinkel $\omega$ vorhandene Kolbengeschwindigkeit durch Differentiation des Weges $x$ nach der Zeit $t$, nämlich

$$c = \frac{dx}{dt} \text{ mit } \frac{v}{R} = \frac{d\omega}{dt}$$

zu

$$c = \frac{v}{R}\frac{dx}{d\omega}\,.$$

Führt man hierin den aus Gl. 37 bzw. 39 sich ergebenden Wert

$$dx = R \cdot \sin\omega \cdot d\omega$$

bzw.

$$dx = \left(R \cdot \sin\omega \pm \frac{\lambda}{2}\,R \cdot \sin 2\,\omega\right) d\omega$$

ein, so folgt bei u n e n d l i c h  l a n g e r  S c h u b s t a n g e

$$c = v \cdot \sin\omega \quad\ldots\ldots\ldots\ldots \quad 40$$

mit $c = o$ für $\omega = o$ und $\omega = \mathit{180}°$ (Totlagen) sowie $c_{max} = v$ für $\omega = \mathit{90}°$.

Bei e n d l i c h e r  S c h u b s t a n g e n l ä n g e ist angenähert, aber mit hinreichender Genauigkeit

$$c = v\left(\sin\omega \pm \frac{\lambda}{2}\sin 2\,\omega\right) \quad\ldots\ldots\ldots \quad 41$$

mit $\lambda = R/L$ und $+$ für den Hin-, $-$ für den Rückgang. $c$ wird auch hier gleich Null für $\omega = o$ und $\mathit{180}°$ (Totlagen). Für $\omega = \mathit{90}°$, d. h. für die zur Hubrichtung senkrechten Kurbellagen, hat der Kolben stets mit dem Kurbelzapfen die gleiche Geschwindigkeit, welches auch das Verhältnis $\lambda$ sein möge, denn dann ist $c = v$.

Die größte Kolbengeschwindigkeit tritt bei endlicher Schubstangenlänge ein, wenn

$$\frac{dc}{d\omega} = o,$$

also nach Gl. 41

$$\cos\omega \pm \lambda \cdot \cos 2\omega = o,$$
$$\cos\omega = \mp \lambda(2\cos^2\omega - 1)$$

wird. Da $\lambda \cdot 2\cos^2\omega$ als sehr klein vernachlässigt werden kann, so gilt auch

$$\cos\omega = \pm\lambda.$$

Durch Einsetzung dieses Wertes in Gl. 41 folgt dann

$$c_{\max} = v\sqrt{1 - \lambda^2}\,(1 + \lambda^2)$$

oder mit genügender Annäherung

$$c_{\max} = v\left(1 + \frac{\lambda^2}{2}\right).$$

Diesen größten Wert erreicht die Kolbengeschwindigkeit für $\lambda = 1/5$, entsprechend $\cos\omega = \pm 1/5$, z. B.

bei $\omega = 78°\,30'$ während des Hinganges,
bei $\omega = 101°\,30'$ während des Rückganges.

Die mittlere Kolbengeschwindigkeit ist

$$c_m = \frac{2\,S \cdot n}{60} = \frac{S \cdot n}{30} = \frac{2}{\pi}\,v \quad \ldots \ldots \ldots \ldots \quad 42$$

Die graphische Darstellung der Kolbengeschwindigkeit ergibt bei unendlich langer Schubstange eine Ellipse (siehe die ausgezogene Kurve in Fig. 70) oder,

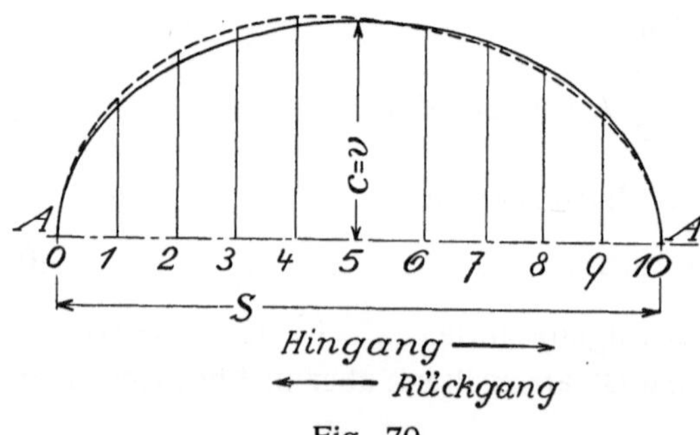


Fig. 70.

wenn die gleichbleibend angenommene Umfangsgeschwindigkeit $v$ durch den Kurbelradius $R$ dargestellt wird, einen mit diesem geschlagenen Halbkreis; bei endlicher Schubstangenlänge bildet sie eine hiervon je nach der Größe des Verhältnisses $\lambda$ mehr oder weniger abweichende Kurve (siehe die punktierte Linie in Fig. 70). Die Ordinaten der beiden Geschwindigkeitskurven können für den in 10 gleiche Teile zerlegten Kolbenhub der nachfolgenden Tabelle entnommen werden, deren Werte gemäß Gl. 40 und 41 mit der Umfangsgeschwindigkeit des Kurbelkreises $v = S\pi \cdot n/60$ (in dem gewählten Maßstab) zu multiplizieren sind.

Werte von $\sin\omega$ und $\sin\omega \pm \dfrac{\lambda}{2}\sin 2\,\omega$.

| Ordinate Nr. | | $L = \infty$ | | $\lambda = \dfrac{1}{5}$ | | Ordinate Nr. |
|:---:|:---:|:---:|:---:|:---:|:---:|:---:|
| 0 | | 0 | | 0 | | 0 |
| 1 | Hingang | 0,6 | | 0,652 | Hingang | 1 |
| 2 | | 0,8 | | 0,852 | | 2 |
| 3 | | 0,916 | | 0,963 | | 3 |
| 4 | | 0,98 | | 1,012 | | 4 |
| 5 | | 1,0 | | 1,015 | | 5 |
| 6 | | 0,98 | | 0,975 | | 6 |
| 7 | | 0,916 | Rückgang | 0,892 | | 7 |
| 8 | | 0,8 | | 0,76 | Rückgang | 8 |
| 9 | | 0,6 | | 0,555 | | 9 |
| 10 | | 0 | | 0 | | 10 |

**§ 45. Die Kolbenbeschleunigung.** Während des ersten Teiles eines einfachen Hubes steigt die Kolbengeschwindigkeit von Null bis auf ihren größten Wert $c_{\mathrm{max}}$ und sinkt dann während des zweiten Teiles wieder bis auf Null herab. Der Kolben erfährt also anfangs eine Beschleunigung, später eine Verzögerung, die beide ihren größten Wert in der Totlage, dagegen den Wert Null in der Lage $c_{\mathrm{max}}$ haben. Man erhält die Beschleunigung $p$, wenn man die Kolbengeschwindigkeit $c$ nach der Zeit $t$ differenziert, also

bei unendlich langer Schubstange unter Berücksichtigung der Gl. 40

$$p = \frac{dc}{dt} = v \cdot \cos\omega \frac{d\omega}{dt}$$

oder mit

$$\frac{d\omega}{dt} = \frac{v}{R}$$

$$\boldsymbol{p = \frac{v^2}{R}\cos\omega} \quad \ldots \ldots \ldots \ldots \ldots \quad 43$$

bei endlicher Schubstangenlänge mit Berücksichtigung der Gl. 41

$$p = \frac{dc}{dt} = v(\cos\omega \pm \lambda \cdot \cos 2\,\omega)\frac{d\omega}{dt}$$

$$\boldsymbol{p = \frac{v^2}{R}(\cos\omega \pm \lambda \cdot \cos 2\,\omega)} \quad . \quad 44$$

Die graphische Darstellung der Beschleunigung ergibt bei unendlich langer Schubstange eine gerade Linie $a\,a'$ für den

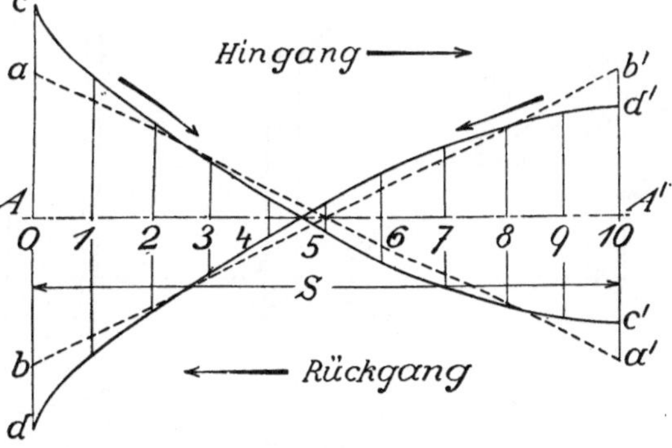


Fig. 71.

Hin- und $b'\,b$ für den Rückgang (Fig. 71). Die Linien gehen durch die Mitte des Hubes $A\,A'$ und haben in den Totlagen die in dem betreffenden Maßstabe aufzutragenden Ordinaten $a\,A = a'\,A' = b'\,A' = b\,A = v^2/R$ der Gl. 43.

Zur Konstruktion der Beschleunigungskurve bei endlicher Schubstangenlänge hat *Otto H. Mueller*[1]) die nachstehende Tabelle berechnet. Die Werte derselben sind gemäß Gl. 44 mit $v^2/R$ (in dem gewählten Maßstab) zu multiplizieren und geben dann unmittelbar die elf Ordinaten $o, 1, 2 \ldots$ (Fig. 71) der fraglichen Kurve für den in 10 gleiche Teile zerlegten Kolbenhub. $c\,c'$ ist die Beschleunigungskurve des Hin-, $d'\,d$ die des Rückganges.

Werte von $\cos\omega \pm \lambda \cdot \cos 2\omega$ für

| Ordinate Nr. | $\lambda = \dfrac{1}{4}$ | $\lambda = \dfrac{1}{5}$ | $\lambda = \dfrac{1}{6}$ | Ordinate Nr. |
|---|---|---|---|---|
| 0 | 1,25 | 1,2 | 1,167 | 0 |
| 1 | 0,941 | 0,92 | 0,840 | 1 |
| 2 | 0,664 | 0,639 | 0,633 | 2 |
| 3 | 0,409 | 0,379 | 0,376 | 3 |
| 4 | 0,129 | 0,126 | 0,134 | 4 |
| 5 | 0,101 | 0,091 | 0,078 | 5 |
| 6 | 0,318 | 0,3 | 0,284 | 6 |
| 7 | 0,471 | 0,465 | 0,458 | 7 |
| 8 | 0,610 | 0,613 | 0,608 | 8 |
| 9 | 0,715 | 0,717 | 0,742 | 9 |
| 10 | 0,75 | 0,8 | 0,833 | 10 |

(Ordinaten 0–8: Hingang, 8–10: Rückgang)

Meist genügt es, bei Berücksichtigung der endlichen Schubstangenlänge die Beschleunigungskurve durch die folgenden fünf Punkte festzulegen. Nach Gl. 43 und 44 sind nämlich für $\omega = o$ und $90°$ die Ordinaten der Kurve um $\lambda = R/L$ größer, für $\omega = 180°$ um ebensoviel kleiner als die entsprechenden Ordinaten bei unendlich langer Schubstange, während für $\omega = 45$ und $135°$ die Ordinaten für endliche und unendlich lange Schubstange gleich sind. Ist deshalb z. B. für $\lambda = 1/5$ nach Fig. 72

$$A\,a = A'\,a' = \frac{v^2}{R}$$

und $a\,a'$ die Beschleunigungsgrade für die unendlich lange Schubstange, so ergeben sich mit

$$a\,c = a'\,c' = e\,f$$

$$= \lambda \frac{v^2}{R} = \frac{A\,a}{5} = \frac{A'\,a'}{5}$$

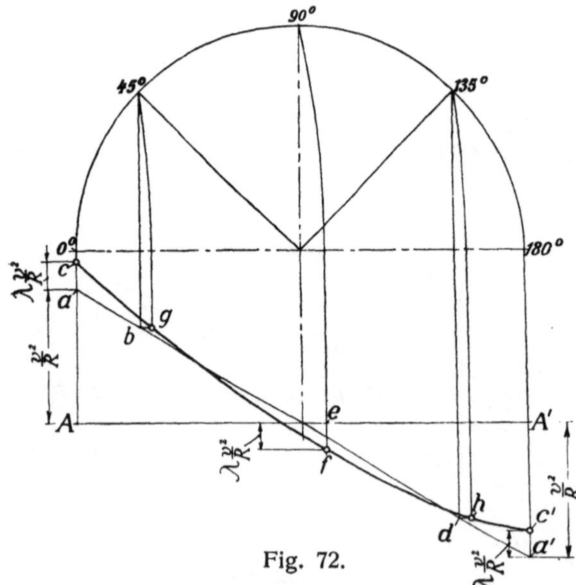


die Punkte $c, c', f$ der Kurve. Diejenigen $g$ und $h$ können durch horizontale Übertragung der Punkte $b$ und $d$ erhalten werden.

---

[1]) Z. d. V. d. I. 1890, S. 947.

**§ 46. Die Druckverteilung in den Kolbendampfmaschinen.** Die auf beiden Seiten des Kolbens herrschenden Dampfspannungen, die man als Hinter- und Vorderdampfspannung bezeichnet, ergeben in ihrer Differenz den jeweiligen Dampfüberdruck. Er wirkt, je nachdem er der augenblicklichen Bewegung des Kolbens gleich oder entgegengesetzt gerichtet ist, treibend oder hindernd auf die Maschine. Der Dampfüberdruck gelangt indes während eines einfachen Hubes zum Teil nicht vollständig, zum Teil durch eine weitere Kraft verstärkt an den Kurbelzapfen. Die hin- und hergehenden Gestängemassen der Maschine bedürfen nämlich im ersten Teile des einfachen Hubes, und zwar so lange, bis sie ihre größte Geschwindigkeit erreicht haben, der Beschleunigung, wobei sie eine gewisse mechanische Arbeit in sich aufnehmen. Die hierzu erforderliche Kraft wird dem treibenden Dampfüberdruck entnommen, sofern dieser größer

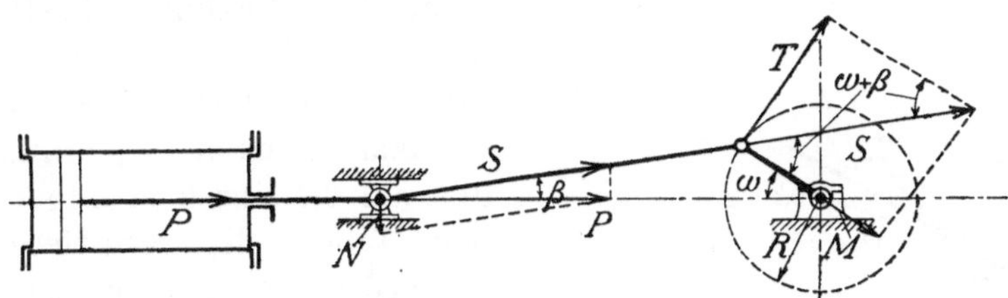

Fig. 73.

als der zur Beschleunigung der Massen erforderliche Massendruck ist. Im anderen Falle muß zeitweise die lebendige Kraft der rotierenden Schwungradmasse das Gestänge beschleunigen, muß also eine gewisse Arbeit von der Kurbelwelle nach dem Kolben zurückgeleitet werden. Im zweiten Teile des einfachen Hubes dagegen geben die Gestängemassen, die jetzt wegen der vorgeschriebenen Kurbelbewegung eine verzögerte Geschwindigkeit annehmen müssen, aber in der angefangenen Bewegung weiter schnellen wollen, die vorher aufgenommene mechanische Arbeit in ihrem vollen Betrage wieder her, üben also selbst einen treibenden Druck auf den Kurbelzapfen aus. Es verbleibt demnach als jeweilige Kraft des Gestänges ein resultierender Gestängedruck, der sich in jedem Augenblicke aus dem Dampfüberdruck des Kolbens und dem anfangs die Bewegung hindernden, später diese fördernden Massendrucke in der Weise zusammensetzt, daß beide Drucke sich addieren, wenn sie gleich, sich subtrahieren, wenn sie entgegengesetzt gerichtet sind. Wirkt dieser resultierende Gestängedruck im Sinne der augenblicklichen Kolbenbewegung, so treibt er den Kurbelzapfen, im anderen Falle sucht er ihn zurückzuhalten.

Bei stehenden Maschinen wird der resultierende Gestängedruck noch durch das Gewicht der Gestängemassen beeinflußt, das während des Kolbenniederganges im Bewegungssinne der Maschine, während des Kolbenhochganges diesem entgegenwirkt.

Der resultierende Gestängedruck $P$ (Fig. 73) wird am Kreuzkopf in zwei Komponenten zerlegt, von denen die eine die Schubstangenkraft $S$, die andere der vertikal gerichtete Normaldruck $N$ des Kreuzkopfes gegen die

Schlittenbahn ist. Solange der resultierende Gestängedruck treibend auf das Gestänge wirkt, ist der Normaldruck bei vorwärts laufenden Maschinen stets nach unten gerichtet. Die Schubstangenkraft $S$ gibt weiter am Kurbelzapfen durch Zerlegung die Drehkraft $T$ und die Radialkraft $M$ der Kurbel. Denkt man sich endlich im Mittelpunkte $O$ des Kurbelkreises zwei gleiche, aber entgegengesetzte Kräfte $S$ angebracht (Fig. 74), wodurch nichts im augenblicklichen Gleichgewichtszustande geändert wird, so entsteht neben einem Kräftepaar $S \cdot R' = T \cdot R$, das die Kurbelwelle zu drehen sucht, noch eine Kraft $S$ in dem erwähnten Mittelpunkte. Sie ruft im vorderen Wellenlager einer liegenden Maschine einen Druck $S\,(\mathit{1} + a/c)$ hervor, der mit dem auf dieses Lager entfallenden Teile $G_1$ des Schwungradgewichtes und $Z_1$ des Riemen- oder Seilzuges den resultierenden Zapfendruck $R_1$ des Lagers bildet. Bei

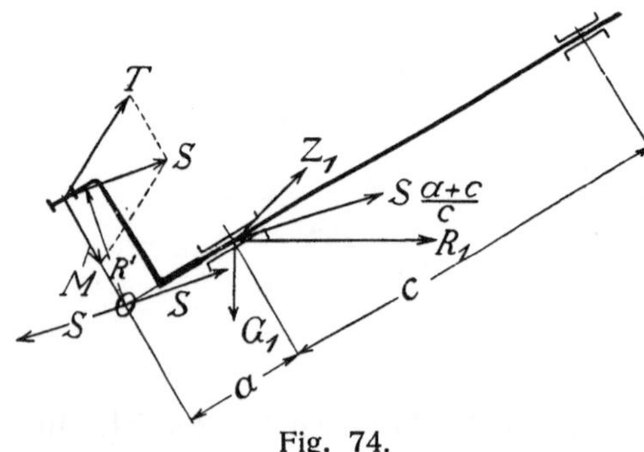

Fig. 74.

stehenden Maschinen bestimmt sich die Größe des resultierenden Zapfendruckes, der hier in der Hauptsache vertikal gerichtet ist, annähernd aus den auf die einzelnen Lager entfallenden Teilen des resultierenden Gestängedruckes, wenn dieser beim Niedergange um den entsprechenden Teil des Schwungradgewichtes vermehrt, beim Hochgange um diesen vermindert wird.

Der Massendruck $q$ in $kg/qcm$ der nutzbaren Kolbenfläche $O$ folgt aus

$$q = \frac{G_h}{O \cdot g}\, p \quad \ldots \ldots \ldots \ldots \quad 45$$

in der $G_h$ das Gewicht der hin- und hergehenden Gestängeteile (von der Schubstange werden gewöhnlich die Hälfte oder zwei Fünftel dazu gerechnet) in $kg$,

p die durch Gl. 43 oder 44, S. 111, bestimmte Kolbenbeschleunigung

$g = \mathit{9,81}$ die Beschleunigung der Schwere in $m/sk^2$

ist. Das Gewicht $G_h$ kann bei einer vorhandenen Maschine durch Wägung, bei einer zu entwerfenden durch Rechnung aus den Abmessungen der einzelnen Teile bestimmt werden, wird aber vielfach im letzteren Falle nach den folgenden Angaben angenommen.

Nach *Radinger* beträgt:

für Hochdruckmaschinen mit einem Kolbenhub

$$S \leqq \mathit{0,7}\ m \qquad \frac{G_h}{O} = \mathit{0,28}\ at\,,$$

$$S \geqq \mathit{0,7}\ m \qquad \frac{G_h}{O \cdot S} = \mathit{0,4}\ at\,,$$

für Niederdruckmaschinen (Niederdruckseiten der mehrstufigen Expansions-maschinen) mit einem Kolbenhube

$$S \leqq 0{,}9\ m \qquad \frac{G_h}{O} = 0{,}2\ at,$$

$$S \geqq 0{,}9\ m \qquad \frac{G_h}{O \cdot S} = 0{,}22\ at.$$

Nach *Grove* ist mit $D$ als Zylinderdurchmesser in $m$ für

Einzylindermaschinen mit Auspuff $\qquad G_h = 20 + 5000\ D^3,$
desgl. mit Kondensation $G_h = 25 + 6250\ D^3.$

Die vorstehenden Angaben gelten ohne Berücksichtigung der Luftpumpen- und anderer Nebentriebteile. Soweit diese vom Gestänge der Maschine an-getrieben werden und an der hin- und hergehenden Bewegung teilnehmen, ist ihr Gewicht also besonders in Rechnung zu stellen.

Aus dem resultierenden Ge-stängedruck $P$ ergibt sich ferner nach Fig. 73 der Nor-maldruck

$$N = P \cdot \operatorname{tg} \beta,$$

die Schubstangenkraft

$$S = \frac{P}{\cos \beta},$$

die Drehkraft

$$T = P\,\frac{\sin(\omega + \beta)}{\cos \beta}.$$

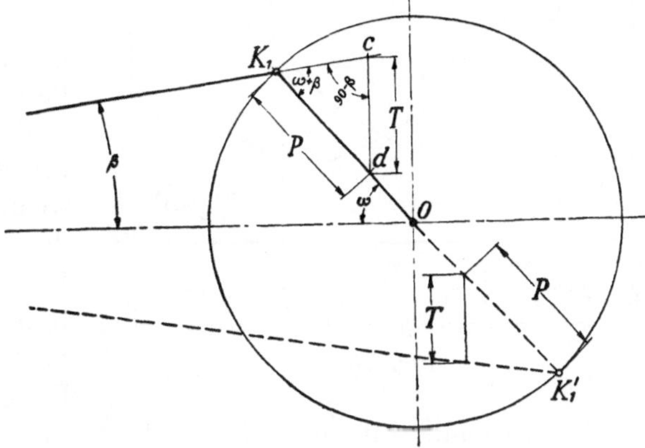

Fig. 75.

Graphisch lassen sich die Werte $N$, $S$, $T$ und $M$ nach Fig. 73 durch fort-gesetzte Zerlegung des resultierenden Gestängedruckes $P$ in die betreffenden Komponenten bestimmen. Zur unmittelbaren Konstruktion der Drehkraft $T$ aus $P$ kann Fig. 75 dienen. Trägt man nämlich auf der jeweiligen Kurbellage $OK_1$ die resultierende Gestängekraft $P = K_1 d$ ab und zieht durch $d$ eine Vertikale bis zum Schnittpunkt $c$ mit der zugehörigen Schubstangenrichtung, so ist $c\,d = T$. Die Richtigkeit des Verfahrens ergibt sich daraus, daß im Dreieck $K_1\,c\,d$

$$\frac{K_1 d}{c\,d} = \frac{\sin(90 - \beta)}{\sin(\omega + \beta)}$$

oder

$$c\,d = P\,\frac{\sin(\omega + \beta)}{\cos \beta}$$

und die rechte Seite dieser Gleichung gleich dem oben angegebenen Wert für $T$ ist.

**§ 47. Das Dampfüberdruck-, resultierende Gestängedruck- und Drehkraft-diagramm.** Eine gute Einsicht in die bei einer Kolbendampfmaschine stattfindende Verteilung und Änderung der Kräfte gewähren die nachfolgenden Diagramme.

Trägt man in den einzelnen Kolbenstellungen des beliebig verkleinerten Kolbenhubes die Differenz der jeweiligen Hinter- und Vorderdampfspannung als Ordinaten auf, so liefert die Verbindung der aufeinanderfolgenden Ordinatenendpunkte zunächst das Dampfüberdruckdiagramm. Die erwähnten Dampfspannungen können dem Indikatordiagramm entnommen werden, das diese Spannungen für $1\ qcm$ der nutzbaren Kolbenfläche enthält. Man hat dann nach Fig. 76 die Ordinaten der Hinterdampfkurve $a\,b\,c\,d$ für die Deckelseite zu vermindern, um die zugehörigen Ordinaten der Vorderdampfkurve $d'\,e'\,f'\,a'$ für die Kurbelseite, um den jeweiligen Überdruck für den Hinlauf zu bekommen. Für den Rücklauf gilt Entsprechendes bezüglich der Kurven $a'\,b'\,c'\,d'$ und $d\,e\,f\,a$.

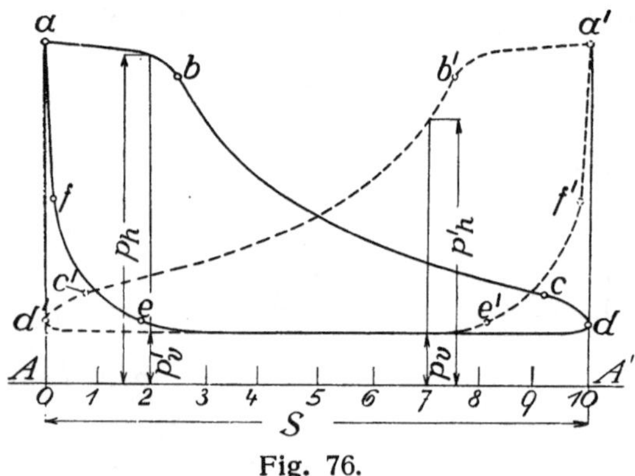

Fig. 76.

In Fig. 77 ist dies für die Kolbenstellungen $0, 1, 2, 3 \ldots$ der in 10 gleiche Teile zerlegten Diagrammbasis $A\,A'$ geschehen, und zwar sind die Ordinaten des Dampfüberdruckes nach oben aufgetragen, wenn die Richtung des letzteren mit der Bewegung des Kolbens beim Hinlauf, nach unten, wenn die Richtung mit der Kolbenbewegung beim Rücklauf übereinstimmt. Es ergibt sich $a\,b\,c\,d$ in Fig. 77 als Überdrucklinie für den Hin- und $d\,e\,f\,a$ als solche für den Rücklauf. Während des Hinlaufes wird der Dampfüberdruck im Punkte $c$, während des Rücklaufes im Punkte $f$ gleich Null; er ändert also an beiden Stellen seine Richtung, indem er vorher treibend, später hindernd auf den Kolben wirkt. Die Fläche des Dampfüberdruckdiagrammes muß gleich der Fläche der beiden Indikatordiagramme sein; sie stellt also, gemessen im Arbeitsmaßstabe, die Arbeit dar, die der Dampf auf beiden Kolbenseiten während einer Umdrehung der Maschine pro $qcm$ der nutzbaren Kolbenfläche leistet.

Um weiter die Dampfüberdrucke in den einzelnen Kolbenstellungen mit dem zugehörigen Massendruck vereinigen zu können, hat man für den gewählten Kräftemaßstab die Massendrucklinie in Fig. 77 einzutragen. Diese Linie ist ebenso wie die Beschleunigungskurve (Fig. 71 und 72) zu konstruieren, nur mit dem Unterschiede, daß man hier nicht die Beschleunigung $p$, sondern den Massendruck $q$ (gleich Beschleunigung mal Masse), wie er durch Gl. 45, S. 114, für $1\ qcm$ der nutzbaren Kolbenfläche gegeben ist, als Ordinate aufträgt. In Fig. 71 ist $y\,y'$ die Massendrucklinie, die hier für Hin- und Rücklauf gelten kann. Berücksichtigt man nämlich, daß der Massendruck während eines einfachen Hubes zuerst hindernd, dann treibend auf das Gestänge wirkt, so sind, um den resultierenden Gestängedruck für die einzelnen Kolbenstellungen

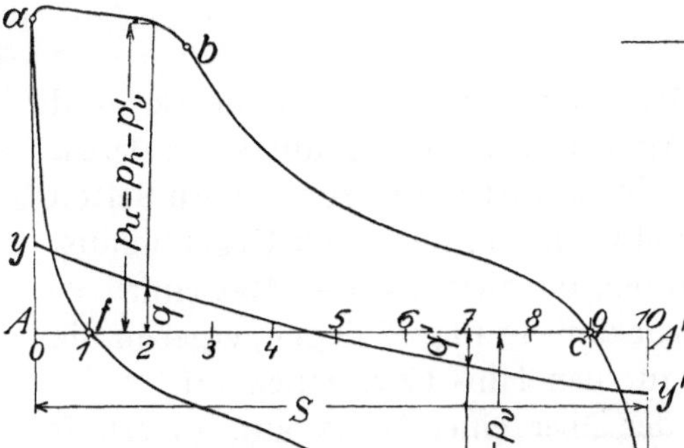

Fig. 77.

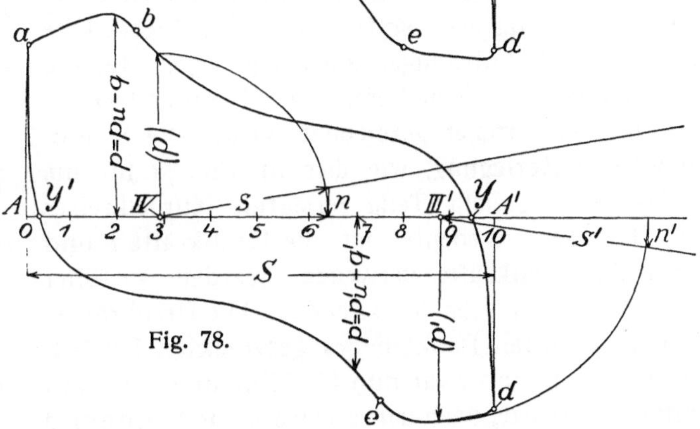

Fig. 78.

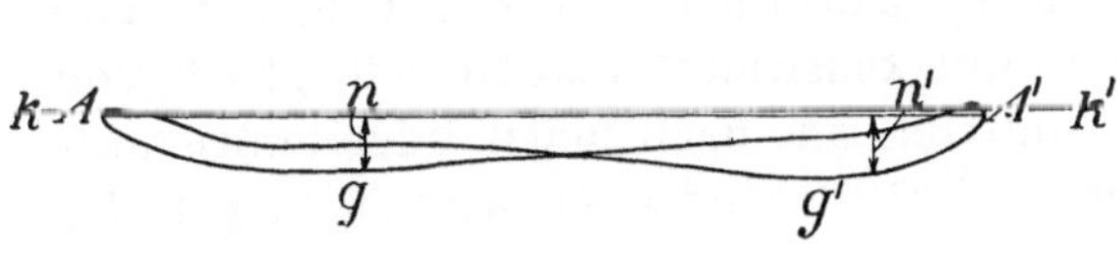

Fig. 79.

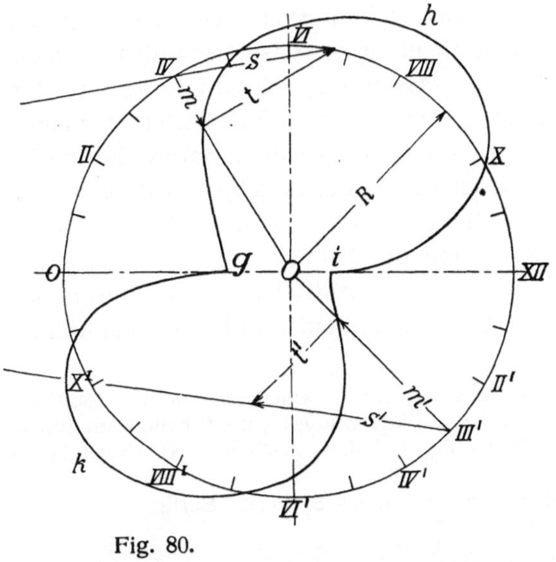

Fig. 80.

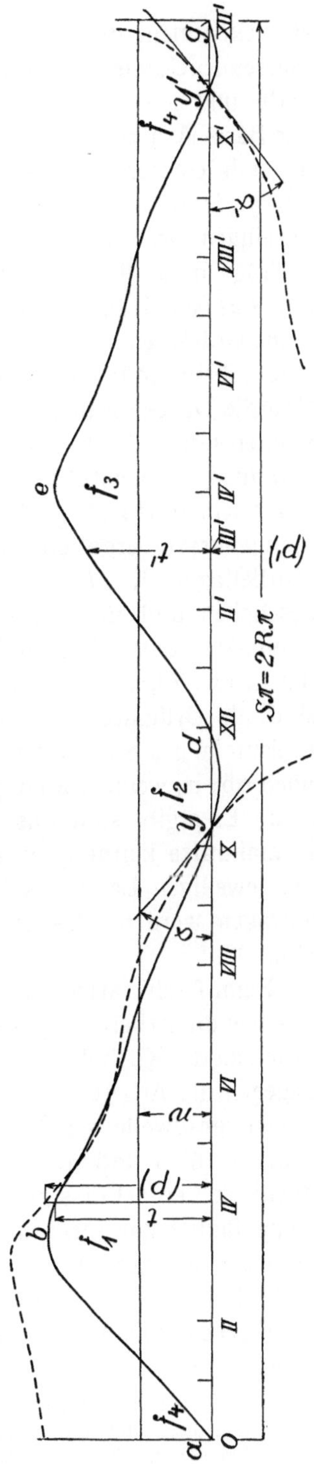

Fig. 81.

zu bekommen, die zusammengehörigen Ordinaten der Dampfüberdruck- und Massendrucklinie voneinander zu subtrahieren, wenn sie auf derselben Seite, und zueinander zu addieren, wenn sie auf entgegengesetzten Seiten der Basis $A\,A'$ liegen. Das kommt auf dasselbe mit der folgenden Regel hinaus, die sich leichter behalten läßt. Die Ordinaten, die zwischen der Massendrucklinie $y\,y'$ und der zugehörigen Dampfüberdrucklinie in Fig. 77 liegen, ergeben die jeweiligen resultierenden Gestängedrucke für den Hin- bzw. Rücklauf.

Trägt man diese neuen Ordinaten wieder über einer Basis auf, so erhält man das resultierende Gestängedruckdiagramm $a\,b\,Y\,d\,e\,Y'\,a$ (Fig. 78). Seine Ordinaten stellen ebenfalls treibende Drucke dar, wenn sie beim Hinlauf über, beim Rücklauf unter der Basis liegen; im entgegengesetzten Falle sind die Drucke hindernd. Durch Zerlegung der resultierenden Gestängedrucke können ferner die Normaldrucke $n$ und Schubstangenkräfte $s$ in $kg/qcm$ für die einzelnen Kolbenstellungen erhalten werden. Jene liefern das Normaldruckdiagramm $A\,g\,A'\,g'\,A$ (Fig. 79), das seltener gezeichnet wird. Die Schubstangenkräfte ergeben durch weitere Zerlegung, wie dies in Fig. 80 für die Kurbellagen $I$, $II$, $III$ ... des in $24$ gleiche Teile zerlegten Kurbelkreises geschehen und für die Lagen $IV$, $III'$ angedeutet ist, die Drehkräfte $t$ und Radialkräfte $m$. Da meist nur die Drehkräfte verwendet werden, so führt das in Fig. 75, S. 115, angegebene Verfahren schneller zum Ziel. Die Drehkräfte $t$ sind als Ordinaten in den entsprechenden Punkten des gestreckten Kurbelkreisumfanges $S\,\pi = 2\,R\,\pi$ aufzutragen, und zwar nun für Hin- und Rücklauf nach oben, wenn die Drehkräfte treibend, nach unten, wenn sie hindernd sind. Es ergibt sich das Drehkraftdiagramm $a\,b\,Y\,d\,e\,Y'\,g$ (Fig. 81). Die Radialkräfte können, wenn ihr Diagramm konstruiert werden soll, gleich von der jeweiligen Lage des Kurbelzapfenmittels aus nach innen oder außen aufgetragen werden. Es entsteht dann das Radialdruckdiagramm $g\,h\,i\,k\,g$ (Fig. 80).

Beim Drehkraftdiagramm in Fig. 81 stellen die oberhalb der Basis liegenden Flächen die Arbeit dar, die, abgesehen von den Reibungsverlusten, vom Dampfdruck an die Kurbelwelle übertragen wird, die unter der Basis liegenden Flächen dagegen die Arbeit, die von den drehenden Massen des Schwungrades und der Schwungradwelle wieder an das Gestänge zurückgeht. Die Differenz beider Flächen (über und unter der Basis) ergibt somit im Arbeitsmaßstab die Arbeit, die unter Vernachlässigung der Nebenhindernisse in der Maschine während eines Doppelhubes zur Drehung der Kurbelwelle verbleibt. Da diese Arbeit ebenso groß wie die des Dampfes auf beiden Seiten des Kolbens während derselben Zeit ist, so muß die Differenz der erwähnten Flächen des Drehkraftdiagrammes der Fläche des Dampfüberdruckdiagrammes oder der beiden Indikatordiagramme gleich sein.

Will man das Drehkraftdiagramm einer Maschine für verschiedene Umdrehungszahlen verfolgen, so empfiehlt es sich nach *Tolle*[1]), dieses Diagramm getrennt für die Dampfüber- und Massendrucke zu entwickeln, wie dies in Fig. 7, Taf. 1, geschehen ist. Nach Fig. 5

---

[1]) Siehe *Tolle*, Die Regelung der Kraftmaschinen. Julius Springer, Berlin.

daselbst ist $tp$ die Drehkraft des Dampfüberdruckes $p_u$, $tq$ diejenige des Massendruckes $q$ aus Fig. 3, und in Fig. 7 ist $tp$ über bzw. unter der Linie $o$—$o$, $tq$ aus den in § 50 angeführten Gründen über bzw. unter der Linie $x$—$y$ als Ordinate aufgetragen. Will man nun aus der so entwickelten Drehkraftkurve des Massendruckes die entsprechende Kurve für eine andere Umdrehungszahl haben, so braucht man nur die Ordinaten der ersteren mit dem Verhältnis der Quadrate der Umdrehungszahlen zu multiplizieren. In Fig. 7, wo die stärker ausgezogene Kurve für $n = 180$ Umdrehungen gilt, sind also die Ordinaten der schwächer ausgezogenen für $n = 240$

$$t_q \left(\frac{240}{180}\right)^2$$

zu machen.

Bei den mehrstufigen Expansionsmaschinen sind die Dampfüberdruck- und resultierenden Gestängedruckdiagramme der einzelnen Zylinder in der vorher angegebenen Weise zu zeichnen, dann aber zur Konstruktion des gemeinschaftlichen Drehkraftdiagrammes die Ordinaten aller resultierenden Gestängedruckdiagramme auf dieselbe Kolbenfläche zu beziehen. Als solche wählt man gewöhnlich die des Niederdruckzylinders. Die nun sich ergebenden Drehkräfte der einzelnen Zylinder sind dann im Drehkraftdiagramm algebraisch zu summieren, wobei für Zwillings-Verbund- und Dreizylindermaschinen die Kurbelversetzung zu berücksichtigen ist.

Fig. 2 bis 11, Taf. 2, zeigen die so konstruierten Diagramme einer liegenden Zwillings-Verbundmaschine. In Fig. 2 ist $k$ das Indikatordiagramm für die Deckel-, $k'$ dasjenige für die Kurbelseite des Hochdruckzylinders; beide Diagramme sind gleich angenommen und stimmen mit dem in Fig. 1, Taf. 2, überein. Aus der Hinter- und Vorderdampfspannung bei den einzelnen Stellungen ergibt sich in bekannter Weise die Kurve $k_1 k_1'$ des Dampfüberdruckdiagrammes in Fig. 3. $y\,y'$ ist weiter die Massendrucklinie, und die zwischen $y\,y'$ und der oberen bzw. unteren Dampfüberdrucklinie liegenden Ordinaten bilden die resultierenden Gestängedrucke des Hochdruckzylinders, deren Kurve $k_2 k_2'$ Fig. 4 zeigt. Werden die Ordinaten dieser Kurve durch Multiplikation mit dem umgekehrten Zylinderverhältnis auf die nutzbare Kolbenfläche des Niederdruckzylinders bezogen und über dessen Basis $S$ aufgetragen, so folgt die Kurve $k_3 k_3'$ in Fig. 5.

Für den Niederdruckzylinder sind in Fig. 6 nochmals die ebenfalls für beide Kolbenseiten gleich angenommenen Indikatordiagramme $K\,K'$ nach Fig. 1, Taf. 2, gezeichnet. Fig. 7 gibt das zugehörige Dampfüberdruckdiagramm $K_1 K_1'$ und Fig. 8 das mit Hilfe der Massendrucklinie $y\,y'$ erhaltene resultierende Gestängedruckdiagramm $K_2 K_2'$. Aus den Ordinaten der beiden Diagramme in Fig. 5 und 8 folgen ferner nach dem auf S. 115 angegebenen Verfahren die Drehkräfte $t_k$ und $t_g$ für den in 24 gleiche Teile zerlegten Kurbelkreis (Fig. 9). Sie liefern, über der Basis $S\,\pi$ aufgetragen, die in Fig. 10 eingetragenen Kurven $k_4 k_4'$ für den Hochdruck- und $K_4 K_4'$ für den Niederdruckzylinder. Die Ordinaten der ersten Kurve sind, der Kurbelversetzung um 90° und der voraneilenden Niederdruckkurbel entsprechend, um $S\,\pi/4$ (nach rechts in der Figur) verschoben worden, wodurch die Kurve $(k_4)\,(k_4')$ entsteht. Die algebraische Summierung der zusammengehörigen Ordinaten von $K_4 K_4'$ und $(k_4)\,(k_4')$ liefert schließlich die resultierende Drehkraftkurve $K_5 K_5'$ in Fig. 11.

An stehenden Maschinen ist bei der Konstruktion der Diagramme auch das Eigengewicht des Gestänges zu berücksichtigen; es verstärkt den Dampfüberdruck beim Niedergang und verringert ihn beim Hochgang.

§ 48. **Die Ruhe des Ganges und die Stöße in den Kolbendampfmaschinen.** Der Gang einer Kolbendampfmaschine kann durch Stöße und durch Schwingungen der ganzen Maschine gestört und unruhig werden. Stöße treten namentlich in den Gelenkpunkten des Gestänges, in der Schlittenbahn und in den Wellenlagern auf. Schwingungen der ganzen Maschine werden durch die hin- und hergehenden Massen hervorgerufen.

### 1. Die Stöße am Kurbel- und Kreuzkopfzapfen.

In Fig. 78, S. 117, schneidet während des Hinlaufes die Kurve des resultierenden Gestängedruckes, der sich aus dem Dampfüberdruck und dem Massendruck zusammensetzt, die Hublinie $A A'$ im Punkte $Y$. Es bedeutet dies, daß hier ein Druckwechsel stattfindet und daß an der betreffenden Stelle der resultierende Gestängedruck, durch Null gehend, seine Richtung ändert. Hervorgerufen wird dieser Druckwechsel dadurch, daß der Dampfüberdruck, der vom Punkte $c$ in Fig. 77 an sich der Bewegung des Kolbens entgegenstellt, vor $Y$ kleiner, in $Y$ gleich und hinter $Y$ größer als der gleichzeitige Druck der im Bewegungssinne voranschnellenden Massen ist.

Wird bei der Betrachtung der Vorgänge, die ein solcher Druckwechsel in den Gelenkpunkten des Gestänges bewirkt, der Kreuzkopfzapfen zunächst außer acht gelassen und vorerst nur der Kurbelzapfen verfolgt, so ergibt sich, daß bis zum Punkte $Y$ (Fig. 82) der nach rechts gerichtete resultierende Gestängedruck das Gestänge gegen den Kurbelzapfen preßt, die Schubstange sich also mit der linken Schale daselbst gegen diesen Zapfen legt; denn beide Teile bewegen sich bis zu dem erwähnten Punkte hin mit gleicher Geschwindigkeit. Von $Y$ an aber hört der kinematische Zusammenhang der Teile auf[1]). Infolge des nun nach links anwachsenden resultierenden Gestängedruckes und des in den Schalen des Kurbelzapfens stets vorhandenen Spielraumes $\delta$, der bis $Y$ hin rechts lag, bleibt jetzt die Schubstange mit dem Gestänge immer mehr gegen den vom Schwungrade weiter gedrehten Kurbelzapfen zurück, und die Verschiedenheit in den Geschwindigkeiten, mit denen sich beide Teile in gleicher Richtung weiterbewegen, wird immer größer. Dies dauert solange, bis das Schubstangenende um den Spielraum $\delta$ der Schalen gegen den Kurbelzapfen zurückgeblieben ist und sich die rechte Schale auf den Kurbelzapfen setzt, was mit einem mehr oder weniger heftigen Stoße geschehen muß, da beide Teile im Augenblicke des Zusammentreffens eine gleich gerichtete, aber verschiedene Geschwindigkeit besitzen. Während dieses Vorganges ist der Kurbelzapfen von $I$ nach $II$, der Kolben von $Y$ nach $Z$ gekommen. Der Kurbelzapfen hat während dieser Zeit in horizontaler Richtung den Weg $\delta + m$, das Gestänge aber nur denjenigen $m$ zurückgelegt. Die Arbeit, die der resultierende Gestänge-

---

[1]) Streng genommen erst dann, wenn die elastische Verkürzung des Gestänges durch den früheren Druck aufgehoben ist.

druck bei diesem Zurückhalten der Gestängemassen gegenüber dem Kurbelzapfen leistete, ist gleich der schraffierten Fläche *Y Z V* und wird im Augenblicke, wo der Stoß erfolgt, teils zur Formänderung, teils zur Vermehrung der
lebendigen Kraft des Kurbelzapfens und der Kurbel verwendet.

Im Vorstehenden erfolgte der Druckwechsel und Stoß vor der Totlage.
Tritt er, was namentlich bei niedrigen Dampfdrucken und schweren Gestängen,

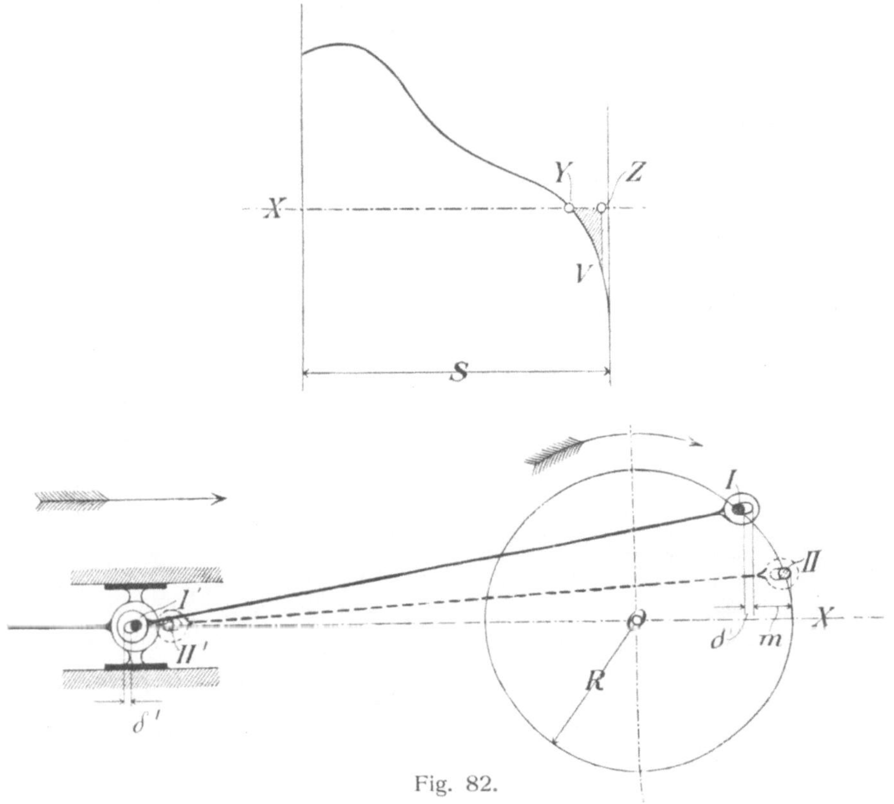

Fig. 82.

also z. B. an den Niederdruckseiten der Mehrzylindermaschinen, der Fall ist,
erst hinter der Totlage ein, so bleiben die beschriebenen Vorgänge ähnliche.
In Fig. 83 ist *d a* die Kurve des Dampfüberdruckes, *q′ q* diejenige des Massendruckes, *e f* diejenige des resultierenden Gestängedruckes für den Kolben-
rücklauf. Bis zum Druckwechsel in *Y*, also über die Totlage hinaus, drückt
hier der nach rechts gerichtete resultierende Gestängedruck die linke Schale
gegen den Kurbelzapfen. Von *Y* an aber beschleunigt der nun nach links
gerichtete Druck die Gestängemasse gegenüber dem Zapfen, und beide Teile
bewegen sich getrennt voneinander mit verschiedener Geschwindigkeit unter
stetigem Anwachsen der Geschwindigkeitsdifferenz weiter. In der Lage *II*
setzt schließlich die rechte Schale wieder mit einem Stoß auf den Zapfen. Der
letztere hat sich dann aus der Lage *I* um die Strecke *m*, das Gestänge aber
um den Weg $m + \delta$ in horizontaler Richtung entfernt.

Die Vorgänge, von denen der Druckwechsel am Kreuzkopfzapfen begleitet ist, sind entsprechende wie die am Kurbelzapfen, nur gehen sie den letzteren voraus, finden früher als diese statt, weil die Gestängemassen bis zu jenem Zapfen kleiner sind. Der Druckwechsel am Kreuzkopfzapfen geht also in einem Punkte vor sich, den man als Schnittpunkt der Linie $A A'$ (Fig. 78, S. 117) und einer resultierenden Gestängedruckkurve erhält, die mit Hilfe einer das

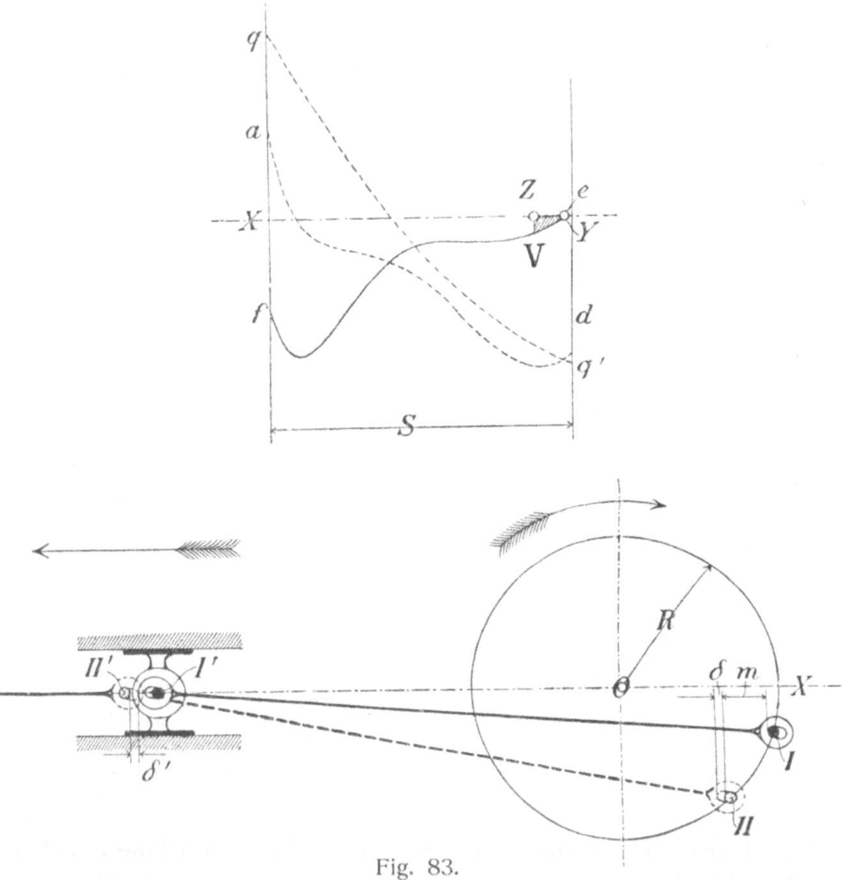

Fig. 83.

Gestänge nur bis zum Kreuzkopfe berücksichtigenden Massendrucklinie konstruiert ist. Bis zu diesem Punkte hin liegt, wie die Lage $I'$ in Fig. 82 und 83 erkennen läßt, die rechte Schale der Schubstange am Kreuzkopfzapfen an. Von nun an aber bleiben die Massen des Gestänges bis zu diesem Zapfen gegenüber der Schubstange zurück, oder eilen ihr voran, je nachdem der Druckwechsel vor oder hinter der Totlage stattfand. Ist die hierdurch entstehende Wegesdifferenz gleich dem Spielraum $\delta'$ geworden, so schlägt der Kreuzkopf mit seinem Zapfen gegen die linke Schale. Während dieser Zeit hat die Schubstange noch immer mit der linken Schale ihres anderen Endes am Kurbelzapfen angelegen, von dem sie sich, wie oben angegeben, erst trennt, wenn in bezug auf ihn der resultierende Gestängedruck Null geworden, der Kolben also nach $Y$ gekommen ist.

Die Heftigkeit, mit der die fraglichen Stöße vor sich gehen, hängt theoretisch ab

a) von der Größe der Gestängemassen,

b) von der Größe der Schalenspielräume und

c) von dem Anwachsen des resultierenden Gestängedruckes nach dem Druckwechsel gegenüber der Zeitachse.

Die Gestängemassen und Schalenspielräume wird man natürlich möglichst klein zu halten suchen; die ersteren sind aber bei einer vorhandenen Maschine als gegeben, bei einer neu zu bauenden als nur wenig veränderlich zu betrachten. Das Anwachsen des resultierenden Gestängedruckes nach dem Druckwechsel läßt sich beurteilen, wenn man nach Fig. 81, S. 117, über dem Wege $S\pi$ des mit annähernd gleichförmiger Geschwindigkeit sich bewegenden Kurbelzapfens die Gestängedrucke in den einzelnen Kurbellagen als Ordinaten aufträgt. Der Verlauf der sich ergebenden, in Fig. 81 gestrichelten Kurve vom Punkte $Y$ an gegenüber der Achse zeigt dann, wie sich dieser Druck, bezogen auf die Zeit, ändert, und der Winkel $\alpha$ in Fig. 81, den die Tangente der fraglichen Kurve im Schnittpunkte $Y$ bildet, kann als Maß für die Stärke des Stoßes gelten. Nach *Stribeck*[1]) ist diese dem Werte $\sqrt{tg\,\alpha}$ proportional. Für $\alpha = 90°$, d. h., wenn die fragliche Kurve senkrecht durch die Zeitachse ginge, würde die Stoßkraft unendlich groß werden. Aber auch schon die nahe an 90° liegenden Werte von $\alpha$ müssen eine ganz bedeutende Stoßkraft haben, die, in der Minute so und so oft wiederholt, unbedingt den Bruch eines Maschinenteiles herbeiführt.

In Wirklichkeit wird die Stoßkraft noch wesentlich beeinflußt durch die polsterartig wirkende Ölschicht zwischen Zapfen und Lagerschale, also durch die Art der Schmierung. Nach den Versuchen von Dr.-Ing. *H. Polster*[2]) an der Versuchsmaschine der Dresdner Hochschule genügte schon ein geringer Öldruck, um die Stärke der Schläge ganz bedeutend zu vermindern, während schlechte Schmierung harte Schläge hervorrief. Auch ist zu beachten, daß die Kolben-, Stopfbüchsen- und Kreuzkopfreibung auf den Verlauf der Gestängedruckkurven einwirken und ebenso wie das Eigengewicht der Schubstange und andere vom Trägheitsmoment derselben herrührende Kräfte nicht nur die Lage des Druckwechsels verschieben, sondern auch den Anstieg der Kurve ändern können.

Von Wichtigkeit und viel umstritten ist die Frage, ob die Lage des Druckwechsels von Einfluß auf die Härte des Stoßes ist. Während *Polster* dies bestreitet und nach seinen Versuchen die Stöße im Totpunkt ebenso weich wie in der Mitte des Hubes waren, empfehlen andere, den Druckwechsel von gewissen Lagen, in deren Bereich der Druckwechsel und Stoß besonders gefährlich werden können, fernzuhalten.

---

1) Z. d. V. d. I. 1893, S. 10.

2) Siehe „Forschungsarbeiten auf dem Gebiete des Ingenieurwesens" 1915, Nr. 172 u. 173.

Die ältere Ansicht *Radingers*[1]), daß ein Druckwechsel unmittelbar vor der Totlage zu erstreben und ein verspäteter nach dem Totpunkte unter allen Umständen von heftigen Stößen begleitet sein müsse, ist durch die Arbeiten von *Stribeck, Wehage*[2]) und *Tolle*[3]) widerlegt worden. Diese halten es vielmehr für bedenklich, den Druckwechsel kurz vor die Totlage zu legen — der etwas später auftretende Stoß kommt dann gewöhnlich in die Totlage —, weil während der Dampfvoreintrittsperiode der Dampfdruck sehr schnell anwächst und also bei einem hierhin verlegten Druckwechsel der resultierende Gestängedruck in der Regel sehr steil gegen die Zeitachse ansteigt. Richtiger ist es nach ihnen, den Druckwechsel mehr von der Totlage zu entfernen, weil er sich dann an gewöhnlichen Betriebsmaschinen leichter beherrschen läßt. Das Mittel hierzu bietet die Kompression[4]) des Dampfes, die in richtiger Größe angewandt, ein in jedem beliebigen Grade gewünschtes Anwachsen des Dampfüberdruckes gegen den Massendruck und ein entsprechend flaches Durchschneiden der Zeitachse von der resultierenden Gestängedruckkurve ermöglicht.

Verspätete Druckwechsel nach dem Totpunkte haben sich erfahrungsgemäß als wenig nachteilig für die Ruhe des Maschinenganges erwiesen und diese kaum zu stören vermocht.

## 2. Die Stöße in der Schlittenbahn.

Die Punkte, in denen der Normaldruck seine Richtung wechselt und ein hiermit verbundener Bahnwechsel eintritt, befinden sich im Normaldruckdiagramm einer liegenden Maschine (Fig. 79, S. 117) dort, wo die Normaldruckkurve eine Horizontale $k\,k'$ schneidet, die dem auf $1\,qcm$ der nutzbaren Kolbenfläche entfallenden Kreuzkopfgewicht entspricht. Läuft die Maschine vorwärts, so ist nach der Figur entweder gar kein Druckwechsel oder ein solcher vorhanden, der mit äußerst geringer Neigung der Normaldruckkurve gegen die Linie $k\,k'$ vor sich geht. Eine Störung des Ganges durch den Druckwechsel in der Schlittenbahn ist also in einem solchen Falle kaum zu befürchten. Bei rückwärts laufenden Maschinen dagegen, wo der Normaldruck während des größten Teiles des Hubes nach oben gerichtet ist, die zugehörige Kurve also fast ganz oberhalb der Basis $A\,A'$ verläuft, wird stets ein Druck- und Bahnwechsel eintreten, und aus der Neigung der Normaldruckkurve gegen die Linie $k\,k'$ können wieder Schlüsse auf die Heftigkeit des mit einem solchen Druckwechsel verbundenen Stoßes gezogen werden. Das Gleiche gilt für alle stehenden Maschinen. Hier findet aber der Druckwechsel in den Schnittpunkten der Normaldruckkurve mit der Linie $A\,A'$ statt; denn das Gewicht des Kreuzkopfes ist jetzt vertikal abwärts, der Normaldruck horizontal nach links oder rechts gerichtet.

---

[1]) *Radinger*, Dampfmaschinen mit hoher Kolbengeschwindigkeit. Gerolds Sohn, Wien.
[2]) Z. d. V. d. I., 1884, S. 637.
[3]) Siehe die Anmerkung auf S. 118.
[4]) Erforderlichenfalls noch unterstützt durch einen genügend langen Voraustritt auf der anderen Kolbenseite.

### 3. Die Stöße im vorderen Kurbelwellenlager.

Ob ein Druckwechsel in diesem Lager stattfindet, ergibt sich aus dem Wechsel, dem die Richtung des resultierenden Zapfendruckes $R_1$ (siehe S. 114) daselbst für die einzelnen Lagen der Hauptkurbel unterworfen ist. Bei liegenden Maschinen fällt der Druck $R_1$ wegen der vertikal nach unten gerichteten großen Schwungradbelastung gewöhnlich in die untere Hälfte der Lagerbohrung und ändert hier ziemlich stetig seine Größe und Richtung. Bei gut konstruierten und ausgeführten liegenden Maschinen ist also ein Stoß im vorderen Kurbelwellenlager meist nicht zu erwarten. Bei stehenden Maschinen dagegen, wo die Kurve des resultierenden Zapfendruckes ungefähr wie die des resultierenden Gestängedruckes verläuft, kann ein Druckwechsel und Stoß in dem fraglichen Lager viel leichter stattfinden.

§ 49. **Die Ruhe des Ganges und der Ausgleich der Massen bei den Kolbendampfmaschinen.** Geht in Fig. 84 der Kolben von links nach rechts, so wirkt auf den hinteren Zylinderdeckel in entgegengesetzter Richtung der volle Dampfdruck dieser Seite, auf den Kolben dagegen in gleicher Richtung der Dampfdruck, anfangs vermindert, später vermehrt um den zur Beschleunigung bzw. Verzögerung des Gestänges erforderlichen Massendruck. Der letztere ist also in jedem Augenblicke der Differenz zwischen Deckel- und Kolbendruck sowohl der Richtung als auch der Größe nach gleich. Im ersten Teile des vorliegenden Hubes, wo der Deckeldruck überwiegt, ist die Differenz von rechts nach links, im zweiten Teile, wo der Kolbendruck überwiegt, von links nach rechts gerichtet. In jenem Teile sucht also der Differenzdruck den Schwerpunkt der ganzen Maschine nach der einen, in diesem Teile nach der entgegengesetzten Seite zu verschieben. Während der Rückkehr des Kolbens findet Entsprechendes statt.

Die angedeuteten Verschiebungen kommen bei einer liegenden Maschine zum Vorschein, wenn man sie nach Fig. 84 an

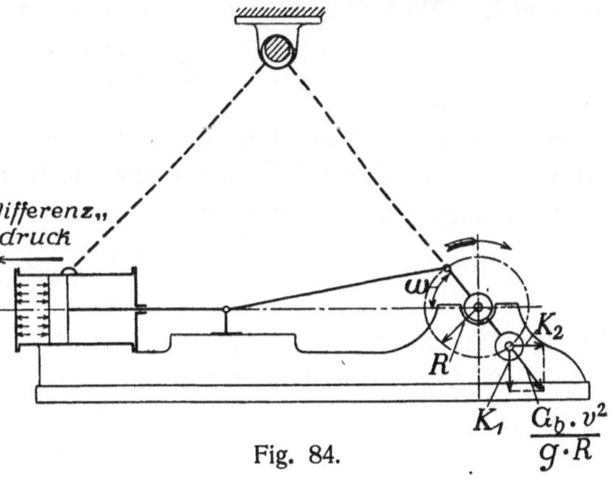


Fig. 84.

Seilen oder Ketten pendelnd aufhängt. Während des Hinlaufes wird dann die Maschine zuerst nach links und, sobald die erlangte Geschwindigkeit in diesem Sinne vernichtet ist, nach rechts schwingen; während des Rücklaufes findet das Umgekehrte statt. Auch an schnellaufenden leichten Lokomobilen treten die Bewegungen zutage, sobald sie nicht durch die Reibung der Laufräder oder ein anderes Hindernis verhütet werden. Bei feststehenden liegenden Maschinen verhindern die Fundamentanker die angeführten Verschiebungen, und die Maschinen zeigen nur noch das Bestreben, bei jeder Kolbenbewegung auf dem Fundamente in dem einen oder anderen Sinne zu zucken. An stehenden Maschinen äußert sich der Differenzdruck darin, daß er die Pressung, die das vertikal abwärts gerichtete Eigengewicht der Maschine auf das Fundament ausübt, bald vermindert, bald vermehrt. Der Schwerpunkt solcher Maschinen erhält dadurch Tendenz, auf und ab zu tanzen.

Um den nachteiligen Einfluß, den der Differenz- bzw. Massendruck auf die Ruhe des Ganges hat, zu beseitigen, empfiehlt es sich, an schnellaufenden liegenden Maschinen die Wirkung der Gestängemassen auszugleichen. Bei unendlich langer Schubstange kann diese Ausgleichung vollständig, bei endlicher Schubstangenlänge zur Hauptsache durch ein Gegengewicht von richtiger Größe bewirkt werden, das in der Ebene des Kurbelkreises dem Kurbelarm und Kurbelzapfen diametral gegenüber schwingt. Das Gewicht muß, wenn es den angeführten Zweck ganz erfüllen soll, bei jeder Kolbenlage eine Horizontalkraft ausüben, die mit dem Massendruck des Gestänges die gleiche Größe, aber die entgegengesetzte Richtung hat.

Wiegt das Gegengewicht $G_b\,kg$, so entwickelt seine auf den Kurbelradius $R$ bezogene Masse eine Fliehkraft

$$K = \frac{G_b}{g}\frac{v^2}{R},$$

wenn $v$ die Umfangsgeschwindigkeit im Kurbelkreise und
$g = 9{,}81$ die Beschleunigung der Schwere in $m/sk^2$ ist.

Bei der um den Winkel $\omega$ aus der Totlage gedrehten Kurbellage beträgt ferner die Horizontalkomponente der Fliehkraft nach Fig. 84

$$K_2 = \frac{G_b}{g}\frac{v^2}{R}\cos\omega.$$

Die drehenden Massen $G_r$ des Gestänges (Kurbelzapfen, halbe Kurbel und halbe oder drei Fünftel Schubstange) äußern bei der angegebenen Kurbellage in entgegengesetzter Richtung eine Horizontalkraft

$$\frac{G_r}{g}\frac{v^2}{R}\cos\omega,$$

die hin- und hergehenden Massen $G_h$ mit Bezug auf Gl. 45, S. 114, und Gl. 43, S. 111, bei unendlich langer Schubstange eine solche

$$q \cdot O = \frac{G_h}{g}\frac{v^2}{R}\cos\omega.$$

Ein vollständiger Ausgleich der ganzen Gestängemassen und ihrer Wirkungen tritt also hier für

$$K_2 = \frac{G_b}{g}\frac{v^2}{R}\cos\omega = (G_r + G_h)\frac{v^2}{g \cdot R}\cos\omega$$

oder
$$G_b = G_r + G_h$$

ein, d. h., wenn die auf den Kurbelradius $R$ bezogene Masse des Gegengewichtes ebenso groß wie die Masse des ganzen Gestänges ist. Die letzteren wirken also bei unendlich langer Schubstange genau so, als ob sie im Kurbelzapfen vereinigt wären und sich mit diesem drehten.

Bei **endlicher** Schubstangenlänge würde ein so bemessenes Gegengewicht die Wirkung der Gestängemassen nur in der Hauptsache ausgleichen, und zwar würde der Teil

$$\pm \frac{G_h}{g}\frac{v^2}{R}\lambda \cdot \cos 2\,\omega,$$

um den der Druck der hin- und hergehenden Massen bei endlicher Schubstangenlänge (Gl. 44, S. 111) größer bzw. kleiner als bei unendlich langer Schubstange (Gl. 43, S. 111) ist, nicht aufgehoben werden. Dieser nicht ausgeglichene Teil erreicht seinen größten Wert für $\omega = o$ und $180°$, also in den beiden Totlagen, und beträgt dann den $(1/\lambda \pm 1)$ten Teil des vollen Massendruckes

$$\frac{G_h}{g}\frac{v^2}{R}\,(1 \pm \lambda)$$

in diesen Lagen. Für $\lambda = 1/5$ würde also höchstens der $(5 \pm 1)$te Teil dieses Massendruckes nicht aufgehoben werden.

Da somit bei endlicher Schubstangenlänge an liegenden Maschinen eine vollständige Ausgleichung der Gestängemassen durch ein Gegengewicht nicht erreicht werden kann, so empfiehlt *Radinger*, das Gewicht $G_b$ mit Rücksicht auf die weiter unten verfolgte andere (vertikale) Komponente $K_1$ nur gleich dem $o{,}5$- bis $o{,}8$fachen Gewicht $G_r + G_h$ zu machen.

Das Gegengewicht kann ferner für gewöhnlich nicht, wie oben verlangt, in der Ebene des Kurbelkreises untergebracht werden. Man hat es dann durch

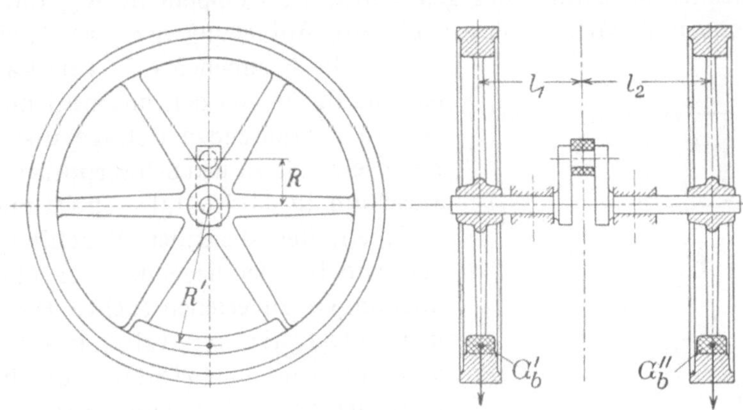

Fig. 85.

zwei Gegengewichte in anderen, parallelen Ebenen zu ersetzen. Damit die Wirkung die gleiche wird, muß wie bei der Zerlegung einer Kraft in zwei parallele Komponenten

1. die algebraische Summe der Horizontalkomponenten für die Fliehkräfte der beiden Gewichte ebenso groß wie dieselbe Komponente des für die Kurbelkreisebene berechneten einzigen Gewichtes und

2. die algebraische Summe der statischen Momente aller drei Horizontalkomponenten in bezug auf irgendeinen Punkt gleich Null sein. Bei einer gekröpften Welle mit zwei Schwungrädern (Fig. 85) wird diesen Bedingungen

z. B. durch zwei Gegengewichte $G_b'$ und $G_b''$ genügt, die, am Radius $R'$ in den beiden Rädern untergebracht, den Gleichungen

$$G_b' = G_b \frac{R}{R'} \frac{l_2}{l_1 + l_2}, \qquad G_b'' = G_b - G_b'$$

genügen, unter $G_b$ wieder die auf den Kurbelradius $R$ und die Kurbelkreisebene bezogene Größe des Gegengewichtes verstanden.

Von der nicht zur Ausgleichung des Differenz- bzw. Massendruckes dienenden zweiten Komponente

$$K_1 = \frac{G_b}{g} \frac{v^2}{R} \sin \omega$$

in Fig. 84 wird nur der den drehenden Massen entsprechende Teil aufgehoben, der den hin- und hergehenden Massen entsprechende Anteil aber nicht. Der letztere übt indes bei liegenden Maschinen, wo $K_1$ vertikal gerichtet ist, keinen nachteiligen Einfluß auf die Ruhe des Ganges aus. Solange die Komponente $K_1$ nach unten wirkt, erhöht sie nur den Flächendruck zwischen der Kurbelwelle und den unteren Lagerschalen, solange sie nach oben gerichtet ist und die Welle gegen die oberen Lagerschalen zu pressen sucht, wird ihr nachteiliger Einfluß bei einigermaßen schwerem Schwungrade vollständig aufgehoben. $K_1$ schwankt zwischen dem Werte Null in den Totlagen und dem größten Werte $(G_b/g) \cdot (v^2/R)$, wenn die Kurbel senkrecht zur Hubrichtung steht.

An stehenden Maschinen dagegen würde die Komponente $K_1$, die hier nach Fig. 86 horizontal wirkt, während die zur Aufhebung der Massenwirkung erforderliche Komponente $K_2$ vertikal gerichtet ist, mit ihrem von den hin- und hergehenden Massen herrührenden Betrage insofern nachteilig sein, als sie den Schwerpunkt der ganzen Maschine in horizontaler Richtung zu verschieben, der stehenden Maschine also ähnlich wie bei der liegenden der Massendruck Zuckungen zu erteilen sucht. Bei stehenden Maschinen sieht man deshalb von einem Ausgleich der hin- und hergehenden Gestängemassen ab und sucht nur durch ein leichtes Gestänge den Massendruck möglichst klein zu halten, sowie durch ein genügend großes Maschinengewicht dem Abheben der Maschine, wie es durch den zeitweise nach oben gerichteten Differenzdruck angestrebt wird, vorzubeugen. Selbst in ungünstigen Fällen lassen sich auf diese Weise, namentlich bei einer genügend großen Ankerzahl und einem hinreichend tiefen und breiten Fundamente, die Massendrucke dieser Maschinen unschädlich

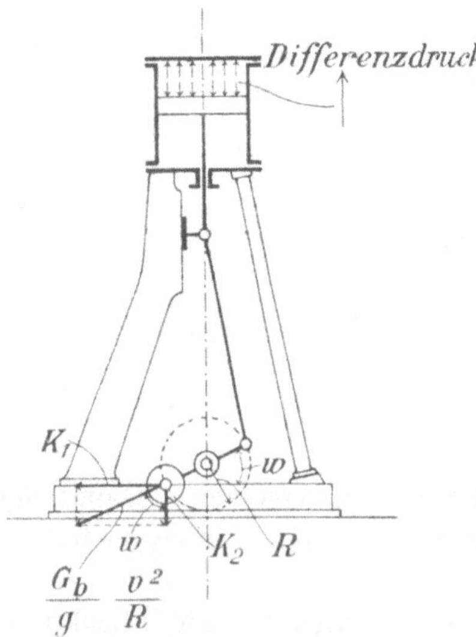


Fig. 86.

machen. Ein Ausgleich der drehenden Massen des Gestänges dagegen ist auch bei stehenden Maschinen zu empfehlen.

§ 50. **Die Gleichförmigkeit des Ganges bei den Kolbendampfmaschinen.** Die Arbeit, die von der auf $1\ qcm$ der nutzbaren Kolbenfläche entfallenden Drehkraft während einer Umdrehung ohne Berücksichtigung der Nebenhindernisse in der Maschine an die Kurbelwelle abgegeben wird, ist nach S. 118 durch die Differenz der Flächen bestimmt, die über und unter der Basis des Drehkraftdiagrammes liegen. Nimmt man daher den an der Kurbelwelle angreifenden und von der Maschine zu überwindenden Widerstand $w$, bezogen auf den Kurbelradius $R$ und $1\ qcm$ der nutzbaren Kolbenfläche, als konstant an, so bestimmt sich dessen Größe bei Vernachlässigung der Nebenhindernisse als Höhe eines Rechteckes, das mit dem Drehkraftdiagramm dieselbe Basis ($S\pi = 2\,R\pi$) und die Differenz der Flächen über und unter derselben oder die ebenso große Fläche der beiden Indikatordiagramme zum Inhalt hat, also zu

$$w = \frac{2\,p_i \cdot S}{S\,\pi} = 2\,\frac{p_i}{\pi} \quad \ldots \ldots \ldots \ldots \quad 46$$

In Fig. 87 ist $x\,y$ die Widerstandslinie. Die veränderliche Drehkraft sucht, solange sie größer als der konstante Widerstand ist, die drehenden Massen auf der Schwungradwelle zu beschleunigen, solange sie aber unter dem Widerstande bleibt, dieselben zu verzögern. Von $a$ bis $b$ und von $c$ bis $d$ steigt demnach die Drehgeschwindigkeit der Kurbelwelle, von $b$ bis $c$ und von $d$ bis $a$ dagegen sinkt sie. Kurbelwelle und Kurbelzapfen bewegen sich also keineswegs

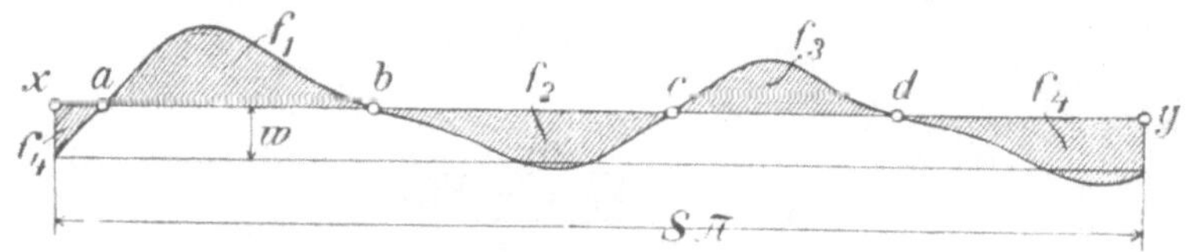


Fig. 87.

mit konstanter Geschwindigkeit, wie dies gewöhnlich angenommen wird. Nach Fig. 87 nimmt vielmehr die Geschwindigkeit während einer Umdrehung zweimal zu und ab; sie erreicht während des Weges $d\,a$ ihren kleinsten Wert in $a$ und ihren größten in $d$, während des Weges $b\,c$ ihren kleinsten Wert in $c$ und ihren größten in $b$ usw.

Durch das Schwungrad, das die größte drehende Masse der Kurbelwelle bildet, lassen sich die Geschwindigkeitsschwankungen wohl beschränken, aber nicht beseitigen. In das Schwungrad wird nämlich während der Zeit, wo die Drehkraft größer als der Widerstand ist, die von jener zuviel geleistete Arbeit geleitet und dadurch die lebendige Kraft des Rades vermehrt, um später, wenn die Drehkraft zur Überwindung des Widerstandes nicht ausreicht, wieder dem Rade entnommen zu werden. Die in das Schwungrad geleiteten, überschüssigen Arbeiten sind in Fig. 87 durch die Flächen $f_1$ und $f_3$, die dem Schwungrade entnommenen, unterschüssigen durch die Flächen $f_2$ und $f_4$ gegeben.

Entwickelt man nach S. 118 und Fig. 5, Taf. 1, die Drehkraft $tp$ des Dampfüberdruckes $p_u$ getrennt von derjenigen $tq$ des Massendruckes $q$ und trägt $tq$ nach Fig. 7, Taf. 1, je nachdem es treibend oder hindernd auf den Kolben wirkt, über bzw. unter der Widerstandslinie $xy$ auf, so liegen die Über- und Unterschußflächen zwischen den beiden Drehkraftkurven.

Bezeichnet nun

$a_s$ die der größten von den vier Flächen $f_1$ bis $f_4$ entsprechende Arbeit in $mkg$,
$A_s = a_s \cdot O$ diese Arbeit, bezogen auf die nutzbare Kolbenfläche $O$,
$V$ die mittlere, $V_{max}$ die größte und $V_{min}$ die kleinste Umfangsgeschwindigkeit
  im Schwerpunktskreise des Schwungradkranzes in $m/sk$,
$M$ die Masse des im Kranze vereinigt gedachten Schwungrades,
$E = M \cdot V^2/2$ die lebendige Kraft oder Wucht desselben bei der mittleren
  Geschwindigkeit $V$,

so muß die dem letzteren zugeführte oder entzogene Arbeit gleich der Zu- oder Abnahme der lebendigen Kraft, also

$$A_s = \frac{M}{2}\,(V_{max}^2 - V_{min}^2)$$

sein. Ist weiter

$$\delta_s = \frac{V_{max} - V_{min}}{V}$$

der Ungleichförmigkeitsgrad, das ist das Verhältnis der auftretenden größten Geschwindigkeitsschwankung zur mittleren Geschwindigkeit während einer Umdrehung, und setzt man

$$V = \frac{V_{max} + V_{min}}{2},$$

so folgt, da

$$\delta_s \cdot V^2 = \frac{V_{max}^2 - V_{min}^2}{2}$$

ist, aus der obigen Gleichung

$$\boldsymbol{A_s = M \cdot \delta_s \cdot V^2 = 2E\delta_s} \quad \ldots \ldots \ldots \ldots \quad 47$$

Hieraus ergibt sich, daß

1. $\delta_s$ um so kleiner wird, je größer unter sonst gleichen Verhältnissen $M$ ist. Das sagt: Je größer die Schwungradmasse ist, desto kleiner sind die Geschwindigkeitsschwankungen, desto gleichförmiger ist der Gang der Maschine. Eine vollständige Beseitigung der Schwankungen ($\delta_s = o$) ist aber durch das Schwungrad nicht zu erreichen, weil dazu dessen Masse unendlich groß sein müßte.

2. $\delta_s$ um so kleiner wird, je größer unter sonst gleichen Verhältnissen $V$ ist. Große Umfangsgeschwindigkeiten sind also der Gleichförmigkeit des Ganges günstig, oder bei derselben Schwungradmasse fallen die Geschwindigkeitsschwankungen, bei demselben Ungleichförmigkeitsgrade die erforderlichen Schwungmassen um so kleiner aus, je größer $V$ ist.

3. $\delta_s$ um so größer wird, je größer unter sonst gleichen Verhältnissen $A_s$ ist. Das bedeutet: Je stärker die Drehkraftkurve von der Linie des mittleren Widerstandes abweicht, je größer also die Arbeit $a_s$ im Verhältnis zur Arbeit $w \cdot S \pi$ des mittleren Widerstandes ist, desto größer muß bei demselben Ungleichförmigkeitsgrade die Schwungmasse werden, oder desto ungleichförmiger geht die Maschine bei derselben Schwungmasse. Das Verhältnis $a_s : w \cdot S \pi$ fällt nun, wie die Konstruktion des Drehkraftdiagrammes für verschiedene Füllungs- und Kompressionsgrade ergibt, um so größer aus, je kleiner unter sonst gleichen Verhältnissen die Füllung und je größer die Kompression ist[1]). Große Füllung und geringe Kompression vermindern also das Schwungradgewicht bzw. erhöhen die Gleichförmigkeit des Ganges.

Weiter wird bei derselben Leistung die größte Über- oder Unterschußfläche im Verhältnis zu dem Rechteck des mittleren Widerstandes um so kleiner werden, je weniger die Arbeiten des Dampfes für Hin- und Rücklauf voneinander abweichen. Bei liegenden Maschinen ist deshalb eine möglichst gleiche Dauer der einzelnen Dampfverteilungsperioden, namentlich eine gleiche Füllung, für beide Kolbenseiten der Gleichförmigkeit des Ganges günstig. Bei stehenden Maschinen, wo das Gestängegewicht den treibenden Dampfdruck beim Niedergange vermehrt, beim Hochgange vermindert, ist eine Ausgleichung dieses Gewichtes in solcher Hinsicht vorteilhaft. Die Ausgleichung kann entweder durch eine größere Füllung auf der unteren oder eine dickere Kolbenstange auf der oberen Seite erreicht werden.

An Mehrzylindermaschinen, wo sich die Drehkräfte der einzelnen Kolben summieren, kommt die Versetzung der Kurbeln der Gleichförmigkeit des Ganges zugute. So zeigen die Drehkraftdiagramme von Zwillings-Verbundmaschinen geringere Abweichungen von der konstanten Widerstandslinie als diejenigen von Tandem-Verbundmaschinen.

In Betrieben mit starken Belastungsschwankungen kann dem Schwungrade nach Prof. *Graßmann*[2]) auch noch die Aufgabe zufallen, außergewöhnliche Veränderungen in der äußeren Belastung der Maschine solange auszugleichen, bis der Regler die der neuen Belastung entsprechende Füllung eingestellt hat. Soll die lebendige Kraft oder Wucht $E$ des Schwungrades dann während $x$ Umdrehungen die indizierte Arbeit der Maschine übernehmen, so muß

$$E = \frac{M \cdot V^2}{2} = 2 x \cdot S \cdot O \cdot p_i \quad \ldots \ldots \ldots \ldots \quad 48$$

mit $p_i$ als mittlere indizierte Spannung sein. $x$ ist je nach der Stärke der Belastungsschwankungen und den Anforderungen, die an die Gleichmäßigkeit des Ganges gestellt werden, zwischen *5* und *20* zu wählen.

---

[1]) In Fig. 6, Taf. 1, ist z. B. bei 20 und 19 vH Füllung $w = 1,97$ *at* und die größte der Über- und Unterschußflächen $f_1 = 388$ *qmm*, also $f_1 : w = 388 : 1,97 = 19,7$, bei 45 und 39 vH Füllung $w = 3,03$ *at* und die größte Fläche $f_2 = 540$ *qmm*, also nur $f_2 : w = 540 : 3,03 = 17,8$. — Nach der Tabelle auf S. 133 gilt diese Abnahme nur bis zu einer gewissen Grenze des dort mit $\gamma$ bezeichneten Wertes.

[2]) Siehe die Anmerkung auf S. 35.

§ 51. **Die Berechnung des Schwungradgewichtes.** Für eine neue Maschine ist die erforderliche Schwungradmasse, bezogen auf den Schwerpunktradius des Kranzes, gleich dem aus Gl. 47 bzw. 48 sich ergebenden Werte für $M$ zu machen, wobei die folgenden Werte in diese Gleichungen einzuführen sind.

Die Arbeit $a_s$ bzw. $A_s$ ist, wenn die Drehkraftkurve die Widerstandslinie $x\,y$ wie in Fig. 87 nur in vier Punkten schneidet, auf die größte der Flächen $f_1$ bis $f_4$ zu beziehen. Schneidet aber jene Kurve die Linie $x\,y$ in mehr als vier Punkten (Fig. 88), so ist zur Bestimmung von $a_s$ der Reihe nach die Summe $+f_1$, $+f_1-f_2$, $+f_1-f_2+f_3$ usw. bis schließlich $+f_1-f_2+f_3-f_4+f_5-f_6+f_7-f_8$ zu bilden, wenn $f_1$, $f_2$, $f_3$, $f_5$, $f_7$ die absolut genommenen Inhalte der Über-, $f_2$, $f_4$, $f_6$, $f_8$ diejenigen der Unterschußflächen sind. Ist dann $f'$ der größte

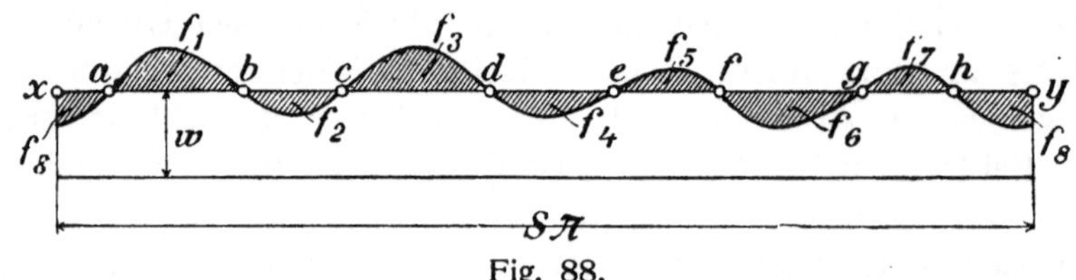

Fig. 88.

positive und $f''$ der größte negative dieser aufeinanderfolgenden Werte, so ist $A_s$ für $f = f' + f''$ ($f'$ und $f''$ wieder absolut genommen) zu berechnen.

Der Ungleichförmigkeitsgrad $\delta_s$ wird gewählt für Maschinen zum Antriebe von

| | |
|---|---|
| Pumpen und Schneidewerken | $= 1/25$, |
| Werkstätten-Triebwerken | $= 1/35$ bis $1/50$, |
| Webstühlen und Papiermaschinen | $= 1/40$, |
| Mahlmühlen | $= 1/50$, |
| Spinnereien mit niedriger bzw. hoher Garnnummer | $= 1/60$ bzw. $1/100$, |
| Gleichstrom-Dynamomaschinen | $= 1/150$, |
| Wechselstrom-Dynamomaschinen | $= 1/300$. |

Die Umfangsgeschwindigkeit $V$ im Schwerpunktskreise des Schwungradkranzes ergibt sich im Anschluß an den zu wählenden äußeren Radius des Schwungrades, der bei kleinen Maschinen gewöhnlich das 6-, bei mittleren das 5- bis 4,5-, bei großen das 4,5- bis 4fache des Kurbelradius ist. $V$ soll aber aus Festigkeitsrücksichten nicht mehr als $30\ m/sk$ betragen.

Da die Arme des Schwungrades ungefähr 5 bis 10 vH des Kranzes, je nach der Bauart des Rades, ersetzen, so braucht das Kranzgewicht nur

$$G_k = 0{,}95\,g \cdot M \text{ bis } 0{,}9\,g \cdot M$$

oder mit $g = 9{,}81\ m/sk^2$

$$G_k = \sim 9{,}33\,M \text{ bis } 8{,}83\,M \quad \dots \dots \dots \dots 49$$

zu sein. Das Gewicht des ganzen Rades ist dann ungefähr

$$G = \frac{4}{3}\,G_k \quad \dots \dots \dots \dots \dots 50$$

Der zur Erzielung des Gewichtes $G_k$ nötige Querschnitt des Kranzes berechnet sich für ein spezifisches Gewicht von *7,25* zu

$$F_k = 0{,}22 \frac{G_k}{R_k} \text{ in } qcm \quad . \quad . \quad . \quad . \quad . \quad . \quad . \quad . \quad 51$$

wenn $R_k$ der Schwerpunktradius des Kranzes in $m$ ist.

Zur Bestimmung von $G_k$ ohne Aufzeichnung des Drehkraftdiagrammes kann bei der Nutzleistung $N_e$ in $PS$ und der minutlichen Umdrehungszahl $n$ der Maschine die Gleichung[1])

$$G_k = \frac{c}{\delta_s} \frac{N_e}{n \cdot V^2} \quad . \quad . \quad . \quad . \quad . \quad . \quad . \quad . \quad . \quad 52$$

dienen, wenn der Koeffizient $c$ der nachstehenden Tabelle entnommen wird, in der $\gamma$ das Verhältnis des größten Massendruckes

$$q = \frac{G_k}{g \cdot O} \frac{v^2}{R}$$

nach Gl. 45 und 43, S. 114 bzw. 111, zum anfänglichen Dampfdruck $p_1$ bezeichnet. Die Kompressionsendspannung kann dabei bis *0,7* $p_1$ betragen.

Tabelle der Werte c.

| | Füllung | $\gamma = 0{,}05$ | 0,1 | 0,2 | 0,3 | 0,4 | 0,5 | 0,6 |
|---|---|---|---|---|---|---|---|---|
| Auspuff | 1 : 6 | $c = 9600$ | 8700 | 7200 | 6100 | 5500 | 5300 | — |
| | 1 : 4 | $c = 9000$ | 8300 | 7200 | 6300 | 6000 | 6000 | 6200 |
| | 1 : 3 | $c = 8500$ | 8100 | 7100 | 6500 | 6300 | 6300 | — |
| | 1 : 2 | $c = 7800$ | 7500 | 7000 | 6900 | — | — | — |
| Kondensation | 1 : 10 | $c = 10000$ | 9100 | 7500 | 6400 | 5700 | 5300 | 5000 |
| | 1 : 8 | $c = 9700$ | 8800 | 7400 | 6500 | 6000 | 5700 | 4800 |
| | 1 : 6 | $c = 8900$ | 8300 | 7100 | 6400 | 6100 | — | — |
| | 1 : 5 | $c = 8500$ | 8100 | 7200 | 6400 | 6100 | — | — |
| | 1 : 4 | $c = 8000$ | 7800 | 7400 | 7000 | 6600 | 6200 | — |
| | 1 : 3 | $c = 7500$ | 7400 | 7000 | 6900 | 6900 | 6800 | 6800 |
| | 1 : 2 | $c =$ — | — | 6800 | — | — | — | — |

Zwillingsmaschinen Füllung = 1 : 6    1 : 4    1 : 3    1 : 2<br>$c = 2900$    2400    2000    1500

Dreizylindermaschinen $c = 1400$

Von den Elektrikern wird meist das S c h w u n g m o m e n t $G_k \cdot D_k^2$ mit $D_k = 2R_k$ vorgeschrieben. Hierfür ergibt sich mit $\pi^2 = g = \infty\,10$ und

$$V = \frac{D_k \pi \cdot n}{60}, \qquad E = M \cdot \frac{V^2}{2} = \frac{G_k}{g} \frac{V^2}{2}$$

$$G_k \cdot D_k^2 = 7200 \frac{E}{n^2} \quad . \quad . \quad . \quad . \quad . \quad . \quad . \quad . \quad 53$$

während nach Gl. *52*

$$G_k \cdot D_k^2 = 360 \frac{c \cdot N_e}{\delta_s \cdot n^3} \quad . \quad . \quad . \quad . \quad . \quad . \quad . \quad . \quad 54$$

wird.

---

[1]) Z. d. V. d. I. 1889, S. 113, und *M. Tolle*, Die Regelung der Kraftmaschinen. Julius Springer, Berlin.

§ 52. **Beispiel zur Berechnung des Schwungradgewichtes.** Für die in § 14 im 1. Beispiel berechnete Einzylinder-Auspuffmaschine $D = 0,3$, $S = 0,5\,m$, $n = 180$, $N_e = 80\,PS$ sind die Verhältnisse des Schwungrades mit einem Ungleichförmigkeitsgrad $\delta_s = 1/150$ (Antrieb einer Gleichstrom-Dynamomaschine) zu bestimmen.

Die Arbeits- und Druckdiagramme der Maschine befinden sich auf Taf. 1. Bezüglich ihrer Konstruktion gelten die Angaben in § 47. Die stärker ausgezogenen Indikatordiagramme für die Deckel- und Kurbelseite in Fig. 2, Taf. 1, entsprechen den daselbst angegebenen Dampfverteilungsperioden bei 21 bzw. 19 vH Füllung. Außerdem sind aber noch die schwach ausgezogenen und strichpunktierten Diagramme für 45 bzw. 10 vH Füllung auf der Deckel- und 39 bzw. 10 vH Füllung auf der Kurbelseite eingetragen. Das Gewicht der hin- und hergehenden Massen ist nach den Angaben von *Radinger* auf S. 114 zu $G_k/O = 0,28\,at$ angenommen worden. Mit der Umfangsgeschwindigkeit im Kurbelkreise

$$v = \frac{0,5\,\pi \cdot 180}{60} = 4,71\,m/sk$$

ergibt sich dann der zur Konstruktion der Massendrucklinie erforderliche Wert

$$\frac{G_k}{g \cdot O}\,\frac{v^2}{R} = \frac{0,28}{9,81}\,\frac{4,71^2}{0,25} = 2,53\,at\,.$$

Er liefert unter Berücksichtigung der endlichen Schubstangenlänge mit $\lambda = {}^1\!/_5$ als Massendruck für die

Deckeltotlage $1,2 \cdot 2,53 = 3,04\,at,$
Kurbeltotlage $0,8 \cdot 2,53 = 2,02\,at.$

Der konstant angenommene Widerstand an der Kurbelwelle berechnet sich unter Vernachlässigung der Nebenhindernisse mit $p_i = 3,1\,at$ (S. 37) nach Gl. 46, S. 129, zu

$$w = 2\,\frac{3,1}{\pi} = 1,97\,at\,,$$

und die ihm entsprechende Horizontale $x\,y$ schneidet im Drehkraftdiagramm der Fig. 6, Taf. 1, die Über- bzw. Unterschußflächen $f_1 = 388$, $f_2 = 380$, $f_3 = 241$ und $f_4 = 244\,qmm$ ab, so daß der zur Nachprüfung dienenden Bedingung, daß $f_1 + f_3 = 629\,qmm$ ebenso groß wie $f_2 + f_4 = 624\,qmm$ sein muß, hinreichend genügt ist.

Die für die Schwungradberechnung in Rücksicht zu ziehende größte Fläche $f_1 = 388\,qmm$ entspricht, da bei $60\,mm$ Diagrammbasis und $S = 0,5\,m$ Hub der Maschine

im Längenmaßstab

$$1\,mm \cdots \frac{0,5}{60}\,m$$

darstellt und im Kräftemaßstab

$$1\ mm \cdots \frac{1}{6,5}\ at\ ,$$

also

$$1\ qmm = \frac{0,5}{60}\frac{1}{6,5} = \frac{1}{780}\ mkg$$

ist, einer Arbeit

$$a_s = \frac{388}{780} = 0,5\ mkg$$

pro *qcm* der nutzbaren Kolbenfläche. Dieser Betrag gilt für die normale Füllung von 21 bzw. 19 vH. Soll das Schwungrad aber auch noch für eine um 38 vH größere Leistung als die normale, also für $N_e = 1,38 \cdot 80 = \sim 110\ PS$, den verlangten Ungleichförmigkeitsgrad $\delta_s = 1/150$ ergeben, so kann für diese, da nach S. 131 mit zunehmender Füllung die Über- und Unterschlußflächen im Drehkraftdiagramm nicht in gleichem Verhältnis steigen, mit genügender Sicherheit $a_s = 1,3 \cdot 0,5\ mkg$, und wenn die nutzbare Kolbenfläche, entsprechend einer einseitigen Kolbenstange von *6 cm* Durchmesser,

$$O = 30^2 \frac{\pi}{4} - \frac{1}{2}\, 6^2 \frac{\pi}{4} = \sim 690\ qcm$$

gesetzt wird,

$$A_s = a_s \cdot O = 1,3 \cdot 0,5 \cdot 690 = \sim 450\ mkg$$

angenommen werden.

Der äußere Radius des Schwungrades betrage $4,6\ R = 4,6 \cdot 0,25 = 1,15\ m$. Der Schwerpunktsradius des Kranzes kann dann schätzungsweise mit $R_h = 1,08\ m$ und die im zugehörigen Kreise vorhandene Geschwindigkeit mit

$$V = \frac{2 \cdot 1,08\,\pi \cdot 180}{60} = 20,36\ m/sk$$

in die Rechnung eingeführt werden.

Aus Gl. 47, S. 130, folgt nun als erforderliche Schwungmasse für $\delta_s = 1/150$

$$M = \frac{450 \cdot 150}{20,36^2} = 163\ ,$$

der nach Gl. 49 ein Gewicht des Schwungradkranzes

$$G_k = 8,83 \cdot 163 = \sim \mathbf{1450}\ kg$$

und nach Gl. 50 ein Gewicht des ganzen Schwungrades von annähernd

$$G = \frac{4}{3}\, 1450 = \mathbf{1935}\ kg$$

entsprechen würde. Gl. 52 verlangt mit $N_e = 110\,PS$ und $c = 6600$, entsprechend

$$\gamma = \frac{q}{p_1} = \frac{2,53}{9,3} = 0,272$$

bei ca. *0,35* bis *0,4* Füllung, ein Kranzgewicht von

$$G_k = \frac{6600 \cdot 110 \cdot 150}{180 \cdot 20{,}36^2} = 1460 \; kg \, .$$

Der Radkranz muß nach Gl. 51 einen Querschnitt

$$F_k = 0{,}22 \, \frac{1450}{1{,}08} = 295 \; qcm$$

erhalten und würde ein Schwungmoment

$$G_k \cdot D_k^2 = 1450 \cdot 2{,}16^2 = 6765 \; m^2 \, kg$$

ausüben.

Überträgt ein Schwungradriemen die Leistung der Maschine, so ist die Umfangs-kraft bei der normalen Leistung von *80 PS$_e$* und bei einer Riemengeschwindigkeit von

$$\frac{2{,}3 \, \pi \cdot 180}{60} = 21{,}7 \; m/sk \, ,$$

$$P = \frac{80 \cdot 75}{21{,}7} = \infty 280 \; kg \, .$$

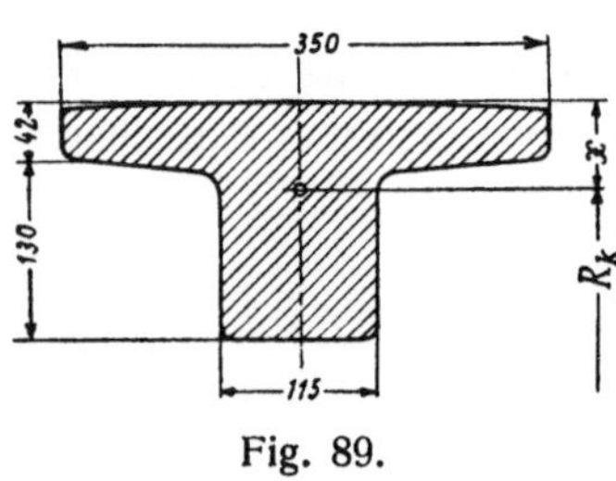

Fig. 89.

Ein Riemen von *30 cm* Breite würde dann bei der normalen Leistung mit einer Nutzspannung

$$k = \frac{280}{30} = 9{,}33 \; kg/cm \, ,$$

bei einer um ein Drittel größeren Leistung mit einer solchen

$$k = 1{,}33 \cdot 9{,}33 = 12{,}5 \; kg/cm$$

arbeiten.

Die Breite des Schwungrades für einen *30 cm* breiten Riemen beträgt zweck-mäßig *350 mm*. Der Querschnitt in Fig. 89 genügt bei dieser Breite dem be-rechneten Inhalt, denn er ist $35 \cdot 4{,}2 + 11{,}5 \cdot 13 = 296{,}5 \; qcm$. Der Abstand seines Schwerpunktes von der äußeren Radkante berechnet sich zu

$$x = \frac{35 \cdot 4{,}2 \cdot 2{,}1 + 11{,}5 \cdot 13 \, (6{,}5 + 4{,}2)}{35 \cdot 4{,}2 + 11{,}5 \cdot 13} = 6{,}4 \; cm \, ,$$

der Schwerpunktsradius $R_k = 1{,}15 - 0{,}064 = 1{,}086 \; cm$ stimmt also mit dem geschätzten genügend überein.

# V. Die Steuerungen.

**§ 53. Einteilung der Steuerungen. Allgemeine Gesichtspunkte für die Anwendung derselben.** Die Steuerungen der Kolbendampfmaschinen werden unterschieden:

1. nach der Art der Abschlußorgane in: Flachschieber-, Kolbenschieber-, Ventil- und Dreh(Corliß)schiebersteuerungen, wozu bei den Gleichstrommaschinen noch der Dampfkolben als Abschlußorgan für den Dampfaustritt kommt;

2. nach der Zahl der zum bzw. vom Zylinder führenden Dampfwege oder Steuerkanäle in: Steuerungen mit zwei, drei und vier Dampfwegen;

3. nach der Verbindung des Abschlußorganes mit der äußeren Steuerung in: zwangläufige und nicht zwangläufige oder Ausklinksteuerungen. Bei jenen ist diese Verbindung, die ketten- oder kraftschlüssig sein kann, dauernd, bei diesen nur während eines Teiles einer jeden Kurbelumdrehung vorhanden.

Flach- und Kolbenschiebersteuerungen besitzen in der Regel zwei, Ventil- und Drehschiebersteuerungen, sofern bei den ersten nicht der Dampfkolben den Auslaß steuert, vier Dampfwege. Flach- und Kolbenschiebersteuerungen werden ferner stets zwangläufig, Ventil- und Drehschiebersteuerungen sowohl zwang- als auch nicht zwangläufig ausgeführt. Die Zwangläufigkeit wird bei den meisten Flach-, Kolben- und Drehschiebersteuerungen durch Kettenschluß gebildet, das heißt, die einzelnen Teile der äußeren Steuerung sind unter sich und mit dem Abschlußorgan durch eine kinematische Kette verbunden. Bei den meisten zwangläufigen Ventilsteuerungen dagegen ist diese Verbindung während des Ventilschlusses nur eine kraftschlüssige, die durch die Kraft einer Feder aufrecht erhalten wird.

Für die Wahl einer Steuerung sind vorwiegend die Eigenschaften der einzelnen Abschlußorgane maßgebend. In dieser Hinsicht ist zu bemerken:

Der Flachschieber bildet ein verhältnismäßig wenig empfindliches Abschlußorgan, das sich durch dichten Schluß, der leicht dauernd zu erhalten ist, vorteilhaft auszeichnet. Nachteilig ist dem Flachschieber ein großer Reibungswiderstand und ein beträchtliches Eigengewicht, namentlich bei großen Zylinderdurchmessern. Beide Umstände machen ein schweres Gestänge mit starker Massenwirkung notwendig und erzeugen, da Reibung, Gewicht und Antriebskraft des Schiebers in verschiedenen Ebenen angreifen, ein Kippmoment, das auf einseitigen Verschleiß hinwirkt. Für hohen Druck (über *9 at abs.*) eignet sich der Flachschieber nicht, weil sich dann Schwierigkeiten in der Schmierung der Lauffläche bei ihm einstellen; desgleichen nicht für überhitzten Dampf, bei dem sich die Laufflächen verziehen und schon nach kurzer Betriebszeit, wohl infolge der mangelhaften Schmierung, unzulässig hohe Abnutzung zeigen. Entlastete Flachschieber haben sich im allgemeinen, besonders unter höheren Dampftemperaturen, nicht bewährt.

Der Kolbenschieber besitzt zu Anfang des Betriebes vollständige Dichtheit und Entlastung von dem nach allen Seiten gleichmäßig wirkenden Dampfdruck. Er verursacht dann nur geringe Bewegungswiderstände und gestattet eine leichte Regelung bei nicht zu schwerem Gestänge. Später tritt infolge des Verschleißes Undichtheit, verbunden mit einseitiger Anpressung, ein, die ein Mehrfaches des Schiebergewichtes erreichen kann. Eingesetzte Dichtungsringe erhöhen die Dichtheit, vergrößern aber auch die Reibungswiderstände. Der Kolbenschieber eignet sich am besten für hohen Druck und stehende Maschinen mit großer Umdrehungszahl; denn bei stehender Anordnung fällt das Eigengewicht des Schiebers in dessen Bewegungsrichtung, und bei großer Umdrehungszahl wirken der schädliche Raum und die Undichtheit weniger nachteilig. In einfacher Form und bei sorgfältiger Herstellung und Wartung hat sich der Kolbenschieber auch für Heißdampf bewährt.

Das Ventil, das stets als zur Hauptsache vom Dampfdruck entlastetes Doppel- oder Viersitzventil ausgeführt wird, besitzt bei geringem Eigengewicht eine völlig symmetrische Gestalt ohne einseitige Materialanhäufung. Die dichtenden Flächen schleifen ferner nicht aufeinander beim Öffnen und Schließen, sondern bewegen sich senkrecht zueinander, und das Ventil ist nicht wie der Schieber fortwährend, sondern nur während der Eröffnung, also nur während eines Teiles einer Umdrehung, in Bewegung. Gegenüber dem Flachschieber besitzt deshalb das Ventil den Vorteil der kleineren Reibung und Abnützung, der geringeren Gewichts- und Massenwirkung, sowie des leichteren Gestänges. Im Vergleich mit dem Kolbenschieber (ohne Dichtungsringe) erweist es sich als dauernd dichter, wenn es mit der nötigen Sorgfalt und allen Mitteln moderner Werkstatttechnik hergestellt wird. Auch fällt der schädliche Raum beim Ventil, besonders an großen Zylindern, kleiner als beim Kolbenschieber aus.

Das Ventil verträgt der fast fehlenden Reibung, großen Entlastung und symmetrischen Gestalt wegen am besten von allen Abschlußorganen hohe Dampfspannungen und Temperaturen (Überhitzung) ohne wesentliche Betriebsstörungen (Klemmung, Undichtheit); nur starker Wechsel in der Überhitzung macht die Ventile vorübergehend undicht. Ventilsteuerungen kommen deshalb, wenn die Umdrehungszahl mit Rücksicht auf die beim Ventilschluß zu vermeidende Stoßwirkung und Beschädigung der Dichtungsflächen keine zu hohe ist, jetzt am meisten zur Verwendung, auch bei stehenden Maschinen, wo ihre Anordnung und Wartung nicht einfach ist.

Das neben dem einfachen Ventil benützte Kolbenventil ist weiter nichts als ein vertikal angeordneter Kolbenschieber mit Dichtungsringen, der von einer ähnlichen äußeren Steuerung wie das gewöhnliche Ventil bewegt wird (daher der Name). Es vermeidet die bei dem letzteren vorhandene Möglichkeit eines Stoßes oder Schlages in den Sitzflächen beim Aufsetzen und eignet sich gut für überhitzten Dampf, da es immer mit demselben Dampf wie sein Gehäuse in Berührung kommt. Die Dichtungsringe erhöhen aber die Reibungswiderstände.

Der Drehschieber zeichnet sich durch geringe Größe des schädlichen Raumes und seiner Abkühlflächen aus. Seine Bewegungswiderstände sind klein, die Dichtheit ist genügend, die Form einfach und die Herstellung billig. In Deutschland kommt er aber kaum noch zur Anwendung.

Bezüglich der Zahl der Dampfwege ist weiter zu bemerken, daß Steuerungen mit nur zwei Dampfkanälen im allgemeinen einfacher und billiger als solche mit vier Kanälen sind. Dafür bieten die letzteren aber den Vorteil, daß die Dampfverteilung einer jeden Kolbenseite unabhängiger von der der anderen gewählt werden kann. Die Dampfverteilung wird dadurch vollkommener und die Einstellung der Steuerung leichter. Steuerungen mit zwei Dampfwegen (Flach- und Kolbenschiebersteuerungen) finden sich mit Rücksicht hierauf mehr an kleinen einfachen und mittleren Maschinen, solche mit vier Dampfwegen (namentlich Ventilsteuerungen) an mittleren und großen Maschinen, bei denen es auf hohe Dampfausnützung ankommt. Bei nur zwei Dampfkanälen muß ferner der frische und der austretende Dampf einer Kolbenseite durch denselben Kanal gehen; die Kanalwandungen kommen also abwechselnd mit Dampf von hoher und niedriger Temperatur in Berührung. Bei den Steuerungen mit vier Dampfkanälen ist dies nicht der Fall. Eine wesentliche Verminderung der Eintrittskondensation ist aber hiermit nicht verbunden, da der Eintrittskanal einer jeden Kolbenseite bis zu seinem Abschlußorgan während des Dampfaustrittes auch mit dem ausströmenden Dampf angefüllt ist.

Steuerungen mit drei Dampfkanälen finden sich nur an Gleichstrommaschinen, wo der Dampfeinlaß durch zwei Ventile, der Dampfauslaß durch den Dampfkolben gesteuert wird. Über die hiermit verbundene Gleichströmung des Dampfes im Zylinder, Verbesserung des Dampfaustrittes und hohen Kompressionsgrade siehe § 9.

Hinsichtlich der Zwang- und Nichtzwangläufigkeit der Steuerungen endlich ist zu beachten, daß zwangläufige kettenschlüssige Steuerungen sich besser für hohe Umdrehungszahlen eignen als zwangläufige kraftschlüssige und nicht zwangläufige. Für schnellaufende Maschinen mit 180 und mehr Umdrehungen in der Minute empfehlen sich deshalb Schieber-, für langsamer laufende Schieber- oder Ventilsteuerungen.

**§ 54. Die Steuerkanäle und Dampfleitungen.** Die Kanäle für den Dampfein- und Dampfaustritt am Zylinder sind ebenso wie die in ihnen befindlichen Abschlußorgane so zu bemessen, daß der frische Dampf ohne wesentlichen Spannungsabfall dem Kolben nachströmen, der Abdampf ohne wesentliche Erhöhung des Gegendruckes vor dem Kolben austreten kann. Bei einer nutzbaren Kolbenfläche $O$ und einer augenblicklichen Geschwindigkeit $c$ des Kolbens müßte also der jeweilige Eröffnungsquerschnitt des Steuerkanales

$$f_x = \frac{O \cdot c}{w_x} \qquad \qquad 55$$

betragen, wenn $w_x$ die der gestellten Forderung genügende Dampfgeschwindigkeit ist. Die Berechnung der Steuerkanäle für eine zu entwerfende Maschine nach dieser Gleichung ist aber unmöglich; denn es läßt sich der Einfluß, den die vielen Abbiegungen und Querschnittsänderungen der Kanäle, sowie die Reibungs- und Abkühlungsverluste des Dampfstromes in ihnen auf die Dampfgeschwindigkeit ausüben, rechnerisch für gewöhnlich kaum oder gar nicht verfolgen.

Solange deshalb nicht andere praktisch verwertbare Berechnungen und Versuche[1]) vorliegen, ist man auf empirische Bestimmung der Kanalquerschnitte angewiesen. Man benutzt hierzu in der Regel die von *Radinger* aufgestellte, mit der obigen Gleichung in der Form übereinstimmende Beziehung

$$f = \frac{O \cdot c_m}{w} \qquad \qquad 56$$

in der $w$ nun eine reine Erfahrungszahl ist. Für die Wahl von $w$ gelten dabei die folgenden Rücksichten.

Beim Einlaß sind zur Vermeidung von Drosselung und Spannungsabfall für gesättigten Dampf die Kanalquerschnitte um so größer und die Werte von $w$ um so kleiner zu nehmen, je höher die Dampfspannung ist, weil das spezifische Gewicht des gesättigten Dampfes mit dessen Spannung zunimmt. Ferner müssen zur Beschränkung der Steuerungsabmessungen und des Gewichtes bei großen Maschinen höhere Werte von $w$ zugelassen werden als bei kleinen Maschinen. Überhitzter Dampf endlich verlangt wesentlich größere Werte von $w$ als gesättigter, damit bei ihm die Wärmeverluste möglichst klein ausfallen.

Beim Auslaß ist $w$ kleiner als beim Einlaß mit Rücksicht darauf zu wählen, daß das Volumen des ausströmenden Dampfes sich während des Austrittes noch vergrößert, was bei Kondensation mehr als bei Auspuff der Fall ist.

Im Anschluß hieran gestattet man für die Einlaßquerschnitte

bei Schiebermaschinen (im Schieberspiegel) $w = (25)\ 30$ bis $40\ m/sk$,
bei Ventilmaschinen (in den Ventilen) $w = 35$ bis $45\ (50)\ m/sk$,
für Heißdampf bei den letzteren gewöhnlich $w = 40\ m/sk$,
bei Niederdruckzylindern das 1,2- bis 1,3fache der vorstehenden Werte.

Die Auslaßkanäle, soweit sie nicht gleichzeitig Einlaßkanäle sind, erhalten an den genannten Stellen

bei Schiebermaschinen das 1,2- bis 1,5fache,
bei Ventilmaschinen das 1- bis 1,2fache,

---

[1]) Siehe hierzu *W. Schüle*, Z. d. V. d. I. 1906, S. 1900.

bei Gleichstrommaschinen mit vom Kolben gesteuerten Auslaßschlitzen (in diesen) das 2fache

des Einlaßquerschnittes.

Eine Drosselung des Dampfes ist im allgemeinen zu erwarten, sobald die berechnete Geschwindigkeit des Dampfstromes je nach dessen Führung

$$\text{beim Einlaß } w_{\max} \geqq 50 \text{ bis } 60 \ m/sk,$$
$$\text{beim Auslaß } w_{\max} \geqq 90 \text{ bis } 100 \ m/sk$$

wird. Andrerseits sind die mit diesen Werten $w_{\max}$ berechneten Querschnitte

$$f_{\min} = \frac{O \cdot c}{w_{\max}} \quad \ldots \ldots \ldots \ldots \ldots \quad 57$$

die zur Vermeidung der Drosselung mindestens erforderlichen Eröffnungsquerschnitte der Kanäle. Die graphische Darstellung der Werte $f_{\min}$ als Ordinaten über den zugehörigen Kolbenwegen als Abszissen heißt deshalb die Drosselungskurve. Sie ist, ebenso wie die Kurve der erforderlichen Kanalquerschnitte $f_x$ nach Gl. 55 für ein konstantes $w_x$, da sich in Gl. 55 und 57 nur die Kolbengeschwindigkeit $c$ ändert, nach S. 110 bei unendlich langer Schubstange eine Ellipse oder, wenn der Maßstab entsprechend gewählt wird, ein Halbkreis. An Stelle der Querschnitte werden aber, wie dies später bei den einzelnen Steuerungen angegeben ist, meist nur die Kanaleröffnungen aufgetragen.

Den lichten Querschnitt der Dampfleitungen bemißt man nach Gl. 56 für die Dampfzuleitung mit $w = 35$ bis $45 \ m/sk$, wobei die größeren Werte nur für kurze Leitungen und überhitzten Dampf, bei dem der Leitungsdurchmesser möglichst zu beschränken ist, zugelassen werden,

für die Dampfableitung

$$\text{bei Auspuff mit } w = 20 \text{ bis } 30 \ m/sk,$$
$$\text{bei Kondensation mit } w = 10 \text{ bis } 20 \ m/sk,$$
$$\text{bei Gleichstrommaschinen mit } w = 5 \text{ bis } 10 \ m/sk.$$

## A. Flach- und Kolbenschiebersteuerungen mit fester Füllung.

**§ 55. Einteilung und Anwendung.** Die vorliegenden Steuerungen steuern den Dampfein- und -austritt beider Kolbenseiten durch einen Schieber, der von einem auf der Kurbelwelle festgekeilten Exzenter bewegt wird. Sie unterscheiden sich nur in der Ausbildung des Schiebers. Er kann sein:

1. ein einfacher Flach- oder Kolbenschieber,
2. ein Flach- oder Kolbenschieber mit Hilfskanal, und zwar

ein Trick-Schieber mit doppelter Eröffnung für den Einlaß,
ein Weiß-Schieber mit doppelter Eröffnung für den Auslaß[1]).

---

[1]) Zu den Schiebern mit Hilfskanal gehören noch der Penn-Schieber mit doppelter Eröffnung für den Ein- und Auslaß, der früher im Schiffsmaschinenbau Verwendung fand, sowie der Hochwald-Schieber von *A. Borsig*, Berlin-Tegel, mit doppelter Eröffnung für den Einlaß.

Der einfache Schieber kommt nur bei kleinen Einzylindermaschinen von untergeordneter Bedeutung und häufig unterbrochenem Betriebe vor. Von den Schiebern mit Hilfskanal hat nur der Trick-Schieber größere Anwendung gefunden, und zwar hauptsächlich früher an den Mittel- und Niederdruckzylindern der mehrstufigen Expansionsmaschinen. Der Weiß-Schieber wurde mitunter als Grundschieber von Doppelschiebersteuerungen benutzt.

§ 56. **Der einfache Muschel- und Kolbenschieber. Die Verhältnisse des Schieberspiegels.** Fig. 90 zeigt den einfachen Muschelschieber im Längsschnitt. Er gleitet über drei Kanäle, von denen die beiden seitlichen nach dem Zylinderinnern führen, der mittlere mit der äußeren Atmosphäre oder dem Kondensator in Verbindung steht. Der Antrieb des Schiebers erfolgt durch ein Exzenter auf der Kurbelwelle. Da ein solches Exzenter nichts weiter als eine Kurbel von einem Radius gleich der Exzentrizität $r$ ist, so ist im folgenden stets zwischen der Hauptkurbel (Radius $R$) und der Exzenterkurbel (Radius $r$)

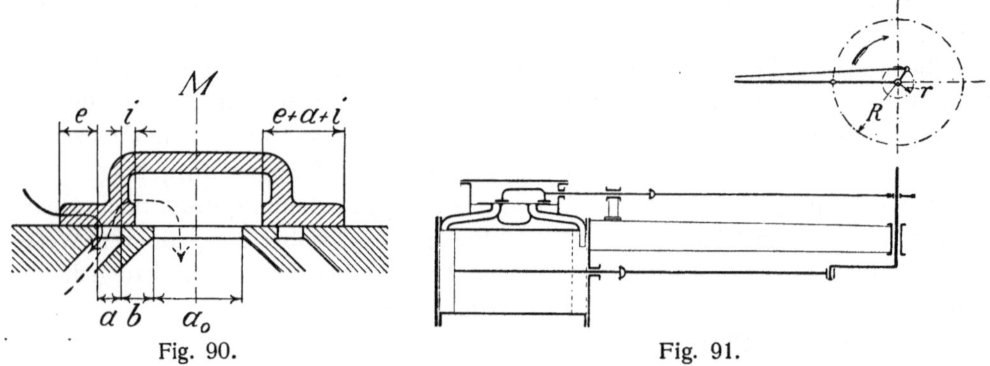

Fig. 90.                            Fig. 91.

unterschieden. Weiter ist nachstehend des besseren Verständnisses wegen immer die durch Fig. 91 wiedergegebene Maschinenanordnung[1]) vorausgesetzt, bei der die Deckelseite des Zylinders **links** und die Kurbelseite **rechts** liegt. Es werden dementsprechend die Ausweichungen des Schiebers aus seiner Mittellage

nach der Kurbel hin als . . . . **rechte oder positive**
nach dem Deckel hin als . . . . **linke oder negative**

Ausweichungen oder Schieberwege bezeichnet. Alle Bezeichnungen, die sich auf die Kurbelseite beziehen, sind endlich zum Unterschiede von den gleichen Bezeichnungen der Deckelseite mit einem oberen Strich versehen.

Bei der Mittellage des einfachen Muschelschiebers (Fig. 90) überdecken die beiden Schieberlappen die Seitenkanäle von der Weite $a$, und zwar nach außen um die **äußere Überdeckung** $e$, nach innen um die **innere Überdeckung** $i$. Die Lappenbreite ist $e + a + i$, und es tritt durch den Deckelkanal frischer Dampf nach der ausgezogenen Pfeilrichtung in den Zylinder, wenn die äußere

---

[1]) In der Praxis unterscheidet man zwischen **Rechts-** und **Linksmaschinen**, je nachdem die Steuerung, vom Zylinderdeckel aus gegen die Kurbelwelle gesehen, **rechts** oder **links** vom Zylinder liegt.

Kante, dagegen gebrauchter nach der punktierten Pfeilrichtung aus dem Zylinder, wenn die innere Kante des linken Lappens diesen Kanal öffnet. Dampfein- und Dampfaustritt hören auf, sobald die bezüglichen Kanten den Kanal schließen.

Der einfache Kolbenschieber ist ein Rotationskörper, der den Längsschnitt eines einfachen Muschelschiebers zum Leitprofil hat (Fig. 92). Er führt sich mit seinen beiden Lappen in einem zylindrisch ausgebohrten Schieberspiegel. Alles, was im folgenden über den einfachen Muschelschieber gesagt ist, gilt ohne weiteres auch für den einfachen Kolbenschieber.

Die **Kanalweite** $a$ des Schieberspiegels ist aus dem nach Gl. 56, S. 140, berechneten Kanalquerschnitt $f$ zu bestimmen, und zwar

bei Flachschiebern, wo die Kanäle rechteckigen Querschnitt haben, aus

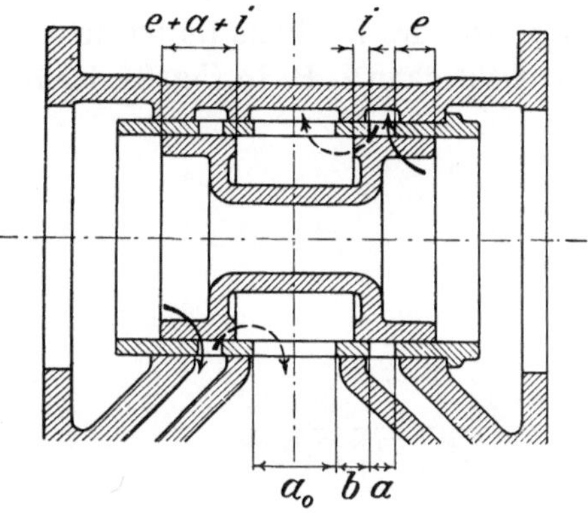

Fig. 92.

$$a = \frac{f}{h} \quad \ldots \ldots \quad 58$$

mit $h$ als Kanalbreite; gewöhnlich ist $h = 0{,}65\,D$ bis $0{,}85\,D$.

Bei **Kolbenschiebern**, wo die Kanalöffnungen ringförmige Schlitze sind, ist in Gl. 56 mit $d_s$ als äußerem Schieberdurchmesser einzuführen:

$h = d_s\pi$, wenn die Öffnungen keine Stege haben,

$h = 0{,}66\,d_s\pi$, wenn die Öffnungen Stege besitzen und die Breite derselben gleich ein Drittel des Umfanges gesetzt wird. Der Schieberdurchmesser beträgt gewöhnlich $d_s = 0{,}4\,D$ bis $0{,}7\,D$.

Je größer $h$ bzw. $d_s$ ist, desto kleiner braucht die Kanalweite $a$ zu werden, und desto kleiner fallen, wie später gezeigt ist, die Abmessungen des Schiebers und der ganzen Steuerung, der Schieberweg und die Schieberreibung aus, desto

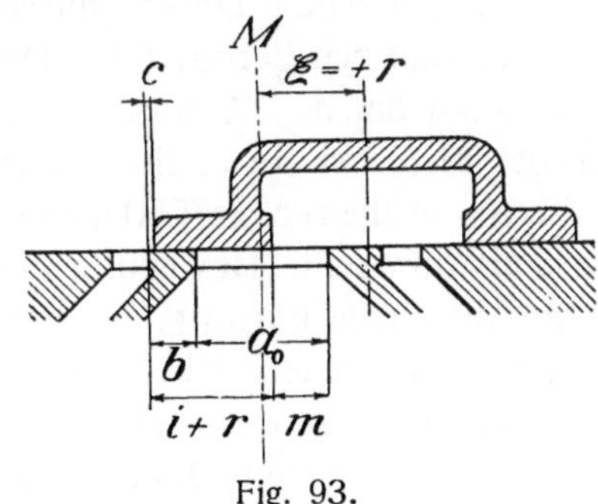

Fig. 93.

schwieriger ist aber auch der Schieber dicht zu halten. Im allgemeinen wählt man $h$ mit Rücksicht auf die erstgenannten Umstände möglichst groß.

Die **Stegbreite** im Schieberspiegel kann $b = 0{,}5\,a + 1$ bis $0{,}5\,a + 1{,}5\,cm$ genommen werden.

Die **Weite** $a_0$ des mittleren Kanales ist so zu bemessen, daß der Schieber in der Totlage (Fig. 93) ein Stück $m \geqq a$ von diesem Kanal offen läßt, also aus

$$b + a_0 \geqq i + r + a$$

oder

$$a_0 \geqq i + r + a - b \quad \ldots \ldots \ldots \ldots \quad 59$$

§ 57. **Die Einstellung der einfachen Schieber.** Die Lage, die der Schieber gegenüber dem Kolben oder die Exzenterkurbel gegenüber der Hauptkurbel einnehmen muß, damit die Dampfverteilung richtig vor sich geht, kann am leichtesten bei einem Schieber oh ne Überdeckungen (Fig. 94) festgestellt werden. Dieser Schieber muß in seiner Mittellage stehen, d. h., seine Kurbel $OE$ muß bei unendlich langer Exzenterstange der Hauptkurbel $OK$ im Drehungssinne der Maschine um 90° voraneilen, wenn der frische Dampf bei Beginn des Kolbens hinter dem Kolben ein- und vor dem Kolben austreten soll. Geht dann z. B. in Fig. 94 der Kolben aus seiner Deckeltotlage nach rechts,

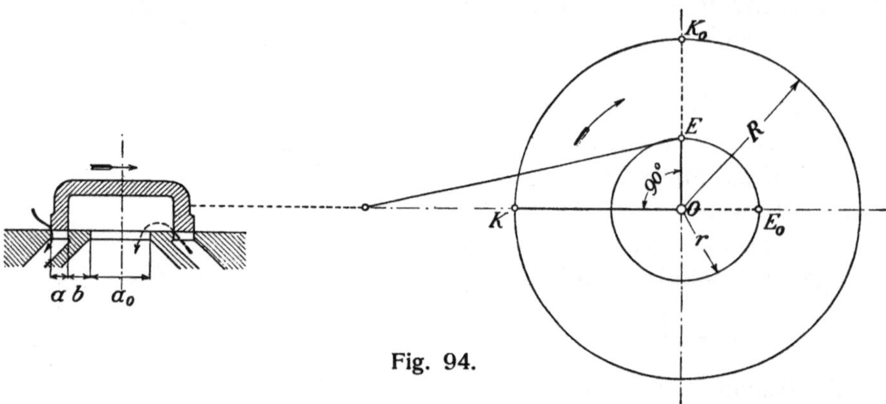


Fig. 94.

so bewegt sich der Schieber aus seiner Mittellage ebenfalls nach rechts; er läßt somit den frischen Dampf durch den linken Kanal auf der Deckelseite einströmen und den gebrauchten Dampf durch den rechten Kanal auf der Kurbelseite ausströmen. Kommt weiter der Kolben in seine Mittellage, die Hauptkurbel also bei unendlich langer Schubstange nach $OK_0$, so gelangt der Schieber in die rechte Totlage und die Exzenterkurbel nach $OE_0$. Der Schieber wird alsdann seine Bewegung umkehren, und das ist nötig, damit er wieder in seine Mittellage kommt, wenn der Kolben die Kurbeltotlage erreicht.

Bei vorhandenen Überdeckungen (Fig. 95) darf der Schieber, wenn er bei der Deckeltotlage des Kolbens gerade den linken Kanal für den Dampfeintritt, den rechten für den Dampfaustritt öffnen soll, nicht mehr die Mittellage einnehmen, sondern er muß diese schon um die äußere bzw. innere Überdeckung überschritten haben. Das ist nur möglich, wenn die Exzenterkurbel der Hauptkurbel um mehr als *90°* voraneilt. Soll ferner mit Dampfvorein- und Dampfvoraustritt gearbeitet werden, so müssen die Kanäle sogar schon um ein Stück $v_e$ bzw. $v_i'$ bei der Totlage des Kolbens geöffnet sein. Das heißt:

Bei dem einfachen Schieber mit Überdeckungen muß die Exzenterkurbel der Hauptkurbel um einen solchen Winkel *90 + δ* voraneilen, daß der Schieber in der Totlage des Kolbens um $e + v_e = i + v_i'$ (Fig. 95) aus seiner Mittellage verschoben ist. $δ$ heißt der Voreilwinkel, $v_e$ das lineare Voreilen oder Voröffnen für den Einlaß (auch äußeres Voreilen), $v_i$ dasjenige für den Auslaß (auch inneres Voreilen).

Das Voröffnen $v_e$ für den Einlaß fällt ebenso wie dasjenige $v_i$ für den Auslaß nur bei Vernachlässigung der endlichen Exzenterstangenlänge $l$ für beide Kolbenseiten gleich aus; denn nach Fig. 95 ist dann die Schieberausweichung $O\,c = O\,c'$. Bei Berücksichtigung dieser Länge dagegen wird für die Deckeltotlage des Kolbens die Schieberausweichung $O\,d$ um das Fehlerglied

$$y = \frac{1}{2}\frac{r^2}{l}\cos^2 \delta \quad \ldots \ldots \ldots \ldots \quad 60$$

das man aus Gl. 39b, S. 106, für $R = r$, $\lambda = r/l$ und $\omega = 90 + \delta$ erhält, größer als $O\,c$ und für die Kurbeltotlage $O\,d'$ um ebensoviel kleiner als $O\,c'$. Um den

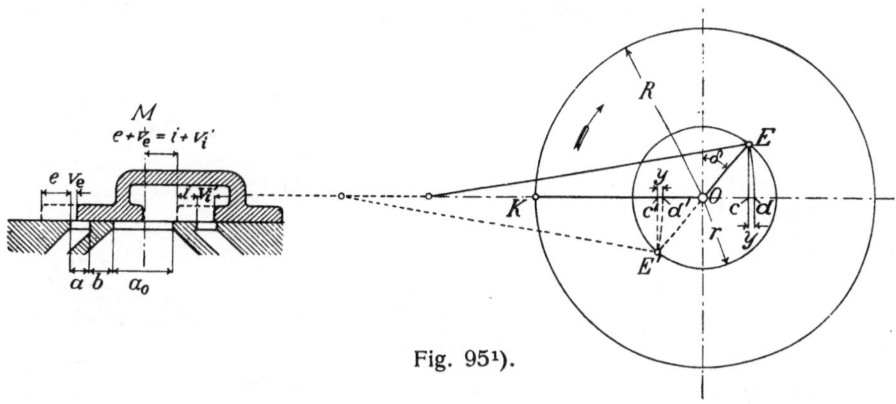

Fig. 95[1]).

Betrag $2\,y$ ist also auch auf der Deckelseite das Voröffnen $v_e$ größer und dasjenige $v_i$ kleiner als das entsprechende Voröffnen $v'_e$ bzw. $v'_i$ auf der Kurbelseite.

Will man gleiches Voröffnen auf beiden Kolbenseiten haben, so muß man den Schieber nicht um die Spiegelmitte $M$ schwingen lassen, sondern um eine Ebene $M'$ (Fig. 96), die um $y$ weiter als jene von der Kurbelwelle absteht. Der mit gleich breiten Lappen versehene Schieber erhält dadurch auf der Deckelseite eine äußere Überdeckung $e + y$ und eine innere $i - y$, auf der Kurbelseite eine solche $e - y$ bzw. $i + y$. Das Einstellen auf gleiches Voröffnen nimmt man in der Praxis in der Weise vor, daß man den Kolben und die Hauptkurbel abwechselnd in die eine und in die andere Totlage bringt und nun die Schieberstangenlänge so lange ändert, bis daß das Voröffnen für den Einlaß, also auch das

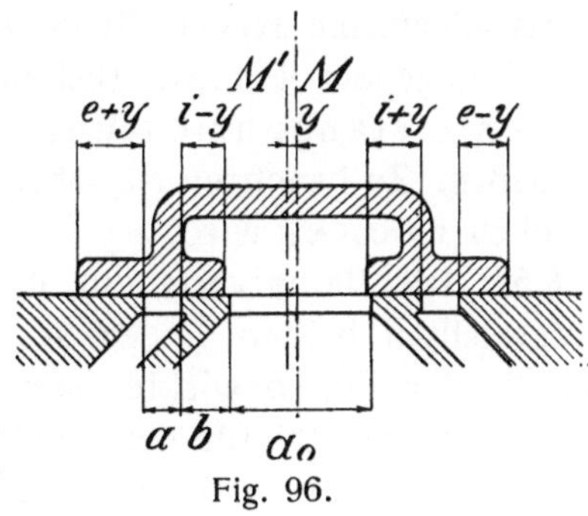

Fig. 96.

für den Auslaß, auf beiden Kolbenseiten gleich ist. Für die übrigen Schieberstellungen kann die Exzenterstangenlänge, die meistens das 20- bis 40 fache der Exzentrizität $r$ beträgt, vernachlässigt werden.

---

[1]) In Fig. 94 und 95 sind der Schieber und der Exzenterkurbelkreis in verschiedenen Maßstäben gezeichnet.

Wird durch einen in das Schiebergestänge eingeschalteten Hebel die Bewegungsrichtung des Schiebers umgekehrt, so ist das Exzenter der sonst nötigen Lage diametral gegenüber aufzukeilen. Die Exzenterkurbel läuft dann der Hauptkurbel um $90 - \delta$ nach (Fig. 97), und die Exzentrizität $r$ muß gleich der mit dem Hebelverhältnis multiplizierten größten Schieberausweichung nach rechts oder links sein. Bei einer von der gewöhnlichen Anordnung abweichenden Lage der Schieberbahn ist ferner stets zu beachten, daß der Schieber bei der Totlage des Kolbens den hinter diesen führenden Kanal um $v_e$ für den frischen Dampf öffnen und sich aus dieser Lage in derselben Richtung wie der Kolben aus der Totlage weiter bewegen muß. In Fig. 98 z. B., wo die Schieberbahn unter dem Winkel $\alpha$ zur Zylinderachse $X—X$ geneigt ist, muß also die Exzenter-

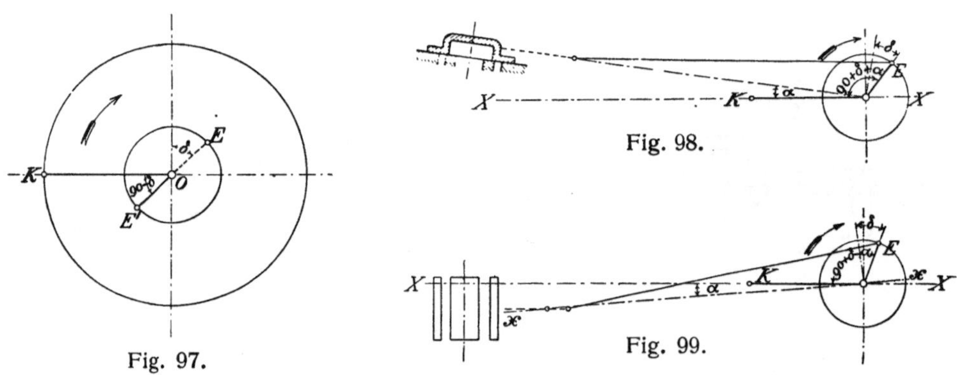

Fig. 98.

Fig. 99.

Fig. 97.

kurbel einen Winkel $90 + \delta + \alpha$, in Fig. 99, wo die Steuerkanäle später angegebener Gründe wegen aus der Zylindermitte nach unten gerückt sind, einen solchen $90 + \delta - \alpha$ mit der Hauptkurbel einschließen, wenn im letzteren Falle $\alpha$ der Winkel ist, den die Zylinderachse $X—X$ mit der mittleren Exzenterstangenlage $x—x$ bildet.

Als allgemeine Regel gilt deshalb auch für diese beiden Anordnungen: Bei der Totlage der Hauptkurbel muß die Exzenterkurbel mit der mittleren Exzenterstangenrichtung ($x—x$ in Fig. 99) einen Winkel $90 + \delta$ einschließen. Zu beachten ist dabei, daß in Fig. 99 der Schieberhub größer als $2\,r$, nämlich $2\,r/\cos\alpha$, wird.

§ 58. **Die Dampfverteilung der einfachen Schieber.** Die in Fig. 100 und 101 dargestellten beiden Lagen des einfachen Muschelschiebers sind maßgebend für die von ihm bewirkte Dampfverteilung auf der Deckelseite des Kolbens, und zwar Fig. 100 für den Dampfeintritt, Fig. 101 für den Dampfaustritt.

Nach Fig. 100 wird der linke Kanal für den eintretenden Dampf geöffnet und beginnt auf der Deckelseite der Dampfvoreintritt, wenn der Schieber, aus seiner Mittellage kommend, aus dieser um die äußere Überdeckung $e$ nach rechts gewichen ist. Der Schieberweg ist dann $\xi = + e$ und nimmt bei weiterer Drehung der Maschine zu; die zugehörige Hauptkurbellage sei $O\,Ve$ in Fig. 102. Bei derselben Schieberstellung wird nach Fig. 100 aber auch der linke Kanal für den eintretenden Dampf geschlossen und beginnt auf der Deckelseite die

Expansion, wenn der Schieber in die Mittellage zurückkehrt, bei weiterer Drehung der Maschine also der Schieberweg abnimmt. Die Hauptkurbel stehe dann in $O\,Ex$ (Fig. 102). $O\,Ve$ und $O\,Ex$ sind somit zwei Hauptkurbellagen für dieselbe Schieberstellung, nur mit dem Unterschiede, daß der Schieber das eine Mal aus seiner Mittellage kommt, das andere Mal in diese zurückkehrt.

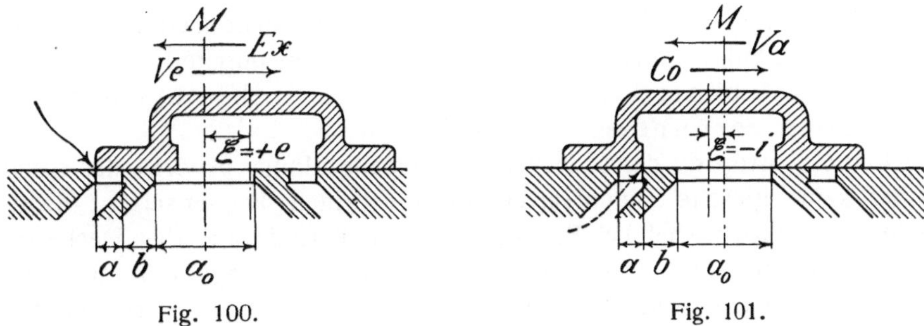

Fig. 100.   Fig. 101.

Bei der Hauptkurbellage $O\,K_0$, die den Winkel $Ve\,O\,Ex$ halbiert, muß deshalb der Schieber in der rechten Totlage, die Exzenterkurbel in $O\,E'$ sein. Ferner muß $O\,K_0$ mit der Vertikalen $Y-Y$ (der Senkrechten zu den Totlagen der Hauptkurbel) den Voreilwinkel $\delta$ bilden, denn Haupt- und Exzenterkurbel schließen stets einen Winkel $90+\delta$ ein.

Entsprechend ergibt sich für die Schieberstellung in Fig. 101, wo der Schieber um die innere Überdeckung $i$ nach links aus der Mittellage gewichen ist, der Schieberweg also $\xi=-i$ beträgt, daß auf der Deckelseite bei zunehmendem Schieberweg der Dampf anfängt auszuströmen, d. h. der Dampfvoraustritt beginnt, bei abnehmendem Schieberweg der Dampfaustritt aufhört, also die Kompression anfängt. Sind $O\,Va$ und $O\,Co$ (Fig. 102) die zugehörigen Hauptkurbellagen, so muß nun der Schieber bei der Hauptkurbelstellung $O\,K_0'$,

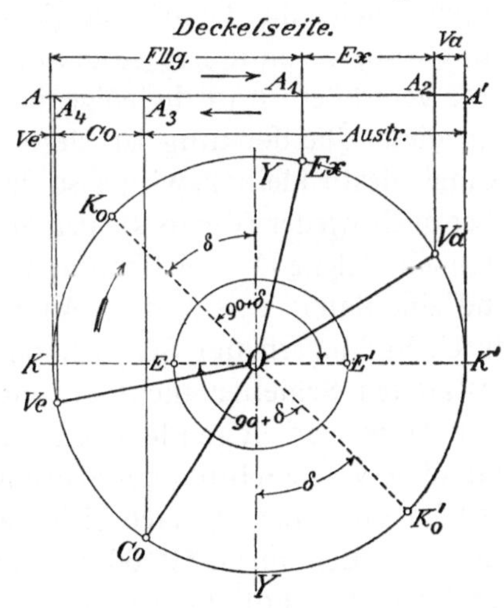

Fig. 102.

die den Winkel $Va\,O\,Co$ halbiert, in der linken Totlage, seine Kurbel also in $O\,E$ sein. $O\,K_0'$ schließt ebenfalls mit der Vertikalen $Y-Y$ den Voreilwinkel $\delta$ ein.

$O\,Ve$, $O\,Ex$, $O\,Va$ und $O\,Co$ bilden die vier charakteristischen Hauptkurbellagen (siehe S. 6), welche die vom einfachen Muschelschieber bewirkte Dampfverteilung auf der Deckelseite des Kolbens bestimmen und die in Fig. 102 oben eingetragenen Perioden ergeben. Für die Kurbelseite erhält man die entsprechenden Hauptkurbellagen, wenn man die Schieberstellungen in Rücksicht zieht, bei denen der Schieberweg $\xi=-e$ und $\xi=+i$ ist.

**Aus dem Obigen ergibt sich nun:**

Sind bei einem einfachen Schieber von den vier Dampfverteilungsperioden und den zugehörigen Hauptkurbellagen $OVe$, $OEx$,
$OVa$ und $OCo$ drei gewählt, so ist auch die vierte festgelegt. Ist z. B.
$\delta$ und $e$ angenommen, so sind die zwei Lagen $OVe$ und $OEx$ bestimmt; durch
die Wahl von $i$ wird dann aber nicht nur $O\,Co$, sondern auch $O\,Va$ festgelegt.

In Fig. 102 sind ferner die Kurbelwinkel $ExOVa$ und $CoOVe$ einander
gleich. Der während der Expansion von der Hauptkurbel durchlaufene Winkel
ist also ebenso groß wie der während der Kompression durcheilte. Hohe Expansion ist also beim einfachen Schieber auch stets mit hoher
Kompression verbunden.

Bei Berücksichtigung der endlichen Schubstangenlänge bewirkt der einfache
Schieber keine gleiche Dampfverteilung auf beiden Kolbenseiten; denn es
schließt die Hauptkurbel bei Beginn derselben Periode auf der Deckel- und
Kurbelseite denselben Winkel mit der zugehörigen Totlage ein, die zurückgelegten Kolbenwege sind also ungleich. Es fallen, da beim Hin- und Rücklauf die größeren Kolbenwege auf der Deckelseite liegen, auf dieser die
Füllung und Kompression größer als auf der Kurbelseite aus. Das
Gleiche gilt für den Voreintritt; der Voraustritt dagegen ist auf der Kurbelseite größer.. Will man die Ungleichheit der Füllung auf beiden Kolbenseiten,
durch welche die Gleichmäßigkeit der Drehgeschwindigkeit ungünstig beeinflußt wird, vermindern, so muß man die äußere Überdeckung auf der Deckelseite vergrößern und diejenige auf der Kurbelseite verkleinern. Je größer nämlich diese Überdeckung ist, desto später öffnet der Schieber den betreffenden
Kanal (desto kleiner wird also das Voröffnen $v_e$), desto früher schließt er ihn
aber auch wieder (desto kleiner wird somit die Füllung). Am einfachsten erhält
man eine solche Ungleichheit in der äußeren Überdeckung beider Schieberlappen
und eine damit verbundene Annäherung der Füllung auf beiden Kolbenseiten
durch Verlängern der Schieberstange, also dadurch, daß man den symmetrisch
gestalteten Schieber nicht um die Spiegelmitte, sondern um eine mehr nach
dem Deckel zu liegende Ebene schwingen läßt. Dabei ist aber zu beachten,
daß diese Verschiebung der Schwingungsebene, wie oben bemerkt, eine Ungleichheit im Voröffnen $v_e$ nach sich zieht, und zwar um so mehr, je mehr die Verschiebung den durch Gl. 60 gegebenen Wert $y$ überschreitet, bei dem mit Rücksicht auf die endliche Exzenterstangenlänge gleiches Voröffnen eintritt.

Die Ungleichheit in der Kompression auf beiden Kolbenseiten läßt sich
durch dasselbe Mittel mildern, da durch die angegebene Verschiebung die innere
Überdeckung der Deckelseite verkleinert, diejenige der Kurbelseite vergrößert
wird. Aber auch hier ist mit dieser Annäherung eine Ungleichheit des Voröffnens
$v_i$ in dem oben angedeuteten Sinne verbunden.

Vielfach stellt man jetzt den einfachen Schieber nicht mehr auf genau gleiches
Voröffnen ein, sondern läßt für dieses eine gewisse, natürlich nicht zu große
Ungleichheit zu, um in der angegebenen Weise eine, wegen des ungleichen
Voröffnens aber auf enge Grenzen beschränkte Annäherung in der Füllung
und Kompression auf beiden Kolbenseiten zu erzielen. Will man die Annäherung

in der Kompression unabhängig von derjenigen in der Füllung machen, so kann man jene durch ungleiche innere Überdeckungen, diese durch ungleiche äußere Überdeckungen oder durch Verlängern der Schieberstange ermöglichen. Der Schieber wird dann aber unsymmetrisch.

**§ 59. Das *Zeuner*sche Schieberdiagramm.** Für eine beliebige Hauptkurbellage $O K_1$ (Fig. 103), die um den Winkel $\omega$ aus der Deckeltotlage liegt, ergibt sich bei Vernachlässigung der endlichen Exzenterstangenlänge die Ausweichung des Schiebers, dessen Kurbel dann in $O E_1$ steht, zu

$$\xi = O a_1 = r \cdot \cos E_1 O a_1 = + r \cdot \cos [90 - (\omega + \delta)].$$

Für die entsprechende Lage $O K_1'$, die mit der Kurbeltotlage den Winkel $\omega$ bildet, ist der Schieberweg

$$\xi = O a_2 = - r \cdot \cos [90 - (\omega + \delta)].$$

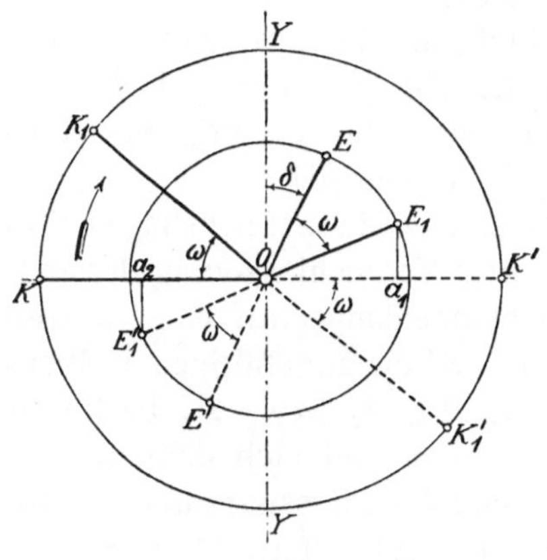

Fig. 103.

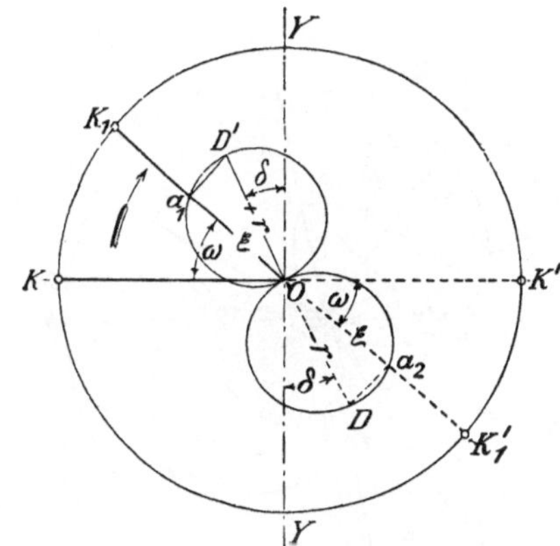

Fig. 104.

Die beiden Gleichungen sind die Polargleichungen zweier Kreise $O D$ und $O D'$ (Fig. 104), die durch den Anfangspunkt $O$ des Koordinatensystems gehen, die Exzentrizität $r$ zum Durchmesser haben und mit ihrer Zentralen unter dem Winkel $90 - \delta$ zur betreffenden Totlage der Hauptkurbel geneigt sind; denn es ist z. B. bei der Lage $O K_1$ der letzteren, wie verlangt,

$$\xi = O a_1 = r \cdot \cos [90 - (\omega + \delta)] = r \cdot \sin (\delta + \omega).$$

Die beiden Kreise heißen die *Zeuner*schen Schieberkreise, und die Hauptkurbel schneidet auf ihnen bei jeder Lage als Sehne diejenige Strecke ab, um welche der Schieber dann bei unendlich langer Exzenterstange aus seiner Mittellage verschoben ist. Für die angegebene Drehrichtung gibt der obere (positive) Kreis die Ausweichungen nach rechts, der untere (negative) diejenigen nach links an. Für die entgegengesetzte Drehrichtung gilt das Umgekehrte. In der von der Drehrichtung abhängigen ersten Hälfte eines jeden Kreises nehmen die Sehnenabschnitte und Schieberwege zu, entfernt sich also der Schieber aus seiner Mittellage, in der zweiten Hälfte nehmen die genannten Größen ab, kehrt der Schieber also in seine Mittellage zurück.

Verfolgt man nun nach Fig. 105 die Bewegung des Kolbens und Schiebers während einer Kurbelumdrehung, so ergeben sich, nachdem mit der äußeren Überdeckung $e$ und der inneren $i$ als Radien zwei Kreise um $O$ geschlagen und deren Schnittpunkte $m$, $n$ bzw. $p$, $q$ mit den Schieberkreisen aufgesucht sind, die vier charakteristischen Hauptkurbellagen der Deckelseite, nämlich

$O\,m\,Ve$ Beginn des Dampfvoreintrittes, Schieberweg $\xi = + e$ und zunehmend, Schieberstellung nach Fig. 100;

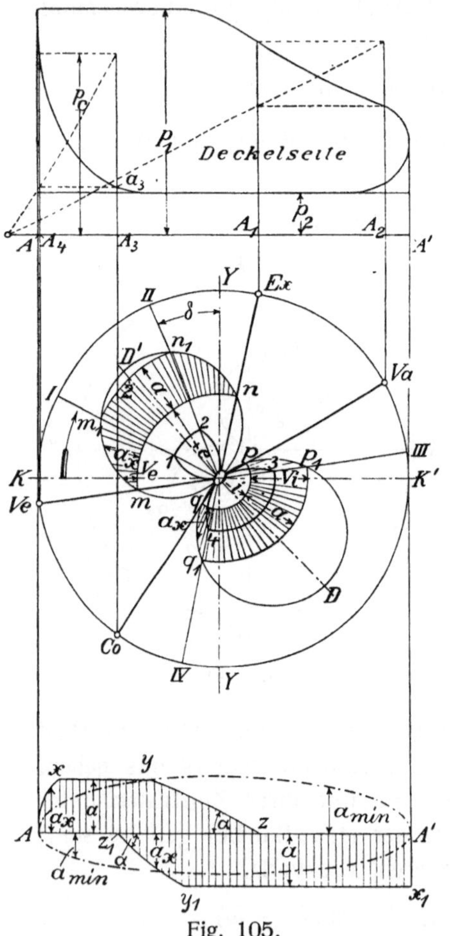


Fig. 105.

$O\,n\,Ex$ Schluß des Dampfeintrittes und Beginn der Expansion, Schieberweg $\xi = + e$ und abnehmend, Schieberstellung nach Fig. 100;

$O\,p\,Va$ Beginn des Dampfvoraustrittes, Schieberweg $\xi = - i$ und zunehmend, Schieberstellung nach Fig. 101;

$O\,q\,Co$ Schluß des Dampfaustrittes und Beginn der Kompression, Schieberweg $\xi = - i$ und abnehmend, Schieberstellung nach Fig. 101.

Mit Hilfe dieser vier Hauptkurbellagen sind in Fig. 105 unter Vernachlässigung der endlichen Schubstangenlänge auf einer oberen Horizontalen $A\,A'$ die zugehörigen Kolbenstellungen $A_4$, $A_1$, $A_2$ bzw. $A_3$ bestimmt worden. Aus ihnen läßt sich dann bei gegebener Ein- und Austrittsspannung das Indikatordiagramm entwerfen. Der Radius des Hauptkurbelkreises kann, da es stets nur auf das Verhältnis der zurückgelegten Kolbenwege zum ganzen Kolbenhube ankommt, beliebig (am besten *50 mm*) gewählt werden.

Weitere beachtenswerte Hauptkurbellagen erhält man im *Zeuner*schen Schieberdiagramm, wenn man mit $+ (e + a)$ und $- (i + a)$ $(a = $ Kanalweite) als Radius Kreise um $O$ schlägt. Die Schnittpunkte $m_1$, $n_1$ bzw. $p_1$, $q_1$ ergeben dann z. B. die Lage

$O\,m_1\,I$, bei welcher der linke Kanal für den Einlaß auf der Deckelseite ganz geöffnet ist,

$O\,q_1\,IV$, bei welcher der linke Kanal anfängt, sich für den Auslaß auf der Deckelseite zu schließen, usw.

Auch schneidet jede Hauptkurbellage auf den schraffierten Flächen $m\,m_1\,n_1\,n$ und $p\,p_1\,q_1\,q$ das Stück $a_x$ ab, um das der linke Kanal jeweilig für den Dampfein- bzw. Dampfaustritt geöffnet ist. Bei der Deckeltotlage $O\,K$ ist z. B. $a_x = v_e$, dem Voröffnen für den Einlaß, bei der Kurbeltotlage $O\,K'$ ist $a_x = v_i$, dem Veröffnen für den Auslaß der Deckelseite. Trägt man die jeweilige Eröffnung $a_x$ von $O$ aus auf der zugehörigen Hauptkurbellage auf, so ergeben sich die beiden herzförmigen **Ein- und Auslaßflächen** $O\,1\,2\,O$ bzw. $O\,3\,4\,O$; $a_x$ dagegen über der zugehörigen Kolbenlage als Ordinate aufgetragen (siehe Fig. 105 unten), liefert die Eröffnungskurven $A\,x\,y\,z$ für den Einlaß und $A'\,x_1\,y_1\,z_1$ für den Auslaß der Deckelseite. Je größer der Winkel $\alpha$ bei diesen Kurven ist, desto schneller erfolgt der Kanalschluß. Die strichpunktiert angegebenen beiden

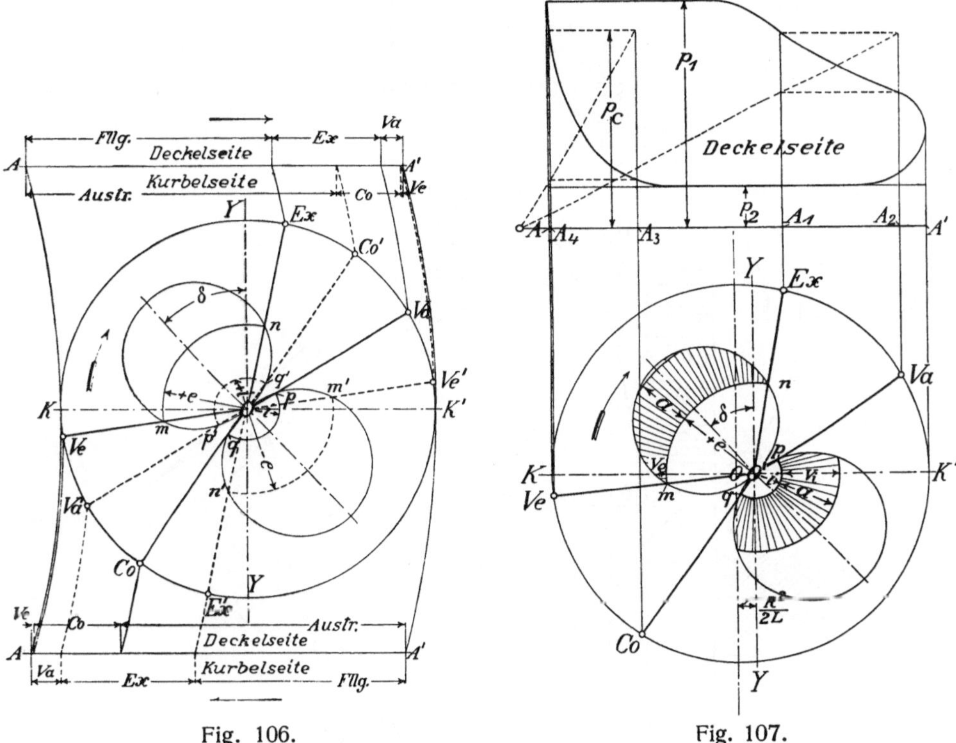

Fig. 106.        Fig. 107.

Ellipsen endlich sind die **Drosselungskurven** (siehe S. 141). Sie haben die mit $f_{\min} = a_{\min} \cdot h$ aus Gl. 57 sich ergebende Kanaleröffnung

$$a_{\min} = \frac{O \cdot c}{h \cdot w_{\max}},$$

die für die jeweilige Kolbenlage zur Vermeidung der Drosselung mindestens erforderlich ist, zu Ordinaten. Man erhält diese unter Berücksichtigung der Gl. 40 bis 42, S. 109, durch Multiplikation des konstanten Faktors

$$k = \frac{O \cdot v}{h \cdot w_{\max}} = \frac{\pi}{2}\,\frac{O \cdot c_m}{h \cdot w_{\max}} \quad \ldots \ldots \ldots \quad 61$$

(in dem gewählten Maßstab) mit den Werten der Tabelle auf S. 111. Bezüglich $w_{\max}$ siehe S. 141, bezüglich $h$ siehe S. 143.

Für die K u r b e l s e i t e ergeben sich die vier charakteristischen Hauptkurbellagen, wenn man die Schnittpunkte $m'$, $n'$ und $p'$, $q'$ des $e$- bzw. $i$-Kreises mit
dem unteren bzw. oberen Schieberkreise aufsucht. In Fig. 106 sind diese Lagen
$O\,m'\,Ve'$, $O\,n'\,Ex'$, $O\,p'\,Va'$ und $O\,q'\,Co'$ punktiert eingetragen und zugleich die
Dampfverteilungsperioden für beide Kolbenseiten auf einer oberen und unteren
Geraden unter Berücksichtigung der endlichen Schubstangenlänge nach dem

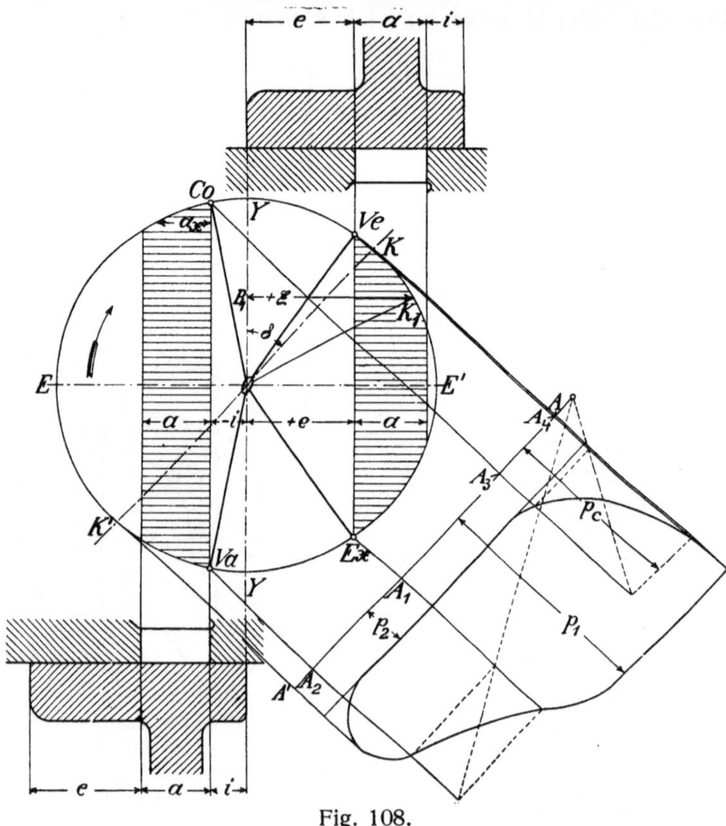


Fig. 108.

Bogenverfahren (S. 106) bestimmt. Man sieht, wie schon auf S. 148 angeführt,
daß die Füllung, die Kompression und der Voreintritt auf der Deckelseite,
der Voraustritt aber auf der Kurbelseite größer ausfällt.

Will man die endliche Schubstangenlänge bei der Bestimmung der Dampfverteilungsperioden nach dem *Brix*schen Verfahren (S. 107) berücksichtigen,
so sind die Schieberkreise und deren Mittellinie nicht durch den Mittelpunkt $O$
des Hauptkurbelkreises, sondern nach Fig. 107 durch einen Punkt $O'$ zu ziehen,
der von $O$ um $\lambda/2 \cdot R = R^2/2\,L$ im Drehungssinne der Kurbel absteht.

Zu beachten ist schließlich, daß im *Zeuner*schen Diagramm die Mittellinien
der Winkel $Ve\,O\,Ex$ und $Va\,O\,Co$ mit der Vertikalen den Voreilwinkel $\delta$ einschließen.

§ 60. **Das *Müller*sche Schieberdiagramm.** Der in Fig. 108 mit der Exzentrizität $r$ als Radius geschlagene Kreis gilt in diesem Diagramm sowohl für die

Exzenter- als auch für die Hauptkurbel. Die Totlagen jener sind dabei horizontal in $OE$ und $OE'$, diejenigen dieser dagegen auf einer Geraden $KOK'$ anzunehmen, die mit $EOE'$ den Winkel $90 + \delta$ zwischen Haupt- und Exzenterkurbel einschließt. Für irgendeine Lage $OK_1$ der Hauptkurbel erhält man dann bei Vernachlässigung der endlichen Exzenterstangenlänge die Schieberausweichung $\xi$ in der Horizontalen $K_1 B_1$, die als positiv anzusehen ist, wenn sie rechts, als negativ, wenn sie links von der Vertikalen $Y - Y$ liegt. Die Kolbenlagen sind auf $KK'$ oder eine zu ihr parallele Gerade $AA'$ zu projizieren.

Um die vier charakteristischen Hauptkurbellagen für die Dampfverteilung auf der Deckelseite in dem Diagramm zu bekommen, hat man die Vertikalen im Abstande $+e$ und $-i$ von $Y-Y$ zu ziehen und deren Schnittpunkte $Ve$ und $Ex$ bzw. $Va$ und $Co$ mit dem Kurbelkreis aufzusuchen. Es ist dann wie früher:

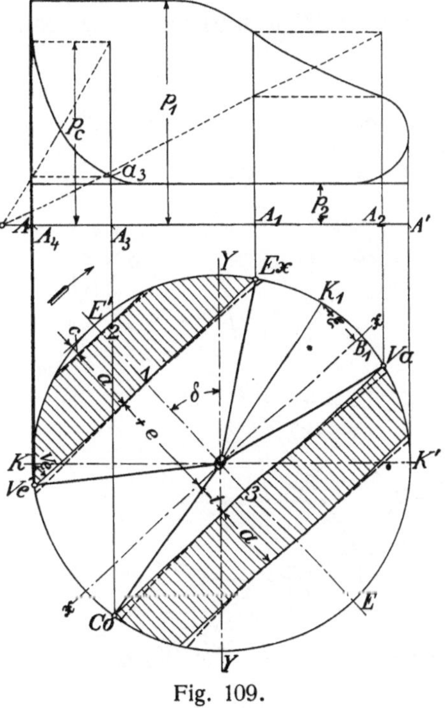

Fig. 109.

$O\,Ve$ die Hauptkurbellage für den Beginn des Dampfvoreintrittes,

$O\,Ex$ diejenige für den Beginn der Expansion,

$O\,Va$ diejenige für den Beginn des Dampfvoraustrittes,

$O\,Co$ diejenige für den Beginn der Kompression.

Die im Abstande $+(e+a)$ und $-(i+a)$ von $Y-Y$ gezogenen Vertikalen liefern (wie die entsprechenden Kreise im *Zeuner*schen Diagramm) die beiden schraffierten Flächen, auf denen die Horizontale durch den Endpunkt einer jeden Hauptkurbellage die jeweilige Eröffnung $a_x$ des Deckelkanales für den Dampfein- bzw. Dampfaustritt abschneidet. Die Horizontale $E'OE$, die mit den wirklichen Totlagen der Exzenterkurbel übereinstimmt, halbiert in dem Diagramm die Winkel $Ve\,O\,Ex$ und $Va\,O\,Co$.

Denkt man sich das *Müller*sche Diagramm um den Winkel $90 + \delta$ nach links herumgedreht, so erhält man die unter dem Namen *Müller-Reuleaux*sches Schieberdiagramm bekannte Form desselben nach Fig. 109. Sie unterscheidet sich von der vorigen nur dadurch, daß die Kolbenwege hier auf der Horizontalen $KK'$ oder einer ihrer parallelen Geraden, die Schieberwege dagegen parallel zu einer gegen die Vertikale $Y-Y$ unter dem Voreilwinkel $\delta$ geneigten Geraden $EE'$ zu messen sind, und zwar liegen die positiven Schieberwege oberhalb, die negativen unterhalb der zu $EE'$ Senkrechten $x-x$. Für eine Hauptkurbellage $OK_1$ ist z. B. $K_1 B_1 = \xi$ der positive Schieberweg. Alles übrige ergibt sich wie oben. Da die Totlagen der Hauptkurbel hier horizontal liegen, so muß die Halbierungslinie $E\,O\,E'$ der Winkel $Ve\,O\,Ex$ und $Va\,O\,Co$ wieder mit der Vertikalen den Voreilwinkel $\delta$, mit den Totlagen der Hauptkurbel selbst also einen Winkel $90 - \delta$ bilden.

In Fig. 110 sind mit Hilfe des *Müller-Reuleaux*schen Diagrammes unter Berücksichtigung der endlichen Schubstangenlänge nach dem *Brix*schen Verfahren (S. 107) die Dampfverteilungsperioden für beide Kolbenseiten bestimmt worden. Der Mittelpunkt $O'$ des Exzenterkurbelkreises liegt um den Abstand $\lambda/2 \cdot R = R^2/2\,L$ vom Mittelpunkte $O$ des Hauptkurbelkreises ab. $m$, $n$, $p$, $q$ und $m'$, $n'$, $p'$, $q'$ sind ferner die Schnittpunkte der betreffenden $e$- und $i$-Geraden

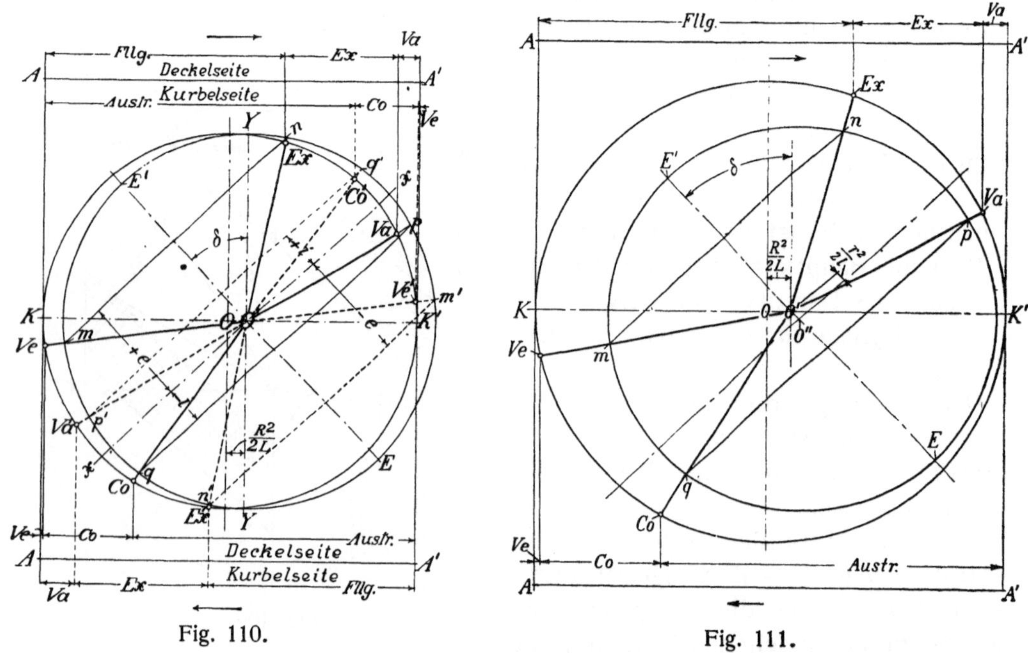



Fig. 110.Fig. 111.

mit dem Exzenter-, $Ve$, $Ex$, $Va$, $Co$ und $Ve'$, $Ex'$, $Va'$, $Co'$ die Schnittpunkte der Geraden $O\,m$, $O\,n$, $O\,p$ usw. mit dem Hauptkurbelkreise. Die Kolbenstellungen ergeben sich durch Vertikalprojektion der Punkte $Ve$, $Ex$, $Va$ usw. auf die Horizontalen $A\,A'$. In Fig. 113 und 114, S. 160, ist das Bogenverfahren mit dem vorliegenden Schieberdiagramm vereinigt. Die Figuren geben die Diagramme beider Kolbenseiten für einen Schieber (Fig. 115, S. 161), der auf annähernd gleiche Füllung und Kompression eingestellt ist und um eine Ebene $M'$ außerhalb der Spiegelmitte schwingt.

Im *Müller*schen Diagramm läßt sich auch der Einfluß der endlichen Exzenterstangenlänge in einfacher Weise berücksichtigen. Nach dem Bogenverfahren sind dann in Fig. 109 an Stelle der geraden Linien $Ex\,Ve$, $Co\,Va$ usw. im Abstande $e$ bzw. $i$ die punktiert eingetragenen Kreisbogen zu ziehen, deren Radius gleich der Exzenterstangenlänge (in dem gewählten Maßstab) ist und deren Mittelpunkte auf der Verlängerung von $E'\,E$ liegen. Die Schnittpunkte dieser

Kreisbögen mit dem Kurbelkreis ergeben dann die Hauptkurbellagen $O\,Ve$, $O\,Ex$, $O\,Va$ und $O\,Co$.

In Fig. 111 ist nicht nur die endliche Länge der Schubstange, sondern auch die der Exzenterstange nach dem *Brix*schen Verfahren berücksichtigt. Der Mittelpunkt $O''$ des Schieberkreises liegt hier in den Abständen

$$O\,O' = \frac{\lambda}{2}\cdot R = \frac{R^2}{2\,L} \quad \text{und} \quad O'\,O'' = \frac{r^2}{2\,l}$$

vom Mittelpunkte $O$ des Hauptkurbelkreises, dessen (beliebiger) Radius in der Figur der Deutlichkeit wegen größer als der des Schieberkreises gewählt ist.

Für gewöhnlich kann aber die Berücksichtigung der Exzenterstangenlänge, soweit sie nicht das Einstellen des Schiebers auf gleiches Voröffnen betrifft, unterbleiben; nur für $l < 10\,r$ bis $15\,r$ empfiehlt sie sich.

§ 61. **Die Schieberellipse.** Trägt man die Schieberwege $\xi$ als Ordinaten über den zugehörigen Kolbenlagen auf, und zwar wenn positiv nach oben,

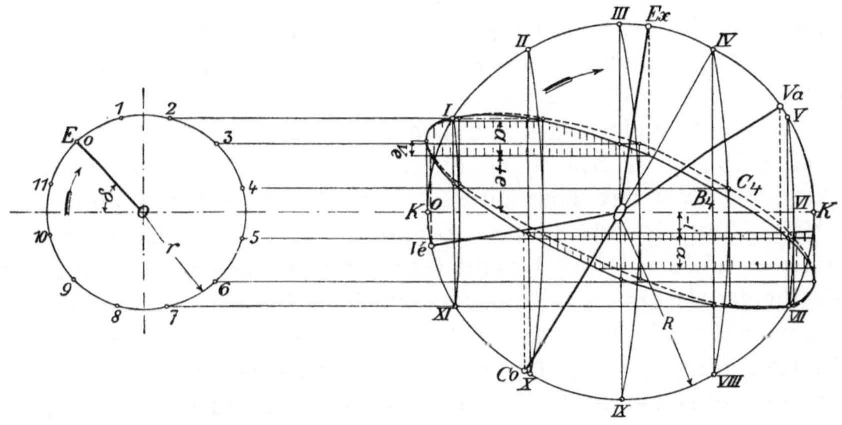

Fig. 112.

wenn negativ nach unten, so erhält man bei Vernachlässigung der endlichen Exzenter- und Schubstangenlänge eine Ellipse als Schieberdiagramm. Zur Konstruktion dieser Ellipse teilt man nach Fig. 112 den Exzenterkurbelkreis um $o$ von $E$, den Hauptkurbelkreis um $O$ von $K$ aus in dieselbe Anzahl gleicher Teile und projiziert durch Ziehen von Horizontalen die Punkte $o$, $1$, $2$, $3$ .... des ersten Kreises auf die Vertikalen durch $o$, $I$, $II$ bzw. $III$ ... Bei Berücksichtigung der endlichen Schubstangenlänge nach dem Bogenverfahren (S. 106) ergibt sich die punktierte Kurve in Fig. 112. Für die Hauptkurbellage $O\,IV$ ist also z. B. $B_4$ und $C_4$ der Punkt der ausgezogenen bzw. punktierten Kurve. Mit Hilfe der im Abstande $+\,e$ und $-\,i$ gezogenen Horizontalen erhält man dann wieder die vier charakteristischen Hauptkurbellagen $O\,Ve$, $O\,Ex$, $O\,Va$ und $O\,Co$ für die Dampfverteilung auf der Deckelseite. Die Horizontalen im Abstande $+\,(e+a)$ und $-\,(i+a)$ liefern ferner die in Fig. 112 schraffierten beiden Flächen, auf denen die Senkrechte einer jeden Kolbenstellung die zugehörige Eröffnung $a_x$ des Deckelkanales abschneidet. Alles Übrige folgt entsprechend wie bei den früheren Diagrammen.

§ 62. **Der Entwurf der einfachen Schieber.** Die Verhältnisse dieser Schieber sind stets im Anschluß an das Indikatordiagramm der Maschine zu bestimmen. Man wählt von den Dampfverteilungsperioden, welche die vier charakteristischen Hauptkurbellagen festlegen, neben der meist gegebenen Füllung zunächst den Voreintritt (hier oft kleiner als auf S. 27 angegeben). Dadurch ist, wie weiter unten näher erklärt, der Voreilwinkel $\delta$ und das Verhältnis der äußeren Überdeckung $e$ zur Kanalweite $a$ gegeben. Sobald dann die dritte Periode, meist der Voraustritt, nach den Angaben auf S. 27 angenommen wird, ist auch die Dauer der vierten Periode, der Kompression, sowie die innere Überdeckung $i$ bestimmt. Schließlich ist an Hand der entworfenen Diagramme zu beurteilen, ob Änderungen in der einen oder anderen Periode nötig sind, wie diese sich bewirken lassen, und welchen Einfluß sie auf die übrigen Perioden haben.

Am besten eignet sich zu dem angegebenen Verfahren das *Müller-Reuleaux*sche Diagramm. Man braucht dazu nach Fig. 109, S. 153, nur einen Haupt- und Exzenterkurbelkreis von beliebigem Radius $OK$ (am besten *50 mm*) zu schlagen und die der gegebenen Füllung, sowie dem gewählten Voreintritt und Voraustritt entsprechenden Kolbenlagen $A_1$, $A_4$ bzw. $A_2$ nebst den zugehörigen Hauptkurbellagen $OEx$, $OVe$ bzw. $OVa$ aufzusuchen. Die Halbierungslinie $OE'$ des Winkels $VeOEx$ liefert dann mit der Vertikalen $Y - Y$ den Voreilwinkel $\delta$ und die Verbindungslinie der Punkte $Ve$ und $Ex$ die $e$-Linie. Eine Parallele zu der letzteren durch den Punkt $Va$ gibt ferner die $i$-Linie und die Hauptkurbellage $OCo$ für den Beginn der Kompression. Von der zugehörigen Kolbenlage $A_3$ aus kann dann die Kompressionslinie[1]) konstruiert und geprüft werden, ob die Endspannung $p_c$ die genügende und gewünschte Größe hat. Wählt man schließlich noch das der Kanalweite $a$ entsprechende Stück $1\,2$ so, daß noch ein Stück $c$ für den Überlauf verbleibt, so erhält man durch den Vergleich der Strecke $1\,2$ mit der nach S. 143 berechneten Kanalweite $a$ den Maßstab des Diagrammes und durch ihn die wirkliche Größe von $r$, $e$, $i$, $v_e$ und $v_i$. $v_e$ soll möglichst zwischen $0{,}2\,a$ und $0{,}3\,a$ bleiben.

Wie man nun zu verfahren hat, wenn die eine oder andere Periode nicht die gewünschte oder zulässige Größe hat und geändert werden muß, ergibt sich leicht aus dem Diagramm. Fällt z. B. die Kompression zu klein aus, so muß man in Fig. 109 die Kurbellage $OCo$ mehr nach rechts zu bringen suchen. Das kann, wenn die Füllung bestehen bleiben soll, durch Verkleinerung des Voraustrittes oder Vergrößerung des Voreintrittes oder durch gemeinsame Änderung beider in dem angedeuteten Sinne geschehen. Durch die Verkleinerung des Voraustrittes wird aber die innere Überdeckung $i$ größer und das Voröffnen $v_i$ kleiner, während die Vergrößerung des Voreintrittes bei unveränderter Füllung eine Zunahme des Voreilwinkels und des Voröffnens $v_e$ nach sich zieht.

---

[1]) Diese ist nicht, wie in der Figur angedeutet, als gleichseitige Hyperbel für $p \cdot v$ = konst., sondern als Polytrope für $p \cdot v^n$ = konst. (S. 27) zu zeichnen.

Eine höhere Kompression würde durch die entgegengesetzten Mittel zu erzielen sein. An Kondensationsmaschinen ist übrigens von einer genügend hohen Endspannung der Kompression bei den einfachen Schiebern abzusehen, da sonst deren Dauer zu groß ausfällt und nicht in Einklang mit den übrigen Perioden zu bringen ist. Auch eignet sich der einfache Schieber nicht für große Expansion bzw. kleine Füllung; denn diese lassen sich nur durch große Werte von $\delta$, $r$ und $e$ erzielen, die wiederum große Reibungsarbeit für den Schieber verursachen und mit großer Kompression und Vorausströmung verbunden sind.

Mit Hilfe des *Zeuner*schen Diagrammes lassen sich die Verhältnisse eines zu entwerfenden Schiebers auf ähnliche Weise feststellen. Man hat dazu nach Ermittelung der beiden Hauptkurbellagen $O\,Ex$ und $O\,Ve$ über der Halbierungslinie des Winkels $Ve\,O\,Ex$ (Fig. 105, S. 150) einen Kreis von beliebigem Durchmesser $O\,D'$ zu schlagen. Der Schnittpunkt desselben mit $O\,Ve$ und $O\,Ex$ gibt den $e$-Kreis und ein gewählter Überlauf $c = D'\,2$ auch den $(r + a)$-Kreis. Die Strecke $a$ liefert dann im Vergleich mit der berechneten Kanalweite wieder den Maßstab der Figur und die wirkliche Größe von $r$, $e$ usw.

Sind die Verhältnisse eines Schiebers auf die angegebene Weise bestimmt worden, so empfiehlt es sich, die durch ihn bewirkte Dampfverteilung für beide Kolbenseiten unter Berücksichtigung der endlichen Schubstangenlänge festzustellen und hiernach das Indikatordiagramm zu prüfen (siehe Fig. 106, S. 151, sowie Fig. 110, S. 154, wo teils das Bogen-, teils das *Brix*sche Verfahren benutzt ist).

Will man endlich durch den Schieber auf beiden Kolbenseiten eine annähernd gleiche Füllung und Kompression auf Kosten eines ungleichen Voröffnens erzielen, so muß man versuchsweise vorgehen und den Schieber um eine Ebene außerhalb der Spiegelmitte schwingen lassen oder ihm ungleiche Deckungen auf beiden Seiten geben. Das mit $e$ und $i$, sowie $e'$ und $i'$ gezeichnete Diagramm zeigt dann, wie weit die gewünschte Annäherung erreicht wird.

Die **Exzentrizität** wählte man früher meistens $r = a + e$; der Schieber öffnet dann gerade den Einlaßkanal bei einem Kurbelwinkel von $90 - \delta$ aus der Totlage ganz, fängt aber auch sofort an, ihn wieder zu schließen. Jetzt nimmt man, damit der Kanal auch noch bei einem größeren Winkel als $90 - \delta$ ganz geöffnet ist und die Kanaleröffnung, sowie der Kanalschluß schneller vor sich gehen, die Exzentrizität $r$ größer an, nämlich

$$r = e + a + c \qquad\qquad 62$$

$c$ ist dann der Überlauf, um den der Schieber bei seiner Totlage (Fig. 93, S. 143) über die innere Kante des einen oder anderen Seitenkanales tritt. Dabei ist aber zu beachten, daß mit wachsendem $c$ auch die Abmessungen und die Reibungsarbeit des Schiebers zunehmen. Gewöhnlich beträgt $c$ nur $0{,}1\,a$ bis $0{,}2\,a$.

Gl. 62 kann zusammen mit der auf S. 149 angegebenen Beziehung für den Schieberweg

$$\xi = r \cdot \sin(\delta + \omega) \qquad\qquad 63$$

mitunter auch zur Berechnung mancher Schieberabmessungen dienen, wenn man berücksichtigt, daß

für den Beginn der Expansion ($\omega = \omega_1$) und des Voreintrittes ($\omega = \omega_4$) $\xi = e$,

für den Beginn des Voraustrittes ($\omega = \omega_2$) und der Kompression ($\omega = \omega_3$) $\xi = i$,

für die Totlage ($\omega = o$) $\xi = e + v_e$ usw.

ist. $\omega$ muß dabei immer von der vorausgehenden Totlage der Hauptkurbel gerechnet werden.

**§ 63. Beispiel zum Entwurf eines einfachen Schiebers.** Für eine Auspuffmaschine $D = 0,2$, $S = 0,3\,m$ und $n = 200$ sind die Verhältnisse eines einfachen Muschelschiebers zu bestimmen, der ca. 60 vH Füllung gibt. Die Spannung des Eintrittsdampfes ist $p_1 = 7,5\,at\,abs.$

Nutzbare Kolbenfläche der Deckelseite bei einseitiger Kolbenstange

$$O = \overline{20}^2\,\frac{\pi}{4} = \infty\,314\,qcm,$$

mittlere Kolbengeschwindigkeit

$$c_m = \frac{S \cdot n}{30} = \frac{0,3 \cdot 200}{30} = 2\,m/sk\,.$$

erforderlicher Kanalquerschnitt nach Gl. 56, S. 140, für $w = 35\,m/sk$

$$f = \frac{314 \cdot 2}{35} = \infty\,18\,qcm\,.$$

Kanalweite nach Gl. 58, S. 143, bei $h = 0,65 \cdot 20 = 13\,cm$ Kanalbreite

$$a = \frac{18}{13} = \infty\,\mathbf{1,4}\,cm\,.$$

Wählt man für die Dampfverteilung den Voreintritt nur zu 0,5 vH, so ergeben sich mit der verlangten Füllung von 60 vH auf der Basis $A\,A' = 50\,mm$ (Fig. 109, S. 153) $A\,A_4 = 0,25$ und $A\,A_1 = 30\,mm$. Die zugehörigen Hauptkurbellagen $O\,Ve$ und $O\,Ex$ liefern ferner durch Halbierung des Winkels $Ve\,O\,Ex$ die Gerade $O\,E'$, die mit der Vertikalen den erforderlichen Voreilwinkel $\delta = \mathbf{43°}$ einschließt. Die Verbindung von $Ve$ und $Ex$ ist die $e$-Linie des *Müller-Reuleaux-schen* Diagrammes. Wird dann noch der Voraustritt zu 7,5 vH angenommen und $A'\,A_2 = 3,75\,mm$, sowie die zugehörige Hauptkurbellage $O\,Va$ aufgetragen, so legt die Parallele zu $Ve\,Ex$ durch $Va$ die $i$-Linie und die Hauptkurbellage $O\,Co$ fest, bei der die Kompression beginnt.

Die Abmessungen des Schiebers ergeben sich jetzt aus dem Diagramm, sobald man den Punkt $2$ auf $O\,E'$ so annimmt, daß noch ein Überlauf $c$ für den Schieber verbleibt. In Fig. 109 ist $1\,2 = 9\,mm$ genommen. Es entspricht alsdann diese Strecke der oben zu $a = 14\,mm$ berechneten Kanalweite, und es ergibt sich ein Maßstab der Figur von $9 : 14$ der natürlichen Größe. Deshalb ist

die Exzentrizität $r = O\,K \cdot \dfrac{14}{9} = 25 \cdot \dfrac{14}{9} = \infty\,\mathbf{39}\,mm,$

die äußere Überdeckung $e = O_1 \cdot \dfrac{14}{9} = 14{,}5 \cdot \dfrac{14}{9} = \sim \mathbf{22{,}5}\ mm$,

die innere Überdeckung $i = O_3 \cdot \dfrac{14}{9} = 5 \cdot \dfrac{14}{9} = \sim \mathbf{8}\ mm$,

der Überlauf $c = r - (e + a) = 39 - (22{,}5 + 14) = 2{,}5\ mm$,
das Voröffnen $v_e = r \cdot \sin \delta - e = \sim 4\ mm$,
das Voröffnen $v_i = a = 14\ mm$.

Aus Fig. 110, S. 154, die für den vorliegenden Schieber denselben Maßstab wie Fig. 109 hat, kann die Dauer der einzelnen Dampfverteilungsperioden unter Berücksichtigung der endlichen Schubstangenlänge nach dem *Brix*schen Verfahren festgestellt werden. Es beträgt auf der

|  | Deckelseite ca. | Kurbelseite ca. | Differenz ca. |
|---|---|---|---|
| die Füllung . . . . . . . . . | 65 | 55,5 | 9,5 vH |
| die Kompression. . . . . . | 24 | 17,5 | 6,5 vH |
| der Voreintritt . . . . . . . | 0,55 | 0,35 | 0,2 vH |
| der Voraustritt . . . . . . | 6 | 8,5 | 2,5 vH |

Das Voröffnen $v_e$ fällt bei Berücksichtigung der endlichen Exzenterstangenlänge nur um den doppelten Betrag des Fehlergliedes in Gl. 60, S. 145, das für $l = 23\ r$

$$y = \frac{1}{2} \frac{39}{23} \cos^2 43 = \sim 0{,}45\ mm$$

wird, verschieden aus.

Läßt man den symmetrisch gestalteten Schieber um eine Ebene $M'$ (Fig. 115) schwingen, die um $z = 1{,}5\ mm$ von der Spiegelmitte des Zylinders absteht, so wird die äußere und innere Überdeckung auf der

Deckelseite $e = 22{,}5 + 1{,}5 = \mathbf{24}\ mm$, $\quad i = 8 - 1{,}5 = \mathbf{6{,}5}\ mm$,
Kurbelseite $e' = 22{,}5 - 1{,}5 = \mathbf{21}\ mm$, $\quad i' = 8 + 1{,}5 = \mathbf{9{,}5}\ mm$.

Es ergibt sich dann nach den Diagrammen in Fig. 113 und 114 die folgende Dampfverteilung

|  | Deckelseite ca. | Kurbelseite ca. | Differenz ca. |
|---|---|---|---|
| Füllung . . . . . . . . . . | 62,5 | 58 | 4,5 vH |
| Kompression . . . . . . . | 22,5 | 18,75 | 3,75 vH |
| Voreintritt . . . . . . . . | 0,25 | 0,7 | 0,45 vH |
| Voraustritt . . . . . . . . | 6,75 | 7,5 | 0,75 vH |

Das Voröffnen für den Dampfeintritt ist bei Vernachlässigung der endlichen Exzenterstangenlänge

auf der Deckelseite $v_e = r \cdot \sin 43 - e = 2{,}6\ mm$,
auf der Kurbelseite $v'_e = r \cdot \sin 43 - e' = 5{,}6\ mm$,

bei Berücksichtigung der Exzenterstangenlänge

$$v_e = 2{,}6 + y = 2{,}6 + 0{,}45 = 3{,}05\ mm,$$
$$v'_e = 5{,}6 - y = 5{,}6 - 0{,}45 = 5{,}15\ mm,$$

Das Voröffnen für den Auslaß bleibt auf beiden Kolbenseiten $v_i = a = 14\,mm$. Stegbreite

$$b = 0{,}5\,a + 1{,}1\;cm = \mathbf{18}\,mm,$$

Weite des Auslaßkanales nach Gl. 59, S. 143,

$$a_0 \geqq 9{,}5 + 39 + 14 - 18, \quad a_0 = \mathbf{50}\,mm.$$

Die nach den vorstehenden Verhältnissen entworfenen Indikatordiagramme sind in Fig. 113 und 114 angegeben für einen Kräftemaßstab $1\,at = 5\,mm$.

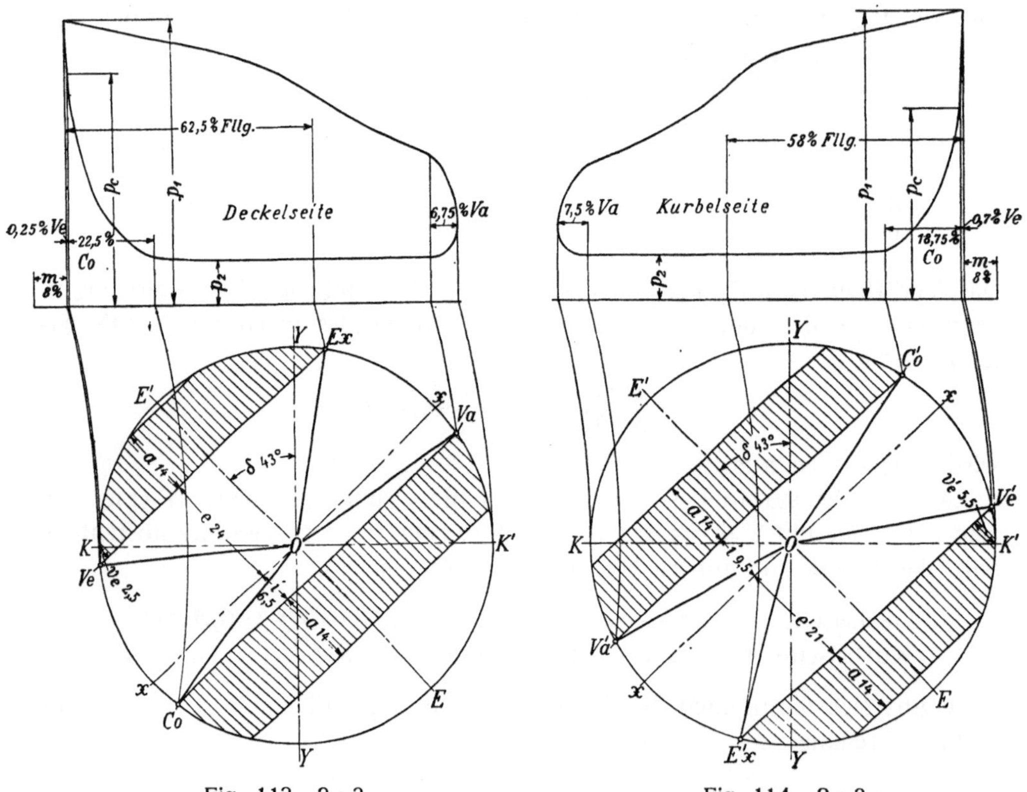


Fig. 113. 2 : 3.          Fig. 114. 2 : 3.

Die Kompressionsendspannung beträgt nach einer Polytrope mit $n = 1{,}2$ auf der Deckelseite $p_c = 6{,}06$, auf der Kurbelseite $p_c = 4{,}96\;at\;abs.$, liegt also genügend weit unter der Eintrittsspannung $p_1$.

§ 64. **Einfache Schieber mit innerem Dampfeintritt und solche mit negativer innerer Überdeckung.** Bisher wurde angenommen, daß der Dampfeintritt durch die äußeren, der Dampfaustritt durch die inneren Kanten gesteuert wird. Bei Kolbenschiebern ist aber auch die umgekehrte Anordnung nach Fig. 116 gebräuchlich, bei der die Überdeckung $e$ innen und diejenige $i$ außen liegt. Man bezeichnet einen solchen Schieber, da bei ihm der frische Dampf von innen eintritt, als Schieber mit innerem Dampfeintritt. Der Schieberkasten ist nun mit dem Abdampf angefüllt und die Stopfbüchse der Schieberstange nur gegen diesen abzudichten, eine Eigenschaft, die den Schieber besonders für hochgespannten überhitzten Dampf, falls für diesen Schieber benutzt werden sollen, geeignet macht.

Der vorliegende Schieber muß sich, wenn die Dampfverteilung richtig vor sich gehen soll, immer in der entgegengesetzten Richtung wie der Schieber mit äußerem Dampfeintritt bewegen. Die Exzenterkurbel ist also hier nach $O\,E'$ in Fig. 97, S. 146, bei der Deckeltotlage der Hauptkurbel aufzukeilen, und in den Diagrammen sind die Bewegungsrichtungen miteinander zu vertauschen, so daß im *Zeuner*schen Diagramm nun der obere Schieberkreis für die negativen Schieberwege nach links, der untere für die positiven nach rechts gilt, während im *Müller-Reuleaux*schen Diagramm (Fig. 109, S. 153) die positiven Schieberwege nach rechts jetzt unterhalb, die negativen nach links oberhalb der Senkrechten $x\,x$ auf $E'\,E$ liegen. Beim Einstellen des Schiebers auf gleiches Voröffnen muß dieser ferner um eine Mittellage schwingen, die um $y$ (siehe S. 145) nach der Kurbelseite von der Spiegelmitte absteht.

Ein Ausgleich der Füllung und Kompression auf beiden Kolbenseiten kann bei dem Schieber mit innerem Dampfeintritt nicht nur durch ungleiche Überdeckungen, sondern auch durch Verkürzung der Exzenterstangenlänge $l$ erzielt werden. Bei Berücksichtigung der letzteren sind nach dem Bogenverfahren die $e$, $e'$, $i$ und $i'$-Geraden durch Kreise vom Radius $l$ zu ersetzen; die Mittelpunkte dieser Kreise liegen aber hier auf der entgegengesetzten Seite wie bei dem Schieber mit äußerem Dampfeintritt in Fig. 109, S. 153. In Fig. 117 ist ein solches Diagramm für eine Ex-

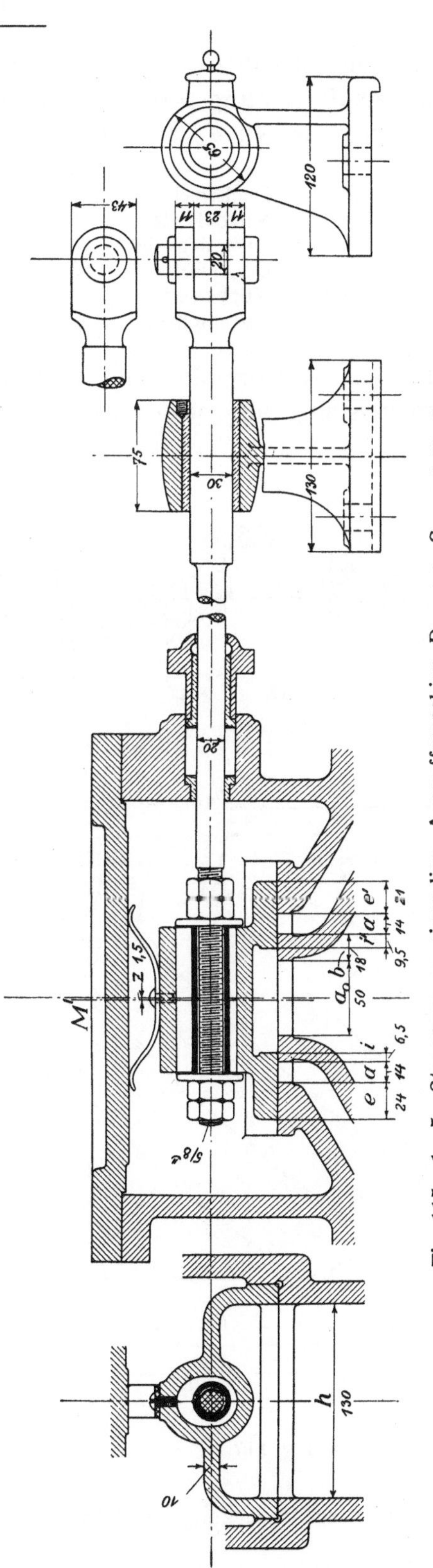

Fig. 115. 1 : 5. Steuerung zu einer lieg. Auspuffmaschine $D = 0{,}2$, $S = 0{,}3\,m$, $n = 200$.

zenterstangenlänge $l = 7\,r$ gezeichnet, und es ergeben sich danach die folgenden Dampfverteilungsperioden an Stelle derjenigen für $l = \infty$ nach den punktiert eingetragenen $e$, $e'$, $i$ und $i'$-Geraden:

|  |  | Füllung | Kompression | Voreintritt | Voraustritt |
|---|---|---|---|---|---|
| $l = 7\,r$ | Deckelseite | 63 | 20,5 | 0,16 | 8,2 vH |
|  | Kurbelseite. | 59 | 19,2 | 0,9 | 7,0 vH |
|  | Unterschied | 4 | 1,3 | 0,74 | 1,2 vH |
| $l = \infty$ | Deckelseite | 65,5 | 23,0 | 0,8 | 6,4 vH |
|  | Kurbelseite. | 54,5 | 17,3 | 0,4 | 9,6 vH |
|  | Unterschied | 11 | 5,7 | 0,4 | 3,2 vH |

Füllung, Kompression und Voraustritt werden hiernach durch die kurze Exzenterstange auf beiden Kolbenseiten einander genähert, der Unterschied im Voreintritt aber wird vergrößert; der Annäherung jener sind also auch hier gewisse Grenzen gezogen.

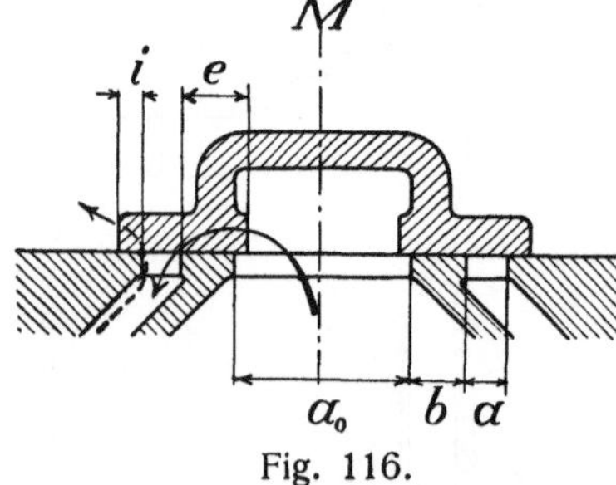

Fig. 116.

In Fig. 118 ist dasselbe Diagramm mit Hilfe des *Brix*schen Verfahrens gezeichnet. Es ist $O\,O' = \lambda/2 \cdot R = R^2/2\,L$ und $O'\,O'' = r^2/2\,l$; $O''$ liegt hier aber im Gegensatz zu Fig. 111, S. 154, oberhalb von $O'$.

Nach Prof. *Graßmann*[1]) ist bei geknicktem

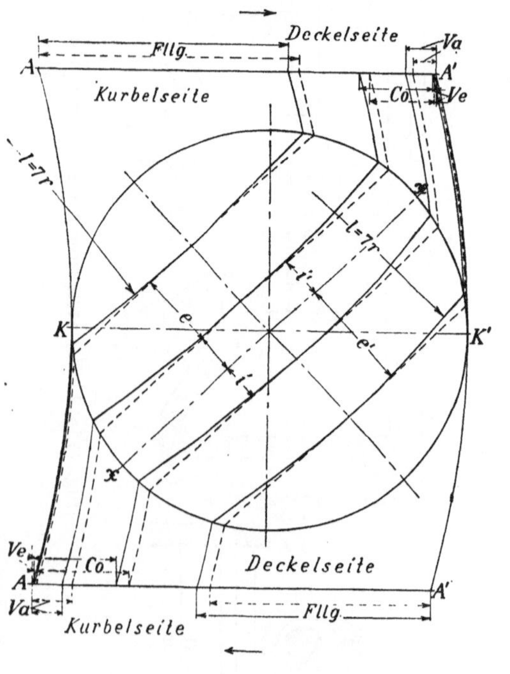

Fig. 117.

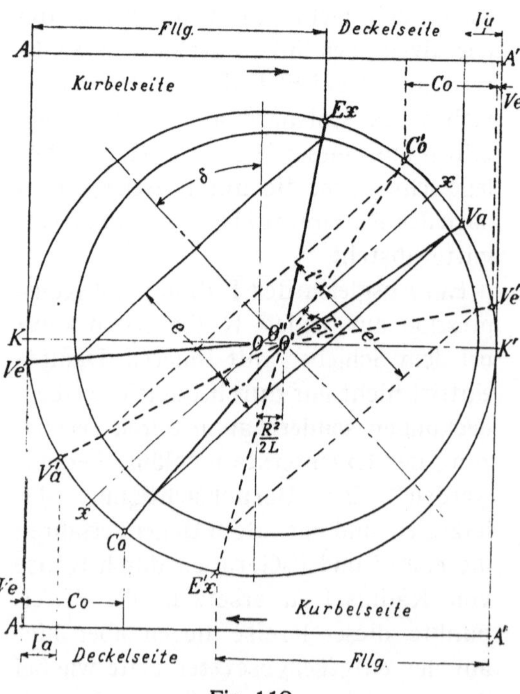

Fig. 118.

---

[1]) Siehe die Anmerkung auf S. 35.

Antrieb und Zwischenhebel für vollkommenen Füllungsausgleich

$$\frac{l}{r} = 1{,}4\,\frac{L}{R}\,,$$

für ungefähr gleiche Dampfmengen auf beiden Zylinderseiten

$$\frac{l}{r} = \sim (1{,}5 \ \text{bis} \ 1{,}6)\,\frac{L}{R}$$

zu nehmen.

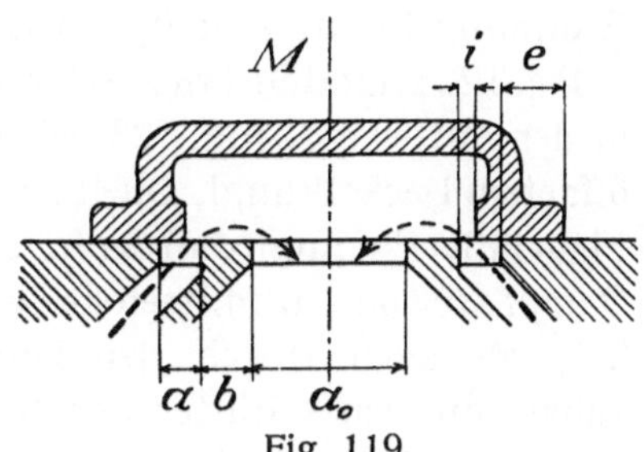

Fig. 119.

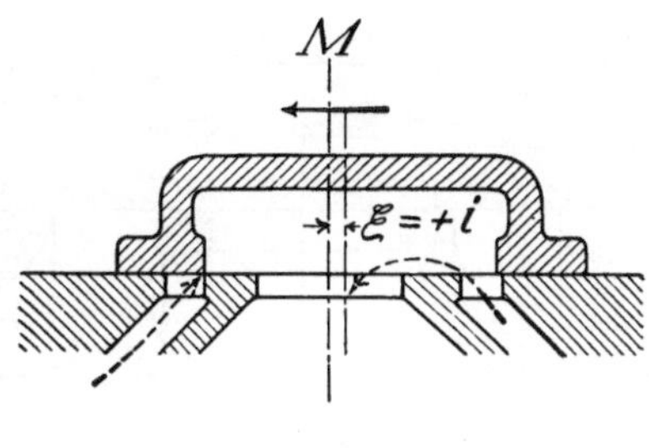

Fig. 120.

Die Weite des mittleren Zylinderkanales muß für den vorliegenden Schieber nach Gl. 59, S. 143, in der hier $i$ durch $e$ zu ersetzen ist,

$$a_0 \geqq e + r + a - b \qquad \ldots \ldots \ldots \qquad 64$$

sein.

Der Schieber in Fig. 1, Taf. 4, hat inneren Dampfeintritt bei geteiltem Zylinderkanal. Der Dampf tritt an zwei Stellen ein, und infolgedessen schließt der Schieber die Kanäle bei gleicher Exzentrizität schneller. Bezüglich der Eröffnungsflächen im Diagramm hierbei siehe § 65.

Zu den Schiebern mit innerem Dampfeintritt gehört auch der $E$-Schieber[1]); er steuert aber den Dampfeintritt mit den äußeren Kanten und wird im Transmissions-Dampfmaschinenbau wohl kaum verwendet.

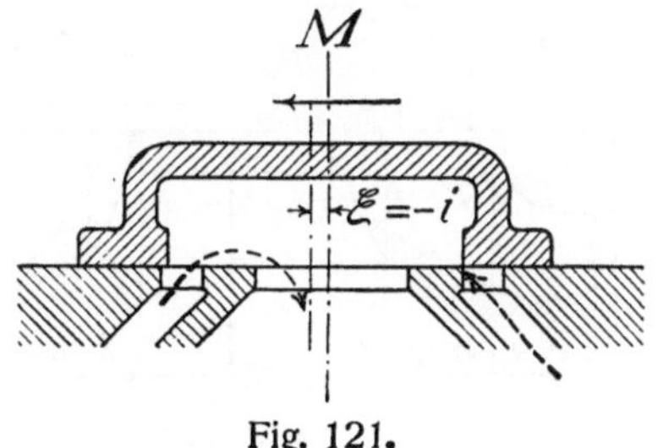

Fig. 121.

Stehen bei der Mittellage des einfachen Schiebers dessen innere Kanten nicht wie in Fig. 90, S. 142, innerhalb der entsprechenden Kanten der beiden Seitenkanäle, sondern nach Fig. 119 außerhalb derselben, so sind die inneren Überdeckungen negativ. In den Diagrammen eines solchen Schiebers liegen die $i$-Linien, welche die Hauptkurbellagen $O\,Va$ und $O\,Co$ bestimmen, natürlich auf der entgegengesetzten Seite des Mittelpunktes $O$, wie bisher angenommen. Der Schieber besitzt ferner die Eigentümlichkeit, daß während eines jeden einfachen Hubes zeitweise beide Kolbenseiten gleichzeitig mit dem mittleren Kanal verbunden werden. Diese gleichzeitige Verbindung beginnt z. B. während des Hinlaufes, wenn auf der Deckelseite des Kolbens der Voraustritt

---

[1]) Z. d. V. d: I. 1914, S. 693.

anfängt ($\xi = + i$, abnehmend, Schieberlage nach Fig. 120), und sie hört auf, wenn auf der Kurbelseite die Kompression eintritt ($\xi = - i$, zunehmend, Schieberlage nach Fig. 121). Man benützt diesen Umstand mitunter, um eine zu hohe Kompression zu vermeiden.

§ 65. **Der Trick-Schieber.** Er ist nach S. 141 der Hauptvertreter einer Gruppe von Schiebern, die durch einen Hilfskanal doppelte Kanaleröffnung erzielen. Der Hilfskanal ist bei ihm über dem Rücken eines einfachen Schiebers an-geordnet und gewährt doppelte Eröffnung für den Dampfeintritt.

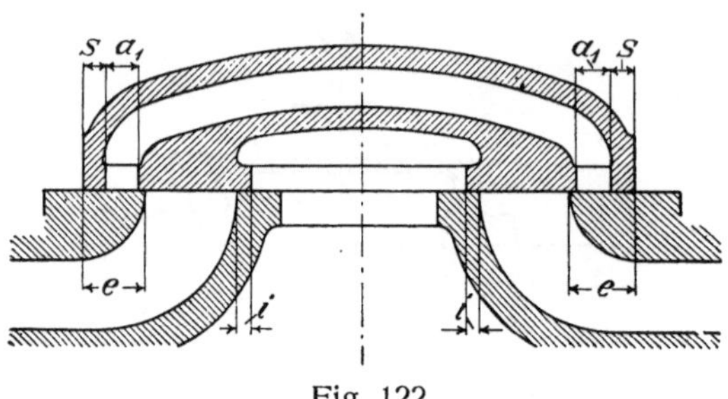

Fig. 122.

Fig. 122 zeigt den Trick-Schieber in der Mittellage, Fig. 123 bei ge-öffnetem Deckelkanal. Die letztere Figur läßt erkennen, daß der frische Dampf sowohl unmittelbar von links als auch durch den Hilfs-kanal von rechts hinter den Kol-ben treten kann. Der Schieber gibt also bis zur vollen Eröffnung des Kanales in jedem Augenblicke einen doppelt so großen Eintrittsquerschnitt frei wie der entsprechende Schieber ohne Hilfskanal, er öffnet und schließt bei derselben Exzentrizität den Ein-trittskanal doppelt so schnell wie dieser. Bei derselben Geschwindigkeit in der Kanaleröffnung und im Kanal-schlusse dagegen fällt seine Ex-zentrizität und somit auch seine Größe und Reibungsarbeit kleiner als bei fehlendem Zwischenkanal aus. Der Dampfauslaß erfolgt in der gleichen Weise wie beim ein-fachen Schieber. Man macht beim Trick-Schieber (siehe Fig. 122 und 123)

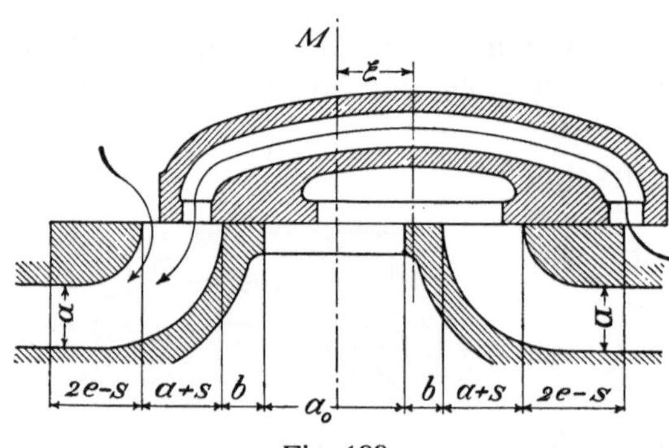

Fig. 123.

den lichten Querschnitt des Hilfskanales $o{,}5\,f$,

die Weite dieses Kanales also bei der Breite $h$   $a_1 = o{,}5\,a$,

die Weite der Seitenkanäle des Zylinders am Spiegel $a + s$,

die Breite der äußeren Spiegelflächen am Zylinder, damit der Zwischen-kanal bei dem Wege $\xi = e$ geöffnet wird,

$2\,e - s$ für gleiche, $e + e' - s$ für ungleiche äußere Überdeckungen auf beiden Seiten, wenn $s$ die äußere Stegdicke des Schiebers ist.

Der Voreilwinkel $\delta$, die Überdeckungen $e$ und $i$ bestimmen sich wie beim einfachen Schieber. Die Exzentrizität nimmt man

$$r = e + a_1 + c \qquad \ldots \ldots \ldots \ldots \ldots \quad 65$$

Für den Wert $r = e + a_1\,(c = o)$ geht das Öffnen und Schließen des Ein-lasses aber nicht besser, dasjenige des Auslasses sogar schlechter als beim einfachen Schieber vor sich. Zu beachten ist auch, daß $r > a + i$ sein muß, wenn der Kanal für den Auslaß ganz geöffnet werden soll.

In den Schieberdiagrammen des Trick-Schiebers stellt sich nur die Einlaßfläche anders dar. Nach Fig. 124 und 126 ist hier zur Konstruktion der Einlaßfläche sowohl während der Kanaleröffnung als auch während des Kanalschlusses das Stück $o{,}5\,a_x$, um das der Schieber an jeder Seite öffnet, immer doppelt aufzutragen. Hat das Stück aber bei der Eröffnung die Größe $o{,}5\,a$ erreicht, ist also der Kanal ganz geöffnet, so begrenzt wieder der mit $e + a$ als Radius geschlagene Kreis bzw. die entsprechende Vertikale die Einlaßflächen.

Eine besondere Eigenschaft zeigt der Trick-Schieber, wenn sein Hilfskanal nach Fig. 125 so angeordnet wird, daß er bei der Mittellage die beiden Seitenkanäle des Zylinders öffnet. Es stehen dann während eines jeden einfachen Hubes kurze Zeit beide Kolbenseiten miteinander in Verbindung, und infolge

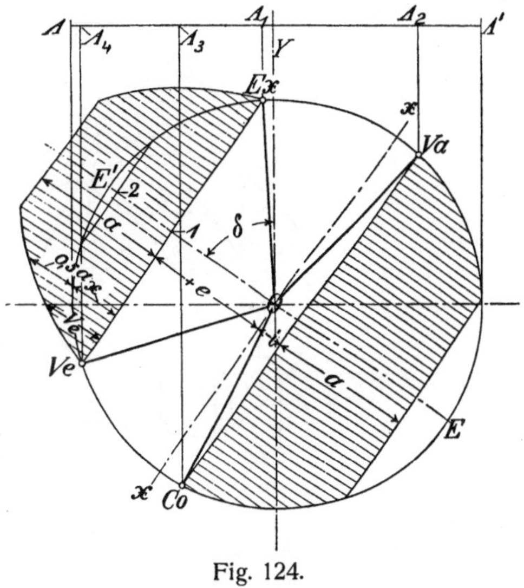

Fig. 124.

der hiermit verbundenen Überströmung des Dampfes von der Kolbenseite der höheren Spannung nach derjenigen der niedrigeren Spannung findet ein Spannungsausgleich während dieser Zeit statt. Sind $w$ und $w'$ die fraglichen Eröffnungen bei der Mittellage, so beginnt die Überströmung, wenn z. B. der Schieber von rechts nach links geht, sobald der Schieberweg $\xi = + w'$ ist, und sie hört auf, sobald $\xi = -w$ wird. Bei der entgegengesetzten Bewegung findet das Umgekehrte statt. In dem Schieberdiagramm der Fig. 126, wo um $O$ mit $w$ und $w'$ als Radien Kreise geschlagen sind, bestimmen somit die durch $1$ und $2$ bzw. $1'$ und $2'$ gehenden Hauptkurbellagen die Dauer der Über

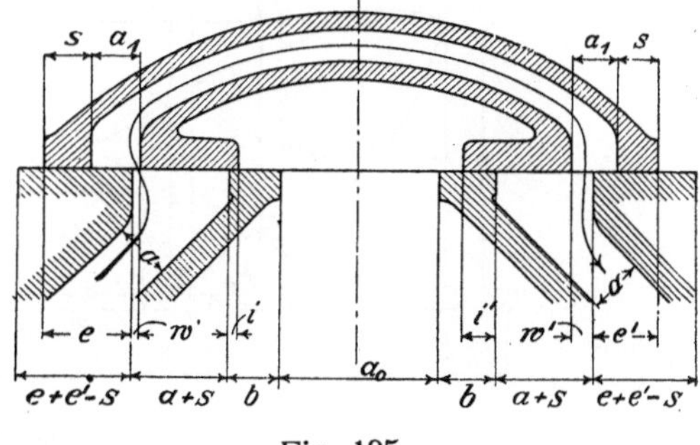

Fig. 125.

strömung. Die zusammengehörigen dieser Lagen, nämlich $O\,V$ und $O\,VI$, sowie $O\,V'$ und $O\,VI'$, fallen in die Expansionsperiode der einen und in die Kompressionsperiode der anderen Kolbenseite. Sind $p'$ und $p''$ die Spannungen auf beiden Kolbenseiten, $S_0 + S'$ und $S_0 + S''$ die zugehörigen Volumlängen des Dampfes beim Beginn der Überströmung, so tritt am Ende der letzteren infolge des Spannungsausgleiches eine Spannung ein, die sich annähernd aus

$$p_x(S_0 + S' + S_0 + S'') = p'\,(S_0 + S') + p''\,(S_0 + S'')$$

zu

$$p_x = \frac{p'\,(S_0 + S') + p''\,(S_0 + S'')}{S + 2\,S_0}$$

ergibt und bei vollständigem Spannungsausgleich auf beiden Kolbenseiten dieselbe Größe hat.

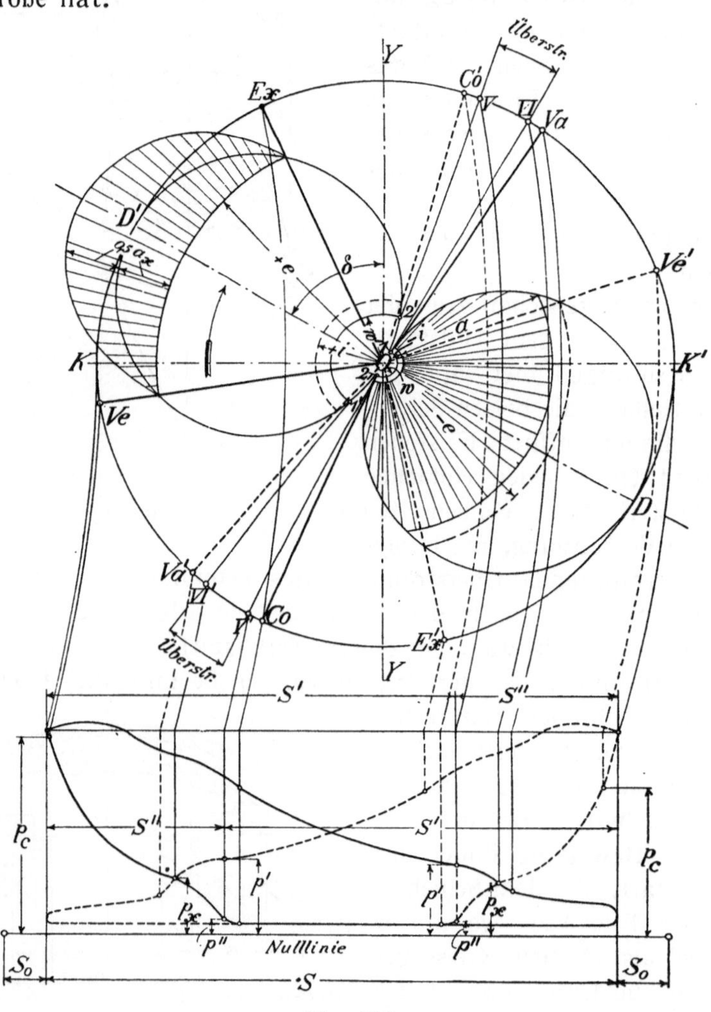


Fig. 126.

Die Weite $w$ und $w'$ der Überströmspalte bei der Mittellage des Schiebers muß, wenn die Überströmung, wie oben angeführt, in die Kompressionsperiode der einen und in die Expansionsperiode der anderen Kolbenseite fallen soll, kleiner als die zugehörige innere Überdeckung $i$ bzw. $i'$ sein. Zur genauen Bestimmung von $w$ und $w'$ konstruiert man die Kompressionslinie von der gewünschten Endspannung $p_c$ (Fig. 126) aus rückwärts und wählt die der Hauptkurbellage $O\,VI$ entsprechende Kolbenstellung. Dadurch ist $p_x$ gegeben.

Dann hat man die zu $OV$ gehörige Kolbenlage versuchsweise anzunehmen, und zwar so lange, bis daß sich mit den erhaltenen Werten $p'$, $S'$ und $S''$ für ein ebenfalls gewähltes $p''$ der gewünschte Wert von $p_x$ aus der obigen Gleichung ergibt.

Bei Kondensationsmaschinen, wo $p'$ stets größer als $p''$ ist, gewährt die Überströmung den Vorteil, daß durch den Spannungsausgleich die Kompression gesteigert und der Voraustritt verbessert wird. Bei Auspuffmaschinen mit niedriger Eintrittsspannung und kleiner Füllung dagegen, wo $p'$ oft kleiner als $p''$ ist, kann durch die Überströmung einer unzulässig hohen Kompression vorgebeugt werden. An den Mittel- und Niederdruckzylindern der mehrstufigen Expansionsmaschinen mit wechselnder Belastung endlich, wo $p'$ je nach der Aufnehmerspannung bald größer, bald kleiner als $p''$ ausfällt, dient die Überströmung vorteilhaft beiden Zwecken. Zu beachten ist aber, daß bei schnelllaufenden Maschinen kein vollständiger Spannungsausgleich eintritt. Auch ergeben sich bei kleinen Füllungen infolge der großen äußeren Überdeckungen große Stegbreiten $s$, wenn Überströmung vorgesehen werden soll. In solchen Fällen verlegt man die Überströmung besser wie beim Weiß-Schieber (siehe § 67) an die inneren Kanten der Seitenkanäle.

§ 66. **Beispiele zum Entwurf des Trick-Schiebers.** 1. Für eine stehende Einzylindermaschine $D = 0{,}2$, $S = 0{,}2\,m$, $n = 400$ sind die Verhältnisse eines Kolbenschiebers mit Hilfskanal und innerem Dampfeintritt zu bestimmen. Die Füllung auf der oberen Deckelseite soll 35 vH, diejenige auf der unteren Kurbelseite mit Rücksicht auf das Gestängegewicht und die einseitige Kolbenstange 40 vH betragen. Dampfeintrittsspannung $p_1 = 7{,}5\,at\;abs.$

Nutzbare Kolbenfläche der Deckelseite $O = 20^2\,\pi/4 = \sim 314\,qcm$,

mittlere Kolbengeschwindigkeit $c_m = \dfrac{0{,}2\,\cdot\,400}{30} = \sim 2{,}67\,m/sk$,

erforderlicher Kanalquerschnitt nach Gl. 56, S. 140, für $w = 30\,m/sk$

$$f = \frac{314 \cdot 2{,}67}{30} = \sim 28\,qcm,$$

gewählter Durchmesser des Schiebers $d_s = \mathbf{9{,}6\,cm}$,
Kanalweite, wenn keine Stege in den ringförmigen Öffnungen sind,

$$a = \frac{28}{9{,}6\,\pi} = \sim 0{,}9\,cm = \mathbf{9\,mm}$$

lichter Querschnitt und Durchmesser der Dampfzuleitung für $w = 35\,m/sk$
nach Gl. 56

$$d^2\,\frac{\pi}{4} = \frac{314 \cdot 2{,}67}{35} = \sim 24\,qcm, \qquad d = \sim 6\,cm = \mathbf{60\,mm},$$

lichter Querschnitt und Durchmesser der Abdampfleitung für $w = 20\,m/sk$

$$d_0^2\,\frac{\pi}{4} = \frac{314 \cdot 2{,}67}{20} = \sim 42\,qcm, \qquad d_0 = \sim 7{,}5\,cm = \mathbf{75\,mm}.$$

Die gegebenen Füllungen von 35 und 40 vH auf beiden Kolbenseiten bestimmen in dem Diagramm (Fig. 127) die beiden Kolbenstellungen $A_1$ und $A_1'$, sowie auf dem mit *25 mm* Radius geschlagenen Hauptkurbelkreise die Lagen *O Ex* und *O Ex'*. Sobald dann der Winkel $\delta$ durch die Gerade *D O D'* angenommen wird, liegen auch *O Ve* und *O Ve'* bzw. die Voreintritte auf beiden Kolbenseiten fest, da Winkel *Ex O D = D O Ve* und *Ex' O D' = D' O Ve'* sein muß. Damit der Voreintritt auf der unteren Kurbelseite nicht zu groß wird, ist derjenige auf der oberen Deckelseite nur gleich 0,15 vH gemacht worden. Der Winkel $\delta$ beträgt dann *58°* und der Voreintritt unten 2,5 vH.

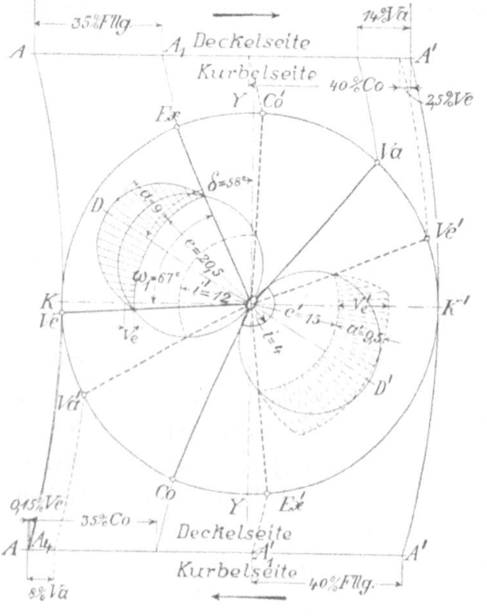

Steuert der Schieber den Dampfeintritt von innen, so muß die Exzenterkurbel der Hauptkurbel um einen Winkel von $90 - \delta = 90 - 58 = 32°$ nacheilen.

Zur Bestimmung der Schieberabmessungen kann wie im nachfolgenden Beispiel das *Müller-Reuleaux*sche Diagramm benutzt werden. Es ergibt sich aber auch, wenn gemäß der Ausführung $r = 0{,}5\,a + e$ gemacht und der Schieberweg bei Beginn der Expansion gemäß Gl. 63, S. 157, $\xi = e = r \cdot \sin(\delta + \omega_1)$ gesetzt wird, durch Vereinigung beider Beziehungen

$$r = \frac{0{,}5\,a}{1 - \sin(\delta + \omega_1)}\,.$$

Fig. 127. 3 : 4.

Für die obere Deckelseite ist, wie in Fig. 127 bezeichnet, $\omega_1 = 67°$, also die erforderliche Exzentrizität

$$r = \frac{0{,}5 \cdot 9}{1 - 0{,}819} = \sim 25\,mm,$$

die auch der Bedingung $r \geqq a + i$ mit der später bestimmten inneren Überdeckung genügt. Schlägt man nun nach Fig. 127 mit $r$ als Durchmesser in $^3/_4$ der natürlichen Größe die beiden *Zeuner*schen Schieberkreise, so schneiden diese auf *O Ex* bzw. *O Ex'* die Überdeckungen für den Einlaß

$$e = \mathbf{20{,}5}\,mm \quad \text{und} \quad e' = \mathbf{15}\,mm,$$

sowie auf den Totlagen das Voröffnen

$$v_e = 2 \cdot 0{,}7 = 1{,}4\,mm \quad \text{und} \quad v_e' = a' = 9{,}5\,mm\text{[1]}$$

ab.

---

[1] Die größte Eröffnung für den Dampfeintritt des unteren Kanales beträgt nur $a' = 9{,}5\,mm$, da der mittlere Kanal bei $a_0 = 20\,mm$ Weite nicht mehr freigibt.

Für die Abmessungen des Schiebers und Schieberspiegels (Fig. 128) folgt weiter nach den Angaben auf S. 164:

die Weite des Hilfskanales am Spiegel $a_1 = 0{,}5\,a = \mathbf{4{,}5}\,mm$,

die Weite der Seitenkanäle am Zylinderspiegel (bei einer Stegdicke $s = 5\,mm$) $a + s = 9 + 5 = \mathbf{14}\,mm$, die aber unten, wahrscheinlich um einen für die Kompression daselbst nötigen größeren schädlichen Raum zu bekommen, auf $\mathbf{20}\,mm$ vergrößert ist,

die Breite der inneren Spiegelflächen $e + e' - s = 20{,}5 + 15 - 5 = \mathbf{30{,}5}\,mm$,

die Weite des mittleren Zylinderkanales nach Gl. 64, S. 163, in der hier $a$ durch $0{,}5\,a$ zu ersetzen ist,

$$a_0 \geqq 20{,}5 + 25 + 4{,}5 - 30{,}5,$$
$$a_0 = \mathbf{20}\,mm.$$

Die Überdeckungen für den Auslaß sind so zu bemessen, daß die Kompressionsendspannung $p_c$ die niedrigste Eintrittsspannung nicht übersteigt. Nach der Ausführung ist

$$i = \mathbf{4}\,mm \text{ und } i' = \mathbf{12}\,mm,$$

womit sich für die obere und untere Kolbenseite ergibt:

eine Kompression von 35 bzw. 40 vH,

ein Voraustritt von 14 bzw. 8 vH und

eine Kompressionsendspannung, berechnet nach dem Gesetz $p \cdot v^n =$ konst. für $n = 1{,}2$ unter Annahme eines schädlichen Raumes von 15 bzw. 18 vH, sowie einer Anfangsspannung von $1{,}25\,at\,abs.$, bei Vernachlässigung des Voreintrittes

$$p_c = 1{,}25 \left( \frac{0{,}35 + 0{,}15}{0{,}15} \right)^{1{,}2} = 5{,}3 \quad \text{bzw.} \quad p_c = 1{,}25 \left( \frac{0{,}4 + 0{,}18}{0{,}18} \right)^{1{,}2} = 5{,}1\,at\,abs.$$

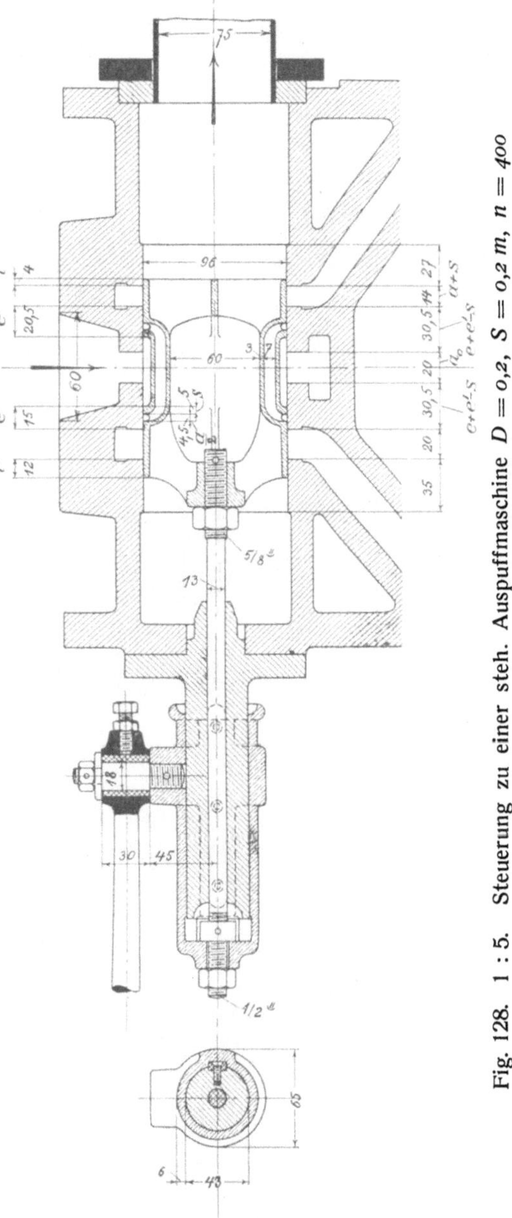

Fig. 128. 1 : 5. Steuerung zu einer steh. Auspuffmaschine $D = 0{,}2$, $S = 0{,}2\,m$, $n = 400$ von *Pokorny & Wittekind* in Bockenheim-Frankfurt.

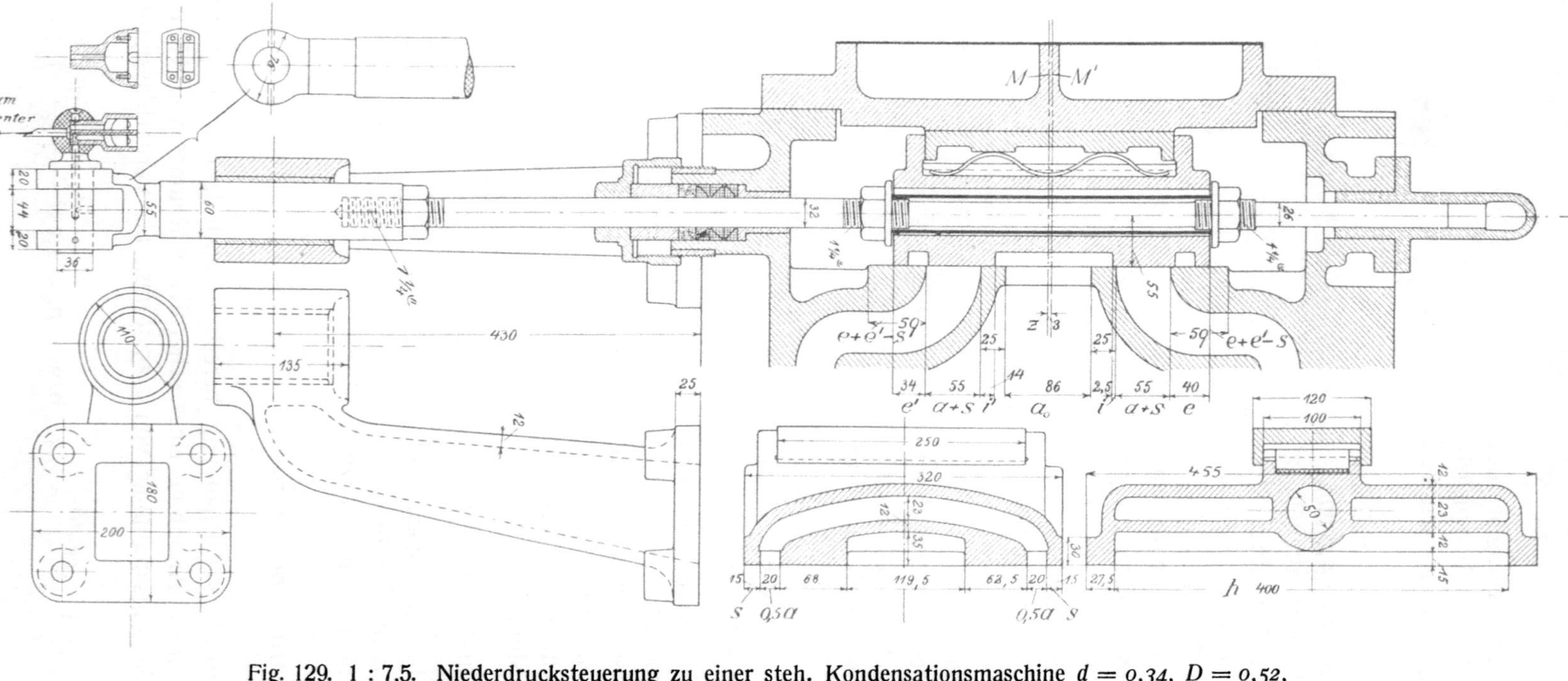

Fig. 129. 1 : 7,5. Niederdrucksteuerung zu einer steh. Kondensationsmaschine $d = 0,34$, $D = 0,52$, $S = 0,38\ m$, $n = 200$ von *Ph. Swiderski* in Leipzig.

Da sich das Auslaßrohr an der oberen Seite des Schiebergehäuses befindet, so muß der unten aus dem Zylinder kommende Dampf durch die Schieberhöhlung nach oben gehen. Der Querschnitt dieser Höhlung muß deshalb mindestens ebenso groß als der Kanalquerschnitt $f = 28\ qcm$ sein, was bei $6\ cm$ Durchmesser der Fall ist.

2. Für den Niederdruckzylinder einer stehenden Kondensationsmaschine mit zweistufiger Expansion von $d = 0{,}34$, $D = 0{,}52$, $S = 0{,}38\ m$ und $n = 200$ ist ein Trick-Schieber zu entwerfen, der ca. 46,5 vH Füllung gibt.

Es berechnet sich in der wiederholt angegebenen Weise $O = \infty 2124\ qcm$ für die Deckelseite bei der einseitigen Kolbenstange, $c_m = 2{,}533\ m/sk$ und der Kanalquerschnitt nach Gl. 56, S. 140, für $w = 33{,}5\ m/sk$

$$f = \frac{2124 \cdot 2{,}533}{33{,}5} = 160\ qcm.$$

Kanalbreite $h = \boldsymbol{40\ cm}$, Kanalweite $a = \boldsymbol{4\ cm}$.

Ein gewählter Voreintritt von 2,25 vH und die verlangte Füllung von 46,5 vH ergeben in Fig. 124, S. 165, wo der Kurbelkreis mit $25\ mm$ Radius geschlagen ist, die Kolbenstellungen $A_4$ und $A_1$, sowie die Hauptkurbellagen $O\,Ve$ bzw. $O\,Ex$. Durch Halbierung des Winkels $Ex\,O\,Ve$ folgt der Voreilwinkel $\delta = 55°$ und die Linie $Ex\,Ve$ als $e$-Linie des *Müller-Reuleaux*schen Diagrammes. Zieht man im Abstande $1\ 2 = 8^1/_3\ mm$ die $(e + a)$ Linie, so entsprechen $8^1/_3\ mm$ der Kanalweite $a_1 = 0{,}5\ a = 20\ mm$, und es beträgt der Maßstab der Figur $8^1/_3 : 20 = 5/12$ der natürlichen Größe. Mit ihm bestimmt sich die Exzentrizität

$$r = O\,E' \cdot \frac{12}{5} = 25 \cdot \frac{12}{5} = \boldsymbol{60}\ mm,$$

die äußere Überdeckung

$$e = O\,1 \cdot \frac{12}{5} = 15{,}5 \cdot \frac{12}{5} = \infty 37\ mm.$$

Bei Berücksichtigung der endlichen Schubstangenlänge fallen die Füllungen auf beiden Kolbenseiten verschieden aus. Läßt man zur Annäherung derselben den Schieber um eine Ebene $M'$ (Fig. 129) schwingen, die $z = 3\ mm$ nach oben von der Spiegelmitte absteht, so wird, wie sich durch Aufzeichnen des Diagrammes ergibt,

für die obere Kolbenseite mit $e = 37 + 3 = \boldsymbol{40}\ mm$ die Füllung 49, der Voreintritt 1,5 vH,

für die untere Kolbenseite mit $e' = 37 - 3 = \boldsymbol{34}\ mm$ die Füllung 45,5, der Voreintritt 2,75 vH.

Bezüglich der inneren Überdeckung ist der Schieber unsymmetrisch gehalten. Mit $i = \boldsymbol{2{,}5}$ und $i' = \boldsymbol{14}\ mm$ ergibt sich die Kompression und der Voraustritt zu 25,5 bzw. 16,5 vH oben und zu 24,5 bzw. 14,75 vH unten.

Weite der Seitenkanäle am Schieberspiegel für $s = 15\ mm$ gleich $40 + 15 = \boldsymbol{55}\ mm$,

Weite des Hilfskanales $a_1 = 0{,}5\ a = \boldsymbol{20}\ mm$,

Weite des mittleren Zylinderkanales nach Gl. 59, S. 143, mit $b = 25\ mm$
$a_0 \geqq 14 + 60 + 40 - 25$, $a_0 \geqq 89\ mm$ (in der Ausführung nur $86\ mm$),

Breite der äußeren Spiegelflächen $e + e' - s = 40 + 34 - 15 = \mathbf{59}\ mm$.

§ 67. **Der Weiß-Schieber.** Fig. 130 zeigt diesen Schieber als Grundschieber der später behandelten *Meyer*schen Steuerung, Fig. 131 als einfachen Schieber mit *Trick*schem Hilfskanal. Der Weiß-Schieber gibt doppelte Eröffnung für den Auslaß und Überströmung.

Die doppelte Eröffnung für den Auslaß wird durch einen muschelartigen Einsatz im Schieber und eine entsprechende Aussparung im Zylinderspiegel erreicht. Sobald nämlich der Schieber aus der in Fig. 130 angegebenen Mittellage um die innere Überdeckung $i$ nach links oder rechts gewichen ist, kann der aus dem Seitenkanal kommende Dampf nach den beiden punktiert eingetragenen Pfeilen an zwei Stellen in den mittleren Kanal und das Auslaßrohr gelangen. Ist der Schieberweg

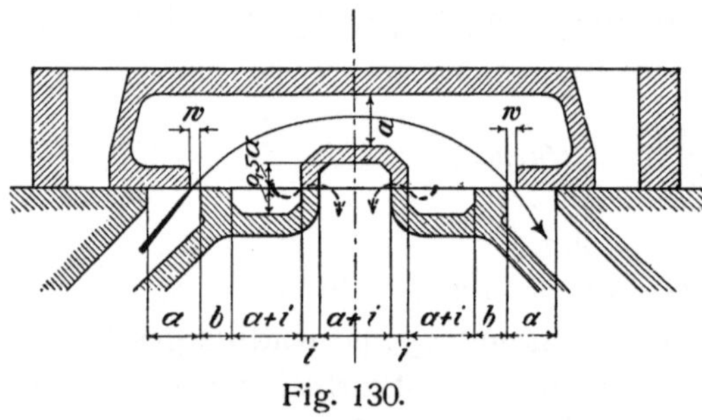

Fig. 130.

$\xi = i + 0{,}5\,a$ (Fig. 131) geworden, so ist die volle Kanaleröffnung $a$, die dann konstant bleibt, erreicht. Damit in diesem Augenblicke auch der Seitenkanal ganz geöffnet ist, muß die Kante $x$ um $a - w$ aus der Mittellage gerückt sein. Es ist also für die Lage in Fig. 131

$$\xi = i + 0{,}5\,a = a - w.$$

Die Überströmung erfolgt bei dem vorliegenden Schieber durch die innere Höhlung. Damit sie, wie beim Trick-Schieber angeführt, in die Expansionsperiode auf der einen und in die Kompressionsperiode auf der anderen Kolbenseite fällt, muß $w < i$ sein. Setzt man

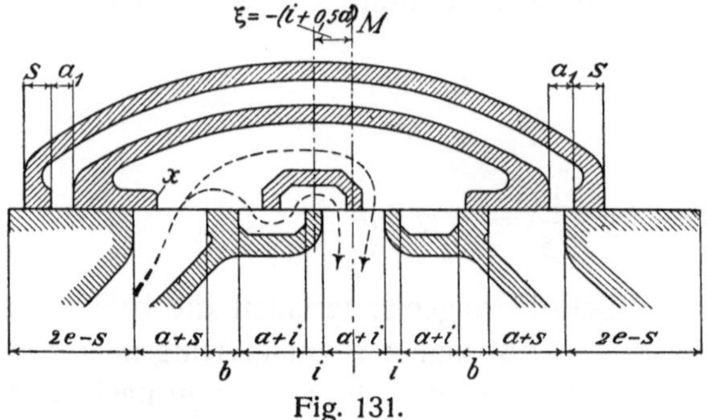

Fig. 131.

$$i = w + \sigma,$$

wenn $\sigma$ eine Sicherheitsdeckung (*2* bis *6 mm* je nach der Größe des Schiebers und der Maschine) bezeichnet, so ergibt sich durch Vereinigung der beiden vorstehenden Gleichungen

$$w = \frac{a}{4} - \frac{\sigma}{2},$$

welcher Wert bei rasch laufenden Maschinen um etwa ein Drittel zu vergrößern ist. $w$ soll aber niemals kleiner als $3\ mm$ sein.

Der Weiß-Schieber bewirkt durch die doppelte Eröffnung für den austretenden Dampf, daß der Auslaßkanal bei der gleichen Exzentrizität schneller als beim einfachen Schieber geöffnet und geschlossen wird und schon in dei Totlage des Kolbens oder noch früher ganz geöffnet ist. Das letztere kann zwar auch beim einfachen Schieber erreicht werden, jedoch nur unter Verhältnissen, welche die Steuerung wieder in anderer Hinsicht benachteiligen. Die volle Eröffnung des Kanales in der Totlage aber läßt die Spannung des austretenden Dampfes schon bis dahin auf die Austrittsspannung $p_2$ sinken und vermeidet Drosselungen beim Beginn des Austrittes. Durch die Überströmung werden wieder die auf S. 167 angeführten Vorteile erzielt.

§ 68. **Der Dampfkolben als Auslaßschieber.** Die Steuerung des Auslasses durch den Dampfkolben kommt hauptsächlich an Gleichstrommaschinen vor, wo sie die stets gleich gerichtete Strömung des Dampfes bewirken soll. Die hiermit verbundenen Vorteile wurden schon auf S. 21 angeführt. Sie bestehen in dem Fortfall besonderer Abschlußorgane für den Dampfaustritt und der damit verknüpften Verkleinerung der schädlichen Räume hinsichtlich der Größe und Oberfläche, ferner in der kurzen Verbindungszeit des Auslasses mit dem Zylinder und schließlich in der Verbesserung des Dampfaustrittes durch den sehr reichlich bemessenen Auslaßquerschnitt und durch die Möglichkeit eines unmittelbaren Anschlusses oder einer sehr kurzen Verbindung des Zylinders mit dem Kondensator. Nachteilig ist der Anordnung eine hohe Kompression sowie eine große Kolben- und Zylinderlänge. Der erste Umstand läßt diese Art der Auslaßsteuerung ohne weiteres nur für Kondensationsmaschinen zu, während bei Auspuff besondere Zuschaltventile zur Vergrößerung des schädlichen Raumes vorgesehen werden müssen. Bezüglich der Kolbenlänge gilt folgendes:

Geht in Fig. 8, S. 20, der Kolben aus seiner Deckeltotlage, so beginnt auf der hinteren Kolbenseite der Dampfvoraustritt, sobald die steuernde Kante $\imath$ des Dampfkolbens die linke Kante der Auslaßschlitze in der Hubmitte erreicht. Auf dem Rückwege des Kolbens beginnt bei derselben Kolbenlage die Kompression. Dampfvoraustritt und Dampfaustritt sind also hier von gleicher Dauer. Wird ferner die Weite $a_0$ der Auslaßschlitze so bemessen, daß der Kolben in den Totlagen die Schlitze gerade ganz öffnet, so ist mit den Bezeichnungen in Fig. 9, S. 21, und $a_0 = o,\imath\,S$, wie schon auf S. 20 angegeben, ohne Berücksichtigung der endlichen Schubstangenlänge, der Dampfvoraustritt und Dampfaustritt

$$S_2 = S - (S_3 + S_4) = o,\imath\,S \text{ oder } 10 \text{ vH,}$$

die Kompression $+$ Voreintritt und die Kolbenlänge

$$S_3 + S_4 = l = o,g\,S \text{ oder } 90 \text{ vH.}$$

des Hubes.

Um die Kompression und die Kolbenlänge zu verringern, gestatten manche Fabriken dem Kolben noch einen gewissen Überlauf $c$, so daß in Fig. 8, S. 20, die Kante *1* bei der Totlage des Kolbens von der rechten Schlitzkante um *c* nach rechts absteht. Die Gleichströmung des Dampfes ist dann allerdings nicht vollständig gewahrt, und es wird nun

$$S_2 = S - (S_3 + S_4) = a_0 + c,$$
$$S_3 + S_4 = l + c.$$

Für die Maschine $D = 0,5$, $S = 0,65\ m$ und $n = 180$ (siehe S. 38 und Taf. 19) ist z. B. der Voraustritt und Austritt gleich *22*, der Voreintritt + Kompression gleich *100 — 22 = 78* vH, also bei $a_0 = 0,1\ S$ der Überlauf

$$c = 0,22\ S - 0,1\ S = 0,12\ S = 0,12 \cdot 650 = 78\ mm$$

und demgemäß die Kolbenlänge

$$l = 0,78\ S - 0,12\ S = 0,66\ S = 429\ \text{oder} \sim 430\ mm.$$

*O. Hunger* in Schweidnitz ordnet zu dem genannten Zweck im Zylinder zwei Schlitzreihen für den austretenden Dampf und in dem Auslaßkanal einer jeden derselben einen Kolbenschieber an. Die Schlitzreihen liegen in einem gewissen Abstand von der Hubmitte. Bei richtiger Steuerung der Kolbenschieber erhält dann nicht nur der Dampfkolben die normale Breite, sondern auch Kompression und Voraustritt sind fast von der sonst üblichen Größe.

Dr. *Proell*, Dresden, gibt eine entsprechende Bauart mit nur einer Schlitzreihe in der Hubmitte und einem vor dieser im Auslaßkanal angeordneten Ventil als Abschlußorgan an.

§ 69. **Die Ausführung der Flachschieber.** Material der Schieber stets Gußeisen, Wanddicke der Muschel $0,4\ s$ bis $0,6\ s$ mit $s$ als Zylinderwanddicke, Dicke der Lappen entsprechend größer.

Die Berührungsfläche zwischen Schieber und Zylinderspiegel wird so groß gewählt, daß die spezifische Flächenpressung $0,2$ bis $0,25\ kg/qcm$ für den Druck $p_1 \cdot F$ nicht übersteigt. $p_1$ absolute Dampfeintrittsspannung, $F$ gesamte Grundfläche des Schiebers.

Die Schieberreibung beträgt annähernd

$$W = \mu \cdot p_u \cdot F$$

mit $\mu = 0,1$ bis $0,2$ als Reibungszahl und $p_u$ als größtem Dampfüberdruck.

Die Schieber werden dem Zylinderspiegel sorgfältig aufgeschliffen oder durch Schaben dampfdicht aufgepaßt. Eingegossene Aussparungen oder eingefräste Nuten an den Laufflächen, die zur Entlastung beitragen, müssen hinreichende Schmierung durch den mit Öl gemischten Dampf oder durch besonders zugeleitetes Öl gestatten.

Zur Führung des Schiebers dienen gehobelte Leisten parallel zur Hubrichtung; bei durchgehender Schieberstange führt auch noch diese. Die Leisten sitzen zu beiden Seiten des Schieberspiegels (Fig. 115, S. 161). An stehenden Maschinen genügt eine Leiste an jeder Seite meist für jede Schiebergröße, und nur an sehr großen Schiebern findet man bei durchgehender Schieberstange zwei Leisten an der einen Seite. An liegenden Maschinen dagegen wird schon bei Schiebern mittlerer Größe zur besseren Unterstützung die (oft doppelt gehaltene) untere Leiste bei fehlender oberer breiter gehalten, vom Spiegel abgerückt und häufig gegen diesen geneigt (siehe den Grundschieber der *Meyer*schen Steuerung in Fig. 181). In den Endlagen muß der Schieber die betreffenden Kanten des Spiegels und der Führungsleisten zur Vermeidung eines Grates überlaufen. Zum Wiederandrücken des Schiebers, wenn dieser infolge Überdruckes im Zylinder einmal vom Spiegel abgehoben worden ist, sind Blattfedern auf dem Schieberrücken vorzusehen. Bei der einfachsten Anordnung schleifen diese auf einer bearbeiteten Leiste des Schieberkastens (Fig. 115, S. 161) oder einem hier angebrachten Lineal. Der geringeren Reibung wegen ist es aber besser, die Federn in bearbeitete Kästen (Fig. 129, S. 170) oder über ein Lineal (Fig. 185 am Grundschieber) zu legen.

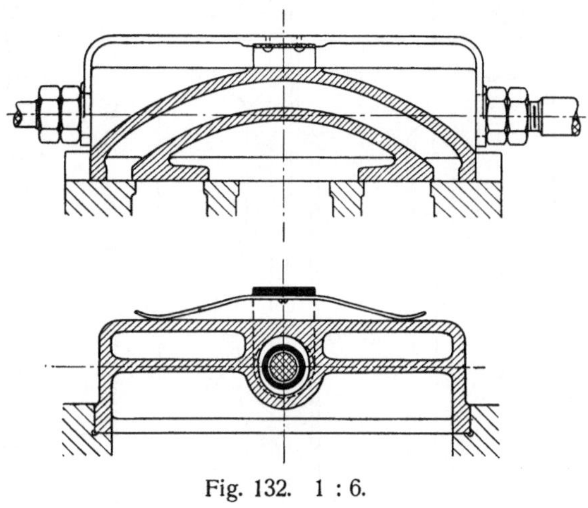

Fig. 132. 1 : 6.

Die Stärke der Anpressung, die der Schieber durch die Federn erfährt, läßt sich in allen diesen Fällen von vornherein nicht genau beurteilen. Bei der Anordnung nach Fig. 132, wo sich die Feder gegen einen die Schieberstange umfassenden Bügel lehnt, ist dies wohl möglich, dafür hat aber die Schieberstange den Federdruck aufzunehmen.

Die Verbindung des Schiebers mit seiner Stange muß nicht nur bei eintretendem Überdruck im Zylinder ein Abheben des Schiebers gestatten, sondern auch ein Nachrücken desselben gegen den Spiegel, dem Verschleiß der Laufflächen entsprechend, zulassen. Am besten genügt diesen Forderungen die Verbindung nach Fig. 115, S. 161, bei der ein Gasrohr den Schieber durch zwei Rotgußmuttern und Unterlegscheiben genügend leicht hält und das Gewinde zudem ein genaues Einstellen des Schiebers ermöglicht. Die Höhlung für das Gasrohr muß hinreichend groß, der Spielraum oben anfangs größer als unten

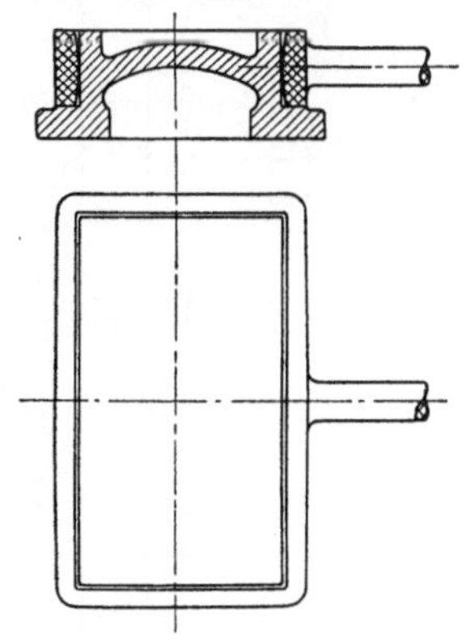

Fig. 133. 1 : 5.

sein. $\bot$-förmige Köpfe, entsprechend geformte oder beiderseits abgeschrägte Rotgußmuttern mit Linksgewinde (Fig. 2 und 4, Taf. 7, bzw. Fig. 185 am Grundschieber), sowie geschmiedete Bügel (Fig. 133), die teuer sind, wendet man in der Regel nur gezwungen an, nämlich dann, wenn bei der Verbindung nach Fig. 115 der Schieber zu hoch ausfällt. Zum Einstellen des letzteren muß in jenen Fällen die Schieberstange mit Gewinde und Gegenmutter in ihrem

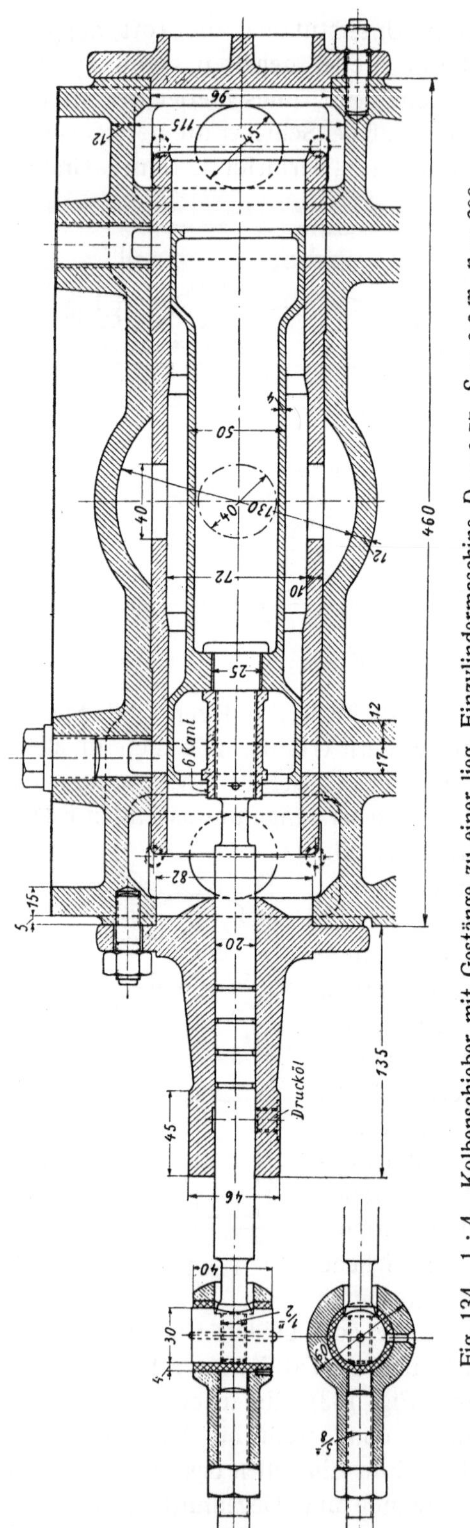

Fig. 134. 1 : 4. Kolbenschieber mit Gestänge zu einer lieg. Einzylindermaschine $D = 0{,}17$, $S = 0{,}2\,m$, $n = 300$ von *Christoph & Unmack*, Niesky bei Görlitz.

Führungsstück befestigt werden (siehe § 71), was aber auch der Bequemlichkeit wegen vielfach bei der meist gebräuchlichen Befestigung nach Fig. 115 geschieht.

Die Schieberstange ist dem Zylinderspiegel in jedem Falle möglichst nahezurücken, damit das auf S. 139 erwähnte Kippmoment zwischen Schieberreibung und Stangenkraft nicht zu groß ausfällt.

§ 70. **Die Ausführung der Kolbenschieber.** Material meist Gußeisen, selten Rot- oder Stahlguß; das letztere nur bei hoher Umdrehungszahl zur Beschränkung der Wanddicken und Massenwirkung. Mittlere Wandstärke der gußeisernen Schieber *4* bis *10 mm*, in den Stegen bei Dichtungsringen erforderlichenfalls mehr.

Die Schieber laufen in gußeisernen Buchsen, die dem Schiebergehäuse eingesetzt sind. Wandstärke der Buchsen *10* bis *20 mm*. Maschinen mit größerem Hube erhalten zwei Buchsen an den Zylinderenden, um die an sich schon großen schädlichen Räume tunlichst zu beschränken. Die Buchsen werden entweder warm in das Gehäuse eingepreßt, wobei sie sich mit einem Absatz aufsetzen, oder sie werden, was namentlich bei überhitztem Dampf gebräuchlich ist, zur Vermeidung des Krummziehens mit etwas Spielraum eingelassen und in den Absätzen durch Asbest- oder Klingeritscheiben abgedichtet. Die aufgeschliffenen Deckel des Schiebergehäuses (Fig. 1, Taf. 5) oder Druckschrauben (Fig. 1, Taf. 4) verhüten dann eine Längsverschiebung der Buchsen,

Stifte oder Schrauben am äußeren Ringende (Fig. 1, Taf. 6) eine Drehung derselben. Die Durchlaßöffnungen werden gerade oder schräg eingefräst; das letztere meist an Kolbenschiebern mit aufgeschnittenen Liderringen (siehe nachstehend), um ein Ausspringen derselben zu verhindern. Konische Erweiterungen an den äußeren Enden der Buchsen dienen zum Einbau der Ringe und verhüten ebenso wie die zurücktretenden Kanten an den inneren Enden das Anlaufen eines Grates.

Auf leichten Gang und hinreichende Dichtheit der Kolbenschieber ist besonders Rücksicht zu nehmen. Ein Klemmen der Schieber ist namentlich bei größeren Temperaturdifferenzen zwischen Schieber und Buchse, wie sie leicht während des Anlassens der Maschine oder beim Betrieb mit überhitztem Dampf auftreten, zu befürchten.

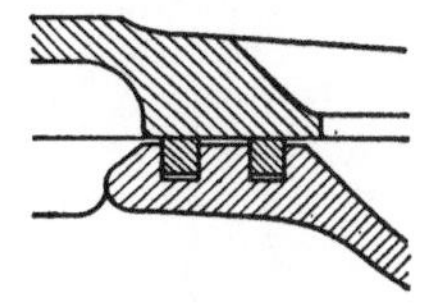

Kolbenschieber ohne Dichtungsringe (Fig. 134) kommen für gewöhnlich nur bis zu *100 mm* Schieberdurchmesser vor. Sie werden unter Dampf eingeschliffen und sind, besonders bei überhitztem Dampf, der auftretenden Temperaturdifferenzen wegen möglichst einfach in der Form und des unvermeidlichen Krummziehens der Buchsen wegen auch möglichst kurz zu halten. Eingeschliffene Kolbenschieber ohne Dichtungsringe und mit Trickkanal vermeidet man gern so lange, als es die Größe der Maschine zuläßt, da die sehr schmalen Dichtungsleisten die Undichtheit erhöhen.

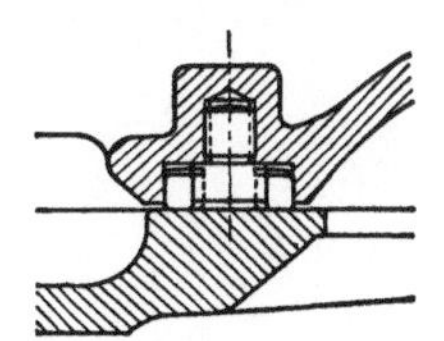

Kolbenschieber mit Dichtungsringen (Fig. 1, Taf. 4, und Fig. 1, Taf. 6) findet man jetzt in der Regel bei mehr als *100 mm* Schieberdurchmesser. Die guß-

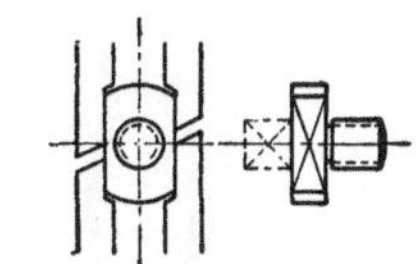

Fig. 135. 1 : 3.

eisernen Ringe, die ebenso wie die Schieber unter Dampf eingeschliffen werden, sind selbstspannend. Sie werden aus einem mit verlorenen Kopf gegossenen Zylinder, der innen und außen vorgedreht wird, abgestochen, mit einem Ausschnitt von *10* bis *25 mm* Breite versehen und nach dem Zusammenlöten auf den erforderlichen Durchmesser fertig gedreht. Andere spannen die Ringe durch Walzen an. Die Schnittstelle bleibt meist frei, selten erhält sie ein Ringschloß (Fig. 135 und Fig. 1, Taf. 8) aus Rotguß, das in dem Schieberkörper oder an dem einem Ringende befestigt ist und nicht vor einer Öffnung der Buchse liegen darf. Die Befestigungsschraube des Ringschlosses oder eingeschraubte Stifte verhindern die Drehung der Ringe.

Die Dichtungsringe werden schmal oder breit gemacht. Schmale Ringe werden in breiten Lappen zwei- oder dreifach angeordnet, während breite Ringe oft fast die ganze Breite der Lappen einnehmen. Schmale Ringe[1]) haben den

---

[1]) Wegen der geringen Breite der schmalen Ringe einerseits und des nahen Herantretens des Schieberkörpers andrerseits können die steuernden Kanten nicht den Ringen, sondern nur dem abstehenden Schieberkörper zugeteilt werden. Siehe *F. Becher*, Z. d. V. d. I. 1913, S. 187.

Nachteil, daß sie beim Überstreifen der Kanalöffnungen leicht hängen bleiben und ihre Kanten abstoßen oder brechen, weshalb diese, ebenso wie die aufeinander arbeitenden Kanten der Buchse und des Schiebers, mit $^1/_2$ *mm* abgerundet werden. Ein einziger breiter Ring vermeidet diese Nachteile, da er niemals in seiner ganzen Breite vor die Kanalöffnung zu liegen kommt, ruft aber andrerseits größere Reibungswiderstände, namentlich bei hohem Druck, hervor.

**Kolbenschieber mit innerem Dampfeintritt** bieten, wie schon auf S. 160 bemerkt, den Vorteil, daß der Schieberkasten mit dem Abdampf angefüllt und die Schieberstangen-Stopfbuchse nur gegen diesen abzudichten ist. Der Vorteil ist besonders bei hohem Dampfdruck und überhitztem Dampf, wo diese Schieber jetzt vorzugsweise zur Anwendung kommen, von Wert.

**Die Verbindung der Kolbenschieber mit ihrer Stange** erfolgt entweder durch Doppelmuttern an beiden Enden oder durch Doppelmutter, Bund, Kopf oder Stangenabsatz an dem einen Ende. In dem letzteren Falle muß die Stange zum Einstellen des Schiebers mit Gewinde und Gegenmutter oder auf sonst irgend eine nachstellbare Weise in ihrem Führungsstück befestigt sein.

§ 71. **Das Gestänge der Flach- und Kolbenschieber.** Es besteht aus der Schieberstange, der Exzenterstange und dem Exzenter.

**Material der Schieberstangen** stets Gußstahl. Stangendurchmesser in der Stopfbuchse

$$\Delta_s = 1/25 \text{ Zylinderbohrung} + 1{,}2 \text{ bis } 1{,}8 \text{ cm}$$

bei einer Beanspruchung des Gewindekernes durch die Gestängekraft $P_s$ (siehe nachher) von nicht mehr als *150* bis *200 kg/qcm*.

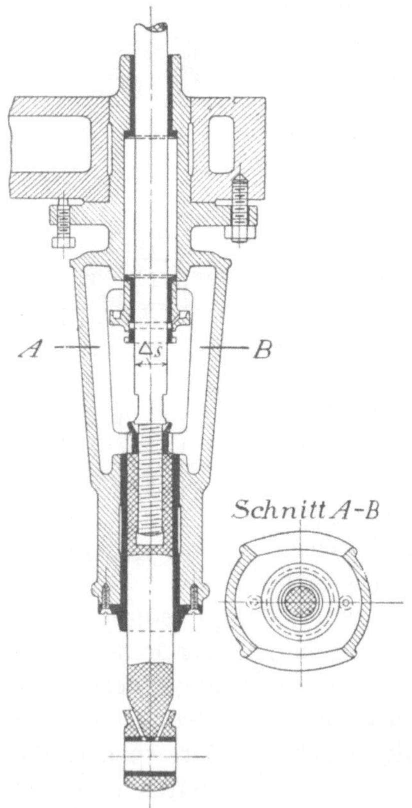



Fig. 136. 1 : 10.

Jede Schieberstange bedarf einer Führung, welche die zur Hubrichtung senkrechte Komponente der schrägen Exzenterstangenkraft aufnimmt. Die Führung bestand früher meist aus einer Rotgußbuchse, die mit rauhem Schnitt außen abgedreht und fest in einen gußeisernen Bock getrieben war. Durchmesser der Stange in der Buchse $\Delta_s + 1$ bis *3 cm*. Der Bock (Fig. 115, S. 161, und Fig. 129, S. 170) wurde am Führungsbalken der Maschine oder am Schieberkasten angebracht, im letzteren Falle vorteilhaft auch nach Fig. 136 mit der Stopfbuchse zusammengegossen und in der Schieberkastenwand zentriert, wodurch ein genaues Zusammenfallen von Stopfbuchsen- und Führungsachse schon durch die Bearbeitung gesichert ist. Die Schieberstange war vielfach in dem stärkeren Führungsstück behufs Einstellung des Schiebers mit Gewinde und Gegenmutter befestigt.

Jetzt ordnet man, namentlich wenn das Exzenter des Schiebers bei einer Belastungsänderung der Maschine durch einen Regler verstellt wird (siehe § 74) und der Dampfeintritt beim Schieber von innen erfolgt, zur Verminderung der Bewegungs- und Verstellungswiderstände entweder gar keine besondere Führung für die Schieberstange an (Fig. 134, S. 176, und Expansionsschieber in Fig. 1, Taf. 6) oder führt das Stangenende durch einen Schwinghebel (Fig. 2, Taf. 4, und Grundschieber in Fig. 1 und 2, Taf. 6). Im ersten Falle dient die dann recht lang gehaltene Stopfbuchse, die nur unter dem Drucke des Abdampfes steht,

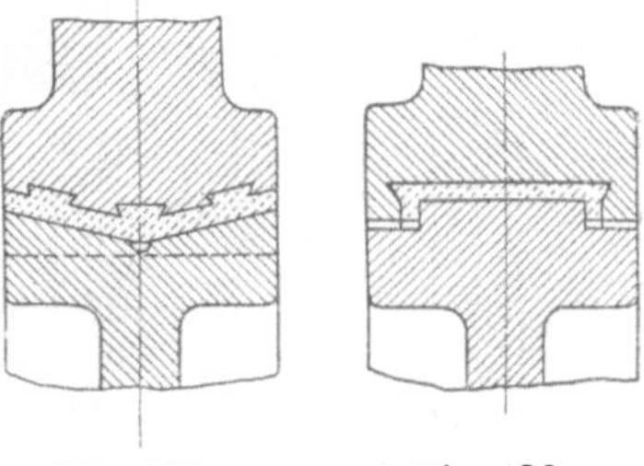

Fig. 137.       Fig. 138.

zur Führung der Stange. Im zweiten Falle ist die Stangenmitte, damit die Abweichungen ihrer geradlinigen Bewegung von der schwingenden des Hebelzapfens möglichst gering wird, so zu legen, daß sie die Pfeilhöhe des Ausschlagbogens halbiert. Zur Ausgleichung der dann noch verbleibenden Unterschiede beider Bewegungen ist in Fig. 2, Taf. 6, das zur Aufnahme des Grundschieberstangenendes dienende Loch im unteren Hebelzapfen nicht zylindrisch gehalten, sondern von der Mitte aus nach beiden Seiten oben und unten ovalartig erweitert.

Die Befestigung der Stange in dem **Gelenk zwischen Schieber- und Exzenterstange**, falls dieses getrennt ausgebildet wird, erfolgt auch jetzt noch behufs Einstellung des Schiebers durch Gewinde und Gegenmutter oder bei durch das Gelenk gehender Schieberstange durch Doppelmuttern an beiden Seiten. Der Durchmesser des Gelenkzapfens oder -bolzens wird $\Delta_s$ bis $1{,}2\,\Delta_s$, seine Traglänge gleich dem 1,2- bis 1,5fachen Durchmesser gemacht. Durchbohrte Zapfen oder Bolzen sind entsprechend stärker zu nehmen. An großen

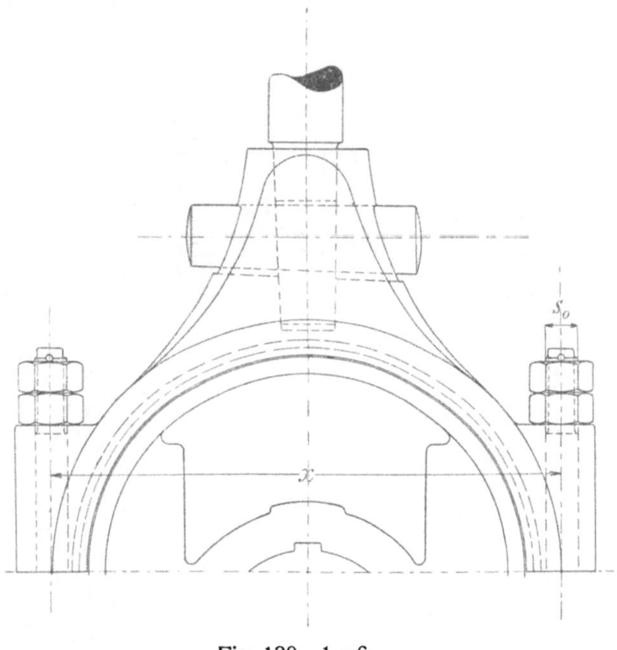

Fig. 139.  1 : 6.

Maschinen ist der Zapfen oder Bolzen auf Biegung und Flächendruck mit $k_b \leqq 500$ und $k \leqq 50\ kg/qcm$ für Gußstahl auf Bronze zu berechnen. Die Bolzen werden entweder durch Kopf und Nase, Scheibe und Splint oder Stift, bisweilen auch mit Doppelkonus in der Gelenkgabel befestigt. Daneben sind eingesetzte Zapfen gebräuchlich. Die Bronzebüchse des Auges erhält vorteilhaft eine nachstellbare Hälfte, die oft stärker als die andere genommen wird. Für genügende Schmierung des Gelenkes ist zu sorgen. Eine an kleinen Maschinen vorkommende Ausbildung zeigt das Gelenk in Fig. 134, S. 176.

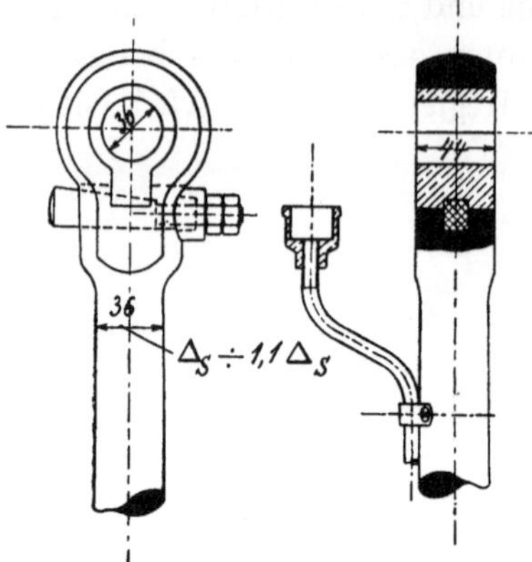

Fig. 140.  1 : 6.

Die schmiedeeisernen Exzenterstangen bekommen bei rundem Querschnitt eine Dicke $\Delta_s$ bis $1{,}1\ \Delta_s$ am Kopf und eine solche $1{,}4\ \Delta_s$ bis $1{,}6\ \Delta_s$ am Exzenter. Bei rechteckigem Querschnitt beträgt die konstante Breite der Stange ca. $0{,}5\ \Delta_s$, die Höhe am Kopf $1{,}5\ \Delta_s$ bis $1{,}6\ \Delta_s$, diejenige am Exzenter $1{,}8\ \Delta_s$ bis $2\ \Delta_s$. Stangen für größere Maschinen sind wie die Schubstangen in bezug auf die Gestänge-

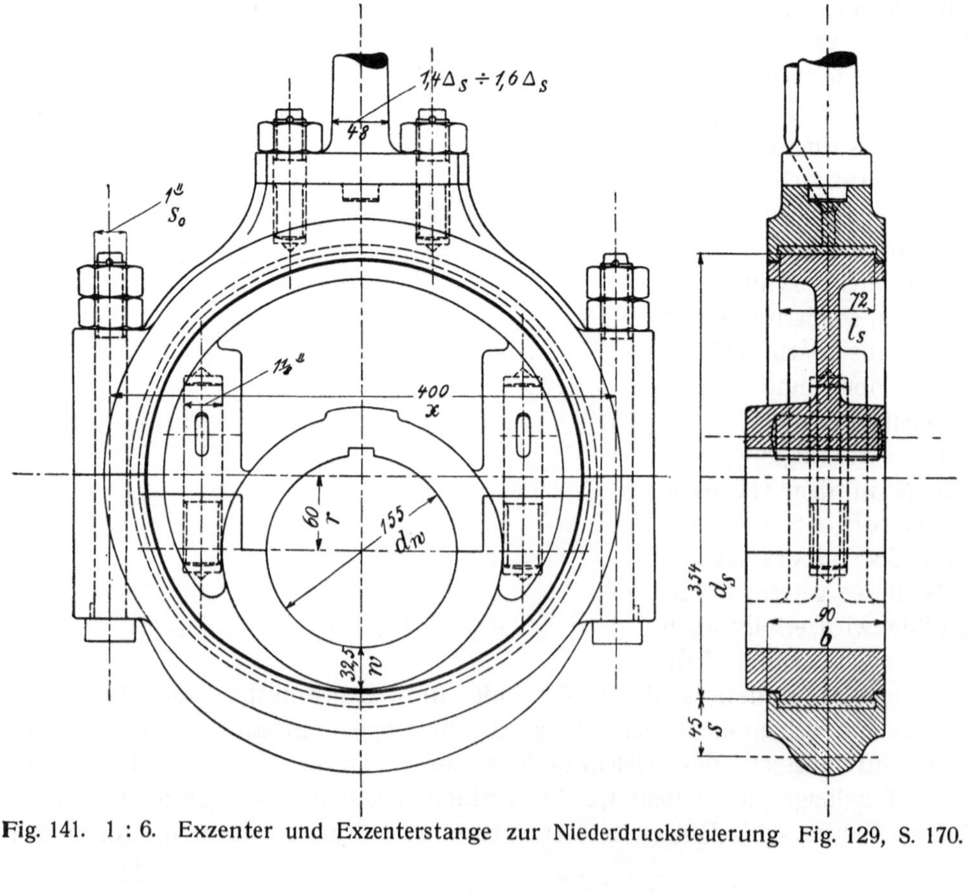

Fig. 141.  1 : 6.  Exzenter und Exzenterstange zur Niederdrucksteuerung Fig. 129, S. 170.

kraft $P_s$ (siehe nachher) zu berechnen. An dem einen Exzenterbügel werden die Stangen durch Keil und Konus (Fig. 139) oder Schrauben und Scheibe (Fig. 141) befestigt.

Beim Exzenter (Fig. 141) muß die gußeiserne Scheibe wegen des Aufbringens auf die Welle häufig zweiteilig gemacht werden. Verbindung der Hälften durch eingepaßte Bolzen mit Gewinde und Keil. Die beiden Bügel, die auch durch eingepaßte Bolzen verbunden werden, gießt man jetzt in den Laufflächen fast stets mit Weißmetall aus. Dieses wird durch schwalbenschwanzförmige Nuten (Fig. 137 und 138) oder durch die Ränder der Bügel (Fig. 141) gehalten. Die Bügel umfassen die Scheibe (Fig. 138 und 141), oder die Laufläche ist von beiden Seiten nach der Mitte zu schräg gehalten (Fig. 137), damit das Schmiermaterial nicht auslaufen kann. Das letztere fließt entweder aus einem Ölgefäß am Bügel unmittelbar zu, oder es tropft zuvor in einen Ölfänger (Fig. 140 und 141). Material der Bügel, meist Guß-, seltener Flußeisen, Querschnitt derselben Rechteck mit mittlerem Wulst oder Rippen an den Seiten.

Breite der Laufflächen (Fig. 141) nach *Bach* in *cm*

$$l_s \geqq \frac{P_s \cdot n}{20\,000} \qquad \ldots \ldots \ldots \ldots \quad 66$$

mit $P_s$ als größte Gestängekraft (Summe aus Schieber-, Schieberstangen-, Gelenkreibung, Massendruck, bei stehenden Maschinen auch Schieber- und Stangengewicht, falls diese nicht aufgehoben sind). Der schwierigen Bestimmung aller dieser Größen wegen setzt man bei Flachschiebern vielfach $P_s = 0{,}2\,p_1 \cdot F$ ($p_1$ absolute Dampfeintrittsspannung, $F$ gesamte Grundfläche des Schiebers).

Dicke der Exzenterscheibe an der schwächsten Stelle (Fig. 141)

$$w = 0{,}1\,(2\,r + d_w) + 0{,}5 \text{ bis } 1\;cm.$$

$r$ Exzentrizität, $d_w$ Bohrung des Exzenters.

Bügelstärke $s$ in der Mitte nach der Biegungsfestigkeit

$$\frac{b \cdot s^2}{6}\,k_b = \frac{P_s}{2}\left(\frac{x}{2} - \frac{d_s}{4}\right)$$

mit $b$ als Bügelbreite, $d_s$ als Durchmesser der Laufffläche, $x$ als Abstand der Bügelschrauben und $k_b = 150\;kg/qcm$ für Gußeisen, $k_b = 300\;kg/qcm$ für Flußeisen. Der Abstand $x$ ist, um $s$ nicht unnötig zu vergrößern, möglichst zu beschränken.

Äußerer Durchmesser der Schrauben

$$s_0 = 0{,}1\,d_w + 0{,}8 \text{ bis } 1{,}2\;cm$$

bei einer Beanspruchung des Kernquerschnittes jeder Schraube durch die Kraft $P_s/2$ von nicht mehr als *200* bis *240 kg/qcm*.

**§ 72. Beispiel zur Berechnung eines Schiebergestänges.** Welche Abmessungen sind dem Gestänge des Niederdruckschiebers (Fig. 129, S. 170) an der stehenden Kondensationsmaschine $d = 0{,}34$, $D = 0{,}52$, $S = 0{,}38\,m$ und $n = 200$ zu geben, wenn der Dampf mit höchstens *2,75 at abs.* in den Schieberkasten tritt?

Für eine gesamte Druckfläche des Schiebers $F = 32 \cdot 45{,}5 = 1456\ qcm$ nach Fig. 129 kann als größte Gestängekraft

$$P_s = 0{,}2 \cdot 2{,}75 \cdot 1456 = \sim 800\ kg$$

angenommen werden.

Durchmesser der Schieberstange in der Stopfbuchse

$$\varDelta_s = \frac{1}{25}\,52 + 1{,}2 = \sim 3{,}2\ cm\,.$$

Beanspruchung des Gewindekernes bei $1^{1}/_{4}{}''$ engl. äußerem und $2{,}71\ cm$ innerem Gewindedurchmesser

$$k_z = \frac{800}{2{,}71^2\,\dfrac{\pi}{4}} = \sim 140\ kg/qcm\,.$$

Durchmesser der Schieberstange in der Führung $3{,}2 + 2{,}8 = 6\ cm$.
Durchmesser und Länge des Gelenkbolzens (Fig. 140, S. 180)

$$1{,}1 \cdot 3{,}2 = \sim 3{,}6\ cm \text{ bzw. } 1{,}2 \cdot 3{,}6 = \sim 4{,}4\ cm\,.$$

Dicke der runden Exzenterstange am Kopf $1{,}1 \cdot 3{,}2 = \sim 3{,}6\ cm$, am Exzenter $1{,}5 \cdot 3{,}2 = 4{,}8\ cm$.
Breite der Exzenterlauffläche (Fig. 141, S. 180) nach Gl. 66,

$$l_s \geqq \frac{800 \cdot 200}{20\,000}\,,\ l_s \geqq 8 \text{ (in der Ausführung } 7{,}2\ cm)\,.$$

Kleinste Dicke der Exzenterscheibe bei $r = 6\ cm$ Exzentrizität und $d_w = 15{,}5\ cm$ Bohrung

$$w = 0{,}1\,(2 \cdot 6 + 15{,}5) + 0{,}5 = 3{,}25\ cm\,.$$

Durchmesser der Lauffläche bei $0{,}7\ cm$ Zugabe für Spiel und Rand

$$d_s = 15{,}5 + 2\,(6 + 3{,}25 + 0{,}7) = 35{,}4\ cm\,.$$

Äußerer Durchmesser der Bügelschrauben

$$s_0 = 0{,}1 \cdot 15{,}5 + 1 = 2{,}55\ cm = 1''\ \text{engl.}$$

Zugbeanspruchung des Kernquerschnittes der Schrauben bei $2{,}133\ cm$ Kerndurchmesser

$$k_z = \frac{800}{2 \cdot 2{,}133^2\,\dfrac{\pi}{4}} = \sim 112\ kg/qcm\,.$$

Äußerer Durchmesser der Scheibenschrauben $1^{1}/_{8}{}''$ engl.
Abstand der Bügelschrauben

$$x = 35{,}4 + 2 \cdot 2{,}3 = 40\ cm\,.$$

Stärke des Bügels in der Mitte bei $b = 9\ cm$ Breite für $k_b = 150\ kg/qcm$

$$s = \sqrt{\frac{800}{2}\left(\frac{40}{2} - \frac{35{,}4}{4}\right)\frac{6}{9 \cdot 150}} = \sim 4{,}5\ cm\,.$$

# B. Flach- und Kolbenschiebersteuerungen
## für veränderliche Füllung.

§ 73. **Einteilung und Anwendung.** Die vorliegenden Steuerungen werden als Ein- und Doppelschiebersteuerungen ausgeführt. Die verschiedenen Gruppen der Doppelschiebersteuerungen unterscheiden sich teils durch die Art der Füllungsänderung, teils durch die Anordnung der Schieber.

1. Einschiebersteuerungen mit Flachregler. Verschiedene Füllungen werden durch Änderung des Voreilwinkels und der Exzentrizität am steuernden Exzenter erzielt. Dieses ist nicht fest mit der Welle verbunden, sondern wird durch einen Flachregler auf eine dem Belastungszustande der Maschine entsprechende Füllung und Lage eingestellt, in der es sich mit der Welle dreht.

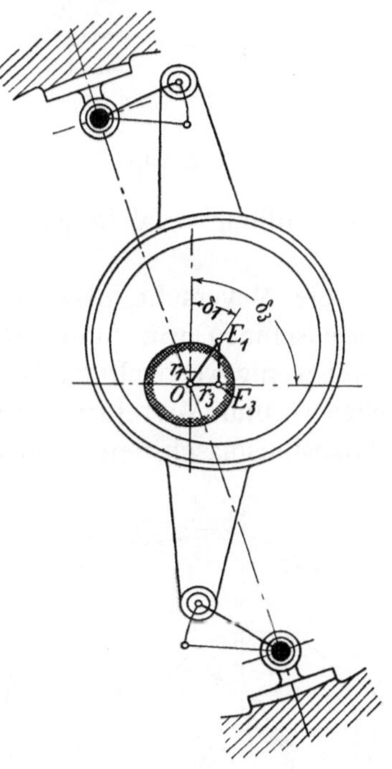

Fig. 142.

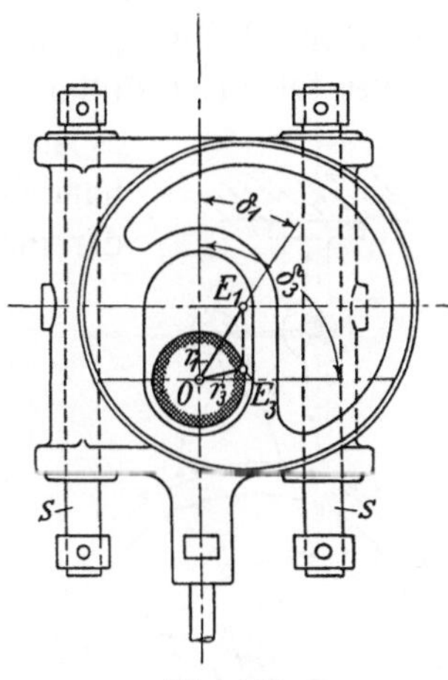

Fig. 143.

Die Steuerungen finden meist für nicht zu große schnellaufende Maschinen Verwendung, bei denen es auf Einfachheit und gute Regelung ankommt.

2. Doppelschiebersteuerungen mit festem Expansionsexzenter. Die Exzenter beider Schieber sind der Welle aufgekeilt. Die Füllungsänderung wird durch einen verschiedenen Abstand zwischen den steuernden Kanten beider Schieber, oder was dasselbe ist, durch eine verschieden große Deckung des Schiebers bewirkt, der den Dampfeintritt steuert. Die wichtigsten Steuerungen dieser Art sind:

die Meyersche Steuerung mit meist von Hand verstellbarer Füllung,
die Ridersteuerung,
die Guhrauersteuerung, beide mit vom Regler verstellbarer Füllung.

3. Doppelschiebersteuerungen mit verstellbarem Expansionsexzenter. Das Exzenter, das den Dampfeintritt steuert, wird durch einen

Flachregler verstellt, die Verschiedenheit der Füllung also durch Änderung des Voreilwinkels und der Exzentrizität bei diesem Exzenter erreicht.

4. Zweikammersteuerungen. Die beiden Schieber laufen nicht wie bei den vorhergehenden Gruppen auf- oder ineinander, sondern in zwei besonderen Kammern. Das Expansionsexzenter kann sowohl wie unter 2. fest als auch

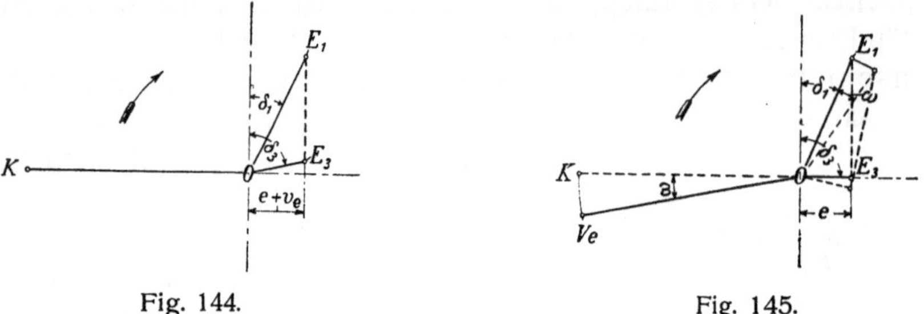

Fig. 144.                              Fig. 145.

wie unter 3. verstellbar auf der Welle sein. Die Füllung wird in jedem Falle durch den Regler verändert.

Von den Doppelschiebersteuerungen kommt die Meyersche Steuerung mit von Hand verstellbarer Füllung an Einzylindermaschinen nur dann vor, wenn es sich um Betriebe mit wenig wechselnder Belastung handelt. An den Nieder- und Mitteldruckzylindern der mehrstufigen Expansionsmaschinen benutzt man

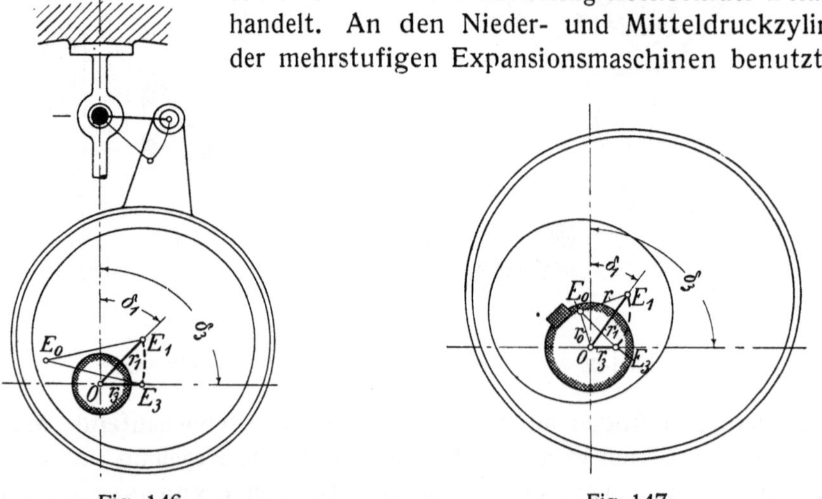

Fig. 146.                              Fig. 147.

sie, wenn bei diesen Maschinen eine gewisse Änderung in der Füllung erwünscht ist. Die übrigen, vom Regler beeinflußten Doppelschiebersteuerungen finden, solange der Zylinderdurchmesser eine mittlere Größe (ca. *400 mm*) nicht übersteigt, sowohl bei Ein- als auch bei Mehrzylindermaschinen Verwendung, bei den letzteren natürlich nur am Hochdruckzylinder. Ihre Anwendung, die allerdings in letzter Zeit gegenüber den Ventilsteuerungen bedeutend abgenommen hat, beschränkt sich jetzt hauptsächlich auf Maschinen mit größerer Umdrehungszahl und solche, bei denen es auf eine einfache Steuerung mit nicht zu empfindlichen Abschlußorganen ankommt. Wegen der zunehmenden Einführung des überhitzten Dampfes bevorzugt man aber jetzt von den Doppel-schiebersteuerungen diejenigen mit Kolbenschiebern.

§ 74. **Einschiebersteuerungen mit Flachregler.** Das steuernde Exzenter wird bei diesen Steuerungen während des Beharrungszustandes der Maschine in seiner jeweiligen Lage zur Hauptkurbel durch den Regler festgehalten, mit dessen Pendeln oder Schwungkörpern es verbunden ist und mit denen es sich um die Kurbelwellenachse dreht. Bei Änderungen in der Belastung dagegen verschieben oder drehen die dann ein- oder ausschlagenden Pendel und Schwungkörper das Exzenter relativ zur Hauptkurbel. Die Kurve, auf der sich

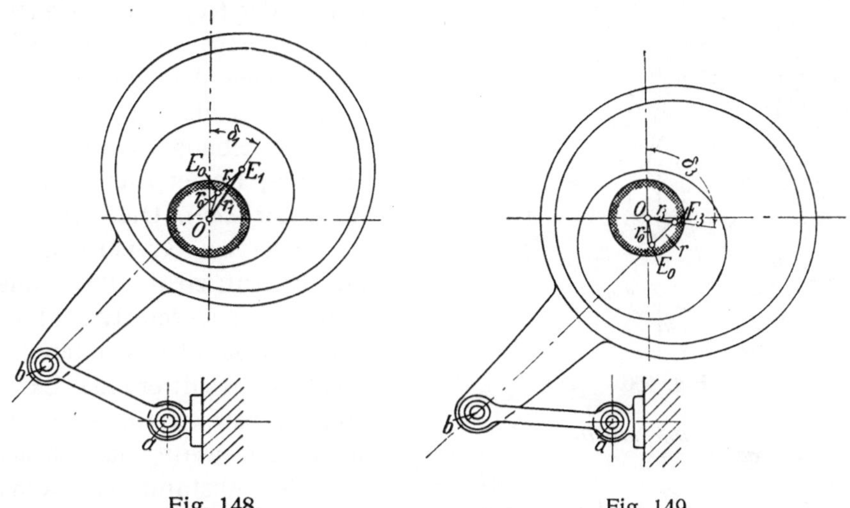

Fig. 148.Fig. 149.

dabei der Exzentermittelpunkt bewegt, heißt die Zentral-, Scheitel- oder Verstellungskurve. Sie ist entweder eine gerade Linie oder ein Kreisbogen. Die gebräuchlichen Verstellungsarten sind:

1. Das steuernde Exzenter wird bei seiner Verschiebung oder Drehung durch den Regler entweder vermittels einer genauen Geradführung (wie z. B. durch die Stangen $s$ in Fig. 143, Regler von *Leconteux & Garnier*, Paris) vollständig oder durch eine Gelenk-Geradführung (Fig. 142, Regler von *B. Stein*, Berlin-Schöneberg) annähernd gerade geführt. Die Zentralkurve $E_1E_3$ ist eine Gerade und steht je nach der Befestigung des Reglers auf der Welle entweder senk-recht zur Totlage $OK$ der Hauptkurbel (Fig. 144), oder sie bildet mit dieser einen Winkel größer als *90°* (Fig. 145). Für die Grenzlagen $E_1$, $E_3$ des Exzenterpunktes sind $r_1$ und $r_3$ die Exzentrizitäten, $\delta_1$ und $\delta_3$ die Voreilwinkel.

2. Das steuernde Exzenter wird bei seiner Verdrehung durch den Regler von einem Arme (Fig. 146, Regler von *C. Sondermann*, Chemnitz) oder in anderer Weise auf einem Kreisbogen $E_1E_3$ geführt.

3. Der Regler dreht das steuernde Exzenter auf einem zweiten Exzenter, das fest auf der Welle sitzt (Fig. 147, Regler von *Doerfel, Pröll* und anderen). Die Zentralkurve ist ein Kreisbogen $E_1E_3$, der die Mitte $E_0$ des festen Exzenters zum Mittelpunkt und die Exzentrizität $r$ des auf diesem drehbaren zum Radius

hat. Als resultierende Exzentrizität für die Schieberbewegung gilt immer die dritte Seite des aus $r_0$ und der jeweiligen Lage von $r$ gebildeten Dreiecks, also $OE_1 = r_1$ für die eine und $OE_3 = r$ für die andere Grenzlage. $\delta_1$ und $\delta_3$ sind die zugehörigen Voreilwinkel.

4. Das durch einen Hebel geführte steuernde Exzenter sitzt auch hier auf einem zweiten Exzenter, der Regler dreht aber das letztere, greift also nicht wie bei der vorigen Anordnung an derjenigen Scheibe an, an der die Exzenterreibung wirkt (Fig. 148 und 149, Regler der *Maschinenfabrik Oerlikon*). Die Zentralkurve ist wieder ein Kreisbogen und $r_0$ die Exzentrizität des inneren, $r$ die des äußeren Exzenters, $E_0$ der Mittelpunkt des ersteren. Man erhält die resultierende Exzentrizität $r_1$ bzw. $r_3$ für die Schieberbewegung, wenn man beachtet, daß der Abstand $b E_0$ konstant bleibt. $b$ bewegt sich ferner auf dem Kreisbogen um $a$, $E_0$ auf einem solchen um $O$ mit $r_0$ als Radius. Die Punkte $E_1$ und $E_3$ liegen auf der jeweiligen Lage der Geraden $bE_0$ im Abstande $r$ von $E_0$.

Die Änderung in der Dampfverteilung, die mit einer Verschiebung oder Verdrehung des steuernden Exzenters verbunden ist, kann leicht aus den Diagrammen ersehen werden. In Fig. 150 und 151 sind zunächst die drei *Zeuner*schen Schieberkreise für eine gerade Zentralkurve $D_1 D_2 D_3$ bzw. $D'_1 D'_2 D'_3$ gezeichnet, und zwar für die äußerste Lage

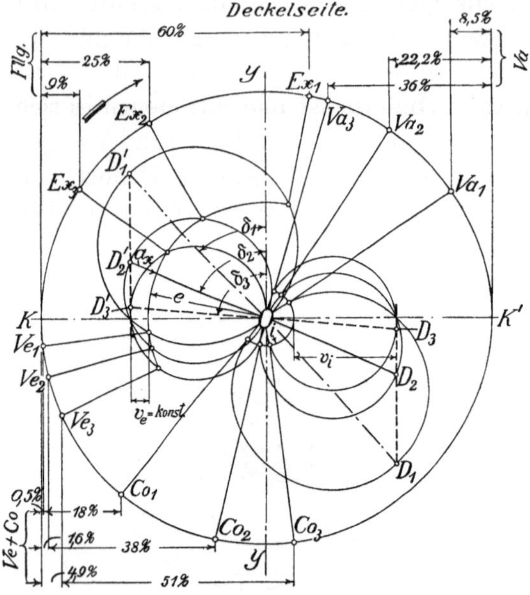

Fig. 150.

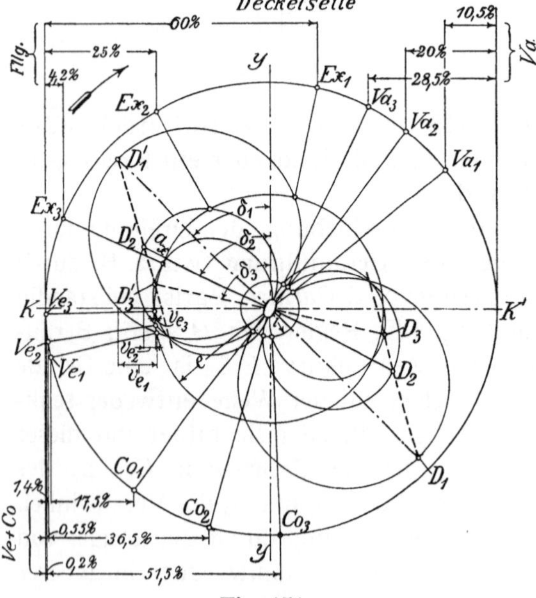

Fig. 151.

des Exzenters mit $O D_1 = O D'_1 = r_1$ als Exzentrizität und $\delta_1$ als Voreilwinkel, für die mittlere Lage mit $O D_2 = O D'_2 = r_2$ und $\delta_2$ und für die innerste Lage mit $O D_3 = O D'_3 = r_3$ und $\delta_3$. In Fig. 150 steht die Zentralkurve senkrecht zur Totlage der Hauptkurbel, in Fig. 151 ist sie gegen diese geneigt. Die vier charakteristischen Hauptkurbellagen $O\,Ve_1$, $O\,Ex_1$, $O\,Va_1$, $O\,Co_1$, $O\,Ve_2$, $O\,Ex_2$, $O\,Va_2$, $O\,Co_2$ usw., die durch die Schnittpunkte des $e$- und $i$-Kreises mit den einzelnen Schieberkreisen gehen, sind nur für die Deckelseite eingetragen. In Fig. 152 ist weiter das *Müller-Reuleaux*sche Diagramm für einen Kreisbogen $E_1E_2E_3$ bzw. $E_1'E_2'E_3'$ als Zentralkurve benutzt. Auch hier sind alle Perioden der Deckelseite für drei ver-

schiedene Lagen des Exzenters eingetragen, und zwar gilt wieder der Index *1* für die äußerste, derjenige *2* für die mittlere und derjenige *3* für die innerste Lage desselben. Bei der mittleren und innersten Lage sind nur, verschieden von früher, die Hauptkurbellagen $O\,Ve_2$, $O\,Ex_2$ ..., $O\,Ve_3$, $O\,Ex_3$ ... bis zum äußersten Kreise verlängert worden, um die Wegelängen der einzelnen Dampfverteilungsperioden bei allen Exzenterlagen für dieselbe Basis zu haben.

Aus den Diagrammen ergibt sich für die vorliegenden Steuerungen:

1. Mit abnehmender Exzentrizität und zunehmendem Voreilwinkel wird in allen Fällen die Füllung kleiner, der Voraustritt und die Kompression dagegen größer. Der letztere Umstand ist für die Regelung der Maschine günstig; denn er bewirkt, daß bei abnehmender Belastung die Fläche des Indikatordiagrammes (siehe Fig. 152) nicht nur von oben durch die Füllung und den Voraustritt, sondern auch von unten durch die Kompression verringert wird. Außerdem fördert

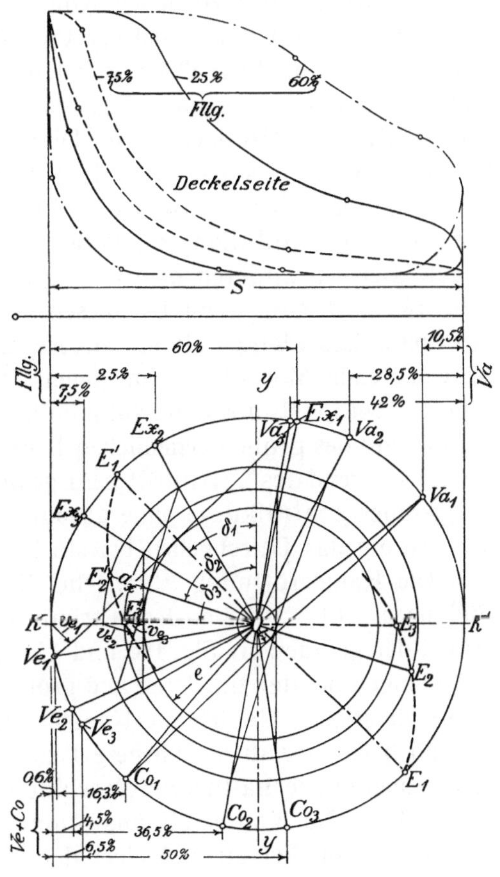

Fig. 152.

die veränderliche Kompression bei kleinen Füllungen die Weichheit des Ganges, während sie bei großen ein zu hohes Anwachsen der Kompression und Schlingenbildung zu Beginn des Dampfeintrittes verhütet.

2. Das Voröffnen $v_e$ fällt für die verschiedenen Exzenterstellungen nur bei der zur Totlage der Hauptkurbel senkrechten Zentralkurve in Fig. 144 und 150 konstant aus. Bei den beiden anderen Kurven ist es veränderlich, und zwar nimmt es in Fig. 151 von der kleinsten bis zur größten Füllung fortwährend zu, in Fig. 152 dagegen anfangs zu, später wieder ab. Die Verschiedenheit fällt bei gleichen Grenzfüllungen um so geringer aus, je weniger die gerade Zentral-

kurve in Fig. 151 von der Senkrechten zur Hauptkurbel-Totlage abweicht, und je kleiner in Fig. 152 der Krümmungsradius der Kurve ist.

Der Voreintritt und der Voreintrittswinkel, den $O\,Ve_1$, $O\,Ve_2$, $O\,Ve_3$ mit der zugehörigen Totlage der Hauptkurbel einschließen, dagegen sind in allen drei Fällen bei den einzelnen Füllungen verschieden groß, und zwar wächst er in Fig. 150 und 152 mit abnehmender Füllung, in Fig. 151 dagegen mit zunehmender. Das erste Verhalten ist insofern vorteilhaft, als dadurch bis zu einem gewissen Grade einer zu hohen Kompression (bis über die Eintrittsspannung hinaus) vorgebeugt wird. Soll der Voreintritt stets bei derselben Hauptkurbellage beginnen, die Lage $O\,Ve$ bei allen Füllungen also unverändert bleiben, so muß die Zentralkurve nach Fig. 145 bei Beginn des Voreintrittes senkrecht zur Hubrichtung $OK$ stehen; im Diagramm steht sie dann senkrecht auf der für alle Füllungen konstanten Hauptkurbellage $O\,Ve$.

Die zur Hauptkurbel-Totlage senkrechte, gerade Zentralkurve läßt endlich keine absolute Nullfüllung zu, da bei ihr ja stets das konstante Voröffnen stattfindet. Bei den anderen Zentralkurven dagegen ist absolute Nullfüllung möglich. Sie tritt ein, wenn bei diesen Kurven der Durchmesser des kleinsten Schieberkreises kleiner als die äußere Überdeckung $e$ wird. Für kurzhubige, schnellaufende Maschinen, an denen die vorliegende Steuerung meist angebracht wird, ist absolute Nullfüllung (siehe S. 9) fast stets erforderlich, da die Füllung des großen schädlichen Raumes bei diesen Maschinen mit frischem Dampf während des Voreintrittes für gewöhnlich schon zum Durchgehen genügt. Bei gerader Zentralkurve ohne absolute Nullfüllung muß ein Drosselventil in der Leitung das Durchgehen bei stark sinkender Belastung verhüten.

3. Die Kanaleröffnung $a_x$, welche die Steuerung bei kleinen und mittleren Füllungen gibt, fällt bei der gekrümmten Zentralkurve nach Fig. 152 größer als bei der geraden in Fig. 150 und 151 aus; namentlich ist das Verhältnis der Eröffnungen bei der mittleren und größten Füllung für die gekrümmte Zentralkurve günstiger. Genügende Kanaleröffnungen für die normale Füllung sind deshalb bei dieser durch kleinere Exzentrizitäten bei den größeren Füllungen sowie einen im Verhältnis zur Maschinenleistung kleineren und billigeren Regler zu erzielen. Die Kanaleröffnung nimmt in Fig. 152 von der kleinsten Füllung aus um so schneller zu, je kleiner der Krümmungsradius der Zentralkurve ist; zugleich fällt aber auch (siehe unter 2.) damit das Voröffnen $v_e$ um so verschiedener aus.

Beim Entwurf der vorliegenden Steuerungen geht man gewöhnlich von der größten Füllung aus, für die man meist eine zur vollen Kanaleröffnung ausreichende oder auch eine etwas größere Exzentrizität vorsieht und für die man die Verhältnisse des Schiebers in der früher angegebenen Weise bestimmt. Dann ist die Zentralkurve unter Berücksichtigung der nachstehenden Angaben und der Reglerkonstruktion solange versuchsweise anzunehmen, bis sich auch bei der normalen Füllung passend erscheinende Werte für die Kanaleröffnung, das Voröffnen und die sonstigen Dampfverteilungsperioden ergeben. Für die kleineren Füllungen sind hinreichende Kanaleröffnungen aber hier nur dadurch zu ermöglichen, daß man für diese einen größeren Voreintritt, als sonst üblich, zuläßt. Ein Nachteil ist damit nicht verbunden. Die inneren Überdeckungen sind so zu bemessen, daß die Kompressionsendspannung auch bei der kleinsten Füllung möglichst noch unter der Eintrittsspannung bleibt. Meist ist dies nur durch sehr geringe oder sogar negative Deckungen zu erreichen. Manche Konstrukteure lassen indes ein Übersteigen der Kompressionsendspannung bei den ganz kleinen Füllungen ohne Bedenken zu. Ein vollständiger Ausgleich der Füllung auf beiden Kolbenseiten (durch kurze Exzenterstangen bei innerem Dampfeintritt, siehe S. 161) kann in der Regel nur für eine Füllung bewirkt werden; als solche wählt man natürlich die meist gebrauchte, normale Füllung. Gewöhnlich verzichtet man aber auf einen solchen Ausgleich.

Für die jetzt meist gewählte Anordnung mit äußerem drehbaren Exzenter und kreisbogenförmiger Zentralkurve (Fig. 147, S. 184), ist nach bewährten Ausführungen bei einer größten resultierenden Exzentrizität $r_\mathrm{max}$

die Exzentrizität des inneren (festen) Exzenters $r_0 = 0{,}5\,r_\mathrm{max}$,

die des äußeren (verdrehbaren) Exzenters $r = 0{,}65\,r_\mathrm{max}$ bis $0{,}75\,r_\mathrm{max}$,

die kleinste resultierende Exzentrizität $r_\mathrm{min}$ kleiner als die äußere Überdeckung $e$.

Als S c h i e b e r benutzt man bei den vorliegenden Steuerungen stets Kolbenschieber, jetzt meist mit innerem Dampfeintritt. Auf einen Überführungskanal nach *Trick* verzichtet man mit Rücksicht auf möglichste Einfachheit, so lange es die Größe der Maschine zuläßt. Eher teilt man, wenn doppelte Kanaleröffnung vorgesehen werden soll, den Zylinderkanal (Fig. 1, Taf. 4).

§ 75. **Beispiel einer ausgeführten Einschiebersteuerung mit Flachregler.** Die Gabelmaschinen der *Maschinenfabrik K. & Th. Möller*, Brackwede i. Westf., besitzen Flachregler-Kolbenschiebersteuerung nach Fig. 1 bis 4, Taf. 4. Der Schieber hat inneren Dampfeintritt mit doppelter Eröffnung am geteilten Zylinderkanal. Der Flachregler dreht bei der Füllungsänderung das äußere Exzenter auf dem festen inneren und verstellt dabei den Exzentermittelpunkt des ersten auf einer kreisbogenförmigen Zentralkurve. Wie bestimmen sich die Verhältnisse der Steuerung für eine Maschine $D = 0{,}2$, $S = 0{,}3\,m$, $n = 250$, wenn die größte Füllung 55 bis 60 vH betragen soll?

Es ist:

die nutzbare Kolbenfläche auf der Deckelseite bei einseitiger Kolbenstange

$$O = 20^2\,\frac{\pi}{4} = 314\ qcm\,,$$

die mittlere Kolbengeschwindigkeit

$$c_m = \frac{0{,}3 \cdot 250}{30} = 2{,}5\ m/sk\,,$$

der äußere Durchmesser des Kolbenschiebers

$$0{,}5\,D = 100\ mm.$$

Bei 4 Stegen von *18 mm* Breite in den Öffnungen der Schieberbuchse (Fig. 1, Taf. 4) verbleibt für den Dampfdurchtritt eine Kanalbreite am Umfang

$$h = 10\,\pi - 4 \cdot 1{,}8 = 24{,}2\ cm.$$

Der ausgeführte Durchgangsquerschnitt für den austretenden Dampf ergibt sich aus Gl. 56, S. 140, mit $w = 27{,}5\ m/sk$ dem Schieberspiegel zu

$$f = \frac{314 \cdot 2{,}5}{27{,}5} = \sim 28{,}5\ qcm,$$

dem eine Weite

$$a = \frac{f}{h} = \frac{28{,}5}{24{,}2} = \sim 1{,}2\ cm = 12\ mm$$

genügt. Für den eintretenden Dampf ist die Kanalweite infolge der Teilung des Zylinderkanales größer, nämlich

$$a_1 + a_2 = 11 + 8 = 19\ mm$$

gemacht.

Der lichte Querschnitt der *50 mm* weiten Dampfzuleitung und der *70 mm* weiten Dampfableitung (Fig. 5, Taf. 4) genügt der Gl. 56 für $w = 40$ bzw. *20 m/sk.*

Zur Bestimmung der Zentralkurve ist weiter in Fig. 153 der Hauptkurbelkreis mit *25 mm* Radius geschlagen und die zu einer größten Füllung von 57,5 vH (Mitte zwischen 55 und 60 vH) gehörige Hauptkurbellage $O\,Ex$ ohne Berücksichtigung der endlichen Schubstangenlänge eingetragen. Die Lage $O\,Ve$ für den Voreintritt, der hier bei der größten Füllung am kleinsten wird, ist unter

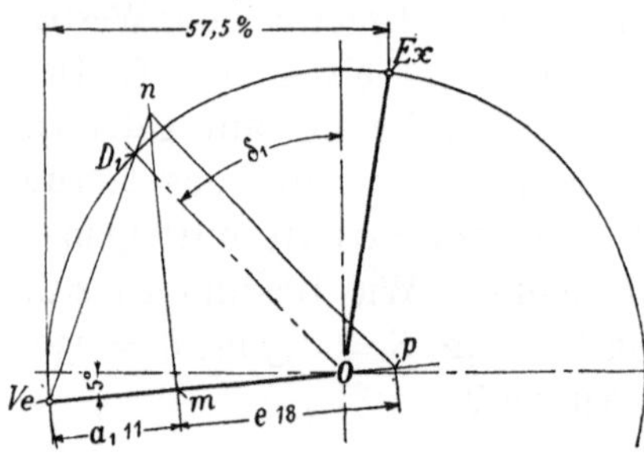


Fig. 153.   1 : 1.

einem Winkel von nur 5° zur Totlage angenommen. Die Halbierungslinie $OD_1$ des Winkels $Ve\,O\,Ex$ bestimmt dann den Winkel $\delta_1$, den die resultierende Exzenterkurbel bei der größten Füllung mit der Senkrechten zur mittleren Exzenterstangenrichtung $x-x$ (Fig. 3b, Taf. 3)[1] bilden muß. Die letztere ist hier schräg gerichtet, weil die Schiebermitte (siehe den Querschnitt $F-G$ in Fig. 5, Taf. 4) unter der Zylindermitte liegt. Ferner würde ein mit beliebigem Radius geschlagener Schieberkreis in der beim einfachen Muschelschieber erklärten Weise aus der Kanalweite $a_1$ und dem Maßstab der Figur die Überdeckung $e$ und die größte resultierende Exzentrizität $r_1$ für irgend eine Annahme bezüglich der Kanaleröffnung bei der größten Füllung ergeben.

Hier, wo das Diagramm doch noch besonders aufgezeichnet werden muß, erhält man diese Größen einfacher, wenn man nach Fig. 153 auf der Hauptkurbellage $O\,Ve$ die Kanalweite $a_1 = 11\ mm$ (bei Überlauf $a_1 + c$) abträgt

---

[1] In Fig. 3, Taf. 3, sind die Winkel $\delta_1$ und $\delta_4$ auf die Lage $VE_0$ der festen Exzenterkurbel bei der Deckeltotlage bezogen.

und in dem Punkte $m$ eine Senkrechte auf $OVe$ errichtet. Die durch den Schnittpunkt $n$ der letzteren mit $VeD_1$ zu $OD_1$ gezogene Parallele schneidet dann auf $O\,Ve$ die Überdeckung für den Einlaß

$$e = m\,p = \mathit{18}\ mm,$$

sowie die größte resultierende Exzentrizität

$$r_{\max} = r_1 = Ve\,p = a_1 + e = \mathit{29}\ mm$$

unter der Annahme ab, daß der Einlaßkanal bei der größten Füllung ganz geöffnet wird.

In der Ausführung ist der Winkel $\delta_1$ etwas kleiner als in Fig. 153 gewählt und die Exzentrizität des festen (inneren) Exzenters

$$r_0 = \mathit{0,5}\ r_{\max} = \sim \mathbf{15}\ mm,$$

die des drehbaren (äußeren)

$$r = \mathit{0,69}\ r_{\max} = \sim \mathbf{20}\ mm$$

gemacht. Die Exzenter sind dann wegen des inneren Dampeintrittes so auf der Welle zu befestigen, wie Fig. 3b, Taf. 3, zeigt, wo die Kurbel des festen Exzenters nahezu senkrecht auf der mittleren Exzenterstangenrichtung steht.

Ferner schwingt der Schieber nach Fig. 1, Taf. 4, um eine Mitte $M'$, die $\mathit{0,5}\ mm$ nach der Kurbel zu von der Spiegelmitte absteht. Dadurch werden die Deckungen für den Einlaß auf der Deckel- bzw. Kurbelseite

$$e = \mathit{18} + \mathit{0,5} = \mathbf{18,5}\ mm, \quad e' = \mathit{18} - \mathit{0,5} = \mathbf{17,5}\ mm.$$

Die kleinste resultierende Exzentrizität ist, um absolute Nullfüllung geben zu können, kleiner als $e'$, nämlich nach Fig. 3b, Taf. 3,

$$r_{\min} = r_4 = \mathbf{17}\ cm.$$

Die durch Probieren zu ermittelnden Überdeckungen für den Auslaß sind

$$i = \mathbf{2}\ mm, \quad i' = \mathbf{6}\ mm.$$

Das nach den vorstehenden Angaben gezeichnete Schieberdiagramm in Fig. 3, Taf. 3, gibt für die mit $OD_1$, $OD_1'$, $OD_2$, $OD_2'$, $OD_3$ und $OD_3'$ bezeichneten Schieberkreise die Dampfverteilung. Fig. 3a, Taf. 3, zeigt die zugehörigen Eröffnungskurven auf der Deckelseite unter Berücksichtigung der doppelten Kanaleröffnung. Die Drosselungskurve ergibt sich, wenn man den Wert der Gl. 61, S. 151, für $w_{\max} = \mathit{50}\ m/sk$

$$k = \frac{\pi}{2}\,\frac{\mathit{314}\cdot\mathit{2,5}}{\mathit{24,2}\cdot\mathit{50}} = \mathit{1,02}\ cm$$

mit den Werten der Tabelle auf S. 111 für die einzelnen Kolbenstellungen multipliziert.

**§ 76. Relativbewegung und Relativschieberkreis der Doppelschieber.** Bei den Doppelschiebersteuerungen unterscheidet man einen Grund- oder Verteilungsschieber und einen Expansionsschieber. Jener bewegt sich auf dem Spiegel des Zylinders, dieser gleitet, wie hier zunächst immer angenommen werden möge, auf dem Rücken des Grundschiebers (Fig. 156). Zur Bewegung der Schieber dienen zwei Exzenter auf der Kurbelwelle. Der Grundschieber steuert den Dampfaustritt in der früher angegebenen Weise und wirkt auf den Dampfeintritt nur insofern ein, als er den frischen Dampf vermittels zweier Durchlaßkanäle abwechselnd auf die eine und die andere Kolbenseite verteilt und für den richtigen Beginn des Voreintrittes sorgt. Der Expansionsschieber dagegen bemißt ausschließlich die Dauer des Dampfeintrittes, die Füllung.

Um die durch zwei solche Schieber bewirkte Dampfverteilung verfolgen zu können, hat man wie bei den Steuerungen mit nur einem Schieber zunächst die Frage zu beantworten, wo steht bei irgend einer Kolben- und Hauptkurbellage der Grund- und wo der Expansionsschieber, bzw. um wieviel ist jeder von ihnen aus der Spiegelmitte des Zylinders gewichen. Es kann dies für beide Schieber mit Hilfe der früheren Schieberdiagramme geschehen. Bezüglich des Expansionsschiebers aber verfolgt man vorteilhaft nicht dessen Bewegung gegenüber dem Zylinderspiegel, sondern gegenüber dem Grundschieber, bestimmt also die **relative Verschiebung** beider Schieber gegeneinander.

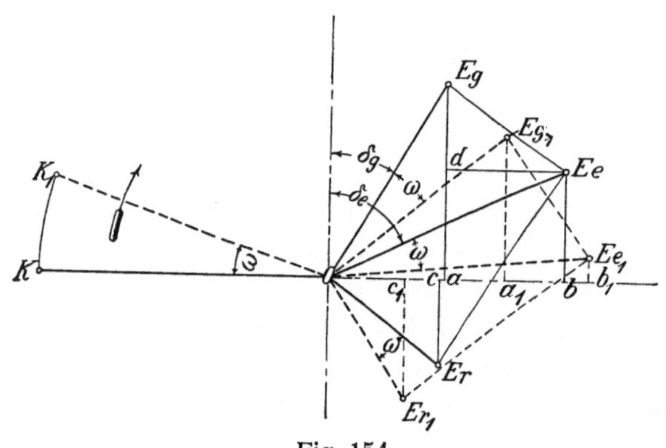

Fig. 154.

Sind nach Fig. 154

$O E_g = r_g$ die Exzenterkurbel und $\delta_g$ der Voreilwinkel des Grundschiebers,

$O E_e = r_e$ und $\delta_e$ die entsprechenden Größen des Expansionsschiebers,

so ist bei der linken Totlage $O K$ der Hauptkurbel und bei Vernachlässigung der endlichen Exzenterstangenlänge der Weg des Grundschiebers $\xi_g = + O a$ und der des Expansionsschiebers $\xi_e = + O b$, beide Wege auf die Spiegelmitte des Zylinders bezogen und + für rechte, — für linke Ausweichungen. Die relative Verschiebung beider Schieber gegeneinander ist $a b = O b - O a$. $a b$ erhält man auch dadurch, daß man aus den beiden Exzenterkurbeln ein Parallelogramm $O E_g E_e E_r O$ konstruiert und $O E_r$ auf die Hubrichtung projiziert. Es ist nämlich $\triangle E_g E_e d \cong \triangle O E_r c$ und deshalb $a b = E_e d = O c$.

Dreht sich die Hauptkurbel um den Winkel $\omega$ aus der linken Totlage, so kommen die Exzenterkurbeln nach $O E_{g_1}$ und $O E_{e_1}$, und die relative Verschiebung der Schieber beträgt $a_1 b_1$. Das Parallelogramm aus den neuen Lagen ergibt auch nun, daß die Projektion $O c_1$ von $O E_{r_1}$ gleich der relativen Verschiebung $a_1 b_1$ ist. Während sich aber die Exzenterkurbeln mit der Hauptkurbel um den Winkel $\omega$ drehten, drehte sich auch die Linie $O E_r$ um diesen Winkel.

Die Relativbewegung beider Schieber kann also so aufgefaßt werden, als ob der Grundschieber still stände und der Expansionsschieber durch eine Exzenterkurbel $O\,E_r = r_r$ bewegt würde. Man nennt sie die **relative** Exzenterkurbel und Exzentrizität und erhält ihre Lage und Größe in der einen Seite eines Parallelogramms, dessen andere Seite die Exzenterkurbel $O\,E_g$ des Grundschiebers und dessen Diagonale diejenige $O\,E_e$ des Expansionsschiebers ist. Die früher angegebenen Schieberdiagramme lassen sich auch auf sie anwenden.

Im *Zeuner*schen Diagramm hat man dazu nach Fig. 155 entgegen zur Drehrichtung der Maschine von der Vertikalen $Y - Y$ aus die Voreilwinkel $\delta_g$ und $\delta_e$ der beiden Schieber, sowie deren Exzentrizitäten $O\,D'_g = r_g$ und $O\,D'_e = r_e$ aufzutragen. Das Parallelogramm aus den beiden letzteren liefert die relative Exzentrizität $O\,D'_r = r_r$, und die über $O\,D_g = O\,D'_g$ geschlagenen Kreise sind die **Grundschieberkreise**, die über $O\,D_r = O\,D'_r$ geschlagenen die **Relativschieberkreise.** Die **Hauptkurbel** schneidet dann bei jeder Lage auf einem der beiden ersten Kreise

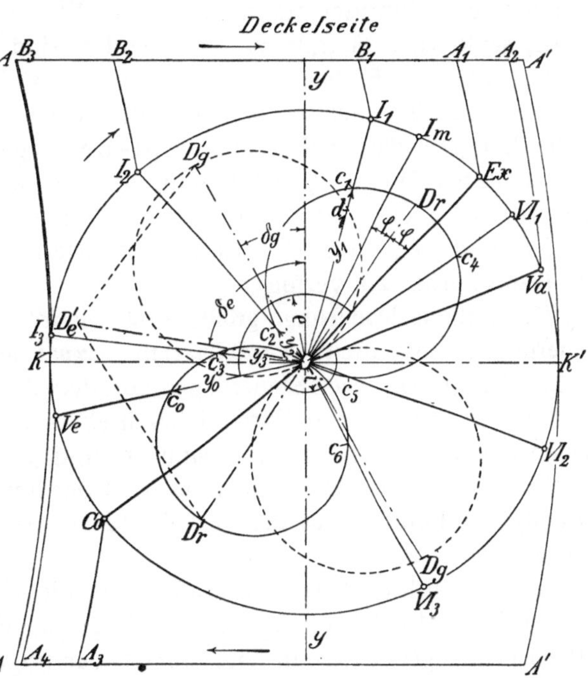


den **absoluten Schieberweg** $\xi_g$ **des Grundschiebers** (also dessen Ausweichung gegen die Spiegelmitte des Zylinders), **auf einem der beiden letzten Kreise den relativen Schieberweg** $\xi_r$ (also die Relativverschiebung beider Schieber gegeneinander) **als Sehne ab.** Für die stets vorausgesetzte Maschinenanordnung nach Fig. 91, S. 142, gelten die Sehnen in den Kreisen $O\,D'_g$ und $O\,D'_r$ als **positive oder rechte** und diejenigen in $O\,D_g$ und $O\,D_r$ als **negative oder linke.**

Für die Hauptkurbellage $O\,I_1$ in Fig. 155 ist z. B. $\xi_g = +\,O\,d_1$ und $\xi_r = -\,O\,c_1$. Die Mitte des Grundschiebers steht also bei dieser Hauptkurbellage um $O\,d_1$ rechts von der Spiegelmitte des Zylinders und die Mitte des Expansionsschiebers um $O\,c_1$ links von der Mitte des Grundschiebers. Bei den mit $O\,D_r$ und $O\,D'_r$ zusammenfallenden Hauptkurbellagen hat ferner die relative Exzenterkurbel ihre linke bzw. rechte Totlage erreicht, ist also der Expansionsschieber am weitesten nach links bzw. rechts, nämlich um $r_r$, gegen den Grundschieber verschoben, usw.

Pohlhausen, Kolbendampfmaschinen. 5. Aufl.      13

Im *Müller-Reuleaux*schen Diagramm (Fig. 162) ist, wenn die relative Exzentrizität $O E_r = r_r$ wieder in der angegebenen Weise aus $O E_g = r_g$ und $O E_e = r_e$[1]) konstruiert wird, der durch $E_g$ und $E_g'$ gehende Kreis der **Grundschieber-** und **Hauptkurbelkreis**, der durch $E_r$ und $E_r'$ gehende der **Relativschieberkreis**. Für irgend eine Hauptkurbellage $O I_1$ z. B. ist dann der absolute Weg $\xi_r$ des Grundschiebers gleich der Senkrechten $I_1 d_1$ von $I_1$ auf die zu $E_g O E_g'$ senkrechte Gerade $x_g - x_g$ und der relative Weg $\xi_r$ beider Schieber gegeneinander gleich der Senkrechten $b_1 c_1$ des Punktes $b_1$ auf die zu $E_r O E_r'$ senkrechte Gerade $x_r - x_r$. Dabei sind alle Wege $\xi_g$ und $\xi_r$, die auf die nach $E_g'$ bzw. $E_r'$ liegende Seite von $x_g - x_g$ bzw. $x_r - x_r$ fallen, **positive** oder **rechte**, die nach $E_g$ bzw. $E_r$ fallenden **negative oder linke**.

Die **Ellipse der relativen Schieberwege** $\xi_r$ endlich ist wie diejenige der absoluten Wege $\xi_g$ des Grundschiebers nach Fig. 112, S. 155, zu konstruieren; an Stelle der Exzenterkurbel $O E_g$ des letzteren hat man dabei die aus $O E_g$ und $O E_e$ ermittelte relative Exzenterkurbel $O E_r$ in der richtigen Lage zur Hauptkurbel zu verfolgen.

**§ 77. Füllungsänderung, größte und kleinste Füllung der Doppelschiebersteuerungen mit nicht verstellbarem Expansionsexzenter.** Die Größe der Füllung hängt bei diesen Steuerungen von dem Abstand $y$ ab, den die steuernden Kanten des Grund- und Expansionsschiebers bei der relativen Mittellage der Schieber haben. In Fig. 156 sind *1* und *2* die steuernden Kanten für die Deckelseite. Bei ihrer Näherung wird der linke Durchlaßkanal geschlossen, hört also die Füllung auf der Deckelseite auf, sobald die Kanten übereinander stehen.

Um den Einfluß dieses Abstandes auf die Größe der Füllung zu zeigen, sind in Fig. 156 bis 161 die Schieber in drei verschiedenen relativen Mittellagen angegeben. In Fig. 156·ist der fragliche Abstand $y_1$, in Fig. 158 $y_2$ und in Fig. 160 $y_3$. In Fig. 160 überdeckt der Expansionsschieber den linken Durchlaßkanal bei der relativen Mittellage, in Fig. 156 und 158 dagegen nicht. Der mit der äußeren Überdeckung $e$ des Grundschiebers geschlagene Kreis legt nun zunächst in dem Diagramm Fig. 155, S. 193, die beiden Hauptkurbellagen $O Ve$ und $O Ex$ fest, bei denen der linke Zylinderkanal von dem zugehörigen Durchlaßkanal unten geöffnet und geschlossen wird. Es kann aber, während die Hauptkurbel von $O Ve$ und $O Ex$ geht, nur solange frischer Dampf hinter den Kolben treten, als der Expansionsschieber den linken Durchlaßkanal auch oben offen hält. Dies hängt von dem Abstande $y$ ab.

Waren die Schieber bei ihrer relativen Mittellage nach Fig. 156 eingestellt, so öffnet und schließt der Expansionsschieber den linken Durchlaßkanal bei der in Fig. 157 angegebenen Lage, also bei einem Relativwege $\xi_r = - y_1$. Die Mitte $M''$ des Expansionsschiebers ist dann um $y_1$ nach links gegen die Mitte $M'$ des Grundschiebers verschoben. Eröffnung findet dabei statt, wenn die Schieber in die relative Mittellage zurückkehren (abnehmendes $\xi_r$), Schluß,

---

[1]) In Fig. 162 ist das Parallelogramm der Exzentrizitäten der Deutlichkeit wegen unten eingetragen.

wenn sie aus dieser Lage kommen (zunehmendes $\xi_r$). Die zugehörigen Hauptkurbellagen erhält man im Diagramm dadurch, daß man mit $y_1$ als Radius um $O$ einen Kreis schlägt und dessen Schnittpunkte $c_1$, $c_4$ mit dem Relativschieberkreis $O D_r$ aufsucht. Bei der Hauptkurbellage $O c_4 VI_1$ öffnet, bei derjenigen $O c_1 I_1$ schließt dann der Expansionsschieber den linken Durchlaßkanal. Da dieser aber erst bei $O Ve$ mit dem linken Zylinderkanal in Verbindung tritt, so kann frischer Dampf nur während der Drehung der Hauptkurbel

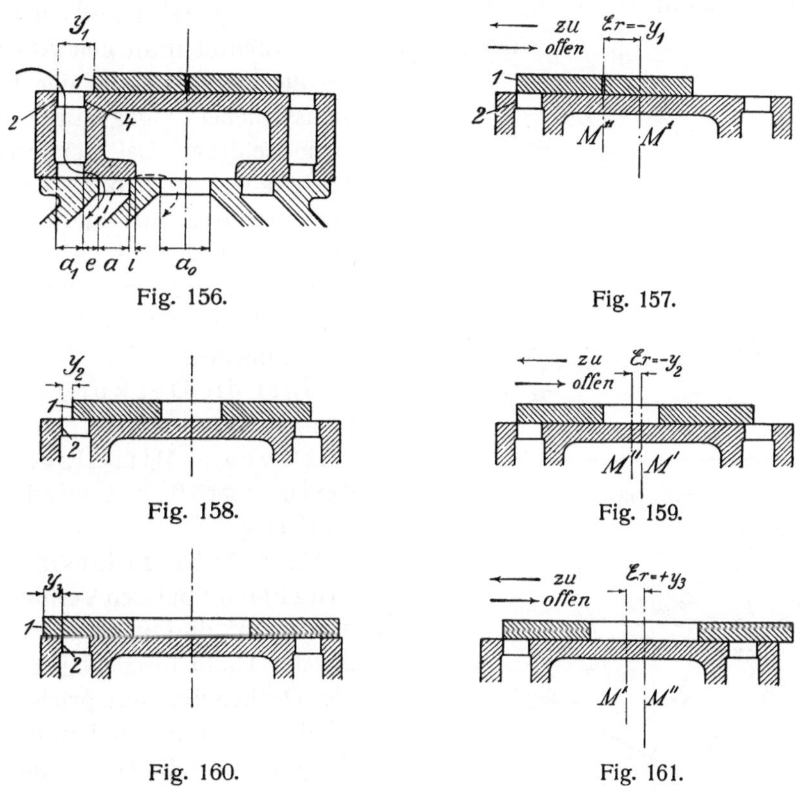

Fig. 156. Fig. 157.

Fig. 158. Fig. 159.

Fig. 160. Fig. 161.

von $O Ve$ bis nach $O I_1$ hinter den Kolben strömen. Der zugehörige Füllungsweg ist $A B_1$.

Für die in Fig. 158 angegebene relative Mittellage der Schieber ergibt sich entsprechend, daß Eröffnung und Schluß des linken Durchlaßkanales durch den Expansionsschieber nach Fig. 159 bei einem relativen Schieberwege $\xi_r = -y_2$ stattfinden. Der mit $y_2$ als Radius um $O$ in Fig. 155 geschlagene Kreis schneidet denjenigen $O D_r$ in $c_2$ und $c_5$. $O VI_2$ und $O I_2$ sind also nun die Hauptkurbellagen für die Eröffnung und den Schluß des Kanales. Der Füllungsweg beträgt, da $y_2 < y_3$ ist, jetzt nur $A B_2$.

Für die relative Mittellage in Fig. 160 endlich muß der Expansionsschieber nach Fig. 161 bei Eröffnung und Schluß des fraglichen Durchlaßkanales einen Weg $\xi_r = +y_3$ relativ gegen den Grundschieber zurückgelegt haben. Die Eröffnung findet aber nun, entgegengesetzt zu den beiden vorigen Fällen, bei zunehmendem, der Schluß bei abnehmendem $\xi_r$ statt. Der mit $y_3$ um $O$ als Radius in Fig. 155 geschlagene Kreis schneidet den Relativschieberkreis $O\,D_r'$ in $c_3$ und $c_6$. Bei der Hauptkurbellage $O\,VI_3$ findet also die Eröffnung, bei derjenigen $O\,I_3$ der Schluß des Durchlaßkanales statt. Der Füllungsweg ist, da $y_3$ auf der anderen Seite der Kante $2$ wie $y_1$ und $y_2$ liegt, jetzt nur noch $A\,B_3$.

Betrachtet man den Abstand $y$ als die Deckung, die der Expansionsschieber gegenüber dem Grundschieber bei der relativen Mittellage beider hat, bezeichnet also den Abstand $y_3$ in Fig. 160 als positive, die Abstände $y_1$ und $y_2$ in Fig. 156 und 158 dagegen als negative Deckung, so gilt allgemein der Satz: „Je kleiner die Deckung des Expansionsschiebers bei der relativen Mittellage ist, desto größer wird die Füllung.“

Als größte zulässige Füllung kommt bei den Verhältnissen in Fig. 155 diejenige in Betracht, die der Hauptkurbellage $O\,I_m$ für die Deckelseite entspricht. Man erhält diese Lage, indem man den Winkel $\varphi = Ex\,O\,D_r$ auf die andere Seite von $O\,D_r$ klappt. Wollte man eine noch größere Füllung zulassen, so würde der Expansionsschieber, nachdem er in $O\,D_r$ seine linke relative Totlage erreicht hat, den linken Durchlaßkanal schon wieder öffnen, bevor der Grundschieber den Zylinderkanal geschlossen hat, was bei der Hauptkurbellage $O\,Ex$ geschieht. Es würde dann ein nochmaliger Dampfeintritt, eine sogenannte Nachfüllung, entstehen, die sich in einem plötzlichen Stoß auf den Kolben äußert und deshalb unzulässig ist. Bei den in Fig. 178, S. 208, gewählten Verhältnissen, wo die Totlage $O\,D_r$ im

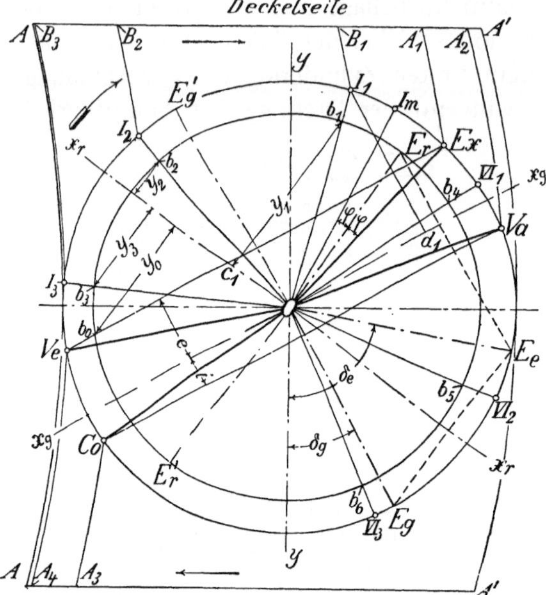



Fig. 162.

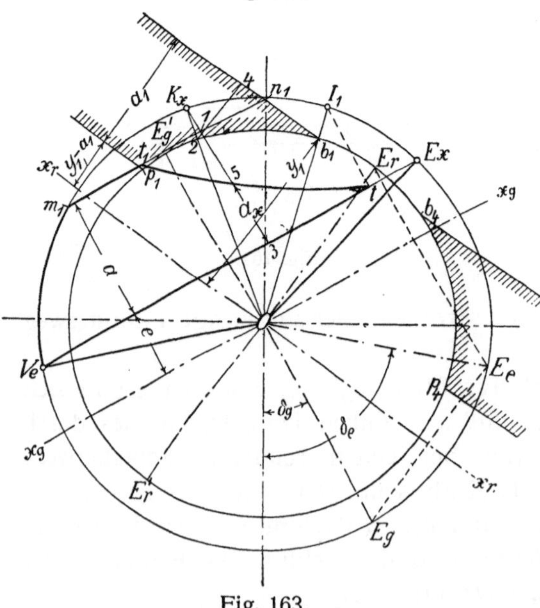

Fig. 163.

Drehungssinne der Maschine hinter $O\,Ex$ liegt, ist eine Nachfüllung natürlich von selbst ausgeschlossen.

Bei Bemessung der kleinsten Füllung für die vorliegenden Steuerungen ist zu beachten, daß der Rauminhalt des Durchlaßkanales mit zum schädlichen Raum der Maschine gehört und der in ihm nach Schluß des Expansionsschiebers befindliche Dampf an der Expansion hinter dem Kolben bis zur Hauptkurbellage $O\,Ex$ teilnimmt. Eine absolute Nullfüllung ist deshalb hier nur dann möglich, wenn der Expansionsschieber, auf die unterste Grenze eingestellt, den Durchlaßkanal überhaupt nicht öffnet, die Deckung des Expansionsschiebers also bis auf $y_3 \geqq r_r$ vergrößert werden kann. Macht man die größte Deckung $y$ nur gleich dem Stück $y_0$ (Fig. 155), das die Hauptkurbellage $O\,Ve$ auf dem Relativschieberkreis abschneidet, so schließt zwar der Expansionsschieber den Durchlaßkanal in dem Augenblicke, in welchem der Grundschieber den Zylinderkanal öffnet. Da aber nun der vor Schluß des Expansionsschiebers in den Durchlaßkanal getretene Dampf in den Zylinder gelangt, so findet tatsächlich keine absolute Nullfüllung statt.

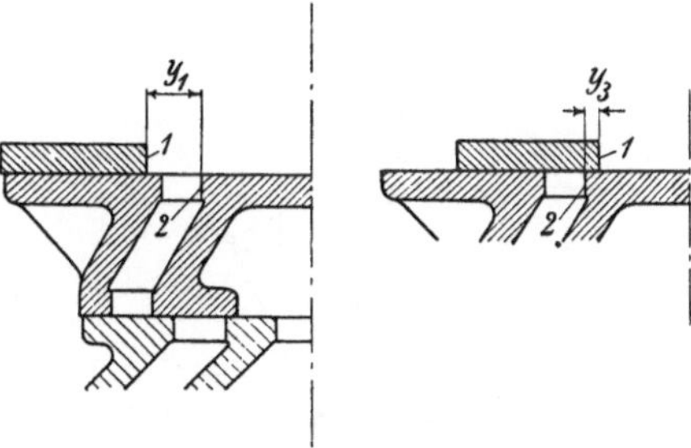

Fig. 164.     Fig. 165.

Auch im *Müller-Reuleaux*schen Diagramm (Fig. 162) läßt sich die Abnahme der Füllung mit zunehmender Deckung $y$ des Expansionsschiebers erkennen. Man braucht dazu nur auf der richtigen Seite die (in die Figur nicht eingetragenen) Parallelen im Abstande $y_1$, $y_2$, $y_3$ zur Geraden $x_r - x_r$ zu ziehen und deren Schnittpunkte $b_1$, $b_4$ bzw. $b_2$, $b_5$ und $b_3$, $b_6$ mit dem Relativschieberkreise aufzusuchen. $O\,I_1$, $O\,I_2$, $O\,I_3$ sind dann wieder die Hauptkurbellagen, bei denen der Expansionsschieber den linken Durchlaßkanal, der Einstellung in Fig. 156, 158 bzw. 160 entsprechend, schließt, $O\,VI_1$, $O\,VI_2$, $O\,VI_3$ diejenigen, bei denen er ihn öffnet. $O\,I_m$ gibt ferner die Grenzlage für die größte Füllung, wenn eine Nachfüllung nicht stattfinden soll.

§ 78. **Doppelschiebersteuerungen mit von innen gesteuertem Dampfeintritt.** Bei Kolbenschiebern verwendet man aus den auf S. 160 angegebenen Gründen mit Vorteil inneren Dampfeintritt. Ist dieser zunächst nur am Expansionsschieber einer Doppelschiebersteuerung vorhanden und sind nach Fig. 164 und 165 *1* und *2* die steuernden Kanten, so bestimmt die in den Figuren mit $y_1$ bzw. $y_3$ bezeichnete veränderliche Deckung beider Schieber in deren relativen Mittellage wieder die Füllung. Man erkennt, daß sich der Expansionsschieber jetzt, wenn er den Durchlaßkanal öffnet und schließt, relativ entgegengesetzt wie bei äußerem Dampfeintritt zum Grundschieber bewegt. Das Relativexzenter $O\,E_r$ muß deshalb auch eine der sonst üblichen diametral gegenüberstehende Lage haben. Aus der letzteren folgt dann durch Konstruktion des in Fig. 166 ausgezogenen Parallelogramms die für inneren Dampfeintritt erforderliche Lage $O\,E_e$ des Expansionsexzenters, das nun unter einem Nacheilwinkel $\delta_e$ aufzukeilen ist.

Steuert, was aber selten der Fall ist, nicht nur der Expansions-, sondern auch der Grundschieber den Dampfeintritt von innen, so muß nach Fig. 167 das Grundexzenter $O\,E_g$ ebenfalls der für äußeren Dampfeintritt erforderlichen Lage gegenüberstehen. Durch Konstruktion des ausgezogenen Parallelogrammes folgt auch dann $O\,E_e$ und $\delta_e$.

Beim Aufzeichnen der Diagramme ist hier darauf zu achten, welcher Kreis im *Zeuner*schen bzw. welche Seite im *Müller-Reuleaux*schen Diagramm für die positiven und negativen Schieberausweichungen gilt.

**§ 79. Einlaßflächen, Eröffnungskurven und Kanalschluß der Doppelschiebersteuerungen.** Im *Zeuner*schen Diagramm (Fig. 168) stellt sich die Einlaßfläche des Grundschiebers (zwischen Zylinder- und Durchlaßkanal) in der auf S. 150 angegebenen Weise dar, also für den Deckelkanal durch die Fläche

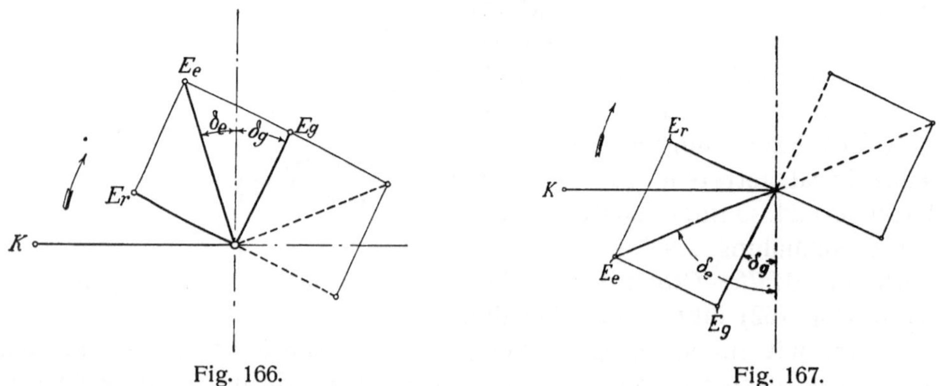

<table>
<tr><td>Fig. 166.</td><td>Fig. 167.</td></tr>
</table>

$m\,m_1\,n_1\,n$. Die größte Eröffnung ist, wenn der Schieber den Durchlaßkanal ganz öffnet, gleich der Weite $a_1$ des letzteren.

Die Einlaßfläche des Expansionsschiebers (an der oberen Seite des Durchlaßkanales) hängt von der jeweiligen Füllung ab. Ist z. B. nach Fig. 156, Seite 195, $y_1'$ der Abstand der steuernden Kanten *1, 2* bei der relativen Mittellage der Schieber, so tritt nach den Angaben in § 77 die Eröffnung bei der Hauptkurbellage $O\,\mathrm{VI}_1$, der Schluß bei derjenigen $O\,\mathrm{I}_1$ in Fig. 168 ein. Der Durchlaßkanal wird ferner oben ganz geöffnet bzw. er fängt an, sich zu schließen, wenn nach Fig. 156 die Kanten *1* und *4* übereinanderstehen, der relative Schieberweg also

$$\xi_r = -\,(y_1 - a_1)$$

ist. Die diesem Wege entsprechenden beiden Hauptkurbellagen gehen in Fig. 168 durch $p_4, p_1$. $c_4\,p_4\,p_1\,c_1$ ist somit die Einlaßfläche des Expansionsschiebers am Grundschieber. Die Fläche wird durch die beiden Kreise vom Radius $y_1$ und $y_1 - a_1$ begrenzt und schließt von beiden Seiten an den Relativschieberkreis $O\,D_r$ an. In der Figur ist sie durch Schraffur der Ränder hervorgehoben.

Jede Hauptkurbellage schneidet nun auf den beiden Einlaßflächen die zugehörige Eröffnung des Zylinder- bzw. Durchlaßkanales ab. Bei der Hauptkurbellage $OK_x$ ist also für die erwähnte Schiebereinstellung *1 5* die Eröffnung des ersten, *2 3* diejenige des zweiten Kanales. Für die Dampfgeschwindigkeit kommt natürlich nur die kleinere von beiden Eröffnungen in Betracht, also bei der Hauptkurbellage $OK_x$ die Strecke $a_x = 2\,3$. Sie ergibt, vom *e*-Kreise aus aufgetragen, den Punkt *4*. Trägt man in dieser Weise auf jeder Hauptkurbellage zwischen $OVe$ und $OI_1$ vom *e*-Kreise aus immer den kleineren Abschnittt der beiden Einlaßflächen ab, so erhält man die durch stark gezogene Linien begrenzte Fläche $m\,m_1\,t_1\,t$, die als Einlaßfläche der Doppelschieber bei der vorliegenden Füllung gelten kann. Man sieht, daß anfangs der Grundschieber die kleineren Eröffnungen gibt; der Schluß des Durchlaßkanales aber erfolgt durch den Expansionsschieber. Anstatt auf der Hauptkurbellage kann man die Eröffnung $a_x$ auch in der zugehörigen Kolbenstellung als Ordinate auftragen, wie dies unten in Fig. 168 geschehen ist. $A\,s\,x\,v_1\,z_1$ ist dann die Eröffnungskurve der Steuerung bei der gegebenen Füllung. Das Stück $s\,x$ der Begrenzung ist ein Teil der Grundschieberellipse $s\,x\,v$ (siehe S. 155), das Stück $v_1\,z_1$ ist maßgebend für die Schnelligkeit, mit welcher der Kanalschluß vor sich geht. Wo die nach S. 151 konstruierte Drosselungskurve, die in der

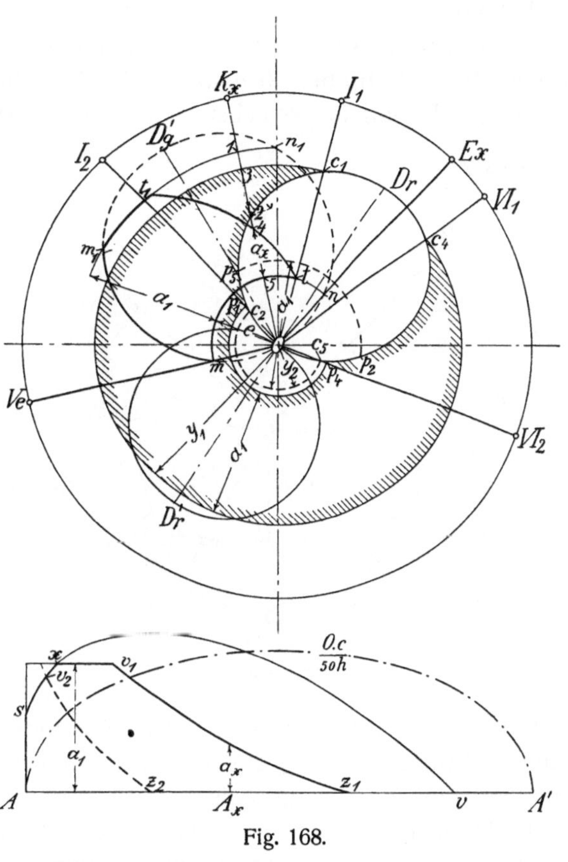

Fig. 168.

Figur für *50 m/sk* Dampfgeschwindigkeit und unendlich lange Schubstange als Ellipse eingetragen ist, die Kurve $v_1\,z_1$ schneidet, beginnt die Drosselung des Dampfes beim Kanalschluß.

In gleicher Weise lassen sich die Einlaßflächen und Eröffnungskurven für jede andere Füllung ermitteln. Für die in Fig. 158, S. 195, angegebene Schiebereinstellung z. B., die den oberen Kanalschluß bei der Hauptkurbellage $OI_2$ (Fig. 168), die Kanaleröffnung bei derjenigen $OVI_2$ liefert, wird die Einlaßfläche des Expansionsschiebers durch die Kreise $c_2\,c_5$, $p_2\,p_5$ und die anschließenden Teile der beiden Relativschieberkreise begrenzt. Die Kreise $c_2\,c_5$ und $p_2\,p_5$, die $y_2$ und $y_2 - a_1$ zum Radius haben, liegen jetzt auf entgegengesetzten Seiten von $O$. Der Abschnitt, der auf den einzelnen Hauptkurbellagen bzw. deren

Verlängerungen über $O$ hinaus die Eröffnung des Durchlaßkanales darstellt, befindet sich deshalb hier, von der Lage $O\,VI_2$ anfangend, während der Eröffnung dieses Kanales zwischen dem Kreise $c_5\,c_2$ und dem Bogen $c_5\,O\,c_2\,p_5$, während der vollen Eröffnung zwischen den Kreisen $c_5\,c_2$ und $p_5\,p_2$ und während des Schlusses bis zur Lage $O\,I_2$ wiederum zwischen dem Kreise $c_5\,c_2$ und dem Bogen $p_2\,c_5\,O\,c_2$. $A\,s\,v_2\,z_2$ (Fig. 168 unten) gibt die Eröffnungskurve der Steuerung für die vorliegende Füllung auf der Deckelseite.

Im *Müller-Reuleaux*schen Diagramm (Fig. 163, S. 196) ist wie beim einfachen Muschelschieber $Ve\,m_1\,n_1\,Ex$ die Einlaßfläche des Grundschiebers. Diejenige des Expansionsschiebers stellt sich hier durch zwei Streifen dar, die z. B. für die durch Fig. 156, S. 195, gegebene Schiebereinstellung durch zwei im Abstande $y_1$ und $y_1 - a_1$ zu $x_r - x_r$ gezogene Parallelen $b_1\,b_4$ bzw. $p_1\,p_4$ begrenzt werden und wieder von beiden Seiten an den Relativschieberkreis $E_r\,E_r'$ herantreten. Die Streifen sind durch Schraffur der Ränder hervorgehoben. Bei einer beliebigen Hauptkurbellage $O\,K_x$ ist dann $1\,3$ die Eröffnung des Zylinderkanales durch den Grundschieberkanal, $a_x = 2\,4$ die

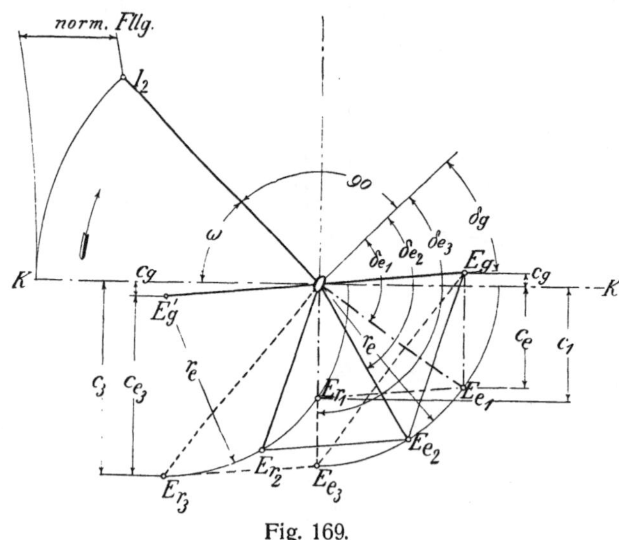

Fig. 169.

Eröffnung des letzteren durch den Expansionsschieber. $a_x$, als die kleinere von beiden Öffnungen von $3$ aus auf $3\,1$ abgetragen, gibt den Punkt $5$. Wird dies für jede Hauptkurbellage zwischen $O\,Ve$ und $O\,I_1$ wiederholt, so folgt $Ve\,m_1\,t_1\,t$ als Einlaßfläche der ganzen Steuerung bei der fraglichen Füllung. $a_x$, über der jeweiligen Kolbenstellung als Ordinate aufgetragen, liefert wieder die in Fig. 168 unten dargestellte Eröffnungskurve.

Der Kanalschluß geht bei den einzelnen Füllungen einer Doppelschiebersteuerung verschieden schnell vor sich. Für eine zu entwerfende Steuerung wird man deshalb die Verhältnisse so wählen, daß bei der am meisten gebrauchten, normalen Füllung ein möglichst günstiger Kanalschluß stattfindet. Von den zu wählenden Größen einer Doppelschiebersteuerung mit nicht verstellbarem Expansionsexzenter sind die Verhältnisse des Grundschiebers, also Voreilwinkel $\delta_g$ und Exzentrizität $r_g$, aber schon durch den Dampfaustritt festgelegt. Die Exzentrizität $r_e$ des Expansionsschiebers wird ferner gewöhnlich ebenso groß oder etwas größer als $r_g$ gemacht. Es bleibt somit nur noch die Wahl des Voreilwinkels $\delta_e$ frei. Um dessen Einfluß auf den Kanalschluß bei einer bestimmten Hauptkurbellage zu zeigen[1]), sei in Fig. 169 $O\,I_2$ die unter dem Winkel $\omega$ zur Totlage geneigte Kurbelstellung, die dem Schluß der normalen Füllung entspricht. Die Exzenterkurbel des Grundschiebers steht dann, um $90 + \delta_g$ voraneilend, in $O\,E_g$. Konstruiert man nun für verschiedene Voreilwinkel $\delta_{e_1}$, $\delta_{e_2}$, $\delta_{e_3}$ und die entsprechenden Lagen $O\,E_{e_1}$, $O\,E_{e_2}$, $O\,E_{e_3}$ der Expansionsexzenterkurbel das Parallelogramm der Exzentrizitäten und die relative Exzenterkurbel, so liegen die Endpunkte $E_{r_1}$, $E_{r_2}$, $E_{r_3}$ der letzteren auf dem Umfange eines Kreises, der die Exzentrizität $r_e$ zum Radius und den $E_g$ diametral gegenüber liegenden Punkt $E_g'$ zum Mittelpunkt hat. Die Geschwindigkeit, mit welcher der Abschluß vor sich geht, hängt von der relativen Geschwindigkeit beider Schieber ab. Sie ist gleich der algebraischen Summe der Geschwindigkeit $c_g$ und $c_e$ des Grund- bzw. Expansionsschiebers. $c_g$ und $c_e$ sind aber in jedem Augenblick den zugehörigen Ordinaten der Exzenterkurbelkreise auf die horizontale Hubrichtung proportional. In der Figur würde also bei der Hauptkurbellage $O\,I_2$ die relative Geschwindigkeit der Schieber für einen Voreilwinkel $\delta_{e_1}$ des Expansionsexzenters der Strecke $c_1 = c_g + c_{e_1}$, für einen Winkel $\delta_{e_3}$ der Strecke $c_3 = c_g + c_{e_3}$ proportional sein, usw. Man ersieht, daß die relative Geschwindigkeit am größten und der Kanalschluß am günstigsten bei den gewählten Verhältnissen für den Voreilwinkel $\delta_{e_3}$ wird, für den die Exzenterkurbel $O\,E_{e_3}$ beim Kanalschluß senkrecht zur Hubrichtung steht und ihre größte Geschwindigkeit hat. Der Voreilwinkel des Expansionsexzenters ist dann $\delta_{e_3} = 180 - \omega$. Alle kleineren oder größeren Voreilwinkel $\delta_e$ ergeben kleinere Abschlußgeschwindigkeiten. Allerdings wird die zu $\delta_{e_3}$ gehörige relative Exzentrizität $r_r = O\,E_{r_3}$ ziemlich groß, und da mit wachsendem $r_4$ nicht nur die Abmessungen der beiden Schieber (siehe § 80), sondern auch deren Reibungsarbeit zunimmt, so wird man sich meistens mit einem weniger günstigen Kanalabschluß begnügen müssen. Es empfiehlt sich, einen zwischen $\delta_{e_1}$ (Relativexzenterkurbel senkrecht zur Hubrichtung bei der Hauptkurbellage $O\,I_2$) und $\delta_{e_3} = 180 - \omega$ (Expansionsexzenterkurbel senkrecht zur Hubrichtung bei der Lage $O\,I_2$) liegenden Winkel $\delta_{e_2}$ zu wählen.

Andere wählen den Voreilwinkel $\delta_e$ des Expansionsexzenters so, daß der Punkt $E_r$ der Relativkurbel $O\,E_r$ beim Schluß der normalen Füllung (Kurbellage $O\,I_2$ in Fig. 169) um $a_1/2$ nach links von der Vertikalen durch $O$ absteht. $a_1$ Weite des Durchlaßkanales im Grundschieber.

**§ 80. Die *Meyer*sche Steuerung.** Der Expansionsschieber besteht hier aus zwei Platten (Fig. 171), von denen die eine mit einer Mutter das Rechts-, die andere mit einer solchen das Linksgewinde der Expansionsschieberstange umfaßt. Durch Drehen der letzteren wird der Abstand der steuernden Kanten (die Deckung des Expansionsschiebers) und die Füllung verändert.

Beim Entwurf ist zunächst der Voreilwinkel $\delta_g$ des Grundschiebers zu bestimmen. Die gewählte Dauer des Voraustrittes und der Kompression liefert im Verein mit dem Voreintritt für die Deckelseite die Kolbenstellungen $A_2$ und $A_3$ (Fig. 170) auf einer beliebig gewählten Basis sowie die zugehörigen

---

[1]) Nach *Watzinger* in der Z. d. V. d. I. 1906, S. 115.

Hauptkurbellagen $O\,Va$ und $O\,Co$. Die Halbierungslinie $O\,D_g$ des Winkels $Va\,O\,Co$ schließt mit der Vertikalen $Y - Y$ den Winkel $\delta_g$ ein. Mit diesem Winkel sind dann in bekannter Weise die gleichen Dampfverteilungsperioden für die Kurbelseite festzustellen.

Die Exzentrizität des Grundschiebers nimmt man gewöhnlich

$$r_g = a_1 + e \qquad\qquad\qquad 67$$

wenn $a_1$ die nach Gl. 69 zu bemessende Weite des Durchlaßkanales ist. Ein Überlauf braucht hier nicht vorgesehen zu werden, da der Expansionsschieber bei den meist gebrauchten mittleren Füllungen den Durchlaßkanal in der Regel schon schließt, wenn der Grundschieber den Zylinderkanal noch weit genug geöffnet hat. $r_g$ muß aber wegen des Dampfaustrittes $\geq a + i$ sein. Zur Bestimmung von $r_g$ hat man in der beim einfachen Muschelschieber angegebenen Weise zu verfahren. Der gewählte Voreintritt liefert mit seiner Hauptkurbellage im *Zeuner*schen Diagramm (Fig. 170) auf dem mit beliebigem Durchmesser geschlagenen Grundschieberkreise $O\,D_g'$ den $e$-Kreis, im *Müller*schen Diagramm senkrecht zu $O\,E_g'$ die $e$-Gerade, und da die Strecke $t\,D_g'$ gemäß Gl. 67 der Weite $a_1$ entspricht, so gibt das Verhältnis beider den Maßstab der Figur, also auch die wirkliche Größe von $r_g$, $e$, $i$ usw.

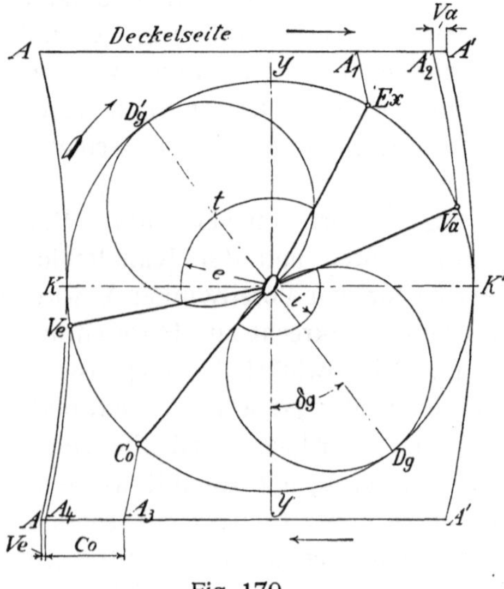



Fig. 170.

Die Exzentrizität des Expansionsschiebers schwankt in der Ausführung meist zwischen

$$r_e = r_g \text{ bis } 1{,}3\,r_g$$

die Relativexzentrizität zwischen

$$r_r = 1{,}8\,a_1 \text{ bis } 2\,a_1 \qquad\qquad 68$$

Bei der Wahl des Voreilwinkels $\delta_e$ für diesen Schieber hat man nach den Angaben in § 79 zu verfahren und Rücksicht darauf zu nehmen, daß einerseits bei der Hauptkurbellage $O\,I_2$ (Fig. 169, S. 200), die dem Schluß der normalen Füllung entspricht, die Relativgeschwindigkeit der Schieber möglichst günstig wird, andrerseits aber die Relativexzentrizität und die von ihr abhängige Reibungsarbeit und Abmessungen der Schieber nicht zu groß werden.

Mit Hilfe der so bestimmten Voreilwinkel und Exzentrizitäten kann das vollständige Schieberdiagramm nach § 76 gezeichnet werden. Es liefert in seinen Relativkreisen die erforderlichen Deckungen $y_1$ und $y_3$ für die größte bzw. kleinste Füllung und deren Hauptkurbellagen $O\,I_1$ bzw. $O\,I_3$ (siehe Fig. 155,

S. 193, und Fig. 162, S. 196). $y_1$ und $y_3$ sind dann in der später angegebenen Weise zur Bestimmung der Schieberabmessungen zu benützen.

Bei der Wahl der größten Füllung ist Rücksicht darauf zu nehmen, daß keine Nachfüllung entsteht (siehe S. 196). Als kleinste Füllung genügen 3 bis 5 vH, wenn die Füllung der Steuerung wie gewöhnlich von Hand verstellt wird und ein Regler mit Drosselventil das Durchgehen der Maschine bei abgefallenem Riemen verhütet.

Für die Abmessungen der Schieber sind mit bezug auf Fig. 171 und 172 die folgenden Gleichungen maßgebend.

Weite des Durchlaßkanales im Grundschieber

$$a_1 = 0{,}8\,a \quad \text{bis} \quad a \dots \dots \dots \dots \quad 69$$

mit $a$ als berechnete Weite der Zylinderkanäle.

Länge der Expansionsplatten, wenn diese bei der kleinsten Füllung und der relativen Totlage (siehe punktierte Lage in Fig. 172) mit der inneren Kante *3* den Durchlaßkanal nicht öffnen sollen,

$$p = r_r + y_3 + a_1 + \sigma \dots \dots \dots \dots \quad 70$$

mit $\sigma = 8$ bis *15 mm* als Sicherheitsdeckung.

Abstand der äußeren Kanalkante *2* von der Grundschiebermitte, wenn die Platten bei der größten Füllung zusammenstoßen (Fig. 171),

$$L = p + y_1 \dots \dots \dots \dots \dots \quad 71$$

Erforderliche Gesamtverstellung der Platten beim Einstellen derselben von der größten bis zur kleinsten Füllung

$$u = y_1 + y_3 \dots \dots \dots \dots \dots \quad 72$$

wenn in den vorstehenden Gleichungen $y_1$ und $y_3$ absolut genommen werden.

Die äußeren Lappen des Zylinderspiegels verlangen die in Fig. 171 angegebene Breite, wenn der frische Dampf nur durch den Durchlaßkanal, nicht unmittelbar aus dem Schieberkasten in den Zylinder gelangen soll. Das Gleiche gilt für den eingetragenen Abstand der äußeren Grundschieber- und Zylinderkanalkante.

Die Ungleichheit der Füllung auf beiden Kolbenseiten, die durch die endliche Länge der Schubstange entsteht, ist hier stets für die meist gebrauchte, normale Füllung zu beseitigen. Das Einstellen auf diese geschieht dadurch, daß man die Mitte zwischen den beiden Expansionsplatten nicht mehr relativ zur Grundschiebermitte, sondern um eine Ebene schwingen läßt, die von dieser Mitte nach dem Deckel hin um die Größe $0{,}5\,(y_2' - y_2)$ absteht, wenn $y_2'$ und $y_2$ die Deckungen für die normale Füllung auf der Kurbel- bzw. Deckelseite sind[1]). Bei gleicher Steigung in den Gewinden der Schieberstange fallen aber bei einer solchen Einstellung auf gleiche normale Füllung die übrigen Füllungen auf beiden Kolbenseiten verschieden aus, und zwar für

---

[1]) In der Wirklichkeit wird diese Verlängerung durch Probieren gefunden, indem man die Schieberstangenlänge so lange ändert, bis der Expansionsschieber die gleiche normale Füllung auf beiden Seiten abschneidet.

gewöhnlich um so stärker, je mehr sie sich den Grenzfüllungen nähern. Durch
ungleiche Steigung in den Gewinden kann diese Verschiedenheit bis zu einem
gewissen Grade beseitigt werden. Meist ist es aber auch bei gleicher Steigung
möglich und in der Regel auch hinreichend, nicht nur die normale, sondern
auch die in ihrer Nähe liegenden Füllungen für beide Kolbenseiten wenigstens
annähernd gleich zu machen.

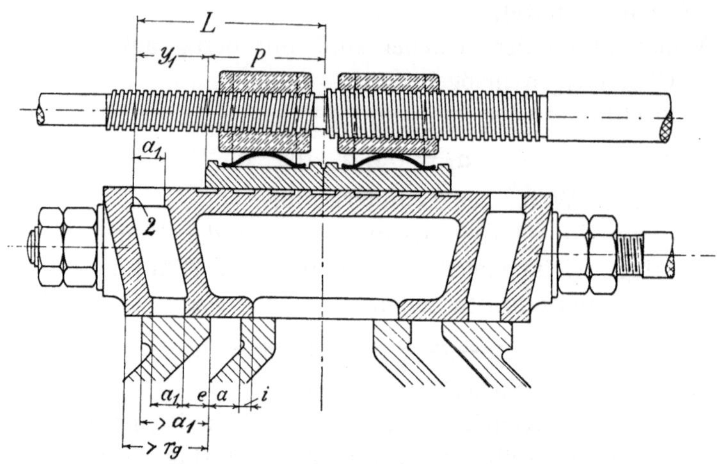

Fig. 171.

Zur Beurteilung eines solchen Füllungsausgleiches kann nach der „Hütte"
folgendes Verfahren dienen. Man entnimmt den Relativschieberkreisen (Fig. 178,
S. 208) die zu den gleichen Kolbenwegen auf der Deckel- und Kurbelseite

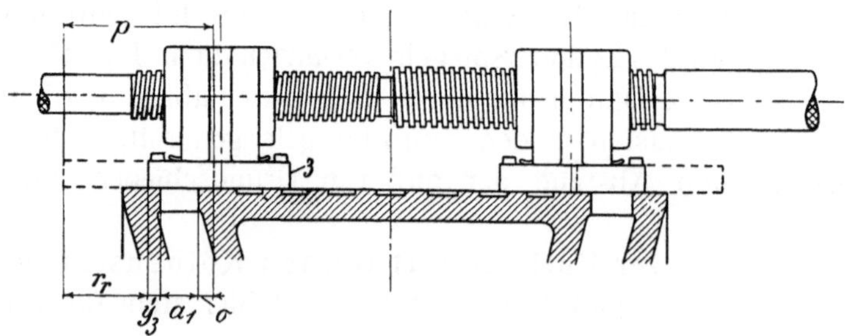

Fig. 172.

gehörigen Deckungen $y_1$ und $y_1'$, $y_2$ und $y_2'$, $y_3$ und $y_3'$ usw. und trägt nach Fig. 180,
S. 209, die einen als Abszissen, die anderen als Ordinaten von einem Punkte $O$
aus nach links und oben bzw. rechts und unten auf, je nachdem sie negative
oder positive Deckungen sind. Die Verbindung der Endpunkte von $y_1'$, $y_2'$, $y_3'$
usw. ergibt eine flache Kurve $A\,B$. An sie legt man eine Gerade $C\,D$, die von
$A\,B$ in der Nähe der meist gebrauchten Füllung möglichst wenig abweicht.
Die horizontale Strecke $u$ stellt dann die erforderliche Verschiebung der Expansionsplatten auf der Deckelseite dar, wenn die Füllung von der größten

bis zur kleinsten verändert werden soll, die vertikale Strecke $u'$[1]) die entsprechende Verschiebung auf der Kurbelseite. Für $u = u'$ kann das Links- und Rechtsgewinde der Expansionsschieberstange gleiche Steigung bekommen, für $u$ verschieden von $u'$ dagegen muß die Steigung beider sich wie $u$ zu $u'$ verhalten. Für die größte bzw. kleinste Füllung auf der Kurbelseite sind nun nicht mehr die Deckungen $y_1'$ und $y_3'$, sondern diejenigen $EC$ und $FD$ maßgebend.

§ 81. **Die *Meyer*sche Steuerung mit geteilten Durchlaßkanälen.** Die Teilung der Durchlaßkanäle an der oberen Seite des Grundschiebers nach Fig. 174

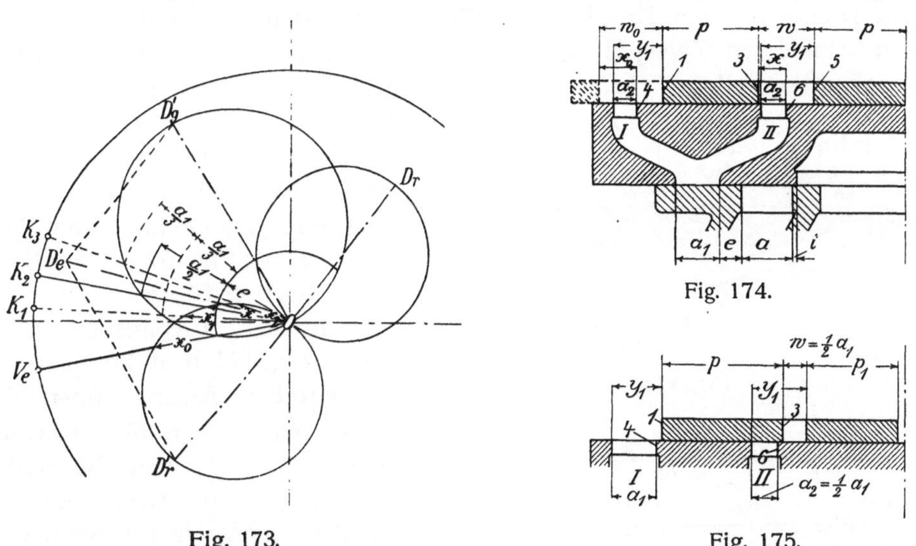

Fig. 173.
Fig. 174.<br><br>Fig. 175.

und 176 steigert bei gleicher Relativexzentrizität die Geschwindigkeit beim Kanalschluß. Für die gleiche Schlußgeschwindigkeit aber gestattet sie kleinere Relativexzentrizitäten, die wiederum die Reibungsarbeit der Schieber und deren Gesamtverstellung $u$ verringern. Bei Zweiteilung des Kanales (Fig. 174) erhält jeder Zweig bei unveränderter Kanalbreite $h = h_1 = h_2$ oben eine Weite $a_2 = \frac{1}{2} a_1$, bei Dreiteilung (Fig. 176) eine solche $a_2 = \frac{1}{3} a_1$. Die Plattenlänge $p$ bestimmt sich ferner aus Gl. 70 mit $a_2$ anstatt $a_1$, und mit Hilfe des Abstandes $y_1$ für die größte Füllung können die Kanten $1$, $5$ und $9$ bei der relativen Mittellage der Schieber aufgezeichnet werden. Es bleibt dann nur noch die Lage der Kanten $3$ und $7$ bzw. die von ihr abhängige Schlitzweite $w$, $w_1$, $w_2$ unbestimmt. Für sie ist die folgende Bedingung maßgebend.

Der Zweig *II* des zweimal geteilten Durchlaßkanales in Fig. 174 muß offenbar spätestens dann geöffnet werden, d. h. die Kante $3$ des relativ von rechts nach links gehenden Expansionsschiebers spätestens dann über derjenigen $6$ stehen, wenn der Grundschieber den Zylinderkanal um $\frac{1}{2} a_1$ geöffnet hat. Dies ist nach dem Diagramm in Fig. 173 bei der Hauptkurbellage $O K_2$ der Fall. $O K_2$ aber schneidet auf dem Relativschieberkreise die Strecke $x$

---

[1]) Das Maß $u'$ muß in Fig. 180 nur bis zur Horizontalen durch $D$ gehen.

ab; das sagt: Der Expansionsschieber ist bei der genannten Hauptkurbellage um $\xi_r = + x$, also um $x$ relativ nach rechts gegen den Grundschieber verschoben. Bei der relativen Mittellage muß demnach die Kante $3$ um das Stück $x$ nach links von derjenigen $6$ abstehen (Fig. 174), wenn der vorgeschriebenen Bedingung genügt werden soll. Ist diese Bedingung für die größte Füllung erfüllt, so ist sie es auch für alle übrigen Füllungen. Es ergibt sich somit für die Kanalweite der Wert

$$w \gimel x - a_2 + y_1 \qquad \ldots \ldots \ldots \ldots \quad 73$$

mit $y_1$ als absolut genommene Deckung der größten Füllung.

Bei Dreiteilung des Kanales nach Fig. 176 ist entsprechend der Abstand $x_1$ für den mittleren Zweig II mindestens so zu bemessen, wie ihn Fig. 173 bei der Hauptkurbellage $O\,K_1$ (Eröffnung des Zylinderkanales um $^1/_3\,a_1$),

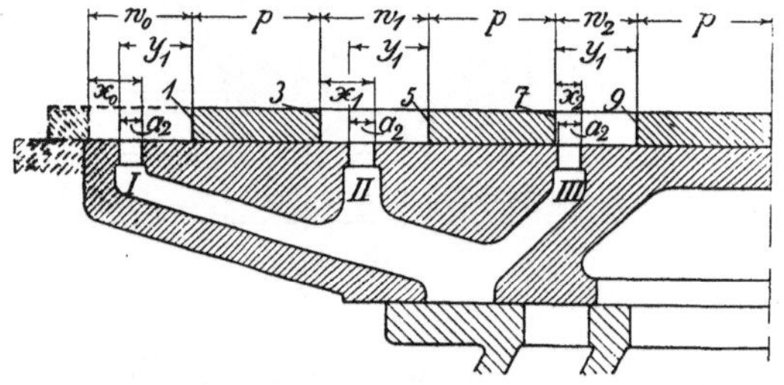

Fig. 176.

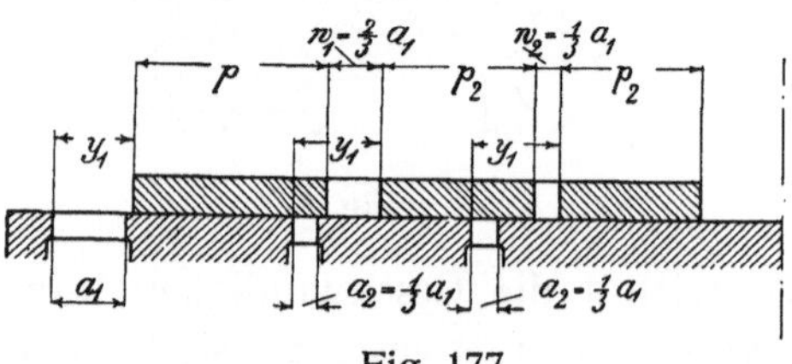

Fig. 177.

derjenige $x_2$ für den innersten Zweig III so, wie ihn Fig. 173 bei der Hauptkurbellage $O\,K_3$ (Eröffnung des Zylinderkanales um $^2/_3\,a_1$) liefert. $w_1$ und $w_2$ folgen aus Gl. 73 mit $x_1$ bzw. $x_2$ für $x$.

Erhält der Expansionsschieber den in Fig. 174 und 176 punktiert angedeuteten Ansatz über dem Kanalzweig I, so muß die Schlitzweite $w_0$ so groß gemacht werden, daß spätestens bei Beginn des Voreintrittes der Zweig I geöffnet wird. Der Abstand $x_0$ muß also mindestens die Größe der Sehne haben, die $O\,Ve$ in Fig. 173 auf dem Relativschieberkreis abschneidet.

Etwas kleinere Abmessungen der Schieber ergeben sich, wenn man wie in Fig. 175 und 177 die Weite des äußeren Kanalzweiges $a_1$ nimmt. Bei Zweiteilung muß nun die Schlitzweite $w = {}^1/_2\,a_1$ sein, damit die Kante $3$ über $6$ steht, wenn $1$ nach $4$ gekommen ist. Es öffnet sich nämlich dann der Zweig II um ebensoviel wieder, als sich derjenige I schließt. Bei Dreiteilung ist $w_1 = {}^2/_3\,a_1$, $w_2 = {}^1/_3\,a_1$ zu machen. Die Plattenlänge $p$ folgt bei dieser Anordnung unmittelbar aus Gl. 70, S. 203, diejenige $p_1$, $p_2$ wieder für $a_2$ an Stelle $a_1$ aus ihr.

§ 82. **Beispiel zum Entwurf einer *Meyer*schen Steuerung.** Für eine liegende Auspuffmaschine $D = 0{,}3$, $S = 0{,}6\,m$ und $n = 100$ sind die Verhältnisse einer *Meyer*schen Steuerung nach Fig. 181, S. 211, zu bestimmen.

Für eine nutzbare Kolbenfläche $O = 707\,qcm$ und eine mittlere Kolbengeschwindigkeit $c_m = 2\,m/sk$ folgt aus Gl. 56, S. 140, mit $w = 35\,m/sk$ ein Kanalquerschnitt

$$f = \frac{707 \cdot 2}{35} = \infty\,40{,}5\,qcm.$$

Kanalbreite $h = \mathbf{23}\ cm$, Kanalweite

$$a = \frac{40{,}5}{23} = {\sim}1{,}8\ cm = \mathbf{18}\ mm.$$

Weite des Durchlaßkanales im Grundschieber bei der Breite $h_1 = h = 23\ cm$
$a_1 = 0{,}9 \cdot 1{,}8 = {\sim}1{,}6\ cm = \mathbf{16}\ mm$.

Soll die Kompression plus dem Voreintritt auf der Deckelseite 18 vH, der Voraustritt daselbst 4 vH betragen[1]), so ergeben sich in Fig. 178, wo die endliche Schubstangenlänge nach dem *Brix*schen Annäherungsverfahren (S. 107) berücksichtigt ist, auf einem beliebigen Hauptkurbelkreis die Lagen $O'\,Co$ und $O'\,Va$. Durch Halbierung des Winkels $Co\,O'\,Va$ folgt weiter der Voreilwinkel des Grundschiebers $\delta_g = {\sim}\mathbf{36}°$. Auf der Kurbelseite würde die gleich große Kompression einen sehr kleinen Voraustritt ergeben. Daher ist hier Kompression plus Voreintritt nur zu 17 vH angenommen, womit sich durch Übertragung des Winkels $Co'\,O'\,D'_g$ nach $D'_g\,O'\,Va'$ 3 vH Voraustritt ergeben.

Der Grundschieberkreis $O'\,D'_y$ von beliebigem ($35\ mm$) Durchmesser schneidet $O\,Ve$ in $m$. Durch $m$ geht der $e$-Kreis. Die Strecke $D'_g\,t = 20\ mm$ entspricht dann für $r_y = e + a_1$ der Weite $a_1 = 16\ mm$ des Durchlaßkanales. Der Maßstab der Figur ist also $20 : 16 = {}^5/_4$ der natürlichen Größe, und somit muß betragen:
die Exzentrizität des Grundschiebers

$$r_g = \frac{4}{5}\,35 = \mathbf{28}\ mm,$$

die äußere Überdeckung auf der Deckelseite

$$e = \frac{4}{5} \cdot O'\,m = \frac{4}{5} \cdot 15 = \mathbf{12}\ mm,$$

auf der Kurbelseite

$$e' = \frac{4}{5} \cdot O'\,m' = \frac{4}{5} \cdot 12{,}5 = \mathbf{10}\ mm,$$

die innere Überdeckung auf der Deckelseite

$$i = \frac{4}{5} \cdot O'\,p = \frac{4}{5} \cdot 6 = {\sim}\mathbf{5}\ mm,$$

auf der Kurbelseite

$$i' = \frac{4}{5} \cdot O'\,p' = \frac{4}{5} \cdot 10{,}5 = {\sim}\mathbf{8{,}5}\ mm.$$

Der Bedingung $r_g \geqq a + i$ ist genügt.

Für den Expansionsschieber ist gemäß Gl. 68, S. 202, eine Exzentrizität

$$r_e = 1{,}15 \cdot 28 = {\sim}\mathbf{32}\ mm$$

---

[1]) Die Verhältnisse des Grundschiebers sind nach einer von *Ph. Swiderski* in Leipzig-Plagwitz ausgeführten Maschine mit Rider-Flachschiebersteuerung (S. 217) von denselben Abmessungen gewählt. Es dürfte sich aber empfehlen, den Voraustritt größer zu nehmen.

gewählt. Die Wahl des Voreilwinkels $\delta_e$ geschah nach den Angaben auf S. 200. In Fig. 179 ist $O\,I_2$ die der normalen Füllung von 22,5 vH entsprechende Hauptkurbellage, $O\,E_g$ die zugehörige Lage der Grundschieberkurbel. $O\,E_{r_2}$ wurde zwischen $O\,E_{r_1}$ (Relativexzenterkurbel senkrecht zur Hubrichtung) und $O\,E_{r_3}$

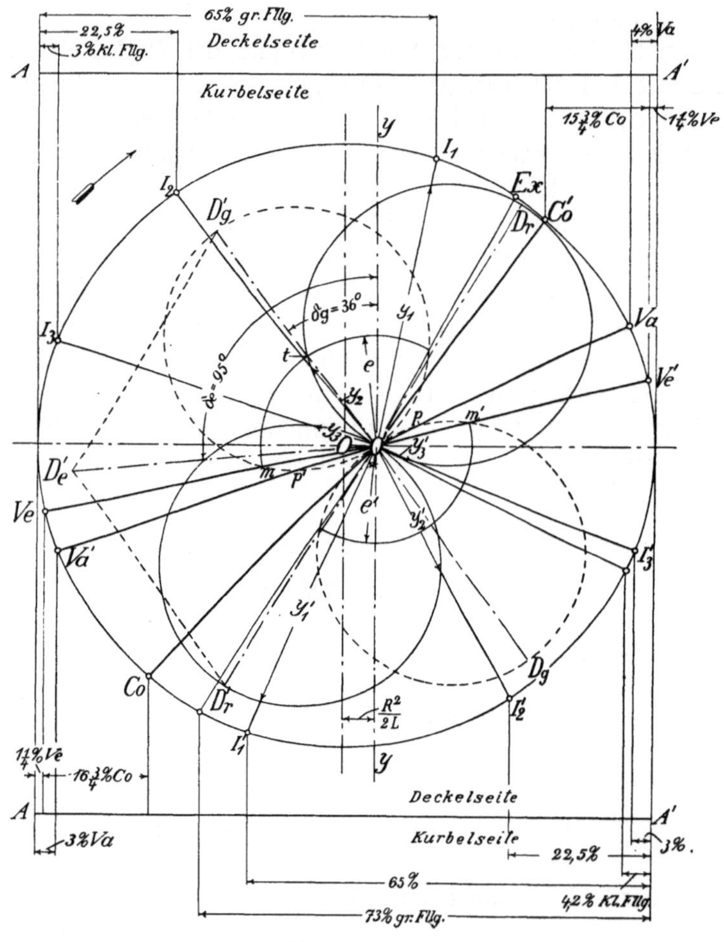


Fig. 178. 5 : 4.

(Expansionsexzenterkurbel senkrecht zur Hubrichtung) angenommen. Durch Konstruktion des Parallelogramms aus $O\,E_{r_2}$ und $O\,E_g$ findet sich

$$\delta_e = 95^\circ \text{ mit } r_r = O\,E_{r_2} = 30\ mm.$$

Vervollständigt man in Fig. 178 durch Eintragen von $r_e = O'\,D'_e$ (in $^5/_4$ der nat. Größe) und Ziehen der Parallelen das Parallelogramm $O'\,D'_g D'_e D'_r O'$, so ergeben sich aus den Relativschieberkreisen über $O'\,D_r$ und $O'\,D'_r$ die erforderlichen Deckungen des Expansionsschiebers für gleiche Füllung auf beiden Kolbenseiten, wie z. B. $y_1$ und $y'_1$ für die größte Füllung von 65 vH, $y_2$ und $y'_2$ für die normale von 22,5 vH und $y_3$ und $y'_3$ für die kleinste von 3 vH. Die zusammengehörigen Werte sind nach dem Verfahren auf Seite 204 in Fig. 180[1]) vom Punkte $O$ aus als Abszissen und Ordinaten aufgetragen, und an die sich ergebende Kurve $A B$ ist eine Gerade $C D$ so gelegt, daß die Füllungen von 15 bis 35 vH annähernd für beide Kolbenseiten gleich werden. Zudem ist $u = u'$; die Gewinde der Expansionsschieberstange können also gleiche Steigung erhalten. Man entnimmt dann der Fig. 180 als Deckung bei der größten bzw. kleinsten Füllung

auf der Deckelseite

$$O E = \frac{4}{5} 35 \cdot 28 \; mm, \quad O F = \frac{4}{5} 8{,}5 = \sim 7 \; mm,$$

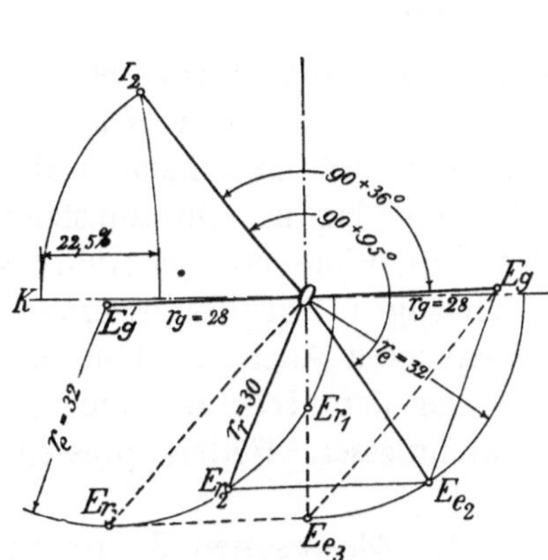

Fig. 179.  2 : 3.

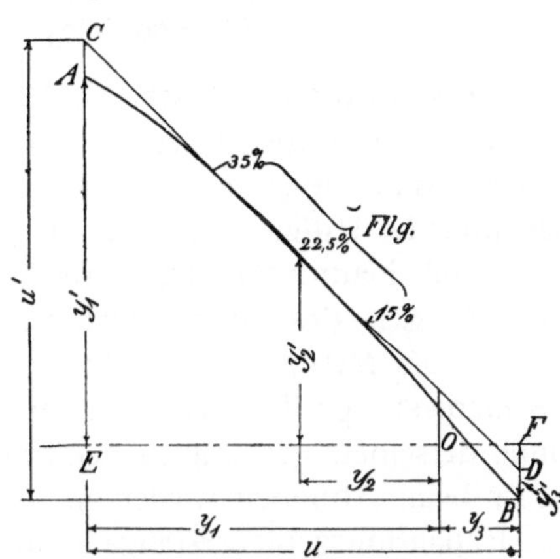

Fig. 180.  5 : 4.

auf der Kurbelseite

$$C E = \frac{4}{5} 41 = \sim 33 \; mm, \quad F D = \frac{4}{5} 2{,}5 = 2 \; mm$$

und als Gesamtverschiebung der Platten nach Gl. 72, S. 203,

$$u = u' = 28 + 7 = 33 + 2 = 35 \; mm.$$

Auf der Deckelseite bleiben die angegebenen Grenzfüllungen von 65 und 3 vH bestehen. Auf der Kurbelseite dagegen erhält man im Schieberkreise $O' D'_r$ mit $F D$ als neue Deckung ca. 4,2 vH kleinste Füllung. Die größte Füllung der Kurbelseite wird, da $C E > r_r$ ist, durch den Grundschieber abgeschlossen und beträgt ca. 73 vH. Aus der Differenz der zusammengehörigen Deckungen für gleiche Füllungen auf beiden Kolbenseiten, wie z. B.

$$C E - O E = 33 - 28 = 5 \; mm \quad \text{und} \quad O F - F D = 7 - 2 = 5 \; mm,$$

folgt, daß der Expansionsschieber beim Einstellen auf gleiche Füllung nicht mehr um die Grundschiebermitte, sondern um eine von ihr nach der Deckelseite um $z = 5/2 = 2{,}5 \; mm$ abstehende Ebene schwingt.

---

[1]) In Fig. 180 muß $u'$ bis zur Horizontalen durch $D$ gehen.

Mit den angeführten Deckungen für die Grenzfüllungen berechnet sich schließlich aus Gl. 70 und 71, S. 203, für die Deckelseite (siehe Fig. 181)
eine Plattenlänge des Expansionsschiebers ($\sigma = 12$)

$$p = 30 + 7 + 16 + 12 = 65\ mm,$$

ein Abstand der äußeren Kanalkante von der Grundschiebermitte mit *8 mm* Zugabe für den Bund der Rotgußmuttern

$$L = 65 + 28 + 8 = 101\ mm,$$

für die Kurbelseite

$$p' = 30 + 2 + 16 + 12 = 60\ mm,$$
$$L' = 60 + 33 + 8 = 101\ mm.$$

**§ 83. Ausführung der Schieber und des Gestänges der *Meyer*schen Steuerung.**
Bezüglich des Grundschiebers gelten die Angaben in § 69. Der Rücken des Schiebers erhält hier behufs teilweiser Entlastung des Expansionsschiebers schräglaufende Rillen oder Nuten (Fig. 181), die bis an die umsäumten Ränder und Kanalmündungen reichen. Der Expansionsschieber führt sich in zwei Leisten des Grundschiebers. Die viereckigen Rotgußmuttern übergreifen behufs Mitnahme der Expansionsplatten deren Ansätze. Um sie auf die Schieberstange bringen zu können, gibt man dem Rechts- und Linksgewinde derselben gewöhnlich verschiedene Durchmesser. Federn pressen die Schieber beim Abheben wieder an.

Die Expansionsschieberstange muß sich bei der *Meyer*schen Steuerung in ihrem Gestänge drehen können, ohne dessen Länge zu verändern. Deshalb befestigt man oft die Stange nach Fig. 181 durch ein eingelegtes Gas- oder Messingrohr und Muttern auf beiden Seiten in dem Auge, an dem die Exzenterstange angreift. Besser benützt man aber zu diesem Zwecke die bei der Ridersteuerung in § 86 angegebene Verbindung nach Fig. 4, Taf. 7. Zum Drehen der Stange und Verstellen der Platten während des Ganges der Maschine dient meistens eine ähnliche Vorrichtung, wie sie Fig. 181 am hinteren Teil des Schieberkastens zeigt. In der ausgebohrten Hülse eines gußeisernen Bockes ist dort die Nabe eines Handrades drehbar, aber nicht verschiebbar angeordnet. In der Nabe führt sich das viereckige Ende der Schieberstange bei seinem Hin- und Hergange, und ein Zeiger auf dem Gewinde der Handradnabe gibt an einer Skala den jeweiligen Füllungsgrad der Steuerung an.

Im übrigen gelten bezüglich des Gestänges die Angaben in § 71.

**§ 84. Die Ridersteuerung.** Die Durchlaßkanäle des Grundschiebers sind hier an der dem Expansionsschieber zugekehrten Seite nicht parallel sondern geneigt zu den Zylinderkanälen angeordnet, und der Expansionsschieber ist als trapezförmige Platte ausgebildet (Fig. 182). Die zur Füllungsänderung nötige Zu- oder Abnahme im Abstande der steuernden Kanten oder in der Deckung des Expansionsschiebers wird durch Heben und Senken der Platte erreicht, auf deren Schieberstange der Regler bei einer Änderung im Belastungszustande der Maschine in diesem Sinne einwirkt. In Fig. 182 ist die Deckung

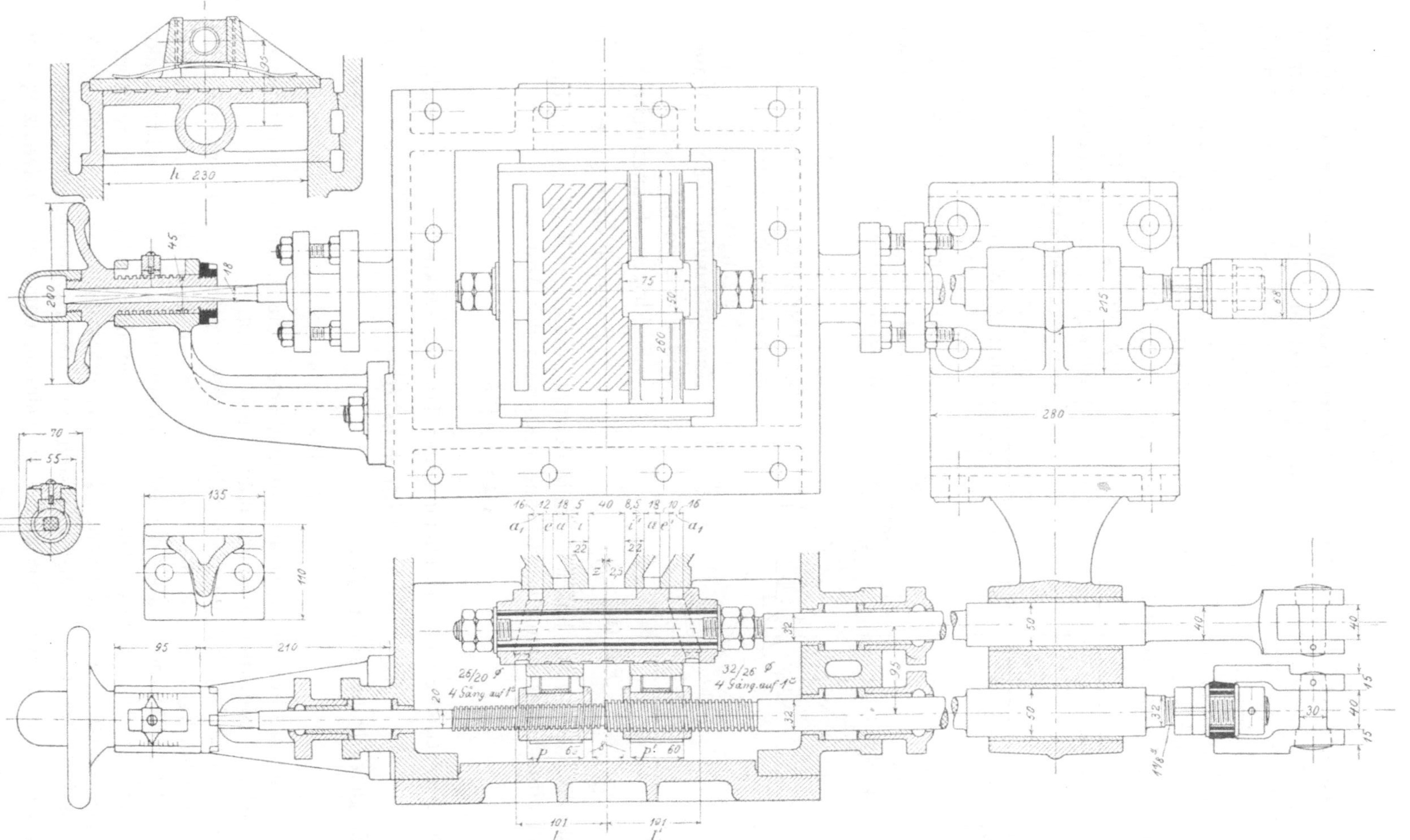

Fig. 181. 1 : 7,5. *Meyersche Steuerung einer lieg. Auspuffmaschine* $D = 0,3$, $S = 0,6\,m$, $n = 100$.

des Expansionsschiebers bei der ausgezogenen relativen Mittellage der Schieber z. B. gleich $y_1$ (negativ), bei der strichpunktierten Lage dagegen gleich $y_3$ (positiv). In der höchsten Stellung des Expansionsschiebers findet also die größte, in der tiefsten die kleinste Füllung statt.

Beim Entwurf der Steuerung hat man ebenso wie bei der *Meyer*schen Steuerung auf S. 201 vorzugehen und dem Schieberdiagramm die Deckungen $y_1$ und $y_3$ für die Grenzfüllungen zu entnehmen. Mit ihnen kann dann die

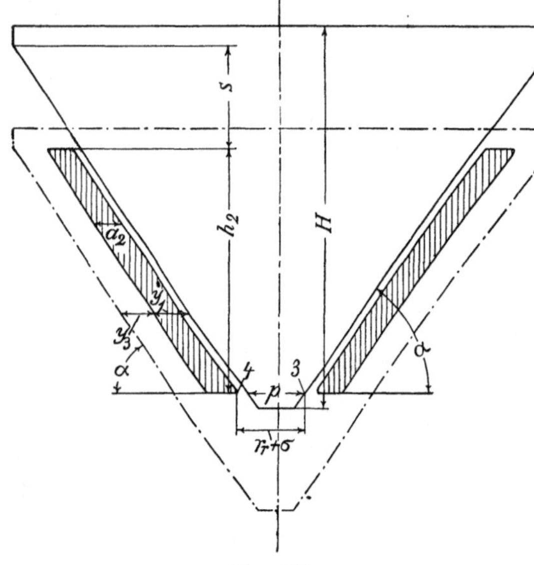

trapezförmige Platte und der Rücken des Grundschiebers nach den folgenden Angaben aufgezeichnet werden. Es ist mit Bezug auf Fig. 182 zu machen:

Die Weite der Durchlaßkanäle im Grundschieber am Zylinderspiegel (bei gleicher Breite $h$ wie die Zylinderkanäle)

$$a_1 = 0,8\, a \text{ bis } a,$$

am Expansionsschieber so, daß $a_2 \cdot h_2 = a_1 \cdot h_1$ wird;

der Neigungswinkel der schrägen Kanalöffnungen und Trapezkanten $\alpha = 30$ bis $60°$;

die kleinere Trapezbreite

$$p = r_r + a_2 - y_1 + \sigma \quad . \quad 74$$

Fig. 182.

damit die Kante *3* den linken Kanal in der linken relativen Totlage der Schieber nicht öffnet. Aus demselben Grunde muß auch der Abstand

$$3\,4 = r_r + \sigma$$

sein;

die erforderliche Gesamtverstellung des Trapezes senkrecht zur Hubrichtung

$$s = (y_1 + y_3)\, tg\,\alpha \quad . \quad . \quad . \quad . \quad . \quad . \quad . \quad . \quad . \quad 75$$

die ganze Höhe des Trapezes

$$H = h_2 + s + 2\sigma.$$

Für $y_1$ und $y_3$ sind wieder die absoluten Werte in die Gleichungen einzuführen, die Sicherheitsdeckung $\sigma$ nimmt man $8$ bis $15\,mm$.

Zu beachten ist, daß mit der relativen Exzentrizität $r_r$ im allgemeinen nicht nur die Schnelligkeit des Kanalschlusses, sondern auch die Gesamtverstellung $s$, die Größe und Reibungsarbeit der Schieber zunimmt. Mit wachsendem Winkel $\alpha$ dagegen steigt nur die Verstellung $s$, während die Schieberlänge, meist auch die Schieberreibung kleiner wird. Zur Beschränkung von $s$ und mit Rücksicht auf die Regelung empfiehlt es sich stets, die Füllungsgrenzen (siehe S. 9 und 54) nicht zu weit voneinander zu nehmen, damit die Differenz $y_1 + y_3$

nicht zu groß wird. Absolute Nullfüllung kann aus den auf S. 197 angeführten Gründen hier für gewöhnlich nicht gegeben werden; erforderlichenfalls muß also der Regler in seiner höchsten Stellung auf eine Drosselklappe einwirken. Eine geringe Beschränkung der Schieberlänge ergibt sich endlich durch Brechen der spitzen Ecken des Trapezes und Ausrunden der entsprechenden Winkel an den schrägen Öffnungen (siehe Fig. 182 rechte Hälfte).

Die Ungleichheit der Füllung auf beiden Kolbenseiten infolge der endlichen Schubstangenlänge ist auch hier wenigstens für die normale Füllung zu beseitigen. Es geschieht dies wie bei der *Meyer*schen Steuerung durch entsprechende Einstellung des Expansionsschiebers (siehe S. 203). Will man für die übrigen Füllungen ebenfalls einen annähernden Ausgleich haben, so muß man meist den schrägen Trapezseiten und Kanalöffnungen verschiedene Neigung auf beiden Seiten geben. Das folgende Verfahren zeigt, wie dabei zu verfahren ist.

Man zeichnet zunächst nach Fig. 183 das Trapez *1 5 6 3* mit der Breite *1 3* $= p$, der Höhe $h_2$ und den gleichen Winkeln $\alpha$ an beiden Seiten auf und trägt auf der Horizontalen *5 6* nach außen $5\,A = 6\,A' = 0{,}5\,(y_1 + y_1')$ ab, wenn $y_1$ und $y_1'$ die dem Schieberdiagramm der Steuerung zu entnehmenden Überdeckungen des Expansionsschiebers bei der (auf beiden Kolbenseiten gleichen) größten Füllung für die Deckel- bzw. Kurbelseite sind. Ist dann $a$ die Mitte von *5 6*, so macht man $a\,a' = 0{,}5\,(y_1' - y_1)$. Weiter verfährt man für die einzelnen (auf beiden Kolbenseiten gleichen) Füllungen so, wie dies in Fig. 183 für die normale und kleinste Füllung angegeben ist. Sind für jene $y_2$ und $y_2'$, für diese $y_3$ und $y_3'$ die nach dem Diagramm erforderlichen Deckungen des Expansionsschiebers, so ist in Fig. 183 $A\,B = y_2$, $A'\,B' = y_2'$, $A\,C = y_3$, $A'\,C' = y_3'$ aufzutragen. Die Vertikalen durch $B$, $B'$, $C$ und $C'$ schneiden die verlängerten Trapezseiten *1 5* und *3 6* in *7, 8, 9* bzw. *10*. Von den Mitten $b$ und $c$ der Geraden *7 8* und *9 10* ist $b\,b' = 0{,}5\,(y_2' - y_2)$ und $c\,c' = 0{,}5\,(y_3' - y_3)$ zu machen; $c\,c'$ liegt rechts

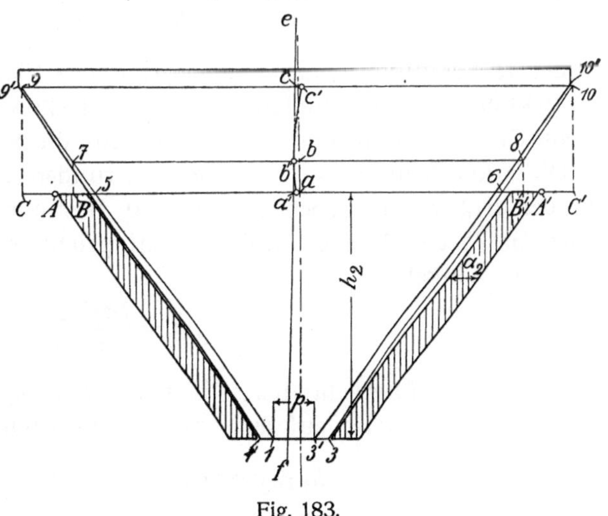

Fig. 183.

von $c$, weil nach dem früheren $y_3'$ und $y_3$ positive, $y_2'$, $y_2$, sowie $y_1'$, $y_1$ negative Überdeckungen sind. Die Punkte $a'$, $b'$, $c'$ usw. ergeben nun eine Kurve, durch deren einzelne Punkte die vertikale Mitte $c\,b\,a$ des Trapezes *1 9 10 3* gehen müßte, wenn die einzelnen Füllungen auf beiden Kolbenseiten gleich groß werden sollen. Da dies unmöglich ist, so zieht man eine Gerade $e\,f$, die mit der Kurve $a'\,b'\,c'$ in der Nähe der normalen Füllung, also ober- und unterhalb $b'$, möglichst viele Punkte gemeinsam hat. $e\,f$ betrachtet man dann als neue Symmetriallinie für die Expansionsplatte, die dadurch, daß man in bezug auf sie unten $1'\,3' = 1\,3 = p$ und oben $9'\,10' = 9\,10$ macht, die Lage und Form $1'\,9'\,10'\,3'$ erhält. Die schrägen Kanalöffnungen müssen natürlich dieselbe Neigung wie die neuen Trapezseiten erhalten. Die Abstände $a\,a'$, $b\,b'$, $c\,c'$ sind in Fig. 183 der Deutlichkeit wegen größer aufgetragen, als sie wirklich sind.

Gebräuchlicher als Ridersteuerungen mit flachem sind solche mit **rundem Expansionsschieber**, der dann zusammen mit dem Rücken des Grundschiebers nach einem Radius $\varrho$ um die Achse der Expansionsschieberstange gekrümmt ist (Fig. 184). Für den Verstellungswiderstand des Expansions-

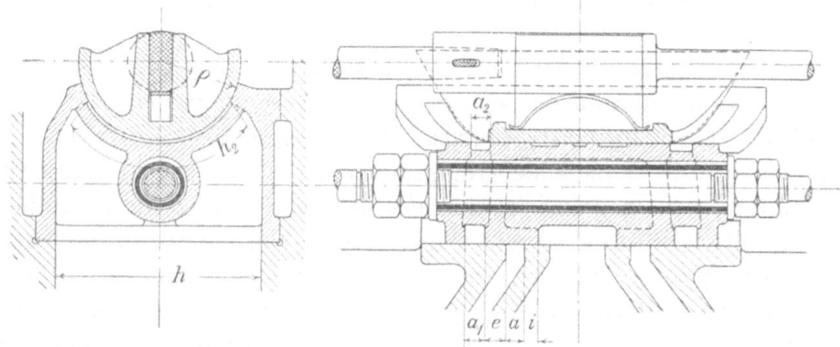

Fig. 184. 1 : 6.

schiebers kommt nun nicht mehr die ebene Fläche des Trapezes, sondern die Projektion der gekrümmten als Angriffsfläche des Dampfdruckes in Betracht, wodurch die Einwirkung des Reglers auf die Steuerung erleichtert wird.

Die trapezförmige Abwicklung des runden Expansionsschiebers ist wieder in der früher angegebenen Weise zu bestimmen. Der Gesamtverstellung $s$ nach Gl. 75 des flachen Schiebers entspricht ferner eine Drehung des runden um den Winkel

$$\beta = \frac{180}{\pi}\,\frac{s}{\varrho} \qquad \dots \dots \dots \dots \dots \dots \quad 76$$

der $60°$ nicht überschreiten soll. Die Breite $h_2$ der schrägen Kanalöffnungen muß mit Rücksicht auf eine genügende Abdichtung des runden Schiebers

$$h_2 \leqq 0{,}75\,\varrho\,\pi \quad \text{oder} \quad h_2 \leqq 2{,}35\,\varrho$$

sein.

Ridersteuerungen mit offenem rundem Expansionsschieber kommen nur bei kleinen Maschinen vor. Bei mittleren und großen bildet man den Expansionsschieber der sicheren und schnellen Einwirkung des Reglers wegen stets als geschlossenen **entlasteten Kolben-Riderschieber** aus. Er besteht dann in der Abwicklung nicht aus einem, sondern aus zwei, drei und mehr zusammenhängenden Trapezen (Fig. 185). Der Grundschieber, der als Flach- oder auch als Kolbenschieber ausgebildet sein kann, ist im Rücken ebenfalls geschlossen und besitzt auf jeder Seite die entsprechende Zahl von Öffnungen, die sämtlich mit dem Innern des Schiebers und der geraden Durchlaßöffnung am Zylinder in Verbindung stehen. Mit dieser Ausführung ist nicht nur eine Entlastung, sondern meist auch eine beträchtliche Verringerung der Schieberlänge

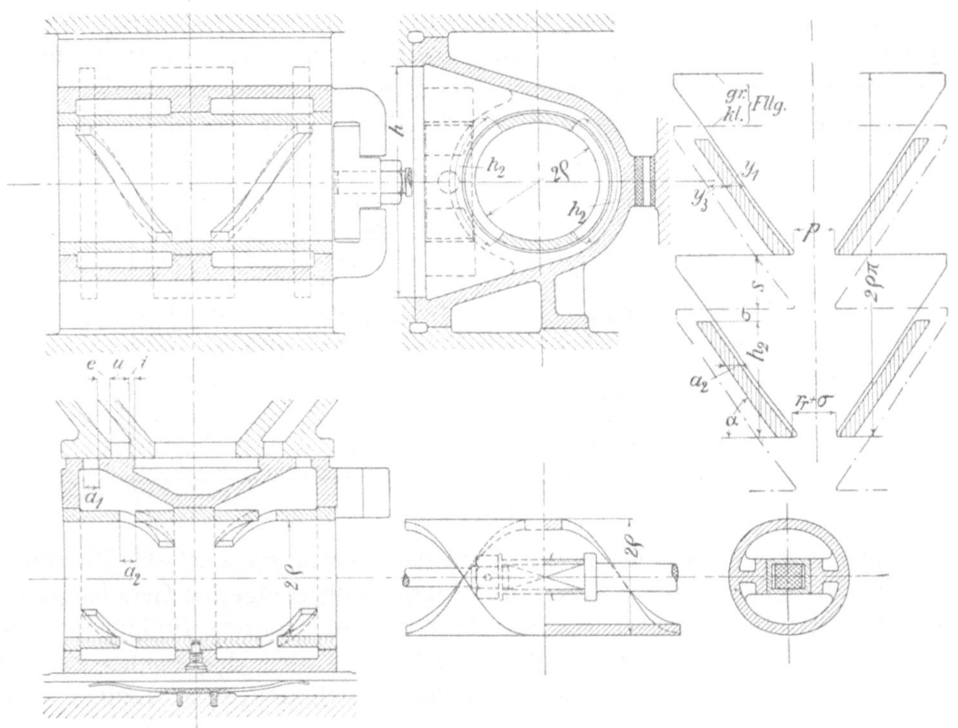

Fig. 185.  1 : 7,5.

gegenüber dem einfachen Trapezschieber verbunden; da nämlich bei allgemein $n$ schrägen Öffnungen an jeder Seite der Gesamtquerschnitt derselben der Bedingung

$$n \cdot a_2 \cdot h_2 \gtreqqless a_1 \cdot h_1$$

mit $a_1$ als Weite und $h_1$ ($= h$) als Höhe der unteren geraden Durchlaßöffnung genügen muß, so fällt für $a_2 > a_1/n$ hier $h_2 < h_1$ und damit auch die Schieberlänge kleiner als bei nur einem Trapez aus. Ist $h_2 > h_1/n$, so kann ferner die Relativexzentrizität $r_r$ des einfachen Trapezschiebers, ohne die Schnelligkeit des Kanalschlusses zu beeinträchtigen, entsprechend geringer genommen werden. Ein kleines $r_r$ ist aber für die Regelungsfähigkeit der Steuerung nur günstig. Der Radius $\varrho$ des Kolbenschiebers ist jetzt an die Bedingung

$$2\,\varrho\,\pi = n\,(h_2 + s + \sigma)$$

gebunden, muß aber auch der Gl. 76 genügen.

Eine Ersparnis am Umfange des Kolben-Riderschiebers ergibt sich, wenn man in Fig. 185 auch die horizontalen Begrenzungslinien des Schiebers schräg anordnet. Es entstehen dann wie bei der *Meyer*schen Steuerung mit geteilen Durchlaßkanälen (S. 205) Schlitze nach Fig. 186. Die Weite derselben ist nach den dort gemachten Angaben zu bemessen, bei gleicher Weite aller Schlitze also so, daß die Kanten *4, 5* bei der größten Füllung und bei Beginn des Voreintrittes mindestens den Abstand $x_0$ haben, den die Hauptkurbellage $O\,Ve$ im Relativschieberkreis des Diagrammes abschneidet. Nach den Angaben in Fig. 186 läßt sich dann die Abwicklung des Kolbenschiebers leicht zeichnen.

Sind wieder $y_1$ und $y_3$ die Deckungen des Expansionsschiebers für die größte bzw. kleinste Füllung, so trägt man von der Kante *2* der Kanalöffnung *I* aus

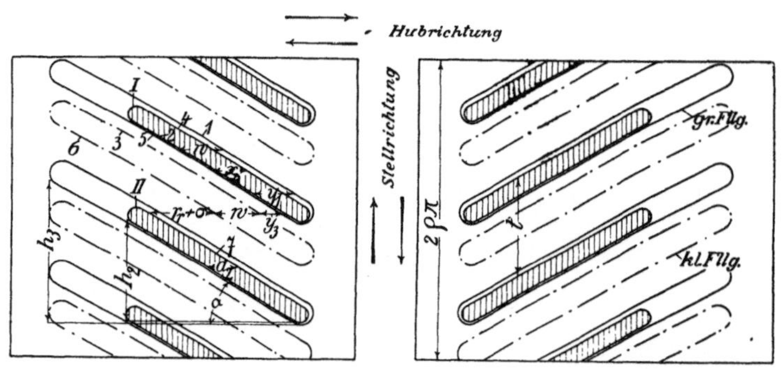



Fig. 186.

nach innen $2\,1 = y_1$, von derjenigen *4* aus nach außen $4\,5 \gtreqless x_0$ ab. Die durch *1* und *5* unter dem Winkel $\alpha$ gegen die Hubrichtung gezogenen Geraden geben dann die relative Mittellage des Schlitzes bei der größten Füllung (durchgezogene Linien). Im Abstande $y_3 = 2\,3$ befindet sich der Schlitz bei der relativen Mittellage und kleinsten Füllung (strichpunktierte Linien). Die Kante *7* der Kanalöffnung *II* muß, wenn sie nicht von derjenigen *6* überschritten werden soll, die horizontale Entfernung $r_r + \sigma$ haben. Dadurch ist die Teilung $t$ der Kanalöffnungen bestimmt. Durch Rechnung findet sich, wenn $y_1$ und $y_3$ wieder absolut eingeführt werden,

$$w \gtreqless x_0 - a_2 + y_1 \quad \ldots \ldots \ldots \ldots \ldots \ldots \ldots \ 77$$

$$t = (r_r + \sigma + w + y_3 + a_2)\,\mathrm{tg}\,\alpha \ldots \ldots \ldots \ldots \ 78$$

Der Umfang des Kolben-Riderschiebers muß bei $n$ schrägen Öffnungen

$$2\,\varrho\,\pi = n \cdot t$$

betragen. Die Höhe $h_3$ der Schlitze ist so groß zu nehmen, daß sie die Höhe $h_2$ der Kanalöffnungen bei allen Füllungen freigibt. Oft läßt man indes zur Beschränkung von $h_3$ und der Schieberlänge eine teilweise Überdeckung bei den kleineren Füllungen zu.

Auch bei den Rider-Flachschiebersteuerungen versieht man zur Beschränkung der Schieberabmessungen und relativen Exzentrizität den Grundschieber gern mit mehreren Kanalöffnungen und den Expansionsschieber mit entsprechenden

Schlitzen auf jeder Seite. Fig. 2, Taf. 7, zeigt eine diesbezügliche Ausführung, bei welcher die untere Kanalöffnung durch die untere Kante des Schiebers, die beiden oberen Kanalöffnungen durch die oberen Kanten der Schlitze gesteuert werden.

§ 85. **Beispiele zum Entwurf der Ridersteuerung.** 1. Die in Fig. 2, Taf. 7, dargestellte Rider-Flachschiebersteuerung gehört zu einer liegenden Auspuffmaschine $D = 0,3$, $S = 0,6\,m$ und $n = 100$ von *Ph. Swiderski* in Leipzig. Wie bestimmen sich die Verhältnisse der Steuerung?

Die Zylinderkanäle haben wie bei der *Meyer*schen Steuerung auf S. 206 $a = 1,8\,cm$ Weite und $h = 23\,cm$ Breite. Für die Durchlaßkanäle des Grundschiebers am Zylinderspiegel ist wegen der aufgeschraubten Rotgußplatte $a_1 = 2\,cm$ und $h_1 = 2 \cdot 10 = 20\,cm$. Beide Kanäle werden aber (siehe unten) auf der Deckelseite nur $r - e = 2,8 - 1,15 = 1,65\,cm$ geöffnet und bieten dann $1,65 \cdot 20 = 33\,qcm$ Durchgangsquerschnitt, das ist das $0,8$fache von $a \cdot h = 1,8 \cdot 23 = 41,4\,qcm$. An der Seite des Expansionsschiebers sind je 3 schräge Öffnungen von $a_2 = 1,85\,cm$ horizontaler Weite und $h_2 = 9,5\,cm$ vertikaler Breite unter einem Winkel $\alpha = 45°$ im Grundschieber angeordnet. Ihr Querschnitt von $3 \cdot 1,85 \cdot 9,5 = 52,725\,qcm$ und ihre Gesamthöhe von $3 \cdot 9,5 = 28,5\,cm$ ist bedeutend größer als $33\,qcm$ bzw. $23\,cm$. Mit Rücksicht hierauf kann die Exzentrizität und der Voreilwinkel des Expansionsschiebers kleiner als auf S. 207 gewählt werden, ohne die Schnelligkeit des Kanalschlusses zu verringern. Nach der Ausführung ist

$$r_e = \textbf{25}\,mm \text{ und } \delta_e = \textbf{70}°.$$

Die Verhältnisse des Grundschiebers sind dieselben wie auf S. 207, nämlich

$$r_g = \textbf{28}\,mm \text{ und } \delta_g = \textbf{36}°;$$

es dürfte sich aber empfehlen, zur Erzielung einer hinreichenden Eröffnung des Zylinder- und Durchlaßkanales auf der Deckelseite die äußere Überdeckung $e$ nicht $12$, sondern nur $11,5\,mm$ zu machen.

Das in $^3/_2$ der natürlichen Größe aufgetragene Parallelogramm der Exzentrizitäten liefert in Fig. 2, Taf. 3, eine relative Exzentrizität $r_r = 16\,mm$, und die Relativkreise $O\,D_r$ und $O\,D_r'$ des *Zeuner*schen Diagrammes ergeben als erforderliche Deckung des Expansionsschiebers auf der Deckelseite

bei einer größten Füllung von 65 vH $\quad y_1 = -15,5\,mm$,
bei der normalen Füllung von 22,5 vH $y_2 = -7,2\,mm$,
bei der kleinsten Füllung $O\,Ve$ $\quad\quad y_3 = +10\,mm$.

Die Weite der Schlitze in der Expansionsplatte muß, wenn sie spätestens bei Beginn des Voreintrittes ($O\,Ve$) ihren Kanal öffnen sollen, nach Gl. 77 mit $x_0 = y_3 = 10\,mm$

$$w \geqq 10 - 18,5 + 15,5 \quad \text{oder} \quad w > 7\,mm$$

sein. Da aber $w$ nicht kleiner als $a_2$ sein kann, so ist $w = \textbf{19,5}\,mm$ gewählt worden.

Mit den vorstehenden Werten läßt sich dann die Expansionsplatte und der Rücken des Grundschiebers nach Fig. 2a, Taf. 3, aufzeichnen, indem man z. B. für die mittlere schräge Öffnung $II$ macht:

$$1\,2 = y_1 = 15{,}5\,mm, \qquad 2\,3 = y_3 = 10\,mm,$$
$$3\,6 = w = 19{,}5\,mm, \qquad 6\,7 = r_r + \sigma = 16 + 12 = 28\,mm,$$
$$t = (28 + 19{,}5 + 10 + 18{,}5)\,\mathrm{tg}\,45 = \mathbf{76\,mm}.$$

Da für die Kurbelseite nach Fig. 2, Taf. 3, $y_2' = -9{,}5\,mm$ ist, so muß der Expansionsschieber, wenn er auf gleiche normale Füllung für beide Kolbenseiten eingestellt wird, um eine Ebene schwingen, die um $z = 0{,}5\,(9{,}5 - 7{,}2) = 0{,}5 \cdot 2{,}3 = 1{,}15\,mm$ außerhalb der Grundschiebermitte liegt. Die Deckungen auf der Kurbelseite werden dann für die Grenzfüllungen der Deckelseite $y_1' = -15{,}5 - 2{,}3 = -17{,}8$ und $y_3' = 10 - 2{,}3 = +7{,}7\,mm$. Jene bewirkt, da sie größer als $r_r$ ist, daß der Grundschieber die größte Füllung auf der Kurbelseite (ca. 73 vH) bestimmt, diese ergibt daselbst eine kleinste Füllung, die der Hauptkurbellage $O\,I_1'$ entspricht, bei der der Abschnitt im Kreise $O\,D_r$ 7,7 $mm$ sein muß.

Die gesamte Verstellung des Expansionsschiebers beträgt

$$s = (y_1 + y_3)\,\mathrm{tg}\,\alpha = 15{,}5 + 10 = 25{,}5\,mm.$$

Sie macht bei den in Fig. 1, Taf. 7, angegebenen Verhältnissen des Regler- und Schieberstangenhebels nur eine Drehung der Expansionsschieberstange um ca. $33°$ nötig.

2. Für eine liegende Auspuffmaschine $D = 0{,}33$, $S = 0{,}5\,m$ und $n = 135$ der *Zwickauer Maschinenfabrik* sind die Verhältnisse der Rider-Kolbenschiebersteuerung auf Taf. 8 zu ermitteln.

Mit $O = 840\,qcm$ und $c_m = 2{,}25\,m/sk$ folgt aus Gl. 56, S. 140, für $w = 19\,m/sk$[1]) als Querschnitt der Steuerkanäle

$$f = \frac{840 \cdot 2{,}25}{19} = \sim 100\,qcm.$$

Der lichte Durchmesser der Grundschieberbuchsen ist $20\,cm$. Wird ein Drittel des Umfanges für die Stege abgezogen, so verbleiben für die Durchlaßöffnungen $0{,}66 \cdot 20\,\pi = \sim 42\,cm$; deshalb erforderliche Weite und Breite der 14 Öffnungen, von denen eine wegen des Ringschlosses fortgelassen ist,

$$a = \frac{100}{42} = \sim \mathbf{2{,}4\,cm} \quad \text{bzw.} \quad \frac{42}{13} = 3{,}23,\ \text{in der Ausführung } 3{,}43\,cm.$$

Der Grundschieber hat 6 Stege von $2\,cm$ größter Breite (siehe Schnitt $A—B$) in einem Durchmesser von $16{,}5\,cm$. Bei

$$a_1 = 0{,}8\,a = \sim \mathbf{2\,cm}$$

Weite beträgt somit der kleinste Durchlaßquerschnitt im Grundschieber $(16{,}5\,\pi - 6 \cdot 2)\,2 = \sim 80\,qcm$, das ist das $0{,}8$fache von $f$.

---

[1]) Dieser niedrige Wert ist wohl mit Rücksicht darauf gewählt, daß die Steuerung auch für Maschinen mit größeren Abmessungen benutzt werden kann.

Der Expansionsschieber besitzt auf jeder Seite _4_ Öffnungen von _15 cm_ achsialer Länge und $\alpha = 35°$ Neigung (siehe Fig. 1a, Taf. 3). Werden für die Abrundungen der Öffnungen _2,5 cm_ in Abzug gebracht, so verbleibt als Höhe der letzteren, gemessen am Umfange des Schiebers,

$$h_2 = (15 - 2,5) \text{ tg } 35 = 8,75 \; cm.$$

Die Weite der Öffnungen in achsialer Richtung ist an die Bedingung

$$a_2 \geqq \frac{80}{4 \cdot 8,75} \quad \text{oder} \quad a_2 \geqq \; \backsim 2,3 \; cm.$$

geknüpft; in der Ausführung ist $a_2 = \textbf{2,6 } cm.$

Wird für die Dampfverteilung der Maschine ein Voreintritt von 1,5, eine Kompression von 17 und ein Voraustritt von 8,3 vH auf der Deckelseite angenommen, so ergibt sich in bekannter Weise aus dem in Fig. 1, Taf. 3, mit 50 _mm_ Radius geschlagenen Hauptkurbel- und Grundschieberkreis des _Müller-Reuleaux_schen Diagrammes ein Maßstab der Figur von rund $^5/_4$ der natürlichen Größe und für den Grundschieber

ein Voreilwinkel $\delta_g = \textbf{42}°$,
eine Exzentrizität $O\,E_g = O\,E'_g = r_g = \textbf{40 } mm,$
eine äußere Überdeckung $e = \textbf{19}, \; e' = \textbf{18 } mm,$
eine innere Überdeckung $i = \textbf{3,5}, \; i' = \textbf{9,5 } mm.$

Der Voraustritt auf der Kurbelseite wird bei diesen Verhältnissen 6,3 vH.

Der Expansionsschieber besitzt nach der Ausführung einen Voreilwinkel und eine Exzentrizität

$$\delta_e = \textbf{92}°, \; O\,E''_e = r_e = \textbf{40 } mm.$$

Durch. Konstruktion des Parallelogrammes $O\,E'_g\,E'_e\,E'_r\,O$ folgt dann als relative Exzentrizität $O\,E'_r = r_r = 34\,mm.$ Der Relativkreis ergibt für eine größte Füllung von 60 vH auf der Deckelseite als erforderliche Deckung $y_1 = -\,32,5\;mm.$ Soll ferner auf der Kurbelseite der Expansionsschieber den Grundschieberkanal schon bei der Hauptkurbellage $O\,Ve'$ schließen, so muß die Deckung $y'_3 = +\,20,5\;mm$ betragen. Auf der Deckelseite wird dann $y_3 = 20,5 + 4,5 = +\,25\;mm$ sein müssen, da der Schieber, wenn er auf die gleiche normale Füllung von 25 vH für beide Kolbenseiten $(y_2 = -\,18,5, \; y'_2 = -\,23\;mm)$ eingestellt wird, um $0,5\,(23 - 18,5) = 0,5 \cdot 4,5 = 2,25\;mm$ außerhalb der Grundschiebermitte schwingt (Fig. 1a, Taf. 3). Bei 60 vH Füllung auf der Deckelseite ist endlich auf der Kurbelseite $y'_1 = -\,(32,5 + 4,5) = -\,37\;mm.$

Gesamte Verstellung des Expansionsschiebers nach Gl. 75, S. 212,

$$s = (32,5 + 25) \text{ tg } 35° = \backsim 40\;mm.$$

Gesamter Drehwinkel des Expansionsschiebers nach Gl. 76, S. 214,

$$\beta = \frac{180}{\pi} \, \frac{40}{55} = \backsim 41°\,40'.$$

Erforderliche Schlitzweite im Expansionsschieber nach Gl. 77, S. 216, mit $x_0 = x_0' = 20,5\ mm$

$$w \geqq 20,5 - 26 + 37,\ w = \boldsymbol{33}\ mm.$$

Teilung der Schlitze nach Gl. 78, S. 216, für $\sigma = 10\ mm$ als Sicherheitsdeckung auf der Kurbelseite

$$t' = (34 + 10 + 33 + 20,5 + 26)\ \mathrm{tg}\ 35° = \sim \boldsymbol{86,4}\ mm.$$

Erforderlicher Umfang bzw. Durchmesser des Expansionsschiebers auf der Kurbelseite

$$2\ \varrho'\ \pi = 4 \cdot 86,4 = 345,6\ mm,\ \varrho' = \sim \boldsymbol{110}\ mm.$$

Für die Deckelseite wird entsprechend mit

$$y_3 = 25\ \text{und}\ \sigma = 6,5\ mm\quad t = \boldsymbol{87,2}\ \text{und}\ \varrho = \boldsymbol{111}\ mm.$$

In Fig. 1a, Taf. 3, ist mit den vorstehenden Werten von $y_1'$, $y_3'$, $y_1$, $y_3$, $w$ die Abwicklung des Expansionsschiebers in der schon im vorigen Beispiel angegebenen Weise gezeichnet.

§ 86. **Ausführung der Schieber und des Gestänges der Ridersteuerungen.** Die runden Expansionsschieber laufen hier wegen der schraubenlinigen Form der steuernden Kanten stets ohne besondere Liderringe und verlangen deshalb, wenn die Dichtheit eine genügende sein soll, besondere Sorgfalt in der Herstellung. Die Kolben-Riderschieber werden mit Rücksicht hierauf nach dem Abdrehen und Einfräsen der Kanäle ausgeglüht, um ein Verziehen zu vermeiden, und dann unter Dampf bei allmählicher Steigerung der Temperatur eingeschliffen. Gezackte Schieber nach Fig. 185, S. 215, verwerfen sich leicht in den Trapezecken und kommen deshalb nur noch wenig zur Benützung, zumal der Durchmesser bei ihnen größer als bei Kolben-Riderschiebern ausfällt.

Die Grundschieber der Ridersteuerungen erhalten der besseren Bearbeitung der Kanalkanten wegen immer dampfdicht eingesetzte Buchsen für die runden Expansionsschieber. Sind die Grundschieber Kolbenschieber, so gibt man ihnen gewöhnlich besondere Dichtungsringe. Innerer Dampfeintritt für Grund- und Expansions-Kolbenschieber bringt auch hier die auf S. 160 angeführten Vorteile.

Die Verbindung des Expansionsschiebers mit seiner Stange hat bei der Ridersteuerung stets so zu erfolgen, daß sich der Schieber bei einer Drehung der Stange mitdreht. Eine starre Verbindung beider durch Keil oder Vierkant allein ist aber nur zulässig, wenn auch der Grundschieber ein Kolbenschieber ist. Wird dieser jedoch am Zylinderspiegel als Flachschieber ausgebildet, so muß die fragliche Verbindung ein Einstellen des Expansionsschiebers, dem Verschleiß des Grundschiebers an genannter Fläche entsprechend, zulassen. Am besten eignet sich hierzu eine Rotgußbuchse nach Fig. 185, S. 215, die in der einen Richtung mit Spiel auf dem Vierkant der Expansionsschieberstange sitzt, in der dazu senkrechten Richtung sich aber in der Schiebernabe bewegen kann.

Sind beide Schieber Kolbenschieber, so ist ferner eine zentrale Verbindung der Schieber mit ihren Stangen nur dadurch zu ermöglichen, daß nach Fig. 2, Taf. 8, die Grundschieberstange dort, wo sie durch die Schieberkastenstopfbuchse geht, hohl ausgebildet wird und die Expansionsschieberstange, in einer zweiten Stopfbuchse nach außen abgedichtet, durch diese Höhlung tritt. Eine Parallelstange erfaßt dann exzentrisch mit einem Querstück die hohle Grundschieberstange, wobei zur Vermeidung eines einseitigen Verschleißes der letzteren oder des Grundschiebers selbst immer eine doppelte Führung der Parallelstange vorzusehen ist. Sonst findet man auch die Grundschieberstange doppelt zu beiden Seiten der Expansionsschieberstange angeordnet. Die letztere tritt dann wieder durch die Traverse, welche die beiden Grundschieberstangen außerhalb des Schieberkastens verbindet und an der einen Seite einen Zapfen für den Angriff der Exzenterstange besitzt.

Wie bei der *Meyer*schen Steuerung muß endlich auch die Expansionsschieberstange der Ridersteuerung in der Gabel für die Exzenterstange oder in einem stärkeren Führungsstück drehbar sein. Es dient hierzu entweder die schon auf S. 210 angeführte Verbindung der Stange mit der Gabel durch Distanzhülse und Gegenmutter auf beiden Seiten, welche Verbindung auch wohl in der durch Fig. 2, Taf. 8, dargestellten Weise durch Absatz der Stange, Hülse und Keil ausgeführt wird, oder aber die Befestigung des Schieberstangenauges in dem Führungsstück nach Fig. 4, Taf. 7. Im letzteren Falle ist eine Einsatzbuchse, in der das abgedrehte Stangenende des Auges durch eine aufgeschraubte und verbohrte Mutter drehbar gehalten wird, mit Gewinde in das Führungsstück eingesetzt.

Der Hebel, mit dem der Regler die Expansionsschieberstange dreht, wirkt vermittels Vierkant, Federn oder Hochkeil auf diese ein. Die vierkantigen Schieberstangen sind schwer in die entsprechend ausgearbeiteten Buchsen des Führungsbockes einzupassen. Federn und Hochkeile müssen genügend große Druckflächen erhalten, wenn sie nicht warm laufen sollen. Gewöhnlich macht der Hebel die hin- und hergehende Bewegung der Schieberstange nicht mit, sondern ist gegen eine solche Verschiebung gesichert. In Fig. 2, Taf. 8, wo sich das stärkere Führungsstück der Expansionsschieberstange mit zwei aufgesetzten Federn in der drehbaren, aber nicht verschiebbaren Rotgußbuchse bewegt, ist der Hebel zu diesem Zwecke der Buchse außen mit zwei Schrauben, kurzem Federstück und vorderer Mutter aufgesetzt. In Fig. 1 und 4, Taf. 7, dagegen wird der Rotgußhebel zwischen den beiden Führungsaugen der Expansionsschieberstange gehalten, und der in dem Hebel befestigte Hochkeil führt sich in einem längeren Schlitz der Stange. In beiden Fällen enthält oder trägt, wie dies bei liegenden Maschinen mit Ridersteuerung meistens der Fall ist, der Schieberstangenführungsbock den Reglerständer.

Besser ist es, den Reglerhebel nach Fig. 3, Taf. 6, zwischen den Führungsaugen der Schieberstange anzuordnen und ihn vermittels einer Stange, die durch zwei Hebel an ihren Enden von der Schieberstange in dem ausgebuchsten Reglerhebel hin- und herbewegt wird, auf letztere einwirken zu lassen.

§ 87. **Die Guhrauer-Steuerung.** Sie ist eine Abart der *Meyer*schen Steuerung und unterscheidet sich von dieser hauptsächlich dadurch, daß das Gewinde der Schieberspindel einen viel größeren Durchmesser und eine entsprechend größere Steigung besitzt. Die letztere ermöglicht die Einwirkung des Reglers auf die Steuerung; denn die Expansionsschieberstange bedarf hier nur einer Drehung von ca. *250°*, um die Füllung von 0 bis 60 vH zu ändern, während bei der *Meyer*schen Steuerung dazu mehrere volle Umdrehungen nötig sind. Immerhin ist aber der Winkel von *250°* noch zu groß, um den Regler wie bei der Ridersteuerung mit einem Hebel an der Schieberstange angreifen zu lassen. Man sieht deshalb die in Fig. 187 dargestellte Anordnung mit Ritzel und runder Regler-Zahnstange vor. Das Gewinde der Steuerung wird nach Fig. 188 einem Gußeisenkörper eingeschnitten, der mit zwei Gängen auf jeder Seite zwischen die Knaggen der Expansionsplatten greift.

Die Regelungsfähigkeit der Steuerung ist eine genügende, wenn die relative Exzentrizität $r_r$ nicht zu groß ist. Mit Rücksicht hierauf erhält der Grundschieber stets mehrfach geteilte Durchlaßkanäle nach § 81 und der Expansionsschieber Schlitze. Die Verhältnisse der Steuerung bestimmen sich dann wieder in der früher angegebenen Weise, nur daß $r_r$ jetzt bei $n$ Durchlaßöffnungen an jeder Seite bis auf den $n$ten Teil der bei ungeteiltem Durchlaßkanal zu wählenden Relativexzentrizität verringert werden kann. Die Verringerung von $r_r$ wird meist durch entsprechende Verkleinerung des Voreilwinkels $\delta_e$ für den Expansionsschieber erreicht. Mit $y_1$ und $y_3$ als Deckung des letzteren bei der größten bzw. kleinsten Füllung folgt weiter die Gesamtverstellung der Platten in der Hubrichtung

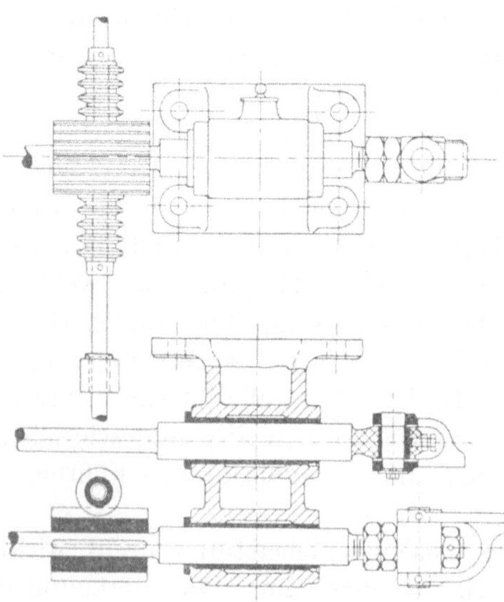

Fig. 187.

$$u = y_1 + y_3$$

und der erforderliche Drehwinkel der Expansionsschieberstange bei einer Steigung $s$ des Gewindes

$$\beta = \frac{u}{s}\,360 \quad \ldots \ldots \ldots \ldots \quad 79$$

Die Steigung muß dabei, um eine Rückwirkung der Steuerung auf den Regler zu vermeiden, der Bedingung

$$\frac{s}{2\varrho\pi} < \frac{1}{7}$$

mit $\varrho$ als mittlerem Gewinderadius genügen. Größere Steigungen findet man nur, wenn zwischen den Gewindegängen der Schieber ein toter Gang von *0,5* bis $1\,mm$ Spielraum vorhanden ist und der Regler also bei der Bewegungsumkehr des Expansionsschiebers wegen des geringeren Widerstandes leicht einwirken kann. Der Drehwinkel der Expansionsschieberstange wird dann auch genügend klein, um die bei der Ridersteuerung gebräuchlichen Verstellungsvorrichtungen anwenden zu können

Die Schlitzweiten $w_1$, $w_2$, $w_3$ bzw. die Abstände $x_1$, $x_2$, $x_3$ (Fig. 176 und 177, S. 206) der Expansionsplatten sind nach § 81 so zu bestimmen, daß der 2. Schlitz sich öffnet, wenn der Grundschieber sich um die Weite des 1. geöffnet hat, der 3. Schlitz, wenn die Öffnung des Grundschiebers gleich der Weite des 1. und 2. zusammen ist, usw. Meist werden aber alle Schlitze gleich weit gemacht.

§ 88. **Doppelschiebersteuerungen mit verstellbarem Expansionsexzenter.** Ein zweites Mittel zur Veränderung der Füllung bei Doppelschiebersteuerungen bietet die Verstellung des Expansionsexzenters durch einen Flachregler. Dieser bewegt, indem er gleichzeitig den Voreilwinkel $\delta_e$ und die Exzentrizität $r_e$ ändert, den Mittelpunkt dieses Exzenters auf einer

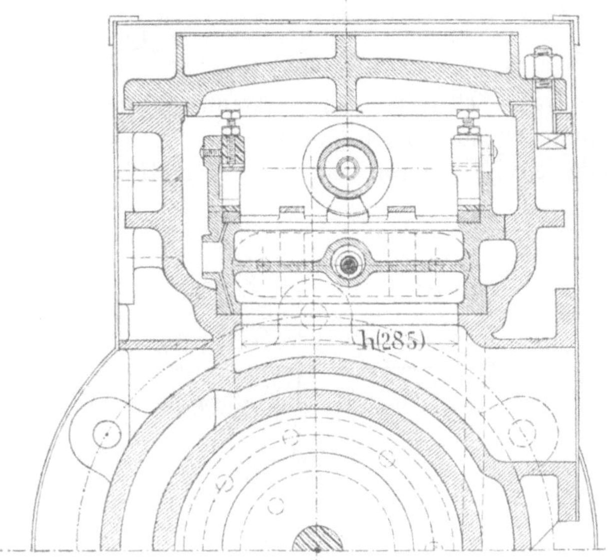

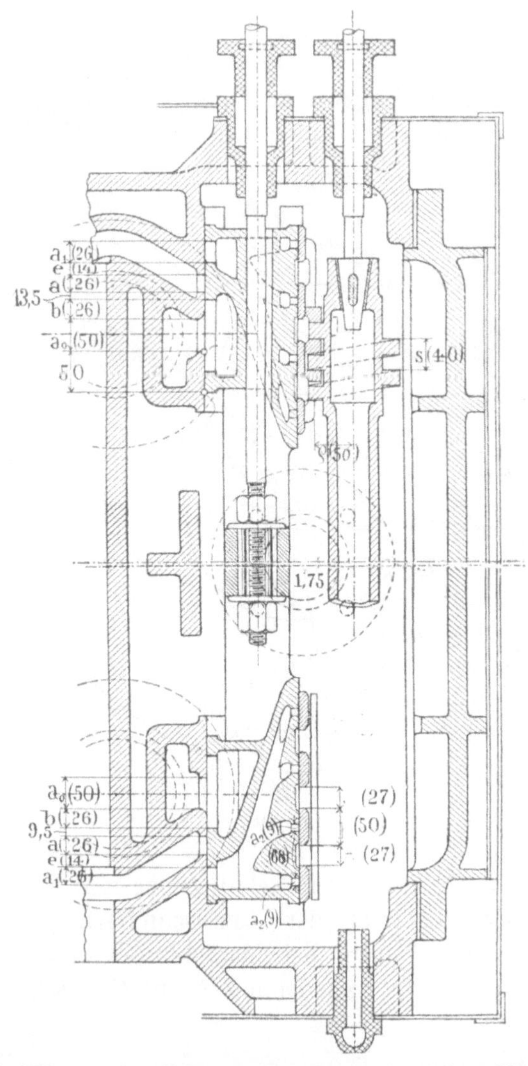

Fig. 188. 1 : 10. Guhrauer-Steuerung einer lieg. Konden-

Zentral-, Scheitel- oder Verstellungskurve $E_{e_1} E_{e_2} E_{e_3}$, die ebenso wie bei den entsprechenden Steuerungen mit nur einem Schieber in § 74 eine gerade Linie oder ein Kreisbogen sein kann (Fig. 189 und 195). Konstruiert man für die

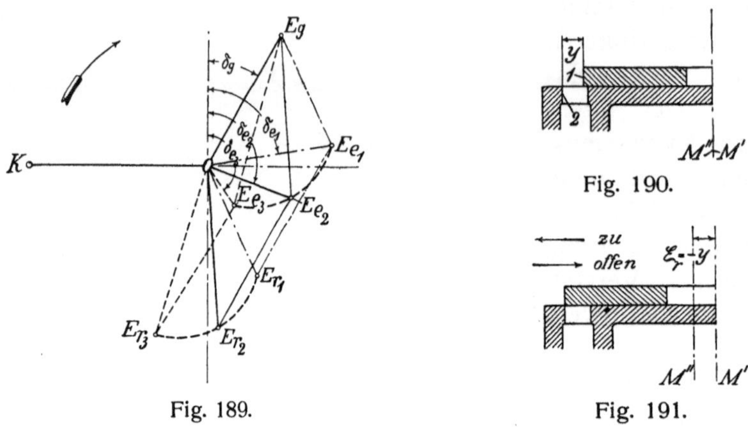

Fig. 189.

Fig. 190.

Fig. 191.

verschiedenen Lagen und Größen der Expansionsexzentrizität mit Hilfe der unveränderlichen Grundexzentrizität $O E_g$ das Parallelogramm, so erkennt man, daß die Mittelpunkte des Relativexzenters ebenfalls auf einer Zentralkurve $E_{r_1} E_{r_2} E_{r_3}$ liegen, die zu der erstgenannten Kurve $E_{e_1} E_{e_2} E_{e_3}$ parallel ist und von dieser in den entsprechenden Punkten immer um die konstante Grundexzentrizität $O E_g$ absteht.

Die Deckung des Expansions- am Grundschieber bleibt hier unverändert. Nimmt man sie zunächst negativ nach Fig. 190 an, so ergibt sich die Änderung der Füllung für die verschiedenen Voreilwinkel und Exzentrizitäten des Expansionsexzenters aus dem *Zeuner*schen Diagramm in Fig. 192. In ihm sind $O D_{r_1}$,

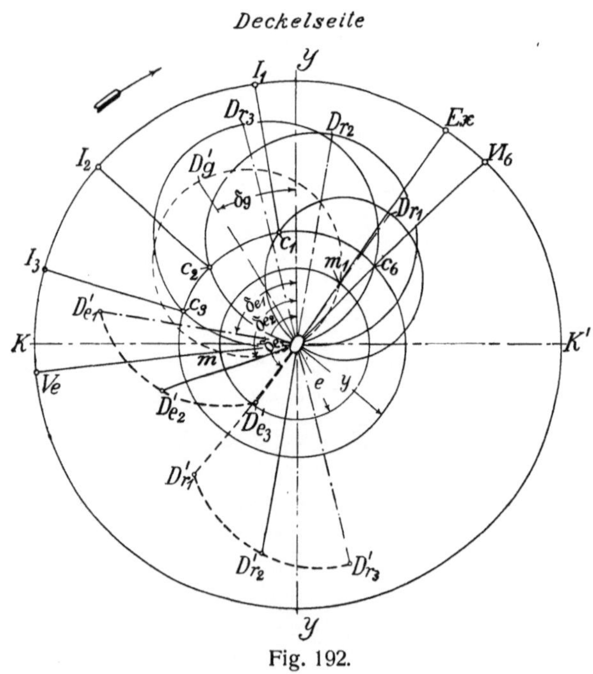


Fig. 192.

$O D_{r_2}$, $O D_{r_3}$ die drei Relativkreise für die negativen Relativwege beider Schieber und $O D'_g$ der Grundschieberkreis. Beachtet man nun, daß nach Fig. 191 die Füllung bei einem Schieberweg $\xi_r = -y$ ($\xi_r$ zunehmend) aufhört, und daß in Fig. 192 der mit $y$ um $O$ geschlagene Kreis die Relativkreise in

$c_1$, $c_2$, $c_3$ bei zunehmenden Sehnenabschnitten schneidet, so ergibt sich folgendes. Bei der kleinsten Relativexzentrizität $r_{r_1} = O D_{r_1}$ (kleinstes $\delta_e$ und größtes $r_e$) hört die Füllung bei der Hauptkurbellage $O I_1$ auf, findet also die größte Füllung statt. Bei der größten Relativexzentrizität $r_{r_3} = O D_{r_3}$ (größtes $\delta_e$ und kleinstes $r_e$) dagegen wird die Füllung schon bei der Hauptkurbellage $O I_3$ beendet, tritt also die kleinste Füllung ein.

Die Möglichkeit einer Nachfüllung liegt hier bei der kleinsten Füllung am nächsten. Bei dieser öffnet der Expansionsschieber den Durchlaßkanal des Grundschiebers schon wieder bei der Hauptkurbel-lage $O c_6 VI_6$ ($\xi_r = -y$ und abnehmend). $O VI_6$ muß, wenn Nachfüllung vermieden werden soll, im Drehungssinne der Maschine hinter der Haupt-kurbellage $O m_1 Ex$ liegen, bei welcher der Grund-schieber den Zylinderkanal schließt.

Es steht nichts im Wege, bei negativer Über-deckung des Expansionsschiebers die Verhältnisse so zu wählen, daß Nullfüllung stattfindet oder sogar der Schluß des Durchlaßkanals schon bei Beginn des Voreintritts (Hauptkurbellage $O Ve$) eintritt. Absolute Nullfüllung aber ist bei nega-tiver Überdeckung nicht zu erreichen; denn der Expansionsschieber öffnet dann stets den Durch-laßkanal. Bei positiver Deckung $y$ dagegen ist absolute Nullfüllung möglich, nämlich dann, wenn die Deckung größer als die kleinste Relativexzen-trizität gewählt wird.

Die Konstruktionen des Zivilingenieurs *B. Stein* in Berlin-Schöneberg genügen dieser Bedingung. In Fig. 193 ist ein solcher Schieber mit Trickkanal in der relativen Mittellage dargestellt. Da der Dampfeintritt hier beim Grundschieber von innen gesteuert wird, so muß dessen Kurbel nach S. 161 der sonst üblichen Lage diametral gegenüber, also

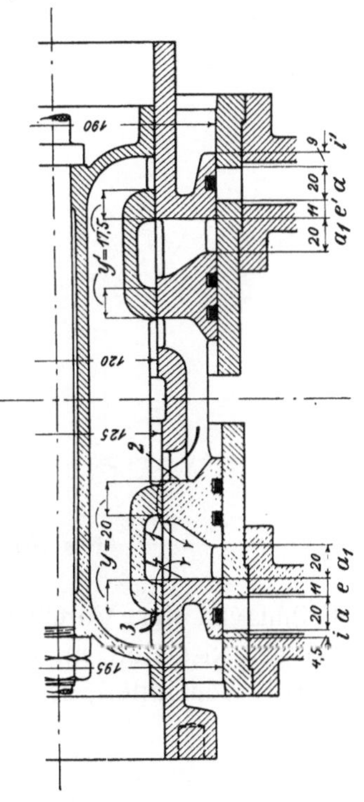

Fig. 193. 1 : 5. Doppelschieber-steuerung einer steh. Auspuff-Verbundmaschine $d = 0{,}27$, $D = 0{,}4$, $S = 0{,}3\,m$, $n = 215$.

nach Fig. 195 aufgekeilt werden. Der Expansionsschieber dagegen steuert den Dampfeintritt, obwohl er von innen stattfindet, mit den äußeren Kanten *1* und *2* bzw. *3* und *4* (Fig. 193). $\delta_{e_1}$, $\delta_{e_2}$, $\delta_{e_3}$ bezeichnen in Fig. 195 die Voreilwinkel dieses Exzenters. Die Zentralkurven $E_{e_1} E_{e_2} E_{e_3}$ und $E_{r_1} E_{r_2} E_{r_3}$ laufen wieder im Abstande $r_g$ parallel zueinander. In dem *Müller-Reuleaux*schen Diagramm (Fig. 194) sind die Vor- bzw. Nacheilwinkel vom unteren Teil $O Y$ der Vertikalen aus aufgetragen, und es ergeben sich die drei Relativkreise mit den Radien $O E_{r_1}$, $O E_{r_2}$, $O E_{r_3}$. $O E_{r_1}$ ist zugleich als Radius für den Hauptkurbelkreis angenommen. Da der Schluß des Durchlaßkanals (*1* und *2* sowie *3* und *4* in Fig. 193 übereinanderstehend) für $\xi_r = +y$ ($\xi_r$ abnehmend) eintritt und die durch $d_1$ und $d_2$ an den $y$-Kreis gezogenen

Tangenten die Relativkreise in $I_1$ bzw. $c_2$ schneiden, so folgen $O\,I_1$ und $O\,I_2$ als Hauptkurbellagen für den Schluß der größten und mittleren Füllung. Bei der kleinsten Relativexzentrizität $O\,E_{r_3}$ wird der Durchlaßkanal überhaupt nicht mehr vom Expansionsschieber geöffnet. Dieses Nichtöffnen beginnt bei der Hauptkurbellage $O\,I_0$, deren Verlängerung über $O$ hinaus durch den Schnittpunkt des $y$-Kreises mit der Zentralkurve $E_{r_1}\,E_{r_2}\,E_{r_3}$ geht. Bei den kleineren Füllungen wird ferner der Dampf infolge der geringen Kanaleröffnung stark gedrosselt, was mit zur Verhütung des Durchgehens der Maschine beim Leerlauf beiträgt. Ein Ausgleich der Füllung auf beiden Kolbenseiten kann durch ungleiche Deckungen $y$ auf der Deckel- und Kurbelseite für die meist gebrauchte Füllung erzielt werden. Bei der größten

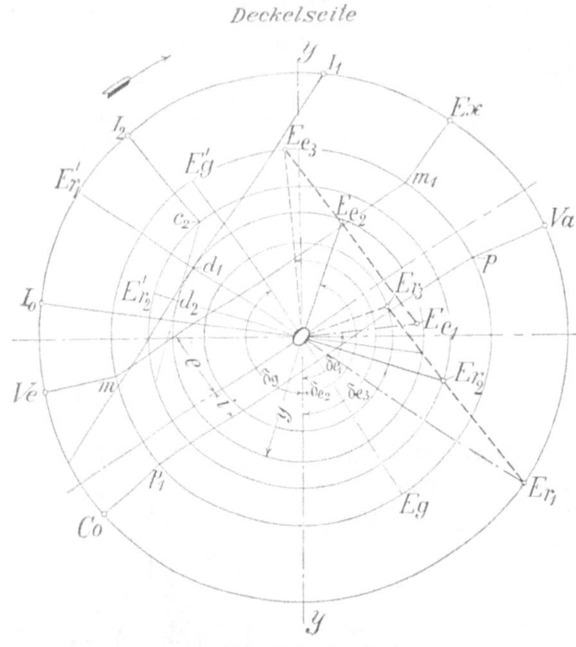

Fig. 194. 5 : 6.

Füllung ist der Voreilwinkel des Expansionsexzenters nach Fig. 195 ca. *90*, bei der kleinsten ca. *180°*. Steuert das Expansionsexzenter auch den Dampfeintritt von innen, so muß es diametral entgegengesetzt wie in Fig. 195 aufgekeilt werden. Für den Schieber in Fig. 193 beträgt die Grundexzentrizität $r_g = 30\;mm$, die Expansionsexzentrizität bei der größten Füllung $r_{e_1} = 19$, bei der kleinsten $r_{e_3} = 30\;mm$. Die Deckung $y$ soll nach den Angaben von *Stein 2* bis *3,5 mm* größer als die kleinste Relativexzentrizität sein.

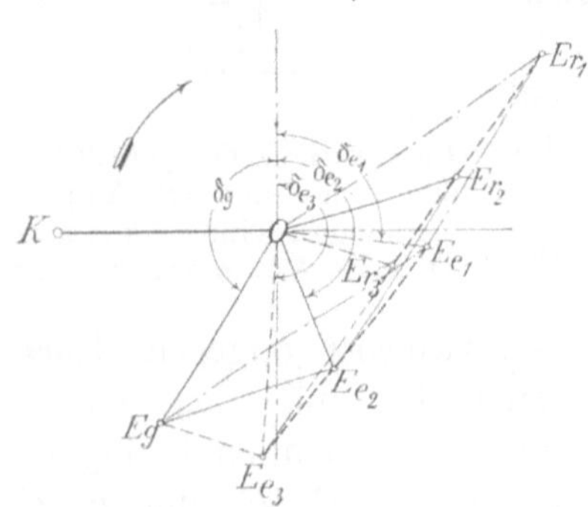

Fig. 195 [1]).

§ 89.   **Zweikammersteuerungen nach Doerfel.** Bei den bisher betrachteten Doppelschiebersteuerungen bewegte sich der Expansionsschieber auf dem Rücken des Grundschiebers. Man kann aber auch für den Expansionsschieber einen besonderen Spiegel ordnen. Die Schieber laufen dann in zwei getrennten Kammern. Solche Steuerungen, wie sie namentlich von Prof. *Doerfel* angewendet werden, bezeichnet man als Zweikammersteuerungen im Gegensatz zu den älteren Einkammersteuerungen.

---

[1]) In Fig. 195 ist $\delta_g$ auf denselben Strahl wie $\delta_{e_1}$, $\delta_{e_2}$ und $\delta_{e_3}$ bezogen.

Fig. 196 zeigt eine solche Zweikammeranordnung[1]) mit innerem Dampfeintritt. *I* und *II* sind die beiden Kammern, die durch die beiden Kanäle $k_1$, $k_2$ miteinander in Verbindung stehen. Der Expansionsschieber *E* steuert nur den Dampfeintritt, und der frische Dampf gelangt nach den ausgezogenen Pfeilen zunächst durch die Kanäle $k_1$, $k_2$ in eine muschelartige Aussparung des Grundschiebers *G*, um von hier aus nach den punktierten Pfeilen in den Zylinder zu treten. Der Dampfaustritt wird in bekannter Weise durch den Grundschieber bemessen.

Zweikammersteuerungen verwendet man nur bei Kolbenschiebern; bei Flachschiebern würde die Kammer des Grundschiebers den schädlichen Raum zu sehr vergrößern, da der nach Schluß des Expansionsschiebers in dieser Kammer enthaltene Dampf wieder bis zum Schluß des Zylinderkanales an der Expansion teilnimmt.

Zweikammersteuerungen kommen ferner für gewöhnlich nur bei Heißdampfmaschinen zur Anwendung und bieten gegenüber den Einkammersteuerungen den Vorteil, daß die Schieber kleineren Durchmesser und

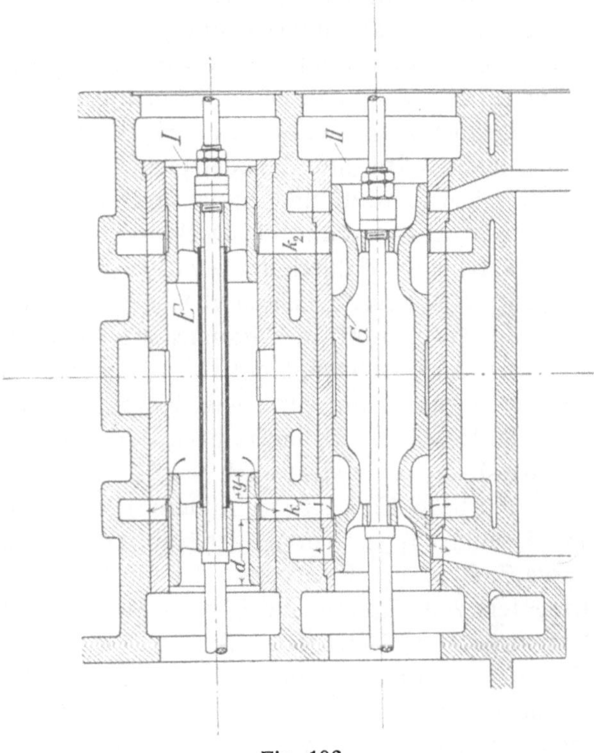

Fig. 196.

einfachere Form erhalten. Außerdem beschränkt die Hintereinanderschaltung zweier Schieber die Undichtheitsverluste. Andererseits fällt das Zylindergußstück hier weniger einfach aus.

Eine Zweikammersteuerung ist nichts weiter als eine doppelte Einkammersteuerung. Das Expansionsexzenter kann fest auf der Kurbelwelle sitzen oder durch einen Flachregler verstellt werden. Im ersten Falle muß bei der Änderung der Füllung die Deckung des Expansionsschiebers größer oder kleiner gemacht werden. Der Schieber ist dann ein Rider-Kolbenschieber mit eingearbeiteten Schlitzen, dessen Schieberstange durch einen gewöhnlichen Regler gedreht wird. Seine Verhältnisse sind in der bei den Einkammersteuerungen angegebenen Weise zu bestimmen, nur daß im Diagramm jetzt nicht die Relativ-, sondern die Expansionsschieberkreise für die Füllung maßgebend sind.

---

[1]) Z. d. V. d. I. 1899, S. 604.

Bei den Zweikammersteuerungen mit Flachregler ändert dieser den Voreilwinkel und die Exzentrizität des Expansionsschiebers in der schon bei den betreffenden Einschiebersteuerungen (§ 74) angegebenen Weise. Die Deckung $y$ dieses Schiebers bleibt konstant. Ist sie größer als die kleinste Exzentrizität, so kann absolute Nullfüllung gegeben werden. Die Überdeckung $d$ in Fig. 196 muß größer als die größte Exzentrizität sein; denn von dieser Seite darf kein Dampf eintreten. Der Voreintritt, Voraustritt und die Kompression werden durch den Grundschieber gesteuert; diese Dampfverteilungsperioden bleiben also hier im Gegensatz zu den Einschiebersteuerungen mit Flachregler bei allen Füllungen unverändert.

Fig. 1, Taf. 6, zeigt eine solche Steuerung nach einer Ausführung der *Dinglerschen Maschinenfabrik* in Zweibrücken. Fig. 8, Taf. 1, gibt das zugehörige Diagramm.

Die Kanalweite am Zylinderspiegel ist wegen des Auslasses $a = 28\ mm$, die zwischen Grund- und Expansionsschieber $a_1 = 20\ mm$. Der Winkel $\delta_g$, die Exzentrität $r_g$ und die Deckungen $e,\ e'$ des Grundschiebers sind ferner so gewählt, daß sie durch ihn bewirkte Füllung ($O\,Ex$ und $O\,E'x$ im Diagramm) auf jeder Kolbenseite nahezu ebenso groß wie die größte Füllung ($O\,Ex_1$ und $O\,E'x_1$ im Diagramm) des Expansionsschiebers auf der betreffenden Kolbenseite ist. Auch schwingt der Grundschieber zur Annäherung des Voröffnens und der Kompression auf beiden Kolbenseiten um eine Mitte $M'$, die von der Spiegelmitte $M$ des Zylinders nach der Kurbel zu (wegen des inneren Dampfeintrittes) um $0,5\ mm$ absteht.

Die Kurbel $O\,E_0$ des festen (inneren) Expansionsexzenters steht nach Fig. 3, Taf. 5, senkrecht zur Totlage der Hauptkurbel und eilt dieser nach. Die Zentralkurve $E_1\,E_3$ ist ein Kreisbogen, der die Exzentrizität $r$ des drehbaren (äußeren) Exzenters zum Radius und $E_0$ zum Mittelpunkt hat. Die größte resultierende Exzentrizität $r_1$ beträgt annähernd $a + y$, die kleinste $r_3$ weniger als $y$, um absolute Nullfüllung geben zu können. Der Expansionsschieber schwingt zur Annäherung der normalen Füllung auf beiden Kolbenseiten um eine Mitte $M''$, die um $1\ mm$ von der Mitte $M$ des Zylinders nach der Kurbel zu abliegt. Der Voreintritt, den der Expansionsschieber gibt ($O\,Ve_1$, $O\,Ve'_1$ und $O\,Ve_2$, $O\,Ve'_2$ im Diagramm) ist größer als der des Grundschiebers ($O\,Ve, O\,Ve'$ im Diagramm); er wird also durch den letzteren bemessen.

Im Diagramm sind $O\,D_g$, $O\,D'_g$ die gestrichelt eingetragenen Grundschieberkreise, $O\,D_1$, $O\,D'_1$ und $O\,D_2$, $O\,D'_2$ die durchgezogen eingetragenen Expansionsschieberkreise für die größte bzw. normale Füllung. Die kreuzweise schraffierte Fläche bildet ferner die Einlaßfläche für den eintretenden Dampf bei der normalen Füllung auf der Deckelseite, wo der Grundschieber den Zylinder-, der Expansionsschieber den Durchlaßkanal für diesen Dampf öffnet.

## C. Ventilsteuerungen.

§ 90. **Anordnung, Einteilung und Anwendung.** Die Ventilsteuerungen sind die wichtigsten Vertreter der Steuerungen mit vier Dampfwegen, bei denen die gewünschte Dampfverteilung für jede Kolbenseite unabhängig von der anderen ermöglicht und der Einfluß der endlichen Schub- und Exzenterstangen-länge auf die Steuerung bis zu jedem Grade behoben werden kann.

Bei liegenden Maschinen sind die vier Ventile gewöhnlich an den Zylinder-enden, die Einlaßventile oben, die Auslaßventile unten, angebracht. Der Ein-bau der Ventile in die Zylinderdeckel, durch den die schädlichen Räume ver-kleinert, der Zugang zu dem Kolben und Zylinderinnern aber erschwert wird, ist hauptsächlich bei Gleichstrom- und van den Kerchove-Maschinen üblich. Zum Antrieb der Ventile dienen unrunde Scheiben oder Exzenter. Sie sitzen auf einer Steuerwelle, die durch ein Räderpaar von der Kurbelwelle angetrieben und parallel und seitlich zur Längsachse der Maschine gelagert wird. An stehenden Maschinen befinden sich die Ventile meist seitlich von der durch die Längsachse der Kurbelwelle gelegten Vertikalebene. Die Steuerwelle liegt dann gewöhnlich oben am Zylinder und quer zur Kurbelwelle, mit der sie durch eine stehende Welle und die erforderlichen Räderpaare verbunden ist. Stehende Maschinen ohne Kurbelwelle kommen nur bei wenigen Steuerungen, wie z. B. bei der Lentz-Steuerung (siehe Taf. 23), vor.

Die verschiedenen Ausführungen der Ventilsteuerungen lassen zwei Haupt-gruppen unterscheiden, nämlich

     zwangläufige und

     Ausklink-, Auslös- oder freifallende Ventilsteuerungen.

Der Unterschied zwischen beiden Gruppen beruht in der Schlußbewegung der Einlaßventile; die Auslaßventile werden immer zwangläufig gesteuert. Bei den Ausklinksteuerungen hört der kinematische Zusammenhang zwischen der äußeren Steuerung und den Einlaßventilen kurz vor dem Ventilschluß auf, und die Ventile fallen, durch Feder- oder Gewichtskraft beschleunigt, frei auf ihren Sitz zurück. Bei den zwangläufigen Steuerungen dagegen bleiben die Einlaßventile auch während des Ventilschlusses mit der äußeren Steuerung in kinematischer Verbindung. Ventileröffnung und Ventilschluß gehen also hier mit der vom Triebwerk vorgeschriebenen Geschwindigkeit vor sich. Die kine-matische Verbindung während des Ventilschlusses wird aber bei den meisten zwangläufigen Ventilsteuerungen durch Kraftschluß vermittels einer Feder und nur bei wenigen durch Zwang- oder Kettenschluß aufrecht erhalten.

Das Anwendungsgebiet der Ventilsteuerungen erstreckt sich nach S. 139 hauptsächlich auf mittlere und große Maschinen, bei denen es auf geringen Dampfverbrauch und gute Regelung ankommt. Für Betrieb mit hoch-gespanntem und überhitztem Dampf finden sie unter diesen Umständen vor-zugsweise Verwendung. Die Umdrehungszahl darf wegen der nicht voll-ständigen Zwangläufigkeit der äußeren Steuerung und der beim Ventilschluß auftretenden Stoß- und Schlagwirkungen, die man natürlich möglichst zu mildern sucht, nicht zu hoch sein. Sie schwankt gewöhnlich je nach der Größe der Maschine zwischen 90 und 180 in der Minute und beträgt selten mehr als 160. Über die Vor- und Nachteile der Ventile selbst siehe S. 138.

§ 91. **Ausführung und Konstruktion der Ventile.** Die Steuerventile der Kolbendampfmaschinen sind zur Hauptsache vom Dampfdruck entlastete,

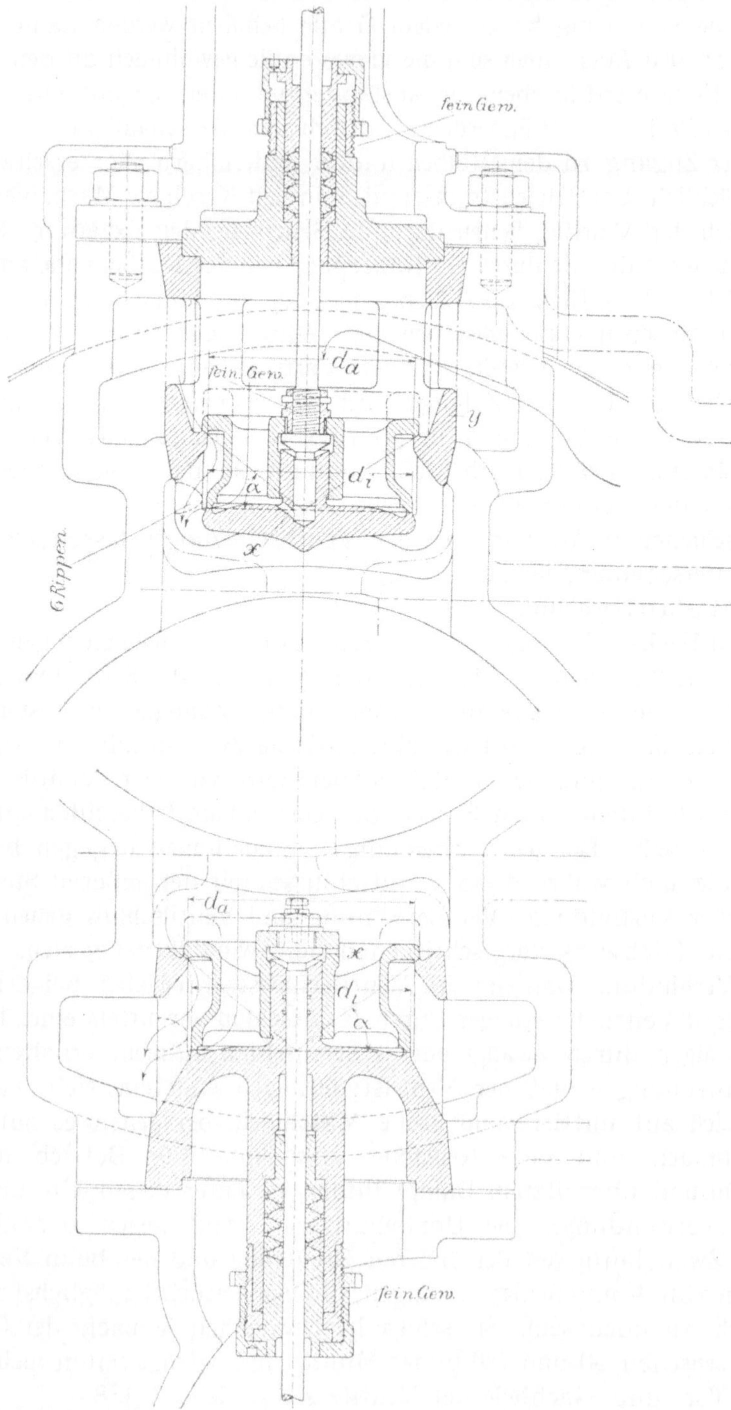



Fig. 197 und 198.  1 : 4.  Ein- und Auslaßventil nach *Collmann*.

*2-* oder *4*sitzige Rohrventile, von denen die letzteren nur selten und dann nur bei sehr großen Maschinen zur Anwendung kommen.

Das Material der Ventile und Ventilsitze ist allgemein hartes Gußeisen von sehr dichtem Guß. Zur Erzielung einer möglichst gleichmäßigen Ausdehnung werden beide Teile aus demselben Tiegel gegossen. Das Einschleifen der Sitz- und Führungsflächen geschieht unter Dampfdruck, damit der dichte Schluß auch bei der späteren Betriebstemperatur vorhanden ist.

Die gebräuchliche Form der 2sitzigen Ventile für den Ein- und Auslaß zeigen Fig. 197 und 198, sowie Fig. 1 und 2, Taf. 16, Fig. 3 und 4, Taf. 21. Der Durchmesser $d_i$ der inneren Sitzfläche wird wegen des Einbauens nur wenig kleiner als derjenige $d_a$ der äußeren gemacht, damit die Ventile möglichst vom Dampfdruck entlastet sind. Der Dampf tritt in der Richtung der eingetragenen Pfeile durch; bei geschlossenen Ventilen befindet sich also immer der höher gespannte Dampf, und zwar beim Einlaß der Dampf der Leitung, beim Auslaß der Zylinderdampf, über den Ventilen und drückt dabei auf die nicht entlastete Fläche $(d_a^2 - d_i^2)\,\pi/4$. Ein solcher Druck schützt die geschlossenen Ventile nicht nur gegen eine unbeabsichtigte Eröffnung, sondern wirkt auch auf die Dichtheit des Schlusses hin. Das Gleiche tun das Eigengewicht der Ventile und die Spannung der Ventilfedern.

Fig. 199 und 200 geben ferner zwei Ventile mit Überdeckung, wie sie namentlich bei Ausklinksteuerungen vorkommen. Die Überdeckungen schließen sich zylindrisch an die eigentlichen Sitzflächen nach oben oder unten an, und die Ventile müssen sich erst um die Überdeckung aus ihrer Aufsitzlage nach oben bewegen, bevor sie den Dampfdurchtritt eröffnen, bzw. um die Überdeckung nach unten gehen, ehe sie nach Schluß des Dampfdurchtrittes wieder in die Aufsitzlage gelangen. Dadurch kann der geringe Ventilhub, den Ausklink-steuerungen sonst bei kleinen Füllungen und namentlich beim Leerlauf besitzen, vergrößert, sowie das Ventil während der Zurücklegung des Deckungsweges langsam angehoben und ebenso auf seinen Sitz zurückgebracht werden; die Steuerungen arbeiten infolgedessen während der genannten Füllungen besser und ruhiger. Eine doppelte Abdichtung ist mit den Überdeckungsringen aber nicht verbunden, da diese, namentlich bei Heißdampfmaschinen, mit geringem Spielraum eingesetzt werden müssen.

Die Sitzflächen der Ventile werden eben oder geneigt bis zu einem Winkel $\alpha = 65°$ angeordnet. Je größer $\alpha$, desto günstiger wird die ringförmige Eröffnung für die Richtung des durchströmenden Dampfes und desto besser kann die (bei gleicher Projektion) um so breitere Sitzfläche den Stoß beim Ventilschluß aufnehmen. Ebene Sitzflächen, die man jetzt bevorzugt, lassen dagegen den Ventilhub voll für den Öffnungsquerschnitt ausnützen und neigen weniger zu Formänderungen als schräge. Die beiden Sitzflächen gehören ferner entweder nach *Collmann* zwei Kegelflächen mit gemeinschaftlicher Spitze an (Fig. 197 und 198), oder sie erhalten nach *Sulzer* gleiche Neigung (Fig. 199 und 200). Für die erste Anordnung wird als Vorteil die Erhaltung des dichten Schlusses in den Sitzflächen bei verschieden starker Ausdehnung von Ventil

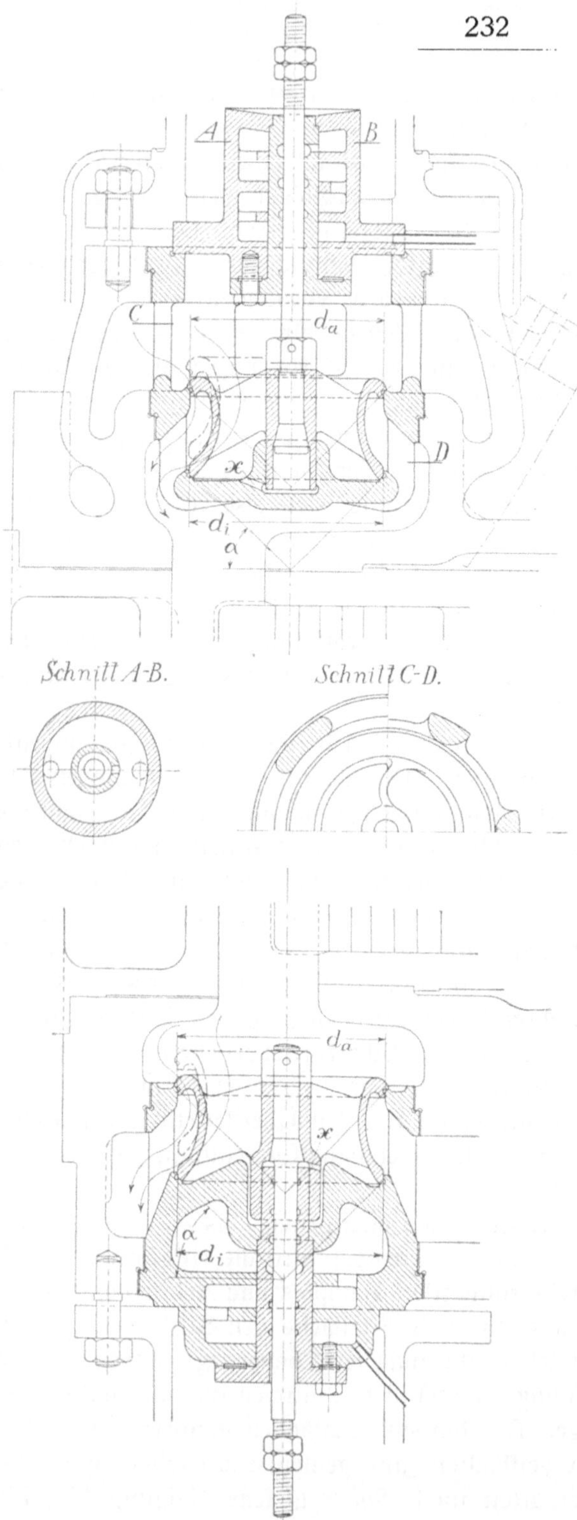



Fig. 199 und 200. 1 : 6. Ein- und Auslaßventil mit Überdeckung nach *Elsner*.

und Sitz geltend gemacht, da bei der Ausdehnung eines Kegels dessen Spitzenwinkel unverändert bleibt; bei gemeinsamer Spitze der Kegelflächen, auf denen die Sitzflächen liegen, verschieben sich also die letzteren auf ihren Kegeln, heben sich aber nicht von diesen ab. Die gemeinsame Kegelspitze kann zwischen den beiden Sitzflächen oder in der inneren derselben (Fig. 197 und 198) liegen. Bei der zweiten Anordnung mit gleich geneigten Sitzflächen (Fig. 199 und 200) soll ein Undichtwerden infolge verschiedener Ausdehnung von Sitz und Ventil ebenfalls nicht zu befürchten sein; außerdem setzen sich bei ihr die Ventile in den beiden Sitzflächen mit gleicher Stärke auf, und die Dampfströmung ist günstiger. Meist gebräuchlich sind aber, wie schon bemerkt, jetzt Ventile mit zwei ebenen Sitzflächen.

Zur Führung der Ventile dient außer der Stopfbüchse die Ventilnabe, die sich auf oder in einem zylindrischen, vielfach mit Labyrinth-Dichtungsnuten versehenen Ansatz des unteren Sitztellers führt. Beim Einlaßventil tritt die Ventilspindel mitunter auch noch in eine Höhlung dieses Ansatzes (Fig. 197). Durch die Öffnungen $x$ gelangt der Dampf in die Hohlräume und entlastet diese. Zur Verbindung von Ventilnabe und -rohr dienen radial oder tangential angeordnete Rippen.

Um die nachteiligen Massenwirkungen beim Aufsetzen und plötzlichen Anheben des Ventiles tunlichst zu beschränken, sind dessen Wanddicken so gering als möglich zu nehmen. Das Gleiche gilt von der Stärke aller mit dem Ventil verbundenen und bewegten Teile.

Die gebräuchliche Form der Ventilsitze ist ebenfalls aus den auf S. 231 angegebenen Figuren ersichtlich. Bei dem Auslaß füllt der Ventilsitz den Ventilkasten zur Beschränkung des schädlichen Raumes so weit als möglich aus. Die Ventilsitze sind kräftig auszubilden, um einem Verdrücken und Verziehen ihrer Sitzflächen vorzubeugen. Die Ringe der Sitze werden in die Ventilkästen eingeschliffen. Ihre Dichtungsfläche ist entweder lang und konisch (Fig. 197 und 198) oder kurz und eben (Fig. 199 und 200). Die letztere Anordnung verbindet den Vorteil des leichteren Ein- und Ausbaues der Sitze mit dem der einfacheren Herstellung. Auch ist bei ihr ein Verdrücken der Sitze eher ausgeschlossen. Bei ebener Dichtungsfläche wird der obere Ring durch einen Asbest- oder Klingeritring abgedichtet. Der untere Ring erhält beim Einlaß häufig oben einen Wulst $y$ (Fig. 197), und die oberen Eintrittsöffnungen im Ventilsitz werden so hoch gelegt, daß der Eintritts-

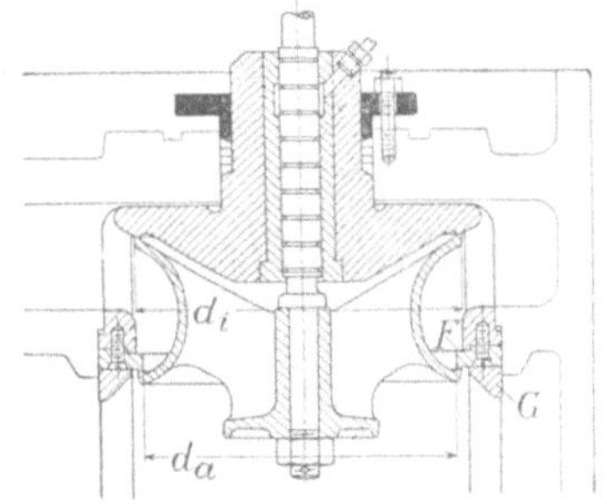
Fig. 201. 1 : 10.
Auslaßventil nach *Lentz*.

dampf das gehobene Ventil nicht mehr von der Seite treffen und kippen kann, sondern zur Hauptsache vertikal in dieses tritt. Die Stege zur Verbindung der Sitzringe untereinander und mit dem Sitzteller zeigen elliptischen oder ungefähr dreieckigen Querschnitt. Der Anschluß des Ringes und des Tellers an die Sitzflächen hat im Querschnitt immer unter einem rechten oder stumpfen Winkel zu erfolgen; bei spitzem Winkel brechen die Sitzflächen leicht aus. Eine besondere Form der Ventilsitze zeigt Fig. 202, S. 234. Sie wird für stark überhitzten Dampf empfohlen und bietet den Vorteil, daß Ventil und Ventilsitz bei geschlossenem Ventil mit demselben Dampf, nämlich mit dem Frischdampf auf der einen und dem Zylinderdampf auf der anderen Seite, in Berührung kommen und gleich starke Ausdehnung erfahren. Der untere Tellersitz ist zu diesem Zwecke mit einer in den Leitungsdampf hineinragenden zylindrischen Erhöhung für die obere Sitzfläche versehen.

*Lentz*, der Erfinder der bekannten zwangläufigen Ventilsteuerung (siehe § 108), läßt die Ventilsitze ganz fort, um einen kleineren schädlichen Raum und größere Einfachheit zu erzielen, vor allem aber um Undichtheiten der Sitze zu vermeiden. Die Sitzflächen werden von ihm, wie dies z. B. an den Einlaßventilen des Zylinders in Fig. 1, Taf. 13, zu sehen ist, jetzt aber auch bei den Auslaßventilen geschieht, unmittelbar in den Zylinder eingearbeitet.

Eine besondere Konstruktion zeigen auch die Ventile von *Lentz*, die in Fig. 2, Taf. 23, nach einer Ausführung der *Maschinenbau-Aktiengesellschaft vorm.*

*Ph. Swiderski* in Leipzig-Plagwitz dargestellt sind. Bei dem Auslaßventil ist hier (siehe auch Fig. 201) der Durchmesser $d_i$ der inneren Sitzfläche dem sonst üblichen Gebrauch entgegen größer als derjenige $d_a$ der äußeren Sitzfläche gemacht. Dadurch wird bei dem Ventil der Anpressungsdruck des Zylinderdampfes gegen die innere Sitzfläche während des Ventilschlusses verstärkt,

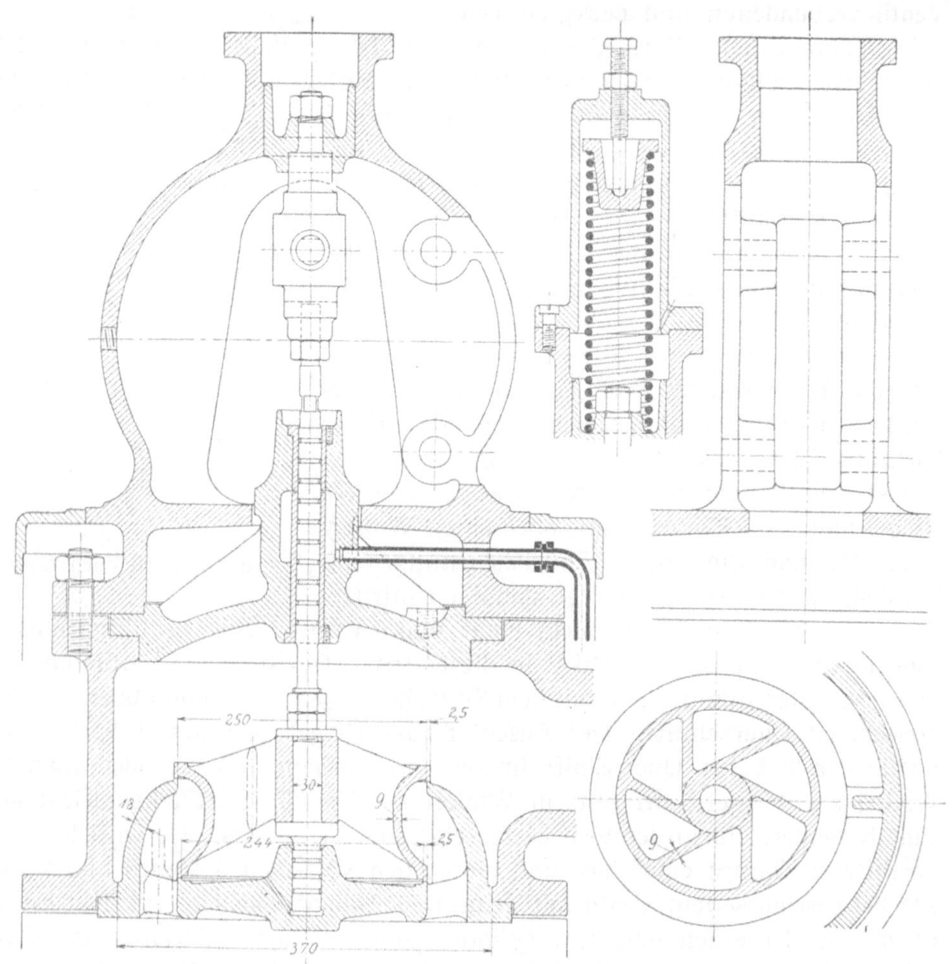

Fig. 202. 1 : 7,5. Ventil und Ventilbock der *Ascherslebener Maschinenbau-Aktien-Gesellschaft.*

und die Spannung der Ventilfeder (siehe § 95) kann geringer als bei den gewöhnlichen Ventilen genommen werden. Um das *Lentz*-Ventil einbauen zu können, wird es mit dem äußeren Sitzring $F$ (Fig. 201) zusammengegossen und gleichzeitig bearbeitet. Dann wird der Ring $F$ abgestochen und mit dem eingeschobenen Ventil dem Hauptsitze zentrisch aufgepaßt und aufgeschraubt.

Bei den Einlaßventilen der *Grevenbroicher Maschinenfabrik* (Fig. 2, Taf. 19) ist behufs vollständiger Entlastung der Durchmesser der inneren Sitzfläche ebenfalls größer als der der äußeren gehalten. Die Ventile werden mit ihrem

Sitz zusammengegossen und nach dem Ausglühen und Bearbeiten in den beiden Sitzflächen abgestochen. Damit dies bei der inneren Sitzfläche möglich ist, muß der Boden des Ventilsitzes besonders eingesetzt und aufgeschliffen werden.

Das Material der Ventilspindel ist Stahl. Ihre Verbindung mit dem Ventil muß gegen eine unbeabsichtigte Lösung gesichert werden, darf aber keine vollständig starre sein. Das Ventil muß sich vielmehr auf der Spindel drehen können. Die gebräuchliche Befestigung besteht in einem Bund oder Konus auf der einen Seite und einer Mutter mit Splint auf der anderen. Die Führung und Abdichtung der Ventilspindel wurde früher durch eine gewöhnliche Packungsstopfbuchse bewirkt. Diese führt aber leicht ein Hängenbleiben der Spindel und des Ventiles herbei. An der Spindel unterliegen nämlich diejenigen Stellen, die bei den meist gebrauchten Füllungen und Ventilhüben in die Stopfbuchse treten, vorzugsweise dem Verschleiß. Muß dann die Stopfbuchse wegen des letzteren stärker angezogen werden, so findet bei Eintritt eines größeren Füllungsgrades und Ventilhubes ein Klemmen der weniger abgenutzten Stellen in der Stopfbuchse statt. Deshalb verwendet man jetzt eingeschliffene Ventilspindeln ohne Packung und sieht zur Abdichtung Rillen auf der Spindel oder in der Spindelbuchse vor, die als Labyrinthdichtung wirken (Fig. 199, 200 und 202, Taf. 13, 16, 17 und 18). Durch ein zum Kondensator führendes Rohr oder auf andere Weise wird dabei in dem Buchsenbehälter und

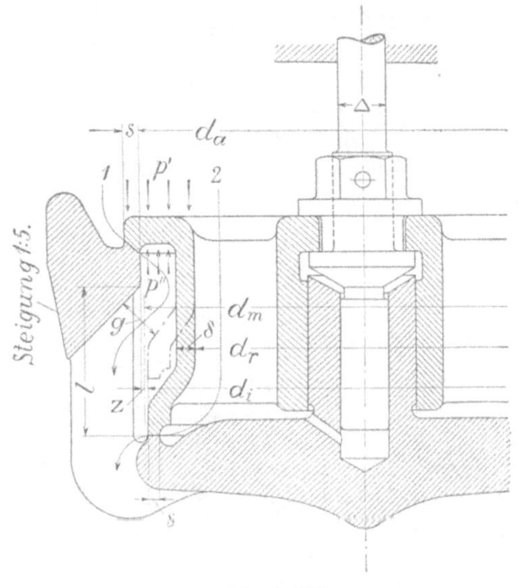


Fig. 203.

in den äußersten Rillen eine so niedrige Pressung erzeugt, daß das Schmiermaterial zwischen Buchse und Spindel eintreten kann.

Die Größenverhältnisse der 2 sitzigen Ventile sind für eine zu entwerfende Maschine nach den folgenden Angaben zu bestimmen.

Für den Einlaß folgt der Durchmesser $d_a$ der äußeren Sitzfläche (Fig. 203) aus dem nach Gl. 56, S. 140, berechneten Kanalquerschnitt $f$. Die Verengung, die der volle Kreisquerschnitt durch Wandungen, Rippen usw. erfährt, kann dabei für kleine Ventile gleich dem 0,4-, für große gleich dem 0,2 fachen dieses Querschnittes angenommen werden, so daß

$$d_a^2 \frac{\pi}{4} = \frac{f}{0,6} \text{ bis } \frac{f}{0,8} \quad \cdots \cdots \cdots \cdots \quad 80$$

zu setzen ist. Große Ventildurchmesser empfehlen sich namentlich bei kurzen Öffnungszeiten. Für den Auslaß wird $d_a$ entweder ebenso groß oder um 10 bis 20 mm größer als für den Einlaß gewählt. Das erste kommt besonders an

Einzylinder-Kondensationsmaschinen vor, wo man zur Erzielung eines günstigen Kanalschlusses bei den kleinen Füllungen oft die Einlaßventile im Durchmesser ebenso groß als die für einen größeren Auslaßquerschnitt $f$ berechneten Auslaßventile macht. Der Durchmesser $d_i$ der inneren Sitzfläche beträgt $o,5$ bis $1\,mm$ weniger als $d_a$.

Die Projektion $s$ der Sitzflächenbreite ist $2$ bis $3\,mm$, die Rohrwanddicke $\delta = 5$ bis $10\,mm$, der Durchmesser der Ventilspindel an der schwächsten Stelle

$$\begin{array}{ccc} 10 \text{ bis } 13 & 13 \text{ bis } 16 & 16 \text{ bis } 20 \end{array}$$
für $d_a = 80$ bis $100$  $100$ bis $150$  $150$ bis $200$
$$20 \text{ bis } 24\,mm$$
$$200\,mm \text{ und mehr.}$$

Der Rohrdurchmesser $d_r$ ist wegen der Teilung des Dampfstromes in zwei Hälften (Pfeil $1$ und $2$ in Fig. 203) so groß zu nehmen, daß sowohl zwischen Ventilrohr und Ventilsitz als auch zwischen Ventilrohr und Ventilnabe $o,5\,f$ als freier Durchgangsquerschnitt verbleibt.

Die zur Erreichung des Querschnittes $f$ erforderliche Hubhöhe des Ventiles folgt ohne Berücksichtigung der Verengung durch etwaige Führungsrippen und der Steigung bei schrägen Sitzflächen aus

$$h_n = \frac{f}{2\,d_a\,\pi} \qquad \ldots \quad 81$$

Bei Ventilen mit Überdeckung kommen hierzu noch $2$ bis $3\,mm$ für die Überdeckung.

An den Ventilsitzen erhalten die konischen Dichtungsflächen eine Steigung von $1 : 5$. Die Sitzringe haben im Querschnitt je nach der Größe des Ventiles $25$ bis $45\,mm$ Höhe und Breite. Der größte Durchmesser

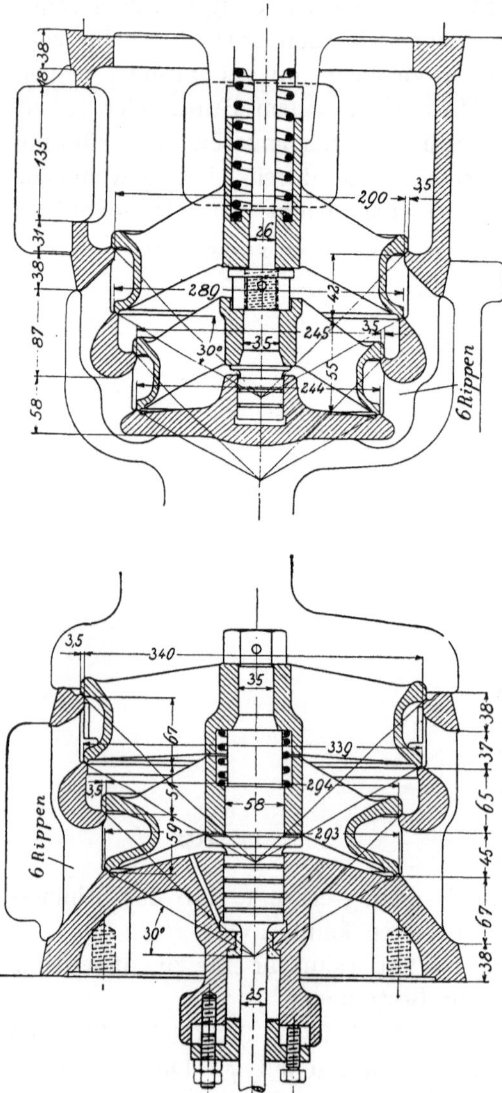


Fig. 204 und 205. 1 : 7,5. *4*sitzige Ventile(*D. R. P. Nr. 106 536*) zu einer lieg. Verbundmaschine $d = o,55$, $D = o,9$, $S = o,9\,m$ der *Waggon- und Maschinenbau-Aktiengesellschaft Görlitz.*

des inneren Sitzringes muß des Einbaues wegen $1$ bis $2\,mm$ kleiner als der kleinste Durchmesser des äußeren sein. Die untere Länge $l$ der Sitze ist so zu wählen, daß bei der höchsten (in Fig. 203 punktiert angegebenen) Lage des Ventiles noch für den Durchgang in der Pfeilrichtung $1$ ein freier Querschnitt von mindestens

*0,5 f* verbleibt. Der Abstand *g* hat dann ohne Rücksicht auf etwaige Verengungen mindestens $h_n$ zu betragen. Bei Steuerungen, wo der größte Ventilhub bedeutend größer als der normale $h_n$ ist, wie z. B. bei vielen zwangläufigen Ventilsteuerungen, wird dieser Bedingung aber oft nicht genügt, um nicht zu hohe Ventile und Ventilkästen zu erhalten. Zwischen den Stegen der Sitzringe muß natürlich mindestens der Querschnitt *f* vorhanden sein, damit der Dampf ohne Drosselung nach und aus den Ventilen strömen kann. Diese Rücksicht ist auch für die Weite der Ventilkästen maßgebend, und man hat, wie dies im Beispiel des nächsten Paragraphen gezeigt ist, bei Feststellung der einzelnen Abmessungen stets zu

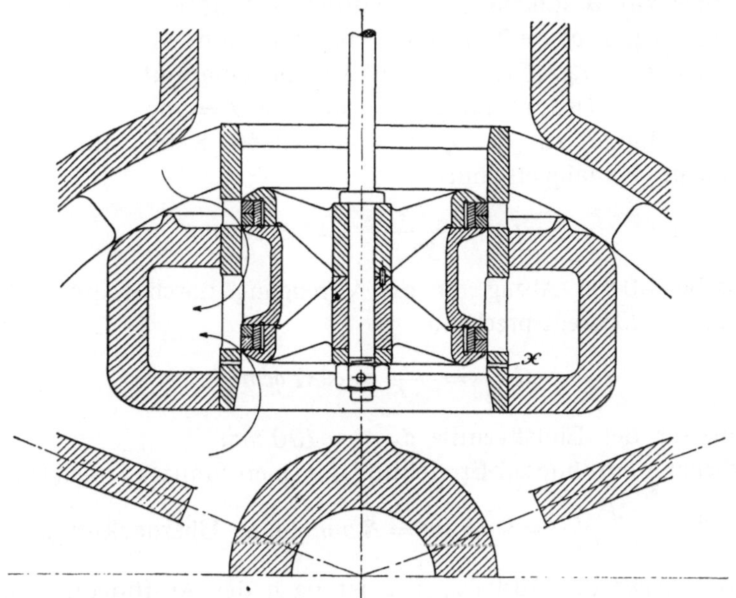

Fig. 206. Kolbenventil der *Sächs. Maschinenfabrik, vorm. R. Hartmann,* in Chemnitz.

überlegen, welcher Teil des Dampfstromes durch die einzelnen Querschnitte muß, und diese mindestens gleich dem entsprechenden Teile von *f* zu machen.

Fig. 204 und 205 geben Beispiele für die Ausführung der 4 sitzigen Ventile, die nur an großen Maschinen benutzt werden. Bei ihnen sind in einem 4sitzigen Ventilkorbe zwei Ventile übereinander angeordnet. Damit aber die Dichtheit der beiden Ventile unabhängig voneinander bleibt, ist beim Einlaß nur das untere, beim Auslaß nur das obere Ventil in der gebräuchlichen Weise durch Bund und Mutter auf der Spindel befestigt; das andere wird durch eine Feder gehalten und setzt sich beim Ventilschluß etwas früher auf seinen Sitz nieder. Wegen der 4fachen Eröffnung für den Dampfdurchgang bieten die 4sitzigen Ventile den Vorteil eines geringen Hubes bzw. Durchmessers, wodurch nicht nur die schwer dicht zu haltenden großen Sitzflächen vermieden, sondern auch die bei der Eröffnung zu beschleunigenden und bei dem Schluß zu verzögernden Massen der Ventile verringert werden.

Fig. 206 zeigt endlich die Ausführung der Kolbenventile, über deren Vorteile auf S. 138 das Nähere angegeben ist. Zur Abdichtung dienen bei ihnen oben und unten zwei federnde gußeiserne Dichtungsringe mit dahinter befindlichem gemeinsamen Spannringe. Die Liderringe sind frei beweglich, so daß sie sich gleichmäßig und dicht an die Laufbuchse anlegen können. Diese ist in Fig. 206 für doppelten Dampfeintritt nach den angegebenen Pfeilen eingerichtet, und der Kolbenventilkörper bewegt sich mit geringem Spiel in der Buchse. $x$ sind Voröffnungslöcher, die schon während der Kompression frischen Dampf in den Zylinder lassen.

§ 92. **Beispiel zur Bestimmung der Ventilabmessungen.** Für eine von *Scharrer & Groß*, Nürnberg, gebaute Tandem-Verbundmaschine von $d = 0{,}3$, $D = 0{,}5$, $S = 0{,}55\ m$ und $n = 140$ (Taf. 20) ergibt sich bei einer nutzbaren Kolbenfläche des Hochdruckzylinders auf der Deckelseite $O = 707\ qcm$, einer mittleren Kolbengeschwindigkeit $c_m = 2{,}567\ m/sk$ aus Gl. 56, S. 140, für $w = 37{,}5\ m/sk$ der erforderliche Kanalquerschnitt

$$f = \frac{707 \cdot 2{,}567}{37{,}5} = 48{,}5\ qcm$$

und daraus bei 40 vH Abzug für die Verengung durch Rippen, Nabe usw. gemäß Gl. 80, S. 235, entsprechend

$$d_a^2\, \frac{\pi}{4} = \frac{48{,}5}{0{,}6} = \backsim 81\ qcm\,,$$

ein Durchmesser der Einlaßventile $d_a = \backsim \mathbf{100}\ \mathbf{mm}$.

Erforderlicher Ventilhub zur Erreichung des Querschnittes $f$ nach Gl. 81, S. 236,

$$h_n = \frac{48{,}5}{2 \cdot 10\,\pi} = \backsim 0{,}8\ cm = \mathbf{8}\ \mathit{mm}\ \text{(ohne Überdeckung)}.$$

Der Durchmesser der Auslaßventile ist nach der Ausführung ebenso groß wie der der Einlaßventile.

Für den Niederdruckzylinder mit durchgehender Kolbenstange von $80\ mm$ Durchmesser wird nach Gl. 56, S. 140, mit $O = \backsim 1913\ qcm$ und $w = 47{,}5\ m/sk$

$$f = \frac{1913 \cdot 2{,}567}{47{,}5} = \backsim 103\ qcm$$

und bei 30 vH Abzug für Verengung

$$d_a^2\, \frac{\pi}{4} = \frac{103}{0{,}7} = \backsim 147\ qcm$$

oder $d_a = \backsim \mathbf{140}\ \mathbf{mm}$. Erforderlicher Ventilhub zur Erreichung des Querschnittes

$$h_n = \frac{103}{2 \cdot 14\,\pi} = \backsim 1{,}2\ cm = \mathbf{12}\ \mathit{mm}\ \text{(ohne Überdeckung)}.$$

Die Auslaßventile besitzen $d_a = \mathbf{150}\ \mathit{mm}$ Durchmesser. Erforderlicher Ventilhub bei 25 vH Verengung

$$h_n = \frac{0{,}75 \cdot 15^2\, \dfrac{\pi}{4}}{2 \cdot 15 \cdot \pi} = 1{,}4\ cm = \mathbf{14}\ \mathit{mm}\,.$$

Die weiteren Abmessungen der Ventile, Ventilsitze und Ventilkästen sind so zu bestimmen, wie dies nachstehend für die **Einlaßventile des Niederdruckzylinders** (siehe Fig. 1, Taf. 12) gezeigt ist.

Durchmesser der äußeren Sitzfläche $d_a = \mathbf{140}\,mm$,

Durchmesser der inneren wegen des Ventileinbaues $d_i = 140 - 1 = 139\,mm$.

Gewählt ist nach den Angaben auf S. 236 die Breite der Sitzfläche in der Projektion $s = 2\,mm$, die Rohrwanddicke $\delta = 5\,mm$, die Spindeldicke in der Stopfbuchse $15,3\,mm$. In der Ventilnabe, deren äußerer Durchmesser $45\,mm$ ist, beträgt die Spindeldicke $18\,mm$, und die Ventilnabe ist mit dem Ventilrohr durch 5 Rippen von $5\,mm$ Stärke verbunden. Bei einem Rohrdurchmesser $d_r = 103\,mm$ ergibt sich somit ein freier Durchgangsquerschnitt außerhalb des Rohres von

$$\overline{14}^2\,\frac{\pi}{4} - (10,3 + 2 \cdot 0,5)^2\,\frac{\pi}{4} = 53,66\,qcm$$

und innerhalb des Rohres von

$$\overline{10,3}^2\,\frac{\pi}{4} - \overline{4,5}^2\,\frac{\pi}{4} - 5 \cdot 0,5\,(10,3 - 4,5) = \infty 53\,qcm\,.$$

Beide Querschnitte sind annähernd gleich $0,5\,f$ und ergeben einen gesamten Durchgangsquerschnitt von $53,66 + 53 = 106,66\,qcm$.

Die Ventile sind mit Überdeckungen an den Sitzflächen von $2\,mm$ Höhe ausgeführt.

Wird bei den **Ventilsitzen** die größte Breite des unteren Sitzringes gleich $33\,mm$ gemacht, so beträgt

der größte Durchmesser dieses Ringes $140 + 2 \cdot 33 = 206\,mm$,

der kleinste Durchmesser bei $35\,mm$ Ringhöhe und $1 : 5$ Steigung der schrägen Seiten $206 - 2 \cdot 35/5 = 192\,mm$,

der kleinste Durchmesser des oberen Ringes wegen des Einbaues $206 + 2 = 208\,mm$,

der größte Durchmesser bei derselben Höhe und Steigung wie der untere Ring $208 + 2 \cdot 35/5 = 222\,mm$.

Die untere Länge $l_1$ der Ventilsitze ist zur Beschränkung der Bauhöhe mit $32\,mm$ so groß bemessen, daß bei dem normalen Ventilhube von $12 + 2 = 14\,mm$ ein Abstand $g = 14\,mm$ vorhanden ist, der für den erforderlichen Querschnitt $0,5\,f$ ausreicht. Bei dem größten Ventilhube von $32\,mm$ ist dieser Querschnitt aber nicht vorhanden.

Mit der oberen Länge $l_2 = 48\,mm$ bieten die 5 Öffnungen, durch die der Dampf zu den Ventilen tritt, den Querschnitt $f$ reichlich.

Bei den **Ventilkästen** muß durch den im Schnitt $G-H$ (Fig. 1, Taf. 12) mit $q_1$ bezeichneten Querschnitt mindestens $^1/_{10}$ des gesamten Dampfstromes treten können; für $q_1 = 2,25\,cm$ hat also die Höhe dieses Querschnittes mindestens

$$\frac{103}{10 \cdot 2,25} = 4,6\,cm$$

zu betragen. Die Ausführung zeigt an dieser Stelle eine Höhe von $85\,mm$. Für den Querschnitt $q_2$ gilt $\geqq 3\,q_1$ als Bedingung.

Der im Schnitt $E-F$ durch *1, 2, 3, 4, 5, 6* angedeutete freie Durchgangsquerschnitt muß ferner dem halben Querschnitt *f* genügen. Wird der Durchmesser der Wandkrümmung zu *205*, der des unteren Sitztellers zu *144* und die
Breite bzw. Dicke der *5* unteren Stege zu *38* und *14 mm* angenommen, so ergibt
sich ein freier Durchgang von

$$\frac{1}{2}\left(\overline{20,5}^2\,\frac{\pi}{4}-\overline{14,4}^2\,\frac{\pi}{4}-5\cdot3,8\cdot1,4\right)=70,25\,qcm,$$

der größer als *0,5 f* ist.

Endlich ist der Abstand *m* so groß zu nehmen, daß der im Schnitt $A-B-C$
durch *7, 8, 9, 10* angegebene Querschnitt (aber gemessen in der Ventilmitte)
größer als *0,5 f* wird. Setzt man die Breite und mittlere Höhe dieses Querschnittes am Ventilkasten gleich *220* und *75 mm*, die Projektion des Ventiles
und Ventilsitzes, soweit beide jenen Querschnitt verengen, gleich *190* und
*50 mm*, so muß

$$m\geqq\frac{0,5\,f}{22\cdot7,5-19\cdot5}\quad\text{oder}\quad m\geqq0,74\,cm$$

sein. In der Ausführung ist $m=20\,mm$.

§ 93. **Die Ventilkräfte.** Die am Ventil wirkenden Kräfte und ihre Wirkung
auf die äußere Steuerung lassen sich nur annähernd feststellen. Zu diesen
Kräften gehört:

1. Der Dampfdruck auf das geschlossene Ventil. Er bildet in der Regel
den größten von allen Widerständen, die bei der Ventileröffnung zu überwinden
sind. Auf die beiden Sitzflächen wirkt der Dampfdruck unter der bei Sicher-
heitsventilen üblichen Annahme nach den Bezeichnungen in Fig. 203, S. 235,
mit einer Kraft $(d_a+d_i)\,\pi\cdot s\cdot p'$, auf die zwischen den beiden Sitzflächen
liegende Fläche von der Breite *z* mit einer solchen $d_m\pi\cdot z\,(p'-p'')$. Der ganze
Dampfdruck ist also mit $0,5\,(d_a+d_i)=d_m$

$$d_m\pi\left[2\,s\cdot p'+z\,(p'-p'')\right].$$

Hierin ist beim Einlaßventil $p'$ gleich der Eintrittsspannung $p_1$, $p''$ gleich der
Kompressionsendspannung $p_c$, beim Auslaßventil $p'$ gleich der Expansionsendspannung $p_e$, $p''$ gleich der Austrittsspannung $p_2$ zu setzen.

Durch Vergrößerung des Durchmessers $d_i$ der inneren Sitzfläche kann nach
S. 234 der Dampfdruck auf das geschlossene Ventil beliebig verkleinert und
unter Umständen sogar Null werden.

2. Der Spindeldruck. Auf den nicht entlasteten Querschnitt der Ventil-
spindel drückt der Dampf mit einer Kraft $(\varDelta^2\,\pi/4)\,p'$, wenn $\varDelta$ der Durchmesser
der Spindel in der Stopfbuchse ist. Der Spindeldruck ist bei den Einlaßventilen
im allgemeinen nach oben, bei den Auslaßventilen für Auspuff nach unten
und für Kondensation nur bei geöffnetem Ventil nach oben gerichtet. Er
sucht also die Einlaßventile zu öffnen und die Auslaßventile zu schließen. Bei
hoher Eintrittsspannung fällt der Spindeldruck an den Einlaßventilen ziemlich
bedeutend aus.

3. Die Stopfbuchsreibung. Sie ruft stets einen der beabsichtigten Ventilbewegung entgegen gerichteten Widerstand hervor. Ihre Größe schätzt *Trinks* annähernd auf

$$W_s = \frac{1}{20}\,\varDelta\,\pi\cdot h_s\,(p'-1)$$

mit $h_s$ als Packungshöhe in *cm*.

4. Die Spannung der Ventilfeder. Sie wirkt stets im Sinne des Ventilschlusses, und ihre Größe wächst mit der Hubhöhe des Ventiles (siehe § 95).

5. Die Gewichts- und Massenkräfte des Ventiles und der mit ihm verbundenen Teile, wie Spindel, Pufferkolben usw. Das nach unten gerichtete Gewicht dieser Teile sucht stets die Ventile zu schließen, die Massen dagegen setzen sich der beabsichtigten Bewegung anfangs entgegen, später fördern sie diese.

6. Die Saugkraft des strömenden Dampfes, der die geöffneten Ventile bei der gebräuchlichen Anordnung zu schließen sucht.

§ 94. **Die Ventilerhebungsdiagramme.** Ebenso wie bei den Schiebersteuerungen die Kanaleröffnungen $a_x$ werden bei den Ventilsteuerungen die Ventilhübe $h_x$, wie sie sich aus dem Steuerschema ergeben, als Ordinaten über den zugehörigen Kolbenwegen als Abszissen aufgetragen. Man erhält dadurch die sogenannten Ventilerhebungsdiagramme. Fig. 207 zeigt ein solches Diagramm für den Ein- und Auslaß der auf Taf. 11 dargestellten Ausklinksteuerung. An einer vorhandenen Maschine lassen sich solche Diagramme unmittelbar mit Hilfe der Papiertrommel eines Indikators entnehmen, dessen Schreibstift an der Ventilspindel sitzt.

Die zu irgend einer Kolbenlage gehörige Ordinate der Ventilerhebungsdiagramme stellt den bei dieser Lage vorhandenen Ventilhub oder bei entsprechend gewähltem Maßstabe auch den dem Hube proportionalen Eröffnungsquerschnitt dar. Zur Beurteilung des Dampfdurchganges wird in die

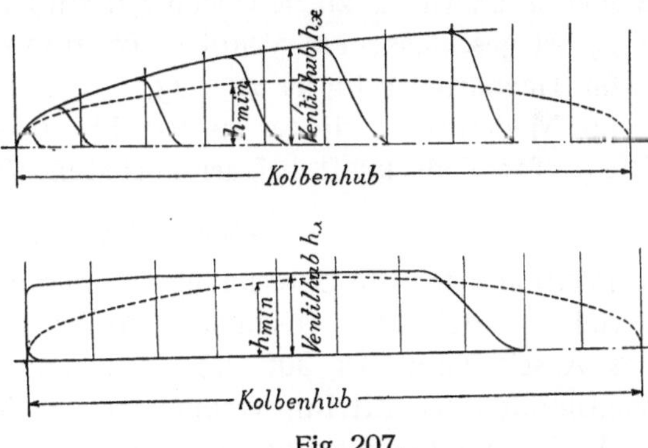


Fig. 207.

Ventilerhebungsdiagramme die Drosselungskurve eingetragen, welche die zur Vermeidung der Dampfdrosselung mindestens erforderlichen Ventilhübe $h_{min}$ zu Ordinaten hat. Sie ist bei unendlich langer Schubstange eine Ellipse, bei endlicher eine von dieser je nach dem Verhältnis $R/L$ mehr oder weniger abweichende Kurve. Setzt man nach Gl. 81, S. 236, den zur Vermeidung der Drosselung nötigen Ventilhub

$$h_{min} = \frac{f_{min}}{2\,d_a\,\pi},$$

so folgt mit Gl. 57, S. 141, auch

$$h_{min} = \frac{O\cdot c}{2\,d_a\,\pi\cdot w_{max}}.$$

In dieser Gleichung ist nur die Kolbengeschwindigkeit $c$ veränderlich. Man braucht deshalb, um die Ordinaten der Drosselungskurve für den in 10 gleiche Teile zerlegten Kolbenhub zu bekommen, hier nur den konstanten Faktor

$$k = \frac{O \cdot v}{2\, d_a\, \pi \cdot w_{\max}} = \frac{O \cdot c_m}{4\, d_a \cdot w_{\max}} \qquad \ldots \ldots \ldots \quad 82$$

mit den Werten der Tabelle auf S. 111 zu multiplizieren.

**§ 95. Die Ventilfedern.** Die an allen Ventilsteuerungen über bzw. unter den Abschlußorganen angeordneten Federn sollen bei den Ausklinksteuerungen das Ventil, sobald es von der äußeren Steuerung freigegeben wird, möglichst schnell in die Schlußlage bringen, bei den zwangläufigen Steuerungen dagegen seine Verbindung mit der äußeren Steuerung während der Schlußbewegung aufrecht erhalten. Die Federn werden mit einer Vorspannung, die innerhalb gewisser Grenzen veränderlich sein muß, auf das geschlossene Ventil gesetzt. Beim Heben desselben wächst dann die Federspannung, die bei der höchsten Ventillage ihren größten Wert erreicht.

Eine genaue Berechnung der erforderlichen Federkraft ist wegen der vielen nur schätzbaren Einflüsse, die dabei in Betracht kommen, kaum durchführbar. Die Kraft muß im allgemeinen um so größer sein, je höher die Umlaufzahl ist und je mehr Massen bei der Steuerung zu beschleunigen sind; sie muß also bei zwangläufigen Steuerungen im allgemeinen größer als bei Ausklinksteuerungen gemacht werden, da bei jenen meist auch Teile des äußeren Steuermechanismus zu beschleunigen sind. Vielfach wählt man die Federkraft $P_{\min}$ bei geschlossenem Ventil in $kg$ empirisch, und zwar

für Hochdruckzylinder zu $1/15$,

für Niederdruckzylinder zu $1/17$ bis $1/22$ des Zylinderdurchmessers in $mm$.
Die größte Federkraft bei der höchsten Ventillage beträgt

$$P_{\max} = 1{,}2\ P_{\min} \text{ bis } 2\ P_{\min}.$$

*Trinks*[1]) gibt für die Berechnung der Federkraft $P_f$ das folgende Annäherungsverfahren. Bei einer Ausklinksteuerung wirken am Einlaß nach der Freigabe des Abschlußorganes auf dessen Beschleunigung das Eigengewicht $G_v$ des Ventiles und der mit ihm verbundenen Teile, die Federspannung und die Saugkraft des durchströmenden Dampfes hin, während die Stopfbuchsreibung $W_s$ und der Spindeldruck (siehe § 93) den Niedergang des Ventiles zu verzögern suchen. Am Auslaß wirkt nur bei Auspuffmaschinen der Spindeldruck anders. Werden nun die Saugwirkung und der Spindeldruck, als in ihrer Wirkung sich annähernd aufhebend, vernachlässigt, und bezeichnet

$t$ die Schließdauer des Ventiles in $sk$,

$h$ den Ventilhub bei der normalen Füllung in $m$,

$p$ die zum Schließen erforderliche Beschleunigung in $m/sk^2$,
so muß die Schließkraft $P_f + G_v$ gleich der zu beschleunigenden Masse mal der nötigen Beschleunigung und vermehrt um die Stopfbuchsreibung, also

---

[1]) Z. d. V. d. I. 1898, S. 1162.

$$P_f + G_v = p\,\frac{G_v}{g} + W_s \quad \text{oder} \quad P_f = \left(\frac{p}{g} - 1\right)G_v + W_s$$

sein. Die Beschleunigung berechnet sich aus der bekannten Beziehung

$$h = \frac{1}{2}\,p \cdot t^2 \quad \text{zu} \quad p = \frac{2\,h}{t^2}.$$

Die Zeit $t$ ist gleich dem Wege, den der Kolben während des Ventilschlusses zurücklegt, dividiert durch den mittleren Wert der Kolbengeschwindigkeit während dieser Zeit. Der Kolbenweg für die Schlußdauer kann im Mittel bei *100* Umdrehungen und *40* bis *45 m/sk* Dampfgeschwindigkeit im Augenblicke der Ausklinkung für den Einlaß zu

6, 9, 12 vH des Kolbenweges bei einer Ausklinkung nach 8, 25 bzw. 45 vH des Weges,

für den Auslaß zu

12 bis 15 vH des Kolbenweges

angenommen werden.

Bei zwangläufigen Steuerungen empfiehlt *Trinks*, die Federkraft nicht für die normale, sondern für die höchste Umdrehungszahl zu berechnen und den erhaltenen Wert der Sicherheit wegen um 5 bis 10 vH zu vergrößern.

Von den **Abmessungen der meist zylindrischen Federn** folgt die erforderliche Drahtstärke $\delta_f$ nach der Festigkeitslehre aus der Beziehung

$$P_{\max} \cdot r_f = 0,2\,\delta_f^3 \cdot k_d \quad \ldots \ldots \ldots \ldots \quad 83$$

mit $r_f$ als mittleren Windungsradius und $k_d \leqq 3000\,kg/qcm$. Zwischen der Zusammendrückung $y_f$ und der zugehörigen Federkraft $P_f$ besteht ferner die Gleichung

$$y_f = \frac{64\,m \cdot r_f^3}{\delta_f^4 \cdot G}\,P_f \quad \ldots \ldots \ldots \ldots \quad 84$$

mit $m$ als Windungszahl und $G = 750\,000\,kg/qcm$ als Gleitmaß. Die Zusammendrückungen der Feder verhalten sich endlich wie die Federkräfte, so daß

$$\frac{y_f}{y_{\max}} = \frac{P_f}{P_{\max}} \quad \text{oder} \quad P_{\max} = P_f \frac{y_{\max}}{y_f}$$

und entsprechend

$$P_{\min} = P_{\max} \frac{y_{\min}}{y_{\max}}$$

mit $y_{\min}$ als kleinste, $y_{\max}$ als größte Zusammendrückung der Feder wird.

Die **gebräuchliche Anordnung der Ventilfedern** ist aus Fig. 202, S. 234, sowie aus den Figuren auf Taf. 10 bis 18 ersichtlich. Die Federn für die Einlaßventile werden in den Ventilbock eingebaut. Sie legen sich hier unten auf den Teller oder das Führungsstück der Ventilspindel, der bei Ausklinksteuerungen einen Teil des Luftpuffers bildet und nachstellbar ist. Oben stützen sich die Federn entweder gegen die Wand des Gehäuses oder wie bei den zwangläufigen Steuerungen gegen einen zweiten Teller, der durch eine Druckschraube gehalten und stellbar gemacht wird. Bei den Auslaßventilen befinden sich die Federn auf der verlängerten Ventilspindel. Diese tritt durch ihren Ventilbock und nimmt die Feder, die sich oben gegen den Bock legt, in einem ebenfalls stellbar befestigten unteren Teller auf. *Collmann* ordnet die Ventilfedern unmittelbar über den Einlaßventilen im Dampfraum an (siehe Taf. 11).

§ 96. **Beispiel zur Berechnung der Ventilfedern.** Bei der auf S. 238 angeführten Tandem-Verbundmaschine $d = 0,3$, $D = 0,5$, $S = 0,55$ $m$ und $n = 140$ werden die Einlaßventile des Niederdruckzylinders durch die auf Taf. 12 dargestellte Ausklink-Steuerung bewegt. Für 35 vH Füllung kann die Schlußzeit der Ventile nach S. 243 bei 100 Umdrehungen zu 10, bei 140 Umdrehungen zu 14 vH angenommen werden. Die Ausklinkung beginnt dann nach $35 - 14 = 21$ vH aus der Totlage. Die Ventile haben nach dem Steuerungsschema in diesem Augenblick einen Hub von *16 mm*, und die mittlere Kolbengeschwindigkeit während des Schlußweges kann nach der Tabelle auf S. 111 gemäß Gl. 41 zu

$$c = 0,95\,v = 0,95\,\frac{0,55\,\pi \cdot 140}{60} = 3,83\,m/sk$$

angenommen werden. Hiermit ergibt sich die Schlußzeit und die erforderliche Beschleunigung der Ventile zu

$$t = \frac{0,14 \cdot 0,55}{3,83} = 0,02\,sk\,,$$

$$p = \frac{2 \cdot 0,016}{0,02^2} = 80\,m/sk^2\,.$$

Die letztere bedingt, wenn das Gewicht des Ventiles, der Spindel usw. gleich *4,5 kg*, die Stopfbuchsreibung bei *1,53 cm* Spindeldurchmesser, *4,5 cm* Packungshöhe und $p' - 1 = 2,5$ *at* Überdruck gleich

$$W_s = \frac{1}{20}\,1,53\,\pi \cdot 4,5 \cdot 2,5 = 2,7\,kg$$

gesetzt wird, nach S. 243 eine Federkraft

$$P_f = \left(\frac{80}{9,81} - 1\right)4,5 + 2,7 = \infty\,35\,kg\,.$$

Berechnet man nach dieser die Federstärke $\delta_f$, indem man schätzungsweise nur $k_d = 2500\,kg/qcm$ zuläßt, damit bei $P_{max}$ der zulässige Grenzwert $k_d = 3000\,kg/qcm$ nicht überschritten wird, so folgt für den der Ausführung entnommenen Windungsradius $r_f = 2,75\,cm$ der Feder gemäß Gl. 83

$$\delta_f = \sqrt[3]{\frac{35 \cdot 2,75}{0,2 \cdot 2500}} = \infty\,0,6\,cm = 6\,mm$$

und als erforderliche Zusammendrückung derselben beim $m = 13$ Windungen

$$y_f = \frac{64 \cdot 13 \cdot 2,75^3}{750000 \cdot 0,6^4}\,35 = 6,23\,cm\,.$$

Die kleinste Zusammendrückung (beim Ventilschluß) ist $y_{min} = 6{,}23 - 1{,}6$ $= 4{,}63\,cm$, die größte bei einem größten Ventilhub von $32\,mm$ $y_{max} = 4{,}63$ $+ 3{,}2 = 7{,}85\,cm$. Die größte und kleinste Federkraft wird demnach

$$P_{max} = \frac{7{,}85}{6{,}23}\,35 = \infty 44\,kg, \qquad P_{min} = \frac{4{,}63}{6{,}23}\,35 = \infty 26\,kg.$$

Die größte Beanspruchung beträgt bei der ersten nur $k_d = 2800\,kg/qcm$; die Feder würde also auch noch bei einem etwas größeren $G_v$ der angegebenen Schlußzeit bzw. bei dem gleichen $G_v$ einer etwas geringeren Schlußzeit genügen.

§ 97. **Die Ventilböcke, Stangen, Hebel und sonstigen Steuerungsteile.** Die Ventilböcke dienen zur Führung der Ventilspindeln, sowie zur Stützung und Unterbringung der Ventilfedern, Hebelbolzen, Sättel (für Wälzhebel), Luft- und Ölpuffer. Die Spindeln führen sich bei ihnen mit einem stärkeren zylindrischen Aufsatz in einer ausgebohrten Hülse, die durch ein Übergangs- stück mit der Grundplatte der Böcke verbunden ist. Die Form dieses Über- gangstückes ist, wie die Figuren auf Taf. 10 bis 18 erkennen lassen, sehr ver- schieden. Man findet zylindrische und kegelförmige Übergänge, zweibeinige flache Stützen oder sogar einseitige Stützen, die sich an der Grundplatte zylin- drisch erweitern. Die Ventilfedern sind beim Einlaß stellbar in einer Haube untergebracht, die den Böcken aufgeschraubt wird; beim Auslaß liegen die Federn frei. Der Grundform der Böcke sind die Augen und Platten zur Stützung der Hebelbolzen und Sättel anzuschließen, bei zylindrischer oder kegelförmiger Gestalt auch die nötigen Zugangsöffnungen für die Ventilspindeln und Ventil- stopfbuchsen einzugießen.

Das Material der Hebel, Stangen und Zapfen ist meist Stahl. Die Zapfen werden gehärtet, die Hebel an den erforderlichen Stellen mit Bronze- oder gehärteten Stahlbuchsen versehen. Für hinreichende Schmierung aller Gelenk- punkte ist zu sorgen und bei der Konstruktion der einzelnen Teile Rücksicht auf deren Bewegung zu nehmen. Der letzte Umstand ist namentlich bei der Verbindung von Ventilhebel und Ventilspindel zu beachten, da der Hebel um einen festen Punkt schwingt, während die Spindel vertikal auf- und nieder- geht. An den Ausklinksteuerungen wird diese Verbindung meist nach Fig. 1, Taf. 12, oder Fig. 2 und 3, Taf. 11, ausgeführt. Auf Tafel 12 ist das runde Hebelende, durch das die Spindel geht, von zwei Kugelschalen geführt und durch zwei Muttern oben und unten gehalten. Vier von diesen Schalen werden aus einer Kugel geschnitten. Das Gewinde der Ventilspindel ist fein. Auf Taf. 12 ist das Ende des Hebels pfannenförmig gestaltet, und die Spindel trägt ein Stück mit zwei Zapfen, die entsprechend ausgebildet sind. Die oberen Muttern ruhen ferner mit einer halbkugelförmigen Unterlagscheibe auf dem Zapfenstück, von den beiden unteren ist die eine mit einem federnden Stahl- plättchen versehen. An zwangläufigen Ventilsteuerungen mit Schubkurven- Schwingedaumen ist jetzt die auf Taf. 16 und 17 angegebene Verbindung zwischen Daumen und Spindel gebräuchlich. Die letztere trägt hier drehbar in ihrem stärkeren Führungsstück einen an den Enden zylindrischen, gehärteten Bolzen, der in der Mitte flach gehalten ist und hier von einer maulartigen Öffnung des Daumens erfaßt wird. An Wälzhebeln findet sich entweder die entsprechende Verbindung (Fig. 218, S. 254), oder die Ventilspindel wird durch einen im Hebel festsitzenden Bolzen mit diesem verbunden (Fig. 3 und 4, Taf. 10), während das andere Auge eine gelenkartige Verbindung erhält, bei der eine Hohlscheibe mit durchtretendem Bolzen auf der anschließenden Stange $S$ und $S'$ stellbar gemacht ist. Sonst werden einfache Stangen, um ihre Länge genau einstellen zu können, mit Gewinde und Gegenmutter in ihren Augen

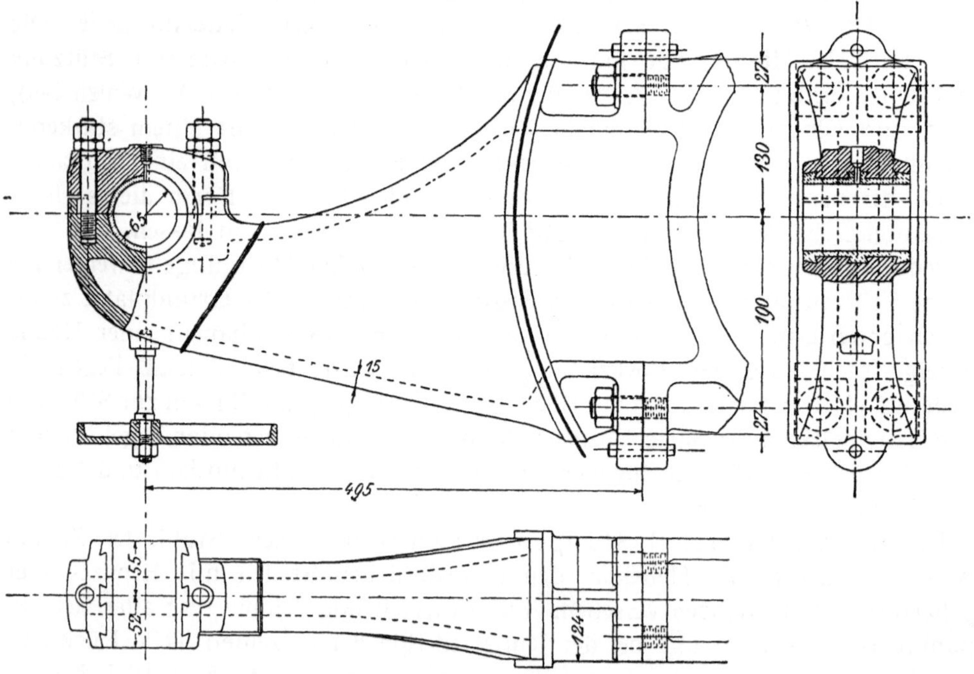

Fig. 208.  1 : 7,5.  Steuerwellenbock zum Niederdruckzylinder der lieg. Tandem-Verbundmaschine von *Scharrer & Groß* in Nürnberg.

befestigt, wobei die Muttern des besseren Aussehens wegen das vorstehende Gewinde mit einem Ansatz verdecken. Seltener findet man bei Exzenterstangen die in Fig. 2 und 3, Taf. 11, vorgesehenen Distanzringe oder Paßscheiben nach Fig. 4, Taf. 17, angeordnet.

Über die Ausbildung der Exzenter und Exzenterstangen gilt auch hier das bei den Schiebersteuerungen Angeführte (siehe § 71). Die Exzenter der Ventilsteuerungen können aber, da sie nicht wie bei den Schiebersteuerungen auf der Kurbel-, sondern auf der dünneren Steuerwelle sitzen, meist kleiner im Durchmesser und entsprechend schwächer gehalten werden.

Die Lagerböcke der Steuerwellen werden hohl gegossen und erhalten in den Lagerstellen Rotgußschalen oder eingegossenes Weißmetallfutter (Fig. 208).

Die konischen **Antriebsräder der Steuerwelle** sind durch Blechmäntel zu verkleiden. Fig. 209 gibt ein Beispiel hierfür. Das Rad auf der Kurbelwelle ist zweiteilig.

## a) Zwangläufige Ventilsteuerungen mit fester Dampfverteilung.

**§ 98. Anwendung und Einteilung.** Die vorliegenden Steuerungen werden für den Auslaß an allen Ventilmaschinen, für den Einlaß nur an dem Mittel- und Niederdruckzylinder der mehrstufigen Expansionsmaschinen verwendet, falls nicht im letzteren Falle der Gleichmäßigkeit wegen die für den Hoch-

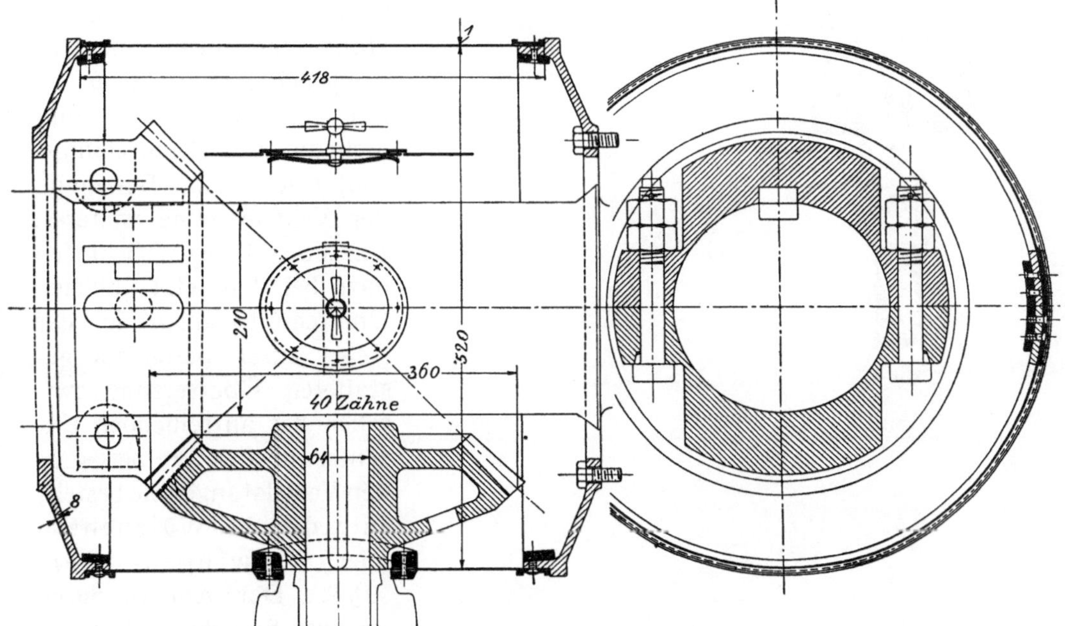

Fig. 209. 1 : 7,5. Steuerwellenantrieb der lieg. Tandem-Verbundmaschine von *Scharrer & Groß* in Nürnberg.

druckzylinder gewählte Steuerung (siehe unter b und c), die dann auf einen bestimmten Füllungsgrad eingestellt wird, auch an den übrigen Zylindern zur Benutzung kommt. Die Dampfverteilung kann bei den vorliegenden Steuerungen nur während des Stillstandes innerhalb enger Grenzen verändert werden, und zwar erstreckt sich diese Änderung beim Auslaß gewöhnlich nur auf die Kompression, beim Einlaß auf die Füllung.

Die Steuerungen lassen sich unterscheiden in solche, bei denen der Antrieb der Ventile durch **unrunde Scheiben**, und in solche, bei denen er durch **Exzenter** bewirkt wird. Der Antrieb hat stets so zu erfolgen, daß die beim Öffnen und Schließen der Ventile erforderliche Beschleunigung bzw. Verzögerung der zu bewegenden Steuerungsmassen stoßfrei und ohne Schaden für die Sitzflächen der Abschlußorgane und die Gelenkpunkte des Steuergestänges vor sich geht. Die Ventile sind zu diesem Zwecke bei genügend kurzer Eröffnungszeit mit möglichst geringer Geschwindigkeit von ihrem Sitze abzugeben und dann mit einer den Beschleunigungswiderständen entsprechenden Steigerung in die verlangte Hubgeschwindigkeit überzuführen. Der Ventilschluß ist in umgekehrter Weise, also bei hinreichend kurzer Schlußzeit mit entsprechender Abnahme der Geschwindigkeit und allmählichem Übergang in die Schlußlage gegen Ende des Hubes, zu bewirken. Unrunde Scheiben gestatten bei richtiger Ausbildung und nicht zu hoher Umdrehungszahl eine solche Bewegung der Ventile ohne weiteres. Exzenter dagegen bedürfen dazu bei den jetzt üblichen Umdrehungszahlen in der Regel einer besonders gestalteten Übersetzung zwischen der antreibenden Exzenter- und der zu bewegenden Ventilstange. Sie besteht entweder in **Wälzhebeln** oder **Schwingedaumen**.

§ 99. **Der Antrieb durch unrunde Scheiben.** Fig. 210 zeigt die für Auslaßsteuerungen gebräuchliche Anordnung der unrunden Scheiben, von denen für jedes Auslaßventil eine vorhanden ist. Die Scheiben (Fig. 211) besitzen eine Erhöhung, mit der sie die auf ihr gleitenden Rolle,

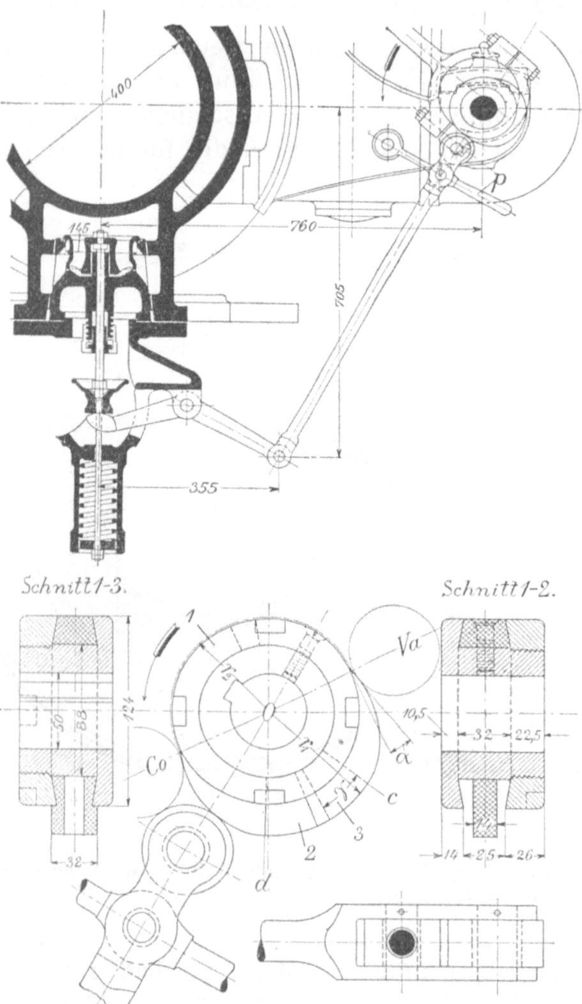

Fig. 210 u. 211. 1 : 15 und 1 : 5. Auslaßsteuerung mit unrunden Scheiben der *Sächsischen Maschinenfabrik, vorm. R. Hartmann,* in Chemnitz.

sowie das Ventil anheben. Der Schluß des letzteren wird durch die Ventilfeder bewirkt, die zugleich die Rolle gegen die Scheibe preßt. Zur Führung der Rolle dient ein Hebel $p$, der seinen festen Drehpunkt am Lagerbock der Steuerwelle hat. Mittels des Handgriffes an diesem Hebel kann das Ventil beim Entwässern des Zylinders gelüftet werden. Kommt der Radius $O\,Va$ der unrunden Scheibe in Fig. 211 in die Mitte der Rollenstange, so beginnt die Eröffnung des Ventiles, zwischen den Lagen $O\,c$ und $O\,d$ ist es ganz geöffnet, und kommt $O\,Co$

in die erwähnte Lage, so schließt sich das Ventil wieder. Der Winkel $Va\,O\,Co$ entspricht somit dem in Fig. 1, S. 5, mit $III\,O\,IV$ bezeichneten Drehwinkel der Hauptkurbel von Beginn des Dampfvoraustrittes bis zum Schluß der Kompression. Durch den allmählichen Anstieg und Abfall der Scheibenerhöhung kann ein langsames, stoßfreies Anheben und Aufsetzen des Ventiles bei hinreichend kurzer Eröffnungs- und Schlußzeit für nicht zu hohe $n$-Zahlen erreicht werden. Aus Fig. 212 ist weiter die Anordnung der unrunden Scheiben für den Ein- und Auslaß eines Niederdruckzylinders ersichtlich.

Die Lage der Erhöhung ist bei den unrunden Scheiben aus dem entworfenen Indikatordiagramm zu bestimmen (Fig. 213). Beim Auslaß legen auf der Deckelseite die Hauptkurbellagen $O\,III$ und $O\,IV$ im Kreise $K\,K'$ die Radien $O\,Va$ und $O\,Co$ für den Anfang und Schluß der Erhöhung fest. Beim Einlaß gilt Entsprechendes für die Hauptkurbellagen $O\,I$ und $O\,II$ hinsichtlich der Radien $O\,Ve$ und $O\,Ex$ zu Beginn des Voreintrittes und der Expansion. Erfolgt dann der Andruck der Einlaßrolle in der Richtung $k_1$ und derjenige der Auslaßrolle in derjenigen $k_2$, so ist die Einlaßscheibe (Fig. 213 oben) so aufzukeilen, daß bei der Deckeltotlage der Hauptkurbel der Radius $O\,K$ mit $k_1$, die Auslaßscheibe (Fig. 213 unten) so, daß bei der Kurbeltotlage derjenige $O\,K'$ mit $k_2$ zusammenfällt, die Erhöhungen also die punktiert eingetragenen Lagen einnehmen.

Die Differenz der Scheibenradien $r_1 - r_2$ muß dem erforderlichen Ventilhube unter Berücksichtigung der Übersetzung genügen, welche die eingeschalteten Hebel ergeben. Häufig steigt aber der äußere Nockenkreis nach Erreichung des erforderlichen Ventilhubes noch etwas an, wird also dem Ventil ein kleiner Überhub gegeben, damit kein zu schneller Wechsel in den Beschleunigungskräften entsteht. Der Radius $r_1$ ist ferner

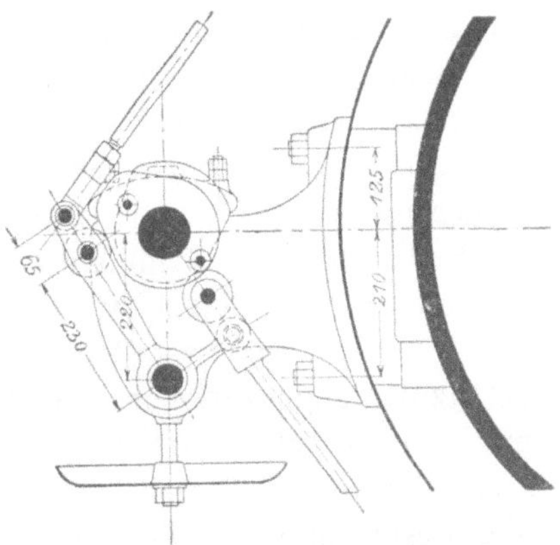

Fig. 212. 1 : 15. Ein- und Auslaßsteuerung mit unrunden Scheiben nach *Gebr. Sulzer*, Winterthur.

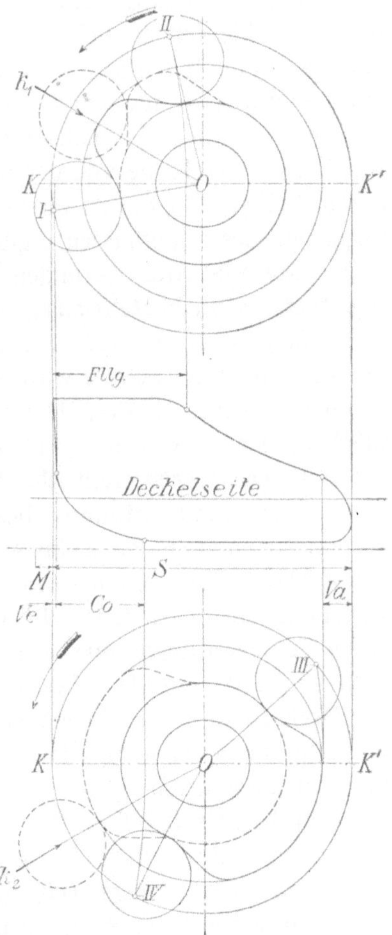

Fig. 213.

durch die Bohrung und notwendige Nabenstärke der Scheibe bedingt. Während des Bogens $I\,K'\,II$ bzw. $III\,K\,IV$ berühren aber die Rollen die Scheiben nicht, sondern es wird zwischen beiden *o,5 mm* Spielraum gelassen, damit einerseits bei geschlossenem Ventil die Rolle nicht schleift und die äußere Steuerung leer geht, andererseits das Ventil dampfdicht schließen kann.

Die Anhub- und Schlußkurven der Erhöhungen sind mit Rücksicht auf die zu beschleunigenden bzw. verzögernden Massen bei Eröffnung und Schluß des Ventiles zu gestalten. Meist werden die Kurvenbahnen aber nach Schätzung angenommen und entweder als gerade Linie oder als Kreisbogen mit allmählichem tangentialen Übergang in den inneren und äußeren Scheibenkreis ausgeführt. Durch Konstruktion der Kurven, welche die Geschwindigkeit und Beschleunigung der zu bewegenden Massen während des Ventilanhubes und -schlusses, sowie die am Ventil wirkenden Kräfte darstellen, kann dann wie in § 102 gezeigt, geprüft werden, ob die gewählten Kurvenbahnen den zu stellenden Anforderungen genügen. Der Neigungswinkel $\alpha$ (Fig. 211) der Kurvenbahn schwankt zwischen *20* bis *40°*, ist aber selten mehr als *30°*. Er ist um so kleiner zu nehmen, mit je höherer Umdrehungszahl die Maschine läuft, wenn auch ein schnelles Öffnen und Schließen der Ventile mit Rücksicht auf die stattfindende Drosselung des Dampfes zu einem möglichst großen $\alpha$ drängt. Vor allem ist jeder plötzlichen Geschwindigkeitsänderung und einem Abspringen der Rolle von der Scheibe, wie es sich namentlich in den Punkten $c$ und $d$ (Fig. 211) bei zu starker Beschleunigung oder Verzögerung der zu bewegenden Gestängemassen ergibt, vorzubeugen.

Das Material der unrunden Scheiben ist Guß- oder Schmiedeeisen. Die eigentliche Bahn besteht aus gehärtetem Stahl und wird mit Schwalbenschwanz in die Scheibe eingesetzt. Um eine geringe Änderung der Füllung bzw. Kompression zu ermöglichen, wird die Bahn zweiteilig gemacht und mit Nut und Feder versehen. In Fig. 211 ist eine Verschiebung der Bahn um den Winkel $\gamma$ möglich. Das Material der Rollen ist ebenfalls gehärteter Stahl.

§ 100. **Der Exzenterantrieb.** Fig. 214 zeigt die einfachste Anordnung des unmittelbaren Exzenterantriebes. Von den auf der Steuerwelle sitzenden beiden Exzentern einer jeden Zylinderseite steuert das eine den Einlaß, das andere den Auslaß mit Hilfe eines Wälzhebels (§ 101). Die hiermit verbundene Dampfverteilung sowie die Ventilerhebungen lassen sich an Hand des *Müller-Reuleaux*-schen Schieberdiagrammes verfolgen.

In Fig. 214, wo der Exzenterkurbelkreis der Steuerung für den Einlaß der Deckelseite in größerem Maßstab gezeichnet ist, stellt $y - y$ die mittlere Exzenterstangenrichtung dar. Sie fällt mit $O\,b_1(b_2)$ zusammen, wenn $b_1$ und $b_2$ die sich deckenden Lagen des linken Wälzhebelzapfens bei den Stellungen $O_1\,Ve$ und $O_1\,Ex$ der Exzenterkurbel für den Beginn des Voreintrittes bzw. den Schluß der Füllung sind. Der Exzenterkurbelkreis ist zugleich der Hauptkurbelkreis, und seine Totlagen $O\,K$ und $O\,K'$ schließen mit der Senkrechten $x-x$ zur mittleren Exzenterstangenrichtung den Winkel $\delta_e$ ein, den die Halbierungslinie des Winkel $I\,O\,II$ in Fig. 215 mit der Vertikalen durch $O$ bildet.

Dreht sich die Exzenterkurbel in dem angegebenen Sinne, so fängt das Ventil bei der Lage $O\,Ve$ in Fig. 214 an, sich von seinem Sitz abzuheben. Bei der Lage $O_1 K$ (Kolben in der Deckeltotlage) hat es sich, entsprechend dem Voröffnen der Schieber, um das Stück $h_e$, multipliziert mit dem Übersetzungs-

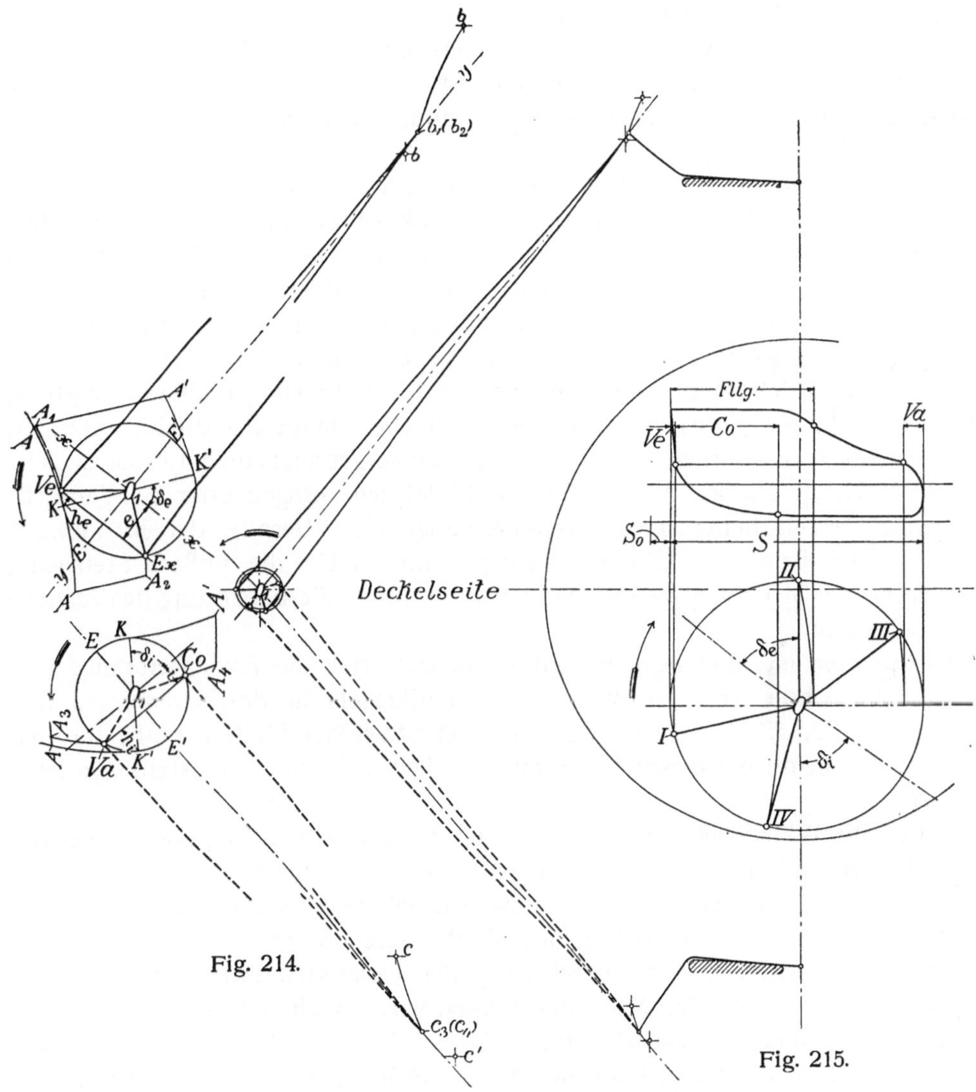

Fig. 214.

Fig. 215.

verhältnis, das der Wälzhebel bei dieser Lage bietet, schon gehoben, und die Erhebung nimmt bei weiterer Drehung der Kurbel- und Steuerwelle zu. Bei der Stellung $O_1 Ex$ ist das Ventil wieder auf seinem Sitz angelangt. $A_1A$ entspricht also dem Voreintritt, $AA_2$ der Füllung, wenn die Kolbenwege auf eine Parallele zu $K\,K'$ nach dem Bogenverfahren bezogen werden. Bei den Stellungen $O_1Ve$ und $O_1Ex$ muß ferner der Wälzhebel dieselbe Lage einnehmen, da dann das Ventil seinen Sitz verläßt bzw. auf ihn zurückkehrt. Der um die Lage $b_1 (b_2)$ des linken Wälzhebelzapfens bei diesen Stellungen mit der Exzenterstangenlänge geschlagene Kreisbogen geht deshalb durch $Ve$ und $Ex$ oder bildet bei Vernachlässigung der endlichen Exzenterstangenlänge eine zu $EE'$ senkrechte Gerade. Sie entspricht der $e$-Geraden des Schieberdiagrammes, und der in Fig. 214 mit $e$ bezeichnete Abstand kann als äußere Überdeckung der Ventilsteuerung angesehen werden, die zwar nicht wie beim Schieber am Ventil vorhanden ist, um die sich aber die äußere Steuerung aus ihrer Mittellage bewegen muß, bevor die Eröffnung des Ventiles beginnt.

Die Bewegung des Auslaßventiles läßt sich entsprechend darstellen. Die Kolbenweglinie $K K'$ schließt hier mit der Senkrechten zur mittleren Exzenterstangenrichtung den Winkel $\delta_i$ ein, den die Halbierungslinie des Winkels $III O IV$ in Fig. 215 mit der Vertikalen durch $O$ bildet; er kann verschieden von $\delta_e$ sein, da Ein- und Auslaß unabhängig voneinander gesteuert werden. Bei der Lage $O_1 Va$ in Fig. 214 öffnet das Ventil, beginnt also der Voraustritt, bei der Lage $O K'$ ist es schon um das Voröffnen ($h_i$ entsprechend) geöffnet, und bei der Lage $O Co$ wird es sich wieder schließen, fängt also die Kompression an. Der um $c_3 (c_4)$ mit der Exzenterstangenlänge geschlagene Kreisbogen geht ferner durch die Punkte $Va$ und $Co$ und bildet den $i$-Bogen oder bei Vernachlässigung der endlichen Exzenterstangenlänge die $i$-Gerade der in Fig. 214 eingetragenen inneren Überdeckung $i$, um welche die äußere Steuerung wieder aus der Mittellage bewegt werden muß, bevor die Eröffnung des Auslaßventiles beginnt.

Zu beachten ist, daß beim Exzenterstangenantrieb die Exzenterstange und der anschließende Arm des Wälz- oder Ventilhebels in den Grenzlagen $E b$, $E' b'$ bzw. $E c$, $E' c'$ genügend weit von der Strecklage bleiben muß; für den Winkel, den beide bei diesen Lagen einschließen, läßt man höchstens *140* bzw. *40°* zu.

§ 101. **Die Wälzhebel.** Die erforderliche stoßfreie Hubbewegung der Ventile beim Öffnen und Schließen wird bei den Wälzhebeln durch ein veränderliches Übersetzungsverhältnis erreicht. Es bewirkt, daß die Bewegung des treibenden Exzenterstangenendes zu Anfang des Ventilhubes nur in sehr verkleinertem, dann aber in einem bis zur Erreichung der verlangten Hubgeschwindigkeit immer mehr zunehmenden Maße übertragen wird. Während des Ventilniederganges findet das Umgekehrte statt. Der mit einer solchen Bewegung der Wälzhebel zu Anfang und Ende der Ventileröffnung verbundene Hubverlust, durch den ein großer Teil des Exzenterweges in eine sehr kleine Bewegung des Ventiles umgesetzt wird, verstärkt zwar die in den fraglichen Zeiten auftretende Drosselung des Dampfes. Dieser Übelstand, der sich namentlich bei höheren Umdrehungszahlen bemerkbar macht, tritt aber bis zu einem gewissen Grade auch bei den unrunden Scheiben und Schwingedaumen auf, wenn die Ventile bei solchen Umdrehungszahlen ruhig und stoßfrei arbeiten sollen.

Man unterscheidet Wälzhebel **ohne** und **mit festem Drehpunkt**.

Fig. 216 zeigt einen Wälzhebel der ersten Art. Er bewegt sich auf einem darunter befindlichen festliegenden Sattel und entspricht dem Auslaßhebel der Widnmann-Steuerung auf Taf. 10. Sein Stützpunkt liegt bei geschlossenem Ventil in $p_3$, also möglichst nahe der Ventilspindel, und rückt beim Öffnen des Ventiles unter allmählicher Zunahme der Übersetzung für die Ventilbewegung auf der Bahn $p_3\,p_5$ nach links. Ist er in $p_5$ angelangt, so ist der Angriffspunkt $c$ der Exzenterstange von $c_3$ nach $c_5$ gekommen. Das Ventil hat sich dann um das Stück $h_5$ gehoben und die verlangte Hubgeschwindigkeit erreicht. Während der weiteren Bewegung desselben schreitet der Berührungspunkt des Wälzhebels auf der stärker gekrümmten Bahn $p_5\,p'$ fort. Die Übersetzung ändert sich hierbei aber nur noch wenig. In $p_6$ nimmt das Ventil seine

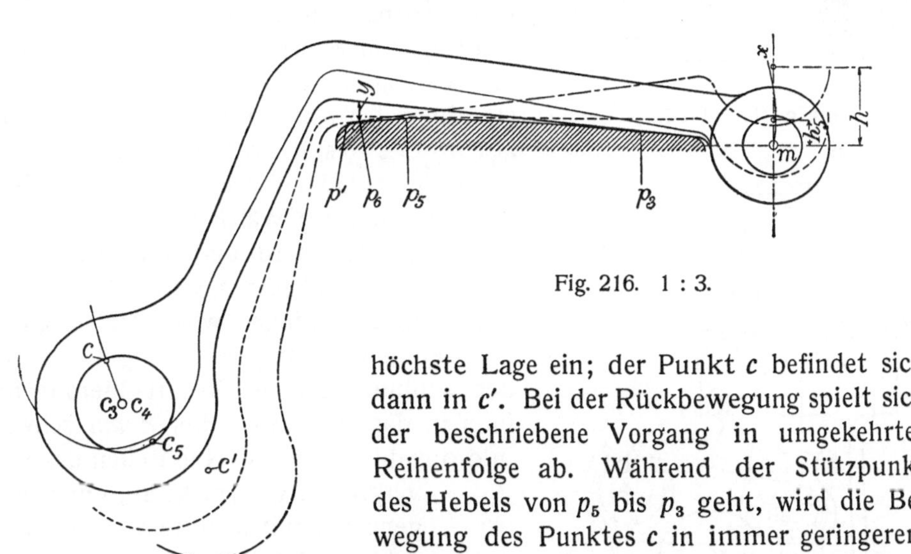

Fig. 216. 1 : 3.

höchste Lage ein; der Punkt $c$ befindet sich dann in $c'$. Bei der Rückbewegung spielt sich der beschriebene Vorgang in umgekehrter Reihenfolge ab. Während der Stützpunkt des Hebels von $p_5$ bis $p_3$ geht, wird die Bewegung des Punktes $c$ in immer geringerem Maße auf das niedergehende Ventil übertragen, bis diese Übertragung beim Aufsetzen des Ventiles im Punkte $p_3$ ihren kleinsten Wert erreicht. Das Exzenter bewegt dann noch bei geschlossenem Ventil den Punkt $c$ von $c_3$ nach $c$ und zurück. Der Wälzhebel hebt sich während dieses Teiles der Exzenterbewegung von seinem Sattel ab und kommt erst bei Beginn der nächsten Ventileröffnung wieder mit dem Sattel in Berührung.

Da der Ventilhub streng genommen mit der Geschwindigkeit Null aus der Ruhelage beginnen und auch mit dieser Geschwindigkeit wieder in der Ruhelage endigen soll, so hat man den Sattel des Wälzhebels auch wohl nach Fig. 217[1]) bis an die Ventilmitte verlängert. Die Übersetzung zwischen der Bewegung des Exzenterstangenendpunktes und des Ventiles ist dann zu Anfang und zu Ende des Ventilhubes unendlich groß, die Anfangs- und Endgeschwindigkeit für den letzteren also unendlich klein. Infolge des Spindeldurchtrittes wird aber nun der Sattel an dem bezüglichen Ende sehr schmal.

---

[1]) Z. d. V. d. I. 1902, S. 1488.

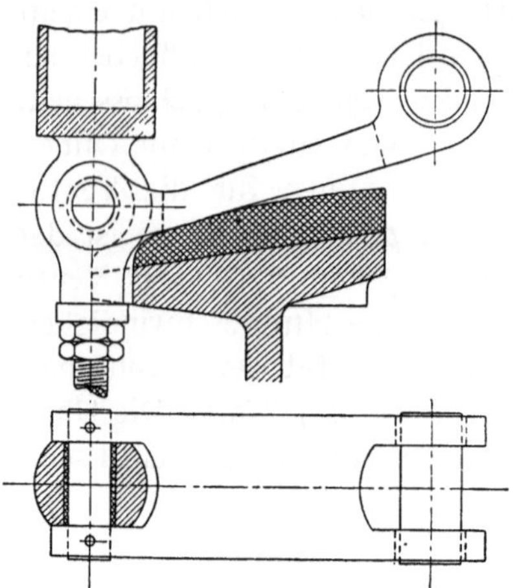

Fig. 217.  1 : 5.

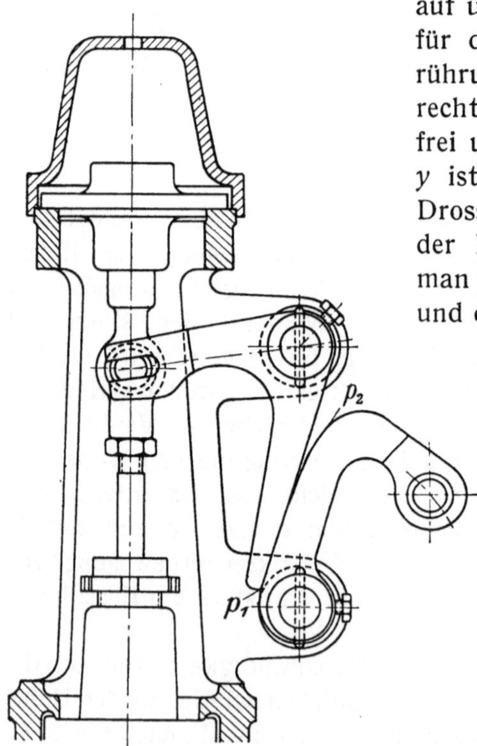

Fig. 218.  1 : 5.  Wälzhebel einer Einlaßsteuerung von *A. Borsig*, Berlin-Tegel.

Hinsichtlich der Abmessungen, die dem
Wälzhebel in Fig. 216 zu geben sind, ist zunächst zu beachten, daß der mit $y$ bezeichnete Abstand, um den der Hebel und Sattel
bei der Anfangslage der eigentlichen Wälz-
bewegung (Stützpunkt in $p_3$) klaffen, maßgebend ist für die Schnelligkeit, mit der das
Ventil beim Öffnen aus der Ruhelage in die
verlangte Hubgeschwindigkeit und umgekehrt
beim Schlusse aus dieser in jene übergeführt
wird.  Je kleiner $y$ ist, desto stärker müssen
beim Öffnen die Massen des Ventiles und
Ventilgestänges beschleunigt und beim Schließen verzögert werden, desto größere Widerstände treten beim Öffnen in der Steuerung
auf und desto stärkere Federspannungen sind
für den Schluß erforderlich, damit die Berührung zwischen Wälzhebel und Sattel aufrecht erhalten wird und das Ventil nicht
frei und hart auf seinen Sitz fällt.  Je kleiner
$y$ ist, desto geringer wird andrerseits die
Drosselung des Dampfes zu Beginn und Ende
der Füllung.  Mit Rücksicht hierauf findet
man $y$, das zwischen *3* bis *8 mm* schwankt,
und das durch späteres Nachfeilen des Sattels
vergrößert werden kann, um so größer
gemacht, mit je höherer Umdrehungszahl die Maschine läuft und je größer
die zu beschleunigenden Massen der
Steuerung sind.  Die Breite $p_3 p_5$ der
Wälzbahn soll ferner nach den Angaben
in der „Hütte" *100* bis *150 mm* betragen.

Bei der Formgebung des Wälzhebels
ist Rücksicht darauf zu nehmen, daß
er möglichst wenig auf dem Sattel
gleitet, sondern sich bei seiner Bewegung zur Hauptsache abwälzt.  Ein
reines Abwälzen ohne Gleiten würde
stattfinden, wenn die Sattelbahn $p_3 p_5$
umgekehrt wie in Fig. 216 nach einem Kreisbogen gekrümmt wird, dessen
Radius doppelt so groß als der Radius der in gleichem Sinne zu krümmen-
den unteren Hebelbahn ist.  Der einfacheren Herstellung wegen bildet man
aber in der Regel den Hebel wie in Fig. 216 an der unteren Seite gerade,

den Sattel nach einem sehr schwach gekrümmten konkaven Kreisbogen aus. Der Punkt $m$ beschreibt dann beim Abwälzen die Evolvente $mx$, die von der erforderlichen vertikalen Bewegung des Punktes mehr oder weniger abweicht. Um die Größe dieser Abweichung muß nun der Hebel auf dem Sattel gleiten. Damit dieses Gleiten aber möglichst beschränkt wird, legt man den Punkt $p_5$ höher als $m$ und zwar so, daß die Evolvente, so weit sie in den Ventilhub $h$ fällt, die Vertikale durch $m$ zweimal schneidet und die Abweichung beider Linien möglichst gleichmäßig verteilt auf beide Seiten der Spindelachse zu liegen kommt. Zu beachten ist dabei, daß die während des Gleitens auftretende Seitenkraft gegen die Spindel durch eine sichere Führung der letzteren aufgehoben wird.

Wälzhebel mit festen Drehpunkten, die bei höheren Umdrehungszahlen zur Verwendung kommen, zeigt Fig. 218. Der Berührungspunkt beider geht von $p_1$ nach $p_2$, wobei sich die Übersetzung wieder in der früher angegebenen Weise ändert. Die Hebelbahnen sind bei reinem Abwälzen wie bei den elliptischen Zahnrädern als Ellipsen auszubilden. Meist wird aber auch hier die eine Bahn (des Ventilhebels) gerade gehalten, so daß bei der Bewegung ein, wenn auch geringes Gleiten eintritt. Die andere Bahn ist dann punktweise aus den Winkelgeschwindigkeiten beider Hebel zu konstruieren[1]).

Allgemein leiden die Wälzhebel an dem Übelstande, daß sie bei den zwangläufigen Steuerungen mit veränderlicher Füllung (siehe unter $b$) unnötig hohe Ventilhübe für die größeren Füllungen erfordern, wenn sie bei den kleineren noch genügende Eröffnung geben sollen.

§ 102. **Die Schwinge- oder Rolldaumen.** Ihr Zweck ist derselbe wie der der Wälzhebel, also stoßfreies Eröffnen und Schließen der Ventile mit allmählicher Zu- bzw. Abnahme der Hubgeschwindigkeit. Gegenüber den Wälzhebeln bieten sie den Vorteil, daß das Anheben und Schließen der Ventile meist schneller vor sich geht, so daß bei dem vorliegenden Ventilantrieb namentlich auf eine Beschränkung der Massen und Massenkräfte Bedacht zu nehmen ist. Ferner vermeiden die Schwingedaumen die unnötig großen Ventilhübe und stark zunehmenden Ventilkräfte der Wälzhebel bei den großen Füllungen; ein geringer Überhub bei den letzteren läßt sich allerdings für gewöhnlich auch hier nicht vermeiden. Die Form und Wirkungsweise der Daumen ist derjenigen der unrunden Scheiben ähnlich, nur besitzen sie in der Regel nicht wie diese zwei Übergangsbahnen zwischen der äußeren und inneren Kreisbahn, sondern nur eine, die sowohl für den Hoch- als auch für den Niedergang des Ventiles dient.

Fig. 219 zeigt zunächst den Schwingedaumen einer Auslaßsteuerung. Er wirkt auf die Rolle eines doppelarmigen Ventilhebels. Die ausgezogene Lage mit dem Angriffspunkt in $g_3$ nimmt der Daumen bei Beginn des Voraustrittes und der Kompression ein. Die zugehörigen Lagen der Exzenterkurbel, deren Kreise für die Deckel- und Kurbelseite angegeben und dem Daumen nahegerückt wurden, sind $O\,Va\,(Va')$ und $O\,Co\,(Co')$. In $OK$ stehen die beiden

---

[1]) Siehe hierzu *H. Holzer*, Z. d. V. d. I. 1908, S. 2043.

Exzenterkurbeln bei der Deckel-, in $O\,K'$ bei der Kurbeltotlage des Kolbens. Sollen also Voraustritt und Kompression auf beiden Kolbenseiten gleich werden, so dürfen die beiden Exzenterkurbeln nicht genau diametral einander gegenüberliegen. Schwingt der Daumen aus der ausgezogenen Lage nach links, so hebt er das Ventil, und zwar um den erforderlichen Ventilhub $h_n$, wenn die Rolle auf dem äußeren Kreise des Daumens angelangt ist und $r_1 - r_2$ diesem Hube unter Berücksichtigung des Hebelübersetzungsverhältnisses entspricht. Auf dem Rückwege schließt sich das Ventil. Die Berührung zwischen Rolle und

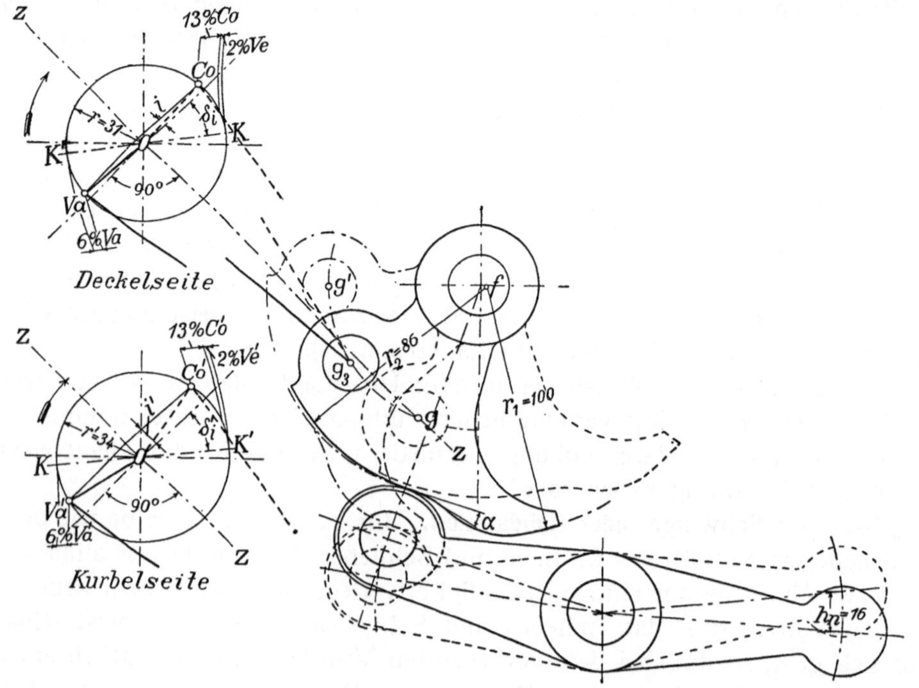


Fig. 219. 1 : 3. Auslaßdaumen zur lieg. Tandem-Verbundmaschine von *Scharrer & Groß* in Nürnberg.

Daumen wird während der Ventilbewegung durch die Ventilfeder aufrechterhalten. Schwingt der Daumen dagegen aus der angegebenen Lage nach rechts, so verbleibt das Ventil in der Schlußlage, und die äußere Steuerung läuft leer.

Zur Bestimmung der erforderlichen Exzentrizität $r$ wählt man am besten zunächst die Verhältnisse des Ventilhebels und des Daumens. Der nach Eintragung der Übergangskurve (siehe später) als notwendig sich ergebende Ausschlag des Zapfens $g$ auf der mittleren Exzenterstangenrichtung $z - z$ führt dann in der in § 109 gezeigten Weise zur Ermittelung der erforderlichen Größe von $r$ für eine gewünschte Kompressions- und Dampfvoraustrittsdauer.

Hinsichtlich der Formgebung der Schwingedaumen ist zu beachten, daß die Bahnen vom Radius $r_1$ und $r_2$ nicht durch die strichpunktiert eingetragenen konzentrischen Kreise um den Mittelpunkt des Daumendrehzapfens, sondern durch solche um den seitwärts von diesem liegenden Punkt *f* zu begrenzen sind. Die innere Bahn fällt dann etwas gegen ihre strichpunktierte ab, die äußere steigt etwas gegen die ihrige an. Jenes ist nötig, damit die Rolle beim Leergang der äußeren Steuerung nicht auf dem Daumen gleitet und das Ventil sicher aufsitzen kann, dieses geschieht, damit die Rolle bei der höchsten Ventillage nicht vollständig zur Ruhe kommt.

Die Übergangskurve zwischen der äußeren und inneren Kreisbahn ist wie bei den unrunden Scheiben auszubilden, also mit einem Neigungswinkel $\alpha = 20$ bis *30* (*40°*) und geradlinig oder nach zwei Kreisbogen gekrümmt mit allmählichem Übergang in die Grenzbahnen. Unter Hinweis auf die Angaben auf S. 250 ist dabei zu berücksichtigen, daß die Beschleunigungskräfte der Steuerung im Verein mit den sonstigen Kräften an derselben kein Abspringen der Rolle von dem Daumen bewirken dürfen, was namentlich bei größeren Umdrehungszahlen zu befürchten ist. Eine Prüfung der Verhältnisse hat mit Hilfe der Beschleunigungs- und Kräftekurven zu geschehen, wie sie z. B. in Fig. 221 bis 225 von Oberingenieur *H. Wiegleb* für die in Fig. 220 dargestellte Steuerung entworfen sind.

Fig. 221 zeigt zunächst das gewöhnliche Ventilerhebungsdiagramm der Steuerung, dessen Ordinaten, die Ventilhübe, für die zugehörigen Kolbenwege als Abszissen dem Steuerschema in Fig. 220 entnommen und in doppelt natürlicher Größe angegeben sind.

In Fig. 222 ist ferner $k_1$ die Ventilkurve, bezogen auf Zeitintervalle von *0,01 sk.* Da während dieser Zeit die Kurbel- und Steuerwelle sich um *0,01* (*n/60*) *360 = 0,01* (*125/60*) *360 = 7,5°* dreht, so sind in der Figur von der Anhubstellung der Exzenterkurbel und Ventile[1]) aus 14 gleich große Strecken als Abszissen aufgetragen. Für die unter ihrem zugehörigen Drehwinkel eingezeichneten Kolbenwege können die Ventilhübe aus Fig. 221 entnommen und nach Fig. 222 übertragen werden, wie dies z. B. für einen Kolbenweg von 20 vH und einen Ventilhub $h_2$ angedeutet ist. Aus der Kurve $k_1$ ist dann in der aus Fig. 222 ersichtlichen Weise die Geschwindigkeitskurve $k_2$ bestimmt worden, deren Ordinaten, je nachdem das Ventil auf oder nieder geht, über oder unter die Zeitachse gelegt sind. In entsprechender Weise läßt sich aus $k_2$ die Beschleunigungskurve $k_3$ in Fig. 223 konstruieren. Die Ordinaten dieser Kurve sind *10/3* mal vergrößert worden und befinden sich, solange sie Beschleunigungen darstellen (erste Hälfte des Ventilhochganges und zweite Hälfte des Ventilniederganges), oberhalb, solange sie Verzögerungen bilden, unterhalb der Basis. Werden weiter die Ordinaten der Kurve $k_3$ mit der zu beschleunigenden bzw. zu verzögernden Masse des Ventil- und Exzentergestänges multipliziert, so folgen die Ordinaten der Massendruckkurve $k_4$ in Fig. 225. Die Massen des Gestänges sowie diejenigen der nichtausgeglichenen Hebelteile sind dabei auf die Spindelachse zu reduzieren. In Fig. 225 sind außerdem der jeweiligen Richtung nach das Gewicht dieser Massen, der Dampfdruck auf die Ventil-

---

[1]) Die Ventile besitzen Überdeckung.

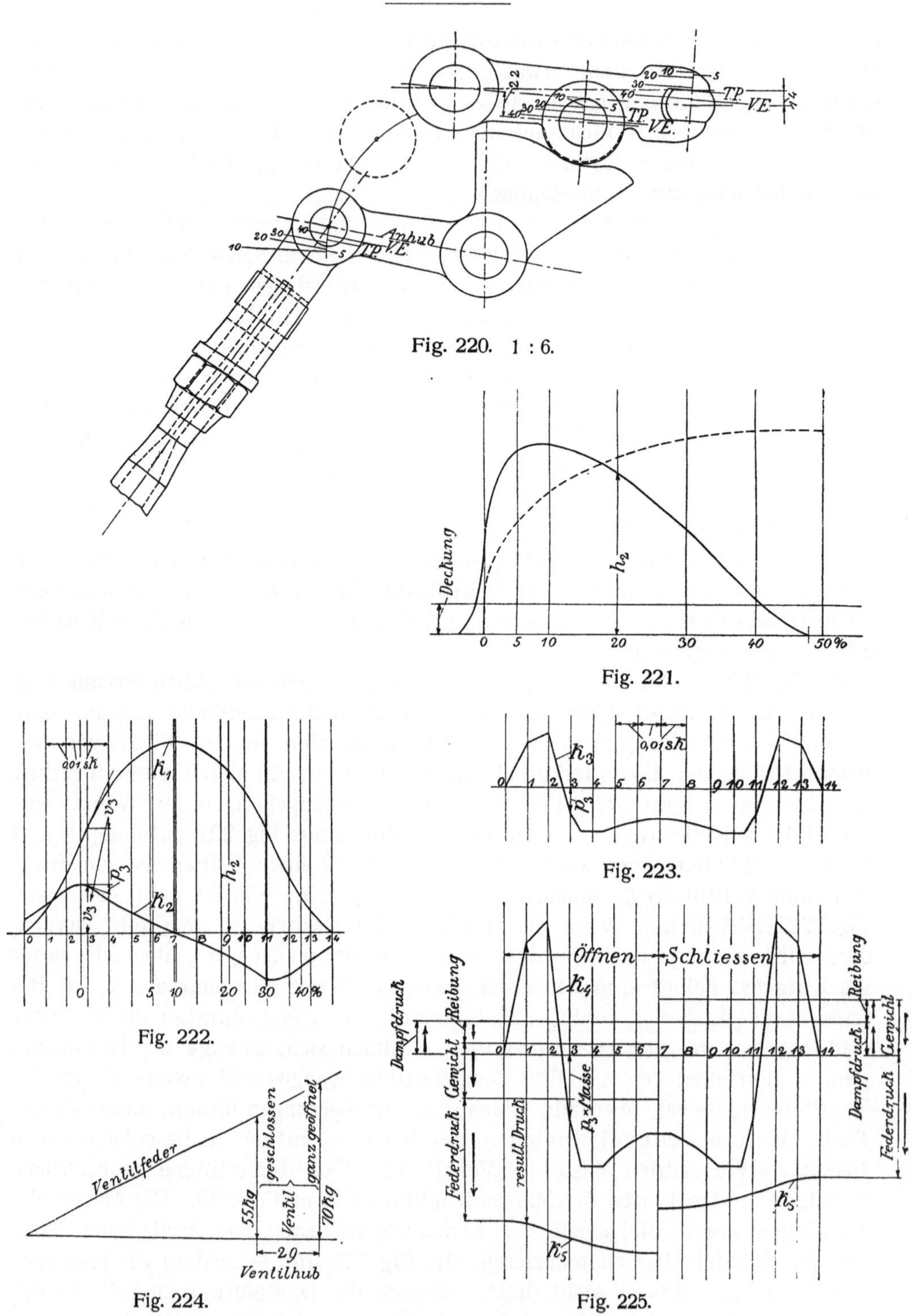


Fig. 220.   1 : 6.

Fig. 221.

Fig. 222.

Fig. 223.

Fig. 224.

Fig. 225.

Niederdruck-Einlaßsteuerung mit Diagrammen zu einer lieg. Tandem-Verbundmaschine $d = 0{,}47$, $D = 0{,}81$, $S = 0{,}85\,m$ und $n = 125$ von *Haniel & Lueg* in Düsseldorf.

spindel, die Stopfbuchsenreibung und die Federspannung im Maßstabe von $1\ mm = \frac{1}{3}\ kg$ nacheinander eingezeichnet. Dadurch entstehen die Kurven $k_5$. Der Spindeldruck wirkt bei den Ventilen stets nach oben, die Stopfbuchsenreibung immer der jeweiligen Ventilbewegung entgegen. Die Ordinaten der Federspannung können, wenn die Spannungen $P_{min}$ und $P_{max}$ bei geschlossenem und ganz geöffnetem Ventil gewählt sind, leicht aus dem Diagramm in Fig. 224 mit Hilfe der Ventilhübe bestimmt werden. Die zwischen den beiden Kurven $k_4$ und $k_5$ in Fig. 225 liegenden Ordinaten entsprechen schließlich der resultierenden Kraft, die in den einzelnen Augenblicken an der Ventilspindel nach unten wirkt. Diese Kraft darf nicht zu klein werden, wenn ein Abspringen der Rolle von dem Daumen vermieden werden soll. In Fig. 225 wird diese Kraft ungefähr in der Mitte des Ventilniederganges am kleinsten.

Weitere bekannte Formen von Schwingedaumen, die zur Steuerung des Ein- und Auslasses verwendet werden, sind die folgenden:

Bei dem Schwabe - Proell - Daumen (Fig. 4, Taf. 15) bewegt die am Ende der Exzenterstange auf dem Zapfen eines Kreislenkers $g$ sitzende Rolle $r$ die Kurvenbahn $k$ des Daumens und bringt diesen durch eine Art Kniehebelwirkung zum Ausweichen, sowie die Ventilspindel zum Anheben. Die damit verbundene Ventilbewegung läßt sich in der Weise verfolgen, daß man sich die Rolle von ihrem Lenker losgelöst und auf dem in der Anfangslage festgehaltenen Daumen bewegt denkt. Der Mittelpunkt der Rolle beschreibt dabei die Bahn $c\,c'$. Wird dann die Rollenmitte aus ihrer jeweiligen Lage um den Daumendrehpunkt $b$ bis zum Kreise $c\,x$, also z. B. der Punkt $c_1$ nach $x_1$ gedreht, so ist die zwischen $b\,c_1$ und $b\,x_1$ liegende Sehne des punktiert eingetragenen Kreises gleich dem Ventilhub $h$. Die um die einzelnen Punkte der Bahn $c\,c'$ mit dem Rollenradius geschlagenen Kreise hüllen die Kurvenbahn $k$ des Daumens ein. Bezüglich der Form der letzteren ist zu beachten, daß der Teil $m\,m_1$ (siehe Fig. 3, Taf. 16) derselben wieder nach einem Kreisbogen um den oberhalb des Lenkerdrehpunktes liegenden Mittelpunkt $f$ gekrümmt ist, damit die Rolle sich nicht bei geschlossenem Ventil auf dem Daumen bewegt und der Ventilschluß gesichert ist. Der Übergangsteil $m\,m_2$ hat eine solche Form, daß bei sanftem Anhub des Ventiles dessen Eröffnung möglichst schnell zunimmt, dann aber wieder verzögert wird. Der Geschwindigkeit der Ventileröffnung bzw. der Steilheit des Kurvenanstieges ist dabei insofern eine Grenze gezogen, als den Ventil- und Gestängemassen während der Verzögerung genügend Zeit zum Ausschwingen verbleiben muß, was bei höheren Umdrehungszahlen für gewöhnlich nur durch Gestattung eines geringeren Überhubes (über den Wert der Gl. 81, S. 236) für die größeren Füllungen zu ermöglichen ist. Eine zu plötzliche Verzögerung der schnell auf große Geschwindigkeit gebrachten Ventilmassen führt immer zu einem unruhigen Arbeiten der Steuerung.

Den Teil $m\,m_2$ der Kurvenbahn entwickelt man aus der zu wählenden Kurve $c\,c'$ der Rollenmitte. $c\,c'$ beginnt nach Fig. 4, Taf. 15, mit einem kleinen Anlaufbogen, der entweder unmittelbar oder mit einem kurzen geraden Stück in die eigentliche Kurve übergeht. Der Radius $\varrho$ des Anlaufbogens beträgt meist nur *4* bis *10 mm*; je kleiner er ist, desto schneller eröffnet das Ventil. Krümmung und Anstieg der eigentlichen Kurve sind durch die oben erwähnten Rücksichten bedingt. Zu prüfen ist in jedem Falle in der auf S. 257 angegebenen Weise, ob die Beschleunigungs- und sonstigen Kräfte kein Abspringen der Rolle vom Daumen bewirken.

Der Durchmesser der Rollen, die gehärtet und geschliffen werden, beträgt das *1,5*- bis *2*fache des Bolzendurchmessers. Die Daumen bleiben ungehärtet oder erhalten eine gehärtete eingesetzte Kurvenbahn nach Fig. 1 und 2, Taf. 16.

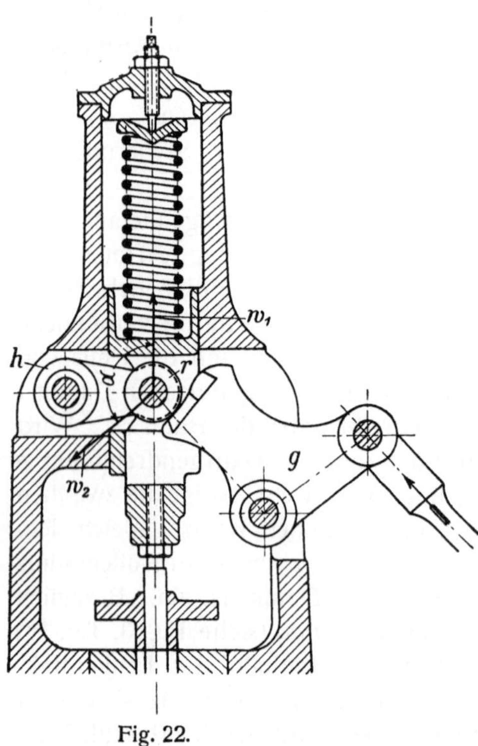

Fig. 22.

Eine andere Ausführung des vorliegenden Ventilantriebes zeigt Fig. 226[1]). Die Rolle $r$ sitzt hier am Ende eines Hebels $h$ und in der Mitte der Ventilspindel, während die Kurvenbahn in dem vom Exzenter angetriebenen Bogenstück $g$ angeordnet ist.

Dr. *Proell*[2]) macht für seinen Antrieb den Vorteil geltend, daß der Winkel $\alpha$, den die Bewegungsrichtung $w_1$ der Rolle und $w_2$ der Kurvenbahn (Fig. 3, Taf. 15, und Fig. 226) im Augenblick des Ventilanhubes einschließen, ein stumpfer ist und daß sich für diesen größere Ventilhübe zu Anfang als bei spitzem Winkel ergeben, was namentlich für die kleinen und mittleren Füllungen von Wert ist, bei denen erfahrungsgemäß die Drosselung am stärksten zu sein pflegt.

Durch große Einfachheit zeichnet sich der bekannte Schwingedaumen von *Lentz* (Fig. 1 und 3, Taf. 14) aus. Die Rolle $r$ sitzt hier auf dem Zapfen des verstärkten Führungsstückes der Ventilspindel (Fig. 2 und 3, Taf. 13), das die Seitenkomponente der zwischen Rolle und Kurvenbahn auftretenden Kraft aufzunehmen hat. Die Bahn ist ferner so gelegt, daß sich das Ventil, entgegen der Anordnung des vorigen Antriebes, bei der Abwärtsbewegung des angreifenden Exzenterstangenendes öffnet; der Winkel $\alpha$ zwischen den Bewegungsrichtungen $w_1$ und $w_2$ von Rolle und Kurvenbahn beim Anhube des Ventiles ist spitz.

$c\,c'$ und $d\,d'$ bezeichnen in Fig. 1 und 3, Taf. 14, die Bahn der Rollenmitte, und den zu irgend einem Punkt derselben gehörigen Ventilhub erhält man, indem man von diesem Punkte die Tangente an einen Kreis zieht, der um den Daumendrehpunkt mit dessen Abstand von der Spindelmitte als Radius geschlagen wird.

---

[1]) Nach Angaben von Dr. *Proell*, Ingenieurbureau, Dresden.
[2]) Siehe Z. d. V. d. I. 1907, S. 134, und 1913, S. 1289.

Dr.-Ing. *Paul H. Müller*, Hannover, schaltet bei seinem patentierten Ventilantrieb (Fig. 1 und 2, Taf. 18), um jeden seitlichen Druck auf die Ventilspindel zu vermeiden, einen Hebel $h$ zwischen Antriebsdaumen $k$ und Rolle $r$ ein. Er erreicht durch die Hebelübersetzung zugleich einen sehr sanften Verlauf der

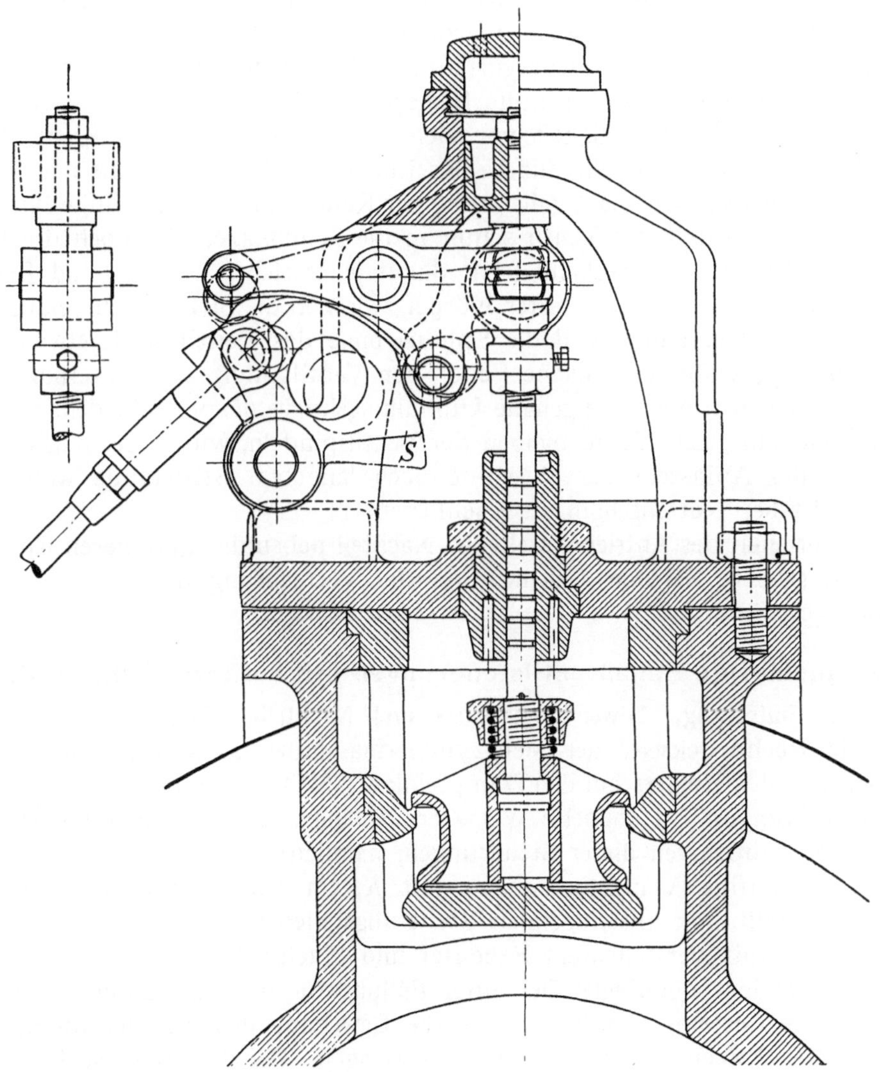


Fig. 227. 1 : 5. Ventilantrieb der *Sundwiger Eisenhütte*.

Kurvenbahn des Daumens, der jedes gewollte Beschleunigungsgesetz, dem man die Ventil- und Gestängemassen zu unterwerfen wünscht, ermöglichen läßt. Die Zahl der Gelenke ist größer als beim vorigen Antrieb.

Fig. 227 zeigt schließlich einen Schwingedaumen mit kettenschlüssigem Ventilantrieb nach Prof. *Doerfel*. Der Daumen $S$, der durch die Exzenterstange in Schwingungen versetzt wird, besitzt hier zwei Kurvenbahnen und der Ventilhebel dementsprechend auch zwei Rollen. Schwingt der Daumen nach rechts, so drängt die rechte Kurvenbahn ihre Rolle nach oben und öffnet das Ventil. Bei der Bewegungsumkehr übernehmen die linke Kurvenbahn und Rolle die Bewegung des Ventiles nach unten. Eine Ventilfeder, die bei den übrigen Steuerungen den Ventilschluß bewirkt und nicht nur einen Rückdruck auf den Regler hervorruft, sondern auch die zu bewegenden Massen und den Rollendruck vergrößert, ist hier nicht vorhanden. Damit der stattfindende Druckwechsel an den beiden Rollen in die Bewegungsumkehr fällt und also bei möglichst geringer Geschwindigkeit vor sich geht, läßt die rechte Kurvenbahn ihre Rolle gar nicht auf die äußere Kreisbahn des Daumens und das Ventil in seiner höchsten Lage nicht vollständig zur Ruhe kommen. Die linke Kurvenbahn dagegen bringt das Ventil schon in die Schlußlage, ehe noch die linke Rolle auf die äußere Kreisbahn tritt, damit jenes sicher schließt und Brüche vermieden werden, wenn ein fester Körper zwischen die Sitzflächen gelangt ist. Während des Restlaufes wird die Spindel ohne das Ventil noch etwas nach unten bewegt, wobei eine kleine Feder den Ventilschluß aufrechterhält. Die linke Kurvenbahn muß eine genaue Umhüllungskurve der verschiedenen Lagen ihrer Rolle sein. Ein Hängenbleiben der Ventilspindeln, wie es bei Kraftschluß während des Anlassens der Maschine nach längerem Stillstande wohl vorkommt, ist bei Kettenschluß ausgeschlossen.

Den Vorteilen des Antriebes steht als Nachteil neben der geringeren Einfachheit eine größere Zahl der Gelenke und eine Vermehrung der zu bewegenden Massen gegenüber.

## b) Zwangläufige Einlaßventilsteuerungen mit veränderlicher Füllung.

§ 103. **Einteilung, Anwendung, Vor- und Nachteile.** Die für Einzylinder- und die Hochdruckseite der Mehrzylindermaschinen allgemein erforderliche Einwirkung des Reglers auf den Dampfeinlaß läßt sich bei den zwangläufigen Ventilsteuerungen auf doppelte Weise ermöglichen. Demgemäß unterscheidet man zwei Hauptarten dieser Steuerungen, nämlich:

1. Zwangläufige Ventilsteuerungen mit festem Exzenter und durch den Regler verstellbaren übertragenden Steuerungsteilen und

2. solche mit verstellbarem Exzenter und Flachregler.

An jenen ändert der Regler bei einer Füllungszu- oder abnahme die gegenseitige Lage derjenigen Teile, welche die Bewegung des auf der Steuerwelle festgekeilten Exzenters an das Ventil übertragen. Bei diesen verschiebt oder verdreht er wie an den entsprechenden Einschiebersteuerungen (§ 74) das steuernde Exzenter. Der Antrieb durch unrunde Scheiben kommt bei den zwangläufigen Steuerungen mit veränderlicher Füllung nur wenig zur Verwendung und soll deshalb hier nicht berücksichtigt werden.

Aus dem Umstande, daß bei den vorliegenden Steuerungen die Ventile mit der durch die Verhältnisse des Antriebmechanismus vorgeschriebenen Geschwindigkeit niederbewegt und aufgesetzt werden, leitet man nicht nur eine größere Schonung und ein besseres Dichthalten der Sitzflächen, sondern auch

die Berechtigung her, die zwangläufigen Steuerungen mit höheren Umdrehungszahlen als die auslösenden laufen zu lassen. Es gilt dies namentlich von den
mit Schwingedaumen und verstellbarem Exzenter ausgestatteten zwangläufigen
Steuerungen, bei denen 170 und mehr Umdrehungen in der Minute vorkommen.

Weitere Vorteile der zwangläufigen Steuerungen gegenüber den ausklinkenden
sind die weniger erforderliche Sorgfalt in der Wartung, die geringere Empfindlichkeit, sowie der gleichmäßigere Leerlauf. Der letzte Umstand kommt namentlich beim Parallelschalten von Dynamomaschinen in Betracht.

Nachteilig sind den älteren zwangläufigen Ventilsteuerungen die bei großen
Füllungen unnötig hohen Ventilhübe, ein Übelstand, der besonders bei großen
Maschinen mitspricht. Die neueren Ausführungen der vorliegenden Steuerungen
zeigen in dieser Hinsicht günstigere Verhältnisse. Ferner geben die zwangläufigen Steuerungen meist nicht so scharfe Ventilabschlüsse, und die Rückwirkung auf den Regler ist bei ihnen vielfach stärker als bei den Ausklinksteuerungen. Die ebenfalls schwierigere Einwirkung des Reglers auf die zwangläufigen Steuerungen kann durch Wahl eines entsprechend kräftigeren Reglers
ausgeglichen werden.

Anwendung finden von den vorliegenden Steuerungen jetzt hauptsächlich
diejenigen mit verstellbarem Exzenter und Flachregler.

**§ 104. Die zwangläufigen Ventilsteuerungen mit verstellbaren übertragenden
Triebwerksteilen.** Vor der Besprechung der verschiedenen Ausführungen sind
die Bedingungen festzustellen, denen die Steuerungen zu genügen haben. Man
verlangt von jeder zwangläufigen Ventilsteuerung, daß

1. **ihr Rückdruck auf den Regler möglichst gering ist und keine
Änderung im Ausschlag desselben hervorruft.** Auf diese Forderung,
die eigentlich bei jeder brauchbaren Steuerung erfüllt sein soll, ist hier besonders
hinzuweisen, weil die Widerstände, die sich der Bewegung des Ventiles ent-
gegensetzen und den fraglichen Rückdruck bewirken, nicht unbedeutend sind
und ein entsprechendes Drehmoment auf die vom Regler beeinflußte Reglerwelle ausüben können. Bei der Ridersteuerung mit rundem Expansionsschieber
ist ein solches Moment und also auch ein Rückdruck auf den Regler von selbst
ausgeschlossen; denn die Bewegungswiderstände beim Hin- und Hergange des
Schiebers fallen hier in dessen Schieberstange.

Die rückwirkende Kraft fällt bei den vorliegenden Ventilsteuerungen am
größten aus bei der Hauptkurbellage $O\,Ve$, also im Augenblicke der Ventileröffnung, wo nicht nur die Federspannung, die Stopfbuchsenreibung und die
Massendrucke, sondern auch der Dampfdruck auf das geschlossene Ventil von
der äußeren Steuerung zu überwinden sind und die hierzu erforderliche Kraft
den Regler zu verstellen sucht. Bei dieser Hauptkurbellage ist deshalb der
Rückdruck unter allen Umständen aufzuheben. Vollständige Aufhebung findet
statt, wenn der Voreintritt konstant bleibt, d. h. immer bei derselben Hauptkurbellage beginnt; denn dann ruft eine Verstellung des Reglers bei dieser
Hauptkurbellage keine Bewegung des Ventiles hervor, können also die am
Ventil wirkenden Kräfte, wie später bei den einzelnen Steuerungen gezeigt

ist, kein rückwirkendes Drehmoment auf die Regelwelle ausüben. Geringe Abweichungen von der vollständigen Aufhebung des Rückdruckes bei der erwähnten Lage der Hauptkurbel sind aber zulässig, da die Reibung in den zu verstellenden Gelenken der Steuerung und des Reglers meist dem Rückdruck entgegenwirkt.

Bei geöffnetem Ventil, wo dieses vom Dampfdruck nahezu vollständig entlastet ist, fällt die rückwirkende Kraft zwar geringer aus; immerhin wird man aber darauf Bedacht nehmen, auch während dieser Zeit den Rückdruck zu beschränken, was bei der Federspannung durch möglichst vollkommene Aufhebung im Triebwerk, bei der Stopfbuchsenreibung durch Anwendung eingeschliffener Spindeln, bei den Massendrucken durch geringes Gewicht der in Betracht kommenden Teile zu geschehen hat.

Am geschlossenen Ventil kann ein Rückdruck auf den Regler nur durch die Reibung am Exzenter und in den Gelenkpunkten der äußeren Steuerung hervorgerufen werden, soweit diese Reibung in einem solchen Sinne wirkt und nicht durch andere Kräfte aufgehoben wird. Mit Rücksicht hierauf findet man das Einlaßventil bei manchen Steuerungen von einem Bolzen des Auslaßexzenters angetrieben, wodurch zugleich ein Exzenter gespart wird.

Zu beachten ist, daß der Regler bei einer Füllungsänderung nicht nur den Rückdruck der Steuerung, sondern auch die Reibung in den zu verstellenden Gelenken zu überwinden hat. Während also durch den Rückdruck eine Kraft von der Steuerung auf den Regler ausgeübt wird, muß dieser bei einer Füllungsänderung umgekehrt mit einer Kraft auf die Steuerung wirken. Die letztere Kraft fällt während der rückdruckfreien Periode am kleinsten aus.

2. unnötig große und stark wechselnde Ventilhübe vermieden werden. Das Verhältnis der Ventilhübe bei der maximalen und normalen Füllung ist bei den einzelnen Ausführungen der vorliegenden Steuerungen sehr verschieden; bei manchen übersteigt es den Wert 3, bei anderen beträgt es nur 2. Die unnötig hohen Ventilhübe bei den größeren Füllungen verlangen entweder sehr hohe Ventile und Ventilkästen, oder sie führen bei weniger hochgebauten Ventilen zu einer Drosselung des Dampfes in den oberen Ventillagen. Ferner erfordern sie kräftige Federn, widrigenfalls die Ventile hart aufsetzen und die Wälzhebel sehr geräuschvoll arbeiten. Kräftige Federn aber vergrößern den Rückdruck auf den Regler. Infolge der verschieden hohen Ventilhübe wird endlich die Exzenterbewegung, die bei festem Exzenter für alle Füllungen in derselben Weise erfolgt, bei den kleineren Füllungen nur zu einem geringen Teile für die Ventileröffnung benutzt; der größere Teil der Bewegung wird zwecklos vollführt.

3. der Dampfauslaß, falls er von demselben Exzenter wie der Einlaß gesteuert wird, bei den verschiedenen Füllungen keine wesentlichen Abweichungen erfährt, der Voraustritt und die Kompression also für alle Füllungen möglichst unverändert bleiben.

4. die Steuerung einfach ist und wenig Gelenke besitzt, da Spielräume in den letzteren die Genauigkeit der Steuerwirkung verringern.

Die von manchen Fabriken als Vorteil hingestellte Bedingung des fehlenden Druckwechsels in den übertragenden Triebwerksteilen der Steuerung ist nicht von großer Wichtigkeit. Ein Druckwechsel in diesen Teilen beeinträchtigt im allgemeinen das genaue Arbeiten der Steuerung nicht. Während des Ventilhoch- und -niederganges, wo es auf eine genaue Steuerwirkung ankommt, wird nämlich das Triebwerk durch die Ventilfeder immer in demselben Sinne (auf Zug oder Druck) beansprucht. Nur im Augenblicke der Eröffnung und nach Schluß des Ventiles kann, wenn die am Ventilhebel angreifende Stange bei geöffnetem Ventil Zug erleidet, ein Druckwechsel infolge des Eigengewichtes des Gestänges stattfinden. Dieser ist aber für die bei geschlossenem Ventil leerlaufende Steuerung nicht von Belang. Tritt in der fraglichen Stange auch bei geöffnetem Ventil Druck auf, so kommt überhaupt kein Druckwechsel vor. Bei langen Stangen ist Zugbeanspruchung insofern vorteilhaft, als sie geringere Stärken verlangt und somit die Massenwirkungen beschränkt.

§ 105. **Die *Widnmann*-Steuerung.** Von den verschiedenen Ausführungen der Steuerungen mit verstellbaren übertragenden Triebwerksteilen benützt eine Gruppe das Prinzip des zuerst von *Stanek* eingeführten umlegbaren Lenkers zur Füllungsänderung. Die unveränderliche Bewegung eines Punktes am Exzenterbügel wird dabei durch den Lenker je nach der Größe der Füllung in verschiedenem Maße an das Ventil übertragen. Die Steuerung des Ingenieurs *Widnmann* in München ist die bekannteste und einfachste Konstruktion dieser Gruppe. Fig. 1, Taf. 10, zeigt die Gesamtordnung dieser Steuerung.

Der Punkt $a$ am Bügel des Auslaßexzenters, der hier aus dem auf S. 264 angeführten Grunde auch zur Steuerung des Einlasses benutzt wird, macht stets dieselbe, ungefähr ellipsenförmige Bewegung. $a$ ist durch die Stange $A$ mit dem Ende $b$ des zweiarmigen Hebels $B$ verbunden, dessen anderes Ende $c$ die Stange $S$ und den an ihr hängenden Wälzhebel $H$ des Einlaßventiles erfaßt. Der Drehpunkt $d$ von $B$ befindet sich im oberen Auge eines vertikalen Hebels $D$, der vom Regler auf die der Belastung der Maschine entsprechende Füllung eingestellt wird. Je nach der Lage von $D$ wird nämlich ein größerer oder kleinerer Teil von der Bewegung des Punktes $a$ zur Ventilbewegung nutzbar und die Füllung verschieden groß gemacht. Das Schema der Steuerung in Fig. 228 läßt dies ersehen. Es ist für die Hauptkurbelstellung $O\,Ve$ bei Beginn des Voreintrittes gezeichnet, und die verstellbaren Teile der Steuerung sind in drei verschiedenen Lagen angegeben; die eine von diesen Lagen ist ausgezogen, die zweite gestrichelt und die dritte strichpunktiert. Der mit $r$ geschlagene Exzenterkurbelkreis kann auch für die Hauptkurbel gelten, wenn die Kolbenstellungen auf die Gerade $K\,K'$ (oder die ihr parallele $A\,A'$) bezogen werden, in welche die Exzenterkurbel bei den Totlagen des Kolbens fällt. Die Punkte $0,\,1,\,3,\,5,\,7\ldots$ auf diesem Kreise geben ferner die Exzenterkurbellagen für einen Kolbenweg von 0, 10, 30, 50 bzw. 70 vH aus der Deckeltotlage an. Die zugehörigen Punkte der ellipsenähnlichen Bahn des Punktes $a$ können mit Hilfe einer Schablone oder durch wiederholtes Auftragen des Dreiecks $e\,a\,g$ erhalten werden. Die Mitte des linken Zapfens $b$ schwingt bei den angegebenen

| Zylinderbohrung | $r$ | $bd = dc$ | $ab$ | $w_1 d$ | $ea$ | $l$ | $L$ | $k$ |
|---|---|---|---|---|---|---|---|---|
| 300 | 24 | 140 | 85 | 175 | 100 | 185 | 700 | 0 |
| 400 | 32 | 170 | 115 | 240 | 120 | 220 | 850 | 15 |
| 500 | 40 | 205 | 140 | 285 | 135 | 260 | 1000 | 20 |

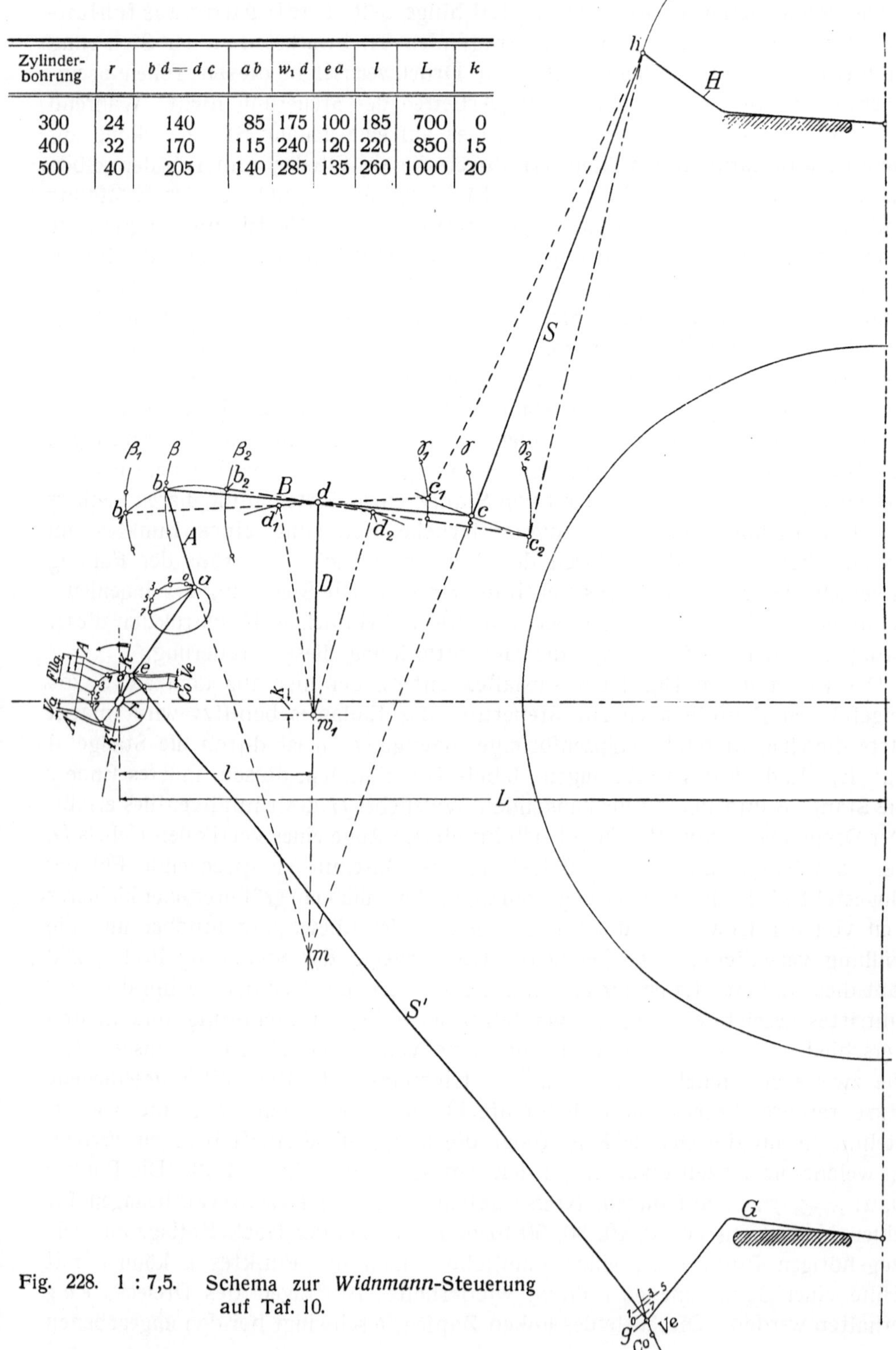


Fig. 228. 1 : 7,5.   Schema zur *Widnmann*-Steuerung
auf Taf. 10.

Lagen des Hebels $B$ auf den Bögen $\beta$, $\beta_1$ bzw. $\beta_2$, die mit dem Hebelarm $b\,d$ um die zugehörigen Lagen $d$, $d_1$ bzw. $d_2$ von dessen Drehpunkt geschlagen werden. $\gamma$, $\gamma_1$ bzw. $\gamma_2$ sind die entsprechenden Bögen für die Mitte des rechten Zapfens $c$. Auf allen Bögen ist die höchste und tiefste Lage angegeben, die der betreffende Zapfen bei der fraglichen Einstellung des Hebels $B$ erreicht.

Zu beachten ist nun, daß der Ventilhebel $H$ die in der Figur angegebene Stellung sowohl bei Beginn des Voreintrittes als auch bei Schluß der Füllung einnimmt; denn in dem einen Falle öffnet sich das Ventil, in dem anderen schließt es sich. Bei der ausgezogenen Lage der Stange $S$ und des Hebels $B$ muß also der linke Zapfen des letzteren nicht nur bei der Hauptkurbellage $O\,Ve$, sondern auch bei derjenigen $O\,Ex$ in $b$ stehen. Die zu $O\,Ve$ gehörige Lage der Stange $A$ ist in der Figur angegeben. Um die zu $O\,Ex$ gehörige zu erhalten, muß man in $b$ einsetzen und mit der Stangenlänge von $A$ durch $a$ einen Kreis ziehen. Er trifft die $a$-Kurve im Punkte $3$. Das heißt: Bei der ausgezogenen Lage des Hebels $B$ gibt die Steuerung 30 vH Füllung. Verfährt man in dieser Weise auch für die beiden anderen Einstellungen von $B$ und schlägt um $b_2$ und $b_1$ durch $a$ Kreise, so treffen diese die $a$-Kurve in $o$ und $7$. Bei der strichpunktierten Lage des Hebels $B$ beträgt somit die Füllung 0-, bei der gestrichelten 70 vH.

Hinsichtlich der Bedingungen in § 104 ist folgendes zu bemerken. Ist $h$ die Lage des oberen Stangenzapfens bei Beginn und Schluß der Ventileröffnung, so würde der Voreintritt immer bei derselben Hauptkurbellage beginnen und bei ihr kein Rückdruck der Steuerung auf den Regler stattfinden, wenn sich der Punkt $c$ bei einer Verstellung des Reglers in jener Hauptkurbellage auf einem Kreisbogen um $h$ bewegte; denn dann bliebe diese Bewegung ohne Einfluß auf das Ventil und dessen Hebel. Der Punkt $c$ verschiebt sich aber nicht genau auf einem solchen Kreisbogen. Konstruiert man nämlich unter Berücksichtigung des Umstandes, daß der Punkt $b$ bei der erwähnten Verstellung auf einem Kreisbogen um $a$ schwingen muß, die Bahn des Punktes $c$, so ergibt sich eine Kurve, die wohl mit großer Annäherung, nicht aber vollständig mit dem Kreisbogen um $h$ zusammenfällt. Daß die Rückwirkung der Steuerung bei der Hauptkurbellage $O\,Ve$ für die in Fig. 228 ausgezogene Einstellung des Hebels $B$ Null wird, folgt z. B. daraus, daß die auf diesen Hebel wirkenden und in die Richtung der Stangen $S$ und $A$ fallenden Kräfte der Steuerung sich in einem Punkte $m$ schneiden, der auf der zugehörigen Mittellinie von $D$ liegt. Das Drehmoment dieser Kräfte auf die Reglerwelle ist also für diese Einstellung gleich Null. Bei den meisten anderen Lagen des Hebels $B$ ist dies indes sowohl zu Beginn des Voreintrittes als auch während der Ventileröffnung nicht genau der Fall. Die Abweichungen sind aber so gering, daß unter Berücksichtigung der entgegenwirkenden Reibung in den Gelenken der Rückdruck der Steuerung keine Wirkung auf den Regler ausüben kann.

Nachteilig sind der vorliegenden Steuerung die unnötig hohen Ventilhübe bei den größeren Füllungen. Für die auf Taf. 10 angegebenen Verhältnisse z. B. verhalten sich die Hübe bei 70 und 25 vH Füllung ungefähr wie $33 : 10\ mm$.

Die 3. Bedingung auf S. 264 ist von selbst erfüllt. Die Einfachheit der Steuerung ist genügend groß, die Zahl der Gelenke beträgt 7. Die Stange $S$ des Einlaßventiles wird bei geöffnetem Ventil auf Zug, die Stange $S'$ des Auslaßventiles während der Eröffnung und des Schlusses auf Druck beansprucht.

Das Voröffnen fällt für die einzelnen Füllungen verschieden aus. 00-Füllung kann gegeben werden. Gleiche normale Füllung auf beiden Kolbenseiten wird durch verschiedene Aufkeilung des Hebels $D$ an beiden Zylinderseiten erreicht; er muß für die gleiche normale Füllung auf der Kurbelseite mit seinem oberen Auge mehr vom Zylinder abstehen als auf der Deckelseite. Die Füllungsgrade werden am gleichmäßigsten, wenn bei 10 vH Füllung genaue Übereinstimmung vorhanden ist. Zur Änderung der Kompression (bei Auspuff und Kondensation) können die Sättel der Wälzhebel, die auf beiden Seiten verschiedene Wölbung haben, umgedreht werden.

Die Figuren auf Taf. 10 zeigen die Einzelheiten der Steuerung. Die Tabelle bei Fig. 228 gibt die Hauptabmessungen derselben.

§ 106. **Die *Radovanović*-Steuerung.** Bei einer zweiten Gruppe der vorliegenden Steuerungen, den sogenannten **Lenkersteuerungen**, verstellt der Regler bei der Füllungsänderung die Führung des steuernden Exzenters. Der Hauptvertreter dieser Gruppe ist die Steuerung von *A. Radovanović* in Zürich. Bei ihr ist nach Fig. 229 die Exzenterstange $A$ an ihrem Ende mit der Stange $S$ verbunden, die vermittels zweier Wälzhebel auf das Ventil einwirkt. Zur Führung der Exzenterstange dient die Scheibe $B$ mit dem auf der Reglerwelle $w_1$ befestigten Gleitstück $K$. Dreht der Regler die Welle $w_1$, so wird die gerade Führungsbahn der Scheibe $B$ durch das Stück $K$ verstellt und die Füllung verändert.

Nach dem Steuerschema in Fig. 231 fallen bei der Hauptkurbellage $O\,Ve$ die Mittelpunkte $b$ und $k$ von Scheibe und Gleitstück zusammen. Der Voreintritt ist also für alle Füllungen konstant und beginnt stets bei derselben Hauptkurbelstellung. In der Figur sind weiter zwei verschiedene Führungsbahnen des Punktes $b$ angegeben, von denen die eine, wie sich leicht zeigen läßt, 0-, die andere 53 vH Füllung entspricht. Zu diesem Zwecke braucht man nur die zu jenen Führungsbahnen gehörigen Kurven des Punktes $c$ zu konstruieren, wie sie ebenfalls in die Figur eingetragen sind. Man erhält diese Kurven, wenn man von den Punkten $o$, $1$, $2$, $3$ .... des in 6 Teile zerlegten Exzenter- und Hauptkurbelkreises aus mit $b\,Ve$ als Radius auf den beiden Bahnen einschlägt, die zusammengehörigen Lagen von Exzenter- und Scheibenmitte durch gerade Linien verbindet und auf deren Verlängerung den Abstand $b\,c$ abträgt. Setzt man dann in den Punkt $h$ (Fig. 229) ein, wo sich das obere Ende der Stange $S$ bei der Hauptkurbellage $O\,Ve$ befindet, und zieht durch $c$ einen Kreis $\gamma\gamma$, so schneidet dieser die jeweilige Kurve dieses Punktes ein zweites Mal an der Stelle, wo die Ventileröffnung und die Füllung aufhören. Bei der ausgezogenen $c$-Kurve fällt der Schnittpunkt mit $O$ zusammen, tritt also 0-Füllung ein, bei der gestrichelten $c$-Kurve dagegen kommt der Schnittpunkt zwischen $1'$ und $2'$ zu liegen, und der zugehörige Punkt des Hauptkurbelkreises entspricht einer Füllung von 53 vH.

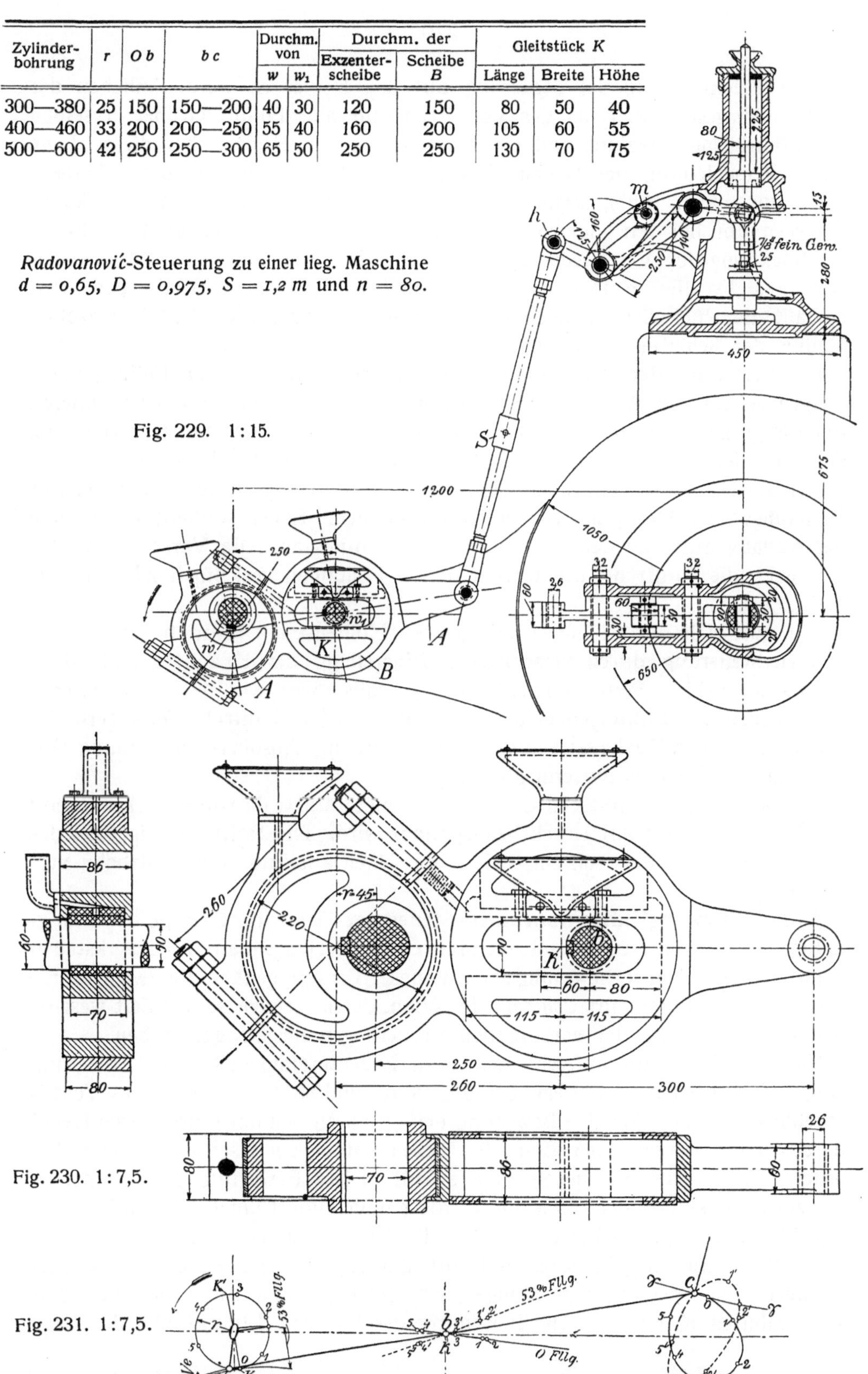

| Zylinder-bohrung | $r$ | $Ob$ | $bc$ | Durchm. von | | Durchm. der | | Gleitstück $K$ | | |
|---|---|---|---|---|---|---|---|---|---|---|
| | | | | $w$ | $w_1$ | Exzenter-scheibe | Scheibe $B$ | Länge | Breite | Höhe |
| 300—380 | 25 | 150 | 150—200 | 40 | 30 | 120 | 150 | 80 | 50 | 40 |
| 400—460 | 33 | 200 | 200—250 | 55 | 40 | 160 | 200 | 105 | 60 | 55 |
| 500—600 | 42 | 250 | 250—300 | 65 | 50 | 250 | 250 | 130 | 70 | 75 |

*Radovanović*-Steuerung zu einer lieg. Maschine
$d = 0,65$, $D = 0,975$, $S = 1,2\,m$ und $n = 80$.

Eine Rückwirkung der Steuerung auf den Regler ist beim Anheben der Ventile ausgeschlossen, da der Voreintritt für alle Füllungen bei derselben Hauptkurbellage beginnt und ein Ausschlagen des Reglers bei dieser Lage keine Verschiebung des Gleitstückes (dessen Mitte dann mit der Scheibenmitte zusammen fällt), sowie der übrigen Steuerungsteile hervorrufen kann. Dagegen übt bei den anderen Hauptkurbellagen während der Ventileröffnung die Spannung der Ventilfeder ein rückwirkendes Drehmoment auf die Regelwelle aus. Da diesem aber das Reibungsmoment der Scheibe $B$ entgegenwirkt, so fällt die Rückwirkung auch für diese Kraft, namentlich bei dem großen Radius der Scheibe, verschwindend klein aus.

Das Verhältnis der Ventilhübe bei der größten und normalen Füllung übersteigt meistens den Wert *3*; die Steuerung gibt also bei den größeren Füllungen unnötig große Ventilhübe. Dagegen ist ihr eine große Einfachheit vorteilhaft. Die Zahl der Gelenke beträgt bei Anordnung eines Wälzhebels nur *4*.

Der Auslaß wird von einem besonderen Exzenter gesteuert, wenn später Änderungen im Dampfaustritt eintreten können. Sonst schließt die Stange des Auslaßventiles an den Bügel des Einlaßventiles an. Die Verschiebung des Auslasses, die damit bei den verschiedenen Füllungen verknüpft ist, fällt nur gering aus.

Ein Ausgleich der Füllungen auf beiden Kolbenseiten kann bei der Radovanović-Steuerung durch verschiedene Einstellung der Exzenter und Gleitstücke auf beiden Seiten erreicht werden, falls nicht wie bei allen anderen Steuerungen die Füllungen in der Nähe der normalen durch Verlängern der Stange $S$ auf der Deckelseite ausgeglichen werden. Absolute Nullfüllung läßt sich durch die Steuerung ermöglichen.

Ein Druckwechsel findet in der Stange $S$ nicht statt, da diese auch während der Ventileröffnung auf Druck beansprucht wird. Die Rolle $m$ (Fig. 229) des treibenden Wälzhebels soll ein Gleiten desselben am Ende der Wälzbahn verhüten.

**§ 107. Die zwangläufige *Collmann*-Steuerung.** Die dritte Gruppe der zwangläufigen Ventilsteuerungen mit verstellbaren übertragenden Triebwerksteilen benutzt zwei Exzenterbewegungen. Zu dieser Gruppe gehört die zwangläufige Steuerung des Ingenieurs *Collmann* in Wien, deren Erfolge seiner Zeit wesentlich zur Ausbildung der vorliegenden Steuerungen beigetragen haben.

Von der nicht ganz aufrecht stehenden Exzenterstange $B$ dieser Steuerung (Fig. 232) werden zwei Bewegungen abgeleitet und später vereinigt zur Ventilerhebung benutzt. Die eine Bewegung erfolgt durch den um $b$ drehbaren Hebel $a\,b\,c$, der mit seinem einen Ende die Exzenterstange, mit seinem anderen den unteren Arm eines Kniehebels $c\,d\,k$ erfaßt. Diese Bewegung geht immer in derselben Weise vor sich, da $a$ sowohl als $c$ unverändert um $b$ auf- und niederschwingen. Die zweite Bewegung wird der Exzenterstange $B$ an ihrem oberen Teile durch ein ausgebuchstes und mit Zapfen $f$ versehenes Gleitstück entnommen. Die anschließende Stange $f\,e\,d$ schwingt um $e$ und erfaßt in $d$ den vorerwähnten Kniehebel. Die Bewegung des Punktes $d$ hängt von der Lage des Gleitstückes auf der Exzenterstange ab. Der Regler verstellt es vermittels des Hebels $gh$ und einer in $e$ angreifenden Stange $eg$ von der Regelwelle aus. Die damit verbundene Füllungsänderung ergibt sich aus dem Steuerschema in Fig. 233.

Es zeigt den Steuermechanismus wieder bei der Hauptkurbellage $O\,Ve$. Durchläuft die Exzenterkurbel den Kreis vom Radius $r$, so schwingen die Punkte $a$ und $c$ um ihren Drehpunkt $b$. Die mit dem Abstande $a\,Ve$ von den Punkten $o, 1, 3, 5 \ldots$ jenes Kreises geschlagenen Bogen schneiden also den mit $ba$ um $b$ gezogenen Kreis in den zugehörigen Lagen des Punktes $a$. Aus den letzteren ergeben sich dann auch die verschiedenen Stellungen des Punktes $c$. Die geradlinige Verbindung der zusammengehörigen Lagen der Exzentermitte und des Punktes $a$ liefert ferner die verschiedenen Stellungen der Exzenterstange $B$ während einer Umdrehung. Auf diesen Stellungen

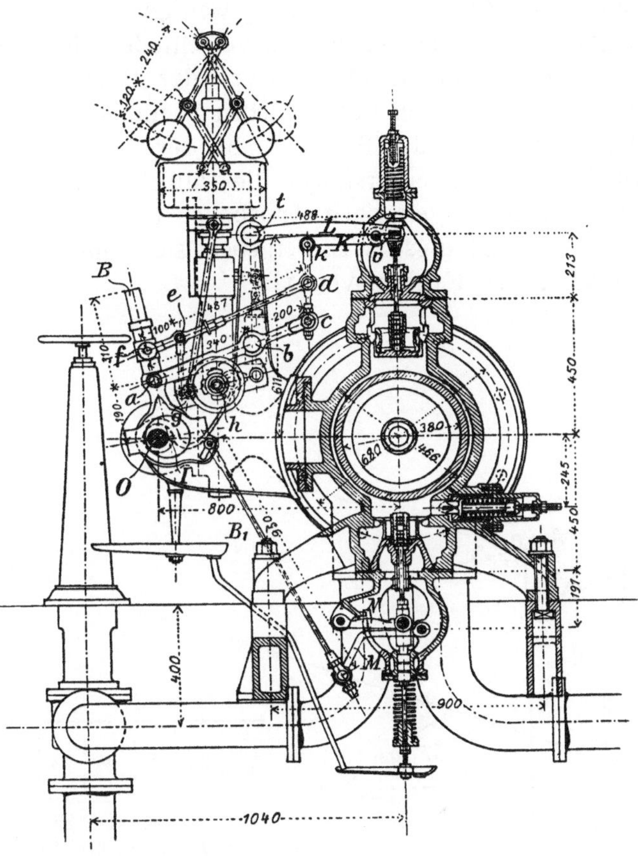

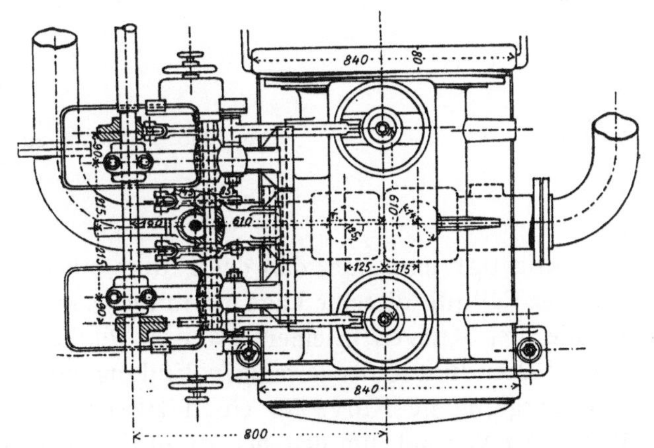

Fig. 232. 1 : 25. Zwangl. *Collmann*-Steuerung der *Görlitzer Waggon- und Maschinenbau-Aktienges.*

befindet sich das Ende $f$ der Stange $fed$. Das andere Ende $d$ derselben bewegt sich auf einem Kreisbogen, der mit der Länge $cd$ des unteren Kniehebelarmes aus der zugehörigen Lage von $c$ geschlagen wird. Der Punkt $e$ schließlich liegt stets auf einem Kreisbogen um die jeweilige Lage $g$ des Regelhebels $g\,h$. In der Figur ist dieser Hebel für drei verschiedene Reglerstellungen angegeben. Um die ihnen entsprechenden Kurven des Punktes $d$ zu erhalten, hat man die Stange $f\,e\,d$ bei den verschiedenen Stellungen der Exzenterkurbel stets so zu legen, daß sich der Punkt $f$ auf der jeweiligen Stellung der Exzenterstange, die Punkte $e$ und $d$ aber auf den zugehörigen Kreisbögen um $g$ und $c$ befinden. Auf diese Weise ergeben sich die drei eingetragenen Kurven von $d$.

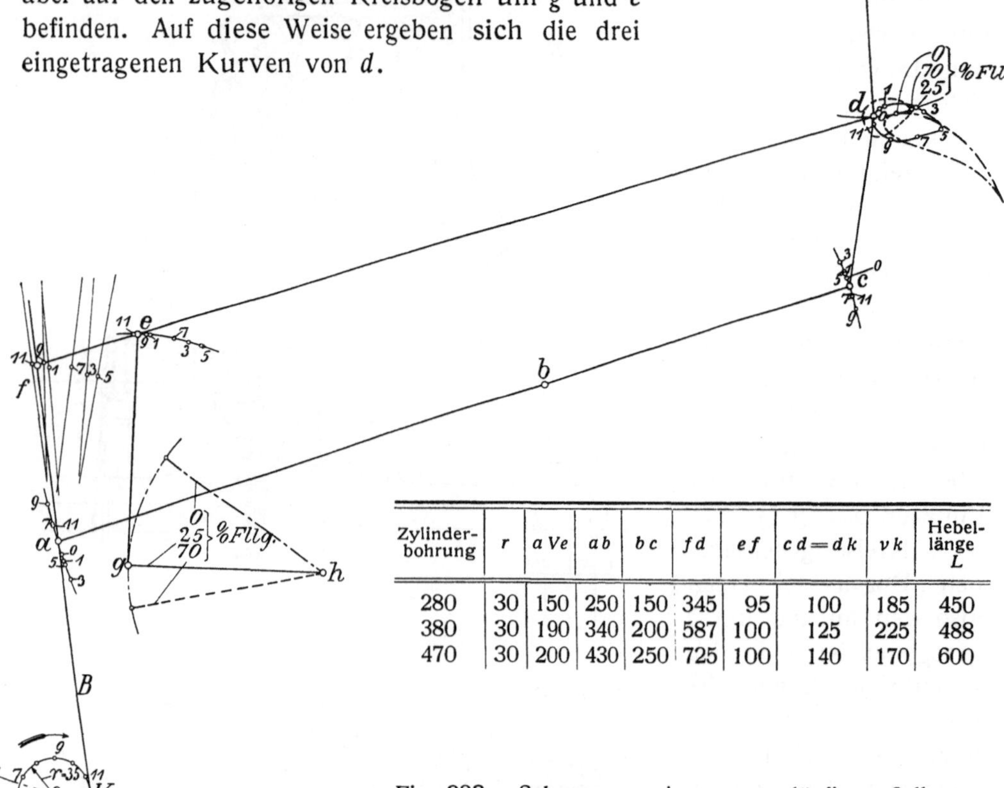

| Zylinder-bohrung | $r$ | $a\,Ve$ | $a\,b$ | $b\,c$ | $f\,d$ | $e\,f$ | $c\,d=d\,k$ | $v\,k$ | Hebel-länge $L$ |
|---|---|---|---|---|---|---|---|---|---|
| 280 | 30 | 150 | 250 | 150 | 345 | 95 | 100 | 185 | 450 |
| 380 | 30 | 190 | 340 | 200 | 587 | 100 | 125 | 225 | 488 |
| 470 | 30 | 200 | 430 | 250 | 725 | 100 | 140 | 170 | 600 |

Fig. 233. Schema zu einer zwangläufigen *Collmann*-Steuerung.

Berücksichtigt man nun, daß der Punkt $k$ bei Beginn des Voreintrittes und Schluß der Füllung dieselbe Lage einnimmt, so muß der um $k$ durch $d$ gezogene Kreis die drei Kurven in einem zweiten Punkte schneiden, welcher der Lage von $d$ bei Beendigung der jeweiligen Füllung entspricht. Man ersieht, daß dies für die ausgezogene Kurve für einen zwischen *1* und *3* liegenden Punkt der Fall ist. Der Winkel, um den sich dann die Hauptkurbel aus der Totlage $O\,K$ gedreht hat, entspricht einer Füllung von 25 vH. Für die beiden anderen $d$-Kurven ergibt sich in gleicher Weise 0- und 70 vH Füllung.

Der Voreintritt beginnt bei der vorliegenden Steuerung nicht für alle Füllungen bei derselben Hauptkurbellage; bei einem konstanten Voreintritt müßte die Exzenterstange nicht gerade, sondern nach einem Kreisbogen gekrümmt sein, der die Länge der Stange *f e d* zum Radius und die Lage des Punktes *d* bei Beginn des Voreintrittes zum Mittelpunkt hat. Mit Rücksicht auf die einfache Herstellung der Exzenterstange geschieht dies aber nicht. Die Rückwirkung der Steuerung auf den Regler wird deshalb bei der Hauptkurbellage *OVe* nicht vollständig aufgehoben. Sie kann aber nur sehr gering sein, da der Kniehebel *k d c* bei dieser Hauptkurbelstellung, wie die Kurven des Punktes *d* zeigen, für alle Füllungen eine nahezu gestreckte Lage einnimmt. Bei geöffnetem Ventil ist dies weniger der Fall, kommt also die Rückwirkung der Federspannung, Stopfbuchsenreibung usw. mehr zur Geltung.

Vorteilhaft ist der zwangläufigen Collmann-Steuerung der Umstand, daß sie allzu hohe Ventilhübe bei den größeren Füllungen vermeidet; das Verhältnis der Ventilhübe bei der größten und normalen Füllung fällt hier nicht viel größer als *2* aus. Weniger günstig ist die Steuerung in bezug auf Einfachheit und Zahl der Gelenke. Der Auslaß wird wieder vom Einlaßexzenter (Fig. 232) gesteuert, ohne daß eine nennenswerte Verschiebung in den Auslaßverhältnissen bei den einzelnen Füllungen eintritt. Ein Druckwechsel findet in den Gelenken der Einlaßsteuerung nicht statt.

Die Tabelle auf S. 272 gibt die Hauptverhältnisse einiger ausgeführten Collmann-Steuerungen nach den Bezeichnungen in Fig. 232 und 233.

§ 108. **Die zwangläufigen Ventilsteuerungen mit verstellbarem Exzenter und Flachregler.** Die allgemeine Anordnung dieser Steuerungen, die von dem verstorbenen Ingenieur Dr. *Proell* in Dresden herrührt, ist aus Fig. 1, Taf. 13 und 15, für liegende Maschinen ersichtlich. Der Flachregler sitzt zwischen den beiden Einlaßexzentern auf der Steuerwelle und verstellt bei einer Füllungsänderung die Exzentrizität und den Voreilwinkel. Die Exzenterstangen betätigen die Einlaßventile durch Schwingedaumen (§ 102). Die Steuerungen zeichnen sich durch große Einfachheit vorteilhaft aus, und der nicht auf die Ventilerhebung wirkende Teil der Exzenterbewegung fällt bei ihnen infolge der veränderlichen Exzentrizität wesentlich kleiner als bei den zwangläufigen Steuerungen mit festem Exzenter und unveränderlicher Exzentrizität (siehe S. 264) aus. Nachteilig ist den Steuerungen meist eine stärkere Rückwirkung auf den Regler (siehe § 131) und eine bei den kleineren Füllungen oft nur sehr geringe Ventileröffnung infolge der dann nur kleinen Exzentrizität.

Die Scheitel-, Zentral- oder Verstellungskurve, auf welcher der Regler bei der Füllungsänderung den Mittelpunkt des steuernden Exzenters verschiebt, ist auch hier wie bei den entsprechenden Einschiebersteuerungen entweder eine Gerade oder ein Kreisbogen. Die zu Beginn des Voreintrittes senkrecht zur mittleren Exzenterstangenrichtung stehende und in die *e*-Gerade (S. 252) fallende gerade Scheitelkurve bietet den Vorteil, daß der Voreintritt unter Vernachlässigung der endlichen Exzenterstangenlänge konstant bleibt und eine Rückwirkung auf den Regler bei dieser Lage ausgeschlossen ist. Die Rückwirkung, soweit sie von der Exzenterstange der äußeren Steuerung auf den Regler übertragen wird, kommt hier überhaupt nur bei derjenigen Hauptkurbellage wesentlich zur Geltung, bei der jene Stange in die Richtung der

Scheitelkurve fällt. Bei kreisförmiger Scheitelkurve ist der Voreintritt bei den verschiedenen Füllungen nicht konstant. Dagegen nehmen bei richtiger Wahl dieser Kurve die Ventileröffnungen von der kleinsten bis zur normalen schneller zu als bei gerader Verstellungskurve. Auch läßt die letztere im allgemeinen nicht so große Füllungen zu als die kreisförmige.

Eine gerade Scheitelkurve besitzt die verbreiteste und bekannteste der vorliegenden Steuerungen, die *Lentz*-Steuerung[1]). Die Figuren auf Taf. 13 und 14 zeigen ihre allgemeine Anordnung und Hauptteile bei liegenden Maschinen. Der Flachregler (§ 136) erfaßt auf jeder Kolbenseite das Einlaßexzenter $E$ (Fig. 1, Taf. 13, und Fig. 2, Taf. 14), das zwei zueinander senkrechte Schlitze besitzt, in dem einen derselben vermittels des kleinen Steines $x$ und verschiebt es bei einer Änderung der Füllung in dem größeren Schlitz auf dem Stein $y$. Der Stein $x$ befindet sich auf einem Bolzen $b$, der fest in der Endscheibe des vom Regler beim Ausschlagen der Schwungkörper gedrehten Rohrstückes $B$ sitzt. Der Stein $y$ ist der Steuerwelle aufgekeilt. Die Verstellungskurve ist eine Gerade und in dem Einlaßdiagramm der Deckelseite (Fig. 4, Taf. 14) mit $E_1 E_2 E_3$ bezeichnet. Sie nimmt die dargestellte Lage ein, wenn sich der Kolben 3 vH vor der Deckeltotlage befindet und steht dann nicht ganz senkrecht zur mittleren Exzenterstangenrichtung; der Voreintritt beginnt also fast immer bei derselben Hauptkurbellage und bleibt nahezu konstant. Die mit den Exzentrizitäten $r_1, r_2, r_3$ in Fig. 4, Taf. 14, gezogenen Kreise schneiden den mit der Exzenterstangenlänge um den Punkt $c$ (Fig. 1, Taf. 13) bei Beginn des Ventilhubes geschlagenen $e$-Bogen, der annähernd eine Gerade bildet, in den Lagen $OVe_1$, $OVe_2$[2]) und $OEx_1$, $OEx_2$ der Exzenterkurbel bei Beginn des Voreintrittes bzw. bei Schluß der Füllung. Die Lagen $K_1 K_1'$, $K_2 K_2'$, $K_3 K_3'$, welche die Exzenterkurbel bei den Totlagen der zu *25 mm* Radius angenommenen Hauptkurbel einnimmt, ergeben sich, wenn aus Fig. 5, Taf. 14, der zu 3 vH gehörige Voreintrittswinkel $\omega_1$ entnommen und an $OVe_1$, $OVe_2$ bzw. $OVe_3$ getragen wird. Auf $K_1 K_1'$, $K_2 K_2'$ bezogen, bestimmt sich dann bei der größten Exzentrizität $r_1$ die Füllung zu *50*, bei derjenigen $r_2$ zu 21 vH, während bei der kleinsten Exzentrizität $r_3$ das Ventil überhaupt nicht gehoben wird, also absolute Nullfüllung stattfindet.

Das Auslaßdiagramm der Deckelseite gibt Fig. 6, Taf. 14. Die $i$-Gerade trifft den Exzenterkurbelkreis in $Va$ und $Co$. Die Stellungen, welche die Auslaßkurbel bei den Totlagen $K, K'$ der Hauptkurbel einnimmt, folgen aus Fig. 5 mit Hilfe des Winkels $\omega_3$.

Fig. 234 und 235 zeigen die Diagramme der Kurbelseite. Die Exzenter- und Hauptkurbelkreise sind aber hier an den Schwingedaumen verlegt[3]), und zwar so, daß die Punkte $I$ bzw. $II$ für den Angriff der Exzenterstange an letzterem

---

[1]) Die grundlegenden Patente wurden auf die Namen *Lentz-Voit*, die späteren auf den Namen *Lentz* eingetragen. Der Zivilingenieur *W. Voit* in München hat zur Entwickelung dieser viel verwendeten Steuerung viel beigetragen, indem er die Alleinverwertung in Händen hatte.

[2]) $Ve_3$ und $Ex_3$ fallen mi $E_3$ zusammen.

[3]) Siehe hierzu auch die Anmerkung auf S. 35.

bei Beginn des Vorein- bzw. Voraustrittes und der Expansion bzw. Kompression in dem Schnittpunkt der mittleren Exzenterstangenrichtung mit der $e'$- bzw.

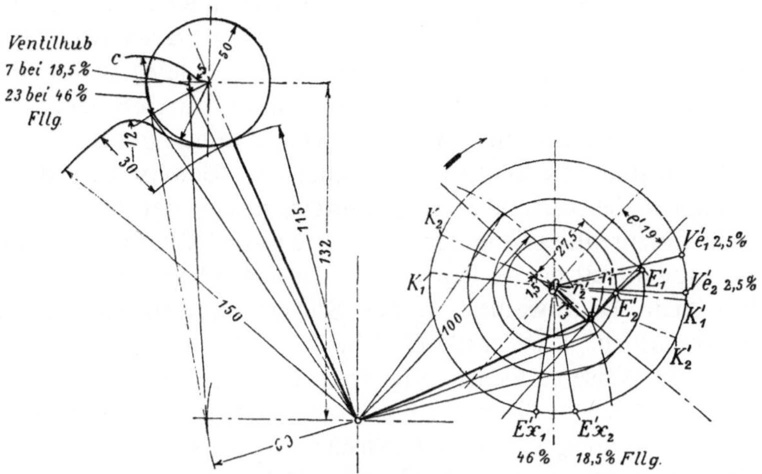

Fig. 234. 1 : 3. Einlaßdaumen und Einlaßdiagramm zur Kurbelseite der *Lentz*-Steuerung auf Taf. 13 und 14.

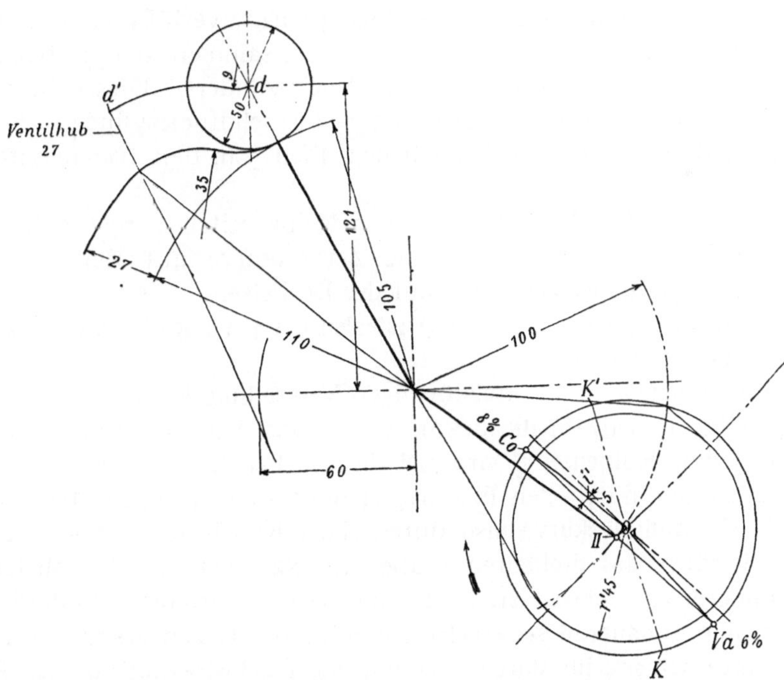

Fig. 235. 1 : 3. Auslaßdaumen und Auslaßdiagramm zur Kurbelseite der *Lentz*-Steuerung auf Taf. 13 und 14.

$i'$-Geraden oder dem entsprechenden Bogen liegen. Die bei den einzelnen Exzenterkurbellagen stattfindenden Ventilhübe lassen sich bei dieser Darstellungsweise leichter verfolgen. Die sich ergebenden Füllungen, sowie der

Voraustritt und die Kompression sind den Figuren eingetragen; der annähernd konstante Voreintritt beträgt für alle Füllungen auf der Kurbelseite 2,5 vH.

Die Ausbildung und Anordnung der Lentz-Steuerung an stehenden Maschinen läßt Fig. 1, Taf. 23, erkennen, die einer Ausführung der *Gebr. Meer* in M.-Gladbach entspricht. Die Einlaßventile $e$, $e'$ und Auslaßventile $a$, $a'$ des Hochdruckzylinders liegen hier senkrecht übereinander. Zum Antrieb jener dient eine Scheibe $s$, die durch Vereinigung zweier Schwingdaumen gebildet ist und vermittels der Rollen $p$ auf die Ventilspindeln einwirkt. Bewegt wird die Scheibe $s$ durch die Stange $t$ des verstellbaren Exzenters, das in der oben angegebenen Weise mit dem Flachregler verbunden ist. Für die Auslaßventile sind in gleicher Weise die Scheibe $s_1$ mit den Rollen $p_1$ und ein festes Exzenter mit der Stange $t_1$ vorgesehen. Ein Druckwechsel in den Steuergestängen ist bei dieser Anordnung unvermeidlich. Die Ventile $E$, $E'$ und $A$, $A'$ des Niederdruckzylinders werden in gleicher Weise gesteuert, nur sitzen hier beide Exzenter fest auf der Welle. Fig. 2, Taf. 23, gibt die Einzelheiten der Ventile nach einer Ausführung der *Maschinenbau-Aktienges. vorm. Ph. Swiderski*, Leipzig.

Bei der Maschine in Fig. 1, Taf. 23, strömt der frische Dampf durch das Absperrventil $V$ zunächst in den Kanal $I$, um aus ihm abwechselnd nach den Pfeilen $1$ und $1'$ durch die Ventile $e$, $e'$ über oder unter den Kolben des Hochdruckzylinders zu treten. Nachdem er hier gewirkt, verläßt er den Zylinder nach den Pfeilen $2$ und $2'$ durch den Ventile $a$, $a'$, sammelt sich im Behälter $II$ und geht nach demjenigen $III$ des Niederdruckzylinders. Diesen betritt und verläßt der Dampf in gleicher Weise wie den Hochdruckzylinder. Aus dem Behälter $IV$ gelangt er schließlich nach dem Pfeil $3$ in den Kondensator oder ins Freie.

Zur Ausgleichung der Füllung auf beiden Kolbenseiten wird bei der Lentz-Steuerung an liegenden Maschinen die Zentralkurve auf der Kurbelseite (Fig. 234) der Welle näher gelegt als auf der Deckelseite (Fig. 4, Taf. 14). Der Abstand des Steines $y$ (Fig. 2, Taf. 14) ist also bei jener kleiner, die Exzenterstangenlänge bei dieser größer.

Von den Steuerungen mit kreisförmiger Verstellungskurve ist die *Proell*-Steuerung[1]) (Fig. 1, Taf. 15) die bekannteste. Das den Einlaß steuernde Exzenter einer jeden Kolbenseite wird bei ihr wie bei den entsprechenden Einschiebersteuerungen durch den Flachregler (§ 132) auf einem festen Exzenter gedreht, die Verstellungskurve also durch einen Kreisbogen gebildet, der mit der Exzentrizität $r$ des drehbaren (äußeren) Exzenters um den Mittelpunkt des festen (inneren) geschlagen ist. Zu Beginn des Voreintrittes steht die Scheitelkurve auch hier annähernd senkrecht zur mittleren Exzenterstangenrichtung, damit die Unterschiede im Voreintritt und die Rückwirkung auf den Regler, die in diesem Augenblick am größten ist, tunlichst beschränkt werden. Als innere Exzenter dienen zwei Rohrstücke $B$, die an den Enden zwei exzentrische Ringe von der Exzentrizität $r_0$ besitzen und mit der Reglerscheibe der zugehörigen

---

[1]) Dr. *Proell*, Ingenieurbureau, Dresden.

Kolbenseite zusammengegossen oder zusammengeschraubt sind. Die sie umfassenden Hülsen *C* der äußeren drehbaren Exzenter sind neuerdings, wie Fig. 2a, Taf. 15, zeigt, in der Exzenterscheibe eingeschnürt, um die Durchmesser der Exzenterbügel und das rückwirkende Drehmoment der Steuerung möglichst klein zu halten. Die Schwingedaumen der Auslaßventile werden wieder durch feste Exzenter angetrieben.

In dem Diagramm (Fig. 5, Taf. 15) ist $E_0$ der Mittelpunkt des festen Exzenters, $E_1 E_2 E_3$ die Verstellungskurve für die Deckelseite mit $r_1$, $r_2$, $r_3$ als resultierende Exzentrizität. Die Verstellungskurve nimmt die dargestellte Lage bei der zugehörigen Totlage der zu *25 mm* Radius angenommenen Hauptkurbel ein; die durch $E_1$, $E_2$, $E_3$ gehenden Zentralen $K_1 K_1'$, $K_2 K_2'$, $K_3 K_3'$ bilden also hier die Geraden, auf welche die Kolbenwege zu beziehen sind. Die Lagen $OVe_1$, $OVe_2$ für den Beginn des Voreintrittes sowie diejenigen $OEx_1$, $OEx_2$ für den Schluß der Füllung gehen wieder durch die Schnittpunkte der betreffenden Kreise mit dem *e*-Bogen bzw. der *e*-Geraden. Für das Diagramm der Kurbelseite (Fig. 6) gilt Entsprechendes. Die bei den angegebenen Exzentrizitäten stattfindenden Füllungen und Voreintritte sind den Figuren eingetragen.

Auf Taf. 16 sind der Ventilantrieb und die innere Steuerung einer von der *Maschinenbauanstalt Humboldt* in Kalk bei Köln am Rhein ausgeführten Proell-Steuerung dargestellt. Die Figuren auf Taf. 17 geben Teile einer ebensolchen Steuerung, aber mit anderem Regler, von *K. & Th. Möller* in Brackwede i. Westf.

Zur Annäherung der Füllungen auf beiden Kolbenseiten wird bei der Proell-Steuerung entweder die Exzentrizität oder der Ausschlagbogen der drehbaren (äußeren) Exzenter für die Deckel- und Kurbelseite verschieden gewählt; Exzentrizität und Voreilwinkel der festen (inneren) Exzenter, die um 180° gegeneinander versetzt liegen, sind auf beiden Seiten gleich. In Fig. 6, Taf. 15, ist die Exzentrizität $r'$ auf der Kurbelseite kleiner, was zu annähernd gleichen Füllungen für die zu gleichen Ausschlägen der Regler-Schwungkörper gehörigen Punkte der beiden Verstellungskurven führt. In Fig. 7 und 6, Taf. 17, dagegen besitzt das Drehexzenter auf der Kurbelseite einen Ausschlagwinkel $\alpha' = 59°20'$, das auf der Deckelseite einen solchen von nur $\alpha = 44°$. Die hieraus sich ergebenden Füllungen und Voreintritte für die zu gleichen Schwungkörperausschlägen gehörigen Lagen $E_1$, *1*, *2*, *3*, *4* und $E_1'$, *1'*, *2'*, *3'*, *4'* sind ebenfalls den Figuren eingeschrieben.

Dr.-Ing. *Paul H. Müller*, Hannover, verwendet bei seiner Steuerung für den Einlaß einer jeden Kolbenseite nur ein Exzenter. Es ist nach Fig. 3, Taf. 18, mit zwei parallelen Lenkern *d* an einem der Welle aufgekeilten Stück *C* aufgehangen, und sein Mittelpunkt wird durch den Regler (§ 136) auf einer kreisbogenförmigen Zentralkurve verstellt, welche die Lenkerlänge zum Radius hat. Die Reibung des Exzenterbügels bleibt dabei ohne Einfluß auf den Regler, da das Drehmoment stets von den beiden Lenkern aufgenommen wird.

Die kettenschlüssige Steuerung von Prof. *Doerfel* besitzt Drehexzenter. Der Regler (§ 132) befindet sich bei ihr nach Fig. 2, Taf. 9, nicht zwischen den Exzentern beider Kolbenseiten, sondern außerhalb derselben auf der Kurbelseite. Seine Schwungkörper verdrehen beim Ausschlagen ein Rohr $B$, das fast längs des ganzen Zylinders die Steuerwelle umfaßt und neben jedem Einlaßexzenter eine Mitnehmerkurbel $k$ trägt. Diese wirkt durch die Schienen $z$ auf die Drehexzenter $E$ ein. Von den festen (inneren) Exzentern ist das eine als exzentrisches Rohr $E_0$ ausgebildet, das sich mit dem Regler dreht, während das andere (auf der Deckelseite) der Steuerwelle aufgekeilt ist. Die Auslaßexzenter $E_i$ werden von den Einlaßexzentern an zwei Klemmschrauben $s$ mitgenommen, wodurch mit der Füllung auch die Kompression verändert wird.

Die einseitige Anordnung des Reglers auf der Kurbelseite vermeidet gegenüber der gebräuchlichen zwischen den Exzentern die bei der letzteren erforderliche Kupplung der Schwungkörper mit den Drehrohren der Exzenter auf beiden Seiten, die leicht zu Klemmungen führen kann. Bei der *Doerfel*schen Anordnung sind für diese Kupplung nur Hängestangen an der einen Seite nötig.

Bei dem Entwurf der vorliegenden Steuerungen sind zunächst die Verhältnisse der Schwingedaumen zu bestimmen. Ist dann $a$ der auf die mittlere Exzenterstangenrichtung bezogene Ausschlag für den Ventilhub bei der größten Füllung, so verfährt man bei der Ermittelung der größten (resultierenden) Exzentrizität $r_{max} = a + e$ und der Größe $e$ in derselben Weise wie bei den entsprechenden Einschiebersteuerungen (siehe S. 188). Die kleinste (resultierende) Exzentrizität $r_{min}$ wird zur Erzielung absoluter Nullfüllung kleiner als oder gleich $e$ gemacht und meist nahezu in mittlere Exzenterstangenrichtung gelegt. Bei gerader Verstellungskurve ist deren Lage gegeben. Bei kreisförmiger können die Exzentrizität $r_0$ des festen und diejenige $r$ des drehbaren nach den Angaben auf S. 189 gewählt werden. Zu prüfen ist dann, ob der Winkel, den die Exzenterstange mit dem anschließenden Arm des Schwingedaumens bzw. dem Kreislenker in den äußersten Lagen einschließt, die auf S. 252 angegebenen Grenzwerte nicht überschreitet, ob ferner sich die erforderliche Verschiebung bzw. Drehung des steuernden Exzenters durch den Regler ermöglichen läßt und ob schließlich die bei den verschiedenen Füllungen sich ergebenden Ventilhübe und Drosselungsverhältnisse befriedigend sind.

§ 109. **Beispiel einer ausgeführten zwangläufigen Ventilsteuerung mit Flachregler und Schwingedaumen.** Die auf Taf. 13 und 14 dargestellte Lentz-Steuerung gehört zum Hochdruckzylinder einer Verbundmaschine $d = 0{,}56$, $D = 0{,}95$, $S = 0{,}9\,m$ und $n = 140$. Der erforderliche Durchgangsquerschnitt der Einlaßventile berechnet sich mit $O = 2413\,qcm$ (bei $80\,mm$ starker Kolbenstange), $c_m = 4{,}2$ und $w = 30\,m/sk$ nach Gl. 56, S. 140, zu

$$f = \frac{2413 \cdot 4{,}2}{30} = 337{,}8\,qcm.$$

Nimmt man den Durchgangsquerschnitt der Auslaßventile $1{,}2$ mal so groß, also

$$f_0 = 1{,}2 \cdot 337{,}8 = 405{,}4\,qcm,$$

so muß deren Durchmesser bei 20 vH Verengung, entsprechend

$$d_a^{\text{l2}}\,\frac{\pi}{4} = \frac{405{,}4}{0{,}8} = \infty\,507\ qcm\,,$$

$d_a = 25{,}5\ cm$ betragen.

Der Durchmesser der Einlaßventile ist zur Beschränkung der Ventilhübe ebenso groß wie der der Auslaßventile genommen. Die Einlaßventile gewähren deshalb nach Gl. 81, S. 236, den oben berechneten Querschnitt bei einem Hube

$$h_n = \frac{337{,}8}{2\cdot 25{,}5\,\pi} = \infty\,2{,}1\ cm = 21\ mm\,.$$

Zu ihm gehört nach den in Fig. 1, Taf. 14, dargestellten Verhältnissen des Schwingedaumens ein Ausschlag von $a = 14\ mm$ des angreifenden Exzenterstangenendes, bezogen auf die mittlere Richtung dieser Stange.

Für die hintere Kolbenseite ist weiter ein Voreintritt von 3 vH und eine größte Füllung von 50 vH gewählt. Die zugehörigen Hauptkurbellagen $O\,Ve$ und $O\,Ex_1$ sind in Fig. 5, Taf. 14, unter Berücksichtigung der endlichen Schubstangenlänge eingetragen. $O\,D$ ist die Halbierungslinie des Winkels $Ve\,O\,Ex_1$. Zur Ermittelung einer der Bedingung $r_1 = a + e$ genügenden größten Exzentrizität ist dann auf der Hauptkurbellage $Ve\,O$ der obige Ausschlag $a$ in $^1/_2$ der nat. Größe abgetragen und in dem Punkt $m$ eine Senkrechte zu jener Lage errichtet, sowie durch den Schnittpunkt $p$ derselben mit $Ve\,D$ eine Parallele zu $O\,D$ gezogen worden. Sie trifft $Ve\,O$ in $q$, und es ist

$$r_1 = Ve\,q = 37\ mm\,,\quad e = m\,q = 23\ mm.$$

Hiermit läßt sich das Diagramm in Fig. 4, Taf. 14, aufzeichnen, wo die gerade Verstellungskurve $E_1E_2E_3$ nahezu in die $e$-Gerade bei Beginn des Voreintrittes gelegt und die kleinste Exzentrizität $r_3 = OE_3$ etwas kleiner als $e$ gemacht ist. Mit Hilfe der unter dem Voreintrittswinkel $\omega_1$ aus Fig. 5 eingetragenen Kolbenweglinien $K_1\,K_1'$, $K_2\,K_2'$ usw. können die Füllungsgrade bei den verschiedenen Exzentrizitäten, sowie die zu ihnen gehörigen größten Ausschläge des oberen Exzenterstangenendes abgegriffen und die Ventilhübe aus Fig. 1, Taf. 14, ermittelt werden. So ergibt sich z. B. bei halbem Reglerausschlag für $O\,E_2 = r_2$ und $K_2K_2'$ als Kolbenweglinie eine Füllung von 21 vH sowie ein Ventilhub von $6\ mm$.

Auf der vorderen Kolbenseite ist die Verstellungskurve zur Ausgleichung der Füllungen auf beiden Kolbenseiten näher an die Mitte gelegt, entsprechend $e' = 19\ mm$ (Fig. 234, S. 275). Die größte Füllung beträgt dann hier 46 vH, der größte Ventilhub $23\ mm$, die Füllung bei halbem Reglerausschlag 18,5 vH, der zugehörige Ventilhub $7\ mm$.

Für die Auslaßventile ist der zur Erzielung des oben berechneten Querschnittes $f_0$ erforderliche Hub

$$h_n = \frac{405{,}4}{2\cdot 25{,}5\,\pi} = 2{,}53\ cm\,.$$

Nach der Ausführung ist der größte Ventilhub auf der Deckelseite $26,5\,mm$. Der hierzu gehörige Ausschlag des angreifenden Exzenterstangenendes ist nach Fig. 3, Taf. 14, $a = 46\,mm$. Für einen Voraustritt von $6$ und einer Kompression mit Voreintritt von $5 + 3 = 8$ vH ergibt sich dann in Fig. 5, Taf. 14, in derselben Weise, wie oben $r_1$ bestimmt wurde, die Auslaßexzentrizität

$$r = 45\,mm, \text{ also } i = r - a = -1\,mm.$$

Das Auslaßdiagramm der Steuerung ist hierfür in Fig. 6, Taf. 14, gezeichnet. Die Auslaßverhältnisse der Kurbelseite sind in Fig. 235, S. 275, eingetragen.

**c) Ausklinkende Einlaßventilsteuerungen mit veränderlicher Füllung.**

§ 110. **Einteilung, Vor- und Nachteile.** Im Gegensatz zu den zwangläufigen Ventilsteuerungen bewegen sich die Ventile der ausklinkenden, sobald das Ventilgestänge von der äußeren Steuerung gelöst wird, unabhängig von der Geschwindigkeit der letzteren; sie gehen unter dem Einfluß ihres Eigengewichtes und der Ventilfedern frei auf ihren Sitz zurück, wobei die Aufsatzgeschwindigkeit durch Puffer geregelt wird. Die ausklinkenden Steuerungen lassen sich nach der Klinke, die das Ventilgestänge kurz vor Beginn des Voreintrittes erfaßt und im Augenblicke der Ausklinkung wieder freigibt, unterscheiden in:

1. Steuerungen mit frei fallender Klinke, bei denen diese keine eigene Bewegung besitzt, und

2. solche mit zwangläufig bewegter Klinke, bei denen diese eine eigene, zwangläufige Bewegung vollführt.

Die Vorteile der ausklinkenden Steuerungen bestehen in dem schnellen Schluß der freifallenden Ventile, wodurch die bei den meisten zwangläufigen Steuerungen auftretende Drosselung des Dampfes während dieser Zeit vermieden wird, sowie in der leichten Einwirkung des Reglers, der an den zu verstellenden Teilen des ausgeklinkten Steuerungsmechanismus einen verhältnismäßig geringen Widerstand findet. Der Ventilhub bleibt meist unter dem zweifachen Werte des normalen. Nachteilig ist den ausklinkenden Ventilsteuerungen hauptsächlich die Beigabe der empfindlichen Puffer und Katarakte, die einer sorgfältigen Wartung und Einstellung bedürfen und bei einem Mangel an beiden leicht zu einem harten Aufsetzen (Schlagen) der Ventile führen, sowie das nicht einwandfreie Arbeiten der Steuerungen bei den kleineren Füllungen und beim Leerlauf, wo die Klinken zu wenig eingreifen und deshalb die Regelung zu wünschen übrig läßt. Zur Milderung des letzten Nachteiles, der im Gegensatze zu den zwangläufigen Steuerungen (siehe S. 263) namentlich beim Parallelschalten von Dynamomaschinen empfunden wird, verwendet man Ventile mit Überdeckung (siehe S. 231) an den ausklinkenden Steuerungen. Die auslösenden Teile (Klinken, Mitnehmer) arbeiten dann auch bei den kleineren Füllungen und beim Leerlauf nicht immer an den Kanten.

Zu beachten ist, daß der Ventil- und Füllungsschluß bei den vorliegenden Steuerungen nicht mit der Ausklinkung zusammenfällt, sondern später als diese erfolgt. Die Verspätung ist nicht immer gleich und hängt von den Reibungswiderständen des Ventilgestänges, dem Betriebszustande der Maschine, der Einstellung der Puffer und anderen Umständen ab. Ungefähre Werte für die während des Ventilschlusses durchlaufenen Kolbenwege befinden sich auf S. 243.

§ 111. **Die ausklinkende *Collmann*-Steuerung.** Die bekannteste unter den ausklinkenden Steuerungen mit frei fallender Klinke ist die des Ingenieurs *Collmann* in Wien, die zum Unterschiede von der auf S. 270 behandelten älteren zwangläufigen Steuerung desselben als n e u e Collmann-Steuerung bezeichnet wird. Die Exzenterstange trägt bei ihr nach Fig. 1 und 2, Taf. 11, am oberen Ende $c$, das mit Hilfe des Armes $C$ um den Drehpunkt $b$ des Ventilhebels schwingt, die als a k t i v e n Mitnehmer bezeichnete Klinke $K$. Bei der höchsten Lage von $c$ schiebt sich diese Klinke über den als p a s s i v e n Mitnehmer dienenden Arm $B$ des Ventilhebels und nimmt ihn beim Niedergange von $c$ mit nach unten. Dadurch wird das Einlaßventil gehoben. Sobald aber der untere Teil der Klinke gegen den vom Regler eingestellten Auslöser $A$ auf der Regelwelle $w_1$ stößt, schiebt sich der aktive Mitnehmer von dem passiven ab, und es erfolgt die Ausklinkung. Das Ventil fällt dann, getrieben von der Ventilfeder und dem Eigengewicht, herunter, wobei der später beschriebene Ölpuffer ein sanftes Aufsetzen bewirkt.

Der horizontal auf der Steuerwelle angeordnete Regler (Fig. 1) wirkt durch eine Muffe $M$, den Ring $R$ und die Stange $T$ auf den Hebel $H$ der Regelwelle $w_1$ ein. Je nach der Einstellung dieser Welle und des Auslösers $A$ erfolgen dann die Ausklinkung und der Ventilschluß früher oder später. Die Stange $T$ ist unter *45* bis *60*° gegen die Steuerwelle geneigt und durch ein *Hook*sches Gelenk mit dem Hebel $H$ verbunden.

Für das Einschnappen des aktiven Mitnehmers $K$ sorgt die Feder $f_1$ (Fig. 2), während diejenige $f_2$ ein zu weites und zu geräuschvolles Einschnappen verhütet. Die beiden Mitnehmer schleifen beim Einschnappen nur *2 mm* aufeinander. Zinkplättcheneinlagen $m$ dienen zur Nachregelung von $A$.

Die Ventilfeder $F_1$ (Fig. 1) ist im Dampfraum untergebracht, damit das Ventilgestänge auch beim Niedergange auf Zug beansprucht und einem Zwängen desselben in der Stopfbuchse möglichst vorgebeugt wird. Die obere Feder $F_2$ dient nur zum Anspannen der unteren $F_1$. Unterhalb $F_2$ befindet sich im Zylinder $Z$ (Fig. 2) der oben erwähnte Ölpuffer zur Regelung der Aufsatzgeschwindigkeit des Ventiles. Der Zylinder ist bis zur Ebene $\alpha - \alpha$ mit dünnem, ganz petroleumfreien Mineralöl oder mit einer Mischung von $^2/_3$ Olivenöl und $^1/_3$ Zylinderschmieröl gefüllt. In ihm bewegt sich ferner der Kolben $k$, der mit der Ventilspindel fest verbunden ist und an seinem Umfange eine Zahl von Öffnungen $l$, in seinem Boden kleine Ringventilchen $q$ aus Stahlblech besitzt. Die Öffnungen $l$ sind eingebohrt und nach oben durch eingefeilte kleine Spitzen $p$ (siehe die Abwickelung) erweitert, die abgerundet in die Lochränder übergehen. Beim Heben des Ventiles gelangt das über dem Kolben $k$ befindliche Öl teils durch die Öffnungen $l$, teils durch die Ringventilchen $q$ unter diesen, während nach der Ausklinkung das Öl nur durch die Öffnungen $l$ zurücktreten kann. Dieses Zurücktreten erfolgt zuerst ohne größeren Widerstand, und infolgedessen fällt das Ventil anfangs rasch herunter. Sobald aber gegen Ende des Ventilniederganges nur noch die Spitzen $p$ der Öffnungen für den Durchgang des Öles frei sind, wächst dieser Widerstand allmählich so, daß das Ventil sanft auf seinen Sitz gelassen wird. Zur Regelung des Ventilschlusses kann der Kolben $k$ etwas auf der Ventilspindel verschoben werden, wodurch ein früheres oder späteres Schließen der Spitzen $p$ durch die Zylinderkante $i$ erzielt wird.

Der Vorteil dieser Ölpuffer gegenüber den früher gebräuchlichen Luftpuffern besteht in der genau gleichen Schlußbewegung, die jene den Ventilen bei allen Füllungen und Ventilhüben erteilen; denn für diese Bewegung ist bei den Ölpuffern nur die Form der Durchlaßöffnungen $l$ und Spitzen $p$ maßgebend, während bei den Luftpuffern die Einstellung der Drosselöffnung für die austretende Luft die Schlußgeschwindigkeit der Ventile beeinflußt. Nur beim Leerlauf stellen sich an den Ölpuffern ebenso wie bei den Luftpuffern infolge der dann unter dem Kolben $k$ eintretenden Luftleere leicht Ventilschläge ein, die man, wie schon erwähnt, durch Ventile mit Überdeckung und größeren Ventilhub zu mildern bzw. zu vermeiden sucht.

Zur Steuerung des Auslasses dienen die Exzenter $E_i$ in Fig. 1 und 5, Taf. 11. Sie sind zur genauen Einstellung der Kompression mit Schrauben an den Einlaßexzentern $E$ befestigt, und ihre Stangen bewegen vermittels der auf S. 256 beschriebenen Schwingedaumen $D$ und Rollenhebel $G$ (Fig. 1 und 3, Taf. 11) die Auslaßventile.

Die Ausklinksteuerung von *Scharrer & Groß* in Nürnberg weicht in der Anordnung des Reglers und Form des Auslösers von der vorigen Ausführung ab. Der Regler steht bei ihr vertikal und wirkt vermittels eines Hebels auf die Welle $w_1$ des Auslösers $A$ ein. Die Form des letzteren und die Lage seines Drehpunktes sind nach dem Steuerschema in Fig. 236 so gewählt, daß der Rückdruck der Steuerung auf den Regler nahezu Null wird. Ein Rückdruck kann hier nämlich nur durch die Reibung zwischen den beiden Mitnehmern hervorgerufen werden; die übrigen Kräfte am Ventil- und Steuergestänge üben keinen Rückdruck aus, da der aktive Mitnehmer sich auf dem zu ihm senkrechten passiven nur verschiebt, eine Verstellung des Reglers also keine Bewegung des Ventiles zur Folge hat. Die fragliche Reibung erzeugt nun beim Abstreichen der Mitnehmer zwischen dem Auslöser $A$ und der Klinke $K$ eine Pressung, die um den Reibungswinkel von der Senkrechten zur Begrenzungskurve des Auslösers abweicht. Gestaltet man daher diese Begrenzungskurve so, daß die in jedem Punkte auf ihr errichtete Senkrechte höchstens um den Reibungswinkel an dem Drehpunkte des Auslösers vorbeigeht, so wird das Moment der Mitnehmerreibung bzw. der Rückdruck der Steuerung äußerst gering. Entsprechend diesem kleinen Rückdruck fällt auch die erforderliche Verstellungskraft des Reglers bei einer Füllungsänderung sehr niedrig aus. Berühren sich die Mitnehmer nach der Ausklinkung nicht mehr, so verschwindet der Rückdruck vollständig, und der Regler hat dann nur noch die Reibung in dem Stellzeug des Auslösers zu überwinden.

Die Details des vorliegenden Steuermechanismus sind aus Fig. 2, Taf. 12, ersichtlich, wo die gleich gestaltete Steuerung eines Niederdruckzylinders, aber ohne Einwirkung des Reglers dargestellt ist. Als Einschnappfeder für die Klinke dient eine Federwage $F$. Die stählernen Mitnehmer $K$ und $B$ besitzen an den arbeitenden Stellen aufgeschraubte Platten aus feinstem Werkzeugstahl, die gehärtet, geschliffen und an den Kanten messerscharf gemacht sind. Um alle vier Kanten dieser Platten wechselweise benützen zu können, sind die Platten symmetrisch gemacht. Alle anderen Teile des Mechanismus bestehen ebenfalls aus Stahl. Bemerkenswert ist auch eine Sicherheitsvorrichtung, welche die Ventilspindel bei einem etwaigen Hängenbleiben auslöst. Sie besteht aus einer Nase $x$, die in die Nabe des Ventilhebels $B$ eingesetzt ist. Für gewöhnlich bewegt sich diese Nase, ohne anzustoßen, in einer entsprechenden Aussparung der einen Doppelschwinge $C$, welche die Klinke $K$ trägt. Geht aber die Ventilspindel aus irgendeinem Grunde nach der Ausklinkung nicht herunter, so stößt die Schwinge bei ihrem Hochgange gegen die Nase und bewegt dadurch den Ventilhebel und die Spindel nach unten.

Bei der vorliegenden Ausführung weicht ferner die Konstruktion des Ölpuffers von der früher angegebenen ab. Der tellerartige Kolben $k$ des Puffers ist hier mit einem schrägen Rande versehen und schließt in seiner tiefsten Lage das unter ihm befindliche Öl im Zylinder des Ventilgehäuses vollständig ab. Die gegen Ende des Ventilniederganges erforderliche Verzögerung der Massen wird dadurch erzielt, daß das Öl im letzten Teile der Kolbenbewegung immer schwieriger am Rande des Tellers $k$ und zuletzt gar nicht mehr entweichen kann. Um auch für die kleinsten Füllungen und den Leerlauf einen genügenden Hub des Puffers, sowie ein hinreichendes Einklinken der beiden Mitnehmer zu erhalten, sind die Einlaßventile wieder mit Überdeckung versehen.

In dem Schema der Steuerung (Fig. 236) ist $S_e$—$S_e$ die mittlere Richtung der Exzenterstange und $c'$ die der oberen Totlage der Exzenterkurbel entsprechende höchste Lage des Klinkendrehpunktes. Kommt dieser Punkt bei einer Drehung der Steuerwelle in der angegebenen Pfeilrichtung nach $c_0$, so setzt die Klinke $K$ auf den passiven Mitnehmer $B$ und beginnt sich das Ventil zu heben. Die zugehörige Exzenter- und Hauptkurbellage gilt auch für den Beginn des Voreintrittes, wenn die Ventile keine Überdeckungen besitzen. Sind aber, wie in der Figur angenommen, solche vorhanden, so fängt der Voreintritt erst nach Zurücklegung dieser Deckung, also im Punkte $c$ an, für den die zugehörige Kurbellage mit $O_1 Ve$ bezeichnet ist. Der Mechanismus ist in Fig. 236 für drei verschiedene Füllungen im Augenblicke der Ausklinkung dargestellt. Bei der gestrichelten Lage des Auslösers und der Klinke $K$ (Klinkendrehpunkt in $c_0$) findet überhaupt keine Einklinkung statt, tritt also absolute Nullfüllung ein. Bei der ausgezogenen Lage (Klinkendrehpunkt in $c_1$) erfolgt die Ausklinkung, nachdem der Kolben 15 vH, bei der strichpunktierten Lage (Klinkendrehpunkt in $c_2$), nachdem er 55 vH seines Weges aus der Totlage zurückgelegt hat. Der Schluß des Ventiles und der Füllung tritt in den beiden letzten Fällen der Fallzeit entsprechend später ein.

Da nach dem Steuerschema die Lagen $E'\,E''$ und $KK'$, bei denen die Exzenterkurbel in ihren Totlagen bzw. denjenigen der Hauptkurbel steht, nicht allzu sehr voneinander abweichen, so wird das Ventil langsam an- und annähernd proportional der Kolbengeschwindigkeit weiter gehoben. Die Eröffnung der Ventile geht ferner im Gegensatz zu den zwangläufigen Steuerungen immer in derselben Weise vor sich; denn der passive Mitnehmer wird bei allen Füllungsgraden bis zur Ausklinkung stets in der gleichen Weise niederbewegt. Aus diesem Grunde bilden auch die Eröffnungskurven im Ventilerhebungsdiagramm (Fig. 237) den Teil einer Ellipse, die der Schieberellipse bei den Schiebersteuerungen entspricht. Die Ventilhübe der größeren Füllungen fallen endlich,

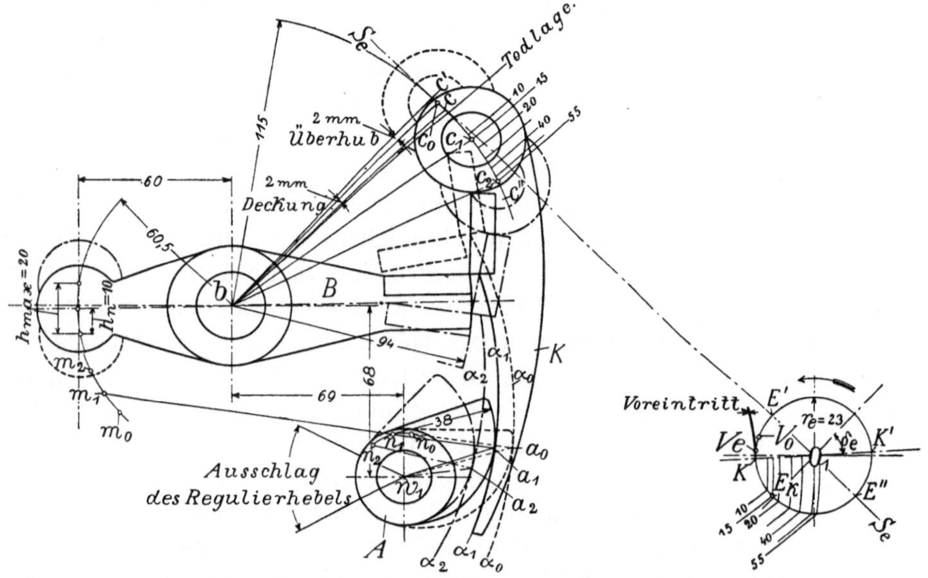


Fig. 236. 1 : 3. Schema zur Hochdrucksteuerung der lieg. Tandem-Verbundmaschine von *Scharrer u. Groß* in Nürnberg.

wie die Drosselungskurve in Fig. 237 erkennen läßt, unnötig hoch aus, und der Voreintritt bleibt für alle Füllungen konstant, da die Berührungsflächen der beiden Mitnehmer genau oder annähernd nach demselben Krümmungsradius gebildet sind.

Beim Entwurf der vorliegenden Steuerungen hat man nach Fig. 236 zunächst die Länge der beiden Ventilhebelarme zu wählen. Die Länge des äußeren, mit der Klinke in Berührung tretenden Armes ist hinreichend groß zu nehmen, damit der Druck zwischen den Mitnehmern klein wird und der Verschleiß an der Berührungsstelle von möglichst geringem Einfluß auf die regelrechte Ventilbewegung bleibt. Dann ist die Lage des Ventilhebels bei geschlossenem Ventil (siehe die gestrichelten Linien der Figur) festzustellen, und zwar so, daß der ganze bogenförmige Ausschlag des inneren Hebelarmes in bezug auf die vertikale Spindelmitte, der des äußeren Hebelarmes in bezug auf die Horizontale durch den Hebeldrehpunkt $b$ ziemlich gleichmäßig verteilt wird. Durch

Antragen des oberen Klinkenendes ergibt sich ferner die Lage $c_0$ des Klinkendrehpunktes, bei der die Klinken aufeinander setzen und der Voreintritt beginnt, wenn die Ventile keine Überdeckungen haben. Bei vorhandener Überdeckung (wie in der Figur) fängt der Voreintritt der Überdeckung entsprechend
später, im Punkte $c$ mit der zugehörigen Haupt- und Exzenterkurbellage $O_1 Ve$
an. Die Lage $c'$ des Klinkendrehpunktes für die obere Totlage der Exzenterkurbel ist je nach der Größe des verlangten Überhubes $1$ bis $2$ *mm* über $c_0$ anzunehmen. Nun ergibt sich aus dem Ventilhube $h_n$, bei dem die Ventile den
berechneten Kanalquerschnitt $f$ freigeben, die ausgezogene Lage des Ventilhebels und der Punkt $c_1$ für die Ausklinkung bei dieser Lage. Die Exzentrizität
$r_e$ ist dann durch Probieren so festzustellen, daß die zu $c_1$ gehörige Exzenterkurbellage $O_1 E_k$ demjenigen Kolbenwege entspricht, bei welcher der Ventilhub $h_n$
erreicht werden soll, was bei den meisten Ausführungen für 25 bis 35 vH Füllung
(Ausklinkung entsprechend früher) der Fall
ist. Die mittlere Exzenterstangenrichtung
$S_e$—$S_e$ kann versuchsweise durch die Pfeil-
höhenmitte des ganzen Ausschlagbogens $c'\,c''$
gelegt werden[1]). In dem Exzenterkreis sind
schließlich die Totlagen $KK'$ für die Hauptkurbel so zu wählen, daß der gewünschte
Voreintritt stattfindet. Zu jedem Kolbenwege läßt sich dann die zugehörige Lage

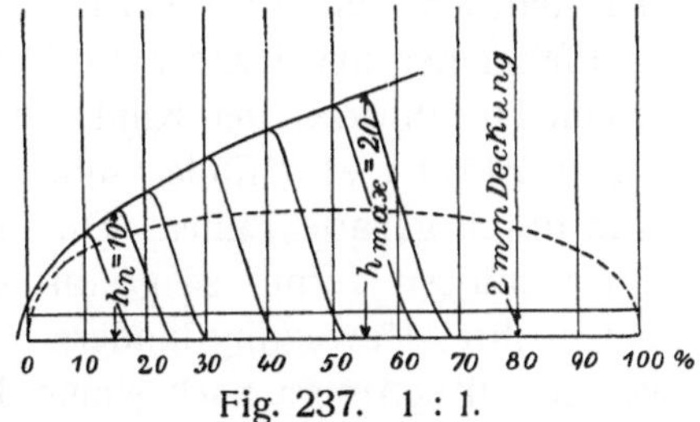


Fig. 237.  1 : 1.

der Exzenterkurbel und aus dieser durch Schlagen mit der Exzenterstangenlänge $c'\,E'$ auch die Lage des Klinkendrehpunktes, sowie der Ventilhub feststellen. Mit Hilfe des letzteren kann dann das Ventilerhebungsdiagramm
(Fig. 237) gezeichnet werden, in das zur Prüfung die gestrichelt angegebene
Drosselungskurve einzutragen ist.

Für die Hochdrucksteuerung in Fig. 236 ist nach S. 238 ein Hub $h_n = 8 + 2$
(Überdeckung) $= 10$ *mm* nötig, damit die Ventile von $100$ *mm* Durchmesser
den Durchgangsquerschnitt $f = 48{,}5$ *qcm* freigeben. Die Füllung, bei der dieser
Hub eintreten soll, ist zu 25 vH, die zugehörige Ausklinkung bei 10 vH Fallzeit
zu 15 vH angenommen. Werden die Verhältnisse des Ventilhebels nach Fig. 236
und die Lage des Klinkendrehpunktes für den Augenblick der Aufklinkung
in $c_0$ gewählt, so folgt, wenn $h_n = 10$ in der Spindelmitte aufgetragen wird,
$c_1$ als Lage für 15 vH Kolbenweg. Weiter ergibt sich für $2$ *mm* Überhub die
höchste Lage $c'$ und für $2{,}5$ *mm* Ventilhub ($2$ *mm* Deckung und $0{,}5$ *mm* Ventileröffnung) auch die Lage $c$ des Klinkendrehpunktes bei der Kolbentotlage.
Die Exzentrizität $r_e = 23$ *mm* ist durch Probieren so ermittelt worden, daß
die zu $c_1$ gehörige Exzenterkurbellage $O_1 E_k$ einem auf die Totlage $O_1 K$ der
Hauptkurbel bezogenen Kolbenwege von 15 vH entspricht. Durch Einteilung
des Kolbenhubes $KK'$ in 10, 20 . . . . 55 vH folgen nun, indem man von den

---

[1]) In der Figur ist dies nicht geschehen, weil das Schema der Hochdrucksteuerung einer
Tandem-Verbundmaschine entspricht, bei der die Steuerwelle wegen des größeren Niederdruckzylinders weiter ab zu liegen kommt als sonst.

zugehörigen Exzenterkurbellagen aus mit der Exzenterstangenlänge $c'E'$ auf dem Bogen des Klinkendrehpunktes einschlägt, die verschiedenen Lagen dieses Punktes bei jenen Kolbenwegen und weiter auch die bei ihnen stattfindenden Ventilhübe. Sie sind zur Konstruktion des Diagrammes in Fig. 237 benützt worden. Der größte Ventilhub beträgt bei 55 vH Ausklinkung $h_{\max} = 20\ mm$.

Die in Fig. 237 gestrichelt eingetragene Drosselungskurve entspricht einer Dampfgeschwindigkeit von $50\ m/sk$. Der Wert, mit dem die Zahlen der Tabelle auf S. 111 zu multiplizieren sind, um die einzelnen Ordinaten dieser Kurve für die $10$ Teilpunkte des Kolbenweges zu erhalten, folgt aus Gl. 82, S. 242, für $O = 707\ qcm$, $c_m = 2{,}567\ m/sk$ (S. 238) zu

$$k = \frac{707 \cdot 2{,}567}{4 \cdot 10 \cdot 50} = 0{,}91\ cm.$$

Hinsichtlich der Konstruktion der Mitnehmer ist zu bemerken, daß die aufeinander arbeitenden Berührungsflächen beider nach einem Kreisbogen um den Mittelpunkt der Klinke zu krümmen sind, wenn die Berührung stets in einer Fläche stattfinden soll. Vielfach ersetzt man aber die kurzen Kreisbögen durch gerade Linien. Die einander zugekehrten Seitenflächen der Mitnehmer müssen ferner so gestaltet sein, daß sie sich nach der Ausklinkung nicht in ihrer Bewegung hindern. Deshalb ist in Fig. 236 die Seitenfläche des passiven Mitnehmers nach einem Kreisbogen um den Drehpunkt des Ventilhebels gekrümmt. Die obere Seitenfläche der Klinke kann des sicheren Einfallens wegen ebenso gestaltet sein oder von der Abstreichkante an nur wenig von diesem Kreisbogen abweichen. In Fig. 236 ist sie eine Gerade.

Bei der Konstruktion des Auslösers ist zunächst der Radius und Mittelpunkt $m_1$ (Fig. 236) für die innere Krümmung $\alpha_1 - \alpha_1$ des unteren Klinkenteiles bei der mittleren oder normalen Füllung anzunehmen. Der Mittelpunkt $w_1$ und die Begrenzungskurve des Auslösers sind dann so zu wählen, daß der Mittelpunkt $n_1$ dieser Kurve auf $m_1 a_1$ ($a_1$ Berührungspunkt zwischen Klinke und Auslöser bei der angegebenen Füllung) liegt und der Winkel $m_1 a_1 w_1$ ungefähr gleich dem Reibungswinkel wird. Dabei müssen $m_1$ und $w_1$ natürlich so tief gelegt werden, daß der obere Teil der Klinke und der Ventilhebel $B$ bei ihrer tiefsten Lage niemals auf den Auslöser stoßen. Weiter sind die Lagen des unteren Klinkenteiles im Augenblicke der Ausklinkung für die übrigen Füllungen einzutragen, wobei zu beachten ist, daß sich die Mittelpunkte aller dieser Lagen für jenen Augenblick auf einem um $b$ geschlagenen Kreisbogen durch $m_1$ befinden. In Fig. 236 sind nur noch zwei Lagen $\alpha_0 - \alpha_0$ und $\alpha_2 - \alpha_2$ für die kleinste und größte Füllung bei absoluter Null- bzw. 55 vH Ausklinkung angegeben. Ihre Mittelpunkte sind mit $m_0$ und $m_2$ bezeichnet. Schließlich ist der Auslöser in Berührung ($a_0$ und $a_2$) mit diesen Lagen der Klinke zu zeichnen und zu prüfen, inwieweit die für die normale Füllung angegebenen Bedingungen auch für die übrigen erfüllt sind. Ist $n_0$ der Mittelpunkt der Auslöserkurve bei der kleinsten, $n_2$ derjenige bei der größten Füllung, so muß der Regler den Auslöser im ganzen um den Winkel $n_0 w_1 n_2$ drehen.

Ein Füllungsausgleich auf beiden Kolbenseiten wird bei der vorliegenden Steuerung durch verschiedene Größe der Exzentrizität und andere Begrenzung des Auslösers erreicht.

§ 112. **Die Steuerungen von *Neuhaus-Hochwald* und *Kaufhold*.** Diese beiden Steuerungen unterscheiden sich von der Collmann-Steuerung hauptsächlich durch die Art der Ausklinkung, die hier nicht plötzlich, sondern allmählich erfolgt.

Bei der Steuerung von *Neuhaus-Hochwald*, die von der *Maschinenfabrik A. Borsig* in Berlin-Tegel ausgeführt wird, verschiebt nach Fig. 238 eine als

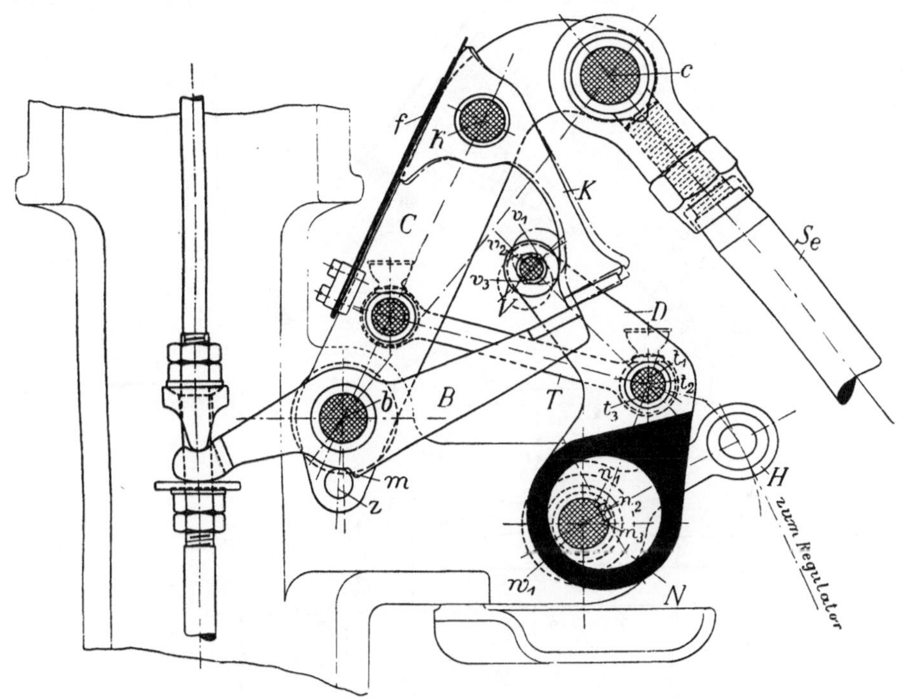

Fig. 238.  1 : 4.

Auslöser dienende Rolle $V$ den aktiven Mitnehmer $K$. Die Rolle sitzt am Ende eines Hebels $D$, der die Regelwelle $w_1$ mit der exzentrischen Scheibe $N$ umfaßt und durch die Stange $T$ mit dem Arm $C$ verbunden ist. Der Regler wirkt vermittels des Hebels $H$ auf die Welle $w_1$ ein.

Die Figur zeigt den Mechanismus bei Beginn des Voreintrittes und Einstellung auf eine mittlere Füllung. Bei dieser nimmt der Mittelpunkt der Scheibe $N$ die Lage $n_2$ ein, und es schwingen $t_2$ und $v_2$ um $n_2$. Die Rolle $V$ verschiebt dabei, wenn die Stange $S_e$ und der Arm $C$ sich nach unten bewegen, den aktiven Mitnehmer $K$ auf dem passiven $B$ bis zur Ausklinkung. Die Berührung beider Aufnehmer wird durch die Feder $f$ aufrecht erhalten.

Bei einer Füllungsänderung verdreht der Regler die Welle $w_1$ und die Scheibe $N$. Der Mittelpunkt der letzteren rückt bei der höchsten Reglerstellung nach $n_1$, bei der tiefsten nach $n_3$. Die zugehörigen Lagen von $t$ und $v$ sind $t_1$ und $t_3$, sowie $v_1$ und $v_3$. Die Rolle nimmt die gestrichelt-punktierte bzw. gestrichelte Lage ein, und die Füllung wird bis auf die kleinste verringert bzw. bis auf die größte erhöht.

Die Konstruktion bietet den Vorteil, daß der Mechanismus infolge der fast stetigen Berührung zwischen der Rolle $V$ und der Klinke $K$ auch bei hohen Umdrehungszahlen ziemlich geräuschlos arbeitet. Ferner ermöglicht die große

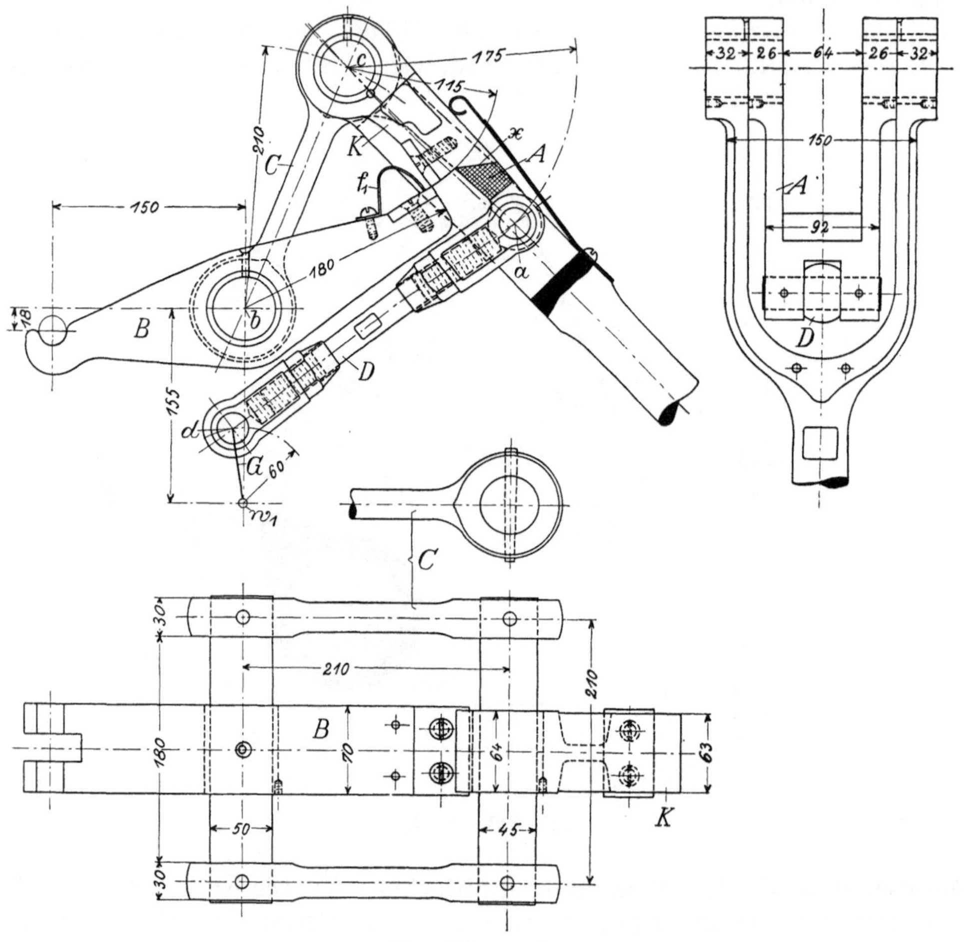

Fig. 239.  1 : 6.

Geschwindigkeit, mit der die Klinke aus ihrer Bahn verdrängt wird, ein gutes Übergreifen der beiden Mitnehmer auch beim Leerlauf und bei den kleineren Füllungen, namentlich wenn die Ventile Überdeckung erhalten. Der untere Zapfen $z$ des Armes $C$ dient als Sicherheitsauslösung des Ventilgestänges, wenn dieses aus irgend einem Grunde hängen bleibt. Es legt sich dann der Zapfen gegen den Ansatz $m$ des Ventilhebels und nimmt diesen mit nach unten.

Bei der Steuerung des Ingenieurs *Kaufhold* in Essen an der Ruhr (Fig. 239 und 240) ist der Auslöser $A$ an dem oberen Drehpunkte $c$ aufgehangen und durch den Lenker $D$ geführt. Die Klinke $K$ hängt lose zwischen dem oberen Teile des Auslösers. Sie fällt von selbst bei der höchsten Lage von $c$ nach links über den passiven Mitnehmer $B$, wird aber auf diesem von dem Auslöser $A$ vermittels der schrägen Fläche $x$ nach rechts verschoben und je nach der Einstellung von $A$ früher oder später zur Ausklinkung gebracht. Der Regler bewirkt diese Einstellung vermittels des Lenkers $D$ durch die Hebel $G$ und $H$ (Fig. 240).

In dem Steuerschema (Fig. 240) sind zwei Lagen $c_1$ und $c_2$ des oberen Klinkendrehpunktes angegeben, die dieser nach einem Kolbenwege von 5 und 30 vH aus der betreffenden Totlage erreicht. Soll bei der ersten Lage die Ausklinkung stattfinden, so muß der Regler den Auslöser $A$ so einstellen, daß die an der schrägen Fläche $x$ anliegende Klinke $K$ mit ihrer unteren Kante bei Beginn

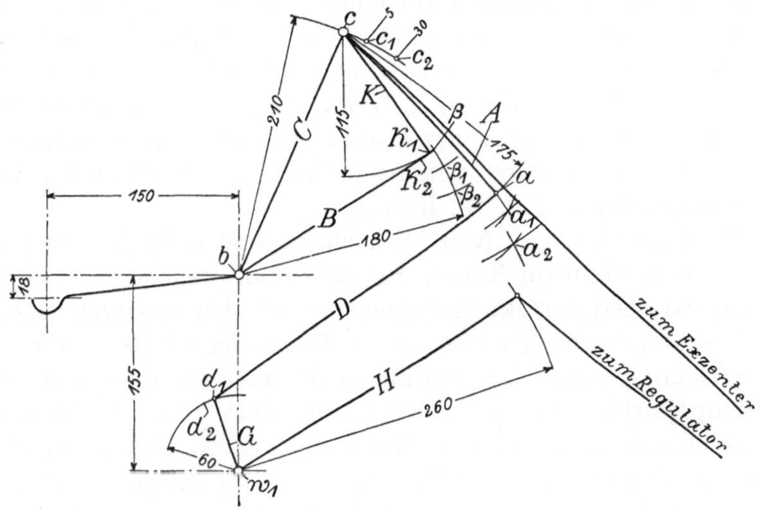

Fig. 240. 1 : 6.

des Voreintrittes, für den der Mechanismus in Fig. 240 gezeichnet ist, in $k_1$ steht. Die Ausklinkung tritt dann im Punkte $\beta_1$ ein; denn in ihm schneidet sich der mit $c k_1$ um $c_1$ geschlagene Kreis mit dem Kreise der äußeren passiven Mitnehmerkante durch $\beta$ um $b$. Die Zapfenmitte $a$ des Lenkers $D$ befindet sich bei der Ausklinkung in $a_1$. Entsprechend ergeben sich die Lagen $\beta_2$ und $a_2$ für 30 vH Ausklinkung, für welche die untere Klinkenkante bei Beginn des Voreintrittes in $k_2$ sein muß. Ein so tiefes Einfallen der Klinke ist aber bei den mittleren und größeren Füllungen gar nicht nötig, und deshalb ist die Feder $f_1$ (Fig. 239) angebracht, welche die Einfalltiefe auf die erforderliche Größe beschränkt. Bei den mittleren und größeren Füllungen gleitet dann die Klinke auch nur während des letzten Teiles des Ventilhochganges, wenn sie vom Auslöser erfaßt wird, auf dem Hebel $B$.

Bei absoluter Nullfüllung geht die Klinke $K$ am passiven Mitnehmer vorbei. Der Lenker $D$ reicht bei seiner höchsten Lage bis unmittelbar an den Hebel $B$ heran und bringt ihn sowie das Ventil zum Zwangsschluß, falls dieses hängen geblieben war.

Zu den ausklinkenden Ventilsteuerungen mit freifallender Klinke gehört auch die *Marx*-Steuerung der *Maschinenbaugesellschaft Augsburg-Nürnberg*[1]), sowie diejenige der Firma *R. W. Dinnendahl, Aktienges.* in Steele an der Ruhr[2]).

§ 113. **Die Sulzersteuerungen.** Für die ausklinkenden Ventilsteuerungen mit zwangläufiger Klinkenbewegung sind die Konstruktionen der Maschinenfabrik *Gebr. Sulzer* in Winterthur vorbildlich gewesen. Von den verschiedenen Ausführungen, welche die Firma ihrer Steuerung gegeben hat, soll hier nur die erste erwähnt werden, die jetzt allerdings nur noch geschichtliches Interesse bietet.

Der aktive Mitnehmer $C$ ist bei ihr nach Fig. 241 zwischen den beiden Flacheisenschienen der Exzenterstange $S_e$ angeordnet. Die Flacheisen sind oben durch das Querstück $F$ mit den Zapfen $f$ verbunden. In dem Querstücke führt sich die Stange $T$, die oben in $c$ den doppelarmigen Ventilhebel $B$ erfaßt und unten den passiven Mitnehmer $D$ trägt. An $D$ schließt weiter die Stange $Z$ an, die durch den Hebel $H$ mit der Regelwelle $w_1$ in Verbindung steht. Bei einer Füllungsänderung verstellt der Regler den passiven Mitnehmer $D$ senkrecht zu den Schienen $S_e$ und ändert dadurch den Augenblick der Ausklinkung. Dies geht aus dem Steuerschema in Fig. 242 hervor.

Die Ausklinkkante $k$ des aktiven Mitnehmers beschreibt bei einer Drehung der Steuerwelle eine elliptische Kurve. Bei der Exzenterkurbellage $O_1Ve$ (Beginn des Voreintrittes) setzt der aktive Mitnehmer auf den passiven, dessen Ausklinkkante $k'$ sich auf einem Kreisbogen um die jeweilige Stellung von $z$ bewegt. $O_1K$ und $O_1K'$ entsprechen den Stellungen der Exzenterkurbel bei den Totlagen der Hauptkurbel. Die Ausklinkung findet dort statt, wo der untere Teil der von $k$ beschriebenen Kurve den durch $k'$ gehenden Bogen schneidet, also bei der ausgezogenen Lage von $Z$ im Punkte $x$, bei der gestrichelten im Punkte $y$. Da jenem Punkte ein kleinerer Drehungswinkel der Exzenter- und Hauptkurbel aus der Lage $OK$ als diesem entspricht, so ist die Füllung bei der gestrichelten Lage von $Z$ größer. Wird $Z$ noch mehr zurückgezogen, so findet überhaupt keine Ausklinkung statt. Der Voreintritt beginnt, wenn die aufeinander arbeitenden Flächen der beiden Mitnehmer nach einem Kreise um $c$ gekrümmt sind, für alle Füllungen bei derselben Hauptkurbellage.

Zu beachten ist, daß die Ausklinkung nur im unteren Teile der $k$-Kurve erfolgen und der aktive Mitnehmer, wenn kleine Füllungen gegeben werden sollen, erst hinter der Mittellage der Exzenterkurbel auf den passiven setzen kann. Infolgedessen erhebt sich jener vor der Einklinkung hoch über diesen und trifft ihn bei Beginn des Ventilhubes mit großer Geschwindigkeit. Der damit verbundene Stoß fällt um so nachteiliger aus, als die zu beschleunigenden Massen des Ventilgestänges durch die Stange $T$ beträchtlich vergrößert werden. Das ist der Hauptnachteil der Konstruktion. Der Ventilhub, für den hier nicht ganz die halbe Länge der $k$-Kurve zur Verfügung steht, fällt nicht sehr groß aus; infolgedessen werden zwar unnötig große Ventilhübe vermieden,

---

[1]) Siehe Z. d. V. d. I. 1899, S. 541, und 1901, S. 185.
[2]) Siehe Z. d. V. d. I. 1903, S. 618.

andrerseits muß aber die Exzentrizität meist größer als bei den Steuerungen
mit freifallender Klinke gewählt werden. Oft ist man auch gezwungen, um bei
großen Füllungen, wo die Exzenterkurbel bei der Ausklinkung ihre Totlage
schon überschritten hat, genügende Eröffnungsquerschnitte zu erhalten, die

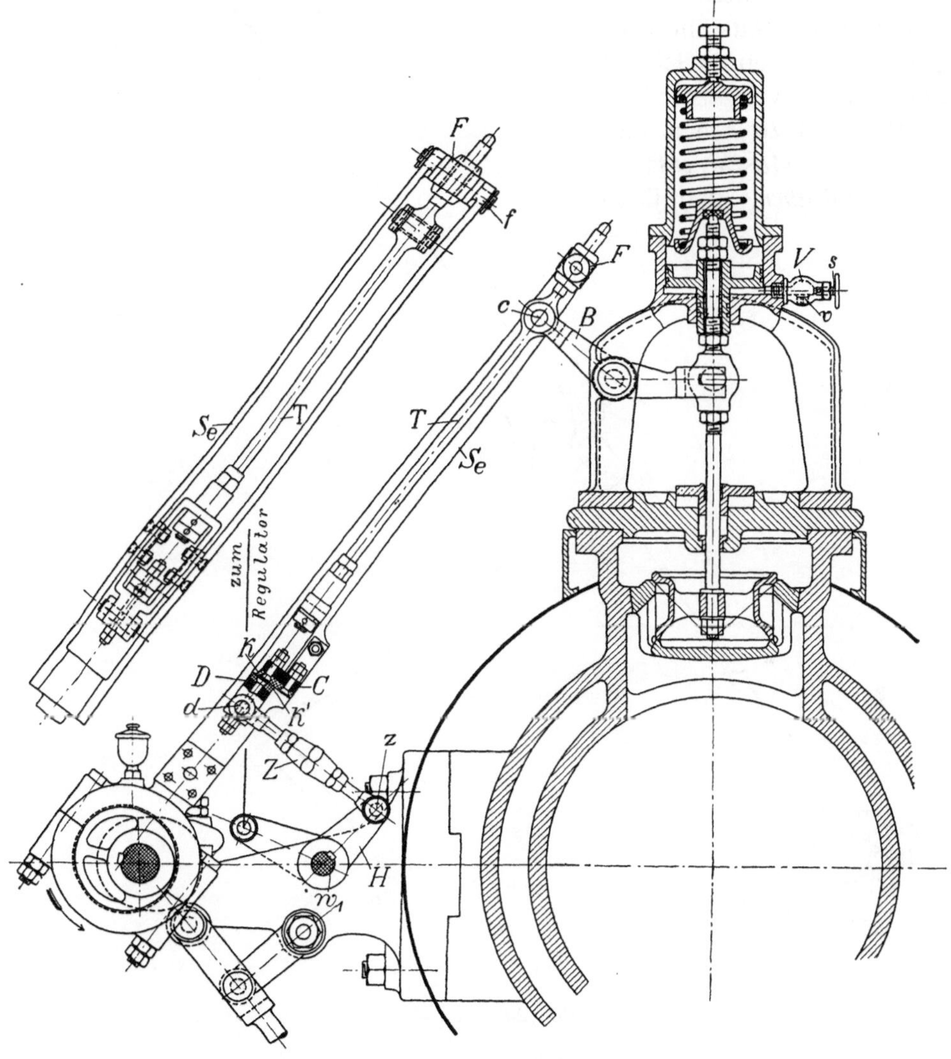


Fig. 241. 1 : 10.

Ventile im Durchmesser nach den Hüben bei diesen Füllungen zu bemessen,
so daß sie dann für die normalen Füllungen zu reichlich sind.

Fig. 241 zeigt zugleich die Ausführung der Luftpuffer. Das unten im Zylinder
des Ventilbockes eingeschraubte Gehäuse $V$ besitzt ein Rückschlagventilchen $v$
und eine Regelschraube $s$. Beim Hochgange des Pufferkolbens wird die Luft
leicht durch das Ventilchen angesaugt, beim Niedergange dagegen je nach der
Einstellung der Regelschraube behufs Verzögerung der niedergehenden Massen

des Ventilgestänges mit stärkerer oder geringerer Drosselung ausgestoßen. Der Pufferkolben darf, damit das Ventil schließt, in seiner tiefsten Lage nicht aufsitzen. Zu seiner Einstellung dient das Gewinde oben an der Ventilspindel.

Die Firma *Sulzer* hat ihrer Steuerung nach dieser ersten noch sechs andere Ausführungen gegeben, von denen die letzte[1]) auf der Pariser Weltausstellung im Jahre 1900 zu sehen war. Auch die *Maschinenfabrik Augsburg-Nürnberg* gab ihren

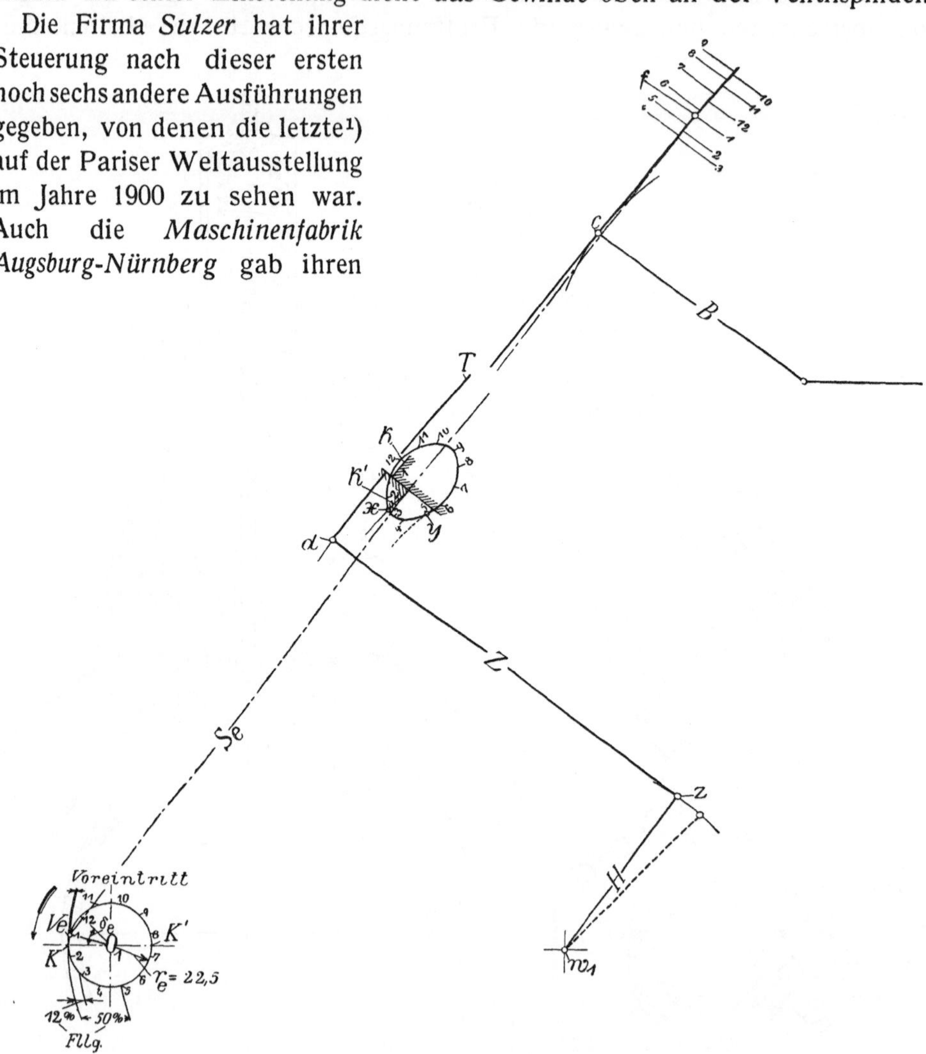

Fig. 242. 1 : 4.

Maschinen früher eine Steuerung mit zwangläufiger Klinkenbewegung. Jetzt dürfte diese Art der ausklinkenden Steuerungen kaum noch zur Ausführung kommen, da die gesteuerten Klinken stets mit größerer Geschwindigkeit aufstoßen als die im letzten Hubende einfallenden; die steuernden Kanten arbeiten sich infolgedessen, namentlich bei kleinen Füllungen, schnell ab und werden rund, was die Regelung erschwert und den Regler unruhig macht.

---

[1]) Siehe Z. d. V. d. I. 1901, S. 763.

# D. Zwangläufige Dreh(Corliß)schiebersteuerungen.

**§ 114. Anordnung und Anwendung.** Die zwangläufigen Corlißsteuerungen werden mit zwei oder vier Schiebern ausgeführt. Zwei Schieber sitzen bei liegenden Maschinen gewöhnlich unterhalb des Zylinders an dessen Enden (Fig. 1, Taf. 9). Vier Schieber ordnet man entweder in gleicher Weise paarweise an (Fig. 249, S. 298), oder man legt den Einlaßschieber einer jeden Kolbenseite oben, den Auslaßschieber unten an das betreffende Zylinderende (Fig. 247, S. 296). Der Einbau der Schieber in die Kolbendeckel, wie es in Fig. 247 bezüglich der Auslaßschieber der Fall ist, beschränkt den schädlichen Raum auf das kleinste Maß, erschwert aber den Zugang zu dem Zylinderinnern und dem Kolben. Stehende Maschinen mit zwangläufiger Corlißsteuerung zeigen die entsprechende Anordnung wie liegende, nur befinden sich die Schieber links und rechts von der Längsachse des Zylinders.

Die Einlaßschieber, die oft der schnelleren Eröffnung wegen einen *Trick*schen Hilfskanal erhalten, werden durch den frischen Dampf angepreßt und arbeiten wie die Flachschieber auf den Zylinderkanälen. Die Auslaßschieber würden bei der gleichen Anordnung, wenn sie nicht wie in Fig. 247, S. 296, im Deckel untergebracht sind, vom Drucke des im Zylinder arbeitenden Dampfes abgehoben werden; sie legen sich deshalb nicht gegen den Zylinder-, sondern gegen den Auslaßkanal (Fig. 249, S. 298). Der Gehäuseraum des Auslaßschieber, soweit er nicht durch diese angefüllt ist, steht dann aber während des Dampfeintrittes und der Expansion mit dem Zylinderinnern in Verbindung, gehört also mit zum schädlichen Raum desselben.

Die Drehschieber werden durch Hebel (Kurbeln) bewegt, die außerhalb des Gehäuses auf den Schieberspindeln sitzen. Zum Antrieb der Hebel dient bei zwei Schiebern gewöhnlich nur ein Exzenter, während bei vier Schiebern meist zwei Exzenter vorkommen, von denen dann das eine die Ein-, das andere die Auslaßschieber treibt. Der Antrieb kann unmittelbar oder mit Einschaltung einer Steuerscheibe erfolgen. In jenem Falle greift die Exzenterstange unmittelbar an dem Schieberhebel der Kurbelseite an, der mit demjenigen der Deckelseite durch eine Stange verbunden ist. Meistens sieht man aber zwischen Zylinder und Kurbelwelle oder in der Längsmitte des Zylinders selbst eine Steuerscheibe oder einen Steuerhebel (siehe Fig. 247, S. 296, und Fig. 249, S. 298) vor, die, vom Exzenter angetrieben, um einen Zapfen schwingen und mit Hilfe entsprechender Stangen die Schieberhebel einzeln oder paarweise bewegen.

Die Anwendung der zwangläufigen Corlißsteuerungen erstreckt sich bei uns höchstens noch auf die Mittel- und Niederdruckzylinder der mehrstufigen Expansionsmaschinen. Aber auch hier hat ihre Anwendung fast aufgehört, hauptsächlich wohl deshalb, weil sich bei der jetzt beliebten Tandembauart dieser Maschinen der Antrieb der Cotlißschieber für den Niederdruckzylinder nur schwer mit demjenigen der Ventile für den Hochdruckzylinder vereinigen läßt. Auch eignen sich die letzteren besser für hochgespannten und überhitzten Dampf.

Über die Vor- und Nachteile der Drehschieber siehe S. 139.

§ 115. **Ausführung und Konstruktion der Drehschieber.** Der nach Gl. 56, S. 140, berechnete Kanalquerschnitt $f$ liefert die erforderliche Weite des Einlaßkanales im Schiebergehäuse

$$a = \frac{f}{h},$$

wenn die Kanalbreite $h = o{,}8\,D$ bis $D$, abzüglich der etwaigen Stege, gewählt wird. Nach dem Zylinder hin nimmt die Kanalbreite unter entsprechender Zu-

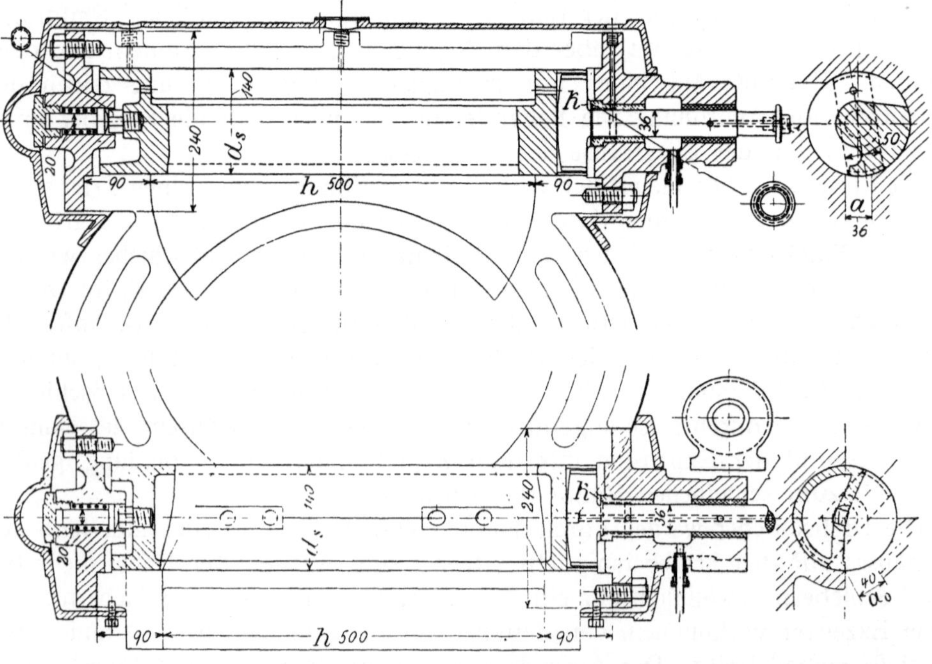

Fig. 243 und 244.  1 : 10.  Drehschieber zur Niederdrucksteuerung einer lieg. Maschine $d = o{,}33$, $D = o{,}55$, $S = o{,}56\,m$ und $n = 150$ der *Maschinenfabrik Breda* in Breda.

nahme der Kanalweite allmählich ab. Die Weite $a_0$ des Aulaßkanales kann bei vier Schiebern $1{,}25\,a$ bis $1{,}5\,a$ für Auspuff und $1{,}5\,a$ bis $1{,}75\,a$ für Kondensation gemacht werden.

Nach der Kanalweite $a$ ist der Schieberdurchmesser $d_s$ anzunehmen. Man findet

$$d_s = 4{,}5\,a \text{ bis } 5{,}5\,a \text{ bei } 2,$$
$$d_s = 4\,a \text{ bis } 5\,a \quad \text{ bei } 4 \text{ Schiebern.}$$

Im Verhältnis zur Zylinderbohrung beträgt

$$d_s = \frac{D}{3} \text{ bis } \frac{D}{5}.$$

Das Material der Drehschieber ist Gußeisen. Gebräuchliche Ausführungen zeigen Fig. 243 und 244 sowie Fig. 245 und 246, wo die beiden ersten Schieber nicht durchgehende, die beiden letzten durchgehende Spindeln besitzen. Der steuernde Flansch der Einlaßschieber, der bei doppelter Eröffnung vom Trickkanal durchsetzt ist, wird bei durchgehender Spindel von zwei seitlichen Stegen, bei nicht durchgehender durch einen einzigen Steg oder Wulst versteift. Die Auslaßschieber füllen den Gehäuseraum soweit als möglich an, damit der schädliche Raum des Zylinders nicht unnötig vergrößert wird. Die Steghöhe bei den Einlaßschiebern und die Ausfüllung des Gehäuseraumes bei den Auslaßschiebern darf aber nur so weit gehen, daß für den Dampf bei geöffnetem Schieber der

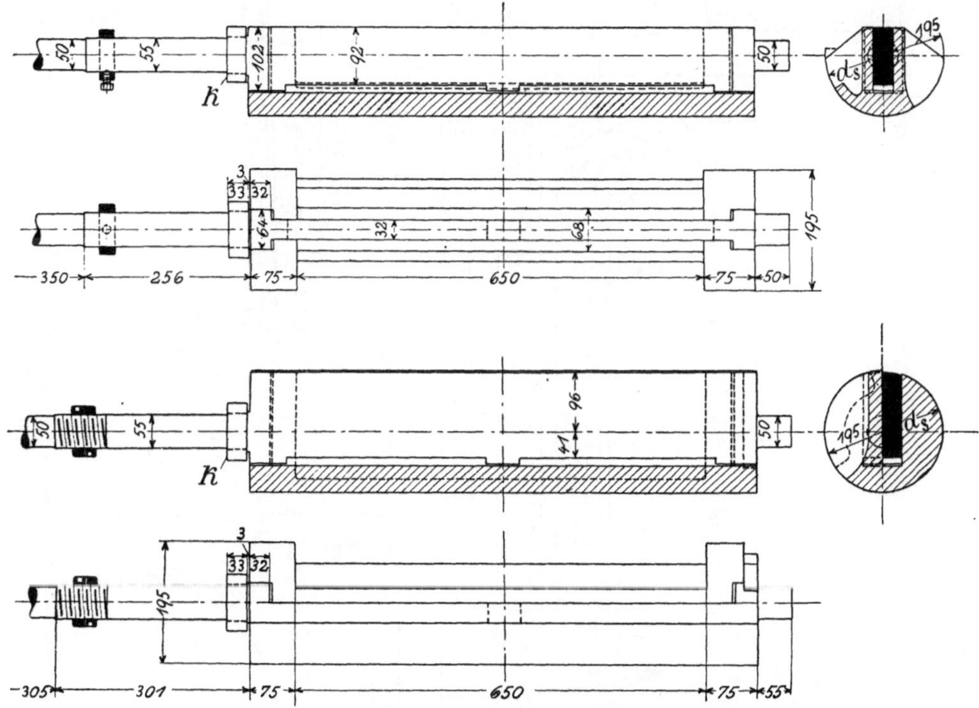

Fig. 245 und 246. 1 : 12. Schieber zur Niederdrucksteuerung auf S. 296.

erforderliche Durchgangsquerschnitt im Gehäuse frei bleibt. Für die Breite des steuernden Flansches ist der Umstand maßgebend, daß die geschlossenen Schieber in ihrer äußersten Lage an der nicht steuernden Seite den Kanal noch mit $x = 10$ bis $15\ mm$ überdecken, also z. B. für den Auslaßschieber in Fig. 249, S. 298 (siehe Endlage c) $l = x + a_0 + i + w$ ist. An den Enden erhalten die Drehschieber vorteilhaft wie in Fig. 243 und 244 zylindrische Führungsscheiben von genügender Breite. Die Verbindung der Schieber mit ihrer Spindel erfolgt stets durch ein Blatt, so daß sich jene unabhängig von dieser gegen die Sitzfläche legen können. Bei durchgehender Spindel ist die Höhe des Blattes, das sehr sauber eingepaßt werden muß, so groß als möglich zu nehmen, bei nicht durchgehender ist die Höhe nahezu gleich dem Schieberdurchmesser. Im letzteren Falle muß die Spindel auch genügend tief in die Schieber eingreifen. Die Abdichtung der Spindel bei ihrem Durchtritt durch den vorderen Gehäusedeckel

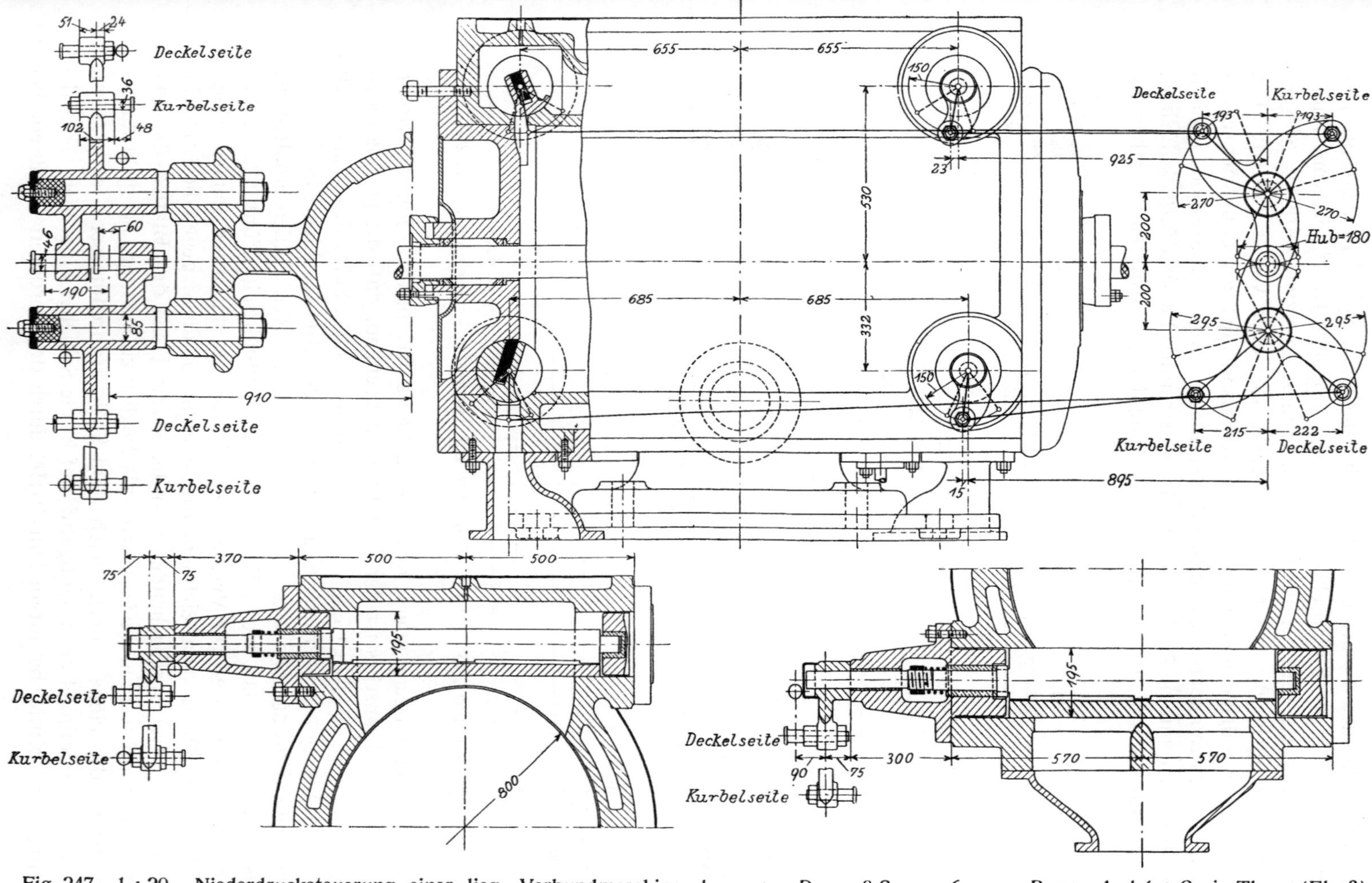


Fig. 247. 1 : 20. Niederdrucksteuerung einer lieg. Verbundmaschine $d = 0{,}51$, $D = 0{,}8$, $S = 1{,}06$ m von *Berger, André & Co.* in Thann (Elsaß). Schieber siehe Fig. 245 und 246, S. 295.

erfolgt jetzt allgemein ohne Stopfbuchse vermittels eines auf der Spindel befindlichen Bundes oder Ansatzes *k*. Er wird der Buchse des Deckels aufgeschliffen und durch den Dampfdruck und eine kleine Spiralfeder angedrückt. Sorgfältige Schmierung der Schieber, die beim Einlaß von der Mitte, beim Auslaß vom Ende der Spindel aus erfolgt, ist unbedingt erforderlich.

**§ 116. Bewegungsverhältnisse, Diagramm und Entwurf der Drehschiebersteuerungen.** Bei unmittelbarem Angriff der Exzenterstange an dem Schieberhebel schwingt dieser annähernd[1]) gleichmäßig zu seiner Mittellage während einer Umdrehung des Exzenters. Der Drehschieber bewegt sich dann auf seiner runden Bahn genau so wie ein Flachschieber auf seiner ebenen. Das *Müller-Reuleaux*sche Schieberdiagramm kann deshalb zur Verfolgung dieser Bewegung dienen, sobald man nach *Seemann*[2]) die Schieberausweichungen (Fig. 248) auf einem Bogen $E\,E'$ mißt, welcher der Bahn des Drehschiebers an seinem runden Schieberspiegel entspricht, dessen Sehne $E\,E'$ also gleich dem Ausschlage des Schiebers an seinem Umfange und dessen Radius $m\,E = m\,E'$ gleich dem halben Schieberdurchmesser $d_s$ ist. Die Sehne $E\,E'$ schließt dann nicht nur mit der Vertikalen $Y-Y$ den Voreilwinkel $\delta$ des Exzenters ein, sondern die durch den Endpunkt der äußeren und inneren Überdeckung $e$ bzw. $i$ (als Bogen gemessen) senkrecht zu $E\,E'$ gezogenen Geraden bestimmen auf dem Kurbelkreise auch die Hauptkurbellagen $O\,Ve$, $O\,Ex$ bzw. $O\,Va$, $O\,Co$, wenn $K$, $K'$ die Totlagen dieser Kurbel sind.

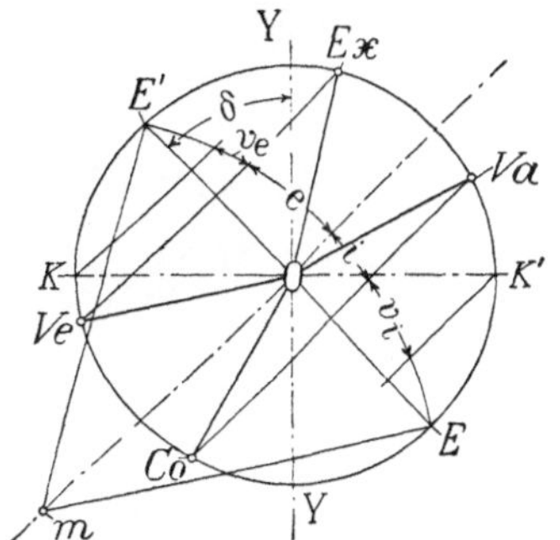

Fig. 248.

Bei nicht unmittelbarem Antrieb der Drehschieber gilt das Diagramm in der angegebenen Form nur dann, wenn der Schieberhebel (wie in Fig. 1, Taf. 9, auf der Kurbelseite) seine Mittelstellung bei der gleichen Lage des mit der Exzenterstange verbundenen Zwischenhebels hat. Bei Verwendung einer Steuerscheibe ist dies aber für gewöhnlich nicht der Fall, und der Schieber legt dann, während die Exzenterkurbel gleiche Bögen durchläuft, sehr verschiedene Wege auf seinem Spiegel zurück. Um die mit einer solchen Steuerscheibe verbundenen Bewegungsverhältnisse der Drehschieber verfolgen zu können, ist in Fig. 249 ein solcher Antriebsmechanismus schematisch dargestellt.

Die Steuerscheibe wird in *a* von der Exzenterstange, in *b* von der zum Hebel des Auslaßschiebers führenden Verbindungsstange *T* erfaßt. Diese ist wiederum mit dem Schieberhebel durch den Bolzen *c* verbunden. Bei der rechten Totlage der Exzenterkurbel befindet sich der Mechanismus in *a*, *b*, *c*, bei der linken in *a′*, *b′*, *c′*. Nimmt die Exzenterkurbel die Mittellagen ein, so steht der Mechanismus in $a_m$, $b_m$, $c_m$. Man erkennt, daß *a* und *b* gleichmäßig nach beiden

---

[1]) Genau ist dies nur dann der Fall, wenn die Verbindungslinie der Endpunkte des Hebelausschlages durch die Mitte der Kurbelwelle geht.

[2]) Z. d. V. d. I. 1898, S. 669.

Seiten zu ihrer Mittellage $a_m$ bzw. $b_m$ schwingen, $c_m$ dagegen nicht in der Mitte des Bogens $c\,c'$, sondern bedeutend näher an $c$ als an $c'$ liegt. Der sich entsprechend bewegende Schieber macht also während der einen Viertelumdrehung eines Hin- oder Herganges der Exzenterkurbel einen bedeutend größeren Weg aus seiner Mittellage als während der anderen. In Fig. 249 ist $c'\,c_m$ ungefähr dreimal so groß wie $c\,c_m$.

Diese eigentümliche Bewegung des Punktes $c$ und des Schiebers durch die Steuerscheibe hat ihren Grund in der Kniehebelwirkung des Hebels $S\,b$ und der

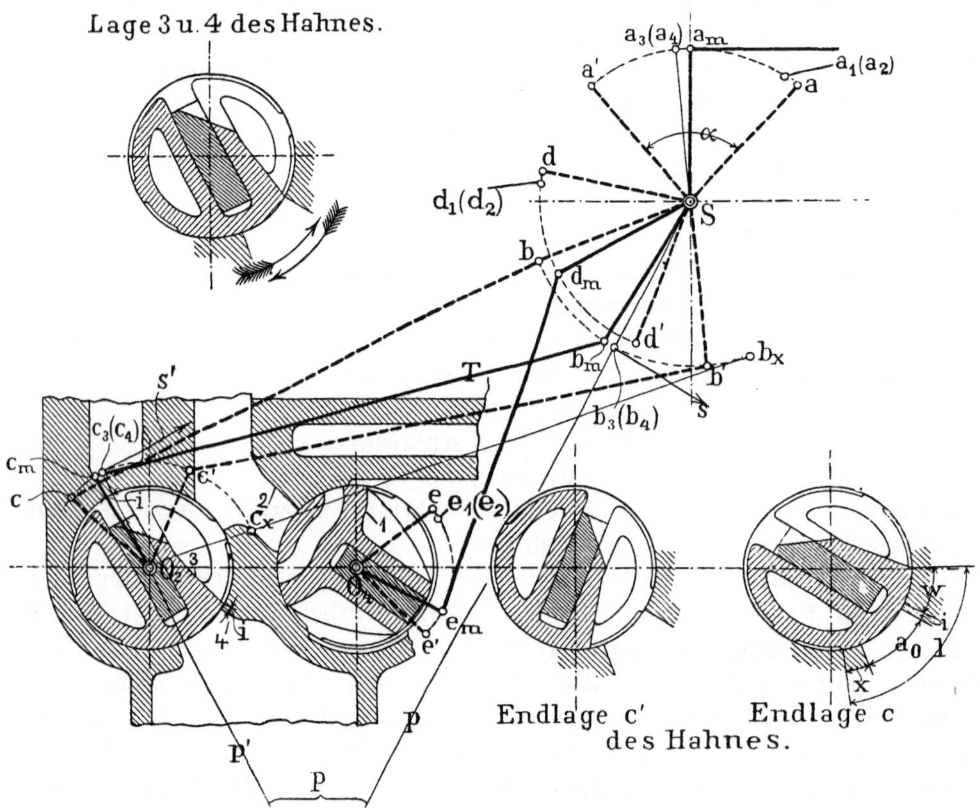


Fig. 249.

Stange $T$. Von der Lage dieser Stange hängt nämlich das Geschwindigkeitsverhältnis der Punkte $c$ und $b$ ab. Ist z. B. nach der Figur $s$ die Umfangsgeschwindigkeit von $b$ bei irgendeiner Lage $S\,b_3$, $s'$ diejenige von $c$ bei der zugehörigen Lage $O_2\,c_3$, so kann man eine sehr kleine Bewegung der Stange $T$ als eine Drehung derselben um den augenblicklichen Pol $P$ ansehen, der in den Schnittpunkt der beiden Hebellagen fällt. Es ist also $s' = s \cdot p'/p$. Konstruiert man nun für eine Anzahl zusammengehöriger Lagen der beiden Hebel $S\,b$ und $O_2\,c$ den augenblicklichen Pol, so erkennt man, daß bei der Anfangslage $S\,b\,c\,O_2$, bei der $S\,b$ mit $T$ fast eine gerade Linie bildet, $p'$ klein ist. Dreht sich dann der Hebel $S\,b$ nach unten, so entfernt sich der augenblickliche Pol immer weiter nach unten von der Stange $T$, und es wird $p'$ größer. $p'$ bleibt aber anfangs immer noch kleiner als $p$ und wird erst gleich diesem, wenn $S\,b$ und $O_2\,c$ parallel zueinander stehen, $P$ also im Unendlichen liegt. Bei noch weiterer Drehung der beiden Hebel kommt der augenblickliche Pol oberhalb der Stange $T$ zu liegen, und nun wird $p'$ größer als $p$. Würde der Mechanismus auch noch die Lage $S\,b_x\,c_x\,O_2$ einnehmen, bei der $O_2\,c$ und $T$ die Strecklage erreichen, so würde $p$ sogar gleich Null und $p'/p = \infty$ werden. In diese Lage darf aber der Mechanismus nicht kommen, wenn die Rückkehr des Hebels $O_2\,c$ bei der Umkehr der Drehung von $S\,b$ gesichert sein soll.

Die Geschwindigkeit $s'$ ist außer von dem Verhältnis $p'/p$ noch von der Geschwindigkeit $s$ abhängig. Diese verändert sich aber von der Mittellage $b_m$ aus oder nach derselben hin zu beiden Seiten gleichmäßig und ist in den Endlagen Null. Für irgend eine Lage des treibenden Hebels zwischen $S\,b_m$ und $S\,b$ wird demnach die Geschwindigkeit $s'$ des getriebenen Hebels immer geringer als für die entsprechende Lage, d. h. für diejenige mit gleicher Geschwindigkeit des treibenden Hebels, zwischen $S\,b_m$ und $S\,b'$ sein; denn das Verhältnis $p'/p$ ist mit Ausnahme der Endlagen während des Weges $b_m\,b$ immer kleiner als während desjenigen $b_m\,b'$.

Die angegebene Bewegung, die der Drehschieber durch die Steuerscheibe erfährt, wird zweckmäßig in der Weise verwertet, daß der Schieber während seines kleineren Ausschlages von der Mittelstellung aus und bei seiner kleineren Geschwindigkeit, also während des Weges $c_m\,c$, den Zylinderkanal geschlossen hält, dagegen während seines größeren Ausschlages und bei seiner höheren Geschwindigkeit, also während des Weges $c_m\,c'$, den Kanal öffnet und schließt. Damit ist dann der Vorteil verbunden, daß das Steuerungsorgan, solange es zur Dampfverteilung nicht gebraucht wird und nur mit der Differenz der Spannung inner- und außerhalb des Zylinders belastet ist, eine sehr kleine Bewegung macht, also nur wenig Arbeitsverlust und geringen Verschleiß verursacht, während des übrigen Teiles aber infolge seiner größeren Geschwindigkeit eine schnelle Eröffnung und Schließung des Kanales bewirkt.

Die Bewegung des Einlaßschiebers erfolgt in Fig. 249 in gleicher Weise wie die des Auslaßschiebers mit Hilfe des Gestänges $S\,d\,e$.

Das *Müller-Reuleaux*sche Diagramm kann bei dem vorliegenden Antrieb natürlich nicht auf die Bewegung der Drehschieber selbst, wohl aber auf die der Punkte $a$, $b$ oder $d$ angewandt werden. Zieht man nämlich nach Fig. 250, wo die Verhältnisse doppelt so groß wie in Fig. 249 aufgetragen sind, die Gerade $E\,E'$ unter dem Voreilwinkel $\delta$ zur Vertikalen $Y$—$Y$ und macht $E\,E'$ gleich der Sehne $a\,a'$, $m\,E = m\,E'$ gleich dem Radius $a\,S$, so schneiden die im Bogenabstande $a_m\,a_1\,(a_2)$ bzw. $a_m\,a_3\,(a_4)$ zur Geraden $E\,E'$ gezogenen Senkrechten den Hauptkurbelkreis in $Ve$, $Ex$ und $Va$, $Co$, wenn in Fig. 249 $a_1(a_2)$ und $a_3(a_4)$ diejenigen Lagen des Hebels $S\,a$ sind, bei denen der Ein- bzw. Auslaßschieber gerade seinen Kanal öffnet oder schließt (Beginn des Voreintrittes und der Expansion bzw. des Voraustrittes und der Kompression) und die Kanten *1* und *2* bzw. *3* und *4* übereinander stehen.

Beim Entwurf der zwangläufigen Corlißsteuerungen hat man den Übertragungsmechanismus zunächst anzunehmen und dann die Bewegungsverhältnisse der Schieber zu prüfen. Der erforderliche Voreilwinkel $\delta$ der Exzenter ergibt sich ebenso wie beim Flachschieber durch Halbieren des Winkels $Ve\,O\,Ex$ bzw. $Va\,O\,Co$. Bei nur einem Exzenter besteht natürlich wieder die beim Flachschieber vorhandene Abhängigkeit der vier charakteristischen Hauptkurbellagen für beide Kolbenseiten in bezug auf die Linie $E\,E'$. Bei zwei Exzentern gilt diese Abhängigkeit für das eine nur bezüglich des Einlasses (Bogen $Ve\,E' = E'\,Ex$ und Bogen $Ve'\,E = E\,Ex'$) und für das andere nur hinsichtlich des Auslasses (Bogen $Va\,E = E\,Co$ und Bogen $Va'\,E' = E'\,Co'$). Steuern die

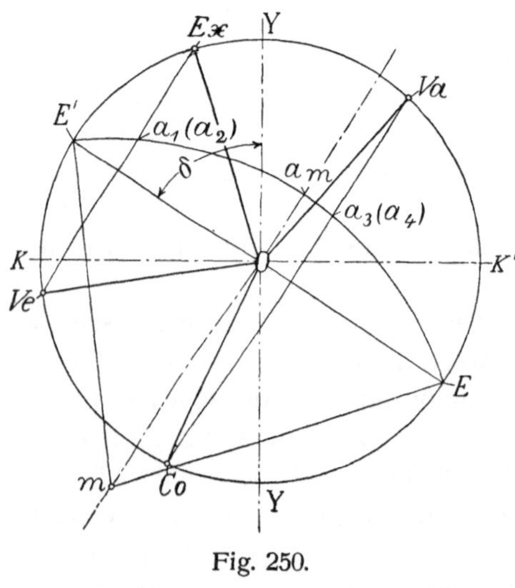

Fig. 250.

Schieber, wie z. B. in Fig. 1, Taf. 9, den Einlaß mit der inneren und den Auslaß mit der äußeren Kante, so muß die Exzenterkurbel diametral der sonst erforderlichen Lage gegenüber aufgekeilt werden und der Hauptkurbel unter einem Winkel $90 - \delta$ nacheilen. Dasselbe ist nötig, wenn durch die Steuerscheibe oder den Zwischenhebel wie in Fig. 247, S. 296, die Bewegung der Exzenterstange in umgekehrtem Sinne auf die Schieber übertragen wird. Die erforderlichen Überdeckungen der Schieber oder die ihnen entsprechenden Ausweichungen der Antriebspunkte an der Steuerscheibe bei Kniehebelwirkung können entweder aus dem Schema des Antriebsmechanismus selbst oder mit Hilfe der obigen Diagramme bestimmt werden.

Der Ausschlagwinkel der Steuerscheibe beträgt $85$ bis $95$, im Mittel $90°$.

§ 117. **Beispiel für den Entwurf einer zwangläufigen Drehschiebersteuerung.** In Fig. 1, Taf. 9, ist die Niederdrucksteuerung einer Verbundmaschine $d = 0{,}4$, $D = 0{,}61$, $S = 0{,}8\,m$ und $n = 110$ von *Kirberg & Hüls* in Hilden-Düsseldorf dargestellt. Für eine nutzbare Kolbenfläche $O = 2875\,qcm$ des Niederdruckzylinders, eine mittlere Kolbengeschwindigkeit $c_m = 2{,}933$ und $w = 37{,}5\,m/sk$ folgt aus Gl. 56, S. 140, als erforderlicher Kanalquerschnitt

$$f = \frac{2875 \cdot 2{,}933}{37{,}5} = \sim 225\,qcm\,,$$

dem bei $h = 0{,}9\,D = 0{,}9 \cdot 61 = \sim 55\,cm$ Kanalbreite

$$a = \frac{225}{55} = \sim 4{,}1\,cm = \mathbf{41\,mm}$$

Kanalweite am Schiebergehäuse genügen.

Um einen Annäherungswert für den Voreilwinkel und den Ausschlag der Schieberhebel zu bekommen, ist in Fig. 1, Taf. 9, das *Müller-Reuleaux*sche

Diagramm für einen Voreintritt von 1,5 und eine Füllung von 53 vH auf der Deckelseite gezeichnet worden. Die Halbierungslinie $E\,E'$ des Winkels $Ve\,O\,Ex$, den die zugehörigen Hauptkurbellagen einschließen, bildet mit der Vertikalen einen Voreilwinkel von $52°$. Da die Schieber aber den Eintritt mit der inneren, den Austritt mit der äußeren Kante steuern, so muß die Exzenterkurbel der Hauptkurbel annähernd um einen Winkel $90-52=38°$ nacheilen. Nimmt man weiter auf der Kurbelseite die Füllung zu 50 vH an, so ergibt das von $Ex'$ auf $E\,E'$ gefällte Lot den Schnittpunkt $Ve'$ mit dem Kurbelkreise, dem ein Voreintritt von 2,5 vH entspricht. Bei ebener Bahn würde schließlich, wenn der Schieber den Kanal auf der Kurbelseite ganz öffnen soll, die Strecke $m'\,E$ $=9,4\,mm$ die berechnete Kanalweite $a$ darstellen. Der Maßstab des Diagrammes wäre dann

$$\frac{a}{m'\,E} = \frac{41}{9,4} = 4{,}36 \, ,$$

und der Schieberausschlag müßte $E\,E' = 4{,}36 = 40 \cdot 4{,}36 = \sim 175\,mm$ betragen. Bei gekrümmter Bahn kann der Ausschlag als Sehne kleiner genommen werden. Für einen Schieberdurchmesser

$$d_s = 5\,a_1 = 5 \cdot 41 = 225\,mm$$

ergibt sich an dessen Umfange bei $160\,mm$ Ausschlag ein Ausschlagwinkel von $\sim 90°$.

Der Antriebsmechanismus der Schieber besitzt nach Fig. 1, Taf. 9, vom Exzenter nach den Schiebern hin eine Übersetzung von $5:4$. Das Exzenter muß deshalb eine Exzentrizität

$$r = \frac{160}{2}\,\frac{5}{4} = \mathbf{100}\,mm$$

erhalten. Der Nacheilwinkel des Exzenters kann ferner, da die gerade Verbindungslinie $t\,t'$ des schwingenden Exzenterstangenendes nicht durch die Wellenmitte geht, nicht genau gleich $38°$ genommen werden. Zu seiner Berichtigung hat man in Fig. 1 an die beiden Hauptkurbellagen $O\,I$ und $O\,II$, die den oben angegebenen Werten des Voreintrittes und der Füllung auf der Deckelseite entsprechen, einen Winkel von $38°$ rückwärts zur Drehrichtung anzutragen und von den beiden so erhaltenen (in der Figur nicht angegebenen) Lagen der Exzenterkurbel aus mit der Stangenlänge $l_1 = O\,t_m$ auf dem Bogen $t\,t'$ einzuschneiden. Die sich ergebenden Punkte fallen nicht, wie erforderlich, zusammen. Durch Probieren findet man aber nun bald die zwischen ihnen befindliche Lage $1$, $2$ von $t$, die sowohl der Lage $1$ als auch derjenigen $2$ der Exzenterkurbel derart entspricht, daß $\sphericalangle\, 1\,O\,I = 2\,O\,II$, und zwar gleich $41°$ wird.

Für die Kurbelseite folgen mit diesem Winkel die zu den Hauptkurbellagen $O\,I'$ und $O\,II'$ (Voreintritt und Füllung wie oben) gehörigen Stellungen $1'$, $2'$ der Exzenterkurbel, und die von den letzteren aus mit $l_1$ geschlagenen Kreise liefern auf dem Bogen $t\,t'$ die Lage $1'$, $2'$.

Bezüglich des Voraustrittes und der Kompression verfährt man am besten so, daß man die eine von diesen beiden Perioden wählt, ihre Hauptkurbellage aufsucht und die andere ermittelt. So gehört z. B. zu 17 vH Voraustritt auf der Deckelseite die Hauptkurbellage $O\,III$ und, um $41°$ zurückliegend, diejenige $O\,3$ der Exzenterkurbel. Der um $3$ mit $l_1$ gezogene Kreis schneidet den Bogen $t\,t'$ in $3, 4$, und umgekehrt liefert der um diesen letzteren Punkt mit $l_1$ geschlagene Kreis auf dem Exzenterkurbelkreis die Lage $O\,4$, sowie um $41°$ voran die Hauptkurbellage $O\,IV$. Sie entspricht einer Kompression von 21 vH.

Zur Bestimmung der äußeren und inneren Überdeckungen hat man in dem Antriebsschema die zu den Lagen $1, 2$ und $1', 2'$ bzw. $3, 4$ und $3', 4'$ von $t$ gehörigen Stellungen des Hebelendes $b$ und der Schieberkurbeln $O_1 c$, $O_2 d$ am Schieberumfange aufzusuchen. Es ergibt sich z. B. für die Kurbelseite, wo die Schieberkurbel bei ihrer Mittellage $O_1 c_m$ vertikal steht, für den Beginn des Voreintrittes und der Füllung die Lage $O_1 c_1$ und für den Beginn des Voraustrittes und der Kompression diejenige $O_1 c_3$. Verlängert man beide Lagen bis zum Schieberumfange, so ist

$e' = 43\,mm$ die äußere,

$i' = 6{,}5\,mm$ die innere Überdeckung, als Sehne gemessen.

Auf der Deckelseite ergibt sich entsprechend

$$e = 54\,mm \text{ und } i = 0.$$

Die Mittellage $O_2 d_m$ fällt auf der Deckelseite nicht mit der Vertikalen zusammen, sondern ist zur Erzielung einer größeren Kanaleröffnung bei der rechten Totlage der Schieberkurbel um $8\,mm$ auswärts gelegt.

# VI. Die Geschwindigkeitsregler.

**§ 118. Zweck und Einteilung der Geschwindigkeitsregler.** Jede Kolbendampfmaschine besitzt zwei Regelungsvorrichtungen, das Schwungrad und den Geschwindigkeitsregler. Das Schwungrad regelt die Geschwindigkeit der Maschine während einer Umdrehung, schränkt also die Schwankungen in der Geschwindigkeit des Kurbelzapfens und der Kurbelwelle, wie sie namentlich durch die Veränderlichkeit des treibenden Dampfdruckes während der erwähnten Zeit hervorgerufen werden, in die zulässigen Grenzen ein. Der Geschwindigkeitsregler dagegen, der im folgenden nur kurz als Regler bezeichnet ist, sorgt dafür, daß die während der einzelnen Umdrehungen auftretende mittlere Geschwindigkeit oder, was dasselbe sagt, die Umdrehungszahl der Maschine während einer Minute nicht zu starke Schwankungen erleidet. Er regelt also die Geschwindigkeit während mehrerer Umdrehungen und bewirkt, daß die mittleren Werte von Triebkraft und Widerstand während der aufeinander folgenden Umdrehungen bis auf die zulässigen Abweichungen gleichbleiben.

Der Regler erfüllt diese Aufgabe, wie schon in der Einleitung bemerkt, mit Hilfe zweier Schwungkörper, die sich bei normaler Umdrehungszahl in einer von dem Belastungszustande der Maschine abhängigen Gleichgewichtslage befinden. Bei einer Änderung im Belastungszustande aber setzen sie, da sich infolge der nun vorhandenen Ungleichheit von Triebkraft und Widerstand auch die Geschwindigkeit und Fliehkraft dieser Körper ändert, das Stellzeug in Bewegung. Dieses wirkt dann auf die Steuerung der Maschine ein und bringt dadurch die Triebkraft wieder für den neuen Belastungszustand in das richtige Verhältnis zum Widerstande.

Die bei den hier zu betrachtenden Kolbendampfmaschinen verwendeten Regler lassen sich unterscheiden in:

1. Kegel- und Flachregler, je nachdem die Schwungkörper bei einer Geschwindigkeitsänderung in durch die Drehachse des Reglers gehenden Ebenen oder aber immer in derselben, zu dieser Achse senkrechten Ebene ausschlagen.

2. Muffen- und Exzenterregler, von denen die einen den Ausschlag der Schwungkörper zur Verschiebung einer mit dem Stellzeug verbundenen Muffe, die anderen zur Verstellung des steuernden Exzenters benützen. Muffenregler sind meist Kegel-, Exzenterregler stets Flachregler, weshalb Exzenterregler oft nur als Flach-, oder da sie unmittelbar auf die Steuer- oder Kurbelwelle sitzen, auch als Achsenregler bezeichnet werden.

3. **Gewichts- und Federregler.** Bei jenen wird der Fliehkraft der Schwungkörper durch Gewichte, bei diesen durch Federn das Gleichgewicht gehalten. Kegelregler werden als Gewichts- und Federregler, Flachregler nur als Federregler ausgeführt.

4. **Fliehkraft- und Beharrungsregler.** Die Kraft, die bei einer Geschwindigkeitsänderung das Stellzeug verstellt, wird bei den letzteren zum Teil durch die Trägheit sich drehender Massen ausgeübt.

5. **Unmittelbar** (direkt) und **mittelbar** (indirekt) **wirkende Regler.** Die einen stehen in ständiger Verbindung mit dem Stellzeug, die anderen kuppeln es nur in den Hubgrenzen und schalten dabei eine besondere Hilfskraft zur Verstellung der Steuerung ein. Die zu den Transmissions-Kolbendampfmaschinen benützten Geschwindigkeitsregler sind fast stets unmittelbar wirkende.

**§ 119. Allgemeine Gleichgewichtsbedingung, Ungleichförmigkeits- und Unempfindlichkeitsgrad der Regler.** Zur Bestimmung der Geschwindigkeit, bei der ein Regler sich im Gleichgewicht befindet, d. h. dessen Schwungkörper relativ zur Achse in Ruhe verbleiben, hat man sich die Maschine im Beharrungszustande, also bei unveränderter Umdrehungszahl, zu denken. Das Stellzeug belastet dann die Muffe[1]) nicht, vorausgesetzt, daß die Steuerung keine Rückwirkung auf den Regler ausübt und dieser frei schwingt, d. h. so, als ob er von seiner Muffe losgelöst wäre.

Die Schwungkörper eines solchen freischwingenden Reglers befinden sich bei pendelartiger Anordnung jener im Gleichgewicht, wenn die Summe der virtuellen Momente aller an den Pendeln angreifenden Kräfte gleich Null ist oder wenn für die statischen Momente dieser Kräfte dieselbe Bedingung in bezug auf den augenblicklichen Bewegungspol ihrer Angriffspunkte erfüllt ist. Bei radial ausschlagenden Schwungkörpern ohne Pendel, wie sie bei Flachreglern vorkommen, muß beim Gleichgewicht die Summe der angreifenden Kräfte selbst gleich Null sein.

Die Geschwindigkeit und Umdrehungszahl des freischwingenden Reglers ändern sich mit der Ausschlaglage der Schwungkörper bzw. Höhenlage der Muffe. Die auftretenden Schwankungen werden durch den theoretischen Ungleichförmigkeitsgrad $\delta_r$ ausgedrückt. Sind

$n_1$ und $n_2$ die Umdrehungszahlen des frei schwingenden Reglers bei der höchsten und tiefsten Lage der Muffe bzw. Außen- und Innenlage der Schwungkörper, und bezeichnet

$n$ dessen mittlere Umdrehungszahl,

so ist

$$\delta_r = \frac{n_1 - n_2}{n} \qquad \ldots \ldots \ldots \ldots \quad 85$$

mit

$$n_1 = \left(1 + \frac{\delta_r}{2}\right) n, \qquad n_2 = \left(1 - \frac{\delta_r}{2}\right) n \quad \ldots \ldots \quad 86$$

---

[1]) Der Einfachheit halber ist im folgenden immer nur auf die Muffenregler Bezug genommen; die Angaben gelten aber auch für Exzenter(Flach)regler.

für $n_1 - n = n - n_2$. Der theoretische Ungleichförmigkeitsgrad gibt also das Verhältnis der größten Geschwindigkeitsschwankung zur mittleren Geschwindigkeit des Reglers an, wenn dieser von seiner Muffe losgekuppelt oder das Stellzeug ohne Einwirkung auf die Muffe ist. An ausgeführten Reglern beträgt

$$\delta_r = 0{,}02 \text{ bis } 0{,}08 \ (2 \text{ bis } 8 \text{ vH}).$$

Manche Firmen machen $\delta_r$ auch einstellbar. Die richtige Wahl des theoretischen Ungleichförmigkeitsgrades ist von wesentlichem Einfluß auf die Wirkung des Reglers. Bei zu kleinem $\delta_r$ treten die in § 121 beschriebenen Pendelungen auf. Als kleinsten zulässigen Wert des theoretischen Ungleichförmigkeitsgrades (ohne Anwendung einer Ölbremse) gibt *Tolle*[1])

$$\delta_r = \sqrt[3]{\frac{s_r}{g \cdot T^2}} \quad \cdots \cdots \cdots \cdots \quad 87$$

an, wenn bedeutet:

$T$ die Zeit in *sk*, in der die Maschine vom Ruhezustande bei größter Füllung und ohne Belastung ihre normale Umlaufzahl erlangt,

$g = 981 \ cm/sk^2$ die Beschleunigung durch die Schwere,

$s_r$ den Muffenhub des mathematischen Reglers in *cm*.

Dabei ist zu setzen

$$s_r = \frac{\text{Summe aller Gewichte mal den Quadraten ihrer Wege}}{\text{Arbeitsvermögen}}.$$

Bei Reglern mit verhältnismäßig großer Gewichtsbelastung der Muffe (großer Umlaufzahl) ist $s_r$ rund gleich dem Muffenhube in *cm*. Federregler ergeben nur dann wesentlich kleinere Werte von $s_r$ und gestatten somit kleinere Ungleichförmigkeitsgrade, wenn jede Gewichtsbelastung (außer der durch die Schwungmassen bedingten) vermieden ist, und wenn durch große Umlaufzahl und großen Abstand der Schwungmassen von der Spindel die Massen gering und ihr Ausschlag klein gehalten werden. Je kleiner $s_r$ im Verhältnis zum wirklichen Hube, um so größer ist die Regelungsfähigkeit des Reglers, und um so kleiner darf unter gleichen Umständen $\delta_r$ genommen werden. Bezeichnet

$L$ die größte Leistung der Maschine in *mkg/sk*,

$M$ die Masse des Schwungringes in *kg sk²/m*,

$V$ dessen Geschwindigkeit in *m/sk*,

so ist die mittlere Leistung der Maschine während der Anlaufzeit $T$ gleich $T \cdot L/2$. Da diese Leistung ausschließlich dazu dient, die lebendige Kraft der Schwungringmasse auf $M \cdot V^2/2$ zu bringen, so muß

$$\frac{T \cdot L}{2} = \frac{M \cdot V^2}{2}$$

oder in Sekunden

$$T = \frac{M \cdot V^2}{L}$$

sein.

---

[1]) Siehe die Anmerkung [1]) S. 311.

Kleine Werte von $\delta_r$ erfordern also, da $T$ gegen $s_r$ in Gl. 87 im Quadrat erscheint, in erster Linie möglichst schwere Schwungräder bei großer Umfangsgeschwindigkeit.

Ändert sich der Belastungszustand der Maschine, so schwingt der Regler nicht mehr frei; denn er will jetzt aus seiner alten Gleichgewichtslage in eine neue übergehen. Dabei hat er nicht nur das Stellzeug zu verschieben, sondern auch die Lage seiner eigenen Teile gegeneinander zu verändern. Jetzt greifen also an der Muffe zwei Widerstände an, von denen der eine der Widerstand $W$ des Stellzeuges, der andere die Eigenreibung $R$ des Reglers ist, beide auf die Muffe bezogen. $W + R$ heißt der **Muffenwiderstand**. Er wirkt, wenn der Regler in eine höhere Gleichgewichtslage übergehen will, nach unten, im entgegengesetzten Falle nach oben. Zu seiner Überwindung muß durch die gesteigerte Geschwindigkeit und Fliehkraft an der Muffe eine ebenso große, aber entgegengesetzte Kraft ausgeübt werden. Solange der Regler aber diese Kraft nicht entwickelt, ist er **unempfindlich**, kann also keine Verschiebung der Muffe eintreten. Die Verschiebung beginnt erst, wenn die dem vorausgegangenen Gleichgewichtszustande entsprechende Umdrehungszahl $n$ und Fliehkraft $C$ auf $n'$ und $C'$ gestiegen bzw. auf $n''$ und $C''$ gesunken sind. Man nennt deshalb

$$\varepsilon = \frac{n' - n''}{n} \qquad \ldots \ldots \ldots \ldots \quad 88$$

den **Unempfindlichkeitsgrad** des Reglers.

Für $n' - n = n - n'' = \varDelta n$ wird auch

$$\varepsilon = \frac{2\,\varDelta n}{n} \qquad \ldots \ldots \ldots \ldots \quad 89$$

und Gl. 88 liefert, mit $n = \dfrac{n' + n''}{2}$ multipliziert, den Wert

$$\varepsilon = \frac{(n')^2 - (n'')^2}{2\,n^2} \qquad \ldots \ldots \ldots \ldots \quad 90$$

Da ferner die Fliehkraft immer dem Quadrate der Umdrehungszahl proportional ist, so muß auch

$$\frac{(n')^2 - (n'')^2}{n^2} = \frac{C' - C''}{C},$$

oder mit

$$C' - C = C - C'' = \varDelta C,$$

$$\varepsilon = \frac{(n')^2 - (n'')^2}{2\,n^2} = \frac{2\,\varDelta C}{2\,C}$$

$$\varepsilon = \frac{\varDelta C}{C} \qquad \ldots \ldots \ldots \ldots \quad 91$$

sein. Schließlich kann man sich den Unempfindlichkeitsgrad ebenso wie den Muffenwiderstand $W + R$ aus zwei Teilen bestehend denken und

$$\varepsilon = \varepsilon_w + \varepsilon_r \qquad \ldots \ldots \ldots \ldots \quad 92$$

setzen. $\varepsilon_w$ entspricht dann dem vom Stellzeuge, $\varepsilon_r$ dem von der Eigenreibung herrührenden Teile des Unempfindlichkeitsgrades $\varepsilon$. $\varepsilon_r$ schwankt bei den gebräuchlichen Ausführungen zwischen $0{,}005$ und $0{,}015$ (0,5 bis 1,5 vH).

Der Größe des Unempfindlichkeitsgrades ist nach unten hin durch das Schwungrad der Maschine eine Grenze gesteckt. Er soll nämlich nicht kleiner als der Ungleichförmigkeitsgrad $\delta_s$ des Schwungrades sein und der Bedingung

$$\varepsilon \geqq \delta_s$$

genügen. Ist das nicht der Fall, so werden die unvermeidlichen Schwankungen, die während jeder Umdrehung in der Umfangsgeschwindigkeit entstehen, auch auf den Regler übertragen, und dessen Muffe zeigt dann während eines jeden Maschinenhubes eine eigentümliche Bewegung, die man als Tanzen oder Zucken bezeichnet. An manchen Reglerkonstruktionen, wie namentlich an den Beharrungsreglern (siehe § 136), führt man allerdings ein solches Tanzen mit Absicht herbei, macht also $\varepsilon < \delta_s$. Es bringt dann bei stärkerer Abnützung der Gelenke den Vorteil, daß die Reibung des Reglers, deren Ziffer während der Bewegung kleiner als während der Ruhe ist, geringer ausfällt, $\varepsilon_r$ also während des Tanzens vermindert wird. Das Tanzen kann aber auch seine Ursache in einem starken Rückdruck der Steuerung auf den Regler haben, durch den dieser aus seiner Gleichgewichtslage gedrängt und bei zu geringer Eigenreibung also bei zu großer Empfindlichkeit, zum Tanzen gebracht wird.

Für die verschiedenen Höhenlagen der Muffe ist der Unempfindlichkeitsgrad eines Reglers im allgemeinen nicht gleich. Die Abweichungen sind aber so gering, daß man $\varepsilon$ für alle Lagen als gleich annehmen kann. Der Regler rückt dann in seine höchste Lage, bei der er freischwingend $n_1$ Umdrehungen macht, mit einer Umdrehungszahl

$$n_1' = n_1 + \frac{\varepsilon}{2}\, n_1$$

ein, und in seine tiefste Lage, in der er sich frei schwingend $n_2$ mal dreht, tritt er mit einer Umdrehungszahl

$$n_2'' = n_2 - \frac{\varepsilon}{2}\, n_2.$$

Mit

$$i = \frac{n_1' - n_2''}{n} = \infty\, \delta_r + \varepsilon \quad \ldots \ldots \ldots \quad 93$$

bezeichnet man deshalb den wirklichen Ungleichförmigkeitsgrad. Bei einem Unempfindlichkeitsgrad $\varepsilon = 0{,}04$ und einem theoretischen Ungleichförmigkeitsgrad $\delta_r = 0{,}04$ würde somit ein Regler, dessen mittlere Umdrehungszahl $n = 100$ ist, in den äußersten Lagen mit $n_1 = 102$ bzw. $n_2 = 98$ Umdrehungen freischwingen, dagegen bei gekuppeltem Stellzeug erst mit

$$n_1' = 102 + 0{,}02 \cdot 102 = \infty\, 104$$

und

$$n_2'' = 98 - 0{,}02 \cdot 98 = \infty\, 96$$

Umdrehungen in diese Lagen einrücken.

§ 120. **Energie, Stellkraft und Arbeitsvermögen der Regler.** Hebt man die Muffe eines ruhenden Reglers, so übt sie bei jeder Stellung einen nach unten gerichteten Druck auf ihre Unterlage aus. Der Druck heißt die Energie oder statische Hülsenkraft $E$ des Reglers. Eine ebenso große, aber nach oben gerichtete Kraft wie dieser Druck muß durch die Fliehkraft $C$ des freischwingenden Reglers auf die Muffe ausgeübt werden, damit diese in ihrer gehobenen Lage verbleibt. Ändert sich der Belastungszustand der Maschine, so tritt zu den beiden Kräften noch der Muffenwiderstand $W + R$. Er ist nach unten gerichtet, wenn die Umdrehungszahl zunimmt, dagegen nach oben, wenn sie abnimmt. Der freischwingende Regler wird deshalb seine Gleichgewichtslage erst dann verlassen und das Stellzeug nach der einen oder anderen Richtung in Bewegung setzen, wenn die vorerwähnte, nach oben gerichtete Kraft an der Muffe um die zur Überwindung des Widerstandes erforderliche Stellkraft $K = W + R$ kleiner oder größer geworden ist. Hat sich während dieser Zeit die Fliehkraft $C$ um $\varDelta C$ geändert, so muß sich, da $C$ eine Muffenkraft von der Größe $E$, $\varDelta C$ eine solche von der Größe $K$ erzeugt,

$$C : \varDelta C = E : K$$

verhalten oder

$$K = \frac{\varDelta C}{C} E$$

sein. Hieraus folgt mit Bezug auf Gl. 91, S. 306,

$$\boldsymbol{K = W + R = \varepsilon \cdot E} \quad \ldots \ldots \ldots \ldots \quad 94$$

mit

$$W = \varepsilon_w \cdot E = (\varepsilon - \varepsilon_r) E ,$$
$$R = \varepsilon_r \cdot E .$$

Die Stellkraft eines Reglers ist also gleich dem $\varepsilon$ fachen Werte seiner Energie. Je größer $\varepsilon$ sein kann, d. h. je mehr sich die Umdrehungszahl ändern darf, bevor eine Verschiebung der Muffe und des Stellzeuges eintritt, desto größer fällt bei derselben Energie die Stellkraft aus und umgekehrt. Andererseits wird $\varepsilon$ um so kleiner, der Regler also um so empfindlicher, je größer bei derselben Stellkraft $K = W + R$ seine Energie ist. Besitzt z. B. ein Regler eine Energie $E = 120\ kg$, so wird er bei einem Unempfindlichkeitsgrad $\varepsilon = 0{,}04$ eine Stellkraft

$$K = 0{,}04 \cdot 120 = 4{,}8\ kg,$$

für $\varepsilon = 0{,}05$ dagegen eine solche

$$K = 0{,}05 \cdot 120 = 6\ kg$$

ausüben. Ist dabei im ersteren Falle $\varepsilon_r = 0{,}01$, so werden von $4{,}8\ kg$

$$R = 0{,}01 \cdot 120 = 1{,}2\ kg$$

auf die Überwindung der Eigenreibung verwendet und als nützliche Stellkraft nur

$$W = 0{,}03 \cdot 120 = 4{,}8 - 1{,}2 = 3{,}6\ kg$$

an der Muffe verbleiben.

Die Reglerfabriken pflegen die Stellkraft jetzt für $\varepsilon/2 = \pm\, 0{,}01$ Geschwindigkeitsänderung nach oben und unten, also zu

$$K = 0{,}02 \cdot E$$

anzugeben.

Man bestimmt die Energie entweder durch Auswägen des Druckes, den die hochgehobene Muffe des ruhenden Reglers auf ihre Unterlage äußert, oder durch Aufstellen der Gleichgewichtsbedingung für die Kräfte $C$ und $E$, die sich bei jeder Stellung des Reglers das Gleichgewicht halten. Wegen des meist nicht genau bekannten Muffenwiderstandes $W + R$ für eine neue Maschine ist es nicht immer möglich, die Energie und die nach ihr gewählte Größennummer eines Reglers von vornherein richtig zu treffen. Bei unrichtig gewählter Energie fällt aber nach Gl. 94 der Unempfindlichkeitsgrad $\varepsilon$ entweder zu groß oder zu klein aus. Im letzteren Falle, also bei zu groß gewählter Energie, kann $\varepsilon$ sogar unter den kleinsten zulässigen Wert $\delta_s$ sinken. Um das hiermit verbundene Zucken zu vermeiden, empfiehlt *Tolle* $\varepsilon$ durch eine Verkleinerung des Reglerhubes, die sich durch entsprechende Änderung der Übersetzung am Reglerhebel erreichen läßt, zu vergrößern. Dadurch büßt der Regler nicht nur nicht an Energie ein, sondern seine Regelungsfähigkeit wird noch gesteigert.

Das Produkt

$$\mathfrak{A} = E \cdot s$$

aus der mittleren Energie $E$ und dem Hube $s$ eines Reglers heißt sein **Arbeitsvermögen**.

Bei der **Größenwahl** eines Reglers ist von dem Widerstande der Steuerung auszugehen. Er läßt sich im voraus durch Rechnung kaum ermitteln und kann genau nur an der ausgeführten und unter Dampf stehenden Maschine durch Auswiegen, am besten mit einer Federwage, bestimmt werden. Meist schätzt man ihn nach ähnlichen Ausführungen. Bei einem mittleren Werte $W$ desselben, gemessen an der Muffe, ist ein Regler zu wählen, dessen Arbeitsvermögen

$$E \cdot s = \frac{W \cdot s}{\varepsilon - \varepsilon_r}$$

beträgt.

**§ 121. Das Pendeln der Regler.** Ändert sich der Belastungszustand einer Dampfmaschine, so tritt der Regler nicht sofort in seine, dem neuen Belastungszustande entsprechende Gleichgewichtslage, sondern er vollführt, ehe er in dieser verbleibt, eine Anzahl Schwingungen nach oben und unten; er pendelt in bezug auf die neue Gleichgewichtslage. Dieses Pendeln hat in folgendem seinen Grund.

Nimmt die Belastung der Maschine ab, so muß der Regler, um die Triebkraft entsprechend zu verringern, eine höhere Gleichgewichtslage aufsuchen. Solange er diese Lage nicht erreicht, überwiegt die Triebkraft noch immer den kleiner gewordenen Widerstand. Infolgedessen steigt während dieser Zeit die Umdrehungszahl der Maschine und des Reglers, und zwar anfangs mehr, später weniger, entsprechend dem allmählich sich vermindernden Überschuß an Triebkraft. Beim Eintritt in die neue Gleichgewichtslage sind Triebkraft und Widerstand einander gleich, und die Umdrehungszahl hat ihren größten Wert erreicht. Der Regler verbleibt aber zunächst nicht in dieser Lage, sondern schießt über sie hinaus; denn seine Massen gehen beim Verlassen der alten Gleichgewichtslage mit beschleunigter Bewegung nach oben. Sie rücken mit einer gewissen Hubgeschwindigkeit in die neue Gleichgewichtslage, und die hiermit verbundene Zunahme an lebendiger Kraft bewegt sie auch noch über diese Lage mit verzögerter Geschwindigkeit hinaus. Das dauert so lange, bis die aufgespeicherte Energie der Massen verzehrt und ihre nach oben gerichtete Hubgeschwindigkeit Null geworden ist. Gleichzeitig wird aber nun, da der Regler oberhalb der neuen Gleichgewichtslage die Triebkraft kleiner als den augenblicklichen Widerstand macht, auch die Umdrehungszahl der Maschine und des Reglers abnehmen. Infolgedessen fängt dieser jetzt an, wieder nach unten zu gehen. Seine Massen langen dann mit einer nach unten gerichteten Hubgeschwindigkeit in der neuen Gleichgewichtslage an, und die dadurch in ihnen aufgespeicherte Energie treibt sie wieder über diese Lage hinaus, usw. Der Regler pendelt somit, ehe er den neuen Beharrungszustand herstellt, mehrere Male um die zugehörige Gleichgewichtslage. Diese Pendelungen müssen, wenn überhaupt eine Regelung stattfinden und der Regler einmal aufhören soll, nach oben und unten zu gehen, allmählich kleiner und kleiner werden.

Man ersieht, daß für die Regelung einer Dampfmaschine nicht allein die Größe der Schwankungen in der mittleren Umdrehungszahl maßgebend ist, die bei einer Änderung im Beharrungszustande eintritt, sondern daß auch die Dauer dieser Schwankungen, die Länge der Wellen, wie man zu sagen pflegt, in Rücksicht gezogen werden muß. Die Regelung erfolgt also um so vollkommener, je geringer die Abweichungen von der normalen mittleren Umdrehungszahl sind, und je schneller der neue Beharrungszustand wieder hergestellt wird.

Das Pendeln der Regler findet namentlich bei zu kleinem Ungleichförmigkeitsgrad $\delta_r$ statt. Je größer $\delta_r$ ist, desto schneller rückt der Regler in die neue Gleichgewichtslage. $\delta_r$ ist deshalb nicht zu klein zu wählen; über den zulässig kleinsten Wert siehe S. 305. Ferner neigen Regler mit schweren Massen zum Pendeln. Gewichtsregler sind daher in bezug auf dieses weniger vorteilhaft als Federregler. Endlich ist die Geschwindigkeit und Masse des Schwungrades nicht ohne Einfluß auf das Pendeln, zumal bei schwerem Schwungrade der zulässig kleinste Wert von $\delta_r$ niedriger bemessen werden kann.

Fällt das Pendeln zu stark aus, so können die Schwankungen durch Einschaltung einer Ölbremse vermindert werden. Der Kolben einer solchen Bremse drückt beim Heben und Senken der Muffe das Öl durch einen Verbindungskanal von der einen auf die andere Kolbenseite. Er erhält dadurch, sobald der Regler zu pendeln anfängt, einen Widerstand, der von der Geschwindigkeit abhängig ist, mit der die Reglermassen auf- oder abwärts beschleunigt werden. Zur Regelung des Ölübertrittes dient eine Schraube, die mehr oder weniger in den Verbindungskanal geschraubt werden kann. Zu beachten ist aber, daß durch eine Ölbremse die Beweglichkeit des Reglers vermindert und dessen Eigenreibung $R$ vergrößert wird. Die Regler müssen also bei Einschaltung einer Ölbremse entweder entsprechend stärker gewählt werden, oder die Empfindlichkeit ist geringer.

**§ 122. Astatische, statische und pseudoastatische Regler.** Ein Regler kann sich bei den verschiedenen Höhenlagen der Muffe im indifferenten, stabilen oder labilen Gleichgewicht befinden. Ist er bei sämtlichen Lagen nur bei einer einzigen Umdrehungszahl im Gleichgewicht, so ist er im indifferenten Gleichgewicht. Solche Regler bezeichnet man als astatische. Sie werden nur als mittelbar wirkende verwendet. Bei unmittelbarer Regelung kommen sie, sobald sie die ihrer Gleichgewichtsgeschwindigkeit entsprechende Stellung verlassen, nicht wieder ins Gleichgewicht, sondern gehen sofort in ihre höchste und tiefste Lage und schwanken zwischen beiden infolge zu starker Regelung hin und her.

Nimmt die Gleichgewichtsgeschwindigkeit eines Reglers mit steigender Muffe und wachsender Entfernung der Schwungmassen von der Drehachse zu, so ist er stets im stabilen Gleichgewicht. Man bezeichnet den Regler dann als statisch. Überregelungen, wie sie bei vollkommen astatischen Reglern auftreten, kommen bei ihm für gewöhnlich nicht vor; denn bei Abweichungen von der normalen Umdrehungszahl rückt er sowohl nach oben als auch nach unten stets in eine neue Gleichgewichtslage, in der er verharren kann. Alle brauchbaren unmittelbar wirkenden Regler sind deshalb stabil. Allerdings sucht man sie der Astasie möglichst zu nähern, damit ihre Gleichgewichtsgeschwindigkeit bei steigender Muffe möglichst wenig zu-, bei sinkender möglichst wenig abnimmt und schon bei kleiner Geschwindigkeitsänderung ein ziemlicher Muffenhub, also auch eine kräftige Einwirkung auf die Triebkraft stattfindet. Solche Regler heißen pseudoastatische.

Im labilen Gleichgewicht befindet sich schließlich ein Regler, wenn die zu seinem Gleichgewicht erforderliche Geschwindigkeit und Umdrehungszahl mit steigender Muffe bzw. wachsendem Abstand der Schwungmassen von der Drehachse abnehmen. Solche Regler sind völlig unbrauchbar, weil sie sich bei Abweichungen von der normalen Umdrehungszahl immer mehr von ihrer Gleichgewichtslage entfernen und diese nicht mehr finden, also stets zwischen den Grenzlagen hin und her schwanken würden.

**§ 123. Die Beurteilung der Regler nach den *Tolle*schen C-Kurven[1]).** Trägt man die Fliehkraft $C$, welche die Schwungmassen eines Muffenreglers[2]) bei den verschiedenen Stellungen desselben entwickeln, senkrecht unter den Schwerpunkten dieser Massen als Ordinaten von einer Horizontalen $O\,X$ (Fig. 251) aus auf, so erhält man die $C$-Kurve oder Charakteristik des Reglers. Sie gibt über den Charakter desselben Aufschluß.

Für irgend einen Punkt $A$ der Kurve ist $tg\,\varphi = C/r$, wenn $\varphi$ den Winkel bezeichnet, den der Fahrstrahl $O\,A$ mit der Horizontalen $O\,X$ einschließt. Ist $tg\,\varphi = $ konst., die $C$-Kurve also eine durch $O$ gehende Gerade, so ist der Regler

---

[1]) Siehe Z. d. V. d. I. 1895, S. 735, und *Tolle*, Die Regelung der Kraftmaschinen. Julius Springer, Berlin.

[2]) Über die Beurteilung der Exzenter(Flach)regler siehe § 133.

astatisch; denn bei einer Masse $M$ und einem Gewichte $P$ der Schwungkörper beträgt die Fliehkraft für den Abstand $r$ in $m$

$$C = M \cdot \omega^2 \cdot r = \left(\frac{n}{30}\right)^2 \frac{\pi^2}{g} P \cdot r \, ,$$

und es bleibt die Winkelgeschwindigkeit $\omega$, sowie die für $\dfrac{\pi^2}{g} = 1$ aus

$$\left(\frac{n}{30}\right)^2 = \frac{C}{P \cdot r} \quad \dots \dots \dots \dots \dots \quad 95$$

folgende Umdrehungszahl $n$ des frei schwingenden Reglers unverändert, solange $C/r$ konstant ist.

Wächst der Winkel $\varphi$ wie bei der Kurve $A_1 A A_2$ in Fig. 251 mit zunehmendem Abstand $r$ von der Drehachse, so ist der Regler stets im stabilen Gleichgewicht

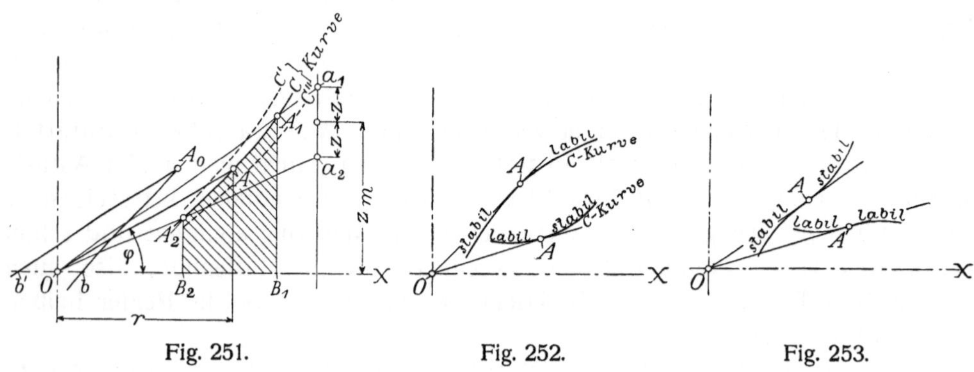


Fig. 251.        Fig. 252.        Fig. 253.

und statisch; im entgegengesetzten Falle befindet er sich im labilen Gleichgewicht. Jede gerade $C$-Kurve, die wie z. B. $A_0 b$ die $O\,X$-Achse rechts von $O$ schneidet, ist also stabil, jede solche Kurve, die wie z. B. $A_0 b'$ diesen Schnittpunkt links von $O$ hat, ist labil. Die Tangente ferner, die im Punkte $A$ in Fig. 252 an die $C$-Kurve gelegt werden kann, bestimmt einen astatischen Punkt derselben. Die Kurve ist dann nur auf der einen Seite dieses Punktes stabil und besonders in der Nähe desselben brauchbar. Besitzt die Kurve dagegen einen Wendepunkt (Fig. 253), so ist sie entweder vollständig stabil oder ganz labil.

Der Inhalt $\int C \cdot dr$ der schraffierten Fläche $A_1 A_2 B_2 B_1$ in Fig. 251 stellt weiter das Arbeitsvermögen des Reglers dar; denn die Fliehkraft $C$ hält der Energie $E$ in jeder Stellung des Reglers das Gleichgewicht, und einer unendlich kleinen Verschiebung $ds$ der Muffe entspricht ein ebensolcher Weg $dr$ des Schwerpunktes der Schwungmassen. Es ist also

$$\mathfrak{A} = \int E \cdot ds = \int C \cdot dr \, .$$

Die Strahlen endlich, die durch die Endpunkte $A_1$ und $A_2$ der $C$-Kurve in Fig. 251 von $O$ aus gezogen werden, schneiden auf einer beliebigen

Vertikalen das Stück $2\,z = a_1 a_2$ ab. Es liefert mit der Ordinate $z_m$ seines Mittelpunktes in

$$\delta_r = \frac{z}{z_m}$$

den theoretischen Ungleichförmigkeitsgrad des Reglers. Umgekehrt läßt sich für ein gegebenes $\delta_r$ die zu einer tiefsten Muffenstellung $A_2$ gehörige höchste Stellung $A_1$ in der Weise ermitteln, daß der Schnittpunkt $a_2$ des Strahles $O\,A_2$ mit einer beliebigen Vertikalen bestimmt und auf ihr das Stück $a_1 a_2 = 2\,z$ $= 2\,\delta_r \cdot z_m$ abgetragen wird. $O\,a_1$ schneidet dann die $C$-Kurve in der gesuchten höchsten Lage $A_1$.

Zu beachten ist auch, daß, wie später bei den einzelnen Reglern gezeigt ist, die Konstruktion der $C$-Kurve ganz unabhängig von der Lage der Reglerdrehachse bleibt, die Lage dieser Achse also keinen Einfluß auf die Gestalt der $C$-Kurve hat. Hieraus ergibt sich ein einfaches Mittel, den Ungleichförmigkeitsgrad $\delta_r$ eines Reglers beim Entwurf zu ändern. . Rückt man nämlich die Drehachse den Schwungkörpern näher, so nimmt $\delta_r$ ab, rückt man sie ab, so wächst $\delta_r$.

Neben der $C$-Kurve sind für die Beurteilung und den Entwurf eines Reglers auch noch die $C_p$-, $C_q$- und $C_f$-Kurven von Wichtigkeit, wie sie sich später bei den einzelnen Reglern angegeben finden. Sie haben zu Ordinaten die Anteile, mit denen das Gewicht $P$ der Schwungkörper, das Hülsengewicht $Q$ bzw. die Federspannung $F$ der Fliehkraft $C$ entgegenwirken.

Die in Fig. 251 gestrichelt eingetragene $C'$- und $C''$-Kurve entsprechen der Fliehkraft des nicht frei schwingenden Reglers, wo der Widerstand $W + R$ die Muffe nach oben oder unten belastet. Die Ordinaten dieser Kurven sind um $\Delta C = \varepsilon \cdot C$ größer oder kleiner als die der $C$-Kurve.

**§ 124. Einstellung und Antrieb der Regler.** Von Vorteil ist es in vielen Fällen, wenn bei einem Regler die Umdrehungszahl, die Hülsenbelastung oder Federspannung, der Ungleichförmig- und Unempfindlichkeitsgrad innerhalb gewisser Grenzen geändert werden können. Eine Regelung der Umdrehungszahl, der Hülsenbelastung und Federspannung ist schon mit Rücksicht darauf geboten, daß bei der Berechnung dieser Größen die Gewichte und Massen der Arme, an denen die Schwungkörper aufgehangen sind, für gewöhnlich gar nicht oder nur annähernd berücksichtigt werden. Eine Änderung der Umdrehungszahl ist ferner in allen den Fällen nötig, in denen die Maschine bald mit mehr, bald mit weniger Umdrehungen laufen soll, wie z. B. beim Antrieb von Papiermaschinen, Pumpen, Kompressoren usw. Diese Maschinen erhalten meist Vorrichtungen, durch welche die Umdrehungszahl innerhalb weiter Grenzen ($\pm 10$ bis $\pm 50$ vH) während des Ganges verändert werden kann. Aber auch an vielen anderen Transmissions-Dampfmaschinen sieht man jetzt solche Vorrichtungen, namentlich an Flachreglern, für enge Grenzen ($\pm 5$ vH) vor, um bei einer etwaigen Änderung der Stellzeugkräfte oder beim Parallelschalten von Wechselstromgeneratoren die genaue Umdrehungszahl einstellen zu können.

Die nützliche Stellkraft eines Muffenreglers kann an der ausgeführten Maschine, wie schon auf S. 309 bemerkt, innerhalb gewisser Grenzen dadurch vergrößert oder verkleinert werden, daß man die Übersetzung des Reglerhebels einstellbar macht. Zu beachten ist aber dabei, daß mit der Änderung dieser Übersetzung bei gleichem Ausschlag der Steuerung auch eine Änderung des Reglerhubes, des Unempfindlichkeitsgrades und meist auch des Ungleichförmigkeitsgrades verbunden ist. Auf eine gleichbleibende Größe des letzteren wird jetzt weniger Wert gelegt; im Gegenteil, viele Konstrukteure halten einen

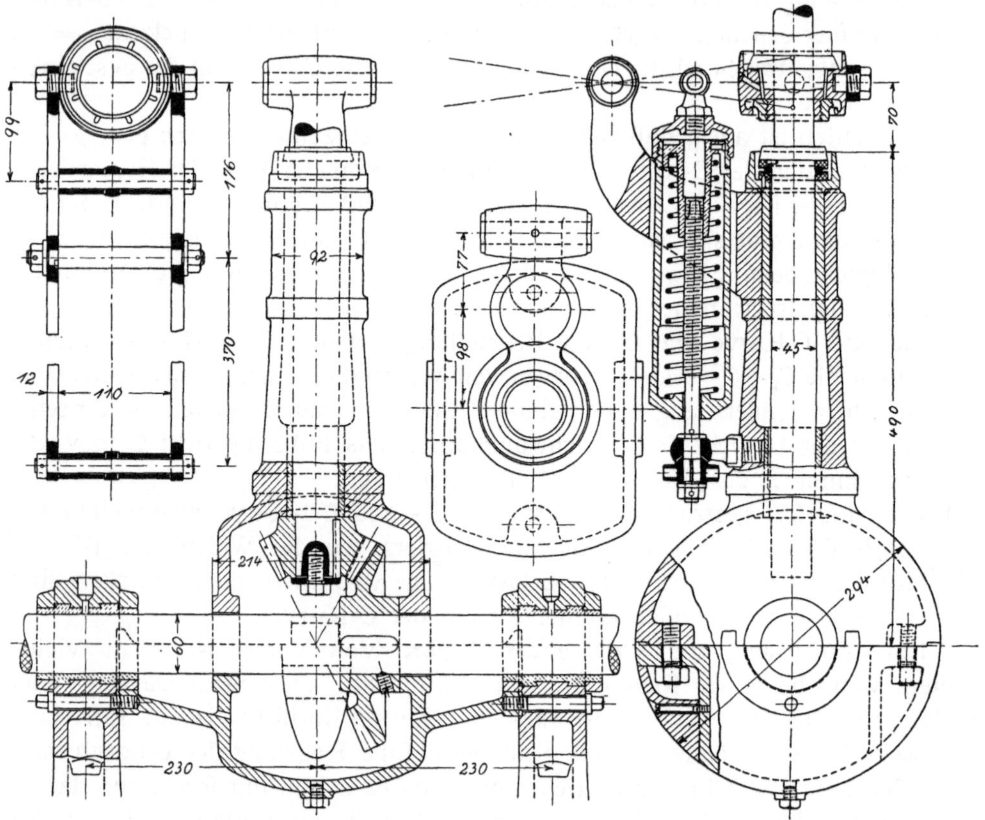

Fig. 254. 1 : 7,5. Reglerantrieb und Reglersäule von *Scharrer & Groß* in Nürnberg.

mit abnehmender Umdrehungszahl steigenden, also einen der letzteren ungefähr umgekehrt proportionalen Ungleichförmigkeitsgrad[1]) für zweckmäßig, weil mit abnehmender Umdrehungszahl auch der Ungleichförmigkeitsgrad des Schwungrades größer wird und dann bei kleinem Ungleichförmigkeitsgrad des Reglers für diesen die Gefahr des Tanzens besteht.

Der Antrieb der Muffenregler von der Kurbel- oder Steuerwelle aus erfolgt durch Riemen oder Zahnräder. Die letzteren sichern bei genauer Herstellung eine regelmäßigere Bewegungsübertragung und finden deshalb jetzt weit mehr Verwendung als Riemen. Man legt die Räder gewöhnlich in einen Schutzkasten,

---

[1]) Siehe Dr. *K. Kaiser*, Z. d. V. d. I. 1911, S. 344.

der die Antriebswelle umfaßt und der Reglersäule zur Unterstützung dient. Die Reglerspindel läuft mit ihrem oberen Bunde auf Kugeln. Einzelheiten des Antriebes zeigt Fig. 254 in gebräuchlicher Ausführung.

## A. Muffenregler.

### a) Gewichtsregler.

**§ 125. Nachteile und Einteilung.** Muffenregler mit ausschließlicher Gewichtsbelastung haben den Nachteil, daß das Beharrungsvermögen der Belastungsmasse die auf S. 309 erwähnten Pendelungen begünstigt. Sie stellen deshalb bei einer Änderung im Belastungszustande der Maschine den neuen Beharrungszustand weit später als die Federregler ein. Aus diesem Grunde nimmt hauptsächlich ihre Anwendung mehr und mehr ab. Außerdem muß der Ungleichförmigkeitsgrad bei den Gewichtsreglern allgemein größer genommen werden, da der für den kleinsten zulässigen Wert von $\delta_r$ (siehe Gl. 87, S. 305) maßgebende reduzierte Muffenhub $s_r$ bei ihnen ungefähr gleich dem wirklichen Muffenhub $s$ ist, während er bei Federreglern nur einen Teil von $s$ ausmacht.

Die gebräuchlichen Gewichtsregler übertragen die Bewegung der Schwungkörper durch ein Schubkurbelgetriebe auf die Muffe. Der Drehpunkt der Pendel, an denen die Schwungkörper hängen, kann dabei fest an der Spindel (direkte Aufhängung) oder verschiebbar an derselben (umgekehrte Aufhängung) sein. Das erste ist bei den Reglern von *Porter*, *Watt*, *Kley* und *Tolle*, das zweite bei den Reglern von *Proell*, *Steinle* und *Hartung* der Fall.

**§ 126. Die Regler von *Porter, Watt, Kley* und *Tolle*.** Fig. 255 bis 257 lassen die allgemeine Anordnung dieser Regler erkennen. Jedes Pendel besitzt bei ihnen einen festen Aufhängepunkt $I$ an der Spindel und bildet mit der Muffe und unteren Hülsenstange eine einfache Schubkurbel, in welcher der Pendelarm $I\,II = l_1$ die Kurbel, die Hülsenstange $II\,III = l_2$ die Schubstange und die Muffe den Kreuzkopf darstellt. Bei dem *Porter*schen Regler (Fig. 255) befindet sich der Dreh- und Aufhängepunkt $I$ eines jeden Pendels mit dessen Kugel auf derselben Seite der Drehachse, bei dem *Kley*schen (Fig. 256) auf entgegengesetzten Seiten. Bei jenem sind also die Arme offen und die Abstände $a$ der Punkte $I$ positiv, bei diesem dagegen gekreuzt bzw. negativ. Der *Watt*sche Regler besitzt keine besondere Belastungshülse, und der Abstand $a$ ist bei ihm meistens ganz oder annähernd Null. Der Regler von *Tolle* (Fig. 257) unterscheidet sich von dem *Porter*schen nur dadurch, daß seine Arme geknickt sind; für $\gamma = \alpha$ geht er in diesen über. Als r h o m b i s c h bezeichnet man schließlich bei allen vier Reglern diejenige Anordnung der Pendel, bei der $I\,II = II\,III$ $= l_1$ und in Fig. 255 und 256 $\alpha = \beta$, in Fig. 257 $\gamma = \beta$ ist.

Nach Fig. 255 wirken bei den vorliegenden Reglern auf die beiden Pendel (an jedem zur Hälfte):

1. im Mittelpunkt $IV$ der Kugeln horizontal die gesamte Fliehkraft $C$, vertikal das ganze Eigengewicht $P$ der beiden Kugeln,

2. im Anschlußpunkte *II* der Hülsenstangen die in *II III* fallenden Komponenten der Hülsenbelastung *Q*, die zusammen *Q/cos β* betragen. Die horizontalen Komponenten von *Q* sind an beiden Seiten entgegengesetzt gerichtet und heben sich deshalb auf.

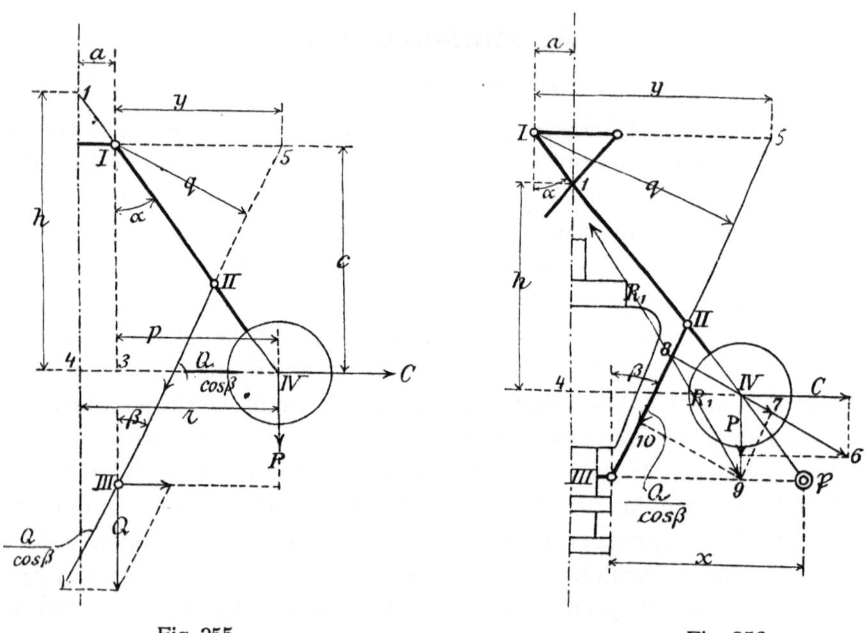

Fig. 255.     Fig. 256.

Der augenblickliche Pol für die Bewegung der Angriffspunkte *II* und *IV* ist bei fester Aufhängung der Pendel deren Drehpunkt *I*. In bezug auf diesen besteht also für das Gleichgewicht des frei schwingenden Reglers die Beziehung

$$- C \cdot c + P \cdot p + \frac{Q}{\cos\beta}\, q = o \quad \ldots \ldots \ldots \quad 96$$

aus der in Verbindung mit Gl. 95, S. 312, und

$$\frac{r \cdot c}{p} = h, \qquad \frac{q}{\cos\beta} = y$$

$$\left(\frac{n}{30}\right)^2 = \frac{1}{h}\left(1 + \frac{Q}{P}\frac{y}{p}\right) \quad \ldots \ldots \ldots \ldots \quad 97$$

folgt. Die Größen *h, y* und *p* lassen sich der Zeichnung des Reglers für die einzelnen Pendellagen entnehmen. *h* ist die wahre Pendelhöhe *1—4* in Fig. 255 und 256.

Die vertikal an der Muffe nach unten wirkende Energie *E* hält ferner mit ihrer in die Hülsenstangen fallenden Komponente *E/cos β* der Fliehkraft *C* an den Pendeln das Gleichgewicht. Es ist also in bezug auf *I*

$$\frac{E}{\cos\beta}\, q = C \cdot c \quad \ldots \ldots \ldots \ldots \ldots \quad 98$$

oder mit dem aus Gl. 96 sich ergebenden Wert für $C \cdot c$ und $q/\cos\beta = y$

$$E = P\frac{p}{y} + Q \qquad \cdots \cdots \cdots \qquad 99$$

Bei **rhombischer** Anordnung der Regler von *Porter*, *Watt* und *Kley* verhält sich $y : p = 2\, l_1 : l$ mit $I\,IV = l$ als Pendellänge, wird also

$$\left(\frac{n}{30}\right)^2 = \frac{1}{h}\left(1 + 2\frac{Q}{P}\frac{l_1}{l}\right) \quad \cdot \quad 100$$

und

$$E = \frac{P}{2}\frac{l}{l_1} + Q \quad \cdots \quad 101$$

Der Unempfindlichkeitsgrad ergibt sich nach Gl. 94, S. 308, zu

$$\varepsilon = \frac{W + R}{E} = \frac{W + R}{P\dfrac{p}{y} + Q}\,.$$

Den auf die Eigenreibung entfallenden Teil $\varepsilon_r$ desselben erhält man nach *Tolle*[1]) aus

$$\varepsilon_r = \frac{R}{E}$$

mit

$$R = \frac{\mu \cdot d}{2}\left(\frac{R_1 + R_2}{y} + \frac{R_2 + R_3}{x}\right)$$

wenn $\mu$ die Zapfenreibungsziffer, $x$ den Abstand in Fig. 256,

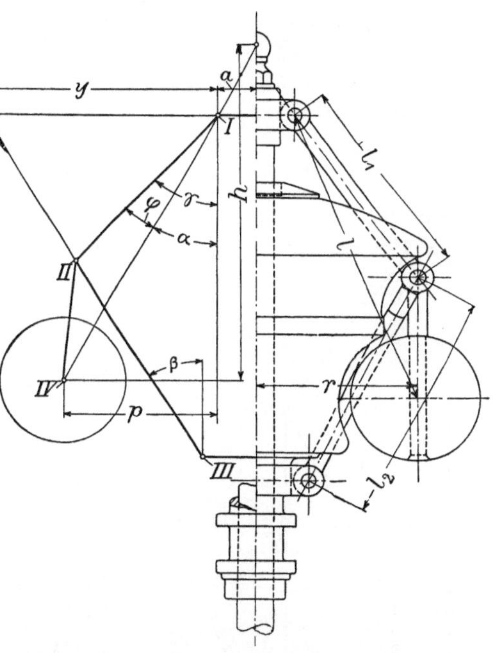

Fig. 257. *Tollescher Gewichtsregler der Sächsischen Maschinenfabrik, vorm. R. Hartmann, Chemnitz.*

$d$ den überall gleich angenommenen Zapfendurchmesser und $R_1$, $R_2$, $R_3$ den Zapfendruck in den Gelenken $I$, $II$ bzw. $III$

bezeichnet. Der Druck auf die **beiden** Zapfen $I$ ist gleich der Resultierenden aller an den Pendeln wirkenden Kräfte. Vereinigt man deshalb in $IV$ (Fig. 256) $C$ und $P$ zu einer Resultierenden $IV - 6$ und setzt im Schnittpunkte $8$ der letzteren mit der Hülsenstange nochmals $8 - 7 = IV - 6$ mit $8 - 10 = Q/\cos\beta$ zusammen, so ist $8 - 9$ gleich dem durch $I$ gehenden Zapfendruck $R_1$. Der Druck auf die Zapfen $II$ und $III$ beträgt

$$R_2 = R_3 = \frac{Q}{\cos\beta}$$

und kann leicht aus der Zeichnung (Fig. 255) entnommen werden.

Zur graphischen Konstruktion der vorstehenden Kräfte und der $C$-Kurven gibt *Tolle*[1]) das in Fig. 258 an dem allgemeinen Schema der vier Regler gezeigte

---

[1]) Siehe die Anmerkung [1]) auf S. 311.

Verfahren an. Nach Gl. 96 ist mit $C = C_p + C_q$ der von dem Gewicht $P$ der beiden Kugeln bzw. der Hülsenbelastung $Q$ herrührende Teil der Fliehkraft

$$C_p = P\,\frac{p}{c} \quad \text{und} \quad C_q = \frac{Q}{\cos\beta}\,\frac{q}{c} = Q\,\frac{y}{c}.$$

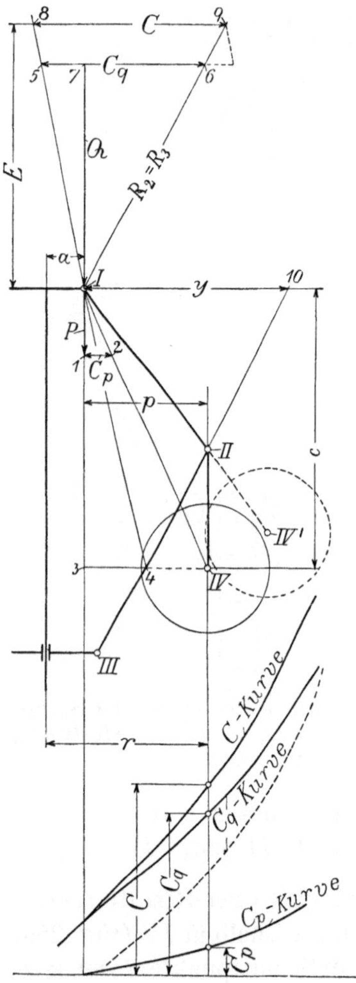

Fig. 258.

Man erhält deshalb

$C_p = 1-2$, wenn man von $I$ aus $I-1 = P$ vertikal nach unten abträgt und durch $1$ eine Horizontale bis zum Schnitt mit $I-IV$ zieht; denn aus der Ähnlichkeit der Dreiecke $I\,1\,2$ und $1\,3\,IV$ folgt $C_p : P = p : c$, oder die Resultierende aus $P$ und $C_p$ muß durch $I$ gehen.

$C_q = 5-6$, wenn man von $I$ aus vertikal nach oben $I-7 = Q$ aufträgt und und die Horizontale durch $7$ zum Schnitt bringt mit der Verlängerung von $4-I$ und der Parallelen zu $II-III$ durch $I$. Aus der Ähnlichkeit der Dreiecke $I\,5\,6$ und $I\,4\,10$ folgt nämlich $C_q : Q = y : c$, oder die Resultierende aus $C_q$ und der in $II-III$ fallenden Komponente von $Q$, die sich beide in $4$ schneiden, muß durch $I$ gehen.

$C$ durch Addition von $C_p$ und $C_q$.

Mit $C$ ergibt sich aus Gl. 95, S. 312, die Umdrehungszahl $n$ des frei schwingenden Reglers bei den einzelnen Lagen der Kugeln und Muffe.

Weiter folgt gemäß Gl. 98

die Energie $E$ als Höhe des Dreieckes $I\,8\,9$, dessen Grundlinie $8-9 = C$ ist, und

der Zapfendruck $R_1$ als Summe der beiden Strecken $I-5$ und $I-2$,

der Zapfendruck $R_2 = R_3$ als Strecke $I-6$.

Für den *Watt*schen Regler gelten die vorstehenden Angaben mit $Q = \infty\,0$. Der Einfluß, den das Gewicht der Pendelarme und Hülsenstangen ausübt, kann annähernd dadurch berücksichtigt werden, daß man

für $P$ den Wert $P + 0{,}4\,G_1 + 0{,}5\,G_2\dfrac{l_1}{l}$,

für $Q$ denjenigen $Q + 0{,}5\,G_2$

einführt, wenn

$G_1$ das Gewicht der beiden Pendelarme $I-II = l_1$,

$G_2$ das der beiden Hülsenstangen $II-III$ ist.

Bezüglich des Charakters der vorliegenden Regler gilt folgendes:

Die Regler von *Porter* und *Watt* sind für die meist gebräuchliche rhombische Anordnung vollkommen statisch, denn ihre Umdrehungszahl hängt nach Gl. 100 bei den verschiedenen Höhenlagen der Muffe allein von der wahren Pendelhöhe

$$h = l \cdot \cos\alpha + a \cdot \operatorname{cotg}\alpha$$

ab. Diese wird aber mit wachsendem Winkel $\alpha$ für Werte zwischen $o$ und $90°$ kleiner, die Umdrehungszahl also größer.

Die Energie $E$ der beiden Regler ist ferner für alle Pendellagen bei rhombischer Anordnung konstant. Das Gleiche gilt für den Unempfindlichkeitsgrad $\varepsilon$, solange der Muffenwiderstand $W + R$ unverändert bleibt. Gl. 100 und 101 lassen ferner den Einfluß der Hülsenbelastung $Q$ erkennen; je größer diese im Verhältnis zu $P$ gemacht wird, desto größer wird $n$ und $E$, desto kleiner $\varepsilon$. Endlich folgt aus Gl. 100, daß durch eine Vergrößerung oder Verminderung der Hülsenbelastung der Charakter der Regler nicht geändert wird. Dies ergibt sich auch aus ihren $C_p$- und $C_q$-Kurven, die alle gleichmäßigen Charakter zeigen und diesen auch bei einer Änderung von $Q$ beibehalten. Eine Zu- oder Abnahme der Umdrehungszahl läßt sich deshalb hier in einfacher Weise dadurch erreichen, daß man dem verlängerten Reglerhebel ein verstellbares Belastungsgewicht gibt. Durch eine Schraubenspindel mit Handrad kann der Hebelarm dieses Gewichtes auch während des Ganges verändert werden, und als Laufgewicht ausgebildet, läßt es sich sogar mittels eines Elektromotors vom Schaltbrett aus verstellen. Die Konstruktion in Fig. 261, S. 322, zeigt ein geteiltes Belastungsgewicht, dessen Teile durch einen Bügel verbunden sind. Der Ungleichförmigkeitsgrad der Regler wird durch eine solche Verstellung nicht beeinflußt.

Um den Ungleichförmigkeitsgrad des *Porter*schen Reglers zu beschränken, muß man die Schwungkörper und die Drehachse nach S. 313 einander näher bringen. Das kann auf doppelte Weise geschehen. Man kann zunächst die Drehachse den Schwungkörpern näherrücken. Die verschiedenen $C$-Kurven ändern sich dadurch nicht; denn ihre Konstruktion erfolgt nach dem Früheren ganz unabhängig von der Lage dieser Achse.

Dieses Mittel kommt bei dem *Kley*schen Regler zur Anwendung, bei dem $a$ negativ, die wahre Pendelhöhe also

$$h = l \cdot \cos\alpha - a \cdot \operatorname{cotg}\alpha$$

ist. Da letztere für

$$l \cdot \cos\alpha = a \cdot \operatorname{cotg}\alpha$$

und auch für $a = 90°$ Null wird, so muß zwischen diesen beiden Grenzlagen $h$ einen größten Wert annehmen. Er findet sich nach der Differentialrechnung aus

$$\frac{dh}{d\alpha} = - l \cdot \sin\alpha + \frac{a}{\sin^2\alpha} = 0$$

für

$$\sin\alpha_u = \sqrt[3]{\frac{a}{l}}.$$

Oberhalb dieses Winkels $\alpha_u$ nimmt die Umdrehungszahl bei rhombischer Anordnung zu, herrscht also stabiles Gleichgewicht, das sich der Astasie um so mehr nähert, je näher der Ausschlag von oben her an den Winkel $\alpha_u$ kommt. In der Lage $\alpha_u$ besitzt der Regler einen astatischen Punkt. Unterhalb des Winkels $\alpha_u$ ist er im labilen Gleichgewicht und unbrauchbar. Der durch $\alpha_u$ festgelegte Pendelausschlag ist deshalb immer als unterste zulässige Grenze anzusehen.

Die Energie des *Kley*schen Reglers bleibt bei rhombischer Anordnung wieder konstant, desgleichen der Ungleichförmigkeitsgrad bei einer Änderung der Hülsenbelastung bzw. Umdrehungszahl. Die Kreuzung der Arme erschwert aber die Ausführung und läßt bei rhombischer Anordnung, bei der auch die unteren Hülsenstangen gekreuzt sind, nur ein kleines Hülsengewicht zu. Ordnet man das letztere unter der Muffe an, so entfällt der Übelstand; dafür wird aber der Regler sehr hoch.

Das zweite Mittel, die Schwungkörper der Drehachse näherzubringen, besteht in der Knickung der Pendelarme, wie sie der *Tolle*sche Regler besitzt. Die $C_p$-Kurve wird dadurch nicht geändert, die $C_q$-Kurve dagegen gehoben, und ein flacher verlaufender Teil der letzteren kann nun bei richtiger Lage der Drehachse benützt werden. Dies zeigt Fig. 258, wo die gestrichelte $C_q$-Kurve für den nicht geknickten Pendelarm *I II IV′*, die ausgezogene Kurve für den geknickten *I II IV* gilt. Dieses Heben der $C_q$-Kurve liefert namentlich im Verein mit der nicht rhombischen Anordnung eine sehr günstig verlaufende $C$-Kurve bei nicht zu weit abstehender Drehachse.

Der astatische Punkt der $C$-Kurve befindet sich für die rhombische Anordnung des *Tolle*schen Reglers bei einem Ausschlagwinkel $\alpha_u$, der durch die Gleichung

$$\operatorname{tg}\varphi = \frac{a}{l \cdot \cos^3\alpha_u} + \operatorname{tg}^3\alpha_u$$

bestimmt ist. Winkel $\varphi$ siehe Fig. 257.

§ 127. **Die Regler von *Proell, Steinle* und *Hartung*.** Die Pendeldrehpunkte dieser Regler sind nicht fest, sondern verschiebbar an der Spindel und die Pendelarme umgekehrt aufgehangen. Bei dem *Proell*schen Regler liegen ferner nach Fig. 259 die Kugelmittelpunkte außerhalb der Pendel. An diesen wirkt nach Fig. 260 (an jeder Seite zur Hälfte)

1. im Mittelpunkte *IV* der Kugeln die Fliehkraft $C$ und das Eigengewicht $P$ der b e i d e n Kugeln,

2. im Punkte *I* vertikal die Hülsenbelastung $Q$, sowie eine später angegebene Horizontalkraft,

3. im Punkte *II* die Reaktion $R_2 = R_3$, die in die Richtung der Hülsenstangen *II III* fällt und allen an den Pendeln wirkenden Kräften das Gleichgewicht hält.

Der augenblickliche Pol für die Bewegung der Punkte *I* und *II* liegt, da *I* sich vertikal bewegt, *II* um *III* schwingt, in dem Schnittpunkte $\mathfrak{P}$ der Hülsenstangen *II III* mit der Horizontalen durch *I*. Es besteht also am frei schwingenden Regler Gleichgewicht, wenn mit den Bezeichnungen in Fig. 260 ist

$$C \cdot c - P \cdot b - Q \cdot y = o \quad . \quad . \quad . \quad . \quad . \quad . \quad . \quad . \quad 102$$

In Verbindung mit Gl. 95, S. 312, sowie

$$b = y - p \quad \text{und} \quad h = \frac{r \cdot c}{p}$$

als wahre Pendelhöhe folgt hieraus für die Umdrehungszahl des frei schwingenden Reglers die Beziehung

$$\left(\frac{n}{30}\right)^2 = \frac{1}{h}\left\{\left(1 + \frac{Q}{P}\right)\frac{y}{p} - 1\right\} \qquad \ldots \ldots \ldots \quad 103$$

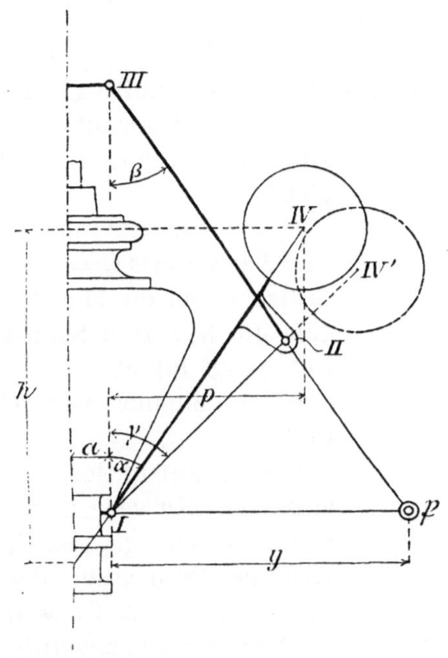

Fig. 259.

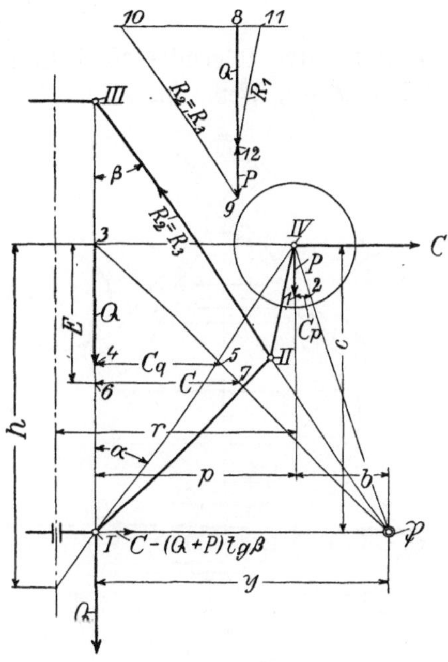

Fig. 260.

Das Moment der in $I$ angreifenden Energie $E$ in bezug auf den augenblicklichen Pol $\mathfrak{P}$ muß gleich dem entsprechenden Moment von $C$, also

$$E \cdot y = C \cdot c$$

oder in Verbindung mit Gl. 102

$$E = P\left(1 - \frac{p}{y}\right) + Q \qquad \ldots \ldots \ldots \ldots \quad 104$$

sein. Mit Hilfe der Energie läßt sich bei gegebenem Muffenwiderstand $W + R$ der Unempfindlichkeitsgrad $\varepsilon$ des Reglers berechnen. Zur Bestimmung des Teiles $\varepsilon_r$ desselben kann auch hier die auf S. 317 angegebene Gleichung für $R$ dienen. Die Zapfendrucke in $II$ und $III$ sind, da ihre Vertikalkomponente $Q$ und $P$ das Gleichgewicht zu halten hat,

$$R_2 = R_3 = \frac{Q + P}{\cos\beta}.$$

In *I* wirkt die Vertikalkraft $Q$ und eine Horizontalkraft, die gleich der Differenz der Horizontalkräfte $C$ und $(Q + P)\,\mathrm{tg}\,\beta$ (als horizontale Komponente von $R_2$) an den Pendelarmen ist. Es beträgt also der Zapfendruck

$$R_1 = \sqrt{Q^2 + [C - (Q + P)\,\mathrm{tg}\,\beta]^2}.$$

Die vorstehenden Gleichungen können auch zur Konstruktion der *Tolle*schen $C$-Kurven dienen. Setzt man nach Gl. 102

$$C_q = P\,\frac{b}{c} \quad \text{und} \quad C_q = Q\,\frac{y}{c},$$

so ergibt sich folgendes Verfahren. Man erhält nach Fig. 260

$C_p = 1\!-\!2$, wenn man in *IV* vertikal abwärts $P = IV\!-\!1$ aufträgt und durch *1* die Horizontale bis zum Schnitt mit $IV\!-\!\mathfrak{P}$ zieht;

$C_q = 4\!-\!5$, wenn man in *3* vertikal abwärts $Q = 3\!-\!4$ aufträgt und die Horizontale durch *4* zum Schnitt mit $3\!-\!\mathfrak{P}$ bringt;

$C$ als Summe von $C_p$ und $C_q$.

Die Konstruktion der einzelnen Kurven erfolgt wieder unabhängig von der Lage der Drehachse; diese kann also beim Entwurf zu dem auf S. 313 angeführten Zwecke beliebig verschoben werden.

Weiter ist die Energie $E$ gleich der Höhe $3\!-\!6$ des rechtwinkligen Dreiecks $3\ 6\ 7$, dessen Grundlinie $6\!-\!7 = C$ ist.

Die Zapfendrucke endlich ergeben sich nach Fig. 260, wenn man durch den unteren Endpunkt einer Vertikalen $8\!-\!9 = Q + P$ eine

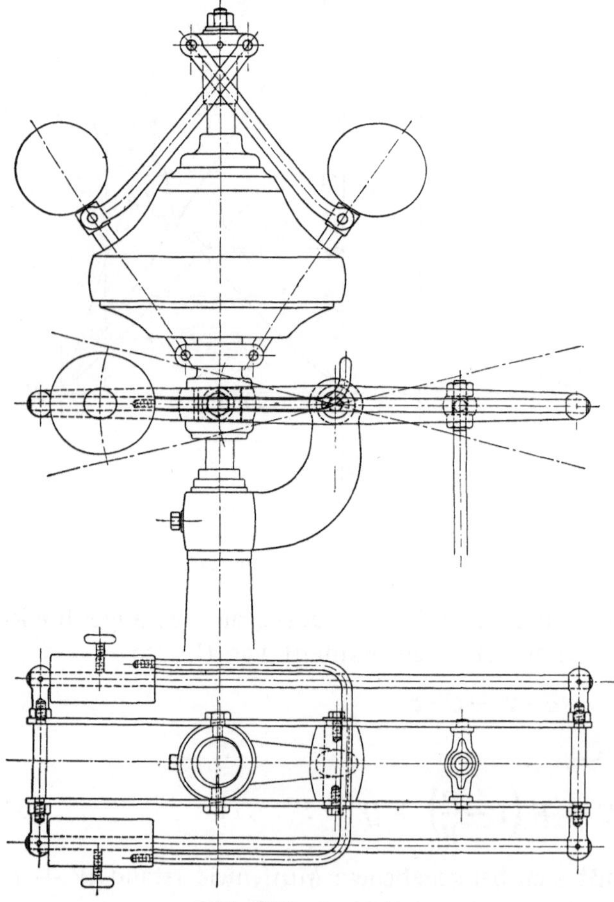

Fig. 261.  1 : 12,5.

Parallele zur Stange *II—III* legt und durch den oberen Endpunkt eine Horizontale zieht. Es ist dann $9\!-\!10 = R_2 = R_3$, und wenn $10\!-\!11 = C$ gemacht wird, $11\!-\!12 = R_1$.

Der *Proell*sche Regler ist vollkommen statisch, wenn seine Kugelmittelpunkte in die Verlängerung der Pendelarme *I II*, also nach *IV'* in Fig. 259 fallen.

Er ist dann die Umkehrung des *Porter*schen Reglers. Erst wenn die Kugeln der Drehachse näher gerückt werden, wird das Gleichgewicht des *Proell*schen Reglers der Astasie genähert. Die $C_p$-Kurve wird dann labil und ergibt mit der statischen $C_q$-Kurve die gewünschte Annäherung der $C$-Kurve. Die umgekehrte Aufhängung der Pendel bietet im übrigen keine Vorteile gegenüber der direkten; $\varepsilon_r$ wird sogar größer, und auch die Energie fällt, wie Gl. 99, S. 317, und Gl. 104 erkennen lassen, bei umgekehrter Aufhängung kleiner aus. Je größer endlich das Verhältnis $Q : P$ wird, desto schneller steigt nach Gl. 103 die Umdrehungszahl, desto größer wird also der Ungleichförmigkeitsgrad des *Proell*schen Reglers.

Der Gewichtsregler von *Steinle & Hartung* in Quedlinburg (Fig. 261) besitzt die gleichen Eigenschaften wie der *Proell*sche Regler, nur sind die Pendel nicht geknickt, sondern die Aufhängestangen *II III* zur Annäherung an die Astasie gekreuzt.

### b) Federregler.

§ 128. **Vorteile, Einteilung, Berechnung der Federn.** Bei den Federreglern wird der Fliehkraft der Schwungkörper zur Hauptsache durch die Spannung einer Feder das Gleichgewicht gehalten. Sie besitzen infolgedessen selbst bei großer Energie nur geringe Massen und ein geringes Beharrungsvermögen, zeichnen sich also gegenüber den Reglern mit ausschließlicher Gewichtsbelastung durch schnelle und energische Wirkung aus. Federregler lassen ferner einen kleineren Ungleichförmigkeitsgrad zu, da der reduzierte Muffenhub $s_r$ in Gl. 87, S. 305, bei ihnen viel kleiner als der wirkliche Muffenhub $s$ ist, während er bei Gewichtsreglern diesem nahezu gleichkommt. Die Einstellung des Ungleichförmigkeitsgrades ist endlich bei einem fertigen Federregler leicht durch An- oder Entspannen der Feder zu ermöglichen, wobei allerdings zu beachten ist, daß der Charakter aller Federregler in hohem Maße von der Federspannung abhängig ist und sich mit dieser ändert.

Die Federregler unterscheidet man in solche mit Längsfeder und in solche mit Querfeder. Zu jenen gehören die Regler von *Trenck, Beyer*, zu diesen diejenigen von *Hartung, Tolle* und anderen. Für die Eigenschaften der Federregler mit Längsfeder ist der labile Verlauf der $C_q$-Kurve von wesentlicher Bedeutung. Federregler mit Querfeder werden jetzt in der Regel so ausgeführt, daß die $C_q$-Kurve annähernd astatisch verläuft.

Zur Berechnung der zylindrischen Schraubenfedern können auch hier die auf S. 243 angeführten Gleichungen dienen. Aus ihnen folgt mit

$F_1$ als größte, $F_2$ als kleinste Federspannung bei der höchsten bzw. tiefsten
Muffenlage

die erforderliche Federstärke in *cm*

$$\left.\begin{array}{c} \delta_f = \sqrt[3]{\dfrac{F_1 \cdot r_f}{0{,}2\, k_d}} \\[2ex] \text{die erforderliche federnde Windungszahl} \\[1ex] m = \dfrac{\varDelta \cdot \delta_f^4 \cdot G}{64\, r_f^3}\, \dfrac{1}{F_1 - F_2} \end{array}\right\} \qquad \dots \dots \dots \ 105$$

die größte Dehnung oder Zusammendrückung der Feder bei der höchsten Muffenlage

$$\Delta_1 = \Delta \frac{F_1}{F_1 - F_2},$$

die kleinste bei der tiefsten Muffenlage

$$\Delta_2 = \Delta_1 - \Delta,$$

wenn bezeichnet

$r_f$ den mittleren Windungsradius der Feder in *cm*,

$\Delta$ die Längenänderung derselben während des vollen Muffenhubes in *cm*,

$k_d$ (wenn möglich) $\leqq$ *3000 kg/qcm* die zulässige Spannung des Federmateriales,

$G = 750\,000$ *kg/qcm* das Gleitmaß desselben.

## § 129. Federregler mit Längsfeder.

### 1. Der Regler von *R. Trenck* in Erfurt. Beispiel.

Zur Übertragung der Pendelbewegung auf die Muffe dienen zwei Winkelhebel *II I IV* (Fig. 263). Der Drehpunkt *I* derselben befindet sich an der Belastungshülse, die zugleich die Längsfeder des Reglers enthält. Beim Aus-

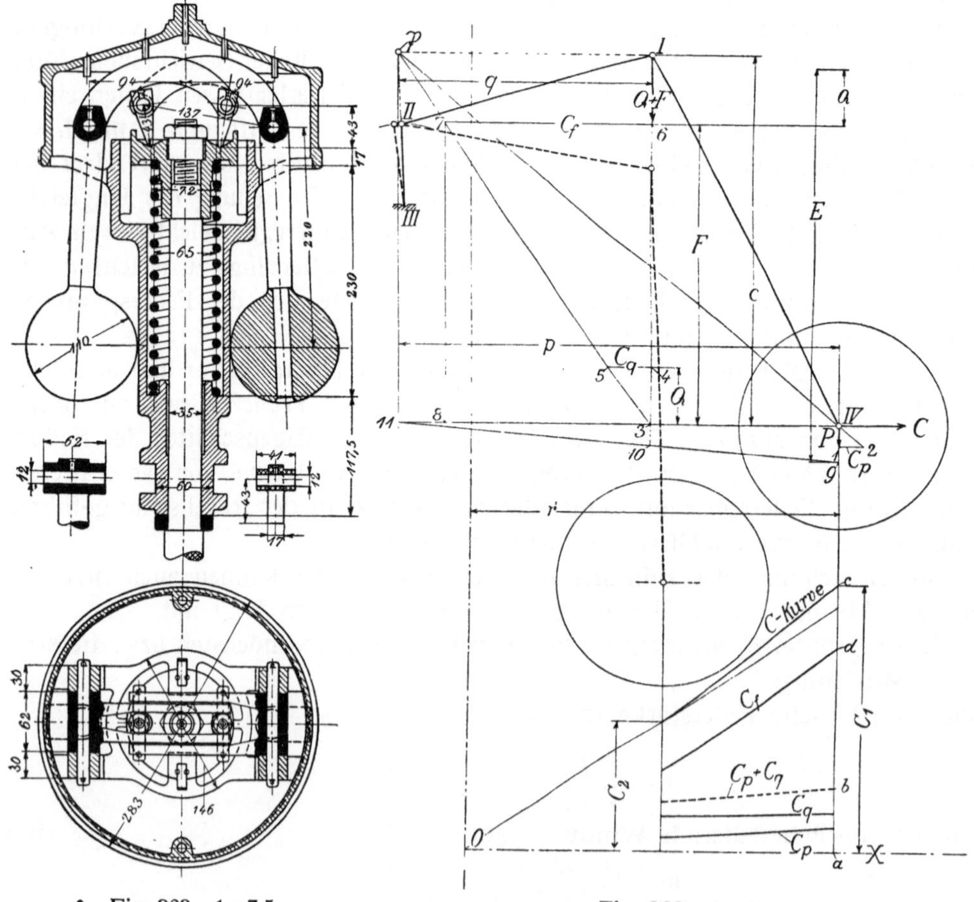

Fig. 262. 1 : 7,5.            Fig. 263. 1 : 4.

schlagen der Kugeln wird also der Punkt *I* auf der durch ihn gehenden Vertikalen geführt. Die Stütze des Pendels bildet eine Stelze *II III*. Sie legt sich gegen eine Scheibe, die fest auf der Reglerspindel sitzt und der Feder als Gegenhalt dient (Fig. 262).

Der augenblickliche Pol $\mathfrak{P}$ für die Bewegung der Punkte *I* und *II* ist nach Fig. 263 der Schnittpunkt der jeweiligen Stelzenrichtung mit der Horizontalen durch die zugehörige Lage von *I*. In bezug auf ihn lautet die Gleichgewichtsbedingung der einzelnen Kräfte, von denen die Hülsenbelastung $Q$ und Federspannung $F$ in *I*, die Fliehkraft $C$ und das Gewicht der beiden Kugeln $P$ in *IV* angreifen,

$$-C \cdot c + (Q + F)\, q + P \cdot p = o,$$

woraus die Fliehkraft $C$, mit der aus Gl. 95, S. 312, die Umdrehungszahl $n$ berechnet werden kann, zu

$$C = (Q + F)\frac{q}{c} + P\frac{p}{c} \quad \cdot \cdot \cdot \cdot \cdot \cdot \cdot \cdot \quad 106$$

folgt. Die Energie $E$, die in *I* angreift und der Fliehkraft das Gleichgewicht hält, ergibt sich weiter zu

$$E = C\frac{c}{q} = Q + F + P\frac{p}{q} \quad \cdot \cdot \cdot \cdot \cdot \cdot \cdot \cdot \quad 107$$

Der in Fig. 262 dargestellte Regler besitzt einen Hub $s = 60\ mm$, ein Gewicht der beiden Schwungkugeln $P = 11\ kg$, eine Hülsenbelastung $Q = 30\ kg$ und eine mittlere Umdrehungszahl $n = 240$. Für einen Ungleichförmigkeitsgrad $\delta_r = 4\ \mathrm{vH}$ macht er in der höchsten bzw. tiefsten Lage

$$n_1 = 240 \cdot 1{,}02 = 244{,}8, \quad n_2 = 240 \cdot 0{,}98 = 235{,}2$$

Umdrehungen und entwickelt dann nach Gl. 95, S. 312, eine Fliehkraft von

$$C_1 = 11\left(\frac{244{,}8}{30}\right)^2 0{,}194 = \sim 142\ kg$$

bzw.

$$C_2 = 11\left(\frac{235{,}2}{30}\right)^2 0{,}102 = \sim 69\ kg,$$

da nach Fig. 263 $r = 194$ bzw. $102\ mm$ für die fraglichen Lagen ist. Weiter beträgt
$p = 234, c = 196, q = 133{,}5\ mm$ für die höchste und
$p = 142, c = 220, q = 133\ mm$ für die tiefste Lage,
so daß schließlich aus Gl. 106 für die Federspannung

$$F_1 = \frac{1}{0{,}1335}\,(142 \cdot 0{,}196 - 11 \cdot 0{,}234) - 30 = \sim 159\ kg,$$

$$F_2 = \frac{1}{0{,}133}\,(69 \cdot 0{,}22 - 11 \cdot 0{,}142) - 30 = \sim 73\ kg$$

folgt. Die Feder besitzt nach der Ausführung einen mittleren Windungsradius $r_f = 3{,}25\ cm$ und verlangt nach Gl. 105 für $k_d = 3000\ kg/qcm$ eine Drahtstärke

$$\delta_f = \sqrt[3]{\frac{159 \cdot 3{,}25}{0{,}2 \cdot 3000}} = \sim 0{,}95\ cm.$$

In der Ausführung ist $\delta_f$ nur *8,5 mm*. Die Windungszahl muß für $\varDelta = s = 6\ cm$

$$m = \frac{6 \cdot 0,85^4 \cdot 750\,000}{64 \cdot 3,25^3}\ \frac{1}{159 - 73} = 12,5\,,$$

die Zusammendrückung bei der höchsten und tiefsten Muffenlage

$$\varDelta_1 = 6\,\frac{159}{159 - 73} = 11,1\ cm \text{ bzw. } \varDelta_2 = 11,1 - 6 = 5,1\ cm$$

und die Höhe der Feder im ungespannten Zustande, da bei der tiefsten Muffenlage nach Fig. 262 in der Federhülse eine Höhe von *23,5 cm* zur Verfügung steht,

$$23,5 + 5,1 = 28,6\ cm$$

sein. Mit Hilfe der Werte $F_1$ und $F_2$ können, sobald man die erforderlichen Hebelarme $p$, $c$, $q$ der Zeichnung entnimmt, die Werte von $C$ aus Gl. 106 unter der Annahme, daß die Federspannung sich proportional ihrer Verkürzung oder Verlängerung ändert, auch für Muffenstellungen zwischen der höchsten und tiefsten Lage bestimmt werden. Unter der zugehörigen Kugellage aufgetragen, ergeben sie die in Fig. 263 eingetragene $C$-Kurve.

Die Energie des Reglers ist sehr veränderlich. Sie beträgt z. B. nach Gl. 107 für die höchste und tiefste Muffenlage

$$E_1 = 30 + 159 + 11\,\frac{0,234}{0,1335} = 208,5\ kg$$

bzw.

$$E_2 = 30 + 73 + 11\,\frac{0,142}{0,133} = 114,75\ kg\,,$$

nimmt also nach oben stark zu.

Einfacher läßt sich die vorstehende Rechnung graphisch durchführen, indem man die Werte $C_p$, $C_q$ und $C_f$ nach den Angaben von *Tolle* konstruiert. Man erhält dann nach Fig. 263, wo die Konstruktion für die oberste Kugellage angegeben ist:

$C_p = 1$—$2$, wenn man im Kugelmittelpunkte $P = IV$—$1$ vertikal nach unten aufträgt, $IV$ mit dem augenblicklichen Pol $\mathfrak{P}$ verbindet und die Horizontale durch $1$ zieht; denn die Resultierende $IV$—$2$ aus $P$ und $C_p$ greift in $IV$ an und geht durch $\mathfrak{P}$.

$C_q = 4$—$5$, wenn man den Schnittpunkt $3$ der Horizontalen durch $IV$ mit der Vertikalen durch $I$ aufsucht, $3$ mit $\mathfrak{P}$ verbindet, $3$—$4 = Q$ macht und durch $4$ die Horizontale zieht; denn die Resultierende $3$—$5$ aus $C_q$ und $Q$, die sich in $3$ schneiden, muß ebenfalls durch $\mathfrak{P}$ gehen.

$C_f = 6$—$7$ auf entsprechende Weise, indem man $3$—$6 = F$ macht und durch $6$ die Horizontale legt.

Hat man nun nach Fig. 263 in dem obigen Beispiel die berechneten Werte $C_1$ und $C_2$ der Fliehkraft für die höchste und tiefste Kugellage in einem Kräftemaßstabe von $1\ mm = 4\ kg$ aufgetragen und für diese beiden Lagen nach den vorstehenden Angaben $C_p$ und $C_q$ konstruiert, so ist die Differenz $C - (C_p + C_q)$

$= C_f$. Mit $C_f$ kann dann rückwärts das erforderliche $F$ ermittelt werden. So ist z. B. in der Figur für die höchste Kugellage $C_f = a\,c - a\,b = a\,d$, und $3\!-\!8 = a\,d$ gemacht, liefert $7\!-\!8$ als größte Federspannung $F_1$. Mit $F_1$ und $F_2$ ergeben sich aber auch die Federspannungen für jede Zwischenlage, so daß nun die vollständige $C_f$-Kurve und zusammen mit der $C_p$- und $C_q$- auch die $C$-Kurve gezeichnet werden kann.

Um die Energie $E$ zu konstruieren, hat man nach Gl. 107 z. B. für die höchste Kugellage von $3$ aus $P = 3\!-\!10$ nach unten aufzutragen und die Verbindungslinie $11\!-\!10$ bis zum Schnittpunkte $9$ mit der Vertikalen durch $IV$ zu ziehen. $IV\!-\!9$, vermehrt um die zugehörige Federspannung $F$ und das Hülsengewicht $Q$, entspricht dann der Energie $E$.

Die $C_p$-Kurve des *Trenck*schen Reglers ist nach Fig. 263 annähernd astatisch, die $C_q$-Kurve, die wegen des fast konstanten $C_q$ nahezu horizontal verläuft, stark labil. Das letztere gilt auch von der $(C_p + C_q)$-Kurve. Es bedarf deshalb, um die $C$-Kurve der Astasie zu nähern, einer mit dem Muffenhub stark wachsenden Federspannung. Aus dem Verlauf der einzelnen Kurven ergibt sich folgendes:

Vergrößert oder verringert man die Hülsenbelastung $Q$, so verschiebt sich, da $C_q$ dann um einen nahezu konstanten Betrag zu- oder abnimmt, die $C$-Kurve parallel zu sich selbst nach oben oder unten. Im ersten Falle wird die Verlängerung dieser Kurve die $X$-Achse bald links von $O$ schneiden, die Kurve also labil werden. Im zweiten Falle wird sie stabiler, vergrößert sich der Ungleichförmigkeitsgrad. Eine Veränderung der Hülsenbelastung ist somit bei dem Regler unzulässig. Das Gleiche gilt von der Federspannung; denn ein An- oder Entspannen der Feder würde die frühere Spannung derselben um eine für den ganzen Hub konstante Kraft vergrößern oder verringern, also einer Vergrößerung oder Verminderung der Hülsenbelastung gleichkommen. Endlich muß bei dem Regler das Stellzeug genau ausgeglichen sein, da auch die Nichtausgleichung desselben einer Änderung der Hülsenbelastung entspricht.

Der reduzierte Muffenhub $s_r$ in Gl. 87, S. 305, ist bei dem vorliegenden Regler im Mittel gleich $\tfrac{1}{2}\,s$, $\varepsilon_r = \infty\,1$ vH. Die Energie nimmt, wie schon erwähnt,

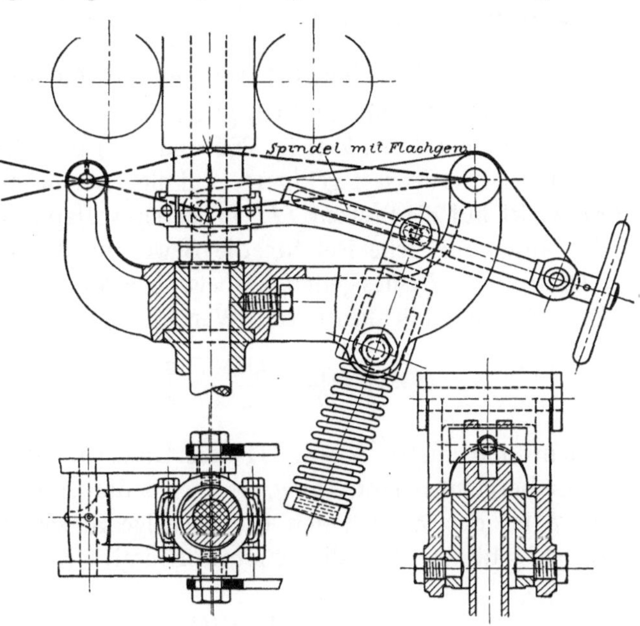


Fig. 264. 1 : 7,5.

nach oben stark zu, und die Vorteile der Federbelastung sind wegen der ziemlichen Gewichtsbelastung nur zum Teil ausgenützt.

Eine Änderung der Umdrehungszahl kann bei dem *Trenck*schen Regler mit Hilfe einer Zusatzfeder erzielt werden. Sie wird nach Fig. 264 durch eine Schraubenspindel mit Handrad eingestellt, wobei das Querstück der Federachse in schrägen Schlitzen geführt ist. Je näher dieses Querstück der Reglerspindel gerückt wird, desto größer wird die Anspannung der Zusatzfeder und deren Ausschlag; denn die verschiedenen Umdrehungszahlen des Reglers erfordern nicht nur eine andere Größe der Federspannung, sondern auch eine andere Zu- oder Abnahme derselben während des Muffenhubes, wenn der Regler seinen Charakter beibehalten soll.

### 2. Der Regler von *Fr. Beyer & Co.* in Erfurt.

Die Erfurter Maschinenfabrik gleichen Namens ordnet bei ihren Federreglern die Winkelhebel *II I IV* (Fig. 265 und 266) umgekehrt an. Der Drehpunkt *I* der Hebel ist ferner fest gelagert, und die verschiebbare Feder- und Belastungshülse wirkt auf die Stelzen *III II*, deren Stützpunkt *III* sich vertikal bewegt.

Der augenblickliche Pol für die Bewegung der Hebelpunkte *II* und *IV* ist der Drehpunkt *I* eines jeden Hebels. Die Momentengleichung liefert in bezug auf ihn für die Fliehkraft den Wert

$$C = \pm P \frac{p}{c} + \frac{Q+F}{\cos\beta} \frac{q}{c} = \pm P \frac{p}{c} + (Q+F)\frac{y}{c},$$

mit dem sich aus Gl. 95, S. 312, die Umdrehungszahl *n* des freischwingenden Reglers berechnen läßt. *p*, *q*, *y*, *c* sind die in Fig. 266 eingetragenen Hebelarme, *β* ist der Winkel, den die jeweilige Stelzenrichtung mit der Vertikalen durch *III* bildet. Für die Energie *E* ergibt sich ferner

$$E = (Q + F) \pm P \frac{p}{y}.$$

Sie ändert sich also auch hier in der Hauptsache mit der Federspannung *F*. Das +Zeichen des Momentes $P \cdot p$ gilt in beiden Gleichungen für die Kugellagen links, das —Zeichen für diejenigen rechts von der Vertikalen durch *I*.

Die Konstruktion der *Tolle*schen *C*-Kurven ist ebenfalls in Fig. 266 angegeben. Die zur Bestimmung von $C_q$ und $C_f$ erforderliche Gerade *1—2* ist parallel der jeweiligen Stelzenrichtung *II III 3*. Die $C_p$-Kurve ist stark labil, desgleichen die $C_q$- und $(C_p + C_q)$-Kurve, von denen die erste wegen des fast konstanten $C_q$ nahezu horizontal verläuft. Die $C_f$-Kurve muß wiederum stark ansteigen, damit die *C*-Kurve der Astasie genähert wird. Eine Änderung der Hülsenbelastung sowie ein An- oder Entspannen der Feder ist ebenso wie beim Trenck-Regler für sich allein nicht zulässig. Deshalb macht die Firma, um den Ungleichförmigkeitsgrad oder die Umdrehungszahl des Reglers innerhalb gewisser Grenzen einstellen zu können, nicht nur die Spannung, sondern auch die Windungszahl *m* der Feder veränderlich. Das eine kann durch Anziehen oder

Nachlassen der oberen Spindelmutter, das andere durch Verstellen des oberen Federtellers $t$ (Fig. 265) ermöglicht werden.

Soll z. B. bei derselben $n$-Zahl des Reglers dessen Ungleichförmigkeitsgrad größer gemacht werden, so muß die Fliehkraft und also auch die Federspannung von der tiefsten bis zur höchsten Muffenlage stärker zunehmen. Das kann durch Verringerung der angespannten Federwindungen erzielt werden; denn nach Gl. 105, S. 323, wird bei der Feder des Reglers die Differenz

$$F_1 - F_2 = \text{const.} \frac{s}{m},$$

bei demselben $F_2$ also auch $F_1$ um so größer, je kleiner $m$ ist. Um $m$ zu ändern, muß man bei dem Regler die obere Spindelmutter lösen, die Feder mit dem Federteller $t$ herausnehmen und diesen um ein entsprechendes Stück heraus- oder hereinschrauben. Dann setzt man die Feder wieder ein und schraubt die obere Spindelmutter so weit herunter, bis die nötige Federspannung und Umdrehungszahl erreicht ist. In gleicher Weise kann die Umdrehungszahl des Reglers verändert werden. Soll diese z. B. größer werden, so muß, wenn der frühere Ungleichförmigkeitsgrad bestehen und labile Gleichgewichtslagen vermieden werden sollen, nicht nur die Differenz $F_1$—$F_2$, sondern auch die Federspannung selbst größer werden. Jenes wird wieder durch Verringerung der Windungszahl, dieses durch stärkeres Anspannen der Feder erreicht.

$\varepsilon_r$ bleibt nicht unter 1 vH, $s_r$ in Gl. 87, S. 305, beträgt annähernd $^1/_3\ s$. In-

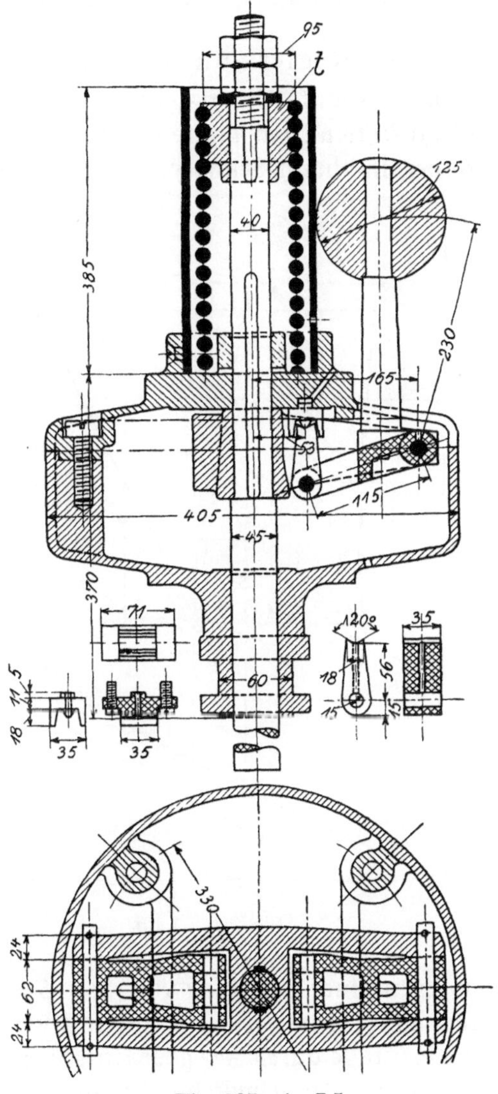

Fig. 265.   1 : 7,5.

folge der umgekehrten Pendelanordnung liegt der Schwerpunkt des Reglers tiefer als bei dem *Trenck*schen. Dies führt im Verein mit der doppelten Spindelführung zu einem ruhigeren Gange. Die Feder ist leicht zugänglich. Der Regler hat vielfache Anwendung gefunden.

§ 130. **Federregler mit Querfeder.** Die Federspannung wirkt bei diesen Reglern der Fliehkraft der Schwungkörper meist unmittelbar entgegen.

Dadurch entfallen die Drucke, die bei den früheren Reglern durch diese Kräfte in den Zapfen des Übertragungsmechanismus hervorgerufen werden, und die Eigenreibung wird geringer. Die verschiedenen Ausführungen der vorliegenden Regler unterscheiden sich in der Hauptsache nur durch die Art der Bewegungsübertragung zwischen Schwungkörper und Muffe.

## 1. Der Regler von *Hartung, Kuhn & Co* in Düsseldorf. Beispiel.

Die erwähnte Übertragung wird hier nach Fig. 267 durch zwei Winkelhebel $W$ mit festem Drehpunkte $I$ bewirkt. Der eine Arm derselben erfaßt die Schwungkörper in ihrem Schwerpunkte, der andere ist durch zwei kurze Schienen $S$ mit der Muffe verbunden. Die auf Druck beanspruchten Querfedern sitzen in den Schwungkörpern und werden mit Hilfe einer durchgehenden Schraubenspindel $z$ und zweier Muttern $m$, $m_1$ angespannt.

Der Winkel, den die Arme der Winkelhebel einschließen, war früher stumpf. Bei richtiger Wahl des Winkels fällt dann die $C_q$-Kurve angenähert astatisch und die Energie nahezu konstant aus. Die astatische $C_q$-Kurve bietet den Vorteil, daß der Ungleichförmigkeitsgrad des Reglers von etwaigen Be- oder Entlastungen der Muffe unabhängig bleibt. Dies ist aus Fig. 269 ersichtlich. Die rechts von der Drehachse ausgezogen angegebene $C_q$- und $C$-Kurve entsprechen dem wirklichen Hülsengewicht von *8 kg*, die gestrichelten

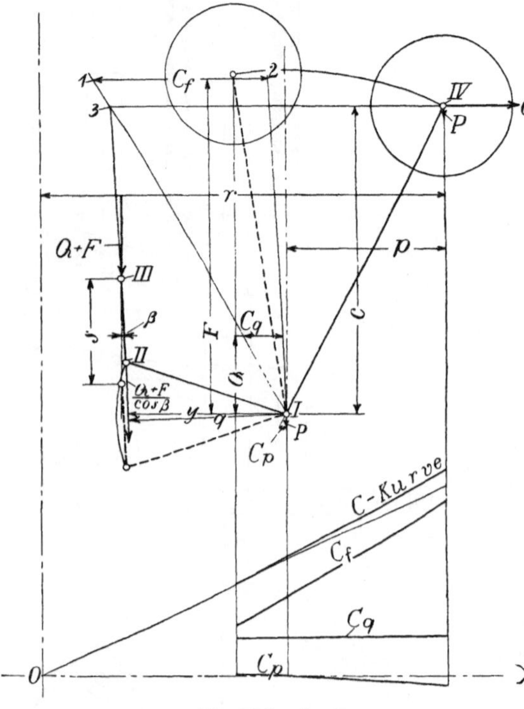



Fig. 266. 1 : 5.

dagegen einer Belastung von *32 + 8 = 40 kg*. In beiden Fällen ist der Ungleichförmigkeitsgrad gleich, nämlich 4 vH. Die Einstellung des letzteren erfolgt bei der Montage durch An- oder Entspannen der Hauptfeder; die damit verbundene Änderung der Umdrehungszahl kann durch eine Zusatzfeder ausgeglichen werden.

Die Konstruktion von $C_p$ und $C_q$ ist aus der Figur ersichtlich, wo die Konstruktion von $C_p$ für die stark ausgezogene Lage $III$ $II$ $I$ $IV$ des Mechanismus im Drehpunkte $I$ des Winkelhebels, diejenige von $C_q$ im Schnittpunkte $k$ der Schiene $II$ $III$ mit der Horizontalen durch den Kugelmittelpunkt $IV$ angegeben ist. $C_f$ ergibt sich als Differenz von $C$ und $(C_p + C_q)$. Zur Berechnung von $C$ kann bei gegebener Umdrehungszahl Gl. 95, S. 312, sonst wieder die Momentengleichung in bezug auf den augenblicklichen Pol $I$ dienen. Sie lautet hier

$$C = \pm P\frac{p}{c} + \frac{Q}{\cos\beta}\frac{q}{c} + F = \pm P\frac{p}{c} + Q\frac{y}{c} + F.$$

Die in $III$ angreifende Energie folgt aus

$$\frac{E}{\cos\beta}q = C \cdot c \;zu\; E = C\frac{c}{y}.$$

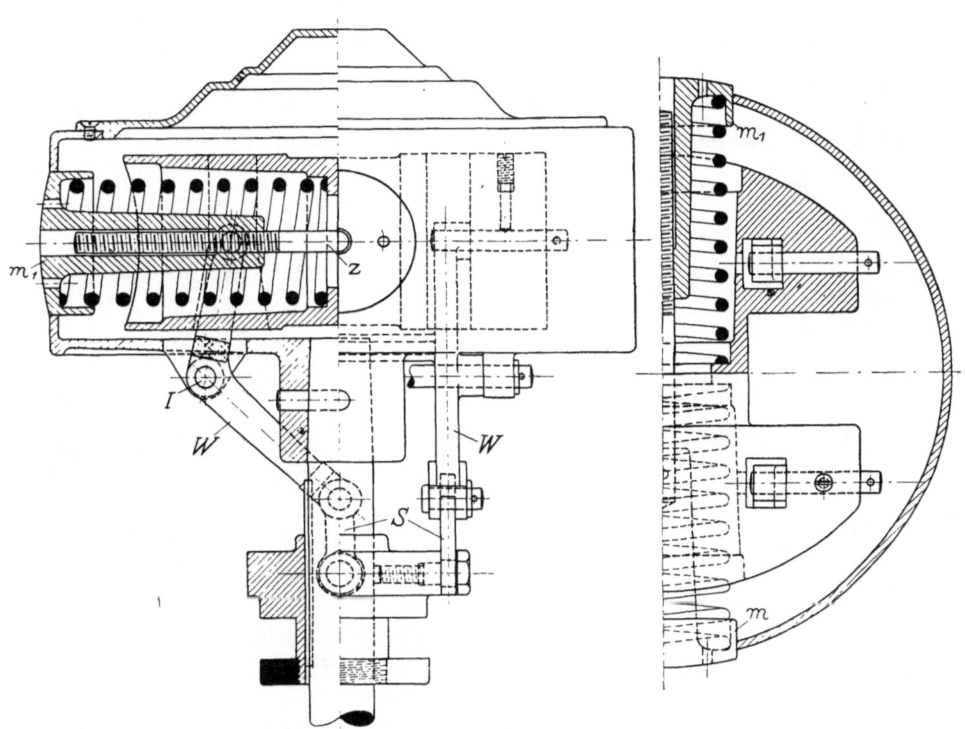

Fig. 267.  1 : 6.

Werden die Verhältnisse der Winkelhebel und Schienen so gewählt, daß $C$ sich entsprechend $y$ ändert, so wird $E$, da $c$ nur wenig schwankt, nahezu konstant bleiben.

$\varepsilon_r$ beträgt 0,1 bis 0,3 vH, $s_r$ in Gl. 87, S. 305, ca. $^1/_4\,s$.

Jetzt verwendet die Firma, um Klemmungen im Getriebe mit Sicherheit zu vermeiden und um die hohe Empfindlichkeit dauernd zu wahren, fast nur noch Regler mit rechtwinkligen Hebeln. Die Energie bleibt dann nicht konstant, sondern steigt von der tiefsten bis zur höchsten Muffenlage an. Auch verläuft die $C_q$-Kurve wie bei den Reglern mit Längsfedern nun fast horizontal und stark labil, so daß die Umdrehungszahl nicht mehr durch ein Laufgewicht geändert werden kann. Zu ihrer Änderung dient vielmehr eine Federwage, deren Anordnung gewöhnlich nach Fig. 268 geschieht, wo die Wage der Raumersparnis wegen zwischen der Drehachse und dem Hebeldrehpunkt angreift. Die Konstruktion solcher Federwagen zeigen Fig. 254, S. 314, und Fig. 271, S. 336. Zum Anspannen der Zusatzfeder dient meist eine Gewindespindel mit Griffmutter.

Das Schema in Fig. 269 entspricht einem Regler mit stumpfen Winkelhebeln, der $n = 250$ Umdrehungen in der Minute macht und dessen Um-

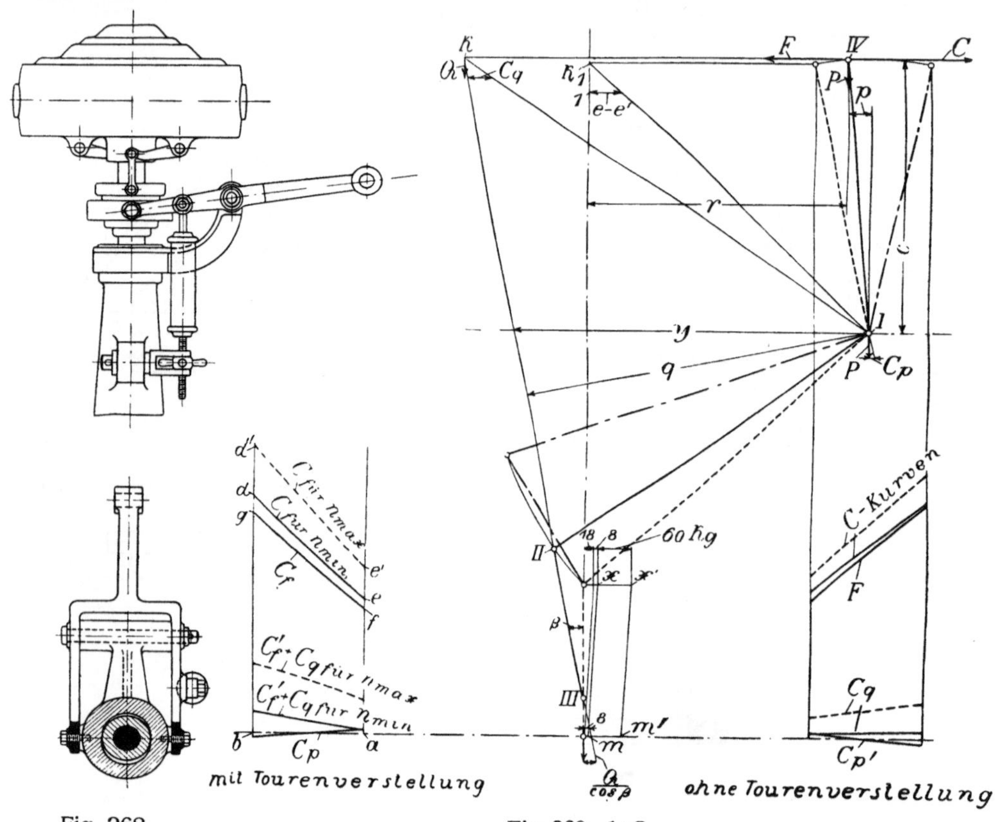



Fig. 268.

Fig. 269. 1:3

drehungszahl durch eine Federwage um $+ 10\,\mathrm{vH}$ gesteigert werden kann. Der Ungleichförmigkeitsgrad ist 8 vH, der Muffenhub $s = 60\,mm$. Ferner beträgt

die Armlänge $I—IV = 110\,mm$, diejenige $I—II = 150\,mm$,

der Winkel $IV\,I\,II = 121°$, die Schienenlänge $II—III = 59\,mm$,

das Gewicht der beiden Schwungkörper $P = 48\,kg$,

der horizontale Ausschlag derselben $44\,mm$,

das Hülsengewicht $Q = 8\,kg$.

Die Federwage greift nach Fig. 268 in der Mitte zwischen Drehachse und Drehpunkt des Reglerhebels an; sie hat also einen Hub von $0{,}5\,s = 30\,mm$. Bei der Einstellung von der kleinsten auf die größte Umdrehungszahl wird die Zusatzfeder um $100\,mm$ verkürzt.

Um die erforderlichen Verhältnisse der Federn zu bestimmen, hat man zunächst die Grenzwerte der Fliehkraft für die innerste und äußerste Lage der Schwungkörper festzustellen. Auf die niedrigste Umdrehungszahl eingestellt, macht der Regler bei dem angegebenen Ungleichförmigkeitsgrade

$n_{min} = 250$ Umdrehungen im Mittel,

$n_{1\,min} = 1{,}04 \cdot 250 = 260$ Umdrehungen in der höchsten und

$n_{2\,min} = 0{,}96 \cdot 250 = 240$ Umdrehungen in der tiefsten Muffenlage. Die den beiden letzten Werten entsprechenden Fliehkräfte betragen demnach bei $0{,}132$ bzw. $0{,}088\ m$ radialem Schwerpunktsabstande der Schwungkörper von der Drehachse

$$C_{1\,min} = \left(\frac{260}{30}\right)^2 48 \cdot 0{,}132 = 476\ kg,$$

$$C_{2\,min} = \left(\frac{240}{30}\right)^2 48 \cdot 0{,}088 = 270\ kg.$$

Bei der Einstellung auf die um 10 vH größere Umdrehungszahl dagegen ist

$$n_{max} = 1{,}1 \cdot 250 = 275,\quad n_{1\,max} = 1{,}04 \cdot 275 = 286,\quad n_{2\,max} = 0{,}96 \cdot 275 = 264$$

und

$$C_{1\,max} = (1{,}1)^2 \cdot 476 = 576\ kg,$$

$$C_{2\,max} = (1{,}1)^2 \cdot 270 = 327\ kg.$$

Die Werte $C_{1\,min}$, $C_{2\,min}$, $C_{1\,max}$ und $C_{2\,max}$ sind in Fig. 269 links von der Drehachse nach einem Kräftemaßstabe von $1\ mm = 15\ kg$ als $b\,d$, $a\,e$, $b\,d'$ bzw. $a\,e'$ aufgetragen. Die Strecke $e$—$e'$ entspricht dem Werte $C'_f$, um den die Fliehkraft der Schwungkörper in der untersten Muffenlage zunimmt, wenn die Umdrehungszahl bei dieser Lage von der niedrigsten bis auf die höchste eingestellt wird. Trägt man deshalb in umgekehrter Weise, wie $C_q$ aus $Q$ konstruiert wird, zwischen der Vertikalen durch $k_1$ und $k_1$—$I$ horizontal $e$—$e'$ ab, so entspricht $k_1$—$I = 4\ mm = 4 \cdot 15 = 60\ kg$ der Zunahme, welche die Spannung der Zusatzfeder, gemessen in der Drehachse, bei jener Einstellung erfahren muß. In der Achse der Federwage hat diese Zunahme wegen des Hebelverhältnisses $2 \cdot 60 = 120\ kg$ zu betragen. Die Zusatzfeder wird bei der fraglichen Einstellung um $100\ mm$ verkürzt. Da sie bei der Einstellung auf die niedrigste Umdrehungszahl aber in der untersten Muffenlage die Spannung Null hat und in der obersten Lage um $0{,}5 \cdot s = 30\ mm$ verkürzt ist, so folgt als Spannung dieser Feder in der letzteren Lage

$$120\,\frac{30}{100} = 36\ kg,$$

sowie als größte Spannung derselben (bei der obersten Muffenlage und Einstellung auf die höchste Umdrehungszahl)

$$F'_{1\,max} = 36 + 120 = 156\ kg.$$

Mit diesem Werte und $r'_f = 3\ cm$ als mittleren Windungsradius ergibt sich für $k_d = 3000\ kg/qcm$ als erforderliche Dicke der Zusatzfeder nach Gl. 105, S. 323,

$$\delta'_f = \sqrt[3]{\frac{156 \cdot 3}{0{,}2 \cdot 3000}} = 0{,}92\ cm,$$

während nach der Ausführung $\delta_f' = 8,2\ mm$, entsprechend $k_d = 4250\ kg/qcm$ ist. Weiter wird mit $\varDelta' = 10 + 3 = 13\ cm$ und $F_{1\,max}' - F_{2\,min}' = 156 - 0$ die nötige Windungszahl

$$m' = \frac{13 \cdot \overline{0,82}^4 \cdot 750\,000}{64 \cdot 3^3 \cdot 156} = \sim 16,5\ .$$

Gibt man der Zusatzfeder bei der größten Anspannung endlich eine Länge von $180\ mm$, so muß sie im ungespannten Zustande eine solche von $180 + 100 + 30 = 310\ mm$ besitzen.

Trägt man nun, wie in Fig. 269 rechts vom Muffenhube, in der obersten Lage des Punktes $III$ horizontal in dem angeführten Kräftemaßstabe nacheinander $0,5 \cdot 36 = 18$, $8$ und $0,5 \cdot 120 = 60\ kg$ auf und zieht die Parallelen $x\,m$ und $x'\,m'$, so begrenzen diese, horizontal von der Drehachse aus gemessen, in den einzelnen Höhenlagen die Belastungen der Muffe, wie sie durch das Hülsengewicht und die Spannungen der Zusatzfeder bei der jeweiligen Einstellung hervorgerufen werden. Man kann dann, ebenso wie in der Figur für die stark ausgezogene Lage $III\ II\ I\ IV\ C_q$ aus $Q = 40\ kg$ ermittelt ist, die Werte $C_f' + C_q$ konstruieren. In Fig. 269 sind links von der Drehachse die zugehörigen $(C_f' + C_q)$-Kurven für die kleinste und größte Umdrehungszahl eingetragen.

Die $C_p$-Kurve kann ebenfalls nach der aus der Figur ersichtlichen Konstruktion bestimmt werden.

Für die innerste Lage der Schwungkörper folgt schließlich als kleinste Spannung einer jeden der beiden Querfedern

$$F_2 = 0,5 \cdot a\,f = 125\ kg,$$

wenn man $a\,e'$ um den zugehörigen Wert von $C_p + C_q + C_f'$ vermindert. In entsprechender Weise ergibt sich als größte Spannung dieser Federn

$$F_1 = 0,5 \cdot b\,g = 222\ kg,$$

indem $b\,d'$ um den zugehörigen Wert $C_q + C_f' - C_p$ verringert wird. Führt man diese beiden Werte in Gl. 105 ein, so erhält man mit $r_f = 4,6\ cm$, $k_d = 3000\ kg/qcm$, $\varDelta = 4,4\ cm$ als erforderliche Drahtdicke und Windungszahl der Querfedern

$$\delta_f = \sqrt[3]{\frac{222 \cdot 4,6}{0,2 \cdot 3000}} = 1,2\ cm\ \text{(in der Ausführung } 11\ mm\text{)}$$

$$m = \frac{4,4 \cdot \overline{1,1}^4 \cdot 750\,000}{64 \cdot \overline{4,6}^3} \cdot \frac{1}{222 - 125} = \sim 8\ .$$

Für die Länge der Feder stehen bei der größten Anspannung von $222\ kg$ $170\ mm$ zur Verfügung. Die Länge der ungespannten Feder muß somit

$$(170 + 44) + 125\,\frac{44}{222 - 125} = 271\ mm$$

betragen.

Die Energie des Reglers berechnet sich nach S. 331 bei der Einstellung auf die unterste Umdrehungszahl

für die innerste Lage der Schwungkörper, wo $C = C_{2\min} = 270\ kg$, $c = 108$
$y = 110\ mm$ ist, zu
$$E_2 = 270\,\frac{108}{110} = \sim 265\ kg\,,$$

für die äußerste Lage der Schwungkörper, wo $C = C_{1\max} = 476\ kg$, $c = 108$,
$y = 172\ mm$ ist, zu
$$E_1 = 476\,\frac{108}{172} = \sim 300\ kg\,.$$

Bei der Einstellung auf die höchste Umdrehungszahl ist die Energie $(1,1)^2 = 1,21$-mal so groß als für die gleiche Lage bei der Einstellung auf die niedrigste.

2. Der Regler von *Tolle* der *Sächsischen Maschinenfabrik, vorm. R. Hartmann*,
in Chemnitz.

Der Regler besitzt nach der schematischen Darstellung in Fig. 270 das Schub-
kurbelgetriebe des gleichnamigen Gewichtsreglers in Fig. 257, S. 317. Die
Querfedern greifen aber nicht unmittelbar an den
Schwungkörpern, sondern außerhalb derselben an.
Dadurch geht einesteils der Vorteil einer vollständigen
Entlastung der Gelenkbolzen von der Fliehkraft und
Federspannung verloren, andernteils aber können
nun Zugfedern benutzt werden, die nicht so leicht
wie die Druckfedern der früheren Regler ausklinken
und die Proportionalität zwischen Federspannung und
Federdehnung besser gewährleisten. Außer den Querfedern ist eine Längsfeder vorhanden, die entweder
an der Muffe selbst oder nach Art der Federwagen
am Reglerhebel angreift.

Die $C_q$-Kurve des Reglers wird bei richtiger Knickung
der Arme, wie bei den Gewichtsreglern gezeigt, stark
astatisch, solange die Muffenbelastung konstant ist.

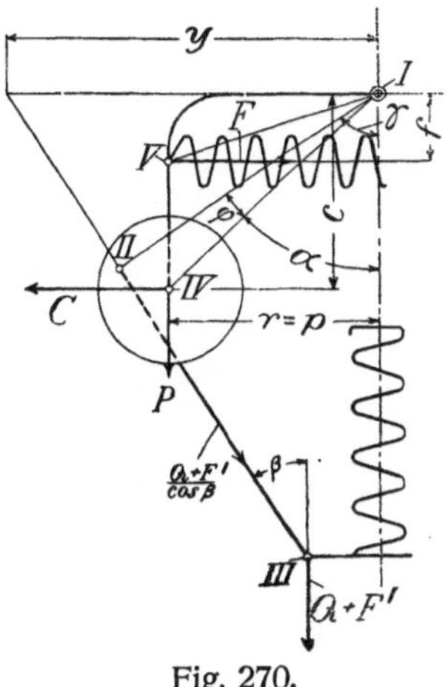

Fig. 270.

Nimmt diese Belastung aber während des Muffenhubes infolge der Längs-
federanspannung schnell zu, so wird die $(C_q + C_f')$-Kurve ($F'$ Spannung der
Längsfeder) stark statisch. Die $C_f$-Kurve der Querfedern dagegen ist, wenn
deren Angriffspunkte $V$ außerhalb von $I$—$IV$ liegen und die Federspannung,
sowie der Winkel $\varphi$ genügend groß gemacht werden, labil. Vereinigt, ergeben
die $C_q$-, $C_f'$- und $C_f$-Kurve eine $C$-Kurve, der jede beliebige Annäherung an die
Astasie erteilt werden kann. Spannt man ferner die Längsfeder, was dem
Hinzufügen einer konstanten Muffenbelastung gleichkommt, stärker an, so
wird die $n$-Zahl des Reglers ohne Änderung des Ungleichförmigkeitsgrades vergrößert. Spannt man die Querfeder stärker, so wird der Ungleichförmigkeitsgrad verringert, und die hiermit verbundene geringe Änderung der $n$-Zahl
kann wieder durch die Längsfelder ausgeglichen werden.

Die Werte $C_p$, $C_q$ und $C_f'$ konstruieren sich nach Fig. 258, S. 318, diejenigen
$C_f$ dadurch, daß man die Spannung $F$ der Querfeder im Verhältnis $f : c$ (siehe
Fig. 270) verkleinert. $\varepsilon_r = 0,5$ vH, $s_r$ in Gl. 87, S. 305, $= \frac{1}{12}\,s$.

Die Ausführung des Reglers und seiner Hauptteile zeigt Fig. 271, S. 336.

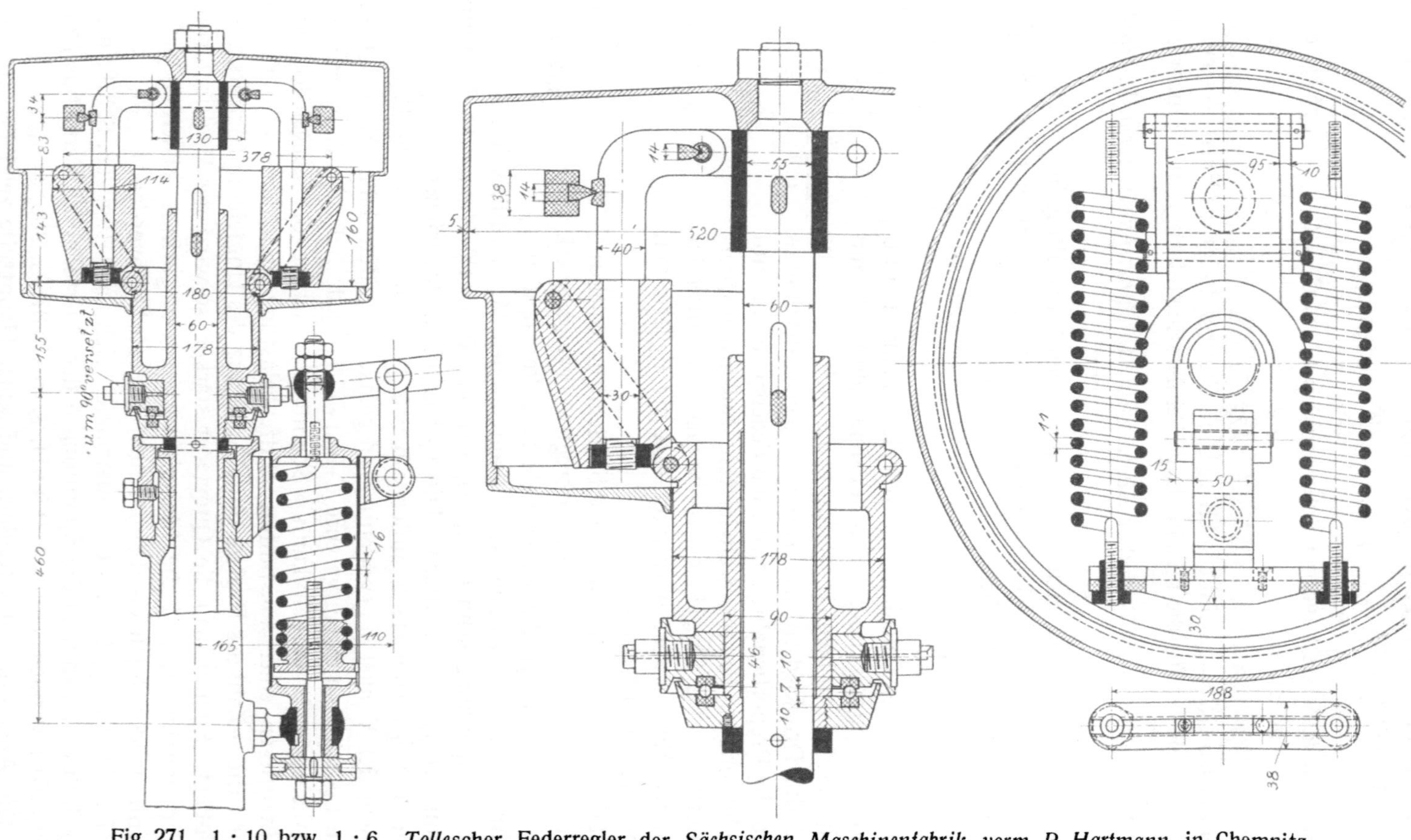

Fig. 271. 1 : 10 bzw. 1 : 6. Tollescher Federregler der *Sächsischen Maschinenfabrik*, vorm. *R. Hartmann*, in Chemnitz.

# B. Flachregler.

## (Exzenter-, Achsenregler.)

**§ 131. Vor- und Nachteile, Einteilung.** Die Regler, deren Schwungkörper auf das Exzenter der in § 74, 88, 89 und 108 behandelten Schieber- bzw. Ventilsteuerungen einwirken, besitzen den Vorteil, daß sie eine äußerst einfache Verbindung mit der Steuerung ermöglichen. Zu ihren Nachteilen gehört, daß die für sie in Betracht kommenden zwangläufigen Steuerungen oft ungünstige Eröffnungsverhältnisse für den eintretenden Dampf bei den kleinen Füllungen, sowie zeitweise Rückdrucke von wechselnder Größe auf den Regler ergeben, die diesen aus seiner Gleichgewichtslage zu drängen suchen (siehe S. 307). Solche Rückdrucke kommen bei Ventilsteuerungen namentlich während des Öffnens und Schließens der Ventile vor, können aber auch durch nicht aufgehobene Massenkräfte, nicht ausgeglichene Fliehkräfte usw. hervorgerufen werden. Die Eigenreibung des Reglers und der Steuerungsteile wirkt diesen Rückdrucken zwar entgegen, übt aber nur solange einen günstigen Einfluß aus, als sie gleichzeitig mit den Rückdrucken auftritt; jede ständig wirkende Reibung ist nachteilig. Drehexzenter genügen dieser Bedingung nach Dr. *R. Proell*[1]) in sehr vollkommener Weise, da sie wie ein umgelegter Keil und unter Umständen selbstsperrend wirken.

Die Exzenterregler sitzen bei den Schiebersteuerungen gewöhnlich auf der Kurbel-, bei den Ventilsteuerungen auf der Steuerwelle. Sie lassen sich einteilen in solche mit **pendelförmig** ausgebildeten und in solche mit **radial verschiebbaren** Schwungkörpern. Durch Anordnung einer mit den Schwungkörpern verbundenen, meist ringförmigen Schwungmasse können sie ferner als Beharrungsregler ausgebildet werden. Im folgenden ist deshalb zwischen **einfachen** Flachreglern (ohne Beharrungsmasse) und **Beharrungsreglern** mit Beharrungsmasse) unterschieden.

**§ 132. Die einfachen Pendelflachregler.** Sie erhalten eine oder zwei Federn. Bei einer Feder, die durch das Wellenmittel geht, muß der Regler am Ende der Welle sitzen. Bei zwei Federn, die zu beiden Seiten der Welle liegen, ist das nicht Bedingung. Dagegen haben zwei Federn den Nachteil, daß sie durch ihre Fliehkraft ausgebaucht werden.

Der Regler von *C. Sondermann* in Chemnitz (Fig. 272) zeichnet sich durch große Einfachheit aus. Aufgekeilte Hebel und Zugstangen sind bei ihm gänzlich vermieden. Die beiden Pendel *P*, von denen jedes erst nach dem Bohren in zwei Teile zerlegt wird, bestehen aus einem angegossenen Gewicht und einem zu beiden Seiten seiner Drehachse völlig gleichartig gestalteten Hebel. Es entstehen also außer der Fliehkraft der angegossenen Gewichte keine Nebenkräfte. Die Drehbolzen *I* der Pendel sind mit ihrem einen Ende fest in die hintere Wand des Reglergehäuses eingespannt, mit ihrem anderen sitzen sie in der Querstange *S*. Die Spiralfeder wird auf Zug beansprucht und geht mit ihren Enden durch die in der Längsmitte hülsenartig ausgebildeten Bolzen *b*, die

---

[1]) Siehe Z. d. V. d. I. 1913, S. 1339.

auf beiden Seiten von den Hälften eines Pendels erfaßt werden. Zur Begrenzung des Pendelausschlages nach innen dienen die beiden Stellschrauben $s$ am Gehäuse, gegen die sich die Pendel mit den Bolzen $c$, $c'$ legen. Nach außen wird der Ausschlag durch den Kranz des Gehäuses selbst begrenzt. Das stellbare Exzenter erfaßt der Regler auf verschiedenen Seiten der Pendelarme in den

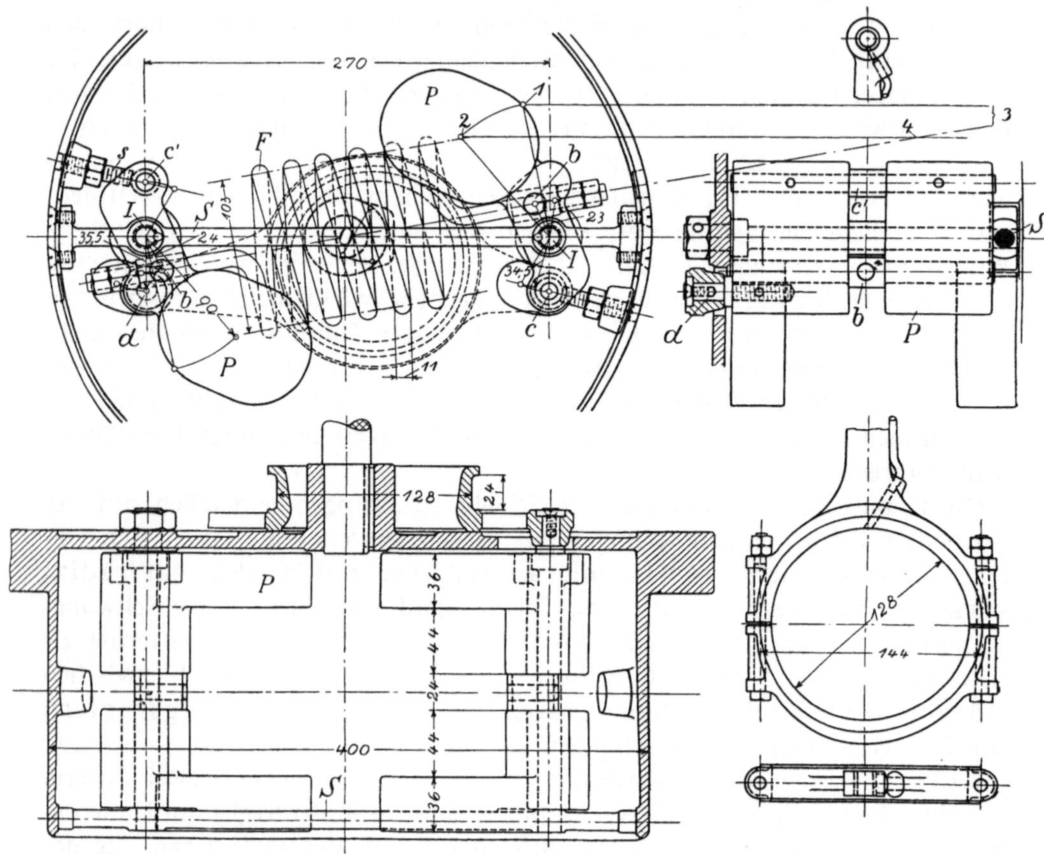

Fig. 272.  1 : 5.

Bolzen $c$, $d$, wodurch eine Kreisparallelbewegung der Angriffspunkte mit entsprechender Verstellung des Exzenters hervorgerufen wird.

Fig. 273 zeigt weiter die jetzt meist gebräuchliche Ausführung der Regler mit einer Feder an einer Konstruktion der *Aktiengesellschaft Christoph & Unmack* in Niesky bei Görlitz. Die Feder greift zur Verminderung der Reibung mit Stahlschneiden an den entsprechend ausgebildeten Stahlbolzen der Schwungkörper an. Diese wirken vermittels zweier Bolzen, die durch die eine Gehäusewand des Reglers treten, auf die vor ihm sitzende Hülse des Drehexzenters ein. Die Schwungkörper sind in ihrer einen Hälfte ausgespart, um das Pendelgewicht im Modell verändern zu können.

Die einfachste Ausführung eines einfachen Pendelflachreglers mit zwei Federn gibt der in Fig. 2, Taf. 5, dargestellte Regler der *Dinglerschen Maschinenfabrik* in

Zweibrücken. Um dasselbe Modell für Maschinen von verschiedener Umdrehungszahl verwenden zu können, läßt sich bei ihm das Gewicht der Schwungkörper durch
Einlegen von Bleischeiben verändern. Die Firma führt den Regler aber auch mit
einer Vorrichtung zur Verstellung der Umdrehungzahl während des Ganges aus.

Bei dem viel verwendeten *Proell*schen Regler[1]) (Fig. 2, Taf. 15) wird der
Ausschlag der beiden Schwungkörper $P$ vermittels der Stangen $z$, deren Bolzen
$d$ durch die Seitenwände des Gehäuses treten, an die Hülsen $C$ der Drehexzenter
zu beiden Seiten übertragen. Auf der Deckelseite sind zwei Stangen $z$ vorhanden, auf der Kurbelseite nur eine, weil eine Kupplung der Schwungkörper
auf beiden Seiten bei geringen Ungenauigkeiten in der Ausführung zu Klemmungen Veranlassung geben würde. Die Federn $F$ sind einerseits in die Augen $a$

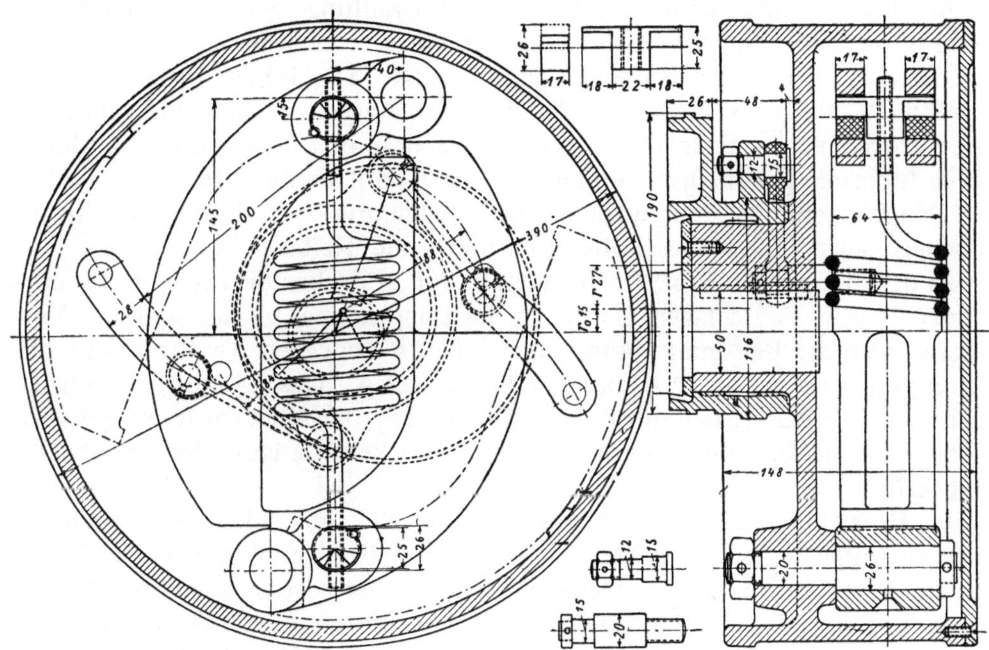

Fig. 273. 1 : 4,5.

der Bolzen *II*, andrerseits in die Bolzen $b$ eingehangen. Jene gehen durch die
Gehäusewand und stehen mit ihren Augen $a$ solange fest, als die Umdrehungszahl nicht verstellt wird. Diese dagegen werden beim Ausschlagen der Schwungkörper durch die Lenker $l$ auf Kreisbögen um die Zapfen $c$ geführt, wobei sie
mit kleinen Röllchen $r$ auf dem ebenen Rücken der Schwungkörper gleiten.
Die Bewegung der Röllchen ist aber nur gering, da der Kreisbogen um $c$ sehr
wenig von demjenigen um $I$ abweicht.

Bei einer Änderung der Umdrehungszahl während des Ganges[2]) werden
die Bolzen *II* durch die Hebel $v$, Stangen $s$ und Winkel $w$ gedreht. Der hori

---


[1]) Dr. *R. Proell*, Ingenieurbureau, Dresden.
[2]) Beim Fehlen einer diesbezüglichen Vorrichtung werden die Bolzen *II* in der Gehäusewand
festgehalten und bei einer Änderung der Umdrehungszahl während des Stillstandes umgesteckt.

zontale Schenkel der letzteren greift in einen Schlitz der Steuerwelle, in dem er durch die Spindel $t$ und eine Stellvorrichtung verschoben werden kann. Eine Drehung der Bolzen $II$ bewirkt eine Verschiebung der beiden Federaufhänge-augen $a$ und Bolzen $b$ derart, daß nicht nur die Federspannung, sondern auch deren Hebelarm in bezug auf die Drehpunkte $I$ der Schwungkörper, wenn auch nicht beide in gleichem Verhältnis, geändert wird (siehe § 137). Der Un-gleichförmigkeitsgrad des Reglers bleibt infolgedessen bei jeder Einstellung der $n$-Zahl bis zu $\pm$ 10 vH nahezu konstant.

Der Schwerpunkt der Schwungkörper $P$ fällt fast in die mittlere Federachse. Es wirken sich also Federkraft und Fliehkraft ziemlich unmittelbar entgegen, und die Drehbolzen der Schwungkörper sind nahezu entlastet.

Die äußerst einfache Vorrichtung zur Einstellung der Umdrehungszahl besteht aus zwei Handrädern am Ende der Welle, von denen das eine auf der mit Gewinde versehenen Nabe des anderen sitzt. Die Räder drehen sich für gewöhnlich mit der Welle und werden durch Anfassen zum Stillstand gebracht. Die Verdrehung des einen Rades gegen das andere in dem einen oder anderen Sinne führt die gewünschte Veränderung der $n$-Zahl herbei. Die Räder laufen auf Kugellagern, die nur während der Betätigung der Einstellvorrichtung arbeiten, sonst aber ausgeschaltet sind und keine Reibung verursachen.

Bei dem Regler von Prof. *Doerfel* (Fig. 2, Taf. 9) drehen die beiden Schwung-körper $P$ beim Ausschlagen vermittels des Doppelarmes $A$ das Rohr $B$. Von diesem wird die Bewegung dann, wie auf S. 278 angegeben, weiter durch die Schleppkurbel $k$ auf die Drehexzenter $E$ übertragen. Das feste Grundexzenter $E_0$ ist auf der Kurbelseite durch eine seitliche Scheibe mit dem Reglergehäuse verbunden und läuft mit diesem um; auf der Deckelseite ist es der Steuerwelle aufgekeilt.

Zur Einstellung der Umdrehungszahl wird hier ebenfalls, wenn auch in weniger einfacher Weise als bei dem *Proell*schen Regler, nicht nur die Feder-spannung, sondern auch deren Hebelarm, und zwar letzterer in geringerem Maße, durch Verschiebung des Federfestpunktes bzw. durch die damit verbundene Richtungsänderung der Federachse verändert (siehe § 137). Zu diesem Zweck sind die Federn mit ihrem Ende $III$ an zwei kleinen Exzentern $x$ aufgehangen, zu deren Drehung zwei kleine Schneckenräder $t$ und die Schnecken $v$ dienen. Die Welle $w$ der letzteren wiederum wird durch einen Schneckentrieb $y$ in dem einen oder anderen Sinne gedreht, sobald das kleine Reibrad $p$, das zur Federung achsial geteilt ist, den als doppelten Reibkranz ausgebildeten Hebelarm $H$ außen oder innen streift. Die Einstellung von $H$ kann leicht durch das kleine Handrad $h$ bewirkt werden, dessen Schraubenspindel zur Sicherung zwei Federn besitzt.

§ 133. **Die Beurteilung und Berechnung der einfachen Pendelflachregler.** Zur Beurteilung der vorliegenden Regler kann nach *Tolle*[1]) die $\mathfrak{M}$-Kurve dienen. Das Fliehkraftmoment eines beliebig gestalteten Pendels vom Gewicht

---

[1]) Siehe die Anmerkung auf S. 311.

$P$ in bezug auf den Drehpunkt $I$ ist mit den Bezeichnungen in Fig. 274 bei der Winkelgeschwindigkeit $\omega$ bzw. Umdrehungszahl $n$

$$\mathfrak{M} = \frac{P}{g}\,\omega^2 \cdot a \cdot x = \infty \left(\frac{n}{30}\right)^2 P \cdot a \cdot x \quad \ldots \ldots \ldots \quad 108$$

Trägt man nun für eine Reihe von Lagen unterhalb des Pendelschwerpunktes $S$ das Moment $\mathfrak{M}$ als Ordinate auf, so läßt die so erhaltene ausgezogene $\mathfrak{M}$-Kurve ebenso wie die $C$-Kurve bei den Muffenreglern eine Beurteilung der vorliegenden Regler zu. Eine durch $O_1$ gehende gerade $\mathfrak{M}$-Kurve entspricht der Astasie, eine gekrümmte bei wachsendem Fahrstrahlwinkel der Stabilität, bei abnehmendem der Labilität. Dagegen stellt die unter der ausgezogenen $\mathfrak{M}$-Kurve liegende Fläche nicht das Arbeitsvermögen des Reglers dar; um dieses zur Darstellung zu bringen, hat man $\mathfrak{M}$, wie die gestrichelte Kurve in Fig. 274 zeigt, im Abstand $r = OS$ von $O_1$ als Ordinate aufzutragen. Auch darf man zur Änderung des Ungleichförmigkeitsgrades hier nicht wie bei den Muffenreglern $O_1$ unter Beibehaltung der $\mathfrak{M}$-Kurve nach links oder rechts verschieben; die $\mathfrak{M}$-Kurve wird vielmehr, wenn man $O_1$ und $OI$ von den Schwungkörpern abrückt, stärker stabil, wenn man beide nach der entgegengesetzten Richtung verschiebt, weniger stabil.

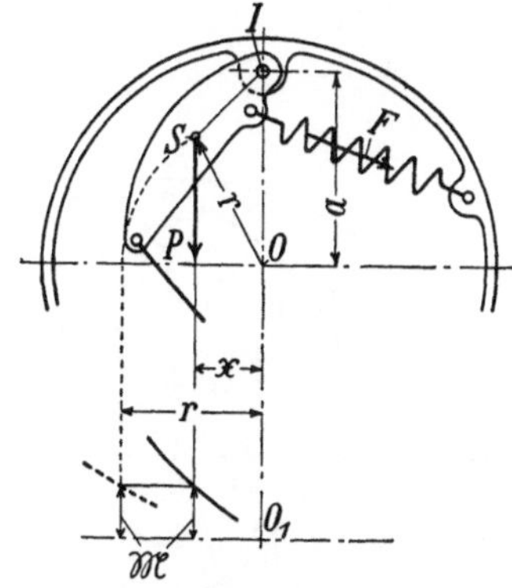

Fig. 274.

Beachtenswert für den Entwurf der Regler ist, daß die Umdrehungszahl $n$ derselben nach Gl. 108 hier nicht nur durch eine Änderung der Schwunggewichte $P$ oder des Abstandes $x$, sondern auch durch den Abstand $a$ verändert werden kann. Vergrößert oder verkleinert man nämlich bei unveränderter $\mathfrak{M}$-Kurve diesen Abstand, indem man das Pendel samt angreifender Feder in der Richtung $OI$ von $O$ abrückt oder $O$ näher bringt, so steigt bzw. sinkt die Umdrehungszahl des Reglers gemäß vorstehender Gleichung, ohne daß sich dessen Ungleichförmigkeitsgrad ändert.

Die Momente $\mathfrak{M}$ bestimmen sich am einfachsten mit Hilfe der Federkräfte $F$, wie sie in § 134 berechnet sind.

Bei der Berechnung der vorliegenden Regler sind nicht nur die Massen der Pendel, sondern auch die der Hängestangen und Federwindungen zu berücksichtigen, es sei denn, daß diese Teile sich in ihrer Wirkung gegenseitig aufheben[1]) oder hinsichtlich dieser zu geringfügig sind.

Das Fliehkraftmoment eines beliebig gestalteten Pendels vom Gewicht $P$ ist nach Gl. 108

$$\mathfrak{M} = \infty \left(\frac{n}{30}\right)^2 P \cdot a \cdot x$$

[1]) Wie dies bezüglich des Gewichtes $P$ der Schwungkörper und der anderen Pendelteile der Fall ist.

wenn $a$ und $x$ die in Fig. 275 eingetragenen Abstände sind. Entsprechend folgt für dasselbe Moment ei n e r Hängestange vom Gewichte $P_s$ mit dem Abstande $y$

$$\mathfrak{M}_s = \infty \left(\frac{n}{30}\right)^2 P_s \cdot a \cdot y\,.$$

Die Wirkung, welche die Fliehkraft der Federwindungen auf das Pendel ausübt, läßt sich annähernd in der nachstehenden Weise verfolgen. Für eine im Abstand $r$ (Fig. 276) vom Wellenmittel befindliche Windung vom Gewicht $p_f$ ist die Fliehkraft

$$c = \infty \left(\frac{n}{30}\right)^2 p_f \cdot r$$

und ihre in die Federachse fallende bzw. senkrecht dazu stehende Komponente

$$c_h = c \cdot \sin\gamma = c\,\frac{d}{r} = \left(\frac{n}{30}\right)^2 p_f \cdot d\,,$$

$$c_v = c \cdot \cos\gamma = c\,\frac{b}{r} = \left(\frac{n}{30}\right)^2 p_f \cdot b\,.$$

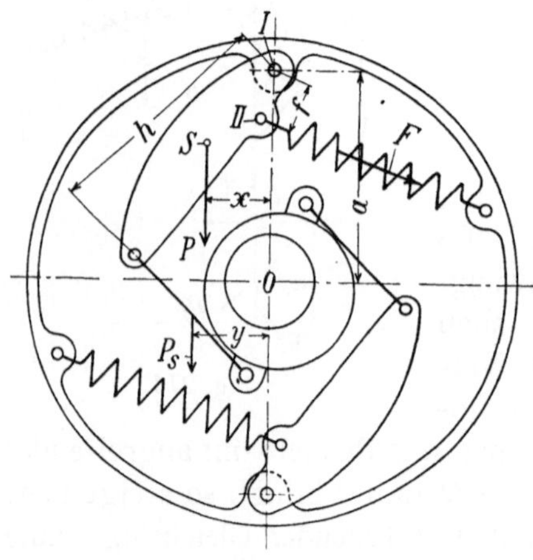

Fig. 275.

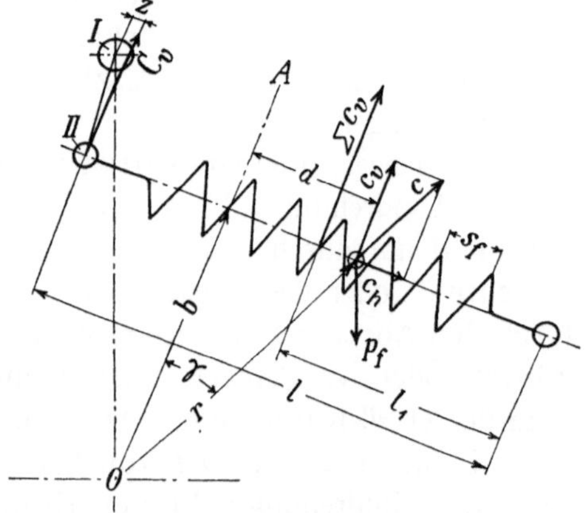

Fig. 276.

$c_h$ ist bei den rechts von $OA$ liegenden $m_1$ Windungen der Federspannung $F$ gleich —, bei den links liegenden $m_2$ Windungen entgegengerichtet. Für die ersten ist bei einer Steigerung $s_f$

$$\sum c_h = \left(\frac{n}{30}\right)^2 p_f \cdot s_f\,(0,5 + 1,5 + \ldots m_1 - 0,5) = \left(\frac{n}{30}\right)^2 p_f \cdot s_f\,\frac{m_1^2}{2}\,,$$

für die letzten

$$\sum c_h = \left(\frac{n}{30}\right)^2 p_f \cdot s_f\,\frac{m_2^2}{2}\,.$$

Beide ergeben eine mit $F$ gleich gerichtete Kraft

$$C_h = \left(\frac{n}{30}\right)^2 p_f \cdot s_f\,\frac{m_1^2 - m_2^2}{2}\,.$$

Die Kräfte $c_v$ der $m = m_1 + m_2$ Windungen vereinigen sich weiter zu einer Mittelkraft

$$\sum c_v = \left(\frac{n}{30}\right)^2 m \cdot p_f \cdot b$$

die am Pendelpunkt *II* mit einer Kraft

$$C_v = \sum c_v \frac{l_1}{l}$$

angreift und in bezug auf den Drehpunkt *I* des Pendels ein Moment

$$\mathfrak{M}_f = C_v \cdot z = \left(\frac{n}{30}\right)^2 m \cdot p_f \cdot b \cdot z \frac{l_1}{l}$$

ausübt, wenn $l_1$, $l$ und $z$ die in Fig. 276 eingetragenen Hebelarme sind.

Unter Berücksichtigung des Drehungssinnes der einzelnen Momente folgt schließlich mit $f$ als Hebelarm der Federspannung $F$ als Gleichgewichtsbedingung

$$(F + C_h)\,f = \mathfrak{M} + \mathfrak{M}_s \pm \mathfrak{M}_f$$

mit $+$ oder $-$ für $\mathfrak{M}_f$, je nachdem dieses Moment den gleichen oder entgegengesetzten Drehungssinn wie $\mathfrak{M}$ hat. Nach Einsetzung der einzelnen Werte ergibt sich für die Federspannung

$$F = \left(\frac{n}{30}\right)^2 \left[\frac{a}{f}(P \cdot x + P_s \cdot y) \pm m \cdot p_f \frac{b}{f} z \frac{l_1}{l} - 0{,}5\,p_f \cdot s_f\,(m_1^2 - m_2^2)\right] \qquad 109$$

mit $x$, $y$, $z$ und $s_f$ in $m$.

Bei dem *Proell*schen Regler (Fig. 2, Taf. 15) bildet die Federspannung mit der in die Richtung des Lenkers $l$ fallenden Kraft den Bahndruck, mit dem die Rollen $r$ auf ihre Schwungkörper einwirken. Da das Moment dieses Bahndruckes, der senkrecht zur Rollenbahn steht, in bezug auf $I$ ebenso groß wie in bezug auf den Punkt $x$ ist, in dem die Lenkermitte eine durch $I$ senkrecht zur Rollenbahn gezogene Gerade schneidet, das Moment der Lenkerkraft für diesen Punkt aber Null wird, so berechnet sich das Moment des Bahndruckes in bezug auf $I$ einfach durch Multiplikation der Federspannung mit ihrem Abstande von $x$.

Bei Reglern mit nur einer Feder, die durch das Wellenmittel geht, fällt die Fliehkraft der Federwindungen in die Federachse, wird also $C_v$ gleich Null und

$$C_h = \left(\frac{n}{30}\right)^2 p_f \frac{s_f}{2} m^2,$$

wenn $m$ jetzt die Windungszahl der halben Feder ist. Da $C_h$ hier $F$ entgegengerichtet ist, folgt nun

$$F = \left(\frac{n}{30}\right)^2 \left[\frac{a}{f}(P \cdot x + P_s \cdot y) + 0{,}5\,p_f \cdot s_f \cdot m^2\right] \quad \ldots \quad 110$$

Zur Berechnung der Federn können wieder die auf S. 323 angegebenen Gleichungen dienen.

Die Energie der vorliegenden Regler ist, gemessen in der Federachse, für jedes Pendel

$$E = F \quad \ldots \ldots \ldots \ldots \ldots \ldots \quad 111$$

da nur die Federkraft zu überwinden ist, wenn die Pendel des ruhenden Reglers auseinander gehalten werden. In der Richtung der Hängestangen übt dieser schließlich eine nützliche Stellkraft

$$W = (\varepsilon - \varepsilon_r)\, E \frac{f}{h} \quad \ldots \ldots \ldots \ldots \quad 112$$

aus, wenn $h$ der Hebelarm dieser Stangen in bezug auf den Drehpunkt $I$ (Fig. 275) ist. $\varepsilon$ und $\varepsilon_r$ siehe S. 308.

§ 134. **Beispiele zur Berechnung der einfachen Pendelflachregler.** 1. Bei dem Regler von *Sondermann* nach Fig. 272, S. 338, beträgt für eine mittlere Umdrehungszahl $n = 300$ und einen Ungleichförmigkeitsgrad $\delta_r = 4\,\text{vH}$ die größte und kleinste Umdrehungszahl

$$n_1 = 300\,(1 + 0{,}5 \cdot 0{,}04) = 306,$$
$$n_2 = 300\,(1 - 0{,}5 \cdot 0{,}04) = 294.$$

Das Gewicht e i n e s Schwungkörpers ist $P = 3{,}75\,kg$. Die Wirkung der beiden Pendelarme kann wegen der genau gleichen Ausbildung dieser Arme vernachlässigt werden; desgleichen die nur geringe Fliehkraft der Federwindungen. Nach Gl. 110 ist deshalb hier unter Fortlassung der übrigen Werte die Federspannung

$$F = \left(\frac{n}{30}\right)^2 P \cdot a\frac{x}{f}$$

zu setzen. Der Wert $a \cdot x/f$ bestimmt sich für die Außen- und Innenlage der Schwungkörper nach Fig. 272, wo deren Schwerpunkt bei diesen Lagen mit $1$ und $2$ bezeichnet ist, einfach dadurch, daß durch diese Punkte Parallelen zu $O\,I$ gezogen werden. Es wird dann

$$a\frac{x_1}{f_1} = O - 3 = 0{,}5\,m \quad \text{und} \quad a\frac{x_2}{f_2} = O - 4 = 0{,}38\,m,$$

also

$$F_1 = \left(\frac{306}{30}\right)^2 3{,}75 \cdot 0{,}5 = 195\,kg$$

$$F_2 = \left(\frac{294}{30}\right)^2 3{,}75 \cdot 0{,}38 = 136{,}5\,kg.$$

Gibt man dann der Feder einen mittleren Windungsradius $r_f = 5{,}15\,cm$, so erhält man für $k_d = 3000\,kg/qcm$ nach Gl. 105, S. 323, als erforderliche Federstärke

$$\delta_f = \sqrt[3]{\frac{195 \cdot 5{,}15}{0{,}2 \cdot 3000}} = \infty 1{,}2\,cm \text{ (in der Ausführung } 11\,mm)$$

bei einer Windungszahl ($\varDelta = 2 \cdot 1{,}26 = 2{,}52\,cm$ als Zunahme der Federlänge zwischen den Grenzlagen und $G = 750\,000\,kg/qcm$)

$$m = \frac{2{,}52 \cdot 1{,}1^4 \cdot 750\,000}{64 \cdot 5{,}15^3} \cdot \frac{1}{195 - 136{,}5} = \infty 5{,}5.$$

Die Energie des Reglers in der Federachse ist gleich der doppelten Federspannung. Das Exzenter greift aber an einem Hebelarm von $34{,}5\ mm$ in bezug auf den Punkt $I$ an. Da ferner der Hebelarm der Feder in bezug auf jenen Punkt für die Grenzlagen $f = 23\ mm$ ist, so beträgt die Energie am Exzenter für die Außenlage der Schwungkörper

$$E_1 = 2 \cdot 195 \frac{23}{34{,}5} = \sim 260\ kg\,,$$

für die Innenlage

$$E_2 = 2 \cdot 136{,}5 \frac{23}{34{,}5} = \sim 182\ kg\,.$$

Der Regler würde also nach S. 308 bei einem Werte $\varepsilon - \varepsilon_r = 0{,}02$ bei der Außenlage der Schwungkörper eine nützliche Stellkraft von

$$W_1 = 0.02 \cdot 260 = 5{,}2\ kg,$$

bei der Innenlage eine solche von

$$W_2 = 0{,}02 \cdot 182 = \sim 3{,}6\ kg$$

entwickeln.

2. Der in Fig. 2, Taf. 5, dargestellte Regler der *Dinglerschen Maschinenfabrik* in Zweibrücken macht nach den Angaben der Firma im Mittel $n = 179$ Umdrehungen. Soll die nützliche Stellkraft seiner Hängestangen bei der Innenlage der Schwungkörper und bei einem Empfindlichkeitsgrad $\varepsilon - \varepsilon_r = 0{,}02$ $W_2 = 1{,}5\ kg$ betragen, so muß seine Energie in der Federachse und die ebenso große Federspannung bei dieser Lage, da nach der Figur das Hebelarmverhältnis $f_2/h_2 = \sim 1/7$ ist, gemäß Gl. 112, S. 344,

$$F_2 - E_2 = \frac{1{,}5}{0{,}02} 7 = 525\ kg$$

sein. Der frei schwingende Regler dreht sich weiter bei einem Ungleichförmigkeitsgrad $\delta_r = 0{,}04$ in der Innenlage der Pendel

$$n_2 = 0{,}98 \cdot 179 = \sim 175$$

und in deren Außenlage

$$n_1 = 1{,}02 \cdot 179 = \sim 183$$

mal in der Minute.

Berücksichtigt man nun zunächst nur die Fliehkraft der Pendel (mit den anschließenden Bolzen und Augen), so folgt aus

$$F_2 = \sim \left(\frac{n_2}{30}\right)^2 P \cdot a \frac{x_2}{f_2}$$

für $x_2 = 0{,}105$, $f_2 = 0{,}06$ und $a = 0{,}37\ m$ als erforderliches Pendelgewicht mit dem obigen Werte von $F_2$

$$P = 525 \left(\frac{30}{175}\right)^2 \frac{0{,}06}{0{,}37 \cdot 0{,}105} = \sim \mathbf{24}\ kg$$

und aus

$$F_1 = \sim \left(\frac{n_1}{30}\right)^2 P \cdot a \frac{x_1}{f_1}$$

mit $x_1 = 0{,}1675$, $f_1 = 0{,}0675\,m$[1]) als größte Federspannung (bei der Außenlage der Pendel)

$$F_1 = \left(\frac{183}{30}\right)^2 24 \cdot 0{,}37 \frac{0{,}1675}{0{,}0675} = 820\,kg\,.$$

Der mittlere Windungsradius der Federn ist $r_f = 5\,cm$. Hierfür bestimmt sich aus Gl. 105, S. 323, mit $k_d = 3000\,kg/qcm$ als erforderliche Federstärke

$$\delta_f = \sqrt[3]{\frac{820 \cdot 5}{0{,}2 \cdot 3000}} = \sim 1{,}9\,cm = \mathbf{19}\ \mathbf{mm}$$

und als federnde Windungszahl für $G = 750\,000\,kg/qcm$ und $\varDelta = 2{,}6\,cm$ Zunahme der Federlänge zwischen den Grenzlagen der Pendel

$$m = \frac{2{,}6 \cdot 1{,}9^4 \cdot 750\,000}{64 \cdot 5^3} \frac{1}{820 - 525} = 10{,}7\,.$$

Die größte Dehnung und Steigung der Federn bei der Außenlage der Schwungkörper wird

$$\varDelta_1 = 2{,}6 \frac{820}{820 - 525} = \sim 7{,}2\,cm\,, \quad s_{f_1} = 1{,}9 + \frac{7{,}2}{10{,}7} = 2{,}57\,cm\,,$$

die kleinste bei der Innenlage

$$\varDelta_2 = 7{,}2 - 2{,}6 = 4{,}6\,cm\,, \quad s_{f_2} = 1{,}9 + \frac{4{,}6}{10{,}7} = 2{,}33\,cm\,.$$

Genauere Werte für die Federspannungen ergeben sich aus Gl. 109, S. 343, wenn
das Gewicht einer Hängestange mit $P_s = 0{,}8\,kg$,
das einer Federwindung mit $p_f = 0{,}7\,kg$,
sowie für die Außenlage der Pendel

für die Innenlage $\qquad\qquad y_1 = 0{,}13\,m,\ z_1 = 0,$

$$y_2 = 0{,}08\,, \quad b_2 = 0{,}245\,, \quad z_2 = 0{,}025\,m\,, \quad \frac{l_1}{l} = \sim \frac{1}{2}$$

eingeführt und angenommen wird, daß von den $m = 13$ Windungen einer Feder bei der ersten Lage $m_1 = 8{,}5$ Windungen rechts, $m_2 = 3{,}5$ Windungen links von $OA$ (Fig. 276, S. 342) liegen, bei der zweiten $m_1 = 9$ und $m_2 = 4$ ist. Es folgt dann

$$F_1 = \left(\frac{183}{30}\right)^2 \left[\frac{0{,}37}{0{,}0675}\,(24 \cdot 0{,}1675 + 0{,}8 \cdot 0{,}13) - 0{,}5 \cdot 0{,}7 \cdot 0{,}0257 \cdot 60\right]$$
$$= \sim 821\,kg$$

und

$$F_2 = \left(\frac{175}{30}\right)^2 \left[\frac{0{,}37}{0{,}06}\,(24 \cdot 0{,}105 + 0{,}8 \cdot 0{,}08) - 13 \cdot 0{,}7 \frac{0{,}245}{0{,}06}\,0{,}025\,\frac{1}{2}\right.$$
$$\left. - 0{,}5 \cdot 0{,}7 \cdot 0{,}0233 \cdot 65\right] = \sim 510\,kg\,.$$

sowie als federnde Windungszahl

$$m = 10{,}7 \frac{820 - 525}{821 - 510} = \sim \mathbf{10{,}2}\,.$$

---

[1]) In Fig. 2, Taf. 5, sind nur die Maße $x_2$, $y_2$, $z_2$ usw. für die Innenlage, nicht diejenigen für die Außenlage eingetragen.

**§ 135. Einfache Flachregler mit radial ausschlagenden Schwungkörpern.**
Die Federkraft wirkt bei ihnen der Fliehkraft der Schwungkörper unmittelbar
entgegen. Infolgedessen haben sie keine durch Federkräfte belastete Drehbolzen und Gelenke, was zur Beschränkung der Eigenreibung beiträgt. Die bekannteste Konstruktion dieser Regler ist die dem verstorbenen Ingenieur
*F. Strnad* in Berlin patentierte (Fig. 277).

Die beiden Schwungkörper *P* und die in ihnen befindlichen Federn *F* sind
radial einander gegenüber angeordnet. Zur Führung der Schwungkörper dienen
die Wände des Gehäuses. Das Exzenter ist an dem einen der beiden Schwungkörper befestigt, bildet also einen Teil desselben. Dadurch werden nicht nur
die Fliehkräfte des Exzenters auf einfachste Weise ausgeglichen, sondern es
wird auch der Exzentermittelpunkt genau gerade geführt. Um gleich große

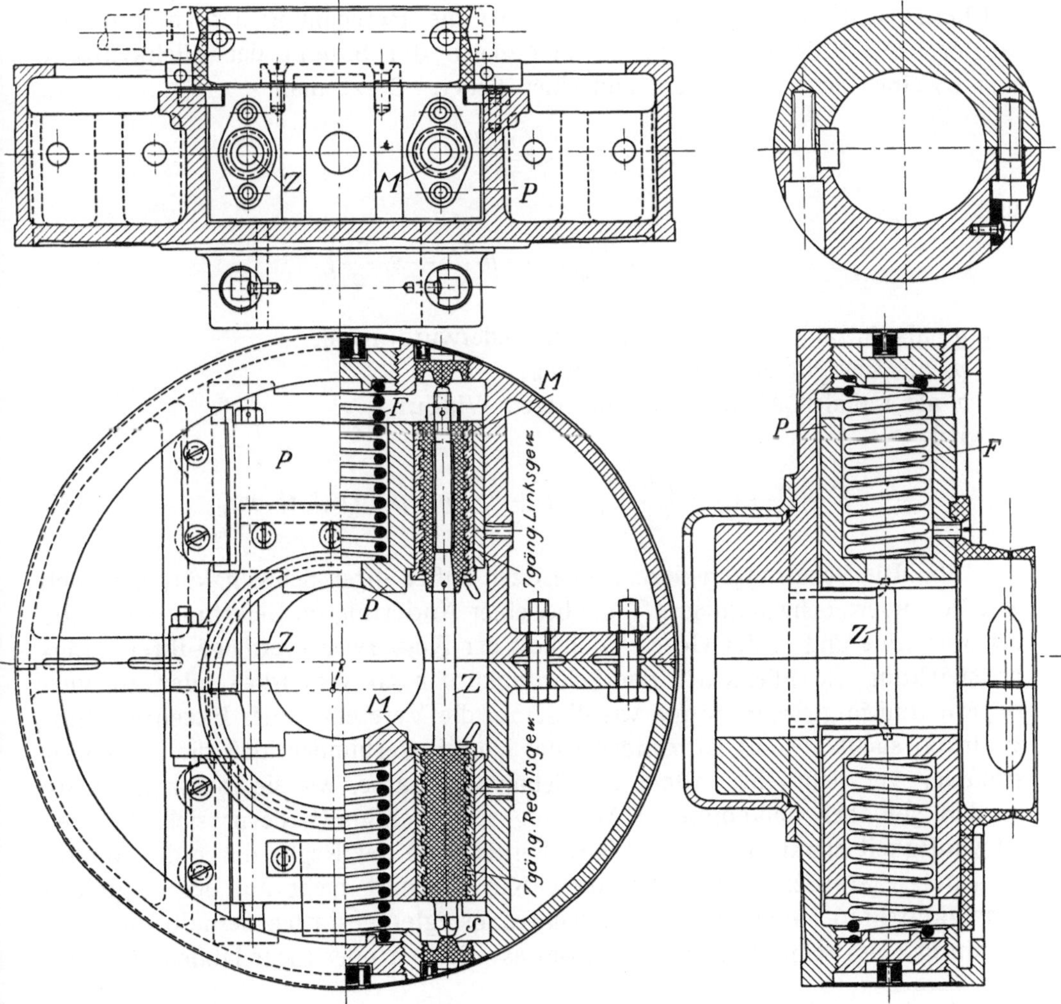


Fig. 277. 1 : 7,5. *Strnad*scher Flachregler von der *Zeitzer Eisengießerei und
Maschinenbau-Aktienges.*

Ausschläge der beiden Schwungkörper zu erzielen, sind diese durch zwei Spindeln $Z$ mit steilem Rechts- und Linksgewinde untereinander verbunden. Die zugehörigen Muttern $M$ bestehen aus Phosphorbronze. Die Spindeln, die sich zwischen zwei Stellschrauben $s$ drehen, sind selbstsperrend, und ihre Reibung hemmt die Rückwirkung der Steuerung auf den Regler.

Fig. 4, Taf. 4, zeigt weiter die Konstruktion eines entsprechenden Reglers von *K. & Th. Möller* in Brackwede i. Westf., bei dem die radial ausschlagenden Schwungkörper vermittels zweier Hebel auf das Drehexzenter einer Einschiebersteuerung (siehe S. 189) einwirken. Fig. 2, Taf. 17, gibt denselben Regler in Anwendung auf eine Ventilsteuerung, wobei die Hebelarme für die Hängestangen auf der Kurbelseite kürzer als auf der Deckelseite gehalten sind; dem Drehexzenter jener wird dadurch zur Ausgleichung der Füllung auf beiden Kolbenseiten ein größerer Ausschlagwinkel (siehe S. 277) erteilt.

Ebenso einfach wie die Konstruktion ist die Berechnung der vorliegenden Regler. Die Federspannung $F$ ist hier gleich der Summe der Fliehkräfte $C$ und $C_f$ eines Schwungkörpers und einer Feder. Setzt man

$$C = \infty \left(\frac{n}{30}\right)^2 P \cdot r$$

und

$$C_f = \infty \left(\frac{n}{30}\right)^2 m \cdot p_f \left(b + s_f \frac{m}{2}\right)$$

mit $m$ als Anzahl, $s_f$ als Steigung der Federwindungen,

$p_f$ als Gewicht einer Federwindung,

$b$ als radialen Abstand der innersten Windung,

so wird

$$F = C + C_f = \left(\frac{n}{30}\right)^2 [P \cdot r + 0{,}5\, m \cdot p_f (2\, b + s_f \cdot m)] \quad \ldots \quad 113$$

**§ 136. Die Beharrungsregler.** Sie besitzen außer ihren Schwungkörpern noch eine besondere Schwungmasse[1]), die bei einer Änderung im Belastungszustande der Maschine und in der Geschwindigkeit der Reglerwelle vermöge ihrer Trägheitswirkung die Fliehkraft der Schwungkörper zu verstärken oder zu verringern und in gleichem Sinne wie diese auf die Verstellung des Exzenters hinzuwirken sucht. Damit ist zunächst der Vorteil verbunden, daß die Regelung schneller vor sich geht, indem die Beharrungsmasse, wie sie fortan genannt werden soll, bei vollkommener Wirkung schon eingreift, bevor sich die Geschwindigkeit merklich geändert hat. Ferner wird der Regler durch die Beharrungsmasse statischer gemacht; die $C$-Kurve steigt mehr an, der Ungleichförmigkeitsgrad nimmt mehr zu. Beharrungsregler gestatten deshalb die Verwendung eines (ohne Beharrungsmasse) astatischen oder sogar labilen Reglers,

---

[1]) Die Schwungkörper können unter gewissen Bedingungen auch als Beharrungsmasse wirken. Siehe hierüber Dr. *R. Proell*, Z. d. V. d. I. 1913, S. 1339.

·dessen Umdrehungszahl bei der Vollbelastung größer als beim Leerlauf sein kann, ohne daß (bei eingeschalteter Beharrungsmasse) die Stabilität der Regelung gefährdet wird. Dieser Umstand ist insofern von Wert, als durch ihn manche Ungenauigkeiten in der Ausführung, die sonst bei allzu großer Annäherung an die Astasie zu labilen Gleichgewichtslagen führen würden, aufgehoben werden. Die Verstärkung der Regelwirkung durch die Beharrungsmasse läßt endlich die Annahme zu, daß das Arbeitsvermögen des Reglers selbst entsprechend kleiner gewählt werden darf. Diese Annahme ist aber nur in sehr beschränktem Maße zulässig; erfahrungsgemäß erscheint es vielmehr gewagt, mit dem Arbeitsvermögen eines Reglers zu weit herunterzugehen und sich auf die Beharrungsmasse zu verlassen.

Den Vorteilen der Beharrungsregler steht als Nachteil gegenüber, daß durch die Beharrungsmasse die Konstruktion verwickelter, die Herstellung teurer und die Bolzendrucke größer werden. Ferner zeigen Beharrungsregler den Übelstand, daß die Beharrungsmasse meistens nur bei großen und plötzlichen Belastungsänderungen die Fliehkraftwirkung der Pendel unterstützt, bei schwachen und allmählichen aber nicht zur Wirkung kommt. Infolgedessen findet an Maschinen mit solchen Reglern, wenn sie vorsichtig angelassen werden, leicht eine beträchtliche Überschreitung der Umdrehungszahl statt; denn der beim Anlassen auf größte Füllung stehende Regler rückt dann nicht aus seiner Anfangslage, sondern wird in ihr von der Maschine mitgeschleppt. Endlich wird durch die vergrößerten Massen der Beharrungsregler oft bei kleinen Füllungen eine Überregelung veranlaßt, zu deren Verhinderung Flüssigkeitswiderstände (Ölbremsen) angeordnet werden müssen; diese verringern aber die Empfindlichkeit des Reglers.

Beharrungsregler kommen deshalb hauptsächlich an Maschinen mit starken und plötzlichen Belastungsschwankungen zur Verwendung. Im übrigen neigt die Praxis jetzt mehr der Ansicht zu, daß stark bemessene Regler mit geringer Empfindlichkeit und ohne Beharrungsmasse schwachen Reglern mit großer Empfindlichkeit und schwerer Beharrungsmasse vorzuziehen sind. Nur an Reglern, die bei großer Empfindlichkeit ($\varepsilon < \delta_s$, siehe S. 307) während jeder Umdrehung zucken, kann die Beharrungsmasse bei günstig liegenden Verhältnissen zu einer wesentlichen Verbesserung der Regelung führen; denn dann unterstützt die Trägheitswirkung der Beharrungsmasse die Stellkraft, die der Regler beim jedesmaligen Zucken äußert, und bringt diesen, ohne daß eine Überregelung eintritt, schneller in die neue Gleichgewichtslage.

Die Beharrungsregler werden ebenso wie die einfachen Flachregler mit Pendeln oder radial ausschlagenden Schwungkörpern versehen.

Der bekannteste unter den Pendelreglern ist derjenige von *H. Lentz.* Er besitzt eine zylindrisch oder spiralförmig gewundene Biegungsfeder, für die gegenüber den meist gebrauchten Drehungsfedern als Vorteil nicht nur die einfachere Herstellung, das geringere Platzbedürfnis und das leichtere Anspannen, sondern auch die geringere Fliehkraftwirkung geltend gemacht wird. Der Regler selbst ist nach Fig. 7, Taf. 14, mit einem lose auf der Welle sitzenden

Schwungring $S$ versehen, der als Gehäuse und Beharrungsmasse dient. Der Ring geht nach beiden Seiten in hülsenartige Verlängerungen $B$, $B'$ über, deren Endscheiben $s$ die von vierkantigen Gleitsteinen $x$ umkleideten Bolzen $b$ zur Verstellung der Einlaßexzenter (siehe S. 274) tragen. Fest auf der Welle sitzt der Doppelarm $A$. Er enthält die Drehbolzen $I$ für die beiden Schwungkörper $P$, auf der einen Seite auch den Stützpunkt der Feder $F$ und den Stift $T$ zur Verstellung der Umdrehungszahl. Mit dem Schwungringe sind die Schwungkörper durch die beiden kurzen Doppelschienen $z$ verbunden. Die Feder endlich ist bei $p$ am Gehäuse befestigt und kann hier leicht durch Ausschalten eines größeren oder kleineren Endes in ihrer Länge verändert werden.

Beim Anlassen der Maschine, wo die Pendel ihre innerste Lage einnehmen, schleppt die Feder den Schwungring zunächst mit. Sobald aber die Pendel

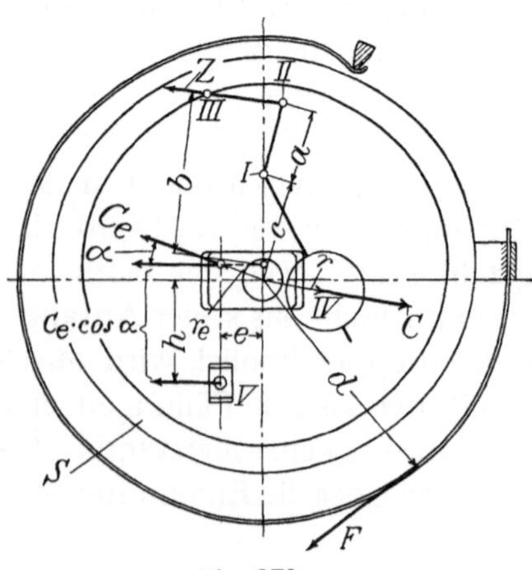

Fig. 278.

ausschlagen, wird der Ring zurückgedrängt, die Feder kommt zur Anspannung, und der Regler stellt die Steuerung auf eine der Geschwindigkeit der Maschine entsprechende Füllung ein. Im Beharrungszustande halten dann die Pendelfliehkräfte der Federspannung und den Exzenterfliehkräften das Gleichgewicht, und der sich drehende Schwungring hängt lose zwischen den Pendeln und der Feder. Nimmt aber die Geschwindigkeit der Welle bei einer Mehrbelastung ab, so eilt der Schwungring, der infolge seines Trägheitsvermögens die frühere Geschwindigkeit zunächst beibehalten will, relativ gegen die Stütze $A$ vor; er drängt dadurch die Pendel nach innen und bringt die Steuerung auf eine größere Füllung. Wächst die Geschwindigkeit, so findet das Umgekehrte statt, und das Trägheitsvermögen des Schwungringes unterstützt dabei die Pendelwirkung.

Zur Änderung der Umdrehungszahl sowie zu seiner Nachstellung dient bei dem *Lentz*schen Regler, wie schon erwähnt, der Stift $T$. Je weiter er radial nach außen gerückt wird, desto größer fällt der bei der späteren Berechnung als Nachspannung bezeichnete Teil der Federspannung aus. Der Stift ruht mit seinem inneren Ende in einer schräg ansteigenden Nut des Bolzens $M$ im Innern der hohlen Welle. Durch die mit Gewinde und Handrad versehene Spindel $m$ kann der Bolzen vorgeschoben oder zurückgezogen und so der Stift radial verstellt werden.

Die Berechnung des Reglers ist nach den Angaben des Erfinders in der folgenden Weise vorzunehmen. An dem Schwungringe $S$ wirken dem Moment, das die Fliehkraft $C$ der beiden Schwungkörper ausübt, die Momente der Federspannung $F$ und der Exzenterfliehkräfte $C_e$ entgegen. Die Fliehkraft $C$ ruft nach Fig. 278 in den Punkten $III$ eine Kraft $Z = C \cdot c/a$ hervor, die in der

Richtung der Verbindungsschienen *II III* fällt und in bezug auf die Wellenmitte ein Moment

$$C \frac{c}{a} b = \left(\frac{n}{30}\right)^2 P \frac{c}{a} b \cdot r$$

mit $P$ als Gewicht der **beiden** Schwungkörper ergibt[1]). Das entsprechende Moment von $F$ ist $F \cdot d$. Von der Fliehkraft $C_e$ der Exzenter kommt nur die Komponente $C_e \cdot \cos a$ in Betracht, die in die Stellrichtung (Verstellungskurve) der Exzenter fällt. Diese Komponente greift am Ringe $S$ im Punkte $V$ an und hat in bezug auf die Wellenmitte ein Moment

$$C_e \cdot \cos \alpha \cdot h = \left(\frac{n}{30}\right)^2 P_e \cdot \cos \alpha \cdot h \cdot r_e = \left(\frac{n}{30}\right)^2 P_e \cdot e \cdot h$$

mit $P_e$ als Gewicht der **beiden** Einlaßexzenter (Deckel- und Kurbelseite). Die Gleichsetzung der Momente ihrem Drehungssinne nach liefert

$$\left(\frac{n}{30}\right)^2 P \frac{c}{a} b \cdot r = F \cdot d + \left(\frac{n}{30}\right)^2 P_e \cdot e \cdot h$$

und für die erforderliche Federspannung den Wert

$$F = \left(\frac{n}{30}\right)^2 (P \cdot k_1 - P_e \cdot k_2)$$

mit

$$k_1 = \frac{c}{a} \frac{b}{d} r \quad \text{und} \quad k_2 = \frac{e \cdot h}{d}.$$

Die Koeffizienten $k_1$ und $k_2$ sind nun für eine Anzahl Lagen der Schwungkörper zu bestimmen, indem man dem Entwurf des Reglers die zugehörigen Hebelarme $a, b, c$ usw. entnimmt. Mit ihnen sind weiter die Werte der Federspannung $F$ zu berechnen, und zwar für die mittlere, größte und kleinste Umdrehungszahl $n$, $n_{\max}$ bzw. $n_{\min}$, auf die der Regler eingestellt werden soll. Über den Federhüben als Abszissen ergeben die Werte von $F$ als Ordinaten dann die drei astatischen Kurven der Federspannung, wie sie in Fig. 279 gestrichelt eingetragen sind. Die wirklichen Kurven sind schließlich als gerade Linien unter Berücksichtigung des Ungleichförmigkeitsgrades anzunehmen. $I x$ entspricht der erforderlichen Vorspannung der Feder bei der kleinsten Umdrehungszahl, $x y$ und $x z$ der ihr zu erteilenden Nachspannung bei der mittleren und größten Umdrehungszahl. Die Vorspannung ist der Feder beim Einlegen zu geben, die Nachspannung wird durch den Stift $T$ in der aus Fig. 280 ersichtlichen Weise erreicht.

Zu beachten ist, daß bei dem *Lentz*schen Regler die Änderung der Umdrehungszahl nur durch Änderung der Federspannung bewirkt wird und daß infolgedessen der Ungleichförmigkeitsgrad bei der Einstellung nicht konstant bleibt. *Lentz* hat diese Art der Verstellung gewählt, weil sie konstruktiv sehr einfach ist und auf einen gleichbleibenden Ungleichförmigkeitsgrad jetzt wenig

---

[1]) In Fig. 278 muß $b$ bis zu der durch die **Wellenmitte** gezogenen Parallelen zu $Z$ gehen.

Wert gelegt wird. Eine Konstruktion des *Lentz*schen Reglers mit gleichbleibendem Ungleichförmigkeitsgrade befindet sich in der Z. d. V. d. I. 1900, S. 1452.

Auch bei dem Regler von *Jahn* (Fig. 281), dessen Ausführungsrecht *Jahns Regler-Gesellschaft* in Offenbach am Main hat, dient das Gehäuse $S$ des Reglers als Schwungring und Beharrungsmasse. Es sitzt lose auf der Welle und trägt im Zapfen $c$ das Exzenter $E$, das bei seiner Verstellung durch den Gleitstein $k$ eines Zapfens $a$ geführt wird. Die Verstellungskurve ist annähernd eine Gerade. Die beiden Schwungkörper $P$ drehen sich beim Ausschlagen um die Zapfen $I$ eines auf der Welle festgekeilten Doppelarmes $A$ und übertragen ihre Bewegung durch die in der Mitte mit quadratischen Aufsätzen versehenen Bolzen $b$ auf

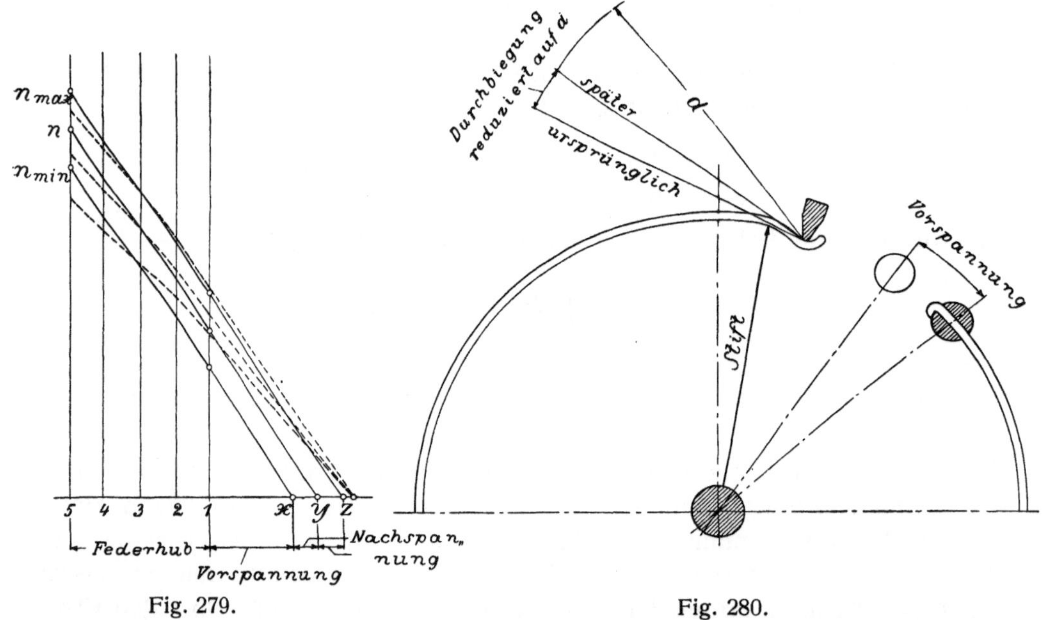



Fig. 279.  Fig. 280.

den Schwungring. Dem Ausschlag wirken die Federn $F$ entgegen, die sich innen gegen die Schwungkörper, außen gegen zwei Muttern $M$ im Gehäuse legen. Die Schraubenspindeln $s$ zum Anspannen der Federn sind innen in einem Ringe $D$ befestigt.

Im Beharrungszustande hängt der Schwungring lose zwischen den Federn $F$ und den Bolzen $b$, bei einer Änderung der Belastung wirkt er in der früher angegebenen Weise.

Radial ausschlagende Schwungkörper besitzt der verbreitete Flachregler von Dr.-Ing. *Paul H. Müller* in Hannover[1]). Das auch hier als Beharrungsmasse dienende und lose drehbar auf der Welle angeordnete Gehäuse $A$ wird bei ihm nach Fig. 3, Taf. 18, von den beiden Schwungkörpern $P$, die durch eine patentierte Lemniskoiden-Geradführung mit dem fest auf der Welle sitzenden Stück $K$ verbunden sind, sowie von den Laschen $k$ mitgenommen. Die Relativver-

[1]) Ausführung durch *Steinle & Hartung*, Quedlinburg.

drehung, die das Gehäuse beim Aus- und Einschlagen der Schwungkörper durch diese, unterstützt von seinem eigenen Trägheitsvermögen, gegenüber dem Stück *K* erfährt, wird durch die Stellrohre *B* auf die Bolzen *b* und von diesen durch die Laschen *c* auf die Exzenter *E* übertragen (siehe S. 277).

Der Regler kommt ohne (obere Hälfte der Seitenansicht) und mit Verstellung der Umdrehungszahl (untere Hälfte der Seitenansicht) zur Ausführung. Diese besteht wieder aus zwei Handrädern, die sich für gewöhnlich mitdrehen, bei der Verstellung aber festgehalten und gegeneinander verdreht werden. Die damit verbundene achsiale Verschiebung wird durch eine Zugstange in der hohlen Welle auf ein Kugellager und von diesem auf die einen Schenkel zweier im

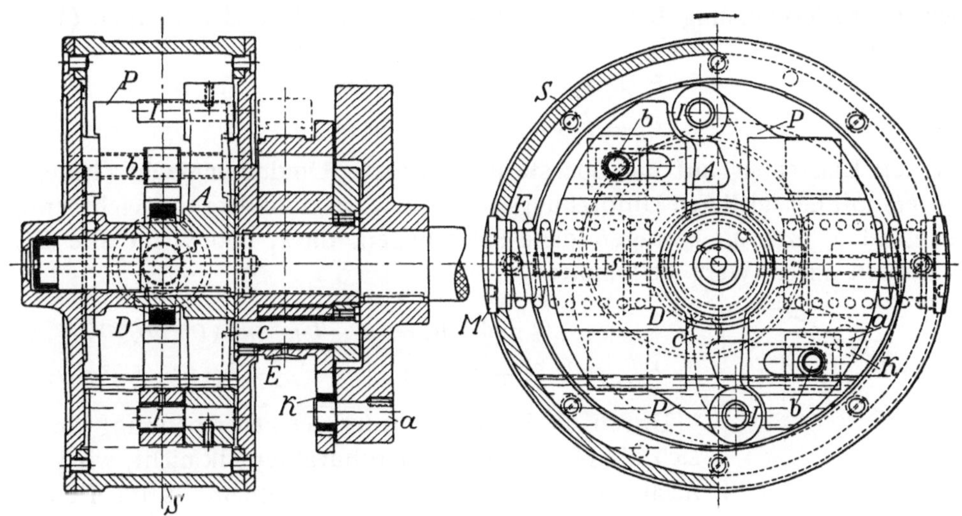

Fig. 281.  1 : 5.

Innern des Gehäuses gelagerten Winkelhebel *w* geleitet, deren andere Schenkel den Federn als Widerlager dienen. Die Verstellung bewirkt also eine Änderung der Federspannung. Bei einer Veränderung der *n*-Zahl um $\pm 5$ vH schwankt dabei der Ungleichförmigkeitsgrad um $\sim 2{,}5$ vH.

§ 137. **Die Verstellung der Umdrehungszahl bei den Flachreglern**[1]**).** Unter Vernachlässigung aller übrigen Kräfte hält bei jedem Pendelflachregler das Moment der Federkraft in bezug auf den Drehpunkt des Pendels dem Fliehkraftmoment des letzteren das Gleichgewicht, ist also nach § 133 mit bezug auf Fig. 275, S. 342,

$$F \cdot f = \mathfrak{M} = \sim \left(\frac{n}{30}\right)^2 P \cdot a \cdot x$$

oder

$$F = \left(\frac{n}{30}\right)^2 P \frac{a \cdot x}{f} \qquad \ldots \qquad 114$$

---

[1]) Nach Dr. *R. Kaiser*, Z. d. V. d. I. 1911, S. 254.

Rein mathematisch läßt sich hiernach die Veränderung der Umdrehungszahl bei einem Flachregler entweder durch die gleichsinnige Änderung der Federspannung $F$ oder durch die gegensinnige Änderung des Ausdruckes $a \cdot x/f$ erreichen.

1. Verstellung der $n$-Zahl durch Änderung der Federkraft allein.

Bei dem einfachen Nachspannen der Feder bleibt das Reglerschema für alle Umdrehungseinstellungen unverändert, und aus Gl. 114 in der Form

$$F = k \cdot n^2 \text{ mit } k = \frac{P}{900} \frac{a \cdot x}{f}$$

folgt dann in Verbindung mit Gl. 86, S. 304, und $\delta = 0{,}5\,\delta_r$ für die größte bzw. kleinste Federspannung bei der Außen- bzw. Innenlage der Pendel (Index $1$ und $2$)

$$F_1 = k_1 \cdot n_1^2 = k_1\,(1 + \delta)^2\,n^2$$
$$F_2 = k_2 \cdot n_2^2 = k_2\,(1 - \delta)^2\,n^2\,.$$

Bei der Einstellung auf die höchste und kleinste Umdrehungszahl (Index $I$ und $II$) mit der mittleren Umdrehungszahl $n_I$ bzw. $n_{II}$ und dem Ungleichförmigkeitsgrad $\delta_I$ bzw. $\delta_{II}$ betragen diese Spannungen, da $k_1$ und $k_2$ für alle Einstellungen ihren Wert beibehalten,

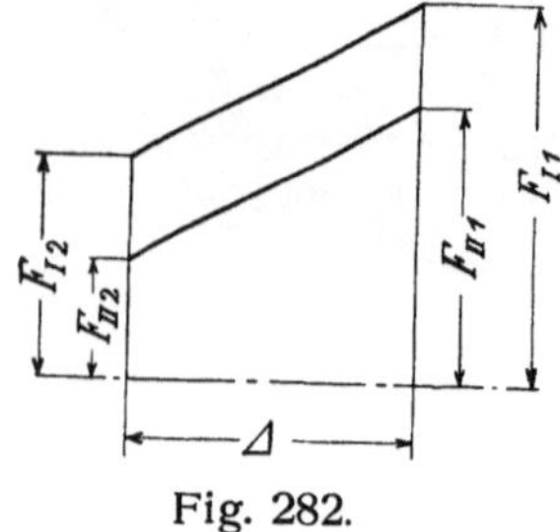

Fig. 282.

$$F_{I1} = k_1\,(1 + \delta_I)^2\,n_I^2, \qquad F_{I2} = k_2\,(1 - \delta_I)^2\,n_I^2,$$
$$F_{II1} = k_1\,(1 + \delta_{II})^2\,n_{II}^2\,, \qquad F_{II2} = k_2\,(1 - \delta_{II})^2\,n_{II}^2\,.$$

Durch die bloße Änderung der Federspannung ändert sich die Neigung der Federcharakteristik nicht, wird also nach Fig. 282, wo $\varDelta$ die Federdehnung beim Pendelausschlag zwischen den Grenzlagen bezeichnet,

$$F_{I1} - F_{I2} = F_{II1} - F_{II2}$$

oder mit den obigen Werten

$$(k_1 - k_2)\,[n_I^2\,(1 + \delta_I^2) - n_{II}^2\,(1 + \delta_{II}^2)] = 2\,(k_1 + k_2)\,(n_{II}^2 \cdot \delta_{II} - n_I^2 \cdot \delta_I)$$

Da $n_I > n_{II}$ und $k_1 > k_2$ ist, so müssen in dieser Gleichung unter Vernachlässigung der sehr kleinen Werte $\delta_I^2$ und $\delta_{II}^2$ alle Klammern positiv sein; es folgt

$$n_{II}^2 \cdot \delta_{II} > n_I^2 \cdot \delta_I$$

oder

$$\frac{\delta_{II}}{\delta_I} > \frac{n_I^2}{n_{II}^2},$$

d. h. der Ungleichförmigkeitsgrad nimmt schneller ab, als das Quadrat der Umlaufzahlen zunimmt. Bei $n_I = 2\,n_{II}$ z. B. ist der Ungleichförmigkeitsgrad bei der Einstellung auf die höchste Umdrehungszahl kleiner als $^1/_4$ bei derjenigen auf die niedrigste.

Das bloße Nachspannen der Feder, das sich konstruktiv am einfachsten verwirklichen läßt und bei den meisten Reglern gebräuchlich ist, empfiehlt sich daher nur für geringe Verstellungen (von meist $\pm\,5$ vH), wenn größere

Unterschiede zwischen $\delta_I$ und $\delta_{II}$ als 3 vH vermieden werden sollen. Empfohlen wird dabei, den Faktor $k_1 = 1{,}2\,k_2$ bei $\delta_I = \pm 0{,}02$ zu nehmen.

Durch das **Abdecken oder Verkürzen der Feder** wird der Verlauf der Federspannung während des Pendelausschlages geändert; bei der kürzeren Feder nimmt die Spannung stärker zu, ist die Neigung der Federcharakteristik (Fig. 283) größer als bei der längeren. Wird das Gesetz, nach dem sich die freie Federlänge ändert, entsprechend gewählt, so kann im Verein mit dem Nachspannen der Feder ein für alle Einstellungen konstanter Ungleichförmigkeitsgrad, falls darauf Wert gelegt wird, erzielt werden. Bezüglich dieses Gesetzes, der Form der Federcharakteristik sowie der Federberechnung muß auf die Arbeiten von *Kaiser*[1]) und *Freytag*[2]) verwiesen werden. *Lentz, Paul H. Müller* und *Strnad* haben die beiden Mittel (Abdecken und Nachspannen der Feder) zur Konstruktion von Reglern mit annähernd gleichem Ungleichförmigkeitsgrad für alle Einstellungen der Umdrehungzahl verwendet.

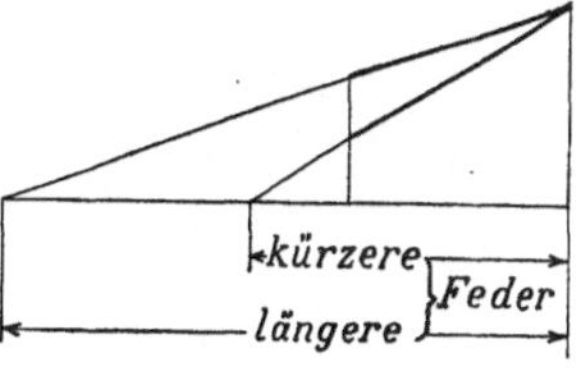


Fig. 283.

## 2. Verstellung der $n$-Zahl durch Änderung des Wertes $a\dfrac{x}{f}$.

Von den hier gegebenen Möglichkeiten sind zur Verwendung gekommen: die **Änderung des Federhebelarmes** $f$ und die in gleichem Sinne wirkende **Verschiebung der Federachse** oder des **Federangriffspunktes**, und zwar beide Mittel in Verbindung mit dem Nachspannen der Feder (siehe die Regler von *Proell* und *Doerfel* in § 132).

Für den einfachsten Fall, daß sich der Federhebelarm nur mit der Verstellung der Umdrehungszahl, nicht aber während des Pendelausschlages ändert, folgt aus Gl. 114 in der Form

$$F = \frac{k}{f}\,n^2 \text{ mit } k = \frac{P}{900}\,a \cdot x$$

für die größte und kleinste Federspannung in der Außen- bzw. Innenlage der Pendel bei einer mittleren Umdrehungszahl $n$

$$F_1 = (1 + \delta)^2\,\frac{k_1}{f}, \qquad F_2 = (1 - \delta)^2\,\frac{k_2}{f}.$$

Für denselben Ungleichförmigkeitsgrad $\delta$ betragen diese Spannungen bei der Einstellung auf die höchste bzw. niedrigste Umdrehungszahl (Index $I$ und $II$), also bei der mittleren Umdrehungszahl $n_I$ bzw. $n_{II}$ und den Federhebelarmen $f_I$ bzw. $f_{II}$, da sich $k_1$ und $k_2$ bei der Einstellung nicht ändern,

$$F_{I1} = \frac{k_1}{f_I}(1 + \delta)^2\,n_I^2, \qquad F_{I2} = \frac{k_2}{f_I}(1 - \delta)^2\,n_I^2,$$

$$F_{II1} = \frac{k_1}{f_{II}}(1 + \delta)^2\,n_{II}^2, \qquad F_{II2} = \frac{k_2}{f_{II}}(1 - \delta)^2\,n_{II}^2.$$

---

[1]) Z. d. V. d. I. 1911, S. 254. — [2]) Desgl. 1902, S. 1927.

Nach Fig. 284 ist weiter für die Nachspannung der Feder

$$\frac{F_{I1} - F_{I2}}{\Delta_I} = \frac{F_{II1} - F_{II2}}{\Delta_{II}}$$

oder mit den vorstehenden Werten

$$\frac{F_{I1} - F_{I2}}{F_{II1} - F_{II2}} = \frac{n_I^2}{n_{II}^2}\frac{f_{II}}{f_I} = \frac{\Delta_I}{\Delta_{II}} \, .$$

Schließlich stehen die Federdehnungen zu den Federhebelarmen, wenn diese sich während des Pendelausschlages nicht ändern, in der Beziehung

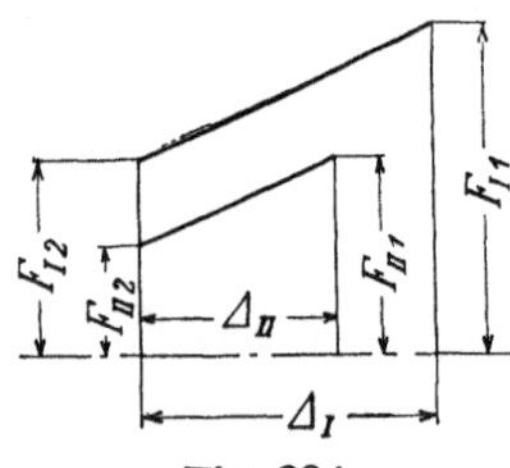

Fig. 284.

$$\frac{\Delta_I}{\Delta_{II}} = \frac{f_I}{f_{II}} \, ,$$

womit dann

$$\frac{n_I}{n_{II}} = \frac{f_I}{f_{II}}$$

folgt: Bei konstantem Ungleichförmigkeitsgrad verhalten sich die Federhebelarme wie die Umlaufszahlen.

Aus den obigen Werten für die Federspannungen ergibt sich auch

$$\frac{F_{I2}}{F_{II2}} = \frac{f_{II}}{f_I}\frac{n_I^2}{n_{II}^2}$$

oder mit der letzten Gleichung

$$\frac{F_{I2}}{F_{II2}} = \frac{n_I}{n_{II}} \, .$$

Bei konstantem Ungleichförmigkeitsgrad verhalten sich im vorliegenden Falle auch die Federspannungen wie die Umlaufzahlen.

Eine Änderung der Umdrehungszahl ohne Änderung des Ungleichförmigkeitsgrades wird somit erzielt, wenn sich die Federhebelarme und Federspannungen einfach und direkt proportional mit der Umdrehungszahl ändern.

# VII. Die Kondensation.

**§ 138. Der Nutzen der Kondensation[1]).** Um einen Teil der im Abdampf der Auspuffmaschinen enthaltenen Wärme zur Arbeitsleistung nutzbar zu machen, leitet man bei den Kondensationsmaschinen diesen Dampf nicht ins Freie, sondern in den Kondensator. Hier wird er durch Abkühlung zu Wasser verdichtet und unter gleichzeitiger Absaugung der eingetretenen Luft eine teilweise Luftleere (Vakuum) er-

zeugt. Bei richtiger Fortleitung der-selben nach dem Zylinder hin ent-steht dann vor dem Kolben eine hindernde Pressung, die kleiner als die Austrittsspannung von mehr als $1$ *at* bei Auspuffmaschinen ist. Durch die Kondensation wird also gegenüber dem Auspuff der trei-bende Überdruck des Kolbens ver-größert, das verfügbare Wärme-gefälle $i_0 - i_2$ (siehe S. 98) im Kreis-

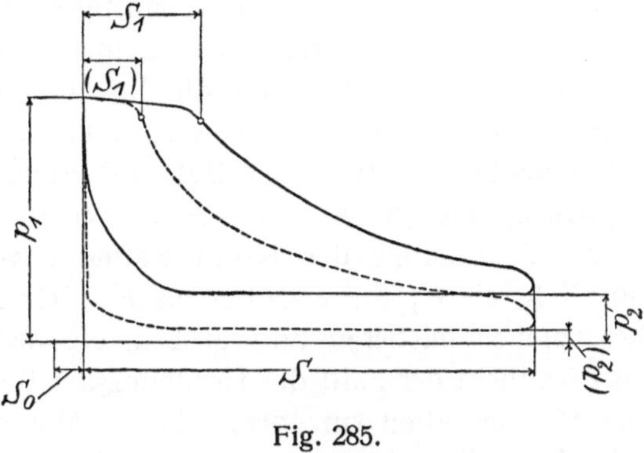

Fig. 285.

prozeß der Maschine nach unten hin erweitert und infolgedessen der Dampf-verbrauch für $1\,PS$ verringert.

Die Ersparnis $D_e - (D_e)$ im gesamten Dampfverbrauch für $1\,PS_{e-st}$ wird man bei Neuanlagen mit Hilfe von Erfahrungswerten zu bestimmen haben. Bei nachträglicher Anbringung der Kondensation an eine vorhandene Maschine dagegen kann $D_e - (D_e)$ annähernd gleich der Ersparnis im n u t z b a r e n Dampf-verbrauch gesetzt werden. Entspricht dann nach Fig. 285 das ausgezogene Indikatordiagramm der Auspuff-, das inhaltsgleiche gestrichelte der Kon-densationsmaschine von derselben Leistung, so fällt der Füllungsweg $(S_1)$ der letzteren wegen des niedrigeren Gegendruckes kleiner aus, und der nutzbare Dampfverbrauch der Auspuffmaschine wird durch die Kondensation im Ver-hältnis

$$x = \frac{S_1 - (S_1)}{S_0 + S_1}$$

vermindert. Die Dampfverluste steigen bei der Kondensation infolge des größeren Temperaturgefälles. Berücksichtigt man dies dadurch, daß man die

---

[1]) Siehe *F. J. Weiß*, Kondensation, Z. d. V. d. I. 1888 und 1891.

Dampfverluste der Auspuffmaschine trotz des höheren gesamten Dampfverbrauches in unveränderter Größe für die Kondensationsmaschine annimmt, so stellt

$$D_e - (D_e) = x \cdot D_e$$

auch die Ersparnis im gesamten Dampfverbrauch dar.

Bei *a Mark* Kosten von *1 kg* Dampf werden also allgemein

$$K_1 = a\,[D_e - (D_e)]\ \textit{Mark für}\ 1\,PS_{e-st}$$

durch die Kondensation gewonnen.

Ein weiterer, wenn auch geringerer Gewinn ergibt sich, wenn das Kondensat zur Kesselspeisung verwendet wird. Dieses enthält nämlich die Verdampfungs und einen Teil der Flüssigkeitswärme des zu kondensierenden Dampfes. Der hiermit verbundene Gewinn betrage, bezogen auf die obige Einheit, $K_2$ *Mark.*

Andrerseits werden durch die Kondensation die Betriebskosten gegenüber dem Auspuff insofern erhöht, als das Anlagekapital für die Kondensation, einschließlich Rohrleitung und sonstigem Zubehör, abzuschreiben und zu verzinsen ist, die zum Betriebe der Pumpen erforderliche Arbeit von der Maschinenleistung abgeht und durch die Instandhaltung der Kondensation, in vielen Fällen auch durch das Kühlwasser, Kosten entstehen. Beträgt die hierdurch verursachte Steigerung der Betriebskosten, bezogen auf $1\,PS_{e-st}$ , im ganzen $K_3$ *Mark,* so ist $(K_1 + K_2) - K_3$ der wirkliche Nutzen der Kondensation.

Die Anwendung der Kondensation erweist sich hiernach nur solange als nützlich, als $K_1 + K_2$ größer als $K_3$ bleibt. Bei allen kleinen Maschinen und bei solchen mittleren und großen, die täglich nur wenige Stunden arbeiten, ist dies nicht der Fall; die Erhöhung der Betriebskosten würde hier den Nutzen der Kondensation aufzehren. Solche Maschinen arbeiten deshalb vorteilhafter mit Auspuff. Weiter ist von der Anwendung der Kondensation abzusehen, wenn die Wärme des Auspuffdampfes auf irgend eine andere Weise billiger nutzbar gemacht werden kann. Dies ist z. B. nicht nur bei kleinen Betrieben durch Vorwärmung des Speisewassers vermittels des Abdampfes, sondern auch in allen den Anlagen zu ermöglichen, wo Dampf zum Heizen, Kochen oder Lösen (Fabrikheizung, Brauereien, Zuckerfabriken usw.) gebraucht wird. Bei Einzylindermaschinen findet man hier Auspuffbetrieb, während bei Mehrzylindermaschinen jetzt unter Beibehaltung der Kondensation der Heiz- und Kochdampf dem Aufnehmer entnommen wird (siehe IX. Abschnitt).

Bei Anwendung der Kondensation ist natürlich darnach zu streben, die Differenz $(K_1 + K_2) - K_3$ möglichst groß zu halten. Die Werte $K_1$ und $K_3$ sind nun hauptsächlich von der Höhe der Luftleere abhängig; mit ihr nimmt sowohl die Dampfersparnis, also $K_1$, als auch die Größe der Anlage, also $K_3$, sowie bis zu einer gewissen Grenze $K_2$ zu. Um einen möglichst großen Nutzen aus der Kondensation zu ziehen, wird man deshalb für sie diejenige Luftleere wählen, bei der die Ersparnis $(K_1 + K_2) - K_3$ am größten wird. Sie bildet die wirtschaftlich günstigste Luftleere, fällt aber keineswegs mit der höchsten Luftleere zusammen, eine Ansicht, die wohl durch den Ausdruck „Je höher das Vakuum, desto besser die Kondensation" wiedergegeben wird.

Von einer gewissen Höhe der Luftleere an wächst vielmehr mit dieser die Dampfersparnis $K_1$ nur sehr langsam bzw. hört der aus der Verwendung des Kondensats für die Kesselspeisung sich ergebende Nutzen $K_2$ ganz auf, während der Kühlwasserbesarf und die von ihm abhängigen Pumpenabmessungen, also auch die Anlage- und Betriebskosten $K_3$ sehr schnell steigen. Eine genaue Ermittelung der wirtschaftlich günstigsten Luftleere ist natürlich nur auf Grund einer Rentabilitätsrechnung möglich, wie sie bei allen größeren Anlagen angestellt wird. Für Betriebsmaschinen mit eigener Kondensation, bei denen das Kondensat zur Kesselspeisung verwendet wird, liegt sie meist zwischen 80 und 85 vH; eine Erhöhung der Luftleere über 85 vH im Zylinder hinaus dürfte bei ihnen keine wesentlichen Vorteile bringen[1]).

§ 139. **Die Bauarten und Hauptteile der Kondensation.** Nach der Art, in der die Abkühlung des Dampfes erfolgt, unterscheidet man Misch- oder Einspritz- und Oberflächenkondensation. Bei jener findet eine Mischung des Dampfes mit dem Kühlwasser statt, bei dieser umspült der Dampf oder das Kühlwasser eine Anzahl Röhren von außen, die innen vom Kühlwasser bzw. Dampf durchzogen werden. Beide Kondensationsarten werden als Einzel- oder Zentralkondensation ausgeführt, je nachdem sie nur einer oder mehreren Maschinen dienen. Bei den Zentralkondensationen, die nur in großen Betrieben, wie namentlich Berg- und Hüttenwerken, zur Verwendung kommen, schließen die Abdampfleitungen der sämtlichen Maschinen an einen gemeinschaftlichen Kondensator an. Die hiermit verbundenen Vorteile bestehen in der Unabhängigkeit der Kondensation von den einzelnen Maschinen, in der größeren Einfachheit und leichteren Übersicht der ganzen Anlage, in dem besseren Wirkungsgrade der Zentralkondensation, der höher als bei vielen Einzelkondensationen von geringer Leistung ist, und in der vermehrten Gleichförmigkeit und Beständigkeit der Luftleere infolge des Ausgleiches im Dampfverbrauch der verschiedenen Maschinen. Hierzu kommt noch der besonders für Förder- und Walzenzugmaschinen wichtige Umstand, daß bei einer Zentralkondensation die Luftleere auch schon im Augenblick des Anlaufens der Maschinen vorhanden ist.

Zur Absaugung der Luft und des nicht kondensierten Dampfes aus dem Kondensator dient bei jeder Kondensation eine Luftpumpe. Man bezeichnet sie als trockene, wenn sie in der Hauptsache nur Luft, oder sonst Dampf und Luft abzusaugen hat, dagegen als nasse, wenn sie außerdem das Kondens- und Warmwasser fortschaffen muß. Bei trockener Luftpumpe ist natürlich eine besondere Pumpe zur Beseitigung des Warmwassers aus dem Kondensator vorzusehen, die bei Oberflächenkondensationen die Kondensatpumpe genannt wird, da sie hier nur das Kondenswasser fortzunehmen hat, oder aber das Warmwasser muß durch ein *10* bis *12 m* langes Abfallrohr aus dem hochgestellten Kondensator frei abfließen können. Zur Förderung des Kühlwassers ist ferner bei einer Mischkondensation nur dann eine Kaltwasserpumpe nötig, wenn der Unterschied zwischen dem äußeren Luftdruck und der geringeren

---

[1]) Nur bei Gleichstrommaschinen kommen höhere Luftleeren vor.

Kondensatorpressung nicht groß genug ist, um dieses Wasser in den Kondensationsraum zu heben und die dabei auftretenden Widerstände zu überwinden. Jede Oberflächenkondensation dagegen bedarf einer Pumpe, die dieses Wasser an den Kühlflächen des Kondensators vorbei bewegt bzw. es auf eine solche Höhe hebt, daß es diese Bewegung vollführen kann.

Das Kühlwasser wird entweder einem Brunnen, Teich, Fluß usw. entnommen und nach Gebrauch, sofern man es nicht zur Kesselspeisung benützt, wieder fortgelassen, oder aber es wird, wenn seine Beschaffung und Ableitung mit großen Kosten und Umständen verknüpft sind, nach seiner Benutzung und Erwärmung künstlich abgekühlt und immer wieder zur Verdichtung des Dampfes verwendet. Danach unterscheidet man Kondensationen mit natürlichem Kühlwasser und solche mit künstlicher Wasserkühlung oder Rückkühl-

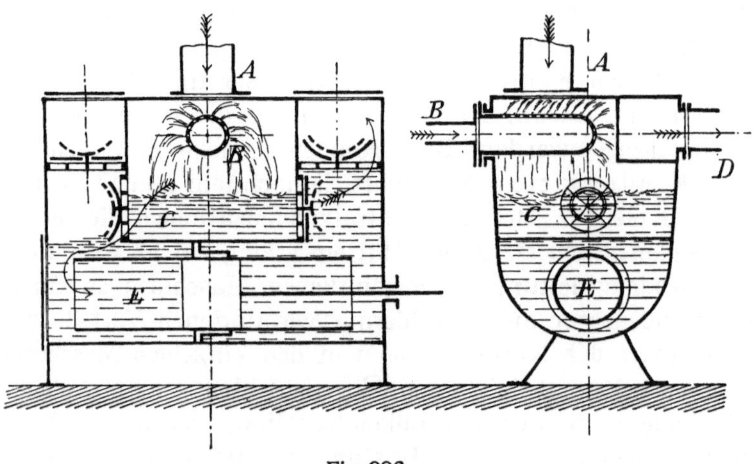

Fig. 286.

anlagen, wie die zur Kühlung des Warmwassers erforderlichen Vorrichtungen heißen.

Dient das Kondensat des Abdampfes, wie namentlich bei Oberflächenkondensationen, zur Kesselspeisung, so wird der Abdampf jetzt fast allgemein vor seinem Eintritt in den Kondensator in einem besonderen Ölabscheider von Fett, Öl und sonstigen Verunreinigungen befreit.

§ 140. **Parallel- und Gegenstrom bei Mischkondensationen.** Die Mischung des Dampfes mit dem Kühlwasser kann in zweierlei Weise erfolgen. Fig. 286 zeigt schematisch die ältere und jetzt noch meist bei Dampfmaschinen mit Einzelkondensation gebräuchliche Anordnung für Parallelstrom und nasse Luftpumpe. Der Dampf tritt durch das Rohr $A$, das Kühlwasser durch dasjenige $B$ in den Kondensator $C$. Die nasse Luftpumpe $E$ hat außer einem Gemisch von Luft und nicht kondensiertem Dampf noch das warme Wasser durch $D$ abzusaugen.

Anders ist dies bei der in Fig. 287 angedeuteten *Weiß*schen Anordnung für Gegenstrom und trockene Luftpumpe. Der Dampf strömt hier durch $A$ unten in den Kondensator $C$ und in ihm dem durch $B$ eintretenden Kühlwasser entgegen. Die trockne Luftpumpe saugt im höchsten Punkte durch das Rohr $E$ fast ausschließlich Luft ab, während das Warmwasser unten durch ein Abfallrohr $D$ austritt.

Um beide Anordnungen in ihrer Wirkung miteinander vergleichen zu können, hat man zu beachten, daß die Pressung $p_k$ im Kondensator sich nach dem *Dalton*schen Gesetz aus zwei Teilen zusammensetzt, nämlich aus dem Druck $p_l$ der Luft, die mit dem Kühlwasser und durch undichte Stellen (Stopfbuchsen, Dichtungen) eindringt, und aus der Spannung $p_d$ des aus dem Kondensat sich bildenden Dampfes. Beide ergeben, zueinander addiert, die Kondensatorpressung

$$p_k = p_l + p_d.$$

Je größer für dasselbe $p_k$ der Luftdruck $p_l$ im Kondensator ist, desto kleiner muß also die Spannung $p_d$ des Dampfes daselbst sein und umgekehrt. $p_d$ ist von der Temperatur des Kondensats abhängig (siehe die Tabellen im „Anhang"), und der im Kondensator mögliche höchste Dampfdruck entspricht der Temperatur des Warmwassers.

Es kommt nun, um eine möglichst vorteilhafte Wirkung zu erzielen, wesentlich auf eine zweckmäßige Verteilung von Luft und Dampf im Kondensator und auf die richtige Entnahme der Luft und des Wassers aus demselben an. Am vorteilhaftesten wird diese Verteilung, wenn

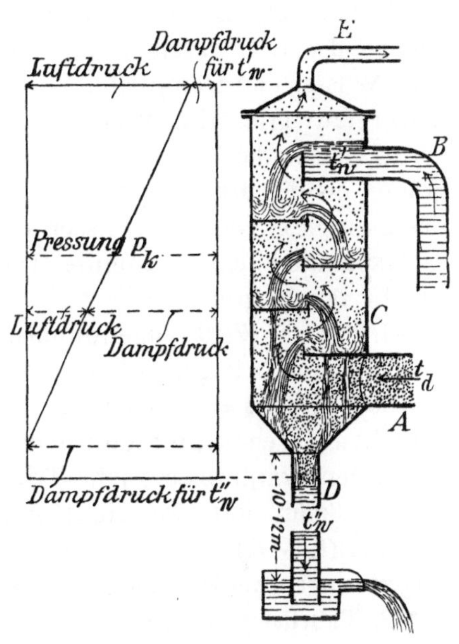


Fig. 287.

Dampf und Kühlwasser wie bei dem *Weiß*schen Kondensator entgegenströmen. Die Spannung $p_k$ ist dann wohl im ganzen Kondensator gleich, nicht aber die Temperatur. Oben, wo das Kühlwasser eintritt, ist die Temperatur am niedrigsten, unten dagegen, an der Eintrittsstelle des Dampfes, am höchsten. Oben im Kondensator wird daher infolge der niedrigen Temperatur $p_d$ nur gering sein und $p_k$, wie die Darstellung der Druckverteilung in Fig. 287 zeigt, zur Hauptsache durch die Luftpressung $p_l$ gebildet werden. Das heißt, die Luft wird in dem *Weiß*schen Kondensator fast vollständig nach oben gedrängt, sie ist an der Absaugestelle in einem sehr dichten Zustande vorhanden, und die Luftpumpe erhält verhältnismäßig kleine Abmessungen, verbraucht auch entsprechend wenig Arbeit zu ihrem Betriebe. Andererseits bewirkt die hohe Temperatur unten im Kondensator, daß dort $p_k$ fast ausschließlich von der Dampfspannung $p_d$ herrührt und sich das Kühlwasser bis auf die dieser Spannung entsprechende Temperatur, also fast auf die des zu kondensierenden Dampfes, erwärmen kann. Es fällt deshalb bei der *Weiß*schen Gegenstromkondensation nicht nur die Luftleere besser, sondern auch der Kühlwasserbedarf geringer

aus. Je geringer aber der letztere ist, desto kleiner wird wiederum die Betriebsarbeit der anderen Pumpen und desto kleiner braucht bei Kondensationen mit
künstlich gekühltem Wasser die Rückkühlanlage zu sein.

Ungünstiger liegen die Verhältnisse bei der Mischkondensation mit Parallelstrom und nasser Luftpumpe. Kühlwasser und Dampf bewegen sich hier nach
ihrem Eintritt gemeinsam zur Luftpumpe hin, und es ist nicht nur die Spannung
$p_k$, sondern auch die Temperatur im ganzen Kondensator annähernd gleich.
Da an der Absaugestelle neben der Luft auch Dampf vorhanden ist, so läßt
die Spannung des letzteren eine nur verhältnismäßig geringe Pressung und
Dichte der Luft daselbst zu. Die nasse Luftpumpe saugt also zugleich mit
dem Wasser und Dampf die Luft in sehr verdünntem Zustande ab, die Pumpe
muß relativ groß sein. Weiter hindert die Luft an der Absaugestelle den Dampf
daran, allein die Kondensatorspannung auszumachen; denn $p_k$ ist hier immer
größer als die der Temperatur des Warmwassers entsprechende Spannung $p_d$
des Dampfes. Das Kühlwasser kann sich nicht bis auf die der vollen Kondensatorspannung entsprechende Temperatur erwärmen, der Kühlwasserbedarf
ist ein relativ großer.

Wird nach *Weiß* angenommen, daß in einem Gegenstromkondensator $p_k$
überall *0,1 at* betrage, so herrscht im untersten Teil desselben, wo nach obigem
$p_l = 0$, also $p_d = \infty\, p_k$ ist, die *0,1 at* nach der 1. Tabelle im „Anhang" entsprechende Temperatur von $\infty 45°$ C, die zugleich die Temperatur $t_w''$ des austretenden Warmwassers ist. Tritt dann das Kühlwasser oben mit $t_w' = 20°$ C
ein, so kann dort, wo die Kondensation vollendet ist, die Temperatur um
$4 + 0,1\, (t_w'' - t_w')°$ C höher als $t_w'$, also zu $20 + 4 + 0,1\, (45 - 20) = 26,5°$ C
angenommen werden. Der zu dieser Temperatur gehörige Dampfdruck ist nach
der 2. Tabelle $p_d = 0,035\, at$, der Luftdruck also $p_l = p_k - p_d = 0,1 - 0,035$
$= 0,065\, at$.

In einem entsprechenden Parallelkondensator würde das Abwasser eine
geringere Temperatur haben und unter der Annahme, daß diese (siehe § 141)
nur 5° C kleiner als die zu $p_k$ gehörige Sättigungstemperatur sei, 40° C betragen.
Die dieser Temperatur nach der 2. Tabelle im „Anhang" entsprechende Dampfspannung an der Entnahmestelle des Wassers und der Luft wäre dann $p_d =$
$\infty\, 0,075\, at$, die Luftspannung daselbst bei demselben $p_k$ wie oben $p_l = 0,025\, at$.
Die Luft würde somit dem Gegenstromkondensator in $0,065/0,025 = 2,6$ mal
so großer Dichte entnommen, und die Luftpumpe brauchte bei ihm nur das
$1/2,6 = 0,385$fache Volumen von demjenigen zu haben, das die Pumpe bei
Parallelstrom zur Förderung der Luft verlangt. Der Kühlwasserbedarf würde
sich ferner nach § 141 für Parallelstrom auf *28*, für Gegenstrom auf *22 kg* für
*1 kg* Dampf stellen.

Die Vorteile, die hiernach die Gegenstromkondensation bietet, sind bedeutend
und bestehen, wie schon erwähnt, in dem geringeren Kühlwasserbedarf, in den
kleineren Abmessungen der Pumpen, von denen allerdings eine die Luft, die
andere das Warmwasser absaugen muß, und in dem niedrigeren Arbeitsbedarf
dieser Pumpen.

**§ 141. Die Berechnung der Mischkondensation.** Es bezeichnet:

$m$ die zur Kondensation von $1$ $kg$ Dampf erforderliche Kühlwassermenge in $kg$,

$p_k$ die gesamte,

$p_d$ die vom Dampf,

$p_l$ die von der Luft herrührende Pressung im Kondensator in $at$,

$t_k$ die zu $p_k$,

$t_d$ die zu $p_d$ gehörige Sättigungstemperatur (siehe die 1. und 2. Tabelle im „Anhang"),

$t_w'$ die Temperatur des eintretenden Kühlwassers,

$t_w''$ die des austretenden Warmwassers in $°$ C.

Das Vakuummeter zeigt den Unterschied des äußeren Luftdruckes und der Kondensatorpressung in $cm$ Quecksilbersäule an. Ist z. B. bei $74\,cm$ Barometerstand die Luftleere $64{,}4\,cm$ oder

$$100\,\frac{64{,}4}{74} = \infty\,87\ \text{vH},$$

so beträgt die Kondensatorpressung

$$p_k = 74 - 64{,}4 = 9{,}6\,cm \ \text{oder}\ 1 - 0{,}87 = 0{,}13\ at.$$

Mischkondensationen mit Parallelstrom (nasser Luftpumpe) erzeugen bis zu $68$ bis $70\,cm$ Quecksilbersäule Luftleere bei $74\,cm$ Barometerstand, und die Luftpressung ist in ihnen je nach der Güte der Ausführung $1$ bis $3$, im Mittel $2\,cm$.

1. Der Kühlwasserbedarf.

Ist $\lambda_k$ die Gesamtwärme des zu kondensierenden Dampfes und wird die Flüssigkeitswärme des Kühl- und Warmwassers gleich dessen Temperatur gesetzt, so muß

$$\lambda_k + m \cdot t_w' = (m + 1)\,t_w''$$

oder

$$m = \frac{\lambda_k - t_w''}{t_w'' - t_w'} \qquad \ldots \ldots \ldots \ldots \quad 115$$

sein. $\lambda_k$ schwankt nur wenig und beträgt für trockenen gesättigten Wasserdampf von $0{,}1$ bis $0{,}2$ $at\ abs.$ $616$ bis $622{,}5$ $WE$. Mit Rücksicht auf die Dampfnässe und die Abkühlung in der Leitung zum Kondensator wird $\lambda_k$ aber für gewöhnlich nur zu $600$, in besonderen Fällen, wie z. B. bei Zentralkondensationen mit langen Leitungen, herunter bis zu $550$ $WE$ angenommen. $t_w'$ ist bei der Entnahme des Kühlwassers aus Brunnen etwa 10, aus Flüssen und Teichen je nach Lage und Jahreszeit bis zu 25, bei Rückkühlung 25 bis 35, mitunter $40°$ C.

Bei **Parallelstrom** hält man mit Rücksicht auf die meist erwünschte Vorwärmung des Speisewassers $t_w''$ nicht unter $30°$ C, und es ist $t_w'' = t_k - 5$ bis $10°$ sowie für mittlere Verhältnisse

$$t_w'' = 35 \ \text{bis}\ 40°\,\text{C mit}\ m = 25 \ \text{bis}\ 30\,kg.$$

Bei **Gegenstrom** kann $t_w'' = t_d = t_k$ gesetzt werden.

Gl. 115 ergibt z. B. für $t_w' = 20°$ und $p_k = 0{,}1$ $at$

bei Parallelstrom mit

$$t_w'' = \infty\,45 - 5 = 40°\,\text{C} \ldots m = \frac{600 - 40}{40 - 20} = 28\,kg\,,$$

bei Gegenstrom mit

$$t_w'' = t_k = \infty\,45°\,\text{C} \ldots m = \frac{600 - 45}{45 - 20} = \infty\,22\,kg\,.$$

## 2. Die abzusaugende Luftmenge.

Die Luft gelangt teils durch das Kühlwasser, teils durch undichte Stellen (Stopfbuchsen, Leitungen) in den Kondensator. Die mit dem Kühlwasser eindringende Luft ist nur gering (1 bis 2 vH), die durch undichte Stellen eintretende hängt von dem jeweiligen Dichtheitszustand des Kondensators und der Leitungen ab. Nach *Weiß* kann die gesamte Luftmenge in *ltr* (*cdm*), bezogen auf atmosphärischen Druck, für *1 kg* des zu kondensierenden Dampfes

$$l = 0{,}02\,m + \mu \quad \ldots\ldots\ldots\ldots \quad 116$$

mit $\mu = 1{,}8 + 0{,}01\,Z$ für grobe Betriebe (Hüttenwerke u. dgl.),

$\quad\mu = 1{,}8 + 0{,}006$ für feine Betriebe (Elektrizitätswerke mit Zentralkondensation),

$\quad\mu = 1{,}8$, entsprechend $Z = 0$, für Maschinen mit Einzelkondensation

gesetzt werden, wenn $Z$ die Gesamtlänge der Abdampfleitungen in $m$ ist. Für sorgfältige Ausführungen liefert Gl. 116 aber zu reichliche Werte.

Im Kondensator, bei der Spannung $p_i$, nimmt die Luftmenge $l$ ein Volumen

$$\frac{l}{p_i} = \frac{l}{p_k - p_d}$$

ein. Es ist annähernd bei Parallelstrom je nach der Höhe der Luftleere gleich dem 2- bis 3fachen entsprechenden Wasservolumen, nämlich

$$\frac{l}{p_k - p_d} = 2\,(m + 1) \text{ bis } 3\,(m + 1)\ ltr$$

für *1 kg* Abdampf.

## 3. Der Arbeitsbedarf.

Die Betriebsarbeit einer Kondensation läßt sich nur annähernd berechnen. Durch sie muß das kalte Wasser in den Kondensator, das warme und die Luft wieder aus ihm herausgeschafft werden. Um das zur Kondensation von $D_k\ kg$ Dampf in der Minute erforderliche Kühlwasser in den um $h = h' + h''\ m$ über dem Wasserspiegel liegenden Kondensator zu bringen, verlangt die Kaltwasserpumpe, wenn sie das Wasser $h'\ m$ heben muß, zu ihrem Betriebe theoretisch eine Leistung in *PS*

$$N_k' = \frac{m \cdot D_k \cdot h'}{60 \cdot 75} \quad \ldots\ldots\ldots\ldots \quad 117$$

Auf die bis zum Kondensator noch verbleibende Höhe $h''$ ist das Wasser dann durch die Differenz $1 - p_k$ zwischen dem äußeren Atmosphärendrucke und der jeweiligen Kondensatorpressung zu heben. Vorteilhaft wird $h''$ dieser jeweiligen Druckdifferenz angepaßt, d. h., die Saugkraft des Kondensators voll ausgenützt.

Solange $h$ kleiner als die der Differenz $1 - p_k$ entsprechende Wassersäulenhöhe von rund $10\,(1 - p_k)\ m$ bleibt, ist unter Vernachlässigung der Nebenhindernisse keine Kaltwasserpumpe erforderlich. Für $p_k = 0{,}12\ at$ würde also ohne Berücksichtigung der Nebenhindernisse erst bei $10\,(1 - 0{,}12) = 8{,}8\ m$

eine Kaltwasserpumpe nötig sein. Gewöhnlich wird aber bei Kondensationen mit nasser Luftpumpe die angegebene Druckdifferenz niemals vollständig ausgenützt, indem man mit Hinsicht auf eine stets sichere Wasserzuführung hier höchstens bis zu $5\,m$ Höhendifferenz von einer besonderen Wasserpumpe absieht.

Um weiter die unter der Kondensatorpressung $p_k$ stehende Wassermenge von $(m + 1)\,D_k\,kg$ aus dem Kondensator heraus- und unter den Druck der äußeren Atmosphäre zu bringen, gehört theoretisch eine Leistung in $PS$

$$N_k'' = \frac{(m + 1)\,D_k}{60 \cdot 75}\,10\,(1 - p_k) \quad\ldots\ldots\ldots \quad 118$$

Die Leistung schließlich, die nötig ist, um das im Kondensator befindliche Dampf- und Luftgemisch zu komprimieren und ins Freie zu schaffen, hängt von dem Verhalten der Luft bzw. des Gemisches während der Kompression ab. Bei trockenen Luftpumpen mit reichlicher Wasserkühlung geht die Verdichtung polytropisch, bei nassen isothermisch vor sich, wobei der Dampf wegen der konstanten Temperatur seinen Druck beibehalten und kondensieren, der Druck der Luft aber von $p_l = p_k - p_d$ auf $1 - p_k$[1]) steigen wird. Der einfacheren Rechnung wegen nimmt man aber in beiden Fällen gewöhnlich isothermische Kompression an und setzt mit $l$ als Luftmenge für $1\,kg$ Dampf in $ltr$ und $p_k$, $p_d$ in $at$ die erforderliche theoretische Leistung in $PS$

$$N_k''' = k\,\frac{l \cdot D_k}{60 \cdot 75}\,10\,\ln\frac{1 - p_d}{p_k - p_d} \quad\ldots\ldots\ldots \quad 119$$

$k = 1{,}2$ bis $1{,}5$ ist ein Sicherheitskoeffizient.

Die wirkliche gesamte Betriebsarbeit ist somit bei einem mechanischen Wirkungsgrad $\eta_m$ der Pumpen

$$N_k = \frac{1}{\eta_m}\,(N_k' + N_k'' + N_k''').$$

$\eta_m = 0{,}7$ bis $0{,}8$.

Nach Veröffentlichungen von *Kiesselbach*[2]) ergab eine Reihe von Versuchen für gewöhnliche Einspritzkondensationen einen Arbeitsbedarf von 0,6 bis 2, im Mittel 1 vH, bei Rückkühlung 1 bis 3,5 vH der Maschinenleistung je nach den Temperaturen und verbrauchten Wassermengen.

## 4. Die Leitungen.

Der Durchmesser der **Abdampfleitung** wird bei Dampfmaschinen mit eigener Kondensation nach den Angaben auf S. 141 bemessen.

Bei Zentralkondensationen ist der Durchmesser aus dem Volumen des Abdampfes zu berechnen gemäß

$$d^2\,\frac{\pi}{4} = \frac{D_k}{60\,\gamma \cdot w} \quad\ldots\ldots\ldots \quad 120$$

---

[1]) Genauer steigt während der Verdichtung die Saugspannung $p''$ (siehe das Diagramm in Fig. 294, S. 370) auf die um $p_d$ verminderte Druckspannung $p'$.

[2]) Z. d. V. d. I. 1896, S. 1315.

mit $d$ als lichtem Durchmesser der Leitung in $m$,

$w \leqq 100 \, m/sk$ als Dampfgeschwindigkeit,

$D_k$ als Abdampfmenge in $kg/min$,

$\gamma = 0{,}16$ bis $0{,}1$, im Mittel $0{,}13$ als spezifisches Gewicht des Abdampfes in $kg/cbm$.

*Weiß* empfiehlt für kurze Leitungen den mit $\gamma = 0{,}13$ und $w = 143 \sqrt{d}$ sich aus Gl. 120 ergebenden Wert

$$d = \frac{D_k^{0,4}}{15} \qquad \qquad \qquad \text{121}$$

Für lange Leitungen ist dieser Wert noch mit $1 + Z/600$ zu multiplizieren, wenn $Z$ die Länge der Abdampfleitung von der Maschine bis zum Kondensator in $m$ ist.

Der lichte Durchmesser der übrigen Leitungen ist für

$w \leqq 2{,}5 \, m/sk$ Wasser- bzw.

$w = 4$ bis $10 \, m/sk$ Luftgeschwindigkeit

zu berechnen. Der Überdruck im Kondensator saugt das Wasser mit $1$ bis $2 \, m/sk$ an.

§ 142. **Die Mischkondensation mit Parallelstrom und nasser Luftpumpe.** Sie kommt wegen ihrer Billigkeit und wegen ihres einfachen, übersichtlichen Betriebes hauptsächlich bei kleinen Anlagen als Einzelkondensation zur Anwendung. Fig. 288 bis 290 zeigen ihre gebräuchliche Anordnung an liegenden Maschinen. Die liegend oder stehend angeordnete Luftpumpe ist, wenn möglich, unter Flur aufzustellen, damit die Abdampfleitung vom Zylinder nach dem Kondensator hin stetig Fall erhalten und ihr Kondenswasser dem letzteren unbehindert zufließen kann. Der Antrieb der Pumpe erfolgt dabei entweder vom hinteren Kreuzkopf (Fig. 288 und 289) oder vom Kurbelzapfen (Fig. 290) aus vermittels Schubstange, Winkelhebel, Balanzier usw. Seltener findet sich die schräge Anordnung der Luftpumpe mit Exzenterantrieb von der Kurbelwelle aus. Die unmittelbare Kupplung der Luft- und Dampfkolbenstange, wie sie früher vorkam, ist nur bei Kolbengeschwindigkeiten $c_m$ unter $2{,}5 \, m/sk$ sowie bei nicht zu großen Saughöhen zulässig. Sie bietet einerseits den Vorteil der billigen Fundamentierung der Pumpe und der leichten Zugänglichkeit ihrer Ventile, hat aber andererseits den Nachteil, daß die Luftpumpe mit dem Dampfzylinder in gleiche Höhe zu liegen kommt. Ist die unmittelbare Kupplung aus anderen Gründen nicht zu umgehen, so muß man das Kondenswasser der Abdampfleitung, namentlich beim Anlassen der Maschine, durch ein kleines Röhrchen ablassen, das mit Hahn an jene Leitung schließt. Sammelt sich nämlich Wasser in der Abdampfleitung, so wird es von Zeit zu Zeit stoßweise nach dem Kondensator mit übergerissen, was immer mit Unannehmlichkeiten verknüpft ist.

An stehenden Maschinen, wo nur stehende Luftpumpen verwendet werden, erfolgt deren Antrieb vom Kreuzkopf oder der Schubstange aus.

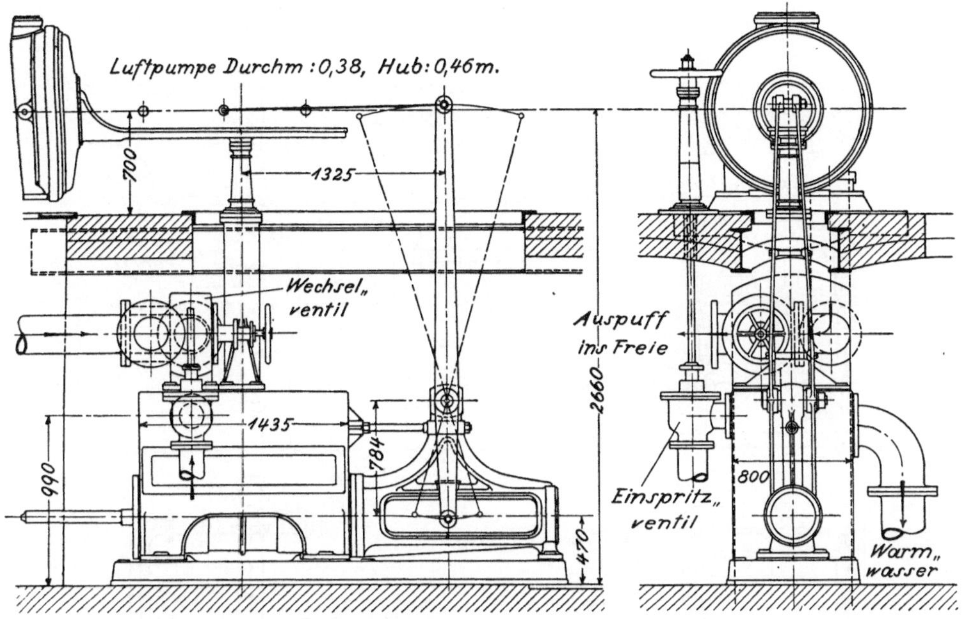



Fig. 288. 1 : 50. Luftpumpe einer lieg. Einzylindermaschine der *Sächsischen Maschinen-fabrik, vorm. Richard Hartmann,* in Chemnitz.

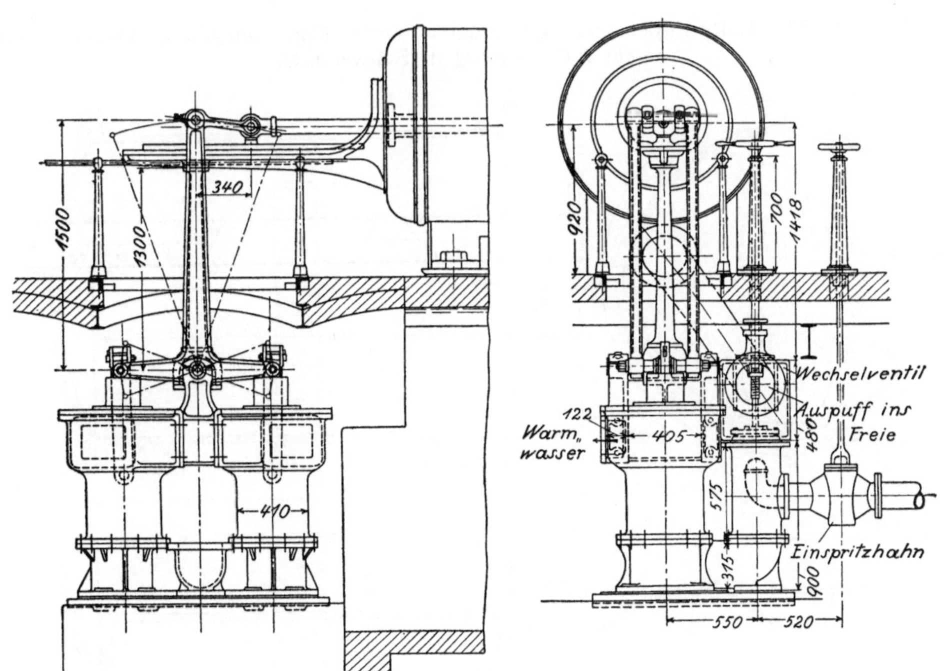



Fig. 289. 1 : 45. Luftpumpe und Kondensator einer lieg. Zwillings-Verbundmaschine der *Chemnitzer Werkzeugmaschinenfabrik, vorm. Joh. Zimmermann.*

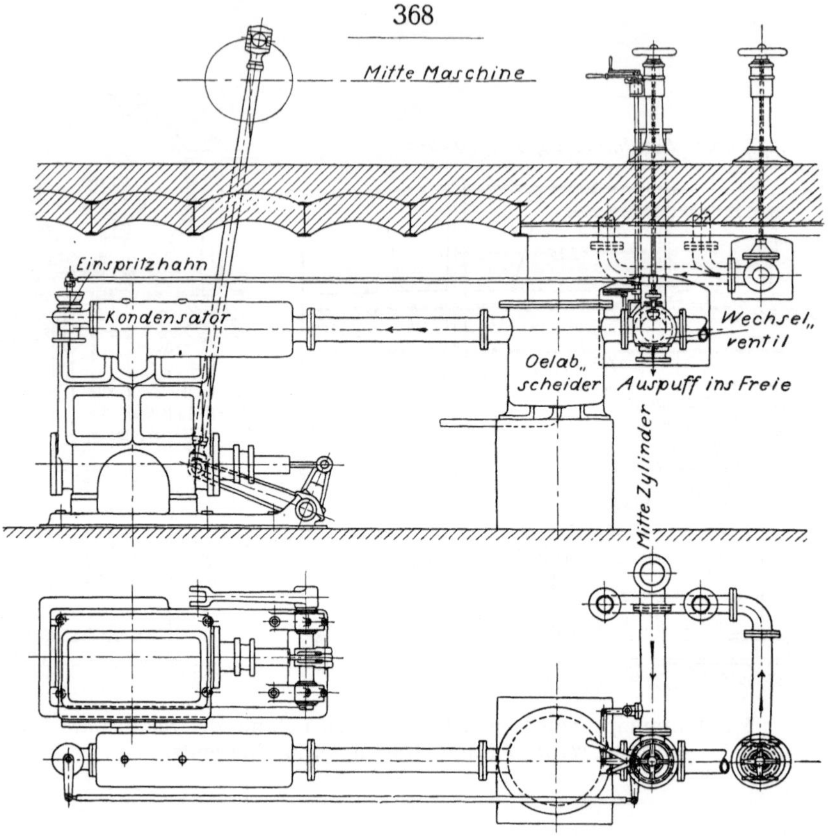

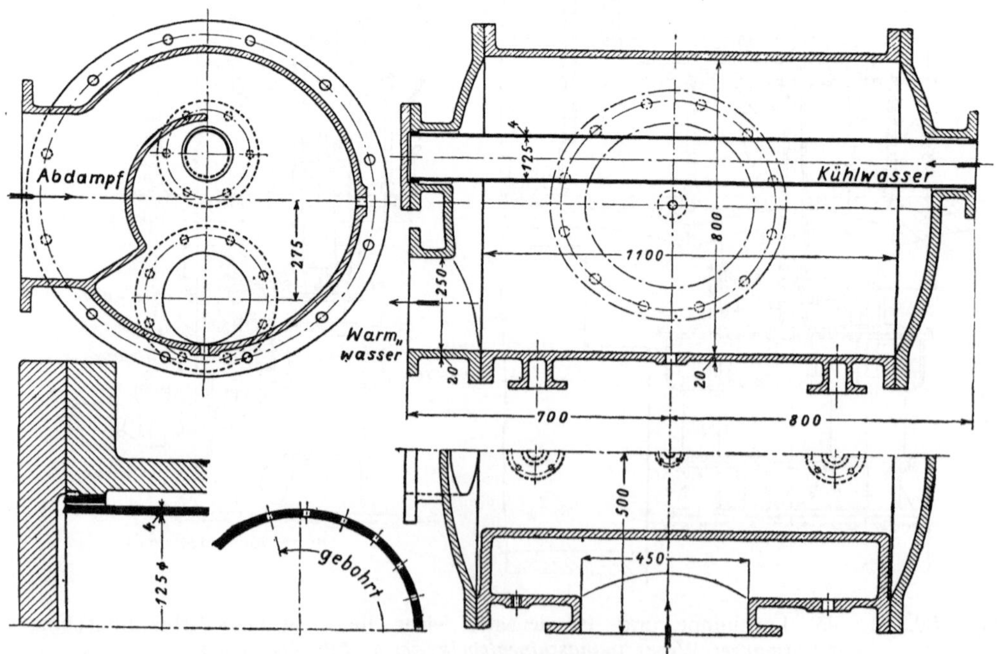



Fig. 290. 1 : 50. Luftpumpe und Kondensator einer lieg. Einzylindermaschine von *Främbs & Freudenberg* in Schweidnitz.

Fig. 291. 1 : 20 und 1 : 4. Kondensator der Gleichstrommaschine $D = 0{,}5$, $S = 0{,}65\,m$, $n = 180$ der *Grevenbroicher Maschinenfabrik*.

Der eigentliche Kondensator bildet in manchen Fällen einen Teil des Pumpengehäuses. Fig. 291 und 292 zeigen die Ausführung besonders ausgebildeter Kondensatoren. Ihr Inhalt wird gleich dem *15-* bis *20*fachen Volumen der sekundlichen Einspritzwassermenge gemacht. Den hohlen Ständer des Maschinenrahmens als Kondensationsraum zu benützen, wie es früher mitunter an stehenden Maschinen vorkam, ist wegen der dabei stattfindenden Anrostung der Wandungen nicht zu empfehlen.

Das Einspritzwasser, das durch den Unterdruck im Kondensator bis zu *7 m* Höhe angesaugt wird, läßt man, um es mit dem Dampfe möglichst innig zu mischen, entweder in Form eines Kegels oder als Brause im Kondensator austreten. Die erste Form erzielt man mit Hilfe eines kegelförmigen Mundstückes (Fig. 293), das vermittels Spindel und Handrad verstellt werden kann und so eine Regelung des Wasserspiegels und der Wassermenge zuläßt. Den brauseartigen Austritt, der jetzt meist in Anwendung kommt, erreicht man mit Hilfe eines durchlochten Kupfer- oder verzinkten Eisenrohres (Fig. 291 und 292). Zur Regelung des Wassereintrittes dient dann ein Hahn vor dem Eintrittsrohre, der natürlich in jedem Falle vorhanden sein muß, um die Leitung beim Stillstand der Maschine abschließen zu können. Der Dampf- und Wassereintritt erfolgt im Kondensator in zueinander senkrechten Richtungen.

In die Abdampfleitung ist stets ein Wechselventil einzuschalten, damit die Maschine erforderlichenfalls auch mit Auspuff arbeiten kann.

### § 143. Die nassen Luftpumpen mit Saugventilen.

Fig. 295 und 300 zeigen gebräuchliche Ausführungen von liegenden, Fig. 303 und 305 solche von stehenden Luftpumpen mit Saugventilen. Jene sind in der Regel doppelt, diese einfach wirkend und meist paarweise angeordnet.

Nach dem Diagramm in Fig. 294 verdichtet der Kolben bei den vorliegenden Pumpen von

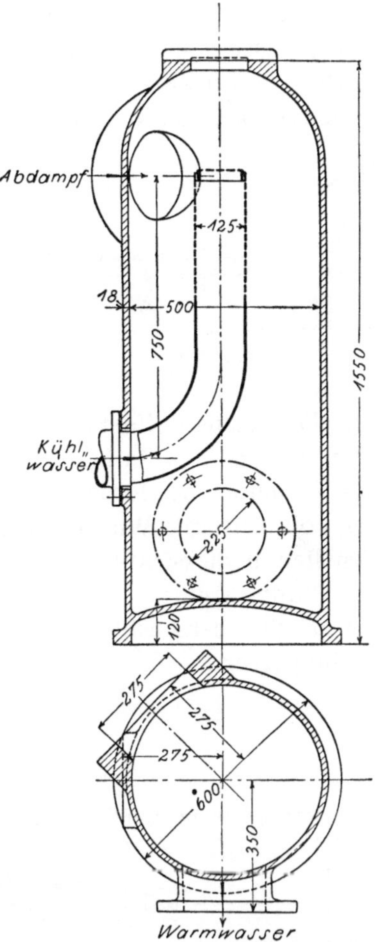


Fig. 292.  1 : 20.  Kondensator von *A. Borsig*, Berlin-Tegel.

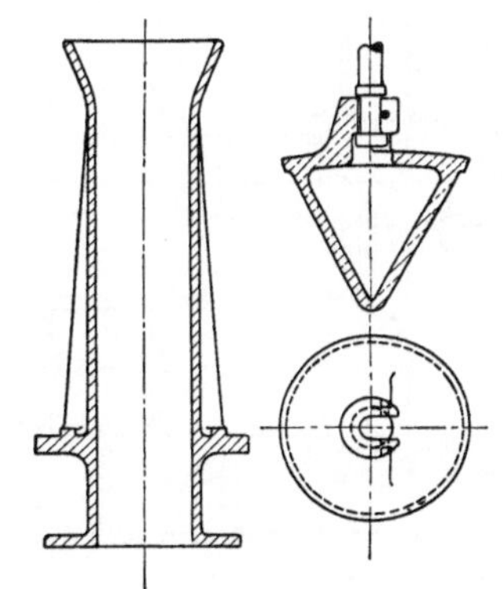

Fig. 293.  1 : 7,5.  Einspritzrohr mit Kegel der *Maschinenfabrik Augsburg-Nürnberg*.

der einen Totlage $a$ aus zunächst das beim vorigen Hub angesaugte Wasser- und Luftgemisch auf eine Spannung $p'$, die um die Widerstandshöhe der Druckventile größer als der Druck der Atmosphäre ist. Dann öffnen sich in $b$ die Druckventile, um während des Weges $b\,c$ das Gemisch austreten zu lassen.

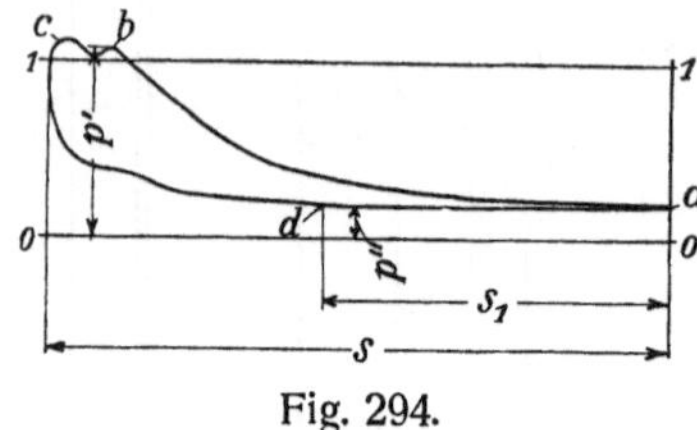

Fig. 294.

Auf dem Rückwege des Kolbens, vom Punkte $c$ aus, expandiert zunächst die dann noch im Pumpenraum auf der betreffenden Kolbenseite befindliche Luft, deren Volumen in der Totlage als schädlicher Raum der Pumpe angesprochen werden kann, bis auf eine Saugspannung $p''$, die um die Widerstandshöhe der Saugventile kleiner als die Kondensatorspannung ist. Die letztere öffnet diese Ventile dann im Punkte $d$, worauf der Kolben auf dem Wege $d\,a = s_1$ Luft und Wasser aus dem Kondensator ansaugt. $s_1/s$, also das Verhältnis des fördernd durchlaufenen Kolbenweges zum ganzen Hub, wird der volumetrische Wirkungsgrad genannt, der, mit einem die Verluste in den Ventilen berücksichtigenden Koeffizienten multipliziert, den Lieferungsgrad $\varphi$ der Pumpe ergibt.

Bezüglich der Ausführung der einzelnen Teile ist für die vorliegenden Pumpen zu bemerken:

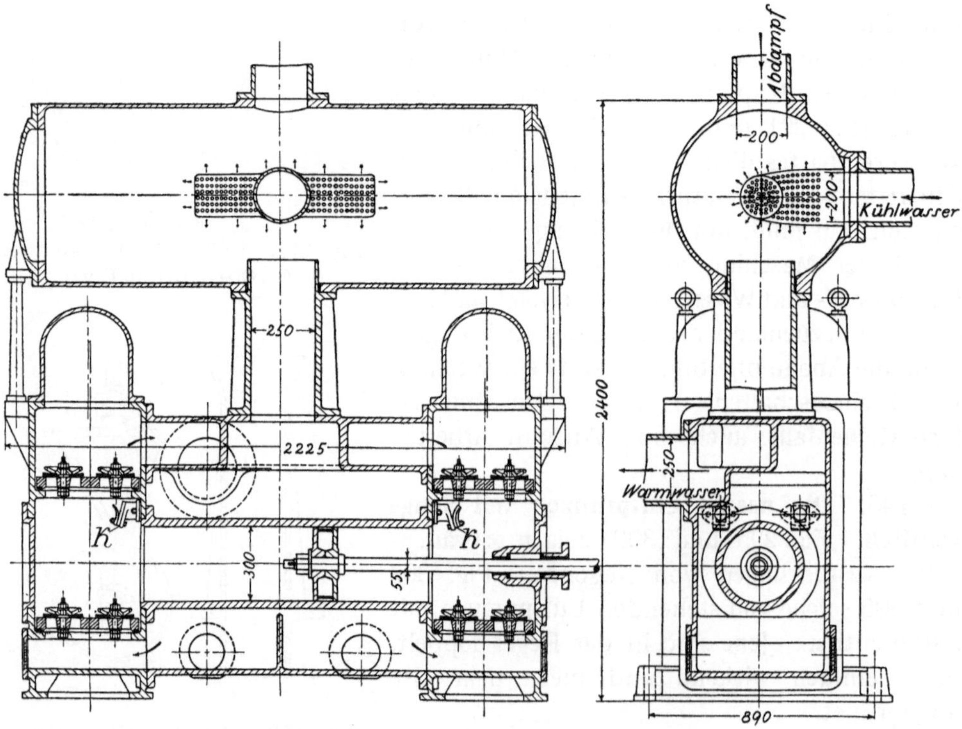

Fig. 295. 1 : 30. Kondensator und Luftpumpe (Durchmesser *0,3*, Hub *1,1 m*) von
*G. Brinkmann & Co*, Witten an der Ruhr.

Das Material der Ventilklappen ist meist Gummi von *12* bis *20 mm* Stärke. An den Rändern werden die Klappen zur Erhöhung der Elastizität oft dünner als in der Mitte genommen (Fig. 296). Der Ventilsitz bildet ein Gitter mit runden, quadratischen oder segmentartigen Öffnungen und wird bei eingesetzten

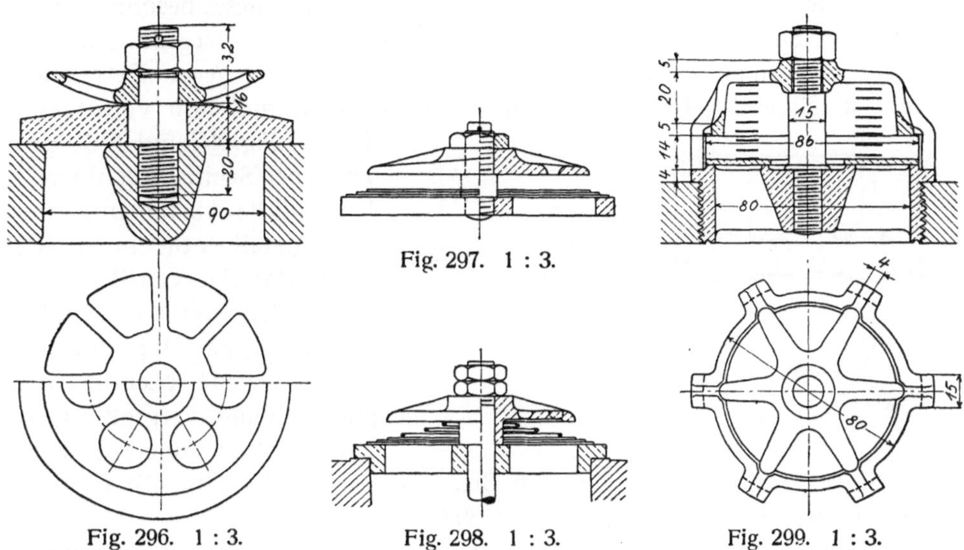

Fig. 296. 1 : 3.  Fig. 297. 1 : 3.  Fig. 298. 1 : 3.  Fig. 299. 1 : 3.

Ventilsitzen durch Gummiringe oder eingestemmten Rostkitt im Gehäuse abgedichtet. Weite der runden und quadratischen Öffnungen nicht mehr als die doppelte Gummidicke. Auflagerdruck (bei halber Stegbreite rings herum als Auflagefläche) nicht über *2 kg/qcm*. Der Klappenfänger muß dort, wo sich die Klappe gegen ihn legt, gehörig abgerundet sein und Durchbrechungen besitzen, die ein Festsaugen des Gummis verhüten. Zur Erhaltung der Elastizität gibt

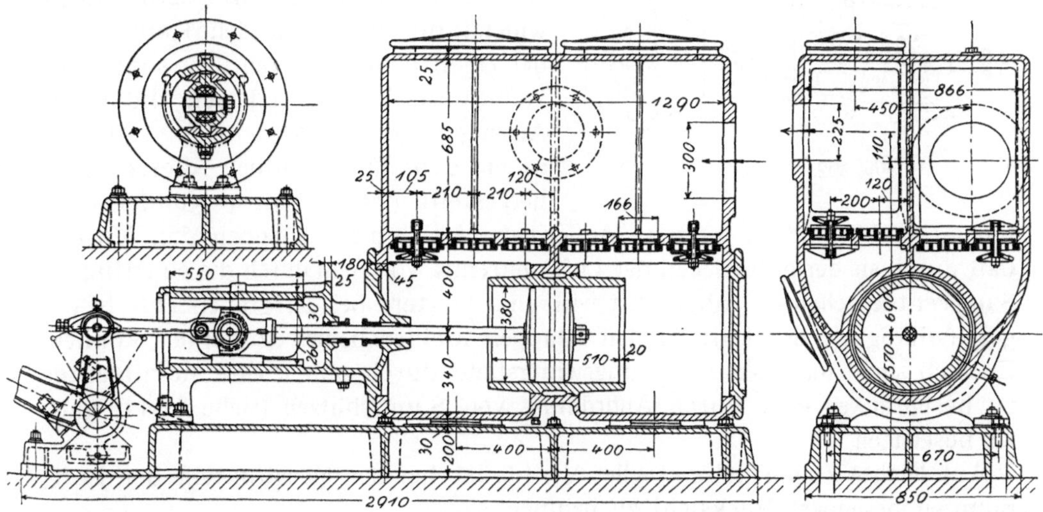

Fig. 300. 1 : 30. Luftpumpe (Durchmesser *0,38*, Hub *0,34 m*) der *Erfurter Maschinenfabrik, Franz Beyer & Co.*

man den Klappen auch wohl noch eine geringe auf- und niedergehende Bewegung (Fig. 2, Taf. 22), wobei die runde Öffnung im Gummi mitunter durch ein Messingblech ausgefüttert wird.

Gewöhnlicher Gummi empfiehlt sich nur für kaltes oder lauwarmes Wasser. In heißem Wasser wird er leicht weich, weshalb man für dieses besonders widerstandsfähige Sorten (Demartine) nimmt, die aber weniger biegsam und nicht hängend anzuordnen sind. Ferner hält der Gummi nicht gegen Fett und Öl stand. Metallventile besitzen diesen Nachteil nicht, sind also von längerer

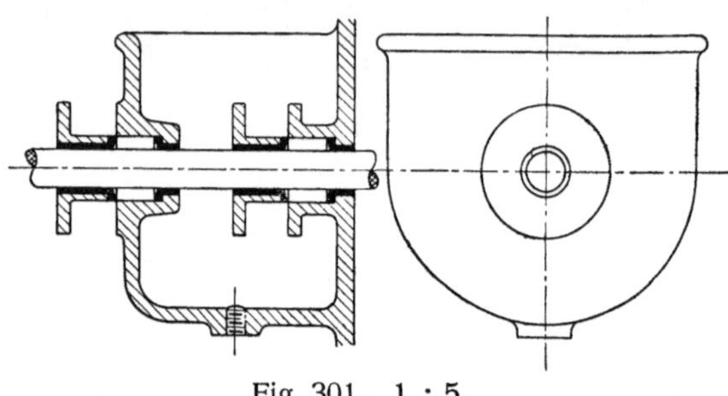

Fig. 301.  1 : 5.

Dauer. Fig. 297 und 298[1]) geben zwei bei Schiffsmaschinen gebräuchliche Ausführungen solcher Metallventile nach *Kinghorn*. Das eine Ventil ist ohne, das andere mit Feder. Jedes besteht aus zwei durchlöcherten Platten, deren Löcher die Durchgangsöffnung vergrößern, und einer dritten (oberen) vollen.

Jede Platte kann sich frei auf dem Bolzen bewegen. Fig. 299 gibt weiter die Ventilkonstruktion der Pumpe in Fig. 303.

Der Eröffnungswiderstand der Saugklappen, denen das Wasser zufließen soll, ist möglichst zu beschränken. Mit Rücksicht hierauf ordnet man wohl die Saugventile hängend und schräg an (Fig. 300 und 303), damit das Wasser sich über ihnen sammeln und sein Druck mit zur Eröffnung beitragen, sowie die Luft leicht zu den Druckventilen aufsteigen kann. Hängende Saugventile zeigen aber den Übelstand, daß sie von der Luft leicht geschlossen werden.

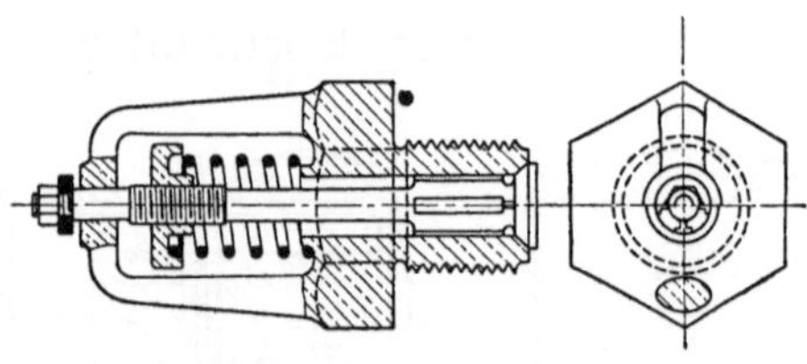

Fig. 302.  1 : 3.

Auch die *Horn*schen Luftklappen $k$ (Fig. 295) vermindern den Eröffnungswiderstand, indem sie den Raum über den eigentlichen Saugventilen, sobald der Kolben die Totlage verlassen und durch Ansaugen des Wassers eine Luftleere unter den Druckventilen dieser Seite hergestellt hat, mit dem Kondensatorinnern in Verbindung setzen. Außerdem bieten diese Klappen den Vorteil, daß durch sie der größte Teil der Luft, getrennt von dem durch die eigentlichen Saugventile gehenden, abgeführt wird und letztere bei der großen Durchflußgeschwindigkeit der Luft in den Klappen kleiner bemessen werden können. Endlich sucht man den Eröffnungswiderstand durch ganz leichte Metallventile zu beschränken oder durch Anordnung von Saugschlitzen (siehe § 144) ganz zu beseitigen.

Auf leichte Zugänglichkeit aller Ventile ist bei der Konstruktion der Luftpumpen besonders Rücksicht zu nehmen.

[1]) Z. d. V. d. I. 1905, S. 1936.

Die Kolben der Luftpumpen werden vielfach eingeschliffen oder mit Labyrinthdichtung versehen, oder sie erhalten schwach federnde Liderringe aus Gußeisen oder Rotguß. Früher verwandte man auch Holzliderung, die in einzelnen Segmenten aus Eichen- oder Ahornholz in zwei Lagen versetzt angeordnet und durch eine Stahlfeder angedrückt wurde. Um einer zu starken Abnützung des Kolbens vorzubeugen, empfiehlt es sich, namentlich bei unreinem Wasser, der Kolbenstange doppelte Führung zu geben. Die Stopfbuchsen der Stange erhalten vielfach Wasserverschluß (Fig. 301), um das Eindringen von Luft möglichst zu verhüten. Schnellgehende Kolben gestaltet man in den Enden kegelförmig, damit das Wasser allmählich und stoßfrei abgeleitet wird.

Das Gestänge der Luftpumpen ist für einen Überdruck von $1\ at$ auf den Kolben zu berechnen und mit Rücksicht auf das meist ungünstige Arbeiten der Druckventile reichlich zu bemessen. Zulässiger Flächendruck auf die Flächenprojektion $20$ bis $30$ und nur bei großen Pumpen bis zu $50\ kg/qcm$. Ein Druckwechsel läßt sich an stehenden Pumpen bei nicht zu großer Kolbengeschwindigkeit vermeiden, wenn der Durchmesser des Rohres $P$ in Fig. 303 und 305 so groß bemessen wird, daß der Druck der äußeren Luft auf dieses im Verein mit dem Druck des Wassers auf den Kolben größer als die Pressung unter diesem, einschließlich des Massendruckes bleibt.

Von größter Wichtigkeit ist für alle Pumpen ein ruhiger Gang. Zur Erzielung desselben sind zunächst bei hinreichendem Ventilquerschnitt die Ventile und Rohrleitungen so anzuordnen, daß Richtungsänderungen im Wasserwege tunlichst vermieden werden. In dieser Beziehung sind die stehenden Luftpumpen den liegenden vorzuziehen; denn jene gestatten dem Wasserwege einen weit direkteren Durchgang als diese, wo das Wasser in der einen Richtung angesaugt und in der entgegengesetzten fortgedrückt wird.

Der Pumpenraum (von der Kolbentotlage bis zu den Ventilen) soll ferner groß sein und einen großen Wasserspiegel mit nebeneinander befindlichen Saug- und Druckventilen (Fig. 300) besitzen. Dadurch wird erreicht, daß der Wasserspiegel sich bei jedem Hube nur wenig senkt, die Luft stets vor dem Wasser aus dem Pumpenraum entfernt wird und die Zylinderbohrung immer mit Wasser angefüllt bleibt.

Auch ist der Wasserabfluß genügend hoch über den Druckventilen anzuordnen und bei schnellgehenden Pumpen ein Windkessel in der Abflußleitung oder über den Druckventilen vorzusehen. Liegt die unterste Kante des Abflußrohres so hoch, daß die Druckventile immer unter Wasser stehen, so wird der Rücktritt von Luft in den Pumpenraum verhindert. Der Windkessel mildert den Rückschlag der Wassermasse beim Hubwechsel.

Endlich wird man bei vielen Pumpen, namentlich bei solchen mit großer Kolbengeschwindigkeit, den schädlichen Raum mit Rücksicht auf die Ruhe des Ganges unnötig groß machen müssen, damit die Luft in ihm bei der Kompression die Stöße mildert. Die Luft kann auch durch Schnüffelverntile (Fig. 302) angesaugt werden. Durch die Expansion dieser Luft beim Ansaugen wird aber der Lieferungsgrad der Pumpen und die Luftleere ver-schlechtert.

An stehenden Luftpumpen findet man jetzt meist nach Fig. 303 und 305 noch Rückschlagklappen über dem Kolben angeordnet, durch die eine zwei-stufige Verdichtung des in den Pumpenraum gelangenden Gemisches bewirkt wird. Nach dem Diagramm in Fig. 304 dehnt sich in solchen Pumpen die unter den Rückschlagklappen befindliche Luft, wenn der Kolben aus seiner oberen Totlage niedergeht, nach der Linie $e\,c$ aus, und dort, wo diese die Ver-dichtungslinie des unter dem Kolben befindlichen Gemisches schneidet, also im Punkte $b$, öffnen sich theoretisch die Druckklappen des Kolbens. Von $b$ bis $c$ tritt das Gemisch des unteren Pumpenraumes über den Kolben, der es darauf bei seinem Hochgange von $c$ bis $f$ weiter verdichtet und, nachdem sich in $f$ die Rückschlagklappen geöffnet haben, in den Ausguß stößt.

Die zweistufige Arbeitsweise der Luftpumpen bietet den Vorteil, daß die Anfangsspannung der Luft unter dem Kolben niedriger als bei einstufiger Ver-dichtung ist und daß die Luft bei ihrer Expansion nach $c\,d$ früher die Ansauge-spannung $p''$ erreicht. Infolgedessen fällt der Kolbenweg $s_1$ und der volume-trische Wirkungsgrad der zweistufigen Pumpen größer aus. Die über den Rückschlagklappen befindliche Wassersäule verbleibt ferner in Ruhe und

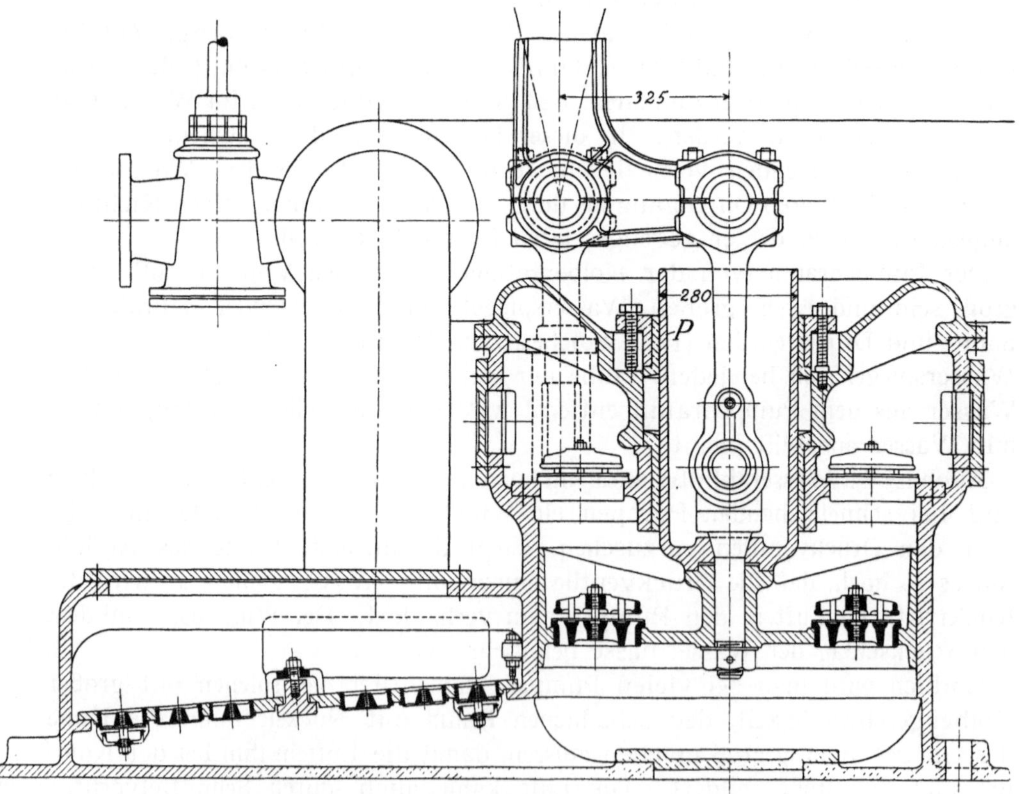


Fig. 303. 1 : 15. Luftpumpe von *G. Lang* in Budapest.

belastet die Klappen im Kolben nicht; sie bildet auch einen guten Verschluß gegen das Eindringen der Luft von außen oder durch Undichtheit des Kolbens. Schließlich arbeiten bei Rückschlagklappen sowohl die Unter- als auch die Oberseite des Kolbens ruhiger; jene, weil der geringere Eröffnungsdruck für die Kolbenklappen einen größeren Abstand zwischen ihnen und dem Wasser zuläßt, das deshalb weniger heftig gegen die Klappen schlägt, diese, weil sie eine reichlichere Belüftung ohne Verschlechterung der Luftleere zuläßt. Zu diesem Zweck ordnet Prof. *Doerfel* noch einen besonderen Luftsack $y$ in Fig. 305 an. Er expandiert beim Kolbenniedergang so weit, daß die Spannung über dem Kolben bis etwa auf die doppelte Saugspannung sinkt. Beim Hochgang des Kolbens wird durch

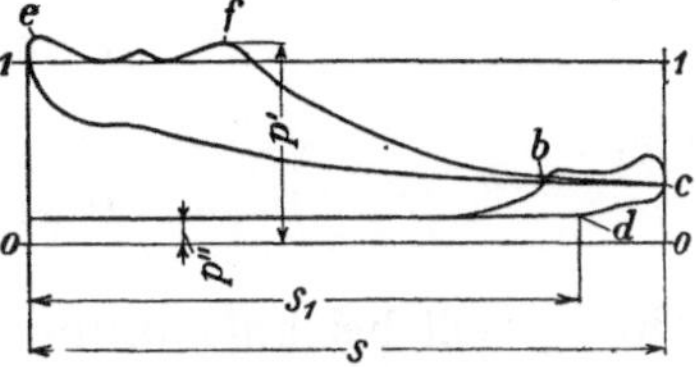

Fig. 304.

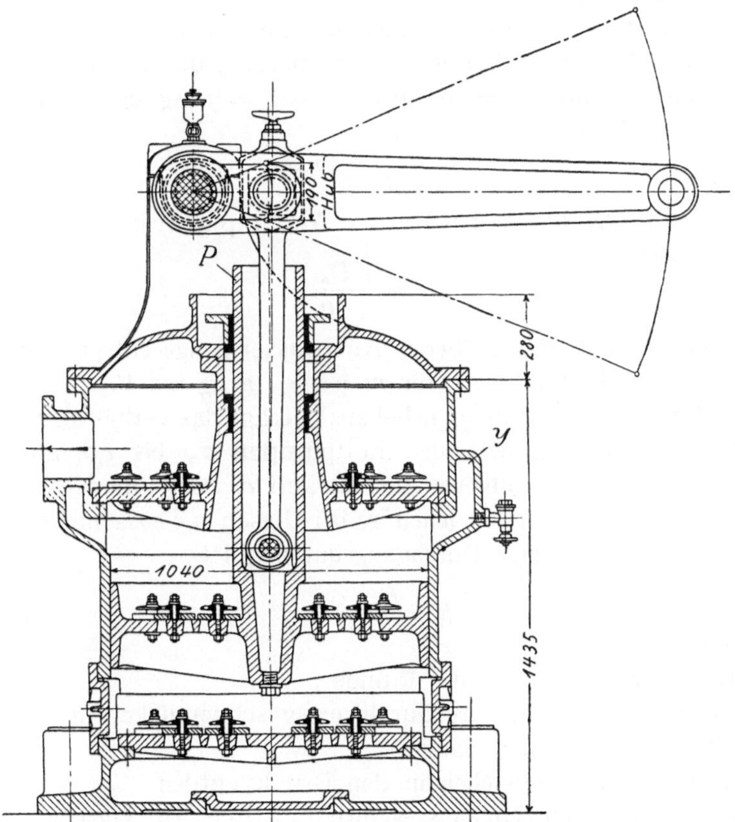

Fig. 305. 1 : 25. Luftpumpe von *F. Ringhoffer* in Prag.

den Luftsack nicht nur der Stoß beim Öffnen der Rückschlagklappen gemildert, sondern auch das Gestänge stets gespannt erhalten.

Bei der Berechnung der nassen Luftpumpen ist von der zu fördernden Warmwasser- und Luftmenge auszugehen. Mit bezug auf Gl. 115 und 116,

S. 363 und 364, beträgt jene $(m + 1)$ *kg*, diese $l$ *ltr*, bezogen auf atmosphärischen Druck. Bezeichnet dann

$D_k$ das zu kondensierende Dampfgewicht in *kg/min*,

$V$ das Hubvolumen (Hub mal Kolbenfläche) der Pumpe in *ltr (cdm)*,

$\varphi$ den Lieferungsgrad, $n$ die Umdrehungszahl derselben,

so muß für $i = 1$ bei einfach und $i = 2$ für doppelt wirkende Pumpen

$$i \cdot \varphi \cdot n \cdot V = \left(m + 1 + \frac{l}{p_l}\right) D_k$$

oder

$$V = \left(m + 1 + \frac{l}{p_k - p_d}\right) \frac{D_k}{i \cdot \varphi \cdot n} \quad \ldots \ldots \ldots \quad 122$$

sein. $\varphi$ soll bei Luftpumpen mit Saugventilen bis auf *0,5* und weniger herabgehen. $p_l$ ist die Luft-, $p_k$ die Kondensator-, $p_d$ die Dampfspannung bei der Warmwassertemperatur $t''_w$.

Der Unsicherheit in der Bestimmung der Luftmenge $l$ wegen wird in der Praxis das Hubvolumen nach *Popper* so bemessen, daß die Wassermenge bei einem Kühlwasserbedarf $m = 29$, also $m + 1 = 30$ *kg* ein Viertel Füllung ausmacht. Es wird dann

$$i \cdot n \frac{V}{4} = 30 \, D_k$$

oder mit $D_{st} = 60 \, D_k$ als stündliches Abdampfgewicht bei größter Belastung der Maschine

$$V = \frac{2 \, D_{st}}{i \cdot n} \quad \ldots \ldots \ldots \ldots \ldots \quad 123$$

Bei Rückkühlung ist $V$ der größeren Kühlwassermenge entsprechend zu vergrößern; nach der „Hütte" z. B. für $m + 1 = 40$ *kg* um $^1/_{12}$.

Für Antrieb von der Maschinenkurbel aus beträgt das Verhältnis von Kolbendurchmesser und Hub an liegenden Luftpumpen *0,7* bis *1,0*, an stehenden *0,3* bis *0,6*. Die mittlere Kolbengeschwindigkeit $c_{pm}$ des Pumpenkolbens übersteigt dabei für gewöhnlich bei jenen *2*, bei diesen *0,5 m/sk* nicht.

Den Ventilen ist ein freier Durchgangsquerschnitt

$$f_v = \frac{F_p \cdot c_{pm}}{u} \quad \ldots \ldots \ldots \ldots \ldots \quad 124$$

zu geben mit

$F_p =$ nutzbare Kolbenfläche der Pumpe,

$u = 2$ bis *2,5 m/sk* als mittlere Durchgangsgeschwindigkeit des Wasser- und Luftgemisches in den Saug-,

$u = 1,5$ bis *2 m/sk* desgleichen in den Druckventilen.

Für noch größere Durchgangsgeschwindigkeiten ist starker Verschleiß, namentlich in den Druckventilen, zu erwarten, da diese sich nicht in der Totlage, sondern erst öffnen, wenn der Druck im Pumpenraum den der äußeren Luft um die Ventilwiderstandshöhe überschritten hat. Der Kolben hat dann aber schon eine ziemliche Geschwindigkeit erreicht, und das Eröffnen der Ventile findet plötzlich und heftig statt[1]).

[1]) Z. d. V. d. I. 1912, S. 1865.

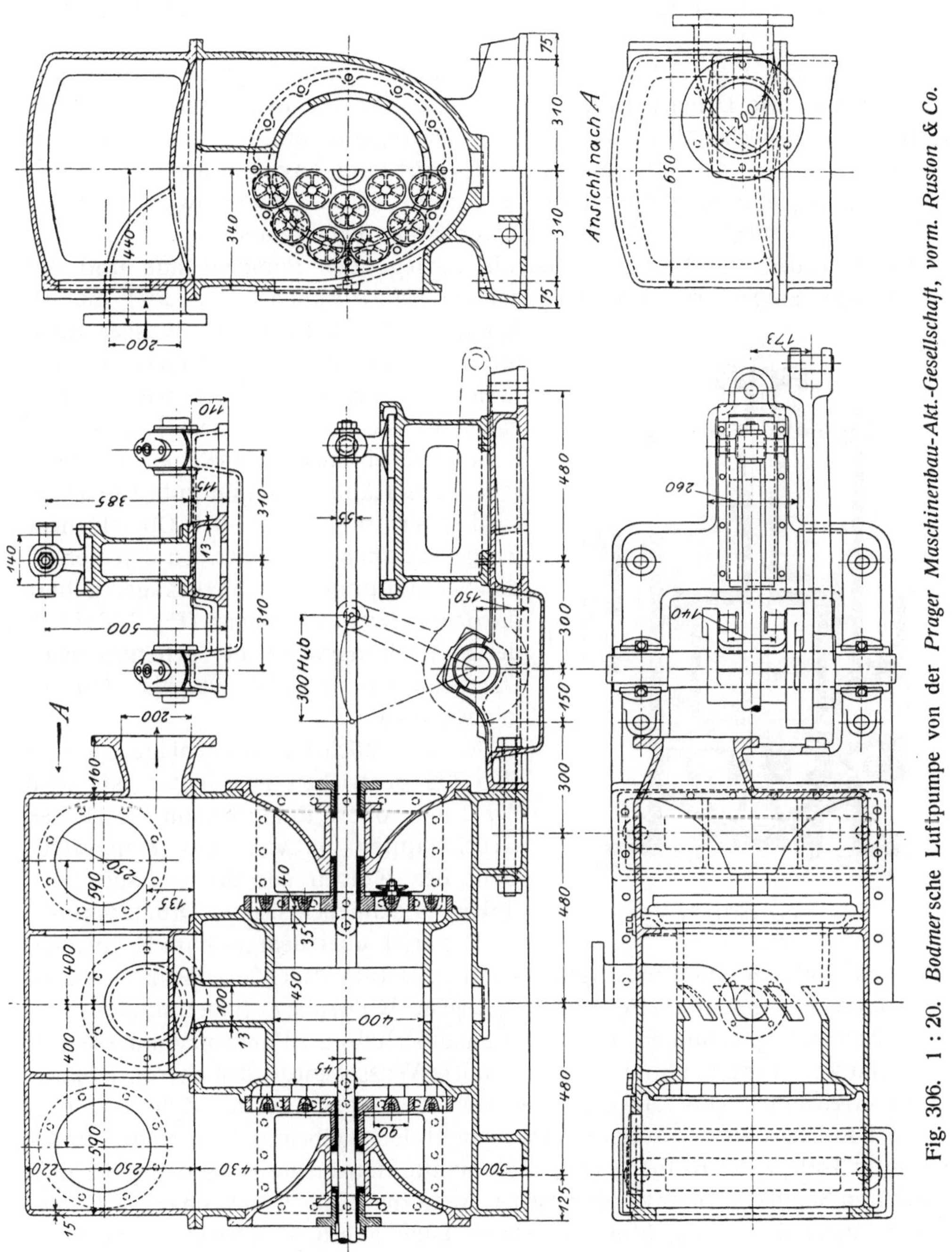

Fig. 306. 1 : 20. *Bodmer*sche Luftpumpe von der *Prager Maschinenbau-Akt.-Gesellschaft, vorm. Ruston & Co.*

**§ 144. Die nassen Luftpumpen mit Saugschlitzen.** Sie besitzen an Stelle der Saugventile Schlitze, durch die das Kondensationsgemisch in den Zylinder tritt, wenn sie durch den Kolben geöffnet werden. Dadurch wird der Eröffnungs- und Durchgangswiderstand der Saugventile beseitigt und der Lieferungsgrad der Pumpen verbessert, ihr wirksamer Hub aber um die Schlitzlänge verringert.

Fig. 306 und Fig. 1, Taf. 22, zeigen zunächst solche Pumpen in liegender Anordnung. Die Druckventile sind bei ihnen an die Zylinderenden verlegt. Das über den höchsten Schlitzen in Fig. 306 angeordnete Aufsatzrohr, das bis in den oberen Teil des Saugraumes reicht, dient zum Absaugen der Luft, damit der Wasserspiegel möglichst hoch in diesem Raum gehalten wird und das Wasser unter möglichst geringem Überdruck zufließen kann.

In stehender Anordnung werden die vorliegenden Pumpen ohne und mit Verdränger ausgeführt. Von jenen ist die *Edwards*pumpe (Fig. 307) die bekannteste Ausführung. Das Wasser fließt ihr nicht nur durch die Schlitze zu, sondern wird auch vom Kolben beim Niedergange in sie gedrückt. Die Pumpe hat ferner bei einfacher Konstruktion kleine schädliche Räume und gibt gute Luftleere, wird aber meist nur bei Oberflächenkondensationen verwendet. Zu den stehenden Schlitzpumpen mit Verdränger gehört die *Brown-Kuhn*sche Bauart (Fig. 2, Taf. 22), deren Wirkungsweise die schematischen Darstellungen in Fig. 308 bis 310 erkennen lassen.

Bei der höchsten Kolbenlage, die in Fig. 308 gestrichelt angedeutet ist, wird der ganze obere Pumpenraum bis zu den Druckklappen hin vom Wasser angefüllt. Geht der Kolben aus dieser Lage nach unten, so schließen sich die Druckklappen, und es tritt über dem noch im Kolben befindlichen Wasser eine Luftverdünnung ein. Beim Öffnen der Schlitze durch die obere Kolbenkante (Fig. 308 ausgezogene Kolbenlage) findet zunächst ein Ausgleich der Spannungen innerhalb und außerhalb des Pumpenzylinders statt, und erst wenn der nun höher steigende äußere Wasserspiegel den oberen Kolbenrand erreicht hat (Fig. 309), strömt auch das Wasser in den Zylinder. Dies dauert so lange, als der äußere Wasserspiegel den Kolbenrand überragt. In der unteren Totlage des Kolbens (Fig. 310) nimmt der äußere Wasserspiegel seinen höchsten Stand ein, er sinkt aber wieder, wenn der Kolben nach oben geht. Hat dieser dann die in Fig. 309 angegebene Lage abermals erreicht, so hört der Wasserübertritt, bei der in Fig. 308 ausgezogenen auch der Luftübertritt auf. Es öffnen sich jetzt die Druckklappen, und der Kolben fördert bis an das Ende seines Hubes zuerst die Luft, später das Wasser in den Raum über den Klappen.

Zweistufige Verdichtung läßt sich bei den Schlitzpumpen durch Anordnen besonderer Rückschlagklappen über den Druckventilen ermöglichen; bei stehen-

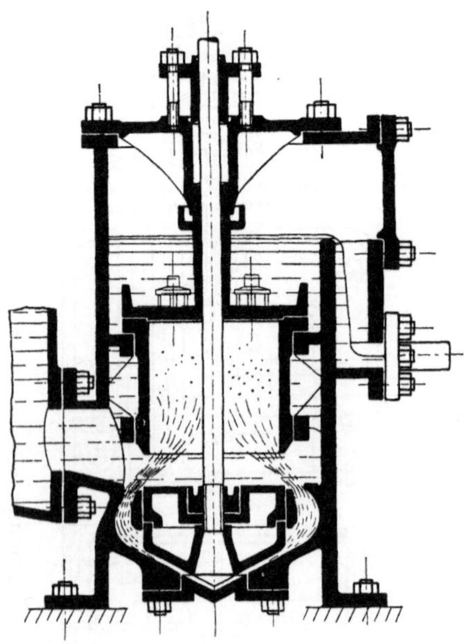

Fig. 307.

der Bauart kann der Kolben dann aber nicht mehr als Plunger-, sondern muß als Ventilkolben ausgebildet werden.

Bei der Berechnung der vorliegenden Pumpen nimmt man die Schlitzhöhe $s$ gewöhnlich nicht als zum wirksamen Hub gehörig an, setzt also, wenn

$S_p = s_p + s$ den ganzen Hub,

$F_p$ die nutzbare Kolbenfläche der Pumpe

bezeichnet, das aus Gl. 122, S. 376, sich für $\varphi = 1$ ergebende Hubvolumen in *ltr*

$$V = F_p \cdot s_p .$$

Der Schlitzquerschnitt soll nach der „Hütte" $^1/_3$, besser $^1/_2$ von $F_p \cdot c_{pm}$ mit $c_{pm}$ als mittlere Kolbengeschwindigkeit betragen, weil sonst bei größerer Wasserfüllung Stauung des Wassers vor den Schlitzen eintritt und den Luftzutritt

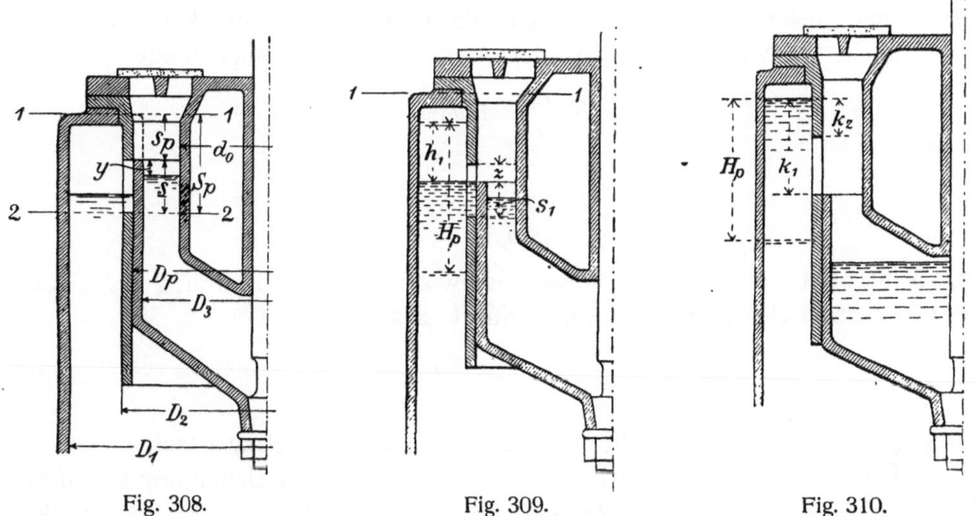

Fig. 308.    Fig. 309.    Fig. 310.

hindert. Mit $c_{pm}$ geht man auch hier bei liegenden Pumpen nicht über *2 m/sk* hinaus, während bei stehenden Pumpen Geschwindigkeiten $c_{pm}$ bis zu *1,5 m/sk* vorkommen. Verhältnis von Pumpendurchmesser und Hub sowie Durchgangsquerschnitt der Druckventile nach S. 376.

Einer besonderen Berechnung[1]) bedürfen die Schlitzpumpen mit Verdränger. Bezeichnen bei ihnen

$F_p$, $F_1$, $F_2$, $F_3$ und $f_0$ die zu den Durchmessern $D_p$, $D_1$, $D_2$, $D_3$ bzw. $d_0$ in
  Fig. 308 gehörigen Querschnitte,

sowie mit bezug auf Gl. 115 und 116, S. 363 und 364,

$$V_w = (m + 1) \frac{D_k}{n}, \quad V_l = \frac{l}{p_k - p_d} \frac{D_k}{n}$$

die während einer Umdrehung bei einem Abdampfgewicht $D_k$ *kg/min* zu fördernde Wasser- bzw. Luftmenge in *ltr*, so sind zunächst auch hier der Kolbenquerschnitt $F_p$ und der wirksame Kolbenhub $s_p$ gemäß

$$F_p \cdot s_p = V = V_w + V_l$$

---

1) Nach Prof. *Berg*, Z. d. V. d. I. 1899, S. 92.

so zu bestimmen, daß einerseits der zu $F_p$ gehörige Durchmesser $D_p$ genügend groß ist, um bei der zulässigen Erweiterung des Zylinders den erforderlichen Durchgangsquerschnitt $f_v$ für das Wasser in den Druckklappen zu schaffen, andrerseits $s_p$ mit einer Schlitzhöhe

$$s = 0.8\, s_p \text{ bis } s_p$$

einen gesamten Kolbenhub $S_p = s_p + s$ ergibt, bei dem die mittlere Kolbengeschwindigkeit $c_{pm}$ $1.5$ $m/sk$ nicht übersteigt.

Der Durchtritt des nach der Luft durchströmenden Wassers beginnt, wenn der Kolben um

$$x_p = \frac{V_w}{F_p}$$

vor seiner oberen Totlage steht. Da die Kolbengeschwindigkeit in diesem Augenblicke bei Vernachlässigung der endlichen Schubstangenlänge

$$c_p = \frac{S_p \cdot n\, \pi}{60} \sin \omega = c_{pm} \frac{\pi}{2} \sin \omega$$

mit

$$\cos \omega = \frac{0.5\, S_p - x_p}{0.5\, S_p} = 1 - \frac{2\, x_p}{S_p}$$

ist, so folgt mit $u$ als zulässige Wassergeschwindigkeit bei Eröffnung der Druckventile deren freier Durchgangsquerschnitt aus

$$f_v = \frac{F_p \cdot c_p}{u} \quad \ldots \ldots \ldots \ldots \quad 125$$

wobei $u$, wenn möglich, nicht mehr als $3$ bis $4$ $m/sk$ betragen soll.

Der Durchmesser $d_0$ des mittleren Verdrängers ist an die Bedingung geknüpft, daß das Wasser bei der ausgezogenen Kolbenlage in Fig. 308, wo der Kolben beim Niedergange die Schlitze öffnet, noch um ein Stück $y$ unter dem Kolbenrande steht, damit ein Zurücktreten des Wassers aus dem Zylinder nach dem äußeren Gehäuse mit Sicherheit vermieden wird. Dies ist der Fall, wenn der Pumpenraum

$$(F_3 - f_0)\, y + (F_p - f_0)\, s_p + V_0$$

über dem Wasserspiegel bei der genannten Lage, in welcher der Kolben beim Hochgange zugleich die Förderung beginnt und das zu fördernde Wasser sich schon in ihm befindet, gleich dem für die Luftförderung zu durchlaufenden Volumen

$$V_l = F_p \cdot s_p - V_w$$

oder

$$(F_3 - f_0)\, y - f_0 \cdot s_p + V_0 = -V_w$$

$$f_0 = \frac{F_3 \cdot y + V_0 + V_w}{s_p + y} \quad \ldots \ldots \ldots \ldots \quad 126$$

wird. $V_0$ bezeichnet dabei den in der oberen Totlage des Kolbens zwischen Kolbenrand und Zylinderdeckel (bis zu den Druckklappen) verbleibenden Raum.

Zur Bestimmung des Gehäusedurchmessers $D_1$ hat man die in Fig. 309 wiedergegebene Kolbenstellung anzunehmen, bei welcher der äußere Wasserspiegel mit dem äußeren Kolbenrande in gleicher Höhe steht und das Wasser anfängt, aus dem Aufnehmer in den Kolben überzutreten. Die Schlitze sind dann schon um ein Stück $z$ geöffnet, damit vor Beginn und nach Beendigung des Wasserübertrittes auch die zu fördernde Luft aus dem Aufnehmer strömen kann. Bei dieser Lage ist der obere Kolbenrand um ein Stück $s_1 = s - z$ aus seiner unteren Totlage entfernt, und der Wasserspiegel im Gehäuse, der bei der letzteren seinen höchsten Stand erreicht, steht nach Fig. 309 um $h_1$ unter diesem. $h_1$ ist so zu wählen, daß das Wasser nicht gegen die obere Gehäusewand stößt, sondern

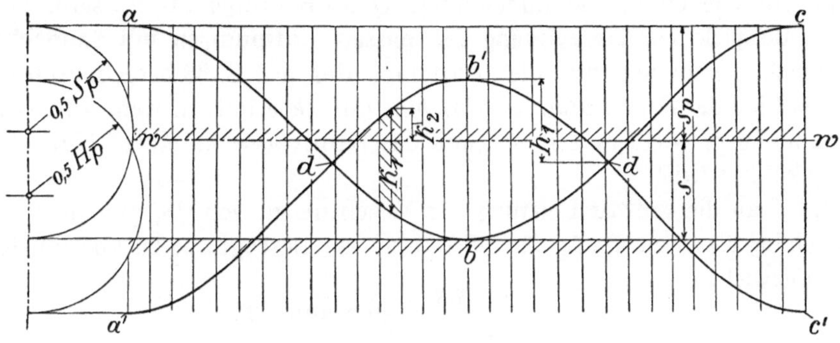

Fig. 311.  1 : 10.

noch genügend Raum für die in den Aufnehmer tretende Luft frei bleibt. Es muß sich nun

$$s_1 : h_1 = S_p : H_p$$

verhalten, so daß der Hub des äußeren Wasserspiegels

$$H_p = \frac{h_1}{s_1} S_p \quad\dots\dots\dots\dots\dots\quad 127$$

wird. Ferner folgt, da der Kolben, wenn er aus der höchsten in die tiefste Lage geht, eine Wassermenge $F_p \cdot S_p$ in den Aufnehmer zurückdrängt,

$$F_p \cdot S_p = (F_1 - F_2) H_p$$

oder

$$F_1 = F_2 + F_p \frac{s_1}{h_1} \quad\dots\dots\dots\dots\quad 128$$

Schließlich ist noch zu prüfen, ob auch die Wassermenge $V_w$ während der Zeit, wo der äußere Wasserspiegel höher als der obere Kolbenrand steht, aus dem Aufnehmer in den Zylinder treten kann; andernfalls würde eine Wasseransammlung im Aufnehmer die Folge sein. Man untersucht dies am besten graphisch, indem man nach Fig. 311 sowohl die Kolbenweglinie $a\,b\,c$ des oberen Kolbenrandes, der durch eine Kurbel vom Radius $o{,}5\,S_p$ angetrieben wird, als auch diejenige $a'\,b'\,c'$ des äußeren Wasserspiegels, den man sich durch eine Kurbel vom Radius $o{,}5\,H_p$ bewegt denken kann, aufzeichnet. Der höchste Punkt $b'$ der zweiten Kolbenweglinie liegt um $h_1$ über den Schnittpunkten $d$ der beiden

Linien und der höchste Punkt $a$, $c$ der ersten Kolbenweglinie um $s_p$ über der Schlitzkante $w - w$. Jeder Teil zwischen zwei aufeinander folgenden Vertikalen der Kolbenweglinien entspricht ferner einer Zeit $t = 60/n \cdot i$, wenn $i$ die Zahl der Teile bezeichnet, in welche die Kurbelkreise zerlegt worden sind. $k_1$ ist endlich die mittlere Höhe des äußeren Wasserspiegels über dem oberen Kolbenrande, $k_2$ diejenige über der oberen Schlitzkante während der einzelnen Zeitabschnitte $t$. Bei einer Gesamtbreite $b$ der Schlitze strömt dann eine Wassermenge

$$Q = \frac{2}{3}\, 0{,}6 \sqrt{2\,g} \sum \left( k_1^{\frac{3}{2}} - k_2^{\frac{3}{2}} \right) b \cdot t \quad \ldots \ldots \ldots \quad 129$$

während eines jeden Kolbenhubes über. $Q$ muß größer als $V_w$ sein.

§ 145. **Beispiele zur Berechnung der nassen Luftpumpen mit Saugschlitzen.**
1. Welche Abmessungen muß die Luftpumpe der auf S. 38 berechneten Gleichstrommaschine der *Grevenbroicher Maschinenfabrik* erhalten, wenn die Kondensatorspannung $p_k = 0{,}1$ $at$ sein soll und das Kühlwasser in einem Kaminkühler zurückgekühlt wird?

Nimmt man die größte Leistung der Maschine zu $400\ PS_i$ und den Dampfverbrauch bei dieser zu $5{,}5\ kg$ für $1\ PS_{i-st}$ an, so beträgt das zu kondensierende Abdampfgewicht

$$D_k = \frac{400 \cdot 5{,}5}{60} = 36{,}7\ kg/min\,.$$

Die Warmwassertemperatur $t_w''$ soll um $5{,}6°$ niedriger als die zu $p_k$ gehörige Sattdampftemperatur von $45{,}6°$, also zu $t_w = 40°$ C, die Breite der Kühlzone $t_w'' - t_w'$ im Kaminkühler (siehe § 151) der Sicherheit wegen nur zu $13°$ C angenommen werden. Nach Gl. 115 und 116, S. 363 und 364, wird dann für $\lambda_k = 600\ WE$ und $\mu = 1{,}8\ (Z = 0)$

$$m = \frac{600 - 40}{13} = 43\ kg\,,$$

$$l = 0{,}02 \cdot 43 + 1{,}8 = 2{,}66\ ltr$$

und das pro Umdrehung zu fördernde Wasser- und Luftvolumen nach Gl. 122, S. 376, für $\varphi = 1$, $n = 180$, $p_d = 0{,}075\ at$ (entsprechend $t_w'' = 40°$ C)

$$V = \left( 44 + \frac{2{,}66}{0{,}1 - 0{,}075} \right) \frac{36{,}7}{2 \cdot 180} = 15{,}3\ ltr\,.$$

Die Luftpumpe (Fig. 1, Taf. 22) hat in der Ausführung $400\ mm$ Durchmesser. Ihr wirksamer Kolbenhub müßte also

$$s_p = \frac{15{,}3}{4^2 \dfrac{\pi}{4}} = \sim 1{,}25\ dm = 125\ mm$$

und bei $s = \textbf{55}\ mm$ Schlitzhöhe (in der Ausführung nur $50\ mm$) ihr gesamter Hub **180** $mm$ sein. Die mittlere Kolbengeschwindigkeit der Pumpe wird dann

$$c_{pm} = \frac{0{,}18 \cdot 180}{30} = 1{,}08\ m/sk$$

und, da die Schlitze in der Bohrung (siehe Schnitt $A$—$B$ in Fig. 1, Taf. 22) eine Gesamtlänge von

$$400\,\pi - (2 \cdot 100 + 6 \cdot 50) = 757\ mm$$

haben, der Schlitzquerschnitt nur

$$\frac{1256,7 \cdot 1,08}{75,7 \cdot 5,5} = \frac{F_p \cdot c_{pm}}{3,25}.$$

Von den 19 Druckventilen einer jeden Kolbenseite bietet jedes einen freien Durchgangsquerschnitt $f_v = 37$ qcm. Die mittlere Geschwindigkeit des Wasser- und Luftgemisches in diesen Ventilen hat also nach Gl. 124, S. 376, den zulässigen Wert

$$u = \frac{1256,7 \cdot 1,08}{37 \cdot 19} = \sim 1,93\ m/sk.$$

Die Saugleitung der Pumpe, durch die in der Sekunde

$$\left(m + 1 + \frac{l}{p_k - p_d}\right)\frac{D_k}{60} = \left(44 + \frac{2,66}{0,1 - 0,075}\right)\frac{36,7}{60} = 91,8\ ltr = 0,0918\ cbm$$

gehen, muß bei $u = 2\ m/sk$ mittlerer Geschwindigkeit des Wasser- und Luftgemisches, einen lichten Querschnitt bzw. Durchmesser

$$d^2\frac{\pi}{4} = \frac{0,0918}{2} = 0,0459\ qm,\quad d = \sim 0,25\ m,$$

die Druckleitung, durch die in der Sekunde

$$(m + 1 + l)\frac{D_k}{60} = (44 + 2,66)\frac{36,7}{60} = \sim 28,6\ ltr = 0,0286\ cbm$$

fließen, bei $u = 1\ m/sk$ einen solchen von

$$0,0286\ qm\ \text{bzw.}\ 190\ mm$$

erhalten; für den letzteren sind in der Ausführung $200\ mm$ genommen.

Bei dem Kondensator (Fig. 291, S. 368) entspricht die Einspritzleitung von $125\ mm$ lichtem Durchmesser der sekundlichen Durchflußmenge

$$m\frac{D_k}{60} = 43\,\frac{36,7}{60} = 26,3\ ltr = 0,0263\ cbm$$

mit einer Geschwindigkeit

$$u = \frac{0,0263}{0,0123} = \sim 2,14\ m/sk.$$

Für die Abdampfleitung von $450\ mm$ lichter Weite ergibt sich aus Gl. 56, S. 140, mit $O = 50^2\,\pi/4$ als nutzbare Kolbenfläche des Dampfzylinders auf der Deckelseite sowie $c_m = 3,9\ m/sk$ mittlerer Kolbengeschwindigkeit ein Wert

$$w = \frac{50^2 \cdot 3,9}{45^2} = \sim 4,8\ m/sk.$$

2. Für ein stündliches Abdampfgewicht von *5000 kg* und einen Kühlwasser-bedarf $m = 29\ kg$ sind die Verhältnisse einer stehenden Luftpumpe mit Ver-dränger und Saugschlitzen nach Fig. 2, Taf. 22, bei $n = 130$ Umdrehungen in der Minute zu berechnen.

Die während einer Umdrehung zu fördernde Wassermenge ist

$$V_w = \frac{30 \cdot 5000}{60 \cdot 130} = 19{,}3\ ltr\,,$$

die zu fördernde Luftmenge, wenn das Volumen der auf *1 kg* Dampf entfallenden Luft im Kondensator nach S. 364 zu

$$\frac{l}{p_k - p_d} = 2\,(m + 1) = 60\ ltr\,,$$

angenommen wird,

$$V_l = 2 \cdot 19{,}3 = 38{,}6\ ltr.$$

Wählt man den Durchmesser und Querschnitt des Pumpenkolbens nach Fig. 2, Taf. 22, zu $D_p = \mathbf{0{,}7}\ m$ bzw. $F_p = 0{,}3848\ qm$, so genügt dem ganzen Volumen $V = V_w + V_l$ ein wirksamer Kolbenhub

$$s_p = \frac{19{,}3 + 38{,}6}{1000 \cdot 0{,}3848} = 0{,}15\ m\,,$$

der mit $s = 0{,}13\ m$ Schlitzhöhe einen Gesamthub $S_p = \mathbf{0{,}28}\ m$ und eine mitt-lere Kolbengeschwindigkeit

$$c_{pm} = \frac{0{,}28 \cdot 130}{30} = 1{,}21\ m/sk$$

ergibt.

Der Durchtritt des Wassers durch die Druckventile beginnt nach den An-gaben auf S. 380, wenn der Kolben um

$$x_p = \frac{0{,}0193}{0{,}3848} = \sim 0{,}05\ m$$

vor seiner Totlage steht. Der zugehörige Drehwinkel der Pumpenkurbel ist, entsprechend

$$\cos \omega = 1 - \frac{2 \cdot 0{,}05}{0{,}28} = 0{,}642\,, \qquad \omega = 50°$$

und die Kolbengeschwindigkeit dann

$$c_p = 1{,}21\,\frac{\pi}{2}\sin 50° = \sim 1{,}45\ m/sk\,,$$

Mit dieser berechnet sich aus Gl. 125, S. 380, für $u = 4\ m/sk$ ein erforderlicher Durchgangsquerschnitt der Ventile

$$f_v = \frac{0{,}3848 \cdot 1{,}45}{4} = 0{,}14\ qm.$$

In Fig. 2, Taf. 22, sind 24 Ventile von je $61{,}25\ qcm$ Durchgangsquerschnitt vorhanden. Sie bieten einen Gesamtquerschnitt von $0{,}147\ qm.$

Zur Bestimmung des Verdrängerdurchmessers $d_0$ aus Gl. 126, S. 380, soll der Abstand des Wasserspiegels vom oberen Kolbenrande bei Eröffnung der Schlitze zu $y = 0,035\,m$ und der Raum zwischen dem oberen Kolbenrande und dem Zylinderdeckel bei der höchsten Lage des Kolbens zu

$$V_0 = 0,15\,V = 0,15\,\frac{19,3 + 38,6}{1000} = 0,0087\ cbm$$

angenommen werden. Man erhält dann mit $D_3 = 0,66\,m$ (20 mm Wandstärke des Kolbens)

$$d_0^2 \frac{\pi}{4} = \frac{0,66^2\,\frac{\pi}{4}\,0,035 + 0,0087 + 0,0193}{0,15 + 0,035} = 0,216\ qm\,,$$

$$d_0 = 0,525\,m \text{ oder } \sim \mathbf{530}\ mm.$$

Um den Gehäusedurchmesser $D_1$ aus Gl. 128, S. 381, berechnen zu können, ist der Abstand, den der Wasserspiegel bei der höchsten Lage vom Gehäusedeckel hat, und die Eröffnungsweite $z$ der Schlitze für den Luftdurchtritt zu wählen. Setzt man beide gleich 30 mm, so ist nach Fig. 312, S. 386,

$$s_1 = s - z = 0,13 - 0,03 = 0,1\,m, \quad h_1 = 0,11\,m.$$

Der äußere Durchmesser des Zylinders ist bei 21 mm Wandstärke $D_2 = 0,742\,m$. Mit diesen Werten folgt dann

$$D_1^2 \frac{\pi}{4} = 0,742^2\,\frac{\pi}{4} + 0,3848\,\frac{0,1}{0,11} = 0,7824\ qm\,,$$

$$D_1 = \sim 1\,m = \mathbf{1000}\ mm.$$

Schließlich ist zu prüfen, ob die Wassermenge $V_w$ auch durch die Schlitze in den Zylinder treten kann. Zu diesem Zwecke sind in Fig. 311 nach den Angaben auf S. 381 die beiden Kolbenweglinien gezeichnet. Den Wasserspiegel im Gehäuse kann man sich durch eine Kurbel vom Radius $0,5\,H_p$ bewegt denken, wobei nach Gl. 127, S. 381,

$$H_p = \frac{0,11}{0,1}\,0,28 = 0,308\,m$$

ist. Entnimmt man dann Fig. 311 die Werte

| $k_1$ | $k_2$ | mit | $k_1^{\frac{3}{2}}$ | $k_2^{\frac{3}{2}}$ |
|---|---|---|---|---|
| 0,035 | — | | 0,00655 | — |
| 0,088 | 0,016 m | | 0,02610 | 0,00202 |
| 0,132 | 0,042 ,, | | 0,04796 | 0,00861 |
| 0,172 | 0,061 ,, | | 0,07134 | 0,01507 |
| 0,198 | 0,073 ,, | | 0,08811 | 0,01972 |
| 0,210 | 0,080 ,, | | 0,09623 | 0,02263 |
| | | | 0,33629 | 0,06805 |

$$\sum \left(k_1^{\frac{3}{2}} - k_2^{\frac{3}{2}}\right) = 2\,(0,33629 - 0,06805) = 0,5365\,,$$

und berücksichtigt man, daß in der Figur einem der *30* Teile, in welche die Kurbelkreise geteilt sind, eine Zeit

$$t = \frac{60}{130 \cdot 30} = 0,0154\ sk$$

entspricht, so folgt mit einer Gesamtbreite $b = 1,62\ m$ der Schlitze aus Gl. 129, S. 382,

$$Q = \frac{2}{3}\,0,6\,\sqrt{2 \cdot 9,81} \cdot 0,5365 \cdot 1,62 \cdot 0,0154 = 0,0237\ cbm\,,$$

welcher Wert, wie erforderlich, nicht kleiner als $V_w$ ist.

Die Durchmesser der einzelnen Leitungen bestimmen sich in der beim vorigen Beispiel gezeigten Weise.

§ 146. **Die Mischkondensation mit Gegenstrom und trockener Luftpumpe.** Fig. 313 zeigt zunächst eine *Weiß*sche Zentral-Gegenstromkondensation, deren Vorteile schon in § 140 angeführt wurden. Der Abdampf tritt durch das Rohr $D$ unten in den Kondensator $K$ ein, während die Pumpe $P$ im Verein mit dem äußeren Luftdrucke das Kühlwasser durch das Rohr $B$ oben in denselben drückt. Zur Zerstäubung des Kühlwassers sind zwei obere glockenförmige Überfälle und ein unterer Aufnehmer mit Spritzlöchern in den Kondensator (Fig. 314) eingebaut. Das Dampfrohr mündet mit einer Abwärtskrümmung in diesen, damit der Dampf erst seine Bewegung umkehren und im unteren Teile des Kondensators, dem eigentlichen Kondensationsraume, am längsten verweilen muß. Die hier noch nicht kondensierten Dämpfe kommen dann, angesaugt durch die Luftpumpe, auf ihrem Wege nach oben an den Wasserüberläufen zur Verdichtung. Das Wasser steht bis zur Ebene $1 — 1$ in dem ringförmigen Raume zwischen der obersten Überfallglocke und der äußeren Kondensatorwandung und fällt durch den barometrischen Abfallbehälter $A$ mit dem anschließenden Rohr $a$ von selbst in einen unteren Sammelraum. Im Rohr $a$ und Behälter $A$ wird das Wasser durch den äußeren Luftdruck je nach der Größe der Luftleere mehr oder weniger hoch gedrückt, wobei das oben eintretende Wasser unten wieder abfließt. Eine Rückschlagklappe $k_1$ verhindert schließlich den Rücktritt des Wassers in das Rohr $a$ und pendelartige Auf- und Abwärtsbewegung seiner Wassersäule, wenn aus irgend einem Umstande, wie z. B. unvorsichtiges Öffnen eines Hahnes, plötzlich große Luftmengen eintreten.

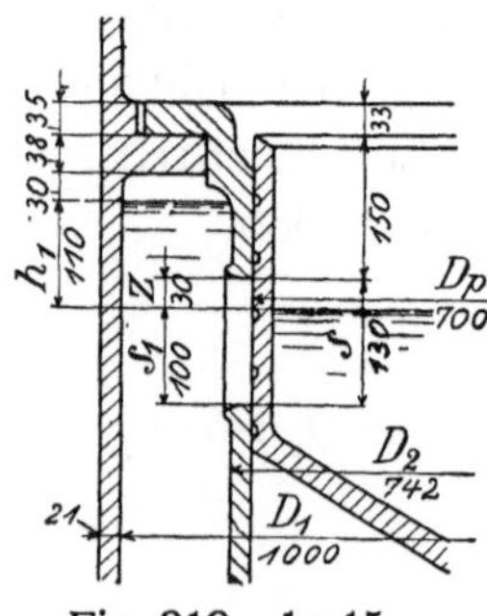
Fig. 312. 1 : 15.

Die Luft wird durch die Pumpe $L$ aus dem oberen Teil des Kondensators durch die Leitung $C, C'$ abgesaugt. In diese Leitung ist eine Sicherheitsvorrichtung $E$ eingeschaltet, deren Abfallrohr $e$ unten in einen besonderen Wasserbehälter mündet und dort eine Klappe $k_2$ besitzt. Die Sicherheitsvorrichtung kommt zur Wirkung, sobald die Luftpumpe dem Kondensator zuviel Luft entzieht. Sie saugt dann nicht nur die Luft aus dem oberen Teil des letzteren ab, sondern zieht auch den Dampf nach oben, der sich hier an dem eintretenden Kühlwasser niederschlägt. Das so gebildete Kondenswasser, unter Umständen auch das Kühlwasser, tritt dann durch $C$ nach $E$ und würde, wenn es im Rohr $e$ keinen Abfluß fände, in die Luftpumpe gelangen. Aus dem Rohr $e$ aber strömt

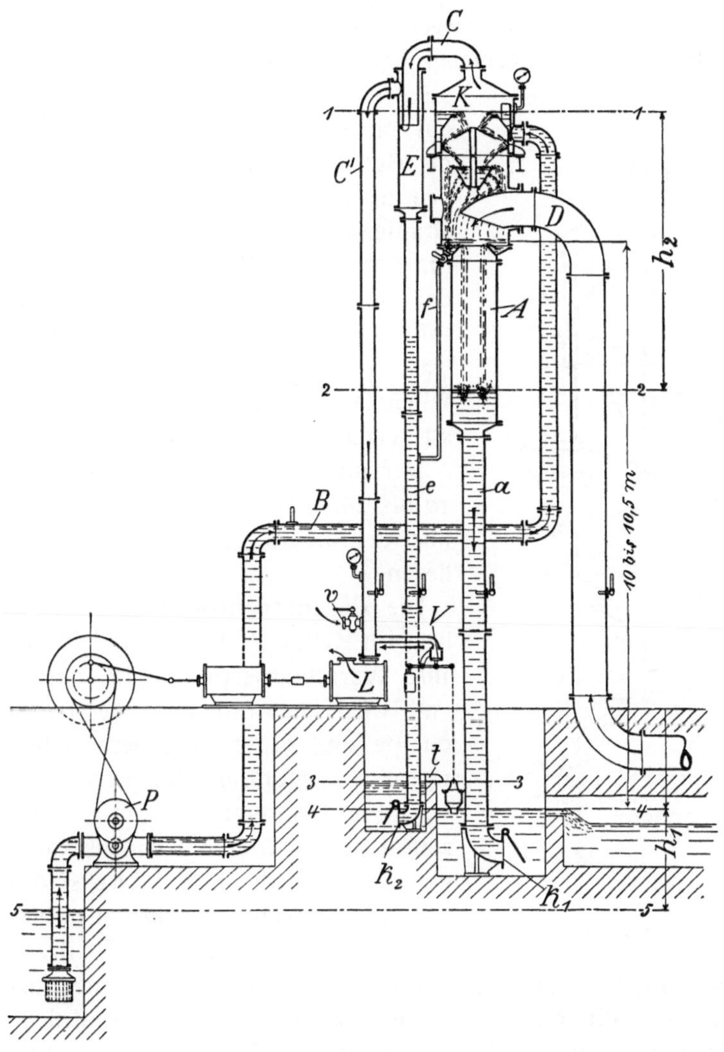

Fig. 313.

das Wasser über ein Ansatzgerinne $t$ in einen Eimer, der nach unten geht und ein Ventil $V$ öffnet, das mit der Leitung $C'$ durch ein Röhrchen verbunden ist. Dadurch gelangt Luft in die Leitung, die Luftentnahme aus dem Kondensator wird vermindert, und der Wasserübertritt nach $E$ hört auf. Der Eimer entleert sich alsdann, und ein Gegengewicht schließt das Ventil $V$ wieder. Um ein Einfrieren der Wassersäule in $e$ während des Winters zu verhüten, ist vom Kondensator noch ein Anwärmeröhrchen $f$ nach $e$ geführt. Werden die Kaltwasser- und Luftpumpe von demselben Motor angetrieben, so ist zur Regelung der vom Kondensator angesaugten Luftmenge auch noch ein Hahn $v$ vorzusehen.

Als Kaltwasserpumpe ist keine Zentrifugalpumpe, sondern eine billigere Kapselräder- oder Rotationspumpe angeordnet. Eine Zentrifugalpumpe würde wegen der mit der Luftleere wechselnden Förderhöhe nicht imstande sein, die erforderliche Kühlwassermenge bei unveränderter Umdrehungszahl zu beschaffen. Die Kaltwasserpumpe hat das Wasser auf eine Höhe $h_1 + h_2$ zu heben und kann der Betriebssicherheit wegen nie entbehrt werden, auch wenn, wie z. B. bei hochgestelltem Gradierwerk, der Wasserspiegel $5 — 5$ so hoch ($h_1 + h_2 \leq o$) über demjenigen $4 — 4$ liegt, daß der Kondensator das Kühlwasser selbsttätig ansaugen kann; denn bei fehlender Kaltwasserpumpe würde er das Wasser gänzlich fallen lassen, sobald die Luftleere infolge gesteigerter Dampfzufuhr einmal geringer wird.

Der untere Flansch des Kondensators muß $10$ bis $10,5\,m$, die Ebene $3 — 3$ $0,35$ bis $0,6\,m$ über dem höchstgestauten Wasserspiegel $4 — 4$ liegen.

Die Gegenstrom-Kondensation in Fig. 315 liegt im Keller und arbeitet nicht barometrisch. Ihre Warmwasserpumpe ist doppelt wirkend und wird zusammen mit der trockenen Luftpumpe und einer besonderen Ölwasserpumpe von einer liegenden Dampfmaschine angetrieben. Fig. 316 zeigt die Konstruktion des horizontal angeordneten Kondensators. Der links oben eintretende Dampf durchströmt zunächst den eingebauten Ölabscheider und nimmt dann den Weg des eingetragenen Pfeiles. Das Kühlwasser wird von einem gemeinschaftlichen Verteilungsrohr $E$ aus durch 6 Düsen eingespritzt und fällt teils durch die Löcher zweier horizontalen Zwischenbleche, teils seitlich im Überlauf nach unten. Die Luft wird rechts oben abgesaugt. $m, m$ sind die Stutzen für den Ölwasserablaß.

Die horizontale Anordnung des Kondensators bietet den Vorteil, daß die Einspritzdüsen in geringer Höhe über dem Wasserspiegel des Kondensators angeordnet werden können und daß sich große Wassermengen in diesem unterbringen lassen. Der erste Umstand beschränkt die Bauhöhe und Betriebsarbeit, der zweite macht den Kondensator gegen Dampfstöße, wie sie namentlich bei stark wechselndem Dampfverbrauch auftreten, weniger empfindlich.

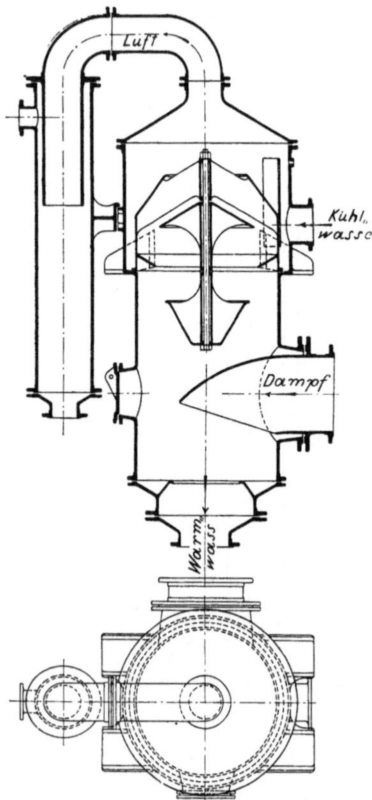


Fig. 314.

§ 147. **Die trockenen Luftpumpen.** Sie dienen im Gegensatz zu den nassen Luftpumpen allein der Luftförderung. Bezüglich ihrer Ausführung ist allgemein zu bemerken:

Zylinder und Deckel der Pumpen erhalten stets Wasserkühlung, da sonst die Temperatur der Zylinderwandung durch die bei der Kompression entwickelte Wärme zu hoch würde. Mit der Kühlung ist ein kleiner Arbeitsgewinn (bis zu 8 vH) verbunden. Gesteuert werden die trockenen Luftpumpen jetzt meist durch Flach- oder Rundschieber. Die Steuerung erstreckt sich aber nur auf

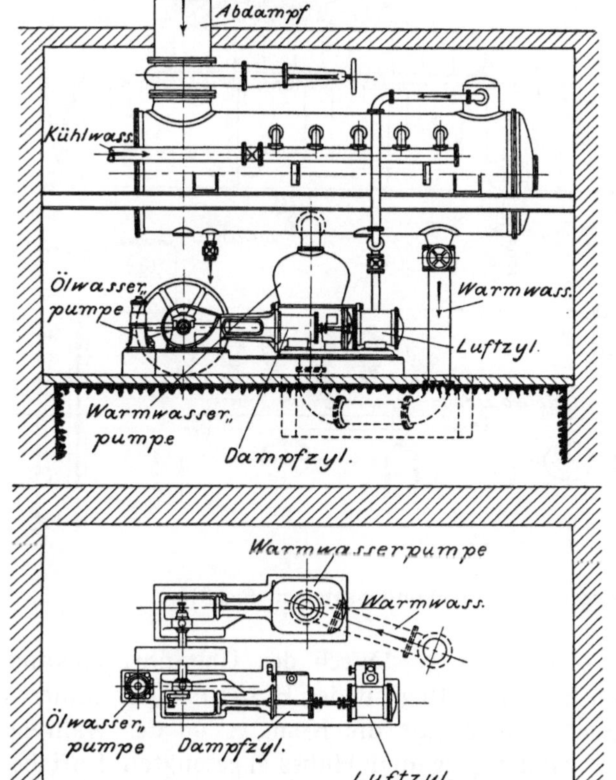


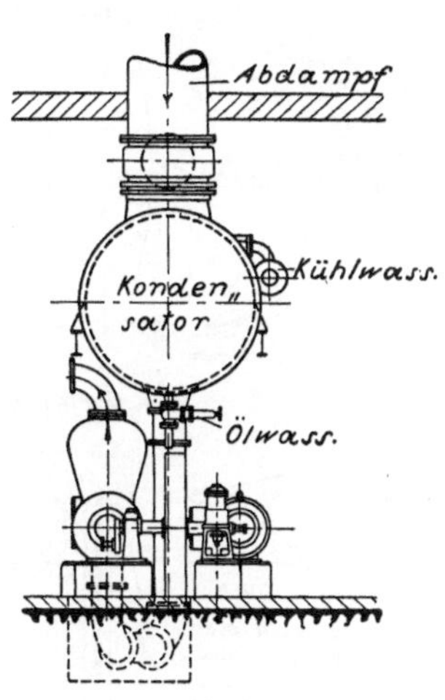


Fig. 315. 1 : 150. Gegenstrom-Mischkondensation mit Dampfentölung „Patent Sorge“ von der *Kondensationsbau-Ges., vorm. O. Sorge,* Grunewald-Berlin.

Anfang und Ende des Ansaugens, sowie auf den Beginn der Kompression; der Schluß des Ausschubes wird durch ein selbsttätiges Ventil oder eine entsprechende Klappe begrenzt, die wohl die komprimierte Luft in die äußere Atmosphäre, nicht aber die Außenluft in den Zylinder zurücktreten läßt. Die Schieber besitzen einen Überführungskanal, der zuerst von *Weiß* eingeführt wurde und jetzt allgemein gebräuchlich ist.

Die bei der Totlage des Kolbens in den schädlichen Räumen des Zylinders befindliche Luft von atmosphärischer Spannung muß nämlich zuerst auf die Ansaugspannung verdünnt werden, bevor die Luft des Kondensators hinter den Kolben treten kann. Da das Expansionsverhältnis aber sehr groß, bei einer Ansaugespannung $p'' = 0{,}01$ at z. B. $\sim 10$ ist, so durchläuft der Kolben einen sehr großen Teil seines Hubes nutzlos. In dem genannten Falle müßte das Luftvolumen auf das *10*fache, bei einem schädlichen Raum von 5 vH also auf das $10 \cdot 0{,}05 = 0{,}5$fache, d. h. auf das halbe Hubvolumen des Kolbens vergrößert werden. Der Kolben müßte somit erst das *0,045*fache seines Hubes zurücklegen, bevor das Ansaugen der Luft beginnt, der volumetrische Wirkungs-

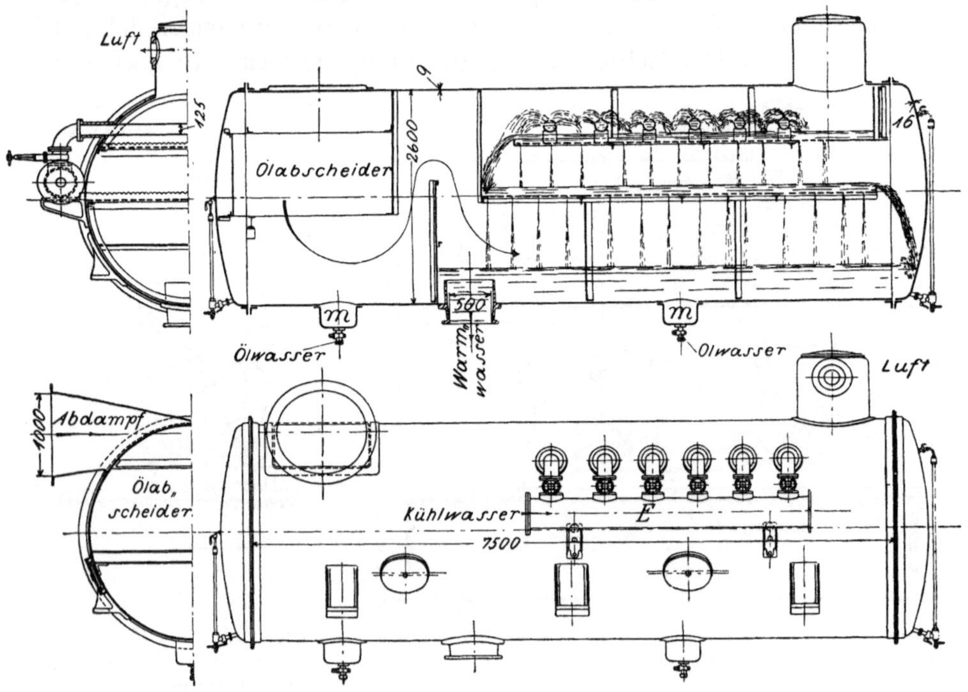


Fig. 316.  1 : 90.  Gegenstrom-Mischkondensator zu Fig. 315.

grad der Pumpe wäre nur $1 - 0{,}45 = 0{,}55$. Durch den Überführungskanal wird nun der schädliche Raum kurz nach Beginn des Hubes mit der anderen Kolbenseite in Verbindung gesetzt, wo gerade die Kompression der während des vorangegangenen Hubes angesaugten Luft beginnt und nur eine geringe Spannung herrscht. Die entstehende Mischspannung ist viel kleiner als *1 at*, und infolgedessen wird die Ansaugespannung viel früher erreicht und der volumetrische Wirkungsgrad vergrößert. Mit der Überführung ist allerdings ein kleiner Arbeitsverlust verbunden.

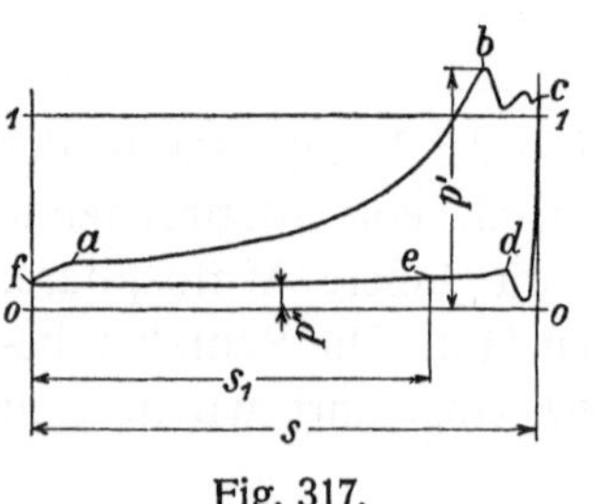


Fig. 317.

Fig. 317 gibt das Diagramm einer Luftpumpe nach *Köster* mit Überführungskanal. *a b* entspricht der Kompression der angesaugten Luft auf die Druckspannung $p'$, *b c* dem Ausschub der Luft. Von *c* bis *d* bzw. von *f* bis *a* stehen beide Kolbenseiten miteinander in Verbindung. *d e* stellt die Expansion der Luft im schädlichen Raum, *e f* das Ansaugen der Luft aus dem Kondensator dar.

Der Bau der trockenen Luftpumpen liegt in den Händen von Spezial-fabriken.

Das Hubvolumen $V$ (Kolbenfläche mal Hub) in *ltr* (*cdm*) einer trockenen Luftpumpe muß der Bedingung

$$V = \frac{l \cdot D_k}{2 \cdot \varphi \cdot n\,(p_k - p_d)} \qquad \ldots \ldots \ldots \quad 130$$

genügen, wenn wieder

$l$ die auf $1\ kg$ Dampf entfallende Luftmenge in *ltr* (siehe S. 364),

$D_k$ die in der Minute zu kondensierende Dampf-menge in *kg*,

$\varphi = 0{,}9$ bis $0{,}95$ den Lieferungsgrad

bezeichnet. $p_d$ ist der Sättigungsdruck zur Temperatur $t'_w + 4 + 0{,}1\,(t''_w - t'_w)$.

§ 148. **Beispiel einer ausgeführten Gegenstrom-Misch-kondensation.** Fig. 318 gibt die Verhältnisse einer *Weiß*-schen Gegenstromkondensation für ein zu kondensieren-des Dampfgewicht von $D_k = 125\ kg/min.$

Die für $1\ kg$ Dampf erforderliche Kühlwassermenge ist bei $t''_w = \infty 45°$ (ent-sprechend $p_k = 0{,}1$ at Kon-densatorspannung) Warm-wasser- und $t'_w = 15°\,C$ Kaltwassertemperatur nach Gl. 115, S. 363,

$$m = \frac{600 - 45}{45 - 15}$$

$$= 18{,}5\ kg,$$

der gesamte Kühlwasser-bedarf also

$$W = 18{,}5 \cdot 125$$

$$= 2312{,}5\ kg/min.$$

Die abzusaugende Luft-menge kann nach Gl. 116, S. 364, für $Z = 50\ m$ Länge der Abdampflei-tungen, bezogen auf atmo-sphärischen Druck, zu

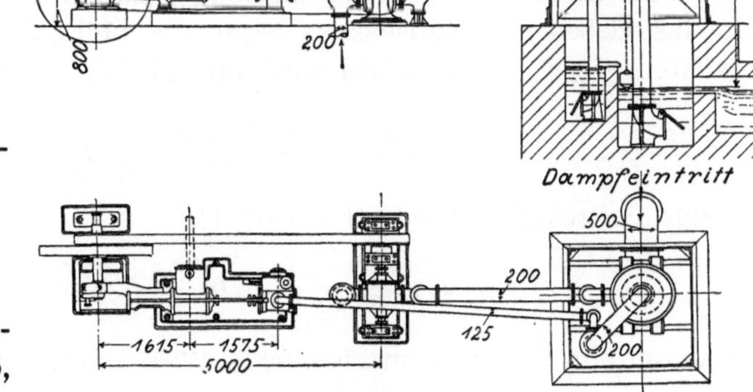


Fig. 318. 1 : 150. Kondensator und Anlage einer *Weiß*-schen Gegenstrom-Mischkondensation von der *Maschinen-fabrik Sangerhausen.*

$$l = 0{,}02 \cdot 18{,}5 + 1{,}8 + 0{,}01 \cdot 50 = 2{,}67\ ltr$$

pro *kg* Dampf angenommen werden.

Das Hubvolumen der trockenen Luftpumpe muß deshalb gemäß Gl. 130, wenn $p_d$ gleich der zu $t'_w + 4 + 0{,}1\,(t''_w - t'_w) = 22°\,C$ gehörigen Sättigungsspannung, also nach der 2. Tabelle im „Anhang" gleich $0{,}025$ $at$ gesetzt wird, für $\varphi = 0{,}9$ und $n = 140$

$$V = \frac{2{,}67 \cdot 125}{2 \cdot 0{,}9 \cdot 140 \cdot 0{,}075} = 17{,}65 \; ltr$$

betragen. Die Luftpumpe hat $270 \; mm$ Bohrung und $320 \; mm$ Hub, also ein Hubvolumen von

$$2{,}7^2 \frac{\pi}{4} \cdot 3{,}2 = 18{,}24 \; ltr \, .$$

Die lichte Weite der Saugleitung dieser Pumpe muß bei $6 \; m/sk$ Geschwindigkeit der Luft in ihr einen Querschnitt von

$$\frac{2{,}67 \cdot 125}{60 \cdot 1000 \cdot 0{,}075} \frac{1}{6} = 0{,}0124 \; qm$$

oder einen Durchmesser von $125 \; mm$ haben. Die Druckleitung ist ebenso groß.

Als Kaltwasserpumpe ist eine Drehkolbenpumpe gewählt, die bei $110$ Umdrehungen in der Minute $2300 \; ltr/min$ fördert. Ihre Saug- und Druckleitung muß bei $1{,}25 \; m/sk$ Wassergeschwindigkeit einen lichten Querschnitt von

$$\frac{2{,}3}{60 \cdot 1{,}25} = 0{,}0307 \; qm$$

oder $\sim 200 \; mm$ lichten Durchmesser erhalten.

Die lichte Weite der Abdampfleitung folgt nach Gl. 121, S. 366, zu

$$d = \frac{125^{0{,}4}}{15} \left( 1 + \frac{50}{600} \right) = \sim 0{,}5 \; m = 500 \; mm \, .$$

Der Arbeitsbedarf der Kondensation berechnet sich:
für das Heben des Kaltwassers, wenn die Höhe $h' = h_1 + h_2$ (Fig. 313) zu höchstens $7{,}5 \; m$ angenommen wird, aus Gl. 117, S. 364,

$$N_k' = \frac{2312{,}5 \cdot 7{,}5}{60 \cdot 75} = \sim 4 \, PS_i \, ,$$

für das Fortschaffen der Luft aus Gl. 119

$$N_k''' = 1{,}5 \frac{2{,}67 \cdot 125}{60 \cdot 75} \, 10 \, ln \, \frac{1 - 0{,}025}{0{,}075} = \sim 2{,}85 \, PS \, ,$$

insgesamt also bei einem mechanischen Wirkungsgrade von $0{,}7$ der Pumpen zu

$$N_k = \frac{1}{0{,}7} (4 + 2{,}85) = \sim 9{,}8 \, PS_e \, .$$

Hierzu tritt bei Rückkühlung des Warmwassers noch die Arbeit, die nötig ist, um dieses Wasser auf die Kühlanlage zu heben.

§ 149. **Die Oberflächenkondensation.** Der Dampf bespült bei ihr ein Röhrenbündel, das vom Kühlwasser durchzogen wird. Selten findet das Umgekehrte statt, geht also der Dampf durch und das Wasser außen um die Röhren. Dampf und Kühlwasser bewegen sich stets im Gegenstrom.

Gegenüber der Mischkondensation bietet die Oberflächenkondensation den Vorteil, daß der kondensierte Dampf nicht mit dem Kühlwasser in Berührung kommt und daß infolgedessen das immer wieder zum Speisen der Kessel verwendete Kondensat, wenn der Abdampf wie gewöhnlich vor Eintritt in den Kondensator von Öl gereinigt wird, ein kesselsteinfreies, vorgewärmtes Speisewasser liefert. Dieser Umstand fällt namentlich dort ins Gewicht, wo das Speisewasser stark kesselsteinhaltig ist oder das Kesselsystem sich nur schwierig reinigen läßt, und die damit verbundenen Ersparnisse sollen nach *Kiesselbach*[1]) bis zu 15 und 20 vH betragen. Ein weiterer Vorteil der Oberflächenkondensation besteht darin, daß die allerdings nicht bedeutende Luftmenge, die das Kühlwasser mit sich führt, nicht in den Kondensationsraum gelangt. Die Luftpumpe braucht also nur die an den undichten Stellen eintretende Luft abzusaugen, sie kann etwas geringere Abmessungen erhalten und erfordert weniger Betriebsarbeit (im Mittel 1 vH). Der Kühlwasserbedarf und die Anlage-

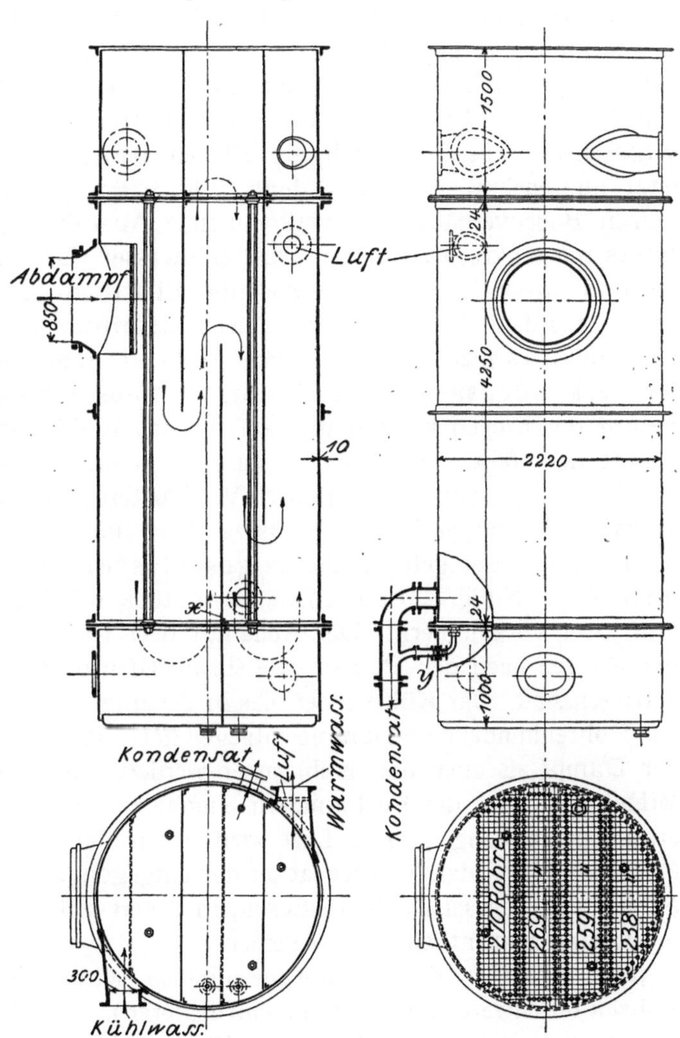


Fig. 319. 1 : 75. Offener Oberflächenkondensator von *Louis Schwarz & Co* in Dortmund.

kosten dagegen sind bei der Oberflächenkondensation größer. Das Kühlwasser entzieht bei ihr dem Abdampfe nur durch Leitung die Wärme und kann deshalb niemals wie bei der Mischkondensation bis auf die Temperatur des kondensierten Dampfes erwärmt werden. Auch verringert das Niederschlagen von Kesselstein aus dem Kühlwasser, das bei manchen Konstruktionen nicht verhütet wird, mit der Zeit die Güte der Kühlfläche.

[1]) Z. d. V. d. I. 1896, S. 1315.

Hinsichtlich der Bauart unterscheidet man offene und geschlossene Oberflächenkondensatoren.

Offene Kondensatoren eignen sich wegen ihrer besseren Zugänglichkeit mehr für schlammiges Wasser. Sie werden als Bündel- (Bassin-), Behälter- und Rieselkondensatoren ausgeführt. Bei den Bündelkondensatoren, die wegen ihrer ungenügenden Kühlwirkung jetzt nicht mehr gebaut werden, geht der Dampf durch die Röhren, die, zu mehreren Gruppen oder Elementen vereinigt, mit ihren Enden in flache Sammelkästen eingewalzt sind und in offenen Wasserbecken liegen. Auch die offenen Behälterkondensatoren finden jetzt nur noch wenig Verwendung. Fig. 319 zeigt die bei beschränkten oder teuren Bodenverhältnissen vorkommende Ausführung eines solchen Kondensators mit senkrechter Achse. Das Kühlwasser durchzieht die Röhren zweimal ab- und aufwärts. Der untere Bodenbehälter dient zum Absetzen der Unreinigkeiten aus dem Wasser. $x$ sind Durchtrittsöffnungen für das Kondenswasser, das, soweit es nicht durch das Hauptrohr abfließt, durch $y$ in dieses gelangt. Rieselkondensatoren endlich bestehen aus Schlangenrohren, die vom Abdampf durchzogen werden und auf die das Kühlwasser in feinverteiltem Zustande herabfällt. Ihre Wirkung ist gut, da das Wasser die Röhren nicht nur durch Leitung, sondern auch durch Verdunsten abkühlt. Dagegen ist ihr Kühlvorrat meist nur gering. Ihre Anwendung hat ganz aufgehört.

Die jetzt meist gebräuchlichen geschlossenen Oberflächenkondensatoren bestehen nach Fig. 320 aus einem Mittelstück mit den Röhren und Rohrböden und zwei Vorkammern. Der Abdampf tritt in das Mittelstück und umspült die Röhren nach den Pfeilen, wie sie im Grundriß der Figur ausgezogen eingetragen sind. Das Kühlwasser, das in die eine Vorkammer eintritt, durchzieht das Röhrenbündel dem Dampfe entgegen nach den gestrichelten Pfeilen. Sowohl der Dampf als auch das Kühlwasser werden durch Scheidewände, die in das Mittelstück bzw. die Vorkammern eingesetzt sind, zum mehrmaligen Vorbeistreichen gezwungen. Die Luft wird neben dem Wassereintritt, also an der kältesten Stelle, das Kondensat an der entgegengesetzten Seite unten aus dem Mittelstück abgesaugt. Tote Ecken, in denen sich die hochgehende Luft festsetzt, sind namentlich zu vermeiden.

Jetzt läßt man den Dampf gewöhnlich senkrecht zur Längsrichtung der Röhren durchtreten (Querstromkondensatoren). Der Dampfeintritt erfolgt dann von oben, wie in Fig. 321, wo ein Führungsblech den Dampf auf die beiden Seiten verteilt, und in Fig. 322, wo er aus einem freien, nach unten sich verjüngenden Mittelraum die beiden Rohrgruppen in voller Breite trifft. Die Luft wird bei dem Kondensator in Fig. 321 zur Vermeidung toter Ecken auf der ganzen Länge durch ein Absaugerohr entnommen, das Kondensat sammelt sich in einem besonderen Topf. In Fig. 322 kommt die Luft auf beiden Seiten zur Entnahme, wobei je ein vorgelegtes durchlochtes Blech im Verein mit dem abnehmenden Durchgangsquerschnitt die Absaugung gleichmäßig gestaltet.

Bei geneigt angeordneten Scheidewänden für die einzelnen Rohrgruppen wird das Kondensat der einzelnen Abteilungen besonders abgeführt, um das

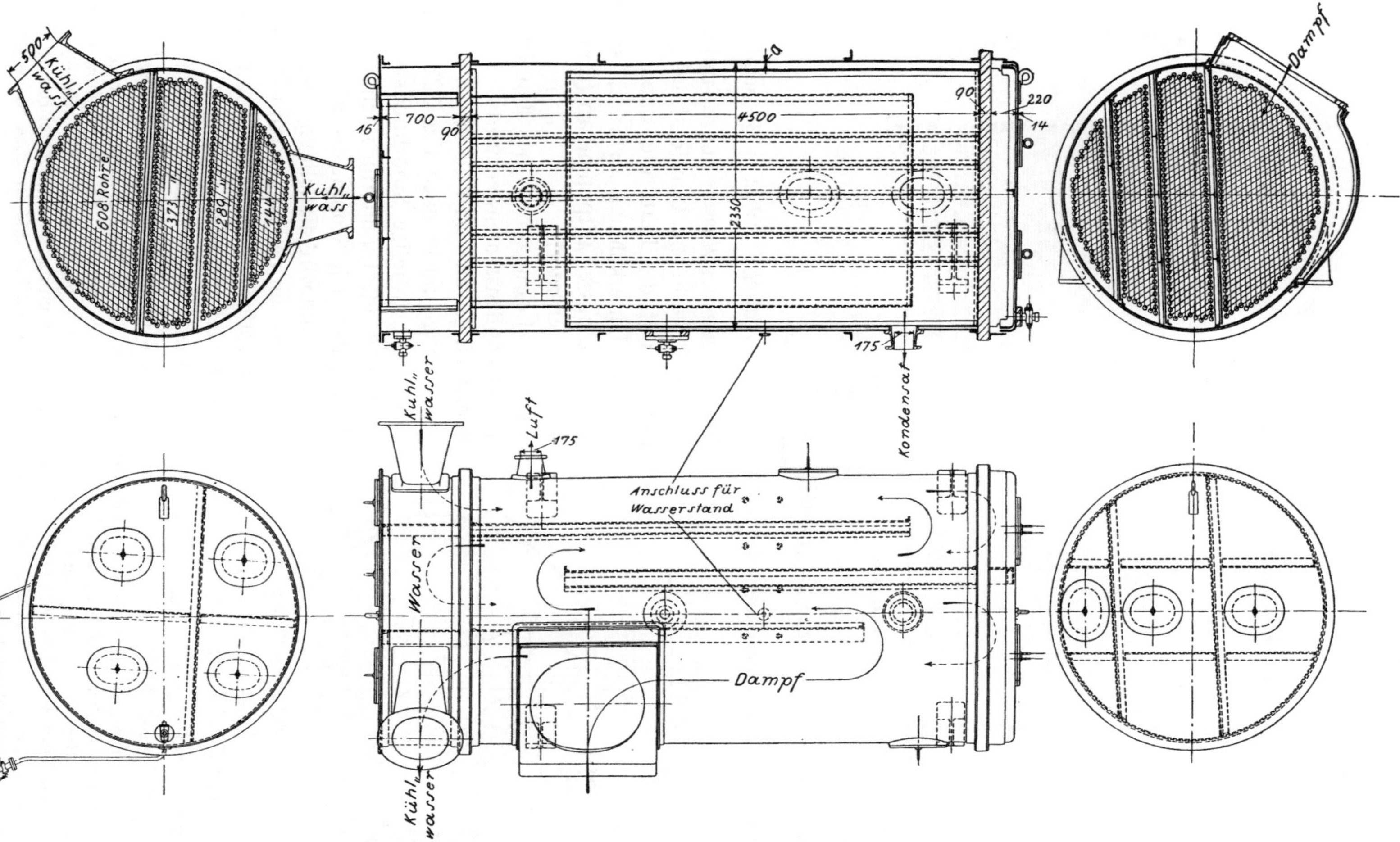

Fig. 320.  1 : 60.  Oberflächenkondensator der *Kondensationsbau-Ges., vorm. O. Sorge,* Berlin-Grunewald.

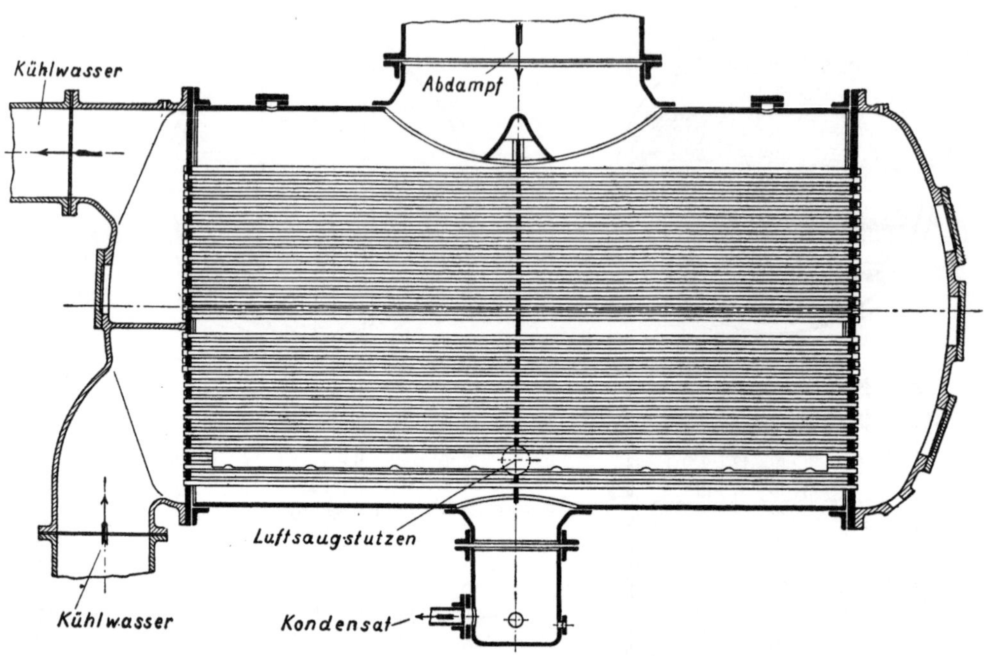



Fig. 321. Querstromkondensator der *Maschinenbau-Aktienges. Balcke* in Bochum[1]).

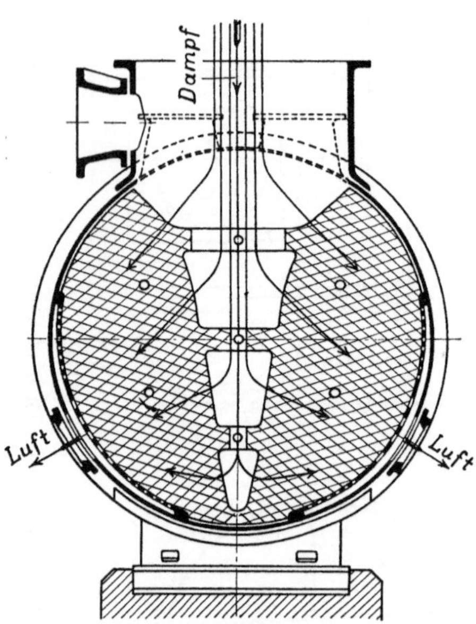



Fig. 322. *OV*-Kondensator von *Brown, Boveri & Co* in Mannheim.

Herabrieseln des Wassers auf die unteren Röhren zu verhüten. Den Rest des Kondensats mit der Luft, die dabei eine gewisse Unterkühlung erfährt, saugt dann eine nasse Luftpumpe ab (Contreflow-Kondensator).

Die Röhren werden bei den Oberflächenkondensatoren entweder in die Böden eingewalzt oder in ihnen durch Gummiringe allein nach Fig. 323 bzw. durch feingewindige Stopfbuchsen mit Baumwoll- oder Gummiring nach Fig.324 abgedichtet. Die Stopfbuchsendichtung ist teurer und wird deshalb von manchen Firmen nur an den zuerst vom Dampfstoß getroffenen Röhren vorgenommen; sie gestattet aber ebenso wie die Gummidichtungen allein ein unbehindertes Ausdehnen und ein leichteres Auswechseln

---

[1]) Die Firma ordnet jetzt die Röhren ihrer Kondensatoren nach *Ginabat* nicht mehr vertikal übereinander, sondern in schrägen Reihen versetzt gegeneinander an. Das von jedem Rohr abtropfende Kondensat trifft dann das nächste darunter liegende nicht an seiner oberen, sondern an seiner seitlichen Mantellinie. Es wird dabei nur um das untere Viertel des Rohres herumgeleitet, so daß drei Viertel des Umfanges davon frei bleiben und ein besserer Wärmeübergang ermöglicht wird.

der Röhren als das Einwalzen. Bei der Abdichtung nach Fig. 325 kommt für jede Rohrgruppe eine gemeinschaftliche Gummiplatte zur Verwendung, in der kreisrunde Löcher von einer Weite gleich zwei Drittel des Rohrdurchmessers vorgesehen sind. Die Löcher sind durch aufgesetzte Ringe verstärkt, und auf die Enden der Röhren werden zum Überziehen der Gummiplatte glatte Holzstöpsel x gesteckt. Nach dem Aufziehen bilden dann die Plattenöffnungen mit ihren Ringen Manschetten, die sich unter dem elastischen

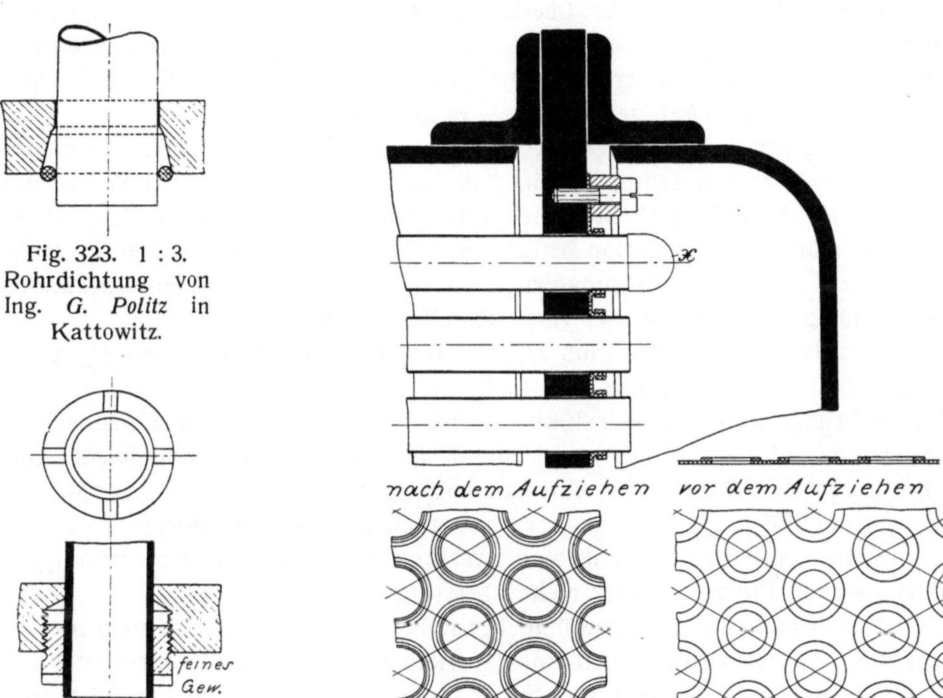



Fig. 323. 1 : 3.
Rohrdichtung von Ing. *G. Politz* in Kattowitz.

Fig. 324. 1 : 3.

Fig. 325. 1 : 4. Rohrdichtung „Patent Sorge" der *Kondensationsbau-Ges.*, vorm. *O. Sorge*, Berlin-Grunewald.

Druck des Gummis und dem Überdruck der Wasserkammer gegenüber dem luftleeren Kondensator befinden.

Die Röhren bestehen aus hochwertigem Messing mit bis zu 70 vH Kupfergehalt. Der äußere Röhrdurchmesser ist *25* bis *32 mm*, die Wandstärke *1* bis *1,3 mm*, die Rohrlänge (bis zu *4,2 m*) das *80-* bis *100*fache des äußeren Durchmessers; längere Rohre müssen eine Querwand zur Unterstützung erhalten.

Die allgemeine Anordnung einer Oberflächenkondensation ist aus Fig. 326 ersichtlich. Der Abdampf durchströmt zunächst den Entöler *E* und tritt dann in den Kondensator *K*. Zum Antrieb der Pumpen dient eine stehende Kolbendampfmaschine. Die trockene Luftpumpe *L* befindet sich über dem Dampfzylinder, die Kühlwasserpumpe *P* ist eine Kreiselpumpe, die mit der stehenden Kondensatpumpe *C*, der Ölwasserpumpe *O* und der Dampfmaschine eine gemeinschaftliche Grundplatte hat. Der Verlauf und Anschluß der einzelnen Leitungen ist aus der Figur zu ersehen.

Das Kondensat und die Luft werden bei der Oberflächenkondensation entweder gemeinsam durch eine Naßluftpumpe oder getrennt abgesaugt. Im letzteren Falle wurden hierzu früher wie in Fig. 326 trockene Luft- und Kondensatkolbenpumpen verwendet, jetzt dienen dazu meist Schleuderluft- und Kondensatkreiselpumpen sowie Dampf- oder Luftstrahlapparate[1]).

**§ 150. Die Berechnung der Oberflächenkondensation.** Der Kühlwasserbedarf für $1\ kg$ Abdampf kann aus Gl. 115, S. 363, berechnet werden, wenn die Temperatur des Warmwassers $t''_w$ um 10 bis 15° C kleiner als die des Abdampfes gesetzt wird. Er beträgt gewöhnlich $m = 40$ bis $50\ kg$.

Die abzusaugende Luftmenge, bezogen auf atmosphärischen Druck, ist $l = \mu\ ltr$ ($cdm$) für $1\ kg$ Dampf, wenn $\mu$ die auf S. 364 angegebenen Werte hat. Mit $l$ läßt sich das erforderliche Hubvolumen der Luftpumpe in derselben Weise wie bei der Mischkondensation berechnen, wobei für $p_d$ der zu $t'_w$ (oder einige Grad höher) gehörige Sättigungsdruck zu nehmen ist, falls keine besondere Unterkühlung der Luft an der Absaugestelle stattfindet.

Die Kondensatpumpe muß $D_k$, die Kaltwasserpumpe $m \cdot D_k\ kg/min$ fördern können bei $D\ kg/min$ Abdampf.

Die Beanspruchung der Kühlfläche schwankt sehr. Im Durchschnitt rechnet man auf $1\ kg$ Dampf in der Stunde $0{,}02$ bis $0{,}03$, ausnahmsweise auch bis zu $0{,}04\ qm$ Kühlfläche. Die Wärmedurchgangsziffer beträgt $1500$ bis $1800\ WE$ für $1\ qm$ Kühlfläche, 1° C Temperaturunterschied und 1 Stunde.

Die Zahl der Röhren wählt man zweckmäßig so, daß die Geschwindigkeit des Wassers in ihnen $2{,}5\ m/sk$ nicht übersteigt.

Dient das Kondensat, wie gewöhnlich, zur Kesselspeisung, so sind diesem, wenn die sämtlichen Maschinen eines Werkes mit den Entwässerungsvorrichtungen angeschlossen werden, ungefähr 2 bis 5 vH für die durch Undichtheiten entstehenden Verluste zuzusetzen, um den gesamten Speisewasserbedarf zu decken.

**§ 151. Die Rückkühlung des Warmwassers.** Will man die Vorteile der Kondensation auch in den Fällen ausnützen, in denen natürliches Kühlwasser nicht in genügenden Mengen vorhanden oder die Beschaffung dieses Wassers mit bedeutenden Kosten und Schwierigkeiten verknüpft ist, so muß man dieselbe Kühlwassermenge immer wieder zur Verdichtung des Dampfes im Kondensator verwenden und sie nach ihrem jedesmaligen Gebrauch einer Rückkühlung unterwerfen. Man läßt dann das Warmwasser nach dem Austritt aus dem Kondensator in feinverteiltem Zustande auf einer Rückkühlanlage von der Luft bestreichen, wobei sich diese erwärmt und mit Wasserdampf sättigt, dem Wasser also teils durch Leitung, teils durch Verdunstung Wärme entzogen wird. Die verdunstete Wassermenge muß fortwährend ersetzt werden.

---

[1]) Bezüglich dieser Pumpen und Apparate muß, da Oberflächenkondensation bei Kolbendampfmaschinen verhältnismäßig wenig zur Anwendung kommt, auf des Verfassers Buch „Die Dampfturbinen", Otto Spamer, Leipzig, verwiesen werden.

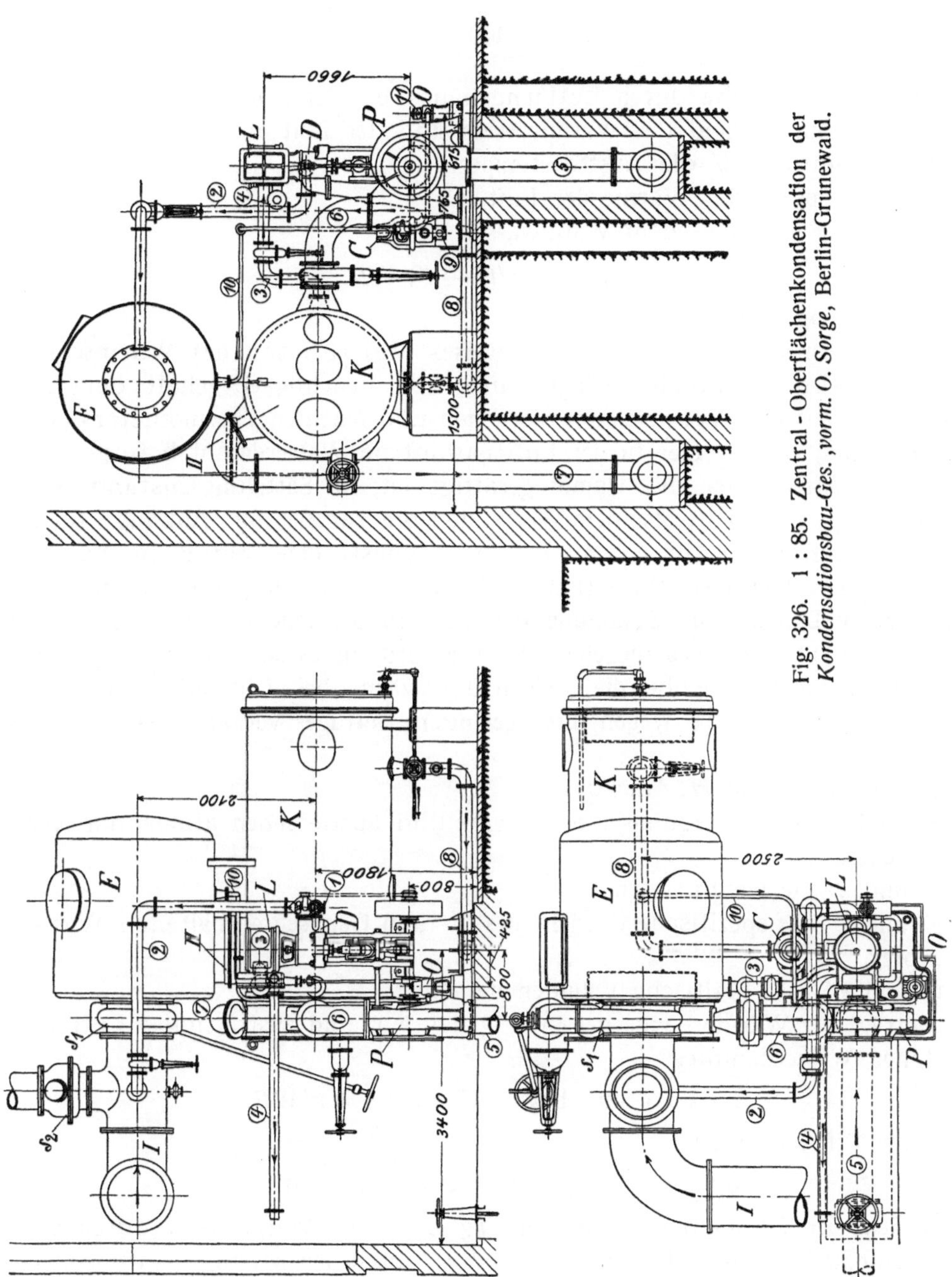

Fig. 326. 1 : 85. Zentral - Oberflächenkondensation der *Kondensationsbau-Ges. ,vorm. O. Sorge, Berlin-Grunewald.*

E Entöler, *I* Abdampfleitung nach dem Entöler mit Absperrschieber $s_1$ und Auspuff-Sicherheitsventil $s_2$.
K Kondensator, *II* Abdampfleitung vom Entöler nach dem Kondensator.
D Dampfzylinder der Antriebsmaschine für die Pumpen mit *1* als Stutzen für den Dampfeintritt und *2* als Dampfableitung.
L Luftzylinder mit *3* als Saug- und *4* als Druckleitung.
P Kaltwasserpumpe mit *5* als Saugleitung und *6* als Druckleitung. *7* Warmwasserleitung aus dem Kondensator.
C Kondensatpumpe mit *8* als Saugleitung und *9* als Druckstutzen.
O Ölwasserpumpe mit *10* als Saugleitung und *11* als Druckstutzen.

Die Wärmeabgabe durch Leitung hängt bei der Rückkühlung von dem Temperaturunterschied des Warmwassers und der Luft ab. Ist

$t_l'$ die Eintritts-, $t_l''$ die Austrittstemperatur,

$0{,}24$ die spezifische Wärme der Luft,

so wird $1\ kg$ derselben dem Warmwasser

$$q_1 = 0{,}24\,(t_l'' - t_l')\ WE$$

durch Leitung entnehmen.

Die Wärmeabgabe, die durch teilweises Verdunsten des Warmwassers entsteht, wird wesentlich bedingt durch den Feuchtigkeitsgehalt der Luft, wie er sich aus dem Vergleich des trockenen und feuchten Thermometers (siehe nachstehend) ergibt. Der in der Luft enthaltene Wasserdampf befindet sich, wenn die Atmosphäre mit Dampf gesättigt ist, im Sättigungszustand; seine Spannung $p_d$ entspricht also dem Werte, den die Tabellen im „Anhang" für die jeweilige Lufttemperatur geben. Bei nicht vollständiger Sättigung der Luft hat der dann überhitzte Wasserdampf einen dem Sättigungsgrad entsprechend niedrigeren Druck. Die Spannung der Luft in der feuchten Atmosphäre ist $p_l = 1 - p_d$ at. Der Wärmegehalt des Wasserdampfes läßt sich ebenfalls den Tabellen entnehmen, wobei die Überhitzungswärme bei nicht mit Feuchtigkeit gesättigter Atmosphäre wegen ihres geringen Betrages vernachlässigt werden kann.

Ist nun nach *Otto H. Mueller*[1])

$\alpha'$ und $\alpha''$ der Sättigungsgrad des ein- und austretenden atmosphärischen Gemisches,

$\lambda'$ und $\lambda''$ die Gesamtwärme,

$\gamma'$ und $\gamma''$ das spezifische Gewicht des in dem Gemisch enthaltenen Wasserdampfes,

$v'$ und $v''$ das spezifische Volumen der Luft,

so beträgt die Wärmemenge des in $1\ kg$ der ein- und austretenden Luft enthaltenen Wasserdampfes

$$\alpha' \cdot \lambda' \cdot \gamma' \cdot v' \quad \text{bzw.} \quad \alpha'' \cdot \lambda'' \cdot \gamma'' \cdot v''\ WE,$$

und die Differenz beider

$$q_2 = \alpha'' \cdot \lambda'' \cdot \gamma'' \cdot v'' - \alpha' \cdot \lambda' \cdot \gamma' \cdot v'\ WE$$

entspricht der Wärmemenge, die von $1\ kg$ Luft dem Warmwasser durch Verdunsten entzogen.wird. Dabei sind $t_l'$ und $\alpha'$ durch den jeweiligen atmosphärischen Zustand gegeben, $t_l''$ und $\alpha''$ durch die Erfahrung an verschiedenen Kühlern zu bestimmen und

$$v' = \frac{R \cdot T_l'}{p_l'}, \quad v'' = \frac{R \cdot T_l''}{p_l''}$$

mit $R = 29{,}3$ als Gaskonstante,

$T_l'$, $T_l''$ als absolute Temperatur,

$p_l'$, $p_l''$ als Druck der Luft in $kg/qm$

---

[1]) Z. d. V. d. I. 1905, S. 11.

zu setzen. Für $t_l' = 15°$ ist z. B. bei $760\,mm$ Barometerstand nach den Tabellen im „Anhang" $p_d' = 0{,}017$, $p_l' = 1 - 0{,}017 = 0{,}983\,at$, $\lambda' = 602$, $\gamma' = 0{,}0128$, also mit $\alpha' = 0{,}5$

$$v' = \frac{29{,}3 \cdot 288}{9830} = 0{,}858\,cbm,$$

sowie

$$\alpha' \cdot \lambda' \cdot \gamma' \cdot v' = 0{,}5 \cdot 602 \cdot 0{,}0128 \cdot 0{,}858 = 3{,}31\,WE.$$

Die insgesamt (durch Leitung und Verdunsten) dem Warmwasser von $1\,kg$ Luft entzogene Wärmemenge beträgt

$$q = q_1 + q_2.$$

$1\,kg$ Kühlwasser erfordert also zur Rückkühlung von $t_w''$ auf $t_w'$ ein Luftgewicht in $kg$ von

$$l_g = \frac{t_w'' - t_w'}{q}. \quad\ldots\ldots\ldots\ldots\ldots \quad 131$$

Die Differenz $t_w'' - t_w'$, um welche die Temperatur des Wassers in einer Rückkühlanlage herunter gebracht wird, nennt man die Breite der „Kühlzone". Sie berechnet sich, da die dem Dampf im Kondensator entzogene Wärme in der Rückkühlanlage wieder dem Wasser entzogen werden muß, nach Gl. 115, S. 363, bei einer Gesamtwärme $\lambda_k$ des zu kondensierenden Dampfes zu

$$t_w'' - t_w' = \frac{\lambda_k - t_w''}{m}$$

und beträgt z. B. für $t_w'' = 40°\,C$, $\lambda_k = 600\,WE$ bei

$$m = 30 \quad t_w'' - t_w' = \frac{600 - 40}{30} = 18{,}7°\,C,$$

$$m = 40 \quad t_w'' - t_w' = \frac{600 - 40}{40} = 14°\,C.$$

Nach *Otto H. Mueller* ist sie am zweckmäßigsten 14 bis 15° C. Die Breite der Kühlzone bleibt unverändert, solange das Kühlwasserverhältnis $m$ sich nicht ändert, die Anlage sich also im Beharrungszustande befindet. Wird das Wasser z. B. im Kondensator um 15° C erwärmt, so muß es auch im Kühler um 15° C abgekühlt werden; der letztere kann an diesen gegebenen Temperaturverhältnissen nichts ändern.

Anders verhält es sich mit der Höhenlage der Kühlzone. Sie ist veränderlich und hängt zunächst von dem Feuchtigkeitsgehalt der Luft und ihrer am trockenen Thermometer gemessenen Temperatur ab. $t_w''$ und $t_w'$ werden um so tiefer liegen, je niedriger jene sind, je trockener und kühler die Luft ist. Als untere physikalisch mögliche Temperatur, die Kühlgrenze, auf die das Wasser abgekühlt werden kann, gilt die Temperatur des sogenannten feuchten Thermometers, bis zu der ein im Schatten aufgehängtes Thermometer heruntergeht, wenn seine Quecksilberkugel mit feuchter Gaze umwickelt und befächelt wird. Als höchste Kühlgrenze im Hochsommer können für Nord- und Mitteldeutschland 20° C, für Süddeutschland 22° C angenommen werden. Auf die Kühlgrenze würde sich das Wasser abkühlen, wenn Luft von entsprechender Temperatur und Feuchtigkeit in unendlich großer Menge an dem zu kühlenden Wasser vorstreichen könnte; in der Wirklichkeit wird die Kühlgrenze niemals erreicht.

Die Höhenlage der Kühlzone wird ferner bedingt durch die Güte des Kühlers; ein guter Kühler kühlt das Wasser auf eine niedrigere Temperatur $t_w''$ und $t_w'$ ab als ein schlechter. Als Maßstab für die Güte des Kühlers kann die Höhe $h$ (Fig. 327) gelten, in der die mittlere Temperatur $t_w = 0{,}5\,(t_w'' + t_w')$ über der zugehörigen physikalischen Kühlgrenze liegt.

Schließlich steigt und fällt die Höhenlage der Kühlzone bei einem Kühler von gegebenen Verhältnissen noch mit der Größe der zu kühlenden Wassermenge. Sinkt z. B. bei einer mit der $m = 40$fachen Kühlwassermenge arbeitenden Kondensationsanlage, für die nach Obigem mit $\lambda_k = 600\ WE$ und $t_w'' = 40°\,C$ die Breite der Kühlzone $t_w'' - t_w' = 14°\,C$ war, der Dampfverbrauch infolge abnehmender Belastung der Maschine um ein Viertel, so wird, wenn die Kühlwassermenge zunächst unverändert bleibt, $m$ auf $40 \cdot 4/3$ steigen, die Breite der Kühlzone also auf

$$t_w'' - t_w' = \frac{600 - 40}{40 \cdot \dfrac{4}{3}} = 10{,}5°\,C$$

heruntergehen, die Höhenlage der Kühlzone sich aber nicht ändern. Erst wenn auch die Kühlwassermenge verringert und wieder gleich dem $40$fachen des neuen Dampfverbrauches wird, sinkt die Höhenlage, da der Kühler nun eine kleinere Gesamtwassermenge zu verarbeiten hat; die Breite der Kühlwasserzone steigt dann aber wieder auf 14° C.

Die *Maschinenbau-Aktienges. Balcke* in Bochum gibt für ihre Kaminkühler die in Fig. 327 dargestellten Temperaturkurven *1* und *2* bei der durch die obere Gerade *3* bestimmten Luftfeuchtigkeit und den unten angegebenen Temperaturen des trockenen Thermometers, sowie für eine Breite der Kühlzone $b = 15°\,C$ an. Hiernach würde z. B. bei 15° C Lufttemperatur und 70 vH Luftfeuchtigkeit $t_w' = 28{,}3$, $t_w'' = 43{,}3°\,C$ betragen. Für je 10 vH mehr oder weniger Luftfeuchtigkeit liegen die Temperaturen $t_w'$ und $t_w''$ um die jeweilige Temperaturordinate $a$ der Hilfskurve *4* tiefer oder höher. Würde z. B. in dem angegebenen Falle die Luftfeuchtigkeit nur 60 vH sein, so würde, da die Ordinate der Hilfskurve bei 15° C ca. 0,3° C entspricht, $t_w' = 28$, $t_w'' = 43°\,C$ werden.

Der Arbeitsbedarf einer Rückkühlanlage setzt sich zusammen aus der Arbeit, die zur Hebung des Warmwassers auf die Kühlanlage, und derjenigen, die zur Erzeugung eines künstlichen Luftzuges aufgewendet werden muß. Die erste Arbeit beträgt nach *Eberle*[1]) bei *4* bis *10 m* Förderhöhe, *20* bis *30 kg* Kühlwasser für *1 kg* Dampf, *0,5* Wirkungsgrad der Pumpen, 0,36 bis 2,2 vH der kondensierten Leistung. Für die Luftbewegung durch Ventilatoren sind 1 bis 3 vH dieser Leistung nötig.

---

[1]) Stahl und Eisen 1899, S. 190.

Der Wasserverlust durch Verdunsten wird zu 3 bis 5 vH angegeben; bei Oberflächenkondensation muß er ersetzt werden, bei Mischkondensation wird er durch den Zuwachs an Kondensat gedeckt.

Zur Rückkühlung dienen:

1. Kühlteiche, bei denen das warme Wasser an dem einen Ende eintritt, das gekühlte an dem andern Ende wieder abgesaugt wird. Die Abkühlung erfolgt durch Verdunstung an der Oberfläche. Ihre Wirkung ist, namentlich an heißen Tagen, nur gering, weshalb Kühlteiche wenig angewendet werden. Der Flächenbedarf ist groß und beträgt *30* bis *40 qm* für *100 kg* stündlichen Abdampf[1]) oder *3* bis *4 qm* für *1 PS*. Außerdem fällt die Anlage der Teiche wegen der erforderlichen wasserdichten Ausführung (Betonierung) des Bodens

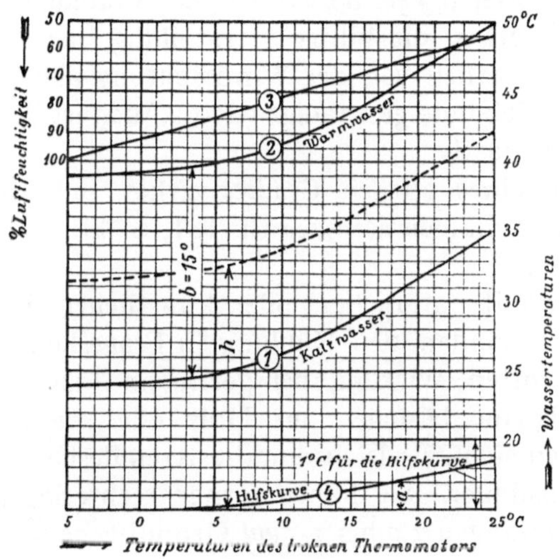


Fig. 327.

teuer aus. Der Arbeitsbedarf dagegen ist geringer als bei allen anderen Arten der Rückkühlung.

2. Streudüsen von *Gebr. Körting*, Hannover. Sie zerstäuben das Wasser kegelförmig über einem Sammelteich oder dichtgemauerten, mitunter auch eisernen Behälter, in dem es sich wieder sammelt. Erforderlicher Wasserdruck und Arbeitsaufwand ca. *1 at* vor den Düsen bzw. 1,5 bis 2 vH der Maschinenleistung. Abstand der Düsen voneinander *1,5* bis *3 m*, wobei die Düsen am Rande des Teiches oder Behälters nach der Mitte hin unter einem Winkel von *70°* gegen die Horizontale geneigt werden. Gebräuchliche Düsenöffnung *5* bis *18 mm*, vorteilhaft aber nicht über *10 mm*. Flächenbedarf bei guter Wirkung bis zu *10 qm* bei *100 kg* stündlichem Abdampf oder *6 qm* für eine *10 mm*-, *9 qm* für eine *18 mm*-Düse. Abkühlung nach den Angaben von *Gebr. Körting* bei trockener, warmer Luft auf Luftwärme, bei warmer, mitteltrockener Luft auf *3* bis *4*, bei kühler, feuchter Luft auf 8 bis 9° C über

---

[1]) Bezüglich der Angaben über die Flächengröße der Kühlwerke gilt die Anmerkung auf S. 400.

Luftwärme. Die Anlagekosten sind hoch, und bei Wind findet ein starkes Verstreuen des Wassers statt.

3. Gradierwerke. Sie werden meist offen ausgeführt und bestehen aus übereinanderliegenden Reisigbündeln oder gegen die vorherrschende Windrichtung schräg gestellten Lattenlagen von *8* bis *10 m* Länge. Das Warmwasser wird durch eine Pumpe hochgehoben und fällt dann im Gradierwerk herunter, um sich unten wieder in einem Behälter zu sammeln. Die gute Wirkung, durch die sich die Gradierwerke auszeichnen, wird durch die feine Zerteilung des herunterfallenden Wassers in kleinste Tropfen in Verbindung mit langer Fallzeit bzw. Kühldauer und einem, wenn auch nicht bedeutenden Luftstrom erzielt. Der Flächenbedarf ist ziemlich groß und beträgt ca. *2,5 qm* für *100 kg* stündlichen Abdampf oder *0,3 qm* bei *20* bis *30°* Abkühlung für *1 PS*. Vorteilhaft ist den Gradierwerken die billige Herstellung, nachteilig der Umstand, daß ihre Wirkung wesentlich von der Windrichtung abhängt und durch umstehende Bäume und Gebäude geschädigt wird. Auch ist der abziehende Dunst für die Nachbarschaft lästig.

Die Ansichtsfläche eines offenen Gradierwerkes soll nach *Weiß* $V_l/24\,qm$ betragen, wenn $V_l$ das Volumen der nach Gl. 131, S. 401, zu berechnenden Luftmenge in *cbm/min* ist.

4. Kaminkühler mit natürlichem oder künstlichem Luftzuge, von denen die letzteren nur für besonders tiefe Kühlung in Frage kommen. Kaminkühler finden wegen ihrer guten Wirkung bei geringem Flächenbedarf die meiste Verwendung. Die Türme bestehen aus Holz oder Eisen. Hölzerne Türme sind billiger, verwerfen sich aber leicht und besitzen deshalb nur eine verhältnismäßig geringe Lebensdauer. Sie haben ferner rechteckigen Querschnitt, bis zu *25 m* Höhe und verlangen *1,2* bis *1,5 qm* Grundfläche für *100 kg* stündlichen Abdampf. Die eisernen Türme werden rund und bis zu *35 m* Höhe ausgeführt und erfordern nur *0,4 qm* Grundfläche für die angeführte Abdampfmenge. Nach *Weiß* soll die Grundfläche in *qm* $^1/_{17}$ des Luftbedarfs in *cbm/min* betragen. Innerhalb der Türme befinden sich sogenannte Berieselungsvorrichtungen, das sind Füllungen aus Reisig, Holzlatten, Brettern oder Blechen, die das Wasser zur Verlängerung der Kühldauer und Vergrößerung der Kühlfläche möglichst oft auffangen und dabei zerspritzen oder fein verteilen. Das dem Kühler von oben zufließende warme Wasser wird dem Rieseleinbau durch quer zu ihm eingebaute Rinnen, Tröge, Kanäle mit Ablaufrinnen oder -schlitzen gleichmäßig zugeführt, die Luft wird infolge des Kaminzuges von unten oder von der Seite angesaugt.

In die Erde eingebaute Unterflurkühler bieten den Vorteil, daß die Saugkraft der Kondensation bei ihnen ausgenützt wird und das Warmwasser dem Kühler frei zufließen kann. Der Ausguß der Kondensation liegt wenig über oder in der Bodenhöhe, die Rieselböden sind seitlich ausgebaut. Die Unterflurkühler fallen aber sehr teuer aus und beanspruchen *2,3* bis *3 qm* Bodenfläche für *100 kg* stündlichen Abdampf.

Durch Anwendung eines Ventilators zur Erzeugung eines künstlichen oder verstärkten Luftstromes wird die Grundfläche der eisernen Kühltürme bis auf

*0,25* bis *0,3 qm*, der hölzernen bis auf *0,3* bis *0,7 qm* Grundfläche für *100 kg* stündlichen Abdampf beschränkt. Zugleich wird aber auch der Kraftbedarf bedeutend gesteigert und tritt Verspritzen des Wassers, verbunden mit Dunstschwaden, bei starkem Zuge ein.

Durch eine Rückkühlanlage wird der Nutzen der Kondensation insofern vermindert, als die Kosten dieser Anlage mit zu verzinsen und abzuschreiben sind und die zu ihrem Betriebe erforderliche Arbeit aufzuwenden ist. Die beste Rückkühlanlage wird deshalb diejenige sein, die mit dem geringsten Kosten- und Arbeitsaufwande eine gute Kühlung hervorbringt. Auch der Platzbedarf der Anlage kommt mit in Frage, namentlich dann, wenn der Boden teuer ist. Es will also in jedem Falle unter Berücksichtigung aller in Frage kommenden Verhältnisse erwogen sein, welche Art von Rückkühlanlage mit Hinsicht auf den zu erzielenden Nutzen gewählt wird. Dabei ist nicht zu vergessen, daß die Anlage, deren genaue Wirkung man von vornherein nicht kennt, das Wasser nicht bei jeder Witterung gleich tief zurückkühlt, daß also die Kondensation zu manchen Zeiten auch mit wärmerem Kühlwasser arbeiten und dann auch noch einen gewissen Nutzen abwerfen muß.

# VIII. Die allgemeine Anordnung und die Hauptteile der Kolbendampfmaschinen.

**§ 152. Die liegende und stehende Maschinenanordnung.** In ihrer allgemeinen Anordnung zeigen die Kolbendampfmaschinen zwei Hauptbauarten, die liegende und die stehende. Bei jener liegt die Zylinder- und Führungsachse der Maschine horizontal, bei dieser vertikal. Bei jener wirkt also das Gewicht des Kolben- und Schiebergestänges senkrecht zu den Unterstützungsflächen dieser Teile und dem Dampfdruck auf den Kolben, bei diesen parallel zu beiden. Jede Bauart hat ihre Vor- und Nachteile. In wirtschaftlicher Hinsicht, d. h. in bezug auf die Kosten von $1 \, PS_e$ (einschließlich der Anlage-, Wartungs- und Unterhaltungskosten) werden beide Bauarten, zweckmäßige Konstruktion und gleich gute Ausführung vorausgesetzt, kaum oder nur wenig einander nachstehen. Für die Anwendung der einen oder anderen Bauart können deshalb nur besondere Umstände, wie der Raumbedarf, die Art des Betriebes (Heiß- oder Sattdampf), die Umdrehungszahl der zu treibenden Maschinen usw., maßgebend sein.

Bezüglich der Anlagekosten ist zu bemerken, daß die liegende Maschine im allgemeinen billiger als die stehende ist. Diese dagegen braucht zu ihrer Aufstellung eine viel kleinere (ungefähr nur halb so große) Grundfläche und hat ein einfacheres, weniger kostspieliges Fundament, das in der Hauptsache aus einem rechteckigen Block besteht, keine Unterkellerungen und Durchbrechungen wie bei der liegenden Maschine besitzt und sich gleichmäßig setzt. Neben der Platzfrage kommen bei der stehenden Maschine auch noch die kürzeren Rohrleitungen, namentlich für Anlagen mit mehreren Maschinen, günstig in Betracht.

Bei den Wartungs- und Unterhaltungskosten ist zu berücksichtigen, daß die Bedienung der liegenden Maschine von vielen als wesentlich leichter als die der stehenden angesehen wird, wenn auch an beiden, wie jetzt wohl allgemein üblich, selbsttätige Schmiervorrichtungen angebracht sind. Den längeren und bequemeren Wegen, die der Wärter bei jenen zu machen hat, stehen bei diesen wohl kürzere, aber weit weniger bequeme gegenüber, die nicht nur an manchen Stellen schmal und gewunden sind, sondern auch an heißen Flächen vorüberführen. Das gleiche gilt von der Übersichtlichkeit beider Bauarten: die liegende Maschine ist freier und besser in ihren Einzelheiten beleuchtet. Die Behauptung dagegen, daß die stehende Maschine einen größeren Ölverbrauch habe, ist durch Versuchszahlen widerlegt worden.

Im Betriebe sind die Abnützungsverhältnisse von Zylinder und Gestänge für die liegende Maschine, wo das Gewicht der hin und her gehenden Teile die Gleitflächen belastet, ungünstiger, und es bedarf bei ihr stets besonderer Sorgfalt in der Konstruktion, Herstellung und Wartung, wenn der Verschleiß in den zulässigen Grenzen bleiben soll. Auch sind die Kurbelwellenlager der liegenden Maschine, die wegen des horizontalen Dampf- und vertikalen Gewichtsdruckes mehrteilig sein müssen, keine angenehme Beigabe, und die hin und her gehenden Massen, die bei liegender Anordnung die Maschine auf ihrem Fundament zu verschieben suchen und dieses auf Biegung beanspruchen, wirken bei stehender Anordnung senkrecht zu diesem und stören den Stand der Maschine kaum. Dafür muß die stehende Maschine gegen Schwankungen, die durch die auftretenden Seitenkräfte hervorgerufen werden, besonders gut gesichert werden.

Andrerseits eignet sich die liegende Bauart besser für den Betrieb mit überhitztem Dampf; denn die Führung der stehenden Maschine ist schon bei gesättigtem Dampf schwer kühl zu erhalten. Diesem Umstande verdankt wohl die liegende Maschine zur Hauptsache ihre in letzter Zeit wieder mehr hervortretende Verwendung für hoch überhitzten Dampf, namentlich bei der jetzt so beliebten Tandembauart mit hinten liegendem und von der Führung abgerücktem Hochdruckzylinder. Stehende Maschinen bleiben mehr auf den Betrieb mit gesättigtem oder schwach überhitztem Dampf beschränkt, wo sie besonders mit hoher Umdrehungszahl als Schnelläufer zur Ausführung kommen.

§ 153. **Die Anordnung der Einzylindermaschinen.** Die liegenden Einzylindermaschinen kommen jetzt hauptsächlich in zwei Anordnungen vor. Fig. 328 zeigt zunächst diejenige mit getrenntem hinteren Schwungradlager und unterstütztem Zylinder. Die Bohrung schwankt zwischen *275* bis *600*, der Hub zwischen *450* bis *1000 mm*. Die Steuerung besteht meist aus Ventilen. Die größeren Maschinen erhalten ferner, wenn der Abdampf nicht zu Heiz- oder Kochzwecken benutzt werden kann und das Kühlwasser nicht allzu schwer zu beschaffen ist, Kondensation.

Die zweite Anordnung ist durch Fig. 329 wiedergegeben. Sie wird mehr für kleinere Betriebe in Abmessungen von *150* bis *360 mm* Zylinderbohrung und *200* bis *600 mm* Hub bei *300* bis *150* Umdrehungen in der Minute gewählt. Der Zylinder ist freischwebend an dem Rahmen befestigt, dessen zwei Lager die gekröpfte Welle mit überhängendem Schwungrade tragen. Die Steuerung besteht gewöhnlich aus Kolbenschiebern mit fliegend angeordnetem Flachregler.

Die Anordnung eignet sich namentlich für Massenfabrikation und bietet den Vorteil, daß die in der Werkstatt zusammengesetzte und unter Dampf ausprobierte Maschine nach Abnahme des Schwungrades in einem Stück versandt und am Verwendungsorte ohne eigentliche Montage aufgestellt werden kann. Außerdem ist ihr Flächenbedarf sehr gering und das Fundament einfach. Auf Kondensation wird gewöhnlich verzichtet.

Auch die stehenden Einzylindermaschinen werden nur für kleine Leistungen und in denselben Verhältnissen wie liegende Gabelmaschinen ausgeführt.

Vielfach kuppelt man sie unmittelbar mit einer Dynamomaschine (Fig. 330), mit der sie dann auf einer gemeinschaftlichen Grundplatte stehen. Als Steuerung dient auch hier ein Kolbenschieber mit Flachregler. Ebenso werden die Maschinen nach der Montage und Ausprobierung in der Werkstatt betriebsfertig versandt.

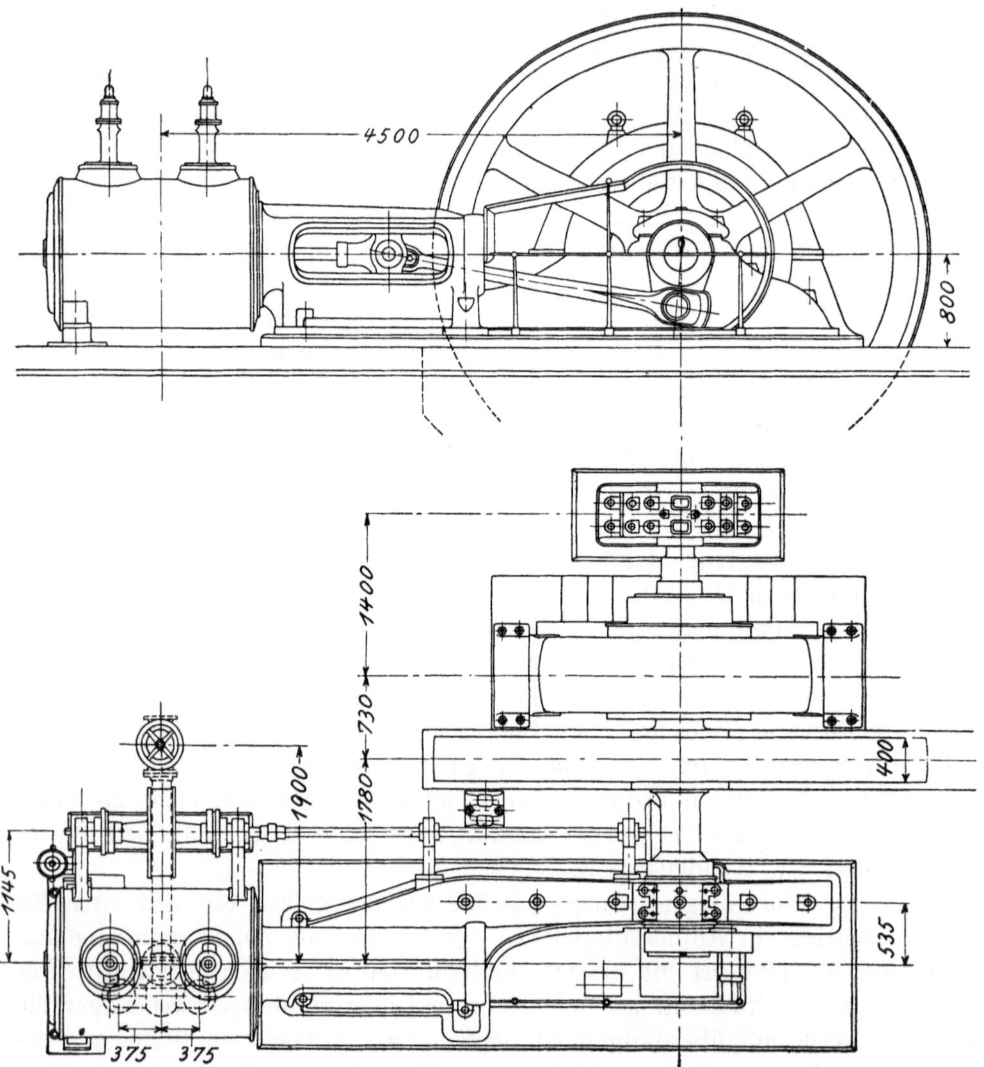

Fig. 328. 3 : 200. Lieg. Heißdampf-Einzylindermaschine $D = 0{,}6$, $S = 0{,}9\,m$, $n = 110$ der *Maschinenfabrik Grevenbroich*.

## § 154. Die Anordnung der Mehrzylindermaschinen.

Die liegenden Verbundmaschinen werden zur weitaus größten Zahl jetzt in Tandemanordnung mit hintereinander liegenden Zylindern gebaut. Die Vorteile, die diese Anordnung gegenüber der Zwillingsanordnung mit nebeneinander befindlichen Zylindern und zwei Kurbeln unter $90°$ besitzt, bestehen in dem geringeren Platzbedarf, den etwas niedrigeren Herstellungskosten, der leichteren Bedienung infolge Wegfalles des zweiten Triebwerkes und der Möglichkeit, die Anlage bei steigendem Kraftbedarf durch eine zweite, gleich wirtschaftlich arbeitende Maschinenhälfte leicht vergrößern zu können. Diesen Vorteilen der Tandemanordnung steht als Nachteil neben der erschwerten Zugänglichkeit der Stopfbuchsen in dem Verbindungsstück beider Zylinder die schwierige Herausnahme des vorderen Kolbens gegenüber, die zwar im allgemeinen nur selten nötig wird,

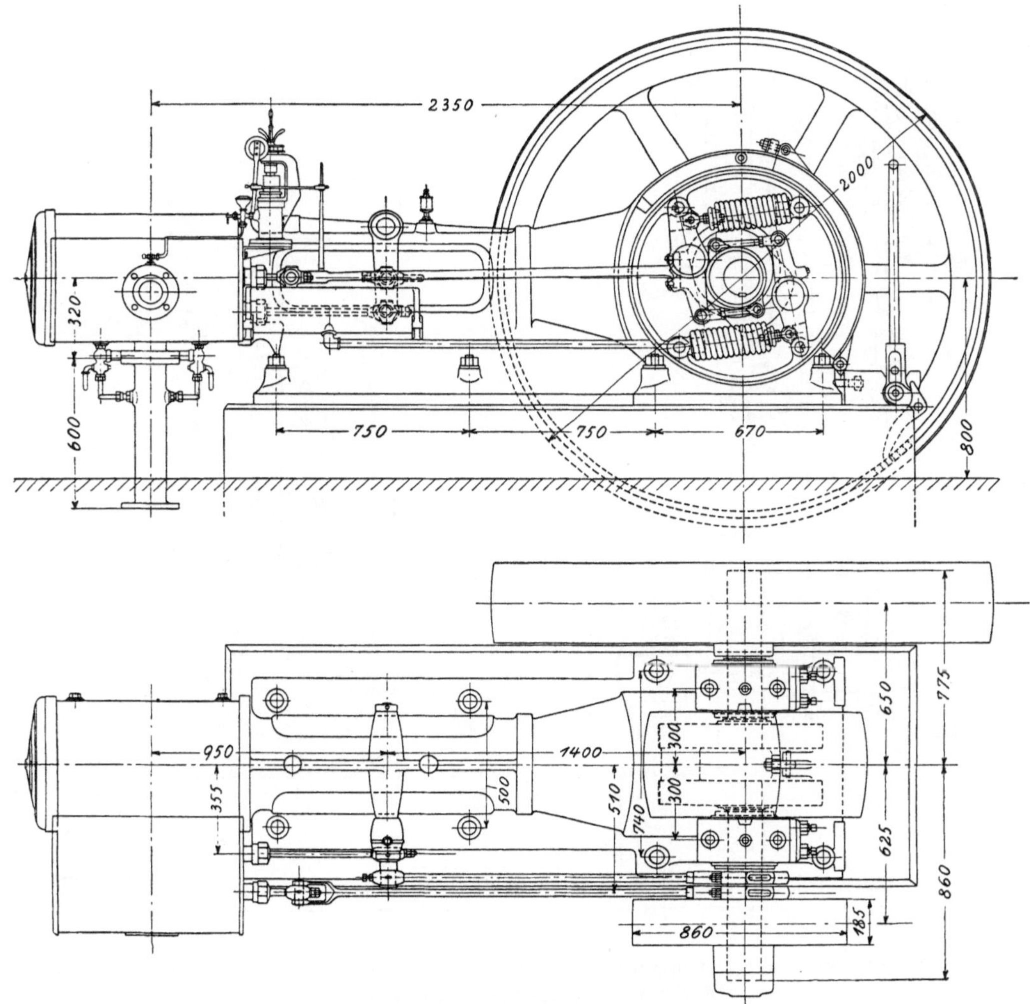

Fig. 329. 1 : 30. Einzylindrige Gabelmaschine $D = 0,3,$ $S = 0,5\,m$, $n = 180$ der *Dinglerschen Maschinenfabrik* in Zweibrücken.

im Bedarfsfalle aber bei der Zwillingsanordnung wesentlich leichter ausgeführt werden kann. Der Umstand, daß bei der letzteren das Schwungrad zur Erzielung desselben Ungleichförmigkeitsgrades leichter zu sein braucht, fällt gewöhnlich nicht ins Gewicht. Dagegen ist zu beachten, daß die Tandemanordnung einen langen, schmalen, die Zwillingsanordnung einen kurzen, breiten Raum zu ihrer Aufstellung erfordert.

Für überhitzten Dampf ist die **Tandemanordnung** mit **hinten liegendem Hochdruckzylinder** jetzt allgemein gebräuchlich. Die Abrückung
des heißen Hochdruckzylinders von dem Maschinenrahmen verhütet nicht nur
eine zu starke Erwärmung der Führung und die damit verbundenen Wärmeverluste, sondern der Niederdruckzylinder braucht auch nicht mehr um die

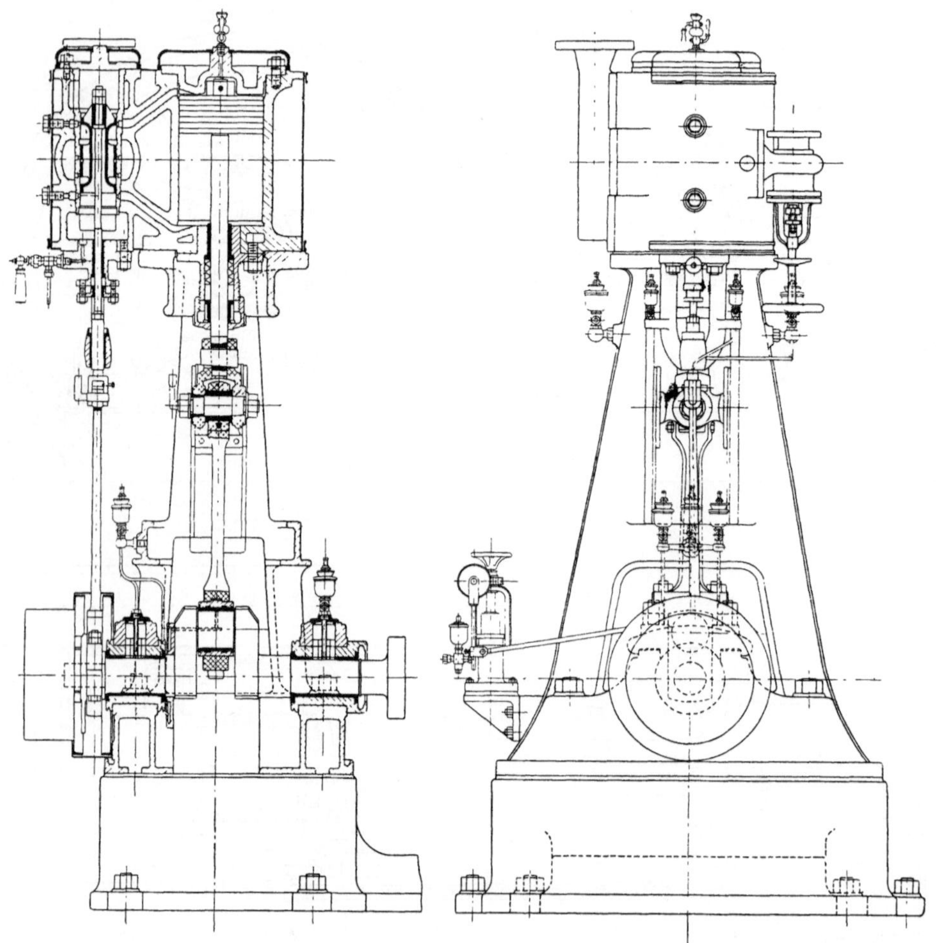

Fig. 330.  1 : 20.  Steh.  Einzylindermaschine $D = 0{,}225$,  $S = 0{,}25\,m$,  $n = 275$ von
*Främbs & Freudenberg* in Schweidnitz.

ganze Ausdehnung des stark erhitzten Hochdruckzylinders verschoben zu
werden. Die Ausdehnung der Zylinder in vertikaler Richtung fällt ferner
bei der neuen Anordnung weniger bedenklich aus und erfolgt entsprechend
der geringeren Erwärmung des Niederdruckzylinders und stärkeren des Hochdruckzylinders nicht mehr in gekrümmter Linie, wie es bei der alten Anordnung
mit vorne liegendem Hochdruckzylinder der Fall ist, sondern von vorne nach
hinten mehr stetig ansteigend. Endlich macht der hinten liegende kleine

Kolben eine besondere hintere Kolbenstangenführung entbehrlich. Über die Ausbildung des Mittelstückes, durch dessen Öffnung der Niederdruckkolben nach gelöster Kolbenstange herausgenommen werden muß, siehe § 157.

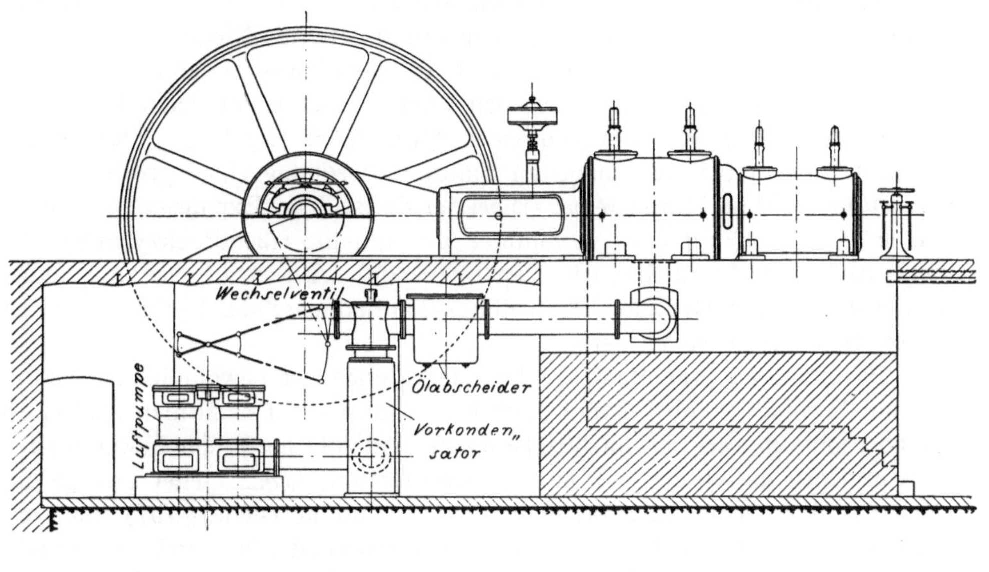

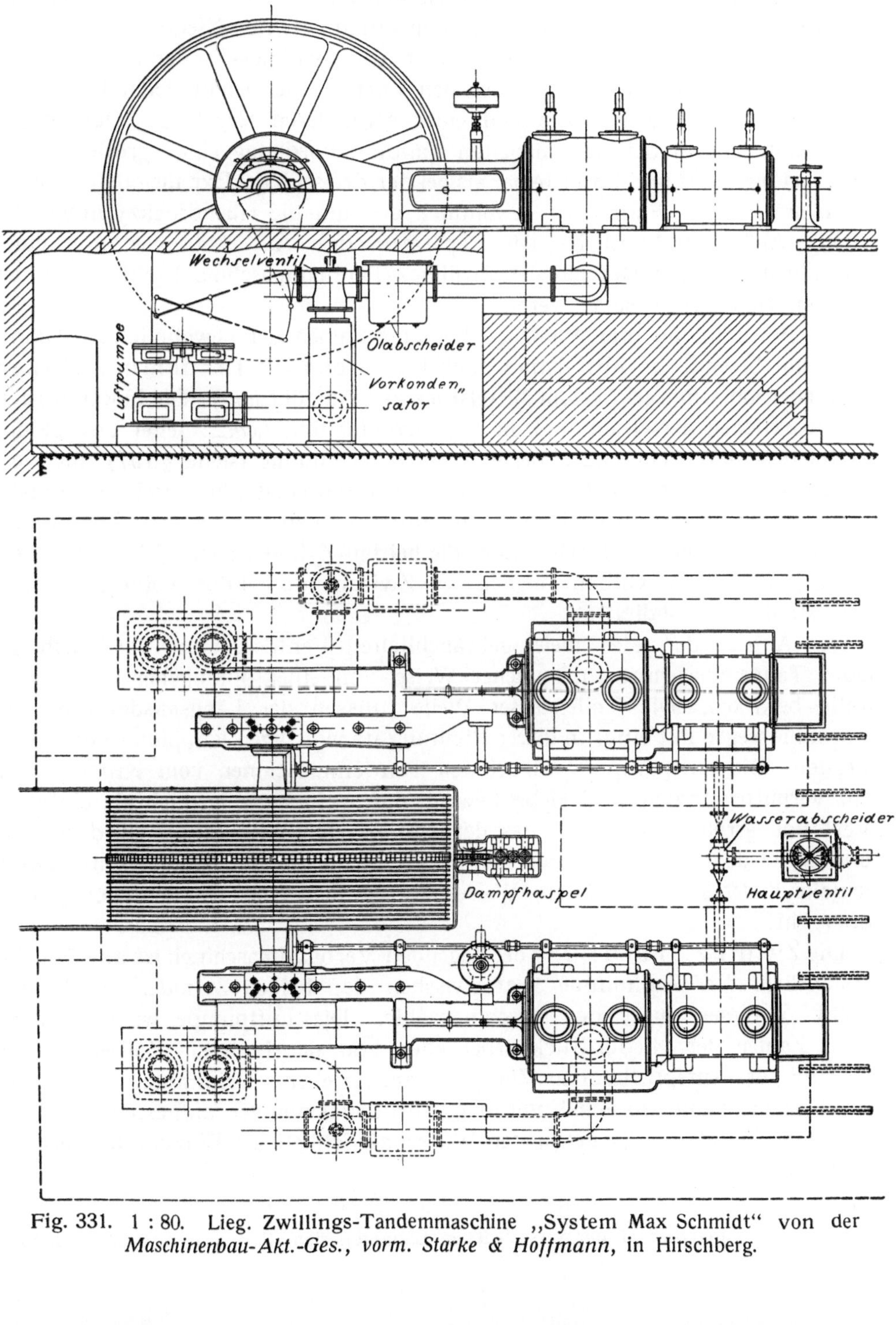

Fig. 331. 1 : 80. Lieg. Zwillings-Tandemmaschine „System Max Schmidt" von der *Maschinenbau-Akt.-Ges., vorm. Starke & Hoffmann,* in Hirschberg.

Fig. 331 gibt die Anordnung einer Zwillings-Tandemmaschine, auf die, wie schon erwähnt, die einfache Tandemmaschine bei einer nachträglichen Vergrößerung der Kraftanlage ergänzt werden kann. Jetzt wählt man die Anordnung aber auch vielfach von vornherein an Stelle einer ebenso großen dreistufigen Expansionsmaschine, die dann einen geteilten Niederdruckzylinder erhalten müßte. Gegenüber dieser bietet die Zwillings-Tandemmaschine bei annähernd gleichem Dampfverbrauch den Vorteil einer genau gleichen Arbeitsverteilung auf beide Kurbeln und einer schnelleren Regelung. Der Regler beeinflußt nämlich bei der doppelten Tandemanordnung einen größeren Teil der Leistung sofort und unmittelbar als bei der dreistufigen Expansionsmaschine, wenn er in beiden Fällen wie gewöhnlich nur auf die Hochdruckzylinder einwirkt. Außerdem kann bei der Reparatur und Außerbetriebsetzung einer Maschinenhälfte der Betrieb der Zwillings-Tandemmaschine leichter mit der anderen Hälfte fortgesetzt werden.

Zur Beschränkung der Baulänge kommen neben der gewöhnlichen Anordnung mit besonderem Mittelstück auch kurzgebaute Tandemmaschinen ohne oder mit sehr verkürztem Mittelstück zur Ausführung[1]). Die bekanntesten Konstruktionen derselben sind die von *Schmidt* und *Lentz*. Jener ersetzt das Mittelstück durch eine patentierte Zylinderverbindung (siehe § 157) und verschiebt den Hochdruckzylinder auf einer hinteren Gleitbahn durch ein Schaltwerk, wenn der Niederdruckkolben herausgenommen werden soll. Dieser umgeht das Mittelstück dadurch, daß er die beiden Zylinder (siehe § 157) in einem Stück gießt und die Kolbenstange in dem Zwischendeckel durch eine packungslose Stopfbuchse abdichtet.

Der Antrieb der jetzt meist gebräuchlichen Ventilsteuerung läßt sich bei jeder Tandemmaschine in einfacher Weise von einer durchgehenden Steuerwelle bewirken. Die Teile dieser Welle müssen der Längsausdehnung der Maschine wegen mit einer in dieser Richtung nachgiebigen Kupplung verbunden werden. Die Luftpumpe wird bei den Tandemmaschinen vom Kurbelzapfen aus vermittels Stange und Hebel bewegt, der Aufnehmer vielfach als einfaches Verbindungsrohr ausgeführt, das der Länge nach unter den Zylindern liegt und unter dem Mittelstück aus der kleineren Weite des Auslasses am Hochdruckzylinder in die größere Weite des Einlasses am Niederdruckzylinder übergeht.

Die Zwillingsanordnung der liegenden Verbundmaschinen ist aus Fig. 332 ersichtlich. Der Aufnehmer liegt zwischen den beiden Zylindern und senkrecht zu diesen unter der Maschinensohle. Die Luftpumpe wird entweder vom Zapfen der Niederdruckkurbel oder von der hinteren Kolbenstangenführung des entsprechenden Zylinders angetrieben. Bei anfangs kleinerem Kraftbedarf kann zunächst nur der Hochdruckzylinder aufgestellt und die Maschine bei allerdings geringerer Wirtschaftlichkeit als Einzylindermaschine betrieben werden.

---

[1]) Über den Platzbedarf der verschiedenen Bauarten siehe Z. d. V. d. I. 1905, S. 1853.

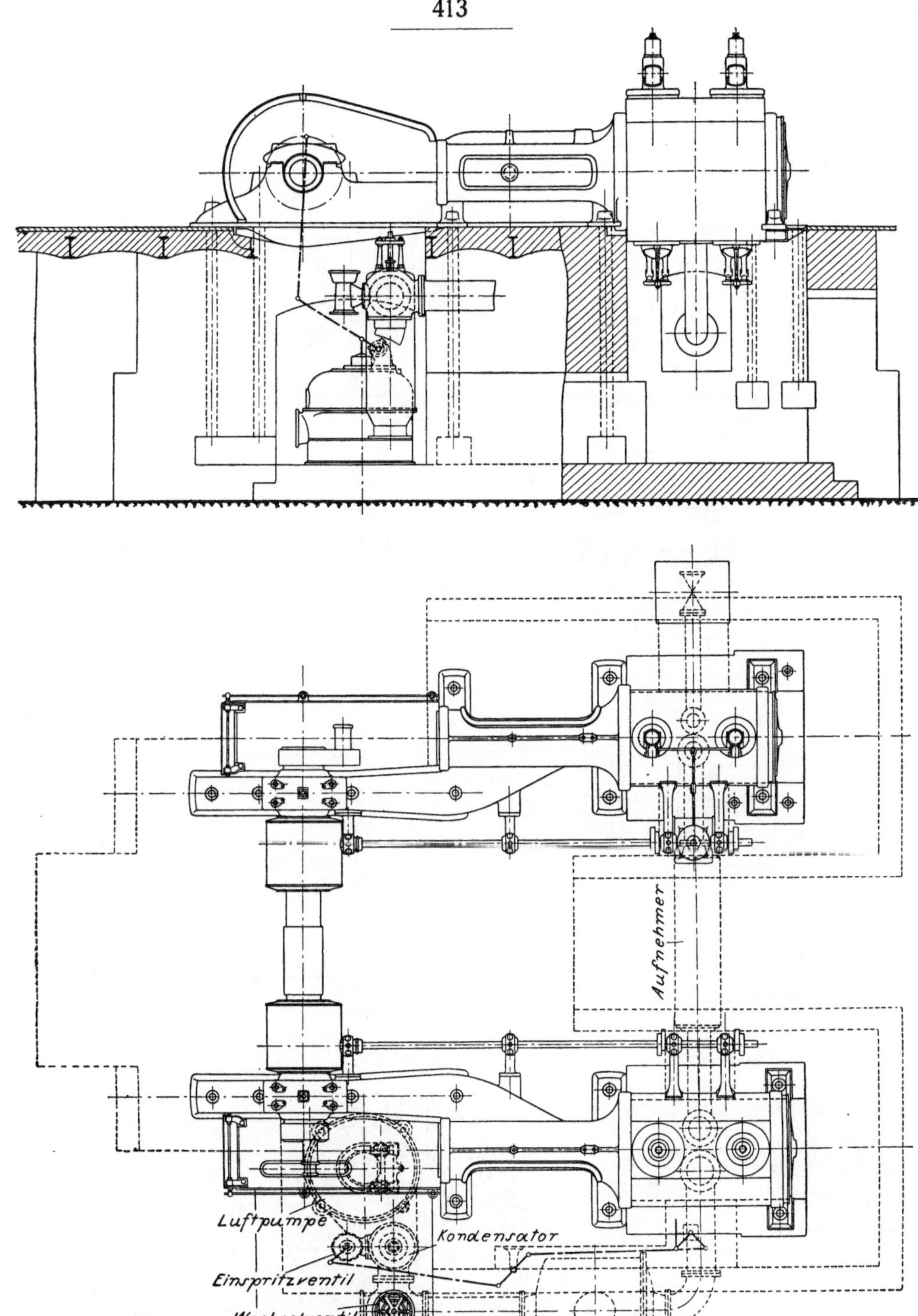


Fig. 332. 1 : 75. Lieg. Zwillings-Verbundmaschine der *Dresdner Maschinenfabrik und Schiffswerft Uebigau.*

Die liegenden dreistufigen Expansionsmaschinen zeigen, wie schon früher erwähnt, Zwillingsanordnung mit dem Hoch- und Mitteldruckzylinder

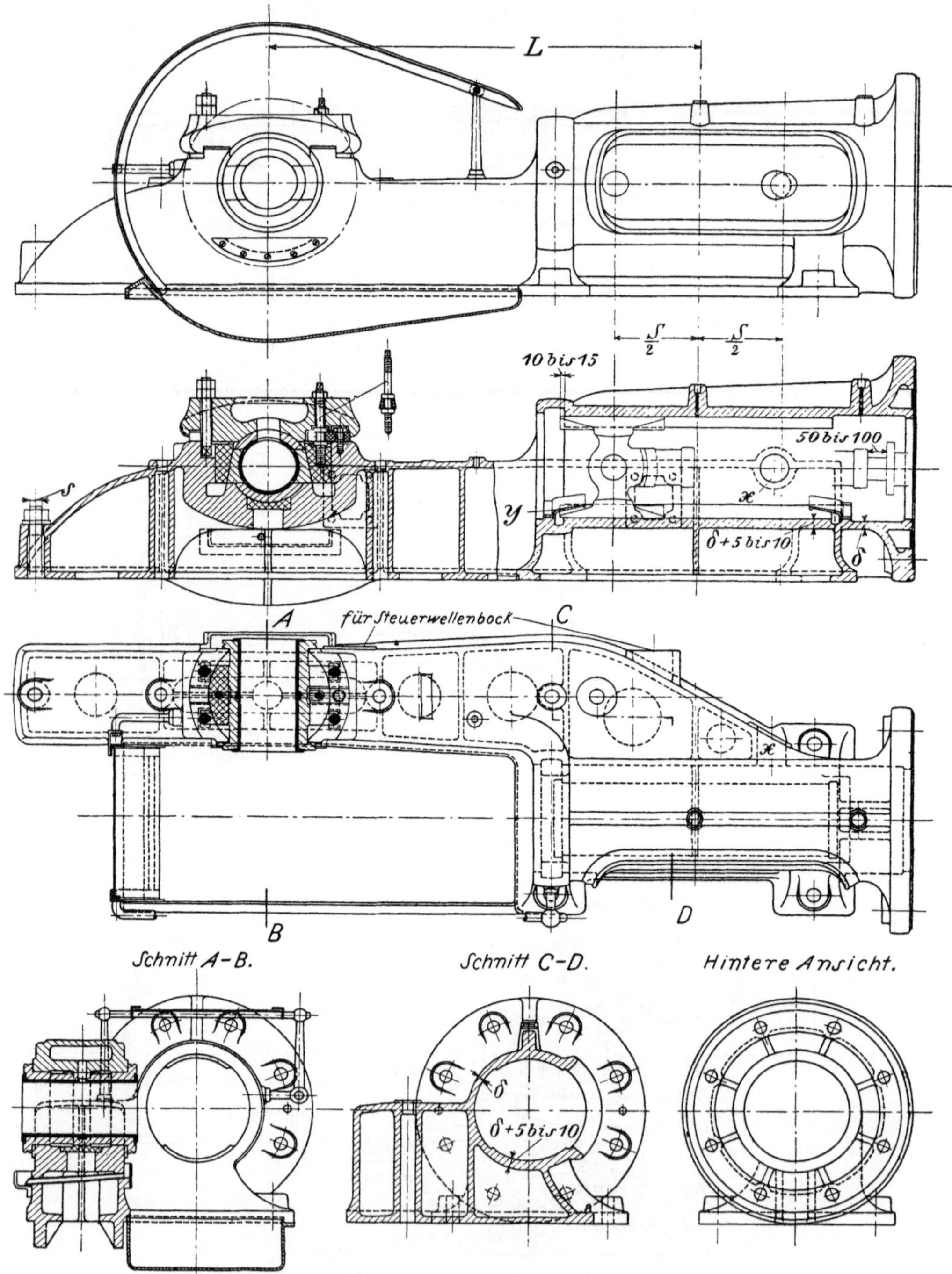



Fig. 333. 1 : 25. Rahmen einer lieg. Tandem-Verbundmaschine $d = 0{,}3$, $D = 0{,}525$, $S = 0{,}6\,m$, $n = 140$ von *Främbs & Freudenberg* in Schweidnitz.

an der einen und dem Niederdruckzylinder an der anderen Kurbel. Bei Leistungen von mehr als *1000 PS* wird der Niederdruckzylinder geteilt und die eine Hälfte desselben mit dem Hochdruckzylinder auf die eine, die andere Hälfte mit dem Mitteldruckzylinder auf die andere Seite gelegt. Die mit einer solchen Teilung verbundenen Vorteile sind: Verkleinerung der Triebwerksabmessungen und Anwendung verhältnismäßig hoher Kolbengeschwindigkeiten und Umdrehungszahlen bei genügend langem Hub, gleichmäßigere Arbeitsverteilung auf die beiden Kurbeln und damit höhere Gleichförmigkeit des Ganges, kleinere Steuerungsorgane für die Niederdruckzylinder und erhöhte Betriebssicherheit bei doppelter Luftpumpe. Die Niederdruckzylinder werden auch hier gern nach vorne an die Führung gelegt, weil sich dann die von den Kurbelzapfen aus betriebenen Kondensationen besser anschließen lassen, die kleineren Kolben freitragend sein können und die Geradführungen weniger erwärmt werden.

Stehende Verbundmaschinen erhalten gewöhnlich Zwillingsanordnung, bei der man die Zylinder der freien Ausdehnung wegen unabhängig voneinander auf den zusammengegossenen oder verschraubten Maschinenrahmen befestigt.

An stehenden dreistufigen Expansionsmaschinen werden die Zylinder am besten in der Reihenfolge Hoch-, Mittel-, Niederdruckzylinder nebeneinander gelegt und die Kurbeln unter *120°* gegeneinander versetzt. Die Symmetrie des Aufbaues wird zwar bei dieser Zylinderanordnung etwas gestört, aber die Überströmkanäle fallen kurz aus, und die Kurbelversetzung ist der Gleichförmigkeit des Ganges günstig.

§ 155. **Die Maschinenrahmen und Kurbelwellenlager.** Der Rahmen einer Kolbendampfmaschine hat die im Zylinder auftretenden Kräfte leicht und sicher nach dem Hauptlager der Kurbelwelle zu leiten. Beanspruchungen des Fundamentes sollen dabei möglichst ausgeschlossen sein.

Für liegende Maschinen genügen dieser Bedingung am besten die Rahmen mit runder Kreuzkopfführung, die den Kolbendruck in der Richtung der Zylinderachse aufnehmen. Sie werden mit nur einem Lager als Bajonettrahmen (Fig. 333) oder mit zwei Lagern als Gabelrahmen (Fig. 335 und 336) in Hohlguß ausgeführt und erhalten möglichst breite Auflageflächen, namentlich an den Lagern. Sie ruhen ferner jetzt selbst bei kleinen Maschinen meist in der ganzen Länge auf dem Fundament und werden bei der Montage mit Zement untergossen. Das einfache oder doppelte Verbindungsstück zwischen Lager und Führung hat ∏-förmigen Querschnitt; sein Kern kann nach unten herausgenommen werden. Querrippen, sowie Hülsen um die Fundamentanker geben den Rahmenwänden die genügende Steifheit und dürfen namentlich bei großen Maschinen nicht fehlen.

Gabelrahmen nach Fig. 335, die jetzt bei Gleichstrom- und Tandem-Verbundmaschinen mit hoher Kolbengeschwindigkeit mehr und mehr in Aufnahme kommen, bieten den Vorteil, daß sich der Gestängedruck bei ihnen auf zwei Lager verteilt und die allerdings gekröpfte Welle schwächer gehalten werden kann als bei dem Rahmen nach Fig. 333, bei dem nur ein Lager den infolge des einseitigen Angriffes noch verstärkten Gestängedruck aufnehmen muß.

Rahmen nach Fig. 336 finden meist nur bei kleinen Maschinen mit freischweben-
dem Zylinder (Fig. 329, S. 409) Verwendung.

Beim Entwurf der Rahmen trägt man zuerst die Mitte der Kurbelwelle
und im Abstande $L$ (Schubstangenlänge) davon die Mitte des Kreuzkopfhubes
auf. Um den halben Hub nach links und rechts von der letzteren Mitte können
dann die Totlagen des Kreuzkopfes und der Schleifer eingezeichnet werden.
Damit kein Grat entsteht, müssen diese in den Totlagen die Bahn um *10* bis
*15 mm* übertreten. Die Bohrung der Rundführung ist nur so groß zu bemessen,

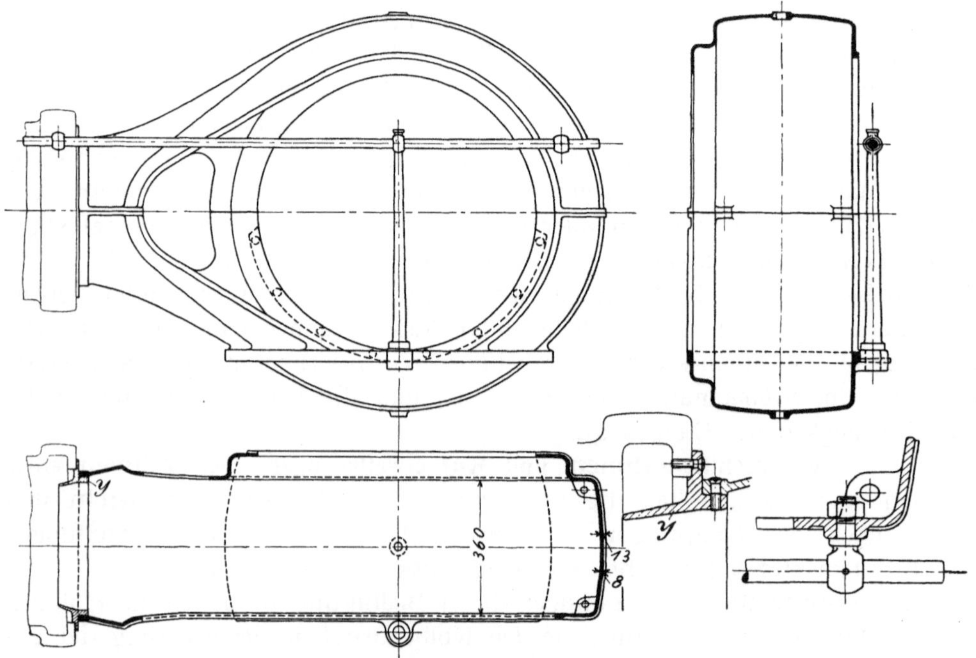

Fig. 334.  1 : 20 und 1 : 7,5.  Kurbelschutzkasten zur lieg. Tandem-Verbundmaschine
von *Scharrer & Groß* in Nürnberg.

daß die Schubstange in ihr frei schwingen kann. Am hinteren Flansch wird
der Zylinder dem Rahmen zentrisch eingesetzt (siehe § 156); die genaue Montage
von Zylinder und Führungsachse ist dadurch allein aber noch nicht gesichert.
Für die Länge des hinteren Rahmenendes gilt die Bedingung, daß zwischen
Stopfbuchse und Nabe des Kreuzkopfes in dessen Deckeltotlage noch ein Spielraum von *50* bis *100 mm* verbleibt. Die seitlichen Rahmenöffnungen müssen
ein Verpacken und Anziehen der Stopfbuchse gestatten. Bei dem Rahmen
in Fig. 333 ist auch eine hintere Öffnung $x$ vorzusehen, durch die der Kreuzkopfbolzen und -keil ausgetrieben werden können.

Die Höhe von Mitte Führung bis Fundamentoberkante ist bei den Rahmen
in Fig. 333 und 335 möglichst klein zu halten, damit der Hebelarm der wirksamen Kraft beschränkt wird. Bei dem Rahmen in Fig. 336 wählt man die
Höhe so groß, daß die Kurbel mit dem Schubstangenende frei schwingen kann.

Der Querschnitt $f$ der Verbindungsstücke zwischen Lager und Führung wird auf Zug (Druck) und, soweit das Moment des Gestängedruckes $P$ in bezug auf diesen Querschnitt nicht von den Fundamentankern an der Führung aufgenommen wird, auch auf Biegung beansprucht. Unter Vernachlässigung der

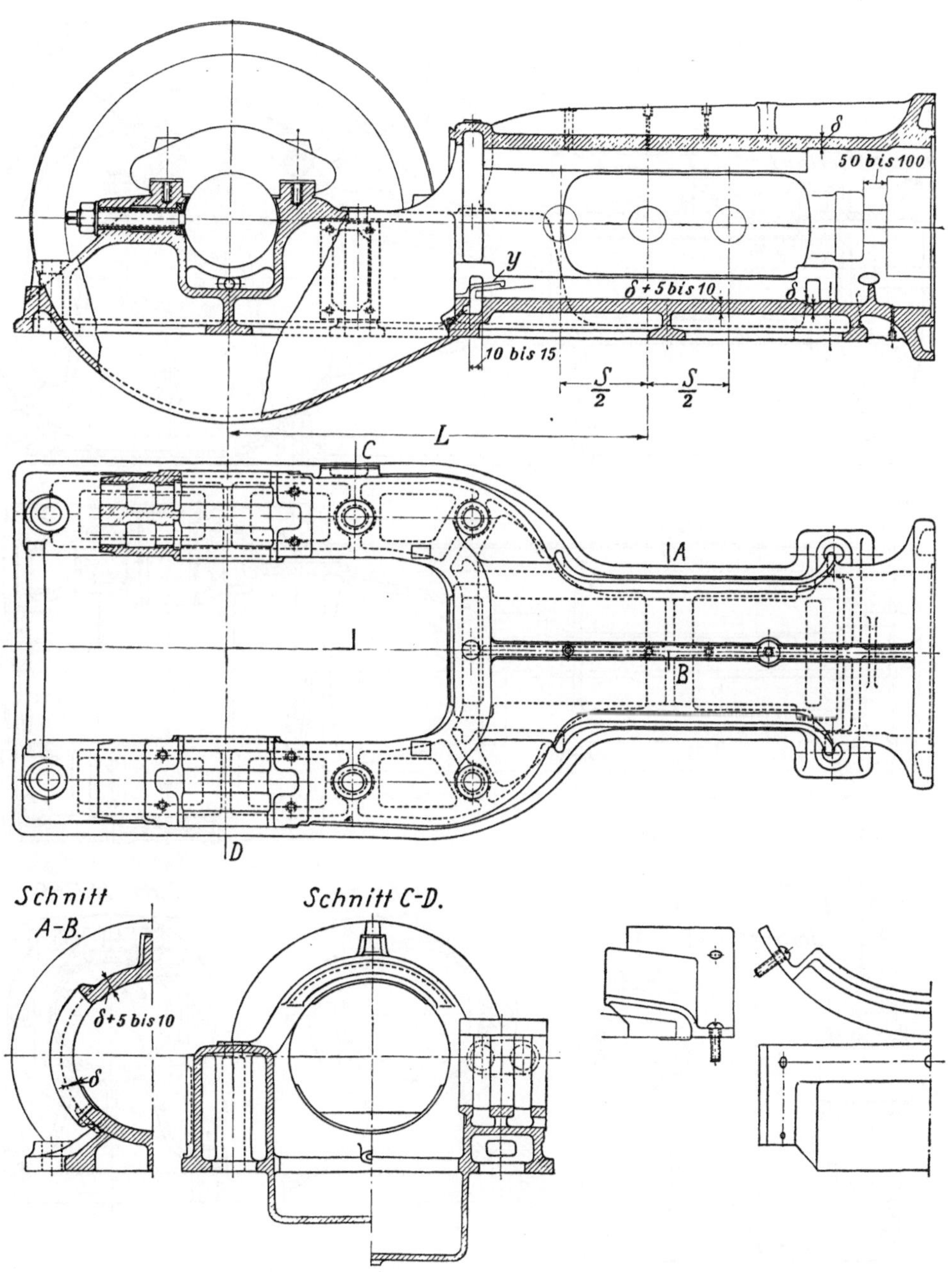


Fig. 335. 1 : 22,5 und 1 : 9. Gabelrahmen einer lieg. Gleichstrommaschine $D = 0{,}5$, $S = 0{,}5\,m$ und $n = 175$ der *Zwickauer Maschinenfabrik*.

Biegungsbeanspruchung genügt es meist, den Querschnitt so zu bemessen, daß die Zug(Druck)spannung

$$\sigma = \frac{P}{f} \quad \text{bzw.} \quad \frac{P}{2f}$$

*40* bis *50 kg/qcm* nicht übersteigt.

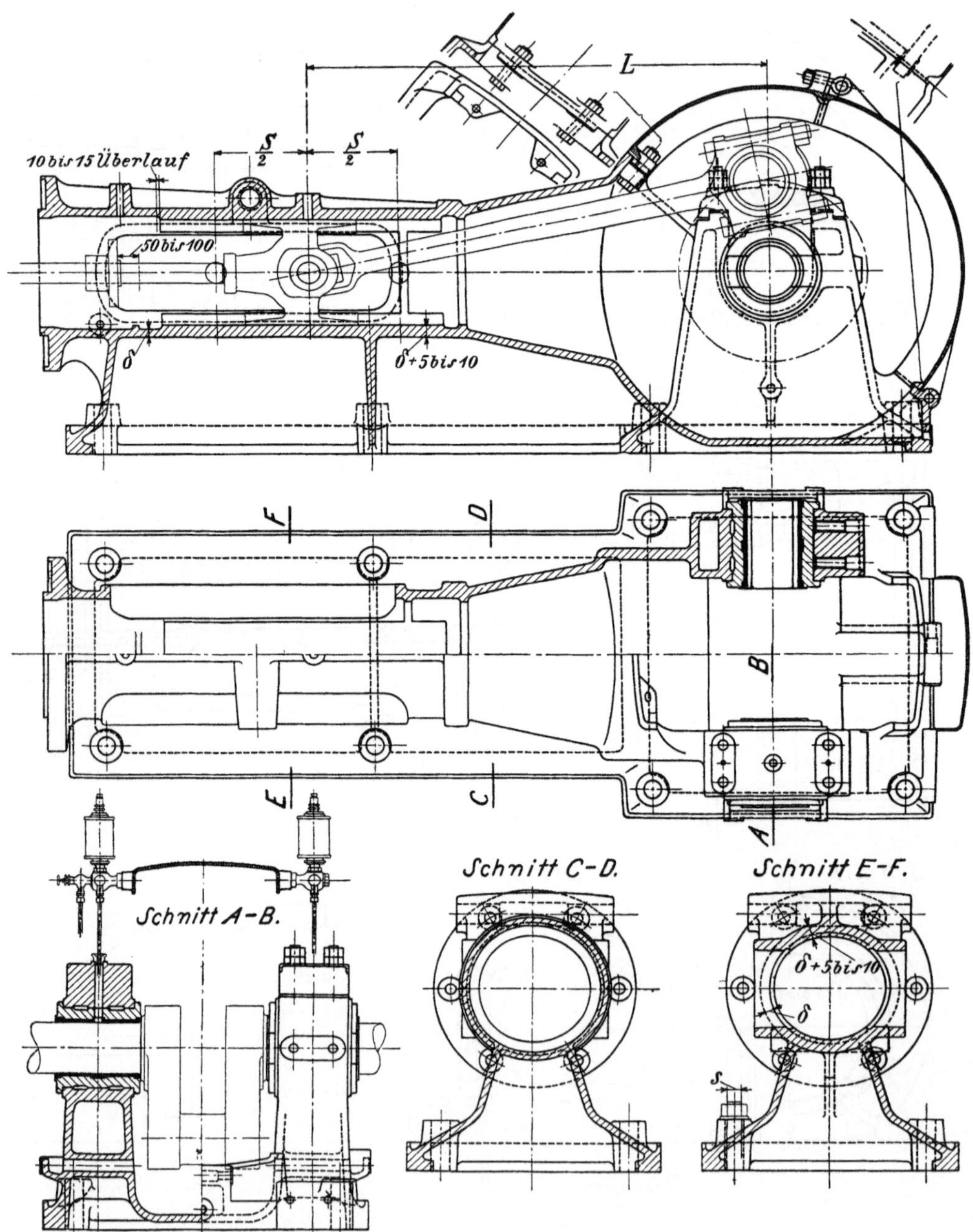



Fig. 336. 1 : 20. Rahmen zur Gabelmaschine in Fig. 329, S. 409, von der *Dinglerschen Maschinenfabrik* in Zweibrücken.

Wandstärke der Rahmen im Rundteil $\delta = 2$ bis $3{,}5\,cm$, in der Führungsbahn $0{,}5$ bis $1\,cm$ mehr. Wandstärke an den übrigen Stellen $0{,}7\,\delta$ bis $0{,}8\,\delta$.

Stärke der Fundamentanker bei einem Hube $S$ der Maschine $s = 0{,}04\,S + 1{,}8$
bis $2{,}3\,cm$ (auf engl. Zoll abgerundet).

Zur Schmierung der Gleitbahn dienen gewöhnlich Tropföler, die dem Rahmen
an der Führung aufgeschraubt werden. Die untere Gleitfläche, die bei vorwärts laufenden Maschinen den Normaldruck aufnimmt, besitzt außerdem
an den Hubenden Aussparungen im Rahmen, in denen sich das abgestreifte
Öl bei jedem Hubwechsel sammelt und aus denen es dann wieder von dem
einen Schleiferende in die Schmiernuten des unteren Schleifers getrieben wird
(siehe § 161 und Fig. 388). Ein vorgeschraubter Ring oder ein Ringstück $y$
(Fig. 333 und 334) verhütet ein Fortschleudern des Öles nach der Kurbel hin.
Unter dieser und der Schubstange schützt weiter ein Ölfänger, der bei dem
Rahmen in Fig. 335 mit diesem zusammengegossen ist, das Fundament vor
dem abtropfenden und umherspritzenden Öl. Es fließt aus dem Fänger ab
und wird nach vorausgegangener Filtrierung wieder verwendet. Vielfach bildet
man den Ölfänger jetzt auch zum Schutzkasten gegen die Kurbeltriebteile
aus. Fig. 334 und 336 zeigen diesbezügliche Ausführungen. In Fig. 334 ist
der Kasten der Länge nach geteilt und nur vorne und hinten mit Öffnungen
versehen, in Fig. 336 schließt er den Kurbeltrieb nahezu vollständig ein und
ist, um die Zugänglichkeit nicht zu erschweren, zum Teil in einem Gelenk
drehbar und aufklappbar.

Die Kurbelwellenlager der liegenden Rahmen werden nur bei kleinen Maschinen zweiteilig mit unter $45°$ stehenden Lagerfugen, sonst in der Regel
vierteilig gemacht, um dem Verschleiß in vertikaler und horizontaler Richtung
begegnen zu können. Die Lagerschalen bestehen aus Gußeisen oder Stahlguß,
denen Weiß-, Magnoliametall oder eine ähnliche Legierung an den Laufflächen
eingegossen ist. Gehalten wird die Legierung in schwalbenschwanzförmigen
Nuten, die dem Umfange und der Länge der Bohrung nach verlaufen. Des
besseren Haftens wegen werden die Nuten etwas bearbeitet und mit flüssigem
Zinn bestrichen. Eine Drehung der Schalen wird durch Knaggen (Fig. 337)
oder eingepaßte Rundeisenstücke (Fig. 339) an der Unterschale verhütet.
Die letztere muß sich zweckmäßig unter der etwas angehobenen Welle aus
dem Lagerkörper herausdrehen lassen. Zum Nachstellen der oberen und unteren
Lagerschale dient der Deckel nebst den erforderlichen Blechein- und -unter-
lagen, zum Nachstellen der seitlichen Schalen benützt man entweder Stellschrauben ohne und mit Druckplatte (Fig. 338), die von der Seite her, oder
Keilstücke (Fig. 337 und 339), die von oben her angezogen werden können.
Druckschrauben lassen sich bei den üblichen Rahmenformen gewöhnlich nur
auf der einen Seite anbringen, Keilstücke an beiden, was zur richtigen Ausgleichung der Abnützung nötig ist. Vielfach ordnet man aber auch Keilstücke
nur auf einer Seite an; einem starken Verschleiß der Lagerschale auf der anderen
Seite muß dann ebenso wie bei den Stellschrauben durch Hinterlegen dieser
Schale begegnet werden. Die Einstellung der vierteiligen Kurbelwellenlager

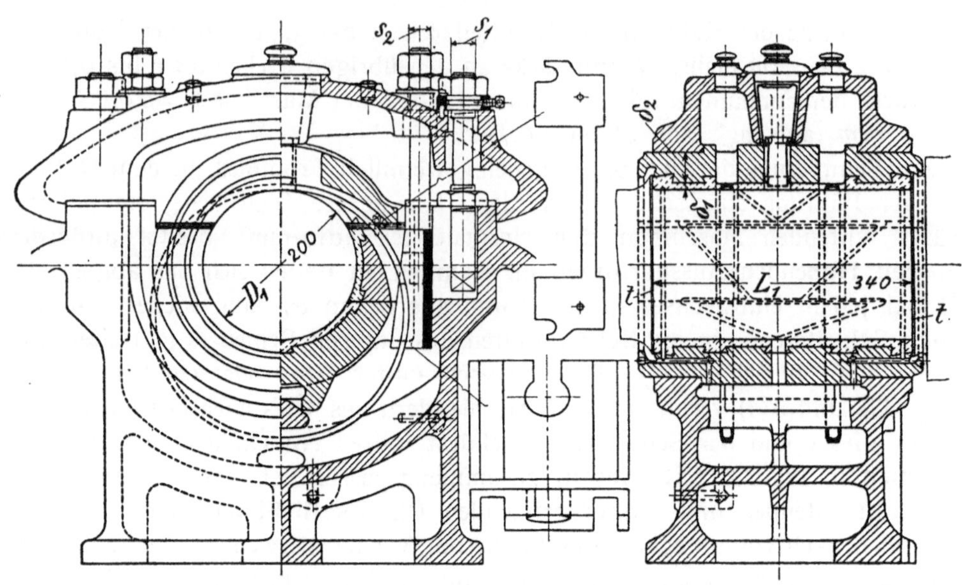



Fig. 337. 1 : 10. Kurbelwellenlager mit Ringschmierung von *Scharrer & Groß* in Nürnberg.

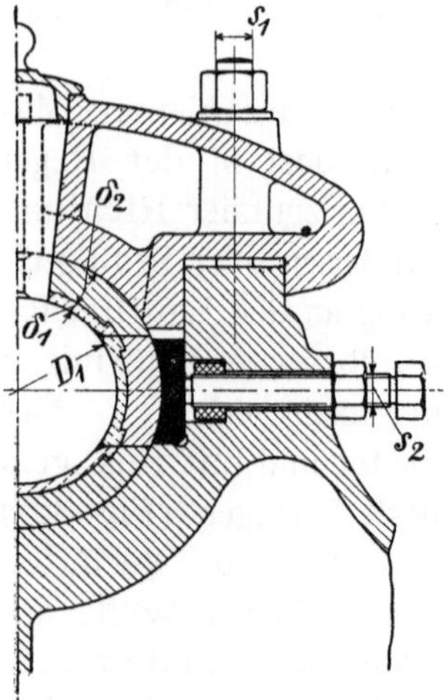

Fig. 338. 1 : 10.

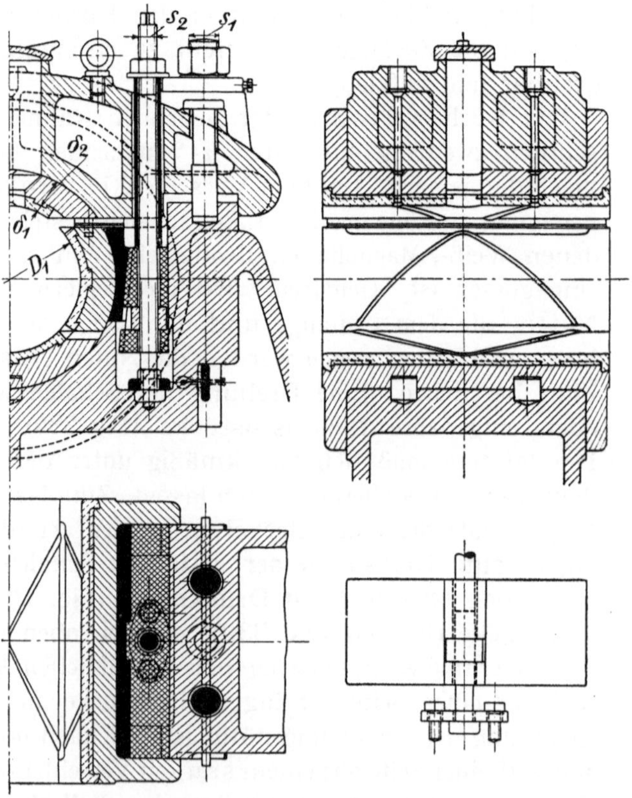

Fig. 339. 3 : 40. Kurbelwellenlager von *H. Paucksch* in Landsberg an der Warthe.

erfordert aber stets Vorsicht und Erfahrung, da bei unvorsichtiger oder nicht sachgemäßer Behandlung leicht ein einseitiges Anliegen und Warmlaufen der Welle eintritt. Dies pflegt sich auch bei nicht genauer Montage bald einzustellen. Mit Rücksicht hierauf sind die beiden Keilstücke in Fig. 333 zur selbsttätigen Einstellung drehbar um die vertikale Achse im Lagerkörper angeordnet. In Fig. 337 und 339 sind die Keilstücke in Nuten geführt. Sie werden entweder wie in Fig. 337 von dem festgezogenen Lagerdeckel aus oder, was manche vorziehen, unabhängig von diesem wie in Fig. 339 eingestellt. Zulässiger Flächendruck auf die Keilstücke *100* bis *200 kg/qcm*. Bei $D_1$ Bohrung beträgt

die Stärke des Weißmetallfutters und der Schalen

$$\delta_1 = o{,}o2\, D_1 + o{,}3 \text{ bis } o{,}5\, cm,$$
$$\delta_1 + \delta_2 = o{,}2\, D_1 + o{,}5 \text{ bis } 1\, cm,$$

der Durchmesser der Deckel- und Stellschrauben (für die Keilstücke)

$$s_1 = o{,}1\, D_1 + o{,}8 \text{ bis } 1{,}3\, cm,$$
$$s_2 = s_1 - {}^1\!/_2\, Zoll.$$

Die seitlichen Stellschrauben in Fig. 338 haben den ganzen Lagerdruck aufzunehmen und sind für diesen zu berechnen.

Das Schmieröl wird den Kurbelwellenzapfen entweder aus zwei auf dem Deckel befestigten Tropfölern oder durch Ringschmierung (Fig. 337) zugeführt. Ein in der Längsmitte des Deckels aufgegossener Behälter, der mit Talg oder konsistentem Fett gefüllt wird, dient als Reserveschmierung bei etwaigem Warmlaufen. Spritzringe *t* an der Kurbel bzw. Kurbelwelle (Fig. 337) verhüten ein Umherschleudern des austretenden Öles, das sich in den Ölfängern der Lagerschalen sammelt.

Die Rahmen der s t e h e n d e n Maschinen kommen ebenfalls in zwei Hauptformen zur Ausführung. Die eine (Fig. 340) besitzt zwei gußeiserne Ständer mit Rundführung, die andere (Fig. 341) nur einen Ständer mit ebener Führung. Dem einen Ständer gegenüber wird zur Unterstützung des Zylinders und zur Erzielung der genügenden Standfestigkeit eine geschmiedete oder gegossene Säule angeordnet. In jedem Falle sind die Ständer einer Fundamentplatte angegossen oder aufgeschraubt.

Die Rahmen mit doppeltem Ständer nehmen den Seitendruck des Kreuzkopfes und die seitlich zur Wirkung kommenden Beschleunigungsdrucke der schwingenden Gestängemassen besser auf, machen aber die Kurbeltriebteile schwer zugänglich. Bei den Rahmen mit nur einem Ständer dagegen ist umgekehrt die Standfestigkeit geringer, die Zugänglichkeit und Übersichtlichkeit der bewegten Teile größer. Die Säulen sind auf Zerknicken oder Biegung[1]) zu berechnen. Sie werden meist schräg gestellt, um bei kleiner Ausladung des oberen Teiles die Grundfläche der Maschine zu verbreitern. Zur Befestigung der Säulen auf der unteren Fundamentplatte und am oberen Zylinder- oder

---

[1]) Z. d. V. d. I. 1902, S. 724.

Rahmenflansch dienen entweder Flanschen und Schrauben oder Keile. Auf leichten Ein- und Ausbau der Säulen ist zu achten. Die Ständer und die Fundamentplatte werden in Hohlguß ausgeführt. Der obere Rahmenflansch der Ständer wird auch bei nur einem Ständer vielfach vorne geschlossen, um den

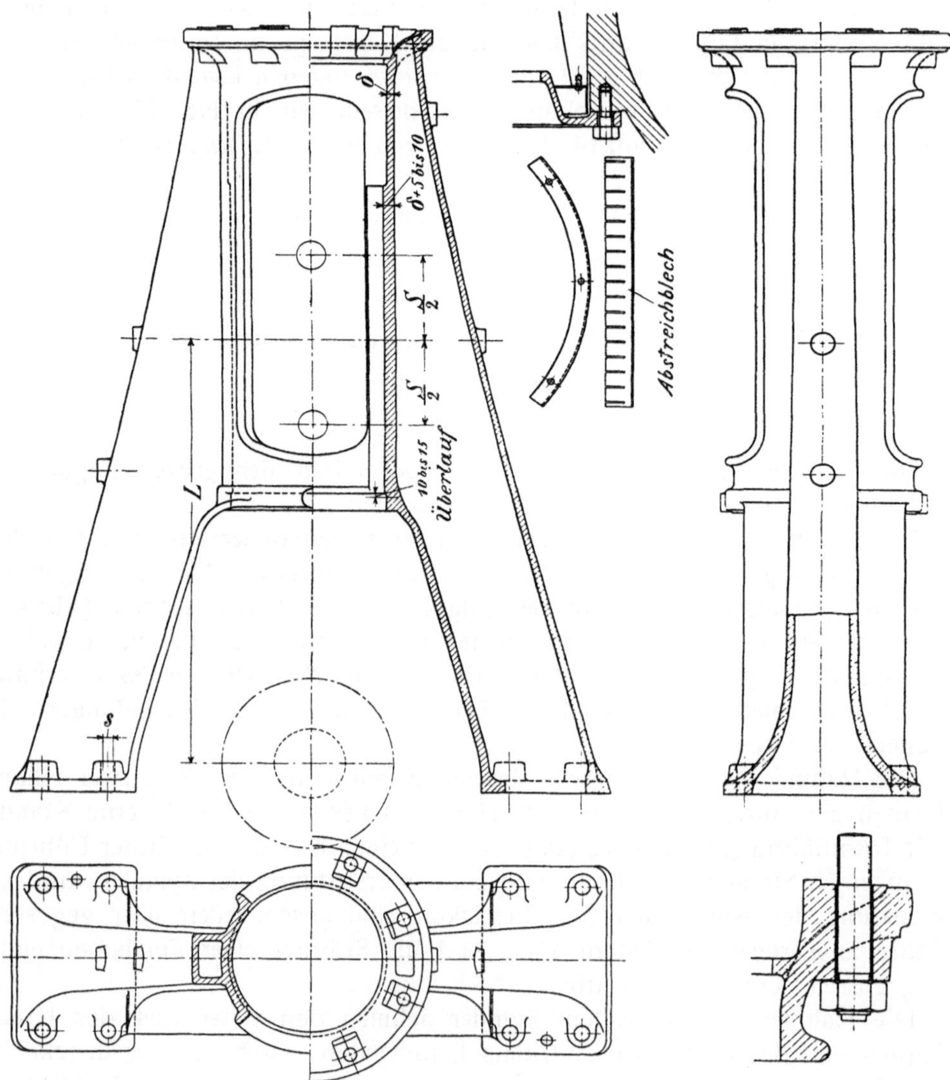


Fig. 340.   1 : 20 und 1 : 7,5.   Ständer einer steh. Verbundmaschine von *Pokorny & Wittekind* in Frankfurt-Bockenheim.

Zylinder zentrisch aufsetzen zu können. Die Fundamentplatte erhält breite Auflageflächen und unter den Kurbeln muldenartige Aussparungen. Die Kurbelwellenlager sind der Führungsachse möglichst nahe zu rücken. Sie brauchen nur zweiteilig zu sein wie in Fig. 342, wo wieder mit $t$ die beiden Spritzringe bezeichnet sind.

**§ 156. Die Dampfzylinder.** Ihre Konstruktion und Ausführung ist vorwiegend abhängig von der Lage der Zylinderachse (stehend oder liegend), von der Art der Steuerung (Schieber- oder Ventilsteuerung) und von der Beschaffenheit des Eintrittsdampfes (Satt- oder Heißdampf).

Das Material der Dampfzylinder ist feinkörniges graues Gußeisen, vielfach mit Zusatz von etwas Schweißeisen. Möglichste Dichte und eine gewisse Härte der Laufflächen sind unbedingt erforderlich. Der Guß erfolgt am besten stehend und mit verlorenem Kopf; liegender Guß ist nur bei kleinen Zylindern und bei solchen mit eingesetztem Arbeitszylinder zulässig.

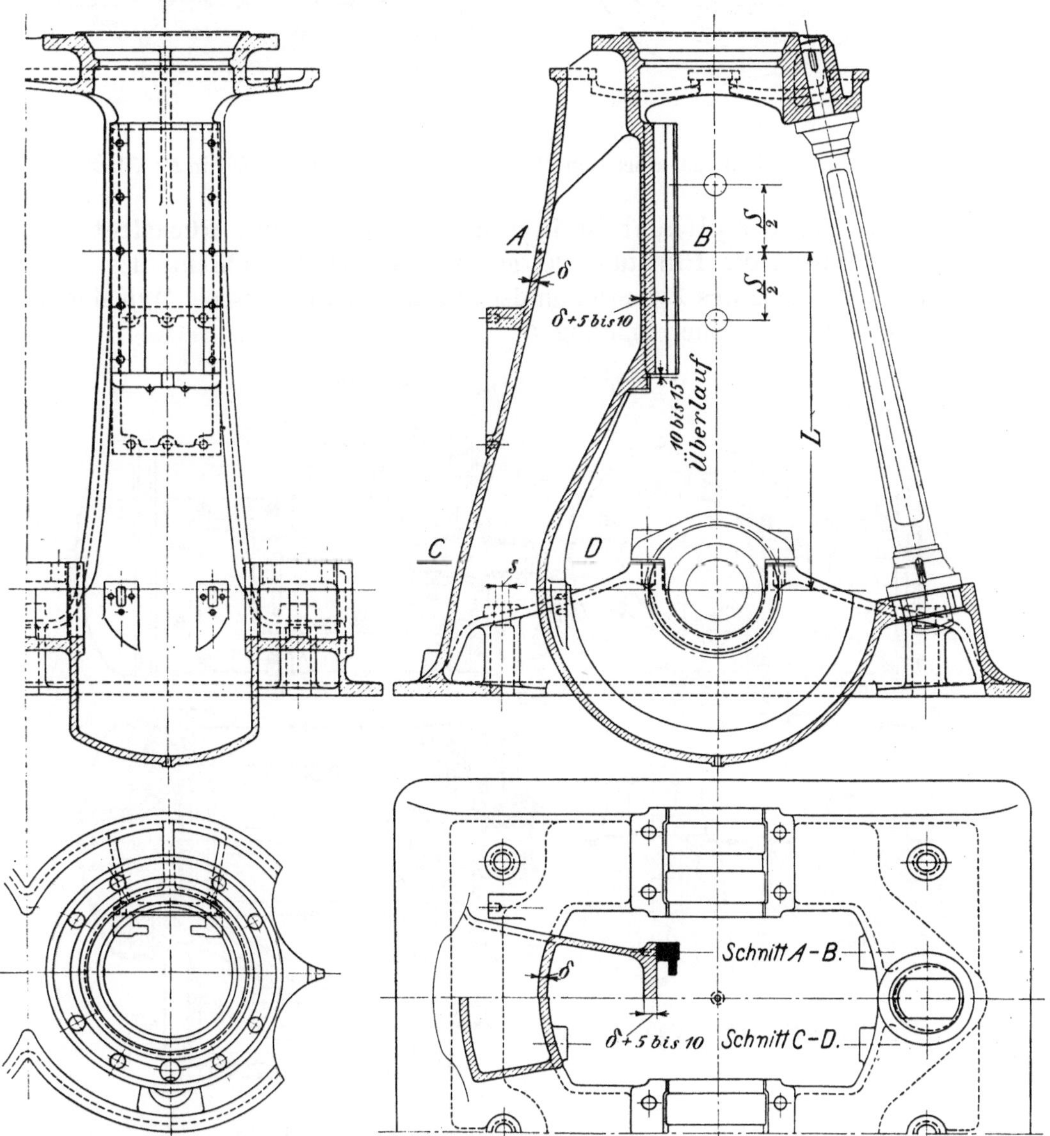


Fig. 341. 1:25. Rahmen einer steh. Verbundmaschine von *Gebr. Meer* in M.-Gladbach.

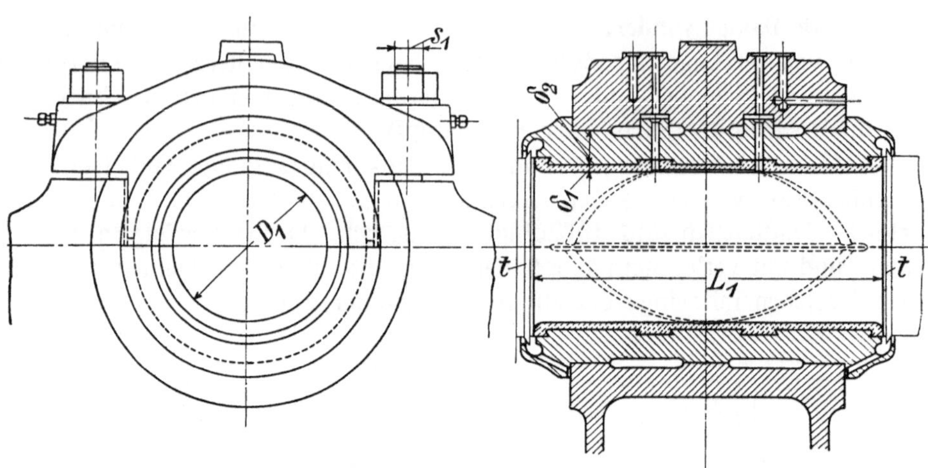

Fig. 342. 1:20. Kurbelwellenlager einer steh. Verbundmaschine von *Gebr. Meer* in M.-Gladbach.

Der eigentliche Zylinder ist in seiner Wanddicke mit Rücksicht auf die Art des Gusses, die Erhaltung der genauen Kreisform während des Ausbohrens und die Lage des Zylinders an der Maschine zu bemessen. Man findet diese Wandstärke bei einer Bohrung $D$

$$\delta = 0{,}02\,D + 1{,}5 \text{ bis } 2{,}5\ cm,$$

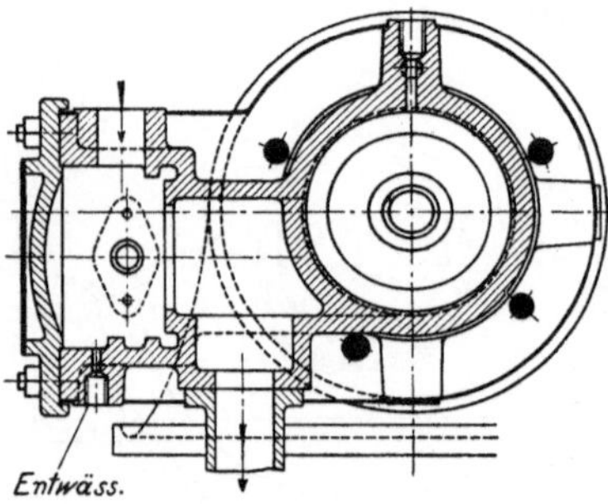

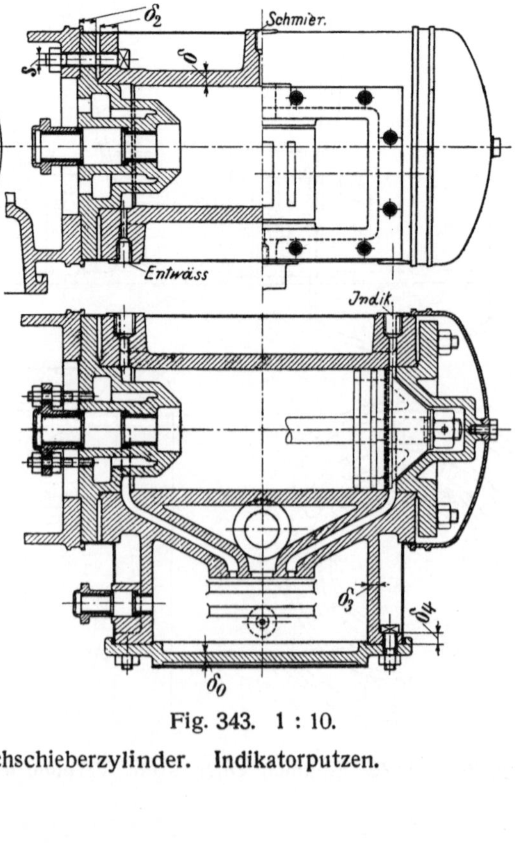

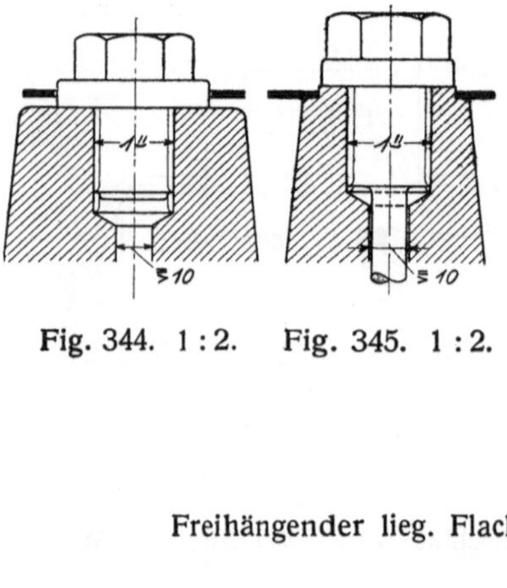

Fig. 344. 1 : 2.    Fig. 345. 1 : 2.

Fig. 343. 1 : 10.

Freihängender lieg. Flachschieberzylinder.    Indikatorputzen.

wobei die Zuschlagskonstante für liegend gegossene Zylinder größer als für stehend gegossene, für Zylinder stehender Maschinen kleiner als für solche liegender, für überhitzten Eintrittsdampf größer als für gesättigten genommen wird. Die Lauffläche des Arbeitszylinders geht mit einer schrägen Erweiterung, die das Einbringen des Kolbens erleichtert, in die um *6* bis *15 mm* größere Vorbohrung über. Damit der Kolben in den Totlagen keinen Grat anschleift, ist die Lauffläche ferner nur so lang zu bemessen, daß der äußere Kolbenring in jenen Lagen um *0* bis *1 mm* in die Vorbohrung hineinragt (Fig. 351 und 352, S. 428). Größeres Übertreten der Ringe führt leicht zu einem Schlagen und Brechen derselben. Manche Fabriken lassen anstatt der Ringe den Kolbenkörper um einige Millimeter übertreten.

Beim Ausbohren der Zylinder ist ein Umspannen zu vermeiden. Die Zylinder stehender Maschinen sind auch stehend auszubohren. Zylinder von großem Durchmesser werden zweckmäßig unter der Temperatur des Arbeitsdampfes ausgebohrt.

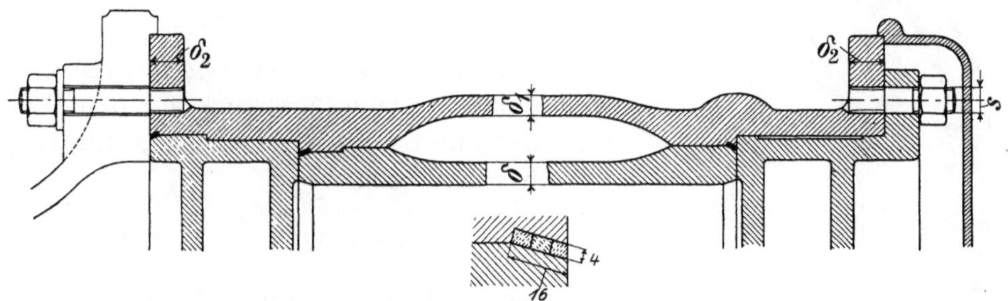

Fig. 346. 1 : 10 und 1 : 2.

Bei gesättigtem Dampf werden die Schieber- und Ventilkästen, Füße, Rohrstutzen und Putzen dem Zylinder selbst, bei Zylindern mit Heizmantel und eingesetztem Arbeitszylinder dem äußeren Gehäuse angegossen. Bei überhitztem Dampf dagegen muß der eigentliche Zylinder als möglichst glattes Rohr ohne jede einseitige Materialanhäufung ausgebildet sein, wenn gefährliche Spannungen im Betriebe infolge der großen Temperaturunterschiede, die hier auftreten, vermieden werden sollen. Rippen und Stege sind deshalb bei solchen Zylindern an der eigentlichen Lauffläche fortzulassen, sowie die Zylinderfüße und Stützflächen für die Steuerwellenböcke ganz außerhalb dieser Fläche zu legen. Die Putzen für die Armatur müssen dem eigentlichen Zylinder eingeschraubt werden, und beim Anschluß der Rohrleitungen ist Rücksicht darauf zu nehmen, daß Bewegung und Ausdehnung dieses Zylinders möglichst unbehindert erfolgen können.

Die Zylinder- und Deckelflanschen erhalten eine Stärke

$$\delta_2 = 1{,}4\,\delta \text{ bis } 1{,}5\,\delta.$$

Als ebene Scheibe berechnet, muß

$$\delta_2 \geqq r \sqrt{\frac{p_u}{k_b}}$$

für $k_b = 250\ kg/qcm$ sein, wenn $r$ der mittlere Radius der Dichtungsfläche in $cm$, $p_u$ der größte Dampfüberdruck in $at$ ist. Zur Abdichtung dienen Gummi-, Asbest-, Papierringe oder schmale aufgeschliffene Ringflächen von $10$ bis $25\ mm$ Breite.

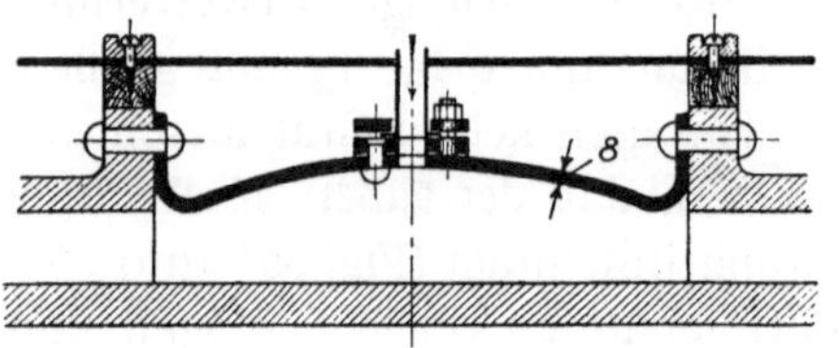

Die Deckelschrauben sind der Zahl $z$ nach so zu wählen, daß ihr Abstand voneinander $150\ mm$ nicht übersteigt, was für einen Lochkreisdurchmesser $D_s$ in $mm$ rund

$$z \geqq 0{,}02\ D_s$$

ergibt. Der Abstand ist um so kleiner zu wählen, je schwächer die Flanschen sind. Der Kerndurchmesser $s_1$ der Schrauben kann bei Vernachlässigung des Dichtungsdruckes aus

$$s_1^2 \frac{\pi}{4} = \frac{P}{k_z}$$

mit $k_z = 200$ bis $250\ kg/qcm$ und $P$ als größtem Dampfüberdruck auf den Deckel berechnet werden. Nach den „Hamburger Normen" soll

$$s_1 = 0{,}045\ \sqrt{\frac{P}{z}} + 0{,}5\ cm$$

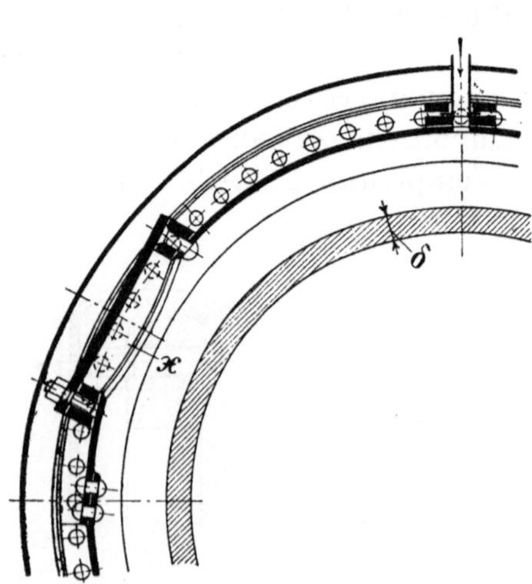

Fig. 347. 1 : 10.

sein. Die Schrauben sind der Längsachse des Zylinders möglichst nahe zu rücken. Abdrückschrauben ($3$ bis $4$) sind an jedem Deckel vorzusehen.

Die Zylinderdeckel greifen in die Vorbohrung ein. Der Spielraum, der zwischen den Deckeln und dem Kolben in den Totlagen verbleiben muß und möglichst klein sein soll, beträgt je nach der Genauigkeit der Ausführung $3$ bis $8$, meist aber $5$ bis $6\ mm$; an stehenden Maschinen findet man oft oben mehr Spielraum als unten. An der inneren Seite müssen die Deckel die erforderlichen Abflachungen und Aussparungen besitzen, durch die der Dampf hinter den Kolben treten kann. Auch muß

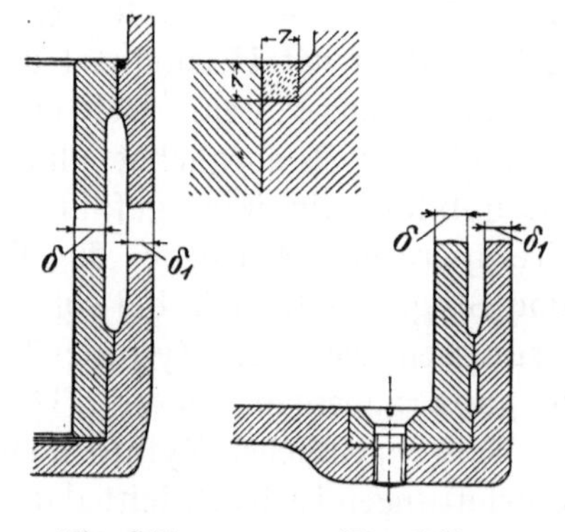

Fig. 348.
1 : 10 und 1 : 2.

Fig. 349.
1 : 10.

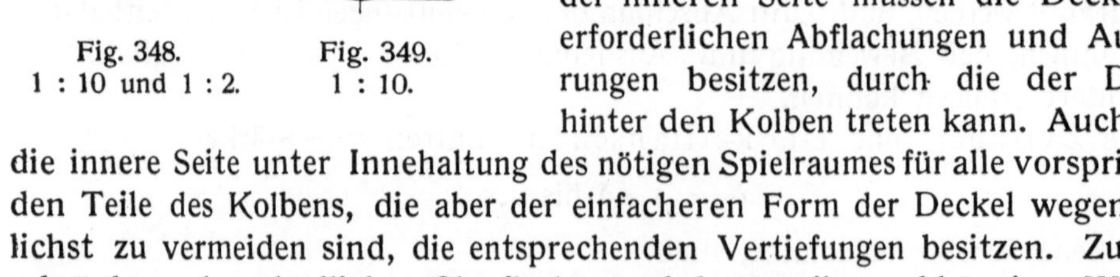

die innere Seite unter Innehaltung des nötigen Spielraumes für alle vorspringenden Teile des Kolbens, die aber der einfacheren Form der Deckel wegen tunlichst zu vermeiden sind, die entsprechenden Vertiefungen besitzen. Zur Beschränkung der schädlichen Oberflächen und des von ihnen abhängigen Wärmeaustausches zwischen Dampf und Zylinderwand läßt man die Deckel sich oft

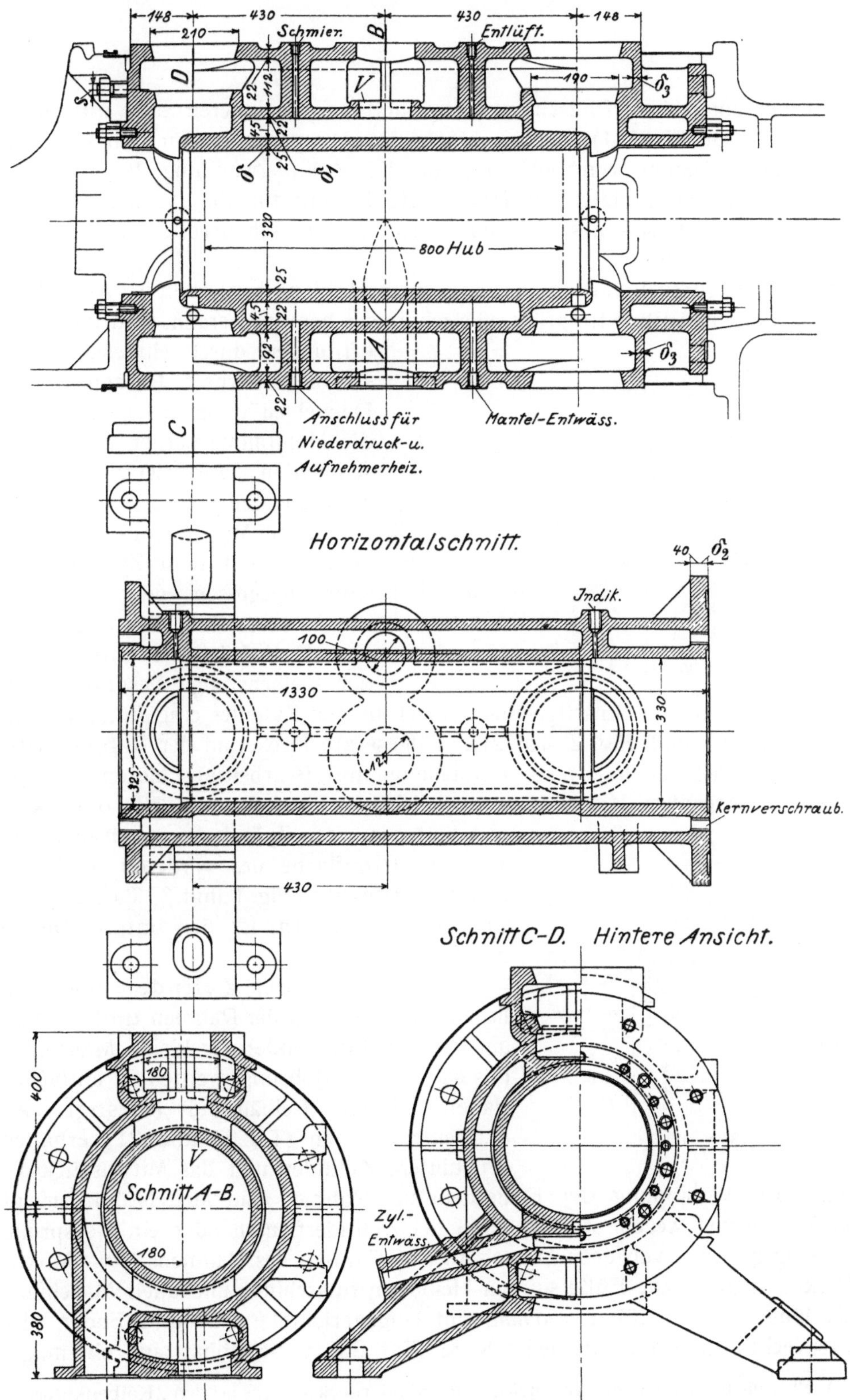



Fig. 350. 1 : 15. Sattdampf-Ventilzylinder mit Heizmantel von der *Maschinenbau-Anstalt Humboldt* in Kalk bei Köln.

nicht nur am Zylinderflansch, sondern auch an der inneren Seite mit einem Rande $x$ (siehe Fig. 351), der bis hinter die Aussparungen für den ein- und austretenden Dampf reichen muß, an die Zylinderwandung legen; beide Ränder zentrieren zugleich die Deckel. Bedingung für diese Anordnung ist aber die Verwendung eines nicht harzenden Zylinderschmieröles, da sonst die Ränder festbrennen.

Die Zylinderdeckel werden in Rippen oder Hohlguß hergestellt[1]). An hohlen Deckeln, die namentlich für größere Durchmesser benutzt werden, sind die Kern-

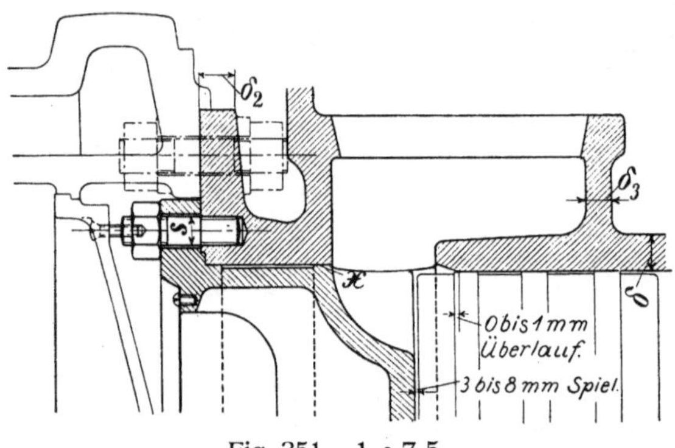



Fig. 351.  1 : 7,5.

öffnungen durch eingeschraubte, schmiedeeiserne Putzen oder Deckel zu verschließen, nachdem die Hohlräume vorher mit einem schlechten Wärmeleiter (Kieselgur) angefüllt worden sind. Der Deckel am Maschinenrahmen wird entweder mit dem Zylinder zusammengegossen oder aber in diesen eingesetzt. Bei angegossenem Deckel ist die Stopfbuchse der Kolbenstange besonders einzusetzen, damit eine kräftige Bohrspindel in den Zylinder eingeführt werden kann (Fig. 353 und Fig. 2, Taf. 21). Eingesetzte Deckel an der Rahmenseite, die den Vorteil der leichteren Herstellung und Bearbeitung bieten, werden durch eingestemmte Kupferringe abgedichtet (Fig. 346 und 352) oder aber

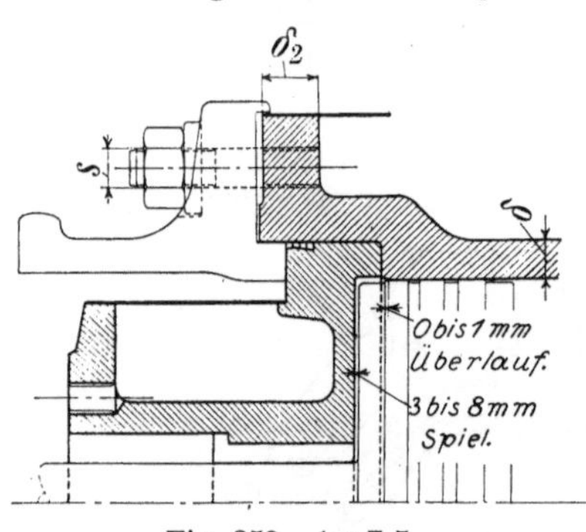



Fig. 352.  1 : 7,5.

von hinten in den Zylinder eingeschoben und an einer Ringfläche des vorderen Zylinderflansches gefestigt (Fig. 1 und 3, Taf. 20). An stehenden Zylindern ist der untere Deckel meist eingegossen.

Zur Stützung der Zylinder dient an liegenden Maschinen der Rahmen und ein Fuß am freien Zylinderende; nur kleine Maschinen (bis ca. *350 mm* Bohrung) werden an einfachen Gabelmaschinen freihängend befestigt. An Tandemmaschinen (Taf. 20 und 21) erhalten der hintere Zylinder und das Mittelstück die Füße. Die Verbindung der Flanschen am Rahmen und Mittelstück erfolgt der Zentrierung wegen stets so, daß der Zylinderflansch oder ein Vorsprung des eingegossenen vorderen Deckels in den Flansch des Rahmens bzw. Mittelstückes eingreift. Die Füße sind an Heißdampfmaschinen und allen Maschinen mit längerem Hub (über *700 mm*) mit längsgerichteter Nut und Feder oder entsprechendem Rand an jeder Seite (Taf. 20) verschiebbar auf einem ge-

---

[1]) Über die Berechnung der Wanddicke von Zylinderdeckeln siehe bei den „Kolbenkörpern" in § 158.

hobelten Rahmen zu befestigen, damit die Wärmeausdehnung des Zylinders unbehindert ist. Die Befestigungsschrauben der Füße erhalten dabei Distanzrohre.

An stehenden Maschinen wird der Rahmen auch bei ebener Führung oben mit einem geschlossenen Rand zur zentrischen Aufnahme des unteren Zylinderflansches versehen (Fig. 341, S. 423).

Zylinder mit Dampfmantel, deren Anwendung mehr und mehr zurückgeht, bilden entweder ein einziges Gußstück, oder der Arbeitszylinder wird getrennt von dem Heizzylinder mit den anhängenden Schieber-, Ventilkästen, Stützen, Füßen usw. gegossen und in diesen eingesetzt. Die Weite des Mantels beträgt in dem ersten Falle zweckmäßig nicht unter *40*, in dem zweiten nicht unter *20 mm*. Wandstärke des Heizmantels

$$\delta_1 = 0,8\,\delta \text{ bis } 0,9\,\delta.$$

Zylinder mit zusammengegossenem Dampfmantel und Arbeitszylinder (Fig. 350, S. 427) bieten den Vorteil, daß sich die Heizung auf die ganze Länge des Arbeitszylinders erstrecken kann und daß sich die Abdichtung zwischen diesem

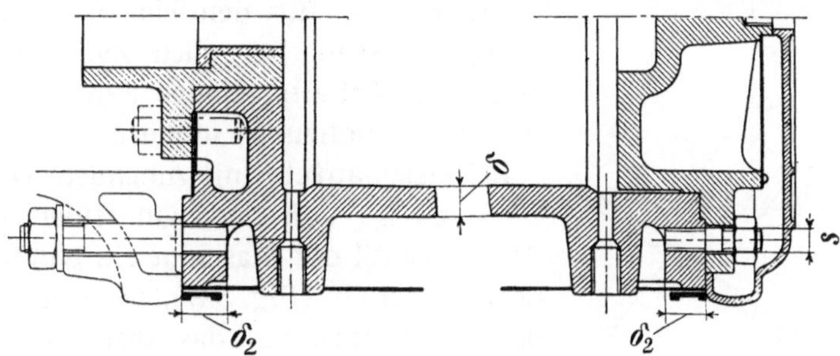

Fig. 353.  1 : 7,5.

und dem Mantel leichter und sicherer als bei eingesetztem Arbeitszylinder herstellen läßt. Dafür fällt aber das Gußstück komplizierter aus, und die Wahrscheinlichkeit, daß Gußfehler und Gußspannungen auftreten, von denen jene oft zum Verwerfen des ganzen Gußstückes, diese im späteren Betriebe recht gefährlich werden können, ist größer. Die Kernlöcher für den angegossenen Mantel werden im Flansch, zum Teil auch am Umfange angeordnet und später durch Kernverschraubungen (siehe Fig. 350), Putzen bzw. Deckel verschlossen.

Wesentlich sicherer und zuverlässiger ist die Ausführung der Heizzylinder mit eingegossenem Arbeitszylinder nach der von Prof. *Doerfel* angegebenen Konstruktion (Fig. 347). Bei ihr besteht der mittlere Teil der äußeren Mantelwandung aus einem Blechmantel, der mit seinen gebördelten Rändern an zwei Flanschen des Gußstückes genietet ist. Der Mantel muß zweiteilig (mit 2 Längsnähten) und gewölbt sein, damit er über den Gußzylinder gebracht werden bzw. den Wärmeausdehnungen Folge geben kann. Die Öffnungen *x* dienen zum Einbringen der Niete und zum Gegenhalten beim Vernieten.

Beim Einsetzen des Arbeitszylinders in den Heizmantel kann jener aus härterem Material hergestellt, leichter ohne Fehler gegossen und auf seine

Brauchbarkeit untersucht werden, während dieser ein einfacheres Gußstück bildet. Das Einsetzen muß allerdings sehr vorsichtig und sorgfältig geschehen, wenn ein Sprengen des Mantels beim Anwärmen oder ein Eintreiben bzw. ein Lockerwerden im Betriebe vermieden werden soll. Die Abdichtung wird bei ortsfesten Maschinen meist durch Einstemmen von Kupferringen erzielt, wie dies Fig. 346 zunächst für einen liegenden Zylinder zeigt. Den Arbeitszylinder, der vor dem Einsetzen an der Lauffläche überschruppt, nach dem Einsetzen fertig ausgebohrt wird, schiebt man von hinten ein. Ein angegossener Bund und der hintere Zylinderdeckel hindern ihn an einer Längsverschiebung.

Fig. 348 und 349 zeigen weiter die Abdichtung an stehenden Zylindern. In Fig. 348 ist der Arbeitszylinder eingepreßt und nur oben mit· eingestemmtem Kupferring versehen, in Fig. 349 ist bei gleicher oberer Abdichtung unten ein horizontaler Flansch angeordnet, der durch Metallsiebe und Mennige abgedichtet wird.

Die Kanäle für den ein- und austretenden Dampf müssen bei allen Zylindern mit eingesetztem Arbeitszylinder außerhalb desselben in die Vorbohrung münden.

Bei Heizmänteln mit ruhendem Dampf (siehe S. 18) zweigt von der Dampfzuleitung vor dem Absperrventil der Maschine ein Kupferrohr nach dem Mantel ab (Fig. 347), bei solchen mit strömendem Dampf hat das Absperrventil der Maschine seinen Sitz in der Heizmantelwand ($V$ in Fig. 350); an Niederdruckzylindern ist der Heizmantel im letzteren Falle einfach durch eine

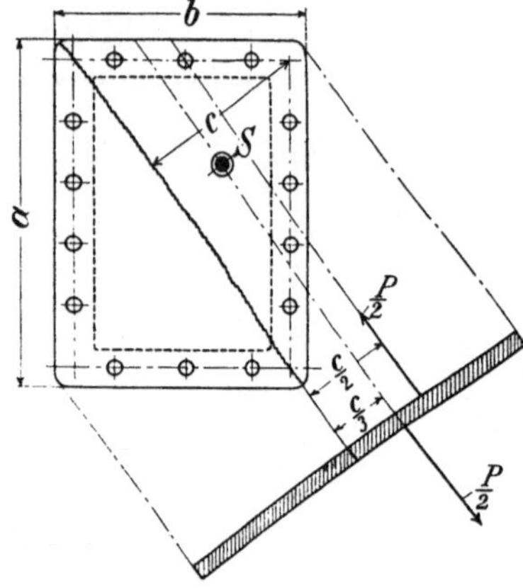

Fig. 354.

Öffnung oder anschließendem Kanal mit dem Schieberkasten oder den Einlaßventilkästen verbunden.

Bei den Zylindern für Flach- und Kolbenschieber ist an liegenden Maschinen (Fig. 343, S. 424, bzw. Fig. 5, Taf. 4, und Fig. 1, Taf. 5) darauf zu achten, daß die unteren Kanten der Dampfkanäle vom tiefsten Punkt der Vorbohrung ausgehen, damit das Kondenswasser abfließen bzw. leicht vom Kolben ausgestoßen werden kann.

Bei Flachschiebern wird der Schieberkasten nur an kleinen Maschinen mit dem Zylinder zusammengegossen, sonst aber getrennt von diesem, um das Abrichten des Schieberspiegels zu erleichtern. Er greift dann mit besonderen Arbeitsleisten über einen kleinen Vorsprung am Spiegel. Die Wandungen und Flanschen des Kastens (Fig. 343) erhalten eine Dicke

$$\delta_3 = 0{,}7\,\delta \text{ bis } 0{,}8\,\delta, \quad \delta_4 = 1{,}4\,\delta_3 \text{ bis } 1{,}5\,\delta_3.$$

An den Schieberkastendeckeln liegt der gefährliche Querschnitt nach *Bach* meist in der Diagonalen. Für diese ist das Moment des im Schwerpunkt $S$

des halben Deckels angreifenden Dampfdruckes nach Fig. 354 $P/2 \cdot c/3$. In entgegengesetztem Sinne zu diesem Druck wirken biegend die Auflagerdrucke der Seiten $a$ und $b$, die in der Mitte dieser Seiten angreifen. Ihr Moment in bezug auf die Diagonale ist $P/2 \cdot c/2$. Als resultierendes Moment folgt deshalb

$$M_b = \frac{P}{2}\frac{c}{2} - \frac{P}{2}\frac{c}{3} = \frac{P \cdot c}{12},$$

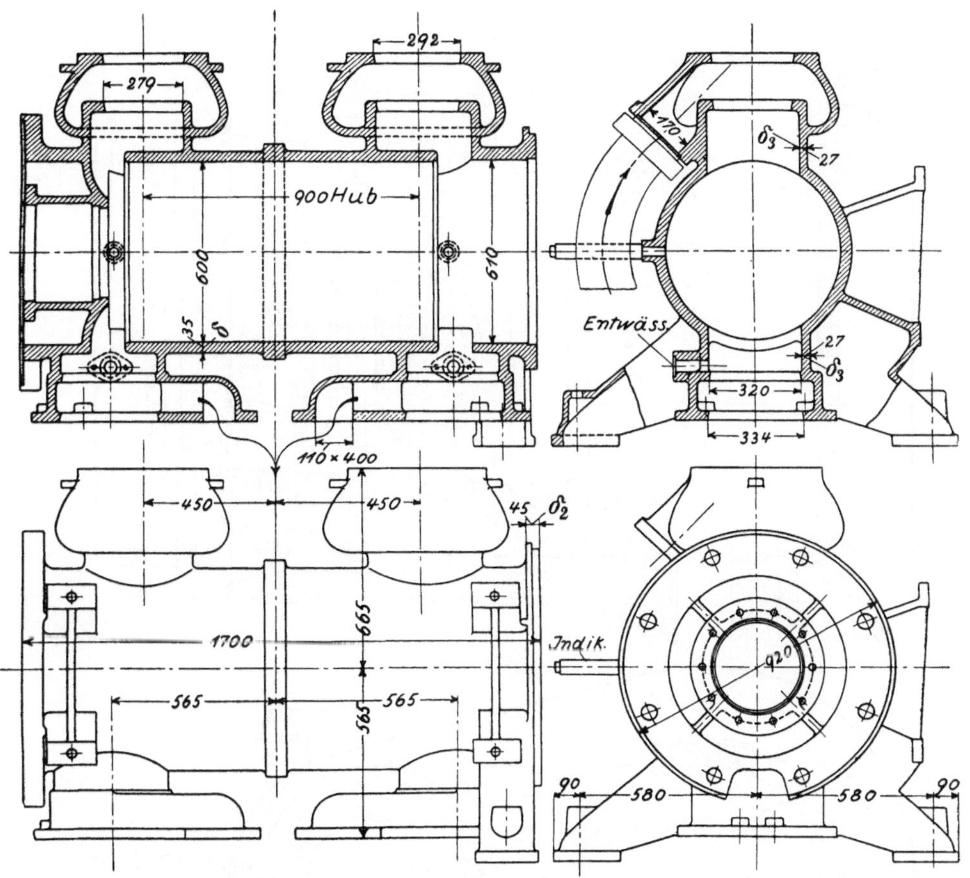


Fig. 355. 1 : 25. Heißdampf-Ventilzylinder der *Grevenbroicher Maschinenfabrik*.

oder, wenn $c$ durch $a$ und $b$ ausgedrückt, $P = p_u \cdot a \cdot b$ gesetzt und $\varphi = 0{,}75$ bis $1{,}125$ (im Mittel $= 1$) als Koeffizient für den Zustand der Einspannung eingeführt wird,

$$M_b = \varphi \frac{p_u \cdot a^2 \cdot b^2}{12\sqrt{a^2 + b^2}}.$$

Die Beanspruchung des Deckels ergibt sich dann bei einem Widerstandsmoment $w$ des diagonalen Querschnittes zu

$$k_b = \frac{M_b}{w}.$$

$k_b$ soll *200 kg/qcm* im allgemeinen nicht übersteigen. Für einen glatten Deckel von der Dicke $\delta_0$ wird

$$w = \frac{\delta_0^2}{6}\sqrt{a^2 + b^2} \quad \text{und} \quad k_b = \frac{\varphi}{2}\frac{p_u \cdot a^2 \cdot b^2}{(a^2 + b^2)\,\delta_0^2}.$$

Bei Deckeln, die durch Rippen versteift sind, ist $w$ nach den gewählten Abmessungen zu berechnen. Die Rippen müssen, wenn sie kräftig wirken sollen, nach innen gelegt werden. Auch gewölbte Böden sind vorteilhaft.

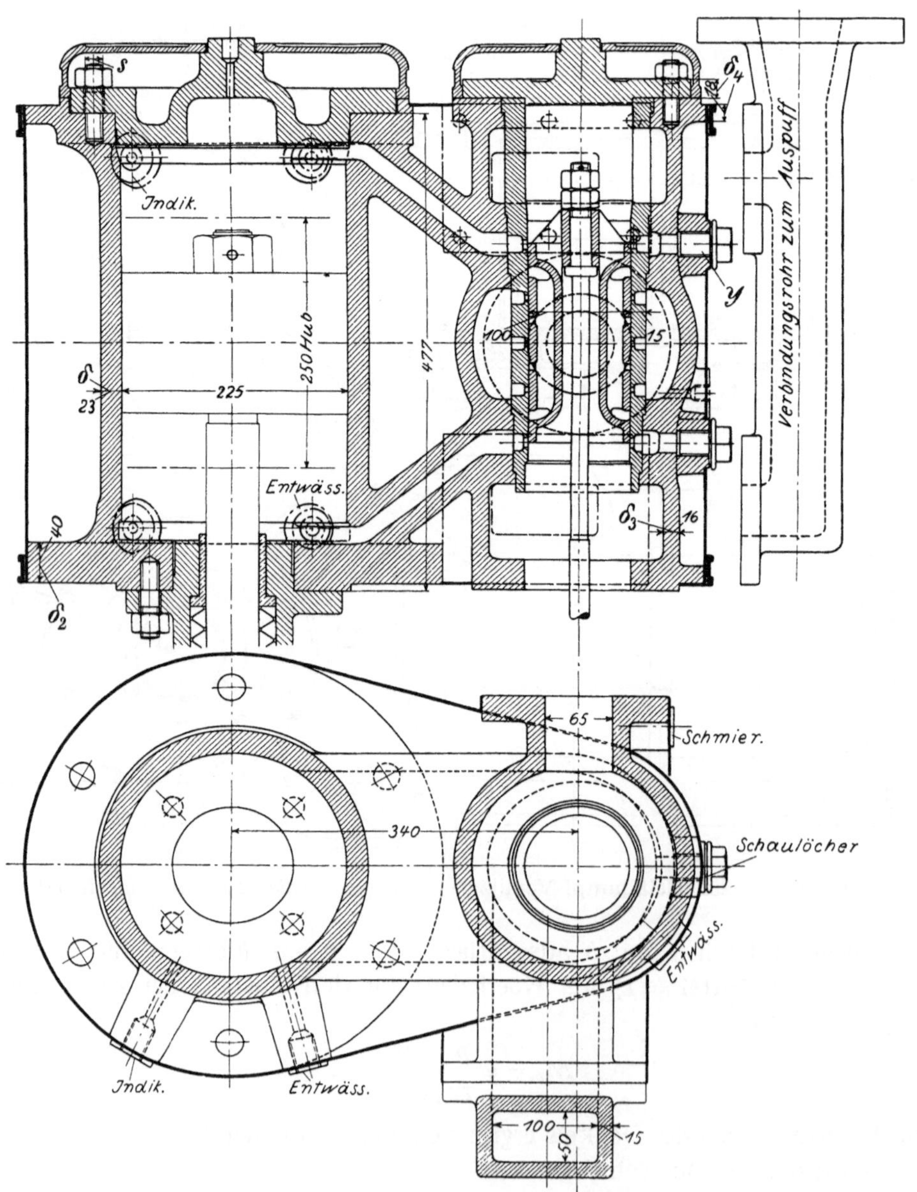


Fig. 356. 1 : 7,5. Kolbenschieberzylinder einer steh. Einzylindermaschine von *Främbs & Freudenberg* in Schweidnitz.

Bei den Kolbenschiebern werden die Schieberkästen dem Zylinder stets angegossen und die beiden seitlichen Dampfkanäle von rechteckigem Querschnitt münden in einen ringförmigen Raum des Kastens. Bei kurzem Hube bilden ferner die Flanschen des Schieberkastens die Erweiterung der Zylinderflanschen (Fig. 5, Taf. 4, und Fig. 356). In der letzten Figur bezeichnen $y$ die Verschlußschrauben zweier Schaulöcher für die Einstellung der Steuerung.

Bei den Zylindern mit Drehschiebern bilden die Schieberkästen kleine Zylinder, die senkrecht zum Hauptzylinder an dessen Enden sitzen (Fig. 247, S. 296).

Ventilzylinder für Sattdampf, die jetzt meist nur noch als Niederdruckzylinder von Verbundmaschinen vorkommen, zeigen Fig. 350, S. 427, und Fig. 3, Taf. 20. Alle Putzen für die Armatur sowie die für beide Kolbenseiten gemeinsamen Dampfein- und Dampfauslaßstutzen sind bei ihnen dem eigentlichen Zylinder bzw. dem Dampfmantel angegossen. Bei Heißdampf soll die Lauffläche des Zylinders von allen diesen Teilen nach S. 425 möglichst frei sein. In Fig. 1, Taf. 20, ist aus diesem Grunde das Mittelstück getrennt von den beiden Endstücken oder Zylinderköpfen und den diesen angegossenen Ventilkästen und Rohrstutzen ausgebildet und der Stützfuß des Zylinders an der hinteren Deckelverkleidung angebracht. Die drei Teile sind in aufgeschliffenen Flächen durch Schrauben verbunden. Die Zylinder in Fig. 355 und Fig. 2, Taf. 21, dagegen bilden mit dem vorderen Deckel und dem Stützfuß ein einziges Gußstück. Das Dampfzuleitungsrohr muß bei überhitztem Dampf, um die Längenausdehnung des Zylinders nicht zu behindern, unter diesem geteilt sein und jeder Zweig desselben als biegsames Stahlrohr innerhalb der Zylinderverkleidung bis zu seinem Ventilkasten geführt werden. Entsprechendes gilt für den Auslaß, dessen beide Stutzen getrennt voneinander an den Ventilkästen sitzen.

Zylinder mit vom Eintrittsdampf durchströmten Deckeln und mit in diese eingebauten Ventilen, wie sie an Gleichstrom- und van den Kerchove-Maschinen gebräuchlich sind, werden stets 3teilig gegossen (Fig. 1, Taf. 19). Die Größe der schädlichen Räume und Oberflächen wird bei solchen Zylindern aufs äußerste beschränkt, der Zugang zum Kolben aber erschwert. Die Zylinderköpfe erhalten auch hier die Rohrstutzen und, soweit als möglich, die Putzen für die Armatur, sowie einer von ihnen den Zylinderfuß. Bei Schlitzauslaß wird dem Mittelstück ein ringförmiger Kanal mit dem Auslaßstutzen angegossen.

An stehenden Maschinen findet man entweder Ein- und Auslaßventil einer jeden Kolbenseite in einem für alle vier Ventile gemeinsamen Gehäuse übereinander oder Ein- und Auslaßventil derselben Kolbenseite oben bzw. unten in getrenntem Gehäuse nebeneinander angeordnet. Die letzte Ausführung (Taf. 23) wird auch für überhitzten Dampf verwendet; Dampfzu- und Dampfableitung müssen dann aber wieder der Ausdehnung des Zylinders wegen oben und unten getrennt erfolgen.

Für die Armatur der Zylinder sind die erforderlichen Putzen vorzusehen. Sie werden bei Sattdampf angegossen, bei überhitztem Dampf, so weit sie zu einseitiger Materialanhäufung am eigentlichen Zylinder führen würden, als schmiedeeiserne Stücke eingeschraubt (Fig. 355, S. 431, Fig. 1, Taf. 19, Fig. 1, Taf. 20, und Fig. 2, Taf. 21). Die Indikatorputzen (Fig. 344 und 345, S. 424) erhalten zweckmäßig nicht unter *8 mm* Weite und *1 Zoll engl.* Whitworth-Gewinde. Zu achten ist darauf, daß die Putzenöffnungen in den Totlagen des Kolbens nicht durch diesen verschlossen werden. In Fig. 345 sind die Indikatorschrauben zur Beschränkung des schädlichen Raumes noch mit zylindrischen Ansätzen versehen, die in den Kanal der Putzen reichen. Die Putzen für die Wasserablaßhähne, die *8* bis *20 mm* lichte Weite erhalten, sind an den Zylinderenden anzuordnen; anschließende Kupfer- oder Gasrohre leiten das Kondenswasser fort. Die Hähne an den Zylinderenden können entbehrt werden an Flachschieberzylindern, bei denen die unterste Kante der Dampf-kanäle die Vorbohrung im tiefsten Punkte tangiert, an liegenden Drehschieber-zylindern, wo die unter dem Zylinder liegenden Auslaßschieber das Kondens-wasser ablassen, an Ventilzylindern, bei denen über den Auslaßventilen ein Ablaßhahn sitzt oder diese Ventile von Hand gehoben werden können. Weiter sind allgemein Putzen für die Ablaßhähne vorzusehen an den Schieberkästen, an den Heizmänteln und geheizten Deckeln, wenn aus ihnen das Wasser nicht frei in den Mantel abfließen kann. Zur Ableitung des Kondenswassers aus den Mänteln und Deckeln dienen selbsttätige Vorrichtungen (Kondenstöpfe).

Die Schmierung des Zylinderdampfes wird durch eine Haupt- und eine Nebenvorrichtung bewirkt. Bei jener drückt eine Pumpe das Schmiermaterial in die Dampfeintrittsleitung, die Schieber- oder Ventilkästen, denen dann ein Putzen für das anschließende Rückschlagventilchen der Schmierleitung anzugießen ist. Das Schmiergefäß (mit Doppelküken) der Nebenvorrichtung sitzt gewöhnlich an liegenden Maschinen auf dem Rücken, an stehenden auf dem oberen Deckel des Zylinders.

Zur Zylinderarmatur gehören ferner Sicherheitsventile und Entlüftungs-vorrichtungen für die Dampfmäntel. Die Sicherheitsventile erhalten eine lichte Weite von ca. $^1/_{10}$ des Zylinderdurchmessers und Federbelastung. Sie sollen Wasserschläge oder ein zu hohes Anwachsen der Kompression verhüten. Die Entlüftungsvorrichtungen sind im höchsten Punkte der Dampfmäntel anzuordnen (Fig. 350, S. 427).

Endlich sind an den Zylindern vorzusehen: die Putzen zum Anschluß der Anwärmeleitungen, wenn die Vorwärmung der Zylinder nicht durch das schwach geöffnete Absperrventil der Maschine erfolgt; die Putzen für den Anschluß der etwaigen Manometer- und Vakuummeterleitungen, die Putzen für den Thermo-metereinsatz bei Heißdampfmaschinen, die Putzen für die Hilfsleitung (zum Füllen des Aufnehmers) bei mehrstufigen Expansionsmaschinen usw.

Die Umkleidung der Zylinder durch eine Isoliermasse (Kieselguhr) dient zum Schutze gegen Wärmeverluste. Über die Isoliermasse kommt ein Mantel aus blauem, poliertem Stahlblech. Der Mantel wird durch kleine Stiftschrauben an den Zylinderflanschen, an den angegossenen Putzen und Leisten dieser Flanschen, der Schieber- und Ventilkästen oder an besonderen L-Eisen befestigt. Blanke Leisten (Fig. 353, S. 429), Kappen oder Hauben, an dem vorderen Zylinderflansch auch der übergreifende Rahmen (Fig. 352, S. 428) verdecken die unschönen Ränder des Mantels.

§ 157. **Das Mittelstück der Tandem-Verbundmaschinen.** Bei der jetzt gebräuchlichen Anordnung der Tandem-Verbundmaschinen mit hinten liegendem

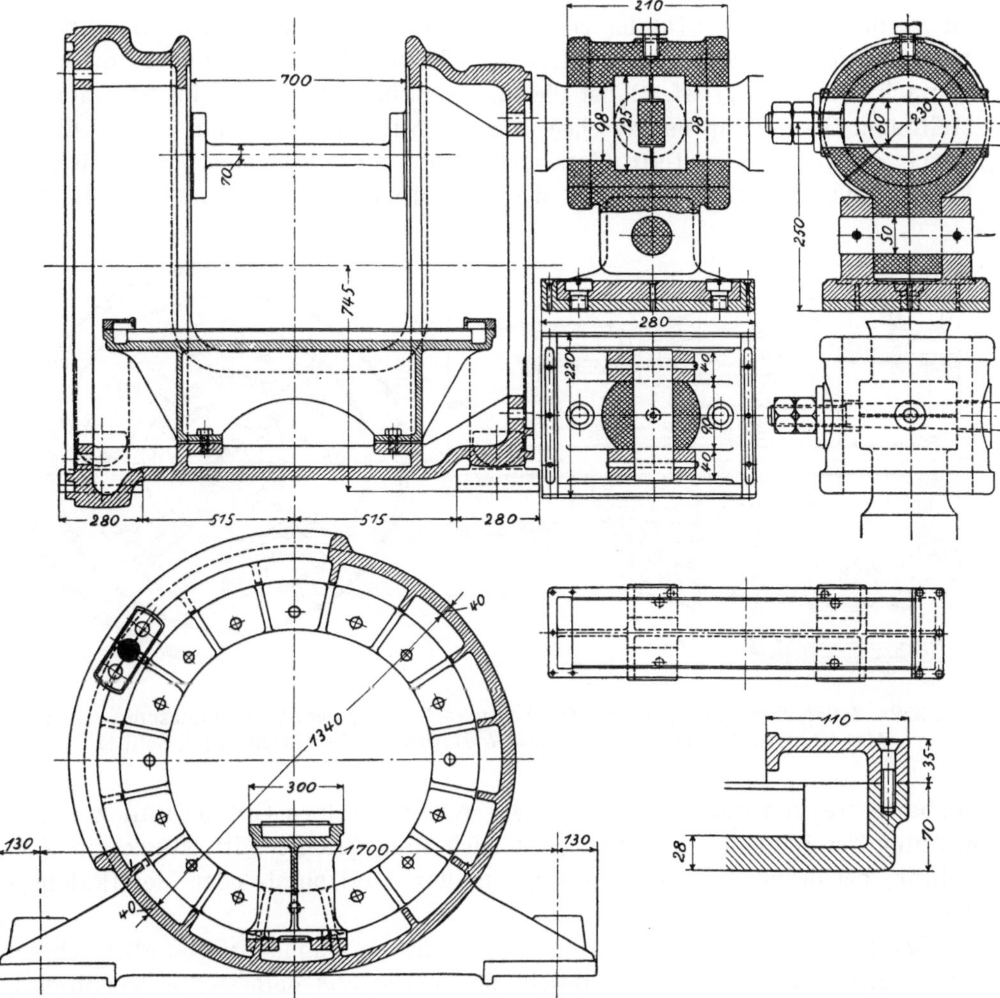

Fig. 357.  1 : 25, 1 : 10 und 1 : 6.  Mittelstück einer lieg. Tandem-Verbundmaschine
$d = 0{,}575$, $D = 0{,}9$, $S = 0{,}9\,m$ der *Maschinenfabrik Buckau* in Magdeburg.

Hochdruckzylinder muß das Verbindungsstück der beiden Zylinder eine Öffnung besitzen, durch die der hintere Deckel und Kolben des Niederdruckzylinders entfernt werden kann. Mit Rücksicht hierauf ist dieses Mittelstück sehr kräftig auszubilden; denn es treten in ihm, wenn der Schwerpunkt seines Querschnittes nicht in die Mittellinie der Kolbenstange fällt, exzentrische Zugkräfte und deshalb Biegungsbeanspruchungen auf.

28*

Bei dem Mittelstück nach Fig. 2, Taf. 20, sind zur möglichsten Beschränkung der exzentrischen Zugkräfte zwei seitliche Öffnungen vorgesehen und die Verbindungsstege zur Erzielung eines genügenden Querschnittes doppelwandig in Hohlguß ausgebildet. An größeren Maschinen ordnet man im Mittelstück zur Führung und Stützung der Kolbenstange noch einen Tragständer oder eine Gleisführung an, um die Stopfbuchsen zu entlasten und die Kolbenreibung zu vermindern. Der Ständer erhält Schalen mit Weißmetallfutter und wird bei eingetretenem Verschleiß unterlegt, seltener durch eine Feder nachgiebig gemacht. In Fig. 1, Taf. 21, ist die untere Schale mit einem im Ständer verstellbaren Gewindezapfen versehen und das Mittelstück bei nur einer Öffnung durch eine Strebe versteift. Das letztere ist auch bei dem Mittelstück mit Gleisführung in Fig. 357 der Fall, wo die Kolbenstange des leichteren Kolben-

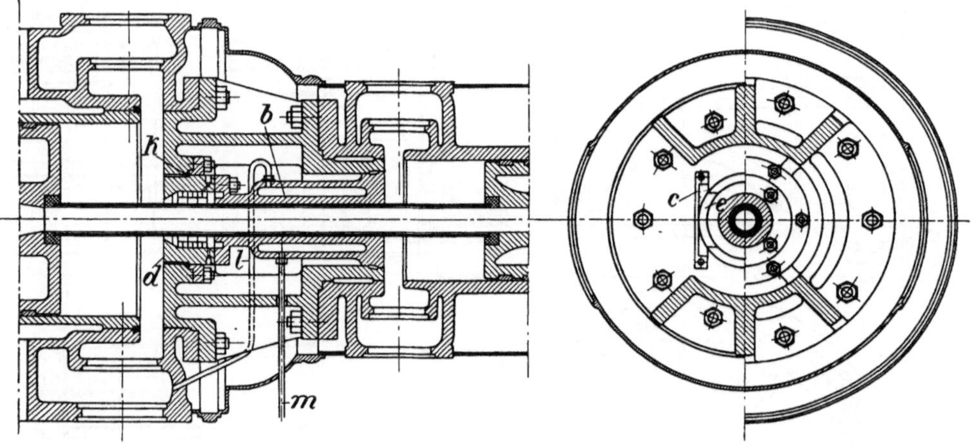

Fig. 358. Zylinderverbindung einer *Max Schmidt*schen Tandem-Verbundmaschine von der *Maschinenbau-Akt.-Ges.*, vorm. *Starke & Hoffmann*, in Hirschberg i. Schl.[1]).

ausbaues wegen zweiteilig gemacht ist. Aus demselben Grunde und zur Verkürzung der Baulänge kommen jetzt auch längsgeteilte Mittelstücke in Aufnahme, bei denen die Trennungsfuge in der Horizontal- oder Vertikalebene liegt.

*Max Schmidt* ersetzt bei seinen kurz gebauten Tandem-Verbundmaschinen (siehe S. 411) das Mittelstück durch die in Fig. 358 dargestellte Verbindung des vorderen Hoch- und hinteren Niederdruckdeckels, die durch ein Rippensystem versteift ist und durch zwei Ausschnitte die Zugänglichkeit der Stopfbuchse $d$ zwischen den Zylindern von außen ermöglicht. $d$ ist mit der von einer Kühlkammer umgebenen und durch den Hochdruckzylinder einzuschiebenden Kompensationshülse $b$ verbunden. Die von außen einzutreibenden Keile $c$ fassen diese Hülse an den angegossenen Lappen $e$ und dichten sie durch einen steilen Konus ab; im gleichen Sinne wirkt auch der Dampfüberdruck

---

[1]) Nach einer Broschüre „Winke und Ratschläge" der Firma.

im Hochdruckzylinder. Gegen den Niederdruckzylinder hin geschieht die Abdichtung durch einen angepreßten Kupferring $k$, der ein bequemes Ausdehnen und Gleiten der gesamten Kompensationshülse gestattet. Die Stopfbuchse ist, um sie vor der Einwirkung des überhitzten Dampfes möglichst zu schützen, dem Niederdruckzylinder zunächst angeordnet. Sie erhält Drucköl-schmierung. Die Kühlkammer wird vom Abdampf des Niederdruckzylinders umspült, der durch das Röhrchen $l$ eintritt und durch dasjenige $m$ nach der Kondensation abgezogen wird.

Der Kolben des Niederdruckzylinders kann, ohne diesen Zylinder zu öffnen, mittels der Mutter des Hochdruckkolbens festgezogen werden. Die Zugänglichkeit zu dem Niederdruckkolben wird nach S. 412 dadurch ermöglicht, daß der Hochdruckzylinder ohne Abbau seiner Steuerung auf der als Gleitbahn ausgebildeten Grundplatte zurückgeschoben werden kann.

Die Konstruktion, nach der *Lentz* die Zylinder seiner kurz gebauten Tandemmaschinen ohne Zwischenstück (siehe S. 412) ausführt, ist aus Fig. 359 ersichtlich. Die beiden Zylinder, von denen der Hochdruckzylinder am Rahmen liegt, bilden ein einziges Gußstück, und die Kolbenstange ist in dem Zwischendeckel durch eine packungslose Stopfbuchse (siehe § 160) abgedichtet. Das schwierige Gußstück setzt einfachste Ausbildung und große Erfahrung in der Herstellung voraus. Es besteht aus einem zweistufigen Rohr mit möglichst gleichmäßig verteilten Massen, an dessen Ober- und Unterseite vier einfache Kanäle, zwei

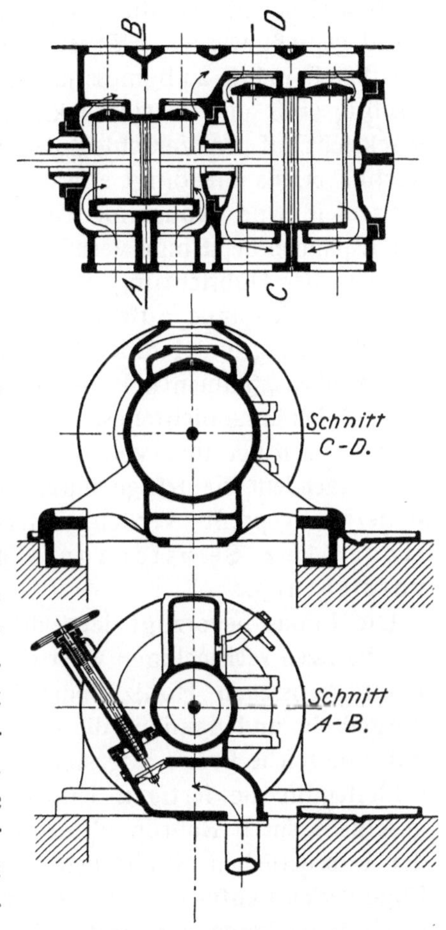


Fig. 359. Doppelzylinder nach *Lentz*.

oben und zwei unten, sitzen. Der Dampf tritt unten in den Hoch- und oben in den Niederdruckzylinder ein.

§ 158. **Die Dampfkolben.** Die Hauptteile eines Dampfkolbens sind die **Liderringe** und der **Kolbenkörper.**

## a) Die Kolbenliderringe.

Sie haben die Dichtung des Kolbens zu bewirken, also das Übertreten des Dampfes von der einen Kolbenseite zur anderen unter möglichster Beschränkung der Reibung und des Verschleißes zu verhüten. Von der Dichtheit eines Kolbens überzeugt man sich dadurch, daß man die Maschinenkurbel in der Totlage absteift und den Zylinderdeckel der anderen Kolbenseite öffnet; der hinter den Kolben gelassene Dampf darf dann bei guter Dichtung nur in Form von Wasserperlen an der offenen Seite zu bemerken sein.

Das Material der Liderringe ist weicher, zäher Grauguß von etwas geringerer Härte als der Zylinder. Um die erforderliche Abdichtung an ihrem Umfange zu bewirken, müssen die Ringe mit einer gewissen Kraft gegen die Zylinderwand gepreßt werden. Es ist wichtig, aber nicht leicht, die Anpressung von vornherein richtig zu bemessen. Ist sie zu stark, so fällt die Reibung des Kolbens unnötig groß aus, ist sie zu klein, so wird die Abdichtung ungenügend. Die Rücksicht auf den Verschleiß der Ringe verlangt ferner, daß die Kraft anfangs reichlicher, als unbedingt erforderlich, ist, damit auch noch nach eingetretenem Verschleiß eine genügende Abdichtung vorhanden bleibt und ein häufiges Nachspannen der Ringe vermieden wird. Aber nicht nur am Umfange, sondern auch in der Hubrichtung des Kolbens ist eine gewisse Anpressung nötig. Sie hat die Spielräume aufzuheben, die mit der Zeit an den Berührungsstellen zwischen Ring und Kolbenränder infolge der hin- und hergehenden Bewegung des Kolbens, namentlich bei großen Geschwindigkeiten, entstehen. Werden diese Spielräume nicht beseitigt, so kann der Dampf von der einen Kolbenseite hinter die Ringe und von hier aus auf die andere Kolbenseite treten.

Je nachdem die Ringe durch ihre eigene Elastizität oder durch besondere Federn angepreßt werden, unterscheidet man selbstspannende Liderringe, kurz Selbstspanner genannt, und Liderringe mit Spannvorrichtung.

Die Praxis bevorzugt jetzt die Selbstspanner wegen ihrer Einfachheit. Sie besitzen rechteckigen Querschnitt und werden aus einem mit verlorenem Kopf gegossenen Hohlzylinder hergestellt, der zunächst innen und außen vorgedreht und dann in die einzelnen Ringe zerlegt wird, wobei diese gleich auf eine solche Breite abgestochen werden, daß sie schon nach geringem Nachschleifen in die fertigen Nuten passen. Der darauf folgende Ausschnitt $a$ geschieht durch Bohren kleiner Löcher, durch Ausstoßen oder Ausfräsen mit der erforderlichen Nacharbeit von Hand (Aufschaben der Stoßflächen). Die Fuge verläuft entweder einfach schräg oder mit gerader Überlappung (Fig. 360). Nach Vereinigung der Enden durch Stift oder Lötung werden die zusammengespannten Ringe auf den äußeren Durchmesser $D$ der Zylinderbohrung und die Wandstärke $\delta$ fertig gedreht.

Der Durchmesser des unbearbeiteten Hohlzylinders, von dem die Ringe abgestochen werden, muß

$$D + \frac{a}{\pi} + 8 \text{ bis } 12 \text{ mm}$$

betragen, wenn die beim zweimaligen Abdrehen außen und innen genommene Spanstärke $2$ bis $3$ $mm$ ist.

Bei überall gleicher Wandstärke legen sich die in der vorstehend angegebenen Weise hergestellten Ringe, da sie nach dem Ausschneiden und Zusammendrücken nicht kreisrund, sondern elliptisch sind, aber nicht mit überall gleicher Pressung gegen die Zylinderwand. Ringe mit nach der Stoßfuge bis auf $0{,}5\,\delta$ bis $0{,}7\,\delta$ allmählich abnehmender Wandstärke vermeiden diesen Übelstand zwar zum Teil und erleichtern auch das Überstreifen, verteuern aber die Herstellung. Besser ist es nach *Reinhardt*[1]), die Ringe von vornherein ellipsen-

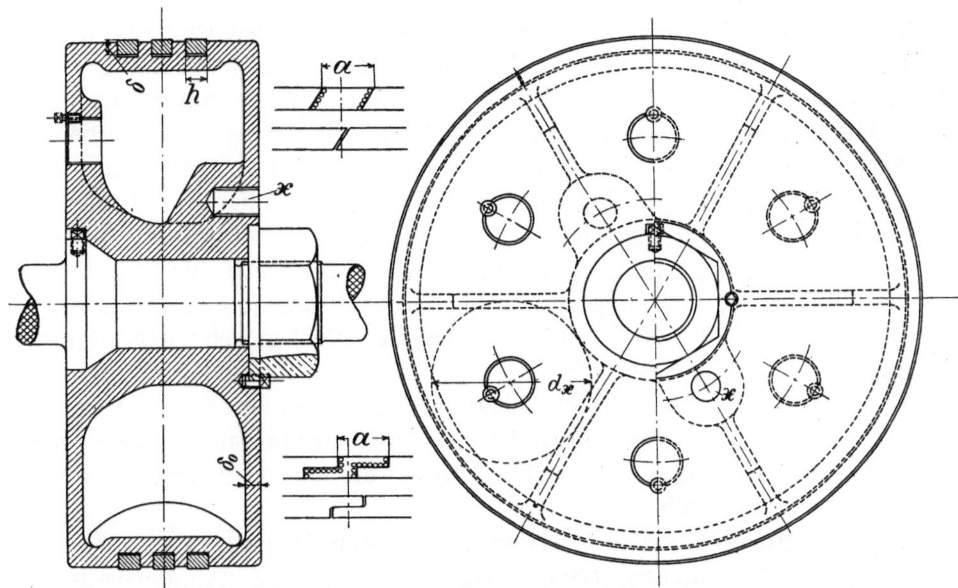

Fig. 360. 1 : 7,5. Kolben von *Främbs & Freudenberg* in Schweidnitz.

förmig herzustellen, also nach einem kreisrunden Ringe anzufertigen, dem ein Stück von der Länge *a* plus Sägeblattstärke eingesetzt wurde; nach der Herausnahme dieses Stückes und dem Zusammendrücken werden solche Ringe wieder kreisrund und ergeben überall gleiche Anpressung.

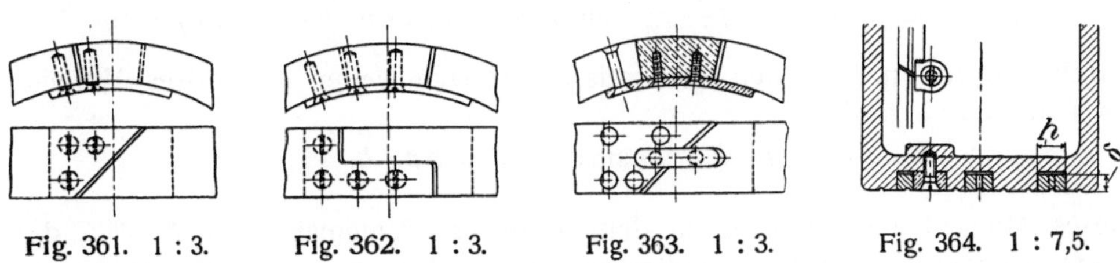

Fig. 361. 1 : 3.    Fig. 362. 1 : 3.    Fig. 363. 1 : 3.    Fig. 364. 1 : 7,5.

Die Schnittstellen der einzelnen Ringe müssen im Kolbenkörper gegeneinander versetzt, die Ringe selbst gegen ein Verdrehen durch Stifte oder Schrauben gesichert werden. Will man einen Durchtritt des Dampfes durch die Schnittfugen, die sich mit eintretendem Verschleiß allmählich öffnen, vollständig verhüten, so ordnet man ein Ringschloß an jeder Schnittstelle an. Fig. 361 bis 364 zeigen verschiedene Konstruktionen solcher Schlösser, von

---

[1]) Z. d. V. d. I. 1901, S. 232.

denen die letzte zugleich ein Drehen der Ringe verhindert. Die einzelnen Teile der Schlösser bestehen aus Rotguß und sind durch Schaben sauber aufzupassen. Vielfach verzichtet man aber bei den einfachen Ringen, namentlich wenn deren mehrere in einem Kolben sind, auf die Anbringung solcher Schlösser mit Rücksicht darauf, daß die Dampfmenge, die durch die Schnittstellen tritt, nicht bedeutend ist.

Hinsichtlich der Abmessungen, die den selbstspannenden Ringen im Querschnitt zu geben sind, ist zu bemerken, daß jetzt gern schmale Ringe wegen ihrer geringen Masse gewählt werden; denn mit der Masse nimmt die Stärke der Schläge zu, die bei eintretendem Spiel zwischen Ring und Kolbenrand zu erwarten sind. Auch die Dicke der Ringe wird nur gering genommen, damit

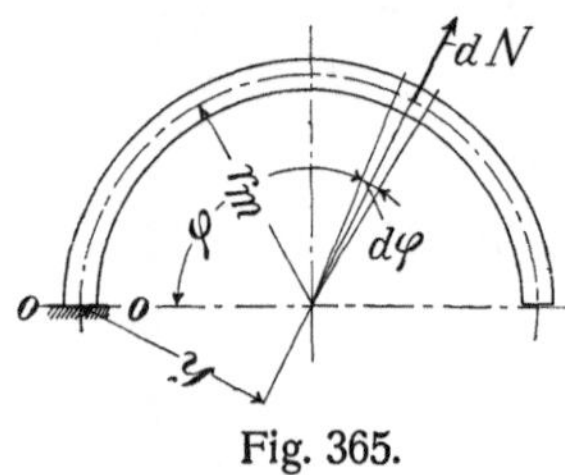

Fig. 365.

die Pressung zwischen ihnen und der Zylinderwand und die von ihr abhängige Kolbenreibung nicht unnötig groß ausfallen. Namentlich bei überhitztem Dampf wählt man die Pressung gering, obwohl dünne Ringe sich an den Stirnflächen schneller abnützen als dicke.

Zur annähernden Berechnung der Anpressung, die ein Liderring von bestimmten Abmessungen bei einem gegebenen Ausschnitt erfährt, können die folgenden Angaben dienen. Bezeichnet nach Fig. 365

$r_m$ den mittleren Radius des zusammengepreßten Ringes,

$p$ die spezifische Flächenpressung zwischen Ring und Zylinderwand, bezogen auf den Radius $r_m$,

so ist der Druck, den ein unter dem Winkel $\varphi$ gegen die Horizontale geneigtes Flächenelement von der Breite $r_m \cdot d\varphi$ und Höhe $h$ des Ringes auf die Zylinderwand ausübt,

$$d N = p \cdot h \cdot r_m \cdot d\varphi$$

und das Moment dieses Druckes in bezug auf den gefährlichen Querschnitt $o\!-\!o$

$$d N \cdot y = p \cdot h \cdot r_m \cdot d\varphi \cdot r_m \cdot \sin(180 - \varphi) = p \cdot h \cdot r_m^2 \cdot \sin\varphi \cdot d\varphi.$$

Durch Integration über den Halbkreis ergibt sich weiter als größtes Moment des Ringes

$$M = \int_0^\pi p \cdot h \cdot r_m^2 \cdot \sin\varphi \cdot d\varphi = 2\,p \cdot h \cdot r_m^2.$$

Dieses Moment ist auch gleich dem Widerstandsmoment $w = h \cdot \delta^2/6$ des Querschnittes $o\!-\!o$ mal der zulässigen Materialspannung $k_b$, die in diesem Querschnitt beim Zusammendrücken des Ringes gestattet werden soll, also

$$2\,p \cdot h \cdot r_m^2 = \frac{h \cdot \delta^2}{6} k_b.$$

Hieraus folgt mit $r_m = 0{,}5\,(D - \delta)$

$$p = \frac{k_b}{12}\left(\frac{\delta}{r_m}\right)^2 = \frac{k_b}{3\left(\dfrac{D}{\delta} - 1\right)^2} \quad\cdots\cdots\cdots\cdots\quad 132$$

Die zur Erzielung dieser Pressung $p$ erforderliche Ausschnittlänge $a$ der Ringe, gemessen am Umfange, muß nach *Reinhardt* bei einem Gleitmaß $E$ des Ringmateriales

$$\frac{a}{D} = 2{,}36 \left(\frac{D}{\delta} - 1\right) \frac{k_b}{E} \quad \ldots \ldots \ldots \ldots \quad 133$$

betragen.

Gl. 132 und 133 sind maßgebend für die Berechnung aller Ringe, die in den mit besonderem Deckel versehenen Kolbenkörper eingeschoben werden. Sollen die Ringe aber über den Kolbenkörper gestreift werden, so ist noch die Spannung $\sigma_b$ zu berücksichtigen, die hierbei im Ringe entsteht. Unter der Voraussetzung, daß die Kräfte, mit denen die Ringe auseinandergezogen werden, höchstens unter einem Winkel von *30°* geneigt sind, bestimmt sich diese Spannung, die allerdings nur einmal auftritt, nach *Reinhardt* zu

$$\sigma_b = 0{,}64 \left[\frac{4E}{\left(\dfrac{D}{\delta} - 1\right)^2} - k_b\right] \quad \ldots \ldots \ldots \quad 134$$

Bei größerem Winkel als *30°* wächst $\sigma_b$ bis auf das *1,5*fache bei *90°*.

Nach den vorstehenden Gleichungen ist der obere Teil der Tabelle auf S. 442 für $k_b = 800$, *1000* und *1200*, sowie $E = 800\,000\ kg/qcm$ berechnet. $k_b$ soll möglichst *1000*, $\sigma_b$ *1800 kg/qcm* nicht übersteigen; bei höheren Werten können die Ringe nicht mehr über den Kolbenrand gestreift werden.

Sollen die größte Ringspannung $k_b$ im Betriebe und die Überstreifspannung $\sigma_b$ gleich groß werden, so muß nach Gl. 134 sein

$$k_b = \sigma_b = \frac{E}{0{,}64 \left(\dfrac{D}{\delta} - 1\right)^2}$$

oder für $E = 800\,000\ kg/qcm$

$$k_b = \frac{1\,250\,000}{\left(\dfrac{D}{\delta} - 1\right)^2} \quad \ldots \ldots \ldots \ldots \quad 135$$

Hiernach ist der mittlere Teil der Tabelle auf S. 442 berechnet; $p$ und $a/D$ folgen wieder aus Gl. 132 und 133.

Für ein gewähltes Ausschnittsverhältnis $a/D$ wird nach Gl. 133

$$k_b = 0{,}425\, \frac{a}{D}\, \frac{E}{\dfrac{D}{\delta} - 1} \quad \ldots \ldots \ldots \ldots \quad 136$$

während $p$ und $\sigma_b$ mit diesem $k_b$ sich aus Gl. 132 bzw. 134 bestimmen. Der untere Teil der Tabelle auf S. 442 ist für $a/D = 0{,}1$ berechnet.

Der Niederdruckkolben in Fig. 360, S. 439, von $D = 525\,mm$ Durchmesser würde z. B. bei einem Verhältnis $D/\delta = 37{,}5$ Liderringe von

$$\delta = \frac{525}{37{,}5} = 14\,mm$$

Stärke und für $k_b = 800\ kg/qcm$ nach dem oberen Teil der Tabelle

$$a = 0{,}086 \cdot 525 = \sim 45\ mm$$

Ausschnitt erhalten müssen. Die Ringe würden sich mit einer Pressung $p = 0{,}2\ kg/qcm$ gegen die Zylinderwand legen und beim Überstreifen eine Spannung $\sigma_b = \sim 1000\ kg/qcm$ im gefährlichen Querschnitt erleiden. Das Modell der Ringe muß einen äußeren Durchmesser von

$$525 + \frac{45}{\pi} + 8 = \sim 548\ mm$$

erhalten. Soll bei demselben Verhältnis $D/\delta$ die Spannung der Ringe im Betriebe und beim Überstreifen gleich groß werden, so ist nach dem mittleren Teil der Tabelle bei $k_b = \sigma_b = 950$ und $p = 0{,}235\ kg/qcm$ der Ringausschnitt

$$a = \sim 0{,}101 \cdot 525 = \sim 53\ mm$$

zu nehmen.

Die Höhe (oder Breite) der Ringe ist ohne Einfluß auf deren Beanspruchung und beträgt ungefähr

$$h = 1{,}25\ \delta \text{ bis } 2\ \delta.$$

Der für die Erwärmung erforderliche Ausdehnungsspielraum zwischen den Ringenden kann $D/150$ gemacht werden. Die Zahl der Ringe ist meist 3, bei langen (Gleichstrom-) Kolben an jedem Ende 2 oder 3.

Manche Fabriken erzielen die Federung der Ringe durch Einkerbungen an der Innenseite, die mit einem geeigneten Hammer hergestellt werden und sowohl in der Höhe als auch in der Tiefe beiderseits nach der Stoßfuge abnehmen. Andere spannen die auf Zylinderbohrung fertig gedrehten Ringe durch Walzen an und schneiden sie dann auf.

Tabelle der selbstspannenden Liderringe nach *Reinhardt*.

| | | 26 | 28 | 30 | 32 | 34 | 36 | 38 | 40 |
|---|---|---|---|---|---|---|---|---|---|
| $k_b = 800$ $kg/qcm$ | $p =$ | 0,427 | 0,366 | 0,317 | 0,278 | 0,245 | 0,218 | 0,195 | 0,175 $kg/qcm$ |
| | $\dfrac{a}{D} =$ | 0,059 | 0,064 | 0,068 | 0,073 | 0,078 | 0,083 | 0,087 | 0,092 ,, |
| | $\sigma_b =$ | — | — | 1920 | 1600 | 1340 | 1150 | 955 | 815 ,, |
| $k_b = 1000$ $kg/qcm$ | $p =$ | 0,534 | 0,458 | 0,397 | 0,347 | 0,307 | 0,273 | 0,244 | 0,219 ,, |
| | $\dfrac{a}{D} =$ | 0,074 | 0,080 | 0,086 | 0,092 | 0,097 | 0,103 | 0,109 | 0,115 ,, |
| | $\sigma_b =$ | — | — | 1770 | 1460 | 1200 | 1000 | 820 | 675 ,, |
| $k_b = 1200$ $kg/qcm$ | $p =$ | 0,640 | 0,555 | 0,477 | 0,416 | 0,368 | 0,327 | 0,293 | 0,263 ,, |
| | $\dfrac{a}{D} =$ | 0,088 | 0,096 | 0,121 | 0,110 | 0,117 | 0,124 | 0,131 | 0,138 ,, |
| | $\sigma_b =$ | — | — | 1620 | 1320 | 1070 | 860 | 685 | 540 ,, |
| | $k_b = \sigma_b =$ | — | 1720 | 1480 | 1300 | 1150 | 1020 | 910 | 820 ,, |
| | $p =$ | — | 0,786 | 0,587 | 0,452 | 0,350 | 0,278 | 0,222 | 0,179 ,, |
| | $\dfrac{a}{D} =$ | — | 0,137 | 0,126 | 0,119 | 0,113 | 0,105 | 0,100 | 0,095 ,, |
| $\dfrac{a}{D} = 0{,}1$ | $k_b =$ | 1360 | 1260 | 1172 | 1097 | 1030 | 973 | 920 | 873 ,, |
| | $p =$ | 0,727 | 0,577 | 0,465 | 0,381 | 0,315 | 0,265 | 0,224 | 0,192 ,, |
| | $\sigma_b =$ | — | — | 1620 | 1425 | 1215 | 1045 | 905 | 785 ,, |

Liderringe mit besonderer Anspannvorrichtung, deren Anwendung selbst bei großen Durchmessern bedeutend abnimmt, sind weniger einfach und teurer in der Herstellung; sie bieten aber dafür den Vorteil, daß die An-

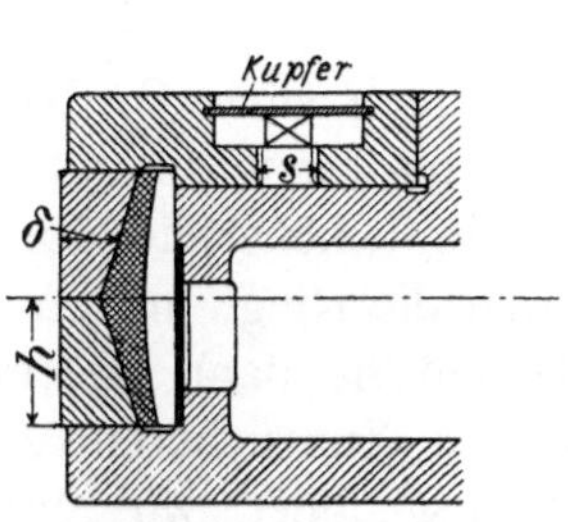


Fig. 366. 1 : 5.

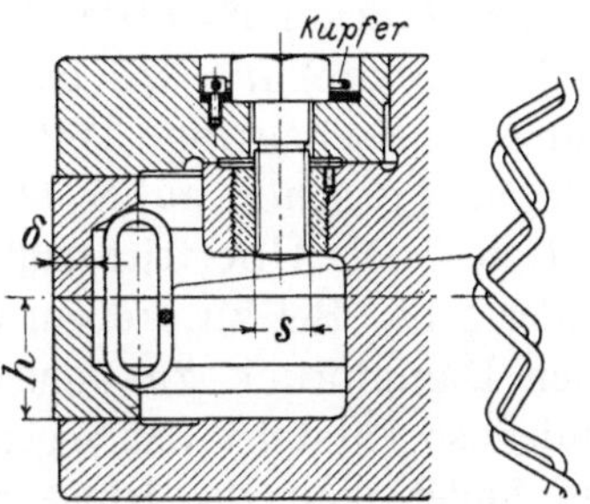


Fig. 367. 1 : 5.

pressung auch bei eintretender Abnützung der Ringe unverändert bleibt. Fig. 366 bis 369 geben Beispiele solcher Ringe.

In Fig. 366 bis 368 sind die beiden aufgeschnittenen Ringe innen mit schrägen Druckflächen versehen, damit sie auch gegen die Kolbenränder gepreßt werden.

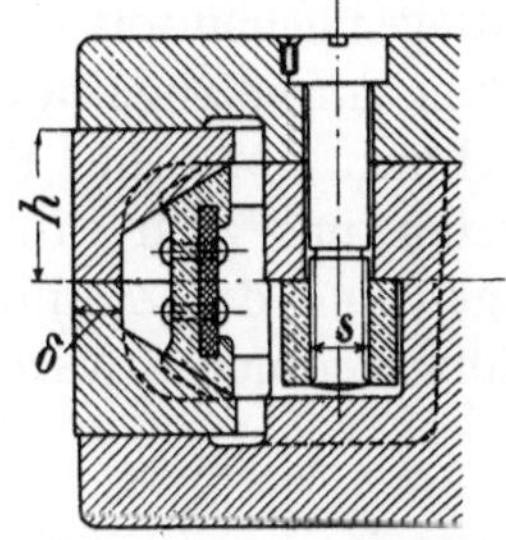

Die Anpressung erfolgt in Fig. 366 durch eine Feder von doppelt konischem Querschnitt, in Fig. 368 (nach *Zirns* Patent) durch Rotgußstücke auf einer flachen Feder, in Fig. 367 (nach *Buckley*) durch eine spiral-

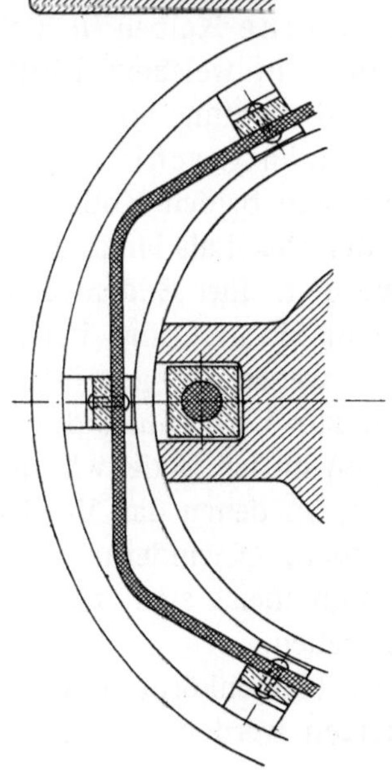

Fig. 368. 1 : 5.

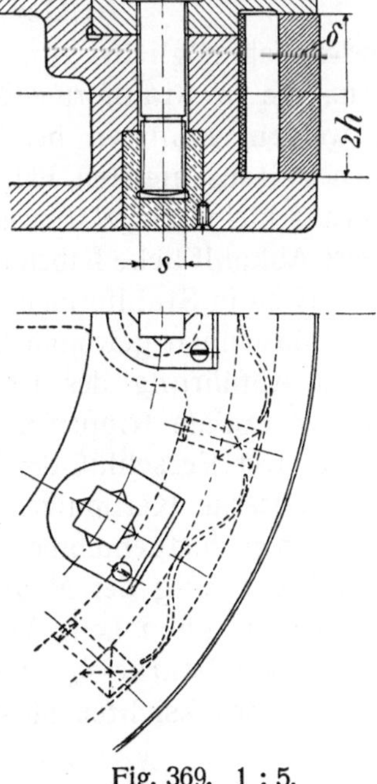

Fig. 369. 1 : 5.

förmig gewundene Doppelfeder. In Fig. 369 endlich wird ein einziger Ring durch mehrere kleine Blattfedern angedrückt, die sich gegen den Kolbenkörper stützen.

Nicht selbstspannende Ringe erhalten bei einer Zylinderbohrung $D$

eine Stärke (Dicke) $\delta = D/25$ bis $D/35$,

eine Höhe (Breite) $h = 2\delta$ bis $3\delta$.

Die äußeren Kolbenringe läßt man zur Vermeidung einer Gratbildung in den Totlagen, wie schon auf S. 425 bemerkt, um $o$ bis $1$ $mm$ aus der Zylinderbohrung treten. Der Übertritt muß um so kleiner sein, je höher die Kompression im Zylinder geht. Bei zu großem Übertritt werden die Ringe in den Totlagen durch den Dampfdruck zusammengedrückt. Gehen sie dann später wieder auseinander, so entsteht das sogenannte Klatschen. Zur sicheren Verhütung desselben findet man die Ringe nach Fig. 364 ausgebildet, wo jedem Ring (ebenso wie dem tragenden Kolbenkörper an der unteren Seite) eine Nut von halbkreisförmigem Querschnitt eingedreht ist und einige radiale Löcher eingebohrt sind. Die Nuten sollen nach Art der Labyrinthdichtung wirken, durch die Löcher soll der Dampf hinter die Ringe treten und sie vom Dampfdruck entlasten. Meist ordnet man auch mit Rücksicht auf das mögliche Zusammendrücken drei Ringe an, damit der mittlere niemals zusammengepreßt wird. Sollen die äußeren Ringe den Zylinderlauf in den Totlagen genau mit der Kante abschneiden, so ist bei der Einstellung der Kolbenstangenlänge auf deren Wärmeausdehnung im Betriebe Rücksicht zu nehmen. Manche Fabriken lassen anstatt der Ringe den Kolbenkörper übertreten, und zwar um ca. $1/10$ der Kolbenbreite; die Pressung zwischen den Ringen und der Zylinderwand darf dann aber nur sehr gering sein, wenn Gratbildung vermieden werden soll.

### b) Der Kolbenkörper.

Sein Gewicht ist möglichst zu beschränken. Offene Kolben in Teller- oder Glockenform, die in Stahlformguß gegossen oder in weichem Flußstahl geschmiedet werden, kommen bei Transmissions-Dampfmaschinen nur selten vor. In den weitaus meisten Fällen verwendet man geschlossene Kolben, die einen etwas kleineren Wärmeaustausch zwischen beiden Kolbenseiten und eine geringere Abkühlfläche haben und jetzt in der Regel als Hohlguß (Fig. 360) in Gußeisen, selten in Stahlformguß gegossen werden. Ihre Bodenwände stehen bei liegenden Maschinen gewöhnlich senkrecht zur Hubrichtung, bei stehenden der leichteren Abführung des Kondenswassers wegen oft geneigt. Größere Kolben erhalten radiale Rippen mit Öffnungen zur Verbindung der einzelnen Kernsegmente. Der Verschluß der Kernöffnungen in den Bodenwänden erfolgt durch schmiedeeiserne Kernputzen mit Gewinde, an denen das Vierkant nach dem Einschrauben fortgenommen und der äußere Gewinderand verstemmt wird. Zur Erleichterung der Montage finden sich meist auch zwei Gewindelöcher für Ösenschrauben ($x$ in Fig. 360) vorgesehen.

Die kleinste Wandstärke $\delta_0$, die bei solchen Kolbenkörpern vom Durchmesser $D$ aus Gußrücksichten nicht unterschritten werden darf, ist

$$\delta_0 = 0{,}012\,D + 0{,}8 \text{ bis } 1\ cm.$$

Eine genaue Berechnung der Wandstärke ist bei doppelwandigen Hohlgußkolben ohne Rippen zur Zeit nicht möglich. Für Hohlgußkolben mit Rippen kann zur annähernden Berechnung der zwischen zwei Rippen liegende Teil der Wandung als Kreisfläche vom Durchmesser $d_x$ (Fig. 360) angesehen und nach der *Bach*schen Gleichung für ebene Wandungen

$$\delta_0 = \varphi \, \frac{d_x}{2} \sqrt{\frac{p_u}{k_b}}$$

gesetzt werden. Für $p_u$ ist hierin der größte Dampfüberdruck einer Kolbenseite gegenüber dem Kolbeninnern mit *1 at* zu nehmen; $\varphi = 0{,}8$ bis $1{,}2$, $k_b \leqq 200 \, kg/qcm$.

An Hohlgußkolben mit ausgesparten Rippen (Fig. 370) ergibt sich die größte Beanspruchung in der Rippe am äußeren Lochrande, also in der Entfernung $x$ von der Kolbenmitte, nach *Pfleiderer*[1]) zu

$$\sigma_b = \frac{h}{2}\frac{M_b}{\Theta} +$$

$$\frac{P \cdot l_1}{4}\left(\frac{1}{a \cdot f} + \frac{a - 0{,}5\,w_1}{\Theta_1}\right) \leqq k_b \, ,$$

wenn

$$P = (R^2 - r^2)\,\frac{\pi}{i}\,p_u \, ,$$

$$M_b = \frac{p_u \pi}{3\,i}(R - x)^2(2\,R + x) \, ,$$

$\Theta = $ Trägheitsmoment des $\mathbf{I}$-förmigen Querschnittes $HJK$,

$\Theta_1 = $ Trägheitsmoment des $\mathbf{L}$-förmigen Querschnittes vom Inhalt $f$,

$2\,a = $ Entfernung der Schwerpunkte beider Querschnitte $f$,

$\quad\; i = $ Anzahl der Rippen

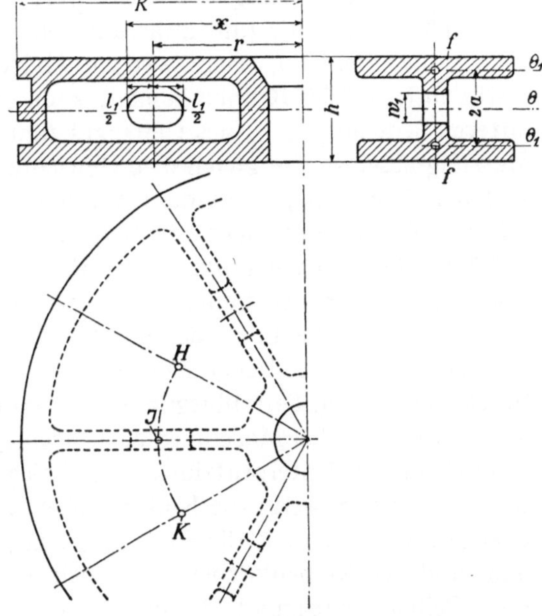
Fig. 370.

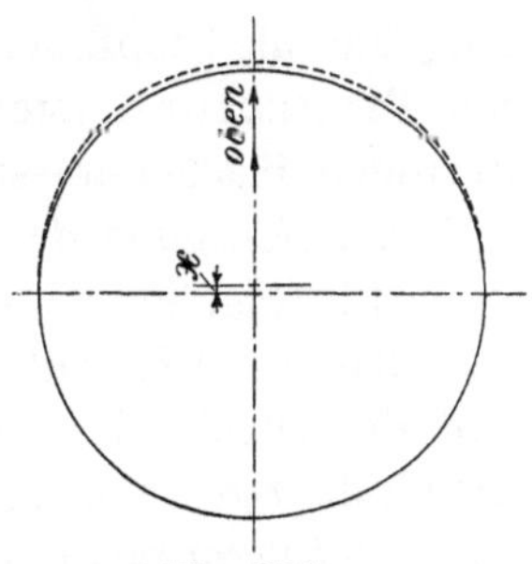

Fig. 371.

ist. Da $\sigma_b$ für große Werte von $x$ klein wird, so ist die Aussparung möglichst weit nach außen zu legen.

Der äußere Durchmesser des Kolbenkörpers wird nur wenig kleiner ($1{,}5$ bis $3\,mm$) als die Zylinderbohrung gedreht. Bei nicht durchgehender Kolbenstange sowie an großen Maschinen ohne hintere Führung läßt man den Kolbenkörper zur Entlastung der Stopfbuchsen und Grundringe sogar oft von vornherein

---

[1]) Z. d. V. d. I. 1910, S. 317.

entweder vollständig oder im unteren Teile anliegen. Im ersteren Falle dreht man den Körper nur soviel kleiner, daß er nach gründlicher Durchwärmung der Maschine schließend im Zylinder geht. Im zweiten Falle bildet man den Kolben als Tragkolben aus. Man spannt den Körper dann, nachdem er auf die Zylinderbohrung abgedreht worden ist, nochmals exzentrisch aus der Mitte nach oben auf, und zwar um den später abzudrehenden Span $x = o,5$ bis $1,5\ mm$ (Fig. 371). Beim zweiten Abdrehen fällt dann nur oben die Spanstärke fort, und der Kolben kommt, wenn er richtig eingebaut wird[1]), an seiner unteren Seite auf ca. $1/_4$ des Umfanges zum Aufliegen. Die spezifische Flächenpressung daselbst, die gleich dem Gewichte des Kolbens und dem betreffenden Teil der Kolbenstange, dividiert durch Kolbenbreite $\times$ $1/_4$ des Umfanges, ist, soll $o,5$ bis $1\ kg/qcm$ nicht übersteigen.

§ 159. **Die Kolbenstangen. Beispiel.** Die Stangen werden aus Gußstahl geschmiedet, der bei hoher Festigkeit eine glatte, reine Oberfläche besitzt und deshalb die Packung der Stopfbuchse möglichst schont. An kleinen Maschinen tritt die Kolbenstange nur durch den vorderen Zylinderdeckel, sonst führt man sie, um Durchbiegungen zu vermeiden, durch beide Deckel und gibt an großen liegenden Maschinen auch noch dem hinteren Ende einen besonderen Kreuzkopf zur Unterstützung. Durchbiegungen werden aber auch hier nur dann vermieden, wenn die Kolbenstange genügend stark ist. Bei zu schwachen Stangen schleifen sich die Grundringe in den Stopfbuchsen bald nach unten aus, und der Kolbenkörper senkt sich auf die untere Zylinderwandung, hier eine Reibung erzeugend, die nicht nur zu einem beträchtlichen Arbeitsverlust und Verschleiß führt, sondern auch den Kolben zu ecken sucht. Um den Grundring und die Stopfbuchse zu entlasten, lassen viele Fabriken den Kolbenkörper als Tragkolben (siehe oben) ausbilden und sich von vornherein mit einer geringen Flächenpressung auf die untere Zylinderwand legen.

Die Befestigung des Kolbens auf der Stange wird durch Konus und Mutter bewirkt (Fig. 360, S. 439). Der Konus ist sauber einzuschleifen, die Mutter zu sichern. Die Zugbeanspruchung im Kernquerschnitt des Gewindes, das auf der Drehbank geschnitten wird, soll $300$ bis $400$, die Flächenpressung im Gewinde $150$, diejenige in der senkrechten Projektion des Stangenkonus $500$ bis $600\ kg/qcm$ nicht übersteigen. Das Material der Mutter war früher, um ein Festrosten zu vermeiden, allgemein Rotguß. Jetzt verwendet man trotz der Gefahr des Rostens auch vielfach schmiedeeiserne Muttern, namentlich bei überhitztem Dampf, da nach Prof. *Graßmann*[2]) bei hohen Temperaturen die Festigkeit des Rotgusses zurückgeht und die ungleiche Ausdehnung zwischen ihm und dem stählernen Gewindekern eine ungleichmäßige Verteilung des Gestängedruckes zwischen beiden zur Folge hat.

Die hintere Kreuzkopfführung der Kolbenstangen wird gewöhnlich nach Fig. 372 ausgebildet. Das eingleisige Führungsrohr mit ebener Bahn ist am

---

[1]) Man gießt dem Körper zu diesem Zwecke einen Pfeil mit der Bemerkung „oben" (Fig. 371) auf.

[2]) Siehe die Anmerkung auf S. 35.

hinteren Zylinderdeckel befestigt und in der Mitte durch eine kleine Säule unterstützt.

Die Berechnung der Kolbenstangen und der übrigen Triebwerkteile hat für den größten Dampfüberdruck $P$ auf den Kolben zu erfolgen; die ausgleichende Wirkung der hin- und hergehenden Massen in bezug auf den Dampfüberdruck wird nicht in Rücksicht gezogen, da sie während des Anlaufes der Maschine infolge der kleinen Umdrehungszahl zu gering ist[1]). Der Druck $P$ beansprucht die Kolbenstange auf Zug, Druck und Zerknicken. An liegenden Maschinen tritt außerdem eine Biegungsbeanspruchung durch das Gewicht des Kolbens und der Stange ein.

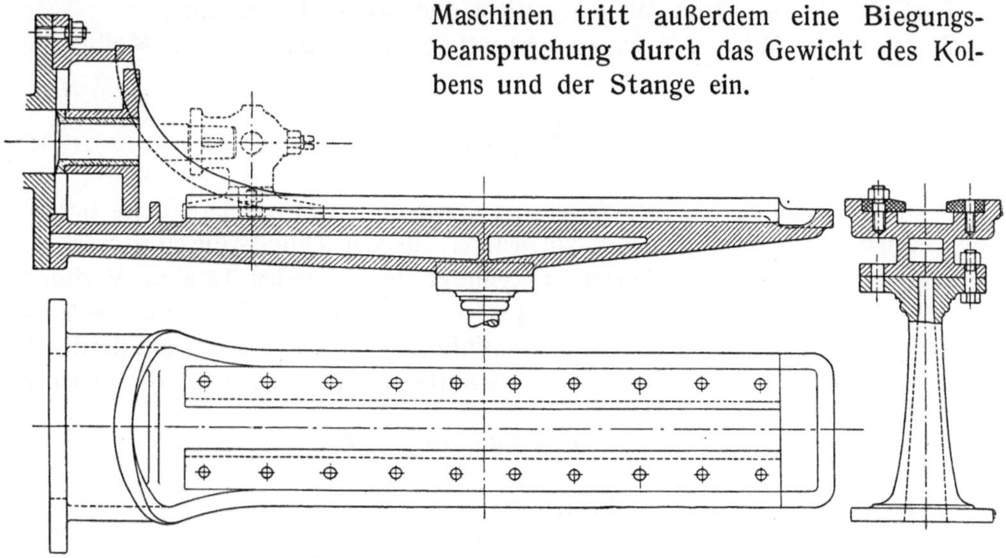

Fig. 372.  1 : 13,5.

Für stehende, sowie kleine und mittlere liegende Maschinen mit nicht zu schwerem Kolben darf mit

$\varDelta$ als Stangendurchmesser,

$l_s$ als Stangenlänge von Mitte Kolben bis Mitte Kreuzkopf in $cm$,

$\varTheta$ als Trägheitsmoment des runden Stangenquerschnittes,

$m$ als Sicherheitsgrad und

$E$ als Elastizitätsmaß des Stangenmateriales nach der Knickungsfestigkeit

$$P = \pi^2 \frac{E \cdot \varTheta}{m \cdot l_s^2}$$

oder für $\pi^2 = \infty\, 10$, $\varTheta = 0{,}05\, \varDelta^4$, $E = 2\,000\,000$

$$\boldsymbol{P = 1\,000\,000\, \frac{\varDelta^4}{m \cdot l_s^2}} \qquad \ldots \ldots \ldots \ldots \quad 137$$

mit $m = 15$ bis $20$ $(22)$ gesetzt werden.

---

[1]) Ausgenommen Einzylindermaschinen mit sehr hoher Eintrittsspannung, wo wenigstens eine teilweise Berücksichtigung des Massendruckes zur Vermeidung eines allzu schweren Gestänges geboten sein kann. Beim Anlauf der Maschine ist dann aber größte Vorsicht zu beobachten.

Bei tragenden Kolben kann die Stange ebenfalls nach dieser Gleichung berechnet werden, wenn $m$ mit Rücksicht darauf, daß die am Kolben und an der Stange auftretende exzentrische Reibung hier die Beanspruchung erheblich steigert, möglichst hoch gewählt wird.

Für große Maschinen mit schwerem Kolben, durchgehender Kolbenstange und hinterer Führung ist nach *Bach* der Stangendurchmesser so groß zu nehmen, daß die Durchbiegung höchstens *1* bis *1,5 mm* beträgt. Diese Durchbiegung berechnet sich, wenn

$L_s$ die Entfernung von Mitte bis Mitte der beiden Kreuzköpfe,

$G_k$ das in der Mitte der Stange wirkend gedachte Gewicht des Kolbens,

$G_s$ das der Stange

ist, aus

$$y = \frac{L_s^3}{48\,\Theta \cdot E}\left(G_k + \frac{5}{8}\,G_s\right) \quad \dots \dots \dots \dots \quad 138$$

Der Durchmesser des Kolbenkörpers ist dann um etwa das Dreifache der zugelassenen Durchbiegung kleiner zu nehmen als der Zylinderdurchmesser.

Beispiel. Herrscht im Hochdruckzylinder der liegenden Tandem-Verbundmaschine $d = 0,3$, $D = 0,5$, $S = 0,55\,m$ und $n = 140$ (Taf. 20) von *Scharrer & Groß* in Nürnberg ein größter Dampfüberdruck von *7,4*, im Niederdruckzylinder ein solcher von *3 at*, so ist der gesamte Dampfüberdruck auf den Hochdruckkolben

$$P' = 30^2\frac{\pi}{4} \cdot 7,4 = \sim 5230\ kg$$

und der auf den Niederdruckkolben

$$P'' = (50^2 - 8^2)\frac{\pi}{4} \cdot 3 = 5740\ kg\,.$$

$P'$ beansprucht den zwischen den Kolben liegenden Teil der Kolbenstange, $P' + P'' = 10\,970$ oder $\sim 11\,000\ kg$ den vorderen Teil derselben auf Zerknicken. Führt man mit Rücksicht darauf, daß die Kolben als Tragkolben ausgebildet sind, $m = 22$ in Gl. 137 ein, so wird für den erstgenannten Teil der Stange mit $l_s = 185\ cm$

$$\varDelta = \sqrt[4]{\frac{5230 \cdot 22 \cdot 185^2}{1\,000\,000}} = \sim 8\ cm\,,$$

für den letztgenannten mit $l_s = 132,5\ cm$

$$\varDelta = \sqrt[4]{\frac{11\,000 \cdot 22 \cdot 132,5^2}{1\,000\,000}} = \sim 8,1\ cm\,.$$

In der Ausführung besitzt die Stange einen Durchmesser von *80* bzw. *83 mm*.

§ 160. **Die Stopfbuchsen.** Sie haben die Abdichtung der hin- und hergehenden Kolben-, Schieber- oder Ventilstangen in der Wand des Zylinders zu bewirken. Die Hauptteile einer gewöhnlichen Stopfbuchse sind: die Packung, das Gehäuse und die mittels Schrauben stellbare Brille. Die Packung ist eine Weich- oder Metallpackung; es kommen aber auch packungslose Stopfbuchsen zur Anwendung.

### a) Die Stopfbuchsen mit Weichpackung.

Als Weichpackung dienten früher die Pflanzenfasern des Hanfs und der Baumwolle, jetzt vornehmlich die Mineralfasern des Asbest. Hanf und Baumwolle sind nur für geringe Drucke und Temperaturen gebräuchlich; für hohe Drucke (über *8 at*) und überhitzten Dampf ist als Weichpackung nur Asbest zulässig. Die Weichpackungen werden gewöhnlich in der Form von Schnüren verwendet, die rechteckigen, dreieckigen oder runden Querschnitt haben und vorher gehörig mit Talg, Graphit, Öl oder Fett zu durchtränken sind, damit sie geschmeidig und biegsam bleiben. Eine gehörige Durchtränkung ist namentlich bei überhitztem Dampf von Wichtigkeit. Für ihn benutzt man

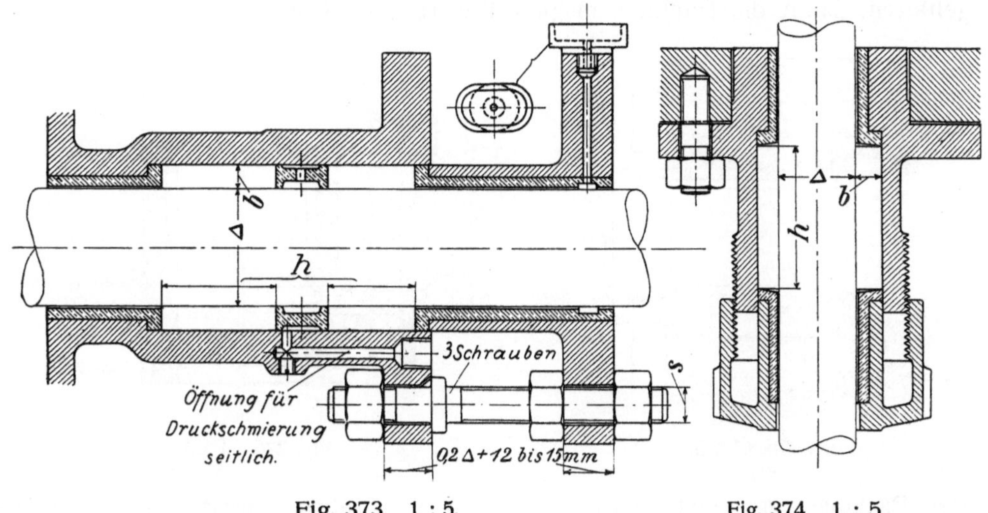


Fig. 373.  1 : 5.          Fig. 374.  1 : 5.

deshalb am besten als Weichpackung nur Asbestschnüre, die um einen Kern von Graphit oder Talkum gesponnen sind. Der Kern soll aber die Schmierung im Betriebe nicht ersetzen. Andrerseits verwendet man bei hohem Druck auch Asbestschnüre, denen zur Erhöhung der Festigkeit Messingdrähte eingeflochten sind.

Vorteilhaft ist den Weichpackungen eine große Nachgiebigkeit und Elastizität. Sie dichten deshalb auch nicht genau kreisrunde Stangen sowie solche mit nicht vollkommen glatter Oberfläche ab und geben den Bewegungen der Stange senkrecht zu ihrer Führung nach, das letztere allerdings unter vermehrter Abnützung und Reibung. Dem billigen Preis der Weichpackungen steht als Nachteil eine verhältnismäßig kurze Lebensdauer gegenüber, die natürlich wesentlich von der Wartung, von der Beschaffenheit und Geradführung der Stangen abhängig ist. Nachteilig ist auch der Umstand, daß die Weichpackungen stetig vom Wärter beaufsichtigt und häufig (namentlich zu Anfang) nachgezogen werden müssen, wobei ein zu starkes Anziehen wiederum erhöhte Reibung und Arbeitsverluste herbeiführt.

Die Breite *b* und Höhe *h* des Packungsraumes können bei den Weichpackungen nach den Angaben der folgenden Tabelle bemessen werden.

Stangendurchmesser $\Delta = 20$ bis $50$      $60$ bis $120$      $130$ bis $150$ mm
Packungs- { $b = 0,2 \Delta + 0,5$ bis $0,75$    $0,2 \Delta + 0,2$ bis $0,5$    $0,2 \Delta$ bis $0,2 \Delta + 0,2$ cm
raum     { $h = \quad \Delta + 2 b$            $\Delta + 2 b$            $\Delta + 2 b$

Das **Gehäuse** der Stopfbuchsen erhält an der einen Seite einen Flansch zur Aufnahme der Brillenschrauben, an der anderen als Abschluß nach dem Zylinder hin den sogenannten Grundring. Der Flansch ist meist rund und nur bei 2 Schrauben mitunter oval. Der bronzene Grundring ist bei liegenden Maschinen, wo er der Stange auch zur Führung dienen soll, länger und kräftiger als bei stehenden zu nehmen. Bei überhitztem Dampf wird er besonders lang gehalten, damit die Packung möglichst weit vom Dampf abgerückt ist. Die

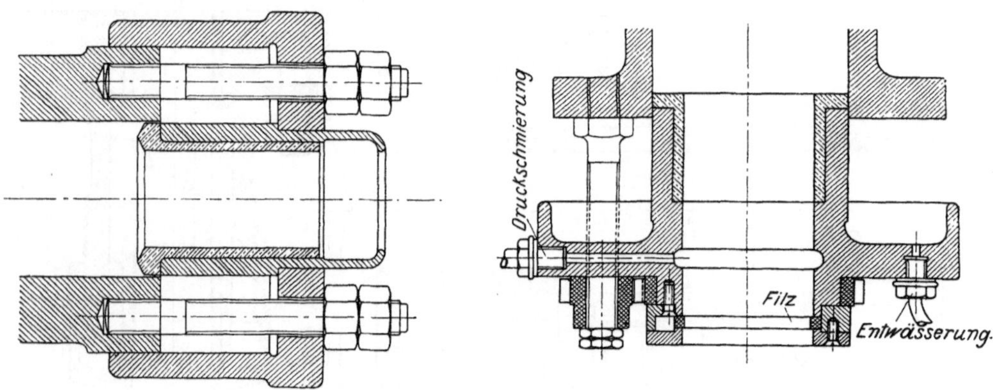



Fig. 375. 1 : 5.         Fig. 376. 1 : 5.

der Packung zugekehrte Seite des Ringes wird eben, einseitig oder doppelt schräg gemacht. Die beiden letzten Begrenzungen sollen die Packung besser gegen die Stange pressen.

Die **Stopfbuchsbrille** wird innen mit einem Bronzefutter versehen und die der Packung zugekehrte Begrenzung dieses Futters ebenso wie die des Grundringes gestaltet. Auch der Flansch der Brille erhält dieselbe Form wie der des Gehäuses. Der zylindrische Teil der Brille ist in seiner Länge so zu bemessen, daß die Packung ungefähr bis auf ihre halbe Höhe im Gehäuse zusammengepreßt werden kann. Der äußere Durchmesser des zylindrischen Brillenteiles muß um *1* bis *3 mm* kleiner als der lichte Durchmesser des Packungsraumes sein, damit ein geringes Schiefziehen der Brille durch ihre Schrauben ohne Einfluß bleibt.

Die **Brillenschrauben** sollen die Brille beim Anziehen gleichmäßig fortbewegen und ein Schiefstellen derselben zur Stangenachse möglichst verhüten. Mit Rücksicht hierauf nimmt man 2 Schrauben nur bei kleinen und weniger wichtigen Stopfbuchsen, sonst aber stets 3 Schrauben[1]), weil diese Zahl erst

---

[1]) Ausgenommen Stopfbuchsen mit besonderer Vorrichtung zum Anziehen der Brille, die vielfach nur 2 Schrauben haben.

die Lage des Brillenflansches vollkommen sichert. Die Schrauben erhalten zweckmäßig zu beiden Seiten des Brillenflansches eine Mutter, damit sie und nicht die Packung die Lage der Brille bestimmen. Durch die hintere Mutter kann die Brille auch leichter herausgezogen werden. Oft trifft man die Muttern mit Rücksicht auf ihre häufige Benutzung höher, als sonst üblich, gehalten. Zur sicheren Führung sieht man ferner jetzt vielfach besondere Anzugvorrichtungen vor. Am einfachsten erreicht man die sichere Führung dadurch, daß man die Brille nach Fig. 374 als Mutter ausbildet, deren Bolzengewinde am

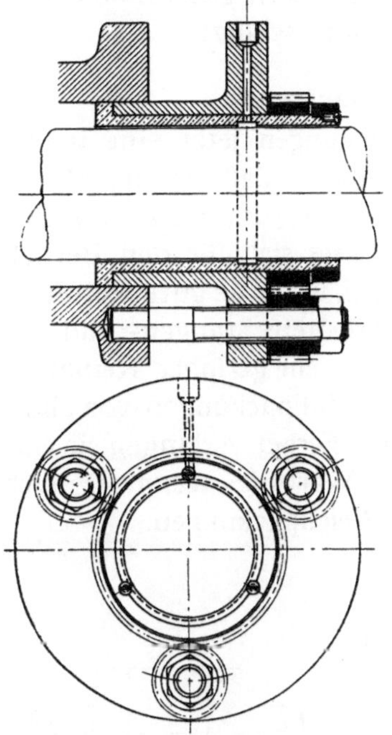

Fig. 377. 1 : 5. Anzugvorrichtung von *Scharrer & Groß* in Nürnberg.

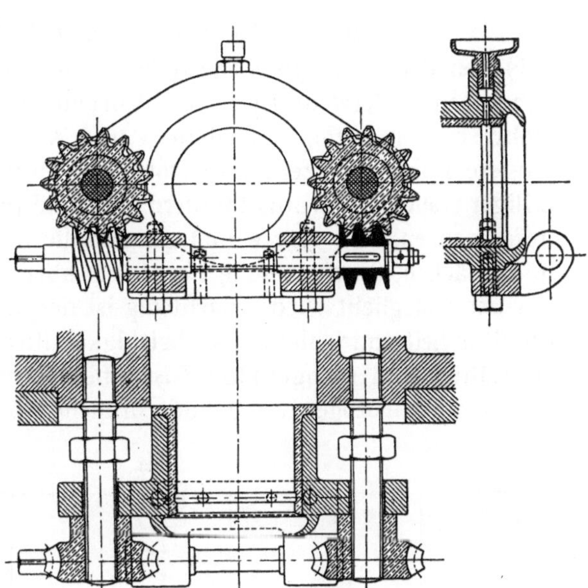

Fig. 378. 3 : 20. Anzugvorrichtung von *H. Paucksch* in Landsberg an der Warthe.

Gehäuse sitzt. Fig. 375 und 378 geben zwei weitere Vorrichtungen, von denen namentlich die letztere ziemlich teuer ausfällt. Am häufigsten findet man jetzt die drei außen verzahnten Brillenschrauben durch einen gemeinsamen Zahnkranz, der lose auf der Brille sitzt, verbunden. Fig. 377 zeigt diese Vorrichtung für eine liegende, Fig. 376 für eine hängende Stopfbuchse.

Für die Stärke der Brillenschrauben gibt die nachstehende Tabelle passende Werte.

| Stangendurchm. | 20 | 30 bis 40 | 50 bis 60 | 70 bis 90 | 100 bis 110 | 120 bis 130 | 140 bis 150 mm |
|---|---|---|---|---|---|---|---|
| Äuß. Schrauben-durchm. $s =$ | $1/2$ | $5/8$ | $3/4$ | $7/8$ | $1$ | $1^1/8$ | $1^1/4$ Zoll engl. |
| | 13 | 16 | 20 | 23 | 26 | 29 | 32 mm. |

Die Schmierung der Stopfbuchsen erfolgt entweder durch Tropföler oder durch Druckschmierung. Die letztere ist für hohen Druck und überhitzten

Dampf geboten. Die Druckleitung der Ölpumpe schließt bei ihr durch eine Konusverschraubung an den Flansch des Gehäuses oder der Brille an (Fig. 373 und 376). In Fig. 373 wird das Schmiermaterial nach einem Ringe in der Packung, in Fig. 376 nach einer ringförmigen Aussparung in der Brillenbohrung geleitet. Von den Tropfölern, die an einer passenden Stelle des Rahmens befestigt werden, führt man das Öl durch ein Röhrchen nach einer Vase auf dem Brillenflansch, von wo es in die Aussparung der Brillenbohrung fließt. An hängenden Stopfbuchsen ist unter dem Brillenflansch noch ein Filzring anzuordnen, der das Öl in der Aussparung zurückhält, bis es·sich gleichmäßig verteilt hat, und die Stopfbuchse vor Staub und Schmutz schützt.

### b) Die Stopfbuchsen mit Metallpackung.

Neben den Weichpackungen finden die Metallpackungen jetzt eine immer zunehmende Verwendung. Ihre Vorteile bestehen darin, daß sie die Stange mehr schonen, weniger Reibungs- und Arbeitsverluste verursachen und eine längere Dauer besitzen, also trotz ihres höheren Preises sich für den Betrieb billiger stellen. Allerdings fordern die Metallpackungen, wenn sie gute Resultate liefern sollen, sehr glatte und genau zylindrisch gearbeitete Stangen- und Gehäuseflächen, durch welche Forderung aber andrerseits ein geringer Reibungsverlust ermöglicht wird. Nachteilig ist den meisten Metallpackungen vor allem die Starrheit und fehlende Nachgiebigkeit ihrer Ringe. Ferner verlangen sie eine sorgfältige und sachgemäße Zusammensetzung und Wartung, wenn sie auch weniger nachgezogen zu werden brauchen als die Weichpackungen.

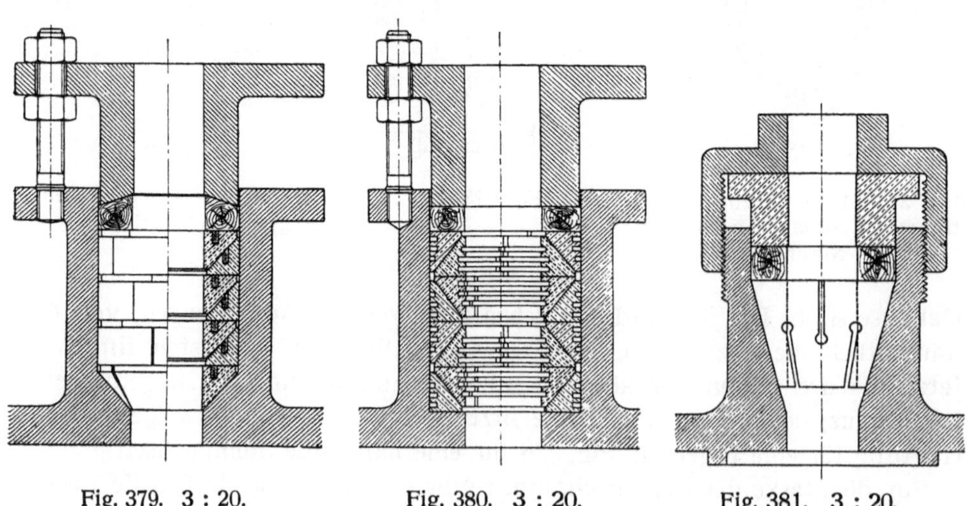

Fig. 379.  3 : 20.　　　　　Fig. 380.  3 : 20.　　　　　Fig. 381.  3 : 20.

Die verschiedenen Ausführungen der Metallpackungen lassen zwei Hauptgruppen unterscheiden, nämlich solche mit axialer und solche mit radialer Anpressung. Die erste Gruppe ist mehr verbreitet. Zu ihr gehören:

1. Die Howaldt-Liderung der *Howaldtswerke* in Kiel (Fig. 379). Die Ringe haben dreieckigen Querschnitt und sind zweiteilig. Die inneren Ringe

bestehen aus einer stark bleihaltigen Weißmetall-Legierung, die äußeren der größeren Haltbarkeit wegen aus Messing oder Gußeisen. Für überhitzten Dampf werden die inneren Ringe aus einer besonderen Legierung hergestellt. Die Schnittfugen sind in den einzelnen Lagen gegeneinander zu versetzen. Kleine Gewindeöffnungen in jedem Ringe dienen zum Ein- und Ausbauen desselben. Anzahl der Doppelringe 4 bis 6. Auf die obersten Ringe kommt eine kleine Weichpackung (vielfach Tuckholz), die den Druck der Brille gleichmäßig auf die Ringe verteilt, die Stange vor Schmutz und Staub schützt und der Packung die Wärmeausdehnung gestattet. Beim Anzug der Brille werden die inneren Ringe gegen die Stange, die äußeren gegen die Gehäusewand gepreßt.

2. Die Gminder-Liderung (Fig. 380). Die Ringe sind ebenso wie die der vorigen Packung gestaltet, nur innen und außen noch mit kleinen eingedrehten Nuten von rechteckigem Querschnitt versehen. Die Nuten sollen eine gewisse Labyrinthdichtung (siehe S. 455) ausüben und eindringenden Unreinigkeiten Gelegenheit zum Einlegen bieten; auch sollen die Ringe sich bei eingetretenem Verschleiß leichter als bei der Howaldtdichtung wieder an die Stange legen.

3. Die Cordts-Liderung (Fig. 381). Da die vielen Teile der beiden vorhergehenden Packungen das Einbringen erschweren, so verwenden *G. Cordts & Co.* in Hamburg nur einen einzigen kegelförmigen Ring aus Weißmetall, der mit Längsschlitzen versehen ist und einfach in das entsprechend konisch ausgebohrte Gehäuse der Stopfbuchse eingelegt wird. Die Liderung wird für gewöhnlich aber nur bei kleinen Stangendurchmessern benutzt.

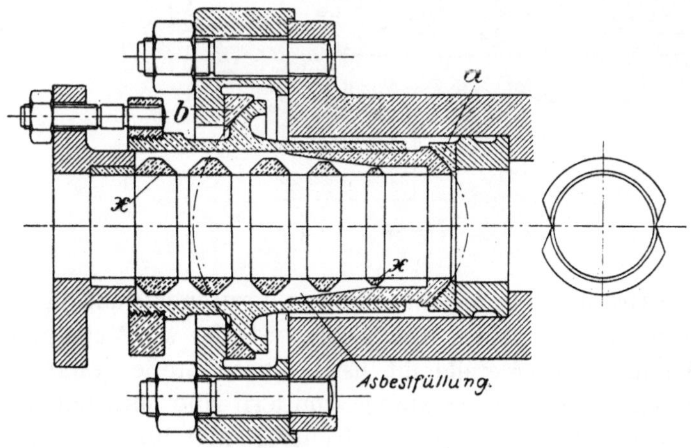


Fig. 382. 1 : 4.

Nachteilig ist den bisherigen Metalliderungen der schon erwähnte Umstand, daß sie senkrecht zur Stangenführung zu wenig nachgiebig sind. Der Nachteil macht sich namentlich bei zu schwachen Stangen bemerkbar. Zu seiner Beseitigung sind querbewegliche Stopfbuchsen mit Metallpackung konstruiert worden, von denen Fig. 382 ein Beispiel zeigt. Der hohe Preis dieser Konstruktionen läßt ihre Anbringung aber meist nur an vorhandenen Maschinen mit zu schwacher und stark durchgebogener Stange gerechtfertigt erscheinen.

4. Die Macbeth-Stopfbuchse von *L. Ziegler* in Berlin (Fig. 382) besitzt als Packung eine Anzahl Weißmetallringe $x$, die durch eine Weichpackung angedrückt werden. Der Packungsbehälter und sein Boden sind zur Erzielung der Querbeweglichkeit mit zwei Kugelflächen den Ringen $a$ und $b$ aufgeschliffen, auf denen sie sich, den Durchbiegungen der Stange entsprechend, einstellen können. $a$ und $b$ sind wiederum auf den festen Gleitflächen des Grundringes und eines Gehäusedeckels verschiebbar.

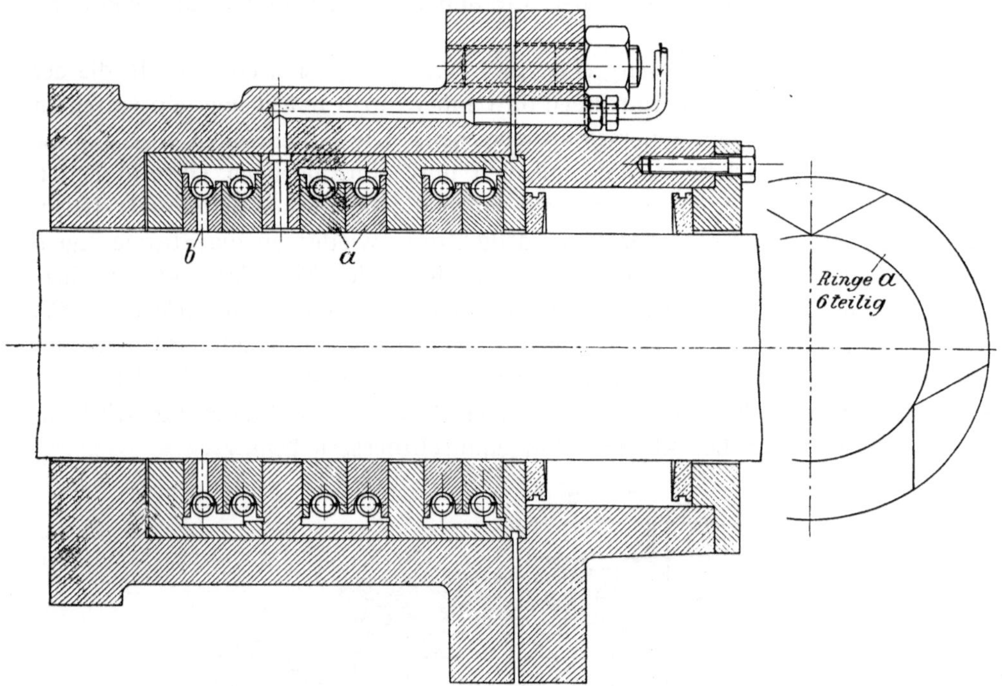


Fig. 383. 1 : 4.

Eine andere Gruppe von Metallpackungen verwendet, um die Starrheit der bisherigen Ringe zu vermeiden, nachgiebige Stoffe, wie Metallpapier, gefüllte Bleirohre, Schnüre aus Metalldraht usw. Diese Stoffe gestatten nicht nur eine gewisse Querbewegung der Stange, sondern sind auch billiger und in der Wartung weniger empfindlich als die früheren Metallringe, dafür aber nicht so haltbar.

Bei den Metallpackungen mit radialer Anpressung werden die Metallringe durch besondere Federn radial gegen die Stange gedrückt. Der Vorteil, den solche Ringe bieten, besteht darin, daß ihre Anpressung unabhängig vom Anzug der Brille bzw. von der Hand des Wärters bleibt, der hierin leicht zu weit geht, und daß ihre größte Anpressung, soweit sie nicht durch die Temperatur des Dampfes verändert wird, sich von vornherein bestimmen und fest-

setzen läßt. Die bekannteste dieser Packungen ist die von *Schwabe* (Ingenieurbureau von Dr. *R. Proell*, Dresden) in Fig. 383. Ihre gußeisernen Dichtungsringe $a$, von denen immer ein Paar in eine Kammer eingebaut ist, sind 6teilig
und werden von einer Schlauchspirale umschlungen. Zur Aufnahme derselben
ist jedem Ring außen eine halbrunde Nut eingedreht. Der dem Dampf zunächst
liegende Ring hat Entlastungskanäle $b$, ohne die ein Geräusch in der Packung
entstehen würde. Am anderen Ende wird ein Schmierzopf vorgelegt, der für
ein allseitig gleichmäßiges Einfetten der Stange sorgt. Durch die Kammern,
deren Berührungsflächen aufeinander geschliffen werden, sind eigentlich drei
Stopfbuchsen zur Vervollkommnung der Abdichtung hintereinander geschaltet.
Versuche, bei denen ein Indikator nacheinander mit den einzelnen Kammern
in Verbindung gesetzt wurde, ergaben Diagramme, aus denen die vollständige
Abdrosselung des Dampfes schon in der 1. Kammer hervorging. Zur Schmierung
genügen in der Regel Tropföler; nur bei hohem Druck und hoher Überhitzung
kommt Druckschmierung (Fig. 383) zur Anwendung.

### c) Packungslose Stopfbuchsen.

Sie haben bis jetzt verhältnismäßig wenig Eingang gefunden, obgleich mit
dem Fortfall der Packung und deren Anpressung auch die Reibung und Abnützung der Stange vermieden wird.

Die Abdichtung erfolgt bei fehlender Packung durch Anordnung hintereinander geschalteter Kammern (Labyrinthdichtung). Die patentierte *Lentz*-
Stopfbuchse, die hier als Beispiel gewählt werden möge, besitzt deren nach
Fig. 384 zehn ($I$ bis $X$). In der einen von zwei aufeinander folgenden Kammern,
ausgenommen die beiden letzten, die beide einen Ring besitzen, ist ein innerer
Ring $a_1$ bis $a_6$ angeordnet, der des leichteren Ein- und Ausbaues wegen zweiteilig gemacht ist und durch einen ungeteilten, umgelegten äußeren Ring $A_1$
bis $A_6$ zusammengehalten wird. Die inneren Ringe besitzen geringes Spiel
sowohl gegen die Stange als auch gegen die äußeren Ringe, lassen also eine
genügend große Querbewegung der Stange zu. Die 1. Kammer ist ferner durch
eine gewellte Kupferscheibe $x$ an der Grundfläche des Stopfbuchsengehäuses
abgedichtet; für die Abdichtung am Umfange des Gehäuses sorgen zwei Kupferringe $k$. Die Kammer $IX$ endlich dient zur Aufnahme des sich bildenden
Kondenswassers, während das Schmiermaterial in die Kammer $II$ eingeführt
wird.

Die Abdichtung geschieht in der folgenden Weise. Sobald der Dampf des
Zylinders an den 1. Ring $a_1$ gelangt, drückt er diesen mit seiner rechten Fläche
gegen die Wand $b_2$. Der durch den geringen Spielraum zwischen $a_1$ und der
Stange tretende Dampf kann sich deshalb erst nach starker Abdrosselung
in der Kammer $II$ sammeln, und er wird bei genügender Spannung unter nochmaliger Drosselung am 2. Ringe vorbei in die Kammer $IV$ usw. gelangen.
Durch die Hintereinanderschaltung der einzelnen Kammern tritt also eine
allmähliche Abnahme der Spannung von innen nach außen ein, so daß in der
letzten Kammer der Dampf kaum noch die Spannung der äußeren Atmosphäre

besitzen wird. Dazu kommt, daß der Dampf, um aus dem Zylinder in die Kammer *II*, von dieser nach *IV* usw. überzutreten, einige Zeit gebraucht. Der einem gewissen Druck im Zylinder entsprechende Druck in den einzelnen Kammern findet daher nicht gleichzeitig, sondern zeitlich gegen jenen verschoben statt. Es kann vorkommen, daß der Dampf im Zylinder schon expandiert, während sein Druck in den Kammern noch dem Dampfeintritt entspricht und höher als im Zylinder ist. Die Ringe legen- sich dann mit der entgegengesetzten Seite an, der Ring $a_1$ also z. B. gegen die Wand $b_1$, und der Dampf

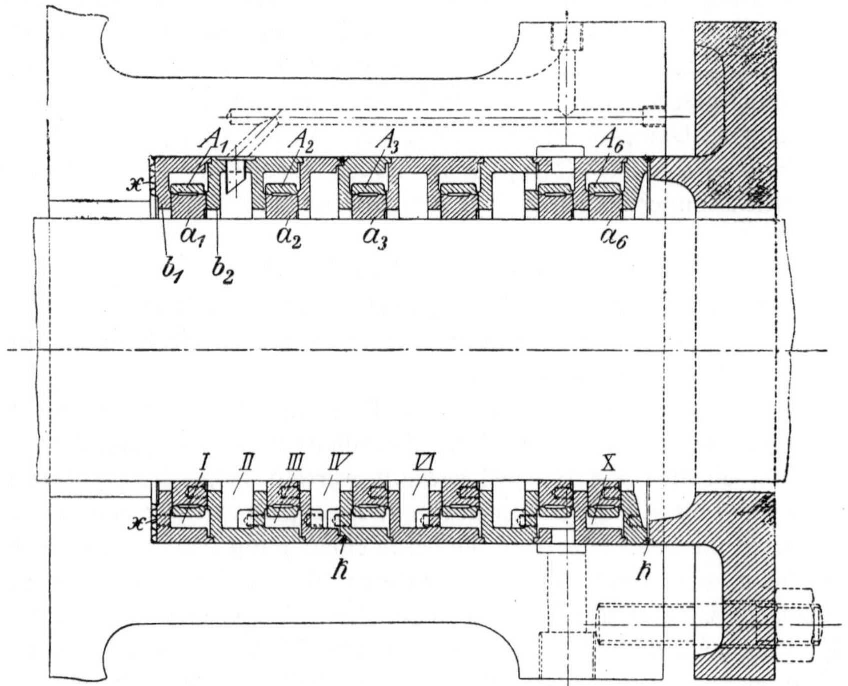



Fig. 384. 1 : 4.

strömt aus den Kammern nach dem Zylinder zurück, bis ein Druckausgleich erfolgt ist. Durch dieses wiederholte Hin- und Herströmen des Dampfes wird aber die Abdichtung noch erhöht.

§ 161. **Die Kreuzköpfe. Beispiel.** Die Kreuzköpfe verbinden die Kolben- mit der Schubstange und übertragen den von dieser bei schräger Stellung ausgeübten Normaldruck auf die Schlittenbahn. Ihre Hauptteile sind der Kreuzkopfbolzen, der Kreuzkopfkörper und die Schleifer.

### a) Der Kreuzkopfbolzen.

Er wird aus Flußstahl geschmiedet. Sein Durchmesser $d_2$ und seine Länge $l_2$ sind so zu bemessen, daß die spezifische Flächenpressung $k$ denjenigen Wert nicht erreicht, bei dem das Schmiermaterial nicht mehr dauernd zwischen Zapfen und Lagerschale erhalten werden kann. Mit Rück-

sicht hierauf hat der Bolzen bei einem größten Gestänge- bzw. Dampfüberdruck $P$ der Gleichung

$$P = k \cdot d_2 \cdot l_2 = x \cdot k \cdot d_2^2$$

oder

$$d_2 = \frac{P}{k \cdot l_2} = \sqrt{\frac{P}{x \cdot k}} \quad \ldots \ldots \ldots \ldots \quad 139$$

mit

$$x = \frac{l_2}{d_2} \quad \text{und} \quad k \leqq 80 \; kg/qcm$$

zu genügen. Für Bolzen, deren Lager im Schubstangenkopf liegt, wählt man
$l_2$ am besten im Anschluß an die Schaftstärke der Schubstange daselbst, für
Bolzen mit dem Lager im Kreuzkopf ist
$x = 1,2$ bis $1,8$.

Zu prüfen ist dann, ob die mit bezug auf
Fig. 385 aus

$$\frac{P}{2}\left(\frac{a_1 + l_2}{2} - \frac{l_2}{4}\right) = 0,1\, d_2^3 \cdot \sigma_b$$

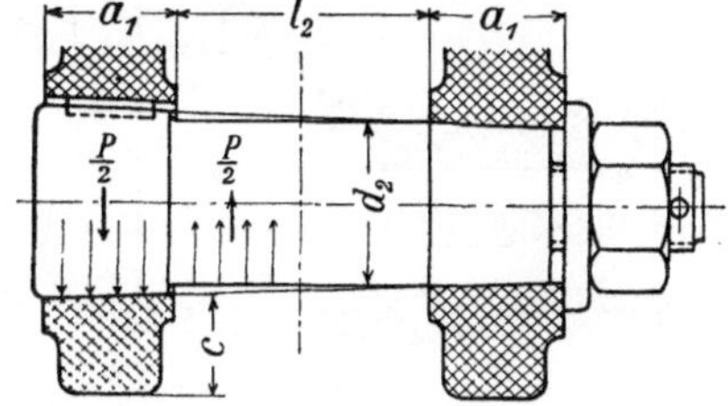

Fig. 385. 1 : 7,5.

folgende Biegungsspannung $\sigma_b$ unter der zulässigen Materialspannung $k_b = 500 \; kg/qcm$
bleibt. Die Augenlänge zur Befestigung des Bolzens ist $a_1 = 0,45\, l_2$ bis $0,55\, l_2$.

Beispiel siehe S. 463.

Der Bolzen wird in die beiden Augen des Kreuzkopfkörpers mit kegelförmigen
Enden eingeschliffen, wobei diese einer gemeinsamen (Fig. 385) oder zwei

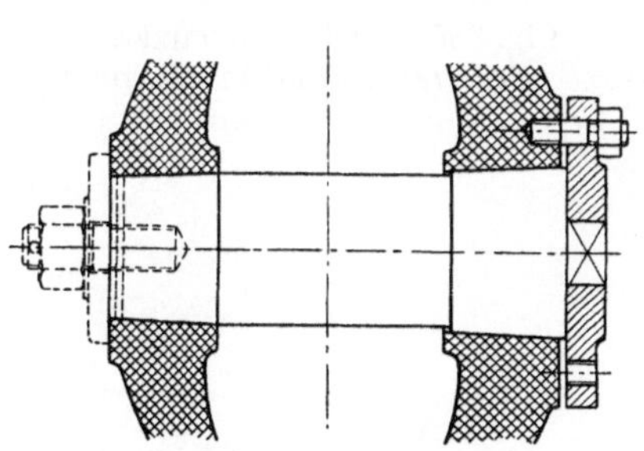

Fig. 386. 1 : 7,5.

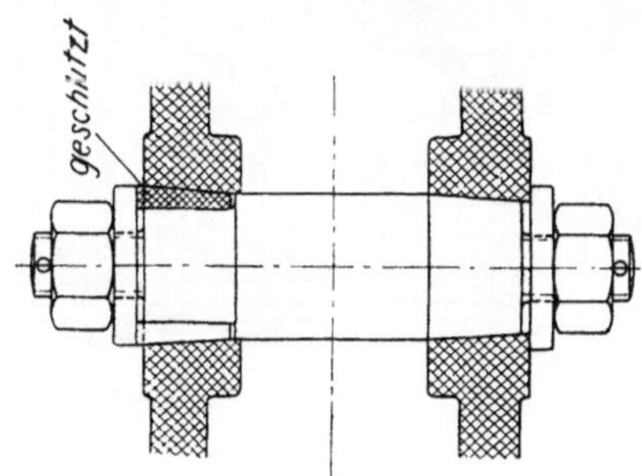

Fig. 387. 1 : 7,5.

verschiedenen Kegeloberflächen (Fig. 386) angehören können; jenes erleichtert
das Einpassen, dieses vermeidet starke Absätze am Bolzen und verkürzt
dessen Bearbeitungszeit, da der zylindrische Teil hier nicht mit derselben
Schaltung wie die Enden vom Stichel durchlaufen werden muß. Steigung der
Kegelenden, bezogen auf den Durchmesser,

bei gemeinsamer Kegeloberfläche $1:12$ bis $1:15$,

bei verschiedenen Kegeloberflächen $1:6$ bis $1:10$.

Die gebräuchlichste Befestigung des Bolzens ist die durch Gewinde, Mutter
und Unterlagscheibe (Fig. 385) oder durch Gegenscheiben und Schrauben

(Fig. 386), wobei die Drehung durch eine eingeschobene Feder oder ein Vierkant verhindert wird. Seltener findet man die in Fig. 387 links angegebene konische geschlitzte Hülse zur Befestigung verwendet. Dagegen führen manche Fabriken eine gesonderte Befestigung der beiden Bolzenenden (Fig. 387) aus, um ein Durchbiegen der Seitenwände zu verhindern; auf der stärkeren Seite wird der Bolzen dann durch die Mutter angedrückt, auf der schwächeren angezogen. Bei jeder Befestigung sind die Muttern

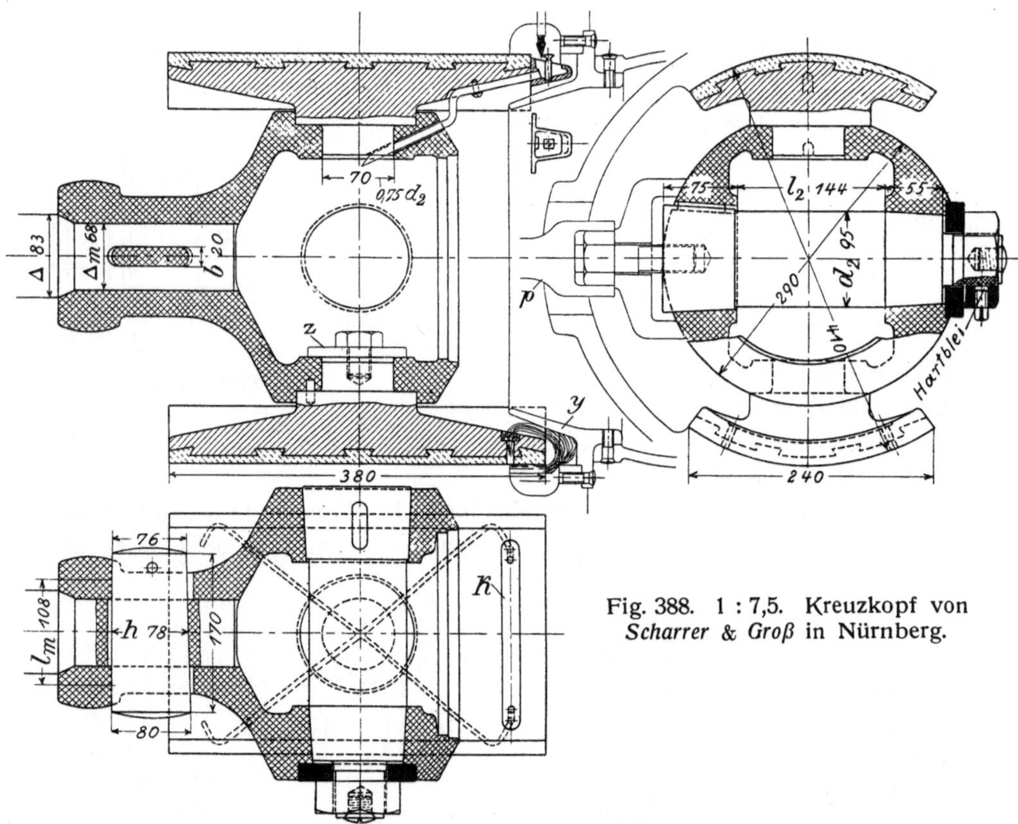

Fig. 388. 1 : 7,5. Kreuzkopf von *Scharrer & Groß* in Nürnberg.

oder Schrauben genügend zu sichern. Zum Heraustreiben des Bolzens ist bei Rahmen mit einer geschlossenen Wand in dieser eine Öffnung vorzusehen. In Fig. 388 dient die Schraube *p* mit ihrer Scheibe zum Herausziehen des Bolzens.

Die Schmierung der Kreuzkopfbolzen erfolgt bei liegenden Maschinen gewöhnlich nach Fig. 388 durch ein Kupferröhrchen von einem am oberen Schleifer befestigten kleinen Ölbehälter aus. Der letztere nimmt am Hubende durch einen Abstreifer neues Schmiermaterial aus dem Röhrchen eines Tropfölers am Rahmen auf. An stehenden Maschinen tropft das Öl in eine Vase, die dem Kreuzkopf oder dem Bolzen an der einen Endfläche eingeschraubt ist (Fig. 389).

## b) Der Kreuzkopfkörper.

Er ist an der Schubstangenseite entweder gabelförmig oder flach gestaltet. Im ersten Falle (Fig. 388) sitzt der Kreuzkopfbolzen in ihm und dessen Lager in der Schubstange. Im zweiten Falle (Fig. 389 und 390) wird der Bolzen in dem gabelförmigen Schubstangenende (siehe S. 469) befestigt, während das Lager sich im Kreuzkopfkörper befindet.

Die gegabelten Kreuzköpfe werden in Stahlformguß gegossen, die flachen in Flußeisen oder Flußstahl geschmiedet. Bei jenen kann die Augenlänge für den Bolzen nach S. 457, die Augenstärke (Fig. 385) $c = o{,}4\,d_2 + 1{,}5\,cm$ bemessen werden, bei

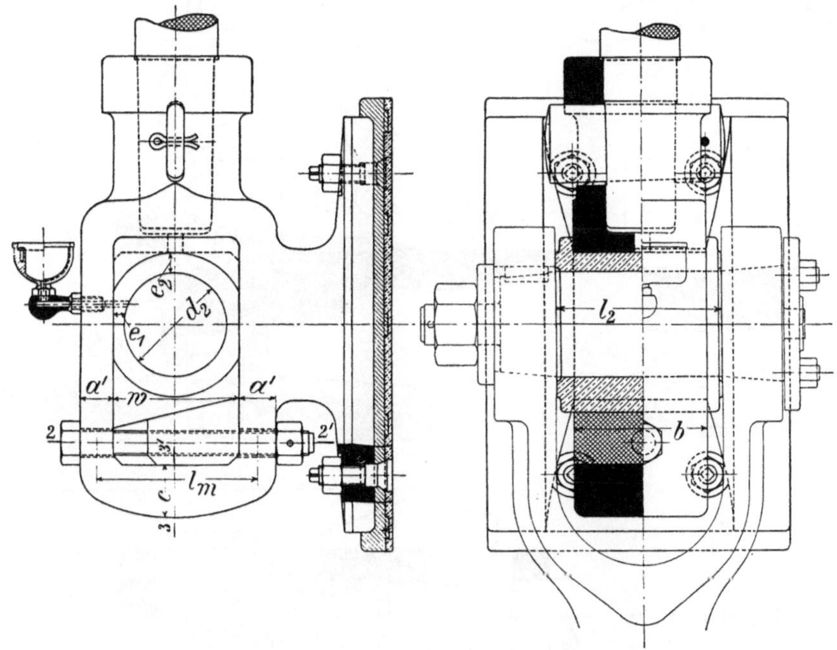

Fig. 389. 1 : 10. Kreuzkopf von *H. Paucksch* in Landsberg an der Warthe.

diesen sind die Querschnitte $2 — 2'$ und $3 — 3'$ (Fig. 389) nach den auf S. 467 angegebenen Gleichungen zu berechnen; bezüglich ihrer Lager siehe S. 471.

Die Kolbenstange wird im Kreuzkopfkörper entweder durch Keil (Fig. 388 und 391) oder durch Gewinde (Fig. 392 und 393) befestigt. Das letztere läßt ein genaues Einstellen des Kolbens zu. Als Sicherung dient dabei eine Gegenmutter (Fig. 392) oder die aufgeschlitzte Kreuzkopfnabe (Fig. 393).

Die Keilverbindung ist als Spannungsverbindung für eine Kraft $^5/_4\,P$ zu berechnen. Im Stangenende soll hierbei die aus

$$\frac{5}{4}\,P = f \cdot k \quad \ldots \ldots \ldots \ldots \quad 140$$

folgende Flächenpressung zwischen Stange und Kreuzkopf
  für in Stahlformguß gegossene Kreuzköpfe

$$k = 750 \ \text{bis} \ 1250\ kg/qcm,$$

für in Flußstahl geschmiedete Kreuzköpfe

$$k = \text{1000 bis 1500 } kg/qcm$$

(Belastungsweise *I* bis *II*, da ein Druckwechsel innerhalb der Verspannung nicht stattfindet) betragen. *f* ist bei konischen Stangenenden gleich der Projektion des Konus, bei zylindrischen gleich der Auflagefläche der Stange am Kreuzkopf. Die Neigung des konischen Stangenendes, bezogen auf den Durchmesser, ist $^1/_{15}$ bis $^1/_{20}$.

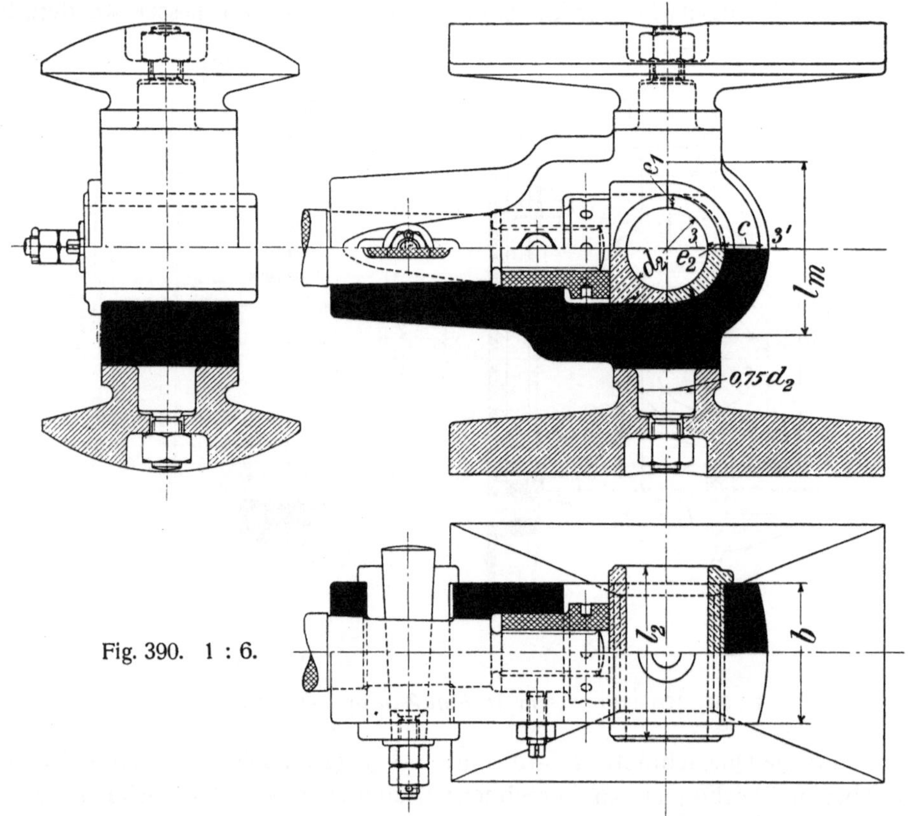

Fig. 390.  1 : 6.

Ferner soll die Zugspannung in dem durch das Keilloch geschwächten kleinsten Stangenquerschnitt, wie sie sich mit

$\Delta_m$ als Stangendurchmesser an der Auflagestelle des Keiles (Fig. 392),

*b* als Keildicke

aus

$$\frac{5}{4} P = \left( \Delta_m^2 \frac{\pi}{4} - \Delta \cdot b \right) k_z \quad \ldots \ldots \ldots \ldots \quad 141$$

ergibt, wegen der ungleichmäßigen Spannungsverteilung in diesem Querschnitt

$$k_z \leqq \text{600 } kg/qcm$$

(Belastungsweise *II*) bleiben.

Bei dem Keil ist die Dicke gemäß

$$\frac{5}{4} P = b \cdot \varDelta_m \cdot k \qquad \ldots \ldots \ldots \quad 142$$

so zu bemessen, daß die Flächenpressung zwischen ihm und der Stange

$$k = 1000 \ kg/qcm$$

nicht übersteigt. Die mittlere Keilhöhe $h$ (Fig. 391) folgt nach der Biegungsfestigkeit aus

$$\frac{5}{4} \frac{P}{2} \left( \frac{l_m}{2} - \frac{\varDelta_m}{4} \right) = \frac{b \cdot h^2}{6} k_b \qquad \ldots \quad 143$$

mit

$$k_b = 1000 \ \text{bis} \ 1200 \ kg/qcm$$

(Belastungsweise *II*).

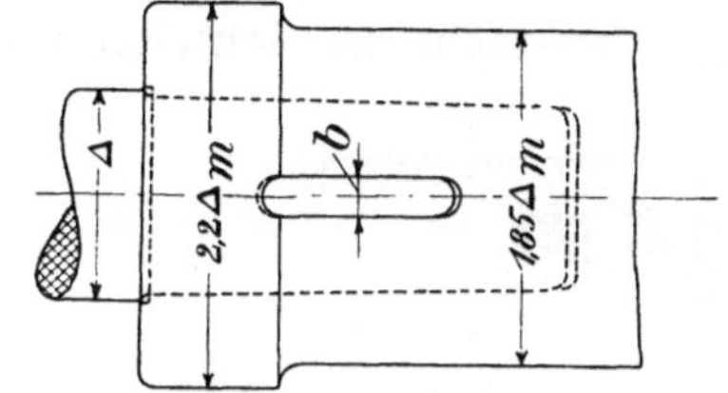

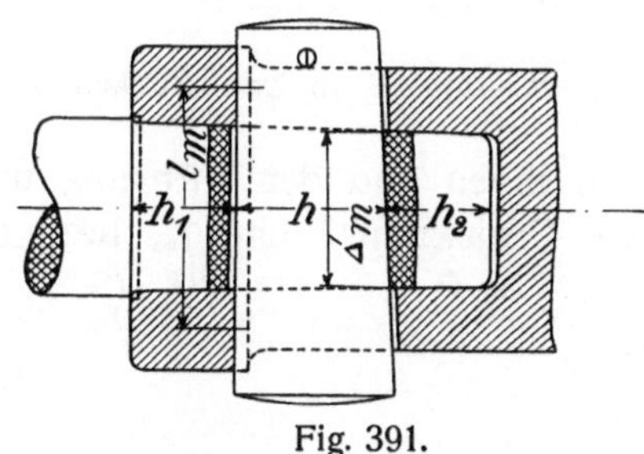

Fig. 391.

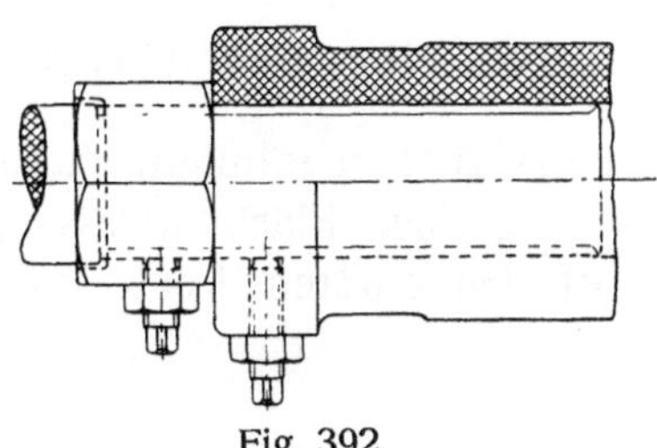

Fig. 392.

Die Nabe muß bei den Kreuzköpfen aus Stahlformguß, wenn die Pressung
zwischen ihr und dem Keil $900 \ kg/qcm$ nicht übersteigen soll, dort, wo der
letztere in der Nabe anliegt, einen Durchmesser von $10/9 \cdot 2 \ \varDelta_m = \infty \ 2{,}2 \ \varDelta_m$

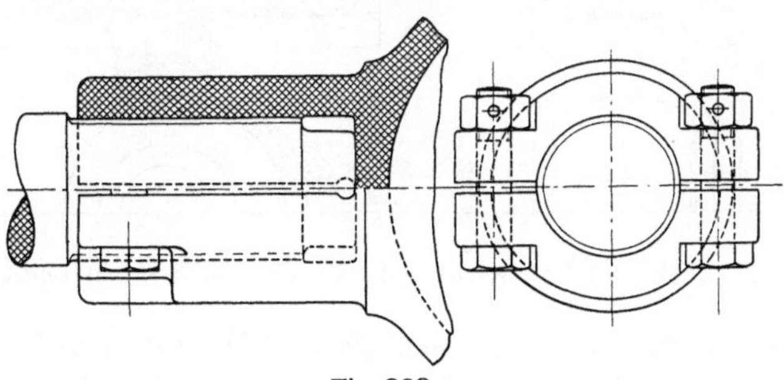

Fig. 393.

erhalten. An der schwächsten Stelle genügen $1{,}85 \ \varDelta_m$ als äußerer Nabendurch-
messer (Fig. 391). Für geschmiedete Kreuzköpfe können die Durchmesser
$2 \ \varDelta_m$ bzw. $1{,}65 \ \varDelta_m$ gemacht werden.

Die Höhen $h_1$ und $h_2$ in Fig. 391 lassen sich durch Rechnung auch nicht
annähernd feststellen; man findet

$$h_1 = h_2 = 0{,}65 \ h \ \text{bis} \ 0{,}75 \ h,$$

bei zähem Werkstoff auch

$$h_1 = h_2 = 0{,}4\,h \text{ bis } 0{,}5\,h.$$

Werden die Kolbenstangen mit Gewinde im Kreuzkopf befestigt, so gestattet man im Kernquerschnitt desselben *300* bis *400 kg/qcm* Zugbeanspruchung. Beispiel siehe S. 463.

### c) Die Kreuzkopfschleifer.

Das Material der Schleifer ist Gußeisen. Viele Fabriken gießen die Lauffläche mit Weißmetall aus (Fig. 388). Um den Verschleiß der Schleifer mög-

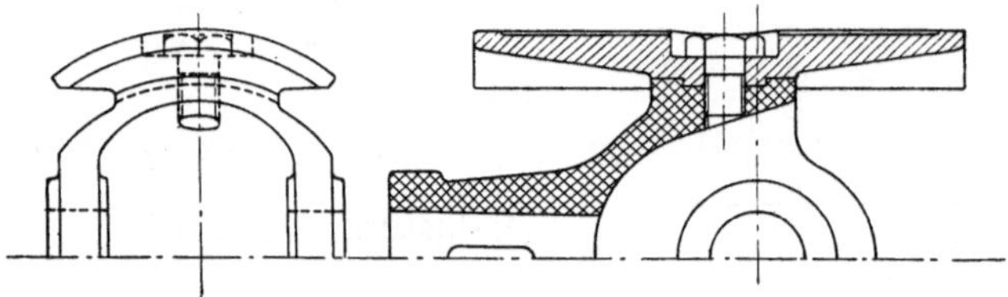

Fig. 394. 1 : 7,5. Kreuzkopf der *Dinglerschen Maschinenfabrik* in Zweibrücken.

lichst zu beschränken, gestattet man zwischen ihnen und der Führung nur eine geringe Flächenpressung und macht ihre Projektionsfläche $f_s$, bezogen auf den größten Wert des Normaldruckes $N_{max} = P \cdot \lambda = P \cdot R/L$ (S. 115),

$$f_s = \frac{N_{max}}{k} = \frac{P \cdot \lambda}{k} \quad \ldots \ldots \ldots \ldots \quad 144$$

mit $k = 1{,}5$ bis $2{,}5\ kg/qcm$.

Die Schleifer werden dem Kreuzkopfkörper meist noch in runden Zapfen (Durchmesser $0{,}75\,d_2$) aufgesteckt. Die Zapfen sitzen entweder am Kreuz-

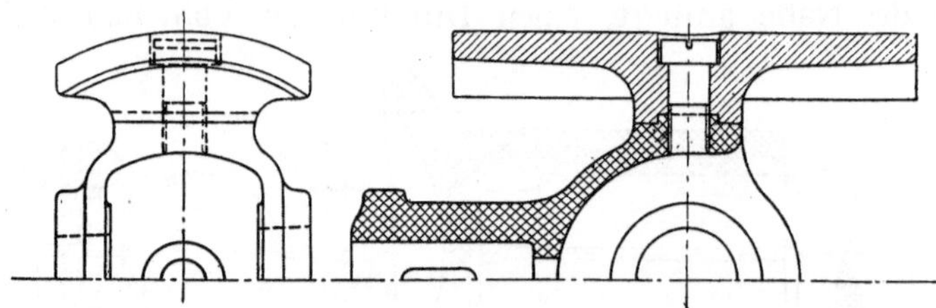

Fig. 395. 1 : 7,5. Kreuzkopf von *Ph. Swiderski* in Leipzig.

kopfkörper (Fig. 390) oder an den Schleifern (Fig. 388). Das letztere ist vorteilhafter, da sich dann die Löcher für die Zapfen im Kreuzkopfkörper ohne Umspannen desselben bearbeiten lassen und ihre Achse durch die Bearbeitung weit sicherer senkrecht zur Kolbenstange gelegt wird. Um die Schleifer abdrehen zu können, müssen sie bei runden Zapfen in irgend einer Weise während des Abdrehens starr mit dem Körper verbunden werden, da sie sonst hierbei erzittern und die Bearbeitung ungenau wird. Die Anordnung der Schleifer nach Fig. 394 und 395 ist in dieser Hinsicht besser. Die Verbindung in Fig. 395 läßt zudem das Abdrehen der Schleiferstützflächen und des Kreuzkopfkörpers sowie das Ausbohren der Kolbenstangennabe ohne Umspannen des Körpers vornehmen[1]).

Nachstellbar werden die Kreuzkopfschleifer jetzt nicht mehr gemacht. Der Grund hierfür liegt in dem Wunsche, die Nachstellung nicht durch den Wärter vornehmen zu lassen, der in dieser Beziehung leicht zu viel tun und durch übertriebenes Nachstellen unnötig große Reibung und Arbeitsverluste hervorrufen kann. Werden die Kreuzköpfe bei der angegebenen Flächenpressung in den Schleifern durch Schaben stramm in die Führung eingepaßt, so laufen sie Jahre lang, ehe ein merkbarer Verschleiß eintritt, und dieser kann durch Einlegen dünner Blech- oder Papierstreifen zwischen Schleifer und Kreuzkopfkörper behoben werden.

Zur Schmierung werden den Schleifern in die Lauffläche kreuzweise Nuten eingearbeitet (Fig. 388). Das Öl fließt im tragenden Gleitschuh (dem unteren bei vorwärts laufenden liegenden Maschinen) durch eine Öffnung $k$ zu, in die es durch das beim Hubwechsel in den Ölfänger der Schlittenbahn tretende Ende des Schleifers und den vorgeschraubten Ring $y$ getrieben wird.

**Fortsetzung des Beispiels auf S. 448.** Der größte Druck auf den Kreuzkopfzapfen der Tandem-Verbundmaschine ist $P = 11\,000\,kg$. Er verlangt nach Gl. 139, S. 457, für $k = 80\,kg/qcm$ und ein Verhältnis $x = l_2/d_2 = 1,5$ einen Durchmesser

$$d_2 = \sqrt{\frac{11\,000}{1,5 \cdot 80}} = 9,6\,cm$$

und eine Länge

$$l_2 = 1,5 \cdot 9,6 = 14,4\,cm.$$

Nach der Ausführung (Fig. 388, S. 458) ist bei etwas größerer Pressung $k$

$$d_2 = \mathbf{95}\,mm, \quad l_2 = \mathbf{144}\,mm.$$

Bei einer Augenlänge $a_1 = 6,5\,cm$ beträgt dann die Biegungsbeanspruchung des Kreuzkopfbolzens nach S. 457 nur

$$\sigma_b = \frac{\frac{11\,000}{2}\left(\frac{6,5 + 14,4}{2} - \frac{14,4}{4}\right)}{0,1 \cdot 9,5^3} = \sim 440\,kg/qcm.$$

Für die Kreuzkopfschleifer ist nach Gl. 144 mit $k \leqq 2,5\,kg/qcm$ eine Flächenprojektion

$$f_s \geqq \frac{11\,000}{5 \cdot 2,5} = 880\,qcm$$

erforderlich. Die Schleifer sind $240\,mm$ breit und $380\,mm$ lang, besitzen also eine Fläche

$$f_s = 24 \cdot 38 = 912\,qcm.$$

Die Kolbenstange ist nach Fig. 388 mit einem kurzen konischen Ansatz und einem längeren zylindrischen Ende in die Kreuzkopfnabe eingepaßt. Ge-

---

[1]) Z. d. V. d. I. 1908, S. 491.

stattet man für den Konus eine Pressung $k = 800\ kg/qcm$, so muß der Durchmesser $\varDelta_m$ des zylindrischen Teiles, entsprechend Gl. 140, S. 459, und

$$f = (\varDelta^2 - \varDelta_m^2)\frac{\pi}{4} = \frac{\frac{5}{4}\,11\,000}{800}\,,$$

für $\varDelta = 8{,}3\ cm$

$$\varDelta_m = \sim 6{,}8\ cm = 68\ mm$$

werden. Hiermit folgt weiter aus Gl. 142, S. 461, für $k = 1000\ kg/qcm$ als Keildicke

$$b = \frac{\frac{5}{4}\,11\,000}{6{,}8 \cdot 1000} = \sim 2\ cm = 20\ mm\,.$$

Die Zugbeanspruchung im kleinsten Querschnitt des zylindrischen Stangenendes würde dann nach Gl. 141, S. 460,

$$k_z = \frac{\frac{5}{4}\,11\,000}{\left(6{,}8^2\dfrac{\pi}{4} - 6{,}8 \cdot 2\right)} = 607\ kg/qcm$$

betragen. Die mittlere Keilhöhe berechnet sich aus Gl. 143, S. 461, für $l_m = 6{,}8 + 4 = 10{,}8\ cm$ und $k_b = 1200\ kg/qcm$ zu

$$h = \sqrt{\frac{5}{4}\,\frac{11\,000}{2}\left(\frac{10{,}8}{2} - \frac{6{,}8}{4}\right)\frac{6}{2 \cdot 1200}} = \sim 8\ cm\,.$$

Nach der Ausführung ist $h = 78\ mm$ und bei $170\ mm$ Keillänge die kleinste Keilhöhe $76$, die größte $80\ mm$.

§ 162. **Die Schubstangen. Beispiel.** Sie verbinden den Kreuzkopfzapfen mit dem Kurbelzapfen und lassen zwei Hauptteile unterscheiden, den Schubstangenschaft und die Schubstangenköpfe.

### a) Der Schubstangenschaft.

Die Schubstangen werden aus Flußeisen oder weichem Stahl geschmiedet. Der Schaft erhält der billigeren Bearbeitung wegen meist runden, seltener rechteckigen Querschnitt. Die axiale Stangenkraft beansprucht ihn auf Zug, Druck und Zerknicken, während das Eigengewicht und die Trägheit der einzelnen Massenteilchen auf Biegung hinwirken. Bei der Berechnung des Schaftes berücksichtigt man der Einfachheit wegen gewöhnlich nur die Beanspruchung auf Zerknicken durch den größten Dampfüberdruck $P$ und genügt den anderen Beanspruchungen durch Wahl eines entsprechenden Sicherheitsgrades. Man setzt also, wenn

$L = 5\,R$ die Länge der Schubstange von Mitte bis Mitte Auge in $cm$,

$\Theta$ das kleinste äquatoriale Trägheitsmoment des mittleren Schaftquerschnittes, *m* der Sicherheitsgrad,

*E* das Elastizitätsmaß des Stangenmateriales

ist,

$$P = \pi^2 \frac{\Theta \cdot E}{m \cdot L^2} \quad \ldots \ldots \ldots \ldots \quad 145$$

Für *m* fehlt es an zuverlässigen Werten. Allgemein muß *m* bei langsam schwingenden Stangen größer als bei schnell schwingenden genommen werden, da bei den letzteren Zug und Druck so rasch aufeinander folgen, daß sich die Formänderungen nicht ausbilden können. Nach *Bach* ergibt sich aus der vorstehenden Gleichung mit $\pi^2 = \infty\, 10$ und $E = 2\,000\,000\ kg/qcm$:

1. **für Stangen von kleiner und mittlerer Geschwindigkeit:**

bei **rundem Querschnitt** vom Durchmesser $d_m{}^1$) in *cm* ($\Theta = \infty\,0{,}05\, d_m^4$) mit $m = 25$

$$P = 40\,000\, \frac{d_m^4}{L^2} \quad \ldots \ldots \ldots \ldots \quad 146$$

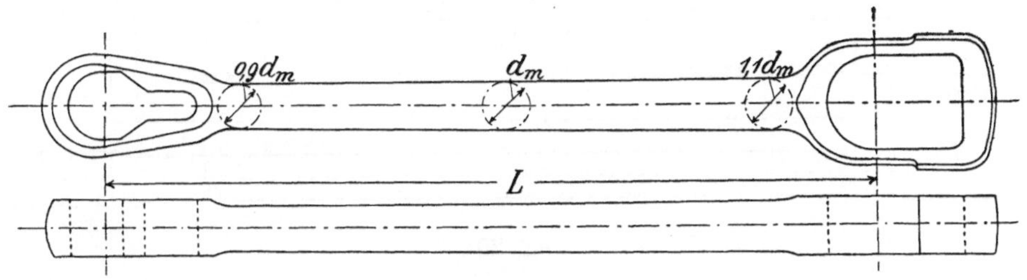


Fig. 396.

bei **rechteckigem Querschnitt** von der Breite *b* und Höhe $h_m = 1{,}8\, b$ in *cm* $\left( \Theta = \dfrac{h_m \cdot b^3}{12} \right)$ mit $m = 15$

$$P = 200\,000\, \frac{b^4}{L^2} \quad \ldots \ldots \ldots \ldots \quad 147$$

2. **für Stangen von großer Geschwindigkeit** unter der Voraussetzung rechteckigen Querschnittes von der Höhe $h_m = 2\, b$ in *cm* mit $m = {}^{20}/_3$ bis ${}^{10}/_3$:

$$P = 500\,000\, \frac{b^4}{L^2} \text{ bis } 1\,000\,000\, \frac{b^4}{L^2} \quad \ldots \ldots \ldots \quad 148$$

Beispiel zur Berechnung siehe S. 472.

Den runden Schaftquerschnitt ließ man früher von der Mitte aus nach dem Kurbelende hin allmählich bis auf $0{,}8\, d_m$, nach dem Kreuzkopfende bis auf $0{,}7\, d_m$ im Durchmesser abnehmen. Jetzt bevorzugt man mehr die in Fig. 396 und 397 angegebene Form, wo der Schaft am Kurbelende einen Durchmesser

---

¹) Bei dem abgeflachten runden Querschnitt (Fig. 397) ist die Abflachung durch Wahl eines entsprechend größeren Durchmessers zu berücksichtigen.

von ca. $1,1\,d_m$, am Kreuzkopfende einen solchen von $0,9\,d_m$ besitzt und aus jenem allmählich in diesen übergeht. Das Gleiche gilt für Stangen von rechteckigem Querschnitt, bei denen das Kurbelende $1,2\,h_m$, das Kreuzkopfende $0,8\,h_m$ hoch gemacht wird (Fig. 398); die Breite $b$ ist konstant. Schubstangen,

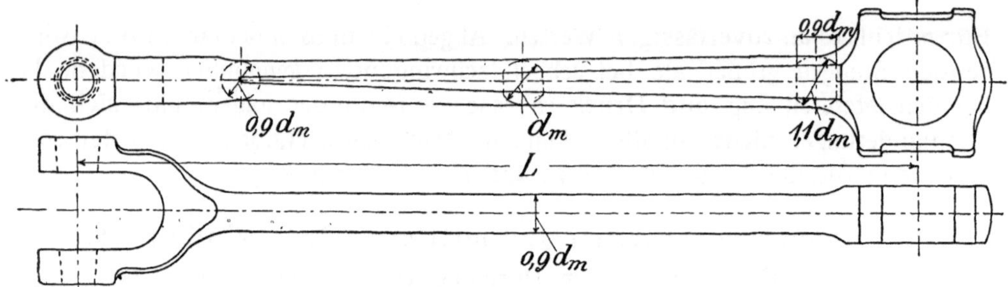

Fig. 397.

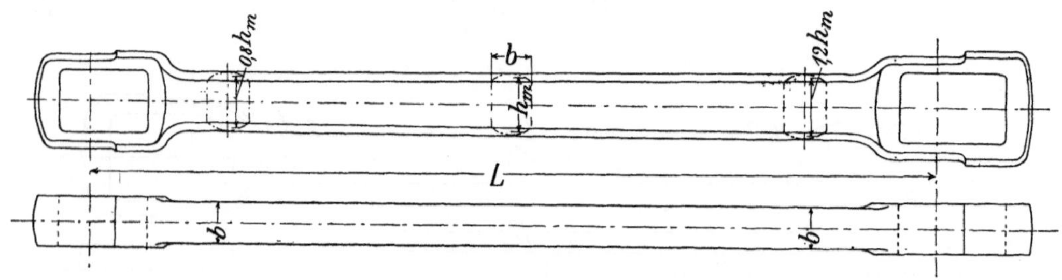

Fig. 398.

deren Querschnitt zur Erzielung eines möglichst geringen Gewichtes durch seitliches Ausfräsen I-förmig gemacht wird, finden bei ortsfesten Maschinen selten Anwendung.

### b) Die Schubstangenköpfe.

Fig. 399 bis 402 zeigen die gebräuchlichen Formen dieser Köpfe. Von den geschlossenen Köpfen kommt die Form nach Fig. 399 nur am Kreuzkopf vor, wenn die Nachstellvorrichtung parallel zur Zapfenachse (Fig. 405, S. 470)

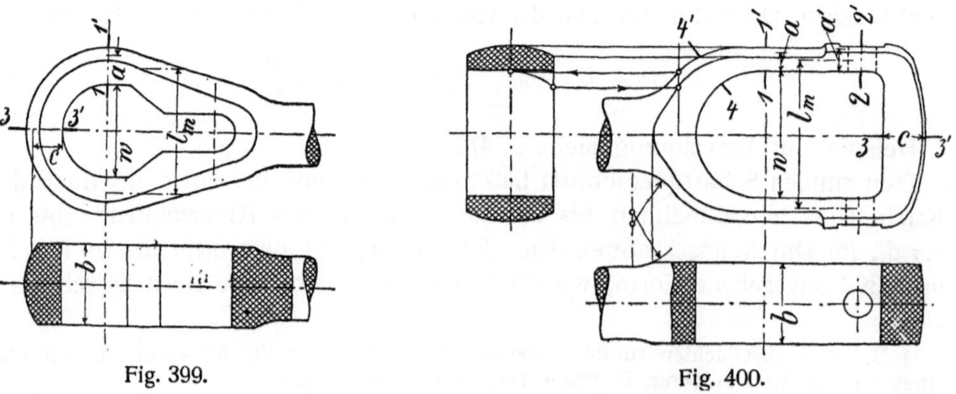

Fig. 399.                      Fig. 400.

liegt. Diejenige nach Fig. 400 wird bei senkrechter Lage dieser Anzugvorrichtung sowohl am Kreuzkopf (Fig. 407, S. 471) als auch am Kurbelzapfen (Fig. 406, S. 470) benutzt. Die als Marinekopf bezeichnete Form in Fig. 401 findet nicht nur an den Kurbelzapfen gekröpfter Wellen Verwendung, wo die offene Form Bedingung ist, sondern auch an den Zapfen der Stirnkurbeln. Der Gabelkopf nach Fig. 402 schließlich dient zur Befestigung des Kreuzkopfbolzens, wenn dessen Lager sich im Kreuzkopfe befindet. Die Begrenzungsflächen aller Köpfe, ausgenommen die vordere und hintere Stirnfläche, sucht man möglichst als Rotationskörper auszubilden, um sie auf der Drehbank abdrehen zu können. Die Bearbeitung dieser Flächen fällt dann billiger aus, als wenn sie, wie bei ebener Form, gestoßen werden müssen. Aus demselben Grunde sucht man auch durch entsprechende Konstruktionen die Stoßarbeit an den Stellen, wo Kopf, Nachstellvorrichtung und Schalen sich berühren, soweit als angängig durch Ausbohren und Fräsen zu ersetzen. Plötzliche Querschnitts- und Formänderungen sind an den Köpfen stets zu vermeiden. Fig. 400 zeigt die Konstruktion der Begrenzungskurve des Kopfes an dem Übergange in den runden Schaft.

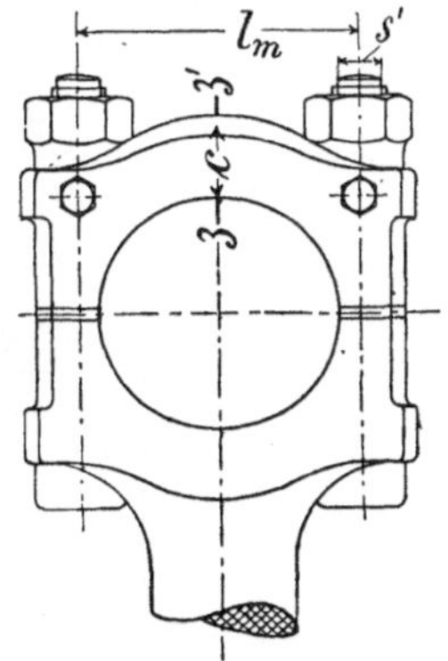

Fig. 401.

Die Bügelstärke $c$ der Köpfe nach Fig. 399 und 400 läßt sich, da die Wangen wegen ihres steifen Anschlusses an der Aufnahme des Biegungsmomentes teilnehmen, in einfacher Weise nur annähernd berechnen. Unter der Annahme, daß der Bügel in der Mitte der Wange frei aufliegt und die Kraft $P$ sich gleichmäßig über die Projektion der Lagerschale verteilt, ist

$$\frac{P}{2}\left(\frac{l_m}{2} - \frac{d}{4}\right) = \frac{b \cdot c^2}{6} k_b \quad \ldots \ldots \ldots \ldots 149\,\text{a}$$

mit $k_b = 600$ bis $800\ kg/qcm$ für Flußeisen,
  $k_b = 800$ bis $1000\ kg/qcm$ für Flußstahl
zu ·nehmen, wobei die oberen Werte von $k_b$ nur für vorzüglichen Werkstoff zulässig sind. Andere rechnen nach

$$\frac{P}{2}\left(\frac{w}{2} - \frac{d}{4}\right) = \frac{b \cdot c^2}{6} k_b \quad \ldots \ldots \ldots \ldots 149\,\text{b}$$

mit $k_b = 500$ bis $650$ bzw. $700$ bis $850\ kg/qcm$.

Den Wangen gibt man dort, wo sie an den Bügel anschließen, eine mittlere Stärke ($a$ im Querschnitt $1 - 1'$ von Fig. 399, $a'$ im Querschnitt $2 - 2'$ in Fig. 400) von $0,6\,c$. Im Querschnitt $1 - 1'$ von Fig. 400 ist die Stärke $a$ entsprechend dem Fortfall der Stellschraubenöffnung kleiner als $a'$ zu nehmen. Im Querschnitt $4 - 4'$ ist besonders auf hinreichende Höhe zu achten.

Für den Marinekopf nach Fig. 401 folgt die Stärke $c$ aus Gl. 149 a mit $l_m$ als Abstand der Schrauben. Der Kerndurchmesser $s'$ der letzteren bestimmt sich aus

$$s'^2 \frac{\pi}{4} = \frac{P}{2\,k_z} \quad \ldots \ldots \ldots \ldots \ldots 150$$

mit $k_z \leqq 300\ kg/qcm$ für feinkörniges Flußeisen,

$\quad k_z \leqq 500\ kg/qcm$ für zähen Tiegelstahl.

Die Schraubenbolzen sind nach Fig. 408, S. 472, auch an dem nicht mit Gewinde versehenen Teile zur Hauptsache bis auf den Kerndurchmesser abzudrehen oder bis an das Gewinde so stark auszubohren, daß ihr Querschnitt daselbst ebenso groß wie der Kernquerschnitt im Gewinde wird. Dies trägt wegen der größeren Länge des kleinsten Querschnittes zu einer Erhöhung der Elastizität bei, und die Bolzen erhalten eine größere Sicherheit gegen Stöße und Beanspruchungen, wie sie bei ihnen durch zu starkes Anziehen der Muttern

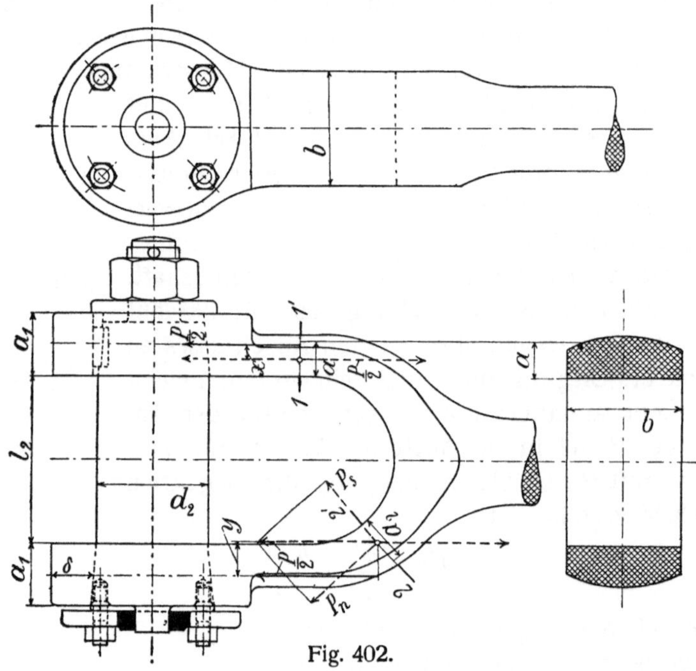

Fig. 402.

und Wärmeausdehnungen der Lagerschalen hervorgerufen werden können. Die Muttern bekommen eine *Penn*sche Schraubensicherung.

Die Verhältnisse eines Gabelkopfes werden nach *Bach* am besten zunächst nach Gefühl gewählt und, wenn die nachfolgende Rechnung zu geringe oder zu große Anstrengungen ergibt, entsprechend abgeändert. Der Querschnitt $1\!-\!1'$ in Fig. 402 wird gleichzeitig auf Zug oder Druck und Biegung beansprucht. Denkt man sich nämlich im Schwerpunkte des Querschnittes zweimal in entgegengesetzter Richtung die an jedem Auge angreifende Kraft $P/2$ angebracht, wodurch nichts im Gleichgewichtszustande geändert wird, so erkennt man, daß das Kräftepaar $P/2 \cdot x$ den Querschnitt auf Biegung beansprucht, während die im Schwerpunkte verbleibende Kraft $P/2$ auf Zug wirkt. Für die letztere Beanspruchung gilt mit den Bezeichnungen in Fig. 402 die Gleichung

$$\frac{P}{2} = a \cdot b \cdot \sigma_1 \quad \ldots \ldots \ldots \quad 151\mathrm{a}$$

für die Biegungsbeanspruchung diejenige

$$\frac{P}{2}x = \frac{P}{2}\frac{a_1 - a}{2} = \frac{b \cdot a^2}{6}\sigma_2 \quad \ldots \ldots \ldots \quad 151\,b$$

Die hieraus berechnete Gesamtanstrengung $\sigma_1 + \sigma_2$ des Querschnittes soll kleiner als *300 kg/qcm* für Flußeisen sein.

Für den Querschnitt *2 — 2'* in Fig. 402, wo die im Schwerpunkt verbleibende Kraft *P/2* in eine Normalkraft $P_n$ und eine Schubkraft $P_s$ zerlegt werden kann, ergibt sich unter Vernachlässigung von $P_s$ entsprechend $\sigma_1 + \sigma_2$ aus

$$\left.\begin{aligned} P_n &= a_2 \cdot b \cdot \sigma_1 \\ \frac{P}{2}y &= \frac{b \cdot a_2^2}{6}\sigma_2 \end{aligned}\right\} \quad . \quad 152$$

Die Augenstärke $\delta$ folgt schließlich aus

$$\frac{P}{2}\frac{d_2 + \delta}{8} = \frac{a_1 \cdot \delta^2}{6}k_b \quad 153$$

mit $k_b = 600\ kg/qcm$.

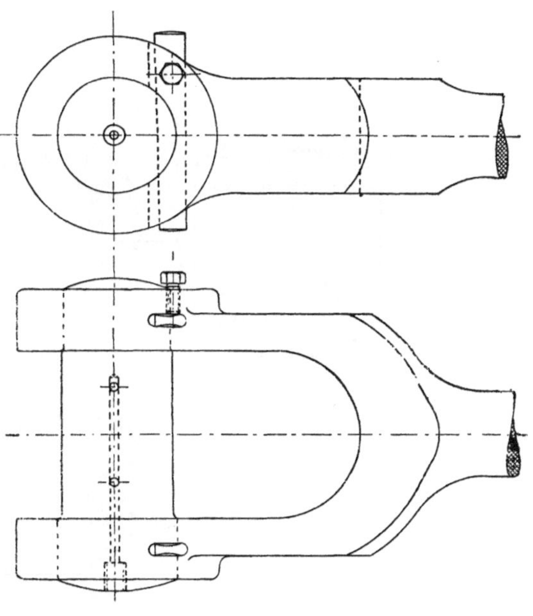

Fig. 403. 1 : 10.

Der Kreuzkopfbolzen wird in dem Gabelkopf ebenso wie in dem gegabelten Kreuzkopfkörper befestigt (siehe S. 457), also meist durch eingepaßte Kegelenden. Getrennte Befestigung eines jeden Kegelendes (Fig. 402) ist hier besonders am Platze, da die Augen des Gabelkopfes bei nicht genauem Einpassen der Bolzenenden leicht zusammengezwängt werden. Um das Einpassen der beiden Kegel zu vermeiden, werden auch vollständig zylindrische Bolzen verwendet, die entweder durch Keile (Fig. 403) oder durch Aufschlitzen der Gabelaugen (Fig. 404) befestigt werden. Solche Bolzen empfehlen sich aber nur bei kleinen und mittleren Kräften; bei großen werden sie leicht locker.

Die Lagerschalen der Schubstangenköpfe bestehen am Kreuzkopfzapfen meist aus Bronze, am Kurbelzapfen entweder ebenfalls aus Bronze

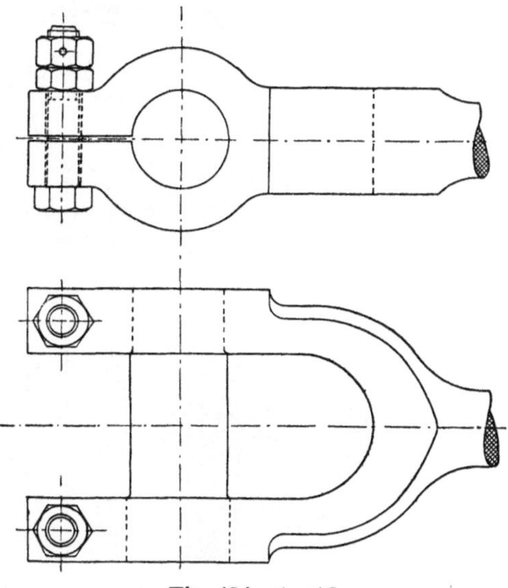

Fig. 404. 1 : 10.

oder aber, was häufiger der Fall ist, aus Gußeisen oder Stahlguß, denen Weißmetall an den Laufflächen eingegossen ist. Das Metall wird wieder in schwalbenschwanzförmigen Längs- und Rundnuten gehalten.

Stärke der Lagerschalen (Fig. 405 bis 408) bei der Bohrung $d$

$$e_1 = o,1\,d + o,5 \text{ bis } 1\,cm,$$
$$e_2 = e_1 + o,3 \text{ bis } o,5\,cm,$$

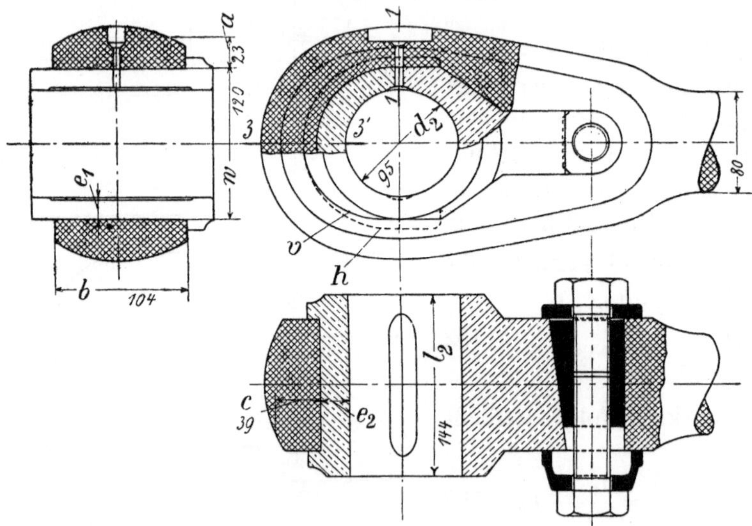

Fig. 405.  1 : 6.

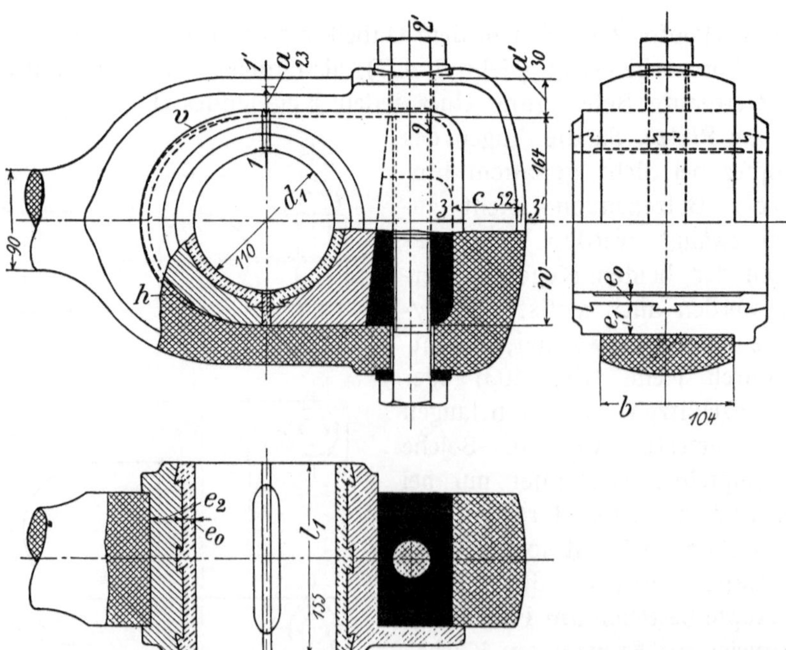

Fig. 406.  1 : 6.  Schubstangenköpfe von *Scharrer & Groß* in Nürnberg.

wobei die höheren Zuschlagskonstanten für Stahlgußschalen mit Weißmetallfutter, die niedrigeren für Rotgußschalen ohne Ausguß zu nehmen sind.

Stärke des Weißmetallfutters (Fig. 406 und 408)

$$e_0 = 0{,}03\,d + 0{,}2 \text{ bis } 0{,}3\ cm.$$

Die beiden Schalenhälften läßt man am Kreuzkopfzapfen (Fig. 405 und 407) stumpf zusammenstoßen und befeilt die Stoßstellen bei eingetretenem Verschleiß. Am Kurbelzapfen (Fig. 406 und 408) legt man meistens Messingbleche, dünne Messing- oder Weißmetallstücke zwischen die Hälften, die man beim Nachstellen teilweise fortnimmt oder befeilt. Die Lagerschalen sind ferner, damit sie sich in den Schubstangenköpfen nicht verschieben, soweit als angängig, mit vorspringenden Rändern (Borden) zu versehen. An offenen Köpfen (Fig. 408) erhalten die Schalen überall Ränder, an geschlossenen dagegen ist bei der Anordnung der Ränder Rücksicht darauf zu nehmen, daß die Schalen in den Kopf und die Nachstellstücke hinter die eine Schale geschoben werden können (siehe Fig. 405 und 406), wo „$v$" und „$h$" andeutet, daß die Schalen n u r vorne bzw. hinten den bezeichneten Rand haben.

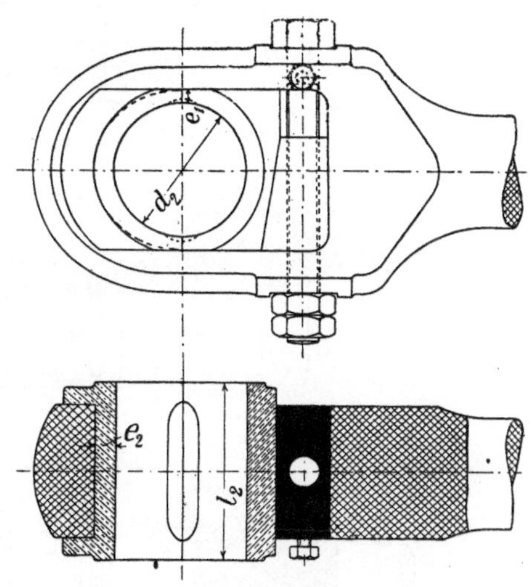

Fig. 407.  1 : 6.

Als Nachstellvorrichtung für die Lager der geschlossenen Schubstangenköpfe werden jetzt in der größeren Zahl die in Fig. 405, 406 und 407 angegebenen Keilstücke benutzt. Am Kreuzkopf kann das Keilstück parallel oder senkrecht zum Zapfen angeordnet werden (Fig. 405 und 407). Die Schrauben zur Bewegung der Keilstücke sind genügend zu sichern. Ihr Kernquerschnitt ist bei einer Steigung $1 : x$ der Stücke für eine Kraft $D = P/x$ und $300$ bis $400\ kg/qcm$ zu berechnen.

Bezüglich der Anordnung der Nachstellvorrichtungen ist zu beachten, daß diese so zu legen sind, daß bei einer vorgenommenen Nachstellung an beiden Enden die Summe aus Schub- und Kolbenstangenlänge konstant bleibt. Der zwischen Kolben und Zylinderdeckel vorhandene geringe Spielraum in den Totlagen des Gestänges wird dann nicht verändert, und der Kolben kann nicht, wie es bei falscher Anordnung möglich ist, mit der Zeit gegen den Deckel stoßen. Befinden sich die beiden Lager in der Schubstange, so wird der angegebenen Bedingung genügt, wenn beide Nachstellvorrichtungen nach d e rs e l b e n Seite wirken. Verkürzt oder verlängert man nun nämlich durch die Nachstellung des einen Lagers die Entfernung $L$ von Mitte bis Mitte Auge der Stange, so wird sie durch die gleichzeitig vorzunehmende Nachstellung des anderen Lagers wieder verlängert bzw. verkürzt. Diese Anordnung der

Nachstellvorrichtung ist z. B. in Fig. 405 und 406 beachtet worden, wo beide Keilstücke an der rechten Lagerschalenhälfte sitzen. Enthält die Schubstange aber nur das Lager des Kurbelzapfens und ist dasjenige des Kreuzkopfzapfens im Kreuzkopfe angeordnet, so hat man, um die obige Bedingung zu erfüllen, die Nachstellvorrichtungen beider Lager so zu legen, daß sie nach entgegengesetzten Seiten hin wirken. Wird dann z. B. durch die Anzugvorrichtung des Kurbelzapfenlagers die Länge $L$ verkürzt, so wird durch die entsprechende Vorrichtung des Kreuzkopfzapfenlagers die Kolbenstangenlänge vergrößert,

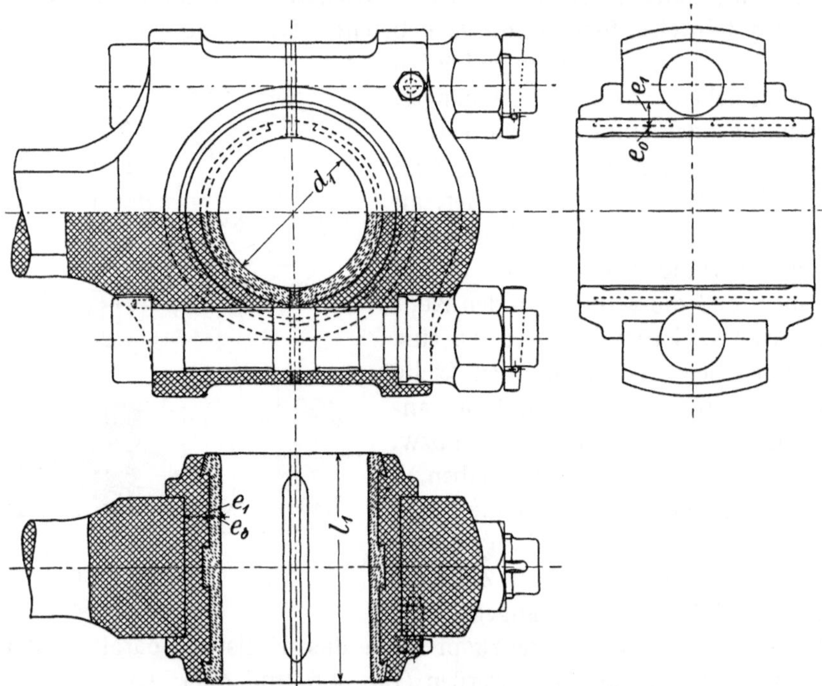

Fig. 408. 1 : 6. Schubstangenköpfe von *Främbs & Freudenberg* in Schweidnitz.

also auch hier die Summe beider Längen konstant erhalten. Vorausgesetzt ist dabei aber in beiden Fällen, daß auch die beiden Schalen des vorderen Kurbelwellenlagers nachstellbar sind. Ist das nicht der Fall und ist nur die eine Schale dieses Lagers nachzustellen, so wird die Welle beim Nachstellen einseitig verschoben und das Maß von Mitte Welle bis Mitte Zylinder geändert. Die Nachstellvorrichtungen der Schubstange sind dann so zu legen, daß sie dieses Maß bei der Schub- und Kolbenstange entsprechend ändern.

Über die Schmierung der Schubstangenlager siehe bei dem Kreuzkopfzapfen auf S. 458 und bei dem Kurbelzapfen auf S. 477.

Fortsetzung des Beispieles auf S. 464. Die Länge der Schubstange von Mitte bis Mitte Auge ist

$$L = 5\,R = 5\,\frac{55}{2} = 137{,}5 \; cm\,.$$

Für den Durchmesser des mittleren Schaftquerschnittes folgt aus Gl. 146, S. 465,

$$d_m^4 = \frac{11\,000 \cdot 137{,}5^2}{40\,000} = \infty\,5200$$

oder

$$d_m = 8{,}5\ cm = 85\ mm,$$

welcher Durchmesser nach dem Kurbelende bis auf *90 mm* zu-, nach dem Kreuzkopfende bis auf *80 mm* abnimmt (siehe Fig. 405 und 406).

Die beiden Schubstangenköpfe haben der leichteren Bearbeitung wegen die gleiche Breite $b = 104\ mm$. Bei dem linken Kopf (Fig. 405) ist ferner die Weite $w = 120\ mm$, und Gl. 149b, S. 467, würde für $d = d_2 = 95\ mm$ Bohrung und $k_b = 650\ kg/qcm$ (bestes Flußeisen) im Querschnitt $3 - 3'$ eine Bügelstärke

$$c = \sqrt{\frac{11\,000\,(6 - 2{,}375)\,6}{2 \cdot 10{,}4 \cdot 650}} = 4{,}2\ cm$$

verlangen. Nach der Ausführung ist $c$ nur **39** *mm*, was einem Werte

$$k_b = 650 \left(\frac{4{,}2}{3{,}9}\right)^2 = \infty\,750\ kg/qcm$$

entspricht. Die Wangen haben im Querschnitt $1 - 1'$ (Fig. 399) eine mittlere Stärke

$$a = 0{,}6 \cdot 39 = \infty\ \mathbf{23}\ mm.$$

Für den rechten Kopf (Fig. 406) ergibt sich entsprechend mit $d = d_1 = 110\ mm$ Bohrung (siehe S. 479), $w = 164\ mm$ und $k_b = 650\ kg/qcm$ als Bügelstärke

$$c = \sqrt{\frac{11\,000\,(8{,}2 - 2{,}75)\,6}{2 \cdot 10{,}4 \cdot 650}} = \infty\,5{,}2\ cm = \mathbf{52}\ mm$$

wie in der Ausführung. Die Wangen haben hier im Querschnitt $2 - 2'$ (Fig. 400)

$$a' = 0{,}6 \cdot 52 = \infty\,\mathbf{30}\ mm,$$

im Querschnitt $1 - 1'$ $a = \mathbf{23}\ mm$ mittlere Stärke.

Die Schrauben für die Keilstücke der Nachstellvorrichtung werden bei einer Steigung dieser Stücke von $1 : 7$ durch eine Kraft

$$D = \frac{11\,000}{7} = \infty\,1600\ kg$$

beansprucht. Bei *360 kg/qcm* zulässiger Zugspannung verlangen sie deshalb einen Kernquerschnitt von

$$\frac{1600}{360} = 4{,}45\ qcm\,,$$

dem $1\frac{1}{8}$ zölliges Whitworth-Gewinde genügt.

§ 163. **Die Stirnkurbeln. Beispiel.** Sie werden den einfachen Kurbelwellen aufgesetzt und lassen den K u r b e l z a p f e n und den K u r b e l a r m unterscheiden

## a) Der Kurbelzapfen.

Er besteht aus Flußstahl. Die Firma *A. Mannesmann* in Remscheid stellt Kurbelzapfen aus Verbundstahl her, die an den Laufstellen eine fast glasharte Schicht von einer Dicke gleich $^1/_8$ des Durchmessers besitzen, während der Kern vollkommen weich ist. Sie sollen die Möglichkeit eines Bruches besser ausschließen.

Der Durchmesser $d_1$ und die Länge $l_1$ des Kurbelzapfens haben den folgenden Bedingungen zu genügen. Bezeichnet wieder

$P$ den größten Druck auf den Zapfen,

so verlangt die Rücksicht auf Festigkeit und Elastizität. daß

$$P\frac{l_1}{2} = o,I\,d_1^3 \cdot k_b \quad \ldots \ldots \ldots \ldots \quad 154$$

mit $k_b$ als zulässige Biegungsspannung ist. Der spezifische Flächendruck zwischen Zapfen und Lagerschale darf ferner denjenigen Wert $k$ in *kg/qcm* der Zapfenprojektion nicht überschreiten, bei dem das Schmiermaterial nicht mehr dauernd zwischen den arbeitenden Flächen bleiben kann. Es muß also

$$P = d_1 \cdot l_1 \cdot k \quad \ldots \ldots \ldots \ldots \ldots \quad 155$$

sein. Die Wärme endlich, in die der größte Teil der Reibungsarbeit umgesetzt wird, soll, um ein Warmlaufen des Zapfens zu verhüten, von ihm noch ab-geleitet werden können. Das ist der Fall, wenn die Reibungsarbeit

$$A = \frac{4}{\pi}\,\mu\,\frac{P_m}{d_1 \cdot l_1}\,\frac{d_1\,\pi \cdot n}{100 \cdot 60} = \mu\,\frac{P_m \cdot n}{1500\,l_1} \text{ in } mkg$$

für $I$ *qcm* der Zapfenprojektion denjenigen Betrag $A_z$ nicht übersteigt, dessen Wärmewert schwingende Zapfen erfahrungsgemäß noch abzuführen vermögen. $P_m$ bezeichnet hierbei den für die Reibungsarbeit in Betracht kommenden mittleren Zapfendruck während einer Umdrehung. Setzt man

$$\frac{1500}{\mu}\,A_z = w\,,$$

so folgt für $A_z \geqq A$ aus der letzten Gleichung

$$l_1 \geqq \frac{\boldsymbol{P_m \cdot n}}{\boldsymbol{w}} \quad \ldots \ldots \ldots \ldots \ldots \quad 156$$

Die vorstehenden Gleichungen sind in der folgenden Weise zu benützen. Die Vereinigung von Gl. 154 und 155 liefert für Flußstahl mit $k_b = 600$[1]) und $k = 70$ *kg/qcm* das Verhältnis

$$\frac{l_1}{d_1} = I,3\,,$$

das, in Gl. 155 eingeführt, einen Zapfendurchmesser und eine Länge

$$\left.\begin{array}{l} \boldsymbol{d_1 = 0{,}105\,\sqrt{P}} \\[2mm] \boldsymbol{l_1 = 1{,}3\,d_1} \end{array}\right\} \quad \ldots \ldots \ldots \ldots \quad 157$$

---

[1]) Die Beanspruchung wechselt nicht vollständig zwischen einem größten positiven und negativen Werte (Belastungsweise zwischen *II* und *III*).

verlangt. Das hieraus erhaltene $l_1$ muß der Gl. 156 genügen. Ist dies der Fall, so können die berechneten Werte beibehalten werden. Sonst ist $l_1$ gemäß Gl. 156 zu bemessen und $d_1$ aus Gl. 154 zu bestimmen, die für das angegebene $k_b = 600\ kg/qcm$ einen Durchmesser

$$d_1 = 0,2\sqrt[3]{P \cdot l_1} \qquad \ldots \ldots \ldots \ldots 158$$

fordert.

Für $w$ läßt man jetzt Werte bis *90 000* und darüber zu, letzteres allerdings nur unter sehr günstigen Verhältnissen (bei kleinem $l_1$ und $k$, Weißmetalllagern, vorzüglicher Ausführung und Schmierung).

Beispiel siehe S. 478.

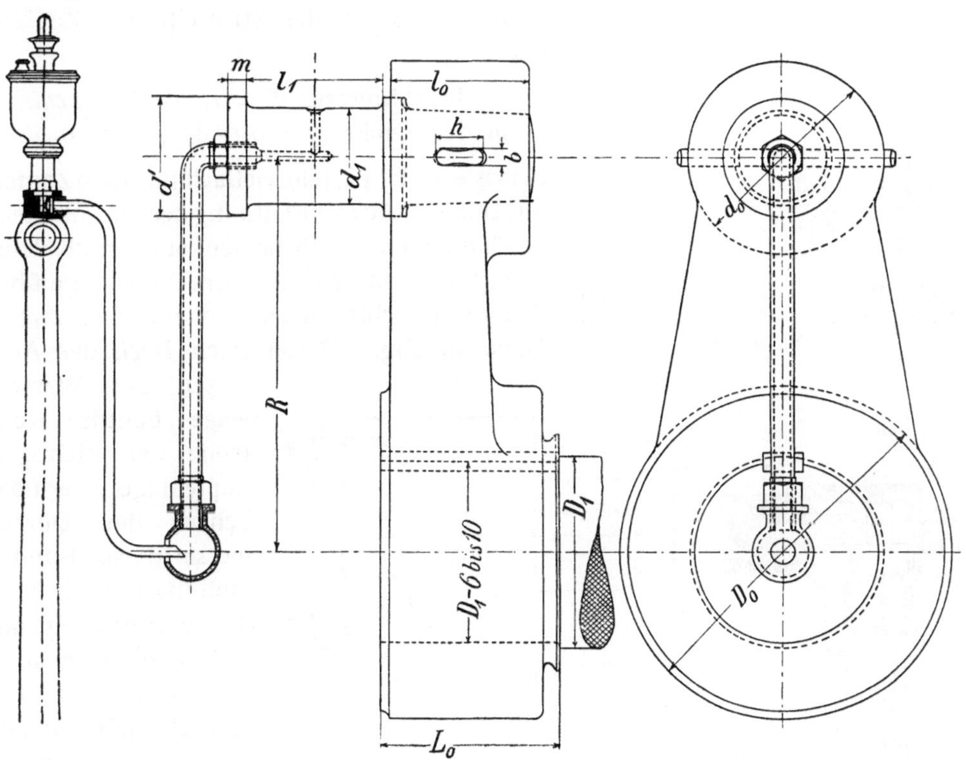


Fig. 409.  3 : 20.

Die Befestigung des Kurbelzapfens im Kurbelarm geschieht in der Regel vermittels eines sauber einzuschleifenden Konus und Keiles oder einer Gegenscheibe (Fig. 409 und 411). Der Konus erhält eine Länge $l_0 = 1{,}4\,d_1$ bis $1{,}7\,d_1$ und eine Konizität (bezogen auf den Durchmesser) von $^1/_{12}$ bis $^1/_{15}$. Dem Keil gibt man eine Dicke $b = 0{,}2\,d_1$, eine mittlere Höhe $h = 0{,}4\,d_1$ bis $0{,}5\,d_1$. Die in Fig. 412 angedeutete Befestigungsart ist dem Ing. *Fr. Müller* in Eßlingen patentiert. Der Zapfen ist bei ihr der Länge nach durchbohrt und durch eine Schraube gehalten, die sich mit einer flachen, allmählich in die Schraubenstärke übergehenden Scheibe hinten gegen die Kurbelnabe legt. Manche Fabriken

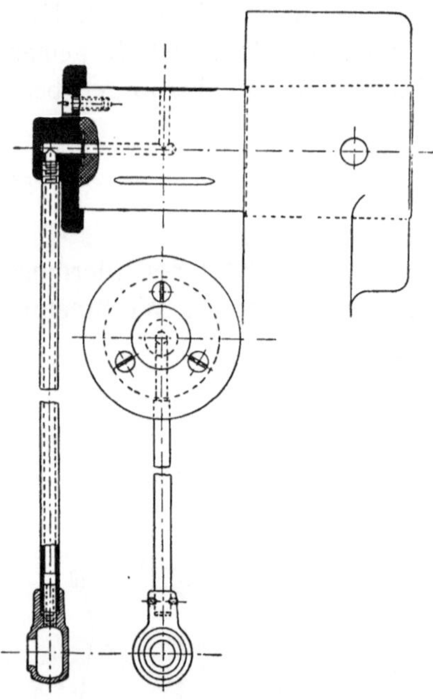

Fig. 410. 1 : 7,5. Kurbelzapfen und Schmierkurbel nach *Scharrer & Groß* in Nürnberg.

ziehen den Kurbelzapfen warm ein (Fig. 410), um die genügende Pressung für seine Befestigung zu erzielen, die wegen seiner der Richtung und Größe nach stets wechselnden Belastung sehr ungünstig beansprucht wird. Der Konus erhält dann nur einen ganz schwachen Anzug von $^1/_{50}$, oder der Zapfen wird an der Befestigungsstelle vollständig zylindrisch abgedreht, wobei sein Durchmesser im kalten Zustande *1,002* mal so groß als die Bohrung seiner Nabe sein muß.

Der Bund an der Stirnseite des Zapfens wird

$$\text{im Durchmesser } d' = 1{,}2\, d_1 + 0{,}4\, cm,$$
$$\text{in der Dicke } m = 0{,}15\, d_1 + 0{,}5\, cm$$

bemessen. Er besteht vielfach mit dem Zapfen aus einem Stück; die Öffnung des zugehörigen, geschlossenen Schubstangenkopfes muß dann aber genügend groß sein, um die Stange über den Bund schieben zu können. Der zweite Bund in Fig. 409 soll nach *Bach* das Aufsetzen der Wasserwage behufs Kontrolle der richtigen Zapfenlage ermöglichen; der Durchmesser dieses Bundes muß hierbei mit dem des vorderen genau übereinstimmen. Innen darf er an dem Kurbelarm nicht anliegen. Bei aufge-

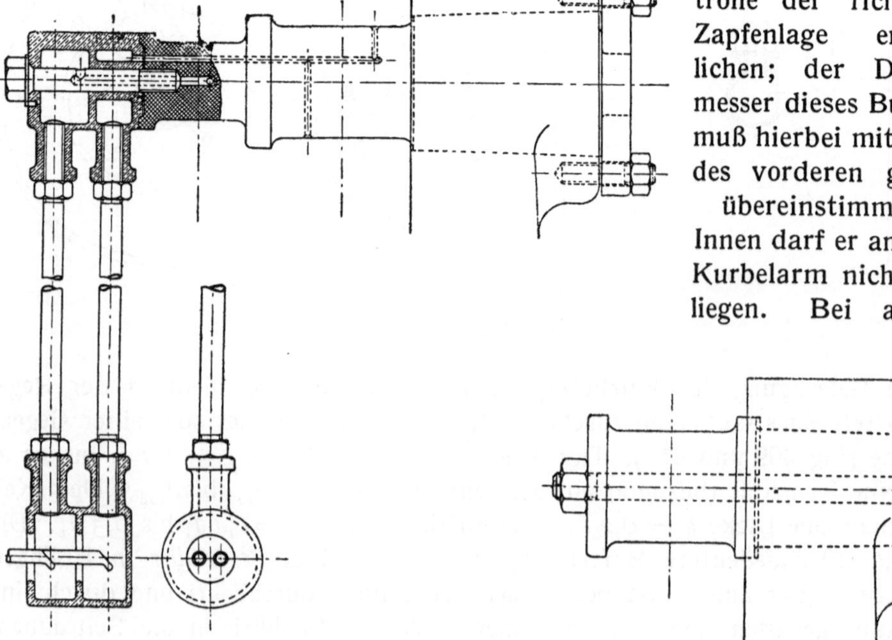

Fig. 411. 1 : 5.

Fig. 412. 1 : 5.

stecktem Stirnbunde (Fig. 410) gestattet die Lauffläche des Zapfens das Aufsetzen der Wasserwage. Die genaue Lage des Kurbelzapfens in den vier Hauptstellungen (Kurbel vertikal oben und unten, horizontal links und rechts) ist bei der Montage sorgfältig zu prüfen; etwaige Abweichungen sind durch Nachschaben des Hohlkonus in der Kurbelzapfennabe zu beseitigen. Je länger der Zapfen ist, desto schwieriger bringt man ihn gleichmäßig und dauernd in seinem Lager zum Anliegen, desto sorgfältiger muß also die Ausführung und desto genauer die Montage sein.

Zur Schmierung des Kurbelzapfens dient bei den Stirnkurbeln jetzt fast allgemein eine Schmierkurbel (Fig. 409 und 410). Sie besteht aus einem Schmiedeeisen- oder Messingrohr, das mit seinem Ende vor der Mitte des Kurbelzapfens befestigt wird. Der Zapfen ist von der Öffnung dieses Rohres aus zuerst achsial und nachher radial nach außen durchbohrt. Dem anderen Rohrende ist vor der Wellenmitte ein Aufnehmer aufgeschraubt, in den das Öl aus einem feststehenden Tropföler vermittels eines Röhrchens geleitet wird. Aus dem Aufnehmer gelangt das Schmiermaterial durch die Fliehkraft nach außen und an die Lauffläche.

### b) Der Kurbelarm.

Er wird in Flußeisen geschmiedet.

Die Nabe zur Befestigung des Kurbelzapfens erhält die unter $a$) angegebene Länge $l_0$ und einen äußeren Durchmesser

$$d_0 = 2\,d_1.$$

Ebenso wichtig wie die sichere und genaue Befestigung des Kurbelzapfens in der Kurbel ist deren Befestigung auf der Welle. Keile allein bieten nicht die genügende Sicherheit gegen ein Verdrehen oder Lockerwerden. Deshalb zieht man den Kurbelarm stets warm oder hydraulisch auf das Wellenende und treibt außerdem noch rechteckige oder runde Keile ein. Beim warmen Aufschrumpfen ist die Bohrung der kalten Kurbelnabe um das $0{,}002$- bis $0{,}005$fache kleiner als der Durchmesser des meist zylindrischen Wellenendes zu machen. Beim hydraulischen Aufpressen ist dieses Ende schwach konisch (Anzug $^1/_{50}$) abzudrehen, die Nabe aber zylindrisch auszubohren. Damit die Kurbel nicht zu weit aufgezogen wird, dreht man das vordere Wellenende etwas ab. Ist $D_1$ der Durchmesser der Welle im vorderen Lager, so nimmt man den Durchmesser des abgedrehten Wellenendes $D_1 - 0{,}6$ bis $1\ cm$, den der zugehörigen Nabe (siehe Fig. 409)

$$D_0 = 1{,}8\,D_1$$

bei einer Länge

$$L_0 = 0{,}8\,D_1 \text{ bis } D_1.$$

In den Querschnitten des zwischen den beiden Naben liegenden Teiles, den man dem Durchmesser dieser Naben entsprechend von innen nach außen allmählich abnehmen läßt, treten Normal- und Schubspannungen auf. Normalspannungen werden im Querschnitt $1 - 1'$ (Fig. 413) hervorgerufen

durch die Radialkraft $P_r$ (gleichmäßig über den ganzen Querschnitt verteilt),
durch das Biegungsmoment $P_r \cdot m$ mit $x - x$ als Biegungsachse,
durch das Biegungsmoment $P_t \cdot z$ der Tangentialkraft $P_t$ mit $y - y$ als Biegungsachse.

Schubspannungen dagegen bewirken
die Tangentialkraft $P_t$ (gleichmäßig über den ganzen Querschnitt verteilt) und das Drehmoment $P_t \cdot m$.

Die genaue Berechnung der hieraus resultierenden Anstrengungen ist zuerst von *Bach* durchgeführt worden. Meist genügt es, wenn man die Totlage der Kurbel berücksichtigt, wo die Tangentialkraft Null und die Radialkraft gleich dem Gestängedruck $P$ ist. Dieser ruft dann in dem kleinsten Querschnitt $2 - 2'$ (Fig. 413), dessen Abmessungen nach Gefühl zu wählen sind, die gleichmäßig über ihn verteilte Normalspannung

$$\sigma_1 = \frac{P}{b_2 \cdot h_2}$$

und infolge des Biegungsmoments $P \cdot m$ eine größte Normalspannung

$$\sigma_2 = \frac{6\,P \cdot m}{b_2 \cdot h_2^2}$$

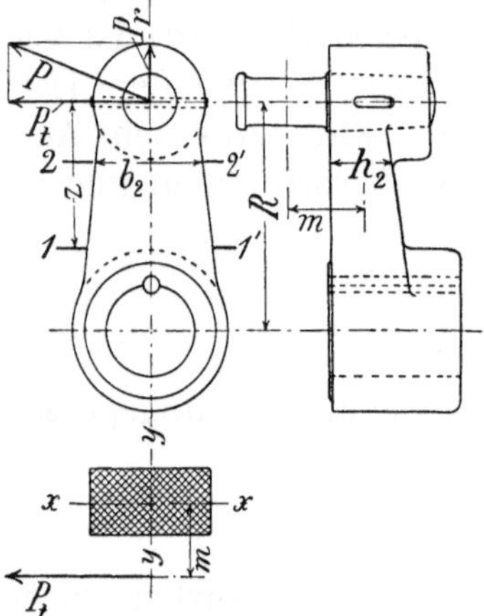
Fig. 413.

hervor. $\sigma_1 + \sigma_2$ soll mit Rücksicht auf die plötzliche Richtungsänderung der Kraft in den Totlagen unter *400 kg/qcm* bleiben.

Um die Wirkung der hin- und hergehenden Gestängemassen in der Hauptsache aufzuheben, versieht man die Kurbeln bei schnellaufenden Maschinen mit einem Gegengewicht (Fig. 415, S. 481), indem man den Kurbelarm über die Wellennabe hinaus verlängert. Über die erforderliche Größe eines solchen Gegengewichtes siehe § 49.

Fortsetzung des Beispieles auf S. 473. Der Druck $P = 11\,000$ *kg* verlangt nach Gl. 157, S. 474, für diesen Zapfen die Abmessungen

$$d_1 = 0{,}105 \sqrt{11\,000} = \sim 11 \; cm, \qquad l_1 = 1{,}3 \cdot 11 = 14{,}3 \; cm.$$

Dieses $l_1$ muß der Gl. 156 genügen. Der mittlere Zapfendruck kann bei einer größten Leistung der Maschine von *180 PS$_e$*, einem mechanischen Wirkungsgrade $\eta_m = 0{,}83$ und einer mittleren Kolbengeschwindigkeit $c_m = 2{,}567$ *m/sk* annähernd

$$P_m = \frac{180 \cdot 75}{0{,}83 \cdot 2{,}567} = \sim 6350 \; kg$$

gesetzt werden. Mit ihm ergibt Gl. 156 den der Ausführung entsprechenden Wert für $w = 60\,000$, nämlich bei *140* Umdrehungen in der Minute

$$l_1 = \frac{6350 \cdot 140}{60\,000} = \sim 15 \; cm = \mathbf{150} \; mm.$$

Der zu dieser Länge gehörige Durchmesser folgt aus Gl. 158 zu

$$d_1 = 0{,}2 \sqrt[3]{11\,000 \cdot 15} = \sim 11 \; cm = \mathbf{110} \; mm.[1]$$

Der Kurbelarm hat in dem Querschnitt $2 - 2$ (Fig. 415, S. 481) eine Breite $b_2 = 14$ und eine Höhe $h_2 = 27 \; cm$. Der Abstand $m$ beträgt $7 + 7{,}5 = 14{,}5 \; cm$. Die größte Anstrengung in dem Querschnitt berechnet sich demnach für die Totlagen mit

$$\sigma_1 = \frac{11\,000}{14 \cdot 27} = \sim 29 \; kg/qcm,$$

$$\sigma_2 = \frac{6 \cdot 11\,000 \cdot 14{,}5}{27 \cdot 14^2} = \sim 181 \; kg/qcm$$

nur zu

$$29 + 181 = 210 \; kg/qcm.$$

**§ 164. Die Kurbelwellen. Beispiel.** Das Material der Kurbelwellen ist der glatten Oberfläche und hohen Festigkeit wegen stets bester Flußstahl. Man unterscheidet einfache Kurbelwellen mit aufgesteckten Stirnkurbeln und gekröpfte Kurbelwellen.

### a) Die einfache Kurbelwelle mit einer Stirnkurbel.

Die Form dieser Wellen, die bei liegenden Einzylinder- und Tandemmaschinen zur Anwendung kommen, ist in Fig. 415, S. 481, angegeben. Die Welle besitzt zwei Zapfen, von denen der neben der Stirnkurbel befindliche als vorderer, der andere als hinterer bezeichnet werden soll.

Bei der Berechnung einer solchen Welle hat man die Abstände (Fig. 414)

$a$ von Mitte des Kurbelzapfens bis Mitte des vorderen Wellenzapfens,

$b$ von Mitte Schwungrad bis Mitte des hinteren Wellenzapfens und

$c$ von Mitte bis Mitte beider Wellenzapfen

zu wählen. Für die Wahl von $a$ kann bei Einzylindermaschinen die Zylinderbohrung, bei Tandem-Verbundmaschinen das arithmetische Mittel aus beiden Zylinderbohrungen als Anhalt dienen. $b$ und $c$ hängen von der Größe der Maschine, der Zugänglichkeit derselben und dem verfügbaren Raum ab.

Der Rechnung legt man gewöhnlich die in Fig. 414 angegebene Kurbellage zugrunde, bei der die Kurbel senkrecht zur Schubstange steht. Der bei dieser Stellung tangential wirkende Zapfendruck, den man vielfach der Einfachheit und Sicherheit wegen gleich dem größten Gestänge- bzw. Dampfüberdruck $P$ setzt, ruft dann im mittleren Querschnitt des vorderen Wellenzapfens ein Biegungs- und Drehmoment

$$M_b = P \cdot a, \qquad M_d = P \cdot R$$

hervor, die nach der Festigkeitslehre einen Durchmesser $D_1$ des Zapfens erfordern, der sich aus

---

[1]) Gl. 157 und 158, S. 474 und 475, ergeben hier für $l_1 = 143$ bzw. $l_1 = 150 \; mm$ denselben Durchmesser von $110 \; mm$ infolge der Abrundung der Koeffizienten $0{,}105$ und $0{,}2$ in diesen Gleichungen.

$$o{,}35\,M_b + o{,}65\sqrt{M_b^2 + \alpha_0^2 \cdot M_d^2} = o{,}I\,D_1^3 \cdot k_b \quad \ldots \ldots \quad 159$$

oder

$$P\left(o{,}35\,a + o{,}65\sqrt{a^2 + \alpha_0^2 \cdot R^2}\right) = o{,}I\,D_1^3 \cdot k_b$$

mit

$$k_b = \frac{800 + 400}{2} = 600\,, \quad k_d = \frac{600 + 300}{2} = 450\ kg/qcm$$

$$\alpha_0 = \frac{600}{I{,}3 \cdot 450} = \sim I$$

für Gußstahl ergibt, wenn die Beanspruchung nach *Bach* zwischen einem größten positiven und einem nur halb so großen negativen Werte wechselnd (Belastungs-weise zwischen *II* und *III*) angenom-men wird.

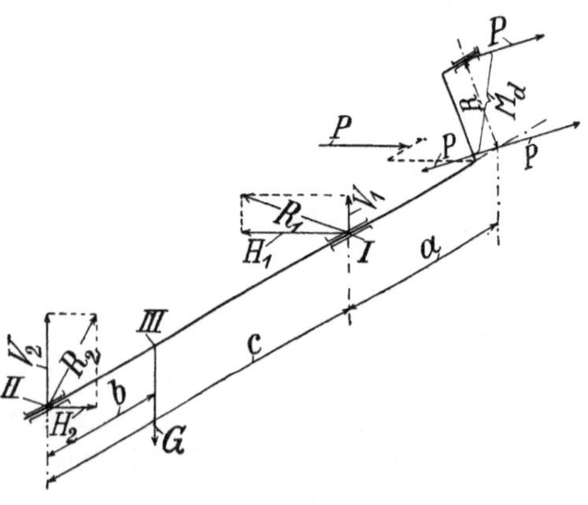

Fig. 414.

Der resultierende Zapfendruck $R_1$ im vorderen Wellenlager setzt sich, wenn der Riemen- oder Seilzug ver-nachlässigt und das Schwungrad-gewicht mit $G$ bezeichnet wird, in den Totlagen der Kurbel aus einer horizon-talen Komponente

$$H_1 = P\frac{a + c}{c}$$

und einer vertikalen

$$V_1 = G\frac{b}{c}$$

zusammen. Er ist also

$$R_1 = \sqrt{H_1^2 + V_1^2}\,.$$

Die Länge $L_1$ des vorderen Wellenzapfens muß, damit die Flächenpressung nicht zu groß wird, der Gleichung

$$R_1 = D_1 \cdot L_1 \cdot k \quad \ldots \ldots \ldots \ldots \quad 160$$

und damit die entwickelte Wärme abgeleitet werden kann, derjenigen

$$L_1 \gtreqless \frac{R_1 \cdot n}{w} \quad \ldots \ldots \ldots \ldots \quad 161$$

genügen. Für $k$ werden Werte bis zu $25\ kg/qcm$, für $w$ solche bis zu $60\,000$ (Weißmetallager) zugelassen. Gl. 161 ist entsprechend 156, S. 474, gebildet.

Das hiernach berechnete größere $L_1$ ist maßgebend. Zu prüfen ist aber, ob bei ihm und dem gewählten Abstande $a$ für die Kurbelnabe eine genügende Länge verbleibt (siehe den Wert $L_0$ in Fig. 409 und S. 477). Ist das nicht der Fall, so muß die Rechnung unter Einführung eines passenderen Abstandes $a$ nochmals durchgeführt werden. Das Verhältnis $L_1/D_1$ schwankt in der Aus-führung zwischen *1,6* bis *2*, dasjenige der Projektion des Kurbelwellen- und Kurbelzapfens zwischen

$$\frac{L_1 \cdot D_1}{l_1 \cdot d_1} = 4\ \text{bis}\ 5\,.$$

Der resultierende Druck $R_2$ im hinteren Wellenlager setzt sich bei den Totlagen der Kurbel aus den beiden Komponenten

$$H_2 = H_1 - P \quad \text{und} \quad V_2 = G - V_1$$

zu

$$R_2 = \sqrt{H_2^2 + V_2^2}$$

zusammen. Der Durchmesser $D_2$ und die Länge $L_2$ des hinteren Wellenzapfens müssen mit ihm den folgenden Bedingungen genügen:

$$\left.\begin{aligned} R_2 \frac{L_2}{2} &= 0{,}1\, D_2^3 \cdot k_b \\ R_2 &= D_2 \cdot L_2 \cdot k \\ L_2 &\gtreqless \frac{R_2 \cdot n}{w} \end{aligned}\right\} \quad \cdots \cdots \cdots \quad 162$$

mit $k_b = 400$, $k$ bis $16\,kg/qcm$, $w$ bis $20\,000$

nach *Bach* (unter Annahme der Belastungsweise *III*).

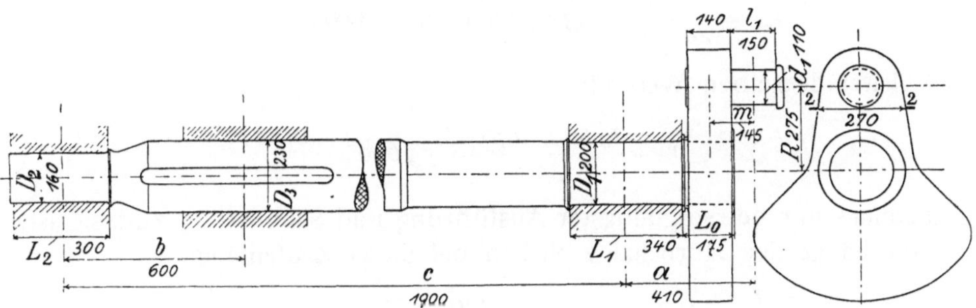


Fig. 415. 1 : 25.

Für den Querschnitt der Welle in der Mitte des Schwungrades ist das angreifende Biegungs- und Drehmoment

$$M_b = R_2 \cdot b, \qquad M_d = P \cdot R.$$

Der Durchmesser $D_3$ in diesem Querschnitt ergibt sich hierfür aus

$$0{,}35\,M_b + 0{,}65\sqrt{M_b^2 + \alpha_0^2 \cdot M_d^2} = 0{,}1\,D_3^3 \cdot k_b \quad \cdots \cdots \quad 163$$

mit $k_b = k_d = 400\,kg/qcm$, $\qquad \alpha_0 = \dfrac{400}{1{,}3 \cdot 400} = 0{,}77$

nach *Bach* (unter Annahme der Belastungsweise *III*).

Fortsetzung des Beispiels auf S. 479. Die Kurbelwelle der Tandemmaschine (Fig. 415) hat in der Ausführung die Längenmaße

$$a = 410, \ b = 600 \text{ und } c = 1900 \text{ mm.}$$

Der Durchmesser des vorderen Wellenzapfens berechnet sich mit dem größten Gestängedruck $P = 11\,000\,kg$ aus Gl. 159

$$11\,000\left[0{,}35 \cdot 41 + 0{,}65 \sqrt{41^2 + \left(\frac{55}{2}\right)^2}\right] = 0{,}1\,D_1^3 \cdot 600$$

zu

$$D_1 = \sqrt[3]{\frac{11\,000 \cdot 46{,}46}{0{,}1 \cdot 600}} = 20{,}4\,cm\,, \text{ in der Ausführung } \mathbf{200\ mm}\,.$$

Der resultierende Zapfendruck ist ferner in diesem Lager bei einem Schwungradgewicht $G = 4500\ kg$ mit

$$H_1 = 11\,000\,\frac{41 + 190}{190} = \sim 13\,400\ kg\,,$$

$$V_1 = 4500\,\frac{60}{190} = \sim 1420\ kg\,,$$

$$R_1 = \sqrt{13\,400^2 + 1420^2} = \sim 13\,500\ kg\,.$$

Er verlangt nach Gl. 160 für $k = 20\ kg/qcm$ spezifische Flächenpressung eine Zapfenlänge

$$L_1 = \frac{13\,500}{20 \cdot 20} = 33{,}75\ cm \text{ oder } \sim \mathbf{340\ mm}\,.$$

Gl. 161 liefert denselben Wert für

$$w = \frac{13\,500 \cdot 140}{34} = 55\,600\,,$$

was allerdings nur bei sorgfältigster Ausführung und Schmierung zulässig ist.

Für die Länge der Kurbelnabe bleiben bei dieser Zapfenlänge

$$L_0 = a - \frac{L_1 + l_1}{2} + 10 = 410 - \frac{340 + 150}{2} + 10^1) = 175\ mm$$

übrig, das ist das $175/200 = 0{,}875$fache der Bohrung.

Im hinteren Kurbelwellenlager beträgt der resultierende Zapfendruck, da

$$H_2 = 13\,400 - 11\,000 = 2400\ kg,$$
$$V_2 = 4500 - 1420 = 3080\ kg$$

ist,

$$R_2 = \sqrt{2400^2 + 3080^2} = \sim 3900\ kg\,.$$

Mit ihm folgt aus Gl. 162 für $w = 18\,000$ als erforderliche Länge des zugehörigen Zapfens

$$L_2 = \frac{3900 \cdot 140}{18\,000} = 30{,}3\ cm \text{ oder } \sim \mathbf{300\ cm}\,,$$

sowie mit dieser ein Durchmesser

$$D_2 = \sqrt[3]{\frac{3900 \cdot 15}{0{,}1 \cdot 400}} = \sim 12{,}1\ cm\,.$$

---

[1]) Vorsprung der Kurbelnabe an der Schubstangenseite.

In der Ausführung ist, um die Welle am hinteren Ende nicht zu stark absetzen zu müssen, $D_2 = 160\,mm$ gemacht. Die spezifische Flächenpressung im Lager beträgt dann nur

$$k = \frac{3900}{16 \cdot 30} = \sim 8{,}15\ kg/qcm\,.$$

In der mittleren Schwungradebene wird die Welle durch ein Biegungsmoment

$$M_b = R_2 \cdot b = 3900 \cdot 60 = 234\,000\ kgcm$$

und ein Drehmoment

$$M_d = P \cdot R = 11\,000\,\frac{55}{2} = 302\,500\ kgcm$$

beansprucht. Der Durchmesser muß deshalb nach Gl. 163

$$0{,}35 \cdot 234\,000 + 0{,}65\,\sqrt{234\,000^2 + (0{,}77 \cdot 302\,500)^2} = 0{,}1\,D_3^3 \cdot 400$$

oder

$$D_3 = \sqrt[3]{\frac{296\,000}{0{,}1 \cdot 400}} = 19{,}5\ cm$$

betragen, welcher Wert der einzufräsenden Keilnut wegen entsprechend zu vergrößern wäre. In der Ausführung ist der Durchmesser größer als $D_1$, nämlich $D_3 = 230\,mm$ gemacht.

### b) Die einfache Kurbelwelle mit zwei Stirnkurbeln.

Fig. 416 gibt die Form dieser Wellen, wie sie an liegenden Zwillings-Verbundmaschinen vorkommen, schematisch wieder. Bezeichnet

$a$ den meist auf beiden Seiten gleichen Abstand von Mitte des Kurbel- bis Mitte des zugehörigen Wellenzapfens,

$c$ den Abstand von Mitte bis Mitte der beiden Wellenzapfen,

so berechnet sich der Durchmesser der letzteren aus Gl. 159, S. 480, wenn $P$ der größte Gestänge- bzw. Dampfüberdruck der betreffenden Zylinderseite ist.

Um weiter die Länge der Wellenzapfen aus Gl. 160 und 161, S. 480, bestimmen zu können, hat man für eine Anzahl zusammengehöriger Lagen beider Kurbeln die Auflagedrucke in den Wellenlagern festzustellen, wobei

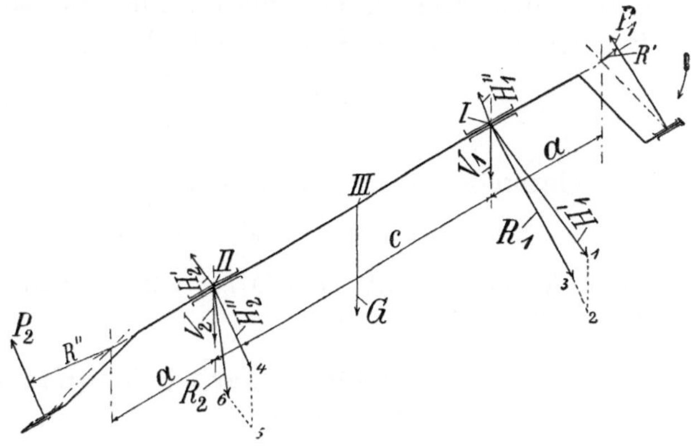

Fig. 416.

die an den Kurbelzapfen wirkenden Zapfendrucke für jede Stellung dem entworfenen Indikator- oder Dampfüberdruckdiagramm der Maschine zu entnehmen sind. Für die in Fig. 416 angegebene Lage der Kurbeln ergeben sich z. B. aus den Zapfendrucken $P_1$ und $P_2$ die Gegendrucke in dem Lager $I$

$$H_1' = P_1 \frac{a+c}{c}, \quad H_1'' = P_2 \frac{a}{c}$$

und in demjenigen $II$

$$H_2' = P_1 \frac{a}{c}, \quad H_2'' = P_2 \frac{a+c}{c}.$$

Das in der Mitte der Welle sitzende Schwungrad ruft in jedem Lager die Vertikaldrucke

$$V_1 = V_2 = 0,5\,G$$

hervor. Durch graphisches Aneinanderreihen ($I\ 1\ 2\ 3$ bzw. $II\ 4\ 5\ 6$) erhält man dann die resultierenden Zapfendrucke $R_1$ und $R_2$, und mit dem größten Werte beider für die untersuchten Kurbellagen sind die Zapfenlängen nach Gl. 160 bzw. 161 zu berechnen. Werden $P_1$ und $P_2$ horizontal angenommen, so ist auch

$$R_1 = \sqrt{(H_1' \pm H_1'')^2 + \frac{G^2}{4}}$$

$$R_2 = \sqrt{(H_2' \pm H_2'')^2 + \frac{G^2}{4}}$$

mit dem $+$Zeichen, wenn $H_1'$ und $H_1''$ bzw. $H_2'$ und $H_2''$ gleich, mit dem $-$Zeichen, wenn sie entgegengesetzt gerichtet sind.

Für den Durchmesser $D_3$ der Welle in der Mitte des Schwungrades ist Gl. 163, S. 481, maßgebend. In diese hat man für das Biegungsmoment $M_b$ das resultierende Moment aus

$$P_1 \left(a + \frac{c}{2}\right) \quad \text{und} \quad R_1 \frac{c}{2}$$

einzuführen. Die beiden Momente sind ebenso wie zwei Kräfte zu vereinigen. Bei der Annahme, daß $P_1$ und $P_2$ horizontal wirken, ist auch

$$M_b = \sqrt{\left\{P_1 \left(a + \frac{c}{2}\right) - (H_1' \pm H_1'') \frac{c}{2}\right\}^2 + \left(G \frac{c}{4}\right)^2}.$$

Das einzusetzende Drehmoment ist

$$M_d = P_1 \cdot R' + P_2 \cdot R'',$$

wenn $R'$ und $R''$ die Hebelarme von $P_1$ und $P_2$ in bezug auf die Drehachse der Welle sind.

### c) Die einfach gekröpfte Kurbelwelle.

Fig. 417 gibt schematisch die Form dieser Wellen, die an stehenden Einzylindermaschinen sowie an liegenden mit Gabelrahmen vorkommen. Außer dem Gestängedruck $P$ am Kurbelzapfen greifen neben dem einen Lager das Schwungradgewicht $G$ und der horizontal angenommene Riemenzug $Z$ an, von denen der letztere vernachlässigt werden kann, wenn es auf möglichst einfache Gestaltung der Rechnung ankommt.

Bei der Berechnung sind zunächst die horizontalen und vertikalen Lagerdrucke sowie aus beiden die resultierenden Zapfendrucke $R_1$ und $R_2$ für die beiden Totlagen der Kurbel zu bestimmen. An einer liegenden Maschine ergeben sie sich mit den Bezeichnungen in Fig. 417 und 418 zu

$$H_1 = P\,\frac{a_2}{c} \pm Z\,\frac{b+c}{c} \qquad\qquad V_1 = G\,\frac{b+c}{c}$$

$$H_2 = P - H_1 \pm Z \qquad\qquad V_2 = V_1 - G$$

$$R_1 = \sqrt{H_1^2 + V_1^2} \qquad\qquad R_2 = \sqrt{H_2^2 + V_2^2}$$

wenn das $+$Zeichen vor $Z$ für die linke, das $-$Zeichen für die rechte Totlage der Kurbel gilt.

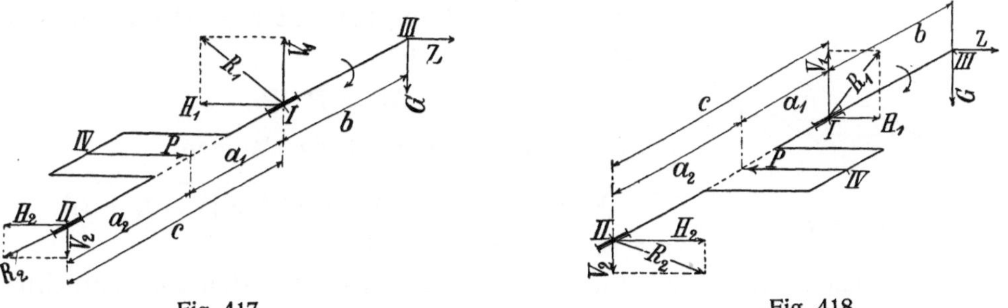

Fig. 417.        Fig. 418.

Um die Beanspruchung des Kurbelzapfens zu erkennen, hat man sich nach Fig. 419 den rechten Teil der Welle bei senkrecht stehender Kurbel bis

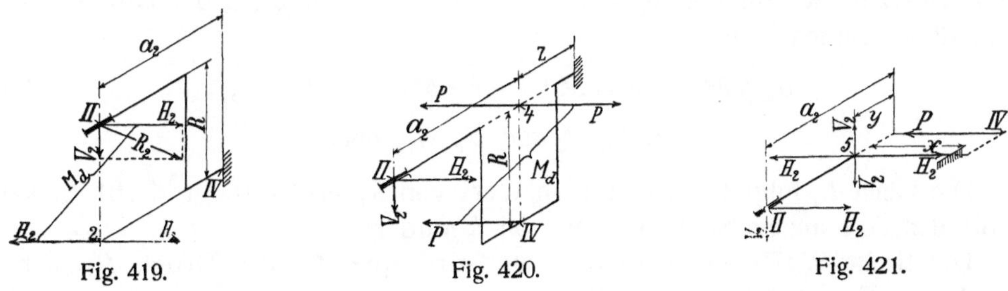

Fig. 419.      Fig. 420.      Fig. 421.

zur Mitte dieses Zapfens eingespannt und im Punkte $2$ zweimal in entgegengesetzter Richtung die Reaktion $H_2$ angebracht zu denken, wodurch nichts im Gleichgewichtszustande geändert wird. Es wirkt dann auf den eingespannten Querschnitt das Kräftepaar

$$M_d = H_2 \cdot R$$

als Drehmoment ein, während das angreifende Biegungsmoment

$$M_b = R_2 \cdot a_2$$

ist. Mit beiden Werten folgt der Durchmesser $d_1$ des Kurbelzapfens aus

$$0{,}35\,M_b + 0{,}65\sqrt{M_b^2 + \alpha_0^2 \cdot M_d^2} = 0{,}1\,d_1^3 \cdot k_b \quad \ldots \ldots \quad 164$$

$$\text{für } k_b = 500,\ k_d = 400\ kg/qcm,\ \alpha_0 = \infty\,1$$

nach *Bach*, Flußstahl als Material der Welle vorausgesetzt.

Die Länge $l_1$ des Zapfens muß den beiden Bedingungen

$$\left.\begin{array}{l} P = d_1 \cdot l_1 \cdot k \\[2mm] l_1 \geqq \dfrac{P \cdot n}{w} \end{array}\right\} \quad \ldots \ldots \ldots \ldots \quad 165$$

mit $k = 70$ bis $80\ kg/qcm$ und $w$ bis zu $90\,000$ genügen.

Ein im Abstande $z$ von der Kurbelzapfenmitte liegender Querschnitt der Welle wird nach Fig. 420, wenn man sich im Punkte $4$ zweimal nach entgegengesetzter Richtung die Kraft $P$ angebracht denkt und $P$ auch bei senkrechter Kurbelstellung horizontal gerichtet annimmt, durch das Kräftepaar

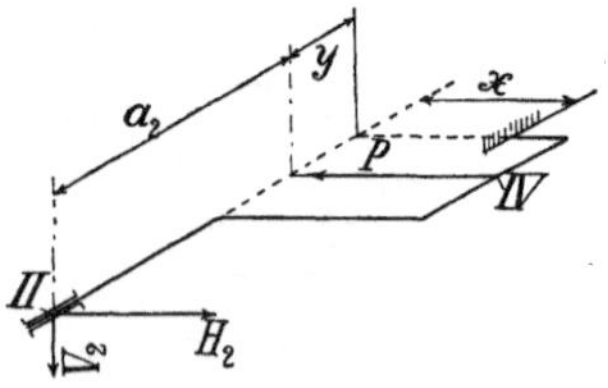

$$M_d = P \cdot R$$

auf Verdrehen und durch das Moment

$$M_b = \sqrt{[H_2\,(a_2 + z) - P \cdot z]^2 + [V_2\,(a_2 + z)]^2}$$

auf Biegung beansprucht.

Fig. 422.

Führt man in die letzte Gleichung für den am stärksten beanspruchten, äußersten linken Querschnitt des rechten Wellenzapfens

$$z = a_1 - \frac{L_1}{2}\,{}^{1)}$$

ein, so ergibt sich für die angeführten Werte von $M_d$ und $M_b$ der Durchmesser $D_1$ dieses Zapfens aus

$$0{,}35\,M_b + 0{,}65\sqrt{M_b^2 + \alpha_0^2 \cdot M_d^2} = 0{,}1\,D_1^3 \cdot k_b \quad \ldots \ldots \quad 166$$

mit $k_b$, $k_d$ und $\alpha_0$ wie oben.

Die Länge $L_1$ folgt für den größten Wert von $R_1$ aus Gl. 160 und 161, S. 480, mit den dort angegebenen Werten von $k$ und $w$.

Der linke Wellenzapfen wäre als Stirnzapfen für den Druck $R_2$ zu berechnen. Er enthält aber gewöhnlich dieselben Abmessungen wie der rechte Zapfen.

Die Beanspruchung des linken Kurbelarmes, dessen Abmessungen man zunächst zu wählen hat, folgt aus Fig. 421, wo im Punkte $5$ zweimal die Kräfte $H_2$ und $V_2$ angebracht sind. Das Kräftepaar $H_2\,(a_2 - y)$ und die in $5$ noch verbleibende Kraft $H_2$ rufen dann im Verein mit dem Moment $V_2 \cdot x$ die größte Normalspannung

$$\sigma = \frac{6\,H_2\,(a_2 - y)}{h \cdot \delta^2} + \frac{H_2}{h \cdot \delta} + \frac{6\,V_2 \cdot x}{h^2 \cdot \delta}$$

---

[1]) Wobei $L_1$ zunächst schätzungsweise anzunehmen ist.

mit $h$ als Höhe und $\delta$ als Dicke des Armes hervor. Auf Schub wirken das Kräftepaar $V_2(a_2 - y)$ und die in $5$ noch vorhandene Kraft $V_2$ hin. Sie ergeben eine
Schubspannung

$$\tau = \frac{9}{2}\,\frac{V_2(a_2 - y)}{h \cdot \delta^2} + \frac{V_2}{h \cdot \delta}.$$

Es genügt nach *Bach*, wenn keine der beiden Spannungen $400\,kg/qcm$ überschreitet.

Für den **rechten Kurbelarm** ergibt sich nach Fig. 422 entsprechend

$$\sigma = 6\,\frac{H_2(a_2 + y) - P \cdot y}{h \cdot \delta^2} + \frac{P - H_2}{h \cdot \delta} + \frac{6\,V_2 \cdot x}{h^2 \cdot \delta},$$

$$\tau = \frac{9}{2}\,\frac{V_2(a_2 + y)}{h \cdot \delta^2} + \frac{V_2}{h \cdot \delta}.$$

### d) Die mehrfach gekröpfte Kurbelwelle.

Für die Berechnung dieser Wellen, die meist an drei und mehr Stellen unterstützt sind und früher namentlich an stehenden Mehrzylindermaschinen gebräuchlich waren, jetzt aber an Transmissions-Dampfmaschinen nur noch selten
zur Anwendung kommen, genügt es meist, die Welle allein auf Verdrehung
durch das größte auftretende Drehmoment, die Kurbelzapfen auf Biegung
(durch den betreffenden Gestängedruck) und Drehung zu berechnen. Zu achten
ist hier besonders darauf, daß die Kurbelarme mit großer Abrundung, nicht
scharf in die zylindrische Welle übergehen.

§ 165. **Die Schwungräder.** Der äußere Radius der Räder, über deren Ge-
wichtsberechnung § 51 nachzusehen ist, beträgt das $4$- bis $6$fache des Kurbelradius. Räder unter $2\,m$ Durchmesser werden meist in einem Stück gegossen.
Größere gießt man zweiteilig, um die Gußspannungen unschädlich zu machen,
die durch das ungleichmäßige Erkalten der einzelnen Radteile hervorgerufen
werden. Da nämlich die Arme infolge ihrer kleineren Masse und größeren
Abkühlfläche beim Gießen viel eher erkalten als der Kranz und die Nabe,
so rufen sie beim Zusammenziehen namentlich an der Übergangsstelle in den
Kranz Zugspannungen hervor. Diese lassen sich zwar durch früheres Abdecken
des Kranzes mildern. Sicherer ist es jedoch, die Räder zweiteilig zu gießen
oder wenigstens die Nabe durch eingelegte Bleche zwischen den Armen zu
spalten, um sie gegen den Kranz nachgiebig zu machen. Geteilte Räder werden
entweder zwischen oder in den Armen geteilt. Das Sprengen der geteilten
Räder ist dem Einzelgießen der Radhälften vorzuziehen, da auch im letzteren
Falle Gußspannungen nicht ganz vermieden werden. Nur große und schwere
Räder, bei denen die Sprengflächen auf dem Transport der einzelnen Teile
leicht beschädigt werden, sind in den Hälften getrennt zu gießen.

Der **Kranz** der Schwungräder erhält, wenn diese nur als Massenräder wirken
sollen, einen einfach oder doppelt rechteckigen Querschnitt (Fig. 423). Soll
durch die Räder auch die Arbeit der Maschinen abgeleitet werden, so bildet

man den Kranz bei Riemenübertragung nach Fig. 425, bei Hanfseilübertragung nach Fig. 424 und 427 aus. Im ersten Falle ist der Kranz genügend breit zu nehmen und an der Lauffläche etwas gewölbt zu drehen, damit der Riemen sicher auf dem Rade verbleibt. Bei Hanfseilrädern müssen die einzelnen Rillen nicht nur im Profil, sondern auch im Durchmesser genau übereinstimmen, damit alle Seile möglichst gleichmäßig beansprucht werden.

Ist $V_u$ die Umfangsgeschwindigkeit und

$$P = \frac{75\,N_e}{V_u}$$

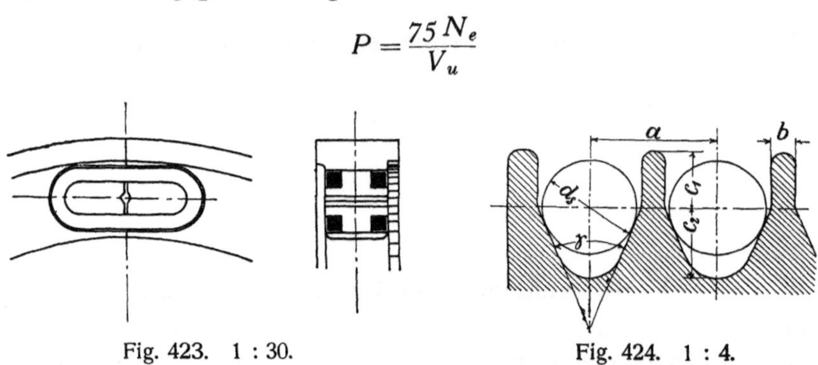

Fig. 423. 1 : 30.          Fig. 424. 1 : 4.

die durch ein Riemen- oder Seilschwungrad zu übertragende Umfangskraft, so muß die Riemenbreite bei den üblichen Werten von $V_u = 15$ bis $25\,m/sk$ betragen:

$$b = \frac{P}{k}$$

mit $k = 10$ bis $15$ für einfache und
$k = 13$ bis $25$ für doppelte Riemen.

$k$ kann um so größer gewählt werden, je größer $V_u$ und der Durchmesser der getriebenen (kleineren) Scheibe ist. Die erforderliche Seilzahl ergibt sich aus

$$i = \frac{'P}{P_1}$$

mit $P_1 = 4\,d_s^2$ bis $6\,d_s^2$ für Rundseile aus Hanf,
$P_1 = 6\,d_s^2$ bis $8\,d_s^2$ für Quadratseile aus Hanf,
$P_1 = 4\,d_s^2$ bis $5\,d_s^2$ für Baumwollseile, wenn
$P_1$ die von einem Seil übertragbare Umfangskraft,
$d_s$ der Seildurchmesser oder die Seildicke in $cm$

ist. Zur Reserve werden $1$ oder $2$ Seile zugegeben.

Bei den Riemenschwungrädern (Fig. 425) erhält dann der Kranz nach DI-Norm 120 die folgende Breite

| Riemenbreite . . . | 100 | 120 | 140 | 170 | 200 | 230 | 260 | 300 | 350 | 400 | 450 | 550 mm |
| Kranzbreite . . . . | 120 | 140 | 170 | 200 | 230 | 260 | 300 | 350 | 400 | 450 | 500 | 600 mm |

Dem Kranz der Seilschwungräder (Fig. 424) gibt man nach DI-Norm 121 die folgenden Abmessungen:

| Rundseile Durchmesser $d_s$ mm | Quadratseile Dicke $d_s$ mm | Teilung $a$ mm | Rillen | | | Steg $b$ mm |
|---|---|---|---|---|---|---|
| | | | $c_1$ mm | $c_2$ mm | $\gamma$ | |
| 25 | 23 | 36 | 12,5 | 21 | 45° | 8 |
| 30 | 27 | 41 | 15 | 25 | 45° | 8 |
| 35 | 32 | 47 | 17,5 | 30 | 45° | 8 |
| 40 | 36 | 54 | 20 | 34 | 45° | 10 |
| 45 | 40 | 60 | 22,5 | 38 | 45° | 10 |
| 50 | 45 | 65 | 25 | 42 | 45° | 10 |
| 55 | 50 | 73 | 27,5 | 46 | 45° | 12 |

Zur Verbindung des Kranzes bei zwischen den Armen geteilten Schwungrädern dienen warm aufgezogene Schrumpfringe (Fig. 423), die durch das Erkalten bis zur Elastizitätsgrenze angespannt werden, Schraubenbolzen (Fig. 426) oder Zuganker mit Querkeilen (Fig. 425). Die Verbindungsteile sind

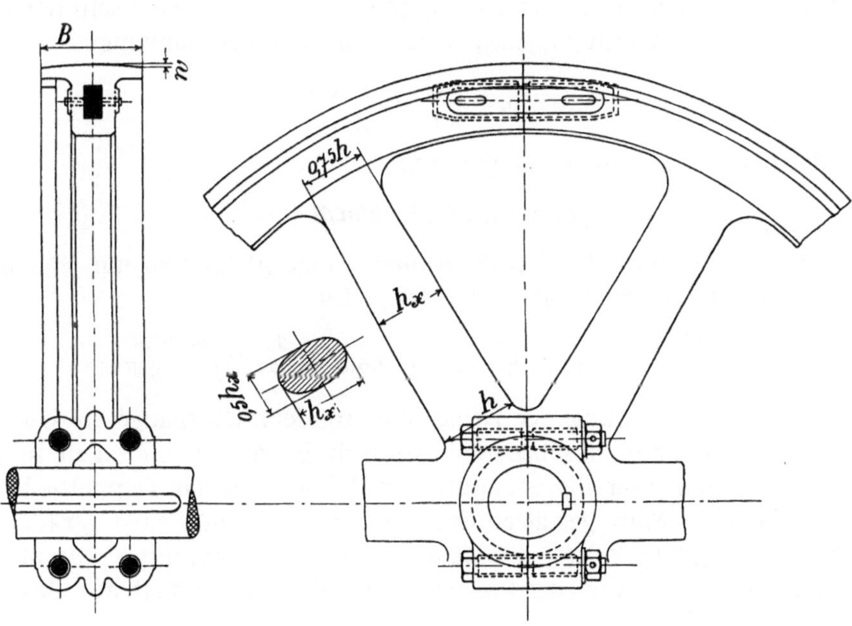


Fig. 425. 1 : 25.

nicht exzentrisch, sondern so anzuordnen, daß die von ihnen ausgeübte Kraft der Tangente an den Schwerpunktskreis des Kranzes möglichst nahe zu liegen kommt; im anderen Falle entstehen Biegungsspannungen im Kranze.

Für die Festigkeitsberechnung des Kranzquerschnittes wird bei ungeteilten Rädern und solchen, die in den Armen geteilt sind, nur die Zugspannung in Rücksicht gezogen, welche die Fliehkraft des sich frei drehenden Schwungringes hervorruft. Bezeichnet

$G_k$ das Gewicht,

$F_k$ den Querschnitt des Kranzes,

$R_k$ den Radius für den Schwerpunkt dieses Querschnittes,

$V$ die Umfangsgeschwindigkeit im Schwerpunktskreise,

$\gamma$ das Gewicht der Raumeinheit,

$g$ die Beschleunigung der Schwere,

so ist die Fliehkraft des halben Schwungringes

$$C = \frac{G_k}{2\,g}\, e \left(\frac{V}{R_k}\right)^2 = \frac{2\,R_k\,\pi \cdot F_k \cdot \gamma}{2\,g}\, e \left(\frac{V}{R_k}\right)^2 = \frac{F_k \cdot \pi \cdot \gamma}{g}\, e \, \frac{V^2}{R_k},$$

oder mit

$$e = \frac{2\,R_k}{\pi}$$

als radialem Abstand für den Schwerpunkt des halben Ringes,

$$C = 2\,F_k \frac{\gamma}{g}\, V^2 .$$

Da diese Kraft den Kranz in zwei gegenüberliegenden Querschnitten abzu-
reißen sucht, so entsteht in jedem derselben eine Zugspannung

$$\sigma_z = \frac{C}{2\,F_k} = \frac{\gamma}{g}\, V^2 ,$$

oder für $V$ in $m/sk$ und $\gamma = 7{,}25\ kg/cdm$,

$$\sigma_z = 0{,}074\, V^2\ kg/qcm \quad \ldots \ldots \ldots \ldots \quad 167$$

Die Spannung in dem sich frei drehenden Ringe hängt also nur von der Geschwindigkeit $V$ desselben ab und beträgt für

| $V =$ | 10 | 15 | 20 | 25 | 30 | 35 | 40 $m/sk$ |
|---|---|---|---|---|---|---|---|
| $\sigma_z =$ | 7,4 | 16,65 | 29,6 | 46,25 | 66,6 | 90,65 | 118,4 $kg/qcm$. |

Unter Berücksichtigung der Arme, die an dem Übergange in den Kranz
einen Zug nach innen ausüben und dadurch Biegungsspannungen in diesem
hervorrufen, kann aber die Spannung des Ringes auf das Doppelte bis Dreifache wachsen[1]). Man gestattet deshalb für gegossene Schwungräder selten
mehr als $V = 30\ m/sk$, wo $\sigma_z = 66{,}6\ kg/qcm$ wird und unter Annahme des
$2{,}5$fachen als Höchstwert der Spannung die Geschwindigkeit auf das

$$\sqrt{\frac{300}{66{,}6 \cdot 2{,}5}} = 1{,}34\,\text{fache}$$

steigen darf, ehe die zulässige Zugbeanspruchung des Materiales $k_z = 300\ kg/qcm$
erreicht wird.

Die Verbindungsteile des Kranzes (Schrumpfbänder, Schraubenbolzen, Keilanker) der zwischen den Armen geteilten Räder sind der Sicherheit wegen
und mit Rücksicht auf die sonst auftretenden Kräfte mit den Werten $\sigma_z$ der
Tabelle für eine Kraft

$$P_k = \sigma_z \cdot F_k$$

[1]) Siehe *J. Göbel* „Über Schwungradexplosionen", Z. d. V. d. I. 1898, S. 352.

und nur $k_z = 300\ kg/qcm$ für den Schraubenkern,

$k_z = 500\ kg/qcm$ für die Keilanker im Lochquerschnitt

zu berechnen. Ihr diesbezüglicher Querschnitt an jeder Teilstecke muß also mit diesem $k_z$ der Bedingung

$$f_k = \frac{P_k}{k_z} = \frac{\sigma_z \cdot F_k}{k_z}$$

genügen.

Die Scherfläche eines jeden Hornes kann bei den Schrumpfbändern gleich dem *10*fachen Bandquerschnitt gemacht werden. Die Keile der Keilanker (Fig. 425) sind für eine Kraft $2\,P_k$ bis $3\,P_k$ zu bemessen.

Durch die Verbindungsteile kann die Anstrengung des Kranzes erheblich gesteigert werden. Bei Rädern mit verhältnismäßig schwachem Kranzprofil und großer Umfangsgeschwindigkeit ist deshalb die Kranzfestigkeit daraufhin zu untersuchen. Bezeichnet

$G_k'$ das Gewicht des Kranzstückes von der Teilstelle bis zum nächsten Arme,

$G_k''$ das Gewicht der Kranzverbindung,

so übt die Fliehkraft dieser Teile (Fig. 426)

$$C_1 = \infty\,\frac{G_k'}{g}\frac{V^2}{R_k}, \qquad C_2 = \infty\,\frac{G_k''}{g}\frac{V^2}{R_k}$$

auf den Querschnitt $o-o$ ein Moment $C_1 \cdot l_1$ bzw. $C_2 \cdot l_2$ aus. Beide werden, je nach der Lage der Verbindungsspannung $P_s\,(= 2\,P_k$ bis $3\,P_k)$ durch das Moment $P_s \cdot s$ vergrößert oder verringert. Bei einem Widerstandsmoment $w$ tritt also in dem Querschnitt eine Spannung

$$\sigma = \frac{C_1 \cdot l_1 + C_2 \cdot l_2 \pm P_s \cdot s}{w}$$

auf, zu der noch die allgemeine Zugspannung im Kranz kommt. Die resultierende Spannung soll wiederum $300\ kg/qcm$ nicht übersteigen.

Die **Arme** der Schwungräder erhalten ovalen oder I-förmigen Querschnitt (Fig. 425 und 427); der letztere ist bezüglich der Festigkeit günstiger und kommt namentlich bei großen Rädern zur Anwendung. Höhe und Breite

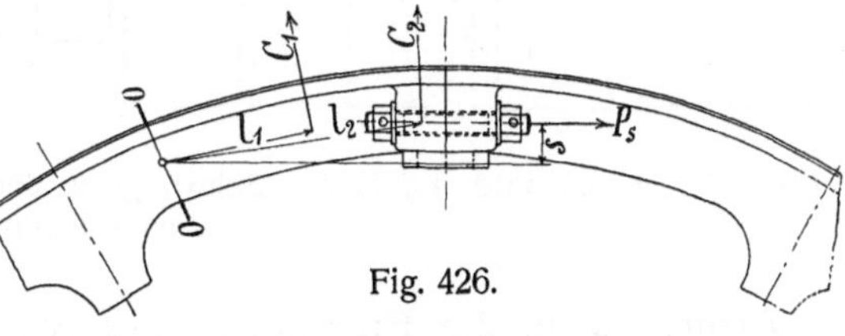

Fig. 426.

der Arme nehmen von der Nabe nach dem Kranz hin allmählich ab, und zwar betragen beide am Kranz ungefähr das *0,75*fache ihrer Abmessung an der Nabe. Die Armzahl ist je nach der Größe der Räder *6* oder *8* und nur bei sehr großen Rädern *10*. Riemenschwungräder von mehr als *500 mm* Kranzbreite und Seilschwungräder von mehr als *8* Rillen bekommen gewöhnlich ein doppeltes Armkreuz. Bei den in den Armen geteilten Rädern berühren sich die geteilten Arme, wenn die Radhälften gesprengt werden, nur in ganz schmalen Streifen an den Schraubenverbindungen, oder die geteilten ovalen Arme werden entsprechend hohl gegossen.

Der Querschnitt $F_a$ der Arme an der Nabe wird durch die Fliehkraft der eigenen Masse und der des Kranzes auf Zug, durch die zu übertragende Umfangskraft $P$ auf Biegung beansprucht. Die erste Beanspruchung beträgt bei

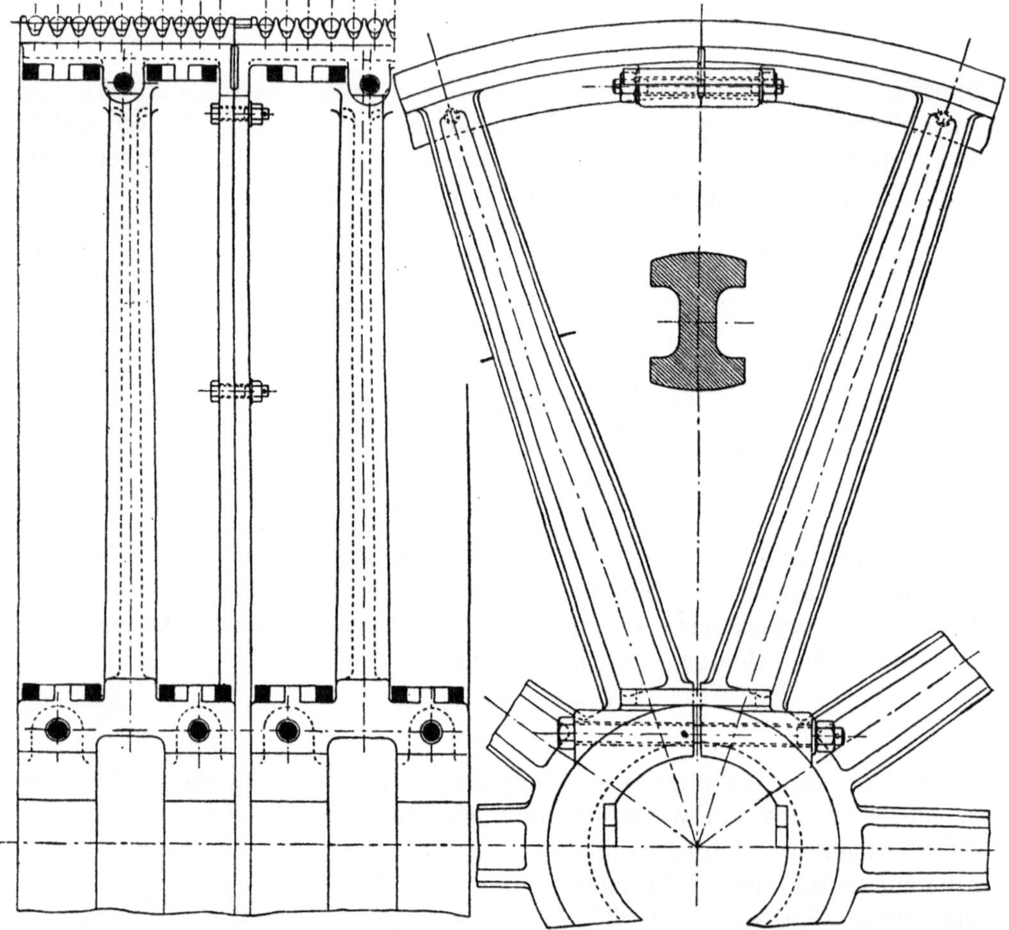

Fig. 427. 1 : 25 und 1 : 12,5. Schwungrad der Maschinenfabrik von *F. Spieß Söhne*, Barmen-Wichlinghausen.

$i$ Armen, wenn die Fliehkraft eines Armes mit seinem Kranzsegment nach S. 490 gleich

$$C_i = \frac{1,1\,G_k}{i \cdot g}\, e \left(\frac{V}{R_k}\right)^2 = \frac{2,2\,G_k}{i \cdot g}\,\frac{V^2}{R_k \cdot \pi} \quad {}^1)$$

gesetzt wird,

$$\sigma_z = \frac{C_i}{F_a},$$

die zweite Beanspruchung für den auf S. 488 angeführten Wert von $P$

---

${}^1)$ Der Faktor *1,1* bzw. *2,2* berücksichtigt die Fliehkraft der Arme.

unter der Annahme, daß sich diese Kraft nur auf die Hälfte der Arme verteile,

$$\sigma_b = \frac{2\,P \cdot R_s}{i \cdot w}$$

mit $w$ als Widerstandsmoment des fraglichen Querschnittes und $R_s$ als äußerem Radius des Rades. Die gesamte Anstrengung $\sigma_z + \sigma_b$ soll *100 kg/qcm* nicht übersteigen.

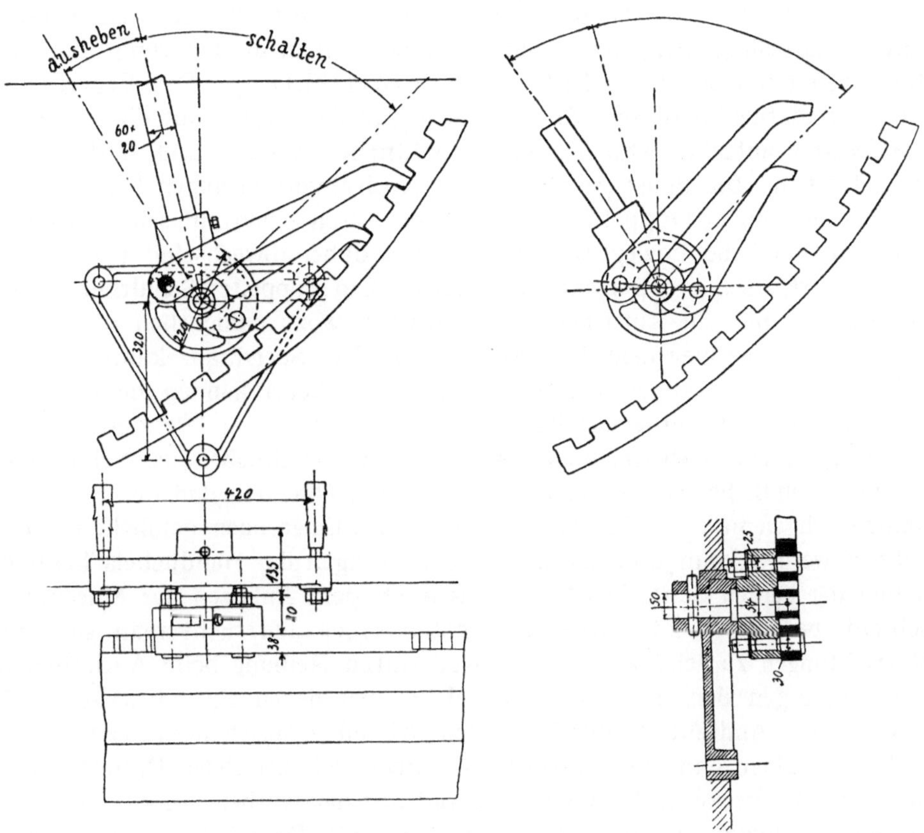


Fig. 428. 1 : 15. Schwungrad-Andrehvorrichtung von *Scharrer & Groß* in Nürnberg.

Hohle ovale Arme erhalten die *1,3*fache Höhe und Breite der vollen.

Die Nabe der Schwungräder wird, wie schon erwähnt, auch bei ungeteilten Rädern beim Guß durch Bleche gesprengt, die mit Graphit geschwärzt sind und zwischen die Arme gelegt werden. Später füllt man die Fugen wieder durch Bleche oder einen Zinkausguß an und zieht an jeder Seite der Nabe ein Schrumpfband auf. Zur Verbindung geteilter Naben dienen Schraubenbolzen oder neben diesen noch Schrumpfbänder. In der Mitte werden die Naben ausgespart, um sie nicht auf der ganzen Länge ausbohren zu müssen. Zur Befestigung der Räder auf der Welle wird ein, bei größeren werden zwei Keile eingetrieben; im letzteren Falle verwendet man vielfach Tangentialkeile.

Die Nabenstärke kann bei $D_3$ Bohrung

$$0{,}4\,D_3 + 0{,}9 \text{ bis } 1{,}1 \text{ cm}$$

genommen werden, die Nabenschrauben erhalten einen äußeren Durchmesser von

$$0{,}1\,D_3 + 1{,}5 \text{ bis } 2{,}5 \text{ cm,}$$

die Schrumpfbänder eine Breite und Höhe gleich der $0{,}7$- bis $0{,}8$fachen Schraubenstärke.

Um Einzylinder- und Tandem-Verbundmaschinen in eine für den Anlaß geeignete Kurbellage bringen zu können, versieht man die Schwungräder dieser Maschinen mit einer besonderen Andrehvorrichtung. Das Ergreifen der Schwungradarme zu diesem Zweck oder sogar das Treten auf diese kann für den Wärter unter Umständen höchst gefährlich werden und sollte niemals gestattet sein. Die meist gebräuchlichen Andrehvorrichtungen bestehen nach Fig. 428 aus einem Doppel-Schalthebel, der durch einen auf seiner Welle befestigten Handhebel bewegt werden kann und dabei abwechselnd in die Lücken eines Sperrkranzes am Schwungrade greift. Ein doppelter Schalthebel ist erforderlich, damit ein Zurückgehen des Rades, wozu namentlich die Riemen- und Seilschwungräder neigen, verhütet wird. Der Sperrkranz kann dem Rade außen oder innen angegossen sein. Die Schalthebel können beide drücken (Fig. 428), oder der eine von ihnen kann drücken, der andere ziehen. In der äußersten Rücklage des Handhebels müssen die Schalthebel ausgeschaltet sein.

Die gewöhnliche Andrehvorrichtung hat den Nachteil, daß der Sperrkranz, namentlich wenn er außen am Rande sitzt, immer noch gefährlich für den Wärter werden kann und daß das Zurückschlagen des Handhebels beim Ausheben der beiden Schalthebel, wenn es nach dem Anlassen der Maschine geschieht, bedenklich ist. Gegen den ersten Übelstand sucht man sich durch Vorrichtungen zu schützen, die das Rad durch Reibung beim Andrehen mitnehmen, gegen den zweiten durch solche, bei denen ein selbsttätiges Ausschalten der Andrehteile durch die sich drehende Maschine eintritt.

An Maschinen ohne besonderes Schwungrad, wie bei vielen Dampfdynamos, dient eine Schnecke und ein Schneckenrad auf der Kurbelwelle zum Andrehen. Große Maschinen erhalten elektrisch oder mit Dampf betriebene Andrehvorrichtungen. Mehrzylindermaschinen mit versetzten Kurbeln können die Andrehvorrichtung für das Anlassen entbehren, da bei ihnen, falls die Hochdruckkurbel in der Totlage steht, durch die zum Aufnehmer führende Hilfsleitung frischer Dampf in den Mittel- oder Niederdruckzylinder gelassen werden kann. Meist sieht man aber eine solche Vorrichtung auch an diesen Maschinen vor, um die Steuerung leichter einstellen, oder, falls die Maschine ein Dampfdynamo ist, die Teile der Dynamomaschine besser untersuchen zu können.

# IX. Die Kolbendampfmaschinen mit Ab- und Zwischendampfverwertung.

**§ 166. Die Abdampfverwertung.** In Betrieben, die nicht nur zur Arbeitsleistung, sondern auch zum Heizen, Kochen, Verdampfen, Trocknen usw. Dampf gebrauchen, erzeugte man diesen Heizdampf, wie er im folgenden kurz im Gegensatz zum Arbeits- oder Kraftdampf bezeichnet werden soll, früher entweder in einem besonderen Niederdruckkessel, oder man drosselte den Frischdampf des gemeinsamen Hochdruckkessels an der Verwendungsstelle auf den Heizdruck ab. Jetzt benutzt man in solchen Betrieben, wenn die später besprochene Zwischendampfentnahme nicht vorteilhafter ist, allgemein den Abdampf einer Einzylindermaschine als Heizdampf, läßt also den Frischdampf eines Hochdruckkessels zunächst unter Verrichtung der erforderlichen Arbeit annähernd bis auf den Heizdruck in der Maschine expandieren und dann aus dieser in die Heizung treten. Die Einzylindermaschine heißt Gegendruckmaschine, da sie in der Regel mit erhöhtem Gegendruck, dem Heizdruck, arbeitet.

Mit der Verwendung des Abdampfes zu Heiz- und ähnlichen Zwecken ist in den genannten Betrieben eine weit bessere Ausnützung der aus dem Brennstoff entwickelten Wärme als bei der älteren Betriebsweise verbunden; denn es werden nun die bedeutenden latenten Wärmemengen, die bei der gewöhnlichen Kolbendampfmaschine mit dem Abdampf nutzlos ins Freie oder in den Kondensator gehen, für die Zwecke der Heizung nutzbar gemacht.

Dem Eintrittsdampf werden nämlich in der Kolbendampfmaschine außer dem theoretischen Wärmewert der geleisteten Arbeit nur die den Leitungs-, Strahlungs- und Lässigkeitsverlusten nach außen entsprechenden Wärmemengen entzogen, während alle anderen für die Arbeitsleistung in Betracht kommenden Wärmeverluste in ihm verbleiben. Der Wärmewert einer $PS_{st}$ beträgt

$$60 \cdot 60 \cdot 75 \cdot A = \frac{60 \cdot 60 \cdot 75}{427} = \infty\, 632{,}3\ WE\,.$$

Die Leitungs-, Strahlungs- und Lässigkeitsverluste nach außen dürften in modernen Maschinen 3 vH dieses Wertes kaum überschreiten. Bei einem Dampfverbrauch von $D_i\ kg$ für die $PS_{i-st}$ und einem Wärmeinhalt $i_0$ von $1\ kg$ des Eintrittsdampfes sind also noch

$$i_0 \cdot D_i - 1{,}03 \cdot 632{,}3\ WE$$

oder in jedem *kg* Abdampf noch rund

$$i_a = i_0 - \frac{650}{D_i} WE \quad \ldots \ldots \ldots \ldots \quad 168$$

enthalten. Für überhitzten Dampf von *13 at abs.* und 300° C z. B. ist $i_0 = \infty$ *730 WE*, und durch jedes *kg* Abdampf gelangen also bei einer Auspuffmaschine mit $D_i = 7{,}5\,kg$ Dampfverbrauch

$$i_a = 730 - \frac{650}{7{,}5} = \infty\,643\;WE,$$

bei einer Kondensationsmaschine mit $D_i = 5\,kg$ Dampfverbrauch

$$i_a = 730 - \frac{650}{5} = 600\;WE,$$

das sind 88 bzw. 82 vH der zugeführten Wärme, ins Freie oder in den Kondensator.

In den Anlagen mit Abdampfverwertung können diese Wärmemengen, je nachdem der Abdampf ganz oder teilweise verwertet wird, vollständig oder zum Teil zu Heizzwecken nutzbar gemacht werden, und die Wärmeverluste solcher Anlagen bestehen neben den vorerwähnten äußeren Wärmeverlusten der Maschine nur in den Verlusten der Kessel- und Leitungsanlage. Diese Anlagen arbeiten deshalb bei vollständiger Verwertung des Abdampfes mit einem wirtschaftlichen Wirkungsgrad von 70 bis 80 vH, während bei reinem Kraftbetrieb nach S. 104 unter sehr günstigen Verhältnissen nur 17,4 vH erreicht werden.

Um die Ersparnisse im Wärmeverbrauch festzustellen, die sich in einer Kraftanlage mit Abdampfverwertung gegenüber einer solchen mit Frischdampfheizung, wie Anlagen mit getrennter Kraft- und Heizdampferzeugung im Nachstehenden genannt werden sollen, erzielen lassen, ist zu beachten, daß in jener durch den der Maschine zugeführten Frischdampf nicht nur Arbeit geleistet, sondern auch die zu Heizzwecken nötige Wärmemenge geliefert wird. In einer Anlage mit Frischdampfheizung ist die letztere Wärmemenge besonders aufzubringen. Andrerseits hat aber bei ihr die reine Kraftmaschine, als welche eine Kondensationsmaschine oder Dampfturbine in Frage käme, einen geringeren Wärmeverbrauch als die Gegendruckmaschine. Die Wärmeersparnis $E_w$ in *WE* ist also gleich dem Wärmeinhalt der verwerteten Abdampfmenge, vermindert um den Mehrverbrauch an Wärme, den die Gegendruckmaschine gegenüber der reinen Kraftmaschine hat.

$E_w$, dividiert durch das Produkt aus dem Wirkungsgrad der Kessel- und Leitungsanlage und dem Heizwert des Brennstoffes, ergibt die Ersparnis an diesem.

Für den Vergleich beider Anlagen eignen sich besser die Ersparnisse im Dampfverbrauch[1]). Dieser setzt sich bei einer Gegendruckmaschine aus zwei

---

[1]) Siehe hierzu *Heilmann* in „Sparsame Wärmewirtschaft", Heft 2 (I). Jul. Springer, Berlin.

Teilen zusammen: der eine Teil bildet das für die Arbeitsleistung, der andere das für die Heizung aufgewendete Gewicht an Eintrittsdampf. Nach Obigem sind zur Leistung von $1\,PS_{i-st}$ in der Maschine $1{,}03 \cdot 632{,}3 = \sim 650\,WE$ nötig. $1\,PS_{e-st}$ erfordert bei einem mechanischen Wirkungsgrad $\eta_m = 0{,}89$ der letzteren

$$\frac{650}{0{,}89} = \sim 730\,WE\,.$$

Da dies annähernd der Wärmeinhalt des Eintrittsdampfes bei den jetzt gebräuchlichen Spannungen und Überhitzungen ist, so wird zu $1\,PS_{e-st}$ rund $1\,kg$ Dampf gebraucht, d. h.: bei einem Dampfverbrauch von $D_g\,kg$ für $1\,PS_{e-st}$ der Gegendruckmaschine dient $1\,kg$ des Eintrittsdampfes zur Arbeitsleistung[1]), während die Wärme der restlichen $(D_g - 1)\,kg$ im Heizdampf enthalten sind. Bei einem Heizdampfbedarf von $x\,D_g\,kg$ ($x = 0{,}5$ bei halber, $x = 1$ bei ganzer Verwertung des Abdampfes usw.) befindet sich also in diesem die Wärme von $x\,(D_g - 1)\,kg$ Eintrittsdampf. In einer Anlage mit Frischdampfheizung ist die letztere Dampfmenge nach dem Früheren neben den zu $1\,PS_{e-st}$ erforderlichen $D_k\,kg$

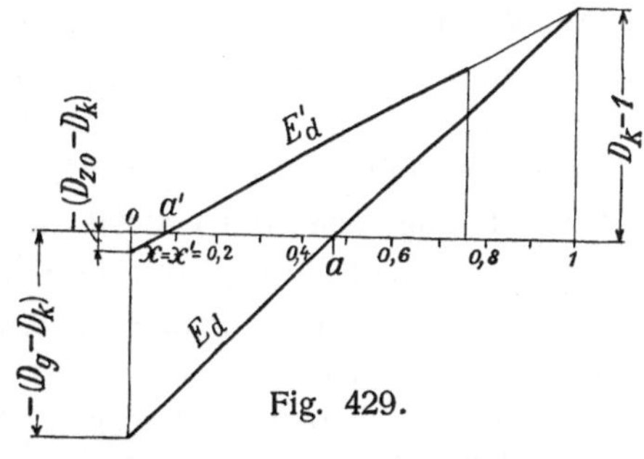

Fig. 429.

Eintrittsdampf der reinen Kraftmaschine aufzubringen. Als Ersparnis im Dampfverbrauch für jede $PS_{e-st}$ folgt demnach

$$E_d = x\,(D_g - 1) - (D_g - D_k) \quad \ldots \ldots \ldots \ldots 169$$

Für $x = 0$ wird

$$E_d = -\,(D_g - D_k)\,kg,$$

für $x = 1$

$$E_d = (D_k - 1)\,kg,$$

und die Ersparnis hört auf ($E_d \leqq 0$) für

$$x_0 \leqq \frac{D_g - D_k}{D_g - 1} \quad \ldots \ldots \ldots \ldots \ldots \ldots 170$$

Als graphische Darstellung der Gl. 169 ergeben sich für dasselbe $D_g$, d. h. für konstante Füllung und Leistung der Gegendruckmaschine, die Ordinaten einer Geraden $E_d$ (Fig. 429) über den $x$ Werten als Abszissen. Die Gerade kann mit Hilfe der Endordinaten (für $x = 0$ und $x = 1$) gezeichnet werden und liefert im Schnittpunkt $a$ den Wert $x_0$ der Gl. 170 für den Beginn der Ersparnis.

Ist z. B. $D_k = 5{,}25\,kg$ (Kondensations-Verbundmaschine) und $D_g = 9\,kg$ bei einem Gegendruck von $2\,at\,abs.$, so wird nach Gl. 169 oder Fig. 429, für diese Verhältnisse gelten, $x_0 = 0{,}47$, während bei einem Gegendruck von $3\,at\,abs.$,

---

[1]) Das gilt nicht nur für die Gegendruck-, sondern auch für jede andere Kolbendampfmaschine.

$D_g = 11\ kg$ und $D_k = 5{,}25\ kg\ x_0 = 0{,}575$ würde; d. h., unter alleiniger Berücksichtigung des Dampfverbrauches bzw. der Wärmeersparnis ist die Gegendruckmaschine unter den gegebenen Verhältnissen der reinen Kondensationsmaschine überlegen, wenn bei jener die Heizdampfmenge 47 bzw. 57,5 vH des verfügbaren Dampfgewichtes beträgt. Ferner kann unter den gemachten Voraussetzungen und unter der Annahme eines unveränderlichen Dampfverbrauches der Gegendruckmaschine für alle Belastungen deren Leistung bei vollständiger Verwertung des Abdampfes bis auf das $1/x_0$fache, also mit den vorgenannten Werten bis auf das *2,13*- bzw. *1,74*fache gesteigert werden, ehe sie unwirtschaftlicher als die reine Kondensationsmaschine mit besonderer Frischdampfheizung arbeitet.

Für den wirtschaftlichen Vergleich beider Anlagen kommen neben der Dampf- bzw. Wärmeersparnis auch noch die Ersparnisse in Betracht, die sich bei Anlagen mit Gegendruckmaschinen infolge des geringeren Anlagekapitales (ein Kessel anstatt zwei bei der Erzeugung des Heizdampfes in einem Niederdruckkessel, Fortfall der Kondensation, des Kühlwasserbedarfs und der etwaigen Rückkühlung desselben) sowie der einfacheren Bedienungsweise in der Verzinsung, Abschreibung und in den Wartekosten erzielt werden. Sie lassen sich nur von Fall zu Fall ermitteln, können aber unter Umständen ziemlich bedeutend werden.

Zu den Betrieben, für welche die Abdampfverwertung (neben der später behandelten Zwischendampfverwertung) in Frage kommt, gehören vor allem die Brauereien, Papier-, Zucker- und chemischen Fabriken, Färbereien, Bleichereien usw., in denen der Abdampf außer zum Heizen noch zum Kochen, Trocknen, Lösen und zur Warmwasserbereitung, der Kraftdampf neben anderen Zwecken namentlich zur Erzeugung von elektrischem Strom, Kälte dient. Ferner kommen in Betracht Verwaltungen und Anstalten, die neben elektrischem Strom den Abdampf zum Heizen und zur Warmwasserbereitung gebrauchen. Bei Heizungsanlagen wird der Abdampf entweder unmittelbar in die Dampfheizung geleitet oder durch ihn das Wasser einer Warmwasserheizungsanlage erwärmt. Der Heiz- und Gegendruck beträgt bei den genannten Anlagen gewöhnlich *1* bis *3 at abs.* und steigt nur selten bis auf *6 at*. Er ist möglichst niedrig zu halten, da mit wachsendem Gegendruck die Wirtschaftlichkeit der Abdampfverwertung abnimmt und die mit ihr gemachten Ersparnisse gegenüber Kraftanlagen mit Frischdampfheizung geringer werden; unzweckmäßig bemessene Leitungen und Heizflächen sowie alle nicht unbedingt erforderlichen Ventile, Form- und namentlich T-Stücke in der Heizleitung erhöhen den Gegendruck oft unnötig.

Hinsichtlich der Heizwirkung ist der Abdampf dem Frischdampf praktisch gleich, da beide meist annähernd den gleichen Wärmeinhalt haben und in Fällen, wo das Druckgefälle der Gegendruckmaschine zu groß, der Wärmeinhalt des Abdampfes zu niedrig ist, dieser Ausfall durch stärkere Überhitzung des Eintrittsdampfes gedeckt werden kann. Im allgemeinen geht man aber mit der Überhitzung des Eintrittsdampfes bei Gegendruckmaschinen nicht über 300 bis 350° C hinaus, da sonst der Abdampf auch noch stark überhitzt ist und dann von vielen als schlechterer Wärmeleiter nicht so gern zu Heizzwecken verwendet wird, sich auch nicht so leicht entölen läßt als gesättigter Dampf. Eine mäßige Überhitzung des Abdampfes, wie sie meist bei Gegendruckmaschinen auftritt und die gerade ausreicht, um Wärmeverluste durch Kondensation in den Leitungen zu vermeiden, ist allerdings erwünscht, namentlich bei langen Leitungen.

Ebenso wie die Kolbendampfmaschine wird auch die Dampfturbine für Gegendruckbetrieb ausgebildet. Sie arbeitet aber in den Hochdruckstufen, die bei der Abdampfverwertung hauptsächlich für die Arbeitsleistung in Betracht kommen, wegen der größeren Undichtheits- und Reibungsverluste bei dem hohen Druck weniger günstig, nützt also den Dampf schlechter aus als die Gegendruck-Kolbendampfmaschine. Fig. 430 zeigt zum Vergleich die graphische Darstellung des Dampfverbrauches einer Gegendruck-Dampfturbine (Kurve *A*) und einer Gegendruck-Kolbenmaschine (Kurve *B*) von *1000 PS$_e$* für verschiedene Gegendrucke nach den Angaben von *Gebr. Sulzer* in Winterthur; die Kurve *C* entspricht dem Mehrverbrauch der

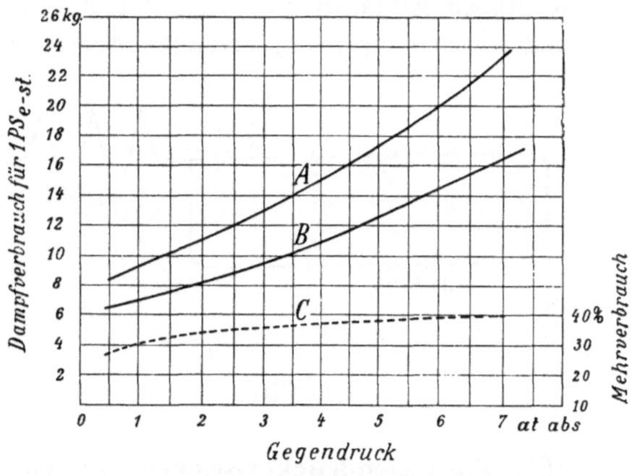


Fig. 430.

ersteren. Ferner ist die Kolbendampfmaschine infolge ihrer stetigen Regelung gegenüber der gruppenweisen Düsenregelung der Abdampfturbine für Schwankungen des Gegendruckes und der Dampfentnahme weniger empfindlich und paßt sich diesen Schwankungen ohne wesentliche Änderungen des thermodynamischen Wirkungsgrades leichter an. Für Leistungen unter *1000 PS* wird deshalb der Gegendruck-Kolbendampfmaschine fast stets der Vorzug gegeben. Die durch den höheren Schmierverbrauch, die größeren Gebäude und Fundamente bei dieser entstehenden Mehrkosten machen sich schon in wenigen Jahren durch den geringeren Dampfverbrauch bezahlt. Der für alle Dampfturbinen bestehende Vorteil eines ölfreien Kondensats wird für die Anwendung einer Abdampfturbine nur dann maßgebend sein, wenn der Heizdampf unmittelbar in die zu erwärmende Flüssigkeit treten muß; sonst kann das Öl dem Abdampf einer Kolbenmaschine mit den heute gebräuchlichen Entölern in durchaus befriedigender Weise entzogen werden.

In Betrieben, die nur zeitweise Dampf für Heizzwecke brauchen, wie z. B. in Fällen, wo der Abdampf von Maschinen, die während des ganzen Jahres in Tätigkeit sind, nur im Winter zur Heizung verwendet wird, empfiehlt es sich, die Gegendruckmaschine auf Kondensationsbetrieb umschaltbar zu machen. Sonst könnten leicht die mit der Abdampfverwertung erzielten Ersparnisse durch den Mehrverbrauch an Dampf während der Zeit, wo die Heizung nicht in Betrieb ist und die Maschine mit Auspuff ins Freie arbeiten muß, wieder aufgezehrt werden.

Der Abdampf von Kondensationsmaschinen wird selten zu Heizzwecken benützt. Die bis jetzt zur Ausführung gekommenen Anlagen dieser Art verwenden entweder den Abdampf in Heizanlagen mit Temperaturen, die weit unter 100° C liegen, oder sie gebrauchen das in einem Oberflächenkondensator auf 60 bis 70° C erwärmte Kühlwasser zu einer Warmwasserheizung oder Luft als Kühlmittel für die Kondensation[1]). Solche Luftkondensatoren erfordern aber wegen der geringen spezifischen Wärme der Luft und der niedrigen Wärmeübertragungszahl sehr große Kühlflächen.

Die großen Abdampfmengen der Kolbenmaschinen in Hütten-, Bergwerken usw., die wegen ihrer aussetzenden Arbeitsweise im allgemeinen nicht an eine

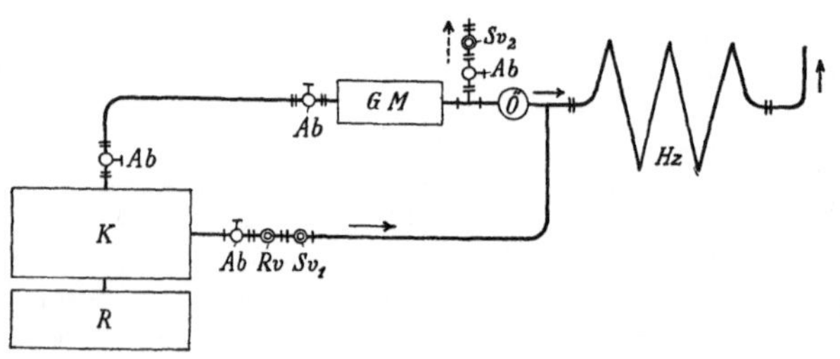


Fig. 431.

Kondensation angeschlossen sind, werden in Dampfspeichern gesammelt und zum Betrieb sogenannter Abdampfmaschinen benützt. Für diese kommen aber wegen ihrer günstigeren Arbeitsweise im Niederdruckteil nur Abdampfturbinen in Frage.

§ 167. **Die Gegendruckmaschinen.** Ihr Betrieb gestaltet sich am wirtschaftlichsten, wenn der Abdampf möglichst vollständig zu Heizzwecken verwendet wird und die Schwankungen im Heizdampfbedarf und in der Belastung der Maschine nicht bedeutend sind. Wärmeverluste durch überschüssigen Abdampf oder Zusatz von frischem Dampf treten dann nur selten ein; desgleichen Arbeitsverluste durch unvollständige Expansion oder Schleifenbildung bei hoher oder niedriger Belastung, wo die Expansionsendspannung über bzw. unter dem Gegendruck liegt.

Fig. 431 gibt schematisch die Anlage einer reinen Gegendruckmaschine. $K$ ist der Kessel, $R$ der Rauchgasvorwärmer, $GM$ die Gegendruckmaschine, $Ö$ der Ölabscheider, $Hz$ die Heizung; $Ab$ sind die Absperrventile. Das Reduzierventil $Rv$ und Sicherheitsventil $Sv_1$ lassen gedrosselten Frischdampf in die Heizung, wenn der Abdampf der Maschine nicht ausreicht, das Sicherheitsventil $Sv_2$ läßt den von der Maschine überschüssig gelieferten, nicht gebrauchten Abdampf ins Freie.

Die Regelung einer Gegendruckmaschine erstreckt sich entweder auf deren Leistung oder auf den Heizdampfbedarf. Im ersten Falle kommen gewöhnliche Geschwindigkeitsregler zur Verwendung und hängt die zur Verfügung stehende Heizdampfmenge von der Belastung der Maschine ab. Bei zu geringer

---

[1]) Siehe Z. d. V. d. I. 1910, S. 244.

Abdampfmenge wird dann durch das Sinken des Druckes in der Heizung das Zusatzventil $Sv_1$ (Fig. 431), bei zu großer durch das Steigen dieses Druckes das Ventil $Sv_2$ geöffnet. Die zweite Regelung bedient sich sogenannter Druckregler (siehe § 171), bei denen ein federbelasteter Kolben oder eine kommunizierende Röhre mit Quecksilberfüllung unter dem Druck der Heizung steht. Ihre Wirkung beruht darauf, daß die bei zu großer Abdampfmenge eintretende Steigerung des Heizdruckes oder die entsprechende Abnahme desselben bei nicht ausreichendem Abdampf eine Bewegung des Kolbens oder der Quecksilberfüllung in dem einen oder anderen Sinne veranlaßt, die dann entweder mit Hilfe eines Servomotors oder unmittelbar zur Änderung der Maschinenfüllung oder zur Betätigung des Zusatzventiles benutzt wird. Der Geschwindigkeitsregler hat hier nur dafür zu sorgen, daß die Maschine bei großem Abdampfbedarf, aber ungenügender Belastung nicht durchgeht, in welchem Falle dem Abdampf wieder gedrosselter Frischdampf durch das Ventil $Sv_1$ zugesetzt wird.

Den bei kleinen Füllungen in Gegendruckmaschinen auftretenden Übelstand der Schleifenbildung im Diagramm beseitigt die *Waggon- und Maschinenbau-Aktienges. Görlitz* dadurch, daß sie die Auslaßsteuerung dieser Maschinen unter den Einfluß des Geschwindigkeitsreglers der Einlaßsteuerung stellt, wodurch die Vorausströmung immer in dem Augenblick beginnt, in dem die Expansionslinie die Gegendrucklinie schneidet. Die Firma baut ferner Einzylindermaschinen, bei denen die eine Kolbenseite mit Auspuff bzw. Heizdampfabgabe, die andere mit Kondensation arbeitet, wodurch eine bessere Anpassung an bestimmte Betriebsverhältnisse erzielt werden soll. Die Auspuffseite steht dann zur Regelung des Heizdampfbedarfes unter dem Einfluß eines Druckreglers, die Kondensationsseite zur Regelung des Leistungsbedarfes unter dem eines Geschwindigkeitsreglers.

Steht außer der Gegendruckmaschine noch eine andere Kraftmaschine (ein- oder mehrzylindrige Kondensationsmaschine, Dampfturbine, Wasserturbine, Dieselmotor) zur Verfügung, so kann der Betrieb auch in Anlagen, wo der Abdampf der Gegendruckmaschine nicht restlos oder größtenteils verwendet wird oder der Heizdampfbedarf starken Schwankungen unterworfen ist, durch Kupplung beider Maschinen äußerst wirtschaftlich gestaltet werden. In Fig. 432 ist eine solche Anlage nach Ausführungen von *Gebr. Sulzer* in Winterthur (Schweiz) schematisch dargestellt. $A$ ist die Gegendruck-, $B$ die zweite Kraft- oder Hilfsmaschine, die beide ihre Leistung an die Transmission $X$ abgeben. $K$ bezeichnet die Frisch-, $H$ die Abdampfleitung zur Heizung. Zur Regelung dient der Druckregler $D$ (siehe § 171), der durch die Leitung $T$ mit der Heizleitung in Verbindung steht. Sinkt in der letzteren bei zu geringer Abdampfmenge der Druck, so veranlaßt der Druckkolben des Reglers durch den Servomotor $D_s$, der auf die Steuerung der Gegendruckmaschine einwirkt, eine Zunahme der Füllung, und die damit verbundene Zunahme in der Leistung dieser Maschine bewirkt dann automatisch solange eine Steigerung in der Umdrehungszahl der Transmission und Hilfsmaschine, bis der Geschwindigkeitsregler $G$

mit seinem Servomotor $G_1$ die Leistung der letzteren und damit die Umdrehungs-
zahl der ganzen Anlage wieder auf das normale Maß herabgesetzt hat. Bei
zu großer Abdampfmenge spielt sich dieser Vorgang in entgegengesetztem
Sinne ab. Nur wenn bei größter Belastung der Gegendruckmaschine deren
Abdampf für die Heizung noch nicht ausreicht, öffnet der Kolben des Druck-
reglers $D$ durch einen zweiten Servomotor $D_z$ auch das Zusatzventil $Z$ in dem
Abzweig $L$ der Frischdampfleitung. Die Gegendruckmaschine erhält einen
Geschwindigkeitsregler, der erst bei Überschreitung der höchst zulässigen Um-
drehungszahl aus irgend einem Grunde (wie z. B. bei Riemenbruch) auf die
Steuerung der Maschine einwirkt.

Gegendruckmaschinen werden fast stets als Einzylinder- und nur selten
als Verbundmaschinen gebaut. Das Wärme- und Temperaturgefälle ist wegen

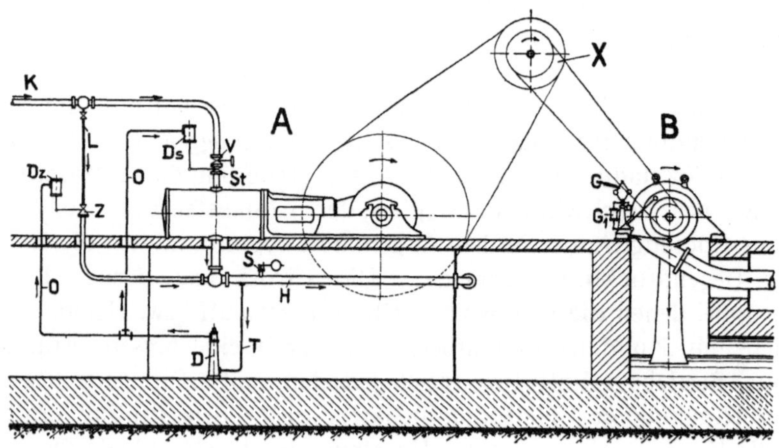

Fig. 432.

des Gegendruckes genügend klein, um in einstufiger Expansion bewältigt werden
zu können; außerdem haben Einzylindermaschinen geringere Anlagekosten und
einfacheren Betrieb. Die Eintrittsspannungen steigen bei hohen Gegendrucken
bis auf *18 at abs.*, wobei aber die Kolbendrucke nicht unüberwindbar groß
werden.

Die Berechnung der Gegendruckmaschinen hat wie die einer gewöhnlichen
Einzylindermaschine mit dem Heizdruck als Austrittsspannung $p_2$ zu erfolgen.

Der Dampfverbrauch hängt von der Höhe der Eintrittsspannung und
des Gegendruckes ab. Er sinkt wie bei jeder Kolbendampfmaschine mit wachsendem Eintrittsdruck und steigt mit zunehmendem Gegendruck. Der letzte
Umstand erklärt sich unter anderem daraus, daß mit wachsendem Gegendruck
das verfügbare Gefälle $i_0 - i_2$ und mit diesem der thermische Wirkungsgrad
$\eta_0$ der vollkommenen Maschine (siehe S. 98) abnimmt. Auf tunlichste Beschränkung des Gegendruckes ist also, wie schon früher bemerkt, zu achten.

Für die Berechnung des voraussichtlichen Dampfverbrauches einer neuen
Maschine gelten auch hier die Angaben in § 15. Die *Maschinenfabrik Augsburg-*

*Nürnberg* benützt zur Bestimmung dieses Dampfverbrauches unter den angegebenen Verhältnissen die nachstehende Tabelle. Zur Schätzung kann auch Gl. 34, S. 103, dienen, wobei mit einem thermodynamischen Wirkungsgrad $\eta_{th} = 0{,}7$ bis $0{,}85$ für die meist gebräuchlichen Verhältnisse zu rechnen ist.

Tabelle zur Bestimmung des Dampfverbrauches $D_i = \dfrac{27\,d_h}{p_i}$ von Gegendruckmaschinen.

| abs. Gegendruck in at $p_2=$ | mittlerer indizierter Druck $p_i$ in $at$[1] | | | | | | | | | | | Dampfgewicht $d_h$ in $kg$ pro $cbm$ Hubvolumen | | | |
| | 2,0 | | | | 2,5 | | | | 3,0 | | | | | | |
| Füllung $e=$ | 0,1 | 0,2 | 0,3 | 0,5 | 0,1 | 0,2 | 0,3 | 0,5 | 0,2 | 0,3 | 0,5 | 0,1 | 0,2 | 0,3 | 0,5 |
|---|---|---|---|---|---|---|---|---|---|---|---|---|---|---|---|
| 9,5 | — | 1,75 | 2,78 | 4,33 | — | 1,31 | 2,30 | 3,84 | 0,94 | 1,92 | 3,42 | — | 0,69 | 1,04 | 1,75 |
| 10,5 | — | 2,18 | 3,34 | 5,05 | — | 1,76 | 2,88 | 4,62 | 1,40 | 2,52 | 4,21 | — | 0,79 | 1,18 | 1,97 |
| 11,5 | — | 2,63 | 3,92 | 5,82 | — | 2,22 | 3,46 | 5,36 | 1,85 | 3,08 | 4,95 | — | 0,88 | 1,32 | 2,19 |
| 12,5 | 1,28 | 3,08 | 4,50 | 6,56 | — | 2,66 | 4,05 | 6,10 | 2,32 | 3,63 | 5,69 | 0,48 | 0,96 | 1,45 | 2,41 |
| 13,5 | 1,60 | 3,52 | 6,32 | 7,34 | — | 3,10 | 4,64 | 6,86 | 2,74 | 4,25 | 6,46 | 0,53 | 1,05 | 1,56 | 2,62 |
| 14,5 | 1,90 | 3,96 | 5,68 | — | 1,60 | 3,56 | 5,23 | 7,62 | 3,18 | 4,82 | 7,22 | 0,57 | 1,13 | 1,68 | 2,81 |
| 15,5 | 2,20 | 4,38 | 6,20 | — | 1,87 | 4,00 | 5,81 | — | 3,64 | 5,42 | 7,88 | 0,60 | 1,21 | 1,80 | 3,01 |
| 16,0 | 2,36 | 4,58 | 6,45 | — | 2,00 | 4,22 | 6,10 | — | 3,87 | 5,72 | 8,40 | 0,62 | 1,24 | 1,85 | 3,09 |

(Das Zeichen $p_1$ in $at$ = abs. Eintrittsdruck.)

Die Werte der Tabelle gelten für Eintrittsdampf von 300° C, 7 vH schädlichen Raum, 10 vH Voraustritt, Kompression bis auf $p_1 - 2\,at$ und $2\,at$ Drosselung im Einströmventil.

§ 168. **Die Zwischendampfverwertung.** Ebenso wie durch die Abdampfverwertung kann in Anlagen, die neben mechanischer Energie noch Dampf zu Heiz- und ähnlichen Zwecken brauchen, auch durch die Zwischendampfverwertung eine bessere Wärmeausnützung des Dampfes erzielt werden. Der Zwischendampf wird gewöhnlich dem Aufnehmer einer Verbundmaschine entnommen, in deren Hochdruckzylinder der frische Dampf unter Verrichtung äußerer Arbeit bis auf den im Aufnehmer herrschenden Heizdruck expandiert, in deren Niederdruckzylinder aber nur der dem Aufnehmer nicht entnommene Restdampf weiter Arbeit leistet.

Eine solche Zwischendampfentnahme bietet gegenüber der Abdampfverwertung den Vorteil, daß Arbeits- und Heizdampfbedarf bei jener weit unabhängiger voneinander sind und Schwankungen in beiden die Wirtschaftlichkeit des Betriebes in weit geringerem Maße beeinflussen, als dies bei Gegendruckmaschinen der Fall ist. Sinkt z. B. in einer Anlage mit Abdampfverwertung bei unveränderter normaler Leistung der Heizdampfbedarf, so muß der überschüssig gelieferte Abdampf ins Freie gelassen werden, während bei einer Maschine mit Zwischendampfentnahme in einem solchen Falle ohne Änderung der Gesamtleistung die Füllung des Niederdruckzylinders vergrößert und gleichzeitig die des Hochdruckzylinders entsprechend verkleinert wird. Wenn hierbei auch, sofern dies nicht durch die Steuerung verhindert wird, Schleifenbildungen im Hochdruckdiagramm, namentlich bei starken Schwankungen, eintreten können und der Dampf im Niederdruckzylinder ungünstiger als im Hochdruckzylinder arbeitet, so sind die damit verbundenen Wärmeverluste

---

[1] Bei Verbundmaschinen mit Zwischendampfentnahme für den Hochdruckzylinder.

doch viel geringer als bei der Gegendruckmaschine unter den gleichen Umständen. Eine Steigerung des Heizdampfbedarfes bei unveränderter Leistung kann in Maschinen mit Zwischendampfentnahme durch eine Vergrößerung der Hochdruck-, verbunden mit einer entsprechenden Verkleinerung der Niederdruckfüllung, erreicht werden, wobei die etwa eintretenden Verluste durch unvollständige Expansion in dem ersten Zylinder die Wirtschaftlichkeit nicht in dem Maße beeinflussen als der unter gleichen Umständen bei einer Gegendruckmaschine erforderliche Zusatz an frischem Dampf für die Heizung. Entsprechendes würde sich für Änderungen in der Leistung bei unverändertem Bedarf an Heizdampf ergeben.

Die Ersparnisse im Wärmebedarf, die sich bei einer Anlage mit Zwischendampfverwertung gegenüber einer solchen ohne diese und unmittelbarer Verwendung des Frischdampfes zu Heizzwecken erzielen lassen, sind ebenso wie bei der Abdampfverwertung (siehe S. 496) **gleich dem Wärmeinhalt der entnommenen Zwischendampfmenge, vermindert um den Mehrverbrauch an Wärme, den die Zwischendampfmaschine gegenüber einer reinen Kraftmaschine mit für die Arbeitsleistung günstigsten Verhältnissen hat.** Als letztere würde z. B. bei einer Verbundmaschine eine solche mit hierfür besser geeignetem Zylinderverhältnis in Betracht kommen.

Der Dampfverbrauch der Entnahmemaschine ist bei unveränderter Füllung des Hochdruckzylinders nicht konstant, sondern er steigt und sinkt mit der Entnahmemenge. Je größer nämlich diese wird, desto weniger Dampf tritt bei unveränderter Füllung des Hochdruckzylinders in den Niederdruckzylinder, desto kleiner wird also dessen Leistung und die Gesamtleistung, desto größer somit der Dampfverbrauch für $I\ PS_{st}$ und umgekehrt. Zur Bestimmung der durch die Zwischendampfentnahme erzielten Ersparnis im Dampfverbrauch für den Vergleich bedient man sich deshalb nach *Heilmann*[1]) besser des Dampfverbrauches $D_{zo}$ in *kg*, den die Maschine für $I\ PS_{e-st}$ bei ganz aufgehobener Dampfentnahme für die betreffende Füllung hat. Werden dann bei stattfindender Zwischendampfentnahme $x' \cdot D_{zo}$ *kg* Heizdampf dem Aufnehmer entnommen, so ist nach S. 497 der Wärmeinhalt von $x'\,(D_{zo} - I)$ *kg* Frischdampf im Entnahmedampf enthalten. Diese Wärmemenge, vermindert um den Mehrverbrauch $D_{zo} - D_k$ der Entnahmemaschine gegenüber der reinen Kraftmaschine, muß bei einer Anlage ohne Zwischendampfentnahme und Frischdampfheizung mehr aufgewendet werden. Als Dampfersparnis folgt demnach für jede $PS_{e-st}$

$$E'_d = x'\,(D_{zo} - I) - (D_{zo} - D_k) \ \ldots \ \ldots \ \ldots \ 171$$

Für $x' = I$, wo die Entnahmemaschine als Gegendruckmaschine arbeiten würde — ein Fall, der in Wirklichkeit niemals eintritt, da der Niederdruckkolben stets vom Dampf umspült sein und die Füllung des Niederdruckkolbens mindestens dessen Leerlaufarbeit aufbringen muß, — wird wie bei dieser

$$E'_d = D_k - I,$$

---

[1]) Siehe die Anmerkung auf S. 496.

für $x = o$ dagegen $E'_d = -(D_{z0} - D_k)$,
und die Dampfersparnis hört auf $(E'_d \leqq o)$ für

$$x'_0 \leqq \frac{D_{z0} - D_k}{D_{z0} - I} \qquad \ldots \ldots \ldots \ldots \qquad 172$$

Die hiernach und für $D_{z0} = 5,6$ und $D_k = 5,25\ kg$ in Fig. 429, S. 497, gezeichnete Gerade $E'_d$ gibt in den oberhalb der Abzissenachse liegenden Ordinaten die mit einer Entnahmemaschine bei *2 at abs.* Heizdruck erzielten Ersparnisse pro $PS_{e-st}$. Der Schnittpunkt $a'$ der Geraden mit der Abszissenachse liefert ebenso wie Gl. 172 als Grenzwert $x'_0 = 0{,}076$. Für mehr als $x'_0 \cdot D_{z0} = 0{,}076 \cdot 5{,}6$ $= 0{,}43\ kg$ Heizdampfentnahme pro $PS_{e-st}$ würde also bei alleiniger Berücksichtigung des Dampf- und Wärmeverbrauches die Zwischendampfmaschine wirtschaftlicher als die reine Kondensationsmaschine mit unmittelbarer Verwendung des Kesseldampfes zu Heizzwecken arbeiten. Bei der Gegendruckmaschine (Schnittpunkt $a$ in Fig. 429) begann die größere Wirtschaftlichkeit unter den gleichen Verhältnissen erst bei $x_0 = 0{,}47$, also bei einem Heizdampfverbrauch von $0{,}47 \cdot 9 = 4{,}23\ kg$ pro $PS_{e-st}$.

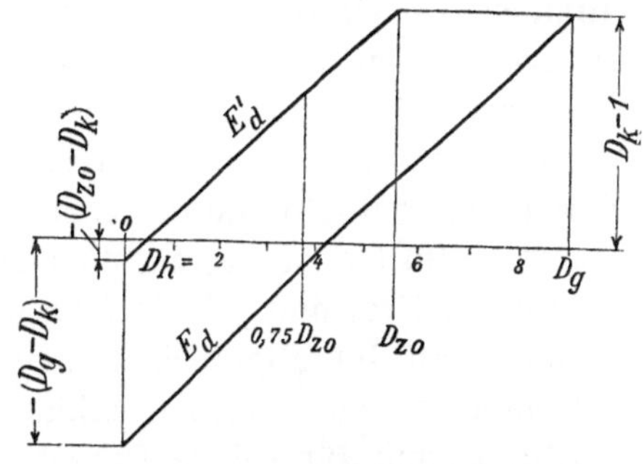


Fig. 433.

Will man die Entnahmemaschine mit der Gegendruckmaschine in bezug auf ihre Wirtschaftlichkeit im Dampfverbrauch vergleichen, so muß man die Ersparnisse beider auf denselben Heizdampfverbrauch beziehen. Bezeichnet man diesen dann allgemein mit $D_h$ für jede $PS_{e-st}$, so wird bei der Gegendruckmaschine

$$\text{für } x = o \text{ und } D_h = o \qquad\qquad E_d = -(D_g - D_k)\ kg\,,$$
$$\text{für } x = I, \text{ also für } D_h = D_g \qquad E_d = (D_k - I)\ kg\,,$$

bei der Zwischenmaschine

$$\text{für } x' = o \text{ und } D_h = o \qquad\qquad E'_d = -(D_{z0} - D_k)\ kg\,,$$
$$x' = I, \text{ also für } D_h = D_{z0} \qquad E'_d = (D_k - I)\ kg\,,$$

Mit Hilfe dieser Werte lassen sich nach Fig. 433 die Ersparnisse als Ordinaten zweier Geraden darstellen, für die als Abszissen der Heizdampfverbrauch $D_h = I{,}2, \ldots D_{z0} \ldots D_g\ kg$ gewählt ist. Man erkennt, daß die Ersparnisse im Dampfverbrauch unter den gewählten Verhältnissen bei der Zwischendampfverwertung größer als bei der Abdampfverwertung ausfallen. Für $D_h = 0{,}75\ D_{z0}$ als größte Heizdampfentnahme würde sich sogar bei der Abdampfverwertung wirtschaftlich noch gar kein Vorteil gegenüber Anlagen ohne diese ergeben.

Vereinigte Zwischen- und Abdampfverwertung kommt nur bei sehr verschiedenem Wärmebedarf zur Anwendung. Der Zwischendampf deckt dann den Bedarf an Heizdampf von höherer Spannung, während der Abdampf (oft unter verminderter Luftleere) zur Lieferung von Warmwasser oder Heizung von Luft dient.

Die Dampfturbine kann auch als Entnahmemaschine ausgebildet werden. Diese sogenannte Anzapfturbine steht aber aus denselben Gründen, die bei der Gegendruckmaschine auf S. 499 angeführt wurden, der Kolbendampfmaschine mit Zwischendampfentnahme nach und wird deshalb nur für Leistungen über *1000 PS* und in Fällen, wo die unmittelbare Verwendung des ölfreien Zwischendampfes geboten ist, der Kolbendampfmaschine vorgezogen.

§ 169. **Die Kolbendampfmaschinen mit Zwischendampfentnahme.** Während bei der Gegendruckmaschine die verwertbare Abdampfmenge von der jeweiligen Leistung der Maschine abhängig ist, können bei der Maschine mit Zwischendampfentnahme Leistung und Heizdampfentnahme weit unabhängiger voneinander geregelt werden. Auch sind bei der letzteren nach S. 503 Schwankungen im Kraft- oder Heizdampfbedarf von nicht so erheblichem Einfluß auf die Wirtschaftlichkeit als bei der Gegendruckmaschine, die möglichst vollständige Verwertung des Abdampfes verlangt. Maschinen mit Zwischendampfentnahme eignen sich deshalb hauptsächlich für Betriebe, bei denen Schwankungen im Heizdampfbedarf auftreten, die nicht zeitlich oder ihrer Größe nach mit Änderungen im Kraftdampfbedarf zusammenfallen, oder wo der letztere den Heizdampfbedarf im allgemeinen übersteigt. Die Vereinigung der Gegendruckmaschine mit einer Hilfsmaschine, die nach S. 501 größte Wirtschaftlichkeit ergibt, kommt für solche Betriebe meist nur dann in Frage, wenn die Hilfsmaschine schon vorhanden ist; für Neuanlagen verlangt sie in der Regel höhere Anlagekosten als die Entnahmemaschine.

Die Verbund-Kondensationsmaschine mit Zwischendampfentnahme aus dem Aufnehmer unterscheidet sich in ihrer Bauart von der gleichen Maschine ohne Dampfentnahme nur durch das Zylinderverhältnis und die Regelung. Jenes ist hier meist kleiner als bei der reinen Kraftmaschine und wird entsprechend der vorwiegend zu verarbeitenden Heizdampfmenge so bemessen, daß der Niederdruckzylinder bei starker Dampfentnahme mit nicht zu kleiner Füllung und damit verbundenen großen Arbeitsverlusten arbeitet. Es beträgt jetzt meist *1 : 2* bis *1 : 1,5*, bei starker Dampfentnahme sogar *1 : 1,5* bis *1 : 1,2*, und nur dort, wo die Dampfentnahme gering und nur zeitweise stattfindet, wählt man das Verhältnis wie bei der reinen Kraftmaschine, die sich im Dampfverbrauch günstiger stellt als die Entnahmemaschine mit kleinerem Zylinderverhältnis bei fehlender Dampfentnahme.

Die Regelung der Maschinen mit Zwischendampfentnahme erfolgt durch einen Druckregler (siehe § 171) am Niederdruck- und einen Geschwindigkeitsregler am Hochdruckzylinder. Jener bewirkt bei einer Änderung im Heizdampfbedarf zunächst eine Zu- oder Abnahme der Niederdruckfüllung, und die damit verbundene Erhöhung bzw. Verminderung der Umdrehungszahl veranlaßt dann weiter den Geschwindigkeitsregler solange zu einer Verkleinerung bzw. Vergrößerung der Hochdruckfüllung, bis die frühere Leistung der Maschine wieder hergestellt ist, ein Vorgang, der sich bei guter Regelung innerhalb weniger

Sekunden abspielt. Bei einer Änderung im Kraftbedarf erfolgt die Regelung in umgekehrter Reihenfolge; jetzt verändert der Geschwindigkeitsregler zunächst die Hochdruckfüllung, und die damit verbundene Änderung in der Heizdampfabgabe wirkt durch den Druckregler auf die Niederdruckfüllung solange ein, bis die Heizdampfabgabe den Bedarf wieder deckt.

Fig. 434 zeigt die Anordnung einer solchen Regelung nach Ausführungen von *Gebr. Sulzer* in Winterthur. $K$ ist die Frischdampfleitung, $C_I$ der Hoch-, $C_{II}$ der Niederdruckzylinder. Der dem Aufnehmer $P$ entnommene Dampf geht durch den Entöler $E$ und das Rückschlagventil $R$ in die Heizleitung $H$, die durch eine schwache Leitung $T$ mit dem Druckregler $D$ verbunden ist. Von $D$ geht eine Leitung $O$ zu dem auf die Niederdrucksteuerung $St_{II}$ wirkenden

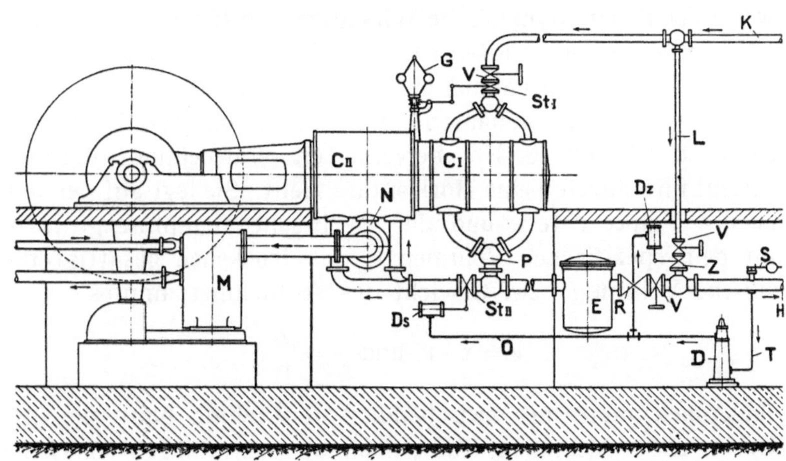

Fig. 434.

Servomotor $D_s$, und von $O$ zweigt weiter eine Leitung zu einem zweiten Servomotor $D_z$ ab, der das Frischdampfventil in dem Abzweig $L$ der Frischdampfleitung $K$ öffnet, sobald der Heizdampfbedarf den bei der größten Leistung abgebbaren Aufnehmerdampf übersteigt, ein Fall, der natürlich im Betriebe möglichst vermieden werden soll. $V$ sind Handabsperrventile, $S$ ist ein Sicherheitsventil, $G$ der die Steuerung $St_I$ des Hochdruckzylinders beeinflussende Geschwindigkeitsregler, $N$ der Kondensator, $M$ die Luftpumpe.

Bei der Berechnung einer Verbundmaschine mit Zwischendampfentnahme bestimmt man den mittleren indizierten Druck $p_i'$ des Hochdruckzylinders wie den einer Gegendruckmaschine, in welcher der Dampf bei der normalen Leistung $N_e$ der Maschine bis auf den Aufnehmer- bzw. Heizdruck expandiert, die mittlere indizierte Spannung $p_i''$ des Niederdruckzylinders wie bei einer Einzylinder-Kondensationsmaschine mit dem um den Spannungsabfall beim Eintritt verminderten Heizdruck als Anfangsspannung. Bei einem nach S. 506 bzw. S. 68 gewählten Zylinderverhältnis $v/V$, einer mittleren Kolbengeschwindigkeit $c_m$ und einem mechanischen Wirkungsgrade $\eta_m$, folgt dann die nutzbare Kolbenfläche des Niederdruckzylinders aus

$$O = \frac{75\,N_e}{\left(\dfrac{v}{V}\,p_i' + p_i''\right) c_m \cdot \eta_m} \qquad \ldots \ldots \ldots \ldots \quad 173$$

Diejenige $o$ des Hochdruckzylinders muß im Zylinderverhältnis kleiner sein.

Der Dampfverbrauch der Maschinen mit Zwischendampfentnahme nimmt mit steigendem Heizdruck schnell zu. Je höher nämlich die Aufnehmerspannung ist, desto größer wird unter sonst gleichen Verhältnissen das Wärme- und Temperaturgefälle im Niederdruckzylinder und desto ungünstiger arbeitet der Dampf in diesem.

Zur annähernden Berechnung des voraussichtlichen Dampfverbrauches einer neuen Maschine kann auch hier die Tabelle auf S. 503 oder Gl. 34, S. 103, dienen, wobei der thermodynamische Wirkungsgrad für den Hochdruckzylinder $\eta_{th} = 0{,}75$ bis $0{,}85$, für den Niederdruckzylinder $\eta_{th} = 0{,}5$ bis $0{,}65$ (die unteren Werte bei starker Dampfentnahme) einzuführen ist. Der Zustand des Dampfes im Aufnehmer ergibt sich annähernd, wenn man im $JS$-Diagramm (Fig. 60, S. 97) den nach Gl. 168, S. 496, berechneten Wärmeinhalt dieses Dampfes $i_a = a\,b$ macht und durch $b$ eine Horizontale zieht. Sie legt auf der Aufnehmerdrucklinie den Punkt $c$ fest, und die spezifische Dampfmenge $x$ für diesen liefert mit dem spezifischen Volumen $v_s$ des trockenen gesättigten Dampfes das spezifische Volumen bzw. Gewicht des Aufnehmerdampfes

$$v = x \cdot v_s \text{ und } \gamma = \frac{I}{v}.$$

Einzylindermaschinen mit Zwischendampfentnahme baut die *Maschinenfabrik Thyssen & Co*, Mühlheim-Ruhr, nach den Vorschlägen von *J. Missong*[1]). Die eine Zylinderseite dieser Maschinen dient als Hochdruck-, die andere als Niederdruckstufe, und das Verhältnis beider Stufen wird durch eine entsprechende Änderung des wirksamen Hochdruckvolumens der Zwischendampfentnahme angepaßt. Dies kann auf doppelte Weise geschehen.

Zunächst dadurch, daß der Voraustritt auf der Hochdruckseite mit deren Füllung ab- und zunimmt. Punkt $I$ in Fig. 435, der so gewählt ist, daß Schleifenbildung im Diagramm vermieden wird, entspricht z. B. dem Beginn des Vorausströmens bei fehlender Zwischendampfentnahme. Das Volumverhältnis ist dann $s_h : s_n$, und während des toten Hubes $s'$ saugt der Kolben nur Dampf aus dem Aufnehmer, um ihn beim Rücklauf wieder aus dem Zylinder zu schieben. Mit wachsender Füllung beginnt der Voraustritt später, so daß im Punkt $II$ das Hochdruckvolumen von $s_h$ auf nicht ganz $s_n$ zugenommen hat.

Bei der zweiten Art der Anpassung, die bei der *Missong*-Maschine gewählt ist, wird das wirksame Hochdruckvolumen durch Änderung der Kompression und des Voreintrittes erzielt. Der letztere beginnt z. B. bei fehlender Zwischendampfentnahme im Punkt $I$ der Fig. 436, wobei $s_h$ das wirksame, $s'$ das unwirksame Hochdruckvolumen ist. Mit zunehmender Dampfentnahme und

---

[1]) Siehe *C. Pfleiderer*, Eine Einzylindermaschine mit Zwischendampfentnahme, Z. d. V. d. I. 1913, S. 2030.

Füllung steigt dann wie im vorigen Falle $s_h$ und wird $s'$ kleiner. Der Druckregler verstellt dabei die Kompression und den Voreintritt sowie die Füllung
des Hochdruckteiles in der Weise, daß letztere mit größer werdender Kompression kleiner wird; gleichzeitig vergrößert sich auch der Voraustritt, um
Unterschleifen im Diagramm zu vermeiden. Der Geschwindigkeitsregler verstellt die Steuerung des Niederdruckteiles und paßt dessen Füllung dem Leistungs-
bedarf an.

Der Kolbendruck ist bei der *Missong*-Maschine wegen der Gleichheit der
Kolbenflächen auf der Hochdruckseite stets größer als auf der Niederdruckseite, auch während des Ausströmhubes jener. Infolgedessen ist der Kolbendruck stets nach derselben Seite gerichtet, wodurch Druckwechsel im Gestänge
vermieden werden. Andrerseits wird dieses durch den vollen Eintrittsdruck

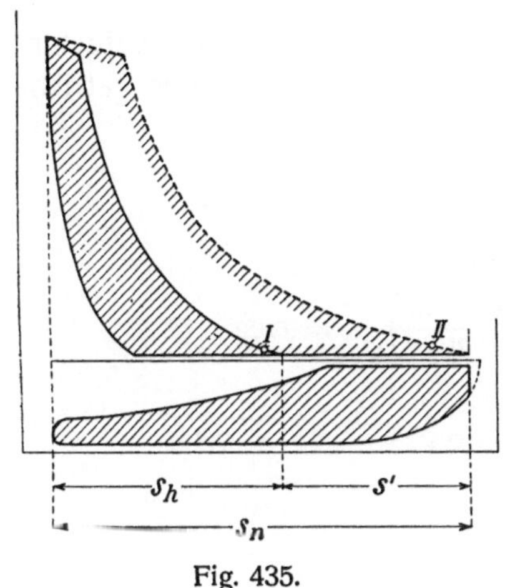

Fig. 435.

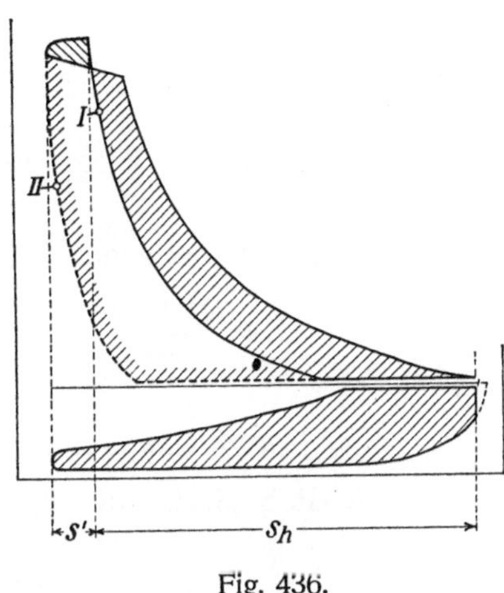

Fig. 436.

belastet und ebenso wie das Schwungrad schwerer als bei einer normalen
Verbundmaschine. Soll längere Zeit ohne Heizdampfentnahme gearbeitet
werden, so kann die Maschine nach geringer Umstellung der Steuerung
als normale Einzylindermaschine mit ungefähr doppelter Leistung betrieben
werden.

§ 170. **Beispiel zur Berechnung einer Verbundmaschine mit Zwischendampfentnahme.** Welche Abmessungen muß eine Tandem-Verbundmaschine mit
Kondensation und Zwischendampfentnahme erhalten, die normal $750\,PS_i$
leistet, und wieviel Dampf von $3\,at\,abs.$ Spannung können ihr bei dieser Leistung
entnommen werden? Der Dampf vor der Maschine hat $p_0 = 13{,}5\,at\,abs.$ Spannung und 300° C Temperatur.

Wird für den Hochdruckzylinder die Eintrittsspannung zu $p_1 = 13{,}4$,
die Anfangsspannung der Expansion zu $p_a = 12$, die Endspannung derselben
zu $p_e = 3{,}1\,at\,abs.$ angenommen, so ist

$$\frac{p_a}{p_e} = \frac{12}{3{,}1} = \sim 3{,}87\,.$$

Hierzu gehören nach der 1. Tabelle auf S. 34 für $n = 1{,}15$ die Werte

$$\varepsilon = \frac{e + m}{1 + m} = 0{,}31 \quad \text{und} \quad \varepsilon^{n-1} = \left(\frac{e + m}{1 + m}\right)^{n-1} = 0{,}84 \,,$$

die mit $m = 0{,}08$ als Koeffizient des schädlichen Raumes

$$e + m = 1{,}08 \cdot 0{,}31 = 0{,}335, \quad \text{also} \quad e = 0{,}335 - 0{,}08 = \sim 0{,}25$$

Füllung ergeben. Für

$$\beta = \frac{p_a}{p_1} = \frac{12}{13{,}4} = \sim 0{,}9 \quad \text{und} \quad \alpha = 0{,}95$$

folgt dann aus Gl. 7, S. 33, der Koeffizient

$$f_1 = 0{,}95 \cdot 0{,}25 + 0{,}9 \frac{0{,}335}{0{,}15} (1 - 0{,}84) = 0{,}558 \,.$$

Die Austrittsspannung $p_2$ des Hochdruckzylinders ist gleich dem Aufnehmer- und Heizdruck von *3 at*. Wird die Kompression bis auf $p_c = 10$ *at abs.* getrieben, so ist

$$\frac{p_c}{p_2} = \frac{10}{3} = 3{,}33$$

und nach der 2. Tabelle auf S. 34 für $n = 1{,}2$

$$\varepsilon_c = \frac{e_c + m}{m} = 2{,}72 \,, \qquad \varepsilon_c^{n-1} = \left(\frac{e_c + m}{m}\right)^{n-1} = 1{,}22 \,,$$

also

$$e_c + m = 0{,}08 \cdot 2{,}72 = \sim 0{,}22, \quad e_c = 0{,}22 - 0{,}08 = 0{,}14 \,,$$

sowie nach Gl. 8, S. 33, der Koeffizient

$$f_2 = 1 - 0{,}14 + \frac{0{,}22}{0{,}2} (1{,}22 - 1) = 1{,}1 \,.$$

Mit diesen Werten von $f_1$ und $f_2$ folgt schließlich als mittlere indizierte Spannung des Hochdruckzylinders aus Gl. 5, S. 31, bei einem Sicherheitsfaktor von *0,98*

$$p_i' = 0{,}98 \, (0{,}558 \cdot 13{,}4 - 1{,}1 \cdot 3) = \sim 4{,}09 \; at.$$

Für den Niederdruckzylinder sei als Eintrittsspannung $p_1 = 2{,}9$, als Anfangsspannung der Expansion $p_a = 2{,}4$ *at abs.* angenommen. Soll dann der Dampf in diesem Zylinder bis auf $p_e = 0{,}8$ *at abs.* expandieren, so muß nach Gl. 6a, S. 32, für $m = 0{,}11$ als Koeffizient des schädlichen Raumes

$$e = 1{,}11 \frac{0{,}8}{2{,}4} - 0{,}11 = 0{,}26$$

betragen. Hiermit und mit

$$\beta = \frac{2{,}4}{2{,}9} = 0{,}83 \,, \quad \alpha = 0{,}93$$

berechnet sich dann aus Gl. 6, S. 32,

$$f_1 = 0{,}93 \cdot 0{,}26 + 0{,}83 \cdot 0{,}37 \cdot ln \frac{1{,}11}{0{,}37} = \sim 0{,}58 \,.$$

Bei einer Anfangs- und Endspannung der Kompression von $o,2$ bzw. $o,8\ at$ ist ferner, entsprechend

$$\frac{p_c}{p_2} = \frac{o,8}{o,2} = 4,$$

nach der 2. Tabelle auf S. 34 für $n = 1,1$

$$\varepsilon_c = \frac{e_c + m}{m} = 3{,}526, \quad \varepsilon_c^{\,n-1} = 1{,}134,$$

$$e_c + m = o{,}39, \quad e_c = o{,}28$$

und nach Gl. 8, S. 33,

$$f_2 = 1 - o{,}28 + \frac{o{,}39}{o{,}1}\, o{,}134 = 1{,}24.$$

Die mittlere indizierte Spannung des Niederdruckzylinders beträgt somit nach Gl. 5, S. 31, mit einem Sicherheitsfaktor von $o,98$ und bei einem Gegendruck $p_2 = o,15\ at$

$$p_i'' = o{,}98\,(o{,}58 \cdot 2{,}9 - 1{,}24 \cdot o{,}15) = 1{,}47\ at.$$

Um nun die nutzbaren Kolbenflächen und Zylinderdurchmesser der Maschine berechnen zu können, ist das Zylinderverhältnis nach den Angaben auf S. 506 und die mittlere Kolbengeschwindigkeit zu wählen. Entscheidet man sich im Anschluß an ähnliche Ausführungen für ein Verhältnis $V/v = 1,8$ und eine Geschwindigkeit von $4,8\ m/sk$, so folgt aus Gl. 173, S. 508, als erforderliche nutzbare Kolbenfläche des Niederdruckzylinders

$$O = \frac{75 \cdot 750}{\left(\dfrac{4{,}09}{1{,}8} + 1{,}47\right) 4{,}8} = 3140\ qcm,$$

der bei 2,5 vH Zuschlag, entsprechend

$$D^2 \frac{\pi}{4} = \frac{1{,}025 \cdot 3140}{10\,000} = \sim 3220\ qcm,$$

eine Zylinderbohrung $D = o,641$ oder $\sim o,64\ m$ entspricht. Bei dem gewählten Zylinderverhältnis müßte dann die nutzbare Kolbenfläche des Hochdruckzylinders

$$o = \frac{3220}{1{,}8} = \sim 1800\ qcm,$$

die Bohrung desselben also $d = o,48\ m$ sein. Für $n = 160$ Umdrehungen müßte weiter der Hub der Maschine

$$S = \frac{30 \cdot 4{,}8}{160} = o{,}9\ m$$

werden.

Von der Gesamtleistung $N_i = 750\ PS$ entfallen auf den Niederdruckzylinder

$$N_i'' = \frac{3140 \cdot 1{,}47 \cdot 4{,}8}{75} = 300\ PS,$$

auf den Hochdruckzylinder

$$N_i' = 750 - 300 = 450 \; PS.$$

Das theoretische Wärmegefälle des Hochdruckzylinders (von $13,5$ auf $3$ at abs.) ist nach dem $JS$-Diagramm $i_0 - i_2 = \sim 79 \; WE$, das des Niederdruckzylinders (von $3$ auf $0,15$ at abs.) $i_0 - i_2 = \sim 109 \; WE$[1]). Schätzt man zur annähernden Bestimmung des Dampfverbrauches nach den Angaben auf S. 508 den thermodynamischen Wirkungsgrad für jenen Zylinder zu $\eta_{th} = 0,825$, für diesen zu $\eta_{th} = 0,6$, so würde der Dampfverbrauch des Hochdruckzylinders nach Gl. 34, S. 103,

$$D_i' = \frac{632,3}{79 \cdot 0,825} = 9,7 \; kg \text{ für } 1 \, PS_{i-st},$$

also insgesamt

$$D_i' \cdot N_i' = 9,7 \cdot 450 = 4365 \; kg/st,$$

der des Niederdruckzylinders ebenfalls

$$D_i'' = \frac{632,3}{109 \cdot 0,6} = \sim 9,7 \; kg \text{ für } 1 \, PS_{i-st}$$

bzw.
$$D_i'' \cdot N_i'' = 9,7 \cdot 300 = 2910 \; kg/st$$

sein. Bei der normalen Leistung und der angenommenen Füllung des Hochdruckzylinders würden also dem Aufnehmer annähernd

$$4365 - 2910 = \sim 1450 \; kg$$

Dampf von $3$ at abs. entnommen werden können.

Um annähernd die größte Dampfentnahme bei der normalen Leistung der Maschine bestimmen zu können, soll die kleinste Füllung des Niederdruckzylinders zu 2 vH angenommen werden. Für sie ist

$$e + m = 0,02 + 0,11 = 0,13, \quad \frac{e + m}{1 + m} = \frac{0,13}{0,11} = 0,118,$$

also die Expansionsendspannung bei wieder $2,4$ at abs. Anfangsspannung

$$p_e = 2,4 \cdot 0,118 = 0,283 \; at \; abs.$$

Weiter ist nach Gl. 6, S. 32, mit den früheren Werten von $\alpha$ und $\beta$

$$f_1 = 0,93 \cdot 0,02 + 0,83 \cdot 0,13 \cdot ln\frac{1,11}{0,13} = 0,25$$

und mit $f_2 = 1,24$ wie vorher nach Gl. 5, S. 31,

$$p_i'' = 0,98 \, (0,25 \cdot 2,9 - 1,24 \cdot 0,15) = \sim 0,53 \; at.$$

Die kleinste Leistung des Niederdruckzylinders ergibt sich damit zu

$$N_i'' = \frac{0,53 \cdot 3140 \cdot 4,8}{75} = \sim 110 \; PS,$$

---

[1]) Unter der Annahme trocken gesättigten Dampfes im Aufnehmer.

so daß zur Erzielung der normalen Leistung für den Hochdruckzylinder

$$N_i' = 750 - 110 = 640\ PS$$

verbleiben. Für diese Leistung müßte die Füllung des Hochdruckzylinders ungefähr 40 vH betragen.

Schätzt man den thermodynamischen Wirkungsgrad der beiden Zylinder bei dieser Leistungsverteilung zu $\eta_{th} = 0{,}775$ und $0{,}55$, so folgt für den Dampfverbrauch des Hochdruckzylinders nun

$$D_i' = \frac{632{,}3}{79 \cdot 0{,}775} = 10{,}3\ kg \text{ für } 1\ PS_{i-st}\,,$$

also insgesamt

$$D_i' \cdot N_i' = 10{,}3 \cdot 640 = 6592\ kg$$

und für den des Niederdruckzylinders

$$D_i'' = \frac{632{,}3}{109 \cdot 0{,}55} = \sim 10{,}6\ kg\,,$$

sowie

$$D_i'' \cdot N_i'' = 10{,}6 \cdot 110 = 1166\ kg,$$

und die Dampfentnahme würde auf

$$6592 - 1166 = \sim 5430\ kg/st$$

steigen können.

Der Wärmeinhalt des frischen Dampfes von $13{,}5\ at\ abs.$ und $300°\,C$ ist nach dem $JS$-Diagramm $i_0 = 729{,}5\ WE$, der des Entnahmedampfes nach Gl. 168, S. 496, annähernd

$$i_a = i_0 - \frac{650}{D_i'} = 729{,}5 - \frac{650}{10{,}3} = 666{,}5\ WE\,.$$

Die zu Heizzwecken nutzbar gemachte Wärmemenge beträgt somit pro Stunde

$$i_a \cdot 5430 = 666{,}5 \cdot 5430 = \sim 3\ 619\ 000\ WE.$$

Diese Wärmemenge würde nach S. 504 bei einer Anlage mit Frischdampfheizung besonders aufzubringen sein. Andrerseits ist bei der letzteren der Wärmeverbrauch der reinen Kraftmaschine mit einem für die Arbeitsleistung günstigeren Zylinderverhältnis geringer. Nimmt man als solche eine Kondensations-Verbundmaschine mit einem Dampfverbrauch von $4{,}75\ kg$ für $1\ PS_{i-st}$ an, so ist deren Wärmeverbrauch

$$i_0 \cdot 4{,}75 \cdot 750 = 729{,}5 \cdot 4{,}75 \cdot 750 = \sim 2\ 600\ 000\ WE,$$

während die Maschine mit Zwischendampfentnahme einen solchen von

$$i_0 \cdot D_i' \cdot N_i' = 729{,}5 \cdot 6592 = \sim 4\ 809\ 000\ WE$$

hat. Die Wärmeersparnis der letzteren gegenüber der reinen Kraftmaschine und Frischdampfheizung würde also bei der angegebenen Dampfentnahme annähernd pro Stunde

$$E_w = 3\ 619\ 000 - (4\ 809\ 000 - 2\ 600\ 000) = \sim 1\ 410\ 000\ WE$$

oder

$$\frac{1\ 410\ 000}{3\ 619\ 000 + 2\ 600\ 000}\ 100 = 22{,}7\ vH$$

der bei getrenntem Betrieb aufgewendeten Wärmemenge sein. Sie entspricht einer Dampfersparnis von

$$\frac{1\,410\,000}{729{,}5 \cdot 750} = 2{,}58 \; kg \; \text{für} \; 1 \, PS_{i-st}.$$

Für die bei $0{,}25$ Füllung des Hochdruckzylinders stattfindende Dampfentnahme von $1450 \, kg$ berechnet sich in der gleichen Weise mit $D_i' = 9{,}7 \, kg$ und $N_i' = 450 \, PS_i$ die Wärmeersparnis zu

$$E_w = \, \sim 353\,400 \; WE \; \text{oder} \; \sim 10 \, \text{vH},$$

die Dampfersparnis zu $\sim 0{,}65 \, kg$ für $1 \, PS_{i-st}$.

§ 171. **Die Druckregler.** Um den Druck des Ab- oder Zwischendampfes auf gleicher Höhe zu erhalten und dadurch Druckschwankungen in der Heizleitung zu verhüten, werden sowohl Gegendruckmaschinen als auch Verbundmaschinen

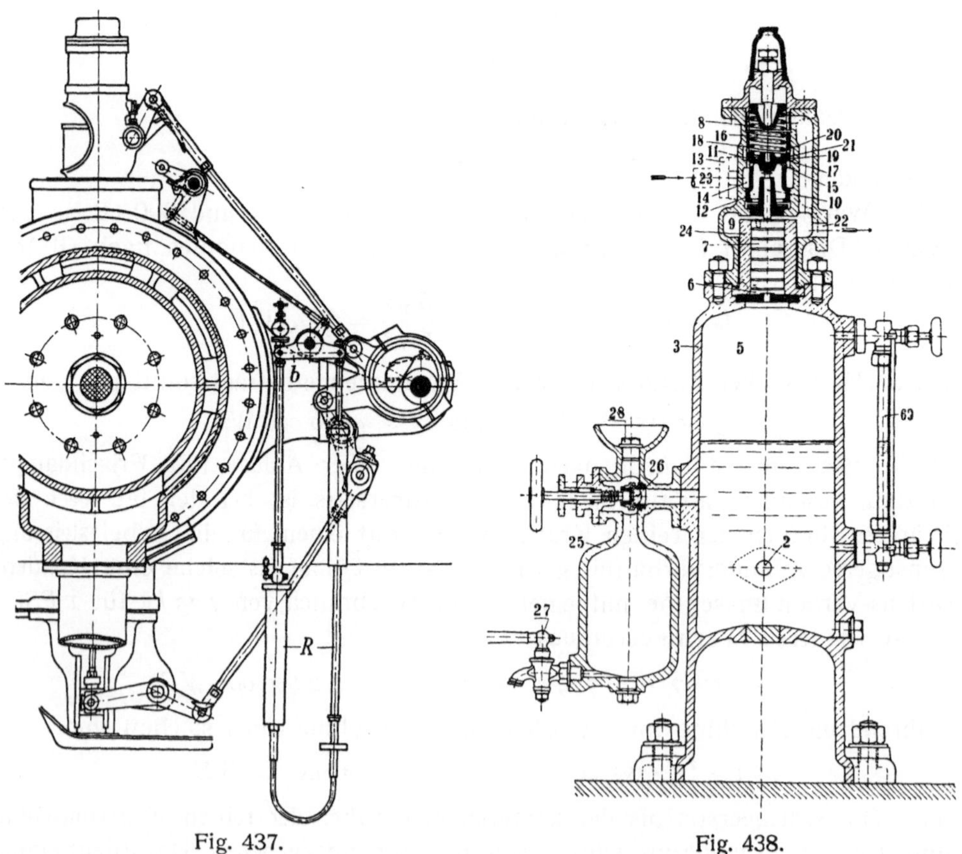


Fig. 437.       Fig. 438.

mit Zwischendampfentnahme jetzt fast allgemein mit einem Druckregler versehen. Seine Aufgabe ist, die der Maschine zuzuführende Frischdampfmenge der jeweilig erforderlichen Heizdampfmenge entsprechend zu bemessen. Er wirkt zu diesem Zweck, wie schon auf S. 501 bemerkt, bei Abdampfverwertung auf die Steuerung der Gegendruckmaschine ein, wobei sich deren Leistung dem Abdampfbedarf muß anpassen können. Bei Maschinen mit Zwischendampfentnahme beeinflußt er nach S. 506 zunächst die Steuerung des Niederdruckzylinders und dann unter Zuhilfenahme des Geschwindigkeitsreglers auch die des Hochdruckzylinders. Erforderlichenfalls, wenn nämlich die erforderliche Heizdampfmenge die der größten Maschinenleistung entsprechende Ab- oder Entnahmedampfmenge übersteigt, kann der Druckregler auch ein Zuschaltventil betätigen.

Fig. 437 zeigt zunächst einen einfachen Druckregler mit Quecksilberfüllung von der *Sächsischen Maschinenfabrik, vorm. R. Hartmann*, Chemnitz. Er besteht in der Hauptsache aus zwei an einem Wagebalken $b$ aufgehängten und mit Quecksilber gefüllten kommunizierenden Röhren $R$, von denen die eine mit der Heizleitung verbunden ist. Der Wagebalken sitzt auf einer Welle, die mit der Auslöserwelle einer Ausklinksteuerung (siehe S. 281) in Verbindung steht. Die Wirkungsweise des Reglers beruht darauf, daß die durch jede Zu- oder Abnahme im Ab- oder Zwischendampfverbrauch hervorgerufene kleine Druckänderung die Verteilung des Quecksilbergewichtes in den Röhren beeinflußt und dadurch solange eine Drehbewegung des Wagebalkens und seiner Welle verursacht, bis durch eine entsprechende Vergrößerung bzw. Verkleinerung der Zylinderfüllung der Gleichgewichtszustand zwischen dieser und der benötigten Heizdampfmenge wieder hergestellt ist.

Weit mehr im Gebrauch sind jetzt Druckregler mit Ölübertragung. Fig. 438 und 439 geben die Konstruktion eines solchen nach den Ausführungen der *Gebr. Sulzer*, Winterthur. Er besteht aus einem Druckempfänger $D$ (Fig. 432 und 434, S. 502 bzw. 507) und einem oder mehreren Servomotoren $D_z$, $D_s$, die durch entsprechende Leitungen $O$ mit jenem verbunden sind.

Der Druckempfänger $3$ (Fig. 438), der durch eine mit Wassersack versehene Leitung $2$ ($T$ in Fig. 432 und 434) der Heizleitung angeschlossen wird, ist im Raum $5$ unten mit Wasser, oben mit Öl angefüllt, dessen Spiegel im Bedarfsfalle durch Nachfüllen bei $28$ auf eine am Schauglase sichtbare Marke erhalten werden kann. Das unter dem Druck der Heizung stehende Öl wirkt auf den federbelasteten Kolben $7$, dessen Stange $10$ einen Schieber $11$ vor der Mündung des Rohres $23$ (Leitung $O$ in Fig. 432 und 434) trägt. Das vom Schieber durchgelassene Öl gelangt in den Raum $9$ und fließt durch die bei $22$ anschließende Leitung ab.

Die Servomotoren (Fig. 439) besitzen einen Differentialkolben $10$, dessen Gestänge unten auf die Steuerung der Maschine oder das Zusatzventil einwirkt. Dem Ringraum $11$ über dem Differentialkolben fließt das Öl durch die Leitung $13$ unter einem Überdruck von $1\ at$ aus einer Schmier- oder anderen Pumpe zu, wobei ein kleiner Teil durch die Nut $14$ aus $11$ nach dem Raum $12$ gelangt; von dort geht es durch die Leitung $O$ zum Druckempfänger.

Sinkt nun z. B. infolge zu geringer Dampfzufuhr der Druck in der Heizung sowie im Raum $5$ (Fig. 438) des Druckempfängers, so senkt sich der Kolben $7$ und mit ihm der Schieber $11$. Das aus der Kammer $14$ entweichende Öl wird dadurch stärker gedrosselt, und der Druck in *23* bzw. *O* sowie im Raum *12* (Fig. 439) nimmt zu. Der Kolben *10* des Servomotors steigt, und die Steuerung der Maschine wird auf eine größere Füllung eingestellt. Beim Steigen des Heizdruckes findet der umgekehrte Vorgang statt, so daß schließlich ein Beharrungszustand eintritt, bei dem sich der Heizdruck auf einen konstanten Betrag erhält.

An Verbundmaschinen mit Zwischendampfentnahme verwendet die *Maschinenfabrik Augsburg-Nürnberg* den in Fig. 440 dargestellten Druckregler. Er wirkt auf die *Lentz*-Steuerung des Niederdruckzylinders ein und verschiebt die Einlaßexzenter desselben auf ihrem Stein (Fig. 2, Taf. 14).

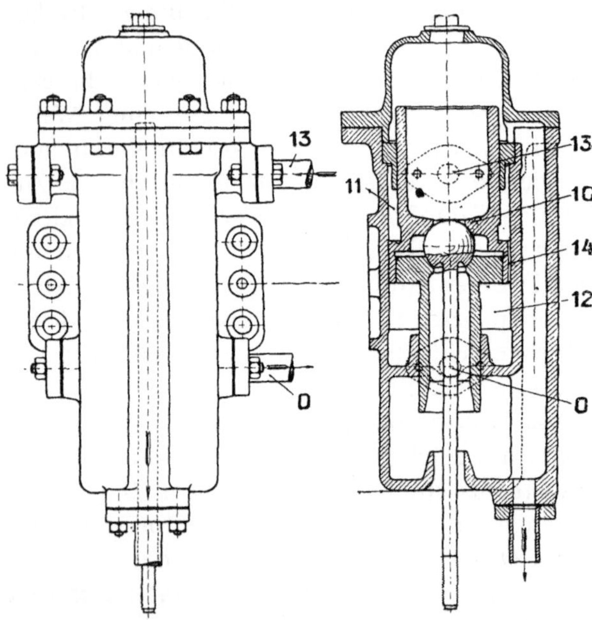

Fig. 439.

Der Druckempfänger besteht auch hier aus einem federbelasteten Kolben $K$, dessen Zylinder $Z$ durch eine Leitung $q$ unter Zwischenschaltung eines Drosselhahnes $q_1$ mit dem Aufnehmer in Verbindung steht. Die bei Änderungen in der Heizdampfentnahme eintretende Bewegung dieses Kolbens wird durch das Gelenkstück $p$ und den Hebel $h$ auf den Drehschieber $S$ eines Servomotors übertragen, dessen Zylinder $C$ zwischen zwei Lagern der Steuerwelle angeordnet ist und dessen Kolben $D$ sich mit dieser dreht. Der Zylinder $C$ ist ferner durch zwei Leitungen $u$ mit dem Gehäuse des Drehschiebers $S$ verbunden. Das Drucköl einer Zahnradpumpe tritt durch die Leitung $s$ in die Aussparung $a$ des Schiebers, während das benutzte Öl aus den beiden Räumen $c$ durch den Kanal $m$ und die Leitung $t$ abfließen kann. Der Schieber besitzt schließlich an jeder Hälfte zwei Kanäle $k$ und $k'$, von denen diejenigen $k$ in die mittlere Aussparung $a$, diejenigen $k'$ in einen der Räume $c$ münden.

Bewegt sich bei einer Änderung im Heizdampfbedarf der Kolben $K$ auf- oder abwärts, so stellt er den Schieber $S$ so ein, daß das frische Drucköl aus der Leitung $s$ und der Aussparung $a$ durch einen der beiden Kanäle $k$ und die zugehörige Leitung $u$ hinter die eine Seite des Servomotorkolbens $D$ tritt, das Öl der anderen Kolbenseite aber durch die andere Leitung $u$ und den zugehörigen Kanal $k'$ nach dem betreffenden Raum $c$ gelangt, von wo aus es durch den Kanal $m$ und die Leitung $t$ austreten kann. Die damit verbundene Verschiebung des Kolbens $D$ in der Längsrichtung der Steuerwelle wird dann

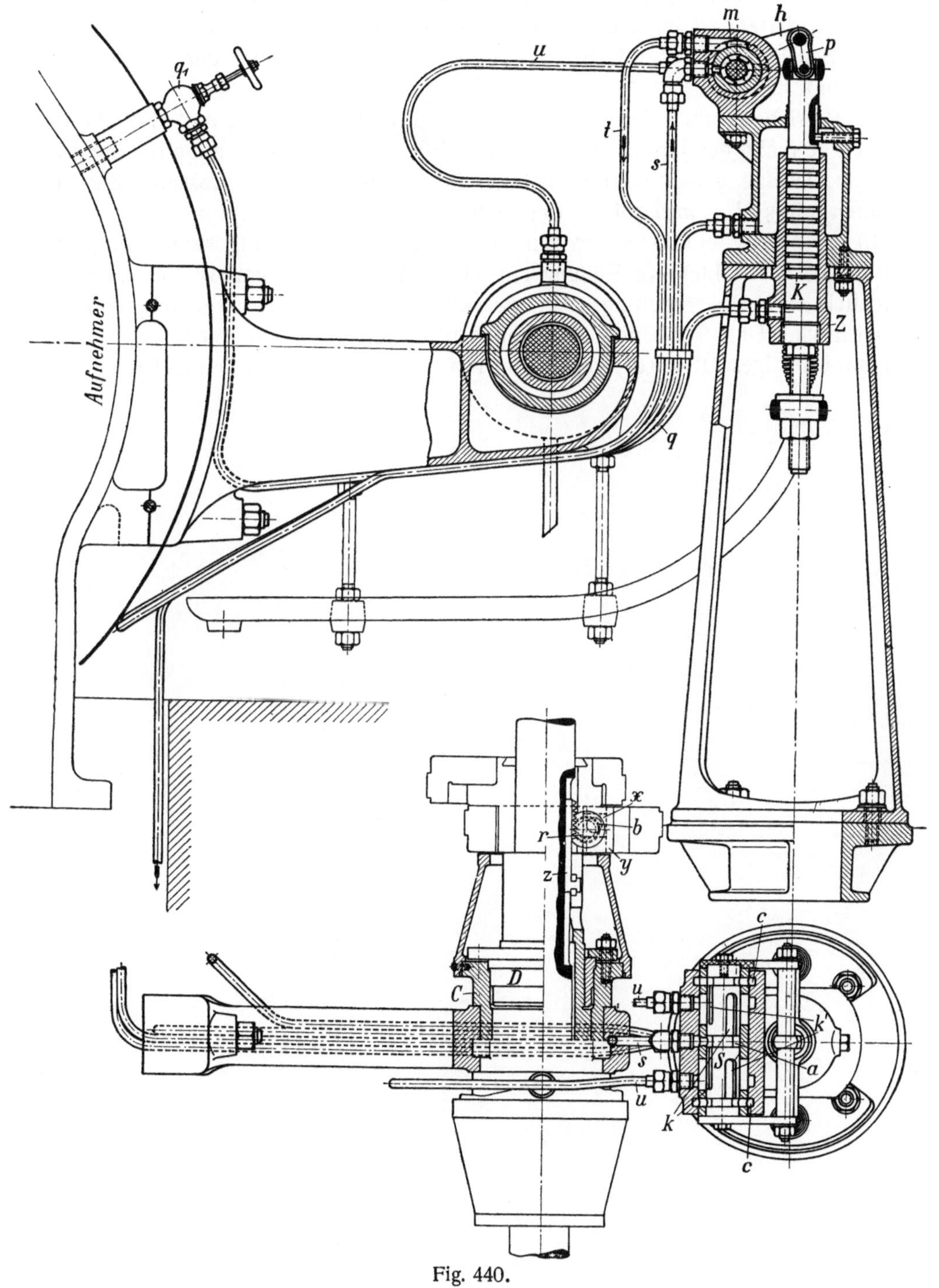


Fig. 440.

durch die Zahnstangen *z* auf die Zahnritzel *r* übertragen, die in den fest aufgekeilten Exzentersteinen *y* gelagert sind und mit je einem exzentrischen
Zapfen *b* die Gleitsteine *x* erfassen. Da diese in den Schlitzen der Exzenter-
scheiben gleiten, so wird die Drehbewegung der Ritzel in eine Verschiebung
dieser Scheiben umgesetzt, die wiederum eine Veränderung der Füllung zur
Folge hat.

Im Betrieb ist nach Angaben der Firma darauf zu achten, daß der Dampf-
kolben *K* nicht bei jedem Hub der Maschine stark auf- und abgeht; die Ver-
bindungsleitung *q* mit dem Aufnehmer ist vielmehr so zu drosseln, daß der
Kolben nur *3* bis *5 mm* spielt. Der Öldruck an der Zahnradpumpe darf ferner
nicht zu niedrig eingestellt werden, da sonst die Steuerung sich infolge der
Rückdrucke auf kleinste Füllung einstellt. Andrerseits bewirkt ein zu hoher
Öldruck eine Überregelung. Am zweckmäßigsten ist ein Öldruck von *1 at*
Überdruck. Das verwendete Öl soll schließlich nicht zu leichtflüssig sein;
zu dünnflüssiges Öl wird zweckmäßig mit etwas Zylinderöl gemischt.

# Anhang.

## 1. Tabelle des gesättigten Wasserdampfes von *0,01* bis *20 at abs.*[1]

| Druck at (kg/qcm abs.) | Temperatur | | Spezifisches | | Wärmeinhalt | | Verdampfungswärme | | | Entropie | |
|---|---|---|---|---|---|---|---|---|---|---|---|
| | | absolute | Volumen des Dampfes | Gewicht des Dampfes | der Flüssigkeit | des Dampfes | gesamte | innere | äußere | der Flüssigkeit | des Dampfes |
| | °C | °C | cbm/kg | kg/cbm | WE | WE | WE | WE | WE | | |
| 0,01 | 6,7 | 279,7 | 131,41 | 0,007609 | 6,7 | 597,9 | 591,2 | 560,4 | 30,77 | 0,0242 | 2,1374 |
| 0,02 | 17,3 | 290,3 | 68,126 | 0,01468 | 17,3 | 602,9 | 585,5 | 553,6 | 31,91 | 0,0616 | 2,0783 |
| 0,03 | 23,9 | 296,9 | 46,461 | 0,02153 | 23,9 | 606,0 | 582,0 | 549,4 | 32,64 | 0,0841 | 2,0448 |
| 0,04 | 28,8 | 301,8 | 35,387 | 0,02826 | 28,8 | 608,3 | 579,4 | 546.3 | 33,15 | 0,1004 | 2,0202 |
| 0,05 | 32,7 | 305,7 | 28,682 | 0,03489 | 32,7 | 610,1 | 577,4 | 543,9 | 33,58 | 0,1132 | 2,0023 |
| 0,06 | 36,0 | 309,0 | 24,140 | 0,04142 | 36,0 | 611,6 | 575,6 | 541,7 | 33,92 | 0,1240 | 1,9868 |
| 0,07 | 38,8 | 311,8 | 20,888 | 0,04787 | 38,9 | 612,9 | 574,1 | 539,8 | 34,24 | 0,1331 | 1,9745 |
| 0,08 | 41,3 | 314,3 | 18,408 | 0,05432 | 41,4 | 614,1 | 572,7 | 538,2 | 34,49 | 0,1411 | 1,9631 |
| 0,09 | 43,5 | 316,5 | 16,483 | 0,06067 | 43,6 | 615,0 | 571,4 | 536,7 | 34,74 | 0,1480 | 1,9538 |
| 0,10 | 45,6 | 318,6 | 14,920 | 0,06703 | 45,7 | 616,0 | 570,4 | 535,4 | 34,94 | 0,1546 | 1,9449 |
| 0,12 | 49,2 | 322,2 | 12,568 | 0,07956 | 49,3 | 617,7 | 568,4 | 533,1 | 35,32 | 0,1659 | 1,9300 |
| 0,15 | 53,7 | 326,7 | 10,190 | 0,09814 | 53,8 | 619,7 | 565,9 | 530,1 | 35,79 | 0,1799 | 1,9121 |
| 0,20 | 59,8 | 332,8 | 7,777 | 0,12858 | 59.9 | 622,4 | 562,6 | 526,1 | 36,42 | 0,1984 | 1,8890 |
| 0,25 | 64,6 | 337,6 | 6,307 | 0,1586 | 64,8 | 624,6 | 559,8 | 522,9 | 36,92 | 0,2129 | 1,8711 |
| 0,30 | 68,7 | 341,7 | 5,316 | 0,1881 | 68,9 | 626,4 | 557,5 | 520,2 | 37,34 | 0,2252 | 1,8566 |
| 0,35 | 72,3 | 345,3 | 4,600 | 0,2174 | 72,5 | 628,0 | 555,5 | 517,8 | 37,70 | 0,2356 | 1,8444 |
| 0,40 | 75,5 | 348,5 | 4,060 | 0,2463 | 75,7 | 629,4 | 553,7 | 515,6 | 38,02 | 0,2448 | 1,8336 |
| 0,50 | 80,9 | 353,9 | 3,2940 | 0,3036 | 81,2 | 631,7 | 550,5 | 512,0 | 38,56 | 0,2604 | 1,8159 |
| 0,60 | 85,5 | 258,5 | 2,7770 | 0,3601 | 85,8 | 633,7 | 547,8 | 508,8 | 39,01 | 0,2734 | 1,8015 |
| 0,70 | 89,5 | 362,5 | 2,4040 | 0,4160 | 89,9 | 635,3 | 545,5 | 506,1 | 39,39 | 0,2846 | 1,7895 |
| 0,80 | 93,0 | 366,0 | 2,1216 | 0,4713 | 93,5 | 636,8 | 543,3 | 503,6 | 39,73 | 0,2944 | 1,7789 |
| 0,90 | 96,2 | 369,2 | 1,9003 | 0,5262 | 96,7 | 638,1 | 541,4 | 501,4 | 40,03 | 0,3032 | 1,7698 |
| 1,0 | 99,1 | 372,1 | 1,7220 | 0,5807 | 99,6 | 639,3 | 539,7 | 499,4 | 40,30 | 0,3111 | 1,7615 |
| 1,1 | 101,8 | 374,8 | 1,5751 | 0,6349 | 102,3 | 640,7 | 538,1 | 497,5 | 40,55 | 0,3183 | 1,7541 |
| 1,2 | 104,2 | 377,2 | 1,4521 | 0,6887 | 104,8 | 641,3 | 536,5 | 495,7 | 40,78 | 0,3250 | 1,7473 |
| 1,4 | 108,7 | 381,7 | 1,2571 | 0,7955 | 109,4 | 643,1 | 533,7 | 492,6 | 41,18 | 0,3370 | 1,7352 |
| 1,6 | 112,7 | 385,7 | 1,1096 | 0,9013 | 113,4 | 644,7 | 531,2 | 489,7 | 41,54 | 0,3475 | 1,7248 |
| 1,8 | 116,3 | 389,3 | 0,9939 | 1,0062 | 117,1 | 646,0 | 528,9 | 487,1 | 41,85 | 0,3569 | 1,7156 |
| 2,0 | 119,6 | 392,6 | 0,9006 | 1,1104 | 120,4 | 647,2 | 526,8 | 484,7 | 42,14 | 0,3655 | 1,7077 |
| 2,5 | 126,7 | 399,7 | 0,7310 | 1,3680 | 127,7 | 649,9 | 522,2 | 479,4 | 42,74 | 0,3839 | 1,6903 |
| 3,0 | 132,8 | 405,8 | 0,6163 | 1,6224 | 133,9 | 652,0 | 518,1 | 474,9 | 43,23 | 0,3993 | 1,6760 |
| 3,5 | 138,1 | 411,1 | 0,5335 | 1,8743 | 139,4 | 653,8 | 514,5 | 470,8 | 43,65 | 0,4125 | 1,6640 |
| 4,0 | 142,8 | 415,8 | 0,4708 | 2,1239 | 144,2 | 655,4 | 511,2 | 467,2 | 44,01 | 0,4242 | 1,6537 |
| 4,5 | 147,1 | 420,1 | 0,4217 | 2,3716 | 148,6 | 656,8 | 508,2 | 463,9 | 44,33 | 0,4347 | 1,6445 |
| 5,0 | 151,0 | 424,0 | 0,3820 | 2,6177 | 152,6 | 658,1 | 505,5 | 460,8 | 44,61 | 0,4442 | 1,6363 |

[1] Nach *Mollier*, Neue Tabellen und Diagramme für Wasserdampf. Julius Springer, Berlin.

| Druck at (kg/qcm abs.) | Temperatur | | Spezifisches | | Wärmeinhalt | | Verdampfungswärme | | | Entropie | |
|---|---|---|---|---|---|---|---|---|---|---|---|
| | | absolute | Volumen des Dampfes | Gewicht des Dampfes | der Flüssig-keit | des Dampfes | ge-samte | innere | äußere | der Flüssig-keit | des Dampfes |
| | °C | °C | cbm/kg | kg/cbm | WE | WE | WE | WE | WE | | |
| 5,5 | 154,6 | 427,6 | 0,3494 | 2,8624 | 156,3 | 659,2 | 502,9 | 458,0 | 44,87 | 0,4529 | 1,6290 |
| 6,0 | 157,9 | 430,9 | 0,3220 | 3,1058 | 159,8 | 660,2 | 500,4 | 455,3 | 45,10 | 0,4609 | 1,6221 |
| 6,5 | 161,1 | 434,1 | 0,2987 | 3,3481 | 163,0 | 661,1 | 498,1 | 452,8 | 45,32 | 0,4683 | 1,6158 |
| 7,0 | 164,0 | 437,0 | 0,2786 | 3,5891 | 166,1 | 662,0 | 495,9 | 450,4 | 45,51 | 0,4753 | 1,6101 |
| 7,5 | 166,8 | 439,8 | 0,2611 | 3,8294 | 168,9 | 662,8 | 493,9 | 448,2 | 45,67 | 0,4819 | 1,6048 |
| 8,0 | 169,5 | 442,5 | 0,2458 | 4,0683 | 171,7 | 663,5 | 491,8 | 446,0 | 45,86 | 0,4881 | 1,5997 |
| 8,5 | 172,0 | 445,0 | 0,2322 | 4,3072 | 174,3 | 664,2 | 489,9 | 443,9 | 46,02 | 0,4939 | 1,5949 |
| 9,0 | 174,4 | 447,4 | 0,2200 | 4,5448 | 176,8 | 664,9 | 488,1 | 441,9 | 46,17 | 0,4995 | 1,5905 |
| 9,5 | 176,7 | 449,7 | 0,2091 | 4,7819 | 179,2 | 665,5 | 486,3 | 440,0 | 46,30 | 0,5048 | 1,5863 |
| 10,0 | 178,9 | 451,9 | 0,1993 | 5,018 | 181,5 | 666,1 | 484,6 | 438,2 | 46,43 | 0,5099 | 1,5822 |
| 11,0 | 183,1 | 456,1 | 0,1822 | 5,489 | 185,8 | 667,1 | 481,3 | 434,6 | 46,67 | 0,5194 | 1,5748 |
| 12,0 | 186,9 | 459,9 | 0,1678 | 5,960 | 189,9 | 668,1 | 478,2 | 431,3 | 46,88 | 0,5282 | 1,5678 |
| 13,0 | 190,6 | 463,6 | 0,15565 | 6,425 | 193,7 | 668,9 | 475,3 | 428,2 | 47,08 | 0,5364 | 1,5616 |
| 14,0 | 194,0 | 467,0 | 0,14515 | 6,889 | 197,3 | 669,7 | 472,5 | 425,2 | 47,26 | 0,5440 | 1,5557 |
| 15,0 | 197,2 | 470,2 | 0,13601 | 7,352 | 200,7 | 670,5 | 469,8 | 422,4 | 47,43 | 0,5513 | 1,5504 |
| 16,0 | 200,3 | 473,3 | 0,12797 | 7,814 | 203,9 | 671,2 | 467,3 | 419,7 | 47,58 | 0,5581 | 1,5452 |
| 18,0 | 206,1 | 479,1 | 0,11450 | 8,734 | 210,0 | 672,4 | 462,4 | 414,6 | 47,85 | 0,5707 | 1,5359 |
| 20,0 | 211,3 | 484,3 | 0,10365 | 9,648 | 215,5 | 673,4 | 457,9 | 409,8 | 48,08 | 0,5821 | 1,5274 |

## 2. Tabelle des gesättigten Wasserdampfes von 0 bis 75° C.[1]

| Tempe-ratur °C | Druck | | Spezifisches | | Wärmeinhalt | | Verdampfungswärme | | | Entropie | |
|---|---|---|---|---|---|---|---|---|---|---|---|
| | at (kg/qcm) | mm/Hg | Volumen des Dampfes | Gewicht des Dampfes | der Flüssig-keit | des Dampfes | ge-samte | innere | äußere | der Flüssig-keit | des Dampfes |
| | | | cbm/kg | kg/cbm | WE | WE | WE | WE | WE | | |
| 0 | 0,0063 | 4,60 | 204,97 | 0,00488 | 0 | 594,7 | 594,7 | 564,7 | 30,02 | 0,0000 | 2,1783 |
| 5 | 0,0089 | 6,53 | 146,93 | 0,00681 | 5,0 | 597,1 | 592,1 | 561,5 | 30,56 | 0,0182 | 2,1479 |
| 10 | 0,0125 | 9,17 | 106,62 | 0,00938 | 10,0 | 599,4 | 589,4 | 558,3 | 31,11 | 0,0360 | 2,1188 |
| 15 | 0,0173 | 12,70 | 78,23 | 0,01278 | 15,0 | 601,8 | 586,8 | 551,1 | 31,65 | 0,0535 | 2,0909 |
| 20 | 0,0236 | 17,40 | 58,15 | 0,01720 | 20,0 | 604,1 | 584,1 | 551,9 | 32,19 | 0,0707 | 2,0643 |
| 25 | 0,0320 | 23,6 | 43,667 | 0,02290 | 25,0 | 606,5 | 581,5 | 548,7 | 32,74 | 0,0877 | 2,0389 |
| 30 | 0,0429 | 31,5 | 33,132 | 0,03018 | 30,0 | 608,8 | 578,8 | 545,5 | 33,28 | 0,1044 | 2,0146 |
| 35 | 0,0569 | 41,8 | 25,393 | 0,03938 | 35,0 | 611,1 | 576,1 | 542,3 | 33,81 | 0,1208 | 1,9912 |
| 40 | 0,0747 | 54,9 | 19,650 | 0,05089 | 40,1 | 613,5 | 573,4 | 539,1 | 34,34 | 0,1369 | 1,9688 |
| 45 | 0,0971 | 71,4 | 15,346 | 0,06516 | 45,1 | 615,8 | 570,7 | 535,8 | 34,88 | 0,1528 | 1,9474 |
| 50 | 0,125 | 92,0 | 12,091 | 0,08271 | 50,1 | 618,0 | 567,9 | 532,5 | 35,41 | 0,1685 | 1,9268 |
| 55 | 0,160 | 117,5 | 9,607 | 0,10409 | 55,1 | 620,3 | 565,2 | 529,3 | 35,93 | 0,1839 | 1,9070 |
| 60 | 0,202 | 148,8 | 7,695 | 0,12995 | 60,1 | 622,6 | 562,4 | 526,0 | 36,45 | 0,1991 | 1,8880 |
| 65 | 0,254 | 186,9 | 6,211 | 0,16100 | 65,2 | 624,8 | 559,6 | 522,7 | 36,96 | 0,2141 | 1,8697 |
| 70 | 0,317 | 233,1 | 5,050 | 0,19800 | 70,2 | 627,0 | 556,8 | 519,3 | 37,47 | 0,2289 | 1,8522 |
| 75 | 0,392 | 288,5 | 4,135 | 0,2418 | 75,3 | 629,2 | 553,9 | 516,0 | 37,97 | 0,2435 | 1,8352 |

[1]) Nach *Mollier*.

### 3. Tabelle des überhitzten Wasserdampfes von *6* bis *25* *at abs.*

| Druck *at* (*kg/qcm* abs.) | Sättigungstemperatur °C | Überhitzter Wasserdampf von | | | | | | | | |
|---|---|---|---|---|---|---|---|---|---|---|
| | | 250° C | | | 300° C | | | 350° C | | |
| | | Spezifisches | | Wärmeinhalt | Spezifisches | | Wärmeinhalt | Spezifisches | | Wärmeinhalt |
| | | Volumen | Gewicht (Dichte) | | Volumen | Gewicht (Dichte) | | Volumen | Gewicht (Dichte) | |
| | °C | *cbm/kg* | *kg/cbm* | *WE* | *cbm/kg* | *kg/cbm* | *WE* | *cbm/kg* | *cbm/kg* | *WE* |
| 6 | 157,9 | 0,402 | 2,487 | 708,9 | 0,469 | 2,132 | 734,1 | | | |
| 7 | 164,0 | 0,344 | 2,907 | 708,0 | 0,380 | 2,632 | 733,5 | | | |
| 8 | 169,5 | 0,300 | 3,333 | 707,2 | 0,331 | 3,021 | 732,9 | | | |
| 9 | 174,4 | 0,266 | 3,759 | 706,3 | 0,294 | 3,401 | 732,3 | | | |
| 10 | 178,9 | 0,238 | 4,202 | 705,5 | 0,264 | 3,788 | 731,6 | | | |
| 11 | 183,1 | 0,216 | 4,630 | 704,6 | 0,240 | 4,167 | 731,0 | 0,262 | 3,817 | 756,6 |
| 12 | 186,9 | 0,197 | 5,076 | 703,8 | 0,219 | 4,566 | 730,4 | 0,240 | 4,167 | 756,2 |
| 13 | 190,6 | 0,182 | 5,494 | 702,9 | 0,202 | 4,951 | 729,8 | 0,221 | 4,525 | 755,7 |
| 14 | 194,0 | 0,168 | 5,952 | 702,1 | 0,187 | 5,348 | 729,2 | 0,205 | 4,878 | 755,2 |
| 15 | 197,2 | 0,156 | 6,410 | 701,2 | 0,174 | 5,747 | 728,5 | 0,191 | 5,236 | 754,8 |
| 16 | 200,3 | 0,146 | 6,849 | 700,4 | 0,163 | 6,135 | 727,9 | 0,179 | 5,587 | 754,3 |
| 17 | 203,2 | 0,137 | 7,299 | 699,5 | 0,153 | 6,536 | 727,3 | 0,168 | 5,952 | 753,9 |
| 19 | 208,7 | 0,122 | 8,197 | 697,8 | 0,136 | 7,353 | 726,1 | 0,150 | 6,667 | 752,9 |
| 21 | 213,9 | 0,109 | 9,174 | 696,1 | 0,123 | 8,130 | 724,8 | 0,136 | 7,353 | 752,0 |
| 23 | 218,6 | 0,099 | 10,101 | 694,4 | 0,112 | 8,929 | 723,6 | 0,124 | 8,065 | 751,1 |
| 25 | 223,0 | 0,091 | 10,989 | 692,7 | 0,102 | 9,804 | 722,3 | 0,113 | 8,850 | 750,2 |

### 4. Tabelle der mittleren spezifischen Wärme des überhitzten Wasserdampfes bei konstantem Druck[1]).

| Temperatur des Dampfes | Druck und Sättigungstemperatur $t_s$ | | | | | | | | | | |
|---|---|---|---|---|---|---|---|---|---|---|---|
| | 1 | 2 | 4 | 6 | 8 | 10 | 12 | 14 | 16 | 18 | 20 *at abs.* |
| | 99,1 | 119,6 | 142,9 | 158,1 | 169,6 | 179,1 | 187,1 | 194,2 | 200,5 | 206,2 | 211,4° C |
| $= t_s$ | 0,487 | 0,501 | 0,528 | 0,555 | 0,584 | 0,613 | 0,642 | 0,671 | 0,699 | 0,729 | 0,760 |
| 120° C | 0,483 | — | — | — | — | — | — | — | — | — | — |
| 140 | 0,480 | 0,496 | — | — | — | — | — | — | — | — | — |
| 160 | 0,478 | 0,491 | 0,521 | — | — | — | — | — | — | — | — |
| 180 | 0,476 | 0,488 | 0,515 | 0,544 | 0,576 | — | — | — | — | — | — |
| 200 | 0,475 | 0,486 | 0,509 | 0,534 | 0,561 | 0,590 | 0,623 | 0,660 | — | — | — |
| 220 | 0,475 | 0 485 | 0 505 | 0,526 | 0,548 | 0,572 | 0,599 | 0,629 | 0,661 | 0,697 | 0,738 |
| 240 | 0,474 | 0,484 | 0,501 | 0,519 | 0,538 | 0,558 | 0,580 | 0,605 | 0,631 | 0,660 | 0,694 |
| 260 | 0,474 | 0,483 | 0,499 | 0,514 | 0,530 | 0,548 | 0,567 | 0,588 | 0,610 | 0,634 | 0,660 |
| 280 | 0,474 | 0,482 | 0,497 | 0,510 | 0,525 | 0,540 | 0,556 | 0,575 | 0,594 | 0,615 | 0,637 |
| 300 | 0,474 | 0,482 | 0,496 | 0,508 | 0,521 | 0,534 | 0,548 | 0,565 | 0,582 | 0,600 | 0,619 |
| 320 | 0,475 | 0,482 | 0,495 | 0,505 | 0,517 | 0,530 | 0,543 | 0,558 | 0,572 | 0,589 | 0,606 |
| 340 | 0,476 | 0,482 | 0,494 | 0,504 | 0,515 | 0,527 | 0,538 | 0,552 | 0,565 | 0,580 | 0,596 |
| 360 | 0,477 | 0,483 | 0,494 | 0,504 | 0,514 | 0,524 | 0,535 | 0,548 | 0,560 | 0,574 | 0,587 |
| 380 | 0,478 | 0,483 | 0,494 | 0,503 | 0,512 | 0,522 | 0,533 | 0,545 | 0,556 | 0,568 | 0,580 |

[1]) Nach *Knoblauch* und *Winkhaus*.

Additional material from *Die Kolbendampfmaschinen*
ISBN 978-3-662-27499-6, is available at http://extras.springer.com